Festigkeitslehre

Inhaltsverzeichnis

Kapitel 1

Einleitung

Festigkeitslehre ist eine traditionelle Kurzbezeichnung der ingenieurwissenschaftlichen Fachdisziplin *Technische Mechanik deformierbarer fester Körper*. Bei der Mechanik deformierbarer fester Körper handelt es sich um ein Teilgebiet der Kontinuumsmechanik. Diese beschäftigt sich mit der mathematischen Beschreibung von Verformungen und Kräften, die in ruhenden oder sich bewegenden festen Körpern bzw. Fluiden auftreten. Unter Kontinuum versteht man eine den Raum zusammenhängend ausfüllende Materie. Auf ihre molekulare Struktur wird in der Kontinuumsmechanik nicht oder zumindest nicht direkt eingegangen. Die in der molekularen Struktur der Werkstoffe begründeten physikalischen und chemischen Ursachen des makroskopischen Werkstoffverhaltens werden daher in der Kontinuumsmechanik nicht untersucht.

Hauptaufgabe der Festigkeitslehre ist die Ermittlung von Spannungen und Verzerrungen vor allem in technischen Konstruktionen. Unter Spannungen versteht man auf die Flächeneinheit bezogene Kräfte. Sie wirken auf die Oberfläche fiktiver infinitesimaler Elemente, aus denen man sich einen festen Körper zusammengesetzt denken kann. Die Verzerrungen kennzeichnen die Deformationen dieser Elemente. Diese Verformungen bestehen im Allgemeinen aus Volumen- und Gestaltänderungen. Die Kenntnis des Spannungs- und des Verzerrungszustandes etwa einer Baukonstruktion ermöglicht eine Bewertung ihrer Tragfähigkeit bzw. ihrer Gebrauchstauglichkeit. Die Technikbezogenheit der Festigkeitslehre äußert sich also in den Anwendungen. Zur Ermittlung von Spannungen und Verzerrungen werden theoretische und experimentelle Methoden sowie Kombinationen der beiden verwendet. Für das Verständnis dieser Methoden sind Kenntnisse der Elastizitätstheorie erforderlich. Diese stellt somit eine wichtige Grundlage der Festigkeitslehre dar.

Mit Hilfe der Elastizitätstheorie lässt sich das Verhalten elastischer Körper mathematisch beschreiben. Ein Körper ist elastisch, wenn seine von einer Beanspruchung hervorgerufene Verformung nach vollständiger Entfernung der Beanspruchung verschwindet. Diese besteht im Allgemeinen aus äußeren Kräften in Form von Volumen- und Oberflächenkräften sowie aus einer Temperaturdifferenz relativ zu einer Referenztemperatur. Volumenkräfte sind auf die Volumeneinheit und Oberflächenkräfte auf die Flächeneinheit bezogene Kräfte. Ein Beispiel für eine Volumenkraft ist die Schwerkraft im Gravitationsfeld der Erde. Beispiele für Oberflächenkräfte sind Wind- und Schneelasten. Letztere werden auch als äußere Oberflächenkräfte bezeichnet. Dementsprechend werden die Spannungen auch innere Oberflächenkräfte genannt.

H. A. Mang und G. Hofstetter, *Festigkeitslehre*,
https://doi.org/10.1007/978-3-662-57564-2_1

Die Referenztemperatur ist jene Temperatur, die der Körper im spannungsfrei vorausgesetzten Referenzzustand einnimmt. Elastische Körper sind durch einen eindeutigen Zusammenhang zwischen Spannungen, Temperaturdifferenz und Verzerrungen gekennzeichnet. Die Elastizitätstheorie stützt sich auf kinematische Beziehungen, kinetische Gleichungen sowie konstitutive Beziehungen.

Die kinematischen oder geometrischen Beziehungen beschreiben den Zusammenhang zwischen den Verschiebungen der einzelnen Punkte des Körpers und den Verzerrungen in diesen Punkten. Diese Gleichungen sind werkstoffunabhängig. Die kinetischen Beziehungen oder Bewegungsgleichungen sind Beziehungen zwischen den in einem Punkt des Körpers wirkenden Volumen- und Trägheitskräften und den Spannungen. Diese Beziehungen gelten auch für den Sonderfall des starren Körpers. Mit dem Formalbegriff Trägheitskräfte verbindet man die Möglichkeit, die Bewegungsgleichungen durch Hinzufügen des dynamischen Terms zu den Volumenkräften formal zu Gleichgewichtsbedingungen zu machen. Im klassischen Sinn versteht man unter den Gleichgewichtsbedingungen die für den Sonderfall von statischer Beanspruchung durch Streichung der Trägheitskräfte spezialisierten Bewegungsgleichungen. Der Zusammenhang zwischen Spannungen, Temperaturdifferenz und Verzerrungen wird mittels der konstitutiven Beziehungen oder Werkstoffgleichungen hergestellt.

In der Elastizitätstheorie werden diese drei Sätze von Gleichungen für einen beliebigen Punkt des betrachteten Körpers formuliert. Die analytische Lösung eines elastizitätstheoretischen Problems beinhaltet die Lösung dieser Feldgleichungen unter Berücksichtigung der Anfangs- und Randbedingungen für die Verschiebungen und Kräfte. Wenn die Feldgleichungen und Randbedingungen zu jedem Zeitpunkt im betrachteten Zeitabschnitt in jedem Körper- bzw. Randpunkt genau erfüllt sind und den Anfangsbedingungen in jedem Körperpunkt exakt entsprochen wird, liegt die strenge Lösung des Problems vor. Bei komplizierteren Problemen muss man sich jedoch zumeist mit Näherungslösungen begnügen.

Die der Elastizitätstheorie zugrunde liegende Annahme einer eindeutigen Beziehung zwischen Spannungen, Temperaturdifferenz und Verzerrungen ist oftmals nicht gerechtfertigt. Das ist z. B. dann der Fall, wenn nach vollständiger Entlastung eines Körpers und Entfernung einer allfällig vorhandenen Temperaturdifferenz relativ zu einer Referenztemperatur Verformungen zurückbleiben. Werkstoffverhalten, das nicht elastisch ist, wird allgemein als anelastisch bezeichnet. Zur mathematischen Beschreibung anelastischen Materialverhaltens werden als weitere Grundlagen der Festigkeitslehre die Plastizitätstheorie bzw. die Viskoelastizitätstheorie und die Viskoplastizitätstheorie benötigt. Die beiden zuletzt genannten Theorien berücksichtigen das zeitabhängige Verhalten von Werkstoffen. Wenn trotz der Vielfalt von Theorien innerhalb der drei erwähnten Klassen von *der* Plastizitätstheorie, *der* Viskoelastizitätstheorie und *der* Viskoplastizitätstheorie gesprochen wird, dann geschieht das vor dem Hintergrund bedeutender Gemeinsamkeiten in jeder dieser drei Klassen. So beruhen etwa Werkstoffgesetze im Rahmen der Plastizitätstheorie zumeist auf einer Fließfunktion, einer Fließregel und einem Verfestigungsgesetz. Die Fließfunktion ermöglicht die Feststellung ob der betreffende Werkstoff bei einem bestimmten Spannungszustand in einem Punkt des betreffenden Körpers nur elastische oder auch plastische Verzerrungen erfährt. Die Fließregel dient der mathematischen Beschreibung der Evolution der plastischen Verzerrungen im Laufe der Belastungsgeschichte des Körpers. Das Verfestigungsgesetz erlaubt die Berücksichtigung des Einflusses von Werkstoffverfestigung auf die Fließfunktion und die Fließregel.

Aufbauend auf den erwähnten Theorien, werden in der Festigkeitslehre mathematische Modelle zur Ermittlung des Spannungs- und Verformungszustandes verschiedener Kategorien von Traggliedern, wie z. B. von Stabtragwerken und Flächentragwerken, entwickelt. Zur Kategorie der Stabtragwerke zählen Fachwerke, Ein- und Mehrfeldträger, Rahmen und Bögen. Zur Kategorie der Flächentragwerke gehören Scheiben, Platten und Schalen.

Die Festigkeitslehre ist eine relativ alte wissenschaftliche Disziplin. Erste Untersuchungen des mechanischen Verhaltens belasteter elastischer Körper wurden bereits im 17. Jahrhundert von Galileo Galilei (1564–1642), Robert Hooke (1635–1703) und Jakob Bernoulli (1655–1705) durchgeführt. Galilei hat qualitativ richtige Thesen zur Bruchfestigkeit biegebeanspruchter Balken aufgestellt. Dazu zählen die Zunahme des Biegewiderstandes eines Balkens mit rechteckigem Querschnitt mit dem Quadrat der Höhe und der im Vergleich zu vollen Stäben mit gleicher Querschnittsfläche größere Bruchwiderstand hohler kreiszylindrischer Stäbe. Galilei sah den zuletzt genannten Umstand als Grund dafür an, dass die Knochen von Menschen und Tieren sowie die Stängel mancher Pflanzen hohl sind. Robert Hooke hat mit dem nach ihm benannten Werkstoffgesetz, das auf der Proportionalität von Spannung und Dehnung beruht, einen wesentlichen Beitrag zur Elastizitätstheorie geleistet. Jakob Bernoulli hat als erster die Differentialgleichung der Biegung eines Balkens aufgestellt. Leonhard Euler (1707–1783) befasste sich eingehend mit der Theorie der Stabknickung. Louis Marie Henri Navier (1785–1836) begründete die Theorie der Balkenbiegung. Barré de Saint-Venant (1797–1886) stellte die erste Torsionstheorie auf. Augustin Louis Cauchy (1789–1857) legte die Fundamente der Kontinuumsmechanik. Die Geschichte der Festigkeitslehre wurde unter anderem von Stefan Timoshenko (1878–1972) aufgezeichnet.

Die neuere Geschichte dieses Fachgebietes ist durch eine stürmische Entwicklung auf mehreren bedeutenden Teilgebieten gekennzeichnet. Dazu zählen beispielsweise die mathematische Beschreibung anelastischen Werkstoffverhaltens und die darauf aufbauenden Theorien für Festigkeitsberechnungen, wie etwa die Plastizitätstheorie. Auch gehört dazu z. B. die Theorie der Stabilität von Gleichgewichtslagen fester Körper bzw. des mechanischen Verhaltens von Tragkonstruktionen bei und nach dem Erreichen der Stabilitätsgrenze. Ein wesentliches Merkmal der neueren und neuesten Geschichte der Festigkeitslehre ist die Möglichkeit, Festigkeits- bzw. Stabilitätsprobleme, die in früheren Zeiten unlösbar waren, mittels moderner numerischer Verfahren, wie der Methode der finiten Elemente oder der Methode der Randelemente, näherungsweise zu lösen. Wegen der Vielfalt der beiden genannten Methoden sollte von ihnen eigentlich jeweils im Plural gesprochen werden. Ihre Anwendung erfordert den Einsatz der elektronischen Datenverarbeitung. Mit diesen Methoden können Näherungslösungen für den Spannungs- und den Verformungszustand von Tragkonstruktionen von komplizierter geometrischer Form und mit komplizierter Lagerung und Beanspruchung bei komplizierten Werkstoffeigenschaften und großen Verschiebungen bzw. Verformungen gewonnen werden.

Zur Durchführung von Festigkeitsberechnungen und Stabilitätsuntersuchungen werden Werkstoffparameter benötigt. Wenn sie nicht bekannt sind, müssen sie experimentell bestimmt werden. Mit Hilfe von Experimenten lassen sich überdies neue Rechenmodelle überprüfen. Dabei werden gegebenenfalls bestimmte Parameter geeicht. Die Entwicklung der elektronischen Datenverarbeitung hat auch die experimentellen Methoden der Festigkeitslehre wesentlich beeinflusst, und zwar vor allem hinsichtlich Messdatenerfassung und -verarbeitung.

Das Buch beginnt mit der Präsentation der zum Verständnis der Festigkeitslehre notwendigen mathematischen Grundlagen (Kapitel 2). Im Anschluss daran werden die Grundlagen der Elastizitätstheorie vermittelt (Kapitel 3). Darauf aufbauend werden zunächst Prinzipien der virtuellen Arbeiten (Kapitel 4) und dann Energieprinzipien (Kapitel 5) erläutert. Diesen Prinzipien kommt sowohl bei der analytischen als auch der numerischen Lösung von Festigkeits- bzw. Stabilitätsproblemen große Bedeutung zu. Breiter Raum wird im Folgenden der linearen Stabtheorie gewidmet (Kapitel 6). Dabei liegt das Hauptgewicht auf der Ermittlung des Spannungs- und Verformungszustandes gerader Stäbe für grundlegende Beanspruchungsarten. Im Weiteren werden die Prinzipien der virtuellen Arbeiten für die lineare Stabtheorie spezialisiert (Kapitel 7). Darauf folgt ein Kapitel über die lineare Theorie ebener Flächentragwerke (Kapitel 8) und daran anschließend werden Stabilitätsprobleme behandelt (Kapitel 9). Vor der Auseinandersetzung mit nichtlinear elastischem, vor allem aber mit anelastischem Materialverhalten (Kapitel 11) werden Anstrengungshypothesen (Kapitel 10) präsentiert. Sie dienen der Feststellung, ob ein bestimmter Spannungszustand in einem Punkt des Körpers plastische Verformungen bzw. Bruch des Materials bewirkt. Im Anschluss an die Erläuterung der erwähnten Arten von Werkstoffverhalten wird die Fließgelenktheorie I. Ordnung für Stäbe beschrieben (Kapitel 12). Danach werden die Grundlagen der Plastizitätstheorie sowie der Viskoplastizitätstheorie gebracht (Kapitel 13). Ferner werden Traglastsätze der Plastizitätstheorie behandelt (Kapitel 14). Daran anschließend werden die Grundlagen der Bruchmechanik vermittelt (Kapitel 15). Ein weiteres Thema stellen Näherungsmethoden einschließlich der Methode der finiten Elemente und der Randelementemethode dar (Kapitel 16). Abschließend wird mit einem von J. EBERHARDSTEINER, Institut für Mechanik der Werkstoffe und Strukturen der Technischen Universität Wien, verfassten Kapitel über experimentelle Methoden (Kapitel 17) der großen Bedeutung dieser Methoden in der Festigkeitslehre Rechnung getragen.

Kapitel 2

Mathematische Grundlagen

2.1 Koordinatensystem

Zumeist werden in diesem Buch rechtwinkelige kartesische Koordinatensysteme verwendet. Sie sind durch drei zueinander orthogonale Koordinatenachsen x_1, x_2, x_3 mit dem Ursprung O sowie durch eine gleiche lineare Maßeinteilung auf den Koordinatenachsen festgelegt. In einem solchen Koordinatensystem wird ein beliebiger Vektor $\mathbf{v}$ als Linearkombination dreier linear unabhängiger Basisvektoren $\mathbf{e}_1, \mathbf{e}_2, \mathbf{e}_3$ wie folgt dargestellt (Abb. 2.1):

$$\mathbf{v} = v_1\,\mathbf{e}_1 + v_2\,\mathbf{e}_2 + v_3\,\mathbf{e}_3 \ . \tag{2.1}$$

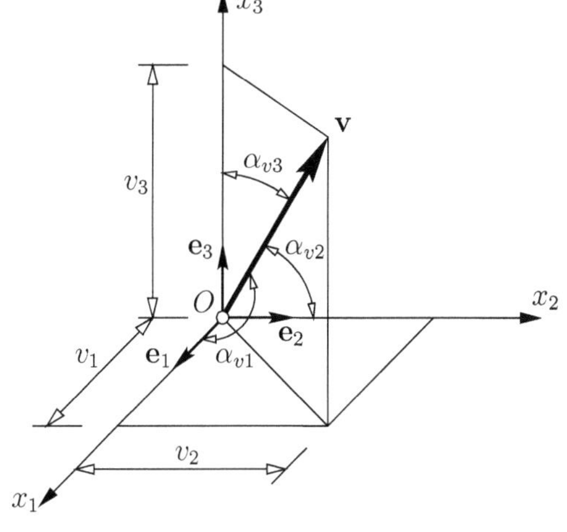

Abb. 2.1: Darstellung des Vektors $\mathbf{v}$ in einem rechtwinkeligen kartesischen Koordinatensystem

In (2.1) bezeichnen v_1, v_2, v_3 die Komponenten des Vektors $\mathbf{v}$ in den Richtungen der Basisvektoren. Die Basisvektoren sind linear unabhängig, wenn die Beziehung

$$a_1\,\mathbf{e}_1 + a_2\,\mathbf{e}_2 + a_3\,\mathbf{e}_3 = \mathbf{0} \tag{2.2}$$

nur für $a_1 = a_2 = a_3 = 0$ gilt. Üblicherweise wird die orthonormierte Basis

$$\mathbf{e}_1 = \begin{Bmatrix} 1 \\ 0 \\ 0 \end{Bmatrix} \ , \quad \mathbf{e}_2 = \begin{Bmatrix} 0 \\ 1 \\ 0 \end{Bmatrix} \ , \quad \mathbf{e}_3 = \begin{Bmatrix} 0 \\ 0 \\ 1 \end{Bmatrix} \tag{2.3}$$

H. A. Mang und G. Hofstetter, *Festigkeitslehre*,
https://doi.org/10.1007/978-3-662-57564-2_2

verwendet. Die Basisvektoren einer orthonormierten Basis sind zueinander orthogonal. Ihre Länge beträgt 1. Vektoren mit der Länge 1 werden als Einheitsvektoren bezeichnet. Aus (2.3) folgt

$$\begin{aligned} \mathbf{e}_1 \cdot \mathbf{e}_1 = 1 \ , \quad & \mathbf{e}_1 \cdot \mathbf{e}_2 = 0 \ , \quad \mathbf{e}_1 \cdot \mathbf{e}_3 = 0 \ , \\ \mathbf{e}_2 \cdot \mathbf{e}_2 = 1 \ , \quad & \mathbf{e}_2 \cdot \mathbf{e}_3 = 0 \ , \quad \mathbf{e}_3 \cdot \mathbf{e}_3 = 1 \ . \end{aligned} \tag{2.4}$$

(2.4) enthält Skalarprodukte zweier Vektoren. Das Skalarprodukt oder innere Produkt zweier Vektoren $\mathbf{v} = v_1 \, \mathbf{e}_1 + v_2 \, \mathbf{e}_2 + v_3 \, \mathbf{e}_3$ und $\mathbf{w} = w_1 \, \mathbf{e}_1 + w_2 \, \mathbf{e}_2 + w_3 \, \mathbf{e}_3$ ist zu

$$\begin{aligned} \mathbf{v} \cdot \mathbf{w} &= (v_1 \, \mathbf{e}_1 + v_2 \, \mathbf{e}_2 + v_3 \, \mathbf{e}_3) \cdot (w_1 \, \mathbf{e}_1 + w_2 \, \mathbf{e}_2 + w_3 \, \mathbf{e}_3) = \\ &= v_1 \, w_1 + v_2 \, w_2 + v_3 \, w_3 \end{aligned} \tag{2.5}$$

definiert. In (2.5) wurde von den Eigenschaften (2.4) einer orthonormierten Basis Gebrauch gemacht.

Das äußere Produkt der beiden Vektoren $\mathbf{v}$ und $\mathbf{w}$ ist zu

$$\mathbf{v} \times \mathbf{w} = \begin{vmatrix} \mathbf{e}_1 & \mathbf{e}_2 & \mathbf{e}_3 \\ v_1 & v_2 & v_3 \\ w_1 & w_2 & w_3 \end{vmatrix} = (v_2 \, w_3 - v_3 \, w_2) \, \mathbf{e}_1 + (v_3 \, w_1 - v_1 \, w_3) \, \mathbf{e}_2 + (v_1 \, w_2 - v_2 \, w_1) \, \mathbf{e}_3 \tag{2.6}$$

definiert. Es stellt einen Vektor dar, der normal auf die von den Vektoren $\mathbf{v}$ und $\mathbf{w}$ aufgespannte Ebene steht. Seine Länge entspricht dem Flächeninhalt eines Parallelogramms, dessen Seitenvektoren $\mathbf{v}$ und $\mathbf{w}$ sind. Zu beachten ist, dass das äußere Produkt zweier Vektoren nicht kommutativ ist, d. h. $\mathbf{v} \times \mathbf{w} \neq \mathbf{w} \times \mathbf{v}$.

Bei v_1, v_2, v_3 handelt es sich um die Länge von Vektoren, die aus der Projektion von $\mathbf{v}$ in Richtung der Basisvektoren hervorgehen:

$$\begin{aligned} v_1 &= \mathbf{v} \cdot \mathbf{e}_1 = v \cos \alpha_{v1} \ , \\ v_2 &= \mathbf{v} \cdot \mathbf{e}_2 = v \cos \alpha_{v2} \ , \\ v_3 &= \mathbf{v} \cdot \mathbf{e}_3 = v \cos \alpha_{v3} \ . \end{aligned} \tag{2.7}$$

In (2.7) bezeichnet

$$v = \sqrt{\mathbf{v} \cdot \mathbf{v}} \tag{2.8}$$

die Länge des Vektors $\mathbf{v}$, α_{v1} den von $\mathbf{v}$ und $\mathbf{e}_1$ eingeschlossenen Winkel, α_{v2} den von $\mathbf{v}$ und $\mathbf{e}_2$ gebildeten Winkel und α_{v3} den Winkel zwischen $\mathbf{v}$ und $\mathbf{e}_3$, d. h.

$$\alpha_{v1} = \angle(\mathbf{v}, \mathbf{e}_1) \ , \quad \alpha_{v2} = \angle(\mathbf{v}, \mathbf{e}_2) \ , \quad \alpha_{v3} = \angle(\mathbf{v}, \mathbf{e}_3) \ . \tag{2.9}$$

Die Kosinus dieser Winkel, $\cos \alpha_{v1}, \cos \alpha_{v2}$ und $\cos \alpha_{v3}$, werden als Richtungskosinus bezeichnet. Aus (2.8) folgt unter Berücksichtigung von (2.1), (2.4) und (2.7)

$$v = \sqrt{v_1^2 + v_2^2 + v_3^2} = v \sqrt{\cos^2 \alpha_{v1} + \cos^2 \alpha_{v2} + \cos^2 \alpha_{v3}} \ . \tag{2.10}$$

Demnach ist

$$\cos^2 \alpha_{v1} + \cos^2 \alpha_{v2} + \cos^2 \alpha_{v3} = 1 \ . \tag{2.11}$$

Der in die Richtung von $\mathbf{v}$ zeigende Vektor mit der Länge 1, $\mathbf{e}_v$, ergibt sich durch Einsetzen von (2.7) in (2.1) und Division der erhaltenen Gleichung durch v zu

$$\mathbf{e}_v = \frac{\mathbf{v}}{v} = \cos \alpha_{v1} \, \mathbf{e}_1 + \cos \alpha_{v2} \, \mathbf{e}_2 + \cos \alpha_{v3} \, \mathbf{e}_3 \ . \tag{2.12}$$

2.2 Koordinatentransformation

Der Übergang von einem rechtwinkeligen kartesischen Koordinatensystem mit der orthonormierten Basis $\mathbf{e}_1, \mathbf{e}_2, \mathbf{e}_3$ und dem Ursprung O auf ein rechtwinkeliges kartesisches Koordinatensystem mit der orthonormierten Basis $\mathbf{e}'_1, \mathbf{e}'_2, \mathbf{e}'_3$ und dem Ursprung O' setzt sich aus einer Translation der Koordinatenachsen von O nach O' und einer anschließenden Rotation der Achsen bei festgehaltenem Ursprung zusammen. Da sich die kartesischen Komponenten eines Vektors bei einer Translation der Koordinatenachsen nicht ändern, genügt es, die Auswirkungen der Rotation dieser Achsen und damit der Basisvektoren zu bestimmen.

Mittels (2.12) kann der Basisvektor $\mathbf{e}'_1$ durch die Basisvektoren $\mathbf{e}_1, \mathbf{e}_2, \mathbf{e}_3$ ausgedrückt werden (Abb. 2.2):

$$\mathbf{e}'_1 = \cos\alpha_{11}\,\mathbf{e}_1 + \cos\alpha_{12}\,\mathbf{e}_2 + \cos\alpha_{13}\,\mathbf{e}_3 \ . \tag{2.13}$$

An die Stelle des Index v in (2.12) ist in (2.13) der Index 1 getreten. (Genau genommen, müsste es eigentlich $\alpha_{1'1}, \alpha_{1'2}, \alpha_{1'3}$ heißen.) Analog erhält man die Beziehungen

$$\begin{aligned} \mathbf{e}'_2 &= \cos\alpha_{21}\,\mathbf{e}_1 + \cos\alpha_{22}\,\mathbf{e}_2 + \cos\alpha_{23}\,\mathbf{e}_3 \ , \\ \mathbf{e}'_3 &= \cos\alpha_{31}\,\mathbf{e}_1 + \cos\alpha_{32}\,\mathbf{e}_2 + \cos\alpha_{33}\,\mathbf{e}_3 \ . \end{aligned} \tag{2.14}$$

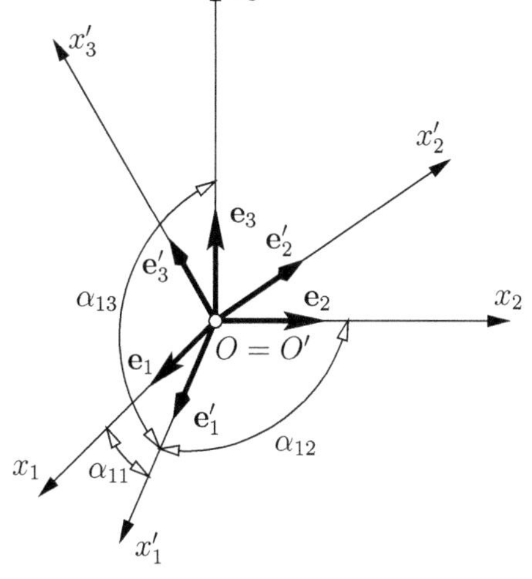

Abb. 2.2: Rotation des Koordinatensystems (ursprüngliche Basis $\mathbf{e}_i$, i=1,2,3; neue Basis $\mathbf{e}'_j$, j=1,2,3)

Analog zu (2.1) kann der Vektor $\mathbf{v}$ im gedrehten Koordinatensystem zu

$$\mathbf{v} = v'_1\,\mathbf{e}'_1 + v'_2\,\mathbf{e}'_2 + v'_3\,\mathbf{e}'_3 \tag{2.15}$$

dargestellt werden. In (2.15) sind v'_1, v'_2, v'_3 die Komponenten des Vektors $\mathbf{v}$ in Richtung der Basisvektoren $\mathbf{e}'_1, \mathbf{e}'_2, \mathbf{e}'_3$. Einsetzen von (2.13) und (2.14) in (2.15) führt auf

$$\begin{aligned} \mathbf{v} \ = \ & (v'_1 \cos\alpha_{11}\,\mathbf{e}_1 + v'_1 \cos\alpha_{12}\,\mathbf{e}_2 + v'_1 \cos\alpha_{13}\,\mathbf{e}_3) + \\ & (v'_2 \cos\alpha_{21}\,\mathbf{e}_1 + v'_2 \cos\alpha_{22}\,\mathbf{e}_2 + v'_2 \cos\alpha_{23}\,\mathbf{e}_3) + \\ & (v'_3 \cos\alpha_{31}\,\mathbf{e}_1 + v'_3 \cos\alpha_{32}\,\mathbf{e}_2 + v'_3 \cos\alpha_{33}\,\mathbf{e}_3) \ . \end{aligned} \tag{2.16}$$

Gleichsetzen von (2.1) und (2.16) ergibt

$$\begin{aligned}\mathbf{v} = v_1\,\mathbf{e}_1 + v_2\,\mathbf{e}_2 + v_3\,\mathbf{e}_3 \;=\; & (v_1' \cos\alpha_{11} + v_2' \cos\alpha_{21} + v_3' \cos\alpha_{31})\,\mathbf{e}_1 + \\ & (v_1' \cos\alpha_{12} + v_2' \cos\alpha_{22} + v_3' \cos\alpha_{32})\,\mathbf{e}_2 + \\ & (v_1' \cos\alpha_{13} + v_2' \cos\alpha_{23} + v_3' \cos\alpha_{33})\,\mathbf{e}_3 \,. \end{aligned} \tag{2.17}$$

Durch Vergleich der vor den einzelnen Einheitsvektoren stehenden Terme in (2.17) erhält man die Beziehung zwischen den Komponenten des Vektors $\mathbf{v}$ in den beiden Koordinatensystemen zu

$$\begin{Bmatrix} v_1 \\ v_2 \\ v_3 \end{Bmatrix} = \begin{bmatrix} \cos\alpha_{11} & \cos\alpha_{21} & \cos\alpha_{31} \\ \cos\alpha_{12} & \cos\alpha_{22} & \cos\alpha_{32} \\ \cos\alpha_{13} & \cos\alpha_{23} & \cos\alpha_{33} \end{bmatrix} \begin{Bmatrix} v_1' \\ v_2' \\ v_3' \end{Bmatrix} . \tag{2.18}$$

Die erste Spalte der Matrix in (2.18) entspricht den auf die Basis $\mathbf{e}_1, \mathbf{e}_2, \mathbf{e}_3$ bezogenen Komponenten von $\mathbf{e}_1'$ (siehe (2.13)). Analoges gilt für die zweite und dritte Spalte dieser Matrix (siehe (2.14)).

Aufgrund von (2.11) und der zu (2.4) analogen Beziehungen für die Basis $\mathbf{e}_1', \mathbf{e}_2', \mathbf{e}_3'$ ist die Inverse der Matrix in (2.18) gleich ihrer Transponierten. Dementsprechend führt die Multiplikation der Matrix in (2.18) mit der Transponierten auf die Einheitsmatrix. Somit ergibt sich

$$\begin{Bmatrix} v_1' \\ v_2' \\ v_3' \end{Bmatrix} = \begin{bmatrix} \cos\alpha_{11} & \cos\alpha_{12} & \cos\alpha_{13} \\ \cos\alpha_{21} & \cos\alpha_{22} & \cos\alpha_{23} \\ \cos\alpha_{31} & \cos\alpha_{32} & \cos\alpha_{33} \end{bmatrix} \begin{Bmatrix} v_1 \\ v_2 \\ v_3 \end{Bmatrix} . \tag{2.19}$$

Die auf der rechten Seite von (2.19) aufscheinende Matrix wird als Transformationsmatrix beim Übergang von der Basis $\mathbf{e}_1, \mathbf{e}_2, \mathbf{e}_3$ auf die Basis $\mathbf{e}_1', \mathbf{e}_2', \mathbf{e}_3'$ bezeichnet.

In Matrizenschreibweise lautet (2.18):

$$\mathbf{v} = \mathbf{Q}^T \cdot \mathbf{v}' \,. \tag{2.20}$$

Die Komponenten der Vektoren $\mathbf{v}$ und $\mathbf{v}'$ sowie die Koeffizienten der Transponierten $\mathbf{Q}^T$ der Transformationsmatrix $\mathbf{Q}$ ergeben sich durch Vergleich mit (2.18). $\mathbf{Q}$ ist im Allgemeinen nicht symmetrisch, d. h. $\alpha_{ij} \neq \alpha_{ji}$.

Prämultiplikation von (2.20) mit $\mathbf{Q}$ ergibt

$$\mathbf{v}' = \mathbf{Q} \cdot \mathbf{v} \,. \tag{2.21}$$

Dabei wurde von

$$\mathbf{Q}^{-1} = \mathbf{Q}^T \rightarrow \mathbf{Q} \cdot \mathbf{Q}^T = \mathbf{1} \tag{2.22}$$

Gebrauch gemacht, wobei

$$\mathbf{1} = \begin{bmatrix} 1 & 0 & 0 \\ 0 & 1 & 0 \\ 0 & 0 & 1 \end{bmatrix} \tag{2.23}$$

die Einheitsmatrix bezeichnet.

2.3 Indexschreibweise

In Indexschreibweise können die Gleichungen (2.1) bis (2.19) in wesentlich kürzerer Form angeschrieben werden. Bei Beschränkung auf rechtwinkelige kartesische Koordinaten werden generell tiefgestellte (untere) Indizes verwendet. Die orthonormierte Basis $\mathbf{e}_1, \mathbf{e}_2, \mathbf{e}_3$ wird in Indexnotation zu $\mathbf{e}_i$, $i = 1, 2, 3$, angeschrieben. Der Index i ist eine natürliche Zahl, die im dreidimensionalen EUKLIDischen Raum die Werte 1, 2, 3 annimmt. Im zweidimensionalen Fall ist i auf die Werte 1 und 2 beschränkt. Tritt ein Index in einem Term zweimal auf, so ist über seinen gesamten Wertebereich zu summieren. Diese Vereinbarung wird als EINSTEIN'sche Summationskonvention bezeichnet. Indizes, über die summiert wird, werden auch als stumme Indizes bezeichnet. Indizes, über die nicht summiert wird, werden freie Indizes genannt. In Indexschreibweise erhält man bei Berücksichtigung der EINSTEIN'schen Summationskonvention für den Vektor $\mathbf{v}$ anstelle von (2.1)

$$\mathbf{v} = v_i \, \mathbf{e}_i \tag{2.24}$$

und für das Skalarprodukt der Vektoren $\mathbf{v}$ und $\mathbf{w}$ anstelle von (2.5)

$$\mathbf{v} \cdot \mathbf{w} = v_i \, w_i \; . \tag{2.25}$$

Die sechs Gleichungen (2.4) werden in Indexnotation zu

$$\mathbf{e}_i \cdot \mathbf{e}_j = \delta_{ij} \tag{2.26}$$

geschrieben, wobei δ_{ij} das Kroneckersymbol bezeichnet. Dieses ist wie folgt definiert:

$$\delta_{ij} = \begin{cases} 1 & \text{für} \quad i = j \\ 0 & \text{für} \quad i \neq j \end{cases} \; . \tag{2.27}$$

Für die orthonormierte Basis $\mathbf{e}'_1, \mathbf{e}'_2, \mathbf{e}'_3$ gilt die zu (2.26) analoge Beziehung

$$\mathbf{e}'_i \cdot \mathbf{e}'_j = \delta_{ij} \; . \tag{2.28}$$

Für den Einheitsvektor $\mathbf{e}_v$ in Richtung von $\mathbf{v}$ erhält man anstelle von (2.12)

$$\mathbf{e}_v = \cos\alpha_{vi} \, \mathbf{e}_i \tag{2.29}$$

mit

$$\alpha_{vi} = \angle(\mathbf{e}_v, \mathbf{e}_i) \; . \tag{2.30}$$

Die drei Gleichungen (2.13) und (2.14) können in Indexschreibweise zu einer Gleichung zusammengefasst werden:

$$\mathbf{e}'_i = \cos\alpha_{ij} \, \mathbf{e}_j \; . \tag{2.31}$$

In (2.31) ist i ein freier Index, der die Werte 1, 2, 3 annimmt. Der Index j tritt in dem Term auf der rechten Seite von (2.31) zweimal auf. Er ist also ein stummer Index, über den summiert wird. (2.15) lautet in Indexschreibweise:

$$\mathbf{v} = v'_i \, \mathbf{e}'_i \; . \tag{2.32}$$

Einsetzen von (2.31) in (2.32) führt auf die zu (2.16) analoge Gleichung in Indexschreibweise:

$$\mathbf{v} = v'_i \, \cos\alpha_{ij} \, \mathbf{e}_j \; . \tag{2.33}$$

In (2.33) ist sowohl über den Index i als auch über den Index j zu summieren, weil beide Indizes im Term auf der rechten Seite von (2.33) zweimal aufscheinen.

Als stumme Indizes verwendete Buchstaben können durch andere Buchstaben ersetzt werden. So kann z. B. der Buchstabe i für den stummen Index in (2.24) durch den Buchstaben j ersetzt werden, d. h.

$$\mathbf{v} = v_j \, \mathbf{e}_j \; . \tag{2.34}$$

Die Beziehungen (2.24) und (2.34) sind gleichwertig, weil der jeweils zweimal aufscheinende Index nur die Summation über den gesamten Wertebereich ausdrückt. Der Wechsel des stummen Index von i auf j in (2.24) ermöglicht den Vergleich der rechten Seiten von (2.33) und (2.34):

$$v_j = \cos\alpha_{ij} \, v'_i \; . \tag{2.35}$$

(2.35) entspricht (2.18) bzw. (2.20).

Den Kosinus des von den Basisvektoren $\mathbf{e}'_i$ und $\mathbf{e}_j$ eingeschlossenen Winkels α_{ij} kann man kürzer mit n_{ij} bezeichnen:

$$n_{ij} = \cos\alpha_{ij} = \cos[\angle(\mathbf{e}'_i, \mathbf{e}_j)] \; . \tag{2.36}$$

Die Größen n_{ij} sind also die Komponenten der Transformationsmatrix $\mathbf{Q}$. Mit Hilfe von (2.36) lassen sich (2.31) und (2.35) zu

$$\mathbf{e}'_i = n_{ij} \, \mathbf{e}_j \tag{2.37}$$

bzw.

$$v_j = n_{ij} \, v'_i \tag{2.38}$$

anschreiben.

Einsetzen von (2.37) in (2.28) ergibt

$$(n_{ik} \, \mathbf{e}_k) \cdot (n_{jl} \, \mathbf{e}_l) = \delta_{ij} \; . \tag{2.39}$$

Wegen (2.26) folgt aus (2.39)

$$n_{ik} \, n_{jl} \, \delta_{kl} = \delta_{ij} \; . \tag{2.40}$$

Aus (2.27) resultiert, dass δ_{kl} nur für $l = k$ gleich 1 ist. Deshalb gilt

$$n_{ik} \, n_{jk} = \delta_{ij} \; . \tag{2.41}$$

Die Gleichungen (2.41) entsprechen der zweiten der beiden Beziehungen (2.22). Ersetzen des Index j durch k und des Index i durch j in (2.38) ergibt $v_k = n_{jk} \, v'_j$. Multiplikation der so erhaltenen Gleichung mit n_{ik} ergibt

$$n_{ik} \, v_k = n_{ik} \, n_{jk} \, v'_j \; . \tag{2.42}$$

Wegen (2.41) und (2.27) folgt aus (2.42)

$$v'_i = n_{ik} \, v_k \; . \tag{2.43}$$

(2.43) entspricht (2.19) bzw. (2.21).

2.4 Tensoren

Im Unterkapitel 2.2 wurde gezeigt, dass der Vektor **v** in verschiedenen rechtwinkeligen kartesischen Koordinatensystemen dargestellt werden kann. Aus (2.1) bzw. (2.24) und (2.15) bzw. (2.32) folgt

$$\mathbf{v} = v_i\,\mathbf{e}_i = v'_j\,\mathbf{e}'_j\ . \tag{2.44}$$

Der Vektor **v** ist also vom gewählten Koordinatensystem unabhängig. Er hat eine bestimmte Länge und eine bestimmte Richtung. Die koordinatenfreie Schreibweise, **v**, soll diese Unabhängigkeit sowie die physikalische Bedeutung des Vektors verdeutlichen. In einem bestimmten Koordinatensystem kann ein Vektor durch Angabe seiner Komponenten in den Richtungen der gewählten Basisvektoren dargestellt werden. Physikalische Sachverhalte müssen derart beschrieben werden, dass verschiedene Koordinatensysteme zur mathematischen Beschreibung ein und desselben physikalischen Sachverhalts auf dieselbe Beurteilung dieses Vorgangs führen. Bei Verwendung des Koordinatensystems mit der Basis $\mathbf{e}_i$, $i = 1, 2, 3$, wird der Vektor **v** mittels Gleichung (2.1) und bei Verwendung des Koordinatensystems mit der Basis $\mathbf{e}'_j$, $j = 1, 2, 3$, mittels Gleichung (2.15) beschrieben. Obwohl die Komponenten des Vektors **v** in diesen beiden Koordinatensystemen verschieden sind, wird jeweils derselbe Vektor **v** beschrieben. Folglich ist das Maß für die Länge dieses Vektors in beiden Fällen gleich. Die Länge eines Vektors ist also eine Invariante, d. h. eine vom gewählten Koordinatensystem unabhängige Größe.

Zur Transformation der Komponenten eines Vektors von einem Koordinatensystem in ein anderes wurden die Gleichungen (2.19) bzw. (2.18) hergeleitet. Werden diese Gleichungen bei einer Koordinatentransformation zur Transformation der Komponenten eines Vektors von einer bestimmten Basis in eine andere Basis verwendet, so ist sichergestellt, dass in beiden Koordinatensystemen derselbe Vektor beschrieben wird. Sind also die Komponenten eines Vektors in einem Koordinatensystem festgelegt, so sind die Komponenten dieses Vektors auch in jedem anderen Koordinatensystem durch die Gleichungen (2.19) bzw. (2.18) festgelegt.

Bei der Transformation physikalischer Größen von einem Koordinatensystem in ein anderes ist darauf zu achten, dass Gleichungen zur Beschreibung physikalischer Sachverhalte für beide Koordinatensysteme gelten ($\rightarrow$ Invarianz der Gleichungen bei einer Koordinatentransformation). Größen, die diesem Grundsatz entsprechen, werden Tensoren genannt. Vektoren sind Tensoren 1. Stufe. Die Komponenten von Tensoren 1. Stufe sind durch einen Index gekennzeichnet. Sie gehorchen dem Transformationsgesetz (2.19) bzw. (2.18). Tensoren, die in einem rechtwinkeligen kartesischen Koordinatensystem dargestellt werden, bezeichnet man als kartesische Tensoren. Skalare Größen, wie z. B. die Temperatur oder die Dichte, sind Tensoren 0. Stufe. Skalaren Größen ist nur ein Zahlenwert, jedoch keine Richtung zugeordnet. Daher ändern sie sich beim Übergang von einem in ein anderes Koordinatensystem nicht.

Ein Tensor 2. Stufe kann als dyadisches Produkt (Tensorprodukt) zweier Vektoren definiert werden. Dementsprechend erhält man den Tensor 2. Stufe **T** als dyadisches Produkt der beiden Vektoren **a** und **b** zu

$$\mathbf{T} = \mathbf{a} \otimes \mathbf{b} = (a_i\,\mathbf{e}_i) \otimes (b_j\,\mathbf{e}_j) = a_i\,b_j\,\mathbf{e}_i \otimes \mathbf{e}_j = T_{ij}\,\mathbf{e}_i \otimes \mathbf{e}_j\ . \tag{2.45}$$

Setzt man im Ausdruck für das dyadische Produktbeispielsweise $i = 1$ und $j = 2$, so erhält man

$$\mathbf{e}_1 \otimes \mathbf{e}_2 = \mathbf{e}_1 \cdot \mathbf{e}_2^T = \begin{Bmatrix} 1 \\ 0 \\ 0 \end{Bmatrix} \lfloor 0 \quad 1 \quad 0 \rfloor = \begin{bmatrix} 0 & 1 & 0 \\ 0 & 0 & 0 \\ 0 & 0 & 0 \end{bmatrix} . \tag{2.46}$$

In (2.45) und (2.46) bezeichnet das Symbol $\otimes$ das dyadische Produkt und $T_{ij} = a_i\, b_j,\; i,j = 1,2,3$, die Komponenten des Tensors 2. Stufe $\mathbf{T}$. Zu beachten ist, dass das dyadische Produkt zweier Vektoren nicht kommutativ ist, d. h. $\mathbf{a} \otimes \mathbf{b} \neq \mathbf{b} \otimes \mathbf{a}$.

Tensoren 2. Stufe spielen in der Kontinuumsmechanik eine wesentliche Rolle. Analog zu den Tensoren 0. und 1. Stufe sind sie vom Koordinatensystem unabhängig. Ihre Darstellung in einem rechtwinkeligen kartesischen Koordinatensystem mit der Basis $\mathbf{e}_i$, $i = 1,2,3$, führt auf die neun Komponenten T_{ij}. Jede dieser Komponenten weist zwei Indizes auf. Jeder Index bezieht sich auf eine Richtung. Als Beispiel sei der Spannungstensor angeführt. Er wird im Kapitel 3 vorgestellt. Ein Index bezieht sich auf die Lage der Ebene, in der die betreffende Tensorkomponente wirkt, und der andere Index auf die Wirkungsrichtung dieser Komponente.

Tensoren 2. Stufe können auch als lineare Operatoren einer linearen Vektorfunktion definiert werden. Mit Hilfe des Tensors $\mathbf{T}$ ergibt sich die lineare Transformation des Vektors $\mathbf{v}$ in den Vektor $\mathbf{w}$ zu

$$\mathbf{w} = \mathbf{T} \cdot \mathbf{v} . \tag{2.47}$$

Einsetzen von (2.45) in (2.47) ergibt

$$\mathbf{w} = (\mathbf{a} \otimes \mathbf{b}) \cdot \mathbf{v} . \tag{2.48}$$

Die rechte Seite von (2.48) ist zu

$$(\mathbf{a} \otimes \mathbf{b}) \cdot \mathbf{v} = (\mathbf{b} \cdot \mathbf{v})\, \mathbf{a} \tag{2.49}$$

definiert. Demgemäß führt $\mathbf{T}$ den Vektor $\mathbf{v}$ in einen Vektor $\mathbf{w}$ über. Durch Vergleich von (2.49) mit (2.48) erkennt man, dass die Richtung von $\mathbf{w}$ durch $\mathbf{a}$ gegeben ist. Das innere Produkt $\mathbf{b} \cdot \mathbf{v}$ stellt einen skalaren Faktor dar. Setzt man (2.24) und (2.45) in (2.47) ein und berücksichtigt (2.49) und (2.26), so erhält man

$$\mathbf{w} = (T_{ij}\, \mathbf{e}_i \otimes \mathbf{e}_j) \cdot (v_k\, \mathbf{e}_k) = T_{ij}\, v_k\, (\mathbf{e}_i \otimes \mathbf{e}_j) \cdot \mathbf{e}_k = T_{ij}\, v_k\, \delta_{jk} \cdot \mathbf{e}_i = T_{ij}\, v_j\, \mathbf{e}_i . \tag{2.50}$$

Analog zu (2.24) ergeben sich die Komponenten w_i von $\mathbf{w}$ zu

$$w_i = T_{ij}\, v_j . \tag{2.51}$$

(2.51) stellt eine lineare Transformation der Vektorkomponenten v_j in die Vektorkomponenten w_i dar. Sie wird mittels der Komponenten T_{ij} des kartesischen Tensors 2. Stufe, $\mathbf{T}$, bewerkstelligt.

Bei Verwendung rechtwinkeliger kartesischer Koordinaten werden bei Tensoren 1. oder höherer Stufe zumeist die Basisvektoren weggelassen. Man schreibt z. B. anstelle von $v_i\, \mathbf{e}_i$ und $T_{ij}\, \mathbf{e}_i \otimes \mathbf{e}_j$ nur die Komponenten v_i und T_{ij} an. Bei diesen Koordinaten ist das deswegen möglich, weil die Basisvektoren normiert sind und unveränderliche Richtungen aufweisen. Ableitungen von Tensoren ergeben sich deshalb durch Ableitung der Komponenten. Das gilt nicht für GAUSS'sche (krummlinige) Koordinaten.

Tabelle 2.1: Transformationsgesetze für Tensoren von 0. bis 4. Stufe

Stufe des Tensors	Anzahl der Komponenten	Transformationsgesetz
0	$3^0 = 1$	$c' = c$
1	$3^1 = 3$	$v'_i = n_{ik}\, v_k$
2	$3^2 = 9$	$T'_{ij} = n_{ik}\, n_{jl}\, T_{kl}$
3	$3^3 = 27$	$A'_{ijk} = n_{il}\, n_{jm}\, n_{kn}\, A_{lmn}$
4	$3^4 = 81$	$C'_{ijkl} = n_{im}\, n_{jn}\, n_{kp}\, n_{lq}\, C_{mnpq}$

In diesem Fall sind im Allgemeinen sowohl die Längen als auch die Richtungen der Basisvektoren veränderlich. Ableitungen eines Tensors umfassen dann sowohl seine Komponenten als auch seine Basisvektoren.

Im Folgenden werden die Regeln für die Transformation der Komponenten eines Tensors 2. Stufe beim Wechsel von der Basis $\mathbf{e}_i$, $i = 1, 2, 3$, zur Basis $\mathbf{e}'_j$, $j = 1, 2, 3$, abgeleitet. Die Transformation der Vektorkomponenten w_i in (2.51) ist gemäß (2.43) zu

$$w'_i = n_{ik}\, w_k \tag{2.52}$$

gegeben. Einsetzen von (2.38) in (2.51) und Eintragen des erhaltenen Ergebnisses in (2.52) ergibt

$$w'_i = n_{ik}\, T_{kj}\, n_{lj}\, v'_l = T'_{il}\, v'_l \tag{2.53}$$

mit

$$T'_{il} = n_{ik}\, n_{lj}\, T_{kj} \; . \tag{2.54}$$

(2.54) stellt das Transformationsgesetz für die Komponenten eines Tensors 2. Stufe dar. Für die Umkehrtransformation erhält man

$$T_{ij} = n_{ki}\, n_{lj}\, T'_{kl} \; . \tag{2.55}$$

Zu Vergleichszwecken werden die Gleichungen (2.52) bis (2.55) auch in Matrizenschreibweise dargestellt. (2.52) lautet in Matrizenschreibweise $\mathbf{w}' = \mathbf{Q} \cdot \mathbf{w}$. Einsetzen von (2.47) in diese Gleichung ergibt $\mathbf{w}' = \mathbf{Q} \cdot \mathbf{T} \cdot \mathbf{v}$. Mit Hilfe von (2.20) erhält man $\mathbf{w}' = \mathbf{Q} \cdot \mathbf{T} \cdot \mathbf{Q}^T \cdot \mathbf{v}'$. (2.53) lautet in Matrizenschreibweise: $\mathbf{w}' = \mathbf{T}' \cdot \mathbf{v}'$. Ein Vergleich der beiden letzten Beziehungen führt auf $\mathbf{T}' = \mathbf{Q} \cdot \mathbf{T} \cdot \mathbf{Q}^T$, woraus $\mathbf{T} = \mathbf{Q}^T \cdot \mathbf{T}' \cdot \mathbf{Q}$ folgt.

Vergleicht man die Transformationsgesetze für Tensoren 1. und 2. Stufe, so stellt man fest, dass jeder Index eines solchen Tensors eine Richtungsinformation betrifft. Sie manifestiert sich als Richtungskosinus im Transformationsgesetz. Dieser enthält jeweils einen Index, über den zu summieren ist.

Auf analoge Weise lassen sich Tensoren von höherer als 2. Stufe definieren. In der Kontinuumsmechanik sind insbesondere Tensoren 4. Stufe von Bedeutung. Sie ermöglichen eine lineare Transformation eines Tensors 2. Stufe in einen anderen Tensor derselben Stufe. Die Transformationsregeln für Tensoren 0. bis 4. Stufe sind in Tabelle 2.1 zusammengefasst.

2.5 Tensoroperationen

In diesem Unterkapitel werden einige häufig verwendete Tensoroperationen beschrieben. Die koordinatenfreie Schreibweise wird der Indexschreibweise für Tensorkomponenten in rechtwinkeligen kartesischen Koordinaten gegenübergestellt. Im Folgenden bezeichnen a und c skalare Größen, $\mathbf{u}, \mathbf{v}, \mathbf{w}$ Vektoren bzw. Tensoren 1. Stufe mit den Komponenten u_i, v_i, w_i, $i = 1, 2, 3$, und $\mathbf{A}, \mathbf{P}, \mathbf{S}, \mathbf{T}$ Tensoren 2. Stufe mit den Komponenten $A_{ij}, P_{ij}, S_{ij}, T_{ij}$; $\mathbf{G}$ bezeichnet einen Tensor 3. Stufe mit den Komponenten G_{ijk} und $\mathbf{D}$ einen Tensor 4. Stufe mit den Komponenten D_{ijkl}.

Das tensorielle Produkt zweier Tensoren gleicher oder verschiedener Stufe ist eine Verallgemeinerung des in (2.45) definierten dyadischen Produkts zweier Tensoren 1. Stufe. Es ergibt einen Tensor, dessen Stufe gleich der Summe der Stufen der beiden Tensoren ist. Es gilt z. B.

$$
\begin{aligned}
\mathbf{u}\,,\ \mathbf{v} &\rightarrow \mathbf{u} \otimes \mathbf{v} = \mathbf{S}\,, & u_i\, v_j &= S_{ij}\,,\\
\mathbf{S}\,,\ \mathbf{w} &\rightarrow \mathbf{S} \otimes \mathbf{w} = \mathbf{G}\,, & S_{ij}\, w_k &= G_{ijk}\,,\\
\mathbf{S}\,,\ \mathbf{T} &\rightarrow \mathbf{S} \otimes \mathbf{T} = \mathbf{D}\,, & S_{ij}\, T_{kl} &= D_{ijkl}\,.
\end{aligned} \tag{2.56}
$$

Unter der Kontraktion eines Tensors versteht man das Gleichsetzen zweier Indizes. Es bewirkt laut EINSTEIN'scher Summationskonvention die Summierung über den Wertebereich des betreffenden Index. Die Stufe des Tensors wird durch diese Operation um zwei reduziert. Diesem Umstand trägt die Bezeichnung Kontraktion Rechnung. Das Ergebnis einer Tensorkontraktion wird in Analogie zum inneren Produkt zweier Vektoren auch als inneres Produkt zweier Tensoren bezeichnet. Setzt man im Tensorprodukt $u_i\, v_j$ in (2.56) den Index i gleich dem Index j, so erhält man $u_i\, v_i = u_1\, v_1 + u_2\, v_2 + u_3\, v_3$, also das Skalarprodukt der beiden Vektoren $\mathbf{u}$ und $\mathbf{v}$. Setzt man im Tensorprodukt $S_{ij}\, w_k$ den Index k gleich dem Index j, so erhält man einen Vektor mit den Komponenten $S_{ij}\, w_j$. In diesem Fall ist $\mathbf{S}$ ein linearer Operator, dessen Anwendung auf $\mathbf{w}$ einen Vektor ergibt (siehe auch (2.47) bis (2.51)). Gleichsetzen der Indizes j und k im Tensorprodukt $S_{ij}\, T_{kl}$ ergibt $S_{ij}\, T_{jl}$, also einen Tensor 2. Stufe. Einige Möglichkeiten der Bildung innerer Produkte sind im Folgenden zusammengestellt:

$$
\begin{aligned}
\mathbf{u}\,,\ \mathbf{v} &\rightarrow \mathbf{u} \cdot \mathbf{v} = c\,, & u_i\, v_i &= c\,,\\
\mathbf{S}\,,\ \mathbf{w} &\rightarrow \mathbf{S} \cdot \mathbf{w} = \mathbf{v}\,, & S_{ij}\, w_j &= v_i\,,\\
\mathbf{S}\,,\ \mathbf{T} &\rightarrow \mathbf{S} \cdot \mathbf{T} = \mathbf{P}\,, & S_{ik}\, T_{kj} &= P_{ij}\,,\\
\mathbf{D}\,,\ \mathbf{v} &\rightarrow \mathbf{D} \cdot \mathbf{v} = \mathbf{G}\,, & D_{ijkl}\, v_l &= G_{ijk}\,.
\end{aligned} \tag{2.57}
$$

Doppelte Kontraktion von $S_{ij}\, T_{kl}$ durch Gleichsetzen der Indizes i und k sowie der Indizes j und l ergibt die skalare Größe

$$
a = S_{ij}\, T_{ij}\,, \qquad a = \mathbf{S} : \mathbf{T}\,. \tag{2.58}
$$

(2.58) wird auch als das Skalarprodukt zweier Tensoren 2. Stufe bezeichnet. Die doppelte Kontraktion des Tensorprodukts $D_{ijkl}\, S_{mn}$ durch Gleichsetzen der Indizes k und m sowie der Indizes l und n ergibt einen Tensor 2. Stufe:

$$
A_{ij} = D_{ijkl}\, S_{kl}\,, \qquad \mathbf{A} = \mathbf{D} : \mathbf{S}\,. \tag{2.59}
$$

Der Einheitstensor 2. Stufe wird mit **1** bezeichnet. In einem rechtwinkeligen kartesischen Koordinatensystem lauten seine Komponenten δ_{ij} (siehe (2.27)). Für einen beliebigen Vektor **v** gilt

$$\mathbf{1} \cdot \mathbf{v} = \mathbf{v} \cdot \mathbf{1} = \mathbf{v} \ , \qquad \delta_{ij}\, v_j = v_i \ , \qquad v_i\, \delta_{ij} = v_j \ . \tag{2.60}$$

Die Spur (englisch: *trace*) eines Tensors 2. Stufe ist zu

$$tr\, \mathbf{T} = \mathbf{1} : \mathbf{T} \ , \qquad tr\, \mathbf{T} = \delta_{ij}\, T_{ij} = T_{ii} \tag{2.61}$$

definiert.

2.6 Ableitungen eines Tensorfeldes

Ein Tensorfeld ist durch die Zuordnung eines Tensors **T** zu jedem Punkt **x** im Raum gekennzeichnet, d. h. $\mathbf{T} = \mathbf{T}(\mathbf{x})$. Der Tensor $\mathbf{T}(\mathbf{x})$ ist somit eine Funktion der Ortskoordinaten. Er kann ferner von der Zeit t abhängen, d. h. $\mathbf{T} = \mathbf{T}(\mathbf{x}, t)$. Ein Tensorfeld in rechtwinkeligen kartesischen Koordinaten ist differenzierbar, wenn die Komponenten von **T** differenzierbare Funktionen von **x** und gegebenenfalls t sind. Die partielle Ableitung der Komponenten eines Tensorfeldes nach der Koordinate x_i wird durch das Symbol $\partial/\partial x_i$ dargestellt. In Indexschreibweise wird sie durch ein Komma ausgedrückt.

Für die Ableitung eines skalaren Feldes ϕ nach der Koordinate x_i wird somit

$$\frac{\partial \phi}{\partial x_i} = \phi_{,i} \tag{2.62}$$

geschrieben. Der Gradient des skalaren Felds ϕ ist zu

$$grad\, \phi = \frac{\partial \phi}{\partial x_i}\, \mathbf{e}_i \tag{2.63}$$

definiert. Demnach ist $grad\, \phi$ ein Vektor. Er zeigt in die Richtung des stärksten Anstiegs von ϕ (Abb. 2.3). Der Gradient eines Tensorfeldes 0. Stufe, d. h. eines Skalarfeldes, ist also ein Tensor 1. Stufe, d. h. ein Vektor. Allgemein gilt, dass der Gradient eines Tensors bestimmter Stufe ein Tensor einer um eins höheren Stufe ist. Daher ist

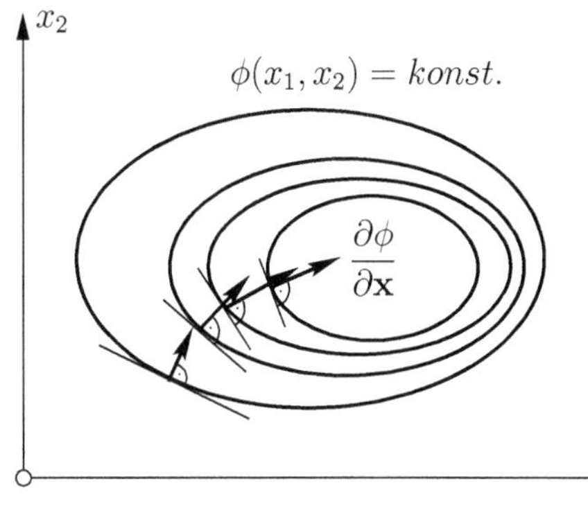

Abb. 2.3: Graphische Interpretation des Gradienten einer skalaren Funktion $\phi(x_1, x_2)$

der Gradient eines Vektorfeldes ein Tensor 2. Stufe. Der Gradient des Vektorfeldes $\mathbf{v}$ ist zu

$$grad\,\mathbf{v} = \frac{\partial v_i}{\partial x_j}\,\mathbf{e}_i \otimes \mathbf{e}_j = v_{i,j}\,\mathbf{e}_i \otimes \mathbf{e}_j \tag{2.64}$$

definiert. Ausführlich angeschrieben, lautet die Matrix der Komponenten $v_{i,j}$ dieses Tensors:

$$\begin{bmatrix} v_{1,1} & v_{1,2} & v_{1,3} \\ v_{2,1} & v_{2,2} & v_{2,3} \\ v_{3,1} & v_{3,2} & v_{3,3} \end{bmatrix} . \tag{2.65}$$

Diese Matrix ist im Allgemeinen unsymmetrisch.

Die Divergenz des Vektorfeldes $\mathbf{v}$ ist zu

$$div\,\mathbf{v} = \frac{\partial v_i}{\partial x_j}\,\mathbf{e}_i \cdot \mathbf{e}_j = v_{i,j}\,\mathbf{e}_i \cdot \mathbf{e}_j = v_{i,i} \tag{2.66}$$

definiert. Demnach ist die Divergenz eines Vektorfeldes eine skalare Größe.

2.7 Divergenztheorem

Das Divergenztheorem ist ein Integralsatz. Vielfach wird es als GAUSS'scher Integralsatz bezeichnet. Für Herleitungen in der Kontinuumsmechanik bzw. der Elastizitätstheorie kommt diesem Integralsatz große Bedeutung zu.

Für eine Vektorfunktion

$$\mathbf{f}(\mathbf{x}) = f_1(\mathbf{x})\,\mathbf{e}_1 + f_2(\mathbf{x})\,\mathbf{e}_2 + f_3(\mathbf{x})\,\mathbf{e}_3 \ , \tag{2.67}$$

die auf der geschlossenen Oberfläche S eines Gebiets mit dem Volumen V stetig ist, lautet das Divergenztheorem:

$$\int\limits_S \mathbf{f} \cdot \mathbf{n}\,dS = \int\limits_V div\,\mathbf{f}\,dV \ . \tag{2.68}$$

Das Oberflächenintegral des Skalarproduktes des Vektors $\mathbf{f}$ und des Normalenvektors $\mathbf{n}$, der ins Gebietsäußere weist, ist also gleich dem Volumenintegral der Divergenz der Vektorfunktion $\mathbf{f}$. $div\,\mathbf{f}$ wird als in V stetige Funktion vorausgesetzt. Sie wird gemäß (2.66) bestimmt.

Für den Beweis des Divergenztheorems wird (2.68) ausführlich angeschrieben:

$$\int\limits_S f_1\,\mathbf{e}_1 \cdot \mathbf{n}\,dS + \int\limits_S f_2\,\mathbf{e}_2 \cdot \mathbf{n}\,dS + \int\limits_S f_3\,\mathbf{e}_3 \cdot \mathbf{n}\,dS = \int\limits_V \frac{\partial f_1}{\partial x_1} dV + \int\limits_V \frac{\partial f_2}{\partial x_2} dV + \int\limits_V \frac{\partial f_3}{\partial x_3} dV \ . \tag{2.69}$$

Verifiziert wird das Divergenztheorem durch den Nachweis der Gleichheit entsprechender Integrale auf der rechten und linken Seite von (2.69). Im Folgenden wird beispielhaft die Richtigkeit von

$$\int\limits_S f_3\,\mathbf{e}_3 \cdot \mathbf{n}\,dS = \int\limits_V \frac{\partial f_3}{\partial x_3} dV \tag{2.70}$$

bewiesen. Einsetzen von $dV = dx_1\, dx_2\, dx_3$ in (2.70) und Integration über x_3 ergibt

$$\int\limits_V \frac{\partial f_3}{\partial x_3}\, dx_1\, dx_2\, dx_3 = \int f_3 \,|_{S^{(2)}}\, dx_1\, dx_2 - \int f_3 \,|_{S^{(1)}}\, dx_1\, dx_2 \ , \qquad (2.71)$$

wobei $S^{(1)}$ die untere Hälfte von S und $S^{(2)}$ die obere Hälfte von S bezeichnet (Abb. 2.4). Die infinitesimalen Flächenelemente $dS^{(1)}$ und $dS^{(2)}$ sind so definiert,

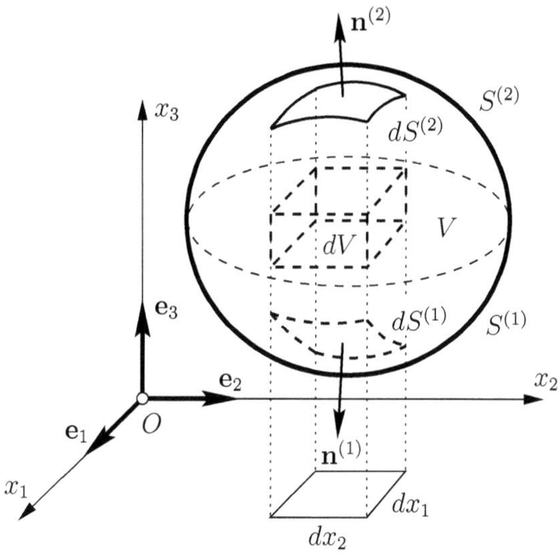

Abb. 2.4: Zur Ableitung des Divergenztheorems

dass sowohl die Projektion von $dS^{(1)}$ als auch die von $dS^{(2)}$ in die x_1x_2-Ebene das infinitesimale Flächenelement $dx_1\, dx_2$ ergibt. Bezeichnet man den Normalenvektor auf $dS^{(1)}$ und $dS^{(2)}$ mit $\mathbf{n}^{(1)}$ bzw. $\mathbf{n}^{(2)}$, so erhält man für $dx_1\, dx_2$ folgende Ausdrücke:

$$dx_1\, dx_2 = \mathbf{e}_3 \cdot \mathbf{n}^{(2)}\, dS^{(2)} = -\mathbf{e}_3 \cdot \mathbf{n}^{(1)}\, dS^{(1)} \ . \qquad (2.72)$$

Das Minuszeichen im letzten Term von (2.72) trägt der Tatsache Rechnung, dass das Skalarprodukt des ins Körperäußere zeigenden Normalenvektors $\mathbf{n}^{(1)}$ und von $\mathbf{e}_3$ negativ ist, $dx_1\, dx_2$ und $dS^{(1)}$ aber positive Größen sind. Einsetzen von (2.72) in (2.71) ergibt

$$\int f_3 \,|_{S^{(2)}}\, dx_1\, dx_2 - \int f_3 \,|_{S^{(1)}}\, dx_1\, dx_2 = \int\limits_{S^{(2)}} f_3\, \mathbf{e}_3 \cdot \mathbf{n}^{(2)}\, dS^{(2)} + \int\limits_{S^{(1)}} f_3\, \mathbf{e}_3 \cdot \mathbf{n}^{(1)}\, dS^{(1)} \ . \qquad (2.73)$$

Wegen $S^{(1)} \cup S^{(2)} = S$ entspricht die rechte Seite von (2.73) der linken Seite von (2.70). Analoge Überlegungen für die beiden übrigen Paare von Termen in (2.69) vervollständigen den Beweis der Gültigkeit des Divergenztheorems.

2.8 TAYLORreihenentwicklung

Für eine im Intervall von der betrachteten Stelle $x = \bar{x}$ bis zu einer beliebigen Stelle x $(n+1)$-mal differenzierbare Funktion $f(x)$ gilt die TAYLOR'sche Formel:

$$f(x) = f(\bar{x}) + \frac{(x-\bar{x})}{1!}\frac{df}{dx}\bigg|_{x=\bar{x}} + \frac{(x-\bar{x})^2}{2!}\frac{d^2f}{dx^2}\bigg|_{x=\bar{x}} + \dots + \\ + \frac{(x-\bar{x})^n}{n!}\frac{d^nf}{dx^n}\bigg|_{x=\bar{x}} + \frac{(x-\bar{x})^{n+1}}{(n+1)!}\frac{d^{(n+1)}f}{dx^{(n+1)}}\bigg|_{\bar{x}+\vartheta(x-\bar{x})}, \tag{2.74}$$

wobei $0 < \vartheta < 1$ ist. Der letzte Term in (2.74) ist das Restglied. Strebt dieses Glied mit wachsendem n gegen null, so wird für $n \to \infty$ aus der TAYLOR'schen Formel die TAYLOR'sche Reihe. Ihre Auswertung an der Stelle $x = \bar{x} + h$ führt auf

$$f(\bar{x}+h) = f(\bar{x}) + \frac{h}{1!}\frac{df}{dx}\bigg|_{x=\bar{x}} + \frac{h^2}{2!}\frac{d^2f}{dx^2}\bigg|_{x=\bar{x}} + \dots \tag{2.75}$$

Abb. 2.5 zeigt die bei Abbruch der TAYLOR'schen Reihe nach dem linearen Glied erhaltene Approximation des Funktionswertes $f(\bar{x}+h)$.

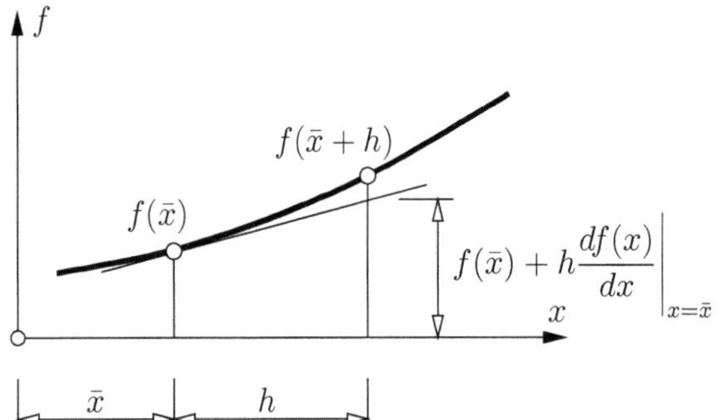

Abb. 2.5: Lineare Approximation des Funktionswertes $f(\bar{x}+h)$

Verallgemeinerung von (2.75) auf eine Funktion $f(\mathbf{x})$ mit $\mathbf{x} = \lfloor x_1, x_2, \dots, x_n \rfloor^T$ führt auf

$$f(\bar{\mathbf{x}}+\mathbf{h}) = f(\bar{\mathbf{x}}) + \sum_{i=1}^{n} h_i \frac{\partial f}{\partial x_i}\bigg|_{\mathbf{x}=\bar{\mathbf{x}}} + \frac{1}{2!}\sum_{i=1}^{n}\sum_{j=1}^{n} h_i\, h_j \frac{\partial^2 f}{\partial x_i\, \partial x_j}\bigg|_{\mathbf{x}=\bar{\mathbf{x}}} + \dots \tag{2.76}$$

Kapitel 3

Grundlagen der Elastizitätstheorie

3.1 Kinematische Beziehungen

3.1.1 Verschiebungs- und Verzerrungszustand

Ein deformierbarer fester Körper nimmt im unbelasteten Zustand einen bestimmten Bereich des dreidimensionalen EUKLIDischen Raumes ein. Diese Lage dient im Allgemeinen als Referenzkonfiguration, auf die Lageänderungen des Körpers bezogen werden. Sie wird mit B_0 bezeichnet (Abb. 3.1). Die belastungsbedingte aktuelle Lage des Körpers wird Momentankonfiguration genannt und mit B_t bezeichnet (Abb. 3.1).

In der Referenzkonfiguration ist die Lage eines Partikels durch den Ortsvektor $\mathbf{X}$ bestimmt. In der Momentankonfiguration wird die Lage desselben Partikels durch den

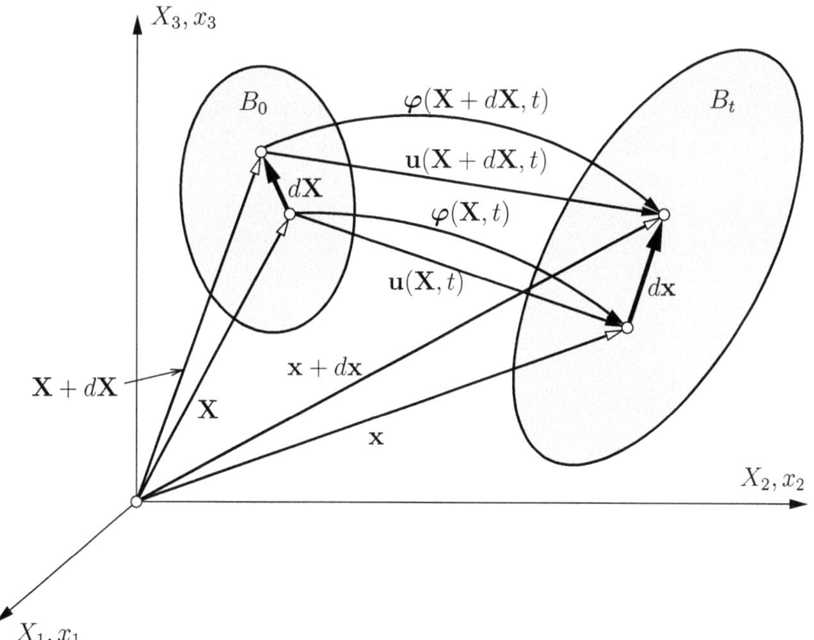

Abb. 3.1: Körper in der Referenzkonfiguration B_0 und der Momentankonfiguration B_t

H. A. Mang und G. Hofstetter, *Festigkeitslehre*,
https://doi.org/10.1007/978-3-662-57564-2_3

Ortsvektor $\mathbf{x}$ beschrieben. Die Abbildung von $\mathbf{X}$ auf $\mathbf{x}$ wird durch die Vektorfunktion $\boldsymbol{\varphi}$ zu

$$\mathbf{x} = \boldsymbol{\varphi}(\mathbf{X}, t) \tag{3.1}$$

festgelegt. Dabei bedeutet die Variable t die Zeit. Die in (3.1) zum Ausdruck kommende Beschreibungsweise mit den unabhängigen Variablen $\mathbf{X}$ und t bezeichnet man als materielle oder LAGRANGE'sche Beschreibungsweise. Die Komponenten X_i, $i = 1, 2, 3$, des Ortsvektors eines Partikels in der Referenzkonfiguration werden materielle oder LAGRANGE'sche Koordinaten genannt. Die erste Bezeichnung drückt aus, dass diese Koordinaten die Lage eines bestimmten materiellen Punktes in der Referenzkonfiguration festlegen.

Der Differenzvektor zwischen dem Ortsvektor $\mathbf{X}$ eines Partikels in der Referenzkonfiguration und dem Ortsvektor $\mathbf{x}$ desselben Partikels in der Momentankonfiguration ist der Verschiebungsvektor $\mathbf{u}$, d. h.

$$\mathbf{u}(\mathbf{X}, t) = \mathbf{x}(\mathbf{X}, t) - \mathbf{X} \; . \tag{3.2}$$

Die Gesamtheit der Verschiebungsvektoren aller Partikel eines Körpers kennzeichnet den Verschiebungszustand. Bei einem deformierbaren festen Körper ist dieser Zustand im Allgemeinen das Ergebnis einer Starrkörperbewegung und einer Verformung des Körpers. Die Starrkörperbewegung besteht in der Regel aus einer Translation und einer Rotation des Körpers. Dabei ändert sich weder sein Volumen noch seine Gestalt. Der Verschiebungszustand eines starren Körpers ist das Resultat einer Starrkörperbewegung. Bei der Verformung eines Körpers ändert sich im Allgemeinen sowohl sein Volumen als auch seine Gestalt bzw. Form. Daher rührt der Begriff *Verformung* bzw. *Formänderung*.

Gegenstand der Elastizitätstheorie sind elastische Körper. Sie sind durch den vollständigen Rückgang der von einer Belastung bewirkten Verformung bei Entfernung dieser Belastung gekennzeichnet. Der Elastizität des Materials wird durch entsprechende konstitutive Gleichungen (siehe Unterkapitel 3.3) Rechnung getragen. Im Gegensatz zu ihnen sind die kinematischen Beziehungen werkstoffunabhängig.

Die Verformung eines Körpers ist durch die Änderung der Abstände zwischen benachbarten Punkten des Körpers während der Bewegung gekennzeichnet. Benachbart sind zwei Punkte dann, wenn ihr Abstand infinitesimal ist. Die Strecke zwischen zwei nicht benachbarten Punkten P und Q in der Referenzkonfiguration erfährt bei der Verformung im Allgemeinen eine nicht vernachlässigbare Verkrümmung (Abb. 3.2). Zufällig kann der Abstand zwischen diesen zwei Punkten in der Momentankonfiguration gleich groß wie der entsprechende Abstand in der Referenzkonfiguration sein. Die Länge der ursprünglichen Strecke ist durch die Verkrümmung jedoch größer geworden. Deshalb sind endliche Strecken zur Beurteilung der Verformung eines Körpers ungeeignet. Bei einer infinitesimalen Strecke hingegen ist die bei der Verformung entstehende Verkrümmung von höherer Ordnung klein und daher vernachlässigbar. Folglich wird eine solche Strecke bei der Deformation auf eine Strecke von geänderter Länge abgebildet (Abb. 3.1).

Zwei benachbarte Punkte sind in der Referenzkonfiguration durch die Ortsvektoren $\mathbf{X}$ und $\mathbf{X} + d\mathbf{X}$ festgelegt. Das Quadrat des Abstandes der beiden Punkte ist zu

$$dS^2 = dX_i \, dX_i \tag{3.3}$$

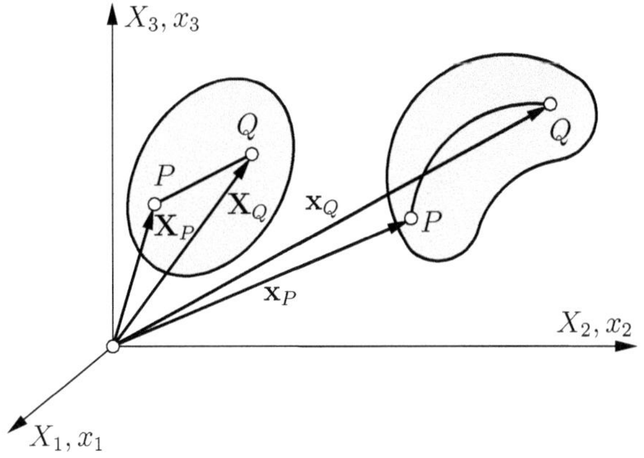

Abb. 3.2: Abbildung einer endlichen Strecke von der Referenz- in die Momentankonfiguration

gegeben. Die Ortsvektoren dieser beiden Punkte in der Momentankonfiguration erhält man aus (3.2) zu

$$\mathbf{x} = \mathbf{X} + \mathbf{u}(\mathbf{X}) , \tag{3.4}$$

$$\mathbf{x} + d\mathbf{x} = (\mathbf{X} + d\mathbf{X}) + \mathbf{u}(\mathbf{X} + d\mathbf{X}) . \tag{3.5}$$

Hier und im Weiteren wird das Argument t von $\mathbf{x}$ und $\mathbf{u}$ zur Vereinfachung der Schreibweise weggelassen. Das Quadrat des Abstandes der zwei Punkte in der Momentankonfiguration ist zu

$$ds^2 = dx_i \, dx_i \tag{3.6}$$

gegeben. Durch Einsetzen von (3.4) in (3.5) erhält man

$$d\mathbf{x} = d\mathbf{X} + \mathbf{u}(\mathbf{X} + d\mathbf{X}) - \mathbf{u}(\mathbf{X}) \tag{3.7}$$

bzw. in Indexschreibweise

$$dx_i = dX_i + u_i(X_j + dX_j) - u_i(X_j) . \tag{3.8}$$

Entwicklung von $\mathbf{u}(\mathbf{X}+d\mathbf{X})$ in eine TAYLORreihe an der Stelle $\mathbf{X}$ ergibt bei Benützung der EINSTEIN'schen Summationskonvention analog zu (2.76)

$$u_i(X_j + dX_j) = u_i(X_j) + \frac{\partial u_i}{\partial X_j} dX_j + \ldots \tag{3.9}$$

Trägt man (3.9) in (3.8) ein und berücksichtigt, dass die nichtlinearen Reihenglieder das quadratische Reihenglied und die weiteren Reihenglieder im Vergleich zum linearen Reihenglied von höherer Ordnung klein und somit vernachlässigbar sind, so erhält man

$$dx_i = dX_i + \frac{\partial u_i}{\partial X_j} dX_j = \left(\delta_{ij} + \frac{\partial u_i}{\partial X_j} \right) dX_j . \tag{3.10}$$

Einsetzen von (3.10) in (3.6) ergibt

$$\begin{aligned} ds^2 &= \left(\delta_{ij} + \frac{\partial u_i}{\partial X_j} \right) \left(\delta_{ik} + \frac{\partial u_i}{\partial X_k} \right) dX_j \, dX_k = \\ &= \left(\delta_{jk} + \frac{\partial u_k}{\partial X_j} + \frac{\partial u_j}{\partial X_k} + \frac{\partial u_i}{\partial X_j} \frac{\partial u_i}{\partial X_k} \right) dX_j \, dX_k . \end{aligned} \tag{3.11}$$

In der Momentankonfiguration ist die als Metrik bezeichnete Längen- und Winkelmessung durch ds^2 und in der Referenzkonfiguration durch dS^2 vollständig bestimmt. Somit ist die Differenz $ds^2 - dS^2$ ein Maß für die Verformung. Diese Differenz folgt aus (3.3) und (3.11) zu

$$\begin{aligned} ds^2 - dS^2 &= \left(\frac{\partial u_k}{\partial X_j} + \frac{\partial u_j}{\partial X_k} + \frac{\partial u_i}{\partial X_j} \frac{\partial u_i}{\partial X_k} \right) dX_j \, dX_k = \\ &= 2E_{jk} \, dX_j \, dX_k = 2E_{ij} \, dX_i \, dX_j \ . \end{aligned} \tag{3.12}$$

In symbolischer Schreibweise lautet (3.12):

$$ds^2 - dS^2 = d\mathbf{X}^T \cdot 2\mathbf{E} \cdot d\mathbf{X} \ . \tag{3.13}$$

Der Tensor 2. Stufe, $\mathbf{E}$, wird GREEN'scher Verzerrungstensor * genannt. Man bezeichnet ihn auch als Verzerrungstensor in LAGRANGE'schen Koordinaten. In einem rechtwinkeligen kartesischen Koordinatensystem sind seine Komponenten gemäß (3.12) zu

$$E_{ij} = \frac{1}{2} \left[\frac{\partial u_i}{\partial X_j} + \frac{\partial u_j}{\partial X_i} + \frac{\partial u_k}{\partial X_i} \frac{\partial u_k}{\partial X_j} \right] \tag{3.14}$$

gegeben. Die Indizes der Komponenten des GREEN'schen Verzerrungstensors in (3.14) beziehen sich auf die in dieser Gleichung aufscheinenden Komponenten des Verschiebungsvektors sowie auf die LAGRANGE'schen Koordinaten, nach denen diese Komponenten abgeleitet werden.

Alternativ dazu ließe sich ein Verzerrungstensor in EULER'schen Koordinaten herleiten [Parkus (1966)]. Bei diesen Koordinaten handelt es sich um die Komponenten x_i, $i = 1, 2, 3$, von $\mathbf{x}$.

Die Verschiebungen weisen die physikalische Dimension einer Länge auf. Die Ableitungen der Verschiebungskomponenten nach den kartesischen Koordinaten sind deshalb dimensionslos. Daraus folgt, dass die Komponenten des GREEN'schen Verzerrungstensors in kartesischen Koordinaten ebenfalls dimensionslos sind. Die in den Verschiebungsableitungen nichtlineare Gleichung (3.14) wird als kinematische oder geometrische Beziehung in LAGRANGE'schen Koordinaten bezeichnet.

Die Vertauschung der Indizes i und j in (3.14) hat keine Konsequenzen. Folglich ist der GREEN'sche Verzerrungstensor symmetrisch, d. h.

$$E_{12} = E_{21} \ , \quad E_{23} = E_{32} \ , \quad E_{31} = E_{13} \ . \tag{3.15}$$

Aus (3.12) bzw. (3.13) folgt, dass eine Starrkörperbewegung eines Körpers dann und nur dann vorliegt, wenn in jedem Punkt des Körpers $E_{ij} = 0$ bzw. $\mathbf{E} = \mathbf{0}$ ist.

Die geometrische Bedeutung der Komponenten des GREEN'schen Verzerrungstensors wird anhand von E_{11} und E_{12} erläutert. Zwecks geometrischer Interpretation der Tensorkomponente

$$E_{11} = \frac{\partial u_1}{\partial X_1} + \frac{1}{2} \left[\left(\frac{\partial u_1}{\partial X_1} \right)^2 + \left(\frac{\partial u_2}{\partial X_1} \right)^2 + \left(\frac{\partial u_3}{\partial X_1} \right)^2 \right] \tag{3.16}$$

wird ein infinitesimales Linienelement betrachtet, das in der unverformten Lage parallel zur X_1-Achse ist und somit in dieser Konfiguration die Länge $dS = dX_1$ aufweist (Abb. 3.3).

---

*GEORGE GREEN (1793–1841) leistete um 1830 wesentliche Beiträge zur Elastizitätstheorie.

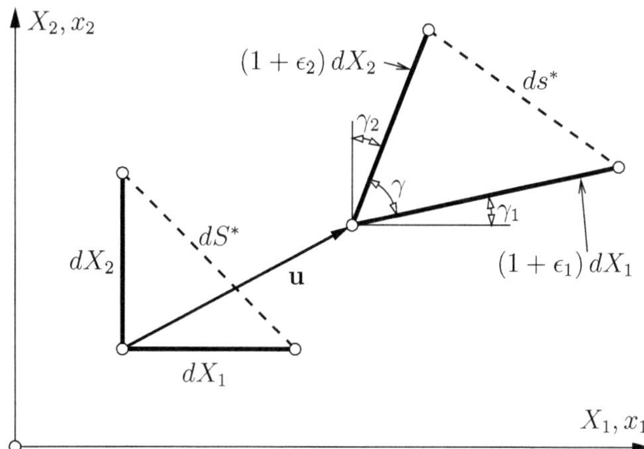

Abb. 3.3: Zur geometrischen Interpretation der Komponenten E_{11} und E_{12} des GREEN'schen Verzerrungstensors

In der verformten Lage ist dieses Linienelement im Allgemeinen nicht mehr parallel zur X_1-Achse. Seine Länge beträgt nunmehr ds. Die auf die ursprüngliche Länge dX_1 bezogene Längenänderung $ds - dX_1$ ist die mit ϵ_1 bezeichnete Dehnung des betrachteten Linienelements:

$$\epsilon_1 = \frac{ds - dX_1}{dX_1} \; . \tag{3.17}$$

Aus (3.17) folgt die Länge dieses Linienelements in der verformten Lage (Abb. 3.3):

$$ds = (1 + \epsilon_1)\, dX_1 \; . \tag{3.18}$$

Spezialisierung von (3.12) für $dS = dX_1$, $dX_2 = 0$ und $dX_3 = 0$ ergibt

$$ds^2 = (1 + 2E_{11})\, dX_1^2 \; . \tag{3.19}$$

Eintragen von (3.19) in (3.17) führt auf

$$\epsilon_1 = \sqrt{1 + 2E_{11}} - 1 \; . \tag{3.20}$$

Analog zu (3.20) erhält man

$$\epsilon_2 = \sqrt{1 + 2E_{22}} - 1 \; , \quad \epsilon_3 = \sqrt{1 + 2E_{33}} - 1 \; . \tag{3.21}$$

Die Tensorkomponenten E_{11}, E_{22}, E_{33} bestimmen also die Dehnungen von Linienelementen, die vor der Verformung parallel zu den Koordinatenachsen waren. Eine Dehnung mit negativem Vorzeichen wird Stauchung genannt.

Wenn $|E_{11}| \ll 1$ ist, darf die Potenzreihe für den Wurzelausdruck in (3.20) nach dem linearen Glied abgebrochen werden:

$$\epsilon_1 = \sqrt{1 + 2E_{11}} - 1 = 1 + E_{11} - \frac{1}{2}E_{11}^2 + \ldots - 1 \approx E_{11} \; . \tag{3.22}$$

Analog zu (3.22) erhält man dann

$$\epsilon_2 \approx E_{22} \; , \quad \epsilon_3 \approx E_{33} \; . \tag{3.23}$$

Bei kleinen Werten der Tensorkomponenten E_{11}, E_{22}, E_{33} sind diese also ungefähr gleich den entsprechenden Dehnungen.

Zwecks geometrischer Interpretation der Tensorkomponente

$$E_{12} = \frac{1}{2}\left[\frac{\partial u_1}{\partial X_2} + \frac{\partial u_2}{\partial X_1} + \frac{\partial u_1}{\partial X_1}\frac{\partial u_1}{\partial X_2} + \frac{\partial u_2}{\partial X_1}\frac{\partial u_2}{\partial X_2} + \frac{\partial u_3}{\partial X_1}\frac{\partial u_3}{\partial X_2}\right] \tag{3.24}$$

werden zwei infinitesimale Linienelemente betrachtet, die in der unverformten Lage parallel zur X_1- bzw. X_2-Achse sind und einen gemeinsamen Anfangspunkt besitzen (Abb. 3.3). Folglich weisen sie in dieser Lage die Längen dX_1 und dX_2 auf und schließen miteinander einen rechten Winkel ein. In der verformten Lage schließen diese beiden Linienelemente miteinander den Winkel γ ein. Gemäß Abb. 3.3 beträgt die Winkeländerung $\gamma_1 + \gamma_2$. Sie wird Gleitung genannt und mit γ_{12} bezeichnet. γ_{12} ist positiv, wenn aus dem von den Linienelementen dX_1 und dX_2 miteinander eingeschlossenen rechten Winkel bei der Verformung ein spitzer Winkel wird (Abb. 3.3). Durch Verbindung der beiden Endpunkte der Linienelemente dX_1 und dX_2 lässt sich ein Linienelement festlegen, das durch den Vektor $d\mathbf{X}^* = \lfloor -dX_1 \; dX_2 \; 0 \rfloor^T$ gekennzeichnet ist. Seine Länge beträgt $dS^* = \sqrt{dX_1^2 + dX_2^2}$. Durch Eintragen der Komponenten von $d\mathbf{X}^*$ in (3.12) ergibt sich

$$(ds^*)^2 - (dS^*)^2 = 2\left(E_{11}\,dX_1^2 - 2E_{12}\,dX_1\,dX_2 + E_{22}\,dX_2^2\right) . \tag{3.25}$$

Die in der unverformten Lage zu den Koordinatenachsen parallelen Linienelemente weisen gemäß (3.18) bzw. einer dazu analogen Beziehung für dX_2 in der verformten Lage die Längen $(1+\epsilon_1)\,dX_1$ und $(1+\epsilon_2)\,dX_2$ auf (Abb. 3.3). Anwendung des Kosinussatzes auf das Dreieck, das durch die drei Linienelemente in der verformten Lage gebildet wird, ergibt

$$(ds^*)^2 = (1+\epsilon_1)^2\,dX_1^2 + (1+\epsilon_2)^2\,dX_2^2 - 2\,(1+\epsilon_1)\,(1+\epsilon_2)\,dX_1\,dX_2\,\cos\gamma . \tag{3.26}$$

Eintragen von (3.26) in (3.25) unter Berücksichtigung der aus (3.20) folgenden Beziehung $(1+\epsilon_1)^2 = 1 + 2E_{11}$ bzw. der dazu analogen Beziehung $(1+\epsilon_2)^2 = 1 + 2E_{22}$ und von $(dS^*)^2 = dX_1^2 + dX_2^2$ sowie der aus Abb. 3.3 ablesbaren Beziehung $\gamma = \pi/2 - \gamma_{12}$ ergibt

$$\sin\gamma_{12} = \frac{2E_{12}}{(1+\epsilon_1)\,(1+\epsilon_2)} . \tag{3.27}$$

Analog zu (3.27) erhält man

$$\sin\gamma_{23} = \frac{2E_{23}}{(1+\epsilon_2)\,(1+\epsilon_3)} , \quad \sin\gamma_{31} = \frac{2E_{31}}{(1+\epsilon_3)\,(1+\epsilon_1)} . \tag{3.28}$$

Die Tensorkomponenten $E_{12} = E_{21}$, $E_{23} = E_{32}$, $E_{13} = E_{31}$ bestimmen also die Änderungen der rechten Winkel, die vor der Verformung von zwei zu den betreffenden Koordinatenachsen parallelen Linienelementen mit einem gemeinsamen Anfangspunkt eingeschlossen wurden.

Wenn $|E_{11}| \ll 1$, $|E_{22}| \ll 1$ und $|E_{33}| \ll 1$ ist, folgt aus (3.22) und (3.23) $|\epsilon_1| \ll 1$ bzw. $|\epsilon_2| \ll 1$ und $|\epsilon_3| \ll 1$. Einsetzen von $(1+\epsilon_1)(1+\epsilon_2) \approx 1$ in (3.27) und von $(1+\epsilon_2)(1+\epsilon_3) \approx 1$ in die erste bzw. von $(1+\epsilon_3)(1+\epsilon_1) \approx 1$ in die zweite der beiden Gleichungen (3.28) ergibt

$$\sin\gamma_{12} \approx \gamma_{12} \approx 2E_{12} , \quad \sin\gamma_{23} \approx \gamma_{23} \approx 2E_{23} , \quad \sin\gamma_{31} \approx \gamma_{31} \approx 2E_{31} . \tag{3.29}$$

Bei kleinen Werten der Tensorkomponenten $E_{12} = E_{21}$, $E_{23} = E_{32}$ und $E_{31} = E_{13}$ sind die doppelten Werte ungefähr gleich den entsprechenden Gleitungen.

Die Kleinheit der Verzerrungen verlangt weder die Kleinheit der Verschiebungen gegenüber den Abmessungen des Körpers noch die der Verschiebungsableitungen gegen eins. Das verdeutlicht der Grenzfall von Bewegungszuständen mit kleinen Verzerrungen, die Starrkörperbewegung. Setzt man diesem Grenzfall entsprechend in (3.14) $E_{ij} = 0$, so erhält man

$$\frac{\partial u_i}{\partial X_j} + \frac{\partial u_j}{\partial X_i} + \frac{\partial u_k}{\partial X_i}\frac{\partial u_k}{\partial X_j} = 0\,. \tag{3.30}$$

Für die Erfüllung von (3.30) ist weder die Größe der Verschiebungen noch die der Verschiebungsableitungen von Belang.

Ein anschauliches Beispiel für kleine Verzerrungen bei großen Verschiebungen und großen Verschiebungsableitungen ist die in Abb. 3.4 dargestellte dünne Blattfeder, deren Mittelfläche aus der gestreckten Lage zu einem Halbzylinder vom Radius R gebogen wird. Es lässt sich zeigen [Parkus (1966)], dass dabei die Mittelfläche verzerrungsfrei bleibt, während die Verschiebungsableitungen keinesfalls klein gegen eins sind.

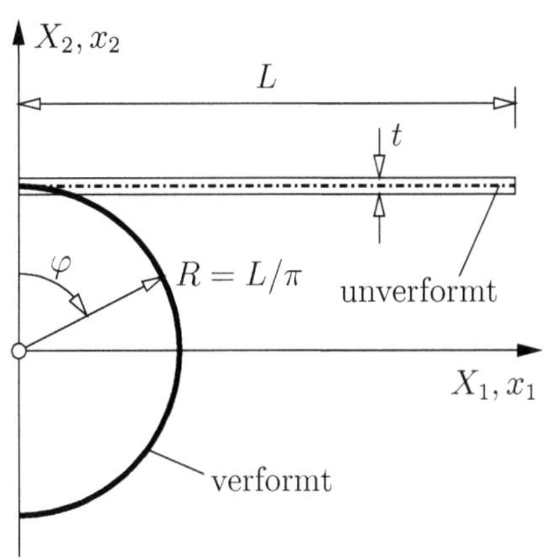

Abb. 3.4: Dünne Blattfeder als Beispiel für kleine Verzerrungen bei großen Verschiebungen und großen Verschiebungsableitungen

3.1.2 Linearisierter Verzerrungstensor

Wenn die Verschiebungsableitungen $\partial u_i/\partial X_j$ klein gegen eins sind, dürfen die quadratischen Glieder in (3.14) gegenüber den linearen Gliedern vernachlässigt werden. Unter Berücksichtigung von (3.2) gilt dann ferner

$$\frac{\partial u_i}{\partial X_j} = \frac{\partial u_i}{\partial x_k}\frac{\partial x_k}{\partial X_j} = \frac{\partial u_i}{\partial x_k}\left(\delta_{kj} + \frac{\partial u_k}{\partial X_j}\right) \approx \frac{\partial u_i}{\partial x_j}\,. \tag{3.31}$$

Der Unterschied zwischen den Ableitungen der Verschiebungen nach X_j und denen nach x_j ist also vernachlässigbar. Bei Vorliegen kleiner Verschiebungsableitungen wird grundsätzlich x_j anstatt X_j geschrieben und damit eine in der Ingenieurpraxis gebräuchliche Notation verwendet. Gemeint sind mit $x_j, j = 1, 2, 3$, in diesem Fall aber die Koordinaten zur Beschreibung der Referenzkonfiguration des Körpers.

Unter den genannten Voraussetzungen führt (3.14) auf

$$\varepsilon_{ij} = \frac{1}{2}\left(\frac{\partial u_i}{\partial x_j} + \frac{\partial u_j}{\partial x_i}\right) . \tag{3.32}$$

Bei ε_{ij} handelt es sich um die Komponenten des linearisierten Verzerrungstensors. Die partiellen Ableitungen $\partial u_i/\partial x_j$ in (3.32) sind die neun Komponenten des Verschiebungsgradienten. In symbolischer Schreibweise lautet er: $grad\,\mathbf{u}$ (siehe auch (2.64) und (2.65)). In dieser Notation lässt sich (3.32) somit zu

$$\boldsymbol{\varepsilon} = \frac{1}{2}\left[grad\,\mathbf{u} + (grad\,\mathbf{u})^T\right] \tag{3.33}$$

anschreiben. Da die Verschiebungsableitungen im Ausdruck für den linearisierten Verzerrungstensor voraussetzungsgemäß klein gegen eins sind, gilt $|\varepsilon_{ij}| \ll 1$. Ausführlich angeschrieben lauten die neun Komponenten des linearisierten Verzerrungstensors (3.32):

$$\begin{aligned}
\varepsilon_{11} &= \frac{\partial u_1}{\partial x_1} , & \varepsilon_{12} &= \frac{1}{2}\left(\frac{\partial u_1}{\partial x_2} + \frac{\partial u_2}{\partial x_1}\right) , & \varepsilon_{13} &= \frac{1}{2}\left(\frac{\partial u_1}{\partial x_3} + \frac{\partial u_3}{\partial x_1}\right) , \\
\varepsilon_{21} &= \frac{1}{2}\left(\frac{\partial u_2}{\partial x_1} + \frac{\partial u_1}{\partial x_2}\right) , & \varepsilon_{22} &= \frac{\partial u_2}{\partial x_2} , & \varepsilon_{23} &= \frac{1}{2}\left(\frac{\partial u_2}{\partial x_3} + \frac{\partial u_3}{\partial x_2}\right) , \\
\varepsilon_{31} &= \frac{1}{2}\left(\frac{\partial u_3}{\partial x_1} + \frac{\partial u_1}{\partial x_3}\right) , & \varepsilon_{32} &= \frac{1}{2}\left(\frac{\partial u_3}{\partial x_2} + \frac{\partial u_2}{\partial x_3}\right) , & \varepsilon_{33} &= \frac{\partial u_3}{\partial x_3} .
\end{aligned} \tag{3.34}$$

Sie beschreiben einen allgemeinen dreidimensionalen (räumlichen) Verzerrungszustand eines Körperpunktes. Die Komponenten ε_{11}, ε_{22}, ε_{33} werden als Normalverzerrungen und die übrigen Komponenten als Schubverzerrungen bezeichnet. Die Gleichungen (3.34) werden linearisierte kinematische oder geometrische Beziehungen genannt.

Die Kleinheit der Verschiebungsableitungen gegen eins ist eine der Voraussetzungen für die Gültigkeit der linearisierten bzw. linearen Elastizitätstheorie. Dieser bedeutende Sonderfall der Elastizitätstheorie wird auch als Elastizitätstheorie kleiner Verschiebungen bezeichnet. Diese Bezeichnung bezieht sich auf die Kleinheit der Verschiebungen gegenüber den Abmessungen des Körpers als weitere Voraussetzung für die Gültigkeit der linearen Elastizitätstheorie. Die Kleinheit der Verschiebungen gegenüber den Abmessungen des Körpers bedeutet allerdings nicht notwendigerweise, dass die Verschiebungsableitungen in jedem Punkt des Körpers klein gegen eins sind. Umgekehrt bedeutet die Kleinheit der Verschiebungsableitungen gegen eins nicht notwendigerweise, dass die Verschiebungen in jedem Punkt des Körpers klein gegenüber dessen Abmessungen sind. Eine weitere Voraussetzung für die Gültigkeit der linearen Elastizitätstheorie ist die Linearität der konstitutiven Beziehungen (siehe Unterkapitel 3.3).

Viele bedeutende technische Anwendungen der Festigkeitslehre sind durch kleine Verschiebungen *und* kleine Verschiebungsableitungen sowie durch lineare konstitutive Beziehungen gekennzeichnet. Vor allem deshalb, aber auch wegen ihres im Vergleich zur (allgemeinen) Elastizitätstheorie wesentlich geringeren Schwierigkeitsgrades kommt der linearen Elastizitätstheorie in diesem Buch die Hauptrolle im Rahmen der

Elastizitätstheorie zu. Relativ häufig sind auch technische Anwendungen der Festigkeitslehre, bei denen zwar die Verzerrungen, nicht aber die Verschiebungen und Verschiebungsableitungen klein sind. Dieser nichtlineare Sonderfall der Elastizitätstheorie wird in einer seiner relativen Bedeutung angemessenen Form mitberücksichtigt. Weit weniger häufig treten technische Anwendungen der Festigkeitslehre auf, bei denen die Verzerrungen nicht klein sind. Bei den meisten Werkstoffen weisen diese Verzerrungen nicht vernachlässigbare anelastische Anteile auf. Folglich befinden sich derartige Anwendungen in der Regel außerhalb des Gültigkeitsbereiches der Elastizitätstheorie. Deshalb ist die Rolle der (allgemeinen) Elastizitätstheorie in diesem Buch hauptsächlich auf die des Ausgangspunkts für die bereits vorgestellten Spezialisierungen dieser Theorie beschränkt.

Bei kleinen Verschiebungsableitungen treten in den Beziehungen (3.22), (3.23) und (3.29) die Komponenten des linearisierten Verzerrungstensors an die Stelle der Komponenten des GREEN'schen Verzerrungstensors. Dementsprechend ergibt sich

$$\epsilon_1 \approx \varepsilon_{11}\ , \quad \epsilon_2 \approx \varepsilon_{22}\ , \quad \epsilon_3 \approx \varepsilon_{33}\ , \tag{3.35}$$

$$\gamma_{12} \approx 2\varepsilon_{12}\ , \quad \gamma_{23} \approx 2\varepsilon_{23}\ , \quad \gamma_{31} \approx 2\varepsilon_{31}\ . \tag{3.36}$$

3.1.3 Starrkörperbewegung bei kleinen Verschiebungsableitungen

Eine Starrkörperbewegung ist frei von Verzerrungen. Im Falle kleiner Verschiebungsableitungen folgt aus (3.32) somit für eine solche Bewegung

$$\frac{\partial u_j}{\partial x_i} = -\frac{\partial u_i}{\partial x_j}\ . \tag{3.37}$$

Ausführlich angeschrieben, erhält man für $i = j$

$$\frac{\partial u_1}{\partial x_1} = 0\ , \quad \frac{\partial u_2}{\partial x_2} = 0\ , \quad \frac{\partial u_3}{\partial x_3} = 0 \tag{3.38}$$

und für $i \neq j$

$$\frac{\partial u_1}{\partial x_2} = -\,\frac{\partial u_2}{\partial x_1}\ , \quad \frac{\partial u_2}{\partial x_3} = -\,\frac{\partial u_3}{\partial x_2}\ , \quad \frac{\partial u_3}{\partial x_1} = -\,\frac{\partial u_1}{\partial x_3}\ . \tag{3.39}$$

Im Falle kleiner Verschiebungsableitungen sind somit bei einer Starrkörperbewegung nur drei der neun Komponenten des Verschiebungsgradienten unabhängig. Es folgt z. B. für eine solche Starrkörperbewegung um die x_3-Achse aus der ersten der drei Gleichungen (3.39) bei Berücksichtigung von Abb. 3.3 $\gamma_2 = \partial u_1/\partial x_2 = -\partial u_2/\partial x_1 = -\gamma_1$, d. h. $\gamma_{12} = \gamma_1 + \gamma_2 = 0$.

3.1.4 Transformation der Komponenten des Verzerrungstensors

Die Komponenten des Verzerrungstensors $\mathbf{E}$ bzw. $\boldsymbol{\varepsilon}$ beziehen sich auf das rechtwinkelige kartesische Koordinatensystem mit den Koordinatenachsen X_i bzw. x_i und den entsprechenden Basisvektoren $\mathbf{e}_i$. Bei Kenntnis von E_{ij} bzw. ε_{ij} lassen sich die Dehnungen infinitesimaler Linienelemente, die in der unverformten Lage parallel zu den

Koordinatenachsen gewesen sind, mittels (3.20) und (3.21) bzw. (3.35) bestimmen. Ferner kann man die Gleitungen solcher Linienelemente mit Hilfe von (3.27) und (3.28) bzw. (3.36) ermitteln. Will man jedoch etwa die Dehnung eines infinitesimalen Linienelements mit beliebiger Richtung bestimmen, so benötigt man die betreffende Tensorkomponente in dieser Richtung. Zu ihrer Ermittlung ist eine Transformation der Komponenten des Verzerrungstensors in ein entsprechend gedrehtes Koordinatensystem erforderlich. Die Koordinaten dieses Bezugssystems werden mit x'_i und die zugehörigen Basisvektoren mit $\mathbf{e}'_i$ bezeichnet.

Den Ausgangspunkt der folgenden Herleitung der Transformationsbeziehungen für die Komponenten des Verzerrungstensors stellt die Invarianz von $ds^2 - dS^2$ bei einer Drehung des Koordinatensystems dar. Für diese Herleitung ist die Größe der Verschiebungsableitungen unerheblich. Wenn sie klein gegen eins sind, erhält man die betreffende Invariante durch Ersetzen von E_{ij}, dX_i und dX_j im letzten Ausdruck von (3.12) durch ε_{ij}, dx_i und dx_j. Berücksichtigung der erwähnten Invarianz führt dann auf

$$ds^2 - dS^2 = 2\varepsilon_{ij}\, dx_i\, dx_j = 2\varepsilon'_{kl}\, dx'_k\, dx'_l \; . \tag{3.40}$$

Analog zu (2.38) erhält man die Transformationsbeziehungen

$$dx_i = n_{ki}\, dx'_k \quad \text{bzw.} \quad dx_j = n_{lj}\, dx'_l \; . \tag{3.41}$$

Einsetzen von (3.41) in (3.40) ergibt

$$2\varepsilon_{ij}\, n_{ki}\, dx'_k\, n_{lj}\, dx'_l = 2\varepsilon'_{kl}\, dx'_k\, dx'_l \; . \tag{3.42}$$

Ein Vergleich der beiden Ausdrücke in (3.42) liefert die gesuchte Transformationsbeziehung:

$$\varepsilon'_{kl} = \varepsilon_{ij}\, n_{ki}\, n_{lj} \; . \tag{3.43}$$

Gleichung (3.43) weist den linearisierten Verzerrungstensor $\boldsymbol{\varepsilon}$ als einen Tensor 2. Stufe aus (siehe auch (2.54)).

Durch Ersetzen von ε_{ij} durch E_{ij} und ε'_{kl} durch E'_{kl} erhält man die entsprechende Transformationsbeziehung für den GREEN'schen Verzerrungstensor.

3.1.5 Hauptverzerrungen und Verzerrungshauptrichtungen

Von großer Bedeutung sind die Richtungen, für welche die Normalverzerrungen Extremwerte annehmen, und die Größe dieser Extrema. Dabei handelt es sich um physikalische Eigenschaften des betreffenden Punktes des deformierten Körpers. Folglich liegt keine Abhängigkeit vom gewählten Koordinatensystem vor.

Die Extremwerte der Normalverzerrungen werden als Haupt(normal)verzerrungen und ihre Wirkungsrichtungen als (Normal)verzerrungshauptrichtungen bezeichnet. Bei der Bestimmung dieser Richtungen geht man beispielsweise von der Richtung der Koordinatenachse x'_1 relativ zu den Koordinatenachsen x_1, x_2, x_3 aus. Bei kleinen Verschiebungsableitungen folgt diese Verzerrung aus (3.43) zu

$$\varepsilon'_{11} = \varepsilon_{ij}\, n_{1i}\, n_{1j} \; . \tag{3.44}$$

Andernfalls ist in (3.44) ε_{ij} durch E_{ij} und ε'_{11} durch E'_{11} zu ersetzen. Die gesuchte Richtung von x'_1 ist durch die Richtungskosinus n_{1i}, $i = 1, 2, 3$, festgelegt. Letztere sind durch die Winkel bestimmt, welche die x_1'-Achse mit den Koordinatenachsen x_1, x_2, x_3 einschließt (siehe (2.36)). Die in (3.44) aufscheinenden Richtungskosinus müssen der aus (2.41) folgenden Bedingung

$$n_{1k}\, n_{1k} = n_{11}^2 + n_{12}^2 + n_{13}^2 = 1 \tag{3.45}$$

genügen. (3.45) besagt, dass der in Richtung der x_1'-Achse weisende, auf die Basis $\mathbf{e}_i$, $i = 1, 2, 3$, bezogene Vektor $\mathbf{n} = \lfloor\; n_{11} \;\; n_{12} \;\; n_{13} \;\rfloor^T$ die Länge 1 hat. Mit Hilfe von (2.36) lässt sich (3.45) ausführlich anschreiben:

$$\cos^2[\angle(\mathbf{e}_1', \mathbf{e}_1)] + \cos^2[\angle(\mathbf{e}_1', \mathbf{e}_2)] + \cos^2[\angle(\mathbf{e}_1', \mathbf{e}_3)] = 1 \; . \tag{3.46}$$

Bei der Bestimmung des Extremwerts von ε_{11}' handelt es sich um eine Extremwertaufgabe mit der Nebenbedingung (3.45). Diese Aufgabe wird mit Hilfe der Methode der LAGRANGE'schen Multiplikatoren gelöst. Dazu wird die Funktion (3.44), deren Extremwert gesucht wird, wie folgt erweitert:

$$f\,(n_{11}, n_{12}, n_{13}, \lambda) = \varepsilon_{ij}\, n_{1i}\, n_{1j} - \lambda\,(n_{1k}\, n_{1k} - 1) \;\; . \tag{3.47}$$

Der mit einem LAGRANGE'schen Multiplikator λ multiplizierte Ausdruck in (3.47) soll laut (3.45) verschwinden. Ableitung von f nach n_{1i}, $i = 1, 2, 3$, und λ ergibt

$$\frac{\partial f}{\partial n_{1i}} = 0 : \qquad (\varepsilon_{ij} - \lambda\,\delta_{ij})\, n_{1j} = 0 \; , \tag{3.48}$$

$$\frac{\partial f}{\partial \lambda} = 0 : \qquad n_{1k}\, n_{1k} = 1 \; . \tag{3.49}$$

Die drei homogenen, linearen Gleichungen (3.48) sind unter Berücksichtigung der Nebenbedingung (3.49) nach n_{1j}, $j = 1, 2, 3$, aufzulösen. (3.48) beschreibt ein Eigenwertproblem mit λ als Eigenwert. Die Richtungskosinus n_{1j} legen den zugehörigen Eigenvektor $\mathbf{n}$ fest.

Der erste der beiden Indizes der Richtungskosinus ist gleich eins, weil hier im Gegensatz zur Koordinatentransformation, bei der drei Richtungsvektoren auftreten, nur der Richtungsvektor der x_1'-Achse aufscheint. Da zur Festlegung der Komponenten eines Vektors ein Index genügt, wird der erste Index der Richtungskosinus im Weiteren weggelassen. (3.48) und (3.49) lauten dann:

$$(\varepsilon_{ij} - \lambda\,\delta_{ij})\, n_j \;=\; 0 \; , \tag{3.50}$$

$$n_k\, n_k \;=\; 1 \; . \tag{3.51}$$

Die triviale Lösung des homogenen linearen Gleichungssystems (3.50), $n_1 = n_2 = n_3 = 0$, verletzt die Nebenbedingung (3.51) und scheidet daher aus. Für eine nichttriviale Lösung von (3.50) muss die Koeffizientendeterminante verschwinden, d. h.

$$|\varepsilon_{ij} - \lambda\,\delta_{ij}| = 0 \; . \tag{3.52}$$

Aus (3.52) folgt

$$\begin{vmatrix} \varepsilon_{11} - \lambda & \varepsilon_{12} & \varepsilon_{13} \\ \varepsilon_{21} & \varepsilon_{22} - \lambda & \varepsilon_{23} \\ \varepsilon_{31} & \varepsilon_{32} & \varepsilon_{33} - \lambda \end{vmatrix} = -\lambda^3 + I_1^\varepsilon\, \lambda^2 - I_2^\varepsilon\, \lambda + I_3^\varepsilon = 0 \tag{3.53}$$

mit

$$
\begin{aligned}
I_1^\varepsilon &= \varepsilon_{11} + \varepsilon_{22} + \varepsilon_{33} \; , \\
I_2^\varepsilon &= \begin{vmatrix} \varepsilon_{22} & \varepsilon_{23} \\ \varepsilon_{32} & \varepsilon_{33} \end{vmatrix} + \begin{vmatrix} \varepsilon_{11} & \varepsilon_{13} \\ \varepsilon_{31} & \varepsilon_{33} \end{vmatrix} + \begin{vmatrix} \varepsilon_{11} & \varepsilon_{12} \\ \varepsilon_{21} & \varepsilon_{22} \end{vmatrix} \; , \\
I_3^\varepsilon &= \begin{vmatrix} \varepsilon_{11} & \varepsilon_{12} & \varepsilon_{13} \\ \varepsilon_{21} & \varepsilon_{22} & \varepsilon_{23} \\ \varepsilon_{31} & \varepsilon_{32} & \varepsilon_{33} \end{vmatrix} \; .
\end{aligned}
\tag{3.54}
$$

Die in λ kubische Beziehung (3.53) ist die charakteristische Gleichung des vorliegenden Eigenwertproblems. Ihre drei Lösungen werden mit $\lambda^{(1)}$, $\lambda^{(2)}$, $\lambda^{(3)}$ bezeichnet. Einsetzen der entsprechenden Zahlenwerte in beliebige zwei der drei Gleichungen (3.50) führt unter Berücksichtigung von (3.51) auf die Eigenvektoren $\mathbf{n}^{(l)} = \lfloor n_1^{(l)} \; n_2^{(l)} \; n_3^{(l)} \rfloor^T$, $l = 1, 2, 3$. Da die Matrix der Komponenten des Verzerrungstensors reell und symmetrisch ist, sind die drei Eigenwerte $\lambda^{(1)}$, $\lambda^{(2)}$, $\lambda^{(3)}$ reell. Ferner sind aus diesem Grund die zugehörigen Eigenvektoren $\mathbf{n}^{(1)}$, $\mathbf{n}^{(2)}$, $\mathbf{n}^{(3)}$ zueinander normal.

Zur Ermittlung der Hauptverzerrungen multipliziert man (3.50) mit n_i. Unter Berücksichtigung von (3.51) erhält man dann

$$\varepsilon_{ij}\, n_i\, n_j = \lambda\, \delta_{ij}\, n_i\, n_j = \lambda\, n_j\, n_j = \lambda \; . \tag{3.55}$$

Beispielsweise entspricht dem Eigenwert $\lambda^{(1)}$ der Eigenvektor $\mathbf{n}^{(1)} = \lfloor n_1^{(1)}\, n_2^{(1)}\, n_3^{(1)} \rfloor^T$ mit $n_1^{(1)} \equiv n_{11}$, $n_2^{(1)} \equiv n_{12}$, $n_3^{(1)} \equiv n_{13}$. Laut (3.55) gilt somit

$$\lambda^{(1)} = \varepsilon_{ij}\, n_{1i}\, n_{1j} \; . \tag{3.56}$$

Durch Vergleich von (3.56) mit (3.44) erhält man

$$\varepsilon'_{11} = \lambda^{(1)} \, . \tag{3.57}$$

Analog zu (3.57) ergibt sich

$$\varepsilon'_{22} = \lambda^{(2)} \, , \qquad \varepsilon'_{33} = \lambda^{(3)} \, . \tag{3.58}$$

Den Gleichungen (3.57) und (3.58) entnimmt man die physikalische Bedeutung der LAGRANGE'schen Multiplikatoren. Es handelt sich bei ihnen um die gesuchten Hauptverzerrungen.

Die drei Eigenvektoren legen die Verzerrungshauptrichtungen fest. Wegen der Orthogonalität der Eigenvektoren sind diese Richtungen zueinander normal.

Die Ermittlung der Schubverzerrungen in dem aus den Verzerrungshauptachsen x'_i, $i = 1, 2, 3$, bestehenden rechtwinkeligen kartesischen Koordinatensystem wird anhand von ε'_{21} erläutert. Aus (3.43) folgt

$$\varepsilon'_{21} = \varepsilon_{ij}\, n_{2i}\, n_{1j} \, . \tag{3.59}$$

Multiplikation von (3.50) mit n_{2i} und Berücksichtigung von $\lambda = \lambda^{(1)}$ und $n_j \equiv n_{1j}$ sowie von (2.40) ergibt

$$\varepsilon_{ij}\, n_{2i}\, n_{1j} = \lambda^{(1)}\, \delta_{ij}\, n_{2i}\, n_{1j} = 0 \, . \tag{3.60}$$

Durch Vergleich von (3.60) mit (3.59) erhält man

$$\varepsilon'_{21} = 0\,. \tag{3.61}$$

Auf analoge Weise lässt sich zeigen, dass alle übrigen Schubverzerrungen in den Ebenen normal zu den Verzerrungshauptachsen verschwinden:

$$\varepsilon'_{ij} = 0\,, \quad i \neq j\,. \tag{3.62}$$

Diese als Verzerrungshauptebenen bezeichneten Ebenen sind also stets schubverzerrungsfrei. Umgekehrt sind schubverzerrungsfreie Ebenen stets Verzerrungshauptebenen. Die zweite Aussage wird im Abschnitt 3.2.7 verifiziert.

Die Hauptverzerrungen werden mit $\varepsilon_1, \varepsilon_2, \varepsilon_3$ bezeichnet. Sie werden ihrer Größe nach geordnet, d. h.

$$\varepsilon_1 \geq \varepsilon_2 \geq \varepsilon_3\,. \tag{3.63}$$

ε_1 ist die größte und ε_3 die kleinste der Normalverzerrungen in allen Richtungen in dem betreffenden Punkt des Körpers. Da die Hauptverzerrungen von der Wahl des Koordinatensystems mit den Achsen x_1, x_2, x_3 unabhängig sind, stellen sie invariante Größen dar. Weil I_1^ε, I_2^ε, I_3^ε Koeffizienten der Gleichung (3.53) zur Bestimmung der Hauptverzerrungen sind, müssen auch diese Koeffizienten invariante Größen sein. Sie werden als Invarianten des Verzerrungstensors bezeichnet. Für Verzerrungshauptachsen vereinfachen sich die Beziehungen (3.54) zu

$$\begin{aligned} I_1^\varepsilon &= \varepsilon_1 + \varepsilon_2 + \varepsilon_3\,, \\ I_2^\varepsilon &= \varepsilon_2\,\varepsilon_3 + \varepsilon_1\,\varepsilon_3 + \varepsilon_1\,\varepsilon_2\,, \\ I_3^\varepsilon &= \varepsilon_1\,\varepsilon_2\,\varepsilon_3\,. \end{aligned} \tag{3.64}$$

3.1.6 Volumen- und gestaltändernder Anteil des Verzerrungstensors bei kleinen Verzerrungen

Bei kleinen Verzerrungen erweist sich oftmals eine additive Form der Zerlegung des Verzerrungstensors in einen volumen- und einen gestaltändernden Anteil als zweckmäßig. Zur Ermittlung des volumenändernden Anteils geht man von einem infinitesimalen prismatischen Volumenelement mit zu den Verzerrungshauptachsen parallelen Seitenkanten aus (Abb. 3.5).

Analog zu (3.18) erhält man aus den Längen dX_i der Seitenkanten des unverformten Elements und den entsprechenden Dehnungen ϵ_i die Längen dx_i der Seitenkanten des verformten Elements zu

$$dx_i = (1 + \epsilon_i)\, dX_i\,. \tag{3.65}$$

Das Volumen des unverformten Elements ergibt sich zu

$$dV_0 = dX_1\, dX_2\, dX_3 \tag{3.66}$$

und das des verformten Elements zu

$$dV = (1 + \epsilon_1)\,(1 + \epsilon_2)\,(1 + \epsilon_3)\, dX_1\, dX_2\, dX_3\,. \tag{3.67}$$

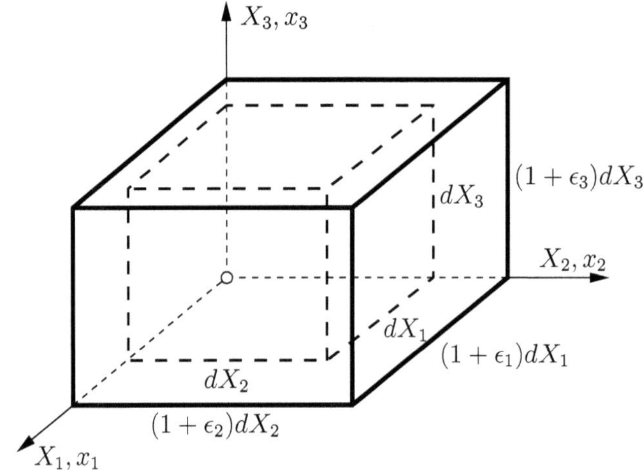

Abb. 3.5: Volumenändernder Anteil des Verzerrungstensors

Die auf das unverformte Volumen bezogene Volumenänderung folgt aus (3.66) und (3.67) zu

$$\varepsilon^{vol} = \frac{dV - dV_0}{dV_0} = 1 + \epsilon_1 + \epsilon_2 + \epsilon_3 + \cdots - 1 \approx \epsilon_1 + \epsilon_2 + \epsilon_3 \; . \tag{3.68}$$

Wegen der vorausgesetzten Kleinheit der Verzerrungen wurden die nichtlinearen Terme im Ausdruck für ε^{vol} vernachlässigt. Wenn bei kleinen Verzerrungen die Verschiebungsableitungen nicht klein gegenüber eins sind, sind die Dehnungen ungefähr gleich den Komponenten des GREEN'schen Verzerrungstensors (siehe die Gleichungen (3.22) und (3.23)). Andernfalls sind sie ungefähr gleich den Komponenten des linearisierten Verzerrungstensors (siehe die Gleichungen (3.35)). Für den zweiten Fall gilt somit bei Berücksichtigung der ersten der drei Gleichungen (3.64)

$$\varepsilon^{vol} \approx \varepsilon_1 + \varepsilon_2 + \varepsilon_3 = I_1^{\varepsilon} \; . \tag{3.69}$$

I_1^{ε} ist also näherungsweise gleich der spezifischen Volumenänderung ε^{vol}.

Bei kleinen Verzerrungen bezeichnet man die erste Invariante des Verzerrungstensors als Dilatation. Wenn die Verschiebungsableitungen klein gegen eins sind, handelt es sich dabei um I_1^{ε}, andernfalls um die erste Invariante des GREEN'schen Verzerrungstensors.

Aufgrund der Invarianz der Summe der Normalverzerrungen folgt aus (3.69) für ein beliebiges rechtwinkeliges kartesisches Koordinatensystem

$$\varepsilon^{vol} = \varepsilon_{ij}\,\delta_{ij} = \varepsilon_{11} + \varepsilon_{22} + \varepsilon_{33} = \frac{\partial u_1}{\partial x_1} + \frac{\partial u_2}{\partial x_2} + \frac{\partial u_3}{\partial x_3} = div\,\mathbf{u} \; . \tag{3.70}$$

Aus (3.70) ergibt sich die mittlere Normalverzerrung ε^m zu

$$\varepsilon^m = \frac{1}{3}\left(\varepsilon_{11} + \varepsilon_{22} + \varepsilon_{33}\right) = \frac{1}{3}\varepsilon^{vol} = \frac{1}{3}I_1^{\varepsilon} \; . \tag{3.71}$$

Wenn die Normalverzerrungen gleich groß sind und die Schubverzerrungen verschwinden, behält ein Volumenelement seine ursprüngliche Gestalt bei. Es ändert nur sein

Volumen. Bei einem allgemeinen Verzerrungszustand wird $\varepsilon^m \, \delta_{ij}$ aus diesem Grund als volumetrischer Anteil bezeichnet. Zieht man den volumetrischen Anteil vom Verzerrungstensor ab, so erhält man den deviatorischen Verzerrungstensor e_{ij}:

$$e_{ij} = \varepsilon_{ij} - \varepsilon^m \, \delta_{ij} \; . \tag{3.72}$$

Seine erste Invariante, I_1^e, ergibt sich wegen (3.71) zu

$$I_1^e = (\varepsilon_{11} - \varepsilon^m) + (\varepsilon_{22} - \varepsilon^m) + (\varepsilon_{33} - \varepsilon^m) = 0 \; . \tag{3.73}$$

Der deviatorische Verzerrungstensor betrifft also nur die von der Verformung hervorgerufene Gestaltänderung, nicht aber die von ihr bewirkte Volumenänderung. Die Summe $\varepsilon^m \, \delta_{ij} + e_{ij}$ stellt die erwähnte additive Form der Zerlegung von ε_{ij} dar.

3.1.7 Kompatibilitätsbedingungen für die Komponenten des linearisierten Verzerrungstensors

Bei Kenntnis des Verschiebungszustands können die Komponenten des GREEN'schen und des linearisierten Verzerrungstensors mit Hilfe der kinematischen Gleichungen (3.14) bzw. (3.32) bestimmt werden. Das umgekehrte Problem, nämlich die Ermittlung des Verschiebungszustandes durch Integration dieser partiellen Differentialgleichungen, ist komplizierter. So kann der Verschiebungszustand nur bis auf eine beliebige Starrkörperbewegung bestimmt werden. Eine solche Bewegung ruft bekanntlich keine Verzerrungen hervor. Dazu kommt, dass zur Ermittlung von drei Verschiebungskomponenten sechs kinematische Gleichungen zur Verfügung stehen. Es müssen somit bestimmte Beziehungen zwischen den Komponenten des betreffenden Verzerrungstensors existieren, um die erwähnten Differentialgleichungen integrieren zu können. Man bezeichnet diese Integrabilitätsbedingungen als Kompatibilitäts- oder Verträglichkeitsbedingungen. Diese Beziehungen müssen sich offensichtlich auf drei voneinander unabhängige Gleichungen reduzieren lassen. Zur Erläuterung des Begriffs *Verträglichkeit* denkt man sich ein unverformtes Kontinuum in kleine Teile zerlegt und prägt ihnen willkürlich gewählte Verzerrungen auf. Im Allgemeinen lassen sich die verformten Teile mangels Verträglichkeit der Verzerrungen nicht zu einem lückenlosen Kontinuum zusammenfügen (Abb. 3.6). Das widerspricht jedoch dem Wesen eines Kontinuums.

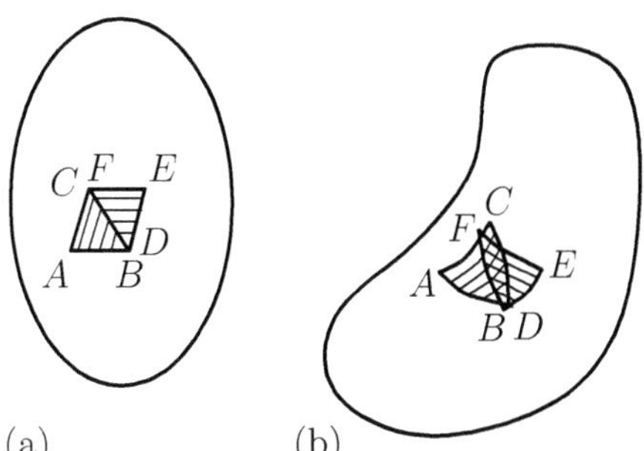

Abb. 3.6: Zur Forderung nach Verträglichkeit der Verzerrungen: (a) zwei benachbarte kleine Teile eines unverformten Kontinuums, (b) Klaffung zwischen den beiden verformten Teilen bzw. Überlappung mangels Verträglichkeit willkürlich aufgeprägter Verzerrungen

Im Folgenden werden die Kompatibilitätsbedingungen für die Komponenten des linearisierten Verzerrungstensors hergeleitet. Zu diesem Zweck wird zunächst (3.32)

zweimal partiell differenziert:

$$\varepsilon_{ij,kl} = \frac{1}{2}\left(u_{i,jkl} + u_{j,ikl}\right) \ . \tag{3.74}$$

Durch Vertauschen der Indizes erhält man

$$\begin{aligned} \varepsilon_{kl,ij} &= \frac{1}{2}\left(u_{k,lij} + u_{l,kij}\right) \ , \\ \varepsilon_{jl,ik} &= \frac{1}{2}\left(u_{j,lik} + u_{l,jik}\right) \ , \\ \varepsilon_{ik,jl} &= \frac{1}{2}\left(u_{i,kjl} + u_{k,ijl}\right) \ . \end{aligned} \tag{3.75}$$

Da die Reihenfolge der partiellen Ableitungen der Verzerrungskomponenten unerheblich ist, folgt aus (3.74) und (3.75)

$$\varepsilon_{ij,kl} + \varepsilon_{kl,ij} - \varepsilon_{jl,ik} - \varepsilon_{ik,jl} = 0 \ . \tag{3.76}$$

(3.76) repräsentiert $3^4 = 81$ Gleichungen. Sie stellen die Kompatibilitätsbedingungen für die Komponenten des linearisierten Verzerrungstensors dar. Man bezeichnet sie auch als SAINT-VENANT'sche Verträglichkeitsbedingungen.* Von diesen 81 Gleichungen sind nur sechs wesentlich. Die übrigen Gleichungen stellen Identitäten oder Wiederholungen infolge der Symmetrie des Verzerrungstensors und der beliebigen Reihenfolge partieller Ableitungen dar. Ausführlich angeschrieben, lauten diese sechs Gleichungen:

$$\begin{aligned} \varepsilon_{11,22} + \varepsilon_{22,11} - 2\varepsilon_{12,12} &= 0 \ , \\ \varepsilon_{22,33} + \varepsilon_{33,22} - 2\varepsilon_{23,23} &= 0 \ , \\ \varepsilon_{33,11} + \varepsilon_{11,33} - 2\varepsilon_{31,31} &= 0 \ , \\ \varepsilon_{12,13} + \varepsilon_{13,12} - \varepsilon_{23,11} - \varepsilon_{11,23} &= 0 \ , \\ \varepsilon_{23,21} + \varepsilon_{21,23} - \varepsilon_{31,22} - \varepsilon_{22,31} &= 0 \ , \\ \varepsilon_{31,32} + \varepsilon_{32,31} - \varepsilon_{12,33} - \varepsilon_{33,12} &= 0 \ . \end{aligned} \tag{3.77}$$

Es lässt sich zeigen, dass die Gleichungen (3.77) notwendig und hinreichend für die in der Kontinuumsmechanik vorausgesetzte Existenz eines kompatiblen Verzerrungszustandes sind [Malvern (1969)]. Diese Gleichungen sind allerdings nicht voneinander unabhängig. Wären sie das, dann würden sie ja zur Berechnung der Verzerrungen hinreichen. Durch weitere Ableitungen von (3.77) und Verknüpfung der erhaltenen Beziehungen ergeben sich drei Identitäten, sodass schließlich drei voneinander unabhängige Gleichungen übrig bleiben.

3.1.8 Ebener Verzerrungszustand

Wenn die Verschiebungskomponenten in jedem Punkt eines Körpers die Bedingungen

$$u_3 = 0 \ , \quad \frac{\partial u_1}{\partial x_3} = 0 \ , \quad \frac{\partial u_2}{\partial x_3} = 0 \tag{3.78}$$

*BARRÉ DE SAINT-VENANT (1797–1886) hat diese Gleichungen 1860 als Erster angegeben.

erfüllen, spricht man von einem ebenen Verzerrungszustand parallel zur x_1x_2-Ebene. Macht man von (3.78) in (3.34) Gebrauch, so erhält man

$$\varepsilon_{33} = \varepsilon_{31} = \varepsilon_{32} = 0 \; . \tag{3.79}$$

Ein Beispiel für einen ebenen Verzerrungszustand ist ein Erddamm, dessen Querschnittsabmessungen klein gegenüber seiner Längserstreckung sind (Abb. 3.7). Unter der Voraussetzung, dass der Damm an seinen beiden Längsenden in Längsrichtung starr gestützt und die Belastung keine Komponente in Richtung von x_3 aufweist, erfahren die Querschnittsebenen $x_3 = konst.$ keine Längsverschiebungen. Es gilt also $u_3 = 0$. Ferner weisen alle Punkte auf einer zur x_3-Achse parallelen, sonst aber beliebigen Geraden dieselbe Verschiebung normal zu dieser Achse auf, d. h. $u_1 = u_1(x_1, x_2)$, $u_2 = u_2(x_1, x_2)$. Somit ergibt sich (3.78) bzw. (3.79).

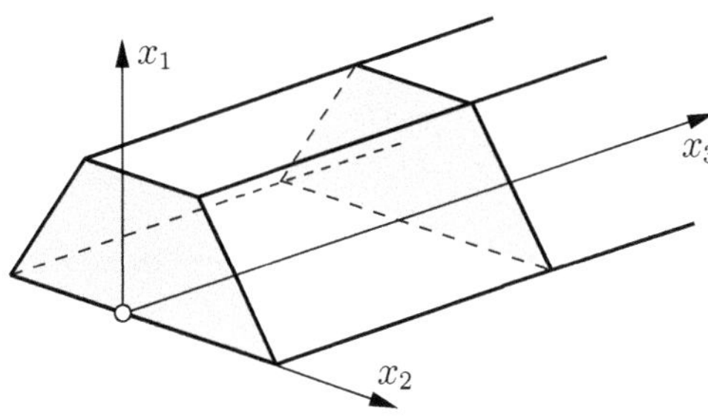

Abb. 3.7: Beispiel für einen ebenen Verzerrungszustand

Bei Vorliegen eines ebenen Verzerrungszustandes sind die von null verschiedenen Verzerrungen ε_{11}, ε_{22}, ε_{12} nur Funktionen von x_1, x_2. Das betreffende elastizitätstheoretische Problem lässt sich als zweidimensionales (ebenes) Problem behandeln. Auf das in Abb. 3.7 dargestellte Beispiel eines Erddammes bezogen, heißt das, dass man der elastizitätstheoretischen Berechnung einen beliebigen Querschnitt $x_3 = konst.$ zugrunde legen darf.

Wegen (3.79) vereinfachen sich die Transformationsbeziehungen (3.43) bei einem ebenen Verzerrungszustand zu

$$\varepsilon'_{kl} = \varepsilon_{11}\, n_{k1}\, n_{l1} + \varepsilon_{12}\, n_{k1}\, n_{l2} + \varepsilon_{21}\, n_{k2}\, n_{l1} + \varepsilon_{22}\, n_{k2}\, n_{l2} \, . \tag{3.80}$$

Bei einer Drehung des ursprünglichen Koordinatensystems um die x_3-Achse (Abb. 3.8) ist $n_{31} = n_{32} = 0$. Aus (3.80) folgt dann $\varepsilon'_{33} = \varepsilon'_{31} = \varepsilon'_{32} = 0$. Die Richtungskosinus

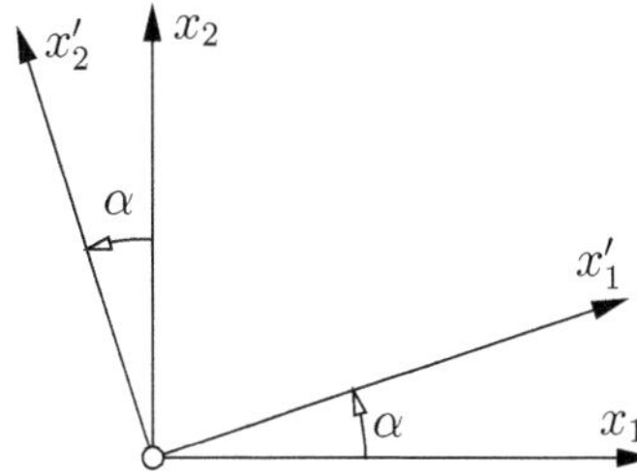

Abb. 3.8: Zur Bestimmung der Richtungskosinus für ebene Probleme

n_{11}, n_{12}, n_{21}, n_{22} lassen sich in diesem Fall durch den Winkel α ausdrücken, der die

Rotation der x_1- und der x_2-Achse um die x_3-Achse beschreibt (Abb. 3.8):

$$\begin{aligned} n_{11} &= \cos\angle(x_1', x_1) = \cos(360-\alpha) = \cos\alpha \ , \\ n_{12} &= \cos\angle(x_1', x_2) = \cos(90-\alpha) = \sin\alpha \ , \\ n_{21} &= \cos\angle(x_2', x_1) = \cos(270-\alpha) = -\sin\alpha \ , \\ n_{22} &= \cos\angle(x_2', x_2) = \cos(360-\alpha) = \cos\alpha \ . \end{aligned} \tag{3.81}$$

Einsetzen von (3.81) in (3.80) unter Berücksichtigung von $k, l = 1, 2$ ergibt die Transformationsbeziehungen für den ebenen Verzerrungszustand:

$$\begin{aligned} \varepsilon_{11}' &= \varepsilon_{11}\cos^2\alpha + \varepsilon_{22}\sin^2\alpha + 2\varepsilon_{12}\sin\alpha\cos\alpha, \\ \varepsilon_{22}' &= \varepsilon_{11}\sin^2\alpha + \varepsilon_{22}\cos^2\alpha - 2\varepsilon_{12}\sin\alpha\cos\alpha, \\ \varepsilon_{12}' &= (-\varepsilon_{11} + \varepsilon_{22})\sin\alpha\cos\alpha + \varepsilon_{12}\left(\cos^2\alpha - \sin^2\alpha\right) \ . \end{aligned} \tag{3.82}$$

Bei Beachtung von

$$\sin^2\alpha = \frac{1}{2}(1-\cos 2\alpha) \ , \quad \cos^2\alpha = \frac{1}{2}(1+\cos 2\alpha) \ , \quad 2\sin\alpha\cos\alpha = \sin 2\alpha \tag{3.83}$$

erhält man folgende alternative Ausdrücke für ε_{11}', ε_{22}' und ε_{12}' :

$$\begin{aligned} \varepsilon_{11}' &= \frac{\varepsilon_{11}+\varepsilon_{22}}{2} + \frac{\varepsilon_{11}-\varepsilon_{22}}{2}\cos 2\alpha + \varepsilon_{12}\sin 2\alpha \ , \\ \varepsilon_{22}' &= \frac{\varepsilon_{11}+\varepsilon_{22}}{2} - \frac{\varepsilon_{11}-\varepsilon_{22}}{2}\cos 2\alpha - \varepsilon_{12}\sin 2\alpha \ , \\ \varepsilon_{12}' &= -\frac{\varepsilon_{11}-\varepsilon_{22}}{2}\sin 2\alpha + \varepsilon_{12}\cos 2\alpha \ . \end{aligned} \tag{3.84}$$

Addition der ersten und der zweiten Gleichung von (3.84) zeigt, dass die Summe der Normalverzerrungen eine Invariante ist:

$$\varepsilon_{11}' + \varepsilon_{22}' = \varepsilon_{11} + \varepsilon_{22} \ . \tag{3.85}$$

Aus (3.84) folgt

$$\frac{d\varepsilon_{11}'}{d\alpha} = 2\varepsilon_{12}' \ . \tag{3.86}$$

Daher treten die Extremwerte der Normalverzerrungen in jenen Ebenen auf, in denen die Schubverzerrungen verschwinden. Durch Nullsetzen des Ausdrucks für ε_{12}' in der letzten der drei Gleichungen (3.84) erhält man somit eine Beziehung zur Ermittlung der Winkel $\alpha = \alpha_1$, welche die Verzerrungshauptrichtungen festlegen:

$$\tan 2\alpha_1 = \frac{2\varepsilon_{12}}{\varepsilon_{11} - \varepsilon_{22}} \ . \tag{3.87}$$

Die zwei Lösungen von (3.87) für α_1 unterscheiden sich voneinander um 90°. Eine gibt die Richtung der größten und eine die der kleinsten Normalverzerrung an. Durch Einsetzen dieser zwei Lösungen in die erste der drei Gleichungen (3.84) erhält man die beiden Extremwerte der Normalverzerrungen.

Die Hauptverzerrungen können auch ohne vorhergehende Bestimmung von α_1 berechnet werden. Zu diesem Zweck setzt man (3.87) in die Beziehungen

$$\cos^2 2\alpha = \frac{1}{1+\tan^2 2\alpha} \ , \quad \sin^2 2\alpha = \frac{1}{1+\cot^2 2\alpha} \tag{3.88}$$

ein. Man erhält dann

$$\cos 2\alpha_1 = \pm\frac{\varepsilon_{11} - \varepsilon_{22}}{\sqrt{(\varepsilon_{11} - \varepsilon_{22})^2 + 4\varepsilon_{12}^2}}\,, \quad \sin 2\alpha_1 = \pm\frac{2\varepsilon_{12}}{\sqrt{(\varepsilon_{11} - \varepsilon_{22})^2 + 4\varepsilon_{12}^2}}\,. \tag{3.89}$$

Für beide Ausdrücke muss dasselbe Vorzeichen nach dem Gleichheitszeichen gelten, weil andernfalls (3.87) verletzt wäre. Eintragen von (3.89) in die erste der drei Gleichungen (3.84) führt auf folgende Beziehung für die Hauptverzerrungen:

$$\varepsilon_{1(2)} = \frac{\varepsilon_{11} + \varepsilon_{22}}{2} \underset{(-)}{+} \sqrt{\left(\frac{\varepsilon_{11} - \varepsilon_{22}}{2}\right)^2 + \varepsilon_{12}^2}\,. \tag{3.90}$$

3.1.9 Kinematische Beziehungen in Zylinderkoordinaten

Für rotationssymmetrische Körper formuliert man die kinematischen Beziehungen zweckmäßigerweise in Zylinderkoordinaten. Dabei geht man wie bei der Herleitung der entsprechenden Relationen für rechtwinkelige kartesische Koordinaten vor (siehe Abschnitt 3.1.1). In der Referenzkonfiguration weise ein beliebiger Punkt P des betrachteten Körpers die Koordinaten R, Θ, Z und in der Momentankonfiguration die Koordinaten r, ϑ, z auf.

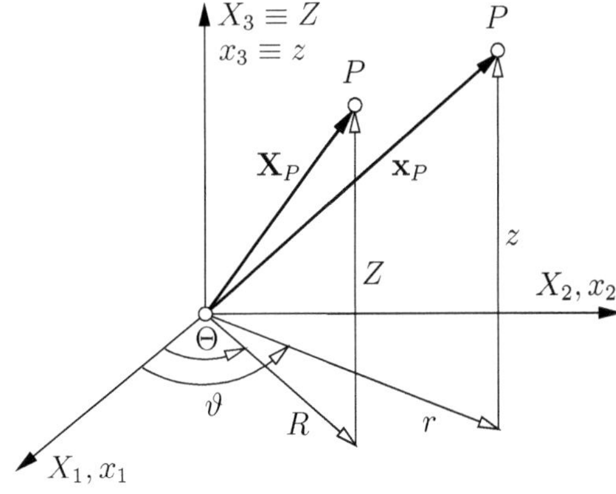

Abb. 3.9: Beschreibung der Lage eines Punktes P in der Referenz- und der Momentankonfiguration in Zylinderkoordinaten

Der Zusammenhang zwischen entsprechenden Koordinaten in den beiden Konfigurationen ergibt sich zu

$$r = R + u\,, \quad \vartheta = \Theta + \chi\,, \quad z = Z + w\,, \tag{3.91}$$

wobei u die Verschiebungskomponente in Richtung von R und w die in Richtung von Z bezeichnet, während χ für den Zuwachs des Winkels Θ steht (Abb. 3.9). Für das Quadrat des Abstands zwischen dem Punkt P und einem benachbarten Punkt Q erhält man in der Referenzkonfiguration analog zu (3.3)

$$dS^2 = dR^2 + R^2\, d\Theta^2 + dZ^2 \tag{3.92}$$

und in der Momentankonfiguration analog zu (3.6)

$$ds^2 = dr^2 + r^2 d\vartheta^2 + dz^2\,. \tag{3.93}$$

Analog zu (3.10) wird zuerst dr, $d\vartheta$, dz durch dR, $d\Theta$, dZ ausgedrückt:

$$\begin{aligned} dr &= \left(1+\frac{\partial u}{\partial R}\right)dR + \frac{\partial u}{\partial \Theta}\,d\Theta + \frac{\partial u}{\partial Z}\,dZ\,, \\ d\vartheta &= \frac{\partial \chi}{\partial R}\,dR + \left(1+\frac{\partial \chi}{\partial \Theta}\right)d\Theta + \frac{\partial \chi}{\partial Z}\,dZ\,, \\ dz &= \frac{\partial w}{\partial R}\,dR + \frac{\partial w}{\partial \Theta}\,d\Theta + \left(1+\frac{\partial w}{\partial Z}\right)dZ\,. \end{aligned} \tag{3.94}$$

Dann wird (3.94) in (3.93) eingesetzt. Mit Hilfe des Resultats sowie von (3.92) wird der Ausdruck $ds^2 - dS^2$ berechnet. Der Vergleich dieses Ausdrucks mit der zu (3.12) analogen Beziehung

$$\begin{aligned} ds^2 - dS^2 = \; & 2[E_{RR}\,dR^2 + E_{\Theta\Theta}\,R^2 d\Theta^2 + E_{ZZ}\,dZ^2 + \\ & + 2(E_{R\Theta}\,dR\,R\,d\Theta + E_{\Theta Z}\,R\,d\Theta\,dZ + E_{ZR}\,dZ\,dR)] \end{aligned} \tag{3.95}$$

ergibt den GREEN'schen Verzerrungstensor in Zylinderkoordinaten:

$$\begin{aligned} E_{RR} &= \frac{\partial u}{\partial R} + \frac{1}{2}\left[\left(\frac{\partial u}{\partial R}\right)^2 + (R+u)^2\left(\frac{\partial \chi}{\partial R}\right)^2 + \left(\frac{\partial w}{\partial R}\right)^2\right], \\ E_{\Theta\Theta} &= \frac{u}{R} + \left(1+\frac{u}{R}\right)^2\frac{\partial \chi}{\partial \Theta} + \\ & +\frac{1}{2}\left\{\frac{u^2}{R^2} + \frac{1}{R^2}\left[\left(\frac{\partial u}{\partial \Theta}\right)^2 + \left(\frac{\partial w}{\partial \Theta}\right)^2\right] + \left(1+\frac{u}{R}\right)^2\left(\frac{\partial \chi}{\partial \Theta}\right)^2\right\}, \\ E_{ZZ} &= \frac{\partial w}{\partial Z} + \frac{1}{2}\left[\left(\frac{\partial u}{\partial Z}\right)^2 + (R+u)^2\left(\frac{\partial \chi}{\partial Z}\right)^2 + \left(\frac{\partial w}{\partial Z}\right)^2\right], \\ E_{R\Theta} &= \frac{1}{2R}\left\{\frac{\partial u}{\partial \Theta} + (R+u)^2\frac{\partial \chi}{\partial R} + \left[\frac{\partial u}{\partial R}\frac{\partial u}{\partial \Theta} + (R+u)^2\frac{\partial \chi}{\partial R}\frac{\partial \chi}{\partial \Theta} + \frac{\partial w}{\partial R}\frac{\partial w}{\partial \Theta}\right]\right\}, \\ E_{\Theta Z} &= \frac{1}{2R}\left\{(R+u)^2\frac{\partial \chi}{\partial Z} + \frac{\partial w}{\partial \Theta} + \left[\frac{\partial u}{\partial \Theta}\frac{\partial u}{\partial Z} + (R+u)^2\frac{\partial \chi}{\partial \Theta}\frac{\partial \chi}{\partial Z} + \frac{\partial w}{\partial \Theta}\frac{\partial w}{\partial Z}\right]\right\}, \\ E_{ZR} &= \frac{1}{2}\left\{\frac{\partial u}{\partial Z} + \frac{\partial w}{\partial R} + \left[\frac{\partial u}{\partial Z}\frac{\partial u}{\partial R} + (R+u)^2\frac{\partial \chi}{\partial Z}\frac{\partial \chi}{\partial R} + \frac{\partial w}{\partial Z}\frac{\partial w}{\partial R}\right]\right\}. \end{aligned} \tag{3.96}$$

Linearisierung von (3.96), Übergang von der Schreibweise R, Θ, Z auf die in der Elastizitätstheorie kleiner Verschiebungen gebräuchliche Notation r, ϑ, z bei gleichbleibender Bedeutung dieser Koordinaten sowie Berücksichtigung von $\chi = v/r$ mit v als der Verschiebungskomponente in Richtung von ϑ führt auf

$$\begin{aligned} &\varepsilon_{rr} = \frac{\partial u}{\partial r}\,, && \varepsilon_{\vartheta\vartheta} = \frac{u}{r} + \frac{1}{r}\frac{\partial v}{\partial \vartheta}\,, && \varepsilon_{zz} = \frac{\partial w}{\partial z}\,, \\ &\varepsilon_{r\vartheta} = \frac{1}{2}\left(\frac{1}{r}\frac{\partial u}{\partial \vartheta} + \frac{\partial v}{\partial r} - \frac{v}{r}\right), && \varepsilon_{\vartheta z} = \frac{1}{2}\left(\frac{\partial v}{\partial z} + \frac{1}{r}\frac{\partial w}{\partial \vartheta}\right), && \varepsilon_{zr} = \frac{1}{2}\left(\frac{\partial w}{\partial r} + \frac{\partial u}{\partial z}\right). \end{aligned} \tag{3.97}$$

Spezialisierung von (3.97) für

$$w = 0\,, \quad \frac{\partial u}{\partial z} = 0\,, \quad \frac{\partial v}{\partial z} = 0 \tag{3.98}$$

ergibt die linearisierten kinematischen Beziehungen für einen ebenen Verzerrungszustand:

$$\begin{aligned} \varepsilon_{rr} &= \frac{\partial u}{\partial r}\,, \quad \varepsilon_{\vartheta\vartheta} = \frac{u}{r} + \frac{1}{r}\frac{\partial v}{\partial \vartheta}\,, \quad \varepsilon_{zz} = 0 \\ \varepsilon_{r\vartheta} &= \frac{1}{2}\left(\frac{1}{r}\frac{\partial u}{\partial \vartheta} + \frac{\partial v}{\partial r} - \frac{v}{r}\right), \quad \varepsilon_{\vartheta z} = 0\,, \quad \varepsilon_{zr} = 0\,. \end{aligned} \tag{3.99}$$

3.1.10 Linearisierte kinematische Beziehungen bei Rotationssymmetrie des Verzerrungszustandes

Im Falle von

$$v = 0\,, \quad \frac{\partial u}{\partial \vartheta} = 0\,, \quad \frac{\partial w}{\partial \vartheta} = 0 \tag{3.100}$$

liegt ein rotationssymmetrischer Verzerrungszustand vor. Einsetzen von (3.100) in (3.97) führt auf die entsprechenden linearisierten kinematischen Beziehungen:

$$\begin{aligned} \varepsilon_{rr} &= \frac{\partial u}{\partial r}\,, \quad \varepsilon_{\vartheta\vartheta} = \frac{u}{r}\,, \quad \varepsilon_{zz} = \frac{\partial w}{\partial z}\,, \\ \varepsilon_{r\vartheta} &= 0\,, \quad \varepsilon_{\vartheta z} = 0\,, \quad \varepsilon_{zr} = \frac{1}{2}\left(\frac{\partial w}{\partial r} + \frac{\partial u}{\partial z}\right). \end{aligned} \tag{3.101}$$

3.2 Kinetische Beziehungen

3.2.1 Grundgesetz der Dynamik

Die kinetischen Beziehungen oder Bewegungsgleichungen für einen deformierbaren festen Körper erhält man durch Anwendung des Grundgesetzes der Dynamik auf ein infinitesimales Volumenelement. Zu diesem Zweck denkt man sich den bei der Bewegung verformten Körper zu einem beliebigen Zeitpunkt t in solche Elemente zerlegt. Für ein derartiges Element lautet das dynamische Grundgesetz [Parkus (1966)]:

$$d\mathbf{R} = dm\,\mathbf{b}\,. \tag{3.102}$$

$d\mathbf{R}$ bezeichnet die Resultierende der Kräfte, die auf das Element wirken. $dm = \rho\, dV$ ist die Masse des Elements mit ρ [Masse/Länge^3] als der Massendichte. Diese ist im Allgemeinen orts- und zeitabhängig. Sie soll jedoch nicht von der Beanspruchung des Elements und der auf ein Inertialsystem bezogenen Beschleunigung $\mathbf{b}$ des Punktes abhängen, zu dem das Element nach dem Grenzübergang $dV \to 0$ degeneriert. Inertialsysteme sind dadurch gekennzeichnet, dass in ihnen das GALILEI'sche Trägheitsgesetz* gilt. Es besagt, dass ein in beliebiger Richtung translatorisch in Bewegung gesetzter starrer Körper im Zustand einer geradlinigen, gleichförmigen Bewegung verharrt,

*GALILEO GALILEI (1564–1642) veröffentlichte 1590 die Abhandlung *De Motu Gravium* und legte damit den Grundstein für die moderne Dynamik.

solange keine äußere Kraft auf ihn einwirkt. Mit der Erde fest verbundene Bezugssysteme dürfen häufig mit hinreichender Genauigkeit als Inertialsysteme angesehen werden [Parkus (1966)]. Wenn man (3.102) in der Form

$$d\mathbf{R} + (-dm\,\mathbf{b}) = \mathbf{0} \tag{3.103}$$

anschreibt und $-dm\,\mathbf{b}$ als Trägheitskraft bezeichnet, kann man das Grundgesetz der Dynamik formal als Gleichgewichtsbedingung zum Zeitpunkt t auffassen. Man spricht in diesem Zusammenhang vom D'ALEMBERT'schen Prinzip.*

Zur Herleitung der Bewegungsgleichungen aus (3.102) benötigt man die Kräfte $d\mathbf{R}$. Dabei handelt es sich um Volumen- und Oberflächenkräfte. Volumenkräfte sind auf die Volumeneinheit bezogene Kräfte. Sie werden mit dem Symbol $\mathbf{f}$ bezeichnet. Ihre physikalische Einheit ist [Kraft/Länge^3]. Ein Beispiel für eine Volumenkraft ist die Schwerkraft im Gravitationsfeld der Erde. Wählt man die x_3-Achse eines rechtwinkeligen kartesischen Koordinatensystems derart, dass die Fallbeschleunigung in Richtung dieser Achse wirkt, so gilt

$$\mathbf{f} = \rho(\mathbf{x}, t)\, g\, \mathbf{e}_3 \ , \tag{3.104}$$

wobei $g = 9,81$ m/s^2 einen gerundeten Wert der Fallbeschleunigung im Gravitationsfeld der Erde bezeichnet. Oberflächenkräfte sind auf die Flächeneinheit bezogene Kräfte. Sie werden mit dem Symbol $\mathbf{t}$ bezeichnet. Ihre physikalische Einheit ist [Kraft/Länge^2]. Man unterscheidet zwischen äußeren und inneren Oberflächenkräften. Beispiele für äußere Oberflächenkräfte sind Wind- und Schneelasten. Ein Beispiel für innere Oberflächenkräfte sind die im nächsten Abschnitt behandelten Spannungen.

3.2.2 Spannungsvektor

Ein durch äußere Kräfte belasteter fester Körper wird durch einen gedanklichen Schnitt in zwei Teile geteilt (Abb. 3.10a). Die beiden Schnittflächen werden durch innere Oberflächenkräfte beansprucht. Im Folgenden wird die Kraft $\Delta\mathbf{T}$ betrachtet, die auf ein Element ΔS der Schnittfläche des linken Teils des Körpers wirkt. Der von dieser Schnittfläche ins Äußere des Teilkörpers weisende Normalenvektor wird mit $\mathbf{n}$ bezeichnet. $\mathbf{n}$ ist als Einheitsvektor definiert. Wegen der Stetigkeit der inneren Kräfte wirkt auf das entsprechende Element der Schnittfläche des rechten Teils des Körpers eine gleich große aber entgegengesetzt gerichtete Kraft.
Die auf die Flächeneinheit bezogene Kraft

$$\frac{\Delta\mathbf{T}}{\Delta S} \tag{3.105}$$

ist ein Vektor mit derselben Richtung wie $\Delta\mathbf{T}$. Sein Betrag ist $|\Delta\mathbf{T}|/\Delta S$. Nach dem Grenzübergang $\Delta S \to 0$ erhält man den Spannungsvektor $\mathbf{t}^{(n)}$ im betreffenden Punkt der Schnittfläche:

$$\mathbf{t}^{(n)} = \lim_{\Delta S \to 0} \frac{\Delta\mathbf{T}}{\Delta S} \ . \tag{3.106}$$

Der Index n kennzeichnet die Orientierung des Flächenelements, auf das $\mathbf{t}^{(n)}$ wirkt. Sie ist durch den Normalenvektor $\mathbf{n}$ gegeben.

*Diese Bezeichnung wird häufig für das Prinzip der virtuellen Verschiebungen bei Berücksichtigung von Trägheitskräften verwendet (siehe die Abschnitte 4.2.2 und 4.2.3).

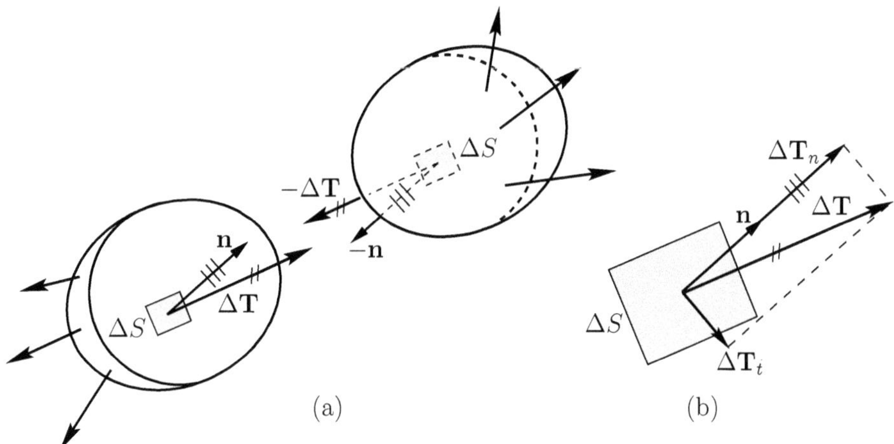

Abb. 3.10: Zur Bestimmung des Spannungsvektors: (a) gedanklicher Schnitt durch einen Körper, (b) Zerlegung der auf die Fläche ΔS wirkenden Kraft $\Delta\mathbf{T}$ in eine normal und eine parallel zu ΔS gerichtete Komponente

Die Kraft $\Delta\mathbf{T}$ wird in eine Komponente $\Delta T_n = \Delta\mathbf{T}\cdot\mathbf{n}$ normal zu ΔS und in eine Komponente ΔT_t parallel zu ΔS zerlegt. $|\Delta T_t|$ wird aus der Beziehung $\Delta T^2 = \Delta T_n^2 + \Delta T_t^2$ bestimmt. Nach dem Grenzübergang $\Delta S \to 0$ erhält man die Normalspannung σ zu

$$\sigma = \lim_{\Delta S\to 0}\frac{\Delta T_n}{\Delta S} \tag{3.107}$$

und die Schubspannung τ zu

$$\tau = (\pm)\lim_{\Delta S\to 0}\frac{|\Delta T_t|}{\Delta S} \ . \tag{3.108}$$

Ein positiver Wert von σ kennzeichnet eine Zugspannung und ein negativer eine Druckspannung. Das Symbol $(\pm)$ in (3.108) drückt aus, dass τ je nach Zweckmäßigkeit als Betrag oder vorzeichenbehaftete Größe definiert ist. Im zweiten Fall ist eine Vorzeichenkonvention erforderlich.

3.2.3 CAUCHY'scher Spannungstensor

Man denkt sich den bewegten Körper in der Momentankonfiguration in infinitesimale quaderförmige Volumenelemente zerlegt, deren Kanten parallel zu den Achsen x_1, x_2, x_3 eines rechtwinkeligen kartesischen Koordinatensystems verlaufen. Dieses Koordinatensystem kann sich grundsätzlich beliebig bewegen, es muss also nicht unbedingt ein Inertialsystem sein. Auf jede Seitenfläche eines solchen Elements wirken eine Normal- und eine Schubspannung. Letztere wird in zwei Komponenten in Richtung der beiden Koordinatenachsen parallel zur betreffenden Seitenfläche zerlegt.
Die Spannungsvektoren

$$\begin{aligned}\mathbf{t}^{(1)} &= \sigma_{11}\,\mathbf{e}_1 + \sigma_{12}\,\mathbf{e}_2 + \sigma_{13}\,\mathbf{e}_3\ ,\\ \mathbf{t}^{(2)} &= \sigma_{21}\,\mathbf{e}_1 + \sigma_{22}\,\mathbf{e}_2 + \sigma_{23}\,\mathbf{e}_3\ ,\\ \mathbf{t}^{(3)} &= \sigma_{31}\,\mathbf{e}_1 + \sigma_{32}\,\mathbf{e}_2 + \sigma_{33}\,\mathbf{e}_3\end{aligned} \tag{3.109}$$

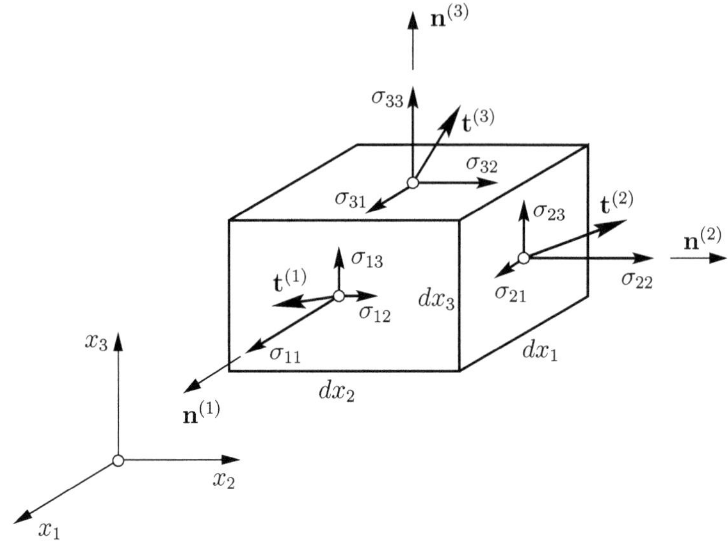

Abb. 3.11: Spannungsvektoren, Spannungstensor

sind die Resultierenden der Spannungskomponenten, die auf drei zueinander normale Seitenflächen eines solchen Elements wirken (Abb. 3.11). Der obere Index des Spannungsvektors $\mathbf{t}^{(i)}$ kennzeichnet die Orientierung des Flächenelements, auf das dieser Spannungsvektor wirkt. Sie ist durch den Normalenvektor $\mathbf{n}^{(i)}$ parallel zur Koordinatenachse x_i gegeben. Die Komponenten von $\mathbf{t}^{(i)}$ sind σ_{ij}, $j = 1, 2, 3$. Die Komponenten σ_{ij}, $i, j = 1, 2, 3$, aller drei Spannungsvektoren bestimmen den Spannungszustand in dem Punkt des Körpers, zu dem das betreffende infinitesimale Element beim Grenzübergang $dV \to 0$ degeneriert. Dabei handelt es sich um die Komponenten des Spannungstensors $\boldsymbol{\sigma}$. Dieser wird auch CAUCHY'scher Spannungstensor* genannt. Ebenso wie der Verzerrungstensor ist der Spannungstensor ein Tensor 2. Stufe. (Der entsprechende Beweis wird im Abschnitt 3.2.6 nachgeholt.) Der erste Index einer Komponente dieses Tensors kennzeichnet den Normalenvektor und damit die Orientierung des Flächenelements, auf das die betreffende Tensorkomponente wirkt. Der zweite Index kennzeichnet ihre Wirkungslinie. Normalspannungen wirken normal auf die betreffenden Flächenelemente, Schubspannungen parallel zu diesen Elementen. Folglich sind Normalspannungen Spannungskomponenten mit zwei gleichen Indizes und Schubspannungen solche mit zwei verschiedenen Indizes.

3.2.4 CAUCHY'sche Bewegungsgleichungen

Zur Herleitung der Bewegungsgleichungen wird das Grundgesetz der Dynamik auf ein infinitesimales Volumenelement der in Abb. 3.11 dargestellten Form angewendet. Die Bewegungsgleichungen beziehen sich also auf die Momentankonfiguration des Körpers. Gemäß (3.102) ist die Resultierende $d\mathbf{R}$ der Volumen- und Oberflächenkräfte, durch die das Volumenelement beansprucht wird, zu bestimmen. Die Seitenkanten dieses

*AUGUSTIN LOUIS CAUCHY (1789–1857) formulierte 1822 den Spannungstensor im Rahmen einer verallgemeinerten dreidimensionalen Theorie.

Volumenelements sind parallel zu den Achsen x_1, x_2, x_3 des rechtwinkeligen kartesischen Koordinatensystems (Abb. 3.12). Sie weisen folglich die Längen dx_1, dx_2, dx_3 auf.

Der Volumenkraftvektor $\mathbf{f}$ ist zu $\lfloor f_1 \;\; f_2 \;\; f_3 \rfloor^T$ gegeben. Bei f_i, $i = 1, 2, 3$, handelt es sich um die Komponenten dieses Vektors in den Richtungen der Koordinatenachsen. Auf die durch $\mathbf{n}^{(i)}$ definierte Seitenfläche des Volumenelements wirkt der Spannungsvektor $\mathbf{t}^{(i)}$ (Abb. 3.11). Diese bzw. die gegenüberliegende Seitenfläche des Volumenelements ist durch

$$x_i + dx_i = konst. \quad \text{bzw.} \quad x_i = konst. \tag{3.110}$$

gekennzeichnet. Die erste der beiden Gleichungen (3.110) bezieht sich auf die Schnittfläche mit dem größeren Wert der Koordinate der zu ihr normalen Achse. Die zweite der beiden Gleichungen (3.110) betrifft die Schnittfläche mit dem kleineren Wert dieser Koordinate. Eine Spannungskomponente σ_{ij} ist als positive Größe definiert, wenn sie auf der Schnittfläche $x_i + dx_i = konst.$ in die Richtung der Koordinatenachse x_j bzw. auf der Schnittfläche $x_i = konst.$ in die entgegengesetzte Richtung weist. Diese Definition steht im Einklang mit der Definition von Zugspannungen als positiven Normalspannungen. Die in Abb. 3.11 eingetragenen Spannungskomponenten sind demnach positive Größen. Ebenso wie die Normalspannungen sind auch die Schubspannungskomponenten in den Seitenflächen des Volumenelements vorzeichenbehaftete Größen. Auf die Schnittfläche $x_i = konst.$ des in Abb. 3.12 dargestellten Volumenelements wirkt der Spannungsvektor $-\mathbf{t}^{(i)}(x_i)$ und auf die Schnittfläche $x_i + dx_i = konst.$ der Spannungsvektor $\mathbf{t}^{(i)}(x_i + dx_i)$. Die Beträge und die Orientierung der Wirkungslinien dieser beiden Vektoren unterscheiden sich voneinander nur um infinitesimale Größen. Unter der Voraussetzung, dass die Spannungskomponenten stetige und stetig differenzierbare Funktionen des Ortes sind, darf $\mathbf{t}^{(i)}(x_i + dx_i)$ nach einer TAYLORreihe an der Stelle x_i entwickelt werden:

$$\mathbf{t}^{(i)}(x_i + dx_i) = \mathbf{t}^{(i)}(x_i) + \frac{\partial \mathbf{t}^{(i)}(x_i)}{\partial x_i} dx_i + \ldots \tag{3.111}$$

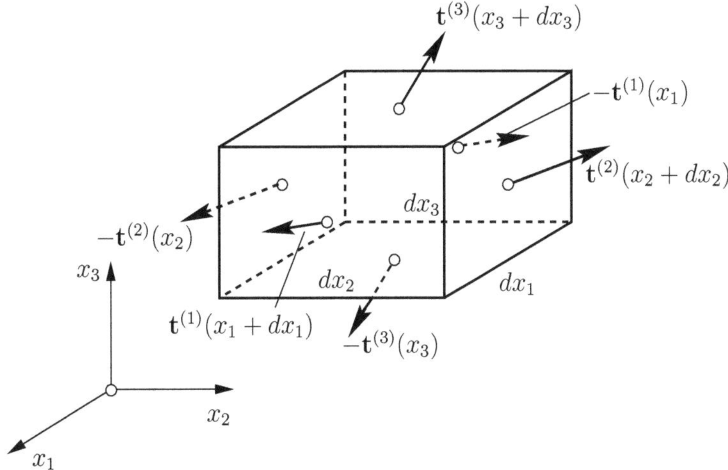

Abb. 3.12: Spannungsvektoren auf den Seitenflächen eines infinitesimalen quaderförmigen Volumenelements

Glieder von höherer als erster Ordnung in dx_i in dieser Reihe fallen beim nachfolgenden Grenzübergang heraus. Sie werden daher nicht berücksichtigt.

Zur Ermittlung der Resultierenden $d\mathbf{R}$ der Kräfte, die auf das infinitesimale Element wirken, ist der Volumenkraftvektor $\mathbf{f}$ mit dV zu multiplizieren. Ferner sind die Spannungsvektoren mit den Flächen, auf die sie wirken, zu multiplizieren. Die Summe der auf die beiden gegenüberliegenden Seitenflächen $x_1 = konst.$ und $x_1 + dx_1 = konst.$ des Volumenelements wirkenden Kräfte folgt aus der Abb. 3.12 unter Berücksichtigung von (3.111) zu

$$\left[-\mathbf{t}^{(1)}(x_1) + \mathbf{t}^{(1)}(x_1 + dx_1)\right] dS^{(1)} = \frac{\partial \mathbf{t}^{(1)}}{\partial x_1}\, dx_1\, dS^{(1)} + \ldots = \\ = \frac{\partial \mathbf{t}^{(1)}}{\partial x_1}\, dx_1\, dx_2\, dx_3 + \ldots = \frac{\partial \mathbf{t}^{(1)}}{\partial x_1}\, dV + \ldots\,, \tag{3.112}$$

wobei von

$$dS^{(1)} = dx_2\, dx_3 \quad \text{bzw.} \quad dV = dx_1\, dx_2\, dx_3 \tag{3.113}$$

Gebrauch gemacht worden ist. Analog zu (3.112) erhält man

$$\left[-\mathbf{t}^{(2)}(x_2) + \mathbf{t}^{(2)}(x_2 + dx_2)\right] dS^{(2)} = \frac{\partial \mathbf{t}^{(2)}}{\partial x_2}\, dV + \ldots \tag{3.114}$$

und

$$\left[-\mathbf{t}^{(3)}(x_3) + \mathbf{t}^{(3)}(x_3 + dx_3)\right] dS^{(3)} = \frac{\partial \mathbf{t}^{(3)}}{\partial x_3}\, dV + \ldots \tag{3.115}$$

Somit ist

$$d\mathbf{R} = \left(\mathbf{f} + \frac{\partial \mathbf{t}^{(1)}}{\partial x_1} + \frac{\partial \mathbf{t}^{(2)}}{\partial x_2} + \frac{\partial \mathbf{t}^{(3)}}{\partial x_3} + \ldots\right) dV\,. \tag{3.116}$$

Einsetzen von (3.116) sowie von $dm = \rho\, dV$ in (3.102) und Division durch dV führt auf die Bewegungsgleichungen:

$$\frac{\partial \mathbf{t}^{(1)}}{\partial x_1} + \frac{\partial \mathbf{t}^{(2)}}{\partial x_2} + \frac{\partial \mathbf{t}^{(3)}}{\partial x_3} + \mathbf{f} = \rho\, \mathbf{b}\,. \tag{3.117}$$

Eintragen der Ausdrücke (3.109) für die Spannungsvektoren in (3.117) ergibt drei Komponentengleichungen, die der Vektorgleichung (3.117) entsprechen:

$$\begin{aligned}
&\frac{\partial \sigma_{11}}{\partial x_1} + \frac{\partial \sigma_{21}}{\partial x_2} + \frac{\partial \sigma_{31}}{\partial x_3} + f_1 = \rho\, b_1\,, \\
&\frac{\partial \sigma_{12}}{\partial x_1} + \frac{\partial \sigma_{22}}{\partial x_2} + \frac{\partial \sigma_{32}}{\partial x_3} + f_2 = \rho\, b_2\,, \\
&\frac{\partial \sigma_{13}}{\partial x_1} + \frac{\partial \sigma_{23}}{\partial x_2} + \frac{\partial \sigma_{33}}{\partial x_3} + f_3 = \rho\, b_3\,.
\end{aligned} \tag{3.118}$$

Mit Hilfe der Indexnotation lassen sich die Gleichungen (3.118) zu

$$\sigma_{ji,j} + f_i = \rho\, b_i\,, \quad i, j = 1, 2, 3\,, \tag{3.119}$$

anschreiben. Die Beziehungen (3.117) bzw. (3.118) und (3.119) werden auch CAUCHY'sche Bewegungsgleichungen* genannt. Bei statischer Beanspruchung ist $\mathbf{b} = \mathbf{0}$. Die sich ergebenden Beziehungen sind die Gleichgewichtsbedingungen für die auf das Element wirkenden Kräfte.

Im Weiteren wird bewiesen, dass der Spannungstensor symmetrisch ist. Die entsprechenden Überlegungen sind auf den Sonderfall von statischer Beanspruchung beschränkt. In [Malvern (1969)] wird gezeigt, dass die Symmetrie des Spannungstensors auch bei dynamischer Beanspruchung gegeben ist.

Das Gleichgewicht des in Abb. 3.12 dargestellten infinitesimalen Volumenelements verlangt, dass nicht nur die Resultierende der auf das Element wirkenden Kräfte, sondern auch das resultierende Moment dieser Kräfte um einen Bezugspunkt verschwindet. Als solcher wird der Schwerpunkt des Elements gewählt. Dieser ist der Ursprung eines Koordinatensystems, dessen Achsen x_1', x_2', x_3' zu den Seitenkanten des Elements und damit zu den Achsen x_1, x_2, x_3 parallel sind.

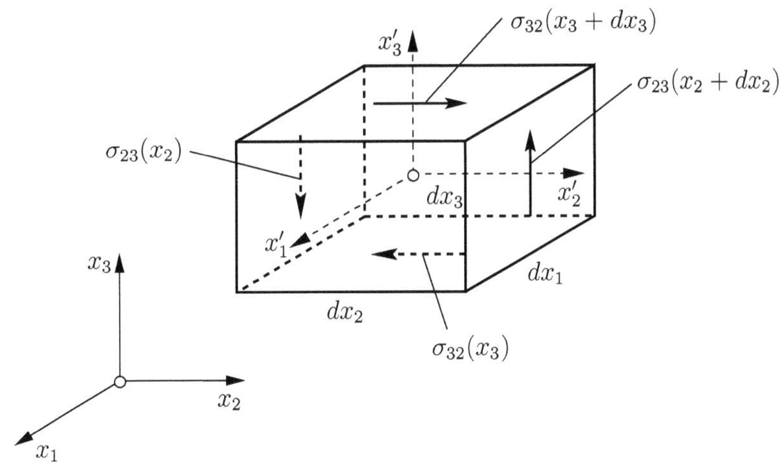

Abb. 3.13: Zum Gleichgewicht der Momente um die x_1'-Achse

In die Abb. 3.13 sind nur jene Spannungskomponenten eingetragen, die einen Beitrag zur Gleichgewichtsbedingung für die auf das Element wirkenden Momente um die x_1'-Achse leisten. Die betreffende Gleichgewichtsbedingung lautet:

$$\begin{aligned}&-\sigma_{32}(x_3)\,dx_1\,dx_2\,\frac{dx_3}{2} - \sigma_{32}(x_3+dx_3)\,dx_1\,dx_2\frac{dx_3}{2}\\&+\sigma_{23}(x_2)\,dx_1\,dx_3\,\frac{dx_2}{2} + \sigma_{23}(x_2+dx_2)\,dx_1\,dx_3\,\frac{dx_2}{2} = 0\,.\end{aligned} \tag{3.120}$$

Nach Division von (3.120) durch $dx_1\,dx_2\,dx_3$ und anschließendem Grenzübergang $dx_2 \to 0$, $dx_3 \to 0$ erhält man $\sigma_{32} = \sigma_{23}$. Zusammen mit zwei analogen Beziehungen aus der Gleichgewichtsbedingung für die auf das Element wirkenden Momente um die x_2'- bzw. x_3'-Achse ergeben sich die Bedingungen

$$\sigma_{32} = \sigma_{23}\,, \quad \sigma_{13} = \sigma_{31}\,, \quad \sigma_{21} = \sigma_{12}\,, \tag{3.121}$$

*AUGUSTIN LOUIS CAUCHY (1789–1857) veröffentlichte 1822 die Bewegungsleichungen im Rahmen einer Kontinuumstheorie.

bzw.

$$\sigma_{ij} = \sigma_{ji}\,, \quad i,j = 1,2,3\,. \tag{3.122}$$

Der CAUCHY'sche Spannungstensor ist also symmetrisch. Von seinen neun Komponenten sind somit nur sechs unabhängig. (3.121) wird als Satz von den zugeordneten Schubspannungen bezeichnet. In Worten lautet er [Parkus (1966)]: „In zwei zueinander normalen Flächen sind die an der Schnittlinie angreifenden und zu ihr normalen Schubspannungskomponenten gleich groß und entweder beide zur Schnittlinie hin oder beide von ihr weg gerichtet." Abb. 3.13 verdeutlicht diesen Satz.

3.2.5 CAUCHY'sche Formeln

Mit Hilfe der CAUCHY'schen Formeln kann der Spannungsvektor $\mathbf{t}^{(n)} = \lfloor\, t_1^{(n)}\; t_2^{(n)}\; t_3^{(n)} \,\rfloor^T$ für ein beliebig orientiertes infinitesimales Flächenelement bestimmt werden, wenn der Spannungstensor $\boldsymbol{\sigma}$ in dem betreffenden Punkt des Körpers bekannt ist. Zur Herleitung der CAUCHY'schen Formeln denkt man sich ein infinitesimales tetraederförmiges Volumenelement aus dem betrachteten Körper herausgelöst (Abb. 3.14).

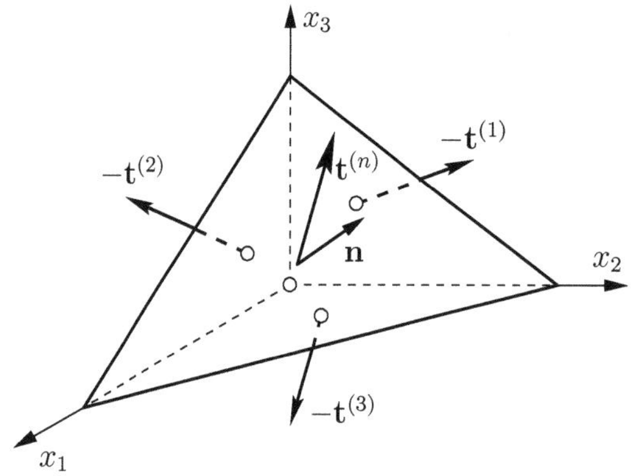

Abb. 3.14: Zu den CAUCHY'schen Formeln

Auf die vier Seitenflächen dieses Elements wirken die entsprechenden Spannungsvektoren. Zur Ermittlung der Kraft $d\mathbf{R}$ im Grundgesetz der Dynamik (3.102) sind diese Vektoren mit ihren Wirkungsflächen zu multiplizieren. Ferner ist der Volumenkraftvektor $\mathbf{f}$ mit dV zu multiplizieren. Das dynamische Grundgesetz lautet somit:

$$\mathbf{f}\,dV - \mathbf{t}^{(1)}\,dS^{(1)} - \mathbf{t}^{(2)}\,dS^{(2)} - \mathbf{t}^{(3)}\,dS^{(3)} + \mathbf{t}^{(n)}\,dS = \mathbf{b}\,\rho\,dV\,. \tag{3.123}$$

Mit Hilfe der Komponenten n_i des ins Elementsäußere weisenden Normalenvektors $\mathbf{n}$ lässt sich der Flächeninhalt $dS^{(i)}$ der Seitenfläche $x_i = konst.$ des Elements durch den Flächeninhalt dS der Seitenfläche mit dem Normalenvektor $\mathbf{n}$ ausdrücken:

$$dS^{(i)} = dS\,n_i\,. \tag{3.124}$$

Das Volumen des Tetraeders ist zu

$$dV = \frac{1}{3}\,dh\,dS \tag{3.125}$$

gegeben, wobei dh die Tetraederhöhe bezeichnet. Einsetzen von (3.124) und (3.125) in (3.123) und Division durch dS ergibt

$$\mathbf{f}\,\frac{dh}{3} - \mathbf{t}^{(1)}\,n_1 - \mathbf{t}^{(2)}\,n_2 - \mathbf{t}^{(3)}\,n_3 + \mathbf{t}^{(n)} = \mathbf{b}\,\rho\,\frac{dh}{3}\,. \tag{3.126}$$

Nach dem Grenzübergang $dh \to 0$ erhält man die CAUCHY'schen Formeln:

$$\mathbf{t}^{(n)} = \mathbf{t}^{(1)}\,n_1 + \mathbf{t}^{(2)}\,n_2 + \mathbf{t}^{(3)}\,n_3\;. \tag{3.127}$$

Eintragen der Ausdrücke (3.109) für die Spannungsvektoren in (3.127) führt auf drei Komponentengleichungen, die der Vektorgleichung (3.127) entsprechen:

$$\begin{aligned} t_1^{(n)} &= \sigma_{11}\,n_1 + \sigma_{21}\,n_2 + \sigma_{31}\,n_3\,, \\ t_2^{(n)} &= \sigma_{12}\,n_1 + \sigma_{22}\,n_2 + \sigma_{32}\,n_3\,, \\ t_3^{(n)} &= \sigma_{13}\,n_1 + \sigma_{23}\,n_2 + \sigma_{33}\,n_3\,. \end{aligned} \tag{3.128}$$

Mit Hilfe der Indexnotation lassen sie sich zu

$$t_i^{(n)} = \sigma_{ji}\,n_j \tag{3.129}$$

anschreiben. Wegen der Symmetrie des Spannungstensors (siehe (3.122)) gilt $\boldsymbol{\sigma} = \boldsymbol{\sigma}^T$. Deshalb kann (3.129) auch zu

$$t_i^{(n)} = \sigma_{ij}\,n_j \quad \text{bzw.} \quad \mathbf{t}^{(n)} = \boldsymbol{\sigma}\cdot\mathbf{n} \tag{3.130}$$

geschrieben werden.

Wenn sich das Flächenelement dS auf der Berandung des Körpers befindet, ist $\mathbf{n}$ die ins Äußere des Körpers weisende Normale auf die Tangentialebene in dem betreffenden Punkt des Randes. Ist in diesem Punkt eine Oberflächenkraft $\bar{t}_i^{(n)}$ in Richtung der x_i-Achse gegeben, gilt dort die Randbedingung $t_i^{(n)} = \bar{t}_i^{(n)}$. Sie lässt sich mittels der CAUCHY'schen Formeln (3.129) zu $\sigma_{ji}\;n_j = \bar{t}_i^{(n)}$ formulieren. Auf diese Weise erhält man einen Zusammenhang zwischen den unbekannten Spannungskomponenten σ_{1i}, σ_{2i} und σ_{3i} und der bekannten Oberflächenkraftkomponente $\bar{t}_i^{(n)}$.

Laut (3.107) ist die Komponente von $\mathbf{t}^{(n)}$ normal zu dS die Normalspannung $\sigma \equiv \sigma_{nn}$. Mit Hilfe von (3.129) erhält man σ_{nn} zu

$$\sigma_{nn} = \mathbf{t}^{(n)}\cdot\mathbf{n} = t_i^{(n)}\,n_i = \sigma_{ji}\,n_j\,n_i\;. \tag{3.131}$$

Die parallel zu dS wirkende Komponente von $\mathbf{t}^{(n)}$ ist laut (3.108) die Schubspannung $\tau \equiv \sigma_{nt}$. Analog zu $\Delta T_t = (\pm)\sqrt{\Delta T^2 - \Delta T_n^2}$ ergibt sich σ_{nt} zu

$$\sigma_{nt} = (\pm)\sqrt{\mathbf{t}^{(n)}\cdot\mathbf{t}^{(n)} - \sigma_{nn}^2}\;. \tag{3.132}$$

3.2.6 Transformation der Komponenten des Spannungstensors

Die Komponenten des Spannungstensors σ_{ij} beziehen sich auf ein Koordinatensystem mit der Basis $\mathbf{e}_i$, $i = 1, 2, 3$. Sie sollen in Komponenten σ'_{kl} transformiert werden, die

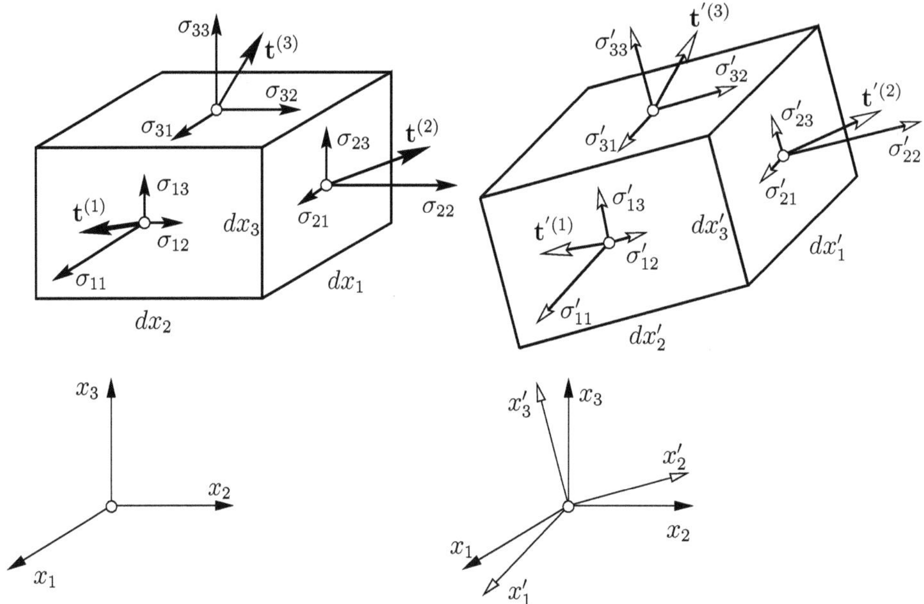

Abb. 3.15: Zur Transformation der Komponenten des Spannungstensors

sich auf ein Koordinatensystem mit der Basis $\mathbf{e}'_i$, $i = 1, 2, 3$, beziehen (Abb. 3.15). Wenn σ_{ij}, wie im Abschnitt 3.2.3 behauptet, ein Tensor 2. Stufe ist, dann muss diese Transformation von derselben Form wie die entsprechende Transformation für den Verzerrungstensor sein. Ersetzt man demgemäß in (3.43) das Symbol ε durch σ, so erhält man die Transformationsbeziehung für den CAUCHY'schen Spannungstensor zu

$$\sigma'_{kl} = \sigma_{ij}\, n_{ki}\, n_{lj} \;, \tag{3.133}$$

wobei die Richtungskosinus n_{ij} entsprechend (2.36) definiert sind.

Der Beweis der Richtigkeit von (3.133) besteht aus zwei Schritten. Mittels der CAUCHY'schen Formeln werden im ersten Schritt die Komponenten $t_i'^{(k)}$ des Spannungsvektors $\mathbf{t}'^{(k)}$ in Richtung der Koordinatenachsen x_i, $i = 1, 2, 3$, bestimmt. Dieser Spannungsvektor wirkt auf das zur Koordinatenachse x'_k normale Flächenelement. Im zweiten Schritt wird die Komponente von $\mathbf{t}'^{(k)}$ in Richtung von x'_l ermittelt. Es ist das die gesuchte Spannungskomponente σ'_{kl}.

Bei der Verwendung der CAUCHY'schen Formeln (3.129) im ersten Schritt ist n_j durch n_{kj} zu ersetzen. Der Index k ist deshalb erforderlich, weil zwischen den Richtungen der Achsen x'_k, $k = 1, 2, 3$, des gedrehten Koordinatensystems unterschieden werden muss. Ferner ist $t_i^{(n)}$ in (3.129) durch die in diesem Schritt zu berechnenden Komponenten $t_i'^{(k)}$ des Spannungsvektors $\mathbf{t}'^{(k)}$ zu ersetzen. Demgemäß erhält man

$$t_i'^{(k)} = \sigma_{ji}\, n_{kj} \;. \tag{3.134}$$

Projektion von

$$\mathbf{t}'^{(k)} = t_i'^{(k)}\, \mathbf{e}_i \tag{3.135}$$

in die Richtung des Basisvektors $\mathbf{e}'_l$ im zweiten Schritt ergibt bei Berücksichtigung von (3.134) sowie der aus (2.37) folgenden Beziehung $\mathbf{e}_i \cdot \mathbf{e}'_l = n_{li}$ die gesuchte Spannungskomponente σ'_{kl} zu

$$\sigma'_{kl} = \mathbf{t}'^{(k)} \cdot \mathbf{e}'_l = t_i'^{(k)} \, \mathbf{e}_i \cdot \mathbf{e}'_l = \sigma_{ji} \, n_{kj} \, n_{li} \, . \tag{3.136}$$

Durch Vertauschung der stummen Indizes i und j erhält man (3.133). Damit ist bewiesen, dass σ_{ij} ein Tensor 2. Stufe ist.

3.2.7 Hauptspannungen und Spannungshauptrichtungen

Von großer Bedeutung sind die Richtungen, für welche die Normalspannungen Extremwerte annehmen, und die Größe dieser Extrema. Man bezeichnet diese Extremwerte als Haupt(normal)spannungen und ihre Wirkungsrichtungen als (Normal)spannungshauptrichtungen.

Die Hauptspannungen und die entsprechenden Spannungshauptrichtungen können auf dieselbe Weise wie die Hauptverzerrungen und die entsprechenden Verzerrungshauptrichtungen, also durch Lösung einer Extremwertaufgabe mit einer Nebenbedingung, ermittelt werden (siehe Abschnitt 3.1.5). Dabei lässt sich zeigen, dass die als Spannungshauptebenen bezeichneten Wirkungsebenen der Hauptspannungen schubspannungsfrei sind. Als Alternative zu dieser Vorgangsweise bietet sich die Bestimmung der Orientierungen von schubspannungsfreien Ebenen an. Diese Ebenen sind durch die Übereinstimmung der Richtungen von $\mathbf{t}^{(n)}$ und $\mathbf{n}$ gekennzeichnet. Es gilt somit

$$\mathbf{t}^{(n)} = \sigma \, \mathbf{n} \quad \text{bzw.} \quad t_i^{(n)} = \sigma \, n_i \ , \quad \left| \mathbf{t}^{(n)} \right| = \sigma \, . \tag{3.137}$$

Für eine beliebige Ebene lässt sich die Komponente $t_i^{(n)}$ des Spannungsvektors mittels der CAUCHY'schen Formeln (3.129) berechnen. Gleichsetzen von (3.129) und der zweiten der drei Gleichungen (3.137) ergibt

$$\sigma_{ji} \, n_j = \sigma \, n_i \ . \tag{3.138}$$

Drückt man in (3.138) n_i mit Hilfe von $n_i = \delta_{ji} \, n_j$ durch n_j aus, so erhält man

$$(\sigma_{ji} - \sigma \, \delta_{ji}) \, n_j = 0 \ . \tag{3.139}$$

Die Richtungskosinus müssen die Bedingung

$$n_k \, n_k = 1 \tag{3.140}$$

erfüllen. Gleichung (3.139) ist analog zur Beziehung (3.50). Gleichung (3.140) ist mit der Beziehung (3.51) identisch. Für eine nichttriviale Lösung des homogenen linearen Gleichungssystems (3.139) muss die Koeffizientendeterminante verschwinden, d. h.

$$|\sigma_{ji} - \sigma \, \delta_{ji}| = 0 \ . \tag{3.141}$$

Aus (3.141) folgt

$$-\,\sigma^3 + I_1^\sigma \sigma^2 - I_2^\sigma \sigma + I_3^\sigma = 0 \tag{3.142}$$

mit I_1^σ, I_2^σ und I_3^σ als den Invarianten des Spannungstensors. Die in σ kubische Beziehung (3.142) ist die charakteristische Gleichung des vorliegenden Eigenwertproblems. I_1^σ, I_2^σ und I_3^σ erhält man durch Ersetzen von ε in (3.54) durch σ:

$$\begin{aligned} I_1^\sigma &= \sigma_{11} + \sigma_{22} + \sigma_{33} \; , \\ I_2^\sigma &= \begin{vmatrix} \sigma_{22} & \sigma_{23} \\ \sigma_{32} & \sigma_{33} \end{vmatrix} + \begin{vmatrix} \sigma_{11} & \sigma_{13} \\ \sigma_{31} & \sigma_{33} \end{vmatrix} + \begin{vmatrix} \sigma_{11} & \sigma_{12} \\ \sigma_{21} & \sigma_{22} \end{vmatrix} \; , \\ I_3^\sigma &= \begin{vmatrix} \sigma_{11} & \sigma_{12} & \sigma_{13} \\ \sigma_{21} & \sigma_{22} & \sigma_{23} \\ \sigma_{31} & \sigma_{32} & \sigma_{33} \end{vmatrix} \; . \end{aligned} \tag{3.143}$$

Die charakteristischen Gleichungen (3.142) und (3.53) sind gleichartig. Laut (3.57) und (3.58) sind die drei Lösungen von (3.53) die Hauptverzerrungen. Folglich handelt es sich bei den drei Lösungen von (3.142) um die Hauptspannungen. Schubspannungsfreie Ebenen sind also stets Spannungshauptebenen. Daher sind schubverzerrungsfreie Ebenen stets Verzerrungshauptebenen. Somit ist die entsprechende Aussage im Abschnitt 3.1.5 verifiziert.

Die Hauptspannungen werden mit $\sigma_1, \sigma_2, \sigma_3$ bezeichnet. Ebenso wie die Hauptverzerrungen wirken sie auf drei zueinander normale Ebenen. Ebenso wie $\varepsilon_1, \varepsilon_2, \varepsilon_3$ sind $\sigma_1, \sigma_2, \sigma_3$ vom gewählten Koordinatensystem unabhängig und stellen demnach invariante Größen dar. Da I_1^σ, I_2^σ, I_3^σ Koeffizienten der charakteristischen Gleichung (3.142) zur Bestimmung von $\sigma_1, \sigma_2, \sigma_3$ sind, müssen auch sie invariante Größen sein. Bei bekannten Hauptspannungen werden die entsprechenden Spannungshauptrichtungen aus beliebigen zwei der drei Gleichungen (3.139) und aus Gleichung (3.140) ermittelt. Die Hauptspannungen werden ihrer Größe nach geordnet, d. h.

$$\sigma_1 \geq \sigma_2 \geq \sigma_3 \; . \tag{3.144}$$

σ_1 ist die größte und σ_3 die kleinste der Normalspannungen in allen Richtungen in dem betreffenden Punkt des Körpers.

3.2.8 Hauptschubspannungen

Von Bedeutung sind auch die Extremwerte der Schubspannungen. Sie werden als Hauptschubspannungen bezeichnet. Zu ihrer Ermittlung wählt man das Koordinatensystem zweckmäßigerweise so, dass die Koordinatenachsen mit den Richtungen der Hauptnormalspannungen zusammenfallen (Abb. 3.16).

Gleichung (3.132) stellt den Ausdruck für die Schubspannung dar, die in der Ebene mit dem Normalenvektor $\mathbf{n}$ wirkt. Für den in diesem Ausdruck aufscheinenden Term $\mathbf{t}^{(n)} \cdot \mathbf{t}^{(n)}$ erhält man unter Berücksichtigung von (3.127) sowie der für Normalspannungshauptrichtungen gültigen Beziehungen $\mathbf{t}^{(i)} \cdot \mathbf{t}^{(i)} = \sigma_i^2$ und $\mathbf{t}^{(i)} \cdot \mathbf{t}^{(j)} = 0$, $i \neq j$,

$$\begin{aligned} \mathbf{t}^{(n)} \cdot \mathbf{t}^{(n)} &= \left(\mathbf{t}^{(1)} n_1 + \mathbf{t}^{(2)} n_2 + \mathbf{t}^{(3)} n_3\right) \cdot \left(\mathbf{t}^{(1)} n_1 + \mathbf{t}^{(2)} n_2 + \mathbf{t}^{(3)} n_3\right) = \\ &= (\sigma_1 n_1)^2 + (\sigma_2 n_2)^2 + (\sigma_3 n_3)^2 \; . \end{aligned} \tag{3.145}$$

Die in (3.132) enthaltene Größe σ_{nn} folgt aus (3.133) unter Berücksichtigung von $\sigma_{11} \equiv \sigma_1$, $\sigma_{22} \equiv \sigma_2$ und $\sigma_{33} \equiv \sigma_3$ sowie von $\sigma_{ij} = 0$, $i \neq j$, und weiters von $n_{ki} \equiv n_i$

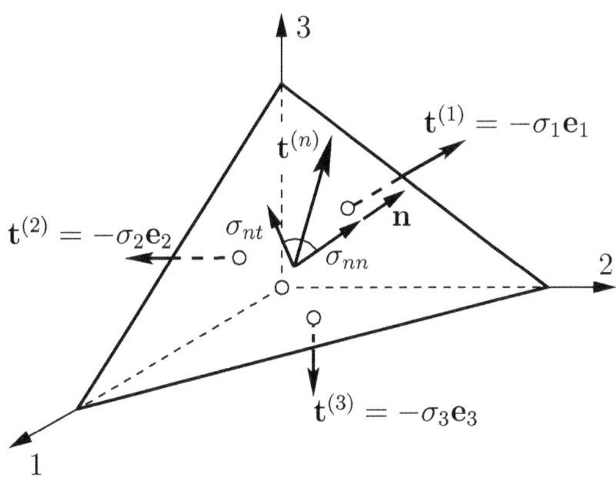

Abb. 3.16: Zerlegung des Spannungsvektors $\mathbf{t}^{(n)}$ in die Normalspannung σ_{nn} und die Schubspannung σ_{nt}

sowie $n_{lj} \equiv n_j$ zu

$$\sigma_{nn} = \sigma_1 \, n_1^2 + \sigma_2 \, n_2^2 + \sigma_3 \, n_3^2 \; . \tag{3.146}$$

Die Indizes k und l von n_{ki} bzw. n_{lj} sind hier deshalb entbehrlich, weil es nur auf *einen* Richtungsvektor – den Normalenvektor $\mathbf{n}$ – ankommt. Einsetzen von (3.145) und (3.146) in den durch Quadrieren von (3.132) erhaltenen Ausdruck ergibt

$$\sigma_{nt}^2 = \left(\sigma_1 \, n_1\right)^2 + \left(\sigma_2 \, n_2\right)^2 + \left(\sigma_3 \, n_3\right)^2 - \left(\sigma_1 \, n_1^2 + \sigma_2 \, n_2^2 + \sigma_3 \, n_3^2\right)^2 \; . \tag{3.147}$$

Multiplikation der ersten drei Terme auf der rechten Seite von (3.147) mit $n_1^2 + n_2^2 + n_3^2 = 1$ führt auf

$$\sigma_{nt}^2 = \left(\sigma_1 - \sigma_2\right)^2 n_1^2 \, n_2^2 + \left(\sigma_2 - \sigma_3\right)^2 n_2^2 \, n_3^2 + \left(\sigma_3 - \sigma_1\right)^2 n_3^2 \, n_1^2 \; . \tag{3.148}$$

Die Hauptschubspannungen erhält man als Extremwerte der zu (3.47) analogen Funktion

$$f\left(n_1, n_2, n_3, \lambda\right) = \sigma_{nt}^2 - \lambda \left(n_k \, n_k - 1\right) \; . \tag{3.149}$$

Ableitung von f nach n_i, $i = 1, 2, 3$, und λ ergibt

$$\begin{aligned}
\frac{\partial f}{\partial n_1} = 0 : \qquad & \left(\sigma_1 - \sigma_2\right)^2 n_1 \, n_2^2 + \left(\sigma_1 - \sigma_3\right)^2 n_1 \, n_3^2 - \lambda \, n_1 = 0 \; , \\
\frac{\partial f}{\partial n_2} = 0 : \qquad & \left(\sigma_2 - \sigma_3\right)^2 n_2 \, n_3^2 + \left(\sigma_2 - \sigma_1\right)^2 n_2 \, n_1^2 - \lambda \, n_2 = 0 \; , \\
\frac{\partial f}{\partial n_3} = 0 : \qquad & \left(\sigma_3 - \sigma_1\right)^2 n_3 \, n_1^2 + \left(\sigma_3 - \sigma_2\right)^2 n_3 \, n_2^2 - \lambda \, n_3 = 0 \; , \\
\frac{\partial f}{\partial \lambda} = 0 : \qquad & n_1^2 + n_2^2 + n_3^2 = 1 \; .
\end{aligned} \tag{3.150}$$

Das in n_1, n_2 und n_3 nichtlineare Gleichungssystem ist nach diesen Richtungskosinus und nach λ aufzulösen. Die Lösungen ergeben sich zu

$$\begin{aligned}
n_1^{(1)} &= 0 \; , & n_2^{(1)} &= \pm\frac{1}{\sqrt{2}} \; , & n_3^{(1)} &= \pm\frac{1}{\sqrt{2}} \; , & \lambda^{(1)} &= \frac{\left(\sigma_2 - \sigma_3\right)^2}{2} \; , \\
n_1^{(2)} &= \pm\frac{1}{\sqrt{2}} \; , & n_2^{(2)} &= 0 \; , & n_3^{(2)} &= \pm\frac{1}{\sqrt{2}} \; , & \lambda^{(2)} &= \frac{\left(\sigma_3 - \sigma_1\right)^2}{2} \; , \\
n_1^{(3)} &= \pm\frac{1}{\sqrt{2}} \; , & n_2^{(3)} &= \pm\frac{1}{\sqrt{2}} \; , & n_3^{(3)} &= 0 \; , & \lambda^{(3)} &= \frac{\left(\sigma_1 - \sigma_2\right)^2}{2} \; .
\end{aligned} \tag{3.151}$$

Aus (3.151) folgt, dass die Hauptschubspannungen in Ebenen wirken, deren Normalenvektoren jeweils mit zwei Normalspannungshauptachsen einen Winkel von 45° bzw. 135° und mit der dritten Normalspannungshauptachse einen rechten Winkel einschließen. Einsetzen der Werte der Richtungskosinus entsprechend (3.151) in (3.148) ergibt die Quadrate der Hauptschubspannungen. Die Ausdrücke für die mit τ_1, τ_2, τ_3 bezeichneten Hauptschubspannungen lauten dann:

$$\tau_1 = \left|\frac{\sigma_2 - \sigma_3}{2}\right|, \quad \tau_2 = \left|\frac{\sigma_3 - \sigma_1}{2}\right|, \quad \tau_3 = \left|\frac{\sigma_1 - \sigma_2}{2}\right| . \tag{3.152}$$

Die Hauptschubspannungen stellen resultierende Schubspannungen in ihren Wirkungsebenen dar. Will man die Wirkungsrichtung einer bestimmten Hauptschubspannung ermitteln, dann muss man ihre Komponenten in zwei zueinander normalen Richtungen in der betreffenden Hauptschubspannungsebene berechnen. Dazu benützt man Gleichung (3.133). Unter Berücksichtigung von $\sigma_{11} \equiv \sigma_1$, $\sigma_{22} \equiv \sigma_2$, $\sigma_{33} \equiv \sigma_3$ sowie von $\sigma_{ij} = 0$, $i \neq j$, und weiters von $n_{k1} \equiv n_1^{(k)}$, $n_{k2} \equiv n_2^{(k)}, n_{k3} \equiv n_3^{(k)}$ gemäß (3.151) führt (3.133) auf die gesuchten Spannungskomponenten:

$$\sigma'_{kl} = \sigma_1 \, n_1^{(k)} \, n_{l1} + \sigma_2 \, n_2^{(k)} \, n_{l2} + \sigma_3 \, n_3^{(k)} \, n_{l3}, \; l \neq k \, . \tag{3.153}$$

Der Index l betrifft eine der beiden zueinander normalen Richtungen in der betreffenden Hauptschubspannungsebene.

Setzt man die Werte der Richtungskosinus gemäß (3.151) in (3.146) ein, so erhält man

$$\sigma_{nn}^{(1)} = \frac{\sigma_2 + \sigma_3}{2}, \quad \sigma_{nn}^{(2)} = \frac{\sigma_1 + \sigma_3}{2}, \quad \sigma_{nn}^{(3)} = \frac{\sigma_1 + \sigma_2}{2} . \tag{3.154}$$

Die Ebenen, in denen die Schubspannungen Extremwerte annehmen, sind also im Allgemeinen nicht frei von Normalspannungen.

3.2.9 MOHR'sche Spannungskreise

Abb. 3.17 enthält drei Kreise. Ihre Mittelpunkte, C_1, C_2, C_3, befinden sich auf der Abszissenachse eines rechtwinkeligen kartesischen Koordinatensystems. Dabei handelt es sich um die σ_{nn}-Achse. Die Ordinatenachse ist die σ_{nt}-Achse. Die Werte der σ_{nn}-Koordinate von C_1, C_2, C_3 sind gleich den auf die Hauptschubspannungsebenen wirkenden Normalspannungen $\sigma_{nn}^{(1)}$, $\sigma_{nn}^{(2)}$, $\sigma_{nn}^{(3)}$ gemäß (3.154). Die Radien der drei Kreise entsprechen den Hauptschubspannungen τ_1, τ_2, τ_3 gemäß (3.152). Folglich entspricht der Abszisse eines Schnittpunktes eines solchen Kreises mit der σ_{nn}-Achse eine bestimmte Hauptnormalspannung. Die drei Kreise werden MOHR'sche Spannungskreise genannt.*

MOHR hat gezeigt, dass die Komponenten σ_{nn} und σ_{nt} des Spannungsvektors $\mathbf{t}^{(n)}$ in einer beliebig gerichteten Ebene durch den betrachteten Punkt des Körpers einen Punkt in der $\sigma_{nn}\,\sigma_{nt}$-Ebene definieren, der innerhalb des in der Abb. 3.17 grau unterlegten Gebiets bzw. auf dessen Rand liegt. Die untere Hälfte dieses Gebiets ist durch negative Werte von σ_{nt} gekennzeichnet. Die Schubspannung stellt hier also eine vorzeichenbehaftete Größe dar. Eine physikalische Bedeutung kommt dem Vorzeichen von

*OTTO MOHR (1835–1918) publizierte 1882 über diese Form der graphischen Darstellung des Spannungszustandes in einem Punkt.

σ_{nt} jedoch nicht zu. Die MOHR'schen Kreise verdeutlichen, dass die größte Hauptspannung σ_1 das Maximum und die kleinste Hauptspannung σ_3 das Minimum der Normalspannungen in allen Richtungen in dem betreffenden Punkt des Körpers ist. Da die Ordinaten der Punkte mit den Abszissen $\sigma_1, \sigma_2, \sigma_3$ gleich null sind, machen die MOHR'schen Spannungskreise auch deutlich, dass die Schubspannungen in den Hauptebenen der Normalspannungen verschwinden.

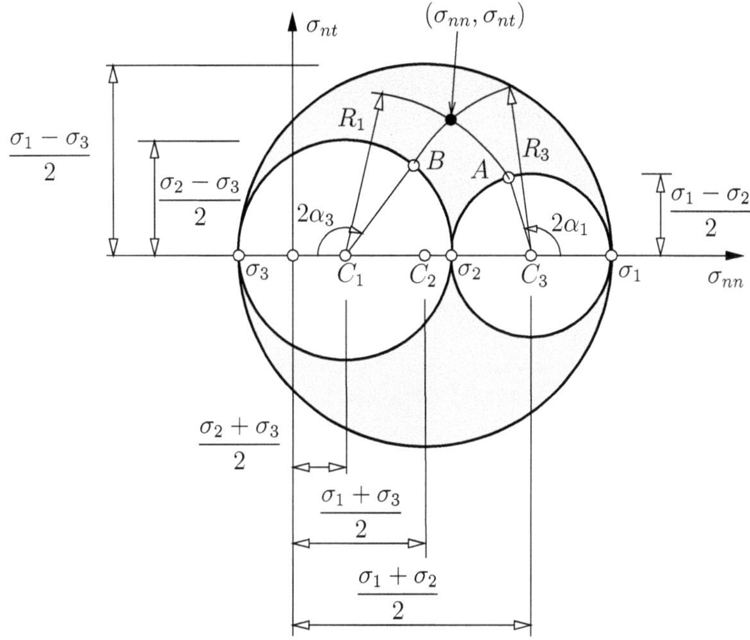

Abb. 3.17: MOHR'sche Kreise für einen räumlichen Spannungszustand

Mit Hilfe der MOHR'schen Kreise lassen sich für eine Ebene, deren Normalenvektor mit den Spannungshauptrichtungen die Winkel α_i einschließt, σ_{nn} und σ_{nt} auf graphischem Weg ermitteln (siehe Abb. 3.17). Der Punkt $(\sigma_{nn}, \sigma_{nt})$ ergibt sich als Schnittpunkt eines Kreisbogens mit dem Mittelpunkt C_1 und dem Radius $R_1 = \overline{C_1A}$ mit einem Kreisbogen mit dem Mittelpunkt C_3 und dem Radius $R_3 = \overline{C_3B}$. Die Lage der Punkte A und B auf den zwei kleineren MOHR'schen Kreisen ist durch den Winkel $2\alpha_1$ bzw. $2\alpha_3$ bestimmt.

Beweise zu den Ausführungen über die MOHR'schen Spannungskreise findet man z. B. in [Malvern (1969), Betten (1993)].

3.2.10 Hydrostatischer und deviatorischer Anteil des Spannungstensors

Analog zur Zerlegung des Verzerrungstensors in einen volumenändernden und einen gestaltändernden Anteil (siehe Abschnitt 3.1.6) kann der Spannungstensor wie folgt zerlegt werden:

$$\sigma_{ij} = \sigma^m \delta_{ij} + s_{ij} \ . \tag{3.155}$$

In (3.155) bezeichnen

$$\sigma^m = \frac{1}{3}(\sigma_{11} + \sigma_{22} + \sigma_{33}) = \frac{1}{3} I_1^\sigma \tag{3.156}$$

die mittlere Normalspannung und s_{ij} den deviatorischen Spannungstensor. Der erste Term auf der rechten Seite von (3.155) repräsentiert einen schubspannungsfreien Spannungszustand. Die Größe

$$p = -\sigma^m \tag{3.157}$$

wird als hydrostatischer Druck bezeichnet. Demgemäß spricht man von diesem Spannungszustand als einem hydrostatischen Spannungszustand. Diese Bezeichnung trägt dem Umstand Rechnung, dass solche Spannungszustände in flüssigen und gasförmigen Stoffen auftreten. Bei festen Körpern ist die Zerlegung des Spannungstensors gemäß (3.155) vor allem im Rahmen der Plastizitätstheorie von Bedeutung. Bei vielen metallischen Werkstoffen hat nämlich der hydrostatische Anteil von σ_{ij} nahezu keinen Einfluss auf das Eintreten anelastischer Verzerrungen.

Ein hydrostatischer Spannungszustand ist durch

$$\sigma_{11} = \sigma_{22} = \sigma_{33} = \sigma^m \;, \quad \sigma_{12} = \sigma_{23} = \sigma_{31} = 0 \tag{3.158}$$

gekennzeichnet. Da die Schubspannungen verschwinden, sind die Normalspannungen Hauptnormalspannungen. Ihre Gleichheit bewirkt die Degeneration der drei MOHR'schen Kreise zu einem Punkt. Einsetzen von (3.158) in den aus (3.155) folgenden Ausdruck für den deviatorischen Spannungstensor

$$\mathbf{s} = \begin{bmatrix} \sigma_{11} - \sigma^m & \sigma_{12} & \sigma_{13} \\ \sigma_{21} & \sigma_{22} - \sigma^m & \sigma_{23} \\ \sigma_{31} & \sigma_{32} & \sigma_{33} - \sigma^m \end{bmatrix} \tag{3.159}$$

zeigt, dass bei einem hydrostatischen Spannungszustand alle Komponenten von $\mathbf{s}$ verschwinden. Aus der Definition des deviatorischen Spannungstensors resultiert, dass seine erste Invariante I_1^s gleich null ist. $\mathbf{s}$ weist also keinen hydrostatischen Anteil auf. Formuliert man eine zu (3.138) analoge Beziehung für den deviatorischen Spannungstensor $\mathbf{s}$ und drückt darin s_{ji} mittels (3.155) durch σ_{ji} und σ^m aus, so erhält man eine Beziehung, die sich von (3.139) nur dadurch unterscheidet, dass $s+\sigma^m$ an die Stelle von σ tritt. Folglich ergeben sich die Eigenwerte des entsprechenden Eigenwertproblems zu $s_i = \sigma_i - \sigma^m$, $i = 1, 2, 3$. Die zugehörigen Eigenvektoren $\mathbf{n}^{(i)}$, $i = 1, 2, 3$, unterscheiden sich nicht von den aus (3.139) erhaltenen Eigenvektoren. Die Hauptrichtungen von $\mathbf{s}$ stimmen daher mit den Hauptrichtungen von $\boldsymbol{\sigma}$ überein.

3.2.11 Ebener Spannungszustand

Ein durch

$$\sigma_{33} = \sigma_{31} = \sigma_{32} = 0 \tag{3.160}$$

gekennzeichneter Spannungszustand wird ebener Spannungszustand genannt. Ein solcher Spannungszustand liegt in guter Näherung bei Scheiben vor. Die in Abb. 3.18 abgebildete Rechteckscheibe ist ein Beispiel für ein derartiges Flächentragwerk. Sie wird durch gleichförmig über die Scheibendicke verteilte, zur Mittelfläche parallele Randkräfte in den Seitenflächen belastet. Bei der entsprechenden Verformung bleibt die Mittelfläche eben. Da die beiden Begrenzungsflächen $x_3 = konst.$ unbelastet sind, müssen die Spannungskomponenten σ_{33}, σ_{31} und σ_{32} dort verschwinden. Wenn die Dicke der Scheibe sehr klein gegenüber den Seitenlängen der Mittelfläche ist, bleiben diese Spannungskomponenten im Scheibeninneren vernachlässigbar klein. Es gilt somit (3.160).

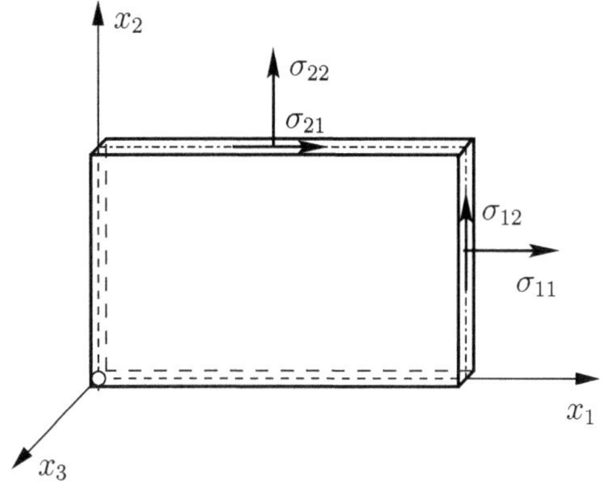

Abb. 3.18: Beispiel für einen ebenen Spannungszustand

Wegen (3.160) vereinfachen sich die Transformationsbeziehungen (3.133) bei einem ebenen Spannungszustand zu

$$\sigma'_{kl} = \sigma_{11}\, n_{k1}\, n_{l1} + \sigma_{12}\, n_{k1}\, n_{l2} + \sigma_{21}\, n_{k2}\, n_{l1} + \sigma_{22}\, n_{k2}\, n_{l2}\ . \tag{3.161}$$

Gleichung (3.161) ist analog zu Gleichung (3.80). Bei einer Drehung des ursprünglichen Koordinatensystems um die x_3-Achse (Abb. 3.19) ist $n_{31} = n_{32} = 0$. Aus (3.161) folgt dann $\sigma'_{33} = \sigma'_{31} = \sigma'_{32} = 0$. Die Richtungskosinus n_{11}, n_{12}, n_{21}, n_{22} lassen sich in diesem Fall gemäß (3.81) durch den Winkel α ausdrücken, der die Rotation der x_1- und der x_2-Achse um die x_3-Achse beschreibt (Abb. 3.19).

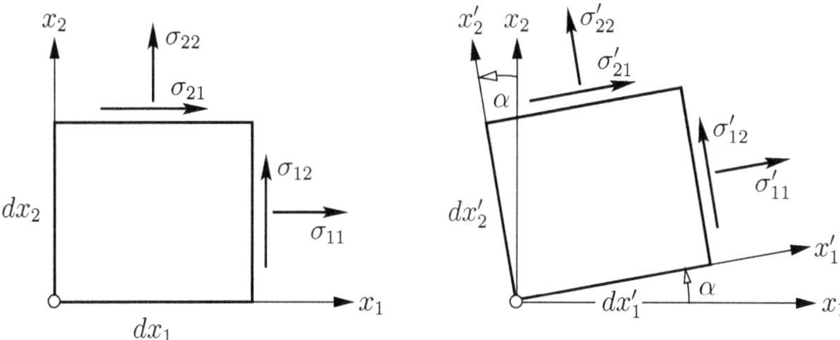

Abb. 3.19: Transformation der Spannungskomponenten für einen ebenen Spannungszustand

Einsetzen von (3.81) in (3.161) unter Berücksichtigung von $k, l = 1, 2$ ergibt die zu (3.82) analogen Transformationsbeziehungen für den ebenen Spannungszustand:

$$\begin{aligned} \sigma'_{11} &= \sigma_{11}\cos^2\alpha + \sigma_{22}\sin^2\alpha + 2\sigma_{12}\sin\alpha\cos\alpha\ , \\ \sigma'_{22} &= \sigma_{11}\sin^2\alpha + \sigma_{22}\cos^2\alpha - 2\sigma_{12}\sin\alpha\cos\alpha\ , \\ \sigma'_{12} &= (-\sigma_{11} + \sigma_{22})\sin\alpha\cos\alpha + \sigma_{12}\left(\cos^2\alpha - \sin^2\alpha\right)\ . \end{aligned} \tag{3.162}$$

Unter Berücksichtigung von (3.83) können die Gleichungen (3.162) analog zu (3.84) folgendermaßen angeschrieben werden:

$$\begin{aligned} \sigma'_{11} &= \frac{\sigma_{11}+\sigma_{22}}{2} + \frac{\sigma_{11}-\sigma_{22}}{2}\cos 2\alpha + \sigma_{12}\sin 2\alpha \ , \\ \sigma'_{22} &= \frac{\sigma_{11}+\sigma_{22}}{2} - \frac{\sigma_{11}-\sigma_{22}}{2}\cos 2\alpha - \sigma_{12}\sin 2\alpha \ , \\ \sigma'_{12} &= -\frac{\sigma_{11}-\sigma_{22}}{2}\sin 2\alpha + \sigma_{12}\cos 2\alpha \ . \end{aligned} \tag{3.163}$$

Addition der beiden ersten Gleichungen (3.163) zeigt, dass die Summe der Normalspannungen eine Invariante ist:

$$\sigma'_{11} + \sigma'_{22} = \sigma_{11} + \sigma_{22} \ . \tag{3.164}$$

Aus (3.163) folgt

$$\frac{d\sigma'_{11}}{d\alpha} = 2\sigma'_{12} \ . \tag{3.165}$$

Daher treten die Extremwerte der Normalspannungen in jenen Ebenen auf, in denen die Schubspannungen verschwinden. Durch Nullsetzen des Ausdrucks für σ'_{12} in der letzten der drei Gleichungen (3.163) erhält man somit eine Beziehung zur Ermittlung der Winkel $\alpha = \alpha_1$, welche die Spannungshauptrichtungen festlegen:

$$\tan 2\alpha_1 = \frac{2\sigma_{12}}{\sigma_{11}-\sigma_{22}} \ . \tag{3.166}$$

Die zwei Lösungen von (3.166) für α_1 unterscheiden sich voneinander um 90°. Eine gibt die Richtung der größten und eine die der kleinsten Normalspannung an. Durch Einsetzen dieser zwei Lösungen in die erste der drei Gleichungen (3.163) erhält man die beiden Extremwerte der Normalspannungen.

Die Hauptspannungen können auch ohne vorhergehende Bestimmung von α_1 berechnet werden. Analog zu den Gleichungen (3.90) für die Hauptverzerrungen ergeben sich die betreffenden Beziehungen für die Hauptspannungen zu

$$\sigma_{1(2)} = \frac{\sigma_{11}+\sigma_{22}}{2} \overset{+}{(-)} \sqrt{\left(\frac{\sigma_{11}-\sigma_{22}}{2}\right)^2 + \sigma_{12}^2} \ . \tag{3.167}$$

Anschließend können die zugehörigen Hauptrichtungen durch Berechnung der Eigenvektoren der für einen ebenen Spannungszustand spezialisierten Beziehung (3.139) ermittelt werden. Für den Eigenwert $\sigma = \sigma_1$ führt diese Spezialisierung auf

$$\begin{bmatrix} \sigma_{11}-\sigma_1 & \sigma_{12} \\ \sigma_{21} & \sigma_{22}-\sigma_1 \end{bmatrix} \begin{Bmatrix} n_1^{(1)} \\ n_2^{(1)} \end{Bmatrix} = \begin{Bmatrix} 0 \\ 0 \end{Bmatrix} . \tag{3.168}$$

Aus der zweiten der beiden Gleichungen (3.168) erhält man mit $n_1^{(1)} \equiv n_{11}$ und $n_2^{(1)} \equiv n_{12}$ unter Berücksichtigung von (3.81)

$$\frac{n_2^{(1)}}{n_1^{(1)}} = \tan\alpha_1^{(1)} = \frac{\sigma_{21}}{\sigma_1 - \sigma_{22}} \ . \tag{3.169}$$

Auf analoge Weise ergibt sich für den Eigenwert $\sigma = \sigma_2$ mit $n_1^{(2)} \equiv n_{11}$ und $n_2^{(2)} \equiv n_{12}$ unter Berücksichtigung von (3.81)

$$\frac{n_2^{(2)}}{n_1^{(2)}} = \tan\alpha_1^{(2)} = \frac{\sigma_2 - \sigma_{11}}{\sigma_{12}} = -\frac{\sigma_1 - \sigma_{22}}{\sigma_{21}} \ , \tag{3.170}$$

wobei von der Invarianz der Summe der Normalspannungen und der Symmetrie des Spannungstensors Gebrauch gemacht worden ist. Die Orthogonalität der Eigenvektoren $\mathbf{n}^{(1)}$ und $\mathbf{n}^{(2)}$ kommt in der Beziehung $\tan\alpha_1^{(1)} \tan\alpha_1^{(2)} = -1$ zum Ausdruck.

Bestimmt man die Richtungen der Hauptspannungen für hinreichend viele Punkte der Mittelfläche einer Scheibe, so kann man zwei Kurvenscharen konstruieren, deren Tangenten die Richtungen der Hauptspannungen aufweisen. Diese beiden Kurvenscharen werden als Hauptspannungstrajektorien bezeichnet. Eine beliebige Kurve der einen Kurvenschar schneidet alle Kurven der anderen Kurvenschar genau einmal, und zwar unter einem rechten Winkel. Die Hauptspannungstrajektorien vermitteln einen Überblick über die Richtungen der Hauptspannungen in einer Scheibe.

Die Richtungen der Ebenen, in denen die Hauptschubspannungen wirken, erhält man aus der Beziehung $\partial\sigma'_{12}/\partial\alpha = 0$. Ableitung der letzten der drei Gleichungen (3.163) nach α und Nullsetzen des Ergebnisses führt auf

$$\tan 2\alpha_2 = -\frac{\sigma_{11} - \sigma_{22}}{2\sigma_{12}} \ . \tag{3.171}$$

Die zwei Lösungen von (3.171) für α_2 unterscheiden sich voneinander um 90°. Sie geben die Richtungen an, in denen die Schubspannungen Extremwerte annehmen. Durch Einsetzen dieser zwei Lösungen in die letzte der drei Gleichungen (3.163) erhält man die beiden Extremwerte. Sie unterscheiden sich nur durch das Vorzeichen. Dieses definiert die Wirkungsrichtung der betreffenden Hauptschubspannung gemäß der in Abschnitt 3.2.4 erläuterten Vorzeichenkonvention. Durch Vergleich von (3.171) mit (3.166) erkennt man, dass die Hauptebenen der Schubspannungen mit denen der Normalspannungen einen Winkel von 45° bzw. 135° einschließen.

Die Hauptschubspannungen können auch ohne vorhergehende Bestimmung von α_2 berechnet werden. Zu diesem Zweck setzt man (3.171) in (3.88) und die erhaltenen Ergebnisse in die letzte der drei Gleichungen (3.163) ein. Die Hauptschubspannungen ergeben sich dann zu

$$\tau = \sqrt{\left(\frac{\sigma_{11} - \sigma_{22}}{2}\right)^2 + \sigma_{12}^2} = \left|\frac{\sigma_1 - \sigma_2}{2}\right| \ . \tag{3.172}$$

Der letzte Ausdruck in (3.172) betrifft den Fall, dass die Koordinatenachsen mit den Richtungen der Hauptnormalspannungen zusammenfallen.

Die in den Hauptschubspannungsebenen auftretenden Normalspannungen ergeben sich durch Einsetzen der aus (3.171) folgenden Beziehung

$$\frac{\sigma_{11} - \sigma_{22}}{2} \cos 2\alpha_2 + \sigma_{12} \sin 2\alpha_2 = 0 \tag{3.173}$$

in die ersten beiden Gleichungen (3.163) zu

$$\sigma'_{11} = \sigma'_{22} = \frac{\sigma_{11} + \sigma_{22}}{2} \ . \tag{3.174}$$

Die Transformationsbeziehungen (3.163) lassen sich mit Hilfe des MOHR'schen Spannungskreises für den ebenen Spannungszustand graphisch interpretieren. Zu diesem Zweck schreibt man die erste und die letzte der drei Gleichungen (3.163) wie folgt an:

$$\begin{aligned} \sigma'_{11} - \frac{\sigma_{11}+\sigma_{22}}{2} &= \frac{\sigma_{11}-\sigma_{22}}{2}\cos 2\alpha + \sigma_{12}\sin 2\alpha \\ \sigma'_{12} &= -\frac{\sigma_{11}-\sigma_{22}}{2}\sin 2\alpha + \sigma_{12}\cos 2\alpha \;. \end{aligned} \tag{3.175}$$

Quadriert man zuerst beide Gleichungen und addiert sie dann, so erhält man

$$\left(\sigma'_{11} - \frac{\sigma_{11}+\sigma_{22}}{2}\right)^2 + \left(\sigma'_{12}\right)^2 = \left(\frac{\sigma_{11}-\sigma_{22}}{2}\right)^2 + \sigma_{12}^2 \;. \tag{3.176}$$

Mit Hilfe der Abkürzungen

$$a = \frac{\sigma_{11}+\sigma_{22}}{2}\,, \quad b^2 = \left(\frac{\sigma_{11}-\sigma_{22}}{2}\right)^2 + \sigma_{12}^2 \tag{3.177}$$

lässt sich (3.176) zu

$$\left(\sigma'_{11} - a\right)^2 + \left(\sigma'_{12}\right)^2 = b^2 \tag{3.178}$$

anschreiben. Gleichung (3.178) beschreibt den MOHR'schen Spannungskreis für den ebenen Spannungszustand. Sein Mittelpunkt hat die Koordinaten $(a, 0)$, sein Radius ist gleich $|b|$.

Zur Konstruktion des MOHR'schen Spannungskreises für einen Punkt mit gegebenem ebenen Spannungszustand (Abb. 3.20a) werden zwei Punkte in einem rechtwinkeligen kartesischen Koordinatensystem mit den Achsen σ_{nn} und σ_{nt} koordinativ festgelegt. Es sind dies die Punkte $A(\sigma_{11}, \sigma_{12})$ und $B(\sigma_{22}, -\sigma_{12})$ (Abb. 3.20b). Diese Punkte liegen auf dem MOHR'schen Spannungskreis. Ihr Abstand beträgt $2|b|$ und ist somit gleich dem Durchmesser dieses Kreises. Folglich ergibt sich der Mittelpunkt C des MOHR'schen Spannungskreises als Schnittpunkt der Strecke AB mit der σ_{nn}-Achse. Da die Spannungshauptebenen schubspannungsfrei sind, entsprechen die Abszissen der Schnittpunkte des MOHR'schen Spannungskreises mit der σ_{nn}-Achse den Hauptspannungen σ_1 und σ_2. Das lässt sich mittels der aus Abb. 3.20b ablesbaren Beziehung

$$\sigma_{1(2)} = a \overset{(-)}{+} |b| \tag{3.179}$$

verifizieren. Setzt man in diese Gleichung für a und $|b|$ die aus (3.177) folgenden Ausdrücke ein, so erhält man die Gleichung (3.167) für die Hauptnormalspannungen. Der Ausdruck für a ist gleich dem Ausdruck für die Normalspannungen, die auf die Hauptschubspannungsebenen wirken (siehe Gleichung (3.174)). Der Ausdruck für $|b|$ entspricht dem Ausdruck für die Hauptschubspannungen (siehe Gleichung (3.172)). Der von der Strecke AB mit der σ_{nn}-Achse eingeschlossene Winkel beträgt $2\alpha_1$ (siehe Gleichung (3.166)). Die Hauptnormalspannung σ_1 wirkt parallel zur Strecke, welche die Punkte $(\sigma_2, 0)$ und A verbindet (Abb. 3.20c). Der von dieser Strecke mit der σ_{nn}-Achse eingeschlossene Winkel ist nämlich ein Peripheriewinkel des Zentriwinkels $2\alpha_1$.

Zur Bestimmung der Spannungen in einer Ebene, deren Normale – die x'_1-Achse – mit der x_1-Achse den Winkel α einschließt (Abb. 3.20d), wird eine Parallele zu

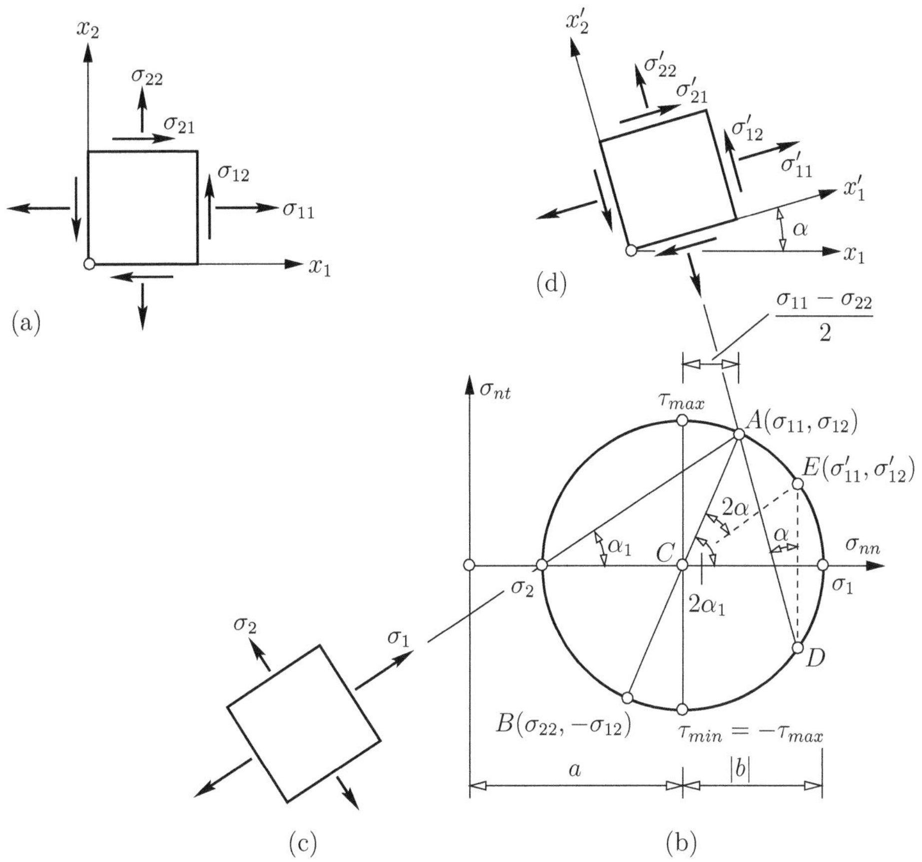

Abb. 3.20: MOHR'scher Spannungskreis für einen ebenen Spannungszustand

dieser Ebene durch den Punkt A gezogen. Der Schnittpunkt dieser Geraden mit dem MOHR'schen Kreis wird mit D bezeichnet und der zu D bezüglich der σ_{nn}-Achse symmetrische Punkt mit E. Da ACE der Zentriwinkel des Peripheriewinkels ADE ist, muss ACE gleich 2α sein. Somit ist E der gesuchte Punkt mit den Koordinaten σ'_{11} und σ'_{12}.

Für $\sigma_1 = \sigma_2$ degeneriert der MOHR'sche Spannungskreis zu einem Punkt (Abb. 3.21a). Folglich sind alle Richtungen Hauptrichtungen der Normalspannungen. Einen solchen Spannungszustand bezeichnet man als strahligen Spannungszustand. Von einem Zustand reinen Schubes spricht man hingegen bei einem Spannungszustand, der durch $\sigma_{11} + \sigma_{22} = \sigma_1 + \sigma_2 = 0$ gekennzeichnet ist (Abb. 3.21b). Er ist einem Spannungszustand mit den Hauptnormalspannungen $\sigma_1 = +\tau = \tau_{max}$ und $\sigma_2 = -\tau = \tau_{min}$ gleichwertig. Die Ebene, in der τ_{max} wirkt, schließt mit der Ebene, in der σ_1 angreift, einen Winkel von 45° ein.

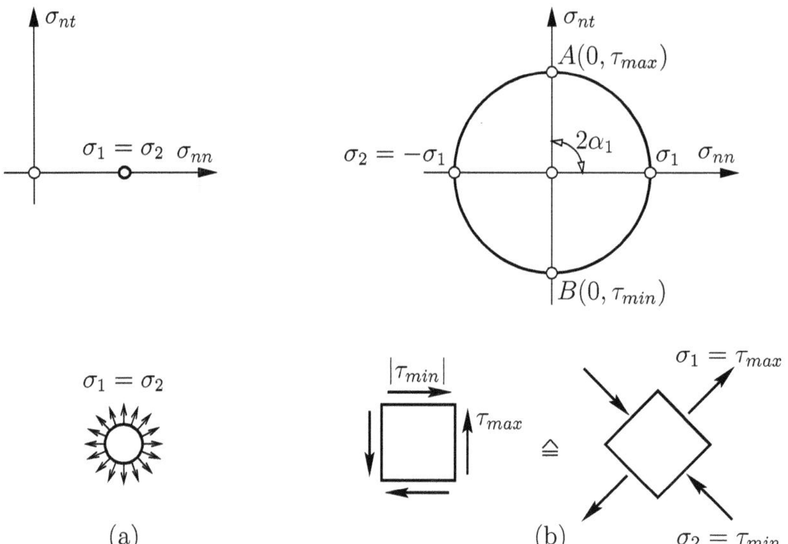

Abb. 3.21: MOHR'scher Spannungskreis für (a) einen strahligen Spannungszustand und (b) einen Zustand reinen Schubes

3.2.12 CAUCHY'sche Bewegungsgleichungen in Zylinderkoordinaten

Für rotationssymmetrische Körper erweist sich die Formulierung der CAUCHY'schen Bewegungsgleichungen in Zylinderkoordinaten als vorteilhaft. Die Zylinderkoordinaten in Radial-, Umfangs- und Axialrichtung werden mit r, ϑ und z bezeichnet (siehe die Abschnitte 3.1.9 und 3.1.10). Zur Herleitung der Bewegungsgleichungen in Zylinderkoordinaten wird das Grundgesetz der Dynamik auf ein infinitesimales Element der in Abb. 3.22 dargestellten Form angewendet. Das Volumen dieses Elements beträgt $dV = dr\, r d\vartheta\, dz$. Das Element wird durch die Volumenkraft $\mathbf{f} = \lfloor\ f_r\ \ f_\vartheta\ \ f_z\ \rfloor^T$ und durch Oberflächenkräfte in Form von Spannungsvektoren $\mathbf{t}^{(r)}, \mathbf{t}^{(\vartheta)}, \mathbf{t}^{(z)}$ beansprucht. Die Vorzeichenkonvention für die Spannungskomponenten ist analog der für rechtwinkelige kartesische Koordinaten.

Auf die Seitenflächen $r = konst.$, $\vartheta = konst.$, $z = konst.$ wirken die Spannungsvektoren $-\mathbf{t}^{(r)}$ bzw. $-\mathbf{t}^{(\vartheta)}$ und $-\mathbf{t}^{(z)}$. Die auf die Seitenflächen $r + dr = konst.$, $\vartheta + d\vartheta = konst.$, $z + dz = konst.$ wirkenden Spannungsvektoren $\mathbf{t}^{(r)}$ bzw. $\mathbf{t}^{(\vartheta)}$ und $\mathbf{t}^{(z)}$ werden nach TAYLORreihen an den Stellen r bzw. ϑ und z entwickelt:

$$
\begin{aligned}
\mathbf{t}^{(r)}(r + dr) &= \mathbf{t}^{(r)}(r) + \frac{\partial \mathbf{t}^{(r)}(r)}{\partial r} dr + \dots\,, \\
\mathbf{t}^{(\vartheta)}(\vartheta + d\vartheta) &= \mathbf{t}^{(\vartheta)}(\vartheta) + \frac{\partial \mathbf{t}^{(\vartheta)}(\vartheta)}{\partial \vartheta} d\vartheta + \dots\,, \\
\mathbf{t}^{(z)}(z + dz) &= \mathbf{t}^{(z)}(z) + \frac{\partial \mathbf{t}^{(z)}(z)}{\partial z} dz + \dots
\end{aligned}
\tag{3.180}
$$

Glieder von höherer als erster Ordnung in dr bzw. $d\vartheta$ und dz in dieser Reihe fallen beim nachfolgenden Grenzübergang heraus. Sie werden daher nicht berücksichtigt.

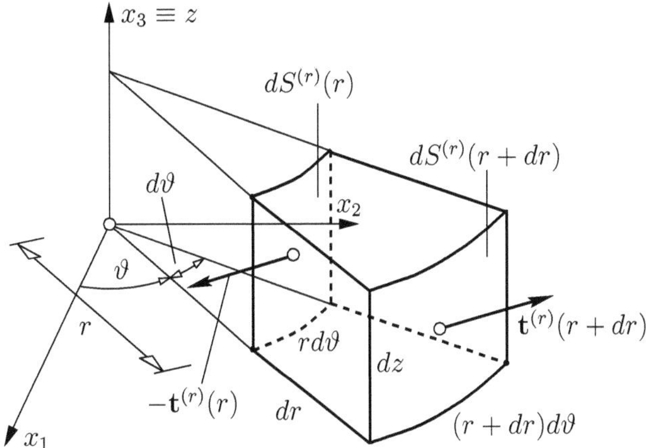

Abb. 3.22: Zylinderkoordinaten: Infinitesimales Volumenelement; Spannungsvektoren auf den Seitenflächen $dS^{(r)}(r)$ und $dS^{(r)}(r+dr)$

Zur Ermittlung der Resultierenden $d\mathbf{R}$ der Kräfte, die auf das infinitesimale Element wirken, ist der Volumenkraftvektor $\mathbf{f}$ mit dV zu multiplizieren. Ferner sind die Spannungsvektoren mit den Flächen, auf die sie wirken, zu multiplizieren. Die Summe der auf die beiden gegenüberliegenden Seitenflächen $r = konst.$ und $r + dr = konst.$ des Volumenelements wirkenden Kräfte folgt aus der Abb. 3.22 unter Berücksichtigung der ersten der drei Gleichungen (3.180) zu

$$\begin{aligned}
&-\mathbf{t}^{(r)}(r)\,dS^{(r)}(r) + \mathbf{t}^{(r)}(r+dr)\,dS^{(r)}(r+dr) = \\
&= -\mathbf{t}^{(r)}(r)\,r\,d\vartheta\,dz + \left[\mathbf{t}^{(r)}(r) + \frac{\partial \mathbf{t}^{(r)}(r)}{\partial r}\,dr + \ldots\right](r+dr)\,d\vartheta\,dz = \\
&= \frac{\partial \mathbf{t}^{(r)}}{\partial r}\,dr\,r\,d\vartheta\,dz + \mathbf{t}^{(r)} dr\,d\vartheta\,dz + \ldots = \left(\frac{\partial \mathbf{t}^{(r)}}{\partial r} + \frac{1}{r}\,\mathbf{t}^{(r)} + \ldots\right) dV\,,
\end{aligned} \tag{3.181}$$

wobei von

$$dS^{(r)} = r\,d\vartheta\,dz \quad \text{und} \quad dS^{(r)}(r+dr) = (r+dr)\,d\vartheta\,dz \quad \text{bzw.} \quad dV = dr\,r\,d\vartheta\,dz \tag{3.182}$$

Gebrauch gemacht worden ist. Für die Seitenflächen $\vartheta = konst.$ und $\vartheta + d\vartheta = konst.$ bzw. $z = konst.$ und $z + dz = konst.$ erhält man unter Berücksichtigung der zweiten bzw. letzten der drei Gleichungen (3.180)

$$\left[-\mathbf{t}^{(\vartheta)}(\vartheta) + \mathbf{t}^{(\vartheta)}(\vartheta + d\vartheta)\right] dS^{(\vartheta)} = \frac{\partial \mathbf{t}^{(\vartheta)}}{\partial \vartheta}\,d\vartheta\,dr\,dz + \ldots = \frac{1}{r}\,\frac{\partial \mathbf{t}^{(\vartheta)}}{\partial \vartheta}\,dV + \ldots \tag{3.183}$$

bzw.

$$\left[-\mathbf{t}^{(z)}(z) + \mathbf{t}^{(z)}(z+dz)\right] dS^{(z)} = \frac{\partial \mathbf{t}^{(z)}}{\partial z}\,dz\,r\,d\vartheta\,dr + \ldots = \frac{\partial \mathbf{t}^{(z)}}{\partial z}\,dV + \ldots \tag{3.184}$$

Dabei wurde von

$$dS^{(\vartheta)} = dS^{(\vartheta)}(\vartheta + d\vartheta) = dr\,dz \quad \text{bzw.} \quad dS^{(z)} = dS^{(z)}(z+dz) = r\,d\vartheta\,dr \tag{3.185}$$

und von der letzten der drei Gleichungen (3.182) Gebrauch gemacht. Somit ist

$$d\mathbf{R} = \left(\mathbf{f} + \frac{\partial \mathbf{t}^{(r)}}{\partial r} + \frac{1}{r}\,\mathbf{t}^{(r)} + \frac{1}{r}\frac{\partial \mathbf{t}^{(\vartheta)}}{\partial \vartheta} + \frac{\partial \mathbf{t}^{(z)}}{\partial z} + \ldots\right) dV\,. \tag{3.186}$$

Einsetzen von (3.186) sowie von $dm = \rho\, dV$ in (3.102) und Division durch dV führt auf die CAUCHY'schen Bewegungsgleichungen:

$$\frac{\partial \mathbf{t}^{(r)}}{\partial r} + \frac{1}{r}\,\mathbf{t}^{(r)} + \frac{1}{r}\frac{\partial \mathbf{t}^{(\vartheta)}}{\partial \vartheta} + \frac{\partial \mathbf{t}^{(z)}}{\partial z} + \mathbf{f} = \rho \mathbf{b}\,. \tag{3.187}$$

Der Vektorgleichung (3.187) entsprechen drei Komponentengleichungen. Zu ihrer Ermittlung sind die zu (3.109) analogen Beziehungen

$$\begin{aligned} \mathbf{t}^{(r)} &= \sigma_{rr}\,\mathbf{e}_r + \sigma_{r\vartheta}\,\mathbf{e}_\vartheta + \sigma_{rz}\,\mathbf{e}_z\,,\\ \mathbf{t}^{(\vartheta)} &= \sigma_{\vartheta r}\,\mathbf{e}_r + \sigma_{\vartheta\vartheta}\,\mathbf{e}_\vartheta + \sigma_{\vartheta z}\,\mathbf{e}_z\,,\\ \mathbf{t}^{(z)} &= \sigma_{zr}\,\mathbf{e}_r + \sigma_{z\vartheta}\,\mathbf{e}_\vartheta + \sigma_{zz}\,\mathbf{e}_z \end{aligned} \tag{3.188}$$

in (3.187) einzusetzen.

Bei der Berechnung von $\partial \mathbf{t}^{(\vartheta)}/\partial\vartheta$ ist zu beachten, dass die Basisvektoren $\mathbf{e}_r$ und $\mathbf{e}_\vartheta$ von ϑ abhängen. Es gilt (Abb. 3.22):

$$\mathbf{e}_r = \left\{\begin{matrix} \cos\vartheta \\ \sin\vartheta \\ 0 \end{matrix}\right\}, \qquad \mathbf{e}_\vartheta = \left\{\begin{matrix} -\sin\vartheta \\ \cos\vartheta \\ 0 \end{matrix}\right\}. \tag{3.189}$$

Daraus folgt

$$\frac{d\mathbf{e}_r}{d\vartheta} = \mathbf{e}_\vartheta \quad \text{bzw.} \quad \frac{d\mathbf{e}_\vartheta}{d\vartheta} = -\mathbf{e}_r\,. \tag{3.190}$$

Unter Berücksichtigung von (3.190) erhält man aus der zweiten der drei Gleichungen (3.188)

$$\frac{\partial \mathbf{t}^{(\vartheta)}}{\partial\vartheta} = \left(\frac{\partial\sigma_{\vartheta r}}{\partial\vartheta} - \sigma_{\vartheta\vartheta}\right)\mathbf{e}_r + \left(\frac{\partial\sigma_{\vartheta\vartheta}}{\partial\vartheta} + \sigma_{\vartheta r}\right)\mathbf{e}_\vartheta + \frac{\partial\sigma_{\vartheta z}}{\partial\vartheta}\,\mathbf{e}_z\,. \tag{3.191}$$

Die der Vektorgleichung (3.187) entsprechenden Komponentengleichungen ergeben sich schließlich zu

$$\begin{aligned} &\frac{\partial\sigma_{rr}}{\partial r} + \frac{1}{r}\frac{\partial\sigma_{\vartheta r}}{\partial\vartheta} + \frac{\partial\sigma_{zr}}{\partial z} + \frac{1}{r}\left(\sigma_{rr} - \sigma_{\vartheta\vartheta}\right) + f_r = \rho\, b_r\,,\\ &\frac{\partial\sigma_{r\vartheta}}{\partial r} + \frac{1}{r}\frac{\partial\sigma_{\vartheta\vartheta}}{\partial\vartheta} + \frac{\partial\sigma_{z\vartheta}}{\partial z} + \frac{2}{r}\,\sigma_{r\vartheta} + f_\vartheta = \rho\, b_\vartheta\,,\\ &\frac{\partial\sigma_{rz}}{\partial r} + \frac{1}{r}\frac{\partial\sigma_{\vartheta z}}{\partial\vartheta} + \frac{\partial\sigma_{zz}}{\partial z} + \frac{1}{r}\,\sigma_{rz} + f_z = \rho\, b_z\,. \end{aligned} \tag{3.192}$$

Durch Einsetzen von

$$\sigma_{zz} = \sigma_{zr} = \sigma_{z\vartheta} = 0 \tag{3.193}$$

in die beiden ersten der drei Gleichungen (3.192) erhält man die CAUCHY'schen Bewegungsgleichungen für einen ebenen Spannungszustand:

$$\begin{aligned} &\frac{\partial \sigma_{rr}}{\partial r} + \frac{1}{r}\frac{\partial \sigma_{\vartheta r}}{\partial \vartheta} + \frac{1}{r}(\sigma_{rr} - \sigma_{\vartheta\vartheta}) + f_r = \rho\, b_r \ , \\ &\frac{\partial \sigma_{r\vartheta}}{\partial r} + \frac{1}{r}\frac{\partial \sigma_{\vartheta\vartheta}}{\partial \vartheta} + \frac{2}{r}\sigma_{r\vartheta} + f_\vartheta = \rho\, b_\vartheta \ . \end{aligned} \tag{3.194}$$

Ein ebener Spannungszustand verlangt $f_z = 0$ und $b_z = 0$. Folglich ist die letzte der drei Gleichungen (3.192) identisch erfüllt.

3.2.13 CAUCHY'sche Bewegungsgleichungen bei Rotationssymmetrie des Spannungszustandes

Ein rotationssymmetrischer Spannungszustand ist durch

$$\sigma_{\vartheta r} = \sigma_{\vartheta z} = 0 \tag{3.195}$$

und die Unabhängigkeit der übrigen Spannungskomponenten von der Umfangskoordinate ϑ gekennzeichnet. Das verlangt $f_\vartheta = 0$ und $b_\vartheta = 0$. Bei Rotationssymmetrie des Spannungszustands erhält man die CAUCHY'schen Bewegungsgleichungen durch entsprechende Spezialisierung der ersten und letzten der drei Gleichungen (3.192) zu

$$\begin{aligned} &\frac{\partial \sigma_{rr}}{\partial r} + \frac{\partial \sigma_{zr}}{\partial z} + \frac{1}{r}(\sigma_{rr} - \sigma_{\vartheta\vartheta}) + f_r = \rho\, b_r \ , \\ &\frac{\partial \sigma_{rz}}{\partial r} + \frac{\partial \sigma_{zz}}{\partial z} + \frac{1}{r}\sigma_{rz} + f_z = \rho\, b_z \ . \end{aligned} \tag{3.196}$$

Die zweite der drei Gleichungen (3.192) ist identisch erfüllt.

3.2.14 Erster und zweiter PIOLA-KIRCHHOFF'scher Spannungstensor

Der CAUCHY'sche Spannungstensor ist auf die Seitenflächen der infinitesimalen Volumenelemente des Körpers in der Momentankonfiguration bezogen. Er stellt somit ein natürliches physikalisches Konzept dar. Der GREEN'sche Verzerrungstensor ist hingegen auf die infinitesimalen Volumenelemente des Körpers in der Referenzkonfiguration bezogen. Dabei handelt es sich um die unverformte Ausgangskonfiguration. Das Fehlen von Deformationen kennzeichnet einen natürlichen Zustand, zu dem ein elastischer Körper bei vollständiger Entlastung zurückkehrt.

Zur Lösung elastizitätstheoretischer Aufgaben benötigt man konstitutive Beziehungen. Diese Gleichungen beschreiben den Zusammenhang zwischen den Spannungen und den Verzerrungen. Bei Verwendung des GREEN'schen Verzerrungstensors ist es zweckmäßig, die Spannungen auf die Seitenflächen der infinitesimalen Volumenelemente des Körpers in der Referenzkonfiguration zu beziehen. Bei den zwei im Folgenden vorgestellten Spannungstensoren – dem ersten und dem zweiten PIOLA-KIRCHHOFF'schen Spannungstensor* – ist ein solcher Bezug gegeben. Diese beiden

*GABRIO PIOLA (1791–1850) veröffentlichte 1825 ein Werk zur analytischen Mechanik in der LAGRANGE'schen Fassung. In der Mitte des 19. Jahrhunderts veröffentlichte auch GUSTAV ROBERT KIRCHHOFF (1824–1887) Beiträge zu diesem Thema.

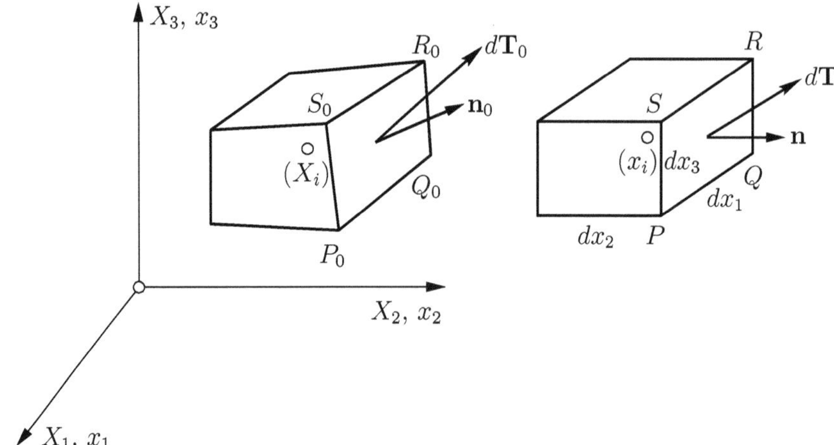

Abb. 3.23: Kraftvektoren $d\mathbf{T}_0$ und $d\mathbf{T}$, die auf entsprechende Seitenflächen eines infinitesimalen Volumenelements eines Körpers in der Referenz- bzw. der Momentankonfiguration wirken

Spannungstensoren, die gelegentlich auch LAGRANGE'scher bzw. KIRCHHOFF'scher Spannungstensor genannt werden, stellen allerdings kein natürliches physikalisches Konzept dar.

Auf die Seitenfläche $PQRS$ eines infinitesimalen Volumenelements des Körpers in der Momentankonfiguration wirke der Kraftvektor $d\mathbf{T}$ (Abb. 3.23). Der entsprechenden Seitenfläche $P_0Q_0R_0S_0$ des betreffenden infinitesimalen Volumenelements des Körpers in der Referenzkonfiguration wird der Kraftvektor $d\mathbf{T}_0$ zugeordnet. Die Zuordnung von $d\mathbf{T}_0$ zu $d\mathbf{T}$ ist an sich beliebig, sie muss jedoch mathematisch konsistent sein. Abb. 3.24 zeigt zwei derartige Zuordnungen, die LAGRANGE'sche und die KIRCHHOFF'sche Zuordnung.

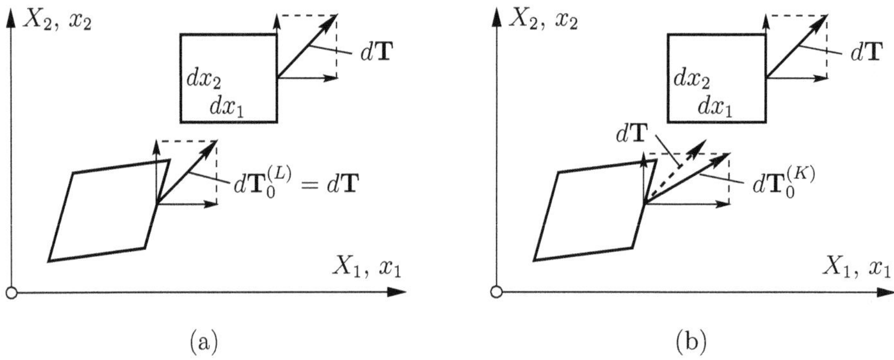

Abb. 3.24: Zuordnung von Kraftvektoren illustriert anhand des Sonderfalls eines ebenen Spannungszustandes: (a) LAGRANGE'sche Zuordnung, (b) KIRCHHOFF'sche Zuordnung

Erstere ist zu

$$dT_{0_i}^{(L)} = dT_i \tag{3.197}$$

und Letztere zu

$$dT_{0_i}^{(K)} = \frac{\partial X_i}{\partial x_k}\, dT_k \tag{3.198}$$

definiert [Fung (1965)]. Mit Hilfe der CAUCHY'schen Formeln (3.129) erhält man die Komponenten dT_i von $d\mathbf{T}$ zu

$$dT_i = \sigma_{ji}\, n_j\, dS \tag{3.199}$$

mit dS als dem Flächeninhalt des infinitesimalen Flächenelements $PQRS$. Seine Orientierung ist durch den ins Elementsäußere weisenden Normalenvektor $\mathbf{n}$ mit den Komponenten n_j gegeben. Da $\mathbf{n}$ ein Einheitsvektor ist, gilt $n_j n_j = 1$. Analog zu (3.199) werden $dT_{0_i}^{(L)}$ und $dT_{0_i}^{(K)}$ zu

$$dT_{0_i}^{(L)} = T_{ji}\, n_{0_j}\, dS_0 \tag{3.200}$$

bzw.

$$dT_{0_i}^{(K)} = S_{ji}\, n_{0_j}\, dS_0 \tag{3.201}$$

definiert. Bei T_{ij} und S_{ij}, $i, j = 1, 2, 3$, handelt es sich um die Komponenten des ersten bzw. des zweiten PIOLA-KIRCHHOFF'schen Spannungstensors. dS_0 ist der Flächeninhalt des infinitesimalen Flächenelements $P_0Q_0R_0S_0$. Seine Orientierung ist durch den ins Elementsäußere weisenden Normalenvektor $\mathbf{n}_0$ mit den Komponenten n_{0_j} gegeben. Da $\mathbf{n}_0$ ein Einheitsvektor ist, gilt $n_{0_j}\, n_{0_j} = 1$.
Einsetzen von (3.199) und (3.200) in (3.197) ergibt

$$T_{ji}\, n_{0_j}\, dS_0 = \sigma_{ji}\, n_j\, dS\,. \tag{3.202}$$

Der Zusammenhang zwischen dS_0 und dS lässt sich mittels der NANSON'schen Formel [Malvern (1969)] beschreiben:

$$n_r\, dS = \frac{\rho_0}{\rho}\, \frac{\partial X_i}{\partial x_r}\, n_{0_i}\, dS_0\,. \tag{3.203}$$

Darin ist ρ_0 die Dichte in der Referenzkonfiguration und ρ die in der Momentankonfiguration. Das Verhältnis ρ_0/ρ ist zu

$$\frac{\rho_0}{\rho} = \frac{dV}{dV_0} = J = \begin{vmatrix} \dfrac{\partial x_1}{\partial X_1} & \dfrac{\partial x_2}{\partial X_1} & \dfrac{\partial x_3}{\partial X_1} \\ \dfrac{\partial x_1}{\partial X_2} & \dfrac{\partial x_2}{\partial X_2} & \dfrac{\partial x_3}{\partial X_2} \\ \dfrac{\partial x_1}{\partial X_3} & \dfrac{\partial x_2}{\partial X_3} & \dfrac{\partial x_3}{\partial X_3} \end{vmatrix} \tag{3.204}$$

gegeben, wobei J die JACOBI'sche Determinante bezeichnet. Der erste Zusammenhang in (3.204) repräsentiert das Gesetz von der Erhaltung der Masse:

$$\rho_0\, dV_0 = \rho\, dV\,. \tag{3.205}$$

Die zweite Relation,

$$dV = J\, dV_0\,, \tag{3.206}$$

geht auf LEONHARD EULER zurück. Eintragen von (3.203) in (3.202) führt auf

$$T_{ji} = \frac{\rho_0}{\rho}\, \frac{\partial X_j}{\partial x_m}\, \sigma_{mi}\,. \tag{3.207}$$

Durch Vertauschung der Indizes i und j in (3.207) erkennt man, dass der erste PIOLA-KIRCHHOFF'sche Spannungstensor unsymmetrisch ist.
Einsetzen von (3.199) und (3.201) in (3.198) ergibt

$$S_{ji}\, n_{0_j}\, dS_0 = \frac{\partial X_i}{\partial x_k}\, \sigma_{lk}\, n_l\, dS\,. \tag{3.208}$$

Eintragen von (3.203) in (3.208) führt auf

$$S_{ji} = \frac{\rho_0}{\rho}\, \frac{\partial X_i}{\partial x_k}\, \frac{\partial X_j}{\partial x_l}\, \sigma_{lk}\,. \tag{3.209}$$

Die Vertauschung der Indizes i und j in (3.209) hat keine Konsequenzen. Folglich ist der zweite PIOLA-KIRCHHOFF'sche Spannungstensor symmetrisch.
Aus (3.4) folgt

$$X_i = x_i - u_i\,. \tag{3.210}$$

Daraus resultiert

$$\frac{\partial X_i}{\partial x_k} = \delta_{ik} - \frac{\partial u_i}{\partial x_k}\,. \tag{3.211}$$

Trägt man (3.211) und die dazu analoge Relation für $\partial X_j/\partial x_l$ in (3.209) ein, so erhält man

$$\begin{aligned} S_{ji} &= \frac{\rho_0}{\rho}\left(\delta_{ik} - \frac{\partial u_i}{\partial x_k}\right)\left(\delta_{jl} - \frac{\partial u_j}{\partial x_l}\right)\sigma_{lk} = \\ &= \frac{\rho_0}{\rho}\left[\sigma_{ji} - \left(\delta_{jl}\,\frac{\partial u_i}{\partial x_k} + \delta_{ik}\,\frac{\partial u_j}{\partial x_l} - \frac{\partial u_i}{\partial x_k}\,\frac{\partial u_j}{\partial x_l}\right)\sigma_{lk}\right]. \end{aligned} \tag{3.212}$$

Wenn die Verschiebungsableitungen klein gegen eins sind, folgt aus (3.204) unter Berücksichtigung von (3.211) $\rho_0/\rho \approx 1$. Aus (3.212) resultiert dann

$$S_{ij} \approx \sigma_{ij}\,. \tag{3.213}$$

Der Unterschied zwischen dem zweiten PIOLA-KIRCHHOFF'schen und dem CAUCHY'schen Spannungstensor ist also vernachlässigbar. Die Spannungen dürfen somit näherungsweise auf den unverformten Körper bezogen werden.

3.2.15 Bewegungsgleichungen in LAGRANGE'schen Koordinaten

Der CAUCHY'sche Spannungstensor ist auf die Seitenflächen der infinitesimalen Volumenelemente des Körpers in der Momentankonfiguration bezogen. Die CAUCHY'schen Bewegungsgleichungen (3.119), die diesen Spannungstensor enthalten, stellen somit Relationen in EULER'schen Koordinaten dar. Der erste und der zweite PIOLA-KIRCHHOFF'sche Spannungstensor sind hingegen auf die Seitenflächen der infinitesimalen Volumenelemente des Körpers in der Referenzkonfiguration bezogen. Die zwei im Folgenden hergeleiteten Sätze von Bewegungsgleichungen, die jeweils einen dieser beiden Spannungstensoren enthalten, repräsentieren demnach Beziehungen in LAGRANGE'schen Koordinaten.

Zur Ermittlung dieser Relationen benötigt man die Resultierenden der den Körper beanspruchenden Volumenkräfte sowie der auf seiner Berandung wirkenden Oberflächenkräfte. Dem D'ALEMBERT'schen Prinzip (siehe Abschnitt 3.2.1) entsprechend werden die Bewegungsgleichungen durch Hinzufügung der Trägheitskräfte zu den Volumenkräften formal auf Gleichgewichtsbedingungen zum betreffenden Zeitpunkt reduziert. Dementsprechend wird aus (3.119)

$$\sigma_{ji,j} + f_i^* \rho = 0\,. \tag{3.214}$$

Dabei ist, wie der Vergleich von (3.214) mit (3.119) zeigt,

$$f_i^* = \frac{f_i}{\rho} - b_i \tag{3.215}$$

eine auf die Masseneinheit bezogene Kraft. Aus der Zuordnung

$$f_{0_i}^* \, \rho_0 \, dV_0 = f_i^* \, \rho \, dV\,, \tag{3.216}$$

in der

$$f_{0_i}^* = \frac{f_{0_i}}{\rho_0} - b_{0_i} \tag{3.217}$$

die (3.215) entsprechende Beziehung für den Körper in der Referenzkonfiguration darstellt, folgt unter Berücksichtigung des Gesetzes von der Erhaltung der Masse (3.205)

$$f_{0_i}^* = f_i\,. \tag{3.218}$$

Aus (3.216) ergibt sich

$$\int_{V_0} f_{0_i}^* \, \rho_0 \, dV_0 = \int_V f_i^* \, \rho \, dV\,. \tag{3.219}$$

Diese Gleichung drückt aus, dass die Resultierende der Volumenkräfte in der Referenzkonfiguration gleich der entsprechenden Resultierenden in der Momentankonfiguration ist. Auf der Basis von (3.202) erhält man eine analoge Beziehung für die Resultierende der Oberflächenkräfte zu

$$\int_{S_0} T_{ji} \, n_{0_j} \, dS_0 = \int_S \sigma_{ji} \, n_j \, dS\,. \tag{3.220}$$

Anwendung des Divergenztheorems (2.68) auf das Integral auf der linken Seite von (3.220) ergibt

$$\int_{S_0} T_{ji} \, n_{0_j} \, dS_0 = \int_{V_0} \frac{\partial T_{ji}}{\partial X_j} \, dV_0\,. \tag{3.221}$$

Bei einem im Gleichgewicht befindlichen Körper muss die Summe der Resultierenden der Volumen- und der Oberflächenkräfte verschwinden. Setzt man dementsprechend die Summe des Ausdrucks auf der linken Seite von (3.219) und desjenigen auf der rechten Seite von (3.221) gleich null, so erhält man

$$\int_{V_0} \left(f_{0_i}^* \, \rho_0 + \frac{\partial T_{ji}}{\partial X_j} \right) dV_0 = 0\,. \tag{3.222}$$

Da (3.222) für ein beliebiges V_0 gilt, muss der Integrand in dieser Beziehung verschwinden. Somit ergeben sich die Bewegungsgleichungen in LAGRANGE'schen Koordinaten, die den ersten PIOLA-KIRCHHOFF'schen Spannungstensor enthalten, zu

$$\frac{\partial T_{ji}}{\partial X_j} + \rho_0 \, f_{0_i}^* = 0\,. \tag{3.223}$$

Zur Ermittlung der entsprechenden Bewegungsgleichungen, in denen der zweite PIOLA-KIRCHHOFF'sche Spannungstensor aufscheint, wird zunächst (3.207) in (3.209) eingesetzt. Das führt auf

$$S_{jk} = \frac{\partial X_k}{\partial x_l} T_{jl} \,. \tag{3.224}$$

Multiplikation mit $\partial x_i / \partial X_k$ liefert

$$\frac{\partial x_i}{\partial X_k} S_{jk} = \frac{\partial x_i}{\partial X_k} \frac{\partial X_k}{\partial x_l} T_{jl} \,. \tag{3.225}$$

Unter Berücksichtigung von

$$\frac{\partial x_i}{\partial X_k} \frac{\partial X_k}{\partial x_l} = \delta_{il} \tag{3.226}$$

erhält man aus (3.225)

$$T_{ji} = \frac{\partial x_i}{\partial X_k} S_{jk} \,. \tag{3.227}$$

Einsetzen der aus (3.210) resultierenden Beziehung

$$\frac{\partial x_i}{\partial X_k} = \delta_{ik} + \frac{\partial u_i}{\partial X_k} \tag{3.228}$$

in (3.227) und Eintragen des Ergebnisses in (3.223) ergibt die Bewegungsgleichungen in LAGRANGE'schen Koordinaten, die den zweiten PIOLA-KIRCHHOFF'schen Spannungstensor enthalten:

$$\frac{\partial}{\partial X_j} \left[\left(\delta_{ik} + \frac{\partial u_i}{\partial X_k} \right) S_{jk} \right] + \rho_0 \, f^*_{0_i} = 0 \,. \tag{3.229}$$

Wenn die Verschiebungsableitungen klein gegen eins sind, nimmt (3.229) die Form

$$\frac{\partial S_{ji}}{\partial X_j} + \rho_0 \, f^*_{0_i} = 0 \tag{3.230}$$

an. Unter Berücksichtigung von (3.213), einer zu (3.31) analogen Beziehung für die partielle Ableitung von σ_{ji} nach X_j, (3.216) und $\rho_0 \approx \rho$ erhält man aus (3.230) die Beziehung

$$\frac{\partial \sigma_{ji}}{\partial x_j} + \rho f^*_i = 0 \,. \tag{3.231}$$

Die Identität von (3.231) mit den CAUCHY'schen Bewegungsgleichungen (3.119) verdeutlicht, dass die Unterschiede in den Bewegungsgleichungen in LAGRANGE'schen und EULER'schen Koordinaten bei kleinen Verschiebungsableitungen vernachlässigbar sind. In diesem Fall wird grundsätzlich σ_{ji}, x_j, ρ und f^*_i anstatt S_{ji}, X_j, ρ_0 und $f^*_{0_i}$ geschrieben und damit eine in der Ingenieurpraxis gebräuchliche Notation verwendet. Gemeint sind jedoch auf die Referenzkonfiguration bezogene Größen.

3.3 Konstitutive Beziehungen

3.3.1 Einleitung

Die kinematischen Beziehungen in LAGRANGE'schen Koordinaten (3.14) stellen Ausdrücke für die Komponenten des GREEN'schen Verzerrungstensors E_{ij} dar. Wegen der Symmetrie dieses Tensors sind nur sechs dieser neun Komponenten unabhängig. Ihnen entsprechen sechs kinematische Beziehungen. Sie enthalten die partiellen Ableitungen der drei Verschiebungskomponenten u_i nach den LAGRANGE'schen Koordinaten X_j. Die drei Bewegungsgleichungen in LAGRANGE'schen Koordinaten (3.229) enthalten den zweiten PIOLA-KIRCHHOFF'schen Spannungstensor S_{ij}. Aufgrund der Symmetrie dieses Tensors sind nur sechs dieser neun Komponenten unabhängig. In der linearen Elastizitätstheorie, in der kleine Verschiebungen und Verschiebungsableitungen vorausgesetzt werden (siehe Unterabschnitt 3.1.2), treten die linearisierten kinematischen Beziehungen (3.32) mit den Komponenten des entsprechenden Verzerrungstensors ε_{ij} und die Bewegungsgleichungen (3.231) mit den Komponenten des Spannungstensors σ_{ij} an die Stelle von (3.14) bzw. (3.229). In jedem Fall liegen $6 + 3 = 9$ Gleichungen für $3 + 6 + 6 = 15$ unbekannte Feldgrößen vor.

Die fehlenden sechs Gleichungen sind im allgemeinen Fall konstitutive Beziehungen etwa der Form

$$E_{ij} = \mathcal{G}(S_{kl}) \tag{3.232}$$

bzw. im Sonderfall kleiner Verschiebungen und Verschiebungsableitungen konstitutive Gleichungen etwa der Form

$$\varepsilon_{ij} = \mathcal{F}(\sigma_{kl}) \,. \tag{3.233}$$

Konstitutive Beziehungen werden allgemein auch Werkstoff- bzw. Materialgleichungen genannt. Die Werkstoffgleichungen (3.232) und (3.233) drücken aus, dass die Verzerrungen nur von den aktuellen Spannungen abhängen. Vorausgesetzt wird, dass der durch äußere Kräfte belastete Körper nach Entfernung dieser Kräfte spannungsfrei ist, und dass sich die Temperatur im spannungsfreien Referenzzustand, T_0, im Zuge von Be- bzw. Entlastung nicht ändert. Wenn die zweite Voraussetzung nicht zutrifft, hängen die Verzerrungen auch von der aktuellen Temperaturdifferenz $T - T_0$ ab, wobei T die aktuelle absolute Temperatur bezeichnet. Darauf wird in diesem Unterkapitel später eingegangen. Der nach Entfernung der äußeren Kräfte als spannungsfrei vorausgesetzte elastische Körper ist auch wieder frei von Verzerrungen. Dieser Sachverhalt kennzeichnet elastisches Materialverhalten, das eine Grundvoraussetzung für die Gültigkeit der Elastizitätstheorie darstellt.

Im Gegensatz zu elastischem Materialverhalten hängen die Verzerrungen bei anelastischem Werkstoffverhalten nicht nur von den aktuellen Spannungen, sondern auch von der aus der Belastungsgeschichte folgenden Spannungsgeschichte ab. Ein eindeutiger Zusammenhang zwischen den Spannungen und den Verzerrungen existiert daher nicht. Ein anelastischer Körper kehrt bei Entfernung der Belastung in der Regel nicht in die unverformte Ausgangslage zurück. Wenn dies bei zyklischer Belastung ausnahmsweise doch geschieht, ist es mit substantiellen Änderungen im Werkstoffgefüge verbunden.

Viele Werkstoffe verhalten sich unterhalb bestimmter Grenzwerte der Spannungen bzw. der von diesen hervorgerufenen Verzerrungen in guter Näherung elastisch. Bei den meisten der in der technischen Praxis vorkommenden Materialien fallen diese

Grenzwerte der Verzerrungen in den Bereich kleiner Verzerrungen im Sinne von (3.22), (3.23) und (3.29). Große Verzerrungen enthalten in der Regel signifikante anelastische Anteile. Zu den Ausnahmen zählen gummiartige Materialien. Technische Anwendungen der Festigkeitslehre, bei denen die Verzerrungen nicht klein sind, befinden sich daher zumeist außerhalb des Gültigkeitsbereiches der Elastizitätstheorie.

Die nachstehenden Ausführungen sind deshalb auf kleine Verzerrungen beschränkt. Die Kleinheit der Verzerrungen setzt bekanntlich weder die Kleinheit der Verschiebungen noch die der Verschiebungsableitungen voraus (siehe Abschnitt 3.1.1). Bei großen Verschiebungen und/oder Verschiebungsableitungen ermöglicht die Beschränkung auf kleine Verzerrungen die Formulierung der konstitutiven Beziehungen durch Ersetzen von σ_{kl} und ε_{ij} in (3.233) durch S_{kl} und E_{ij}. An die Stelle von (3.232) tritt dann also

$$E_{ij} = \mathcal{F}(S_{kl})\,. \tag{3.234}$$

Die Zulässigkeit dieser Vorgangsweise folgt aus der Invarianz der Komponenten des GREEN'schen Verzerrungstensors und des zweiten PIOLA-KIRCHHOFF'schen Spannungstensors bei einer Starrkörperrotation [Bathe (1996)].

In der Kontinuumsmechanik wird das Werkstoffverhalten mittels phänomenologischer Modelle erklärt. Auf die im atomaren Aufbau der Werkstoffe begründeten physikalischen und chemischen Ursachen der beobachteten mechanischen Phänomene wird nicht oder zumindest nicht direkt eingegangen. Indirekt geschieht dies jedoch in zunehmendem Maße durch geeignete Mittelungen von Verteilungen werkstoffmechanischer Einflussgrößen, die unter Berücksichtigung dieser Ursachen erhalten werden.

Die in der Elastizitätstheorie verwendeten konstitutiven Beziehungen entsprechen Werkstoffmodellen, die sich in drei Hauptgruppen unterteilen lassen [Chen/Saleeb (1982)]:

- CAUCHY'sche elastische Modelle,
- hyperelastische Modelle,
- hypoelastische Modelle.

Die konstitutiven Beziehungen (3.233) stellen die allgemeine Form der mathematischen Beschreibung CAUCHY'scher elastischer Modelle dar. Sie sind durch einen umkehrbar eindeutigen Zusammenhang zwischen den Spannungen und den Verzerrungen gekennzeichnet. (Der Kürze halber werden hier und im Folgenden die entsprechenden konstitutiven Beziehungen für den Fall großer Verschiebungen und Verschiebungsableitungen bei kleinen Verzerrungen weggelassen.) Ein bedeutender Sonderfall eines solchen Zusammenhangs ist zu

$$\varepsilon_{ij} = D_{ijkl}\,\sigma_{kl} \tag{3.235}$$

gegeben, wobei D_{ijkl} die Komponenten des Materialnachgiebigkeitstensors $\mathbf{D}$ bezeichnet. $\mathbf{D}$ ist ein Tensor 4. Stufe. Wenn die Tensorkomponenten D_{ijkl} Funktionen etwa der Spannungen sind, liegt ein nichtlineares Werkstoffgesetz vor. Im Spezialfall der linearen Elastizitätstheorie wird die Linearität der konstitutiven Gleichungen vorausgesetzt. Folglich müssen die Tensorkomponenten D_{ijkl} in diesem Fall konstante Größen sein. In den Abschnitten 3.3.6 – 3.3.10 des vorliegenden Unterkapitels erfolgt eine eingehende Auseinandersetzung mit den konstitutiven Gleichungen (3.235) mit konstanten Koeffizienten D_{ijkl}.

Mittels konstitutiver Beziehungen auf der Basis CAUCHY'scher elastischer Modelle lässt sich zeigen, dass bei bestimmten Belastungsgeschichten mit Be- und anschließender Entlastung mechanische Energie erzeugt würde. Das steht im Widerspruch zum ersten Hauptsatz der Thermodynamik. Folglich sind derartige Materialgleichungen nur beschränkt brauchbar.

Hyperelastische Modelle beruhen auf der Annahme der Existenz eines Potentials der Verzerrungen, der sogenannten Ergänzungsenergiedichte $U_0^*(\sigma_{ij})$ (siehe Kapitel 5), aus der die Verzerrungen zu

$$\varepsilon_{ij} = \frac{\partial U_0^*}{\partial \sigma_{ij}} \tag{3.236}$$

folgen. Ebenso wie bei CAUCHY'schen elastischen Modellen besteht bei hyperelastischen Modellen ein umkehrbar eindeutiger Zusammenhang zwischen den Spannungen und den Verzerrungen. Hyperelastische Modelle weisen jedoch nicht den zuvor erwähnten Mangel CAUCHY'scher elastischer Modelle auf. Materialgesetze auf der Basis solcher Modelle eignen sich nicht zuletzt für gummiartige Werkstoffe.

Konstitutive Gesetze auf der Grundlage hypoelastischer Modelle stellen Zusammenhänge zwischen infinitesimalen Spannungs- und Verzerrungsinkrementen bzw. zwischen Spannungs- und Verzerrungsraten dar. Derartige Inkremente sind zu

$$\begin{aligned} d\sigma_{ij}|_{\mathbf{x}=konst.} &= \left(\lim\nolimits_{\Delta t\to 0} \frac{\Delta\sigma_{ij}}{\Delta t}\right) dt = \dot{\sigma}_{ij}\, dt\,, \\ d\varepsilon_{ij}|_{\mathbf{x}=konst.} &= \left(\lim\nolimits_{\Delta t\to 0} \frac{\Delta\varepsilon_{ij}}{\Delta t}\right) dt = \dot{\varepsilon}_{ij}\, dt \end{aligned} \tag{3.237}$$

definiert. Da die Gefahr einer Verwechslung dieser infinitesimalen Inkremente mit vollständigen Differentialen von σ_{ij} und ε_{ij} nicht besteht, wird auf den Zusatz $|_{\mathbf{x}=konst.}$ im Weiteren verzichtet. Bei dynamischer Beanspruchung bedeutet der Parameter t die Zeit. Bei proportional zu- bzw. abnehmender statischer Belastung ist t ein dimensionsloser Faktor, mit dem die Referenzbelastung multipliziert wird. Bei dynamischer Beanspruchung haben die als Spannungs- bzw. Verzerrungsrate bezeichneten Größen $\dot{\sigma}_{ij}$ und $\dot{\varepsilon}_{ij}$ die physikalische Bedeutung einer Spannungs- bzw. Verzerrungsgeschwindigkeit. Ein wichtiger Sonderfall eines Zusammenhangs zwischen $d\sigma_{kl}$ und $d\varepsilon_{ij}$ ist zu

$$d\varepsilon_{ij} = D_{ijkl}(\sigma_{mn})\, d\sigma_{kl} \tag{3.238}$$

gegeben. Die Tensorkomponenten D_{ijkl} sind also Funktionen der Spannungen. Drückt man in (3.238) $d\sigma_{kl}$ und $d\varepsilon_{ij}$ mittels (3.237) durch $\dot{\sigma}_{kl}$ und $\dot{\varepsilon}_{ij}$ aus, so erhält man den entsprechenden Zusammenhang zwischen den Spannungs- und den Verzerrungsraten. Im Gegensatz zu CAUCHY'schen elastischen Modellen und hyperelastischen Modellen erlauben hypoelastische Modelle die Berücksichtigung der Belastungsgeschichte. Sie sind daher auch zur Berücksichtigung anelastischen Werkstoffverhaltens geeignet. Hypoelastische Werkstoffmodelle werden beispielsweise für Beton verwendet. Solche Materialmodelle werden deshalb der Kategorie elastischer Werkstoffmodelle zugeordnet, weil die von infinitesimalen Spannungsinkrementen hervorgerufenen Verzerrungsinkremente bei Entfernung dieser Spannungsinkremente verschwinden. Entsprechende konstitutive Gesetze beschreiben ein Materialverhalten, das als infinitesimal reversibel bezeichnet wird.

Im nächsten Abschnitt werden Spannungs-Dehnungsdiagramme erläutert, die aus einaxialen Versuchen resultieren, denen also einaxiale Spannungszustände zugrunde liegen. Darauf baut eine eingehende Auseinandersetzung im Abschnitt 3.3.6 mit den für räumliche Spannungszustände geltenden konstitutiven Gleichungen (3.235) mit konstanten Tensorkomponenten D_{ijkl} auf.

In den konstitutiven Beziehungen des vorliegenden Abschnittes wurde den Spannungen als Verursachern von Verzerrungen die Rolle der unabhängigen Variablen zugewiesen. In der inversen Form dieser konstitutiven Beziehungen nehmen die Verzerrungen diese Rolle ein. Diese Form ist etwa dann zweckmäßig, wenn der einem bekanntem Verschiebungszustand entsprechende Spannungszustand ermittelt werden soll.

3.3.2 Spannungs-Dehnungsdiagramme aus einaxialen Versuchen

Wegen seiner Einfachheit stellt der einaxiale Zugversuch in vielen Fällen den Ausgangspunkt für das Studium der mechanischen Eigenschaften von Werkstoffen dar. In Abb. 3.25 ist ein Probestab mit kreisförmigem Querschnitt dargestellt. Auf dem Stab befinden sich zwei Messmarken, deren Abstand vor dem Aufbringen der zentrischen Zugkraft L beträgt. Für eine bestimmte Größe der Zugkraft N beträgt der Abstand der Messmarken l. Die Änderung des Abstandes, $\Delta l = l - L$, als Funktion der Belastung wird von einem Messschreiber in Form eines Kraft-Elongationsdiagrammes registriert. Mit einem zweiten Messschreiber kann die Abnahme des Stabdurchmessers als Funktion der Belastung aufgezeichnet werden.

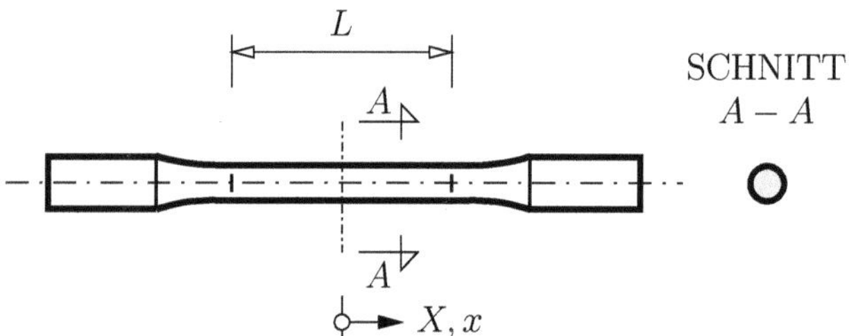

Abb. 3.25: Probestab für einen einaxialen Zugversuch

Für ein bestimmtes Wertepaar N und Δl erhält man die in Stablängsrichtung wirkende Normalspannung $\sigma^{(N)}$ unter der Voraussetzung einer gleichförmigen Verteilung über die Querschnittsfläche zu

$$\sigma^{(N)} = \frac{N}{A_0}\,, \qquad (3.239)$$

wobei A_0 die Querschnittsfläche des unverformten Stabes ist. Der obere Index N von σ weist darauf hin, dass die Spannung gemäß (3.239) nicht die wahre Spannung ist, sondern die sogenannte Nennspannung. Es ist das die auf A_0 bezogene Kraft. Bei $\sigma^{(N)}$ handelt es sich um die einzige von null verschiedene Komponente des ersten PIOLA-KIRCHHOFF'schen Spannungstensors. Davon überzeugt man sich durch Spezialisierung von (3.207) für $i = 1$ und $j = 1$. Beachtet man, dass $\sigma^{(N)}$ eine Hauptspannung ist, so erhält man mit $T_{11} \equiv T_x$, $\sigma_{11} \equiv \sigma_x$, $X_1 \equiv X$ und $x_1 \equiv x$ unter Berücksichtigung von (3.205) sowie von $dV_0 = A_0\,dX$, $dV = A\,dx$ und $\sigma_x A = N$

$$T_x = \frac{\rho_0}{\rho}\frac{dX}{dx}\sigma_x = \frac{dV}{dV_0}\frac{dX}{dx}\sigma_x = \frac{A}{A_0}\sigma_x = \sigma^{(N)}\,. \qquad (3.240)$$

Im Gegensatz zu $\sigma^{(N)}$ ist $\sigma_x \equiv \sigma$ die wahre Spannung im Sinne der auf die Querschnittsfläche A des verformten Stabes bezogenen Kraft:

$$\sigma = \frac{N}{A}\,. \tag{3.241}$$

σ ist die einzige von null verschiedene Komponente des CAUCHY'schen Spannungstensors. Die Komponenten dieses Spannungstensors beziehen sich auf ein aus dem verformten Körper herausgeschnitten gedachtes Volumenelement (siehe Abschnitt 3.2.4). Sie sind somit im zuvor erwähnten Sinn wahre Spannungen.

Unter der Voraussetzung eines linearen Verschiebungsverlaufes über die ursprüngliche Messlänge L erhält man die axiale Verschiebung eines Punktes des Probestabes im Abstand X von der Symmetrieebene quer zur Längsrichtung zu

$$u(X) = \frac{X}{L}\Delta l\,. \tag{3.242}$$

Dabei bezieht sich X auf die Lage dieses Punktes vor der Verformung des Probestabes. Für kleine Verschiebungen gilt $X \approx x$. Einsetzen von (3.242) in die erste der Gleichungen (3.34) ergibt mit $u \equiv u_1$ und $x \equiv x_1$

$$\varepsilon = \frac{\partial u}{\partial x} = \frac{\Delta l}{L}\,. \tag{3.243}$$

Mit Hilfe von (3.239) und (3.243) erhält man aus dem Kraft-Elongationsdiagramm das Spannungs-Dehnungsdiagramm. Es weist im Gegensatz zum Kraft-Elongationsdiagramm den Vorteil der Unabhängigkeit von den Abmessungen des Probekörpers und vom Abstand der Messmarken auf.

Für verschiedene Werkstoffe erhält man verschiedene Spannungs-Dehnungsdiagramme. In Abhängigkeit von der Temperatur bei der Versuchsdurchführung, der Geschwindigkeit der Lastaufbringung und einer Reihe weiterer Parameter ergeben sich aber auch für ein und dasselbe Material mehr oder weniger verschiedene Spannungs-Dehnungsdiagramme.

Trotz der großen Vielfalt von Spannungs-Dehnungsdiagrammen können diese Diagramme in qualitativer Hinsicht in zwei Klassen eingeteilt werden, nämlich in solche für zähe und solche für spröde Materialien. Zähe Materialien sind dadurch gekennzeichnet, dass sie relativ große Verzerrungen ertragen können. Das trifft für spröde Materialien nicht zu. In Abb. 3.26 ist das Spannungs-Dehnungsdiagramm für einen naturharten Baustahl als typischen Vertreter zäher Werkstoffe und in Abb. 3.27 das für Beton als (mit Einschränkungen) typischen Repräsentanten spröder Werkstoffe dargestellt. Der besseren Lesbarkeit halber ist das $\sigma\varepsilon$-Diagramm in Abb. 3.26 verzerrt.

Für einen naturharten Baustahl unter einaxialer Zugbeanspruchung ist ε in guter Näherung proportional zu σ bis zum Wert f_y der Zugspannung für das sogenannte Fließplateau (Abb. 3.26). Dieser Wert wird als Fließgrenze bezeichnet. Das relative Maximum der Spannung beim eigentlichen Fließbeginn stellt die sogenannte obere Fließgrenze dar. Da diese etwas höhere Spannung jedoch unter anderem stark von der Belastungsgeschwindigkeit abhängt, ist sie als Materialkennwert für praktische Zwecke ungeeignet. Weil sich bei naturhartem Baustahl Proportionalitäts- und Fließgrenze kaum voneinander unterscheiden, ist der Bereich elastischen Materialverhaltens durch

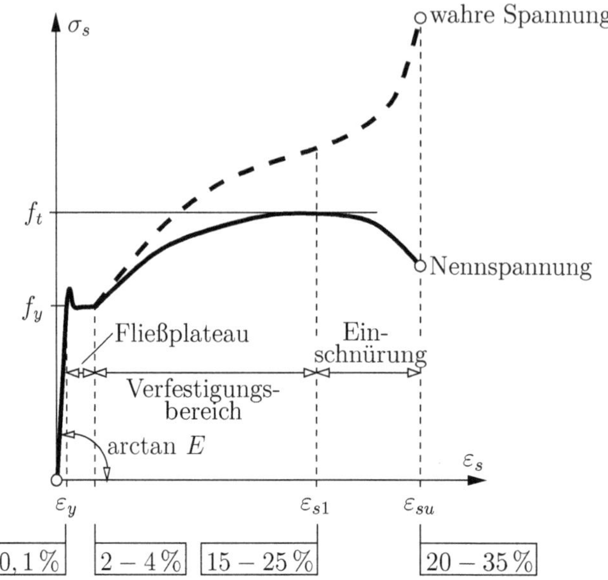

Abb. 3.26: Qualitatives $\sigma\varepsilon$-Diagramm für einen naturharten Baustahl unter einaxialer Zugbeanspruchung

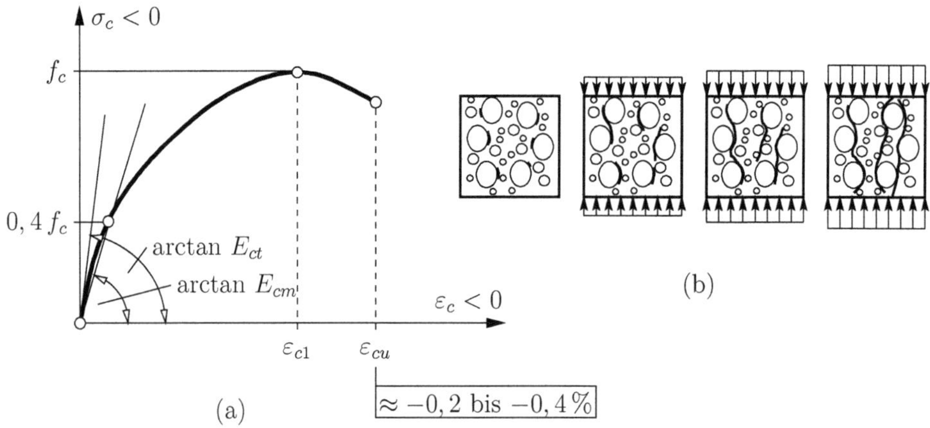

Abb. 3.27: Beton unter einaxialer Druckbeanspruchung: (a) Qualitatives $\sigma\varepsilon$-Diagramm, (b) fortschreitende Rissbildung bei wachsender Druckspannung

den Sonderfall von linearer Elastizität gekennzeichnet. Ein gleich großer Bereich linear elastischen Werkstoffverhaltens ist bei einaxialer Druckbeanspruchung gegeben.

Bei vielen Werkstoffen, wie z. B. bei Beton, gibt es jedoch keinen ausgeprägten Bereich, innerhalb dessen die Dehnung proportional zur Spannung ist. Das Spannungs-Dehnungsdiagramm für einaxial auf Druck beanspruchten Beton (Abb. 3.27a) zeigt vielmehr, dass bereits bei kleinen Werten der aufgebrachten Druckspannung keine Proportionalität zwischen Spannung und Stauchung vorliegt. Für praktische Zwecke ist es jedoch zulässig, bis zu einem bestimmten, vom jeweiligen Werkstoff abhängigen

Punkt auf dem Spannungs-Dehnungsdiagramm näherungsweise einen linearen Zusammenhang zwischen Spannungen und Dehnungen bzw. Stauchungen anzunehmen.

Das konstitutive Gesetz für linear elastisches Materialverhalten bei einaxialer Beanspruchung lautet:

$$\sigma = E\,\varepsilon \; . \tag{3.244}$$

Es wird HOOKE'sches Gesetz genannt.* Der Proportionalitätsfaktor E in (3.244) heißt Elastizitätsmodul. Da ε eine dimensionslose Größe ist, weist E die Dimension einer Spannung auf. Geometrisch kann E als Anstieg des $\sigma\varepsilon$-Diagramms interpretiert werden. Physikalisch stellt der Elastizitätsmodul die Steifigkeit des Werkstoffs dar. Bei einer vorgegebenen Spannung nimmt nämlich die Dehnung laut (3.244) mit zunehmendem Elastizitätsmodul ab.
Bei Werkstoffen ohne ausgeprägten linearen Bereich ist (3.244) durch

$$d\sigma = E_t\, d\varepsilon \tag{3.245}$$

zu ersetzen. Dabei stellt der von ε bzw. σ abhängige Tangentenmodul E_t den Anstieg des $\sigma\varepsilon$-Diagramms dar.

Bei Werkstoffen ohne ausgeprägten linearen Bereich ist das HOOKE'sche Gesetz (3.244) innerhalb bestimmter werkstoffabhängiger Grenzen eine brauchbare Näherung, wenn anstelle von E ein Sehnenmodul E_m verwendet wird. Gemäß EUROCODE 2 [Eurocode 2] ist die betreffende Sehne bei einaxial auf Druck beanspruchtem Beton durch die beiden Punkte $\sigma = 0$ und $\sigma = 0{,}40 f_c$ des $\sigma\varepsilon$-Diagramms zu legen, wobei f_c die Druckfestigkeit bei einaxialer Beanspruchung bezeichnet (Abb. 3.27a). Tabelle 3.1 enthält eine Zusammenstellung von Materialkennwerten für verschiedene Werkstoffe.

Bei einem naturharten Baustahl nimmt bei Erreichen des Fließplateaus die Dehnung bei konstanter Spannung zu (Abb. 3.26). Dieses als Fließen bezeichnete Phänomen ist eine Folge der Bewegung von Kristallen längs Gleitflächen im Kristallgitter des Materials. Fließen ist für metallische Werkstoffe typisch, wenngleich das bei naturharten Baustählen beobachtete Fließplateau bei etlichen Metallen nicht auftritt. Bei Letzteren legt man die Fließgrenze willkürlich als jene Spannung fest, derzufolge nach vollständiger Entlastung eine Dehnung von 0,1 % oder 0,2 % zurückbleibt (Abb. 3.28). Dieser Werkstoffkennwert wird Ersatzfließgrenze genannt. Sie wird mit $f_{0,1}$ bzw. $f_{0,2}$ bezeichnet. Laut EUROCODE 2 wird für Spannstähle $f_{0,1}$ und für Betonstähle $f_{0,2}$ verwendet.

Am Ende des Fließplateaus eines naturharten Baustahls beträgt die Dehnung ungefähr das Zwanzigfache der Dehnung am Anfang des Fließplateaus. Der überwiegende Teil der Dehnung geht bei der Entlastung nicht zurück, ist also anelastisch. Bleibende Verformungen nach vollständiger Entlastung sind das entscheidende Merkmal plastischen Materialverhaltens.

Nach dem Ende des Fließplateaus steigt die Zugspannung im Probekörper bis zur Zugfestigkeit f_t weiter an. Dieser Bereich wird als Verfestigungsbereich bezeichnet (Abb. 3.26). Bei Erreichen von f_t ist die Dehnung des Probestabes ε_{s1} etwa zweihundertmal so groß wie zu Beginn des Fließens. Diesem Größenverhältnis trägt das

---

*ROBERT HOOKE (1635–1703) veröffentlichte dieses Gesetz 1678 erstmalig in Form eines linearen Zusammenhanges zwischen Belastung und Längenänderung einer elastischen Feder (*ut tensio, sic vis*). Erst LEONHARD EULER (1707–1783) formulierte 1727 diesen Zusammenhang in der Form $\sigma = E\,\varepsilon$.

Tabelle 3.1: Materialkennwerte für verschiedene Werkstoffe

	Elastizitätsmodul [N/mm²]	Quer dehnungs- zahl	Zug- bzw. Druckfestigkeit [N/mm²]	Bruchdehnung bzw. -stauchung [%]
Baustähle	206 000	0,3	360–510 (840)	25–12
Betonstähle	206 000	0,3	340–550	18–8
Spannstähle	195 000–206 000	0,3	1000–1800	7–6
Aluminium	65 000–73 000	0,3	65–400	40–3
Beton	20 000–40 000	0,15–0,25		
Druck			12–75 (200)	0,4–0,2
Zug			1–7	0,02–0,01
Holz				
längs zur Faser	10 000–12 000	0,02–0,03		
Zug			70–90	~0,4
Druck			35–45	~0,5
quer zur Faser	300–700	~0,5		
Druck			~7–10	>2

$\sigma\varepsilon$-Diagramm in Abb. 3.26 aus Gründen der besseren Lesbarkeit nicht Rechnung. Bei Erreichen der Zugfestigkeit kommt es im mittleren Bereich des Probestabs zu einer beträchtlichen Verringerung des ursprünglichen Durchmessers des Probekörpers. Dieses Phänomen wird als Einschnürung des Querschnitts bezeichnet. Seine Ursache besteht in einer lokalen Instabilität im Kristallgefüge des Werkstoffs. Spröde Werkstoffe weisen dieses Phänomen nicht auf.

Nach dem Beginn der Einschnürung genügt zur weiteren Verlängerung des Probestabes bis zu seinem Bruch eine kleinere Nennspannung als f_t. Die Nennspannung, bei welcher der Bruch des Probekörpers auftritt, ist also kleiner als die Zugfestigkeit. Die unmittelbar vor dem Bruch gemessene Bruchdehnung wird mit ε_{su} bezeichnet (Abb. 3.26).

Im Gegensatz zu zähen Werkstoffen tritt bei spröden Materialien, wie z. B. bei

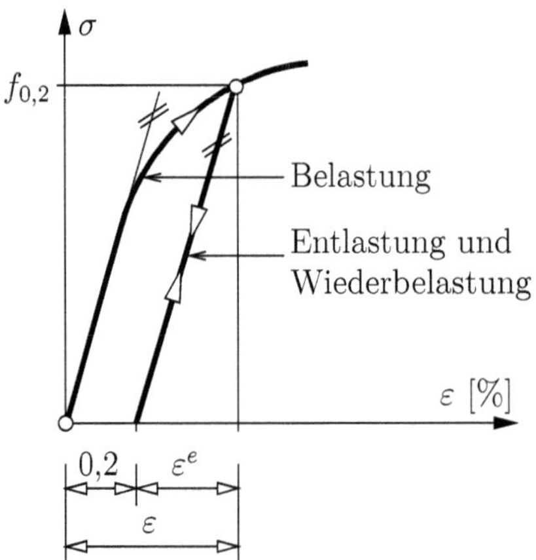

Abb. 3.28: Definition der Ersatzfließgrenze $f_{0,2}$

Gusseisen, Glas, Stein und Beton, der Bruch unter einaxialer Zugbeanspruchung unvermittelt, also ohne eine dem Bruch vorangehende beträchtliche Verlängerung des Probestabes, ein. Die Bruchdehnung ε_u ist bei spröden Werkstoffen beträchtlich kleiner als bei zähen Materialien. Bei den meisten spröden Werkstoffen ist die Festigkeit bei einaxialer Druckbeanspruchung, f_c, beträchtlich größer als die bei einaxialer Zugbeanspruchung, f_t. Dieser Umstand ist auf Mikrorisse im Material zurückzuführen. Bei Zugbeanspruchung bewirken sie eine beträchtliche Schwächung des Materials. Bei Druckbeanspruchung ist der Einfluss der Mikrorisse auf die Widerstandsfähigkeit des Materials geringer.

Abb. 3.27b bezieht sich auf einen einaxial auf Druck beanspruchten Probekörper aus Beton. Dargestellt ist die mit zunehmender Druckspannung fortschreitende Rissbildung. Die erwähnten Mikrorisse sind bereits vor dem Aufbringen der Belastung vorhanden und zwar hauptsächlich an den Grenzen zwischen größeren Körnern des Zuschlagstoffes und dem Zementstein. Verursacht werden sie in erster Linie durch Zugspannungen, die durch Volumenänderungen infolge der Hydratation und des Schwindens des Zementsteins hervorgerufen wurden. Je nach Betongüte nimmt die Zahl dieser Risse bis zu einer Belastung von 30–70 % der einaxialen Druckfestigkeit nur geringfügig zu. Das Spannungs-Dehnungsdiagramm darf in diesem Bereich näherungsweise als linear betrachtet werden. Wird die Belastung darüber hinaus weiter gesteigert, so breiten sich die Mikrorisse im Beton aus, und die Rissweite bereits existierender Risse nimmt zu. Das ist die Ursache für die nun stark ausgeprägte Nichtlinearität der Beziehung zwischen der Druckspannung und der von ihr verursachten Stauchung. Je nach Betongüte sind die Risse bis zu einer Belastung von 70–90 % der einaxialen Druckfestigkeit stabil. Bei darüber hinausgehender Belastung nimmt die Zahl der Risse auch im Zementstein stark zu. Diese Risse verbinden sich mit den Rissen an den Grenzen zwischen den Körnern der Zuschlagstoffe und dem Zementstein zu durchgehenden Rissen. Sie verlaufen hauptsächlich parallel zur Richtung der Spannung. Für hochfesten Beton werden auch Risse durch die Körner der Zuschlagstoffe beobachtet. Fortschreitende Rissbildung führt schließlich zum Bruch des Probekörpers. Bei lastkontrollierter Versuchsdurchführung erfolgt der Bruch bei Erreichen der einaxialen Druckfestigkeit f_c. Bei verschiebungsgesteuerter Versuchsdurchführung nimmt die Spannung nach dem Erreichen von f_c ab. Der entsprechende Abschnitt des Spannungs-Dehnungsdiagramms heißt Entfestigungsbereich. Schließlich geht der Probekörper zu Bruch. Die einaxiale Druckfestigkeit spröder Werkstoffe und vor allem der Verlauf des $\sigma\varepsilon$-Diagramms im Entfestigungsbereich hängen von der Form des Probekörpers ab. Es handelt sich dabei um Würfel, Zylinder oder Prismen. Die erwähnte Abhängigkeit ist eine Folge von Zwängungen im Lasteinleitungsbereich zwischen den Lastplatten und den Stirnseiten des Probekörpers. Dieser Einfluss ist beispielsweise für zylinderförmige Probekörper mit einem Verhältnis von Zylinderhöhe zum Durchmesser von 2,5 geringer als für würfelförmige Probekörper. Deshalb ist die für zylinderförmige Probekörper gemessene einaxiale Druckfestigkeit geringer als die für würfelförmige Probekörper. Weiters hängt die einaxiale Druckfestigkeit spröder Werkstoffe auch von der Größe des Probekörpers ab. Mit deren Zunahme ist eine geringe Abnahme der Druckfestigkeit verbunden.

Für einen einaxial auf Zug beanspruchten spröden Werkstoff ergibt sich in einem lastkontrollierten Versuch ein bis zum Bruch linear verlaufendes $\sigma\varepsilon$-Diagramm. Der Bruch ist durch das Auftreten eines Risses, der den Probekörper in zwei Teile trennt, gekennzeichnet. Bei verschiebungskontrollierter Versuchsdurchführung kommt es ab etwa 60 % der einaxialen Zugfestigkeit des Betons zu Abweichungen von der ursprünglichen Proportionalität zwischen Spannung und Dehnung. Es breiten sich dann die bereits im unbelasteten Probekörper vorhandenen Mikrorisse zwischen den Körnern des Zuschlagstoffes und dem Zementstein aus.

Kurz vor dem Erreichen der einaxialen Zugfestigkeit f_t häufen sich derartige Mikrorisse in einer schmalen Zone des Probekörpers. In dieser Zone sind die Dehnungen beträchtlich größer als in den übrigen Teilen des Probekörpers. Im Entfestigungsbereich nehmen sie in der erwähnten schmalen Zone sehr rasch zu. Es bildet sich ein durchgehender Riss, der die Probe schließlich in zwei Teile trennt. Wegen der stark ungleichförmigen Verteilung der Dehnungen über die Höhe des Probekörpers im Entfestigungsbereich lässt sich das Werkstoffverhalten in diesem Bereich nicht in der Form eines $\sigma\varepsilon$-Diagramms darstellen. Man kann es jedoch in Form eines $\sigma\,\Delta l$-Diagramms illustrieren (Abb. 3.29). Dabei stellt Δl die Verlängerung des zugbeanspruchten Probekörpers dar.

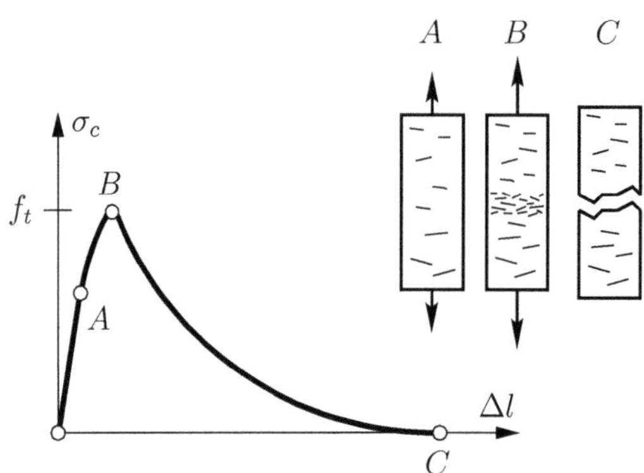

Abb. 3.29: $\sigma\,\Delta l$-Diagramm für Beton bei verschiebungskontrollierter einaxialer Zugbeanspruchung

3.3.3 Charakteristische Werkstoffkenngrößen und ihre Bemessungswerte

Bei der experimentellen Bestimmung einer Werkstoffkenngröße, wie z. B. der Fließgrenze oder der Zug- und Druckfestigkeit, aus einer größeren Anzahl von Probekörpern eines bestimmten Werkstoffs erhält man eine statistische Verteilung der Zahlenwerte für die betreffende Werkstoffkenngröße. Entsprechend dem semiprobabilistischen Sicherheitskonzept, das den EUROCODES zugrunde liegt, ist der charakteristische Wert f_k einer solchen Kenngröße f als p%-Fraktilwert definiert. Es ist das jener Wert, der nur von p % der geprüften Werkstoffproben nicht erreicht wurde. Im Allgemeinen wird der 5%-Fraktilwert verwendet, also jener Wert, der von 95 % der geprüften Proben erreicht oder überschritten wurde.

Im Rahmen des herkömmlichen deterministischen Sicherheitskonzeptes werden globale Sicherheitsbeiwerte benützt. Hingegen werden beim semiprobabilistischen Sicherheitskonzept sowohl für die äußeren Einwirkungen als auch für die Widerstände Teilsicherheitsbeiwerte verwendet. Erstere sind die Belastungen, die auf das Tragwerk einwirken. Bei Letzteren handelt es sich um die Werkstoffkenngrößen. Im Gegensatz zu den empirischen globalen Sicherheitsbeiwerten des deterministischen Sicherheitskonzepts werden die Teilsicherheitsbeiwerte des semiprobabilistischen Sicherheitskonzepts so festgelegt, dass für das betreffende Tragwerk ein bestimmter Wert der Versagenswahrscheinlichkeit nicht überschritten wird. Für den Tragfähigkeitsnachweis darf Letztere in den meisten Fällen nicht größer als 10^{-6} sein.

Entsprechend dem EUROCODE 2 für Stahlbeton- und Spannbetontragwerke ist z. B. der Teilsicherheitsbeiwert für ständige Einwirkungen, die sich ungünstig auf die Tragfähigkeit auswirken, mit 1,35 festgelegt. Für Einwirkungen, die einen günstigen Einfluss auf die Tragfähigkeit ausüben, ist der entsprechende Teilsicherheitsbeiwert zu 1,0 bzw. in bestimmten Fällen zu 0,9 festgelegt. Die Teilsicherheitsfaktoren für die Widerstände sind für Beton im Regelfall mit 1,5 festgelegt und für Betonstahl und Spannstahl mit 1,15. Die Nachweise für die Gebrauchs- und die Tragfähigkeit eines Tragwerks sind dann für die mit entsprechenden Teilsicherheitsbeiwerten erhöhten Einwirkungen bzw. für die mit entsprechenden Teilsicherheitsbeiwerten abgeminderten Widerstände zu führen. Eine für die Tragwerksbemessung mit dem Teilsicherheitsfaktor γ_M für die Widerstände abgeminderte charakteristische Werkstoffkenngröße f_k wird als Bemessungswert f_d dieser Kenngröße bezeichnet. Es gilt somit $f_d = f_k/\gamma_M$.

3.3.4 Wahre Spannung und wahre Dehnung

Die wahre Spannung ist die CAUCHY'sche Spannung. Der Unterschied zwischen der wahren Spannung (3.241) und der Nennspannung (3.239) ist bei kleinen Verzerrungen vernachlässigbar. Bei größeren Verzerrungen, wie sie z. B. im Verfestigungsbereich von naturhartem Stahl vorliegen, ist jedoch ein deutlicher Unterschied feststellbar. Für den Bereich der Einschnürung der Probe schließlich erhält man auf der Basis der Nennspannung eine Abnahme der Spannung im $\sigma\varepsilon$-Diagramm, während sich auf der Grundlage der wahren Spannung eine Zunahme der Spannung in diesem Diagramm ergibt (Abb. 3.26).

Die Dehnung wurde im Abschnitt 3.1.1 als die auf die ursprüngliche Länge eines infinitesimalen Linienelements bezogene Längenänderung definiert (siehe Gleichung (3.17)). Zur Bestimmung der wahren Dehnung ε^* werden die bei schrittweiser Steigerung der Belastung in den einzelnen Lastschritten $\Delta N^{(i)}$ entstehenden Längenänderungen $\Delta l^{(i)}$ jeweils auf die aktuelle Länge $l^{(i)}$ des verformten Stabes bezogen, d. h.

$$\Delta\varepsilon^{*(i)} = \frac{\Delta l^{(i)}}{l^{(i)}} \ . \tag{3.246}$$

Die sich nach n Lastschritten ergebende wahre Dehnung folgt nach Summation über die Anzahl der Lastschritte zu

$$\varepsilon^* = \sum_{i=1}^{n} \Delta\varepsilon^{*(i)} = \sum_{i=1}^{n} \frac{\Delta l^{(i)}}{l^{(i)}} \ . \tag{3.247}$$

Beim Übergang von finiten Lastschritten auf infinitesimale Lastschritte werden aus den endlichen Längenänderungen $\Delta l^{(i)}$ infinitesimale Längenänderungen dl. Aus (3.247) folgt dann

$$\varepsilon^* = \int \frac{dl}{l} = \ln l + C \ . \tag{3.248}$$

Die Integrationskonstante C ergibt sich aus der Bedingung, dass ε^* im unverformten Zustand, also für $l = L$, gleich null ist, zu

$$C = -\ln L \ . \tag{3.249}$$

Einsetzen von (3.249) sowie von $l = (1+\varepsilon)L$ in (3.248) führt auf

$$\varepsilon^* = \ln\frac{l}{L} = \ln(1+\varepsilon)\ . \tag{3.250}$$

Verwendet man wahre Spannungen und wahre Dehnungen zur Erstellung von Spannungs-Dehnungsdiagrammen für einen naturharten Stahl unter einaxialer Zug- bzw. Druckbeanspruchung, so ergeben sich auch bei größeren Dehnungen bzw. Stauchungen kaum Unterschiede in den Beträgen der Zug- bzw. Druckspannungen. Im Gegensatz dazu weisen konventionelle $\sigma\varepsilon$-Diagramme zwar betragsmäßig ungefähr gleiche Fließgrenzen für Zug und Druck auf, bei größeren Verzerrungen treten aber beträchtliche Unterschiede zwischen dem $\sigma\varepsilon$-Diagramm für Zug und dem für Druck auf. Das ist darauf zurückzuführen, dass es bei einer Druckbeanspruchung zu keiner Einschnürung des Probestabes vor seinem Versagen kommt.

3.3.5 Querdehnung

Beim einaxialen Zugversuch tritt nicht nur eine Zunahme der Länge des Probestabes auf, sondern auch eine Abnahme seines Durchmessers. Umgekehrt wird beim einaxialen Druckversuch die Abnahme der Länge des Probekörpers in Richtung der Druckspannung von einer Zunahme der Querschnittsfläche begleitet. Zwischen der Längsdehnung ε und der entsprechenden Querstauchung ε_q wird ein linearer Zusammenhang angenommen:

$$\varepsilon_q = -\nu\,\varepsilon\ . \tag{3.251}$$

Die Konstante ν wird als Querdehnungszahl oder POISSON'sche Zahl bezeichnet.* ν ist eine dimensionslose Materialkonstante. Das negative Vorzeichen in (3.251) folgt aus der mit einer Längsdehnung verbundenen Querstauchung bzw. der mit einer Längsstauchung verbundenen Querdehnung. Infolge der Querdehnung bewirkt ein einaxialer Spannungszustand (z. B. der Spannungszustand $\sigma_1 \neq 0,\ \sigma_2 = \sigma_3 = 0$) einen räumlichen Verzerrungszustand (z. B. bei Zutreffen bestimmter einschränkender Voraussetzungen für das Werkstoffverhalten den Verzerrungszustand $\varepsilon_1,\ \varepsilon_2 = \varepsilon_3 = -\nu\varepsilon_1$).

Der kleinstmögliche Wert für ν ergibt sich für den Fall, dass keine Querdehnung auftritt. Laut (3.251) ist dann $\nu = 0$.† Den größtmöglichen Wert für ν erhält man aus der Bedingung für das Verschwinden der Volumenänderung infolge einer einaxialen Beanspruchung. Einsetzen von ε_1 und $\varepsilon_2 = \varepsilon_3 = -\nu\varepsilon_1$ in (3.69) führt auf

$$\varepsilon^{vol} = I_1^\varepsilon = \varepsilon_1 + \varepsilon_2 + \varepsilon_3 = \varepsilon_1(1-2\nu)\ . \tag{3.252}$$

Nullsetzen der spezifischen Volumenänderung ergibt $\nu = 1/2$. Ein Material, bei dem ν nahezu gleich $1/2$ ist, stellt Gummi dar. Auch während des plastischen Fließens metallischer Werkstoffe treten keine nennenswerten Volumenänderungen auf.

3.3.6 Verallgemeinertes HOOKE'sches Gesetz

Aus (3.235) erhält man mittels der Inversen von $\mathbf{D}$, des Tensors 4. Stufe

$$\mathbf{C} = \mathbf{D}^{-1}\ , \tag{3.253}$$

*SIMÉON DENIS POISSON (1781–1840)

†Im Gegensatz dazu wird im Unterkapitel 5.3 gezeigt, dass negative Werte von ν grundsätzlich möglich sind. Dem Beweis liegt die thermodynamisch begründete Forderung nach positiver Definität der Verzerrungsenergiedichte zugrunde. Bei typischen Baustoffen ist ν jedoch positiv.

die Beziehung

$$\sigma_{ij} = C_{ijkl}\, \varepsilon_{kl} \ . \tag{3.254}$$

(3.254) wird als verallgemeinertes HOOKE'sches Gesetz bezeichnet. Damit wird ausgedrückt, dass (3.254) eine Verallgemeinerung des HOOKE'schen Gesetzes (3.244) für räumliche Spannungszustände darstellt. **C** wird als Elastizitäts- oder Materialsteifigkeitstensor bezeichnet. In der zweiten Bezeichnung manifestiert sich eine Erweiterung der Interpretation des Elastizitätsmoduls als Materialsteifigkeit bei einaxialer Beanspruchung. Bei einer Drehung des Koordinatensystems werden die Komponenten von **C** entsprechend den Transformationsregeln für Komponenten eines Tensors 4. Stufe transformiert (siehe Tabelle 2.1):

$$C'_{rstu} = n_{ri}\, n_{sj}\, n_{tk}\, n_{ul}\, C_{ijkl} \ . \tag{3.255}$$

Als Tensor 4. Stufe verfügt **C** bzw. **D** über 81 Komponenten. Die Symmetrieeigenschaften von $\boldsymbol{\sigma}$ und $\boldsymbol{\varepsilon}$ haben Symmetrieeigenschaften von **C** bzw. **D** zur Folge. Demnach ist wegen $\sigma_{ij} = \sigma_{ji}$

$$C_{ijkl} = C_{jikl} \tag{3.256}$$

und wegen $\varepsilon_{kl} = \varepsilon_{lk}$

$$C_{ijkl} = C_{ijlk} \ . \tag{3.257}$$

Analoge Symmetriebedingungen gelten für die Komponenten von **D**. Die Verzerrungen hängen laut (3.235) nur von den aktuellen Spannungen ab. Diese verfügen daher über ein Potential, die sogenannte Verzerrungsenergiedichte $U_0(\varepsilon_{ij})$ (siehe Kapitel 5), aus der die Spannungen zu

$$\sigma_{ij} = \frac{\partial U_0}{\partial \varepsilon_{ij}} \tag{3.258}$$

folgen. Nach partieller Ableitung von (3.254) nach ε_{kl} und Berücksichtigung von (3.258) erhält man die Komponenten des Elastizitätstensors zu

$$C_{ijkl} = \frac{\partial \sigma_{ij}}{\partial \varepsilon_{kl}} = \frac{\partial^2 U_0}{\partial \varepsilon_{ij}\, \partial \varepsilon_{kl}} \ . \tag{3.259}$$

Wegen der Vertauschbarkeit der Reihenfolge der partiellen Ableitungen nach ε_{ij} und ε_{kl} genügen die Komponenten des Elastizitätstensors auch der Symmetriebeziehung

$$C_{ijkl} = C_{klij} \ . \tag{3.260}$$

Durch Ersetzen von σ_{ij} und ε_{kl} in (3.254) durch S_{ij} bzw. E_{kl} erhält man das verallgemeinerte HOOKE'sche Gesetz für große Verschiebungen und Verschiebungsableitungen bei kleinen Verzerrungen.

Geht man von der Tensornotation auf die Matrizenschreibweise über, so erhält man anstelle von (3.235)

$$\left\{\begin{array}{c}\varepsilon_{11}\\ \varepsilon_{12}\\ \varepsilon_{13}\\ \varepsilon_{21}\\ \varepsilon_{22}\\ \varepsilon_{23}\\ \varepsilon_{31}\\ \varepsilon_{32}\\ \varepsilon_{33}\end{array}\right\}=\left[\begin{array}{ccccccccc}D_{1111} & D_{1112} & D_{1113} & D_{1121} & D_{1122} & D_{1123} & D_{1131} & D_{1132} & D_{1133}\\ D_{1211} & D_{1212} & D_{1213} & D_{1221} & D_{1222} & D_{1223} & D_{1231} & D_{1232} & D_{1233}\\ D_{1311} & D_{1312} & D_{1313} & D_{1321} & D_{1322} & D_{1323} & D_{1331} & D_{1332} & D_{1333}\\ D_{2111} & D_{2112} & D_{2113} & D_{2121} & D_{2122} & D_{2123} & D_{2131} & D_{2132} & D_{2133}\\ D_{2211} & D_{2212} & D_{2213} & D_{2221} & D_{2222} & D_{2223} & D_{2231} & D_{2232} & D_{2233}\\ D_{2311} & D_{2312} & D_{2313} & D_{2321} & D_{2322} & D_{2323} & D_{2331} & D_{2332} & D_{2333}\\ D_{3111} & D_{3112} & D_{3113} & D_{3121} & D_{3122} & D_{3123} & D_{3131} & D_{3132} & D_{3133}\\ D_{3211} & D_{3212} & D_{3213} & D_{3221} & D_{3222} & D_{3223} & D_{3231} & D_{3232} & D_{3233}\\ D_{3311} & D_{3312} & D_{3313} & D_{3321} & D_{3322} & D_{3323} & D_{3331} & D_{3332} & D_{3333}\end{array}\right]\left\{\begin{array}{c}\sigma_{11}\\ \sigma_{12}\\ \sigma_{13}\\ \sigma_{21}\\ \sigma_{22}\\ \sigma_{23}\\ \sigma_{31}\\ \sigma_{32}\\ \sigma_{33}\end{array}\right\}. \tag{3.261}$$

Infolge der zu (3.260) analogen Symmetriebeziehung $D_{ijkl} = D_{klij}$ ist die als Materialnachgiebigkeitsmatrix bezeichnete Koeffizientenmatrix in (3.261) symmetrisch. Ersetzt man in (3.261) zunächst σ_{21} durch σ_{12}, σ_{31} durch σ_{13} und σ_{32} durch σ_{23}, addiert hierauf die vierte Spalte der Materialnachgiebigkeitsmatrix zur zweiten, die siebente zur dritten und die achte zur sechsten, so ergibt sich eine Koeffizientenmatrix mit neun Zeilen und sechs Spalten und ein mit ihr postmultiplizierter Vektor mit sechs Zeilen. Addition der zweiten und vierten Zeile des entsprechenden Gleichungssystems unter Berücksichtigung von $\varepsilon_{21} = \varepsilon_{12}$, der dritten und siebenten Zeile unter Berücksichtigung von $\varepsilon_{31} = \varepsilon_{13}$ sowie der sechsten und achten Zeile unter Berücksichtigung von $\varepsilon_{32} = \varepsilon_{23}$ führt bei Beachtung der zu (3.256), (3.257) und (3.260) analogen Symmetriebeziehungen für D_{ijkl} auf folgende Beziehung:*

$$\left\{\begin{array}{c}\varepsilon_{11}\\ \varepsilon_{22}\\ \varepsilon_{33}\\ 2\varepsilon_{12}\\ 2\varepsilon_{23}\\ 2\varepsilon_{31}\end{array}\right\}=\left[\begin{array}{cccccc}D_{1111} & D_{1122} & D_{1133} & 2D_{1112} & 2D_{1123} & 2D_{1131}\\ & D_{2222} & D_{2233} & 2D_{2212} & 2D_{2223} & 2D_{2231}\\ & & D_{3333} & 2D_{3312} & 2D_{3323} & 2D_{3331}\\ & & & 4D_{1212} & 4D_{1223} & 4D_{1231}\\ & & & & 4D_{2323} & 4D_{2331}\\ \mathit{symm.} & & & & & 4D_{3131}\end{array}\right]\left\{\begin{array}{c}\sigma_{11}\\ \sigma_{22}\\ \sigma_{33}\\ \sigma_{12}\\ \sigma_{23}\\ \sigma_{31}\end{array}\right\}. \tag{3.262}$$

Die Koeffizientenmatrix in (3.262) ist symmetrisch. Der durch (3.262) beschriebene allgemeine Fall betrifft anisotrope Materialien. Ein Werkstoff ist anisotrop, wenn seine mechanischen Eigenschaften im betrachteten Punkt richtungsabhängig sind. In der von (3.262) beschriebenen allgemeinen Form anisotropen Materialverhaltens tragen auch die Schubspannungen zu den Normalverzerrungen und die Normalspannungen zu den Schubverzerrungen bei. Da die Hauptnormalspannungen auch Schubverzerrungen hervorrufen, fallen die Spannungshauptrichtungen und die Verzerrungshauptrichtungen nicht zusammen.

Ein wichtiger Sonderfall von allgemeiner Anisotropie ist die orthogonale Anisotropie. Sie wird auch als Orthotropie bezeichnet. Orthotrope Werkstoffe weisen drei zueinander orthogonale Symmetrieebenen des Materials auf. Diese repräsentieren die Hauptrichtungen des Materials. Schubspannungen, die in diesen Richtungen wirken, tragen nicht zu den Normalverzerrungen bei. Umgekehrt leisten Normalspannungen, die in diesen Richtungen wirken, keinen Beitrag zu den Schubverzerrungen. Darüber hinaus hängt eine bestimmte Schubverzerrung jeweils nur von der betreffenden Schub-

*George Green (1793–1841) wies 1837 darauf hin, dass bei Vorliegen eines Potentials in Form der Verzerrungsenergiedichte nur 21 unabhängige elastische Konstanten auftreten.

spannung ab. Es verbleiben dann neun unabhängige Komponenten des Materialnachgiebigkeitstensors. Durch entsprechende Spezialisierung von (3.262) erhält man das auf Materialhauptachsen bezogene verallgemeinerte HOOKE'sche Gesetz für orthotrope Werkstoffe zu

$$\begin{Bmatrix} \varepsilon_{11} \\ \varepsilon_{22} \\ \varepsilon_{33} \\ 2\varepsilon_{12} \\ 2\varepsilon_{23} \\ 2\varepsilon_{31} \end{Bmatrix} = \begin{bmatrix} D_{1111} & D_{1122} & D_{1133} & 0 & 0 & 0 \\ & D_{2222} & D_{2233} & 0 & 0 & 0 \\ & & D_{3333} & 0 & 0 & 0 \\ & & & 4D_{1212} & 0 & 0 \\ & & & & 4D_{2323} & 0 \\ symm. & & & & & 4D_{3131} \end{bmatrix} \begin{Bmatrix} \sigma_{11} \\ \sigma_{22} \\ \sigma_{33} \\ \sigma_{12} \\ \sigma_{23} \\ \sigma_{31} \end{Bmatrix} . \tag{3.263}$$

Wenn die Spannungshauptrichtungen mit den Materialhauptrichtungen zusammenfallen, stimmen gemäß (3.263) die Spannungshauptrichtungen mit den Verzerrungshauptrichtungen überein. Beispiele für orthotrope Materialien sind Holz und faserverstärkte Kunststoffe bei entsprechender Anordnung der Fasern.

Weist ein Werkstoff in allen Richtungen dieselben mechanischen Eigenschaften auf, dann dürfen sich die Komponenten des Materialnachgiebigkeitstensors bei einer beliebigen Drehung des rechtwinkeligen kartesischen Koordinatensystems nicht ändern. Sie müssen also bezüglich einer solchen Drehung invariant sein. Solche Werkstoffe werden als isotrop bezeichnet. Bei gleichen Materialeigenschaften in allen Richtungen gilt für die in (3.263) aufscheinenden Tensorkomponenten

$$\begin{aligned} D_{1111} &= D_{2222} = D_{3333} \ , \\ D_{1122} &= D_{2233} = D_{1133} \ , \\ D_{1212} &= D_{2323} = D_{3131} \ . \end{aligned} \tag{3.264}$$

Zur Ermittlung von D_{1111} und D_{1122} spezialisiert man (3.263) für den einaxialen Spannungszustand $\sigma_{11} \neq 0$, $\sigma_{22} = \sigma_{33} = \sigma_{12} = \sigma_{23} = \sigma_{31} = 0$ und vergleicht die auf diese Weise erhaltene Beziehung

$$\varepsilon_{11} = D_{1111}\, \sigma_{11} \tag{3.265}$$

mit (3.244) und die auf dieselbe Weise und weiters unter Berücksichtigung von (3.265) erhaltene Relation

$$\varepsilon_{22} = D_{2211}\, \sigma_{11} = \frac{D_{2211}}{D_{1111}}\, \varepsilon_{11} \tag{3.266}$$

mit (3.251). Diese Vergleiche ergeben

$$D_{1111} = \frac{1}{E} \ , \ D_{2211} = D_{1122} = -\frac{\nu}{E} \ . \tag{3.267}$$

Laut (3.264) sind damit auch die Tensorkomponenten $D_{2222}, D_{3333}, D_{2233}$ und D_{1133} bekannt.

Im Folgenden wird gezeigt, dass die noch zu bestimmende Tensorkomponente D_{1212} nur von E und ν abhängt. Zu diesem Zweck betrachtet man einen Zustand reinen Schubes. Er ist dadurch gekennzeichnet, dass nur die Spannungskomponenten σ_{12} und $\sigma_{21} = \sigma_{12}$ ungleich null sind. Ein solcher Spannungszustand ist einem durch $\sigma_1 = \sigma_{12}$ und $\sigma_2 = -\sigma_{12}$ gekennzeichneten Spannungszustand gleichwertig. Die

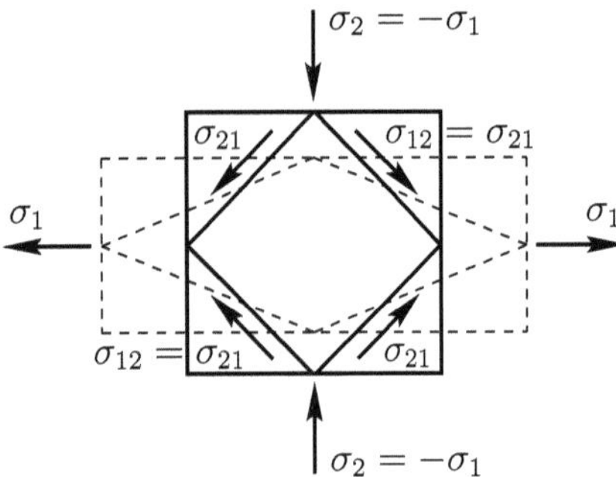

Abb. 3.30: Zustand reinen Schubes

Hauptnormalspannungen σ_1 und σ_2 wirken in Ebenen, die unter $\pm 45°$ gegen die Ebenen geneigt sind, in denen die Hauptschubspannungen wirken (Abb. 3.30). Das geht unter anderem aus dem in Abb. 3.21b dargestellten MOHR'schen Spannungskreis für reinen Schub mit $\tau_{max} \equiv \sigma_{12}$ und $\tau_{min} \equiv -\sigma_{12}$ hervor.

Die Hauptschubverzerrung ε_{12} lässt sich durch die Hauptnormalverzerrungen ε_1 und ε_2 zu

$$\varepsilon_{12} = \frac{1}{2}(\varepsilon_1 - \varepsilon_2) \tag{3.268}$$

ausdrücken. Dabei handelt es sich um eine zu (3.172) analoge Beziehung. Aus den Gleichungen (3.263) bis (3.267) erhält man die Beziehungen zwischen den Normalspannungen und den Normalverzerrungen des verallgemeinerten HOOKE'schen Gesetzes für isotrope Werkstoffe zu

$$\begin{aligned} \varepsilon_{11} &= \frac{1}{E}\sigma_{11} - \frac{\nu}{E}\sigma_{22} - \frac{\nu}{E}\sigma_{33} , \\ \varepsilon_{22} &= -\frac{\nu}{E}\sigma_{11} + \frac{1}{E}\sigma_{22} - \frac{\nu}{E}\sigma_{33} , \\ \varepsilon_{33} &= -\frac{\nu}{E}\sigma_{11} - \frac{\nu}{E}\sigma_{22} + \frac{1}{E}\sigma_{33} . \end{aligned} \tag{3.269}$$

Einsetzen von $\sigma_{11} = \sigma_1 = \sigma_{12}$, $\sigma_{22} = \sigma_2 = -\sigma_{12}$ und $\sigma_{33} = \sigma_3 = 0$ in (3.269) führt auf die Hauptnormalverzerrungen

$$\varepsilon_1 = \frac{1+\nu}{E}\sigma_{12} , \quad \varepsilon_2 = -\frac{1+\nu}{E}\sigma_{12} , \quad \varepsilon_3 = 0 . \tag{3.270}$$

Eintragen von (3.270) in (3.268) ergibt

$$\varepsilon_{12} = \frac{1+\nu}{E}\sigma_{12} . \tag{3.271}$$

Aus (3.263) entnimmt man die Beziehung

$$\varepsilon_{12} = 2D_{1212}\,\sigma_{12} . \tag{3.272}$$

Der Vergleich von (3.272) mit (3.271) ergibt

$$D_{1212} = \frac{1+\nu}{2E} . \tag{3.273}$$

Da D_{1212} nur von E und ν abhängt, ist die Anzahl der unabhängigen Komponenten von $\mathbf{D}$ bzw. $\mathbf{C}$ bei isotropen Werkstoffen gleich zwei. Drückt man in (3.271) die Schubverzerrung ε_{12} durch die Gleitung $\gamma_{12} = 2\varepsilon_{12}$ aus, so erhält man

$$\sigma_{12} = \frac{E}{2(1+\nu)}\,\gamma_{12}\,. \tag{3.274}$$

Der Proportionalitätsfaktor

$$G = \frac{E}{2\,(1+\nu)} \tag{3.275}$$

wird als Schubmodul bezeichnet. Wegen $0 \leq \nu \leq 1/2$ gilt

$$\frac{1}{3} \leq \frac{G}{E} \leq \frac{1}{2}\,. \tag{3.276}$$

Bei isotropen Werkstoffen sind die Normalspannungshauptebenen frei von Schubverzerrungen. Folglich stimmen bei solchen Materialien die Spannungshauptrichtungen mit den Verzerrungshauptrichtungen überein.

Aus (3.263) folgt das verallgemeinerte HOOKE'sche Gesetz für isotrope Werkstoffe unter Berücksichtigung von (3.264), (3.267) und (3.273) zu

$$\begin{Bmatrix} \varepsilon_{11} \\ \varepsilon_{22} \\ \varepsilon_{33} \\ 2\,\varepsilon_{12} \\ 2\,\varepsilon_{23} \\ 2\,\varepsilon_{31} \end{Bmatrix} = \begin{bmatrix} \frac{1}{E} & -\frac{\nu}{E} & -\frac{\nu}{E} & 0 & 0 & 0 \\ & \frac{1}{E} & -\frac{\nu}{E} & 0 & 0 & 0 \\ & & \frac{1}{E} & 0 & 0 & 0 \\ & & & \frac{1}{G} & 0 & 0 \\ & & & & \frac{1}{G} & 0 \\ \mathit{symm.} & & & & & \frac{1}{G} \end{bmatrix} \begin{Bmatrix} \sigma_{11} \\ \sigma_{22} \\ \sigma_{33} \\ \sigma_{12} \\ \sigma_{23} \\ \sigma_{31} \end{Bmatrix}\,. \tag{3.277}$$

Die inverse Form von (3.277) erhält man zu

$$\begin{Bmatrix} \sigma_{11} \\ \sigma_{22} \\ \sigma_{33} \\ \sigma_{12} \\ \sigma_{23} \\ \sigma_{31} \end{Bmatrix} = \frac{E(1-\nu)}{(1+\nu)(1-2\nu)} \begin{bmatrix} 1 & \frac{\nu}{1-\nu} & \frac{\nu}{1-\nu} & 0 & 0 & 0 \\ & 1 & \frac{\nu}{1-\nu} & 0 & 0 & 0 \\ & & 1 & 0 & 0 & 0 \\ & & & \frac{1-2\nu}{2(1-\nu)} & 0 & 0 \\ & & & & \frac{1-2\nu}{2(1-\nu)} & 0 \\ \mathit{symm.} & & & & & \frac{1-2\nu}{2(1-\nu)} \end{bmatrix} \begin{Bmatrix} \varepsilon_{11} \\ \varepsilon_{22} \\ \varepsilon_{33} \\ 2\varepsilon_{12} \\ 2\varepsilon_{23} \\ 2\varepsilon_{31} \end{Bmatrix}\,. \tag{3.278}$$

In Indexschreibweise können (3.277) und (3.278) zu

$$\varepsilon_{ij} = \frac{1+\nu}{E}\,\sigma_{ij} - \frac{\nu}{E}\,\delta_{ij}\,\sigma_{kk} \tag{3.279}$$

und

$$\sigma_{ij} = \frac{E}{1+\nu}\left(\varepsilon_{ij} + \frac{\nu}{1-2\nu}\,\varepsilon_{kk}\,\delta_{ij}\right) \tag{3.280}$$

angeschrieben werden.

Ein anderer Zugang zur Bestimmung des Elastizitätstensors für isotrope Werkstoffe besteht in der Suche der allgemeinen Form eines Tensors 4. Stufe, dessen Komponenten sich bei einer beliebigen Drehung des Koordinatensystems nicht ändern und darüber hinaus die Symmetriebedingungen (3.256), (3.257) und (3.260) erfüllen. Die Komponenten eines solchen Tensors 4. Stufe lauten [Malvern (1969)]:

$$C_{ijkl} = \lambda\,\delta_{ij}\,\delta_{kl} + G\,(\delta_{ik}\,\delta_{jl} + \delta_{il}\,\delta_{jk})\ . \tag{3.281}$$

Die beiden Materialkennwerte λ und G werden als LAMÉ'sche Materialparameter bezeichnet.* Der Schubmodul G wurde bereits in (3.275) definiert. Zur Bestimmung von λ spezialisiert man zunächst (3.281) etwa für $i = j = k = l = 1$. Unter Berücksichtigung von (3.275) ergibt dies

$$C_{1111} = \lambda + 2G = \lambda + \frac{E}{1+\nu}\ . \tag{3.282}$$

Durch Vergleich dieses Ausdrucks mit C_{1111} gemäß (3.278) erhält man

$$\lambda = \frac{E\,\nu}{(1+\nu)\,(1-2\nu)}\ . \tag{3.283}$$

Einsetzen von (3.281) in (3.254) ergibt unter Berücksichtigung von $\delta_{kl}\,\varepsilon_{kl} = \varepsilon_{kk} = \varepsilon^{vol}$ (siehe (3.69)) und von $\varepsilon_{ij} = \varepsilon_{ji}$

$$\sigma_{ij} = \lambda\,\varepsilon^{vol}\,\delta_{ij} + 2G\,\varepsilon_{ij}\ . \tag{3.284}$$

Bei isotropen Böden werden in der Bodenmechanik anstelle von E und ν oftmals der Schubmodul G und der Kompressionsmodul K verwendet. Zur Herleitung von K werden die ersten drei der sechs Gleichungen (3.277) oder (3.278) addiert. Unter Berücksichtigung der ersten der drei Gleichungen (3.54) bzw. (3.143) erhält man

$$I_1^\sigma = \frac{E}{1-2\nu}\,I_1^\varepsilon\ . \tag{3.285}$$

Für einen durch $\sigma_{11} = \sigma_{22} = \sigma_{33} = \sigma^m$ und $\sigma_{ij} = 0,\ i \neq j$, gekennzeichneten hydrostatischen Spannungszustand folgt aus (3.285) unter Berücksichtigung von (3.69) und (3.156)

$$\sigma^m = K\,\varepsilon^{vol} \tag{3.286}$$

mit

$$K = \frac{E}{3\,(1-2\nu)}\ . \tag{3.287}$$

Der Kompressionsmodul verknüpft also die volumetrische Verzerrung mit dem hydrostatischen Anteil des Spannungszustandes. Aus (3.252) ist ersichtlich, dass bei einer

*GABRIEL LAMÉ (1795–1870) zeigte in einem 1852 erschienenen Buch, dass zwei Materialkennwerte notwendig sind, um das elastische Verhalten isotroper Körper zu beschreiben.

Querdehnungszahl von 1/2 keine Volumenänderung auftritt, also $\varepsilon^{vol} = 0$ gilt. Einsetzen von $\nu = 1/2$ in (3.287) ergibt $K = \infty$. Die rechte Seite von (3.286) ist deshalb in diesem Fall ein unbestimmter Ausdruck. Ein Werkstoff mit $\nu = 1/2$ verhält sich unter einer hydrostatischen Beanspruchung wie ein starrer Körper, nämlich inkompressibel.

Die Zerlegung des Verzerrungstensors in einen volumetrischen und einen deviatorischen Anteil ergibt gemäß (3.72)

$$\varepsilon_{ij} = \varepsilon^m \, \delta_{ij} + e_{ij} \; . \tag{3.288}$$

Einsetzen von (3.288) und (3.281) in (3.254) führt unter Berücksichtigung von $\delta_{ik}\,\delta_{kl} = \delta_{il}$ und $\delta_{kl}\,\delta_{kl} = \delta_{kk} = 3$ sowie von $e_{ij} = e_{ji}$, $\delta_{kl}\,e_{kl} = e_{kk} = e_{11}{+}e_{22}{+}e_{33} = 0$, $\varepsilon^{vol} = 3\varepsilon^m$ und von

$$K = \lambda + \frac{2}{3} G \tag{3.289}$$

auf

$$\begin{aligned}
\sigma_{ij} &= [\lambda\, \delta_{ij}\, \delta_{kl} + G\,(\delta_{ik}\, \delta_{jl} + \delta_{il}\, \delta_{jk})]\,(\varepsilon^m\, \delta_{kl} + e_{kl}) = \\
&= \lambda\, \varepsilon^m\, \delta_{ij}\, \delta_{kk} + 2G\, \delta_{ik}\, \delta_{jk}\, \varepsilon^m + \lambda\, e_{kk}\, \delta_{ij} + G\,(e_{ij} + e_{ji}) = \\
&= \lambda\, 3\varepsilon^m\, \delta_{ij} + 2G\, \delta_{ij}\, \varepsilon^m + 2G\, e_{ij} = \\
&= K\, \varepsilon^{vol}\, \delta_{ij} + 2G\, e_{ij} \; .
\end{aligned} \tag{3.290}$$

Bei Beachtung von (3.286) ergibt der Vergleich von (3.290) mit (3.155)

$$\varepsilon^{vol} = \frac{\sigma^m}{K} \, , \quad e_{ij} = \frac{s_{ij}}{2G} \; . \tag{3.291}$$

Bei einem isotropen Material bewirkt ein hydrostatischer Spannungszustand einen volumetrischen Verzerrungszustand und ein deviatorischer Spannungszustand einen deviatorischen Verzerrungszustand.

Tabelle 3.2 enthält eine Zusammenstellung von Beziehungen zwischen elastischen Werkstoffkennwerten. Jede Spalte der Tabelle ist durch ein bestimmtes Paar unabhängiger Materialparameter gekennzeichnet.

Das verallgemeinerte HOOKE'sche Gesetz (3.277) für isotrope Werkstoffe kann auf anschauliche Weise zu einem konstitutiven Gesetz für orthotrope Werkstoffe erweitert werden. Die grundsätzliche Struktur eines solchen Werkstoffgesetzes wurde bereits in (3.263) angegeben. Sie ist durch neun unabhängige Komponenten des Materialnachgiebigkeitstensors gekennzeichnet. Ihnen entsprechen neun unabhängige Werkstoffparameter. Als solche können die drei Elastizitätsmoduln E_1, E_2, E_3, die drei Querdehnungszahlen ν_{12}, ν_{23}, ν_{31} und die drei Schubmoduln G_{12}, G_{23}, G_{31} gewählt werden. Alle neun Materialkennwerte sind auf die Hauptrichtungen des orthotropen Materials bezogen. Das für diese Richtungen formulierte verallgemeinerte HOOKE'sche Gesetz

Tabelle 3.2: Beziehungen zwischen elastischen Werkstoffparametern

	λ, G	K, G	G, ν	E, ν	E, G
$\lambda =$	λ	$K - \frac{2}{3}G$	$\frac{2G\nu}{1-2\nu}$	$\frac{\nu E}{(1+\nu)(1-2\nu)}$	$\frac{G(E-2G)}{3G-E}$
$G =$	G	G	G	$\frac{E}{2(1+\nu)}$	G
$K =$	$\lambda + \frac{2}{3}G$	K	$\frac{2G(1+\nu)}{3(1-2\nu)}$	$\frac{E}{3(1-2\nu)}$	$\frac{EG}{3(3G-E)}$
$E =$	$\frac{G(3\lambda+2G)}{\lambda+G}$	$\frac{9KG}{3K+G}$	$2G(1+\nu)$	E	E
$\nu =$	$\frac{\lambda}{2(\lambda+G)}$	$\frac{3K-2G}{6K+2G}$	ν	ν	$\frac{E}{2G} - 1$

lautet:

$$\begin{Bmatrix} \varepsilon_{11} \\ \varepsilon_{22} \\ \varepsilon_{33} \\ 2\varepsilon_{12} \\ 2\varepsilon_{23} \\ 2\varepsilon_{31} \end{Bmatrix} = \begin{bmatrix} \frac{1}{E_1} & -\frac{\nu_{12}}{E_2} & -\frac{\nu_{13}}{E_3} & 0 & 0 & 0 \\ -\frac{\nu_{21}}{E_1} & \frac{1}{E_2} & -\frac{\nu_{23}}{E_3} & 0 & 0 & 0 \\ -\frac{\nu_{31}}{E_1} & -\frac{\nu_{32}}{E_2} & \frac{1}{E_3} & 0 & 0 & 0 \\ 0 & 0 & 0 & \frac{1}{G_{12}} & 0 & 0 \\ 0 & 0 & 0 & 0 & \frac{1}{G_{23}} & 0 \\ 0 & 0 & 0 & 0 & 0 & \frac{1}{G_{31}} \end{bmatrix} \begin{Bmatrix} \sigma_{11} \\ \sigma_{22} \\ \sigma_{33} \\ \sigma_{12} \\ \sigma_{23} \\ \sigma_{31} \end{Bmatrix} . \tag{3.292}$$

Zwar enthält es sechs Querdehnungszahlen, da jedoch die Symmetrie des Materialnachgiebigkeitstensors

$$\frac{\nu_{12}}{E_2} = \frac{\nu_{21}}{E_1}, \quad \frac{\nu_{31}}{E_1} = \frac{\nu_{13}}{E_3}, \quad \frac{\nu_{23}}{E_3} = \frac{\nu_{32}}{E_2} \tag{3.293}$$

verlangt, verbleiben nur drei unabhängige Querdehnungszahlen. Die erste Spalte der Materialnachgiebigkeitsmatrix in (3.292) folgt aus einem einaxialen Zugversuch, bei dem die Zugkraft längs der x_1-Achse des parallel zu den Materialhauptrichtungen orientierten Koordinatensystems wirkt. Analoges gilt für die zweite und die dritte Spalte dieser Matrix.

Weist ein Werkstoff zwar in allen Richtungen einer Ebene die gleichen Eigenschaften, in der zu dieser Ebene normalen Richtung jedoch andere Eigenschaften auf, dann spricht man von einem transversal isotropen Material. In diesem Fall ist die Anzahl unabhängiger Werkstoffkennwerte gleich fünf. Das entsprechende verallgemeinerte HOOKE'sche Gesetz für transversal isotrope Werkstoffe ergibt sich durch Spezialisierung des konstitutiven Gesetzes für orthotrope Werkstoffe. Unter der Annahme, dass die Ebene isotropen Materialverhaltens mit der durch die Materialhauptachsen x_1 und x_2 eines orthotropen Werkstoffs gebildeten Ebene zusammenfällt, erhält man das verallgemeinerte HOOKE'sche Gesetz für transversal isotrope Werkstoffe durch Berücksichtigung von

$$E_1 = E_2, \ G_{12} = \frac{E_1}{2(1+\nu_{12})}, \ G_{23} = G_{31}, \ \nu_{13} = \nu_{23} \tag{3.294}$$

in (3.292). Als Beispiel für transversale isotrope Materialien seien Böden angeführt. Ihr Materialverhalten in Ebenen normal zur Richtung der Schwerkraft ist in vielen Fällen näherungsweise isotrop. Infolge der Auflast des darüberliegenden Bodens unterscheidet es sich jedoch vom Materialverhalten in Richtung der Schwerkraft.

3.3.7 Verallgemeinertes HOOKE'sches Gesetz bei Berücksichtigung von Wärmedehnungen

Wenn ein Körper eine Temperaturänderung erfährt, trachtet er, sein Volumen zu verändern. Falls die Temperaturänderung gleichförmig ist und die Volumenänderung nicht durch die Lagerung des Körpers behindert wird, bleibt ein ursprünglich im spannungsfreien Referenzzustand befindlicher Körper spannungsfrei. Dabei wird von den sehr kleinen Spannungen abgesehen, die von der Verknüpfung der Temperaturänderung mit Beschleunigungen herrühren [Parkus (1966)]. Die Spannungen, die bei einer ungleichförmigen Temperaturänderung entstehen, ermöglichen die Zusammenfügung der Volumenelemente des Körpers zu einem Kontinuum. Spannungen treten ferner auf, wenn die vom Körper bei einer Temperaturänderung angestrebte Volumenänderung durch seine Lagerung behindert wird.

Wenn eine Temperaturänderung vorliegt, erhält man die Verzerrungen eines durch äußere Kräfte belasteten Körpers als Summe der von den Spannungen bewirkten Verzerrungen und der Wärmedehnungen. An die Stelle von (3.235) tritt dann

$$\varepsilon_{ij} = D_{ijkl}\,\sigma_{kl} + \alpha_{ij}\,(T - T_0) \tag{3.295}$$

mit α_{ij} als Wärmeausdehnungskoeffizienten und $T - T_0$ als Temperaturänderung, wobei T die aktuelle Temperatur und T_0 eine Referenztemperatur bezeichnet. Bei α_{ij} handelt es sich um eine Komponente eines mit $\boldsymbol{\alpha}$ bezeichneten symmetrischen Tensors 2. Stufe. In der linearen Elastizitätstheorie wird angenommen, dass dieser Tensor nicht von den Verzerrungen und der Materialnachgiebigkeitstensor $\mathbf{D}$ nicht von der Temperaturänderung abhängt [Malvern (1969)].

Bei orthotropen Werkstoffen genügt die Kenntnis der Wärmeausdehnungskoeffizienten in den drei Hauptrichtungen des Materials. Für diese Richtungen gilt $\alpha_{ij} = 0$, $i \neq j$. Isotrope Werkstoffe sind durch

$$\alpha_{ij} = \alpha_T\,\delta_{ij} \tag{3.296}$$

gekennzeichnet. Tabelle 3.3 enthält eine Zusammenstellung von Werten für α_T.

Tabelle 3.3: Werte von α_T für einige Baustoffe

	Beton	Stahl	Aluminium
α_T [1/K]	$\approx 1{,}0 \cdot 10^{-5}$	$\approx 1{,}2 \cdot 10^{-5}$	$\approx 2{,}4 \cdot 10^{-5}$

Die Berücksichtigung von Wärmedehnungen im verallgemeinerten HOOKE'schen Gesetz für isotrope Materialien (3.277) führt auf

$$\begin{Bmatrix} \varepsilon_{11} \\ \varepsilon_{22} \\ \varepsilon_{33} \\ 2\varepsilon_{12} \\ 2\varepsilon_{23} \\ 2\varepsilon_{31} \end{Bmatrix} = \begin{bmatrix} \frac{1}{E} & -\frac{\nu}{E} & -\frac{\nu}{E} & 0 & 0 & 0 \\ & \frac{1}{E} & -\frac{\nu}{E} & 0 & 0 & 0 \\ & & \frac{1}{E} & 0 & 0 & 0 \\ & & & \frac{1}{G} & 0 & 0 \\ & & & & \frac{1}{G} & 0 \\ symm. & & & & & \frac{1}{G} \end{bmatrix} \begin{Bmatrix} \sigma_{11} \\ \sigma_{22} \\ \sigma_{33} \\ \sigma_{12} \\ \sigma_{23} \\ \sigma_{31} \end{Bmatrix} + \begin{Bmatrix} 1 \\ 1 \\ 1 \\ 0 \\ 0 \\ 0 \end{Bmatrix} \alpha_T (T - T_0) \,. \tag{3.297}$$

In Indexschreibweise kann (3.297) unter Berücksichtigung von (3.277) und (3.279) zu

$$\varepsilon_{ij} = \frac{1+\nu}{E}\sigma_{ij} - \frac{\nu}{E}\sigma_{kk}\,\delta_{ij} + \alpha_T\,(T - T_0)\,\delta_{ij} \tag{3.298}$$

angeschrieben werden. Die zu (3.297) inverse Form des verallgemeinerten HOOKE'schen Gesetzes unter Berücksichtigung von Wärmedehnungen erhält man durch Ersetzen von ε_{11}, ε_{22}, ε_{33} in (3.278) durch $\varepsilon_{11} - \alpha_T(T - T_0), \varepsilon_{22} - \alpha_T(T - T_0)$, $\varepsilon_{33} - \alpha_T(T - T_0)$:

$$\begin{Bmatrix} \sigma_{11} \\ \sigma_{22} \\ \sigma_{33} \\ \sigma_{12} \\ \sigma_{23} \\ \sigma_{31} \end{Bmatrix} = \frac{E(1-\nu)}{(1+\nu)(1-2\nu)} \begin{bmatrix} 1 & \frac{\nu}{1-\nu} & \frac{\nu}{1-\nu} & 0 & 0 & 0 \\ & 1 & \frac{\nu}{1-\nu} & 0 & 0 & 0 \\ & & 1 & 0 & 0 & 0 \\ & & & \frac{1-2\nu}{2(1-\nu)} & 0 & 0 \\ & & & & \frac{1-2\nu}{2(1-\nu)} & 0 \\ symm. & & & & & \frac{1-2\nu}{2(1-\nu)} \end{bmatrix} \begin{Bmatrix} \varepsilon_{11} - \alpha_T\,(T - T_0) \\ \varepsilon_{22} - \alpha_T\,(T - T_0) \\ \varepsilon_{33} - \alpha_T\,(T - T_0) \\ 2\varepsilon_{12} \\ 2\varepsilon_{23} \\ 2\varepsilon_{31} \end{Bmatrix} . \tag{3.299}$$

Wenn der Körper daran gehindert wird, sich zu verformen, gilt $\varepsilon_{ij} = 0$. Die Komponenten des Vektors auf der rechten Seite von (3.299) degenerieren dann zu $-\alpha_T(T - T_0)\,\delta_{ij}$. Bei einer Temperaturänderung entstehen also Spannungen. Die zu (3.298) inverse Form des verallgemeinerten HOOKE'schen Gesetzes ergibt sich dadurch, dass man in

(3.280) ε_{ij} durch $\varepsilon_{ij} - \alpha_T\,(T - T_0)\delta_{ij}$ und ε_{kk} durch die daraus für $i = k$, $j = k$ folgende Relation $\varepsilon_{kk} - 3\alpha_T\,(T - T_0)$ ersetzt. Auf diese Weise erhält man

$$\sigma_{ij} = \frac{E}{1+\nu}\left(\varepsilon_{ij} + \frac{\nu}{1-2\nu}\varepsilon_{kk}\,\delta_{ij}\right) - \frac{E}{1-2\nu}\alpha_T\,(T - T_0)\,\delta_{ij}\ . \tag{3.300}$$

Bei der Ermittlung der Temperaturänderung als Funktion des Ortes und der Zeit darf der von der Verformung des Körpers herrührende Anteil im Allgemeinen vernachlässigt werden. Diese Vernachlässigung führt zur Entkopplung des thermischen und des mechanischen Problems. Das Temperaturfeld kann in diesem Fall vor der Festigkeitsberechnung durch Lösung der Wärmeleitgleichung bestimmt werden. Für die Festigkeitsberechnung stellt $T - T_0$ dann eine bekannte Funktion des Ortes und der Zeit dar.

Für den Sonderfall eines Körpers aus thermisch isotropem Material lautet die zur Berechnung von T dienende FOURIER'sche Differentialgleichung der Wärmeleitung [Ziegler (1998)]:

$$\Delta T = \frac{1}{a}\frac{\partial T}{\partial t}\ . \tag{3.301}$$

Dabei wird vorausgesetzt, dass im Körperinneren keine Wärmequellen bzw. -senken vorhanden sind. $T = T(\mathbf{x}, t)$ ist die absolute Temperatur in dem durch den Ortsvektor $\mathbf{x}$ festgelegten Punkt zum Zeitpunkt t,

$$\Delta = \frac{\partial^2}{\partial x_1^2} + \frac{\partial^2}{\partial x_2^2} + \frac{\partial^2}{\partial x_3^2} \tag{3.302}$$

der LAPLACE-Operator in kartesischen Koordinaten und

$$a = \frac{\lambda}{\rho\, c} \tag{3.303}$$

die Temperaturleitzahl. Ihre Einheit ist $[\mathrm{m}^2/\mathrm{s}]$. λ ist die Wärmeleitzahl (Einheit: $[\mathrm{W}/(\mathrm{m\,K})]$), c die spezifische Wärmekapazität (Einheit: $[\mathrm{Ws}/(\mathrm{kg\,K})]$) und ρ die Dichte des Werkstoffs.

3.3.8 Verallgemeinertes HOOKE'sches Gesetz für den ebenen Spannungszustand

Für den Sonderfall eines durch $\sigma_{33} = \sigma_{31} = \sigma_{23} = 0$ gekennzeichneten ebenen Spannungszustandes parallel zur x_1x_2-Ebene erhält man das verallgemeinerte HOOKE'sche Gesetz für einen isotropen Werkstoff durch entsprechende Spezialisierung von (3.297) zu

$$\begin{Bmatrix} \varepsilon_{11} \\ \varepsilon_{22} \\ 2\varepsilon_{12} \end{Bmatrix} = \begin{bmatrix} \frac{1}{E} & -\frac{\nu}{E} & 0 \\ & \frac{1}{E} & 0 \\ symm. & & \frac{1}{G} \end{bmatrix} \begin{Bmatrix} \sigma_{11} \\ \sigma_{22} \\ \sigma_{12} \end{Bmatrix} + \begin{Bmatrix} 1 \\ 1 \\ 0 \end{Bmatrix} \alpha_T\,(T - T_0) \tag{3.304}$$

und

$$\varepsilon_{33} = -\frac{\nu}{E}\,(\sigma_{11} + \sigma_{22}) + \alpha_T\,(T - T_0)\ . \tag{3.305}$$

(3.305) verdeutlicht, dass dem ebenen Spannungszustand ein räumlicher Verzerrungszustand entspricht. Die inverse Form von (3.304) lautet:

$$\begin{Bmatrix} \sigma_{11} \\ \sigma_{22} \\ \sigma_{12} \end{Bmatrix} = \frac{E}{1-\nu^2} \begin{bmatrix} 1 & \nu & 0 \\ & 1 & 0 \\ symm. & & \dfrac{1-\nu}{2} \end{bmatrix} \begin{Bmatrix} \varepsilon_{11} - \alpha_T (T - T_0) \\ \varepsilon_{22} - \alpha_T (T - T_0) \\ 2\varepsilon_{12} \end{Bmatrix} . \tag{3.306}$$

3.3.9 Verallgemeinertes HOOKE'sches Gesetz für den ebenen Verzerrungszustand

Für den Sonderfall eines durch $\varepsilon_{33} = \varepsilon_{31} = \varepsilon_{32} = 0$ gekennzeichneten ebenen Verzerrungszustandes parallel zur x_1x_2-Ebene erhält man für einen isotropen Werkstoff durch Spezialisierung der dritten Zeile von (3.297) für $\varepsilon_{33} = 0$ die Beziehung

$$\sigma_{33} = \nu (\sigma_{11} + \sigma_{22}) - E\,\alpha_T (T - T_0) . \tag{3.307}$$

Berücksichtigung von (3.307) in den konstitutiven Gleichungen für ε_{11} und ε_{22} in (3.297) führt auf

$$\begin{Bmatrix} \varepsilon_{11} \\ \varepsilon_{22} \\ 2\varepsilon_{12} \end{Bmatrix} = \frac{1-\nu^2}{E} \begin{bmatrix} 1 & -\dfrac{\nu}{1-\nu} & 0 \\ & 1 & 0 \\ symm. & & \dfrac{2}{1-\nu} \end{bmatrix} \begin{Bmatrix} \sigma_{11} \\ \sigma_{22} \\ \sigma_{12} \end{Bmatrix} + \begin{Bmatrix} 1 \\ 1 \\ 0 \end{Bmatrix} (1+\nu)\,\alpha_T (T-T_0) . \tag{3.308}$$

Die inverse Form von (3.308) erhält man zu

$$\begin{Bmatrix} \sigma_{11} \\ \sigma_{22} \\ \sigma_{12} \end{Bmatrix} = \frac{E(1-\nu)}{(1+\nu)(1-2\nu)} \begin{bmatrix} 1 & \dfrac{\nu}{1-\nu} & 0 \\ & 1 & 0 \\ symm. & & \dfrac{1-2\nu}{2(1-\nu)} \end{bmatrix} \begin{Bmatrix} \varepsilon_{11} - (1+\nu)\,\alpha_T (T - T_0) \\ \varepsilon_{22} - (1+\nu)\,\alpha_T (T - T_0) \\ 2\varepsilon_{12} \end{Bmatrix} . \tag{3.309}$$

Einsetzen von σ_{11} und σ_{22} gemäß (3.309) in (3.307) ergibt

$$\sigma_{33} = \frac{E\,\nu}{(1+\nu)\,(1-2\nu)} (\varepsilon_{11} + \varepsilon_{22}) - \frac{E}{1-2\nu}\,\alpha_T (T - T_0) . \tag{3.310}$$

(3.310) verdeutlicht, dass dem ebenen Verzerrungszustand ein räumlicher Spannungszustand entspricht.

3.3.10 Verallgemeinertes HOOKE'sches Gesetz für Rotationssymmetrie

Im Falle von Rotationssymmetrie erhält man das verallgemeinerte HOOKE'sche Gesetz für einen isotropen Werkstoff wie folgt: man ersetzt zuerst die Indizes 1, 2, 3 in den Gleichungen (3.297) bzw. (3.299) durch r, ϑ, z und streicht dann die Zeilen mit $2\varepsilon_{r\vartheta}$ und $2\varepsilon_{\vartheta z}$ bzw. $\sigma_{r\vartheta}$ und $\sigma_{\vartheta z}$ sowie die entsprechenden Matrixspalten. Auf diese

Weise erhält man

$$\begin{Bmatrix} \varepsilon_{rr} \\ \varepsilon_{\vartheta\vartheta} \\ \varepsilon_{zz} \\ 2\varepsilon_{zr} \end{Bmatrix} = \begin{bmatrix} \frac{1}{E} & -\frac{\nu}{E} & -\frac{\nu}{E} & 0 \\ & \frac{1}{E} & -\frac{\nu}{E} & 0 \\ & & \frac{1}{E} & 0 \\ symm. & & & \frac{1}{G} \end{bmatrix} \begin{Bmatrix} \sigma_{rr} \\ \sigma_{\vartheta\vartheta} \\ \sigma_{zz} \\ \sigma_{zr} \end{Bmatrix} + \begin{Bmatrix} 1 \\ 1 \\ 1 \\ 0 \end{Bmatrix} \alpha_T(T - T_0) \tag{3.311}$$

bzw.

$$\begin{Bmatrix} \sigma_{rr} \\ \sigma_{\vartheta\vartheta} \\ \sigma_{zz} \\ \sigma_{zr} \end{Bmatrix} = \frac{E(1-\nu)}{(1+\nu)(1-2\nu)} \begin{bmatrix} 1 & \frac{\nu}{1-\nu} & \frac{\nu}{1-\nu} & 0 \\ & 1 & \frac{\nu}{1-\nu} & 0 \\ & & 1 & 0 \\ symm. & & & \frac{1-2\nu}{2(1-\nu)} \end{bmatrix} \begin{Bmatrix} \varepsilon_{rr} - \alpha_T\,(T - T_0) \\ \varepsilon_{\vartheta\vartheta} - \alpha_T\,(T - T_0) \\ \varepsilon_{zz} - \alpha_T\,(T - T_0) \\ 2\varepsilon_{zr} \end{Bmatrix} . \tag{3.312}$$

3.4 Zusammenfassung der grundlegenden Gleichungen

Zur Ermittlung der

- 3 Verschiebungskomponenten,
- 6 Verzerrungskomponenten und
- 6 Spannungskomponenten

für einen beliebigen Punkt eines elastischen Körpers, also von 15 Unbekannten, stehen 15 Feldgleichungen zur Verfügung. Dabei handelt es sich um 6 kinematische, 3 kinetische und 6 konstitutive Beziehungen. Bei Gültigkeit der Voraussetzungen der linearen Elastizitätstheorie (siehe Abschnitt 3.1.2) sind das

- die linearen kinematischen Beziehungen (3.32):

$$\varepsilon_{ij} = \frac{1}{2}\left(u_{i,j} + u_{j,i}\right) , \tag{3.313}$$

- die kinetischen Beziehungen (3.119):

$$\sigma_{ji,j} + f_i = \rho b_i \tag{3.314}$$

- und lineare konstitutive Beziehungen, wie sie etwa als verallgemeinertes HOOKE'sches Gesetz aus (3.295) unter Berücksichtigung von (3.253) folgen:

$$\sigma_{ij} = C_{ijkl}\left[\varepsilon_{kl} - \alpha_{kl}\,(T - T_0)\right] . \tag{3.315}$$

Bei vielen bedeutenden technischen Anwendungen der Festigkeitslehre treffen die Voraussetzungen der linearen Elastizitätstheorie in guter Näherung zu.

Wenn zwar die linearen kinematischen Beziehungen (3.313) gelten, nicht aber lineare konstitutive Relationen, spricht man von materieller Nichtlinearität als spezieller Form von Nichtlinearität. Die Nichtlinearität konstitutiver Beziehungen kann sich beispielsweise in der Abhängigkeit der Tensorkomponenten C_{ijkl} in (3.315) von ε_{kl} und σ_{ij} äußern. Ein Anwendungsgebiet der materiell nichtlinearen Elastizitätstheorie ist die statische Berechnung von Scheiben aus Beton unter monoton wachsender Belastung. Die Verschiebungen und Verschiebungsableitungen solcher Tragwerke sind auch bei relativ großer Belastung in der Regel sehr klein. Der Zusammenhang zwischen den Verzerrungen und den Spannungen kann jedoch auch bei sehr kleinen Verzerrungen ausgeprägt nichtlinear sein.

An die Stelle von (3.313) und (3.314) treten bei großen Verschiebungen und Verschiebungsableitungen bei LAGRANGE'scher Beschreibungsweise

- die nichtlinearen kinematischen Beziehungen (3.14):

$$E_{ij} = \frac{1}{2}\left[\frac{\partial u_i}{\partial X_j} + \frac{\partial u_j}{\partial X_i} + \frac{\partial u_k}{\partial X_i}\frac{\partial u_k}{\partial X_j}\right] \tag{3.316}$$

- und die kinetischen Beziehungen (3.229):

$$\frac{\partial}{\partial X_j}\left[\left(\delta_{ik} + \frac{\partial u_i}{\partial X_k}\right) S_{jk}\right] + \rho_0\, f^*_{0_i} = 0\,. \tag{3.317}$$

Wenn bei Gültigkeit von (3.316) lineare konstitutive Beziehungen verwendet werden dürfen, spricht man von geometrischer Nichtlinearität als spezieller Form von Nichtlinearität. Bei kleinen Verzerrungen erhält man diese linearen Werkstoffgleichungen durch Ersetzen von ε_{kl} und σ_{ij} in den bei kleinen Verschiebungen und Verschiebungsableitungen geltenden linearen Materialgleichungen durch E_{kl} und S_{ij}. Wenn es sich bei diesen Materialgleichungen um das verallgemeinerte HOOKE'sche Gesetz (3.315) handelt, treten an seine Stelle somit folgende

- lineare konstitutive Beziehungen:

$$S_{ij} = C_{ijkl}\left[E_{kl} - \alpha_{kl}\,(T - T_0)\right]\,. \tag{3.318}$$

Ein Anwendungsgebiet der geometrisch nichtlinearen Elastizitätstheorie bei kleinen Verzerrungen ist die Ermittlung von Stabilitätsgrenzen dünnwandiger Baukonstruktionen.

Analog geht man im Fall großer Verschiebungen und Verschiebungsableitungen aber kleiner Verzerrungen vor, wenn nichtlineare konstitutive Beziehungen erforderlich sind. Die Nichtlinearität der Werkstoffgleichungen kann sich dann beispielsweise in der Abhängigkeit der Tensorkomponenten C_{ijkl} in (3.318) von E_{kl} und S_{ij} äußern. Eine solche Situation kann bei dünnwandigen Strukturen aus Werkstoffen auftreten, die sich bereits bei kleinen Verzerrungen ausgeprägt nichtlinear verhalten.

Die kinematischen Beziehungen (3.316) und die kinetischen Relationen (3.317) sind nicht auf den Sonderfall großer Verschiebungen und Verschiebungsableitungen bei kleinen Verzerrungen beschränkt. Auf diesen Sonderfall beschränkt sind hingegen konstitutive Beziehungen, die auf dieselbe Weise erhalten werden wie die Materialgleichungen (3.318) aus den Werkstoffgleichungen (3.315).

Für große Verzerrungen gültige konstitutive Beziehungen

$$S_{ij} = \mathcal{H}(E_{kl}, T - T_0) \tag{3.319}$$

beruhen in der Regel auf Messdaten, die auf die Referenzkonfiguration bezogen sind. Indirekt lassen sich solche konstitutive Relationen gegebenenfalls aus geeigneten konstitutiven Beziehungen für die Momentankonfiguration ermitteln. Dabei werden die auf die infinitesimalen Volumenelemente des verformten Körpers bezogenen Verzerrungs- und Spannungskomponenten durch die Komponenten des GREEN'schen Verzerrungstensors bzw. des zweiten PIOLA-KIRCHHOFF'schen Spannungstensors ausgedrückt. Darauf wird im Abschnitt 4.2.3 eingegangen. Große Verzerrungen ohne signifikante anelastische Anteile sind bei gummiartigen Werkstoffen möglich.

Die jeweils 15 Unbekannten in dem betrachteten Punkt sind im Allgemeinen zeitabhängig. Zusätzlich zu den 15 Feldgleichungen sind Anfangs- und Randbedingungen zu erfüllen. Mit Hilfe der Anfangsbedingungen werden Lage und Geschwindigkeit des Körpers zum Zeitpunkt $t = 0$ spezifiziert. Die Randbedingungen stellen in der Regel Angaben für die Komponenten von Verschiebungen (geometrische oder kinematische Randbedingungen) oder Oberflächenkräften (dynamische bzw. statische Randbedingungen) in den Randpunkten des Körpers dar. Im Allgemeinen sind sie zeitabhängig. Als Randbedingungen können aber auch Beziehungen zwischen unbekannten Verschiebungskomponenten bzw. zwischen unbekannten Komponenten der Verschiebungen und der Oberflächenkräfte in den Randpunkten des Körpers formuliert werden. In der linearen Elastizitätstheorie muss es sich dabei um lineare Beziehungen handeln. Als erstes Beispiel sei ein Randpunkt angeführt, der durch ein verschiebliches Auflager mit zu den Koordinatenachsen geneigter Bewegungsrichtung gestützt wird (Abb. 3.31a). Das zweite Beispiel betrifft einen Randpunkt, der durch eine elastische Feder gestützt wird (Abb. 3.31b). Für den Randpunkt in Abb. 3.31a besteht ein Zusammenhang zwischen den Verschiebungskomponenten in den Richtungen der Koordinatenachsen. Er folgt aus der Bedingung des Verschwindens der Verschiebung in der zur Bewegungsrichtung des Lagers normalen Richtung. Für den Randpunkt in Abb. 3.31b existiert ein Zusammenhang zwischen der Verschiebungs- und der Kraftkomponente in Richtung der Feder. In der betreffenden Beziehung scheint die Federsteifigkeit auf.

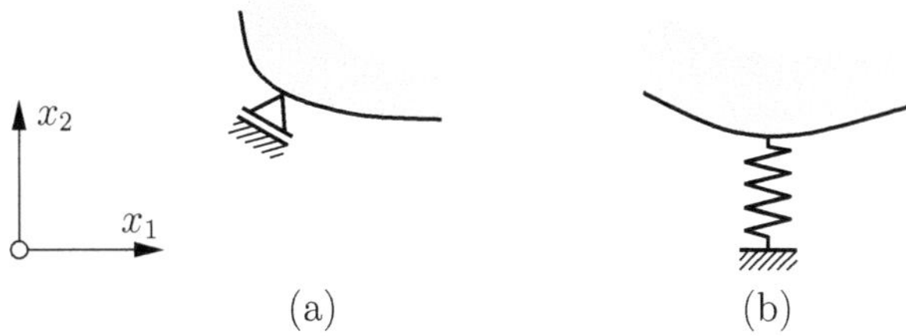

Abb. 3.31: Beispiele für kompliziertere Randbedingungen: (a) verschiebliches Auflager mit zu den Koordinatenachsen geneigter Bewegungsrichtung, (b) elastische Feder

Somit ist in jedem Punkt des Körperrandes in jeder der drei Richtungen der Koordinatenachsen entweder die Verschiebungs- oder die Oberflächenkraftkomponente oder aber ein Zusammenhang zwischen Verschiebungskomponenten bzw. zwischen Verschiebungs- und entsprechenden Oberflächenkraftkomponenten zu jedem Zeitpunkt gegeben.

Für elastostatische Probleme gilt $b_i = 0$. Aus den Bewegungsgleichungen (3.314) werden die Gleichgewichtsbedingungen

$$\sigma_{ji,j} + f_i = 0 \tag{3.320}$$

und aus den Bewegungsgleichungen (3.317) unter Berücksichtigung von (3.217) die Gleichgewichtsbedingungen

$$\frac{\partial}{\partial X_j}\left[\left(\delta_{ik} + \frac{\partial u_i}{\partial X_k}\right) S_{jk}\right] + f_{0_i} = 0\,. \tag{3.321}$$

In diesem Fall wird das kombinierte Rand- und Anfangswertproblem der Elastizitätstheorie zu einem Randwertproblem.

Randwertaufgaben der Elastizitätstheorie werden in folgende drei Kategorien unterteilt:

1. Wenn in jedem Punkt des Randes die Verschiebung vorgegeben ist, spricht man von der ersten Randwertaufgabe der Elastizitätstheorie.

2. Wenn in jedem Punkt des Randes die Oberflächenkraft vorgegeben ist, spricht man von der zweiten Randwertaufgabe der Elastizitätstheorie.

3. In allen anderen Fällen liegt eine gemischte Randwertaufgabe der Elastizitätstheorie vor. Der Einfachheit halber bezeichnet man vielfach S^u als jenen Teil des Körperrandes, auf dem Randbedingungen in den Verschiebungen vorgegeben und S^t als den Teil, auf dem Randbedingungen in den Oberflächenkräften spezifiziert sind. Diese vereinfachte Bezeichnungsweise schließt jedoch die Möglichkeit verschiedener Arten von Randbedingungen in den einzelnen Koordinatenrichtungen in einem bestimmten Randpunkt mit ein.

Die lineare Elastizitätstheorie setzt voraus, dass die Verschiebungen klein gegenüber den Abmessungen des betrachteten Körpers sind. Ferner verlangt diese Theorie, dass die Verschiebungsableitungen klein gegenüber eins sind. Die erste Voraussetzung erlaubt es, die Randbedingungen näherungsweise am unverformten anstatt am verformten Körper anzusetzen. Die zweite Voraussetzung gestattet es, die Spannungen näherungsweise auf den unverformten Körper zu beziehen (siehe Gleichung (3.213)) und die linearisierten kinematischen Beziehungen (3.313) zu verwenden. Schließlich fordert die lineare Elastizitätstheorie die Linearität der konstitutiven Gleichungen, wie sie beim verallgemeinerten HOOKE'schen Gesetz (3.315) gegeben ist.

Die Linearität der grundlegenden Gleichungen dieses Sonderfalles der Elastizitätstheorie erlaubt bei Berücksichtigung mehrerer Lastfälle die Bestimmung der Lösung für die Gesamtheit aller Lastfälle durch Addition der für die einzelnen Lastfälle ermittelten Lösungen. Diese Vorgangsweise wird als Superpositionsprinzip bezeichnet. Ist die Lösung $\mathbf{u}^{(1)}$, $\boldsymbol{\varepsilon}^{(1)}$ und $\boldsymbol{\sigma}^{(1)}$ für den Lastfall 1 und die Lösung $\mathbf{u}^{(2)}$, $\boldsymbol{\varepsilon}^{(2)}$ und $\boldsymbol{\sigma}^{(2)}$ für den Lastfall 2 bekannt, dann darf im Rahmen der linearen Elastizitätstheorie infolge der Gültigkeit dieses Prinzips die Lösung für die aus beiden Lastfällen bestehende gesamte Belastung durch Addition der Lösungen für die beiden Lastfälle ermittelt werden. Dementsprechend erhält man $\mathbf{u}^{(1+2)} = \mathbf{u}^{(1)} + \mathbf{u}^{(2)}$, $\boldsymbol{\varepsilon}^{(1+2)} = \boldsymbol{\varepsilon}^{(1)} + \boldsymbol{\varepsilon}^{(2)}$ und $\boldsymbol{\sigma}^{(1+2)} = \boldsymbol{\sigma}^{(1)} + \boldsymbol{\sigma}^{(2)}$.

3.5 Verschiebungs- und Spannungsformulierung in der linearen Elastizitätstheorie

Die 15 grundlegenden Gleichungen der linearen Elastizitätstheorie können durch Elimination von ε_{ij} und σ_{ij} auf drei Gleichungen in den Verschiebungskomponenten u_i reduziert werden. Zu diesem Zweck drückt man im Falle von isotropem Material in den konstitutiven Beziehungen (3.300) E und ν mit Hilfe der Tabelle 3.2 durch die LAMÉ'schen Materialparameter aus. In die derart erhaltenen Gleichungen setzt man die linearen kinematischen Beziehungen (3.313) ein. Man erhält dann die Spannungen als Funktion der Verschiebungsableitungen zu

$$\sigma_{ij} = G\,(u_{i,j} + u_{j,i}) + \lambda\, u_{k,k}\, \delta_{ij} - (3\lambda + 2G)\, \alpha_T\, (T - T_0)\, \delta_{ij}\ . \tag{3.322}$$

Einsetzen von (3.322) in die Bewegungsgleichungen (3.314) ergibt

$$G\,(u_{j,ij} + u_{i,jj}) + \lambda\, u_{k,kj}\, \delta_{ij} - (3\lambda + 2G)\, \alpha_T\, (T - T_0)_{,j}\, \delta_{ij} + f_i = \rho b_i \tag{3.323}$$

bzw. bei ausschließlicher Verwendung von j als Summationsindex

$$G\, u_{i,jj} + (\lambda + G)\, u_{j,ij} - (3\lambda + 2G)\, \alpha_T\, (T - T_0)_{,i} + f_i = \rho b_i\ . \tag{3.324}$$

Die drei Gleichungen (3.324) stellen also eine Verschiebungsformulierung der Bewegungsgleichungen dar. Sie werden als LAMÉ-NAVIER'sche Bewegungsgleichungen* bezeichnet. Ihre Lösung kann unmittelbar an Randbedingungen für die Verschiebungen angepasst werden. Zur Anpassung der Lösung an Randbedingungen für die Oberflächenkräfte müssen Letztere durch die Verschiebungsableitungen ausgedrückt werden. Einsetzen des verallgemeinerten HOOKE'schen Gesetzes (3.322) in die CAUCHY'schen Formeln (3.129) führt auf die Randbedingungen für die Oberflächenkräfte in Abhängigkeit von den Verschiebungsableitungen:

$$t_i^{(n)} = [G\,(u_{i,j} + u_{j,i}) + \lambda\, u_{k,k}\, \delta_{ij} - (3\lambda + 2G)\, \alpha_T\, (T - T_0)\, \delta_{ij}]\, n_j = \bar{t}_i^{(n)}\ . \tag{3.325}$$

Alternativ zur Verschiebungsformulierung der Bewegungsgleichungen in Form der LAMÉ-NAVIER'schen Bewegungsgleichungen ist eine Spannungsformulierung mit Hilfe der Verträglichkeitsbedingungen möglich. Sie ist durch sechs Gleichungen in den Spannungskomponenten σ_{ij} gekennzeichnet. Ihre Herleitung wird für den Sonderfall von statischer Beanspruchung ohne Berücksichtigung von Wärmedehnungen vorgenommen. Einsetzen der konstitutiven Beziehungen (3.279) in die Kompatibilitätsbedingungen (3.76) ergibt

$$\sigma_{ij,kl} + \sigma_{kl,ij} - \sigma_{ik,jl} - \sigma_{jl,ik} = \frac{\nu}{1+\nu}\left(\delta_{ij}\, \sigma_{mm,kl} + \delta_{kl}\, \sigma_{mm,ij} - \delta_{ik}\, \sigma_{mm,jl} - \delta_{jl}\, \sigma_{mm,ik}\right)\ . \tag{3.326}$$

* LOUIS MARIE HENRI NAVIER (1785–1836) entwickelte 1821 diese Gleichungen unter Vernachlässigung des Temperatureinflusses. In der 1833 veröffentlichten Abhandlung von GABRIEL LAMÉ (1795–1870) wurden diese Bewegungsgleichungen erneut abgeleitet und auf praktische Probleme angewendet.

Durch Setzen von $k = l$ in (3.326) werden die 81 Gleichungen (3.326) auf die folgenden neun Gleichungen reduziert:

$$\sigma_{ij,kk}+\sigma_{kk,ij}-\sigma_{ik,jk}-\sigma_{jk,ik} = \frac{\nu}{1+\nu}\left(\delta_{ij}\,\sigma_{mm,kk} + \delta_{kk}\,\sigma_{mm,ij} - \delta_{ik}\,\sigma_{mm,jk} - \delta_{jk}\,\sigma_{mm,ik}\right) . \tag{3.327}$$

Im Abschnitt 3.1.7 wurde dargelegt, dass die Zahl der unabhängigen Kompatibilitätsbedingungen drei beträgt. Die fehlenden drei Gleichungen zur Bestimmung der sechs unabhängigen Komponenten des Spannungstensors sind die Gleichgewichtsbedingungen (3.320). Ersetzen des Summationsindex j in (3.320) durch k und Ableitung nach x_j liefert

$$\sigma_{ki,kj} = -f_{i,j} \ . \tag{3.328}$$

Setzt man (3.328), die zu (3.328) idente Beziehung $\sigma_{kj,ki} = -f_{j,i}$, weiters $\sigma_{mm} = I_1^\sigma$ (siehe (3.156)) und schließlich $\delta_{kk} = 3$ in (3.327) ein, erhält man

$$\sigma_{ij,kk} + I^\sigma_{1,ij} + f_{i,j} + f_{j,i} = \frac{\nu}{1+\nu}\left(\delta_{ij}\,I^\sigma_{1,kk} + 3I^\sigma_{1,ij} - \delta_{ik}\,I^\sigma_{1,jk} - \delta_{jk}\,I^\sigma_{1,ik}\right) . \tag{3.329}$$

Schreibt man die Ableitungen $(.)_{,kk}$ in (3.329) mit Hilfe des LAPLACE-Operators Δ (siehe (3.302)) zu $\sigma_{ij,kk} = \Delta\sigma_{ij}$ und $I^\sigma_{1,kk} = \Delta I_1^\sigma$ an, so ergibt sich

$$\Delta\sigma_{ij} + I^\sigma_{1,ij} + f_{i,j} + f_{j,i} = \frac{\nu}{1+\nu}\left(\delta_{ij}\,\Delta I_1^\sigma + I^\sigma_{1,ij}\right)$$

bzw.

$$\Delta\sigma_{ij} + \frac{1}{1+\nu}\,I^\sigma_{1,ij} - \frac{\nu}{1+\nu}\,\Delta I_1^\sigma\,\delta_{ij} = -f_{i,j} - f_{j,i} \ . \tag{3.330}$$

Setzt man in (3.330) $i = j$, dann erhält man unter Berücksichtigung von $\Delta\sigma_{ii} = \Delta I_1^\sigma$ und $I^\sigma_{1,ii} = \Delta I_1^\sigma$

$$\frac{1-\nu}{1+\nu}\,\Delta I_1^\sigma = -f_{i,i} \ . \tag{3.331}$$

Elimination von ΔI_1^σ in (3.330) mit Hilfe von (3.331) führt auf

$$\Delta\sigma_{ij} + \frac{1}{1+\nu}\,I^\sigma_{1,ij} = -\frac{\nu}{1-\nu}\,f_{k,k}\,\delta_{ij} - f_{i,j} - f_{j,i} \ . \tag{3.332}$$

Die sechs Gleichungen (3.332) stellen eine Spannungsformulierung mit Hilfe der Verträglichkeitsbedingungen dar. Sie werden als BELTRAMI-MICHELL'sche Gleichungen* bezeichnet. Ihre Lösung kann mit Hilfe der CAUCHY'schen Formeln unmittelbar an Randbedingungen für die Oberflächenkräfte angepasst werden. Zur Anpassung der Lösung an Randbedingungen für die Verschiebungen muss der Verschiebungszustand aus dem Spannungszustand ermittelt werden. Das erfordert Integrationen. Deshalb ist die Spannungsformulierung vor allem dann nützlich, wenn nur die Spannungsverteilung von Interesse ist.

*Das umfangreiche Werk von EUGENIO BELTRAMI (1835–1900), das 1902 bis 1920 in den *Opere Matematiche* herausgegeben wurde, beinhaltet auch Beiträge zur mathematischen Formulierung der Elastizitätstheorie. JOHN HENRY MICHELL (1863–1940) veröffentlichte unter anderem 1899 einen Artikel zur Spannungsformulierung in der Elastizitätstheorie.

3.6 Beispiel zur Anwendung der linearen Elastizitätstheorie

Als Beispiel zur Lösung eines elastostatischen Problems mittels der linearen Elastizitätstheorie dient ein dickwandiger Zylinder mit dem Außenradius r_a, dem Innenradius r_i und der Höhe h. Er wird durch gleichförmigen Außendruck p_a, Innendruck p_i und axialen Zug σ_0 beansprucht (Abb. 3.32). Der Zylinder besteht aus einem isotropen Werkstoff. Das Material verhält sich linear elastisch. Zu ermitteln sind die Verschiebungen, Verzerrungen und Spannungen.

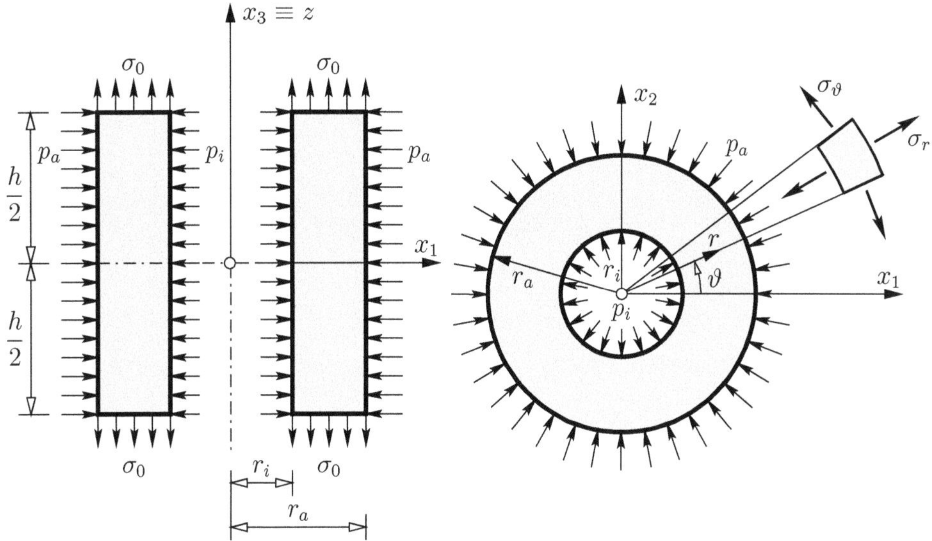

Abb. 3.32: Dickwandiger Zylinder unter gleichförmigem Innen- und Außendruck sowie gleichförmigem axialem Zug

Zur Lösung der vorliegenden Aufgabe erweisen sich Zylinderkoordinaten als vorteilhaft. Infolge von Rotationssymmetrie der Struktur und ihrer Belastung liegt Rotationssymmetrie des Verschiebungs-, Verzerrungs- und Spannungszustandes vor. Folglich ist $u_\vartheta \equiv v = 0$, $\varepsilon_{r\vartheta} = 0$, $\varepsilon_{\vartheta z} = 0$, $\sigma_{r\vartheta} = 0$ und $\sigma_{\vartheta z} = 0$. Wegen der Unabhängigkeit der Radialbelastung von z und der Axialbelastung von r ist $\varepsilon_{zr} = 0$ und $\sigma_{zr} = 0$. Somit sind die drei Koordinatenrichtungen Verzerrungs- und Spannungshauptrichtungen. Es gilt also $\varepsilon_{rr} \equiv \varepsilon_r$, $\varepsilon_{\vartheta\vartheta} \equiv \varepsilon_\vartheta$ und $\varepsilon_{zz} \equiv \varepsilon_z$ bzw. $\sigma_{rr} \equiv \sigma_r$, $\sigma_{\vartheta\vartheta} \equiv \sigma_\vartheta$ und $\sigma_{zz} \equiv \sigma_z$. Das durch $\varepsilon_{z\vartheta} = 0$ und $\varepsilon_{zr} = 0$ gekennzeichnete Ebenbleiben der Querschnitte $z = \mathit{konst.}$ weist auf einen ebenen Formänderungszustand [Girkmann (1963)] hin. Er unterscheidet sich von einem ebenen Verzerrungszustand (siehe Unterkapitel 3.1.8) dadurch, dass für $z = \mathit{konst.}$ $\varepsilon_z = \mathit{konst.}$ gilt. Der ebene Verzerrungszustand stellt also einen Sonderfall des ebenen Formänderungszustandes dar.

Die ersten drei der sechs linearen kinematischen Beziehungen (3.101) bei Rotationssymmetrie des Verzerrungszustandes lauten für die Verzerrungshauptrichtungen r, ϑ, z:

$$\varepsilon_r = \frac{\partial u}{\partial r}, \quad \varepsilon_\vartheta = \frac{u}{r}, \quad \varepsilon_z = \frac{\partial w}{\partial z}. \tag{3.333}$$

Aus den beiden Bewegungsgleichungen (3.196) bei Rotationssymmetrie des Spannungszustandes ergibt sich mit $f_r = 0$, $f_z = 0$, $b_r = 0$ und $b_z = 0$ für die Spannungshauptrichtungen r, ϑ, z

$$\begin{aligned} \frac{\partial \sigma_r}{\partial r} + \frac{\sigma_r - \sigma_\vartheta}{r} &= 0\,, \\ \frac{\partial \sigma_z}{\partial z} &= 0\,. \end{aligned} \tag{3.334}$$

Aus den konstitutiven Beziehungen (3.312) für Rotationssymmetrie erhält man mit $T - T_0 = 0$ für die Verzerrungs- und Spannungshauptrichtungen r, ϑ, z

$$\begin{aligned} \sigma_r &= \frac{E(1-\nu)}{(1+\nu)(1-2\nu)}\left[\varepsilon_r + \frac{\nu}{1-\nu}(\varepsilon_\vartheta + \varepsilon_z)\right]\,, \\ \sigma_\vartheta &= \frac{E(1-\nu)}{(1+\nu)(1-2\nu)}\left[\varepsilon_\vartheta + \frac{\nu}{1-\nu}(\varepsilon_z + \varepsilon_r)\right]\,, \\ \sigma_z &= \frac{E(1-\nu)}{(1+\nu)(1-2\nu)}\left[\varepsilon_z + \frac{\nu}{1-\nu}(\varepsilon_r + \varepsilon_\vartheta)\right]\,. \end{aligned} \tag{3.335}$$

Die Randbedingungen lauten:

$$r = r_a: \quad \sigma_r = -p_a\,, \qquad r = r_i: \quad \sigma_r = -p_i\,, \qquad z = \pm\frac{h}{2}: \quad \sigma_z = \sigma_0\,. \tag{3.336}$$

Aus der zweiten der beiden Gleichungen (3.334) folgt, dass σ_z von z unabhängig ist. Somit ist unter Berücksichtigung der letzten der drei Randbedingungen (3.336)

$$\sigma_z = \sigma_0 = konst. \tag{3.337}$$

Offensichtlich gilt dann auch

$$\varepsilon_z = konst. \tag{3.338}$$

Aus der letzten der drei Gleichungen (3.333) und aus (3.338) folgt, dass w eine in z lineare Funktion sein muss. Die übrigen Unbekannten, $u, \varepsilon_r, \varepsilon_\vartheta, \sigma_r$ und σ_ϑ hängen hingegen nur von r ab.

Einsetzen von (3.333) in die beiden ersten der drei Gleichungen (3.335) und Eintragen der erhaltenen Ergebnisse in die erste der beiden Gleichungen (3.334) führt auf folgende Differentialgleichung für u:

$$\frac{d^2u}{dr^2} + \frac{1}{r}\frac{du}{dr} - \frac{u}{r^2} = 0\,. \tag{3.339}$$

Die allgemeine Lösung dieser Differentialgleichung lautet:

$$u = Ar + \frac{B}{r}\,. \tag{3.340}$$

Die Integrationskonstanten A und B und die Axialverzerrung ε_z bestimmt man durch Einsetzen von (3.340) in die beiden ersten Gleichungen (3.333), Eintragen der für ε_r und ε_ϑ erhaltenen Ergebnisse in die Ausdrücke für σ_r und σ_z gemäß der ersten bzw. der letzten der drei Gleichungen (3.335) und Anpassung der Resultate für σ_r und

σ_z an die Randbedingungen (3.336). Für A, B und ε_z ergeben sich dann folgende Ausdrücke:

$$\begin{aligned} A &= -\frac{1}{E}\left[(1-\nu)\frac{\left(\frac{r_a}{r_i}\right)^2 p_a - p_i}{\left(\frac{r_a}{r_i}\right)^2 - 1} + \nu\,\sigma_0\right] , \\ B &= -\frac{1+\nu}{E}\frac{r_a^2}{\left(\frac{r_a}{r_i}\right)^2 - 1}(p_a - p_i) , \\ \varepsilon_z &= \frac{1}{E}\left[2\nu\frac{\left(\frac{r_a}{r_i}\right)^2 p_a - p_i}{\left(\frac{r_a}{r_i}\right)^2 - 1} + \sigma_0\right] . \end{aligned} \tag{3.341}$$

Durch Einsetzen von A und B in (3.340) erhält man die Verschiebungskomponente u. Durch Integration des Ausdrucks für ε_z ergibt sich gemäß der letzten der drei Gleichungen (3.333) w. Die entsprechenden Ergebnisse lauten:

$$\begin{aligned} u &= -\frac{r}{E}\left\{\frac{\left[(1-\nu)+(1+\nu)\left(\frac{r_i}{r}\right)^2\right]\left(\frac{r_a}{r_i}\right)^2 p_a - \left[(1-\nu)+(1+\nu)\left(\frac{r_a}{r}\right)^2\right] p_i}{\left(\frac{r_a}{r_i}\right)^2 - 1} + \nu\,\sigma_0\right\} , \\ w &= \frac{z}{E}\left[2\nu\frac{\left(\frac{r_a}{r_i}\right)^2 p_a - p_i}{\left(\frac{r_a}{r_i}\right)^2 - 1} + \sigma_0\right] + C . \end{aligned} \tag{3.342}$$

Fordert man $w = 0$ für $z = 0$, so nimmt die Integrationskonstante C den Wert null an. Einsetzen von (3.342) in (3.333) und Eintragen des Ergebnisses in (3.335) ergibt folgende Ausdrücke für die Spannungen σ_r und σ_ϑ:

$$\begin{aligned} \sigma_r &= -\frac{\left[1-\left(\frac{r_i}{r}\right)^2\right]\left(\frac{r_a}{r_i}\right)^2 p_a + \left[\left(\frac{r_a}{r}\right)^2 - 1\right] p_i}{\left(\frac{r_a}{r_i}\right)^2 - 1} , \\ \sigma_\vartheta &= -\frac{\left[1+\left(\frac{r_i}{r}\right)^2\right]\left(\frac{r_a}{r_i}\right)^2 p_a - \left[\left(\frac{r_a}{r}\right)^2 + 1\right] p_i}{\left(\frac{r_a}{r_i}\right)^2 - 1} . \end{aligned} \tag{3.343}$$

Im Folgenden werden einige Sonderfälle der allgemeinen Lösung für den dickwandigen Zylinder untersucht:

- *Dickwandiger Zylinder unter Innendruck:*

  Für den Sonderfall $p_a = 0$ ist die Radialspannung σ_r eine Druckspannung, deren Betrag von $|\sigma_r| = p_i$ am inneren Rand auf $\sigma_r = 0$ am äußeren Rand abnimmt. Die Umfangsspannung σ_ϑ ist eine Zugspannung mit dem Größtwert am inneren Rand (siehe Abb. 3.33a für $r_a/r_i = 2$).

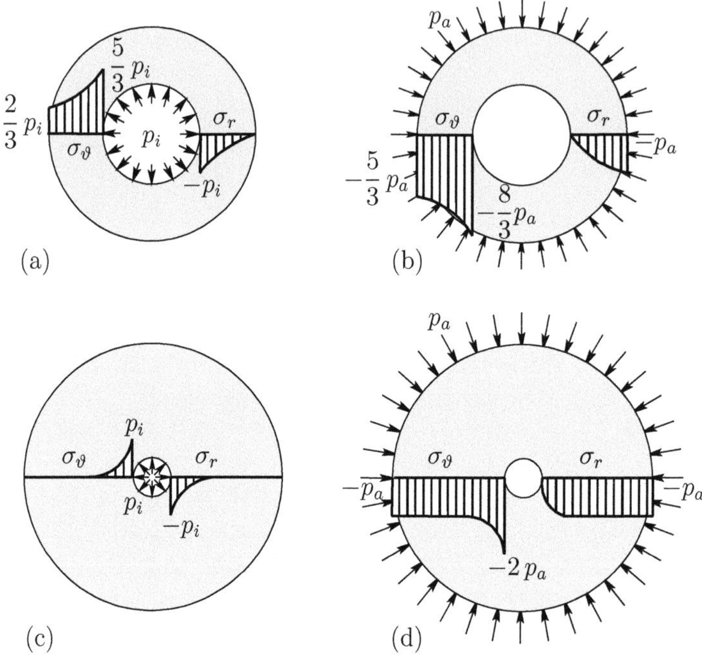

Abb. 3.33: Spannungsverteilungen in einem dickwandigen Zylinder unter (a) Innendruck ($r_a/r_i = 2$), (b) Außendruck ($r_a/r_i = 2$), (c) Innendruck ($r_i/r_a \ll 1$), (d) Außendruck ($r_i/r_a \ll 1$)

- *Dickwandiger Zylinder unter Außendruck:*

  Für den Sonderfall $p_i = 0$ ist σ_r eine Druckspannung, deren Betrag von $|\sigma_r| = p_a$ am äußeren Rand bis auf $\sigma_r = 0$ am inneren Rand abnimmt. σ_ϑ ist eine Druckspannung mit dem betragsmäßig größten Wert am inneren Rand (siehe Abb. 3.33b für $r_a/r_i = 2$).

- *Dickwandiger Zylinder unter gleich großem Außen- und Innendruck:*

  Aus $p_a = p_i = p$ folgt laut (3.343) $\sigma_r = \sigma_\vartheta = -p$. In diesem Fall ist die Verteilung von σ_r und σ_ϑ von r unabhängig. Dieses Ergebnis erhält man auch durch Überlagerung der in den Abb. 3.33a und b dargestellten Spannungsverteilungen, wenn man $p_i = p_a = p$ setzt.

- *Dünnwandiger Zylinder unter Innendruck:*

  Der Sonderfall des dünnwandigen Zylinders ist durch $t \ll r_0$ gekennzeichnet, wobei t die Wanddicke und r_0 den mittleren Radius bezeichnet. Für diesen

Sonderfall drückt man r mittels $r_0 = 0,5\,(r_a + r_i)$ und $t = r_a - r_i$ zu

$$r = r_0 + \eta\,\frac{t}{2}\,, \quad -1 \le \eta \le 1\,, \tag{3.344}$$

aus. Der Außen- und der Innenradius sind dann zu

$$r_a = r_0 + \frac{t}{2}, \quad r_i = r_0 - \frac{t}{2} \tag{3.345}$$

festgelegt. Einsetzen von (3.344) und (3.345) in die für $p_a = 0$ spezialisierte zweite der beiden Gleichungen (3.343) ergibt

$$\begin{aligned}\sigma_\vartheta &= \frac{\left(\dfrac{r_a}{r}\right)^2 + 1}{\left(\dfrac{r_a}{r_i}\right)^2 - 1}\,p_i = \frac{\left[\left(r_0 + \dfrac{t}{2}\right)^2 + \left(r_0 + \dfrac{\eta\,t}{2}\right)^2\right]\left(r_0 - \dfrac{t}{2}\right)^2}{\left[\left(r_0 + \dfrac{t}{2}\right)^2 - \left(r_0 - \dfrac{t}{2}\right)^2\right]\left(r_0 + \dfrac{\eta\,t}{2}\right)^2}\,p_i = \\ &= \frac{r_0^2\left[\left(1 + \dfrac{t}{2r_0}\right)^2 + \left(1 + \dfrac{\eta\,t}{2r_0}\right)^2\right]}{2r_0\,t}\,\frac{\left(1 - \dfrac{t}{2r_0}\right)^2}{\left(1 + \dfrac{\eta\,t}{2r_0}\right)^2}\,p_i\,.\end{aligned} \tag{3.346}$$

Wegen $t/(2r_0) \ll 1$ folgt die Umfangsspannung aus (3.346) näherungsweise zu

$$\sigma_\vartheta = \frac{r_0}{t}\,p_i\,. \tag{3.347}$$

Somit ist σ_ϑ näherungsweise konstant.

Für $p_a = 0$ unterscheidet sich die Formel für σ_r für den dickwandigen Zylinder von der für σ_ϑ nur durch das Vorzeichen des Terms $(r_a/r)^2$ im Zähler (siehe (3.343)). Folglich unterscheidet sich in diesem Fall die entsprechende Formel für σ_r für den dünnwandigen Zylinder von der für σ_ϑ nur durch das Vorzeichen zwischen den beiden Termen in der eckigen Klammer in (3.346). Deshalb erhält man für den dünnwandigen Zylinder unter Innendruck $\sigma_r \approx 0$.

(3.347) wird als Kesselformel bezeichnet. Man erhält sie alternativ aus einer Gleichgewichtsbetrachtung anhand von Abb. 3.34.

- *Ebener Spannungszustand:*

  Für $\sigma_0 = 0$ ist laut (3.337) $\sigma_z = 0$. Es liegt somit ein ebener Spannungszustand vor. Aus der letzten der drei Gleichungen (3.341) folgt, dass ε_z im Allgemeinen ungleich null ist, dass also ein räumlicher Verzerrungszustand vorliegt. Nur für $\nu = 0$ oder $p_a\,r_a^2 = p_i\,r_i^2$ ist im Falle von $\sigma_0 = 0$ auch $\varepsilon_z = 0$.

- *Ebener Verzerrungszustand:*

  Für den durch $\varepsilon_z = 0$ gekennzeichneten ebenen Verzerrungszustand ist gemäß der letzten der drei Gleichungen (3.341) σ_0 nur dann null, wenn entweder $\nu = 0$ oder $p_a\,r_a^2 = p_i\,r_i^2$ ist.

- *Zylinder mit kleiner zentrischer Bohrung unter Innendruck:*

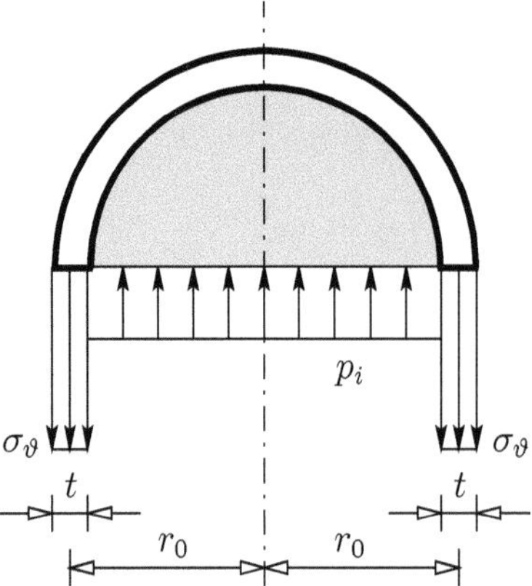

Abb. 3.34: Zur Ableitung der Kesselformel

Für den Sonderfall eines dickwandigen Zylinders unter Innendruck, dessen Innenradius sehr viel kleiner als der Außenradius ist, für den also $r_i/r_a \ll 1$ gilt, erhält man den Spannungszustand durch Nullsetzen von p_a in (3.343) und anschließender Multiplikation von Zähler und Nenner mit $(r_i/r_a)^2$ zu

$$\begin{aligned} \sigma_r &= -\frac{\left(\frac{r_i}{r}\right)^2 - \left(\frac{r_i}{r_a}\right)^2}{1-\left(\frac{r_i}{r_a}\right)^2} p_i \approx -\left(\frac{r_i}{r}\right)^2 p_i\,, \\ \sigma_\vartheta &= \frac{\left(\frac{r_i}{r}\right)^2 + \left(\frac{r_i}{r_a}\right)^2}{1-\left(\frac{r_i}{r_a}\right)^2} p_i \approx \left(\frac{r_i}{r}\right)^2 p_i\,. \end{aligned} \tag{3.348}$$

Am Innenrand ist $\sigma_r = -\sigma_\vartheta = -p_i$. Wegen $r_i/r_a \ll 1$ klingen die Spannungen mit wachsendem r rasch ab (Abb. 3.33c). In hinreichender Entfernung vom Loch sind die durch den Innendruck verursachten Spannungen vernachlässigbar klein.

- *Zylinder mit kleiner zentrischer Bohrung unter Außendruck:*

  Für den Sonderfall eines dickwandigen Zylinders unter Außendruck, dessen Innenradius sehr viel kleiner als der Außenradius ist, für den also $r_i/r_a \ll 1$ gilt, erhält man den Spannungszustand durch Nullsetzen von p_i in (3.343) und anschließender Multiplikation von Zähler und Nenner mit $(r_i/r_a)^2$ zu

$$\begin{aligned} \sigma_r &= -\frac{1-\left(\frac{r_i}{r}\right)^2}{1-\left(\frac{r_i}{r_a}\right)^2} p_a \approx -\left[1-\left(\frac{r_i}{r}\right)^2\right] p_a\,, \\ \sigma_\vartheta &= -\frac{1+\left(\frac{r_i}{r}\right)^2}{1-\left(\frac{r_i}{r_a}\right)^2} p_a \approx -\left[1+\left(\frac{r_i}{r}\right)^2\right] p_a\,. \end{aligned} \tag{3.349}$$

Für den Innenrand $r = r_i$ liefert (3.349) $\sigma_r = 0$ und $\sigma_\vartheta = -2p_a$. Wegen $r_i/r_a \ll 1$ nähern sich jedoch die Spannungen mit wachsendem r rasch einem gleichförmigen Spannungszustand mit $\sigma_r = \sigma_\vartheta = -p_a$ an (Abb. 3.33d). Ein solcher Spannungszustand tritt in einem Zylinder ohne zentrische Bohrung unter Außendruck auf. Davon kann man sich durch Nullsetzen von r_i in (3.349) leicht überzeugen. Bei einer sehr kleinen Bohrung ist die Umfangsspannung am Rand der Bohrung also doppelt so groß wie beim vollen Zylinder. Das Verhältnis des Größtwerts der sich ergebenden Spannung zur Spannung, die ohne Bohrung auftreten würde, wird als Spannungskonzentrationsfaktor s_k bezeichnet. Im gegebenen Fall ist $s_k = 2$.

3.7 SAINT-VENANT'sches Prinzip

Bei Randwertaufgaben der Elastizitätstheorie sind in der Regel auch Randbedingungen für die Oberflächenkräfte zu erfüllen. Dabei erweist es sich oft als zweckmäßig, eine komplizierte Verteilung der Oberflächenkräfte durch eine statisch gleichwertige, mathematisch aber einfacher handhabbare Kraftgruppe zu ersetzen.

Als Beispiel seien etwa die Spannungen in der Kontaktfläche eines Rollenlagers und der darunter befindlichen Stützkonstruktion angeführt (Abb. 3.35). Dabei handelt es sich grundsätzlich um ein dreidimensionales Problem. Es darf jedoch näherungsweise als ebenes Problem (ebener Verzerrungszustand) behandelt werden. Für einen lokalen Festigkeitsnachweis für die Kontaktfläche mit zunächst unbekannter Breite $2b$ ist die Ermittlung der Verteilung der Kontaktspannungen σ_{33} erforderlich. Für die Dimensionierung der Stützkonstruktion ist die Kenntnis dieser Spannungsverteilung jedoch nicht erforderlich. Für diesen Zweck genügt es, mit der aus der vertikalen Auflagerkraft resultierenden Linienlast $\bar{p}_3$ zu arbeiten. Dabei handelt es sich um eine Kraft, die gleich dem Integral der Spannungen σ_{33} über die Kontaktbreite $2b$ ist.

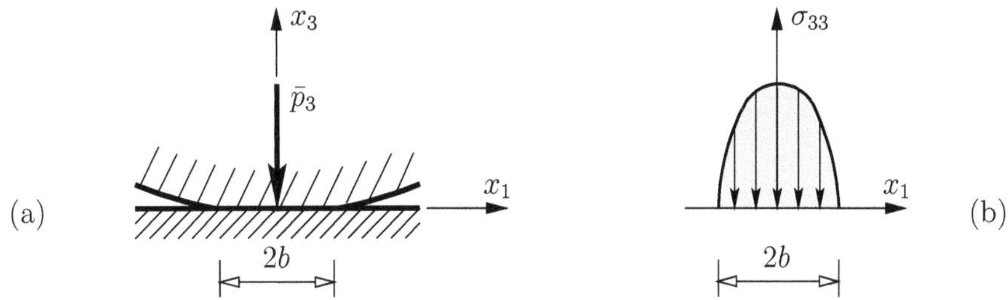

Abb. 3.35: Spannungen in der Aufstandsfläche eines Rollenlagers: (a) Rollenlager, (b) Kontaktspannungen σ_{33}

Die Begründung für die Zulässigkeit dieser Vorgangsweise liefert ein von BARRÉ DE SAINT-VENANT im Jahr 1855 aufgestelltes Prinzip, demzufolge statisch gleichwertige Kraftgruppen, die innerhalb eines Bereiches angreifen, dessen Abmessungen im Vergleich zu den Körperabmessungen klein sind, in hinreichender Entfernung von diesem Bereich gleiche Spannungen und Verzerrungen hervorrufen. Dieses Prinzip ist in der Erfahrung begründet. Die Grenzen seiner Anwendbarkeit sind nicht immer klar erkennbar.

Das im vorhergehenden Unterkapitel unter anderem behandelte Problem eines Zylinders mit kleiner zentrischer Bohrung unter Innendruck verdeutlicht die Aussage dieses Prinzips. Der Innendruck greift längs eines im Vergleich zur gesamten Oberfläche des Zylinders kleinen Bereichs an. Da die am Innenrand angreifende Druckbeanspruchung im Gleichgewicht ist, also keine resultierende Kraft ergibt, ist ein unbelasteter Innenrand dem durch eine gleichförmige Druckbeanspruchung gekennzeichneten Innenrand statisch gleichwertig. Das in Abb.3.33c zum Ausdruck kommende schnelle Abklingen von σ_r und σ_ϑ mit wachsender Entfernung vom Innenrand erhärtet die Aussage des SAINT-VENANT'schen Prinzips.

Literaturverzeichnis

[Bathe (1996)] K.-J. Bathe, *Finite Element Procedures*, Prentice-Hall, Englewood Cliffs, New Jersey, 1996.

[Betten (1993)] J. Betten, *Kontinuumsmechanik*, Springer-Verlag, Berlin, 1993.

[Chen/Saleeb (1982)] W.F. Chen und A.F. Saleeb, *Constitutive Equations for Engineering Materials*, John Wiley & Sons, New York, 1982.

[Eurocode 2] (ÖNORM ENV 1992), Eurocode 2: Planung von Stahlbeton- und Spannbetontragwerken, Teil 1-1: Grundlagen und Anwendungsregeln für den Hochbau, Österreichisches Normungsinstitut, Wien, 1992.

[Fung (1965)] Y.C. Fung, *Foundations of Solid Mechanics*, Prentice-Hall, Englewood Cliffs, New Jersey, 1965.

[Girkmann (1963)] K. Girkmann, *Flächentragwerke*, 6. Auflage, Springer-Verlag, Wien,

[Malvern (1969)] L.E. Malvern, *Introduction to the Mechanics of a Continuous Medium*, Prentice-Hall, Englewood Cliffs, New Jersey, 1969.

[Parkus (1966)] H. Parkus, *Mechanik der festen Körper*, 2. Auflage, Springer-Verlag, Wien, 1966.

[Ziegler (1998)] F. Ziegler, *Technische Mechanik der festen und flüssigen Körper*, 3. Auflage, Springer-Verlag, Wien, 1998.

Kapitel 4

Prinzipien der virtuellen Arbeiten

4.1 Einleitung

Die kinematischen, kinetischen und konstitutiven Gleichungen beziehen sich auf einen beliebigen Punkt eines deformierbaren festen Körpers. Sie stellen somit lokale mechanische Aussagen dar. Im Gegensatz dazu handelt es sich bei mathematischen Formulierungen von Prinzipien der virtuellen Arbeiten um Beziehungen für den gesamten Körper. Solche Formulierungen sind folglich globale mechanische Aussagen.

Prinzipien der virtuellen Arbeiten sind beliebte Alternativen etwa zu den kinetischen Beziehungen und den betreffenden (dynamischen) Randbedingungen oder den kinematischen Beziehungen und den entsprechenden (geometrischen) Randbedingungen. Das trifft einerseits für einfache Probleme zu, für die analytische Lösungen existieren, und andererseits für schwierigere Probleme, die zumeist numerisch gelöst werden müssen. Besonders leistungsfähige numerische Verfahren sind Finite-Elemente-Methoden [Zienkiewicz/Taylor (2000)]. Als mechanische Grundlage zur Formulierung solcher Verfahren dienen häufig Prinzipien der virtuellen Arbeiten.

In den beiden folgenden Unterkapiteln werden zwei derartige Prinzipien – das Prinzip der virtuellen Verschiebungen und das Prinzip der virtuellen Kräfte – vorgestellt. In den entsprechenden Herleitungen fehlen konstitutive Beziehungen. Der Anwendungsbereich der beiden Prinzipien ist somit nicht auf Probleme der Elastizitätstheorie beschränkt.

4.2 Prinzip der virtuellen Verschiebungen

4.2.1 Virtuelle Verschiebung

Unter einer virtuellen Verschiebung $\delta\mathbf{u}$ eines Körperpunktes versteht man eine fiktive Verschiebung dieses Punktes aus seiner momentanen Lage bei festgehaltener Zeit (Abb. 4.1). Diese Lage ist durch den Ortsvektor $\mathbf{x}(\mathbf{X}, t)$ des Punktes in der Momentankonfiguration des Körpers definiert. Im Sinne der Variationsrechnung stellt $\delta\mathbf{u}$ eine Variation von $\mathbf{x}(\mathbf{X}, t)$ bzw. $\mathbf{u}(\mathbf{X}, t)$ dar. Sie ist zu

$$\delta\mathbf{u} = \varepsilon\mathbf{g}(\mathbf{x}, t) \tag{4.1}$$

H. A. Mang und G. Hofstetter, *Festigkeitslehre*,
https://doi.org/10.1007/978-3-662-57564-2_4

definiert [Wylie/Barrett (1982)], wobei ε einen von $\mathbf{x}$ und t unabhängigen Parameter und $\mathbf{g}$ eine von $\mathbf{x}$ und im Allgemeinen auch von t abhängige Funktion bezeichnen.* Die virtuellen Verschiebungen müssen bestimmten Forderungen genügen. Sie müssen so klein sein, dass die aus $\delta\mathbf{u}$ mittels linearer kinematischer Beziehungen analog zu (3.32) berechneten virtuellen Verzerrungen $\delta\boldsymbol{\varepsilon}$ bis auf Terme von höherer Kleinheitsordnung exakt sind. Das ist dann der Fall, wenn sich die virtuelle Lage des Körpers – die virtuelle Momentankonfiguration B_t^v in Abb. 4.1 – in infinitesimaler Nachbarschaft zu seiner aktuellen Lage – der Momentankonfiguration B_t in Abb. 4.1 – befindet. Das trifft dann zu, wenn der Parameter ε in (4.1) eine infinitesimale Größe ist. Der Verzerrungszustand, welcher der virtuellen Lage des Körpers entspricht, muss ebenso wie der aktuelle Verzerrungszustand die Verträglichkeitsbedingungen erfüllen. Folglich muss $\delta\mathbf{u}$ ausreichend oft differenzierbar sein. Schließlich müssen die variierten Verschiebungen denselben kinematischen Randbedingungen wie die aktuellen Verschiebungen genügen. Wenn also in einem Punkt auf der Oberfläche des Körpers $u_i = \bar{u}_i$ ist, muss für diesen Punkt auch $u_i + \delta u_i = \bar{u}_i$ gelten. Daraus folgt $\delta u_i = 0$. Bei Vorliegen einer kinematischen Randbedingung für die Komponente u_i der aktuellen Verschiebung $\mathbf{u}$ muss also die entsprechende Komponente δu_i der virtuellen Verschiebung $\delta\mathbf{u}$ verschwinden. Virtuelle Verschiebungen, die den erwähnten Forderungen entsprechen, werden als kinematisch zulässig bezeichnet.

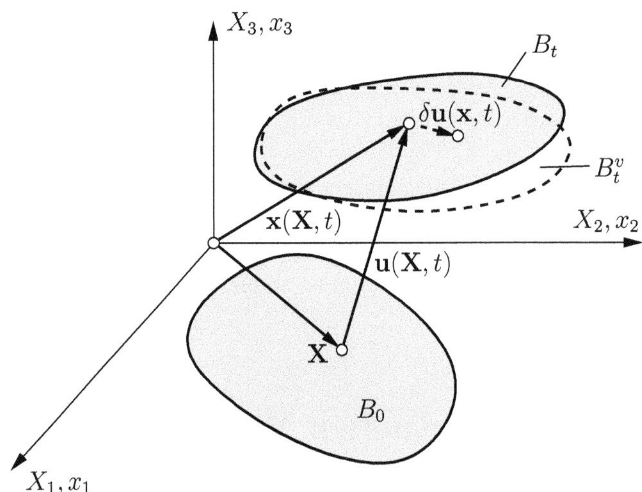

Abb. 4.1: Körper in der Referenzkonfiguration B_0, der Momentankonfiguration B_t und der virtuellen Momentankonfiguration B_t^v

*Die Auffassung von einer virtuellen Größe als Variation einer realen Größe, die sich im griechischen Symbol δ vor der entsprechenden realen Größe manifestiert, hat historische Wurzeln. Um den unzutreffenden Eindruck einer mit dieser Auffassung verbundenen Einschränkung zu vermeiden, werden virtuelle Größen in der Fachliteratur vielfach ohne δ und deshalb mit einem anderen Buchstabensymbol als die entsprechenden realen Größen geschrieben.

4.2.2 Prinzip der virtuellen Verschiebungen in der EULER'schen Fassung

Die folgende Formulierung des Prinzips der virtuellen Verschiebungen bezieht sich auf die Momentankonfiguration des Körpers. Man bezeichnet diese Formulierung deshalb als EULER'sche Fassung dieses Prinzips.

Der Ausdruck für die von den Oberflächenkräften $t_i^{(n)}$ bei der virtuellen Verschiebung eines Körpers mit dem Volumen V und der Oberfläche S aus der Momentankonfiguration geleistete Arbeit – also der Ausdruck für eine virtuelle Arbeit – lässt sich mit Hilfe der CAUCHY'schen Formeln (3.129) und im Weiteren mittels des Divergenztheorems (2.68) wie folgt umformen:

$$\begin{aligned} \int_S t_i^{(n)}\,\delta u_i\,dS &= \int_S (\sigma_{ji}\,\delta u_i)\,n_j\,dS = \int_V (\sigma_{ji}\,\delta u_i)_{,j}\,dV = \\ &= \int_V \sigma_{ji,j}\,\delta u_i\,dV + \int_V \sigma_{ji}\,\delta u_{i,j}\,dV\ . \end{aligned} \tag{4.2}$$

Mit Hilfe der Bewegungsgleichungen (3.119) lässt sich das vorletzte Integral in (4.2) zu

$$\int_V \sigma_{ji,j}\,\delta u_i\,dV = \int_V (-f_i + \rho b_i)\,\delta u_i\,dV \tag{4.3}$$

anschreiben. Umformung des Integranden im letzten Integral in (4.2) unter Berücksichtigung der Symmetrie des Spannungstensors führt auf

$$\begin{aligned} \int_V \sigma_{ji}\,\delta u_{i,j}\,dV &= \int_V \frac{1}{2}(\sigma_{ji}\,\delta u_{i,j} + \sigma_{ij}\,\delta u_{j,i})\,dV = \\ &= \int_V \sigma_{ij}\,\frac{1}{2}(\delta u_{i,j} + \delta u_{j,i})\,dV = \int_V \sigma_{ij}\,\delta\varepsilon_{ij}\,dV\ , \end{aligned} \tag{4.4}$$

wobei von der zu (3.32) analogen Beziehung

$$\frac{1}{2}(\delta u_{i,j} + \delta u_{j,i}) = \frac{1}{2}\left[\frac{\partial(\delta u_i)}{\partial x_j} + \frac{\partial(\delta u_j)}{\partial x_i}\right] = \delta\varepsilon_{ij} \tag{4.5}$$

Gebrauch gemacht worden ist. Voraussetzungsgemäß sind die virtuellen Verschiebungen infinitesimale Größen. Folglich stellt die in den partiellen Ableitungen $\delta u_{i,j}$ und $\delta u_{j,i}$ lineare Relation (4.5) den exakten Ausdruck für die auf die Momentankonfiguration bezogene virtuelle Verzerrung $\delta\varepsilon_{ij}$ dar. Wenn die partiellen Ableitungen der aktuellen Verschiebungen klein gegen eins sind und somit (3.32) gilt, lässt sich $\delta\varepsilon_{ij}$ als Variation der aktuellen Verzerrung ε_{ij} interpretieren:

$$\delta\varepsilon_{ij} = \delta\left[\frac{1}{2}\left(\frac{\partial u_i}{\partial x_j} + \frac{\partial u_j}{\partial x_i}\right)\right]\ . \tag{4.6}$$

Die Gleichheit der Ausdrücke für $\delta\varepsilon_{ij}$ in (4.5) und (4.6) folgt aus der Vertauschbarkeit der Reihenfolge von Variation und Differentiation [Wylie/Barrett (1982)]. In der vorliegenden Herleitung wird die Gültigkeit von (3.32) allerdings nicht vorausgesetzt. Daher sind große Verschiebungen und Verschiebungsableitungen zugelassen. Einsetzen von (4.4) und (4.3) in (4.2) ergibt

$$-\int_V \sigma_{ij}\,\delta\varepsilon_{ij}\,dV + \int_V f_i\,\delta u_i\,dV + \int_S t_i^{(n)}\,\delta u_i\,dS - \int_V \rho b_i\,\delta u_i\,dV = 0\ . \tag{4.7}$$

Berücksichtigung der Randbedingungen

$$u_i = \overline{u}_i \quad \rightarrow \quad \delta u_i = 0 \;\text{ auf }\; S^u \qquad \text{und} \qquad t_i^{(n)} = \overline{t}_i^{(n)} \;\text{ auf }\; S^t \;, \qquad S^u \cup S^t = S \;, \tag{4.8}$$

im dritten Term von (4.7) führt auf

$$\int_S t_i^{(n)}\,\delta u_i\,dS = \int_{S^t} \overline{t}_i^{(n)}\,\delta u_i\,dS \;. \tag{4.9}$$

Ein Punkt auf der Oberfläche des Körpers kann sowohl S^u als auch S^t angehören. Wenn in diesem Punkt etwa die kinematische Randbedingung $u_2 = \bar{u}_2 \rightarrow \delta u_2 = 0$ und die dynamischen Randbedingungen $t_1^{(n)} = \bar{t}_1^{(n)}$ und $t_3^{(n)} = \bar{t}_3^{(n)}$ gelten, ergibt sich der Integrand des linken Integrals in (4.9) zu $t_i^{(n)}\delta u_i = \bar{t}_1^{(n)}\delta u_1 + \bar{t}_3^{(n)}\delta u_3$.
Mit

$$\delta A_{in} = -\int_V \sigma_{ij}\,\delta\varepsilon_{ij}\,dV \tag{4.10}$$

als virtueller Arbeit der inneren Kräfte,

$$\delta A_{ex} = \int_V f_i\,\delta u_i\,dV + \int_{S^t} \bar{t}_i^{(n)}\,\delta u_i\,dS \tag{4.11}$$

als virtueller Arbeit der äußeren Kräfte und

$$\delta A_{tr} = -\int_V \rho b_i\,\delta u_i\,dV \tag{4.12}$$

als virtueller Arbeit der Trägheitskräfte führt (4.7) bei Berücksichtigung von (4.9) auf folgende mathematische Formulierung des Prinzips der virtuellen Verschiebungen:

$$\delta A_{in} + \delta A_{ex} + \delta A_{tr} = -\int_V \sigma_{ij}\,\delta\varepsilon_{ij}\,dV + \int_V f_i\,\delta u_i\,dV + \int_{S^t} \bar{t}_i^{(n)}\,\delta u_i\,dS - \int_V \rho b_i\,\delta u_i\,dV = 0 \;. \tag{4.13}$$

Gleichung (4.13) sagt aus, dass die bei einer virtuellen Verschiebung eines Körpers aus seiner Momentankonfiguration von den inneren und den äußeren Kräften sowie den Trägheitskräften geleistete virtuelle Arbeit in Summe gleich null ist. Bei statischer Beanspruchung ist der letzte Term in (4.13) wegen $b_i = 0$ zu streichen.

Alle Terme in (4.13) enthalten den in (4.1) aufscheinenden Parameter ε. Folglich kann in (4.13) durch ε gekürzt werden. Somit kommt es in der mathematischen Formulierung des Prinzips der virtuellen Verschiebungen auf ε nicht an.

Die folgende Umformung von (4.13) betrifft das erste Integral in dieser Gleichung. Zunächst wird im ersten Term von (4.2) die Randbedingung $\delta u_i = 0$ auf S^u berücksichtigt. Dann wird der letzte Term in dieser Gleichung durch den letzten Term von (4.4) ersetzt. Das führt auf

$$-\int_V \sigma_{ij}\,\delta\varepsilon_{ij}\,dV = \int_V \sigma_{ji,j}\,\delta u_i\,dV - \int_{S^t} t_i^{(n)}\,\delta u_i\,dS \,. \tag{4.14}$$

Einsetzen von (4.14) in (4.13) ergibt schließlich

$$\int_V (\sigma_{ji,j} + f_i - \rho b_i)\,\delta u_i\,dV + \int_{S^t} (\bar{t}_i^{(n)} - t_i^{(n)})\,\delta u_i\,dS = 0 \;. \tag{4.15}$$

Da (4.15) für beliebige zulässige virtuelle Verschiebungen erfüllt sein muss, müssen die beiden Klammerausdrücke in dieser Gleichung verschwinden. Folglich sind die Bewegungsgleichungen und die dynamischen Randbedingungen erfüllt. Das ist deswegen selbstverständlich, weil diese Beziehungen in die Herleitung von (4.13) eingegangen sind.

Die Bedeutung von (4.15) liegt darin, dass diese Beziehung ebenso wie (4.13) häufig als Ausgangspunkt zur Gewinnung von Näherungslösungen dient. Die beiden Integranden in (4.15) stellen dann gewichtete Residuen mit δu_i als Gewichtsfunktion dar (siehe Unterkapitel 16.3).

Da die Herleitung von (4.13) keine einschränkenden Annahmen betreffend Größe und Art der aktuellen Verzerrungen enthält, unterliegt die Anwendung des Prinzips der virtuellen Verschiebungen keinen entsprechenden Restriktionen. Es sind also beispielsweise große Verzerrungen mit anelastischen Anteilen zugelassen.

4.2.3 Prinzip der virtuellen Verschiebungen in der LAGRANGE'schen Fassung

Für praktische Berechnungen erweist sich zumeist die auf die Referenzkonfiguration bezogene Formulierung des Prinzips der virtuellen Verschiebungen – die LAGRANGE'sche Fassung dieses Prinzips – besser geeignet als die auf die Momentankonfiguration bezogene EULER'sche Fassung. Zur Herleitung der mathematischen Formulierung des Prinzips der virtuellen Verschiebungen in der LAGRANGE'schen Fassung werden zunächst, dem D'ALEMBERT'schen Prinzip (siehe Abschnitt 3.2.1) entsprechend, die Trägheitskräfte im letzten Integral in (4.13) zu den Volumenkräften im zweiten Integral in dieser Gleichung hinzugefügt. Unter Berücksichtigung von (3.215) ergibt sich auf diese Weise

$$-\int_V \sigma_{ij}\,\delta\varepsilon_{ij}\,dV + \int_V f_i^*\rho\,\delta u_i\,dV + \int_{S^t} \bar{t}_i^{(n)}\,\delta u_i\,dS = 0\,. \qquad (4.16)$$

Danach wird die Gültigkeit von

$$\sigma_{kl}\,\delta\varepsilon_{kl}\,dV = S_{ij}\,\delta E_{ij}\,dV_0 \qquad (4.17)$$

bewiesen. Drückt man in (4.17) S_{ij} mittels (3.209) durch σ_{kl} aus, so erhält man

$$\sigma_{kl}\,\delta\varepsilon_{kl}\,dV = \sigma_{kl}\,\delta E_{ij}\,\frac{\partial X_i}{\partial x_k}\,\frac{\partial X_j}{\partial x_l}\,\frac{\rho_0}{\rho}\,dV_0\,, \qquad (4.18)$$

woraus unter Berücksichtigung von (3.205)

$$\delta\varepsilon_{kl} = \delta E_{ij}\,\frac{\partial X_i}{\partial x_k}\,\frac{\partial X_j}{\partial x_l} \qquad (4.19)$$

folgt. Zur Verifizierung von (4.19) benötigt man die Variation von E_{ij}. Sie wird auf dieselbe Weise wie ein Differential berechnet [Wylie/Barrett (1982)]. Dementsprechend ergibt sich aus (3.14)

$$\begin{aligned}
\delta E_{ij} &= \frac{1}{2}\left[\delta\!\left(\frac{\partial u_i}{\partial X_j}\right) + \delta\!\left(\frac{\partial u_j}{\partial X_i}\right) + \delta\!\left(\frac{\partial u_r}{\partial X_i}\right)\frac{\partial u_r}{\partial X_j} + \frac{\partial u_r}{\partial X_i}\,\delta\!\left(\frac{\partial u_r}{\partial X_j}\right)\right] = \\
&= \frac{1}{2}\left[\left(\delta_{ri} + \frac{\partial u_r}{\partial X_i}\right)\delta\!\left(\frac{\partial u_r}{\partial X_j}\right) + \left(\delta_{rj} + \frac{\partial u_r}{\partial X_j}\right)\delta\!\left(\frac{\partial u_r}{\partial X_i}\right)\right] = \\
&= \frac{1}{2}\left[\frac{\partial x_r}{\partial X_i}\,\delta\!\left(\frac{\partial u_r}{\partial X_j}\right) + \frac{\partial x_r}{\partial X_j}\,\delta\!\left(\frac{\partial u_r}{\partial X_i}\right)\right]. \qquad (4.20)
\end{aligned}$$

Multiplikation von δE_{ij} mit $(\partial X_i/\partial x_k)\,(\partial X_j/\partial x_l)$ führt bei Beachtung der Vertauschbarkeit der Reihenfolge von Variation und Differentiation auf

$$\begin{aligned}\delta E_{ij}\,\frac{\partial X_i}{\partial x_k}\,\frac{\partial X_j}{\partial x_l} &= \frac{1}{2}\left[\frac{\partial x_r}{\partial X_i}\,\frac{\partial X_i}{\partial x_k}\,\frac{\partial(\delta u_r)}{\partial X_j}\,\frac{\partial X_j}{\partial x_l}+\frac{\partial x_r}{\partial X_j}\,\frac{\partial X_j}{\partial x_l}\,\frac{\partial(\delta u_r)}{\partial X_i}\,\frac{\partial X_i}{\partial x_k}\right]=\\ &= \frac{1}{2}\left[\frac{\partial x_r}{\partial x_k}\,\frac{\partial(\delta u_r)}{\partial x_l}+\frac{\partial x_r}{\partial x_l}\,\frac{\partial(\delta u_r)}{\partial x_k}\right]=\frac{1}{2}\left[\delta_{rk}\,\frac{\partial(\delta u_r)}{\partial x_l}+\delta_{rl}\,\frac{\partial(\delta u_r)}{\partial x_k}\right]=\\ &= \frac{1}{2}\left[\frac{\partial(\delta u_k)}{\partial x_l}+\frac{\partial(\delta u_l)}{\partial x_k}\right]=\delta\varepsilon_{kl}\,. \end{aligned} \tag{4.21}$$

Damit ist die Gültigkeit von (4.19) und folglich die von (4.17) bewiesen.

Laut (3.216) ist die mit dem infinitesimalen Massenelement $\rho\,dV$ in der Momentankonfiguration assoziierte Volumenkraft $f_i^*\rho\,dV$ gleich der für das entsprechende infinitesimale Massenelement $\rho_0\,dV_0$ in der Referenzkonfiguration definierten Volumenkraft $f_{0_i}^*\,\rho_0\,dV_0$. Analog dazu ist die auf das infinitesimale Oberflächenelement dS in der Momentankonfiguration wirkende Kraft gleich der für das entsprechende infinitesimale Oberflächenelement dS_0 in der Referenzkonfiguration definierten Kraft:

$$\bar{t}_{0_i}^{(n)}\,dS_0=\bar{t}_i^{(n)}\,dS\,. \tag{4.22}$$

Schließlich folgt die mathematische Formulierung des Prinzips der virtuellen Verschiebungen in der LAGRANGE'schen Fassung aus (4.16) unter Berücksichtigung von (4.17), (3.216) und (4.22) zu

$$-\int_{V_0} S_{ij}\,\delta E_{ij}\,dV_0+\int_{V_0} f_{0_i}^*\,\rho_0\,\delta u_i\,dV_0+\int_{S_0^t}\bar{t}_{0_i}^{(n)}\,\delta u_i\,dS_0=0\,. \tag{4.23}$$

Beispiel 4.1:

Ein aus isotropem elastischem Material bestehender Würfel mit der Seitenlänge L wird durch gleichförmig verteilte Druckkräfte p_1, p_2 und p_3 auf seine Seitenflächen zu einem Quader mit den Seitenlängen $\eta_1\,L$, $\eta_2\,L$ und $\eta_3\,L$ verformt (Abb. 4.2). Mit Hilfe des Prinzips der virtuellen Verschiebungen in der LAGRANGE'schen Fassung sind die relativen Verkürzungen der Würfelkanten, $1-\eta_1$, $1-\eta_2$ und $1-\eta_3$, als Funktionen der Belastung und der Werkstoffkennwerte zu ermitteln.
Die Lagerung des Würfels ist durch die Randwerte

$$u_1(X_1=0)=0\,,\qquad u_2(X_2=0)=0\,,\qquad u_3(X_3=0)=0 \tag{4.24}$$

der Verschiebungskomponenten gekennzeichnet. Diese Lagerung verhindert eine Starrkörperbewegung des Würfels und gewährleistet dadurch die Eindeutigkeit des Verschiebungszustandes. Verzerrungs- und Spannungszustand werden durch eine solche Stützung nicht beeinflusst.

Die getroffenen Annahmen lassen lineare Verläufe $u_1(X_1)$, $u_2(X_2)$ und $u_3(X_3)$ erwarten. Dem tragen die folgenden Zusammenhänge zwischen LAGRANGE'schen und EULER'schen Koordinaten Rechnung:

$$x_1=\eta_1\,X_1\,,\qquad x_2=\eta_2\,X_2\,,\qquad x_3=\eta_3\,X_3\,. \tag{4.25}$$

Setzt man (4.25) in die aus (3.2) resultierenden Beziehungen

$$u_1=x_1-X_1\,,\qquad u_2=x_2-X_2\,,\qquad u_3=x_3-X_3 \tag{4.26}$$

ein, so erhält man lineare Relationen, die den geometrischen Randbedingungen (4.24) genügen:

$$u_1 = (\eta_1 - 1)X_1\,, \qquad u_2 = (\eta_2 - 1)X_2\,, \qquad u_3 = (\eta_3 - 1)X_3\,. \tag{4.27}$$

Mit Hilfe von (4.27) ergeben sich die Komponenten des GREEN'schen Verzerrungstensors aus (3.14) zu

$$\begin{aligned} &E_{11} = \frac{1}{2}(\eta_1^2 - 1)\,, \quad E_{22} = \frac{1}{2}(\eta_2^2 - 1)\,, \quad E_{33} = \frac{1}{2}(\eta_3^2 - 1)\,, \\ &E_{12} = 0\,, \qquad\qquad E_{23} = 0\,, \qquad\qquad E_{31} = 0\,. \end{aligned} \tag{4.28}$$

Die Koordinatenrichtungen sind also Verzerrungshauptrichtungen. Somit gilt $E_{11} \equiv E_1$, $E_{22} \equiv E_2$ und $E_{33} \equiv E_3$.

Bei isotropen Werkstoffen stimmen die Spannungshauptrichtungen mit den Verzerrungshauptrichtungen überein. Folglich sind die Koordinatenrichtungen auch Spannungshauptrichtungen. Es gilt also $S_{11} \equiv S_1$, $S_{22} \equiv S_2$, $S_{33} \equiv S_3$, $S_{12} = 0$, $S_{23} = 0$ und $S_{31} = 0$.

Zur Ermittlung des ersten Integrals in (4.23) sind die Spannungskomponenten S_1, S_2, S_3 durch die Verzerrungskomponenten E_1, E_2, E_3 auszudrücken. Die im Abschnitt 3.3.1 erläuterte Vorgangsweise der Gewinnung entsprechender konstitutiver Beziehungen durch Ersetzen von ε_{ij} und σ_{kl} in konstitutiven Relationen für kleine Verschiebungen und Verschiebungsableitungen durch E_{ij} und S_{kl} wäre im gegenständlichen Fall unzulässig. Die auf diese Weise erhaltenen Materialgleichungen erlauben zwar die Berücksichtigung großer Verschiebungen und Verschiebungsableitungen, sind aber auf kleine Verzerrungen beschränkt. Beim vorliegenden Beispiel sind die Verzerrungen jedoch von derselben Größenordnung wie die entsprechenden Verschiebungsableitungen. So beträgt laut (4.27) und (4.28) die Verzerrung $E_1 = E_2 = E_3$ etwa

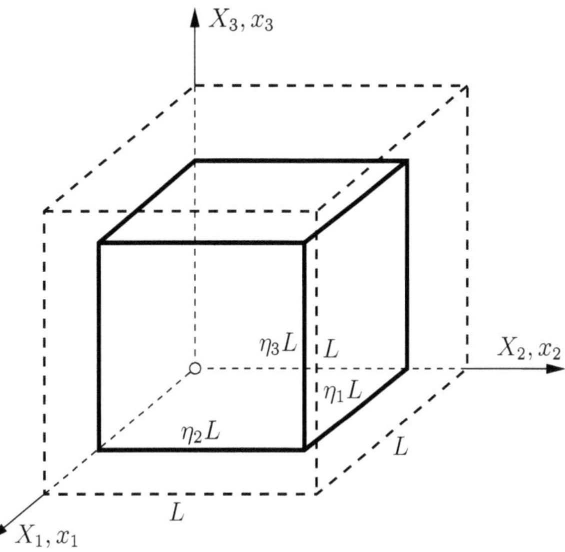

Abb. 4.2: Durch gleichförmig verteilte Druckkräfte auf die Seitenflächen belasteter Würfel

bei einer zehnprozentigen relativen Verkürzung der Würfelkanten 95 % der Verschiebungsableitung $du_1/dX_1 = du_2/dX_2 = du_3/dX_3$.

Zur Gewinnung der in LAGRANGE'scher Beschreibungsweise benötigten konstitutiven Beziehungen wird bei diesem Beispiel von der Existenz geeigneter konstitutiver Relationen in EULER'scher Beschreibungsweise ausgegangen. Dementsprechend werden die Komponenten S_1, S_2, S_3 des zweiten PIOLA-KIRCHHOFF'schen Spannungstensors mittels (3.209) durch die Komponenten $\sigma_1, \sigma_2, \sigma_3$ des CAUCHY'schen Spannungstensors ausgedrückt. Unter Berücksichtigung von (3.205) und (4.25) erhält man

$$S_1 = \frac{\rho_0}{\rho}\left(\frac{dX_1}{dx_1}\right)^2 \sigma_1 = \frac{dV}{dV_0}\frac{1}{\eta_1^2}\sigma_1 = \frac{\eta_1\,\eta_2\,\eta_3}{\eta_1^2}\sigma_1 = \frac{\eta_2\,\eta_3}{\eta_1}\sigma_1 \tag{4.29}$$

und analog zu (4.29)

$$S_2 = \frac{\eta_3\,\eta_1}{\eta_2}\sigma_2\,, \qquad S_3 = \frac{\eta_1\,\eta_2}{\eta_3}\sigma_3\,. \tag{4.30}$$

Im Weiteren werden die auf die infinitesimalen Volumenelemente des Würfels in der Momentankonfiguration bezogenen Spannungskomponenten $\sigma_1, \sigma_2, \sigma_3$ durch Verzerrungskomponenten e_1, e_2, e_3 in EULER'schen Koordinaten ausgedrückt. Zu ihrer Berechnung geht man von (3.12) aus:

$$ds^2 - dS^2 = 2E_{kl}\,dX_k\,dX_l = 2E_{kl}\,\frac{\partial X_k}{\partial x_i}\,\frac{\partial X_l}{\partial x_j}\,dx_i\,dx_j = 2e_{ij}\,dx_i\,dx_j\,. \tag{4.31}$$

Durch Vergleich der beiden letzten Ausdrücke in (4.31) ergeben sich die Komponenten e_{ij} des Verzerrungstensors $\mathbf{e}$ zu*

$$e_{ij} = E_{kl}\,\frac{\partial X_k}{\partial x_i}\,\frac{\partial X_l}{\partial x_j}\,. \tag{4.32}$$

Dieser Tensor 2. Stufe wird als ALMANSI'scher Verzerrungstensor** bezeichnet [Fung (1965)]. Da die Koordinatenrichtungen Verzerrungshauptrichtungen sind, gilt $e_{11} \equiv e_1$, $e_{22} \equiv e_2$, $e_{33} \equiv e_3$, $e_{12} = 0$, $e_{23} = 0$ und $e_{31} = 0$. Mit Hilfe von (4.25) erhält man somit aus (4.32)

$$e_1 = \frac{1}{\eta_1^2}E_1\,, \qquad e_2 = \frac{1}{\eta_2^2}E_2\,, \qquad e_3 = \frac{1}{\eta_3^2}E_3\,. \tag{4.33}$$

Es wird vorausgesetzt, dass das verallgemeinerte HOOKE'sche Gesetz für isotrope Werkstoffe (3.280) auch dann noch gilt, wenn die Verschiebungsableitungen nicht mehr so klein sind, dass der Verzerrungstensor linearisiert werden darf. Die auf die Momentankonfiguration des Würfels bezogenen konstitutiven Gleichungen ergeben sich dann durch Ersetzen der Komponenten des linearisierten Verzerrungstensors (3.32) in (3.280) durch die des ALMANSI'schen Verzerrungstensors:

$$\sigma_{ij} = \frac{E}{1+\nu}\left(e_{ij} + \frac{\nu}{1-2\nu}\,e_{kk}\,\delta_{ij}\right)\,. \tag{4.34}$$

*Die Verwechslung von e_{ij} mit einer Komponente des deviatorischen Anteils des linearisierten Verzerrungstensors (siehe Abschnitt 3.1.6) erscheint ausgeschlossen.

**EMILIO ALMANSI (1869–1948) beschäftigte sich zu Beginn des 20. Jahrhunderts mit der mathematischen Formulierung einer Elastizitätstheorie für große Verformungen.

Der Größe der Verschiebungsableitungen sind bei konstitutiven Beziehungen in Form von (4.34) bei den meisten Werkstoffen allerdings relativ enge Grenzen gesetzt.

Eintragen von (4.33) in die aus (4.34) für die Hauptrichtungen folgenden konstitutiven Gleichungen

$$\begin{aligned} \sigma_1 &= \frac{E}{1+\nu}\left[e_1 + \frac{\nu}{1-2\nu}(e_1+e_2+e_3)\right], \\ \sigma_2 &= \frac{E}{1+\nu}\left[e_2 + \frac{\nu}{1-2\nu}(e_1+e_2+e_3)\right], \\ \sigma_3 &= \frac{E}{1+\nu}\left[e_3 + \frac{\nu}{1-2\nu}(e_1+e_2+e_3)\right] \end{aligned} \tag{4.35}$$

und Eintragen der für σ_1, σ_2 und σ_3 erhaltenen Ausdrücke in (4.29) bzw. (4.30) ergibt die gesuchten Beziehungen zwischen den Spannungskomponenten S_1, S_2, S_3 und den Verzerrungskomponenten E_1, E_2, E_3:

$$\begin{aligned} S_1 &= \frac{\eta_2\,\eta_3}{\eta_1}\frac{E}{1+\nu}\left[\frac{1}{\eta_1^2}E_1 + \frac{\nu}{1-2\nu}\left(\frac{1}{\eta_1^2}E_1 + \frac{1}{\eta_2^2}E_2 + \frac{1}{\eta_3^2}E_3\right)\right], \\ S_2 &= \frac{\eta_3\,\eta_1}{\eta_2}\frac{E}{1+\nu}\left[\frac{1}{\eta_2^2}E_2 + \frac{\nu}{1-2\nu}\left(\frac{1}{\eta_1^2}E_1 + \frac{1}{\eta_2^2}E_2 + \frac{1}{\eta_3^2}E_3\right)\right], \\ S_3 &= \frac{\eta_1\,\eta_2}{\eta_3}\frac{E}{1+\nu}\left[\frac{1}{\eta_3^2}E_3 + \frac{\nu}{1-2\nu}\left(\frac{1}{\eta_1^2}E_1 + \frac{1}{\eta_2^2}E_2 + \frac{1}{\eta_3^2}E_3\right)\right]. \end{aligned} \tag{4.36}$$

Einsetzen der Ausdrücke für $E_{11} \equiv E_1$, $E_{22} \equiv E_2$ und $E_{33} \equiv E_3$ gemäß (4.28) in (4.36) führt bei Berücksichtigung von (3.275) auf

$$\begin{aligned} S_1 &= \frac{\eta_2\,\eta_3}{\eta_1}\frac{G}{1-2\nu}\left[1+\nu - \frac{1-\nu}{\eta_1^2} - \nu\left(\frac{1}{\eta_2^2}+\frac{1}{\eta_3^2}\right)\right], \\ S_2 &= \frac{\eta_3\,\eta_1}{\eta_2}\frac{G}{1-2\nu}\left[1+\nu - \frac{1-\nu}{\eta_2^2} - \nu\left(\frac{1}{\eta_3^2}+\frac{1}{\eta_1^2}\right)\right], \\ S_3 &= \frac{\eta_1\,\eta_2}{\eta_3}\frac{G}{1-2\nu}\left[1+\nu - \frac{1-\nu}{\eta_3^2} - \nu\left(\frac{1}{\eta_1^2}+\frac{1}{\eta_2^2}\right)\right]. \end{aligned} \tag{4.37}$$

Ausführlich angeschrieben ergibt sich der Integrand des ersten Integrals in (4.23) zu

$$S_{ij}\,\delta E_{ij} = S_1\,\delta E_1 + S_2\,\delta E_2 + S_3\,\delta E_3\,. \tag{4.38}$$

Die virtuellen Verzerrungen δE_1, δE_2 und δE_3 stellen Variationen der Ausdrücke für $E_{11} \equiv E_1$, $E_{22} \equiv E_2$ und $E_{33} \equiv E_3$ gemäß (4.28) dar. Wie bereits erwähnt, berechnet man sie wie Differentiale. Dementsprechend erhält man

$$\delta E_1 = \eta_1\,\delta\eta_1\,, \qquad \delta E_2 = \eta_2\,\delta\eta_2\,, \qquad \delta E_3 = \eta_3\,\delta\eta_3\,. \tag{4.39}$$

Infolge der Konstanz des Integranden ergibt sich das erste Integral in (4.23) unter Berücksichtigung von $V_0 = L^3$ zu

$$-\int_{V_0} S_{ij}\,\delta E_{ij}\,dV_0 = -(S_1\,\delta E_1 + S_2\,\delta E_2 + S_3\,\delta E_3)\,L^3\,. \tag{4.40}$$

Volumen- und Trägheitskräfte werden nicht berücksichtigt. Folglich verschwindet das zweite Integral in (4.23).

Zur Ermittlung des letzten Integrals in (4.23) benötigt man die virtuellen Verschiebungen. Man erhält sie aus (4.27) zu

$$\delta u_1 = X_1\,\delta\eta_1\,, \qquad \delta u_2 = X_2\,\delta\eta_2\,, \qquad \delta u_3 = X_3\,\delta\eta_3\,. \tag{4.41}$$

Wegen (4.24) ist

$$\delta u_1(X_1=0)=0\,, \qquad \delta u_2(X_2=0)=0\,, \qquad \delta u_3(X_3=0)=0\,. \tag{4.42}$$

Folglich erstreckt sich das erwähnte Integral nur über die drei Seitenflächen $X_1 = L$, $X_2 = L$ und $X_3 = L$ des unverformten Würfels.

Die auf die Seitenfläche $X_1 = L$ bezogene Oberflächenkraft $\bar{t}_{0_1}^{(1)}$ ergibt sich gemäß (4.22) unter Berücksichtigung von (4.25) sowie von

$$\bar{t}_1^{(1)} = -p_1 \tag{4.43}$$

zu

$$\bar{t}_{0_1}^{(1)} = \frac{dS^{(1)}}{dS_0^{(1)}}\,\bar{t}_1^{(1)} = \frac{dx_2\,dx_3}{dX_2\,dX_3}\,\bar{t}_1^{(1)} = \eta_2\,\eta_3\,\bar{t}_1^{(1)} = -\eta_2\,\eta_3\,p_1\,. \tag{4.44}$$

Dabei bezeichnet p_1 den Betrag der auf die Seitenfläche $x_1 = \eta_1 L$ des verformten Würfels wirkenden Druckkraft. Analog zu (4.44) erhält man die auf die Seitenflächen $X_2 = L$ und $X_3 = L$ des unverformten Würfels bezogenen Oberflächenkräfte $\bar{t}_{0_2}^{(2)}$ bzw. $\bar{t}_{0_3}^{(3)}$ zu

$$\bar{t}_{0_2}^{(2)} = -\eta_3\,\eta_1\,p_2\,, \qquad \bar{t}_{0_3}^{(3)} = -\eta_1\,\eta_2\,p_3\,. \tag{4.45}$$

Infolge der Konstanz des Integranden ergibt sich das letzte Integral in (4.23) unter Berücksichtigung der aus (4.41) resultierenden Beziehungen

$$\delta u_1(X_1=L) = L\,\delta\eta_1\,, \qquad \delta u_2(X_2=L) = L\,\delta\eta_2\,, \qquad \delta u_3(X_3=L) = L\,\delta\eta_3 \tag{4.46}$$

sowie von $S_0^{(1)} = S_0^{(2)} = S_0^{(3)} = L^2$ zu

$$\begin{aligned}\int_{S_0^{(1)}} \bar{t}_{0_1}^{(1)}\,\delta u_1\,dS_0^{(1)} + \int_{S_0^{(2)}} \bar{t}_{0_2}^{(2)}\,\delta u_2\,dS_0^{(2)} + \int_{S_0^{(3)}} \bar{t}_{0_3}^{(3)}\,\delta u_3\,dS_0^{(3)} = \\ = \left(\bar{t}_{0_1}^{(1)}\,\delta\eta_1 + \bar{t}_{0_2}^{(2)}\,\delta\eta_2 + \bar{t}_{0_3}^{(3)}\,\delta\eta_3\right) L^3\,.\end{aligned} \tag{4.47}$$

Gemäß (4.23) müssen der Ausdruck für die virtuelle Arbeit der inneren Kräfte (4.40) und der für die virtuelle Arbeit der äußeren Kräfte (4.47) in Summe gleich null sein. Bei Beachtung von (4.39) führt das auf

$$\left(-S_1\,\eta_1 + \bar{t}_{0_1}^{(1)}\right)\delta\eta_1 + \left(-S_2\,\eta_2 + \bar{t}_{0_2}^{(2)}\right)\delta\eta_2 + \left(-S_3\,\eta_3 + \bar{t}_{0_3}^{(3)}\right)\delta\eta_3 = 0\,. \tag{4.48}$$

Diese Beziehung muss für beliebige Variationen $\delta\eta_1$, $\delta\eta_2$ und $\delta\eta_3$ gelten. Unter Berücksichtigung von (4.37), (4.44) und (4.45) folgen daraus drei nichtlineare Gleichungen zur Berechnung von η_1, η_2 und η_3:

$$\begin{aligned}\frac{G}{1-2\nu}\left[1+\nu-\frac{1-\nu}{\eta_1^2}-\nu\left(\frac{1}{\eta_2^2}+\frac{1}{\eta_3^2}\right)\right] &= -p_1\,,\\ \frac{G}{1-2\nu}\left[1+\nu-\frac{1-\nu}{\eta_2^2}-\nu\left(\frac{1}{\eta_3^2}+\frac{1}{\eta_1^2}\right)\right] &= -p_2\,,\\ \frac{G}{1-2\nu}\left[1+\nu-\frac{1-\nu}{\eta_3^2}-\nu\left(\frac{1}{\eta_1^2}+\frac{1}{\eta_2^2}\right)\right] &= -p_3\,.\end{aligned} \tag{4.49}$$

Mit beträchtlich geringerem Aufwand erhält man diese Beziehungen, indem man (4.33) unter Berücksichtigung von (4.28) in (4.35) einsetzt und die auf diese Weise für die Komponenten $\sigma_1, \sigma_2, \sigma_3$ des CAUCHY'schen Spannungstensors erhaltenen Ausdrücke in die statischen Randbedingungen

$$\sigma_1 = -p_1\,, \qquad \sigma_2 = -p_2\,, \qquad \sigma_3 = -p_3 \tag{4.50}$$

für die Seitenflächen $x_1 = \eta_1 L$, $x_2 = \eta_2 L$ und $x_3 = \eta_3 L$ des verformten Würfels einträgt. Weniger groß ist der Aufwand zur Ermittlung von (4.49) auch, wenn anstatt der LAGRANGE'schen Fassung des Prinzips der virtuellen Verschiebungen dessen EULER'sche Fassung verwendet wird. Diese atypische Situation ist eine Folge der besonders einfachen, *a priori* bekannten Form der Zusammenhänge zwischen den LAGRANGE'schen und den EULER'schen Koordinaten.

Für den Sonderfall allseits gleichen Druckes $p_1 = p_2 = p_3 = p$ sind die Verkürzungen der Würfelkanten gleich groß. Mit $\eta_1 = \eta_2 = \eta_3 = \eta$ folgt in diesem Fall aus (4.49)

$$\frac{1+\nu}{1-2\nu}\,G\left(1-\frac{1}{\eta^2}\right) = -p\,. \tag{4.51}$$

Unter Berücksichtigung von (3.275) erhält man η zu

$$\eta = \frac{1}{\sqrt{1+2(1-2\nu)\dfrac{p}{E}}}\,. \tag{4.52}$$

Entwicklung des Ausdrucks für η nach einer Potenzreihe führt auf nachstehenden Ausdruck für die relative Verkürzung der Würfelkanten:

$$1-\eta = (1-2\nu)\,\frac{p}{E}\left[1-\frac{3}{2}\,(1-2\nu)\,\frac{p}{E}+\ldots\right]. \tag{4.53}$$

Durch Spezialisierung von (4.35) für allseits gleichen Druck identifiziert man den Faktor $(1-2\nu)\,p/E$ in (4.53) als Betrag der Hauptverzerrung $e_1 = e_2 = e_3$. Wenn er klein gegen eins ist, dann ist er laut (4.53) näherungsweise gleich der relativen Verkürzung der Würfelkanten.

Mit Hilfe von Tabelle 3.2 lässt sich (4.51) zu

$$\frac{p}{3K} = \frac{1}{2}\left(\frac{1}{\eta^2}-1\right) \tag{4.54}$$

schreiben. In Abb. 4.3 ist $p/3K$ als Funktion von η dargestellt. Die voll ausgezogene Kurve bezieht sich auf (4.54) und die strichlierte Gerade auf das mittels der linearen Elastizitätstheorie erhaltene Vergleichsergebnis. Letzteres ergibt sich durch Abbruch der Potenzreihe in (4.53) nach dem linearen Reihenglied und Beachtung von (3.287). Für $\nu = 1/2$ folgt aus (3.287) $K = \infty$ und aus (4.54) somit $\eta = 1$. Die Länge der Würfelkanten ändert sich dann auch bei noch so großem Druck nicht. Für $\nu > 1/2$ würde sich eine Verlängerung der Würfelkanten ergeben. Da das unmöglich ist, stellt $\nu = 1/2$ den oberen Grenzwert der Querdehnungszahl dar.

Zur Ermittlung des unteren Grenzwerts von ν berechnet man die relativen Verkürzungen $1-\eta_2 = 1-\eta_3$ quer zur Belastungsrichtung eines auf gleichförmigen einaxialen Zug $\bar{t}_1^{(1)} = \sigma$ beanspruchten Würfels. Das entsprechende Gleichungssystem erhält man

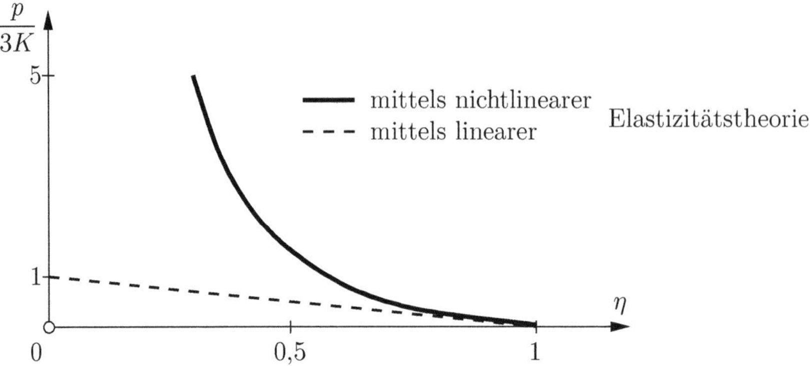

Abb. 4.3: $p/3K$ als Funktion von η für einen durch allseits gleichen Druck belasteten Würfel auf der Grundlage der nichtlinearen sowie der linearen Elastizitätstheorie

durch Ersetzen von $-p_1$, $-p_2$ und $-p_3$ in (4.49) durch σ bzw. 0. Dessen Lösung ergibt sich zu

$$\eta_1 = \frac{1}{\sqrt{1 - \dfrac{2\sigma}{E}}} , \qquad \eta_2 = \eta_3 = \frac{1}{\sqrt{1 + \dfrac{2\nu\sigma}{E}}} . \tag{4.55}$$

Wegen $\sigma > 0$ ist $\eta_1 > 1$. Da die quer zur Belastungsrichtung gelegenen Würfelkanten bei der gegebenen Belastung bei herkömmlichen Baustoffen nicht länger werden können, gilt $\eta_2 = \eta_3 \leq 1$. Daraus folgt $\nu = 0$ als unterer Grenzwert der Querdehnungszahl.

Die beiden Grenzwerte für ν sind offensichtlich dieselben wie die im Abschnitt 3.3.5 unter der einschränkenden Annahme der Gültigkeit der linearen Elastizitätstheorie ermittelten Grenzwerte. Bemerkenswert ist jedoch, dass dort der obere Grenzwert für ν aus der Bedingung für das Verschwinden der Volumenänderung eines auf einaxialen Zug beanspruchten Stabes erhalten wurde, während er hier aus der entsprechenden Bedingung für einen durch gleichförmigen Druck auf seine Seitenflächen belasteten Würfel ermittelt wurde. Der Grund dafür besteht darin, dass die spezifische Volumenänderung des Zugstabes im Gegensatz zu der des allseits gleichförmig gedrückten Würfels nur bei kleinen Verzerrungen für $\nu = 1/2$ näherungsweise gleich null ist. Davon überzeugt man sich durch Berechnung der spezifischen Volumenänderung des auf gleichförmigen Zug $\bar{t}_1^{(1)} = \sigma$ beanspruchten Würfels. Diese ist gleich der spezifischen Volumenänderung des Zugstabes. Unter Berücksichtigung von (4.55) erhält man

$$\frac{dV - dV_0}{dV_0} = \eta_1\,\eta_2\,\eta_3 - 1 = \frac{1}{\sqrt{1 - \dfrac{2\sigma}{E}}}\,\frac{1}{1 + \dfrac{2\nu\sigma}{E}} - 1 . \tag{4.56}$$

Entwicklung der beiden Brüche nach Potenzreihen ergibt

$$\begin{aligned} \frac{dV - dV_0}{dV_0} &= \left(1 + \frac{\sigma}{E} + \frac{3}{2}\,\frac{\sigma^2}{E^2} + \ldots\right)\left(1 - \frac{2\nu\sigma}{E} + \frac{4\nu^2\sigma^2}{E^2} - \ldots\right) - 1 = \\ &= (1 - 2\nu)\,\frac{\sigma}{E} + \left[(1 - 2\nu)^2 + \frac{1}{2}\,(1 + 4\nu)\right]\left(\frac{\sigma}{E}\right)^2 + \ldots \end{aligned} \tag{4.57}$$

Für $\nu = 1/2$ ist

$$\frac{dV - dV_0}{dV_0} = \frac{3}{2}\left(\frac{\sigma}{E}\right)^2 + \cdots \neq 0\,. \tag{4.58}$$

Wenn σ/E hinreichend klein ist, darf (4.57) linearisiert werden. Der linearisierte Ausdruck für die spezifische Volumenänderung verschwindet für $\nu = 1/2$. Das enspricht dem aus (3.252) für $\nu = 1/2$ erhaltenen Resultat für die spezifische Volumenänderung ε^{vol} eines Zugstabes bei Gültigkeit der linearen Elastizitätstheorie.

4.2.4 Inkrementelle Form des Prinzips der virtuellen Verschiebungen in der LAGRANGE'schen Fassung

Wenn etwa das konstitutive Gesetz die zu (3.238) analoge Form

$$dS_{ij} = C_{ijkl}(E_{mn})\, dE_{kl} \tag{4.59}$$

aufweist, also auf einem hypoelastischen Modell beruht, bedarf es einer Variante der mathematischen Formulierung des Prinzips der virtuellen Verschiebungen in der LAGRANGE'schen Fassung, die das infinitesimale Spannungsinkrement dS_{ij} enthält. Zur Ermittlung dieser Variante wird (4.23) nach dem Parameter t abgeleitet. Die Bedeutung von t als Zeit bzw. dimensionsloser Lastparameter wurde bereits im Zusammenhang mit (3.237) erläutert. Fasst man δu_i als von t unabhängige virtuelle Verschiebung auf, dann führt die Ableitung von (4.23) nach t auf folgende Beziehung:

$$-\int_{V_0} (\dot{S}_{ij}\, \delta E_{ij} + S_{ij}\, \delta\dot{E}_{ij})\, dV_0 + \int_{V_0} \dot{f}^*_{0_i}\, \delta u_i\, \rho_0\, dV_0 + \int_{S_0^t} \dot{\bar{t}}^{(n)}_{0_i}\, \delta u_i\, dS_0 = 0\,. \tag{4.60}$$

Die in (4.60) enthaltene Rate von δE_{ij} ergibt sich durch Ableitung von (4.20) nach t bei Beachtung der Vertauschbarkeit der Reihenfolge von Variation und Differentiation und Berücksichtigung von $\delta\dot{u}_i = 0$ zu

$$\delta\dot{E}_{ij} = \frac{1}{2}\left[\frac{\partial \dot{u}_r}{\partial X_i}\frac{\partial(\delta u_r)}{\partial X_j} + \frac{\partial \dot{u}_r}{\partial X_j}\frac{\partial(\delta u_r)}{\partial X_i}\right]. \tag{4.61}$$

Gleichung (4.60) stellt die Ratenform der mathematischen Formulierung des Prinzips der virtuellen Verschiebungen in der LAGRANGE'schen Fassung dar.
Multiplikation von (4.60) mit dt führt mit den zu (3.237) analogen Definitionen

$$\dot{S}_{ij}\, dt = dS_{ij}\,, \qquad \delta\dot{E}_{ij}\, dt = d(\delta E_{ij}) \tag{4.62}$$

und

$$\dot{f}^*_{0_i}\, dt = df^*_{0_i}\,, \qquad \dot{\bar{t}}^{(n)}_{0_i}\, dt = d\bar{t}^{(n)}_{0_i} \tag{4.63}$$

auf

$$-\int_{V_0} [dS_{ij}\, \delta E_{ij} + S_{ij}\, d(\delta E_{ij})]\, dV_0 + \int_{V_0} df^*_{0_i}\, \delta u_i\, \rho_0\, dV_0 + \int_{S_0^t} d\bar{t}^{(n)}_{0_i}\, \delta u_i\, dS_0 = 0\,. \tag{4.64}$$

Das in (4.64) enthaltene infinitesimale Inkrement $d(\delta E_{ij})$ ergibt sich durch Einsetzen von (4.61) in (4.62) und Berücksichtigung von

$$\dot{u}_r\, dt = du_r \tag{4.65}$$

zu

$$d(\delta E_{ij}) = \frac{1}{2}\left[\frac{\partial(du_r)}{\partial X_i}\frac{\partial(\delta u_r)}{\partial X_j} + \frac{\partial(du_r)}{\partial X_j}\frac{\partial(\delta u_r)}{\partial X_i}\right] . \tag{4.66}$$

Bei Gleichung (4.64) handelt es sich um die infinitesimal inkrementelle Form der mathematischen Formulierung des Prinzips der virtuellen Verschiebungen in der LAGRANGE'schen Fassung. Mittels der in dieser Form vorliegenden konstitutiven Beziehung (4.59) lässt sich dS_{ij} in (4.64) durch dE_{kl} ausdrücken. Gleichung (4.60) bzw. (4.64) dient als Ausgangspunkt für die analytische Lösung von Problemen, die durch die Abhängigkeit des Verformungszustandes von der Belastungsgeschichte gekennzeichnet sind.

Die meisten dieser Probleme sind einer analytischen Lösung allerdings nicht zugängig. Sie müssen daher numerisch gelöst werden. Dabei wird die Belastungsgeschichte in hinreichend kleine Abschnitte unterteilt. Das ist jedenfalls dann notwendig, wenn zwischen der Belastung und der Verformung des Körpers kein eindeutiger Zusammenhang besteht. Abb. 4.4 zeigt eine Belastungsgeschichte in Form eines $\bar{P}t$-Diagramms. Dabei symbolisiert $\bar{P}$ etwa den Betrag der Resultierenden von vorgegebenen Oberflächenkräften. In dieser Abbildung sind die Abschnitte 1 und n der Belastungsgeschichte vermerkt.

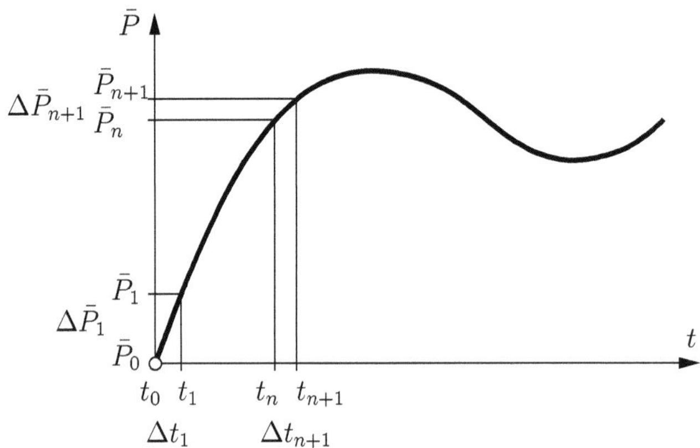

Abb. 4.4: Belastungsgeschichte

Die entsprechenden Zeitschritte sind zu

$$\Delta t_1 = t_1 - t_0 \qquad \text{und} \qquad \Delta t_{n+1} = t_{n+1} - t_n \tag{4.67}$$

und die zugehörigen Belastungsschritte zu

$$\Delta\bar{P}_1 = \bar{P}_1 - \bar{P}_0 \qquad \text{und} \qquad \Delta\bar{P}_{n+1} = \bar{P}_{n+1} - \bar{P}_n \tag{4.68}$$

gegeben. $t_0 = 0$ und $\bar{P}_0 = 0$ bzw. t_1 und $\bar{P}_1$ sind die Werte von t und $\bar{P}$ am Anfang bzw. Ende des ersten Zeitschrittes. t_n und $\bar{P}_n$ bzw. t_{n+1} und $\bar{P}_{n+1}$ sind die betreffenden Werte am Anfang bzw. Ende des Zeitschrittes $n+1$.

Die Unterteilung der Belastungsgeschichte in einzelne kleine Abschnitte ist die Grundlage der inkrementellen Lösung einschlägiger Aufgaben mittels einer mathematischen Formulierung des Prinzips der virtuellen Verschiebungen in der LAGRANGE'schen Fassung, die auf finiten anstatt wie (4.64) auf infinitesimalen Inkrementen beruht. Im ersten Schritt wird der Verschiebungszustand zum Zeitpunkt $t = t_1 = \Delta t_1$ berechnet:

$$\mathbf{u}_1 = \Delta\mathbf{u}_1 \, . \tag{4.69}$$

Dessen Kenntnis ermöglicht die Ermittlung des entsprechenden Verzerrungs- und Spannungszustandes:

$$\mathbf{E}_1 = \Delta\mathbf{E}_1 \qquad \text{bzw.} \qquad \mathbf{S}_1 = \Delta\mathbf{S}_1 \, . \tag{4.70}$$

Die zu (4.69) und (4.70) analogen Beziehungen für den Schritt $n+1$ lauten:

$$\mathbf{u}_{n+1} = \mathbf{u}_n + \Delta\mathbf{u}_{n+1} \, , \tag{4.71}$$

$$\mathbf{E}_{n+1} = \mathbf{E}_n + \Delta\mathbf{E}_{n+1} \, , \qquad \mathbf{S}_{n+1} = \mathbf{S}_n + \Delta\mathbf{S}_{n+1} \, . \tag{4.72}$$

Mittels (4.71) und (4.72) erhält man bei Kenntnis der Lösung des Problems zum Zeitpunkt $t = t_n$ dessen Lösung zum Zeitpunkt $t = t_{n+1}$.

Zur Beschreibung der Vorgangsweise bei der Ermittlung der unbekannten finiten Inkremente $\Delta\mathbf{u}_{n+1}$, $\Delta\mathbf{E}_{n+1}$ und $\Delta\mathbf{S}_{n+1}$ ist die Matrizenschreibweise besser geeignet als die Indexnotation. Formulierung von (4.23) in Matrizenschreibweise für den Zeitpunkt $t = t_{n+1}$ ergibt

$$-\int_{V_0} \mathbf{S}_{n+1} : \delta\mathbf{E}_{n+1} \, dV_0 + \int_{V_0} \mathbf{f}^*_{0_{n+1}} \cdot \delta\mathbf{u} \, \rho_0 \, dV_0 + \int_{S_0^t} \bar{\mathbf{t}}^{(n)}_{0_{n+1}} \cdot \delta\mathbf{u} \, dS_0 = 0 \, . \tag{4.73}$$

Einsetzen der zweiten der beiden Gleichungen (4.72) und der zur ersten dieser beiden Beziehungen analogen Gleichung

$$\delta\mathbf{E}_{n+1} = \delta\mathbf{E}_n + \Delta(\delta\mathbf{E}_{n+1}) \tag{4.74}$$

in (4.73) führt auf

$$\begin{aligned} &\int_{V_0} [\Delta\mathbf{S}_{n+1} : \delta\mathbf{E}_n + \mathbf{S}_n : \Delta(\delta\mathbf{E}_{n+1}) + \Delta\mathbf{S}_{n+1} : \Delta(\delta\mathbf{E}_{n+1})] \, dV_0 = \\ &= \int_{V_0} \mathbf{f}^*_{0_{n+1}} \cdot \delta\mathbf{u} \, \rho_0 \, dV_0 + \int_{S_0^t} \bar{\mathbf{t}}^{(n)}_{0_{n+1}} \cdot \delta\mathbf{u} \, dS_0 - \int_{V_0} \mathbf{S}_n : \delta\mathbf{E}_n \, dV_0 \, . \end{aligned} \tag{4.75}$$

Bei Kenntnis der Lösung zum Zeitpunkt $t = t_n$ und unter der Voraussetzung der Verschiebungsunabhängigkeit der Volumen- und Oberflächenkräfte sind die finiten Inkremente $\Delta\mathbf{S}_{n+1}$ und $\Delta(\delta\mathbf{E}_{n+1})$ die beiden einzigen unbekannten Größen in (4.75).*

Das finite Inkrement $\Delta\mathbf{S}_{n+1}$ des zweiten PIOLA-KIRCHHOFF'schen Spannungstensors ergibt sich durch Integration der matriziellen Form des konstitutiven Gesetzes (4.59) über das von $\mathbf{E}_n$ und $\mathbf{E}_{n+1}$ begrenzte Intervall zu

$$\Delta\mathbf{S}_{n+1} = \int_{\mathbf{E}_n}^{\mathbf{E}_{n+1}} \mathbf{C}(\mathbf{E}) : d\mathbf{E} \, . \tag{4.76}$$

$\Delta\mathbf{S}_{n+1}$ ist also eine im Allgemeinen nichtlineare Funktion des unbekannten finiten Inkrements

$$\Delta\mathbf{E}_{n+1} = \mathbf{E}_{n+1} - \mathbf{E}_n \tag{4.77}$$

*Bei dynamischer Beanspruchung ist das nicht der Fall, weil $\mathbf{f}^*_{0_{n+1}}$ laut (3.217) von $\mathbf{b}_{0_n} + \Delta\mathbf{b}_{0_{n+1}}$ und damit vom unbekannten Inkrement $\Delta\mathbf{b}_{0_{n+1}}$ abhängt.

des GREEN'schen Verzerrungstensors. Im Gegensatz zu $\Delta\mathbf{E}_{n+1}$ bzw. $\mathbf{E}_{n+1}$ ist $\mathbf{E}_n$ als bekannt anzusehen, da $\mathbf{u}_n$ als bekannt vorausgesetzt wurde. Laut (3.14) ist $\Delta\mathbf{E}_{n+1}$ eine nichtlineare Funktion des unbekannten finiten Verschiebungsinkrements $\Delta\mathbf{u}_{n+1}$. Somit ist $\Delta\mathbf{S}_{n+1}$ selbst dann eine nichtlineare Funktion von $\Delta\mathbf{u}_{n+1}$, wenn $\mathbf{C}$ nicht von $\mathbf{E}$ abhängt.

Laut letzter Zeile in (4.20) hängt δE_{ij} linear von $\partial x_r/\partial X_i$ bzw. $\partial x_r/\partial X_j$ ab. Unter Berücksichtigung von $\delta u_{r\,n+1} = \delta u_{r\,n} = \delta u_r$ lässt sich das finite Inkrement $\Delta(\delta E_{ij\,n+1})$ daher durch Ersetzen von x_r in (4.20) durch das finite Inkrement $\Delta x_{r\,n+1} = \Delta u_{r\,n+1}$ mit $\Delta u_{r\,n+1}$ als Komponente von $\Delta\mathbf{u}_{n+1}$ ermitteln. Bei Beachtung der Vertauschbarkeit der Reihenfolge von Variation und Differentiation ergibt sich $\Delta(\delta E_{ij\,n+1})$ somit zu

$$\Delta(\delta E_{ij\,n+1}) = \frac{1}{2}\left[\frac{\partial(\Delta u_{r\,n+1})}{\partial X_i}\frac{\partial(\delta u_r)}{\partial X_j} + \frac{\partial(\Delta u_{r\,n+1})}{\partial X_j}\frac{\partial(\delta u_r)}{\partial X_i}\right]. \tag{4.78}$$

$\Delta(\delta\mathbf{E}_{n+1})$ ist also eine lineare Funktion von $\Delta\mathbf{u}_{n+1}$.

Hingegen ist (4.75) eine im unbekannten finiten Verschiebungsinkrement $\Delta\mathbf{u}_{n+1}$ nichtlineare Beziehung. Zur iterativen numerischen Bestimmung von $\Delta\mathbf{u}_{n+1}$ wird vielfach das NEWTON'sche Verfahren verwendet. Abb. 4.5 bezieht sich auf den Einsatz dieses Verfahrens zur iterativen Ermittlung des Verschiebungsinkrements Δu_{n+1} für den Sonderfall eines Systems mit nur einem Freiheitsgrad. In der Abbildung sind die im Zuge der ersten drei Iterationsschritte im Abschnitt Δt_{n+1} erhaltenen Verschiebungsinkremente $\Delta u_{n+1}^{(1)}$, $\Delta u_{n+1}^{(2)}$ und $\Delta u_{n+1}^{(3)}$ und die zugehörigen Kraftresiduen $R_{n+1}^{(1)}$, $R_{n+1}^{(2)}$ und $R_{n+1}^{(3)}$ vermerkt.

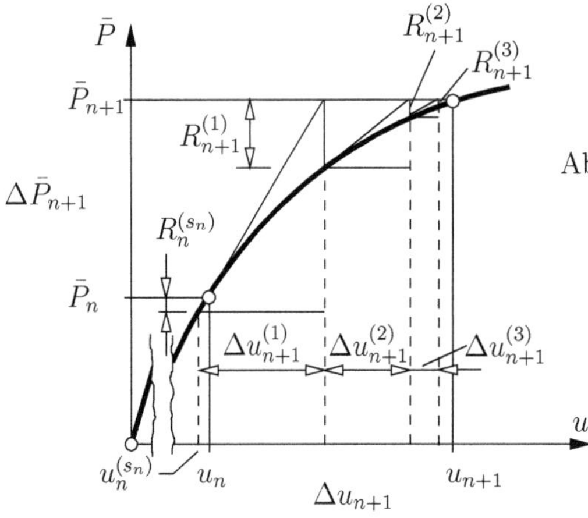

Abb. 4.5: NEWTON'sches Verfahren zur iterativen Bestimmung von Δu_{n+1} für den Sonderfall eines Systems mit nur einem Freiheitsgrad

Nach dem Iterationsschritt $m+1$, $m = 0, 1, 2, \ldots$, im Inkrement $n+1$ ergibt sich die gesamte Verschiebung zu

$$u_{n+1}^{(m+1)} = u_{n+1}^{(0)} + \sum_{i=1}^{m+1} \Delta u_{n+1}^{(i)} \tag{4.79}$$

mit $u_{n+1}^{(0)} = u_n^{(s_n)} \approx u_n$. Der Startwert $u_{n+1}^{(0)}$ der Iteration in diesem Inkrement ist also gleich dem Endwert $u_n^{(s_n)}$ nach Abbruch der Iteration im vorhergehenden Inkrement nach s_n Schritten. Dieser Abbruch erfolgt, wenn erstmals das zugehörige Kraftresiduum $R_n^{(s_n)}$ die gewählte Toleranzschwelle nicht überschreitet. $R_n^{(s_n)}$ repräsentiert

das nach dem Abbruch der Iteration im Inkrement n verbleibende dynamische bzw. statische Ungleichgewicht.
Bei einem System mit mehr als einem Freiheitsgrad tritt die Beziehung

$$\mathbf{u}_{n+1}^{(m+1)} = \mathbf{u}_{n+1}^{(0)} + \sum_{i=1}^{m+1} \Delta\mathbf{u}_{n+1}^{(i)} \tag{4.80}$$

an die Stelle von (4.79). Es geht nun darum, bei Kenntnis von $\mathbf{u}_{n+1}^{(m)}$

$$\mathbf{u}_{n+1}^{(m+1)} = \mathbf{u}_{n+1}^{(m)} + \Delta\mathbf{u}_{n+1}^{(m+1)} \tag{4.81}$$

zu bestimmen. Zur Ermittlung des unbekannten finiten Verschiebungsinkrements $\Delta\mathbf{u}_{n+1}^{(m+1)}$ in (4.81) steht die in inkrementellen Größen lineare Beziehung

$$\begin{aligned} &\int_{V_0} \left[\Delta\mathbf{S}_{n+1}^{(m+1)} : \delta\mathbf{E}_{n+1}^{(m)} + \mathbf{S}_{n+1}^{(m)} : \Delta\Big(\delta\mathbf{E}_{n+1}^{(m+1)}\Big)\right] dV_0 = \\ &= \int_{V_0} \mathbf{f}_{0_{n+1}}^{*} \cdot \delta\mathbf{u}\, \rho_0\, dV_0 + \int_{S_0^t} \bar{\mathbf{t}}_{0_{n+1}}^{(n)} \cdot \delta\mathbf{u}\, dS_0 - \int_{V_0} \mathbf{S}_{n+1}^{(m)} : \delta\mathbf{E}_{n+1}^{(m)}\, dV_0 \end{aligned} \tag{4.82}$$

zur Verfügung. Sie ergibt sich durch Streichung des in inkrementellen Größen nichtlinearen Terms $\Delta\mathbf{S}_{n+1} : \Delta\left(\delta\mathbf{E}_{n+1}\right)$ in (4.75) und Adaptierung der verbleibenden beiden Terme im ersten Integral sowie des letzten Integrals für den Iterationsschritt $m+1$ im Inkrement $n+1$. Diese Adaptierung besteht in der Hinzufügung des oberen Index $m+1$ zu den unbekannten inkrementellen Größen bzw. m zu den bekannten übrigen Größen und im Ersetzen des unteren Index n durch $n+1$.

Der in (4.82) enthaltene Term $\Delta\mathbf{S}_{n+1}^{(m+1)}$ stellt das Ergebnis der Linearisierung des Ausdrucks

$$\int_{\mathbf{E}_{n+1}^{(m)}}^{\mathbf{E}_{n+1}^{(m+1)}} \mathbf{C}(\mathbf{E}) : d\mathbf{E} \tag{4.83}$$

im Punkt $\mathbf{u}_{n+1}^{(m)}$ dar. In diesem zu $\Delta\mathbf{S}_{n+1}$ (siehe Gleichung (4.76)) analogen Ausdruck bedeutet $\mathbf{E}_{n+1}^{(m)} = \mathbf{E}\left(\mathbf{u}_{n+1}^{(m)}\right)$ und $\mathbf{E}_{n+1}^{(m+1)} = \mathbf{E}\left(\mathbf{u}_{n+1}^{(m+1)}\right)$. Der matriziellen Form des konstitutiven Gesetzes (4.59) entsprechend, ergibt sich $\Delta\mathbf{S}_{n+1}^{(m+1)}$ zu

$$\Delta\mathbf{S}_{n+1}^{(m+1)} = \mathbf{C}_{n+1}^{(m)} : \Delta\mathbf{E}_{n+1}^{(m+1)} \tag{4.84}$$

mit $\mathbf{C}_{n+1}^{(m)} = \mathbf{C}\left(\mathbf{E}_{n+1}^{(m)}\right)$ und mit $\Delta\mathbf{E}_{n+1}^{(m+1)}$ als dem Ergebnis der Linearisierung von

$$\mathbf{E}\left(\mathbf{u}_{n+1}^{(m+1)}\right) - \mathbf{E}\left(\mathbf{u}_{n+1}^{(m)}\right) \tag{4.85}$$

im Punkt $\mathbf{u}_{n+1}^{(m)}$. Durch Ersetzen des Arguments $\mathbf{u}_{n+1}^{(m+1)}$ des ersten Terms in (4.85) durch die rechte Seite von (4.81) erhält man

$$\mathbf{E}\left(\mathbf{u}_{n+1}^{(m)} + \Delta\mathbf{u}_{n+1}^{(m+1)}\right) - \mathbf{E}\left(\mathbf{u}_{n+1}^{(m)}\right). \tag{4.86}$$

Unterdrückt man im entsprechenden Ausdruck für die Komponente E_{ij} von $\mathbf{E}$ der besseren Lesbarkeit halber die Indizes m, $m+1$ und $n+1$, so ergibt sich unter

Berücksichtigung von (3.14)

$$
\begin{aligned}
E_{ij}(\mathbf{u}+\Delta\mathbf{u}) - E_{ij}(\mathbf{u}) = \frac{1}{2}\left[\frac{\partial(u_i+\Delta u_i)}{\partial X_j} + \frac{\partial(u_j+\Delta u_j)}{\partial X_i} + \right. \\
\left. + \frac{\partial(u_r+\Delta u_r)}{\partial X_i}\frac{\partial(u_r+\Delta u_r)}{\partial X_j}\right] - \frac{1}{2}\left[\frac{\partial u_i}{\partial X_j} + \frac{\partial u_j}{\partial X_i} + \frac{\partial u_r}{\partial X_i}\frac{\partial u_r}{\partial X_j}\right].
\end{aligned}
\tag{4.87}
$$

Die Linearisierung von (4.87) ist durch die Streichung des in inkrementellen Größen nichtlinearen Terms

$$
\frac{\partial(\Delta u_r)}{\partial X_i}\frac{\partial(\Delta u_r)}{\partial X_j}
\tag{4.88}
$$

gekennzeichnet. Versieht man die durch Linearisierung von (4.87) gewonnene Beziehung mit den in (4.87) unterdrückten Indizes, dann erhält man die Komponente $\Delta E_{ij\,n+1}^{(m+1)}$ von $\Delta\mathbf{E}_{n+1}^{(m+1)}$ zu

$$
\begin{aligned}
\Delta E_{ij\,n+1}^{(m+1)} &= \frac{1}{2}\left[\frac{\partial(\Delta u_{i\,n+1}^{(m+1)})}{\partial X_j} + \frac{\partial(\Delta u_{j\,n+1}^{(m+1)})}{\partial X_i} + \right. \\
&\left. + \frac{\partial(\Delta u_{r\,n+1}^{(m+1)})}{\partial X_i}\frac{\partial u_{r\,n+1}^{(m)}}{\partial X_j} + \frac{\partial u_{r\,n+1}^{(m)}}{\partial X_i}\frac{\partial(\Delta u_{r\,n+1}^{(m+1)})}{\partial X_j}\right].
\end{aligned}
\tag{4.89}
$$

Diese Gleichung stellt eine Richtungsableitung dar. Dabei handelt es sich um das mathematische Instrument zur Ermittlung der linearen Approximation einer Funktion $f(\mathbf{u})$ im Punkt $\mathbf{u}_0$ in Richtung des Vektors $\boldsymbol{\eta} = \mathbf{u} - \mathbf{u}_0$. Die entsprechende Definition lautet [Marsden/Tromba (1988)]:

$$
\mathbf{D}_\eta\, f(\mathbf{u})\big|_{\mathbf{u}=\mathbf{u}_0} = \left.\frac{\partial f(\mathbf{u})}{\partial \mathbf{u}}\right|_{\mathbf{u}=\mathbf{u}_0} \cdot \boldsymbol{\eta}\,.
\tag{4.90}
$$

Mit Hilfe von (4.84) lässt sich $\Delta\mathbf{S}_{n+1}^{(m+1)}$ in (4.82) unter Berücksichtigung von (4.89) durch das unbekannte finite Verschiebungsinkrement $\Delta\mathbf{u}_{n+1}^{(m+1)}$ ausdrücken. Durch Hinzufügung des oberen Index $m+1$ zu den inkrementellen Größen in (4.78) erhält man

$$
\Delta\Big(\delta E_{ij\,n+1}^{(m+1)}\Big) = \frac{1}{2}\left[\frac{\partial\left(\Delta u_{r\,n+1}^{(m+1)}\right)}{\partial X_i}\frac{\partial(\delta u_r)}{\partial X_j} + \frac{\partial\left(\Delta u_{r\,n+1}^{(m+1)}\right)}{\partial X_j}\frac{\partial(\delta u_r)}{\partial X_i}\right].
\tag{4.91}
$$

Auf der Basis von (4.91) lässt sich $\Delta\Big(\delta\mathbf{E}_{n+1}^{(m+1)}\Big)$ in (4.82) durch $\Delta\mathbf{u}_{n+1}^{(m+1)}$ ausdrücken.

Nach Ermittlung von $\Delta\mathbf{u}_{n+1}^{(m+1)}$ aus (4.82) bestimmt man $\mathbf{u}_{n+1}^{(m+1)}$ aus (4.81). Danach berechnet man $\mathbf{E}_{n+1}^{(m+1)}$ mit Hilfe von (3.14). Schließlich erhält man $\mathbf{S}_{n+1}^{(m+1)}$ aus

$$
\mathbf{S}_{n+1}^{(m+1)} = \mathbf{S}_{n+1}^{(0)} + \int\limits_{\mathbf{E}_{n+1}^{(0)}}^{\mathbf{E}_{n+1}^{(m+1)}} \mathbf{C}(\mathbf{E}) : d\mathbf{E}
\tag{4.92}
$$

mit

$$
\mathbf{E}_{n+1}^{(0)} = \mathbf{E}_n^{(s_n)} \qquad \text{und} \qquad \mathbf{S}_{n+1}^{(0)} = \mathbf{S}_n^{(s_n)}\,.
\tag{4.93}
$$

Den Gleichungen (4.93) zufolge ist der Zustand am Beginn der Iteration im Inkrement $n+1$ gleich demjenigen am Ende der aus s_n Schritten bestehenden Iteration im vorhergehenden Inkrement. Die Quadratur des in (4.92) enthaltenen Integrals lässt sich näherungsweise etwa mittels der Trapezformel bewerkstelligen:

$$\int\limits_{\mathbf{E}_{n+1}^{(0)}}^{\mathbf{E}_{n+1}^{(m+1)}} \mathbf{C}(\mathbf{E}) : d\mathbf{E} \approx \frac{1}{2}\left(\mathbf{C}_{n+1}^{(0)} + \mathbf{C}_{n+1}^{(m+1)}\right) : \left(\mathbf{E}_{n+1}^{(m+1)} - \mathbf{E}_{n+1}^{(0)}\right) \tag{4.94}$$

mit $\mathbf{C}_{n+1}^{(0)} = \mathbf{C}\left(\mathbf{E}_{n+1}^{(0)}\right)$ und $\mathbf{C}_{n+1}^{(m+1)} = \mathbf{C}\left(\mathbf{E}_{n+1}^{(m+1)}\right)$. Strategien zur Reduktion des Fehlers, der bei der numerischen Quadratur des Integrals in (4.92) entsteht, werden beispielsweise in [Hofstetter/Mang (1995)] beschrieben. Dabei wird nicht zuletzt ausführlich auf die Besonderheiten bei Berücksichtigung anelastischer Deformationen eingegangen.

Wenn im Iterationsschritt $m+1 = s_{n+1}$ im Inkrement $n+1$ erstmals der Fehler infolge der beschriebenen Linearisierung eine gewählte Toleranzschwelle nicht überschreitet, wird diese Iteration beendet. Es ist dann

$$\begin{aligned} \textstyle\int_{V_0} \mathbf{S}_{n+1}^{(s_{n+1})} : \delta\mathbf{E}_{n+1}^{(s_{n+1})}\, dV_0 \quad &\approx \quad \textstyle\int_{V_0} \mathbf{S}_{n+1} : \delta\mathbf{E}_{n+1}\, dV_0 = \\ &= \quad \textstyle\int_{V_0} \mathbf{f}_{0_{n+1}}^{*} \cdot \delta\mathbf{u}\, \rho_0\, dV_0 + \int_{S_0^t} \bar{\mathbf{t}}_{0_{n+1}}^{(n)} \cdot \delta\mathbf{u}\, dS_0 \,, \end{aligned} \tag{4.95}$$

wobei sich der obere Index s_{n+1} auf den Zustand am Ende der Iteration bezieht. Diesem Zustand enspricht eine nur geringfügige Verletzung des Prinzips der virtuellen Verschiebungen in der LAGRANGE'schen Fassung für $t = t_{n+1}$. Sie äußert sich etwa in vernachlässigbar kleinen Kraftresiduen. Das verbleibende Ungleichgewicht ist also vernachlässigbar klein.

4.3 Prinzip der virtuellen Kräfte

4.3.1 Virtuelle Kräfte bei statischer Beanspruchung

Unter virtuellen Kräften $\delta\boldsymbol{\sigma}, \delta\mathbf{t}^{(n)}$ und $\delta\mathbf{f}$ versteht man fiktive innere bzw. äußere Kräfte, wobei gemäß (3.130) $\delta\mathbf{t}^{(n)} = \delta\boldsymbol{\sigma}\cdot\mathbf{n}$ ist. Im Falle statischer Probleme, die das Hauptanwendungsgebiet des Prinzips der virtuellen Kräfte darstellen, sind diese Kräfte nur Funktionen der Lage des betrachteten Punktes in der verformten Konfiguration des Körpers. Diese Lage wird durch den Ortsvektor $\mathbf{x}(\mathbf{X})$ beschrieben. Im Sinne der Variationsrechnung stellen $\delta\boldsymbol{\sigma}$, $\delta\mathbf{t}^{(n)}$ und $\delta\mathbf{f}$ Variationen von $\boldsymbol{\sigma}(\mathbf{x})$, $\mathbf{t}^{(n)}(\mathbf{x})$ und $\mathbf{f}(\mathbf{x})$ dar. Analog zur Definitionsgleichung (4.1) für die virtuellen Verschiebungen lassen sich die virtuellen Kräfte mit Hilfe eines von $\mathbf{x}$ unabhängigen Parameters ε und von $\mathbf{x}$ abhängiger Funktionen darstellen. Diese Kräfte müssen bestimmte Voraussetzungen erfüllen. Sie müssen so klein sein, dass die durch sie bewirkte Änderung der Lage des Körpers bei der Formulierung der Gleichgewichtsbedingungen und der statischen Randbedingungen für den variierten Kräftezustand $\boldsymbol{\sigma}+\delta\boldsymbol{\sigma}$, $\mathbf{t}^{(n)}+\delta\mathbf{t}^{(n)}$ und $\mathbf{f}+\delta\mathbf{f}$ vernachlässigt werden darf. Analog zur Situation bei den virtuellen Verschiebungen ist diese Forderung dann erfüllt, wenn der Parameter ε eine infinitesimale Größe darstellt. Aus der Forderung, dass der variierte Kräftezustand den beiden erwähnten

Bedingungen genügt, folgen die zu (3.320) bzw. zur zweiten der beiden Gleichungen (4.8) analogen Beziehungen

$$(\sigma_{ji} + \delta\sigma_{ji})_{,j} + (f_i + \delta f_i) = 0 \quad \text{in} \quad V \tag{4.96}$$

und

$$t_i^{(n)} + \delta t_i^{(n)} = (\sigma_{ji} + \delta\sigma_{ji})\, n_j = \bar{t}_i^{(n)} \quad \text{auf} \quad S^t \,. \tag{4.97}$$

Subtrahiert man (3.320) von (4.96) bzw. die zweite der beiden Gleichungen (4.8) von (4.97), so erhält man

$$\delta\sigma_{ji,j} + \delta f_i = 0 \quad \text{in} \quad V \tag{4.98}$$

und

$$\delta t_i^{(n)} = \delta\sigma_{ji}\, n_j = 0 \quad \text{auf} \quad S^t \,. \tag{4.99}$$

Die virtuellen Kräfte müssen also die Gleichgewichtsbedingungen erfüllen. Bei Vorliegen einer statischen Randbedingung für die Komponente $t_i^{(n)}$ des aktuellen Spannungsvektors $\mathbf{t}^{(n)}$ muss die entsprechende Komponente $\delta t_i^{(n)}$ des virtuellen Spannungsvektors $\delta\mathbf{t}^{(n)}$ verschwinden. Virtuelle Kräfte, die diese Bedingungen erfüllen, werden als statisch zulässig bezeichnet.

4.3.2 Prinzip der virtuellen Kräfte bei statischer Beanspruchung und kleinen Verschiebungen

Der Ausdruck für die von den virtuellen Oberflächenkräften $\delta t_i^{(n)}$ bei der Verschiebung des Körpers geleisteten Arbeit – also der Ausdruck für eine virtuelle Arbeit – lässt sich mit Hilfe der CAUCHY'schen Formeln (3.130) und im Weiteren mittels des Divergenztheorems (2.68) wie folgt umformen:

$$\begin{aligned}\int_S \delta t_i^{(n)}\, u_i\, dS \;&=\; \int_S (\delta\sigma_{ji}\, u_i)\, n_j\, dS = \int_V (\delta\sigma_{ji}\, u_i)_{,j}\, dV = \\ &=\; \int_V \delta\sigma_{ji,j}\, u_i\, dV + \int_V \delta\sigma_{ji}\, u_{i,j}\, dV \;.\end{aligned} \tag{4.100}$$

Mit Hilfe der Gleichgewichtsbedingungen (4.98) lässt sich das vorletzte Integral in (4.100) zu

$$\int_V \delta\sigma_{ji,j}\, u_i\, dV = -\int_V \delta f_i\, u_i\, dV \tag{4.101}$$

anschreiben. Umformung des Integranden im letzten Integral in (4.100) unter Berücksichtigung der Symmetrie des Spannungstensors führt auf

$$\begin{aligned}\int_V \delta\sigma_{ji}\, u_{i,j}\, dV \;&=\; \int_V \frac{1}{2}(\delta\sigma_{ji}\, u_{i,j} + \delta\sigma_{ij}\, u_{j,i})\, dV = \\ &=\; \int_V \delta\sigma_{ij}\, \frac{1}{2}(u_{i,j} + u_{j,i})\, dV \;.\end{aligned} \tag{4.102}$$

Bei Beschränkung auf kleine Verschiebungen und Verschiebungsableitungen ist der Unterschied zwischen der auf die Momentan- und der auf die Referenzkonfiguration bezogenen Fassung des Prinzips der virtuellen Kräfte vernachlässigbar. Diese Beschränkung stellt an sich keine notwendige Voraussetzung für die mathematische Formulierung des Prinzips der virtuellen Kräfte dar. Sie erleichtert jedoch die Herleitung der betreffenden Beziehung. Unter der Voraussetzung kleiner Verschiebungsableitungen gilt laut (3.32)

$$\frac{1}{2}(u_{i,j} + u_{j,i}) = \varepsilon_{ij} \ . \tag{4.103}$$

Einsetzen von (4.103) in den letzten Term von (4.102) ergibt

$$\int_V \delta\sigma_{ji}\, u_{i,j}\, dV = \int_V \delta\sigma_{ij}\, \varepsilon_{ij}\, dV \ . \tag{4.104}$$

Eintragen von (4.101) und (4.104) in (4.100) liefert

$$-\int_V \delta\sigma_{ij}\, \varepsilon_{ij}\, dV + \int_V \delta f_i\, u_i\, dV + \int_S \delta t_i^{(n)}\, u_i\, dS = 0 \ . \tag{4.105}$$

Unter der Voraussetzung kleiner Verschiebungen dürfen die Randbedingungen näherungsweise für die Referenzkonfiguration formuliert werden. Berücksichtigung der Randbedingungen

$$u_i = \overline{u}_i \ \text{ auf } S^u \ \text{ und } \ t_i^{(n)} = \overline{t}_i^{(n)} \ \rightarrow \ \delta t_i^{(n)} = 0 \ \text{ auf } S^t \, , \ S^u \cup S^t = S \, , \tag{4.106}$$

im letzten Term von (4.105) führt auf

$$\int_S \delta t_i^{(n)}\, u_i\, dS = \int_{S^u} \delta t_i^{(n)}\, \bar{u}_i\, dS \ . \tag{4.107}$$

Ein Punkt der Oberfläche kann sowohl S^u als auch S^t angehören. Wenn in diesem Punkt etwa die geometrischen Randbedingungen $u_1 = \bar{u}_1$ und $u_3 = \bar{u}_3$ und die statische Randbedingung $t_2^{(n)} = \bar{t}_2^{(n)} \rightarrow \delta t_2^{(n)} = 0$ gelten, ergibt sich der Integrand des linken Integrals in (4.107) zu $\delta t_i^{(n)} u_i = \delta t_1^{(n)} \bar{u}_1 + \delta t_3^{(n)} \bar{u}_3$.
Mit

$$\delta B_{in} = -\int_V \delta\sigma_{ij}\, \varepsilon_{ij}\, dV \tag{4.108}$$

als Arbeit der virtuellen inneren Kräfte und

$$\delta B_{ex} = \int_V \delta f_i\, u_i\, dV + \int_{S^u} \delta t_i^{(n)}\, \bar{u}_i\, dS \tag{4.109}$$

als Arbeit der virtuellen äußeren Kräfte führt (4.105) bei Berücksichtigung von (4.107) auf folgende mathematische Formulierung des Prinzips der virtuellen Kräfte:

$$\delta B_{in} + \delta B_{ex} = -\int_V \delta\sigma_{ij}\, \varepsilon_{ij}\, dV + \int_V \delta f_i\, u_i\, dV + \int_{S^u} \delta t_i^{(n)}\, \bar{u}_i\, dS = 0 \ . \tag{4.110}$$

Gleichung (4.110) sagt aus, dass die von virtuellen inneren und äußeren Kräften an einem im Gleichgewicht befindlichen Körper geleistete Arbeit in Summe gleich null ist.

Alle Terme in (4.110) enthalten den zuvor erwähnten Parameter ε. Folglich kann in (4.110) durch ε gekürzt werden. Somit kommt es in der mathematischen Formulierung des Prinzips der virtuellen Kräfte auf ε nicht an.

Die folgende Umformung von (4.110) betrifft das zweite Integral in dieser Gleichung. Zunächst wird das Integral auf der linken Seite von (4.101) mittels des Divergenztheorems (2.68) umgeformt. Das ergibt

$$\int_V \delta\sigma_{ji,j}\, u_i\, dV = -\int_V \delta\sigma_{ji}\, u_{i,j}\, dV + \int_S (\delta\sigma_{ji}\, u_i)\, n_j\, dS \, . \tag{4.111}$$

Ersetzt man dann das zweite Integral in (4.111) durch das letzte Integral in (4.102), macht im dritten Integral in (4.111) von den CAUCHY'schen Formeln (3.129) Gebrauch und trägt den auf diese Weise erhaltenen Ausdruck in (4.101) ein, so erhält man

$$\int_V \delta f_i \, u_i \, dV = \int_V \delta\sigma_{ij} \, \frac{1}{2}(u_{i,j} + u_{j,i}) \, dV - \int_S \delta t_i^{(n)} \, u_i \, dS \,. \tag{4.112}$$

Einsetzen von (4.112) in (4.110) ergibt unter Berücksichtigung von $\delta t_i^{(n)} = 0$ auf S^t

$$-\int_V \left[\varepsilon_{ij} - \frac{1}{2}\,(u_{i,j} + u_{j,i})\right] \delta\sigma_{ij} \, dV + \int_{S^u} (\bar{u}_i - u_i) \, \delta t_i^{(n)} \, dS = 0 \;. \tag{4.113}$$

Da (4.113) für beliebige zulässige virtuelle Kräfte erfüllt sein muss, müssen die beiden Klammerausdrücke verschwinden. Folglich sind die linearen geometrischen Beziehungen und die geometrischen Randbedingungen erfüllt. Das ist deswegen selbstverständlich, weil diese Beziehungen in die Herleitung von (4.110) eingegangen sind.

Die Bedeutung von (4.113) liegt darin, dass diese Beziehung ebenso wie (4.110) häufig als Ausgangspunkt zur Gewinnung von Näherungslösungen dient. Die beiden Integranden in (4.113) stellen dann gewichtete Residuen mit $\delta\sigma_{ij}$ und $\delta t_i^{(n)}$ als Gewichtsfunktionen dar.

Da die Herleitung von (4.110) keine einschränkenden Annahmen betreffend das Werkstoffgesetz enthält, darf das Prinzip der virtuellen Kräfte auch bei nichtlinear elastischem oder anelastischem Materialverhalten angewendet werden. Die vorliegende Fassung dieses Prinzips ist jedoch, wie bereits erwähnt, auf kleine Verschiebungen und Verschiebungsableitungen beschränkt.

Beispiel 4.2:

Als Beispiel für die Anwendung des Prinzips der virtuellen Kräfte dient ein dickwandiger Zylinder, der durch gleichförmigen Innendruck p_i beansprucht wird. Diese Beanspruchung stellt den Sonderfall $p_a = 0$ und $\sigma_0 = 0$ der Belastung des in Abb. 3.32 dargestellten Zylinders dar. Die Abbildung betrifft ein Beispiel, das im Unterkapitel 3.6 mit Hilfe der grundlegenden Gleichungen der linearen Elastizitätstheorie gelöst worden ist. Gesucht ist der Innendruck p_i, der am Innenrand die Verschiebung $\bar{u}_r$ hervorruft.

Die mathematische Formulierung des Prinzips der virtuellen Kräfte in Zylinderkoordinaten ist analog derjenigen in orthogonalen kartesischen Koordinaten. Sie ergibt sich aus (4.110) zu

$$\begin{aligned} &-\int_V (\delta\sigma_{rr}\,\varepsilon_{rr} + \delta\sigma_{\vartheta\vartheta}\,\varepsilon_{\vartheta\vartheta} + \delta\sigma_{zz}\,\varepsilon_{zz} + \delta\sigma_{r\vartheta}\,\gamma_{r\vartheta} + \delta\sigma_{\vartheta z}\,\gamma_{\vartheta z} + \delta\sigma_{zr}\,\gamma_{zr})\,dV + \\ &+ \int_V (\delta f_r\,u_r + \delta f_\vartheta\,u_\vartheta + \delta f_z\,u_z)\,dV + \int_{S^u} (\delta t_r^{(n)}\,\bar{u}_r + \delta t_\vartheta^{(n)}\,\bar{u}_\vartheta + \delta t_z^{(n)}\,\bar{u}_z)\,dS = 0 \;. \end{aligned} \tag{4.114}$$

Im Unterkapitel 3.6 wurde gezeigt, dass $u_\vartheta \equiv v = 0$, $\gamma_{r\vartheta} = 2\varepsilon_{r\vartheta} = 0$, $\gamma_{\vartheta z} = 2\varepsilon_{\vartheta z} = 0$ und $\gamma_{zr} = 2\varepsilon_{zr} = 0$ und weiters $\sigma_{r\vartheta} = 0$, $\sigma_{\vartheta z} = 0$ und $\sigma_{zr} = 0$ ist. Wegen $\sigma_0 = 0$ ist laut (3.337) ferner $\sigma_{zz} \equiv \sigma_z = 0$. Somit liegt ein ebener rotationssymmetrischer Spannungszustand vor. Ein dementsprechender virtueller Spannungszustand ist durch $\delta\sigma_{r\vartheta} = 0$, $\delta\sigma_{\vartheta z} = 0$, $\delta\sigma_{zr} = 0$ und $\delta\sigma_{zz} \equiv \delta\sigma_z = 0$ gekennzeichnet. Gemäß (3.129) folgt sodann $\delta t_z^{(n)} = 0$. Die beiden von null verschiedenen virtuellen Spannungskomponenten $\delta\sigma_{rr} \equiv \delta\sigma_r$ und $\delta\sigma_{\vartheta\vartheta} \equiv \delta\sigma_\vartheta$ werden zweckmäßigerweise so gewählt, dass die Beziehungen $\delta\sigma_{ji,j} = 0$ in V erfüllt sind. Zur Befriedigung der Gleichgewichtsbedingungen (4.98) sind dann die virtuellen Volumenkräfte δf_i gleich null zu setzen. Mit $\bar{u}_r \equiv \bar{u}$ folgt aus (4.114) somit

$$-\int_V (\delta\sigma_r\,\varepsilon_r + \delta\sigma_\vartheta\,\varepsilon_\vartheta)\,dV + \int_{S^u} \delta t_r^{(n)}\,\bar{u}\,dS = 0\,. \tag{4.115}$$

Die Notation in (4.115) trägt der Tatsache Rechnung, dass die Richtungen der Koordinatenachsen r, ϑ, z Hauptrichtungen sind.

Setzt man die durch Spezialisierung von (3.311) für Hauptachsen r, ϑ, z, $\sigma_z = 0$ und $T - T_0 = 0$ folgenden Werkstoffgleichungen

$$\varepsilon_r = \frac{1}{E}(\sigma_r - \nu\sigma_\vartheta)\,, \qquad \varepsilon_\vartheta = \frac{1}{E}(-\nu\sigma_r + \sigma_\vartheta) \tag{4.116}$$

in (4.115) ein, so erhält man

$$-\int_V \left[\delta\sigma_r\,\frac{1}{E}(\sigma_r - \nu\sigma_\vartheta) + \delta\sigma_\vartheta\,\frac{1}{E}(-\nu\sigma_r + \sigma_\vartheta)\right] dV + \int_{S^u} \delta t_r^{(n)}\,\bar{u}\,dS = 0\,. \tag{4.117}$$

Die Spannungen σ_r und σ_ϑ ergeben sich durch Spezialisierung von (3.343) für $p_a = 0$ zu

$$\sigma_r = -\frac{\left[\left(\dfrac{r_a}{r}\right)^2 - 1\right] p_i}{\left(\dfrac{r_a}{r_i}\right)^2 - 1}\,, \qquad \sigma_\vartheta = \frac{\left[\left(\dfrac{r_a}{r}\right)^2 + 1\right] p_i}{\left(\dfrac{r_a}{r_i}\right)^2 - 1}\,. \tag{4.118}$$

Die virtuellen Spannungen $\delta\sigma_r$ und $\delta\sigma_\vartheta$ folgen aus (4.118) durch Ersetzen von p_i durch δp_i zu

$$\delta\sigma_r = -\frac{\left[\left(\dfrac{r_a}{r}\right)^2 - 1\right] \delta p_i}{\left(\dfrac{r_a}{r_i}\right)^2 - 1}\,, \qquad \delta\sigma_\vartheta = \frac{\left[\left(\dfrac{r_a}{r}\right)^2 + 1\right] \delta p_i}{\left(\dfrac{r_a}{r_i}\right)^2 - 1}\,. \tag{4.119}$$

Die von p_i verursachten Spannungen σ_r und σ_ϑ erfüllen die Gleichgewichtsbedingungen. Somit erfüllen auch die von δp_i verursachten virtuellen Spannungen $\delta\sigma_r$ und $\delta\sigma_\vartheta$ die Gleichgewichtsbedingungen. Für $r = r_a$ erhält man aus der ersten der beiden Gleichungen (4.119) $\delta\sigma_r = 0$. Demnach ist die statische Randbedingung $\delta t_r^{(n)} = \delta\sigma_r\,n_r = 0$ am Außenrand erfüllt. Da u am Innenrand zu $\bar{u}$ vorgegeben ist, liegt dort für $\delta t_r^{(n)}$ keine Randbedingung vor. Man erhält $\delta t_r^{(n)}$ für den Innenrand mit Hilfe von $\delta t_r^{(n)} = \delta\sigma_r\,n_r = -\delta\sigma_r$ und der aus der ersten der beiden Gleichungen (4.119) für $r = r_i$ folgenden Beziehung $\delta\sigma_r = -\delta p_i$ zu

$$\delta t_r^{(n)} = \delta p_i\,. \tag{4.120}$$

Für $z = \pm h/2$ ist die statische Randbedingung $\delta t_r^{(n)} = \delta\sigma_r\,n_r = 0$ wegen $n_r = 0$ erfüllt. Wegen $v = 0$ liegt für $\delta t_\vartheta^{(n)}$ keine statische Randbedingung vor. Da, wie bereits erwähnt, für jeden Punkt des Zylinders $\delta t_z^{(n)} = 0$ gilt, ist die entsprechende Randbedingung für $\delta t_z^{(n)}$ erfüllt. Somit sind δp_i, $\delta\sigma_r$ und $\delta\sigma_\vartheta$ statisch zulässige virtuelle äußere bzw. innere Kräfte.

Einsetzen von (4.118), (4.120) und (4.119) sowie von $dV = 2r\pi\, h\, dr$ *in (4.117) ergibt unter Berücksichtigung von* $S^u = 2r_i\pi h$

$$-\frac{1}{E}\frac{r_i}{\left(\dfrac{r_a}{r_i}\right)^2 - 1}\left[(1-\nu) + (1+\nu)\left(\frac{r_a}{r_i}\right)^2\right] p_i\,\delta p_i + \bar{u}\,\delta p_i = 0\ . \tag{4.121}$$

Division von (4.121) durch δp_i *führt auf*

$$p_i = \frac{\left(\dfrac{r_a}{r_i}\right)^2 - 1}{r_i}\frac{E}{(1-\nu) + (1+\nu)\left(\dfrac{r_a}{r_i}\right)^2}\,\bar{u}\ . \tag{4.122}$$

Dieses Ergebnis stimmt mit dem für $p_a = 0$, $\sigma_0 = 0$ *und* $r = r_i$ *aus der ersten der beiden Gleichungen (3.342) erhaltenen Ergebnis überein. (3.342) wurde durch Anpassung der allgemeinen Lösung der Differentialgleichung (3.339) an die Randbedingungen erhalten.*

Im vorliegenden Beispiel wurde jener Innendruck p_i gesucht, der eine vorgegebene Radialverschiebung $\bar{u}$ hervorruft. Die Fragestellung trägt dem Umstand Rechnung, dass in (4.114) vorgegebene Verschiebungen aufscheinen. Umgekehrt kann man nach der Radialverschiebung u fragen, die ein vorgegebener Innendruck $\bar{p}_i$ hervorruft. Die Ermittlung einzelner Weggrößen stellt ein wichtiges Anwendungsgebiet des Prinzips der virtuellen Kräfte dar.

4.4 Reziprozitätssätze

Reziprozitätssätze beziehen sich auf die Gleichheit zweier mathematischer Ausdrücke, in denen jeweils eine Kräftegruppe, die auf einen Körper mit dem Volumen V und der Oberfläche S einwirkt, mit den Verschiebungen zufolge einer zweiten Kräftegruppe verknüpft ist. Auf der Basis dieser gegenseitigen Gleichheit können statische Probleme der linearen Elastizitätstheorie mit Hilfe bekannter Lösungen anderer Probleme derselben Kategorie gelöst werden.

Die erste Kräftegruppe – $\mathbf{f}$ in V und $\mathbf{t}^{(n)}$ auf S^t – rufe die Verschiebungen $\mathbf{u}$, die Verzerrungen $\boldsymbol{\varepsilon}$ und die Spannungen $\boldsymbol{\sigma}$ hervor und die zweite Kräftegruppe – $\mathbf{f}^*$ in V und $\mathbf{t}^{(n)*}$ auf S^t – die Verschiebungen $\mathbf{u}^*$, Verzerrungen $\boldsymbol{\varepsilon}^*$ und Spannungen $\boldsymbol{\sigma}^*$. σ^*_{ij} und f^*_i sowie σ_{ij} und f_i erfüllen die Gleichgewichtsbedingungen. Gleichung (4.105) setzt voraus, dass $\delta\sigma_{ij}$ und δf_i den Gleichgewichtsbedingungen genügen. Folglich darf $\delta\sigma_{ij}$, δf_i und $\delta t_i^{(n)}$ in (4.105) durch $\varepsilon\,\sigma^*_{ij}$, $\varepsilon\, f^*_i$ und $\varepsilon\, t_i^{(n)*}$ mit ε als konstantem Parameter von infinitesimaler Größe ersetzt werden. Das führt nach Division durch ε auf die Beziehung

$$-\int_V \sigma^*_{ij}\,\varepsilon_{ij}\,dV + \int_V f^*_i\,u_i\,dV + \int_S t_i^{(n)*}\,u_i\,dS = 0\ . \tag{4.123}$$

Geht man von der zweiten Kräftegruppe aus, so erhält man die zu (4.123) analoge Beziehung

$$-\int_V \sigma_{ij}\,\varepsilon^*_{ij}\,dV + \int_V f_i\,u^*_i\,dV + \int_S t_i^{(n)}\,u^*_i\,dS = 0\ . \tag{4.124}$$

Eine der Voraussetzungen der linearen Elastizitätstheorie ist linear elastisches Materialverhalten. Folglich kann man die Spannungen im ersten Integral in (4.123) bzw. (4.124) mit Hilfe des verallgemeinerten HOOKE'schen Gesetzes (3.254) durch die Verzerrungen ausdrücken:

$$\sigma_{ij}^* = C_{ijkl}\,\varepsilon_{kl}^* \quad \text{bzw.} \quad \sigma_{ij} = C_{ijkl}\,\varepsilon_{kl} \ . \tag{4.125}$$

Aufgrund der Symmetrie des Elastizitätstensors $\mathbf{C}$ sind die Integranden dieser beiden Integrale gleich:

$$C_{ijkl}\,\varepsilon_{kl}^*\,\varepsilon_{ij} = C_{ijkl}\,\varepsilon_{kl}\,\varepsilon_{ij}^* \ . \tag{4.126}$$

Subtrahiert man (4.123) von (4.124), so erhält man bei Beachtung von (4.126)

$$\int_V f_i\,u_i^*\,dV + \int_S t_i^{(n)}\,u_i^*\,dS = \int_V f_i^*\,u_i\,dV + \int_S t_i^{(n)*}\,u_i\,dS \ . \tag{4.127}$$

Berücksichtigung der Randbedingungen

$$\begin{aligned} u_i &= \bar{u}_i \ , & u_i^* &= \bar{u}_i^* & &\text{auf } S^u \ , \\ t_i^{(n)} &= \bar{t}_i^{(n)} \ , & t_i^{(n)*} &= \bar{t}_i^{(n)*} & &\text{auf } S^t \ , \end{aligned} \tag{4.128}$$

führt auf

$$\begin{aligned} &\int_V f_i\,u_i^*\,dV + \int_{S^t} \bar{t}_i^{(n)}\,u_i^*\,dS + \int_{S^u} t_i^{(n)}\,\bar{u}_i^*\,dS = \\ &\quad = \int_V f_i^*\,u_i\,dV + \int_{S^t} \bar{t}_i^{(n)*}\,u_i\,dS + \int_{S^u} t_i^{(n)*}\,\bar{u}_i\,dS \ . \end{aligned} \tag{4.129}$$

Im Falle homogener kinematischer Randbedingungen, $u_i = \bar{u}_i = \bar{u}_i^* = 0$, wird (4.129) zu

$$\int_V f_i\,u_i^*\,dV + \int_{S^t} \bar{t}_i^{(n)}\,u_i^*\,dS = \int_V f_i^*\,u_i\,dV + \int_{S^t} \bar{t}_i^{(n)*}\,u_i\,dS \ . \tag{4.130}$$

(4.130) wird als Satz von BETTI* bezeichnet. Er drückt die gegenseitige Gleichheit der mechanischen Arbeit aus, die von einer Kräftegruppe an den von einer zweiten Kräftegruppe hervorgerufenen Verschiebungen geleistet wird. Mit Hilfe des Satzes von BETTI kann man bei Kenntnis der von der Kräftegruppe f_i^* und $\bar{t}_i^{(n)*}$ hervorgerufenen Verschiebungen u_i^* die von der Kräftegruppe f_i und $\bar{t}_i^{(n)}$ hervorgerufenen Verschiebungen u_i bestimmen.

Gleichung (4.130) wird im Folgenden für zwei Kräftegruppen, die jeweils nur aus einer Einzellast bestehen, spezialisiert. In der Kontinuumsmechanik stellen Einzellasten Idealisierungen dar. Bei den zwei gegenständlichen Einzellasten $\mathbf{P}$ und $\mathbf{P}^*$ handelt es sich um die Resultierenden von Oberflächenkräften $\bar{\mathbf{t}}^{(n)}$ und $\bar{\mathbf{t}}^{(n)*}$ mit im Vergleich zur Oberfläche des Körpers sehr kleinen Wirkungsflächen. Die erwähnte Spezialisierung liefert

$$P_i(\mathbf{x})\,u_i^*(\mathbf{x}) = P_i^*(\mathbf{x}^*)\,u_i(\mathbf{x}^*) \quad \text{bzw.} \quad \mathbf{P}(\mathbf{x})\cdot\mathbf{u}^*(\mathbf{x}) = \mathbf{P}^*(\mathbf{x}^*)\cdot\mathbf{u}(\mathbf{x}^*) \ , \tag{4.131}$$

oder ausführlich angeschrieben,

$$P_1\,u_1^* + P_2\,u_2^* + P_3\,u_3^* = P_1^*\,u_1 + P_2^*\,u_2 + P_3^*\,u_3 \ . \tag{4.132}$$

*ENRICO BETTI (1823–1892)

x Wählt man $|\mathbf{P}| = 1$ und $|\mathbf{P}^*| = 1$, so kann man die linke Seite von (4.132) durch $|\mathbf{P}|$ und die rechte Seite durch $|\mathbf{P}^*|$ dividieren. Man erhält dann

$$\frac{P_1}{|\mathbf{P}|}u_1^* + \frac{P_2}{|\mathbf{P}|}u_2^* + \frac{P_3}{|\mathbf{P}|}u_3^* = \frac{P_1^*}{|\mathbf{P}^*|}u_1 + \frac{P_2^*}{|\mathbf{P}^*|}u_2 + \frac{P_3^*}{|\mathbf{P}^*|}u_3 \,. \tag{4.133}$$

$P_i/|\mathbf{P}|$ bzw. $P_i^*/|\mathbf{P}^*|$ ist der Kosinus des Winkels, den der Vektor $\mathbf{P}$ bzw. $\mathbf{P}^*$ mit der x_i-Achse einschließt. Aus (4.133) folgt somit

$$u_1^* \cos\alpha_1 + u_2^* \cos\alpha_2 + u_3^* \cos\alpha_3 = u_1 \cos\alpha_1^* + u_2 \cos\alpha_2^* + u_3 \cos\alpha_3^* \,. \tag{4.134}$$

Die linke Seite von (4.134) entspricht der Komponente der von $\mathbf{P}^*$ verursachten Verschiebung $\mathbf{u}^*$ des Angriffspunktes $\mathbf{x}$ der Einzellast $\mathbf{P}$ in Richtung von $\mathbf{P}$, also dem Arbeitsweg von $\mathbf{P}$, und die rechte Seite von (4.134) der Komponente der von $\mathbf{P}$ verursachten Verschiebung $\mathbf{u}$ des Angriffspunktes $\mathbf{x}^*$ der Einzellast $\mathbf{P}^*$ in Richtung von $\mathbf{P}^*$, also dem Arbeitsweg von $\mathbf{P}^*$. Dieser Sonderfall des Satzes von BETTI besagt, dass zwei Einzelkräfte vom Betrag eins gegenseitig gleiche Arbeitswege erzeugen. Er wird als Satz von MAXWELL[**] bezeichnet. Für den Sonderfall eines ebenen Problems ist die Aussage des Satzes von MAXWELL in Abb. 4.6 dargestellt.

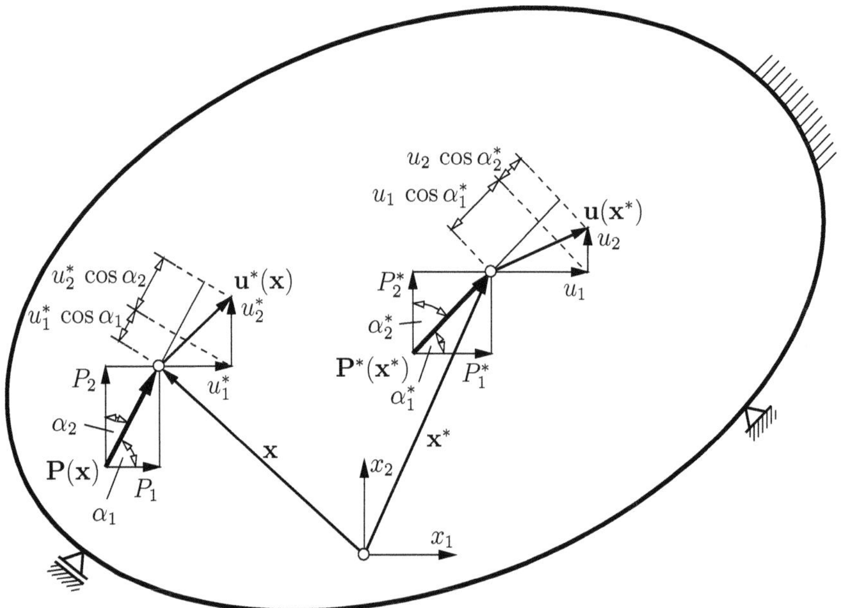

Abb. 4.6: Zum Satz von MAXWELL

[**]JAMES CLERK MAXWELL (1831–1879)

Literaturverzeichnis

[Fung (1965)] Y.C. Fung, *Foundations of Solid Mechanics*, Prentice-Hall, Englewood Cliffs, New Jersey, 1965.

[Hofstetter/Mang (1995)] G. Hofstetter und H.A. Mang, *Computational Mechanics of Reinforced Concrete Structures*, Verlag Vieweg & Sohn, Braunschweig, 1995.

[Marsden/Tromba (1988)] J.E. Marsden und A.J. Tromba, *Vector Calculus*, 3rd edition, Freeman, New York, 1988.

[Wylie/Barrett (1982)] C.R. Wylie und L.C. Barrett, *Advanced Engineering Mathematics*, McGraw-Hill, New York, 1982.

[Zienkiewicz/Taylor (2000)] O.C. Zienkiewicz und R.L. Taylor, *The Finite Element Method*, 5th edition, Volume 1: The Basis, Volume 2: Solid Mechanics, Volume 3: Fluid Dynamics, Arnold, London, 2000.

Kapitel 5

Energieprinzipien

5.1 Mechanische Energie

Der Begriff *Energie* steht für *gespeicherte Arbeitsfähigkeit* bzw. für *Arbeitsvermögen*. Eine von mehreren Energieformen ist die mechanische Energie. Sie setzt sich aus

- der Verzerrungsenergie,
- dem Potential der äußeren Kräfte und
- der kinetischen Energie

zusammen. Die als Verzerrungsenergiedichte bezeichnete spezifische Verzerrungsenergie ist das Potential der Spannungen (siehe Abschnitt 3.3.6). Deshalb wird die Verzerrungsenergie auch Potential der inneren Kräfte bzw. innere Energie genannt. Als äußere Energie bezeichnet man dementsprechend das Potential der äußeren Kräfte. Es besteht aus dem Potential der Volumenkräfte und dem der Oberflächenkräfte.

Kräfte müssen nicht über Potentiale verfügen. Die Existenz von Potentialen hat allerdings weitreichende positive Folgen. Eine davon ist die Symmetriebedingung (3.260), der die Komponenten C_{ijkl} des Elastizitätstensors genügen. Diese Bedingung ist eine Konsequenz des Vorhandenseins eines Potentials in Form der Verzerrungsenergiedichte $U_0(\varepsilon_{ij})$. Eine Folge der Existenz eines Potentials der inneren und äußeren Kräfte stellt die Möglichkeit dar, die Stabilität von Gleichgewichtslagen mittels eines statischen anstatt eines dynamischen Kriteriums zu überprüfen (siehe Unterkapitel 9.2). Sie beruht darauf, dass die mechanische Energie bei Vorliegen solcher Potentiale erhalten bleibt (siehe Unterkapitel 5.2). Die beiden beispielhaft angeführten Konsequenzen der Existenz von Potentialen sind sowohl von grundlegender als auch rechenökonomischer Bedeutung.

5.2 Satz von der Erhaltung der mechanischen Energie

Durch Ersetzen von δu_i und $\delta\varepsilon_{ij}$ in (4.7) durch $du_i = \dot{u}_i\,dt$ bzw. $d\varepsilon_{ij} = \dot{\varepsilon}_{ij}\,dt$ (siehe Gleichung (3.237)) erhält man

$$-\int_V \sigma_{ij}\,d\varepsilon_{ij}\,dV + \int_V f_i\,du_i\,dV + \int_S t_i^{(n)}\,du_i\,dS - \int_V \rho b_i\,du_i\,dV = 0\,, \qquad (5.1)$$

H. A. Mang und G. Hofstetter, *Festigkeitslehre*,
https://doi.org/10.1007/978-3-662-57564-2_5

mit

$$dA_{in} = -\int_V \sigma_{ij}\, d\varepsilon_{ij}\, dV\,, \tag{5.2}$$

$$dA_{ex} = \int_V f_i\, du_i\, dV + \int_S t_i^{(n)}\, du_i\, dS \tag{5.3}$$

und

$$dA_{tr} = -\int_V \rho b_i\, du_i\, dV \tag{5.4}$$

als der von den inneren bzw. äußeren Kräften und den Trägheitskräften während dt geleisteten Arbeit. Das dritte Integral in (5.1) erstreckt sich deshalb über die gesamte Oberfläche des Körpers, weil zeitlich veränderliche geometrische Randbedingungen zugelassen sind. Demgegenüber erstreckt sich das dritte Integral in (4.13) nur über S^t, weil auch bei solchen Randbedingungen die virtuellen Verschiebungen auf S^u verschwinden müssen.

Der von (5.1) ausgehende Beweis des Satzes von der Erhaltung der mechanischen Energie beruht auf der Annahme der Existenz des betreffenden Potentials. Obwohl (5.1) die Berücksichtigung großer Verschiebungen und Verschiebungsableitungen zuließe, ist dieser Beweis auf den Sonderfall kleiner Verschiebungen und Verschiebungsableitungen beschränkt. Diese Beschränkung erlaubt es, die inneren und äußeren Kräfte sowie die Trägheitskräfte näherungsweise auf die Referenzkonfiguration zu beziehen. Für den allgemeinen Fall wäre eine Beweisführung auf der Grundlage der LAGRANGE'schen Beschreibungsweise günstiger.

Entsprechend der erwähnten Annahme wird vorausgesetzt, dass Potentiale $U_0(\varepsilon_{ij})$, $W_0^V(u_i)$ und $W_0^S(u_i)$ vorhanden sind, aus denen σ_{ij} bzw. f_i und $t_i^{(n)}$ zu

$$\sigma_{ij} = \frac{\partial U_0}{\partial \varepsilon_{ij}}\,, \tag{5.5}$$

$$f_i = -\frac{\partial W_0^V}{\partial u_i}\,, \tag{5.6}$$

$$t_i^{(n)} = -\frac{\partial W_0^S}{\partial u_i} \tag{5.7}$$

folgen.
Beispiele für U_0, W_0^V und W_0^S sind

$$U_0 = \frac{1}{2} C_{ijkl}\, \varepsilon_{ij}\, \varepsilon_{kl}\,, \tag{5.8}$$

$$W_0^V = -f_i\, u_i + c_V\,, \tag{5.9}$$

$$W_0^S = -t_i^{(n)}\, u_i + c_S\,. \tag{5.10}$$

Gleichung (5.8) genügt der Definition $U_0(\varepsilon_{ij} = 0) = 0$; c_V und c_S in (5.9) bzw. (5.10) sind unwesentliche Konstanten.

U_0 laut (5.8) ist das Potential der Spannungen für den Sonderfall eines linear elastischen Werkstoffs. Die Existenz einer solchen Zustandsfunktion folgt aus der für elastisches Materialverhalten charakteristischen Unabhängigkeit der Verzerrungen von der Belastungsgeschichte. Einsetzen von (5.8) in (5.5) ergibt

$$\sigma_{ij} = C_{ijkl}\, \varepsilon_{kl}\,. \tag{5.11}$$

Dabei handelt es sich um das verallgemeinerte HOOKE'sche Gesetz (3.254). Die Beziehungen (5.5), (5.8) und (5.11) verdeutlichen, dass die Spannungen nur von den aktuellen Verzerrungen abhängen. Allgemein ist das ein Kennzeichen elastischen Werkstoffverhaltens. Die Existenz eines Potentials der inneren Kräfte ist also nicht auf den angeführten Sonderfall von linearer Elastizität beschränkt.

W_0^V laut (5.9) ist das Potential der Volumenkräfte für den Sonderfall der Unabhängigkeit dieser Kräfte vom Verschiebungszustand des betrachteten Körpers. Als Beispiel für solche Kräfte sei die Schwerkraft angeführt (Abb. 5.1a). Wenn die x_3-Achse in Richtung des Erdmittelpunktes zeigt, gilt für das spezifische Potential der Schwerkraft

$$W_0^V = -\rho\, g\, u_3 + c_V \; . \tag{5.12}$$

Einsetzen von (5.12) in (5.6) ergibt die Schwerkraft $f_3 = \rho\, g$. W_0^S laut (5.10) ist das Potential der Oberflächenkräfte für den Sonderfall der Unabhängigkeit dieser Kräfte vom Verschiebungszustand. Äußere Kräfte, die über ein Potential verfügen, werden als konservative Kräfte bezeichnet. Konservativ können auch verschiebungsabhängige Kräfte sein. Abb. 5.1b enthält ein Beispiel für verschiebungsabhängige Kräfte.
Im Falle der Existenz von U_0, W_0^V und W_0^S gilt

$$\sigma_{ij}\, d\varepsilon_{ij} = \frac{\partial U_0}{\partial \varepsilon_{ij}}\, d\varepsilon_{ij} = dU_0 \; , \tag{5.13}$$

$$f_i\, du_i = -\frac{\partial W_0^V}{\partial u_i}\, du_i = -dW_0^V \; , \tag{5.14}$$

$$t_i^{(n)}\, du_i = -\frac{\partial W_0^S}{\partial u_i}\, du_i = -dW_0^S \; . \tag{5.15}$$

Die negativen Vorzeichen in (5.14) und (5.15) tragen dem Umstand Rechnung, dass der Verrichtung von Arbeit durch die äußeren Kräfte eine Abnahme des Potentials dieser Kräfte entspricht.

Um auch den Integranden des letzten Integrals in (5.1) als Änderung eines Potentials während dt darstellen zu können, ist eine Umformung dieses Integranden erforderlich. Der Geschwindigkeitsvektor $\mathbf{v}$ und der Beschleunigungsvektor $\mathbf{b}$ des Punktes $\mathbf{x}(\mathbf{X}, t)$ sind zu

$$\mathbf{v} = \lim_{\Delta t \to 0} \frac{\Delta \mathbf{x}}{\Delta t} = \dot{\mathbf{x}} \qquad \text{bzw.} \qquad \mathbf{b} = \lim_{\Delta t \to 0} \frac{\Delta \mathbf{v}}{\Delta t} = \dot{\mathbf{v}} \tag{5.16}$$

Abb. 5.1: (a) Verschiebungsunabhängige und (b) verschiebungsabhängige Kräfte

definiert. Da der vorliegende Beweis auf den Sonderfall kleiner Verschiebungen und Verschiebungsableitungen beschränkt ist, dürfen die Trägheitskräfte, wie bereits erwähnt, näherungsweise auf die Referenzkonfiguration bezogen werden. Bei einer solchen Bezugnahme ergibt sich der Beschleunigungsvektor wegen der Unabhängigkeit des Ortsvektors $\mathbf{X}$ von t zu

$$\mathbf{b}(\mathbf{X},t) = \dot{\mathbf{v}}(\mathbf{X},t) = \frac{\partial \mathbf{v}}{\partial t}(\mathbf{X},t)\,. \tag{5.17}$$

Unter Berücksichtigung von (5.17), des aus (3.2) folgenden Zusammenhanges $d\mathbf{u} = d\mathbf{x}$ sowie der ersten der beiden Gleichungen (5.16) erhält man den Integranden des letzten Integrals in (5.1) zu

$$\rho\, b_i\, du_i = \rho \frac{\partial v_i}{\partial t}\, dx_i = \rho \frac{\partial v_i}{\partial t} \frac{\partial x_i}{\partial t}\, dt = \rho \frac{\partial x_i}{\partial t} \frac{\partial v_i}{\partial t}\, dt = \rho\, v_i\, dv_i\,. \tag{5.18}$$

Bei kleinen Verschiebungen und Verschiebungsableitungen darf ρ als konstant angesehen werden. Demnach ist $\rho\, v_i\, dv_i$ gleich der Änderung der auf die Volumeneinheit bezogenen kinetischen Energie

$$K_0 = \frac{1}{2}\rho\, v_i\, v_i \tag{5.19}$$

während dt. Aus (5.18) und (5.19) folgt somit

$$\rho\, b_i\, du_i = \rho\, v_i\, dv_i = \frac{\partial K_0}{\partial v_i}\, dv_i = dK_0\,. \tag{5.20}$$

Eintragen von (5.13) bis (5.15) sowie von (5.20) in (5.1) führt auf

$$\begin{aligned} &\textstyle\int_V dU_0\, dV + \int_V dW_0^V\, dV + \int_S dW_0^S\, dS + \int_V dK_0\, dV = \\ &\qquad = d\left(\textstyle\int_V U_0\, dV + \int_V W_0^V\, dV + \int_S W_0^S\, dS + \int_V K_0\, dV\right) = 0\,. \end{aligned} \tag{5.21}$$

Mit

$$U = \int_V U_0\, dV \tag{5.22}$$

als der Verzerrungsenergie,

$$W^V = \int_V W_0^V\, dV \tag{5.23}$$

als dem Potential der Volumenkräfte,

$$W^S = \int_S W_0^S\, dS \tag{5.24}$$

als dem Potential der Oberflächenkräfte und

$$K = \int_V K_0\, dV \tag{5.25}$$

als der kinetischen Energie erhält man aus (5.21) die Beziehung

$$d\left(U + W^V + W^S + K\right) = 0\,. \tag{5.26}$$

Mit

$$W = W^V + W^S \tag{5.27}$$

als dem Potential der äußeren Kräfte und

$$\Pi = U + W \tag{5.28}$$

als der potentiellen Energie führt (5.26) auf

$$d(\Pi + K) = 0\,. \tag{5.29}$$

Daraus folgt

$$\Pi + K = konst. \tag{5.30}$$

Bei der Bewegung eines Körpers, dessen innere und äußere Kräfte über Potentiale verfügen, ist also die Summe aus potentieller und kinetischer Energie konstant. Man spricht von der Bewegung eines solchen Körpers als Bewegung in einem konservativen Kraftfeld.

5.3 Verzerrungsenergie, Ergänzungsenergie

Dem allgemeinen Begriff *Energie* entsprechend ist die Verzerrungsenergie U eines Körpers als die bei seiner Verformung gespeicherte Arbeitsfähigkeit definiert. Zum besseren Verständnis dieses Begriffs denkt man sich die Belastung so langsam aufgebracht, dass die Trägheitskräfte vernachlässigt werden dürfen. In diesem Fall ist

$$dU = \int_V dU_0\, dV = dA_{ex}\,, \tag{5.31}$$

wovon man sich durch Spezialisierung von (5.1) für $b_i = 0$ und Berücksichtigung von (5.5) und (5.22) überzeugt. dU ist also gleich der während dt von den äußeren Kräften geleisteten Arbeit. Der Begriff *spezifische Verzerrungsenergie* bzw. *Verzerrungsenergiedichte* U_0 gewinnt an Anschaulichkeit, wenn dU_0 nicht von den Ortskoordinaten abhängt. Aus (5.31) wird dann

$$dU_0 = \frac{dA_{ex}}{V}\,. \tag{5.32}$$

Diese Beziehung trifft etwa für einen gewichtslos gedachten Würfel zu, dessen Seitenflächen $x_i = \eta_i L$, $i = 1,2,3$, durch gleichförmig verteilte Zugspannungen σ_i, $i = 1,2,3$, belastet werden. L bezeichnet die Kantenlänge des unverformten Würfels. Wegen der Beschränkung auf kleine Verschiebungen und Verschiebungsableitungen darf η_i, $i = 1,2,3$, gleich eins gesetzt werden. Die Kräfte dürfen also auf die Referenzkonfiguration bezogen werden. Auf den Seitenflächen $x_i = 0$, $i = 1,2,3$, ist die geometrische Randbedingung $u_i = 0$, $i = 1,2,3$, erfüllt. dA_{ex} ergibt sich in diesem Fall zu

$$dA_{ex} = \sigma_1\, du_1\, S^{(1)} + \sigma_2\, du_2\, S^{(2)} + \sigma_3\, du_3\, S^{(3)} \tag{5.33}$$

mit

$$S^{(1)} = S^{(2)} = S^{(3)} = L^2 \tag{5.34}$$

als den Flächeninhalten der Seitenflächen des unverformten Würfels. Aus der Konstanz der Spannungen folgt die Konstanz der Dehnungen und daraus die Linearität der Verschiebungsverläufe $u_1(x_1)$, $u_2(x_2)$ und $u_3(x_3)$. Somit ist

$$du_1 = L\, d\varepsilon_1\,, \qquad du_2 = L\, d\varepsilon_2\,, \qquad du_3 = L\, d\varepsilon_3\,. \tag{5.35}$$

Setzt man (5.34) und (5.35) in (5.33) ein, so erhält man

$$dA_{ex} = (\sigma_1\, d\varepsilon_1 + \sigma_2\, d\varepsilon_2 + \sigma_3\, d\varepsilon_3)\, V \tag{5.36}$$

mit

$$V = L^3 \tag{5.37}$$

als dem Volumen des unverformten Würfels. Eintragen von (5.36) in (5.32) ergibt

$$dU_0 = \sigma_1\, d\varepsilon_1 + \sigma_2\, d\varepsilon_2 + \sigma_3\, d\varepsilon_3\,. \tag{5.38}$$

Diese Beziehung ist mit der für Hauptachsen spezialisierten Definitionsgleichung (5.13) für dU_0 identisch.

dU_0 kann nicht von der Wahl des Koordinatensystems abhängen. Folglich darf sich dU_0 bei einer Drehung des Bezugssystems nicht ändern. Zum Beweis dieser Invarianz wird dU_0 in einem rechtwinkeligen kartesischen Koordinatensystem mit den Achsen x'_i, $i = 1, 2, 3$, formuliert, das aus einer Drehung des ursprünglichen orthogonalen kartesischen Koordinatensystems mit den Achsen x_i, $i = 1, 2, 3$, hervorgegangen ist. Für das gedrehte Koordinatensystem gilt analog zu (5.13)

$$dU'_0 = \sigma'_{ij}\, d\varepsilon'_{ij}\,. \tag{5.39}$$

Einsetzen der Transformationsbeziehung für die Spannungen (siehe Gleichung (3.133)) und der für die Verzerrungen (siehe Gleichung (3.43)) in (5.39) ergibt

$$dU'_0 = n_{ik}\, n_{jl}\, \sigma_{kl}\, n_{im}\, n_{jn}\, d\varepsilon_{mn}\,. \tag{5.40}$$

Daraus folgt mit $n_{ik}\, n_{im} = \delta_{km}$ und $n_{jl}\, n_{jn} = \delta_{ln}$ (siehe Gleichung (2.41))

$$dU'_0 = \delta_{km}\, \delta_{ln}\, \sigma_{kl}\, d\varepsilon_{mn} = \sigma_{kl}\, d\varepsilon_{kl} = dU_0\,. \tag{5.41}$$

Damit ist die Invarianz von dU_0 bei einer Drehung des Koordinatensystems bewiesen. Mit Hilfe der zweiten der beiden Gleichungen (3.237) lässt sich (5.13) zu

$$dU_0 = \sigma_{ij}\, \dot{\varepsilon}_{ij}\, dt \tag{5.42}$$

schreiben. Integration von dU_0 über t ergibt die Verzerrungsenergiedichte:

$$U_0 = \int_0^t \sigma_{ij}\, \dot{\varepsilon}_{ij}\, dt\,. \tag{5.43}$$

Durch Integration von U_0 über V erhält man die Verzerrungsenergie:

$$U = \int_V U_0\, dV\,. \tag{5.44}$$

Exemplarisch werden die Spannungen mittels des verallgemeinerten HOOKE'schen Gesetzes für isotrope Werkstoffe durch die Verzerrungen bei Berücksichtigung von Wärmedehnungen ausgedrückt:

$$\sigma_{ij} = 2G\left(\frac{\lambda}{2G}\,\varepsilon^{vol}\,\delta_{ij} + \varepsilon_{ij}\right) - (3\lambda + 2G)\,\alpha_T\,(T - T_0)\,\delta_{ij}\,. \tag{5.45}$$

Gleichung (5.45) ergibt sich dadurch, dass in (3.300) E und ν mittels Tabelle 3.2 durch G und λ ausgedrückt werden und für ε_{kk} entsprechend (3.70) ε^{vol} geschrieben wird. Einsetzen von (5.45) in (5.42) führt unter Berücksichtigung von (5.13) und von

$$\dot{\varepsilon}_{ij}\,\delta_{ij} = \dot{\varepsilon}^{vol} \tag{5.46}$$

auf

$$\begin{aligned} dU_0 &= \frac{\partial U_0}{\partial \varepsilon_{ij}}\,d\varepsilon_{ij} = \sigma_{ij}\,\dot{\varepsilon}_{ij}\,dt = \\ &= \left[2G\left(\frac{\lambda}{2G}\,\varepsilon^{vol}\,\dot{\varepsilon}^{vol} + \varepsilon_{ij}\,\dot{\varepsilon}_{ij}\right) - (3\lambda + 2G)\,\alpha_T\,(T - T_0)\,\dot{\varepsilon}^{vol}\right] dt\,. \end{aligned} \tag{5.47}$$

Die mit dU_0 bezeichnete Änderung von U_0 mit $d\varepsilon_{ij}$ ist wegen $T \neq T_0$ kein totales Differential. Integration über t ergibt die Verzerrungsenergiedichte:

$$U_0 = G\left[\frac{\lambda}{2G}\left(\varepsilon^{vol}\right)^2 + \varepsilon_{ij}\,\varepsilon_{ij} - \left(\frac{3\lambda}{G} + 2\right)\alpha_T\,(T - T_0)\,\varepsilon^{vol}\right]. \tag{5.48}$$

Das Verschwinden der Integrationskonstanten trägt der Definition $U_0(\varepsilon_{ij} = 0) = 0$ Rechnung.
Spezialisierung von (5.48) für $T - T_0 = 0$ ergibt

$$U_0 = \frac{1}{2}\,\lambda\left(\varepsilon^{vol}\right)^2 + G\,\varepsilon_{ij}\,\varepsilon_{ij}\,. \tag{5.49}$$

Thermodynamischen Überlegungen zufolge muss die Verzerrungsenergiedichte für $T = T_0$ positiv definit sein [Fung (1965)]. U_0 gemäß (5.49) muss somit für $\varepsilon_{ij} \neq 0$ positiv sein. Daraus resultieren Beschränkungen für die Werkstoffkonstanten. Zur Identifizierung dieser Restriktionen benötigt man eine Form des Ausdrucks für U_0 mit zwei voneinander unabhängigen quadratischen Termen. Im Gegensatz dazu hängt der quadratische Term $\varepsilon_{ij}\,\varepsilon_{ij}$ in (5.49) von ε^{vol} ab. Mit Hilfe von (3.72) sowie von

$$e_{ij}\,\delta_{ij} = I_1^e = 0 \tag{5.50}$$

(siehe Gleichung (3.73)) und weiters von (3.71) und (3.289) erhält man aus (5.49)

$$\begin{aligned} U_0 &= \frac{1}{2}\,\lambda\left(\varepsilon^{vol}\right)^2 + G\,(e_{ij} + \varepsilon^m\,\delta_{ij})\,(e_{ij} + \varepsilon^m\,\delta_{ij}) = \\ &= \frac{1}{2}\,\lambda\left(\varepsilon^{vol}\right)^2 + G\,e_{ij}\,e_{ij} + 2G\,\varepsilon^m\,e_{ij}\,\delta_{ij} + 3G(\varepsilon^m)^2 = \\ &= \frac{1}{2}\left(\lambda + \frac{2}{3}G\right)\left(\varepsilon^{vol}\right)^2 + G\,e_{ij}\,e_{ij} = \frac{1}{2}\,K\left(\varepsilon^{vol}\right)^2 + G\,e_{ij}\,e_{ij} \end{aligned} \tag{5.51}$$

mit den beiden voneinander unabhängigen Termen $\left(\varepsilon^{vol}\right)^2$ und $e_{ij}\,e_{ij}$.
Somit ist

$$K > 0\,, \qquad G > 0 \tag{5.52}$$

die notwendige und hinreichende Bedingung für die positive Definität von U_0. Laut Tabelle 3.2 gilt

$$K = \frac{E}{3(1 - 2\nu)}\,, \qquad G = \frac{E}{2(1 + \nu)}\,. \tag{5.53}$$

Mit (5.53) ergeben sich folgende zu (5.52) äquivalente Bedingungen:

$$E > 0\,, \qquad -1 \le \nu \le \frac{1}{2}\,. \tag{5.54}$$

Im Gegensatz zu dem im Unterabschnitt 3.3.5 mittels einer Plausibilitätsüberlegung erhaltenen unteren Grenzwert $\nu = 0$ sind also negative Werte von ν grundsätzlich möglich. Bei typischen Baustoffen ist ν jedoch positiv.

Spezialisierung von (5.30) für statische Beanspruchung ergibt

$$\Pi = konst. \tag{5.55}$$

Bei statischer Beanspruchung durch konservative Kräfte bleibt also die potentielle Energie konstant.

Im Gegensatz zum Begriff *potentielle Energie* kommt dem Begriff *Ergänzungsenergie* keine physikalische Bedeutung zu. Nichtsdestoweniger stellt die Ergänzungsenergie Π^* eine bedeutende mathematische Größe dar. Das zeigt sich etwa in der zu (5.55) analogen Beziehung

$$\Pi^* = konst. \tag{5.56}$$

Man erhält sie aus (4.105) auf ähnliche Weise wie (5.30) bzw. (5.55) aus (4.7). Analog zu (5.28) gilt

$$\Pi^* = U^* + W^* \tag{5.57}$$

mit

$$U^* = \int_V U_0^*\, dV \tag{5.58}$$

und

$$W^* = W^{*V} + W^{*S} = \int_V W_0^{*V}\, dV + \int_S W_0^{*S}\, dS\,. \tag{5.59}$$

Bei (5.58) handelt es sich um die zu (5.22) analoge Beziehung für die innere Ergänzungsenergie U^* und bei (5.59) um die zu (5.27) zusammen mit (5.23) und (5.24) analoge Relation für die äußere Ergänzungsenergie W^*. Letztere besteht aus dem volumenbezogenen Anteil W^{*V} und dem oberflächenbezogenen Anteil W^{*S}. U_0^*, W_0^{*V} und W_0^{*S} sind die zu U_0, W_0^V und W_0^S analogen Ergänzungsenergiedichten. Die zu dU_0, dW_0^V und dW_0^S analogen Größen dU_0^*, dW_0^{*V} und dW_0^{*S} sind wie folgt definiert:

$$dU_0^* = \frac{\partial U_0^*}{\partial \sigma_{ij}}\, d\sigma_{ij} = \varepsilon_{ij}\, d\sigma_{ij}\,, \tag{5.60}$$

$$dW_0^{*V} = \frac{\partial W_0^{*V}}{\partial f_i}\, df_i = -u_i\, df_i\,, \tag{5.61}$$

$$dW_0^{*S} = \frac{\partial W_0^{*S}}{\partial t_i^{(n)}}\, dt_i^{(n)} = -u_i\, dt_i^{(n)}\,. \tag{5.62}$$

$U_0^*(\sigma_{ij})$ ist das Potential der Verzerrungen. $W_0^{*V}(f_i)$ und $W_0^{*S}(t_i^{(n)})$ stellen Potentiale der Verschiebungen im Inneren bzw. auf der Oberfläche des Körpers dar.

Der Begriff *Ergänzungsenergie* wird verständlich, wenn man die Definitionsgleichungen für dU_0 und dU_0^* für einen einaxialen Spannungszustand spezialisiert. Aus (5.13) und (5.60) erhält man für diesen Sonderfall

$$dU_0 = \sigma\, d\varepsilon \qquad \text{bzw.} \qquad dU_0^* = \varepsilon\, d\sigma\,. \tag{5.63}$$

Der Abb. 5.2 entnimmt man die Beziehung

$$U_0^* = \sigma\varepsilon - U_0 \,. \tag{5.64}$$

Somit stellt U_0^* den Inhalt der Fläche dar, welche die Fläche mit dem Inhalt U_0 auf ein Rechteck mit dem Flächeninhalt $\sigma\varepsilon$ ergänzt. Folglich ist bei Gültigkeit des HOOKE'schen Gesetzes $U_0^* = U_0$.

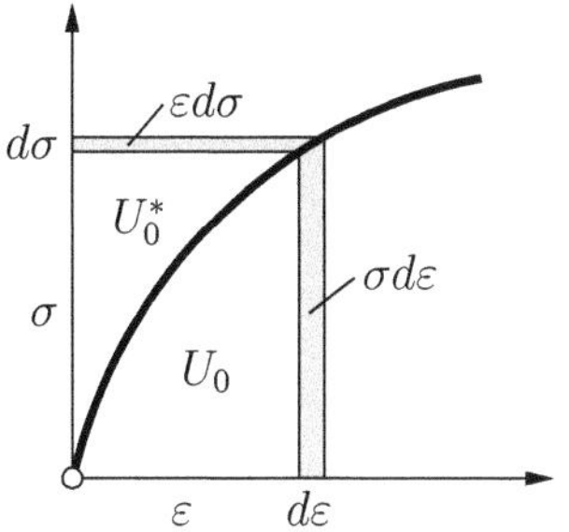

Abb. 5.2: Einaxialer Spannungszustand: Verzerrungsenergiedichte und innere Ergänzungsenergiedichte

Mit Hilfe der ersten der beiden Gleichungen (3.237) lässt sich (5.60) zu

$$dU_0^* = \varepsilon_{ij}\,\dot{\sigma}_{ij}\,dt \tag{5.65}$$

schreiben. Integration von dU_0^* über t ergibt die innere Ergänzungsenergiedichte:

$$U_0^* = \int_0^t \varepsilon_{ij}\,\dot{\sigma}_{ij}\,dt \,. \tag{5.66}$$

Exemplarisch werden die Verzerrungen mittels des verallgemeinerten HOOKE'schen Gesetzes für isotrope Werkstoffe durch die Spannungen und die Wärmedehnungen ausgedrückt:

$$\varepsilon_{ij} = \frac{1}{2G}\left(\sigma_{ij} - \frac{\lambda}{3\lambda + 2G}\,\sigma_{kk}\,\delta_{ij}\right) + \alpha_T\,(T - T_0)\,\delta_{ij} \,. \tag{5.67}$$

Gleichung (5.67) ergibt sich dadurch, dass in (3.298) E und ν mittels Tabelle 3.2 durch G und λ ausgedrückt werden. Einsetzen von (5.67) in (5.65) führt unter Berücksichtigung von (5.60) und von

$$\dot{\sigma}_{ij}\,\delta_{ij} = \dot{\sigma}_{kk} \tag{5.68}$$

auf

$$\begin{aligned} dU_0^* &= \frac{\partial U_0^*}{\partial \sigma_{ij}}\,d\sigma_{ij} = \varepsilon_{ij}\,\dot{\sigma}_{ij}\,dt \\ &= \left[\frac{1}{2G}\left(\sigma_{ij}\,\dot{\sigma}_{ij} - \frac{\lambda}{3\lambda + 2G}\,\sigma_{kk}\,\dot{\sigma}_{kk}\right) + \alpha_T\,(T - T_0)\,\dot{\sigma}_{kk}\right] dt \,. \end{aligned} \tag{5.69}$$

Die mit dU_0^* bezeichnete Änderung von U_0^* mit $d\sigma_{ij}$ ist wegen $T \neq T_0$ kein totales Differential. Einsetzen von (5.69) in (5.66) und Durchführung der Integration ergibt die innere Ergänzungsenergiedichte:

$$U_0^* = \frac{1}{4G}\left[\sigma_{ij}\,\sigma_{ij} - \frac{\lambda}{3\lambda + 2G}\,(\sigma_{kk})^2\right] + \alpha_T\,(T - T_0)\,\sigma_{kk} \,. \tag{5.70}$$

Das Verschwinden der Integrationskonstanten trägt der Definition $U_0^*(\sigma_{ij} = 0) = 0$ Rechnung.
Spezialisierung von (5.70) für $T = T_0$ ergibt

$$U_0^* = \frac{1}{4G}\left[\sigma_{ij}\,\sigma_{ij} - \frac{\lambda}{3\lambda + 2G}\,(\sigma_{kk})^2\right]. \tag{5.71}$$

Der Term $\sigma_{ij}\,\sigma_{ij}$ in (5.71) hängt von σ_{kk} ab. Mit Hilfe von (3.155) sowie der zu (5.50) analogen Beziehung

$$s_{ij}\,\delta_{ij} = I_1^s = 0 \tag{5.72}$$

und weiters von (3.156) und (3.289) erhält man aus (5.71)

$$\begin{aligned} U_0^* &= \frac{1}{4G}\left[(\sigma^m\,\delta_{ij} + s_{ij})\,(\sigma^m\,\delta_{ij} + s_{ij}) - \frac{\lambda}{3\lambda + 2G}\,(\sigma_{kk})^2\right] = \\ &= \frac{1}{4G}\left[3(\sigma^m)^2 + 2\sigma^m\,s_{ij}\,\delta_{ij} + s_{ij}\,s_{ij} - \frac{\lambda}{3\lambda + 2G}(\sigma_{kk})^2\right] = \\ &= \frac{1}{6(3\lambda + 2G)}\,(\sigma_{kk})^2 + \frac{1}{4G}\,s_{ij}\,s_{ij} = \frac{1}{18K}\,(\sigma_{kk})^2 + \frac{1}{4G}\,s_{ij}\,s_{ij} \end{aligned} \tag{5.73}$$

mit den beiden voneinander unabhängigen Termen $(\sigma_{kk})^2$ und $s_{ij}\,s_{ij}$.

5.4 Eindeutigkeitssatz von KIRCHHOFF

Die positive Definität der Verzerrungsenergiedichte ist die Grundlage eines Beweises, der auf KIRCHHOFF zurückgeht.* Der nach ihm benannte Eindeutigkeitssatz ist das Ergebnis dieses Beweises. Bewiesen wird die Eindeutigkeit des Verzerrungszustandes, den man bei Vernachlässigung von Trägheitskräften und Wärmedehnungen im Zuge der Lösung einer Aufgabe der linearen Elastizitätstheorie erhält.

Der Beweis wird indirekt geführt. Es wird angenommen, dass für eine Randwertaufgabe der linearen Elastizitätstheorie zwei verschiedene Lösungen, $u_i^{(1)}$ und $u_i^{(2)}$, vorliegen, denen zwei verschiedene Verzerrungszustände, $\varepsilon_{ij}^{(1)}$ und $\varepsilon_{ij}^{(2)}$, entsprechen. Bewiesen wird, dass die Differenz der beiden Lösungen,

$$u_i^{(1,2)} = u_i^{(1)} - u_i^{(2)}\ , \tag{5.74}$$

nur eine Starrkörperbewegung sein kann, dass also $\varepsilon_{ij}^{(1)} = \varepsilon_{ij}^{(2)}$ gelten muss. Die im Gegensatz dazu angenommene Differenz der beiden Verzerrungszustände beträgt gemäß (3.32)

$$\varepsilon_{ij}^{(1,2)} = \varepsilon_{ij}^{(1)} - \varepsilon_{ij}^{(2)} = \frac{1}{2}\left(u_{i,j}^{(1,2)} + u_{j,i}^{(1,2)}\right)\ . \tag{5.75}$$

Zwei verschiedene Verzerrungszustände bedingen zwei verschiedene Spannungszustände $\sigma_{ij}^{(1)}$ und $\sigma_{ij}^{(2)}$. Ihre Differenz beträgt

$$\sigma_{ij}^{(1,2)} = \sigma_{ij}^{(1)} - \sigma_{ij}^{(2)}\ . \tag{5.76}$$

*GUSTAV ROBERT KIRCHHOFF (1824–1887)

Beide Spannungszustände müssen die Gleichgewichtsbedingungen erfüllen. Bei Berücksichtigung von (5.76) sowie des Umstandes, dass die Volumenkräfte als vorgegebene Kräfte für beide Lösungen identisch sind, erhält man aus (3.320)

$$\sigma_{ji,j}^{(1,2)} = 0 \ . \tag{5.77}$$

Aus den geometrischen und statischen Randbedingungen folgt die für jede der drei Richtungen der Koordinatenachsen x_i, $i = 1, 2, 3$, in jedem Punkt der Oberfläche S des betrachteten Körpers geltende Beziehung

$$\left(t_i^{(n)(1)} - t_i^{(n)(2)}\right)\left(u_i^{(1)} - u_i^{(2)}\right) = 0 \tag{5.78}$$

bzw.

$$t_i^{(n)(1,2)} \ u_i^{(1,2)} = 0 \ . \tag{5.79}$$

Zur Verifizierung von (5.78) bzw. (5.79) sind die im Unterkapitel 3.4 beschriebenen drei Kategorien von Randwertaufgaben heranzuziehen. Bei der ersten Randwertaufgabe der Elastizitätstheorie gilt für jeden Punkt der Oberfläche $u_i^{(1,2)} = 0$, $i = 1, 2, 3$, und bei der zweiten Randwertaufgabe $t_i^{(n)(1,2)} = 0$, $i = 1, 2, 3$. In allen anderen Fällen liegt eine gemischte Randwertaufgabe vor.

Aus (5.79) folgt

$$\int_S t_i^{(n)(1,2)} \ u_i^{(1,2)} \, dS = 0 \ . \tag{5.80}$$

Einsetzen der aus den CAUCHY'schen Formeln (3.129) resultierenden Beziehung

$$t_i^{(n)(1,2)} = \sigma_{ji}^{(1,2)} \ n_j \tag{5.81}$$

in (5.80) und Anwendung des Divergenztheorems (2.68) ergibt

$$\begin{aligned} &\int_S \left(\sigma_{ji}^{(1,2)} \ u_i^{(1,2)}\right) n_j \, dS = \\ &= \int_V \left(\sigma_{ji}^{(1,2)} \ u_i^{(1,2)}\right)_{,j} dV = \int_V \left(\sigma_{ji,j}^{(1,2)} \ u_i^{(1,2)} + \sigma_{ji}^{(1,2)} \ u_{i,j}^{(1,2)}\right) dV = 0 \ . \end{aligned} \tag{5.82}$$

Wegen (5.77) ist der erste Term im letzten Integral in (5.82) gleich null. Bei Berücksichtigung der Symmetrie des Spannungstensors im zweiten Term des letzten Integrals in (5.82) erhält man

$$\begin{aligned} &\int_V \sigma_{ji}^{(1,2)} \ u_{i,j}^{(1,2)} \, dV = \\ &= \frac{1}{2} \int_V \left(\sigma_{ji}^{(1,2)} u_{i,j}^{(1,2)} + \sigma_{ji}^{(1,2)} u_{j,i}^{(1,2)}\right) dV = \int_V \sigma_{ij}^{(1,2)} \ \varepsilon_{ij}^{(1,2)} \, dV = 0 \, . \end{aligned} \tag{5.83}$$

Eintragen des verallgemeinerten HOOKE'schen Gesetzes (3.254) in (5.83) ergibt

$$\int_V C_{ijkl} \ \varepsilon_{ij}^{(1,2)} \ \varepsilon_{kl}^{(1,2)} \, dV = 0 \ . \tag{5.84}$$

Die Erfüllung der Bedingungen (5.54) für E und ν gewährleistet im Falle von $T = T_0$ die positive Definität von U_0. Die positive Definität der im Ausdruck (5.8) für U_0 enthaltenen quadratischen Form $C_{ijkl} \, \varepsilon_{ij} \, \varepsilon_{kl}$ verlangt die positive Definität von $\mathbf{C}$. Bei positiver Definität von $\mathbf{C}$ ist (5.84) nur für $\boldsymbol{\varepsilon}^{(1,2)} = \mathbf{0}$ erfüllt. Das bedeutet aber, dass die beiden Lösungen für die Verzerrungen im Gegensatz zur Annahme gleich sind. Die beiden Lösungen für die Verschiebungen können sich folglich nur durch eine Starrkörperverschiebung voneinander unterscheiden. Der Verschiebungszustand ist also nur dann eindeutig, wenn die Randbedingungen keine Starrkörperbewegung zulassen. Bei der zweiten Randwertaufgabe der Elastizitätstheorie ist das beispielsweise nicht der Fall.

5.5 Stationäritätsprinzipien

Stationäritätsprinzipien sind durch das Verschwinden der Variation etwa eines Energieausdrucks wie der Ergänzungsenergie Π^* oder beispielsweise eines Zeitintegrals der Form

$$\int_{t_0}^{t_1} (\Pi - K)\, dt \tag{5.85}$$

gekennzeichnet. Im Folgenden werden diese beiden exemplarisch angeführten Stationäritätsprinzipien bei Beschränkung auf kleine Verschiebungen und Verschiebungsableitungen vorgestellt. Begonnen wird mit dem Nachweis der Stationärität des Integralausdrucks (5.85).

Setzt man (5.5) bis (5.7) in (4.7) ein, so erhält man

$$\int_V \delta U_0\, dV + \int_V \delta W_0^V\, dV + \int_S \delta W_0^S\, dS + \int_V \rho\, b_i\, \delta u_i\, dV = 0 \tag{5.86}$$

mit zu (5.13) bis (5.15) analogen Ausdrücken für δU_0 bzw. δW_0^V und δW_0^S. Integration von (5.86) über ein durch zwei beliebige Zeitpunkte t_0 und t_1 begrenztes Zeitintervall ergibt

$$\int_{t_0}^{t_1} \left(\int_V \delta U_0\, dV + \int_V \delta W_0^V\, dV + \int_S \delta W_0^S\, dS + \int_V \rho\, b_i\, \delta u_i\, dV \right) dt = 0\,, \tag{5.87}$$

wobei die virtuellen Verschiebungen jetzt nicht nur als orts-, sondern auch als zeitabhängige Funktionen aufgefasst werden. Nach Vertauschung der Reihenfolge der Integrationen im letzten Term in (5.87) und Berücksichtigung von $b_i = \partial v_i / \partial t$ erhält man mittels partieller Integration

$$\begin{aligned} \int_{t_0}^{t_1} \left(\int_V \rho\, b_i\, \delta u_i\, dV \right) dt &= \int_V \left(\int_{t_0}^{t_1} \rho \frac{\partial v_i}{\partial t}\, \delta u_i\, dt \right) dV = \\ &= \int_V \rho\, v_i\, \delta u_i\, dV \Big|_{t_0}^{t_1} - \int_V \left[\int_{t_0}^{t_1} v_i\, \frac{\partial}{\partial t}\, (\rho\, \delta u_i)\, dt \right] dV\,. \end{aligned} \tag{5.88}$$

Die virtuellen Verschiebungen werden in jedem Punkt des Körpers den einschränkenden Bedingungen

$$\delta u_i(t_0) = \delta u_i(t_1) = 0 \tag{5.89}$$

unterworfen. Angesichts der Beschränkung auf kleine Verschiebungen und Verschiebungsableitungen ist es zulässig, die zeitliche Änderung von ρ zu vernachlässigen. Aus (5.88) erhält man unter diesen Voraussetzungen nach Vertauschung der Reihenfolge von Differentiation und Variation, Berücksichtigung von $v_i = \partial u_i / \partial t$ und Rückkehr zur ursprünglichen Reihenfolge der Integrationen

$$\begin{aligned} &\int_{t_0}^{t_1} \left(\int_V \rho\, b_i\, \delta u_i\, dV \right) dt = \\ &= - \int_V \left[\int_{t_0}^{t_1} v_i\, \frac{\partial}{\partial t} (\rho\, \delta u_i) dt \right] dV = - \int_V \left[\int_{t_0}^{t_1} \rho\, v_i \frac{\partial (\delta u_i)}{\partial t}\, dt \right] dV = \\ &= - \int_V \left(\int_{t_0}^{t_1} \rho\, v_i\, \delta v_i\, dt \right) dV = - \int_{t_0}^{t_1} \left(\int_V \delta K_0\, dV \right) dt \end{aligned} \tag{5.90}$$

mit

$$\delta K_0 = \rho\, v_i\, \delta v_i\,. \tag{5.91}$$

Gleichung (5.91) folgt aus (5.20) durch Ersetzen des Symbols d durch das Symbol δ. Eintragen von (5.91) in (5.87) ergibt

$$\int_{t_0}^{t_1} \left(\int_V \delta U_0 \, dV + \int_V \delta W_0^V \, dV + \int_S \delta W_0^S \, dS - \int_V \delta K_0 \, dV \right) dt = 0 \,. \tag{5.92}$$

Aus (5.92) folgt bei Beachtung von (5.22) bis (5.25)

$$\begin{aligned} \int_{t_0}^{t_1} \delta \left(\int_V U_0 \, dV + \int_V W_0^V \, dV + \int_S W_0^S \, dS - \int_V K_0 \, dV \right) dt &= \\ = \int_{t_0}^{t_1} \delta(U + W^V + W^S - K) \, dt &= 0 \,. \end{aligned} \tag{5.93}$$

Mit Hilfe von (5.27) und (5.28) erhält man aus (5.93)

$$\int_{t_0}^{t_1} \delta(\Pi - K) \, dt = \delta \int_{t_0}^{t_1} (\Pi - K) \, dt = 0 \,. \tag{5.94}$$

Damit ist die Stationärität des Integralausdrucks (5.85) bewiesen. Einsetzen der LAGRANGE'schen Funktion

$$L = \Pi - K \tag{5.95}$$

in den zweiten Ausdruck in (5.94) ergibt

$$\delta \int_{t_0}^{t_1} L \, dt = 0 \,. \tag{5.96}$$

Gleichung (5.96) stellt die mathematische Formulierung des HAMILTON'schen Prinzips dar. Diese Beziehung sagt aus, dass der wahre Bewegungsablauf eines Körpers zwischen zwei beliebigen Zeitpunkten t_0 und t_1 gegenüber allen aus ihm durch kinematisch zulässige Variationen mit den Einschränkungen $\delta u_i(t_0) = \delta u_i(t_1) = 0$ hervorgegangenen Bewegungsabläufen durch einen stationären Wert des sogenannten HAMILTON'schen Wirkungsintegrals

$$\int_{t_0}^{t_1} L \, dt \tag{5.97}$$

ausgezeichnet ist.

Damit der erste Ausdruck in (5.94) für beliebige kinematisch zulässige Variationen mit den erwähnten Einschränkungen verschwindet, muss der Integrand des betreffenden Integrals zu jedem Zeitpunkt im betrachteten Zeitabschnitt verschwinden. Es muss somit

$$\delta(\Pi - K) = \delta L = 0 \tag{5.98}$$

gelten. Die LAGRANGE'sche Funktion muss also einen stationären Wert annehmen. Für den Sonderfall von statischer Beanspruchung erhält man aus (5.98)

$$\delta \Pi = 0 \,. \tag{5.99}$$

Gleichung (5.99) stellt die mathematische Formulierung des Prinzips vom stationären Wert der potentiellen Energie dar. Diese Beziehung sagt aus, dass der wahre Verschiebungszustand gegenüber allen aus ihm durch kinematisch zulässige Variationen hervorgegangenen Verschiebungszuständen durch einen stationären Wert der potentiellen Energie ausgezeichnet ist.

Auf ähnliche Weise wie von (4.7) auf (5.86) gelangt man von (4.105) auf

$$\int_V \delta U_0^* \, dV + \int_V \delta W_0^{*V} \, dV + \int_S \delta W_0^{*S} \, dS = 0 \,. \tag{5.100}$$

Vertauschung der Reihenfolge von Integration und Variation in (5.100) führt auf

$$\delta \left(\int_V U_0^* \, dV + \int_V W_0^* \, dV + \int_S W_0^* \, dS \right) = 0 \,. \tag{5.101}$$

Ähnlich wie von (5.21) auf (5.29) gelangt man von (5.101) auf

$$\delta \Pi^* = 0 \,. \tag{5.102}$$

Gleichung (5.102) stellt die mathematische Formulierung des Prinzips vom stationären Wert der Ergänzungsenergie dar. Diese Beziehung sagt aus, dass der wahre Spannungszustand gegenüber allen aus ihm durch statisch zulässige Variationen hervorgegangenen Spannungszuständen durch einen stationären Wert der Ergänzungsenergie ausgezeichnet ist.

Beispiel 5.1:

Als Beispiel für die Anwendung des Prinzips vom stationären Wert der Ergänzungsenergie dient ein dickwandiger Zylinder, der durch gleichförmigen Innendruck p_i beansprucht wird. Gesucht ist der Innendruck p_i, der am Innenrand die Verschiebung $\bar{u}_r$ hervorruft. Es handelt sich dabei um dasselbe Beispiel, das im Abschnitt 4.3.2 mittels des Prinzips der virtuellen Kräfte gelöst worden ist.

Wegen der Gültigkeit des HOOKE'schen Gesetzes ist

$$U_0^* = U_0 = \frac{1}{2} \sigma_{ij} \, \varepsilon_{ij} \,, \tag{5.103}$$

wobei sich der obige Ausdruck für $U_0^* = U_0$ durch Einsetzen von (5.11) in (5.8) ergibt. Eintragen der durch Spezialisierung von (3.311) für Hauptachsen r, ϑ, z, $\sigma_z = 0$ und $T - T_0 = 0$ folgenden Werkstoffgleichungen (4.116) in (5.103) führt auf

$$U_0^* = \frac{1}{2E} \left[\sigma_r (\sigma_r - \nu \sigma_\vartheta) + \sigma_\vartheta (\sigma_\vartheta - \nu \sigma_r) \right] = \frac{1}{2E} (\sigma_r^2 - 2\nu \, \sigma_r \, \sigma_\vartheta + \sigma_\vartheta^2) \,. \tag{5.104}$$

Drückt man σ_r und σ_ϑ mittels (4.118) durch p_i aus, so erhält man

$$U_0^* = \frac{p_i^2}{E \left[\left(\frac{r_a}{r_i} \right)^2 - 1 \right]^2} \left[(1 - \nu) + (1 + \nu) \left(\frac{r_a}{r} \right)^4 \right] . \tag{5.105}$$

Integration von U_0^* über das Volumen ergibt die innere Ergänzungsenergie U^*:

$$\begin{aligned} U^* = \int_V U_0^* \, dV \; &= \frac{p_i^2}{E \left[\left(\frac{r_a}{r_i} \right)^2 - 1 \right]^2} \int_{r_i}^{r_a} \left[(1 - \nu) + (1 + \nu) \left(\frac{r_a}{r} \right)^4 \right] 2r\pi \, h \, dr = \\ &= \frac{1}{2} \frac{r_i \, p_i^2}{E \left[\left(\frac{r_a}{r_i} \right)^2 - 1 \right]} \left[(1 - \nu) + (1 + \nu) \left(\frac{r_a}{r_i} \right)^2 \right] S^u \end{aligned} \tag{5.106}$$

mit

$$S^u = 2r_i \, \pi \, h \tag{5.107}$$

als dem Flächeninhalt des Innenrandes.

Die einzige von null verschiedene Oberflächenkraft ist der Innendruck p_i. Mit der als vorgegeben zu betrachtenden zugehörigen Verschiebung $u_r = \bar{u}_r \equiv \bar{u}$ und der zu (4.120) analogen Beziehung $dt_r^{(n)} = dp_i$ erhält man dW_0^{*S} aus (5.62) zu

$$dW_0^{*S} = -\bar{u} \, dp_i \,. \tag{5.108}$$

Daraus folgt W_0^{*S} zu

$$W_0^{*S} = -\bar{u} \, p_i + c_S^* \,. \tag{5.109}$$

Die unwesentliche Konstante c_S^* wird gleich null gesetzt. Multiplikation von W_0^{*S} mit S^u ergibt die äußere Ergänzungsenergie W^{*S}:

$$W^{*S} = -\bar{u} \, p_i \, S^u \,. \tag{5.110}$$

Die Kraftgröße

$$P = p_i \, S^u \tag{5.111}$$

ist laut (5.110) dem gleichförmig verteilten Innendruck p_i energetisch äquivalent. Ersetzt man $p_i \, S^u$ in (5.106) und (5.110) durch P, so erhält man

$$U^* = \frac{1}{2} \frac{r_i \, P^2}{S^u \, E \left[\left(\dfrac{r_a}{r_i} \right)^2 - 1 \right]} \left[(1 - \nu) + (1 + \nu) \left(\frac{r_a}{r_i} \right)^2 \right] \tag{5.112}$$

und

$$W^{*S} = -\bar{u} P \,. \tag{5.113}$$

$\Pi^* = U^* + W^{*S}$ ist also eine Funktion von P. Folglich führt die Stationäritätsbedingung (5.102) auf

$$\delta \Pi^* = \delta \left(U^* + W^{*S} \right) = \frac{\partial}{\partial P} \left(U^* + W^{*S} \right) \delta P = 0 \,. \tag{5.114}$$

Gleichung (5.114) muss für beliebige Variationen δP erfüllt sein. Deshalb muss

$$\frac{\partial U^*}{\partial P} = -\frac{\partial W^{*S}}{\partial P} \tag{5.115}$$

gelten. Einsetzen von (5.113) in (5.115) ergibt

$$\frac{\partial U^*}{\partial P} = \bar{u} \,. \tag{5.116}$$

Ableitung des Ausdrucks (5.112) für U^* nach P liefert

$$\frac{\partial U^*}{\partial P} = \frac{r_i \, P}{S^u \, E \left[\left(\dfrac{r_a}{r_i} \right)^2 - 1 \right]} \left[(1 - \nu) + (1 + \nu) \left(\frac{r_a}{r_i} \right)^2 \right] . \tag{5.117}$$

Eintragen von (5.117) in (5.116) führt unter Berücksichtigung von (5.111) auf

$$p_i = \frac{\left(\frac{r_a}{r_i}\right)^2 - 1}{r_i} \frac{E}{(1-\nu) + (1+\nu)\left(\frac{r_a}{r_i}\right)^2} \bar{u} \,. \tag{5.118}$$

Dieses Ergebnis stimmt mit (4.122) überein.

Die Lösung des vorliegenden Beispiels mittels des Prinzips vom stationären Wert der Ergänzungsenergie bietet gegenüber der Lösung mit Hilfe des Prinzips der virtuellen Kräfte keinen Vorteil. Im Gegensatz zu Prinzipien der virtuellen Arbeiten verlangen Stationäritätsprinzipien jedoch offensichtlich die Existenz der Potentiale, deren stationäre Werte zu bestimmen sind.

Gleichung (5.116) beruht auf der Darstellung von U^* als Funktion der Kraftgröße P. Wenn n Kraftgrößen vorliegen, tritt

$$\delta\Pi^* = \frac{\partial\left(U^* + W^{*S}\right)}{\partial P_i}\,\delta P_i = 0\,, \qquad i = 1, 2, \ldots n\,, \tag{5.119}$$

an die Stelle von (5.114). Aus (5.119) folgt analog zu (5.116)

$$\frac{\partial U^*}{\partial P_i} = \bar{u}_i\,, \qquad i = 1, 2, \ldots n\,. \tag{5.120}$$

Gleichung (5.120) stellt die mathematische Formulierung des Satzes von CASTIGLIANO* dar. Er sagt aus, dass die Ableitung der Ergänzungsenergie nach einer verallgemeinerten Kraft den Arbeitsweg dieser Kraft ergibt.

5.6 Minimalprinzipien

Große Bedeutung kommt stationären Werten von Energieausdrücken in Form von Minima zu. So ist etwa die stabile Gleichgewichtslage eines nur von konservativen Kräften beanspruchten Körpers durch ein Minimum der potentiellen Energie Π gekennzeichnet (siehe Kapitel 9). Im Folgenden wird gezeigt, dass Π für einen im Gleichgewicht befindlichen Körper unter den einschränkenden Annahmen kleiner Verschiebungen und Verschiebungsableitungen sowie der Gültigkeit des verallgemeinerten HOOKE'schen Gesetzes ein Minimum ist.

Die potentielle Energie des Körpers ergibt sich aus (5.28) unter Berücksichtigung von (5.22) mit U_0 gemäß (5.8) und von (5.27) mit W^V gemäß (5.23) und W_0^V laut (5.9) für $c_V = 0$ sowie W^S gemäß (5.24) mit W_0^S entsprechend (5.10) für $c_S = 0$ zu

$$\Pi = \frac{1}{2}\int_V C_{ijkl}\,\varepsilon_{ij}\,\varepsilon_{kl}\,dV - \int_V f_i\,u_i\,dV - \int_S t_i^{(n)}\,u_i\,dS\;. \tag{5.121}$$

Der Körper wird nun bei ungeänderter Belastung virtuell verschoben. Der variierte Verschiebungszustand ist zu $\mathbf{u} + \delta\mathbf{u}$ gegeben. Formuliert man die linearen kinematischen Beziehungen für diesen Verschiebungszustand, so erhält man anstelle von (3.32)

$$\varepsilon_{ij|\mathbf{u}+\delta\mathbf{u}} = \frac{1}{2}\left[\frac{\partial}{\partial x_j}(u_i + \delta u_i) + \frac{\partial}{\partial x_i}(u_j + \delta u_j)\right] = \varepsilon_{ij|\mathbf{u}} + \delta\varepsilon_{ij|\mathbf{u}}\;. \tag{5.122}$$

---

*CARLO ALBERTO CASTIGLIANO (1847–1884) gab diesen Satz 1873 in seiner Dissertation an.

Dabei bezeichnet $\delta\varepsilon_{ij|\mathbf{u}} \equiv \delta\varepsilon_{ij}$ eine virtuelle Verzerrung, die sich unter Berücksichtigung der Vertauschbarkeit der Reihenfolge von Differentiation und Variation zu

$$\delta\varepsilon_{ij} = \frac{1}{2}\left(\delta u_{i,j} + \delta u_{j,i}\right) \tag{5.123}$$

ergibt (siehe Gleichung (4.5)). Unter der Voraussetzung der Verschiebungsunabhängigkeit der äußeren Kräfte erhält man die potentielle Energie des Körpers in der variierten Lage durch Ersetzen von u_i und ε_{ij} bzw. ε_{kl} in (5.121) durch $u_i + \delta u_i$ und $\varepsilon_{ij} + \delta\varepsilon_{ij}$ bzw. $\varepsilon_{kl} + \delta\varepsilon_{kl}$ zu

$$\begin{aligned}\Pi + \Delta\Pi \;=\; & \frac{1}{2}\int_V C_{ijkl}\left(\varepsilon_{ij} + \delta\varepsilon_{ij}\right)\left(\varepsilon_{kl} + \delta\varepsilon_{kl}\right) dV - \\ & - \int_V f_i\left(u_i + \delta u_i\right) dV - \int_S t_i^{(n)}\left(u_i + \delta u_i\right) dS \; .\end{aligned} \tag{5.124}$$

Subtraktion von (5.121) von (5.124) und Berücksichtigung des verallgemeinerten HOOKE'schen Gesetzes (3.254) ergibt

$$\Delta\Pi = \int_V \sigma_{ij}\,\delta\varepsilon_{ij}\,dV + \frac{1}{2}\int_V C_{ijkl}\,\delta\varepsilon_{ij}\,\delta\varepsilon_{kl}\,dV - \int_V f_i\,\delta u_i\,dV - \int_S t_i^{(n)}\,\delta u_i\,dS \; . \tag{5.125}$$

Die in den Variationen linearen und quadratischen Terme in (5.125) werden zu

$$\delta\Pi = \int_V \sigma_{ij}\,\delta\varepsilon_{ij}\,dV - \int_V f_i\,\delta u_i\,dV - \int_S t_i^{(n)}\,\delta u_i\,dS \tag{5.126}$$

und

$$\frac{1}{2!}\,\delta^2\Pi = \frac{1}{2}\int_V C_{ijkl}\,\delta\varepsilon_{ij}\,\delta\varepsilon_{kl}\,dV \tag{5.127}$$

zusammengefasst.

Im Weiteren wird zunächst überprüft, ob (5.126) die Stationäritätsbedingung (5.99) erfüllt. Für den Sonderfall von statischer Beanspruchung verschwindet das letzte Integral in (4.7). Die mit -1 multiplizierten verbleibenden Terme auf der linken Seite von (4.7) entsprechen dem Ausdruck für $\delta\Pi$ gemäß (5.126). Folglich gilt

$$\delta\Pi = 0 \; . \tag{5.128}$$

Die erwähnte Stationäritätsbedingung ist also erfüllt. Gleichung (5.128) ist eine notwendige, aber nicht hinreichende Bedingung für ein Minimum von Π.

Da der Elastizitätstensor $\mathbf{C}$ positiv definit ist, gilt für die quadratische Form im Integranden von (5.127)

$$C_{ijkl}\,\delta\varepsilon_{ij}\,\delta\varepsilon_{kl} \geq 0 \; , \tag{5.129}$$

wobei sich das Gleichheitszeichen auf den unmaßgeblichen Sonderfall einer Starrkörperbewegung bezieht. Somit ist

$$\delta^2\Pi > 0 \; . \tag{5.130}$$

Wegen (5.128) und (5.130) gilt

$$\Delta\Pi > 0 \tag{5.131}$$

und folglich

$$\Pi(u_i + \delta u_i) > \Pi(u_i) \; . \tag{5.132}$$

Die Beziehungen (5.128) und (5.130) sind eine hinreichende und notwendige Bedingung für ein Minimum von Π. Sie stellen die mathematische Formulierung des Prinzips vom Minimum der potentiellen Energie dar. Aus diesen Beziehungen folgt, dass der wahre Verschiebungszustand gegenüber allen aus ihm durch kinematisch zulässige Variationen hervorgegangenen Verschiebungszuständen durch ein Minimum der potentiellen Energie ausgezeichnet ist.

Analog zu (5.128) und (5.130) stellen die Beziehungen

$$\delta\Pi^* = 0 \qquad \text{und} \qquad \delta^2\Pi^* > 0 \tag{5.133}$$

mit den zu (5.126) bzw. (5.127) analogen Relationen

$$\delta\Pi^* = \int_V \delta\sigma_{ij}\,\varepsilon_{ij}\,dV - \int_V \delta f_i\,u_i\,dV - \int_S \delta t_i^{(n)}\,u_i\,dS \tag{5.134}$$

bzw.

$$\frac{1}{2!}\,\delta^2\Pi^* = \frac{1}{2}\int_V D_{ijkl}\,\delta\sigma_{ij}\,\delta\sigma_{kl}\,dV \tag{5.135}$$

die mathematische Formulierung des Prinzips vom Minimum der Ergänzungsenergie dar. Aus diesen Beziehungen folgt, dass der wahre Spannungszustand gegenüber allen aus ihm durch statisch zulässige Variationen hervorgegangenen Spannungszuständen durch ein Minimum der Ergänzungsenergie ausgezeichnet ist.

Lässt man etwa die Voraussetzung der Linearität der kinematischen Beziehungen fallen, dann ist $\delta^2\Pi$ nicht mehr notwendigerweise positiv. Die potentielle Energie ist dann folglich nicht mehr notwendigerweise ein Minimum.

Literaturverzeichnis

[Fung (1965)] Y.C. Fung, *Foundations of Solid Mechanics*, Prentice-Hall, Englewood Cliffs, New Jersey, 1965.

Kapitel 6

Lineare Stabtheorie

6.1 Allgemeines

Die Elastizitätstheorie gilt für Körper von beliebiger Form. Bei Körpern mit stark unterschiedlichen charakteristischen Abmessungen sind wesentliche Vereinfachungen dieser Theorie zulässig. Das trifft für Flächen- und Stabtragwerke zu (Abb. 6.1).

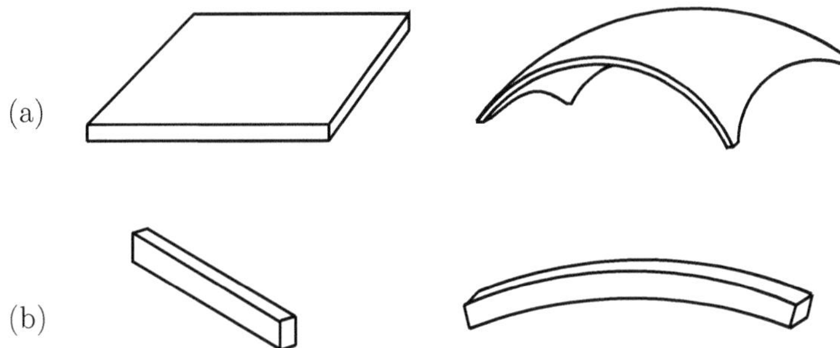

Abb. 6.1: Tragwerke mit stark unterschiedlichen charakteristischen Abmessungen: (a) Flächentragwerke, (b) Stabtragwerke

Bei Flächentragwerken ist eine charakteristische Abmessung – die Dicke – klein im Vergleich zu den beiden anderen Dimensionen. Man unterscheidet zwischen Scheiben, Platten und Schalen. Scheiben und Platten weisen in der unverformten Ausgangslage eine ebene Mittelfläche auf. Bei Scheiben bleibt die Mittelfläche bei der Verformung eben. Bei Platten erfährt sie hingegen eine Verkrümmung. Schalen weisen bereits in der unverformten Ausgangslage eine gekrümmte Mittelfläche auf.

Bei Stäben sind zwei charakteristische Abmessungen – zwei typische Querschnittsabmessungen – klein gegenüber der dritten Dimension, der Stablänge. Die Verbindungslinie aller Querschnittsschwerpunkte ist die Stabachse. Stäbe mit geraden Achsen, die bei der Verformung eine Verkrümmung erfahren, werden auch als Balken bezeichnet. Wenn bereits die unverformte Stabachse gekrümmt ist, spricht man von einem Bogen. Tragkonstruktionen bestehen entweder aus mehreren Tragelementen desselben Typs – z. B. aus Stäben – oder aus verschiedenen Typen von Tragelementen – z. B. aus Stäben und ebenen Flächentragwerken.

Die Spezialisierung der grundlegenden Gleichungen der Elastizitätstheorie für einen bestimmten Typ eines Tragelements beginnt in der Regel mit der Einführung

H. A. Mang und G. Hofstetter, *Festigkeitslehre*,
https://doi.org/10.1007/978-3-662-57564-2_6

von Hypothesen für den Spannungs- und den Formänderungszustand, die für diesen Typ in guter Näherung gelten. In Ausnahmefällen handelt es sich dabei um den exakten Spannungs- und Formänderungszustand.

Dieses Kapitel ist der linearen Stabtheorie gewidmet. Dementsprechend liegen ihm die Voraussetzungen der linearen Elastizitätstheorie zugrunde. Es handelt sich dabei um geometrische Linearität sowie um die Linearität des Werkstoffgesetzes. Erstere verlangt die Kleinheit der Verschiebungen im Vergleich zu den maßgebenden Querschnittsabmessungen und die der Verschiebungsableitungen gegen eins. Letztere entspricht der Gültigkeit des HOOKE'schen Gesetzes.

6.2 Spannungen und Schnittgrößen

In der Stabtheorie ist es üblich, mit inneren Kräften in Form von querschnittsbezogenen Spannungsresultanten zu arbeiten. Man bezeichnet sie als Schnittgrößen. Dabei handelt es sich um Schnittkräfte und Schnittmomente. Zur Definition der Schnittgrößen in einem beliebigen Querschnitt wird ein Stab betrachtet, den man sich an der betreffenden Stelle normal zur Stabachse durchschnitten denkt. Diese Definition erfolgt am positiven Schnittufer des Querschnitts (Abb. 6.2). Es ist dadurch gekennzeichnet, dass der Normalenvektor **n** in dieselbe Richtung wie die Koordinatenachse x weist.

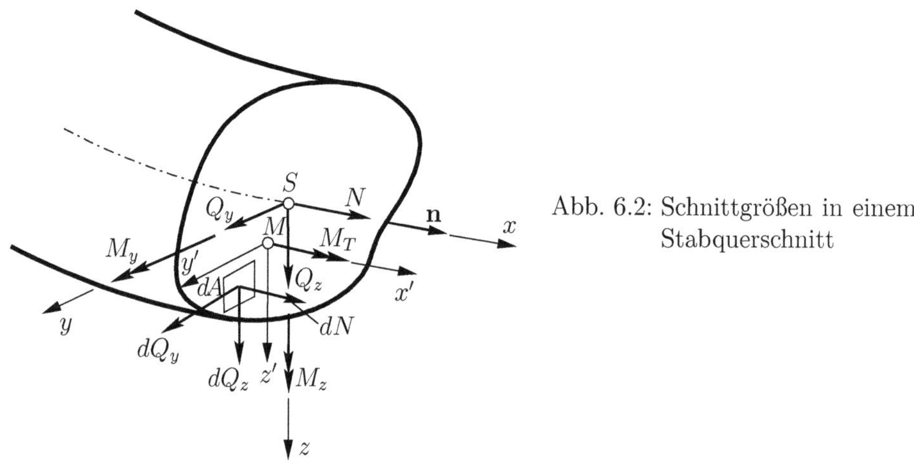

Abb. 6.2: Schnittgrößen in einem Stabquerschnitt

Es ist üblich, die Koordinatenachsen mit x, y, z und die Komponenten des Verschiebungsvektors in den Richtungen der Koordinatenachsen mit u, v, w zu bezeichnen. Bei geraden Stäben wird die x-Achse so gewählt, dass sie mit der Stabachse zusammenfällt. Bei gekrümmten Stäben stellt sie die Tangente an die Stabachse im betreffenden Querschnitt dar. Aus der Wahl der x-Achse folgt, dass die y- und die z-Achse in der Querschnittsebene liegen. Die Richtungen der beiden Achsen in der Querschnittsebene können grundsätzlich beliebig gewählt werden. Es erweist sich jedoch oft als vorteilhaft, sie mit den sogenannten Hauptachsen des Querschnitts (siehe Abschnitt 6.4.1) zusammenfallen zu lassen.

Gemäß Abb. 3.11 wirken in der Schnittebene die Spannungskomponenten $\sigma_{11} \equiv \sigma_x$, $\sigma_{12} \equiv \tau_{xy}$, $\sigma_{13} \equiv \tau_{xz}$. Die restlichen Spannungskomponenten des räumlichen Spannungszustandes werden als vernachlässigbar klein vorausgesetzt. Dementsprechend gilt

$$\sigma_{22} \equiv \sigma_y = 0 \ , \quad \sigma_{33} \equiv \sigma_z = 0 \ , \quad \sigma_{23} \equiv \tau_{yz} = 0 \ . \tag{6.1}$$

Auf ein infinitesimales Element dA der Schnittfläche A wirken die inneren Kräfte (Abb. 6.2)

$$dN = \sigma_x \, dA \ , \quad dQ_y = \tau_{xy} \, dA \ , \quad dQ_z = \tau_{xz} \, dA \ . \tag{6.2}$$

Die Schnittgrößen (Abb. 6.2) sind wie folgt definiert:

$$\begin{aligned} N &= \int_A \sigma_x \, dA \ , \quad Q_y = \int_A \tau_{xy} \, dA \ , \quad Q_z = \int_A \tau_{xz} \, dA \ , \\ M_y &= \int_A z\sigma_x \, dA \ , \quad M_z = -\int_A y\sigma_x \, dA \ , \quad M_T = \int_A (-z'\tau_{xy} + y'\tau_{xz}) \, dA \ . \end{aligned} \tag{6.3}$$

Die in Richtung der x-Achse wirkende Schnittgröße N wird als Axial- oder Normalkraft bezeichnet. Ein positiver Wert von N kennzeichnet eine Zugkraft und ein negativer eine Druckkraft. Erstere bewirkt eine Dehnung und Letztere eine Stauchung des Stabes. Die in Richtung der y- bzw. der z-Achse wirkende Schnittgröße Q_y bzw. Q_z ist die Komponente der Querkraft in der betreffenden Richtung. Durch die Querkraft wird der Stab auf Schub beansprucht. M_y und M_z sind die Komponenten des Biegemomentes in den entsprechenden Richtungen. Durch das Biegemoment wird der Stab auf Biegung beansprucht. Bei M_T handelt es sich um das Torsionsmoment, durch das der Stab auf Verdrehen beansprucht wird. Es wird zu zeigen sein, dass M_T nicht auf den Querschnittsschwerpunkt S, sondern auf den sogenannten Schubmittelpunkt M zu beziehen ist. Deshalb stehen im Ausdruck für M_T die auf M bezogenen Koordinaten y' und z' anstatt der auf S bezogenen Koordinaten y und z.

Die Schnittgrößen müssen zusammen mit der aus Volumen- und Oberflächenkräften bestehenden Belastung und den Auflagerreaktionen des betreffenden Stabteils dem Impulssatz und dem Drallsatz der Mechanik genügen [Parkus (1966), Ziegler (1998)]. Für den Sonderfall von statischer Beanspruchung folgen daraus die sechs Gleichgewichtsbedingungen für ein räumliches Kräftesystem. Es sind das die drei Gleichgewichtsbedingungen für die in den Richtungen der Koordinatenachsen x, y, z wirkenden Kräfte und die drei Gleichgewichtsbedingungen für die um die Achsen x' bzw. y und z (Abb. 6.2) wirkenden Momente.

Für ein ebenes Kräftesystem verringert sich die Zahl der Gleichgewichtsbedingungen auf drei. Dabei handelt es sich um zwei Gleichgewichtsbedingungen für die in den Richtungen der beiden Koordinatenachsen wirkenden Kräfte, welche die Wirkungsebene des Kräftesystems aufspannen, und um eine Gleichgewichtsbedingung für die um die dritte Achse wirkenden Momente.

Wenn die Gleichgewichtsbedingungen zur Berechnung der Schnittgrößen des betrachteten Stabtragwerks hinreichen, liegt statische Bestimmtheit vor. Reichen sie dafür nicht aus, ist statische Unbestimmtheit gegeben. Der Grad der statischen Unbestimmtheit ist gleich der Anzahl der zusätzlich zu den Gleichgewichtsbedingungen erforderlichen Beziehungen zur Bestimmung der Schnittgrößen. Dabei handelt es sich um Formänderungsbedingungen, also um geometrische Beziehungen. Abb. 6.3 enthält Beispiele für statisch unbestimmte ebene Systeme.

Bei dem in Abb. 6.3a dargestellten Beispiel rührt die statische Unbestimmtheit daher, dass zur Berechnung je einer Reaktionskraft an den beiden Einspannstellen nur eine Gleichgewichtsbedingung zur Verfügung steht. Dabei handelt es sich um

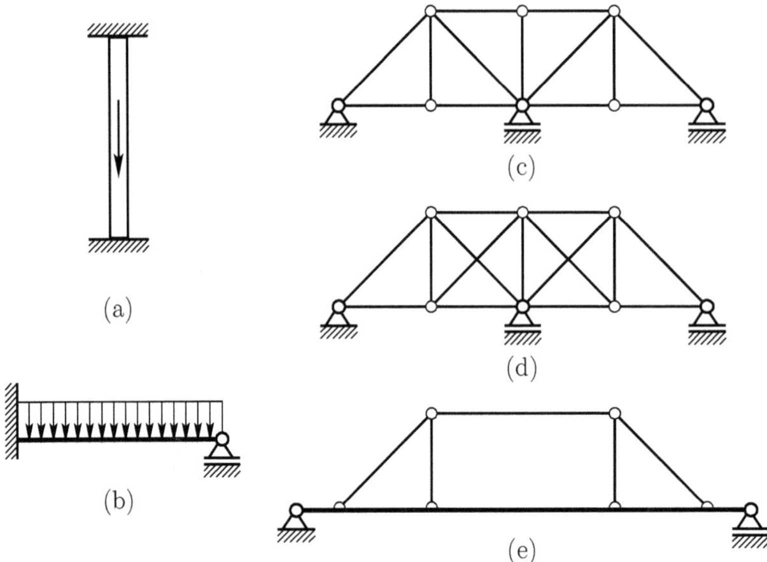

Abb. 6.3: Beispiele für statisch unbestimmte Systeme

die Gleichgewichtsbedingung für die in Richtung der Stabachse wirkenden Kräfte. Ein System, bei dem die Gleichgewichtsbedingungen nicht zur Berechnung der Auflagerreaktionen ausreichen, wird als äußerlich statisch unbestimmt bezeichnet. Im gegebenen Fall liegt also ein äußerlich einfach statisch unbestimmtes System vor. In Abb. 6.3b ist ein äußerlich einfach statisch unbestimmter Biegeträger dargestellt. Die Anzahl der Reaktionsgrößen – eine (verschwindende) horizontale und eine vertikale Auflagerkraft sowie ein Biegemoment am linken Trägerende und eine vertikale Auflagerkraft am rechten Trägerende – ist um eins größer als die Anzahl der zur Verfügung stehenden Gleichgewichtsbedingungen. Dabei handelt es sich um die Gleichgewichtsbedingungen für die in horizontaler bzw. vertikaler Richtung wirkenden Kräfte und um die Gleichgewichtsbedingung für die um eine Normale zur Zeichenebene wirkenden Momente. Die Abb. 6.3c, d betreffen ebene Fachwerke. Unter einem Fachwerk versteht man ein System, das aus gelenkig miteinander verbundenen Stäben besteht. Liegen alle Stäbe in einer Ebene, spricht man von einem ebenen, andernfalls von einem räumlichen Fachwerk. Unter den idealisierenden Annahmen, dass die Stabachsen gerade und die Gelenke reibungsfrei sind, dass sich die Achsen aller in einem bestimmten Knoten miteinander gelenkig verbundenen Stäbe in einem Punkt schneiden, und dass die äußeren Kräfte nur in den Knoten angreifen, treten in den Stäben nur Axialkräfte auf. Solche Fachwerke werden als ideale Fachwerke bezeichnet. Fachwerke, die durch eine Aneinanderreihung von Stabdreiecken entstehen, sind statisch bestimmt, wenn jeweils durch zwei Stäbe ein neuer Knoten angeschlossen wird und sie statisch bestimmt gelagert sind. Folglich ist das in Abb. 6.3c dargestellte Fachwerk äußerlich einfach statisch unbestimmt. Ein Fachwerk ist innerlich statisch unbestimmt, wenn bei bekannten Auflagerreaktionen die Gleichgewichtsbedingungen nicht zur Bestimmung der Stabkräfte ausreichen. Durch Vergleich von Abb. 6.3d mit Abb. 6.3c erkennt man, dass das in Abb. 6.3d dargestellte Fachwerk äußerlich einfach und innerlich zweifach, insgesamt also dreifach statisch unbestimmt ist. In Abb. 6.3e ist ein sogenanntes Hängewerk dargestellt. Es handelt sich dabei um ein innerlich einfach statisch unbestimmtes System, das aus einem biegesteifen Stab und Fachwerksstäben besteht.

Zur Bestimmung des Grades der statischen Unbestimmtheit ebener Stabtragwerke bedient man sich der folgenden Beziehungen:

$$\begin{aligned} n &= r - 3b && \text{für biegesteife Stäbe,} \\ n &= (s + r) - 2k && \text{für Fachwerke,} \\ n &= (s + r) - (3b + 2k) && \text{für allgemeine Stabtragwerke.} \end{aligned} \tag{6.4}$$

Dabei bezeichnet

- r die Anzahl der Reaktionsgrößen an Auflagern und zwischen biegesteifen Stäben,
- s die Anzahl der Fachwerksstäbe,
- b die Anzahl der biegesteifen Stäbe und
- k die Anzahl der Fachwerksknoten, an die nur Fachwerksstäbe angeschlossen sind.

$n = 0$ kennzeichnet ein statisch bestimmtes und $n > 0$ ein statisch unbestimmtes Stabtragwerk. Im Falle von $n > 0$ werden zusätzlich zu den Gleichgewichtsbedingungen n Formänderungsbedingungen zur Ermittlung der Schnittgrößen benötigt. $n < 0$ bedeutet, dass die aus der Art der Lagerung folgende Anzahl der Lagerungsbedingungen nicht ausreicht, um Starrkörperbewegungen zu verhindern.

Die Beziehungen (6.4) sind allerdings nur notwendige und nicht hinreichende Bedingungen für die Feststellung der statischen Bestimmtheit bzw. des Grades der statischen Unbestimmtheit eines Tragwerks.

6.3 Kinematische Hypothese

Ein bedeutendes Teilgebiet der Stabtheorie ist die Theorie der Balkenbiegung. Die einfachste Form dieser Theorie beruht auf einer fundamentalen kinematischen Hypothese. Sie besagt, dass die Stabquerschnitte bei der Verformung eben bleiben. Deshalb wird diese Hypothese als Hypothese vom Ebenbleiben der Querschnitte bezeichnet. Sie wird auch BERNOULLI'sche Hypothese genannt.*

Streng genommen bleiben die Querschnitte nur bei reiner Biegung eben. Dieser Sonderfall liegt dann vor, wenn in jeder Querschnittsfläche eines statisch beanspruchten Stabes mit unbelasteter Mantelfläche und konstantem Querschnitt nur ein Biegemoment übertragen wird. Bei Biegung mit Querkraft stellt die Annahme vom Ebenbleiben der Querschnitte in der Regel eine brauchbare Näherung dar.

6.4 Normalspannungen

Aus der BERNOULLI'schen Hypothese folgt, dass die Längenänderungen der zur Stabachse parallelen Fasern einen linearen Verlauf über den Querschnitt aufweisen. Folglich ist auch die Dehnung ε_x für einen bestimmten Querschnitt $x = konst.$ eine lineare

*JAKOB BERNOULLI (1655–1705) veröffentlichte 1694 eine Arbeit zur Theorie der Balkenbiegung, in der jedoch die Hypothese vom Ebenbleiben der Querschnitte nicht angesprochen wurde.

Funktion von y und z. Es gilt also

$$\varepsilon_x = c_1 + c_2\, y + c_3\, z \;, \tag{6.5}$$

wobei c_1, c_2, c_3 Konstanten bezeichnen. Berücksichtigung von (6.1) und (6.5) in der ersten der sechs Gleichungen (3.277) ergibt

$$\sigma_x = E(c_1 + c_2\, y + c_3\, z) \;. \tag{6.6}$$

Unter der Voraussetzung der Homogenität des Querschnitts erhält man nach Einsetzen von (6.6) in die erste, vierte und fünfte der sechs Gleichungen (6.3)

$$\begin{aligned}
N &= E\int_A (c_1 + c_2\, y + c_3\, z)\, dA = \\
&= E\, c_1 \int_A dA + E\, c_2 \int_A y\, dA + E\, c_3 \int_A z\, dA\,, \\
M_y &= E\int_A z\,(c_1 + c_2\, y + c_3\, z)\, dA = \\
&= E\, c_1 \int_A z\, dA + E\, c_2 \int_A yz\, dA + E\, c_3 \int_A z^2\, dA\,, \\
M_z &= -E\int_A y\,(c_1 + c_2\, y + c_3\, z)\, dA = \\
&= -E\, c_1 \int_A y\, dA - E\, c_2 \int_A y^2\, dA - E\, c_3 \int_A yz\, dA\,.
\end{aligned} \tag{6.7}$$

Wenn die x-Achse durch den Schwerpunkt des Querschnitts verläuft, verschwinden die Flächenmomente 1. Ordnung

$$S_y = \int_A z\, dA \;, \quad S_z = \int_A y\, dA \tag{6.8}$$

(siehe Abschnitt 6.4.1). Deshalb ist es vorteilhaft, diese Achse durch den Schwerpunkt gehen zu lassen. In diesem Fall lassen sich die Gleichungen (6.7) mit Hilfe der Flächenmomente 2. Ordnung

$$I_y = \int_A z^2\, dA \;, \quad I_z = \int_A y^2\, dA \;, \quad I_{yz} = \int_A yz\, dA \tag{6.9}$$

(siehe Abschnitt 6.4.1) zu

$$N = c_1\, EA \;, \quad M_y = c_2\, EI_{yz} + c_3\, EI_y \;, \quad M_z = -c_2\, EI_z - c_3\, EI_{yz} \tag{6.10}$$

anschreiben. Aus (6.10) folgt

$$c_1 = \frac{N}{EA} \,, \quad c_2 = -\frac{1}{E}\frac{M_z\, I_y + M_y\, I_{yz}}{I_y\, I_z - I_{yz}^2} \,, \quad c_3 = \frac{1}{E}\frac{M_y\, I_z + M_z\, I_{yz}}{I_y\, I_z - I_{yz}^2} \;. \tag{6.11}$$

Einsetzen von (6.11) in (6.6) führt auf

$$\sigma_x = \frac{N}{A} - \frac{M_z\, I_y + M_y\, I_{yz}}{I_y\, I_z - I_{yz}^2}\, y + \frac{M_y\, I_z + M_z\, I_{yz}}{I_y\, I_z - I_{yz}^2}\, z \;. \tag{6.12}$$

Eintragen von (6.11) in (6.5) ergibt die Dehnung der zur Stabachse parallelen Stabfasern im Querschnitt $x = \mathit{konst.}$ zu

$$\varepsilon_x = \frac{\sigma_x}{E} = \frac{1}{E}\left[\frac{N}{A} - \frac{M_z\, I_y + M_y\, I_{yz}}{I_y\, I_z - I_{yz}^2}\, y + \frac{M_y\, I_z + M_z\, I_{yz}}{I_y\, I_z - I_{yz}^2}\, z\right] \;. \tag{6.13}$$

Berücksichtigung von (6.1) in der zweiten und dritten der sechs Gleichungen (3.277) ergibt

$$\varepsilon_y = \varepsilon_z = -\frac{\nu}{E}\sigma_x \tag{6.14}$$

mit σ_x gemäß (6.12).

Lässt man die in der Querschnittsebene liegenden Koordinatenachsen y und z mit den Hauptachsen des Querschnitts zusammenfallen, dann ist I_{yz} gleich null (siehe Abschnitt 6.4.1). Spezialisiert man (6.12) und (6.13) für Hauptachsen und bezeichnet diese mit η und ζ, so erhält man

$$\sigma_x = \frac{N}{A} - \frac{M_\zeta}{I_\zeta}\eta + \frac{M_\eta}{I_\eta}\zeta \tag{6.15}$$

bzw.

$$\varepsilon_x = \frac{\sigma_x}{E} = \frac{1}{E}\left[\frac{N}{A} - \frac{M_\zeta}{I_\zeta}\eta + \frac{M_\eta}{I_\eta}\zeta\right] . \tag{6.16}$$

Analog zu (6.14) erhält man

$$\varepsilon_\eta = \varepsilon_\zeta = -\frac{\nu}{E}\sigma_x \tag{6.17}$$

mit σ_x gemäß (6.15).

6.4.1 Ermittlung der Flächenmomente eines Querschnitts

In den Ausdrücken für σ_x (siehe die Gleichungen (6.12) und (6.15)) scheinen Querschnittskenngrößen auf. Zu diesen Größen zählen die Querschnittsfläche A, die Flächenmomente 1. Ordnung S_y, S_z gemäß (6.8) und die Flächenmomente 2. Ordnung I_y, I_z, I_{yz} gemäß (6.9). S_y und S_z bezeichnet man auch als statische Momente des Querschnitts um die y- bzw. z-Achse. Sie werden zur Ermittlung des Querschnittsschwerpunktes benötigt. In Anlehnung an die in der Dynamik auftretenden Massenträgheitsmomente bezeichnet man I_y und I_z auch als Flächenträgheitsmomente um die y- bzw. z-Achse und I_{yz} als Deviationsmoment des Querschnitts.

Ermittlung der Flächenmomente 1. Ordnung

Die Achsen $\bar{y}$, $\bar{z}$ des gewählten Bezugsystems sind in der Querschnittsebene gelegen. Der Ursprung dieses Koordinatensystems weist eine beliebige Lage in dieser Ebene auf (Abb.6.4). Analog zu (6.8) lauten die Ausdrücke für die Flächenmomente 1. Ordnung um die $\bar{y}$- und die $\bar{z}$-Achse

$$S_{\bar{y}} = \int_A \bar{z}\,dA\ , \quad S_{\bar{z}} = \int_A \bar{y}\,dA\ . \tag{6.18}$$

Die physikalische Dimension der statischen Momente ist [Länge^3]. Je nach Wahl der Lage der Bezugsachsen weisen die statischen Momente entweder ein positives oder ein negatives Vorzeichen auf bzw. sind gleich null.

Oftmals ist es für die Rechnung zweckmäßig, einen Querschnitt in einzelne Teile zu zerlegen. Man erhält dann die Flächenmomente 1. Ordnung als Summe der statischen Momente der Teilflächen $A^{(i)}$ um die betreffende Achse zu

$$S_{\bar{y}} = \sum_{i=1}^{n} \int_{A^{(i)}} \bar{z}\,dA^{(i)}\ , \quad S_{\bar{z}} = \sum_{i=1}^{n} \int_{A^{(i)}} \bar{y}\,dA^{(i)}\ . \tag{6.19}$$

Wenn die statischen Momente um die beiden in der Querschnittsebene gelegenen Koordinatenachsen gleich null sind, fällt der Schwerpunkt der Querschnittsfläche mit dem Ursprung des gewählten Koordinatensystems zusammen. Mit y, z als zu $\bar{y}$, $\bar{z}$ paralellen Achsen dieses speziellen Koordinatensystems gilt dann

$$S_y = \int_A z\,dA = 0\ , \quad S_z = \int_A y\,dA = 0\ . \tag{6.20}$$

Für einen beliebigen Punkt der Querschnittsfläche besteht folgender Zusammenhang (Abb. 6.4)

$$\bar{y} = \bar{y}_S + y\ , \quad \bar{z} = \bar{z}_S + z\ , \tag{6.21}$$

wobei $\bar{y}_S$ und $\bar{z}_S$ die Koordinaten des Querschnittsschwerpunkts im Koordinatensystem mit den Achsen $\bar{y}$, $\bar{z}$ sind. Einsetzen von (6.21) in (6.18) ergibt

$$\begin{aligned} S_{\bar{y}} &= \int_A \bar{z}\,dA = \int_A (\bar{z}_S + z)\,dA\ , \\ S_{\bar{z}} &= \int_A \bar{y}\,dA = \int_A (\bar{y}_S + y)\,dA\ . \end{aligned} \tag{6.22}$$

Unter Berücksichtigung von (6.20) erhält man aus (6.22)

$$S_{\bar{y}} = \bar{z}_S\,A\ , \qquad S_{\bar{z}} = \bar{y}_S\,A\ . \tag{6.23}$$

Daraus folgen die Koordinaten des Schwerpunkts zu

$$\bar{z}_S = \frac{S_{\bar{y}}}{A}\ , \qquad \bar{y}_S = \frac{S_{\bar{z}}}{A}\ . \tag{6.24}$$

Für einen aus mehreren Teilflächen bestehenden Querschnitt, dessen i-te Teilfläche $A^{(i)}$ im Koordinatensystem mit den Achsen $\bar{y}$, $\bar{z}$ die Schwerpunktskoordinaten $\bar{y}_S^{(i)}$ und $\bar{z}_S^{(i)}$ aufweist, erhält man die statischen Momente des Querschnitts zu

$$S_{\bar{y}} = \sum_{i=1}^{n} \bar{z}_S^{(i)} A^{(i)}\ , \qquad S_{\bar{z}} = \sum_{i=1}^{n} \bar{y}_S^{(i)} A^{(i)}\ . \tag{6.25}$$

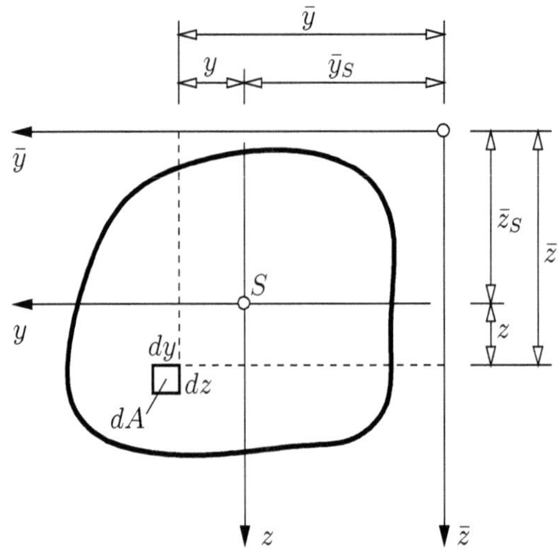

Abb. 6.4: Koordinatensysteme x, y, z und $\bar{x}, \bar{y}, \bar{z}$

Einsetzen von (6.25) in (6.24) ergibt die Koordinaten des Schwerpunkts der Querschnittsfläche.

Beispiel 6.1:

Für den in Abb. 6.5 dargestellten halbkreisförmigen Querschnitt ist der Schwerpunkt zu bestimmen. Der Querschnitt ist zur $\bar{z}$-Achse symmetrisch. Folglich muss das Integral in der zweiten der beiden Gleichungen (6.22) verschwinden. Somit ist $S_{\bar{z}} = 0$ und weiters $\bar{y}_S = 0$. Der Schwerpunkt muss also auf der Symmetrieachse liegen. Unbekannt ist daher nur die Schwerpunktskoordinate $\bar{z}_S$.

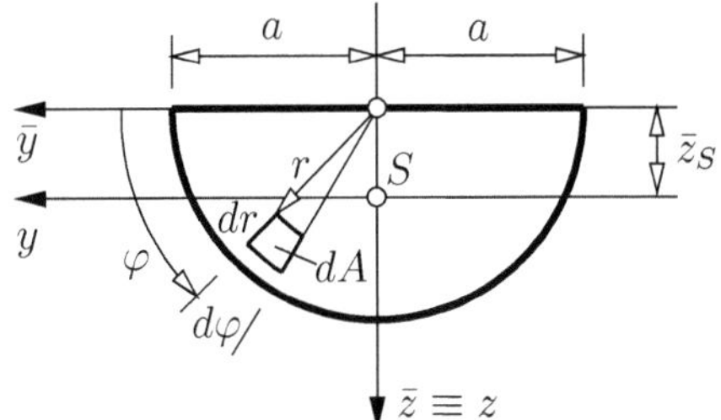

Abb. 6.5: Halbkreisförmiger Querschnitt

Ein infinitesimales Element mit dem Flächeninhalt $dA = dr\, r\, d\varphi$ weist den Normalabstand $r \sin\varphi$ von der $\bar{y}$-Achse auf. Es gilt deshalb

$$S_{\bar{y}} = \int_A \bar{z}\, dA = \int_A r \sin\varphi\, dr\, r\, d\varphi = \int_0^\pi \int_0^a r^2 \sin\varphi\, dr\, d\varphi = -\left.\frac{r^3}{3}\right|_0^a \left.\cos\varphi\right|_0^\pi = \frac{2}{3} a^3 \; . \tag{6.26}$$

Mit $A = \frac{1}{2} a^2 \pi$ folgt aus (6.24)

$$\bar{z}_S = \frac{S_{\bar{y}}}{A} = \frac{4a}{3\pi} \; . \tag{6.27}$$

Ermittlung der Flächenmomente 2. Ordnung

Für ein Bezugssystem mit den Achsen $\bar{y}$, $\bar{z}$ ergeben sich die Ausdrücke für die Flächenmomente 2. Ordnung analog zu (6.9):

$$I_{\bar{y}} = \int_A \bar{z}^2\, dA \; , \quad I_{\bar{z}} = \int_A \bar{y}^2\, dA \; , \quad I_{\bar{y}\bar{z}} = \int_A \bar{y}\bar{z}\, dA \; . \tag{6.28}$$

Die physikalische Dimension der Flächenmomente 2. Ordnung ist [Länge^4]. I_y und I_z sind positive Größen. I_{yz} weist je nach Wahl der Lage der Bezugsachsen entweder ein positives oder ein negatives Vorzeichen auf bzw. ist gleich null.

Oftmals ist es für die Rechnung zweckmäßig, einen Querschnitt in einzelne Teile zu zerlegen. Man erhält dann die Flächenmomente 2. Ordnung als Summe der Flächenmomente der Teilflächen $A^{(i)}$ um die betreffende Achse bzw. die betreffenden Achsen zu

$$I_{\bar{y}} = \sum_{i=1}^{n} \int_{A^{(i)}} \bar{z}^2\, dA^{(i)} \; , \quad I_{\bar{z}} = \sum_{i=1}^{n} \int_{A^{(i)}} \bar{y}^2\, dA^{(i)} \; , \quad I_{\bar{y}\bar{z}} = \sum_{i=1}^{n} \int_{A^{(i)}} \bar{y}\bar{z}\, dA^{(i)} \; . \tag{6.29}$$

Einsetzen von (6.21) in (6.28) zwecks Ermittlung des Zusammenhangs zwischen I_y und $I_{\bar{y}}, I_z$ und $I_{\bar{z}}$ und I_{yz} und $I_{\bar{y}\bar{z}}$ führt auf

$$\begin{aligned} I_{\bar{y}} &= \int_A (\bar{z}_S + z)^2 \, dA = \int_A (\bar{z}_S^2 + 2\bar{z}_S \, z + z^2) \, dA \, , \\ I_{\bar{z}} &= \int_A (\bar{y}_S + y)^2 \, dA = \int_A (\bar{y}_S^2 + 2\bar{y}_S \, y + y^2) \, dA \, , \\ I_{\bar{y}\bar{z}} &= \int_A (\bar{y}_S + y)(\bar{z}_S + z) \, dA = \int_A (\bar{y}_S \, \bar{z}_S + \bar{y}_S \, z + y\bar{z}_S + yz) \, dA \, . \end{aligned} \tag{6.30}$$

Unter Berücksichtigung von (6.20) erhält man die gesuchten Zusammenhänge aus (6.30) zu

$$I_{\bar{y}} = \bar{z}_S^2 \, A + I_y \, , \quad I_{\bar{z}} = \bar{y}_S^2 \, A + I_z \, , \quad I_{\bar{y}\bar{z}} = \bar{y}_S \, \bar{z}_S \, A + I_{yz} \, . \tag{6.31}$$

Darin sind

$$I_y = \int_A z^2 \, dA \, , \quad I_z = \int_A y^2 \, dA \, , \quad I_{yz} = \int_A yz \, dA \tag{6.32}$$

die auf die Koordinatenachsen y und z bezogenen Flächenmomente 2. Ordnung. Diese Achsen gehen durch den Querschnittsschwerpunkt. Sie sind zu den Koordinatenachsen $\bar{y}$ und $\bar{z}$ parallel.

Aus (6.31) folgt, dass I_y für $\bar{z}_S \neq 0$ kleiner als $I_{\bar{y}}$ ist, während I_z für $\bar{y}_S \neq 0$ kleiner als $I_{\bar{z}}$ ist. Mittels der Gleichungen (6.31) lassen sich die Flächenmomente 2. Ordnung um beliebige Achsen durch die entsprechenden Flächenmomente 2. Ordnung um zu diesen Achsen parallele Achsen ausdrücken, die durch den Querschnittsschwerpunkt verlaufen. Diese Gleichungen stellen den sogenannten Satz von STEINER dar.

Bei Zerlegung des Querschnitts in einzelne Teile erhält man für die Flächenmomente 2. Ordnung folgende Ausdrücke:

$$\begin{gathered} I_{\bar{y}} = \sum_{i=1}^{n} \left[(\bar{z}_S^{(i)})^2 \, A^{(i)} + I_y^{(i)} \right] , \; I_{\bar{z}} = \sum_{i=1}^{n} \left[(\bar{y}_S^{(i)})^2 \, A^{(i)} + I_z^{(i)} \right] , \\ I_{\bar{y}\bar{z}} = \sum_{i=1}^{n} \left[\bar{y}_S^{(i)} \, \bar{z}_S^{(i)} \, A^{(i)} + I_{yz}^{(i)} \right] . \end{gathered} \tag{6.33}$$

Bei Kenntnis von I_y, I_z, I_{yz} werden im Weiteren die Flächenmomente 2. Ordnung $I_{y'}$, $I_{z'}$, $I_{y'z'}$ bestimmt. Bei y' und z' handelt es sich um Bezugsachsen, die durch den Querschnittsschwerpunkt gehen und mit den Koordinatenachsen y und z den Winkel α einschließen (Abb. 6.6).

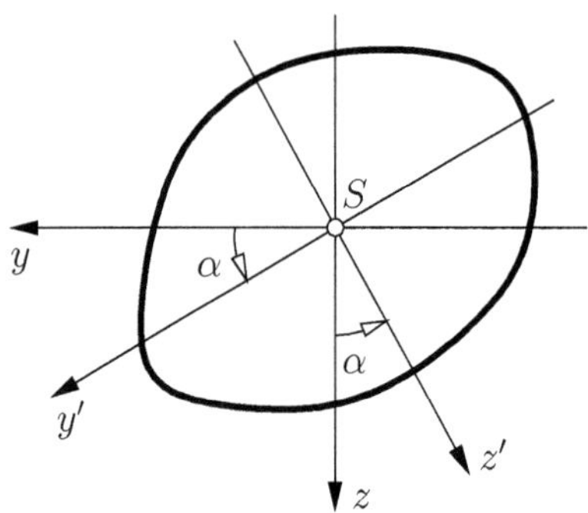

Abb. 6.6: Ursprüngliches Koordinatensystem y, z und gedrehtes Koordinatensystem y', z' in der Querschnittsebene

Mit Hilfe von (3.81) erhält man aus den Formeln (2.43) für eine Koordinatentransformation in der Querschnittsebene

$$\begin{aligned} y' &= n_{y'y}\,y + n_{y'z}\,z = \quad y\cos\alpha + z\sin\alpha \ , \\ z' &= n_{z'y}\,y + n_{z'z}\,z = -y\sin\alpha + z\cos\alpha \ . \end{aligned} \tag{6.34}$$

Die Ausdrücke für die Flächenmomente 2. Ordnung um die Achsen y' und z' ergeben sich analog zu (6.32) zu

$$I_{y'} = \int_A (z')^2\, dA \ , \quad I_{z'} = \int_A (y')^2\, dA \ , \quad I_{y'z'} = \int_A y'z'\, dA \ . \tag{6.35}$$

Einsetzen von (6.34) in (6.35) führt auf

$$\begin{aligned} I_{y'} &= \int_A (y^2\sin^2\alpha - 2yz\sin\alpha\cos\alpha + z^2\cos^2\alpha)\, dA = \\ &= I_z\sin^2\alpha - 2I_{yz}\sin\alpha\cos\alpha + I_y\cos^2\alpha \ , \\ I_{z'} &= \int_A (y^2\cos^2\alpha + 2yz\sin\alpha\cos\alpha + z^2\sin^2\alpha)\, dA = \\ &= I_z\cos^2\alpha + 2I_{yz}\sin\alpha\cos\alpha + I_y\sin^2\alpha \ , \\ I_{y'z'} &= \int_A [yz(\cos^2\alpha - \sin^2\alpha) + (z^2 - y^2)\sin\alpha\cos\alpha]\, dA = \\ &= I_{yz}(\cos^2\alpha - \sin^2\alpha) + (I_y - I_z)\sin\alpha\cos\alpha \ . \end{aligned} \tag{6.36}$$

Unter Berücksichtigung von (3.83) erhält man aus (6.36)

$$\begin{aligned} I_{y'} &= \frac{I_y + I_z}{2} + \frac{I_y - I_z}{2}\cos 2\alpha - I_{yz}\sin 2\alpha \ , \\ I_{z'} &= \frac{I_y + I_z}{2} - \frac{I_y - I_z}{2}\cos 2\alpha + I_{yz}\sin 2\alpha \ , \\ I_{y'z'} &= \frac{I_y - I_z}{2}\sin 2\alpha + I_{yz}\cos 2\alpha \ . \end{aligned} \tag{6.37}$$

Addition von $I_{y'}$ und $I_{z'}$ ergibt

$$I_{y'} + I_{z'} = I_y + I_z \ . \tag{6.38}$$

Aus (6.36) erhält man weiters

$$I_{y'}\, I_{z'} - I_{y'z'}^2 = I_y\, I_z - I_{yz}^2 \ . \tag{6.39}$$

Die in den Gleichungen (6.38) und (6.39) aufscheinenden Ausdrücke ändern sich also bei einer Drehung des Koordinatensystems in der Querschnittsebene nicht. Folglich sind sie bezüglich einer solchen Rotation invariant.

Zur Ermittlung der Extremwerte von $I_{y'}$ und $I_{z'}$ werden die Ableitungen der beiden ersten der drei Gleichungen (6.37) nach α gebildet:

$$\begin{aligned} \frac{dI_{y'}}{d\alpha} &= -(I_y - I_z)\sin 2\alpha - 2I_{yz}\cos 2\alpha \ , \\ \frac{dI_{z'}}{d\alpha} &= (I_y - I_z)\sin 2\alpha + 2I_{yz}\cos 2\alpha \ . \end{aligned} \tag{6.40}$$

Durch Vergleich von (6.40) mit der letzten der drei Gleichungen (6.37) erhält man

$$\frac{dI_{y'}}{d\alpha} = -\frac{dI_{z'}}{d\alpha} = -2I_{y'z'} \ . \tag{6.41}$$

Aus (6.41) folgt, dass $I_{y'}$ und $I_{z'}$ Extremwerte annehmen, wenn $I_{y'z'}$ verschwindet. Durch Nullsetzen der letzten der drei Gleichungen (6.37) erhält man somit den Winkel $\alpha = \alpha_H$, den die Achsen y' und y bzw. z' und z in diesem Fall miteinander einschließen, zu

$$\tan 2\alpha_H = -\frac{2I_{yz}}{I_y - I_z} \ . \tag{6.42}$$

Die Koordinatenachsen y' und z', für die $I_{y'}$ und $I_{z'}$ Extremwerte annehmen, werden Hauptachsen des Querschnitts bzw. Trägheitshauptachsen genannt. Sie werden, wie bereits erwähnt, mit η und ζ bezeichnet. Es gilt also

$$I_{\eta\zeta} = 0 \ . \tag{6.43}$$

Die Extremwerte von I_y und I_z erhält man durch Einsetzen von (6.42) in (6.37) bei Berücksichtigung von (3.88) zu

$$\begin{aligned} I_\eta &= \frac{I_y + I_z}{2} + \sqrt{\left(\frac{I_y - I_z}{2}\right)^2 + I_{yz}^2} \ , \\ I_\zeta &= \frac{I_y + I_z}{2} - \sqrt{\left(\frac{I_y - I_z}{2}\right)^2 + I_{yz}^2} \ . \end{aligned} \tag{6.44}$$

Bei I_η und I_ζ handelt es sich um das Maximum bzw. Minimum der Flächenmomente 2. Ordnung um Koordinatenachsen, die durch den Querschnittsschwerpunkt verlaufen. Man bezeichnet diese Extremwerte als Flächenhauptmomente 2. Ordnung des Querschnitts.

Aus den Flächenhauptmomenten 2. Ordnung erhält man die Hauptradien des Querschnitts, die sogenannten Trägheitshauptradien, zu

$$i_\eta = \sqrt{\frac{I_\eta}{A}} \ , \quad i_\zeta = \sqrt{\frac{I_\zeta}{A}} \ . \tag{6.45}$$

i_η und i_ζ stellen die Längen der auf der ζ- bzw. η-Achse gelegenen Halbachse einer Ellipse dar. Sie wird als Trägheitsellipse bezeichnet. Der Abstand eines beliebigen Punktes der Trägheitsellipse von ihrem Mittelpunkt, dem Querschnittsschwerpunkt, lässt sich analog zu (6.45) durch das betreffende Trägheitsmoment und die Querschnittsfläche ausdrücken.

Das polare Flächenmoment 2. Ordnung ist zu

$$I_p = \int_A r^2 \, dA = \int_A (y^2 + z^2) \, dA = I_z + I_y \tag{6.46}$$

definiert, wobei $r = \sqrt{y^2 + z^2}$ den Abstand eines beliebigen infinitesimalen Flächenelements dA vom Querschnittsschwerpunkt bezeichnet.

Beispiel 6.2:

Für den in Abb. 6.5 dargestellten Querschnitt von der Form eines Halbkreises sind die Flächenhauptmomente 2. Ordnung zu bestimmen.

Zunächst werden die Flächenmomente 2. Ordnung um die $\bar{y}$-Achse und um die $\bar{z}$-Achse gebildet. Mit dem Flächeninhalt $dA = dr\, r\, d\varphi$ des in Abb. 6.5 eingetragenen infinitesimalen Elements und den Normalabständen $\bar{z} = r \sin\varphi$ und $\bar{y} = r \cos\varphi$ dieses Elements von den beiden Koordinatenachsen erhält man

$$\begin{aligned} I_{\bar{y}} &= \int_A \bar{z}^2\, dA = \int_A r^2 \sin^2\varphi\, dA = \int_A r^3 \sin^2\varphi\, d\varphi\, dr = \\ &= \frac{r^4}{4}\bigg|_0^a \left(\frac{1}{2}\varphi - \frac{1}{4}\sin 2\varphi\right)\bigg|_0^\pi = \frac{a^4\pi}{8} , \\ I_{\bar{z}} &= \int_A \bar{y}^2\, dA = \int_A r^2 \cos^2\varphi\, dA = \int_A r^3 \cos^2\varphi\, d\varphi\, dr = \\ &= \frac{r^4}{4}\bigg|_0^a \left(\frac{1}{2}\varphi + \frac{1}{4}\sin 2\varphi\right)\bigg|_0^\pi = \frac{a^4\pi}{8} . \end{aligned} \tag{6.47}$$

Die $\bar{z}$-Achse ist eine Symmmetrieachse des Querschnitts. Daher muss sie eine Hauptachse des Querschnitts sein. Folglich ist die parallel zur $\bar{y}$-Achse durch den Schwerpunkt der Fläche verlaufende Koordinatenachse y die zweite Hauptachse des Querschnitts. Die Flächenhauptmomente 2. Ordnung erhält man mit Hilfe von (6.27) und der ersten der drei Gleichungen (6.31) zu

$$I_y = I_{\bar{y}} - \bar{z}_S^2 A = \frac{a^4\pi}{8} - \frac{8a^4}{9\pi} , \quad I_z = I_{\bar{z}} . \tag{6.48}$$

6.4.2 Axiale Beanspruchung

Abb. 6.7a zeigt einen geraden Stab mit über die Stablänge konstanter Querschnittsfläche A. Die mechanischen Eigenschaften des Werkstoffs sind durch den Elastizitätsmodul E und die Querdehnungszahl ν gekennzeichnet. Im Schwerpunkt der beiden Endquerschnitte des Stabes greift jeweils eine Normalkraft N an. Es handelt sich dabei um zwei gleich große Zugkräfte. Entsprechend dem SAINT-VENANT'schen Prinzip

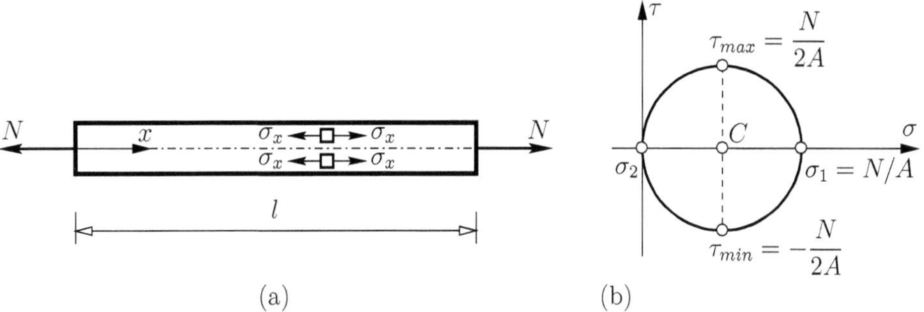

Abb. 6.7: Axial beanspruchter gerader Stab mit konstanter Querschnittsfläche: (a) System, (b) MOHR'scher Spannungskreis

(siehe Unterkapitel 3.7) sind die Normalspannungen ab einer gewissen Entfernung von den beiden Endquerschnitten gleichförmig über den Stabquerschnitt verteilt. Sie ergeben sich somit zu

$$\sigma_x = \frac{N}{A} = konst. \tag{6.49}$$

Da der betrachtete Stabquerschnitt frei von Schubspannungen ist, handelt es sich bei σ_x um eine Hauptnormalspannung. Es gilt also $\sigma_x = \sigma_1$. Abb. 6.7b zeigt den MOHR'schen Spannungskreis für den axial beanspruchten geraden Stab. Er stellt die Spezialisierung des in Abb. 3.20 dargestellten MOHR'schen Spannungskreises für $\sigma_2 = 0$ dar.
Einsetzen von (6.49) in (6.13) und (6.14) ergibt wegen $M_y = 0$ und $M_z = 0$

$$\varepsilon_x = \frac{\sigma_x}{E} = \frac{N}{EA} = konst.\ , \quad \varepsilon_y = \varepsilon_z = -\nu \frac{N}{EA} = konst. \tag{6.50}$$

Dem einaxialen Spannungszustand entspricht also ein räumlicher Verzerrungszustand. Der Ausdruck EA wird als Axial- oder Dehnsteifigkeit des Stabes bezeichnet. Unter Berücksichtigung der Beziehung

$$\varepsilon_x = \frac{du}{dx}\,, \tag{6.51}$$

die der ersten der sechs Gleichungen (3.34) entspricht, sowie der ersten der beiden Gleichungen (6.50) erhält man die Stabverlängerung Δl zu

$$\Delta l = \int_l du = \int_l \frac{du}{dx}\,dx = \int_l \varepsilon_x\,dx = \varepsilon_x\,l = \frac{Nl}{EA}\,. \tag{6.52}$$

(6.52) gilt unter der Voraussetzung, dass ε_x über die gesamte Stablänge konstant ist.

Typische Beispiele für ausschließlich axial beanspruchte Stäbe sind Pendelstützen ohne Querbelastung (Abb. 6.8a) und Fachwerksstäbe (Abb. 6.8b).

Wenn N oder A oder beide Größen nur abschnittsweise konstant sind, dann gilt für einen bestimmten Abschnitt i mit $N = N^{(i)} = konst.$ und $A = A^{(i)} = konst.$

$$\sigma_x^{(i)} = \frac{N^{(i)}}{A^{(i)}}\,. \tag{6.53}$$

Wenn in diesem Abschnitt überdies $E = E^{(i)} = konst.$ ist, dann ergibt sich für ihn

$$\varepsilon_x^{(i)} = \frac{\sigma_x^{(i)}}{E^{(i)}} = \frac{N^{(i)}}{E^{(i)}A^{(i)}}\,, \quad \varepsilon_y^{(i)} = \varepsilon_z^{(i)} = -\nu^{(i)} \frac{N^{(i)}}{E^{(i)}A^{(i)}}\,. \tag{6.54}$$

Die Verlängerung des Stabes erhält man durch Summation über alle n Abschnitte, in denen N, A und E konstant sind, zu

$$\Delta l = \sum_{i=1}^{n} \Delta l^{(i)} = \sum_{i=1}^{n} \varepsilon_x^{(i)}\,l^{(i)} = \sum_{i=1}^{n} \frac{N^{(i)}\,l^{(i)}}{E^{(i)}A^{(i)}}\,, \tag{6.55}$$

wobei von (6.52) Gebrauch gemacht worden ist.

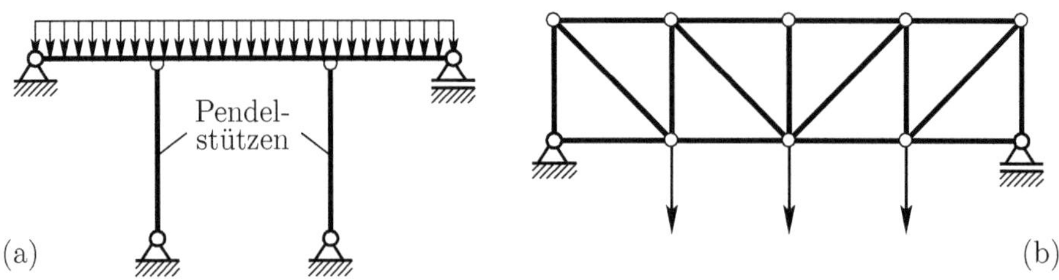

Abb. 6.8: Beispiele axial beanspruchter Stäbe: (a) Pendelstützen, (b) Fachwerksstäbe

Bei stetiger Änderung von ε_x sind die Summen in (6.55) durch Integrale zu ersetzen. Man erhält dann

$$\Delta l = \int_l d(\Delta l) = \int_l \varepsilon_x(x)\, dx = \int_l \frac{N(x)}{E(x)\, A(x)}\, dx \; . \qquad (6.56)$$

Beispiel 6.3: Stab mit abschnittsweise konstantem Querschnitt

Der in Abb. 6.9 dargestellte Stab besteht aus drei Abschnitten mit jeweils konstanter Querschnittsfläche. Er ist durch zwei im jeweiligen Querschnittsschwerpunkt angreifende Axialkräfte beansprucht. Gesucht ist die Stabverlängerung. Der Elastizitätsmodul $E = 10^5$ N/mm^2 wird als über den gesamten Stab konstant angenommen.

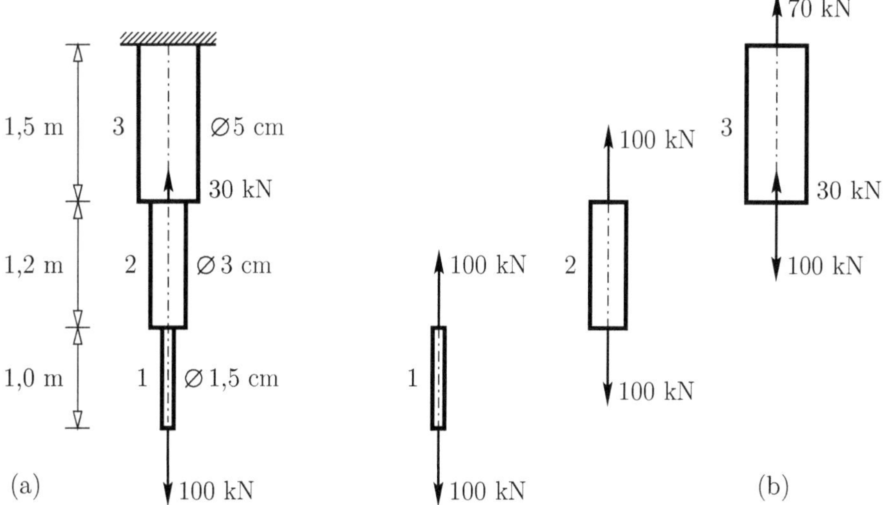

Abb. 6.9: Axial beanspruchter Stab mit abschnittsweise konstantem Querschnitt: (a) System, (b) Gleichgewicht der drei Stababschnitte

Durch Gleichgewichtsbetrachtungen für die drei Stababschnitte mit jeweils konstanter Querschnittsfläche erhält man $N^{(1)} = N^{(2)} = 100$ kN und $N^{(3)} = 70$ kN. Die entsprechenden Normalspannungen ergeben sich zu

$$\sigma^{(1)} = \frac{100}{0{,}75^2\,\pi} = 56{,}6 \; kN/cm^2 \; ,$$

$$\sigma^{(2)} = \frac{100}{1{,}50^2\,\pi} = 14{,}1 \; kN/cm^2 \; ,$$

$$\sigma^{(3)} = \frac{70}{2{,}50^2\,\pi} = 3{,}6 \; kN/cm^2 \; .$$

Mit Hilfe von (6.55) erhält man die gesuchte Stabverlängerung zu

$$\Delta l = \frac{100 \cdot 1{,}0}{\pi \cdot 0{,}75^2 \cdot 10^{-4} \cdot 10^8} + \frac{100 \cdot 1{,}2}{\pi \cdot 1{,}50^2 \cdot 10^{-4} \cdot 10^8} + \frac{70 \cdot 1{,}5}{\pi \cdot 2{,}50^2 \cdot 10^{-4} \cdot 10^8} = 0{,}0079 \; m \; .$$

Δl ist gleich der Axialverschiebung des freien Stabendes.

Beispiel 6.4: Stab mit veränderlichem Querschnitt

Für den in Abb. 6.10 dargestellten Stab von der Form eines geraden Kreiskegels mit der Höhe h ist die Verkürzung infolge des Eigengewichts gesucht.

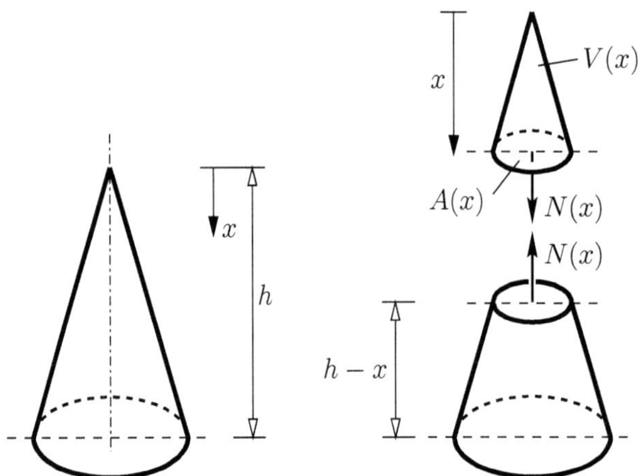

Abb. 6.10: Kreiskegelförmiger Stab unter Eigengewicht

Zur Ermittlung der Normalkraft $N(x)$ führt man einen Schnitt $x = konst.$ durch den Stab. Die Gleichgewichtsbedingung für die in Richtung der Stabachse wirkenden Kräfte lautet für den oberen Stabteil:

$$R = \gamma\, V(x) + N(x) = 0\,, \tag{6.57}$$

wobei R die Resultierende der auf diesen Stabteil wirkenden äußeren Kräfte in Form der Volumenkraft $\gamma\, V(x)$ und der Schnittkraft $N(x)$ bezeichnet; γ steht für das spezifische Gewicht und $V(x)$ für das Volumen dieses Stabteils. Aus (6.57) folgt

$$N(x) = -\gamma\, V(x)\,. \tag{6.58}$$

Das negative Vorzeichen in (6.58) drückt aus, dass N eine Druckkraft ist. Setzt man (6.58) in (6.56) ein, so erhält man unter Berücksichtigung von $V(x) = (1/3)\, x\, A(x)$ mit $A(x)$ als dem Flächeninhalt der Querschnittsfläche an der Stelle x

$$\Delta l = -\int_0^h \frac{\gamma\, x\, A(x)}{3EA(x)}\, dx = -\frac{\gamma h^2}{6E}\,. \tag{6.59}$$

*Die Mantelfläche ist frei von Schubspannungen. Daher sind die Tangentialebenen Spannungshauptebenen. Die Ebenen $x = konst.$ sind zu den Tangentialebenen nicht normal. Folglich treten in den Stabquerschnitten $x = konst.$ Schubspannungen auf.**

*Dieser Sachverhalt liefert eine Begründung für die für reine Biegung notwendige Voraussetzung eines konstanten Stabquerschnitts (siehe Abschnitt 6.4.3).

Beispiel 6.5: Axial beanspruchter Pfahl

Der in Abb. 6.11a dargestellte Pfahl wird an seinem oberen Ende durch eine im Querschnittsschwerpunkt angreifende Druckkraft N_0 belastet. Dieser Kraft wird durch Reibungskräfte $q_x = c_0\, x^2$ Widerstand geleistet. q_x ist als Kraft pro Längeneinheit der Stabachse definiert. Gesucht ist die Verkürzung des Pfahls.

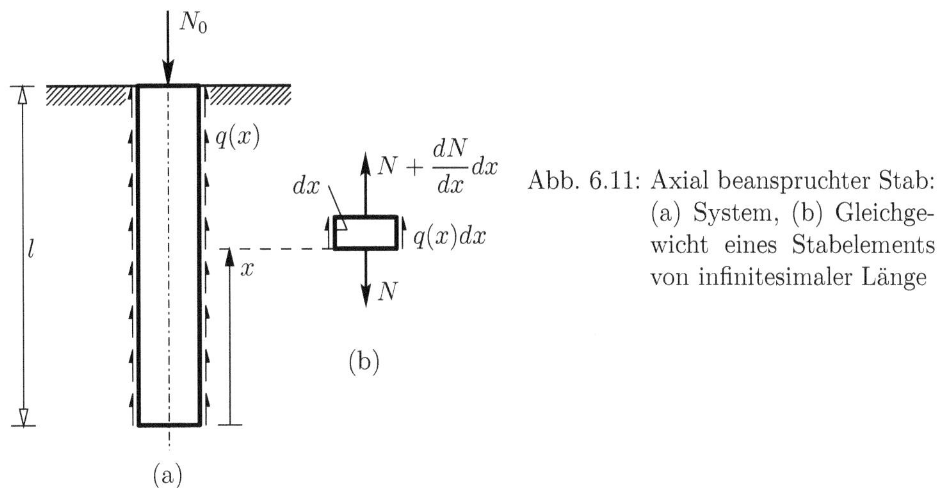

Abb. 6.11: Axial beanspruchter Stab: (a) System, (b) Gleichgewicht eines Stabelements von infinitesimaler Länge

Die Gleichgewichtsbedingung für die in Richtung der Stabachse wirkenden Kräfte liefert

$$N_0 = \int_l q_x\, dx = \frac{c_0\, l^3}{3}\ . \tag{6.60}$$

Mit Hilfe von (6.60) wird die Konstante c_0 bestimmt und in den Ausdruck für q_x eingesetzt. Das führt auf

$$q_x = \frac{3N_0\, x^2}{l^3}\ . \tag{6.61}$$

Die Gleichgewichtsbedingung für die Kräfte, die an dem in Abb. 6.11b dargestellten infinitesimalen Element in Richtung der Stabachse angreifen, liefert

$$\frac{dN}{dx} + q_x = 0\ . \tag{6.62}$$

Durch Spezialisierung von Gleichung (6.16) für axiale Beanspruchung erhält man

$$N = EA\, \varepsilon_x\ . \tag{6.63}$$

Differentiation von (6.63) nach x und Berücksichtigung von (6.51) führt auf

$$\frac{dN}{dx} = EA\, \frac{d\varepsilon_x}{dx} = EA\, \frac{d^2u}{dx^2}\ . \tag{6.64}$$

Durch Einsetzen von (6.61) und (6.64) in (6.62) erhält man

$$EA\, \frac{d^2u}{dx^2} = -\frac{3N_0\, x^2}{l^3}\ . \tag{6.65}$$

Zweimalige Integration von (6.65) ergibt

$$EA\,u(x) = -\frac{N_0\,x^4}{4l^3} + c_1\,x + c_2\ . \tag{6.66}$$

Bei Berücksichtigung der Randbedingungen

$$u(x=0)=0 \quad \textit{und} \quad N(x=0)=0 \rightarrow \varepsilon_x(x=0) = \frac{du}{dx}(x=0) = 0 \tag{6.67}$$

erhält man die Integrationskonstanten zu $c_1 = c_2 = 0$. Somit ergibt sich die Verkürzung des Pfahls zu

$$\Delta l = -\frac{N_0\,l}{4EA}\ . \tag{6.68}$$

Die in Pfahllängsrichtung wirkende Normalspannung σ_x folgt aus (6.66) zu

$$\sigma_x = E\,\varepsilon_x = E\,\frac{du}{dx} = -\frac{N_0\,x^3}{A\,l^3}\ . \tag{6.69}$$

Bei den bisher behandelten Beispielen reichten die Gleichgewichtsbedingungen zur Ermittlung der Schnittgrößen aus. Es handelte sich also um statisch bestimmte Systeme. Im Folgenden werden einige Beispiele für axial beanspruchte, statisch unbestimmte Stabtragwerke gelöst.

Beispiel 6.6: Statisch unbestimmt gelagerter Stab

Gegeben ist der in Abb. 6.12 dargestellte Stab. Gesucht sind die Reaktionskräfte zufolge der im Querschnittsschwerpunkt angreifenden Normalkraft N_0.

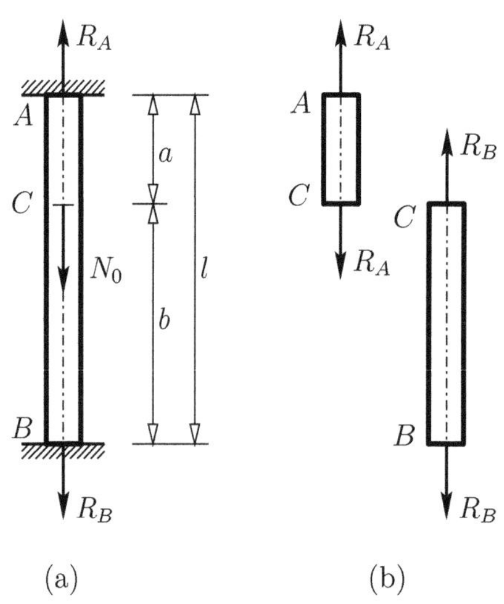

Abb. 6.12: Axial beanspruchter, statisch unbestimmt gelagerter Stab: (a) System, (b) Gleichgewicht der beiden Stabteile

Zur Berechnung der beiden unbekannten Reaktionskräfte R_A und R_B benötigt man zusätzlich zur Gleichgewichtsbedingung

$$N_0 - R_A + R_B = 0 \tag{6.70}$$

eine geometrische Beziehung. Sie ergibt sich aus der Bedingung, dass die Summe der Längenänderungen der beiden Stabteile AC und BC gleich null sein muss. Es muss also

$$\Delta l_{AC} + \Delta l_{BC} = 0 \tag{6.71}$$

gelten. Drückt man Δl_{AC} und Δl_{BC} durch R_A und R_B aus, so erhält man gemäß (6.55)

$$\frac{R_A\, a}{EA} + \frac{R_B\, b}{EA} = 0\ . \tag{6.72}$$

Daraus folgt

$$R_B = -\frac{a}{b}\, R_A\ . \tag{6.73}$$

Einsetzen von (6.73) in (6.70) ergibt

$$R_A = \frac{b}{l}\, N_0\ , \quad R_B = -\frac{a}{l}\, N_0\ . \tag{6.74}$$

Beispiel 6.7: Statisch unbestimmtes Stabsystem

Für das in Abb. 6.13a dargestellte Stabsystem sind die Stabkräfte zu ermitteln. Alle drei Stäbe weisen denselben Elastizitätsmodul auf.

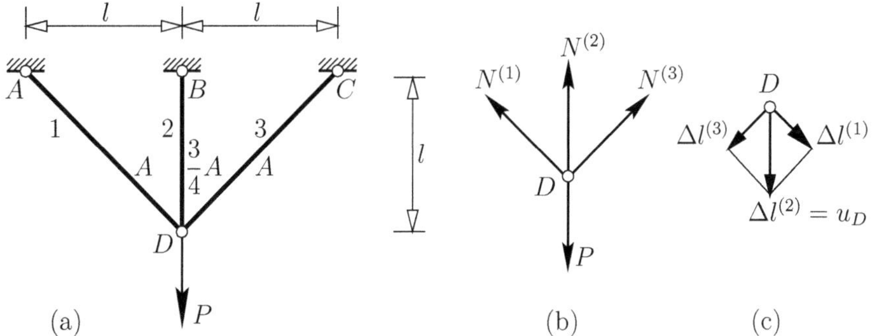

Abb. 6.13: Statisch unbestimmtes Stabsystem: (a) System, (b) Gleichgewicht im Knoten D, (c) Verträglichkeit im Knoten D

Aus Symmetriegründen folgt

$$N^{(1)} = N^{(3)}\ . \tag{6.75}$$

Da die Stäbe 1 und 3 denselben Elastizitätsmodul und dieselbe Querschnittsfläche aufweisen, sind ihre Längenänderungen gleich groß:

$$\Delta l^{(1)} = \Delta l^{(3)}\ . \tag{6.76}$$

Die Bedingung für Kräftegleichgewicht in vertikaler Richtung für den Knoten D folgt aus Abb. 6.13b zu

$$2N^{(1)} \cos 45° + N^{(2)} - P = 0\ . \tag{6.77}$$

Zur Bestimmung der beiden Unbekannten $N^{(1)}$ und $N^{(2)}$ wird eine geometrische Beziehung benötigt. Der Abb. 6.13c entnimmt man die folgenden Ausdrücke für die Stabverlängerungen $\Delta l^{(1)}$, $\Delta l^{(2)}$, $\Delta l^{(3)}$:

$$\Delta l^{(1)} = \Delta l^{(3)} = u_D \cos 45°\ , \quad \Delta l^{(2)} = u_D\ . \tag{6.78}$$

Elimination der Knotenverschiebung u_D führt auf die gesuchte geometrische Beziehung

$$\Delta l^{(2)} = \sqrt{2}\,\Delta l^{(1)} \ . \tag{6.79}$$

Drückt man in (6.79) die Stabverlängerungen mittels (6.52) durch die Stabkräfte aus, so erhält man

$$\frac{4N^{(2)}\,l}{3\,EA} = \sqrt{2}\,\frac{N^{(1)}\,\sqrt{2}\,l}{EA} \ . \tag{6.80}$$

Aus (6.80) folgt

$$N^{(2)} = \frac{3}{2}\,N^{(1)} \ . \tag{6.81}$$

Einsetzen von (6.81) in (6.77) ergibt

$$N^{(1)} = N^{(3)} = 0{,}343\,P \ , \quad N^{(2)} = 0{,}515\,P \ . \tag{6.82}$$

Beispiel 6.8: Stahlbetonstab

Die Bewehrung des in Abb. 6.14 dargestellten Stahlbetonstabes besteht aus acht Stahlstäben mit einem Durchmesser von jeweils 30 mm. Der Stab wird durch eine axiale Druckkraft von 1 500 kN belastet. Der Elastizitätsmodul der Bewehrung ist zu $E^S = 200\,000$ N/mm^2 und der des Betons zu $E^C = 25\,000$ N/mm^2 gegeben. Gesucht sind die Spannungen im Beton und in der Bewehrung sowie die Verkürzung des Stabes unter der Annahme linear elastischen Materialverhaltens.

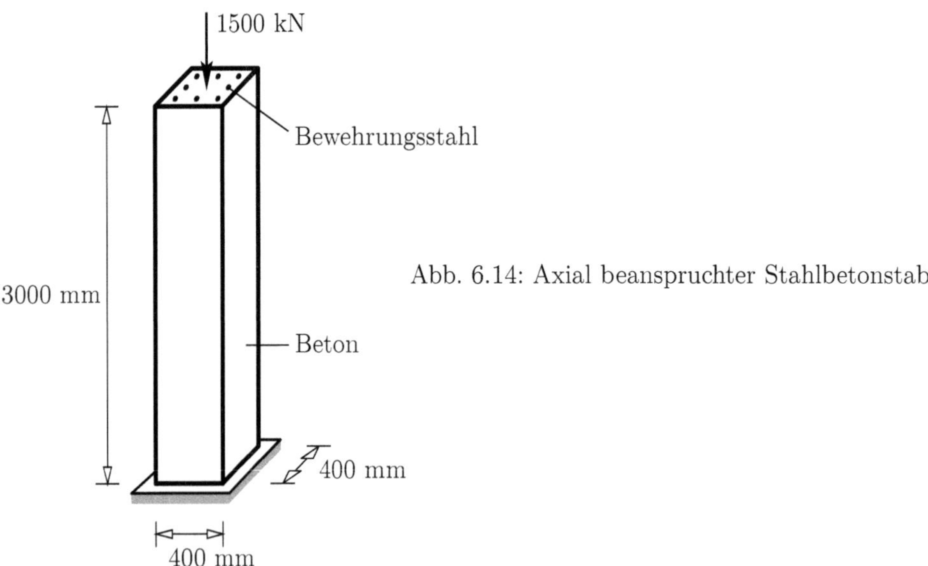

Abb. 6.14: Axial beanspruchter Stahlbetonstab

Die Normalkraft $N = -1\,500$ kN setzt sich aus dem von der Bewehrung aufgenommenen Anteil N^S und dem vom Beton aufgenommenen Anteil N^C zusammen. Es gilt also

$$N = N^S + N^C \ . \tag{6.83}$$

Durch Einsetzen von

$$N^S = A^S\,\sigma_x^S \ , \quad N^C = A^C\,\sigma_x^C \tag{6.84}$$

in (6.83) erhält man

$$N = \sigma_x^C \left(A^S \frac{\sigma_x^S}{\sigma_x^C} + A^C \right) . \tag{6.85}$$

Unter der Annahme vollen Verbunds zwischen den Bewehrungsstäben und dem umgebenden Beton muss die Verkürzung der Bewehrungsstäbe gleich der des Betons sein. Es muss also

$$\Delta l^S = \Delta l^C \tag{6.86}$$

gelten. Daraus folgt unter Berücksichtigung von (6.52)

$$\frac{N^S\, l}{E^S\, A^S} = \frac{N^C\, l}{E^C\, A^C} \tag{6.87}$$

und weiters

$$\frac{\sigma_x^S}{\sigma_x^C} = \frac{E^S}{E^C} = n \ . \tag{6.88}$$

Einsetzen von (6.88) in (6.85) führt auf

$$\sigma_x^C = \frac{N}{n\, A^S + A^C} \ . \tag{6.89}$$

Mit $n = E^S / E^C = 8$ *sowie*

$$A^S = 8 \cdot \frac{\pi \cdot 30^2}{4} = 5\,655 \ mm^2 \quad und \quad A^C = 400^2 - 5\,655 = 154\,345 \ mm^2$$

erhält man

$$\sigma_x^C = -\frac{1\,500\,000}{8 \cdot 5\,655 + 154\,345} = -7{,}52 \ N/mm^2$$

und

$$\sigma_x^S = n\, \sigma_x^C = -60{,}12 \ N/mm^2 \ .$$

Die Stabverkürzung ergibt sich zu

$$\Delta l = \varepsilon_x^C\, l = \frac{\sigma_x^C}{E^C}\, l = -\frac{7{,}52 \cdot 3\,000}{25\,000} = -0{,}902 \ mm \ .$$

6.4.3 Reine Biegung um eine Hauptachse des Querschnitts

Wenn in jeder Querschnittsfläche eines statisch beanspruchten Stabes mit unbelasteter Mantelfläche und konstantem Querschnitt nur ein Biegemoment wirkt, liegt, wie bereits erwähnt, reine Biegung vor. In diesem Fall sind also die in Abb. 6.2 eingetragenen Schnittgrößen N, Q_y, Q_z und M_T gleich null. Bei Biegung um eine der beiden Hauptachsen des Querschnitts, wie das in diesem Abschnitt vorausgesetzt wird, spricht man auch von achsrechter reiner Biegung. Erfolgt die Biegung z. B. um die η-Achse, dann fällt die Wirkungslinie des Momentenvektors mit dieser Achse zusammen. Das Biegemoment wird deshalb mit M_η bezeichnet. Im Folgenden wird die Beanspruchung eines Stabes durch reine Biegung um eine Querschnittshauptachse anhand eines einfach symmetrischen Querschnitts erläutert. Bei einem solchen Querschnitt sind die Hauptachsen bei bekannter Lage des Querschnittsschwerpunkts bekannt. Eine Hauptachse ist die Symmetrieachse. Sie wird von der zweiten Hauptachse im Schwerpunkt unter einem rechten Winkel geschnitten. Bei fehlender Symmetrie des Querschnitts müssen zuerst die Querschnittshauptachsen gemäß den Ausführungen im Abschnitt 6.4.1 ermittelt werden.

Reine Biegung um die η-Achse

Abb. 6.15a zeigt einen Stab mit über die Stablänge konstanter Querschnittsfläche. Die ζ-Achse ist die Symmetrieachse des Querschnitts. Der Elastizitätsmodul und die Querdehnungszahl werden als konstant über die Stablänge vorausgesetzt. An seinen Enden wird der Stab jeweils durch ein Biegemoment M_η statisch beansprucht. Das Biegemoment M_η ist somit längs der Stabachse konstant. Die Biegung erfolgt um die η-Achse.

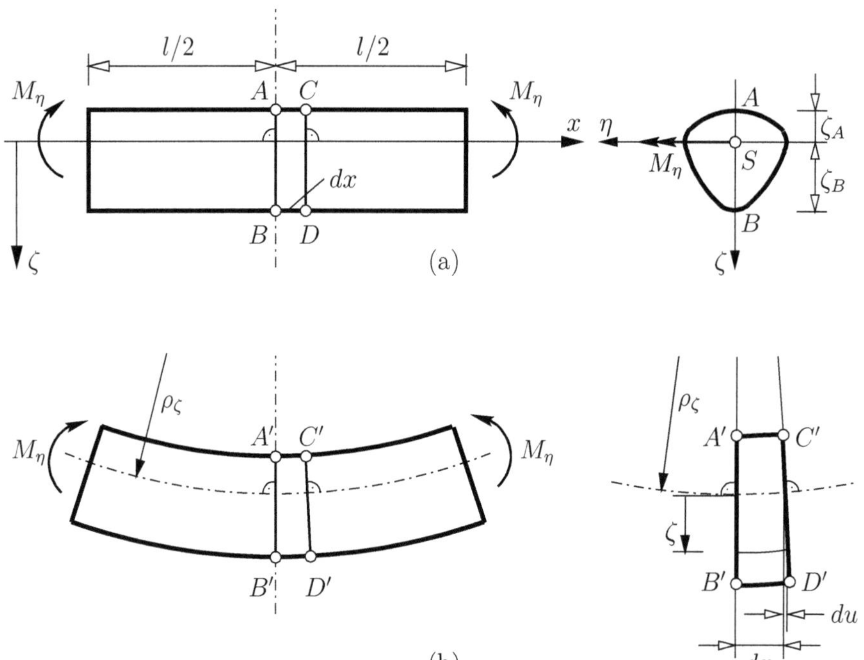

Abb. 6.15: Reine Biegung um die Hauptachse η des Querschnitts: (a) Stab mit konstanter Querschnittsfläche, (b) Verformung des Stabes

In Abb. 6.15b ist die Verformung des Stabes zufolge des Biegemoments M_η dargestellt. Der in der Symmetrieebene gelegene Querschnitt AB bleibt aus Symmetriegründen bei der Verformung eben. Gemäß dem Schnittprinzip der Mechanik kann man sich den Stab an einer beliebigen Stelle durchtrennt denken. Das Biegemoment M_η ist dann als Schnittgröße in der betreffenden Schnittfläche anzubringen. Auf diese Weise kann jeder Querschnitt zu einem Symmetrieschnitt gemacht werden. Daraus folgt, dass alle Querschnitte eben bleiben.

Spezialisiert man die auf dieser Hypothese beruhende Gleichung (6.15) für reine Biegung um die η-Achse, also für $N = 0$ und $M_\zeta = 0$, so erhält man

$$\sigma_x = \frac{M_\eta}{I_\eta}\,\zeta\,. \tag{6.90}$$

Zur Unterscheidung der von einem Biegemoment hervorgerufenen Normalspannung von der von einer Axialkraft bewirkten Normalspannung, bezeichnet man Erstere auch als Biegenormalspannung. Da alle Querschnitte eben bleiben, sind die Gleitungen $\gamma_{x\eta}$ und $\gamma_{x\zeta}$ gleich null. Laut vierter und letzter der sechs konstitutiven Gleichungen (3.278) sind folglich auch die Spannungskomponenten $\tau_{x\eta}$ und $\tau_{x\zeta}$ gleich null. Da die Spannungskomponenten σ_η, σ_ζ und $\tau_{\eta\zeta}$ in der Stabtheorie vernachlässigt werden (siehe Unterkapitel 6.2), ist somit σ_x die einzige von null verschiedene Komponente des Spannungstensors. Aus (6.90) folgt $\partial\sigma_x/\partial x = 0$. Daher verschwinden die ersten drei Terme in den Bewegungsgleichungen (3.117). Bei reiner Biegung wird statische Beanspruchung vorausgesetzt. Somit gilt $\mathbf{b} = \mathbf{0}$. Bei Vernachlässigung der Volumenkräfte sind demnach die Gleichgewichtsbedingungen erfüllt.

Dem einaxialen Spannungszustand entspricht ein räumlicher Verzerrungszustand. Für diesen gilt laut (3.251)

$$\varepsilon_\eta = \varepsilon_\zeta = -\nu\varepsilon_x \,. \tag{6.91}$$

Unter Berücksichtigung von (6.90) ergibt sich ε_x zu

$$\varepsilon_x = \frac{\sigma_x}{E} = \frac{M_\eta}{EI_\eta}\,\zeta \,. \tag{6.92}$$

Wie im Folgenden gezeigt wird, erfüllt dieser Verzerrungszustand die durch Spezialisierung der LAMÉ-NAVIER'schen Bewegungsgleichungen (3.324) für $f_i = 0$, $b_i = 0$, $i = 1, 2, 3$, und $T = T_0$ erhaltenen Bedingungen

$$\begin{aligned} G\,\Delta u + (\lambda + G)\,\frac{\partial\varepsilon^{vol}}{\partial x} &= 0\,,\\ G\,\Delta v + (\lambda + G)\,\frac{\partial\varepsilon^{vol}}{\partial y} &= 0\,,\\ G\,\Delta w + (\lambda + G)\,\frac{\partial\varepsilon^{vol}}{\partial z} &= 0\,. \end{aligned} \tag{6.93}$$

Bei dieser Spezialisierung wurde von (3.70) sowie von $x_1 \equiv x$, $x_2 \equiv \eta$, $x_3 \equiv \zeta$ Gebrauch gemacht. Unter Berücksichtigung von $\gamma_{x\eta} = 0$ und $\gamma_{x\zeta} = 0$ ergibt sich

$$\begin{aligned} \Delta u &= \frac{\partial^2 u}{\partial x^2} + \frac{\partial^2 u}{\partial \eta^2} + \frac{\partial^2 u}{\partial \zeta^2} = \\ &= \frac{\partial^2 u}{\partial x^2} + \frac{\partial}{\partial \eta}\left(\frac{\partial u}{\partial \eta} + \frac{\partial v}{\partial x}\right) - \frac{\partial}{\partial x}\left(\frac{\partial v}{\partial \eta}\right) + \frac{\partial}{\partial \zeta}\left(\frac{\partial u}{\partial \zeta} + \frac{\partial w}{\partial x}\right) - \frac{\partial}{\partial x}\left(\frac{\partial w}{\partial \zeta}\right) = \\ &= \frac{\partial\varepsilon_x}{\partial x} + \frac{\partial\gamma_{x\eta}}{\partial\eta} - \frac{\partial\varepsilon_\eta}{\partial x} + \frac{\partial\gamma_{x\zeta}}{\partial\zeta} - \frac{\partial\varepsilon_\zeta}{\partial x} = \frac{\partial\varepsilon_x}{\partial x} - \frac{\partial\varepsilon_\eta}{\partial x} - \frac{\partial\varepsilon_\zeta}{\partial x}\,. \end{aligned} \tag{6.94}$$

Auf analoge Weise erhält man

$$\Delta v = \frac{\partial\varepsilon_\eta}{\partial\eta} - \frac{\partial\varepsilon_\zeta}{\partial\eta} - \frac{\partial\varepsilon_x}{\partial\eta}\,, \qquad \Delta w = \frac{\partial\varepsilon_\zeta}{\partial\zeta} - \frac{\partial\varepsilon_x}{\partial\zeta} - \frac{\partial\varepsilon_\eta}{\partial\zeta}\,. \tag{6.95}$$

Aus (6.94) und (6.95) folgt bei Beachtung von (6.91) und (6.92)

$$\Delta u = 0\,, \qquad \Delta v = 0\,, \qquad \Delta w = -\frac{M_\eta}{EI_\eta}\,. \tag{6.96}$$

Unter Berücksichtigung von (6.91) ergibt sich

$$\frac{\partial\varepsilon^{vol}}{\partial x} = \frac{\partial}{\partial x}\left(\varepsilon_x + \varepsilon_\eta + \varepsilon_\zeta\right) = (1 - 2\nu)\,\frac{\partial\varepsilon_x}{\partial x}\,. \tag{6.97}$$

Auf analoge Weise erhält man

$$\frac{\partial \varepsilon^{vol}}{\partial \eta} = (1-2\nu)\,\frac{\partial \varepsilon_x}{\partial \eta}\,, \qquad \frac{\partial \varepsilon^{vol}}{\partial \zeta} = (1-2\nu)\,\frac{\partial \varepsilon_x}{\partial \zeta}\,. \tag{6.98}$$

Aus (6.97) und (6.98) folgt bei Beachtung von (6.92)

$$\frac{\partial \varepsilon^{vol}}{\partial x} = 0\,, \qquad \frac{\partial \varepsilon^{vol}}{\partial \eta} = 0\,, \qquad \frac{\partial \varepsilon^{vol}}{\partial \zeta} = (1-2\nu)\,\frac{M_\eta}{EI_\eta}\,. \tag{6.99}$$

Die ersten beiden der drei Gleichungen (6.93) sind somit offensichtlich erfüllt. Für den Ausdruck auf der linken Seite der letzten dieser drei Beziehungen erhält man mit Hilfe von (6.96) und (6.99)

$$[-G + (\lambda + G)\,(1-2\nu)]\,\frac{M_\eta}{EI_\eta}\,. \tag{6.100}$$

Wegen

$$\lambda = \frac{2G\nu}{1-2\nu} \tag{6.101}$$

(siehe Tabelle 3.2) verschwindet der Ausdruck (6.100). Es ist also auch die letzte der drei Gleichungen (6.93) erfüllt.

Da der Spannungszustand den Gleichgewichtsbedingungen und der Verzerrungszustand den aus den LAMÉ-NAVIER'schen Bewegungsgleichungen hervorgegangenen Beziehungen (6.93) genügt, entsprechen diese beiden Zustände der wahren Lösung des Problems der reinen Biegung um die η-Achse.

Bei dem in Abb. 6.15a dargestellten Querschnitt tritt die größte Zugspannung im Punkt B auf. Man erhält sie durch Spezialisierung von (6.90) für $\zeta = \zeta_B$ zu

$$(\sigma_x)_{max} = \frac{M_\eta}{I_\eta}\,\zeta_B = \frac{M_\eta}{W_{\eta,B}}\,. \tag{6.102}$$

Die größte Druckspannung tritt im Punkt A auf. Analog zu (6.102) ergibt sie sich zu

$$(\sigma_x)_{min} = -\frac{M_\eta}{I_\eta}\,|\zeta_A| = -\frac{M_\eta}{W_{\eta,A}}\,. \tag{6.103}$$

Die Größen

$$W_{\eta,B} = \frac{I_\eta}{|\zeta_B|}\,, \qquad W_{\eta,A} = \frac{I_\eta}{|\zeta_A|} \tag{6.104}$$

bezeichnet man als Widerstandsmomente des Querschnitts um die η-Achse für die Punkte A bzw. B. Ihre physikalische Dimension ist [Länge^3]. Laut (6.90) verschwindet σ_x bei reiner Biegung um die η-Achse in der Fläche $\zeta = 0$. Sie wird deshalb neutrale Fläche genannt. Ihr Schnitt mit der Querschnittsebene wird als neutrale Achse oder Nulllinie bezeichnet. Abb 6.16 zeigt die sich bei reiner Biegung eines Stabes mit rechteckigem Querschnitt infolge von M_η ergebende lineare Spannungsverteilung über die Höhe des Querschnitts. Die Bezeichnung von (6.90) als NAVIER'sches Geradliniengesetz bezieht sich auf die Form der mit dieser Gleichung erhaltenen Spannungsverteilung.

Bei der Ermittlung des Verschiebungszustandes beschränkt man sich in der Regel auf die Bestimmung der Verschiebung der Stabachse. Diese Verschiebung wird als

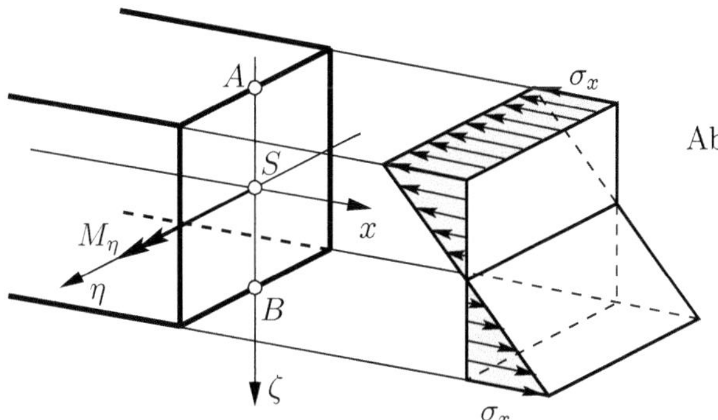

Abb. 6.16: Verteilung der Normalspannungen σ_x über den Querschnitt eines Rechteckstabes

Durchbiegung der Stabachse bezeichnet. Bei reiner Biegung um die η-Achse erfolgt sie in ζ-Richtung. Die verformte Stabachse wird Biegelinie genannt. Zu ihrer Ermittlung geht man von dem aus der Abb. 6.15b ablesbaren Zusammenhang

$$\frac{du}{\zeta} = \frac{dx}{\rho_\zeta} \tag{6.105}$$

aus, wobei ρ_ζ den Krümmungsradius der in der $x\zeta$-Ebene gelegenen Biegelinie bezeichnet. Unter Berücksichtigung von (6.51) erhält man aus (6.105)

$$\varepsilon_x = \frac{\zeta}{\rho_\zeta} = \kappa_\zeta \, \zeta \tag{6.106}$$

mit $\kappa_\zeta = 1/\rho_\zeta$ als der Krümmung der Biegelinie. Durch Vergleich von (6.106) mit (6.92) ergibt sich

$$\kappa_\zeta = \frac{M_\eta}{EI_\eta} \, . \tag{6.107}$$

Da M_η und EI_η konstant sind, ist κ_ζ konstant. Der Ausdruck EI_η wird als Biegesteifigkeit um die η-Achse bezeichnet.
Für die Biegelinie liest man aus der Abb. 6.17a die Beziehungen

$$\varphi_\zeta = \arctan \frac{dw}{dx} \, , \qquad ds^2 = dx^2 + dw^2 \tag{6.108}$$

ab. Dabei ist zu beachten, dass die Verkrümmung der infinitesimalen Strecke dx bei der Durchbiegung der Stabachse von höherer Ordnung klein und daher vernachlässigbar ist. Da die Durchbiegung der Stabachse nur von x abhängt, steht in der ersten der beiden Gleichungen (6.108) dw/dx im Gegensatz zu $\partial w/\partial x$ in (6.94). Aus (6.108) folgt

$$\frac{d\varphi_\zeta}{dx} = \frac{1}{1 + \left(\dfrac{dw}{dx}\right)^2} \frac{d^2 w}{dx^2} \, , \qquad ds = dx \sqrt{1 + \left(\frac{dw}{dx}\right)^2} \, . \tag{6.109}$$

Die Krümmung $\kappa_\zeta = 1/\rho_\zeta$ der Biegelinie lässt sich aus der aus Abb. 6.17a ablesbaren Beziehung

$$ds = -d\varphi_\zeta \, \rho_\zeta \tag{6.110}$$

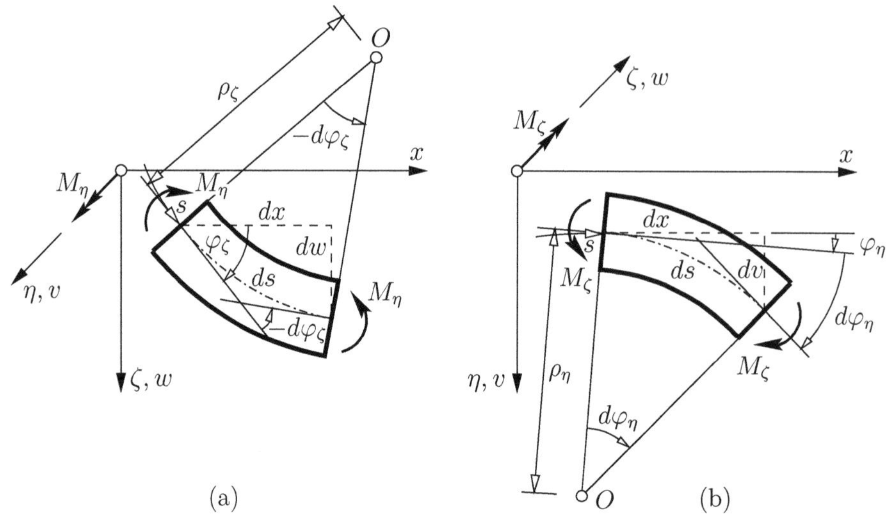

Abb. 6.17: Zur Bestimmung der Krümmung der Biegelinie: (a) infolge von M_η, (b) infolge von M_ζ

mit Hilfe von (6.109) zu

$$\kappa_\zeta = \frac{1}{\rho_\zeta} = -\frac{d\varphi_\zeta}{ds} = -\frac{d\varphi_\zeta}{dx}\frac{dx}{ds} = -\frac{\dfrac{d^2w}{dx^2}}{\left[1+\left(\dfrac{dw}{dx}\right)^2\right]^{3/2}} \tag{6.111}$$

berechnen. Das negative Vorzeichen vor $d\varphi_\zeta$ in der Abb. 6.17a bzw. in (6.110) und (6.111) rührt daher, dass der Winkel φ_ζ mit wachsender Bogenlänge s abnimmt.

Im Falle kleiner Durchbiegungen ist dw/dx klein gegen eins. Deshalb darf $(dw/dx)^2$ in (6.109) und (6.111) vernachlässigt werden. Das entspricht der Linearisierung des Ausdrucks für die Krümmung der Biegelinie. Mit $ds \approx dx$ führt diese Linearisierung auf

$$\kappa_\zeta = \frac{1}{\rho_\zeta} = -\frac{d\varphi_\zeta}{dx} = -\frac{d^2w}{dx^2} \,. \tag{6.112}$$

Eintragen von (6.112) in (6.106) ergibt

$$\varepsilon_x = \frac{\zeta}{\rho_\zeta} = \kappa_\zeta\,\zeta = -\frac{d^2w}{dx^2}\,\zeta \,. \tag{6.113}$$

Durch Gleichsetzen von (6.107) und (6.112) erhält man

$$\frac{d^2w}{dx^2} = -\frac{M_\eta}{EI_\eta} \,. \tag{6.114}$$

Die Durchbiegung der Stabachse ist keine Funktion von η und ζ. Folglich hätte man (6.114) auch durch Ersetzen von Δw in der letzten der drei Gleichungen (6.96) durch d^2w/dx^2 gewinnen können.

Da M_η und EI_η bei reiner Biegung konstante Größen sind, ergibt sich die Biegelinie nach zweimaliger Integration von (6.114) als quadratische Parabel:

$$w(x) = -\frac{M_\eta}{EI_\eta}\frac{x^2}{2} + c_1 x + c_2 \ . \tag{6.115}$$

Unterwirft man die in Abb. 6.15b strichpunktiert eingetragene Biegelinie den Randbedingungen $w(x=0) = w(x=l) = 0$, so erhält man $w(x)$ nach Ermittlung von c_1 und c_2 zu

$$w(x) = \frac{M_\eta}{2EI_\eta}\, x\,(l-x) \ . \tag{6.116}$$

Wird der Term $(dw/dx)^2$ im Ausdruck für die Krümmung der Stabachse gemäß (6.111) berücksichtigt, dann erhält man als Biegelinie anstelle der quadratischen Parabel (6.116) ein Kreisbogensegment. Bei kleinen Durchbiegungen ist der Unterschied zwischen diesem Kreisbogensegment und der quadratischen Parabel vernachlässigbar.

Reine Biegung um die ζ-Achse

Analoge Beziehungen erhält man für reine Biegung um die Hauptachse ζ. Aus (6.15) und (6.16) folgen für $N = 0$ und $M_\eta = 0$

$$\sigma_x = -\frac{M_\zeta}{I_\zeta}\,\eta \ , \quad \varepsilon_x = -\frac{M_\zeta}{EI_\zeta}\,\eta \ . \tag{6.117}$$

Im Gegensatz zu den Gleichungen (6.90) und (6.92) weisen die Beziehungen (6.117) ein negatives Vorzeichen auf. Das ist deswegen so, weil ein positives Moment M_ζ für $\eta > 0$ Druckspannungen ergibt, die als negative Größen definiert sind. Im Gegensatz dazu führt ein positives Moment M_η für $\zeta > 0$ auf Zugspannungen.

Für die Biegelinie liest man aus der Abb. 6.17b die Beziehungen

$$\varphi_\eta = \arctan\frac{dv}{dx} \ , \quad ds^2 = dx^2 + dv^2 \tag{6.118}$$

ab. Aus (6.118) folgt

$$\frac{d\varphi_\eta}{dx} = \frac{1}{1+\left(\dfrac{dv}{dx}\right)^2}\frac{d^2v}{dx^2} \ , \qquad ds = dx\sqrt{1+\left(\frac{dv}{dx}\right)^2} \ . \tag{6.119}$$

Die Krümmung der Biegelinie lässt sich aus der aus Abb. 6.17b ablesbaren Beziehung

$$ds = d\varphi_\eta\,\rho_\eta \tag{6.120}$$

mit Hilfe von (6.119) zu

$$\kappa_\eta = \frac{1}{\rho_\eta} = \frac{d\varphi_\eta}{ds} = \frac{d\varphi_\eta}{dx}\frac{dx}{ds} = \frac{\dfrac{d^2v}{dx^2}}{\left[1+\left(\dfrac{dv}{dx}\right)^2\right]^{3/2}} \approx \frac{d^2v}{dx^2} \tag{6.121}$$

anschreiben. Der letzte Term in (6.121) ergibt sich durch Linearisierung des vollständigen Ausdrucks für κ_η. Im Falle kleiner Durchbiegungen ist dies zulässig. Aus der zu (6.105) analogen Beziehung

$$\frac{du}{-\eta} = \frac{dx}{\rho_\eta} \tag{6.122}$$

erhält man mit Hilfe von (6.51) und (6.121)

$$\varepsilon_x = -\frac{\eta}{\rho_\eta} = -\kappa_\eta\,\eta = -\frac{d^2v}{dx^2}\,\eta\ . \tag{6.123}$$

Das negative Vorzeichen vor η in (6.122) rührt daher, dass bei Biegung um die ζ-Achse Fasern mit einem negativen Wert der η-Koordinate eine Verlängerung erfahren. Gleichsetzen der zweiten der beiden Beziehungen (6.117) mit Gleichung (6.123) ergibt

$$\frac{d^2v}{dx^2} = \frac{M_\zeta}{EI_\zeta}\ . \tag{6.124}$$

Die rechten Seiten von (6.124) und (6.114) weisen also verschiedene Vorzeichen auf.

6.4.4 Reine Biegung um eine beliebige Querschnittsachse

Bei Biegung um eine beliebige Achse in der Querschnittsebene durch den Querschnittsschwerpunkt spricht man von schiefer Biegung. In diesem Fall bieten sich folgende zwei Möglichkeiten zur Berechnung der Biegenormalspannungen σ_x an:

(a) Das Biegemoment M wird in die Komponenten M_η und M_ζ in Richtung der Hauptachsen des Querschnitts η und ζ zerlegt (Abb. 6.18a). σ_x wird mittels (6.15) unter Berücksichtigung von $N = 0$ berechnet.

(b) Das Biegemoment M wird in die Komponenten M_y und M_z in Richtung der Achsen y und z eines beliebigen rechtwinkeligen kartesischen Koordinatensystems mit dem Ursprung im Querschnittsschwerpunkt zerlegt (Abb. 6.18b). σ_x wird mittels (6.12) unter Berücksichtigung von $N = 0$ berechnet.

ad (a): Bezug auf die Hauptachsen des Querschnitts

Bezeichnet man den Winkel, den M mit der η-Achse einschließt, mit γ_H, so gilt (Abb. 6.18a)

$$M_\eta = M\cos\gamma_H\ , \quad M_\zeta = M\sin\gamma_H\ . \tag{6.125}$$

Einsetzen von (6.125) in (6.15) ergibt mit $N = 0$

$$\sigma_x = -\frac{M\sin\gamma_H}{I_\zeta}\eta + \frac{M\cos\gamma_H}{I_\eta}\zeta\ . \tag{6.126}$$

Die durch $\sigma_x = 0$ gekennzeichnete Nulllinie folgt aus (6.126) zu

$$\zeta = \left(\frac{I_\eta}{I_\zeta}\tan\gamma_H\right)\eta\ . \tag{6.127}$$

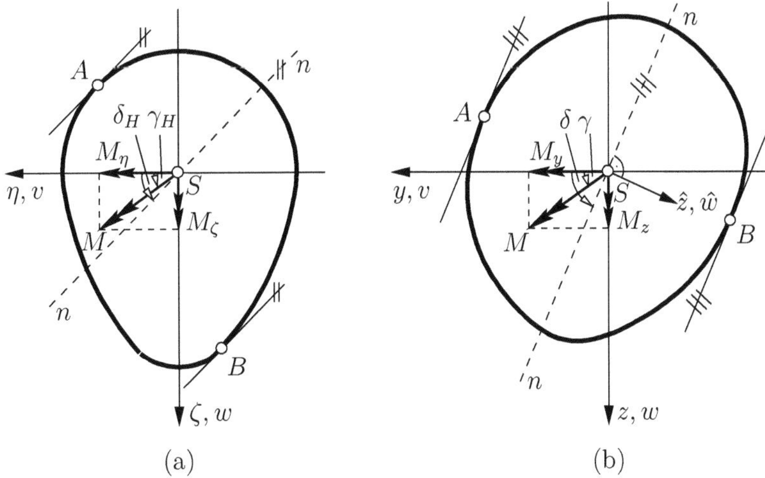

Abb. 6.18: Schiefe Biegung: Zerlegung des Biegemoments M in Richtung (a) der Hauptachsen des Querschnitts bzw. (b) der Achsen y und z eines beliebigen rechtwinkeligen kartesischen Koordinatensystems mit dem Ursprung im Querschnittsschwerpunkt

Die Nulllinie verläuft somit auch bei schiefer Biegung durch den Schwerpunkt des Querschnitts. Die größte Biegezugspannung bzw. die betragsmäßig größte Biegedruckspannung σ_x weist der Punkt in der Zug- bzw. Druckzone des Querschnitts mit dem größten Normalabstand von der Nulllinie auf (Punkt B bzw. A in Abb. 6.18a). Der Winkel δ_H, den die Nulllinie mit der η-Achse einschließt, folgt aus (6.127) zu

$$\tan \delta_H = \frac{\zeta}{\eta} = \frac{I_\eta}{I_\zeta} \tan \gamma_H \ . \tag{6.128}$$

Im Falle der Zerlegung von M in die Richtungen der Hauptachsen des Querschnitts geht man bei der Berechnung der Verschiebungskomponenten v und w von (6.124) bzw. (6.114) aus.

ad (b): Bezug auf die Achsen eines beliebigen rechtwinkeligen kartesischen Koordinatensystems mit dem Ursprung im Querschnittsschwerpunkt

Bei einem Querschnitt ohne Symmetrieachse sind die Richtungen der Hauptachsen zunächst unbekannt. Wollte man σ_x mittels (6.126) berechnen, so müsste man diese Richtungen zunächst mit Hilfe von (6.42) bestimmen. Die Ermittlung der Hauptachsen des Querschnitts erübrigt sich jedoch, wenn die für die Achsen y und z eines beliebigen rechtwinkeligen kartesischen Koordinatensystems mit dem Ursprung im Querschnittsschwerpunkt gültige Formel (6.12) zur Berechnung von σ_x verwendet wird. Bezeichnet man den Winkel, den M mit der Koordinatenachse y einschließt, mit γ, so gilt in Analogie zu (6.125) (Abb. 6.18b)

$$M_y = M \cos \gamma \ , \quad M_z = M \sin \gamma \ . \tag{6.129}$$

Durch Nullsetzen des Ausdrucks auf der rechten Seite von (6.12) erhält man bei Berücksichtigung von $N = 0$ sowie von (6.129) die Gleichung der Nulllinie zu

$$z = \frac{I_y \tan\gamma + I_{yz}}{I_z + I_{yz} \tan\gamma}\, y \ . \tag{6.130}$$

Der Winkel δ, den die Nulllinie mit der y-Achse einschließt, folgt aus (6.130) zu

$$\tan\delta = \frac{z}{y} = \frac{I_y \tan\gamma + I_{yz}}{I_z + I_{yz} \tan\gamma} \ . \tag{6.131}$$

Die größte Biegezug- bzw. Biegedruckspannung weist der Punkt in der Zug- bzw. Druckzone des Querschnitts mit dem größten Normalabstand von der Nulllinie auf (Punkt B bzw. A in Abb. 6.18b).

Für $I_{yz} = 0$ folgen aus (6.130) und (6.131) die für Querschnittshauptachsen gültigen Beziehungen (6.127) und (6.128).

Bei der Bestimmung der Biegelinie geht man davon aus, dass sich die Querschnitte um die Nulllinie drehen. Folglich lässt sich die Dehnung einer Stabfaser mit dem Normalabstand $\hat{z}$ von der Nulllinie (Abb. 6.18b) zu

$$\varepsilon_x = c\,\hat{z} \tag{6.132}$$

darstellen, wobei c eine Konstante bezeichnet. Der Zusammenhang

$$\hat{z} = z\cos\delta - y\sin\delta \tag{6.133}$$

kann der Abb. 6.18b entnommen werden. Einsetzen von (6.133) in (6.132) ergibt

$$\varepsilon_x = c\,z\cos\delta - c\,y\sin\delta \ . \tag{6.134}$$

Der Vergleich von (6.134) mit (6.5) führt auf

$$c_1 = 0\,, \quad c_2 = -c\sin\delta\,, \quad c_3 = c\cos\delta \ . \tag{6.135}$$

Aus (6.135) folgt unter Berücksichtigung von (6.11)

$$c^2 = c_2^2 + c_3^2 = \frac{1}{E^2}\frac{(M_z\,I_y + M_y\,I_{yz})^2 + (M_y\,I_z + M_z\,I_{yz})^2}{\left(I_y\,I_z - I_{yz}^2\right)^2} \ . \tag{6.136}$$

Analog zu (6.106) für Biegung um die η-Achse können bei schiefer Biegung die Dehnungen der zur x-Achse parallelen Stabfasern durch die Krümmung der Stabachse normal zur Nulllinie, $1/\hat{\rho}$, ausgedrückt werden:

$$\varepsilon_x = \frac{\hat{z}}{\hat{\rho}} \ . \tag{6.137}$$

In Analogie zu (6.111) für Biegung um die η-Achse erhält man für schiefe Biegung

$$\frac{1}{\hat{\rho}} = -\frac{\dfrac{d^2\hat{w}}{dx^2}}{\left[1 + \left(\dfrac{d\hat{w}}{dx}\right)^2\right]^{3/2}}\,, \tag{6.138}$$

wobei $\hat{w}$ die Verschiebung in $\hat{z}$-Richtung darstellt. Gleichsetzen der rechten Seiten von (6.132) und (6.137) ergibt $1/\hat{\rho} = c$. Im Falle kleiner Verschiebungen darf (6.138) linearisiert werden. Es folgt $1/\hat{\rho} = -d^2\hat{w}/dx^2$. Somit ist $d^2\hat{w}/dx^2 = -c$. Unter Berücksichtigung von (6.136) führt dies auf

$$\frac{d^2\hat{w}}{dx^2} = -\frac{1}{E}\frac{\sqrt{(M_z\,I_y + M_y\,I_{yz})^2 + (M_y\,I_z + M_z\,I_{yz})^2}}{I_y\,I_z - I_{yz}^2} \,. \tag{6.139}$$

Die rechte Seite von (6.139) ist eine Konstante. Deshalb erfolgt die Lösung von (6.139) analog zur Lösung von (6.114). Die Komponenten von $\hat{w}$ in Richtung der y- und der z-Achse, v und w, ergeben sich gemäß Abb. 6.18b zu

$$v = -\hat{w}\sin\delta\,, \quad w = \hat{w}\cos\delta\ . \tag{6.140}$$

Beispiel 6.9:

Für den in Abb. 6.19 dargestellten Kragträger mit L-förmigem Querschnitt sind Ort und Größe der Extremwerte der Normalspannungen σ_x an der Einspannstelle zu bestimmen.

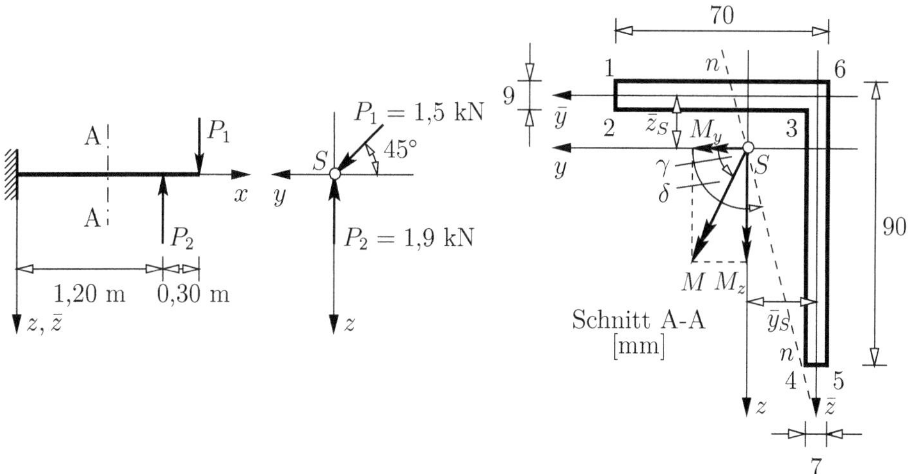

Abb. 6.19: Kragträger mit L-förmigem Querschnitt

Um die Normalspannungen mit Hilfe von (6.12) berechnen zu können, müssen die Lage des Querschnittsschwerpunkts S, die Querschnittskennwerte A, I_y, I_z, I_{yz} sowie die Schnittgrößen N, M_y, M_z bekannt sein.

Zur Bestimmung der Querschnittskennwerte unterteilt man den L-förmigen Querschnitt in zwei rechteckige Teile mit den Abmessungen 70×9 mm bzw. 81×7 mm. Die Koordinaten des Querschnittsschwerpunkts, $\bar{y}_S$ und $\bar{z}_S$, erhält man mit Hilfe der statischen Momente um die Koordinatenachsen $\bar{y}$ und $\bar{z}$. $S_{\bar{y}}$ und $S_{\bar{z}}$ ergeben sich laut (6.19) zu

$$S_{\bar{y}} = 81 \cdot 7 \cdot (\frac{81}{2} + \frac{9}{2}) = 25\,515\ mm^3\ , \quad S_{\bar{z}} = 70 \cdot 9 \cdot (\frac{70}{2} - \frac{7}{2}) = 19\,845\ mm^3\ .$$

Durch Einsetzen dieser Resultate und der Querschnittsfläche $A = 1197\ mm^2$ in (6.24) erhält man

$$\bar{y}_S = 16{,}6\ mm\ , \quad \bar{z}_S = 21{,}3\ mm\ .$$

Die Flächenmomente 2. Ordnung um die durch den Querschnittsschwerpunkt gehenden Koordinatenachsen y und z erhält man aus (6.33). Dort werden mit y und z jedoch die Achsen bezeichnet, die durch den Schwerpunkt des betreffenden Querschnittsteils – beim vorliegenden Beispiel also durch den Schwerpunkt des Rechtecks mit den Abmessungen 70×9 mm bzw. 81×7 mm – verlaufen. Hingegen entsprechen die dortigen Achsen $\bar{y}$ und $\bar{z}$ bei diesem Beispiel den durch den Schwerpunkt des L-förmigen Querschnitts gehenden Achsen y und z.

Für einen rechteckigen Querschnittsteil mit den Abmessungen b und h erhält man die sogenannten Eigenflächenmomente 2. Ordnung – die Größen $I_y^{(i)}$, $I_z^{(i)}$ und $I_{yz}^{(i)}$ in (6.33) – zu

$$\begin{aligned}
I_y^{(i)} &= \int_A z^2\, dA = \int_{-h/2}^{+h/2} z^2\, b\, dz = \frac{b\, h^3}{12}\ ,\\
I_z^{(i)} &= \int_A y^2\, dA = \int_{-b/2}^{+b/2} y^2\, h\, dy = \frac{b^3\, h}{12}\ ,\\
I_{yz}^{(i)} &= \int_A yz\, dA = \int_{-b/2}^{+b/2} \int_{-h/2}^{+h/2} yz\, dz\, dy = 0\ .
\end{aligned} \tag{6.141}$$

Mit y und z werden in (6.141) im Sinne von (6.33) Koordinatenachsen bezeichnet, die durch den Schwerpunkt des rechteckigen Querschnittsteils gehen und parallel zu den Seitenkanten mit der Länge b bzw. h sind.

Unter Berücksichtigung von (6.141) erhält man die Flächenmomente 2. Ordnung des L-förmigen Querschnitts um die durch den Querschnittsschwerpunkt verlaufenden Achsen y und z mit Hilfe von (6.33) zu

$$\begin{aligned}
I_y &= 21{,}3^2 \cdot 70 \cdot 9 + \frac{70 \cdot 9^3}{12} + (\frac{81}{2} + \frac{9}{2} - 21{,}3)^2 \cdot 81 \cdot 7 + \frac{7 \cdot 81^3}{12} = 918\,563\ mm^4\ ,\\
I_z &= (\frac{70}{2} - \frac{7}{2} - 16{,}6)^2 \cdot 70 \cdot 9 + \frac{9 \cdot 70^3}{12} + 16{,}6^2 \cdot 81 \cdot 7 + \frac{81 \cdot 7^3}{12} = 555\,674\ mm^4\ ,\\
I_{yz} &= (\frac{70}{2} - \frac{7}{2} - 16{,}6) \cdot (-21{,}3) \cdot 70 \cdot 9 + (-16{,}6) \cdot (\frac{81}{2} + \frac{9}{2} - 21{,}3) \cdot 81 \cdot 7 =\\
&= -423\,012\ mm^4\ .
\end{aligned}$$

Die an der Einspannstelle auftretenden Biegemomente um die y- und die z-Achse ergeben sich zu (Abb. 6.19)

$$\begin{aligned}
M_y(x=0) &= -P_1 \sin 45° \cdot 1{,}50 + P_2 \cdot 1{,}20 = 0{,}689\ kNm\ ,\\
M_z(x=0) &= P_1 \cos 45° \cdot 1{,}50 = 1{,}591\ kNm\ .
\end{aligned}$$

Die Normalkraft ist gleich null. Mit der aus Abb. 6.18b folgenden Beziehung $\tan\gamma = M_z/M_y = 2{,}309$ ergibt sich der Winkel δ, unter dem die Nulllinie zur y-Achse geneigt ist, aus (6.131) zu $\delta = 103{,}93°$. Da die Eckpunkte 2 und 6 des L-förmigen Querschnitts die größten Normalabstände von der Nulllinie aufweisen, treten in diesen beiden Punkten die Extremwerte der Normalspannungen auf. Mit den Koordinaten der zwei Punkte, $y^{(2)} = 49{,}9$ mm, $z^{(2)} = -16{,}8$ mm bzw. $y^{(6)} = -20{,}1$ mm,

$z^{(6)} = -25{,}8$ mm, erhält man diese Extremwerte aus (6.12) zu $\sigma_x^{(2)} = -161$ N/mm^2 und $\sigma_x^{(6)} = 94$ N/mm^2.

Alternativ zur beschriebenen Vorgangsweise können die Normalspannungen unter Bezugnahme auf die Hauptachsen des Querschnitts berechnet werden.

6.4.5 Beanspruchung durch Normalkraft und Biegemoment

Wird ein Stabquerschnitt durch eine im Querschnittsschwerpunkt angreifende Normalkraft und ein Biegemoment beansprucht (Abb. 6.20a), dann verläuft die Nulllinie nicht durch diesen Punkt. Diese Beanspruchung ist einer im Querschnittspunkt mit den Koordinaten e_η, e_ζ angreifenden Normalkraft von gleicher Größe (Abb. 6.20b) statisch äquivalent. Die Komponenten M_η und M_ζ des Biegemoments lassen sich durch N, e_ζ und e_η wie folgt ausdrücken:

$$M_\eta = N e_\zeta \ , \quad M_\zeta = -N e_\eta \, . \tag{6.142}$$

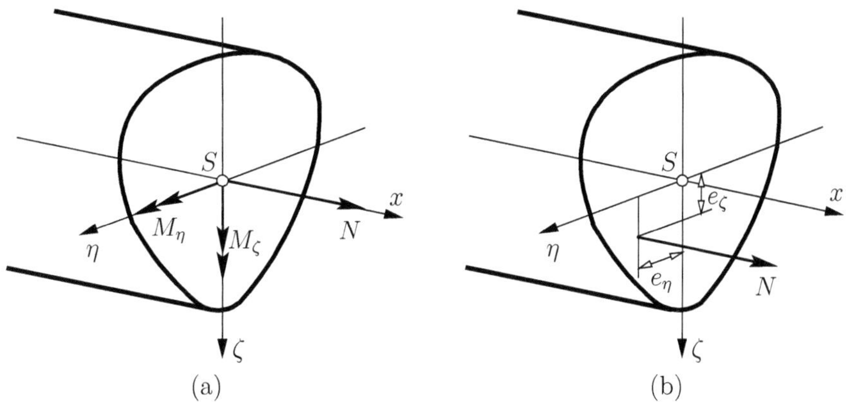

Abb. 6.20: Statisch äquivalente Kraftgrößen: (a) Normalkraft und Biegemoment, (b) statisch äquivalente, exzentrisch angreifende Normalkraft

Einsetzen von (6.142) in (6.15) ergibt unter Berücksichtigung von (6.45)

$$\sigma_x = \frac{N}{A} + \frac{N e_\eta}{i_\zeta^2 A}\,\eta + \frac{N e_\zeta}{i_\eta^2 A}\,\zeta \ . \tag{6.143}$$

Die Gleichung der Nulllinie folgt durch Nullsetzen des obigen Ausdrucks für σ_x zu

$$\frac{e_\eta}{i_\zeta^2}\,\eta + \frac{e_\zeta}{i_\eta^2}\,\zeta = -1 \ . \tag{6.144}$$

Die Schnittpunkte der Nulllinie mit der η- bzw. ζ-Achse erhält man durch Nullsetzen von ζ bzw. η in (6.144). Die Koordinaten dieser Punkte lauten somit:

$$\zeta_N^{(1)} = 0 \ , \ \eta_N^{(1)} = -\frac{i_\zeta^2}{e_\eta} \ ; \qquad \eta_N^{(2)} = 0 \ , \ \zeta_N^{(2)} = -\frac{i_\eta^2}{e_\zeta} \ . \tag{6.145}$$

Durch diese beiden Punkte ist die Nulllinie bestimmt.

Aus (6.145) ist ersichtlich, dass die Nulllinie für den Sonderfall $e_\eta = 0$ und $e_\zeta = 0$, d. h. für eine im Schwerpunkt des Querschnitts angreifende Normalkraft, im Unendlichen liegt. Für den Sonderfall $e_\eta \to \infty$ und $e_\zeta \to \infty$, d. h. für Biegung ohne Normalkraft, verläuft sie durch den Querschnittsschwerpunkt.

6.4.6 Kern des Querschnitts

Wenn die Nulllinie den Querschnitt nicht schneidet, sind die in diesem Querschnitt auftretenden Normalspannungen entweder ausschließlich Zug- oder ausschließlich Druckspannungen. Das ist dann der Fall, wenn der Angriffspunkt der Normalkraft N innerhalb oder auf dem Rand des sogenannten Kerns des Querschnitts liegt. Seine Kenntnis ist insbesondere bei Stäben aus Baustoffen von Bedeutung, deren Zugfestigkeit klein im Vergleich zur Druckfestigkeit ist. Das trifft z. B. für Mauerwerk und unbewehrten Beton zu. Wichtig ist die Kenntnis der Kernfläche auch bei Fundamentsohlen, weil diese nur Druckspannungen in den Boden übertragen können.

Die Berandung der Kernfläche stellt die Menge aller Kraftangriffspunkte von N dar, deren zugeordnete Nulllinien den Querschnitt zumindest in einem Punkt berühren ohne ihn zu schneiden (Abb. 6.21). Einer solchen Nulllinie $n^{(i)} - n^{(i)}$ entspricht der Kraftangriffspunkt $K^{(i)}$. Die gesuchten Koordinaten von $K^{(i)}$ folgen aus (6.145) zu

$$e_\eta = -\frac{i_\zeta^2}{\eta_N^{(i)}}\ , \quad e_\zeta = -\frac{i_\eta^2}{\zeta_N^{(i)}}\ . \tag{6.146}$$

$\eta_N^{(i)}$ bezeichnet die Abszisse des Schnittpunkts der Nulllinie $n^{(i)} - n^{(i)}$ mit der η-Achse und $\zeta_N^{(i)}$ die Ordinate des Schnittpunkts von $n^{(i)} - n^{(i)}$ mit der ζ-Achse.

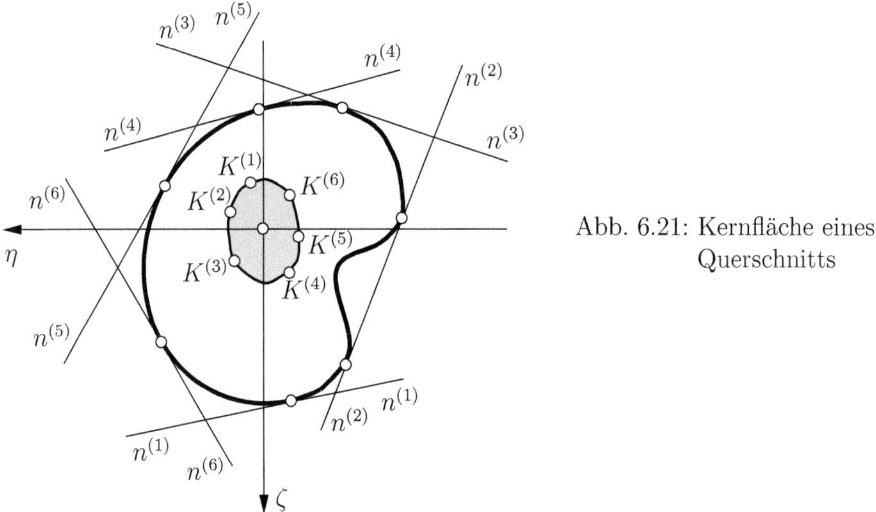

Abb. 6.21: Kernfläche eines Querschnitts

Die Form der Kernfläche hängt von der Querschnittsform ab. Entsprechend der Definition der Berandung der Kernfläche hat der zwischen den beiden Berührpunkten der Nulllinie $n^{(2)} - n^{(2)}$ gelegene Teil des Querschnittsrandes in Abb. 6.21 keinen Einfluss auf die Form dieser Fläche, weil die Tangenten an den Querschnittsrand in den Punkten dieses Teils den Querschnitt schneiden. Einspringende Teile von Querschnittsrändern beeinflussen also die Form der Kernfläche nicht. Einer Nulllinie, die einen Teil des Querschnittsrandes enthält und die Querschnittsfläche nicht schneidet, ist ein Eckpunkt des Randes der Kernfläche als Angriffspunkt der Normalkraft zugeordnet.

Die Vertauschung von η mit e_η und von ζ mit e_ζ wirkt sich auf die Gleichung der Nulllinie (6.144) nicht aus. Folglich entspricht einerseits der Tangente in einem Punkt der Querschnittsberandung ein bestimmter Punkt der Berandung der Kernfläche und andererseits der Tangente an die Kernfläche in diesem Punkt der erwähnte Punkt der Querschnittsberandung. Einer Nulllinie, die einen Teil des Randes der Kernfläche enthält, ist somit ein Eckpunkt des Querschnittsrandes als Angriffspunkt der Normalkraft zugeordnet.

Beispiel 6.10:

Es ist die Kernfläche des in Abb. 6.22 dargestellten Rechteckquerschnitts zu bestimmen.

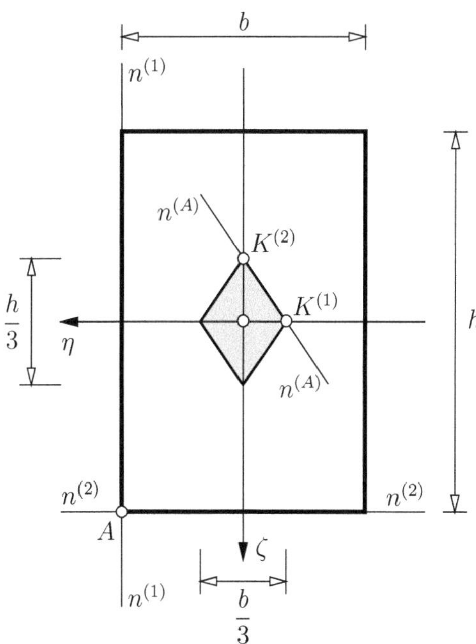

Abb. 6.22: Kernfläche eines Rechteckquerschnitts

Aus den Flächenhauptmomenten 2. Ordnung $I_\eta = bh^3/12$ und $I_\zeta = hb^3/12$ erhält man die Hauptradien des Querschnitts gemäß (6.45) zu

$$i_\eta = \frac{h}{\sqrt{12}}\,, \quad i_\zeta = \frac{b}{\sqrt{12}}\,. \tag{6.147}$$

Der Nulllinie $n^{(1)} - n^{(1)}$ mit $\eta_N^{(1)} = b/2$ und $\zeta_N^{(1)} = \infty$ entspricht der Kernpunkt $K^{(1)}$. Seine Koordinaten folgen aus (6.146) zu $e_\eta^{(1)} = -b/6$ und $e_\zeta^{(1)} = 0$. Der Nulllinie $n^{(2)} - n^{(2)}$ mit $\eta_N^{(2)} = \infty$ und $\zeta_N^{(2)} = h/2$ ist der Kernpunkt $K^{(2)}$ zugeordnet. Seine Koordinaten ergeben sich aus (6.146) zu $e_\eta^{(2)} = 0$ und $e_\zeta^{(2)} = -h/6$. $K^{(1)}$ und $K^{(2)}$ sind Eckpunkte der Kernfläche. Dasselbe gilt für die zu ihnen bezüglich der ζ- bzw. der

η-Achse symmetrischen Punkte. Sie sind der zu $n^{(1)} - n^{(1)}$ bezüglich der ζ-Achse bzw. der zu $n^{(2)} - n^{(2)}$ bezüglich der η-Achse symmetrischen Nulllinie zugeordnet. Dem Eckpunkt A des Querschnitts entspricht die Nulllinie $n^{(A)} - n^{(A)}$. Sie enthält den durch die Punkte $K^{(1)}$ und $K^{(2)}$ begrenzten Abschnitt des Randes der Kernfläche. Den drei übrigen Eckpunkten des Querschnitts sind Nulllinien zugeordnet, welche die drei übrigen Abschnitte des Randes der Kernfläche enthalten. Die Kernfläche ist also ein Rhombus.

6.4.7 Berücksichtigung von Wärmedehnungen

Als Bezugsachsen werden in diesem Abschnitt der Kürze halber ausschließlich die Querschnittshauptachsen verwendet. Unter Berücksichtigung von (6.1) erhält man die Längsdehnungen des Stabes aus der ersten der sechs Gleichungen (3.297) zu

$$\varepsilon_x = \frac{\sigma_x}{E} + \alpha_T \left(T - T_0\right) \ . \tag{6.148}$$

In Abb. 6.23a ist der technisch bedeutende Sonderfall eines linearen Verlaufs der Temperaturänderung in Richtung der ζ-Achse dargestellt. Bezeichnet man die Tempera-

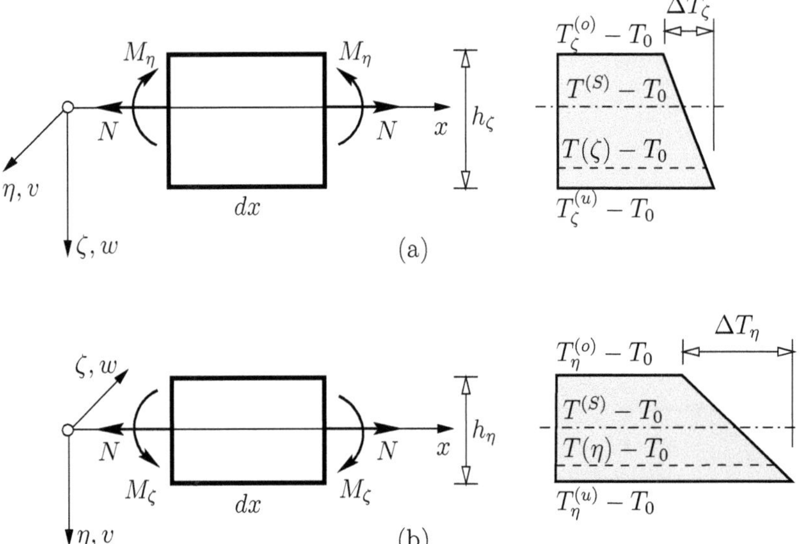

Abb. 6.23: Temperaturänderung bei Normalkraft und Biegung um (a) die η-Achse, (b) die ζ-Achse

turänderung der Fasern mit dem größten und dem kleinsten Wert der ζ-Koordinate mit $T_\zeta^{(u)} - T_0$ bzw. $T_\zeta^{(o)} - T_0$ und die der Stabachse mit $T^{(S)} - T_0$, so erhält man

$$T(\zeta) - T_0 = T^{(S)} - T_0 + \frac{\Delta T_\zeta}{h_\zeta}\,\zeta \tag{6.149}$$

mit

$$\Delta T_\zeta = T_\zeta^{(u)} - T_\zeta^{(o)} \tag{6.150}$$

und mit h_ζ als Abmessung des Querschnitts in Richtung der ζ-Achse.

Wenn auch in Richtung der η-Achse ein linearer Verlauf der Temperaturänderung vorliegt (Abb. 6.23b), erhält man

$$T(\eta,\zeta) - T_0 = T^{(S)} - T_0 + \frac{\Delta T_\eta}{h_\eta}\eta + \frac{\Delta T_\zeta}{h_\zeta}\zeta \; . \tag{6.151}$$

Analog zu ΔT_ζ ist ΔT_η zu

$$\Delta T_\eta = T_\eta^{(u)} - T_\eta^{(o)} \tag{6.152}$$

definiert; h_η bezeichnet die Abmessung des Querschnitts in Richtung der η-Achse. Einsetzen von (6.15) und (6.151) in (6.148) ergibt

$$\varepsilon_x = \frac{N}{EA} + \alpha_T\left(T^{(S)} - T_0\right) + \left(-\frac{M_\zeta}{EI_\zeta} + \alpha_T\frac{\Delta T_\eta}{h_\eta}\right)\eta + \left(\frac{M_\eta}{EI_\eta} + \alpha_T\frac{\Delta T_\zeta}{h_\zeta}\right)\zeta \; . \tag{6.153}$$

Andererseits erhält man ε_x durch Addition der Gleichungen (6.51), (6.106) und (6.123) zu

$$\varepsilon_x = \frac{du}{dx} - \kappa_\eta\,\eta + \kappa_\zeta\,\zeta \; . \tag{6.154}$$

Einsetzen von (6.112) und (6.121) in (6.154) führt auf

$$\varepsilon_x = \frac{du}{dx} - \frac{d^2v}{dx^2}\,\eta - \frac{d^2w}{dx^2}\,\zeta \; . \tag{6.155}$$

Der Vergleich entsprechender Terme in (6.153) und (6.155) ergibt

$$\frac{du}{dx} = \frac{N}{EA} + \alpha_T\left(T^{(S)} - T_0\right) , \tag{6.156}$$

$$\frac{d^2v}{dx^2} = \frac{M_\zeta}{EI_\zeta} - \alpha_T\frac{\Delta T_\eta}{h_\eta} , \tag{6.157}$$

$$\frac{d^2w}{dx^2} = -\frac{M_\eta}{EI_\eta} - \alpha_T\frac{\Delta T_\zeta}{h_\zeta} \; . \tag{6.158}$$

Der Term $\alpha_T\left(T^{(S)} - T_0\right)$ in (6.156) stellt die Dehnung der Stabachse zufolge ihrer Temperaturänderung dar. Der zweite Term auf der rechten Seite von (6.157) bzw. (6.158) repräsentiert die Krümmung der Stabachse zufolge eines linearen Verlaufs der Temperaturänderung in Richtung der η- bzw. ζ-Achse. Einsetzen der aus (6.156), (6.157) und (6.158) folgenden Ausdrücke für N/A bzw. M_ζ/I_ζ und M_η/I_η in (6.15) ergibt

$$\sigma_x = E\left[\frac{du}{dx} - \frac{d^2v}{dx^2}\,\eta - \frac{d^2w}{dx^2}\,\zeta - \alpha_T\left(T^{(S)} - T_0 + \frac{\Delta T_\eta}{h_\eta}\eta + \frac{\Delta T_\zeta}{h_\zeta}\zeta\right)\right] \; . \tag{6.159}$$

Beispiel 6.11:

Für den in Abb. 6.24 dargestellten beidseitig eingespannten Stab mit über die Stablänge konstantem Rechteckquerschnitt und konstantem Elastizitätsmodul sind die Biegelinie $w(x)$ und die Momentenverteilung $M_\eta(x)$ infolge eines von x unabhängigen linearen Verlaufs der Temperaturänderung in Richtung der ζ-Achse gesucht. Die Temperaturänderung der Stabachse $T^{(S)} - T_0$ wird zu null angenommen.

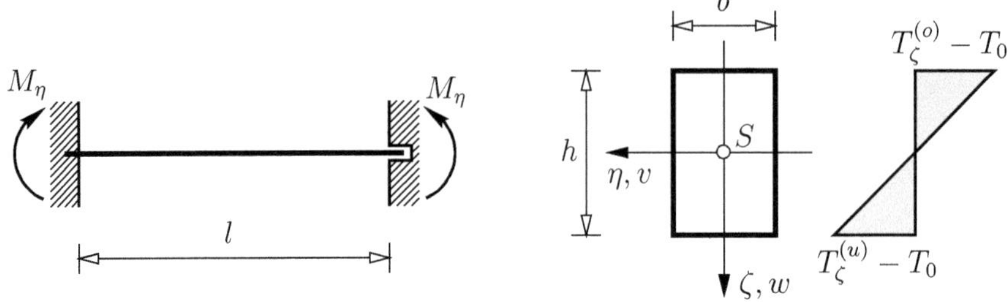

Abb. 6.24: Biegung eines beidseitig eingespannten Stabes infolge einer Temperaturänderung

Wegen fehlender äußerer Kräfte und infolge von Symmetrie gilt $M_\eta = konst.$ Deshalb erhält man aus (6.158) nach zweimaliger Integration

$$w(x) = -\left(\frac{M_\eta}{EI_\eta} + \alpha_T \frac{\Delta T_\zeta}{h_\zeta}\right)\frac{x^2}{2} + c_1 x + c_2 \ , \tag{6.160}$$

wobei c_1 und c_2 Integrationskonstanten sind. Sie werden durch Anpassung von (6.160) an die Randbedingungen

$$w(x=0) = 0 \ , \quad \frac{dw}{dx}(x=0) = 0 \ , \qquad w(x=l) = 0 \ , \quad \frac{dw}{dx}(x=l) = 0 \tag{6.161}$$

erhalten. Die beiden Randbedingungen an der Stelle $x = 0$ führen auf $c_1 = c_2 = 0$. Die beiden Randbedingungen an der Stelle $x = l$ sind nur für

$$M_\eta(x) = -EI_\eta \alpha_T \frac{\Delta T_\zeta}{h_\zeta} = konst. \tag{6.162}$$

erfüllt. Somit ist $w(x) = 0$. Durch seine Einspannung an den beiden Enden wird der Stab an einer Verkrümmung gehindert. Diese Verformungsbehinderung hat das Auftreten des Biegemoments $M_\eta(x)$ gemäß (6.162) zur Folge.

Wäre der Stab hingegen an beiden Enden gelenkig gelagert, ergäbe sich der Wert des konstanten Biegemomentes aufgrund der Randbedingungen

$$M_\eta(x=0) = 0 \ , \quad M_\eta(x=l) = 0 \tag{6.163}$$

zu null, d. h.

$$M_\eta(x) = 0 \ . \tag{6.164}$$

Unter Berücksichtigung von (6.164) sowie der Randbedingungen

$$w(x=0) = 0 \ , \quad w(x=l) = 0 \tag{6.165}$$

erhielte man weiters aus (6.160)

$$c_1 = \alpha_T \frac{\Delta T_\zeta}{h_\zeta}\frac{l}{2} \ , \quad c_2 = 0 \ . \tag{6.166}$$

Einsetzen von (6.164) und (6.166) in (6.160) ergäbe schließlich die Durchbiegung des Stabes zu

$$w(x) = \alpha_T \frac{\Delta T_\zeta}{h_\zeta} \frac{x}{2}(l-x) \ . \tag{6.167}$$

Beim statisch bestimmten Stab ruft die Temperaturänderung zwar Verformungen, aber keine Spannungen hervor. Hingegen bewirkt sie beim statisch unbestimmten Stab zwar Spannungen, aber keine Verformungen. Die Situation beim statisch bestimmten Stab stellt den Regelfall dar. Beim statisch unbestimmten Stab liegt jedoch ein Ausnahmefall vor. Im Allgemeinen treten nämlich bei statisch unbestimmten Stabtragwerken infolge einer Temperaturänderung sowohl Verformungen als auch Spannungen auf.

6.4.8 Normalspannungen in Verbundstäben

Stäbe aus verschiedenen Materialien werden als Verbundstäbe bezeichnet. Der Einfachheit halber wird in diesem Abschnitt ein nur aus zwei Werkstoffen bestehender Verbundstab mit symmetrischem Querschnitt betrachtet (Abb. 6.25a). Die Elastizitätsmoduln der beiden Werkstoffe werden mit $E^{(1)}$ und $E^{(2)}$ bezeichnet. Im betrachteten Querschnitt des Stabes wirkt die Normalkraft N und das Biegemoment M_η.

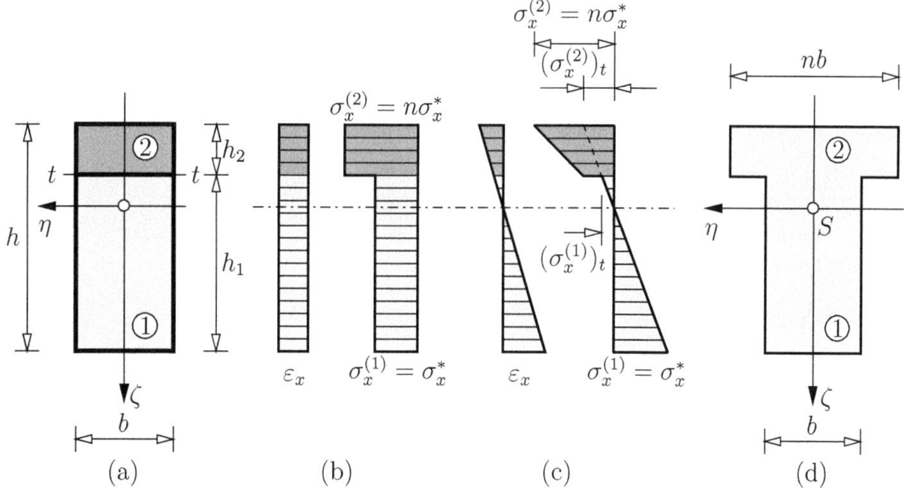

Abb. 6.25: Aus zwei verschiedenen Werkstoffen bestehender Verbundstab mit rechteckigem Querschnitt: (a) Querschnitt, (b) Dehnungs- und Spannungsverlauf infolge N, (c) Dehnungs- und Spannungsverlauf infolge M_η, (d) fiktiver homogener Querschnitt

Unter der Voraussetzung der Gültigkeit der Hypothese vom Ebenbleiben der Querschnitte liegt ein über die Querschnittshöhe h linearer Verlauf der Dehnung ε_x vor (Abb. 6.25b, c). Somit ist die Dehnung ε_x zu beiden Seiten der Verbundfuge $t-t$ zwischen den beiden Materialien gleich groß. Es gilt also

$$\left(\varepsilon_x^{(1)}\right)_t = \left(\varepsilon_x^{(2)}\right)_t \ . \tag{6.168}$$

Die Indizes 1 und 2 beziehen sich auf die beiden Werkstoffe. Drückt man die Dehnungen in (6.168) mit Hilfe der ersten der sechs Gleichungen (3.277) durch die Spannungen aus, so folgt unter Berücksichtigung von (6.1)

$$\left(\frac{\sigma_x^{(1)}}{E^{(1)}}\right)_t = \left(\frac{\sigma_x^{(2)}}{E^{(2)}}\right)_t \tag{6.169}$$

bzw.

$$\left(\sigma_x^{(2)}\right)_t = n\left(\sigma_x^{(1)}\right)_t \quad \text{mit } n = \frac{E^{(2)}}{E^{(1)}} \, . \tag{6.170}$$

(6.170) verdeutlicht, dass der Verlauf der Spannungen σ_x über die Querschnittshöhe h an der Stelle der Verbundfuge einen Sprung aufweist. Im Bereich des aus Werkstoff 2 bestehenden Querschnittsteils treten die n-fachen Werte der betreffenden Normalspannungen eines zur Gänze aus Werkstoff 1 bestehenden, sonst aber gleichen Querschnitts auf (Abb. 6.25b und c).

Somit folgt aus der ersten und der vierten der sechs Gleichungen (6.3)

$$N = \int_{A^{(1)}} \sigma_x^{(1)} \, dA^{(1)} + \int_{A^{(2)}} n \, \sigma_x^{(1)} \, dA^{(2)} \, , \tag{6.171}$$

$$M_\eta = \int_{A^{(1)}} \zeta \, \sigma_x^{(1)} \, dA^{(1)} + \int_{A^{(2)}} \zeta \, n \, \sigma_x^{(1)} \, dA^{(2)} \, , \tag{6.172}$$

wobei wegen des Bezugs auf Hauptachsen η und ζ an die Stelle von y bzw. z treten. Mit Hilfe von

$$dA^{(1)} = b \, d\zeta \, , \quad n \, dA^{(2)} = n \, b \, d\zeta \tag{6.173}$$

lassen sich die Gleichungen (6.171) und (6.172) als die Beziehungen für die Normalkraft sowie das Biegemoment um die η-Achse eines fiktiven homogenen Querschnitts interpretieren, der nur aus Werkstoff 1 besteht (Abb. 6.25d), dafür aber im Bereich des Werkstoffs 2 die n-fache Breite aufweist. Analog zur Herleitung von (6.15) aus (6.7) lässt sich aus (6.171) und (6.172) die Beziehung

$$\sigma_x^* = \frac{N}{A^*} + \frac{M_\eta}{I_\eta^*} \zeta \tag{6.174}$$

für die Normalspannungen im fiktiven homogenen Querschnitt ableiten. Die Querschnittskenngrößen A^* und I_η^* betreffen diesen Querschnitt. Die Lage der Stabachse des Verbundquerschnitts entspricht der des fiktiven homogenen Querschnitts. Für die Normalspannungen in dem aus Werkstoff 1 bestehenden unteren Teil und dem aus Werkstoff 2 bestehenden oberen Teil des Verbundquerschnitts gilt (Abb. 6.25b und c)

$$\sigma_x^{(1)} = \sigma_x^* \qquad \text{bzw.} \qquad \sigma_x^{(2)} = n \, \sigma_x^* \, . \tag{6.175}$$

6.5 Schubspannungen

6.5.1 Allgemeines

In den Bewegungsgleichungen für einen deformierbaren festen Körper (siehe die Gleichungen (3.117) bzw. (3.118)) sind Volumen- und Trägheitskräfte mit Normal- und

Schubspannungen verknüpft. Diese Gleichungen sind der Ausgangspunkt der folgenden Herleitung von Beziehungen zwischen einer beliebigen Belastung eines beliebig gelagerten Stabes und der Querkraft bzw. zwischen der Querkraft und dem Biegemoment. Letztere werden beispielsweise bei der anschließend an diese Herleitung erfolgenden Ermittlung der Schubspannungen zufolge der Querkraft benötigt. Danach werden die Schubspannungen infolge von Torsion bestimmt. Aus Gründen der Unterscheidung werden Erstere auch als Querkraftschubspannungen und Letztere auch als Torsionsschubspannungen bezeichnet.

Bei der Berechnung von Schubspannungen wird zwischen Stäben mit Vollquerschnitten, dünnwandigen Hohlquerschnitten und dünnwandigen offenen Querschnitten unterschieden. Abb. 6.26 enthält je einen Vertreter dieser drei Kategorien.

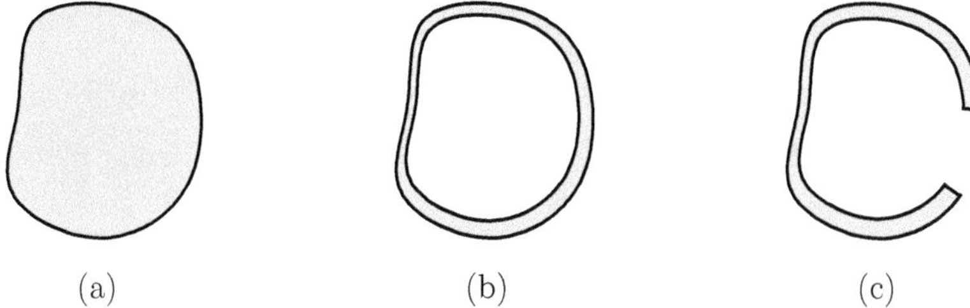

Abb. 6.26: Beispiele für Querschnitte aus drei verschiedenen Kategorien: (a) Vollquerschnitt, (b) dünnwandiger Hohlquerschnitt, (c) dünnwandiger offener Querschnitt

Bei der Bestimmung der Querkraftschubspannungen ist die Lage der Wirkungslinie der Querkraft zu beachten. Von ihr hängt es ab, ob die Querkraft auch eine Verdrehung des Stabquerschnittes bewirkt. Indirekt spielt das damit zusammenhängende Torsionsproblem auch bei der Bestimmung der Querkraftschubspannungen in dünnwandigen geschlossenen Querschnitten eine Rolle. Zur Lösung dieses Problems ist zusätzlich zur Gleichgewichtsbedingung eine Formänderungsbedingung erforderlich. Verlangt wird, dass die Verformung des Stabes torsionsfrei erfolgt.

Die Kausalität, die in Formulierungen wie *Schubspannungen zufolge der Querkraft* oder *Schubspannungen infolge von Torsion* zum Ausdruck kommt, ist entgegengesetzt derjenigen, die sich in der Zusammenfassung der Schubspannungen zur Querkraft und zum Torsionsmoment (siehe die zweite, dritte und letzte der sechs Gleichungen (6.3)) manifestiert. Dieser Gegensatz ist eine Folge unterschiedlicher Betrachtungsweisen. Aus der Sicht der Elastizitätstheorie stellt ein Stab einen deformierbaren festen Körper dar. Die in den Definitionsgleichungen (6.3) für die Schnittgrößen enthaltenen Spannungen lassen sich grundsätzlich mit den Methoden dieser Theorie bestimmen. Laut (6.3) sind sie die Ursache von Spannungsresultanten, die als Schnittgrößen in den Stabquerschnitten wirken. Hingegen werden in der Stabtheorie die Schnittgrößen als Ursache angesehen. Sie bewirken Spannungen, deren Berechnung mit den Methoden dieser Theorie erfolgt. Demgemäß spricht man beispielsweise von Biegenormalspannungen und Querkraftschubspannungen.

6.5.2 Beziehungen zwischen Belastung und Querkraft bzw. zwischen Querkraft und Biegemoment

Zur Ermittlung des Zusammenhanges zwischen der Belastung und der Querkraft an einer beliebigen Stelle x eines beliebig gelagerten und belasteten Stabes werden zuerst die Bewegungsgleichungen (3.117) unter Berücksichtigung von $x_1 \equiv x$, $x_2 \equiv y$, $x_3 \equiv z$ sowie $\mathbf{t}^{(1)} \equiv \mathbf{t}^{(x)}$, $\mathbf{t}^{(2)} \equiv \mathbf{t}^{(y)}$, $\mathbf{t}^{(3)} \equiv \mathbf{t}^{(z)}$ über das Volumen eines Stabelements integriert, das von den Querschnittsflächen $x = konst.$ und $x + dx = konst.$ begrenzt ist:

$$\int_{A\,dx} \left(\frac{\partial \mathbf{t}^{(x)}}{\partial x} + \frac{\partial \mathbf{t}^{(y)}}{\partial y} + \frac{\partial \mathbf{t}^{(z)}}{\partial z} + \mathbf{f} \right) dA\,dx = \int_{A\,dx} \rho\,\mathbf{b}\,dA\,dx\,. \tag{6.176}$$

Dabei bezeichnet A die Querschnittsfläche an der Stelle x. Anwendung des Divergenztheorems auf den zweiten und dritten Term des Integrals auf der linken Seite von (6.176) ergibt in Analogie zu (2.70)

$$\int_{A\,dx} \frac{\partial \mathbf{t}^{(y)}}{\partial y}\,dA\,dx = \int_S \mathbf{t}^{(y)}\,n_y\,dS\,, \qquad \int_{A\,dx} \frac{\partial \mathbf{t}^{(z)}}{\partial z}\,dA\,dx = \int_S \mathbf{t}^{(z)}\,n_z\,dS\,. \tag{6.177}$$

In (6.177) bezeichnen S die Oberfläche des Stabelements und n_y und n_z die Komponenten des ins Elementsäußere weisenden Normalenvektors $\mathbf{n}$ in Richtung von y bzw. z. $\mathbf{n}$ ist als Einheitsvektor definiert. Für die beiden Querschnittsflächen gilt $n_y = 0$ und $n_z = 0$. Folglich beschränkt sich die Integration über die Oberfläche des Stabelements in den beiden Gleichungen (6.177) auf die Mantelfläche. Für diese Fläche gilt

$$dS = ds\,dx\,, \tag{6.178}$$

wobei s die von einem beliebigen Punkt O auf der Randkurve C der Querschnittsfläche A im positiven Drehsinn um die x-Achse gemessene Bogenlänge bezeichnet (Abb. 6.27). Im Allgemeinen weisen der normal zur Mantelfläche gerichtete Vektor $\mathbf{n}$ an der Stelle s und der betreffende Oberflächenvektor $\bar{\mathbf{t}}^{(n)}$ (Abb. 6.27) auch eine Komponente normal zur Zeichenebene auf.

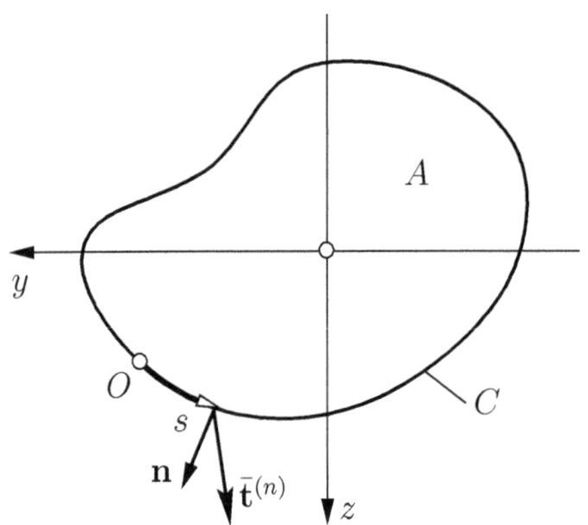

Abb. 6.27: Querschnittsfläche A mit Randkurve C

Einsetzen von (6.178) in (6.177) führt auf

$$\begin{aligned} \int_{A\,dx} \frac{\partial \mathbf{t}^{(y)}}{\partial y} dA\,dx &= \oint_{C\,dx} \mathbf{t}^{(y)}\,n_y\,ds\,dx\,, \\ \int_{A\,dx} \frac{\partial \mathbf{t}^{(z)}}{\partial z} dA\,dx &= \oint_{C\,dx} \mathbf{t}^{(z)}\,n_z\,ds\,dx\,. \end{aligned} \tag{6.179}$$

Addition der beiden Gleichungen (6.179) ergibt

$$\int_{A\,dx} \left(\frac{\partial \mathbf{t}^{(y)}}{\partial y} + \frac{\partial \mathbf{t}^{(z)}}{\partial z} \right) dA\,dx = \left[\oint_C \left(\mathbf{t}^{(y)}\, n_y + \mathbf{t}^{(z)}\, n_z \right) ds \right] dx\,. \tag{6.180}$$

Die Erstreckung des Kurvenintegrals über die gesamte Randkurve wird durch das Zeichen $\oint$ angedeutet. Zur Ermittlung der zu den CAUCHY'schen Formeln (3.127) analogen Beziehung

$$\mathbf{t}^{(y)}\, n_y + \mathbf{t}^{(z)}\, n_z = \mathbf{t}^{(n)} \tag{6.181}$$

formuliert man das dynamische Grundgesetz (3.102) für das in Abb. 6.28 dargestellte infinitesimale Volumenelement. Analog zu (3.123) ergibt sich

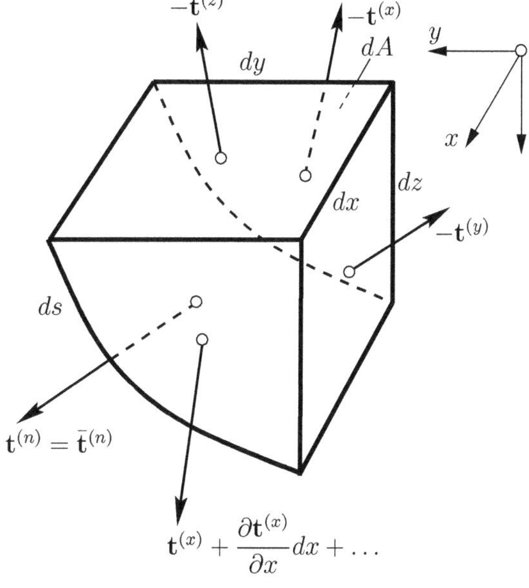

Abb. 6.28: Teil des Stabelements der Länge dx mit einer auf der Mantelfläche des Stabes gelegenen Seitenfläche

$$\begin{aligned} \mathbf{f}\, dA\, dx - \mathbf{t}^{(x)}\, dA + \left(\mathbf{t}^{(x)} + \frac{\partial \mathbf{t}^{(x)}}{\partial x}\, dx + \ldots \right) dA \,-& \\ -\, \mathbf{t}^{(y)}\, dz\, dx - \mathbf{t}^{(z)}\, dy\, dx + \mathbf{t}^{(n)}\, ds\, dx \;&=\; \mathbf{b}\, \rho\, dA\, dx\,. \end{aligned} \tag{6.182}$$

Bei Berücksichtigung von $dA = dy\,dz/2$, $dy/ds = n_z$ und $dz/ds = n_y$ erhält man (6.181) nach Division von (6.182) durch $ds\,dx$ und anschließender Streichung der infinitesimalen Terme. Einsetzen von (6.180) in (6.176) und Beachtung von (6.181) sowie der Randbedingung $\mathbf{t}^{(n)} = \bar{\mathbf{t}}^{(n)}$ führt auf

$$\left[\frac{\partial}{\partial x} \int_A \mathbf{t}^{(x)}\, dA + \oint_C \bar{\mathbf{t}}^{(n)}\, ds + \int_A \mathbf{f}\, dA \right] dx = \int_{A\,dx} \rho\, \mathbf{b}\, dA\, dx\,. \tag{6.183}$$

Unter Berücksichtigung der ersten drei der sechs Gleichungen (6.3) erhält man für das erste Integral in (6.183)

$$\int_A \mathbf{t}^{(x)}\, dA = \int_A \left\{ \begin{array}{c} \sigma_x \\ \tau_{xy} \\ \tau_{xz} \end{array} \right\} dA = \left\{ \begin{array}{c} N \\ Q_y \\ Q_z \end{array} \right\}. \tag{6.184}$$

Bei diesem Integral handelt es sich also um die Resultierende der Schnittkräfte N, Q_y, Q_z an der Stelle x.

Die Summe des zweiten und dritten Integrals in (6.183) ergibt die Resultierende der an der Stelle x auf den Stab wirkenden äußeren Kräfte q_x, q_y, q_z pro Längeneinheit der Stabachse:

$$\oint_C \bar{\mathbf{t}}^{(n)}\, ds + \int_A \mathbf{f}\, dA = \oint_C \begin{Bmatrix} \bar{t}_x^{(n)} \\ \bar{t}_y^{(n)} \\ \bar{t}_z^{(n)} \end{Bmatrix} ds + \int_A \begin{Bmatrix} f_x \\ f_y \\ f_z \end{Bmatrix} dA = \begin{Bmatrix} q_x \\ q_y \\ q_z \end{Bmatrix}. \tag{6.185}$$

Diese Kräfte stellen sogenannte Linienlasten dar.

Aufgrund des Gesetzes von der Erhaltung der Masse (siehe Gleichung (3.205)) gilt

$$\rho\, dA\, dx = konst. \tag{6.186}$$

Unter Berücksichtigung von (5.16) und (6.186) erhält man für das letzte Integral in (6.183)

$$\int_{A\,dx} \rho\, \mathbf{b}\, dA\, dx = \int_{A\,dx} \rho\, \frac{\partial^2 \mathbf{x}}{\partial t^2}\, dA\, dx = \frac{\partial^2}{\partial t^2} \left(\int_{A\,dx} \mathbf{x}\, \rho\, dA\, dx \right). \tag{6.187}$$

Für einen homogenen Stabquerschnitt $x = konst.$ folgt aus (6.187)

$$\frac{\partial^2}{\partial t^2} \left(\int_{A\,dx} \mathbf{x}\, \rho\, dA\, dx \right) = \frac{\partial^2}{\partial t^2} \left[\rho \left(\int_A \mathbf{x}\, dA \right) dx \right]. \tag{6.188}$$

Die x-Achse verläuft durch den Querschnittsschwerpunkt. Somit ergibt sich das Integral auf der rechten Seite von (6.188) zu (siehe die Gleichungen (6.20))

$$\int_A \mathbf{x}\, dA = \int_A \begin{Bmatrix} x \\ y \\ z \end{Bmatrix} dA = \begin{Bmatrix} x \\ y_S = 0 \\ z_S = 0 \end{Bmatrix} A, \tag{6.189}$$

wobei y_S und z_S die Koordinaten des Schwerpunkts der Querschnittsfläche des Stabes an der Stelle x bezeichnen. Setzt man (6.189) in (6.188) ein, so erhält man

$$\frac{\partial^2}{\partial t^2} \left[\rho \left(\int_A \mathbf{x}\, dA \right) dx \right] = \frac{\partial^2}{\partial t^2} \left(\rho \begin{Bmatrix} x \\ y_S \\ z_S \end{Bmatrix} A\, dx \right). \tag{6.190}$$

Für einen homogenen Stabquerschnitt $x = konst.$ gilt aufgrund des Gesetzes von der Erhaltung der Masse

$$\rho\, A\, dx = konst. \tag{6.191}$$

Unter Berücksichtigung von (6.191) und (5.16) ergibt sich aus (6.190)

$$\frac{\partial^2}{\partial t^2} \left(\rho \begin{Bmatrix} x \\ y_S \\ z_S \end{Bmatrix} A\, dx \right) = \rho\, A\, \frac{\partial^2}{\partial t^2} \begin{Bmatrix} x \\ y_S \\ z_S \end{Bmatrix} dx = \rho\, A \begin{Bmatrix} b_{Sx} \\ b_{Sy} \\ b_{Sz} \end{Bmatrix} dx, \tag{6.192}$$

wobei b_{Sx}, b_{Sy} und b_{Sz} die Komponenten der Schwerpunktbeschleunigung bezeichnen. Der Ausgangspunkt der Herleitung des letzten Ausdrucks in (6.192) war der erste Ausdruck in (6.187). Somit erhält man

$$\int_{A\,dx} \rho\,\mathbf{b}\,dA\,dx = \rho\,A\,\frac{\partial^2}{\partial t^2}\left\{\begin{array}{c} u \\ v \\ w \end{array}\right\} dx\,, \tag{6.193}$$

wobei die Schwerpunktbeschleunigung durch die Schwerpunktverschiebung ausgedrückt wird. Setzt man (6.184), (6.185) und (6.193) in (6.183) ein, so ergibt sich nach Division durch dx

$$\frac{\partial N}{\partial x} = -q_x + \rho\,A\,\frac{\partial^2 u}{\partial t^2}\,, \qquad \frac{\partial Q_y}{\partial x} = -q_y + \rho\,A\,\frac{\partial^2 v}{\partial t^2}\,, \qquad \frac{\partial Q_z}{\partial x} = -q_z + \rho\,A\,\frac{\partial^2 w}{\partial t^2}\,. \tag{6.194}$$

Spezialisierung der ersten dieser drei Gleichungen für statische Beanspruchung führt auf (6.62). Bei der zweiten und dritten Gleichung handelt es sich um die gesuchten Beziehungen zwischen der Belastung und der Querkraft.

Zur Ermittlung des Zusammenhangs zwischen der Querkraft und dem Biegemoment werden zuerst die vierte und fünfte der sechs Gleichungen (6.3) nach x differenziert:

$$\frac{\partial M_y}{\partial x} = \int_A z\,\frac{\partial \sigma_x}{\partial x}\,dA\,, \qquad \frac{\partial M_z}{\partial x} = -\int_A y\,\frac{\partial \sigma_x}{\partial x}\,dA\,. \tag{6.195}$$

Drückt man in (6.195) $\partial\sigma_x/\partial x$ mittels der ersten der drei Bewegungsgleichungen (3.118) unter Berücksichtigung von $\sigma_{11} \equiv \sigma_x$, $\sigma_{21} \equiv \tau_{yx}$, $\sigma_{31} \equiv \tau_{zx}$, $f_1 \equiv f_x$ und $b_1 \equiv b_x$ durch $\partial\tau_{xy}/\partial y$, $\partial\tau_{zx}/\partial z$, f_x und $\rho\,b_x$ aus, so erhält man

$$\begin{aligned} \frac{\partial M_y}{\partial x} &= \int_A z\left(-\frac{\partial \tau_{yx}}{\partial y} - \frac{\partial \tau_{zx}}{\partial z} - f_x + \rho\,b_x\right) dA \;= \\ &= \int_A \left[-\frac{\partial}{\partial y}(z\,\tau_{yx}) - \frac{\partial}{\partial z}(z\,\tau_{zx}) + \tau_{zx} + z\,(-f_x + \rho\,b_x)\right] dA\,, \\ \frac{\partial M_z}{\partial x} &= -\int_A y\left(-\frac{\partial \tau_{yx}}{\partial y} - \frac{\partial \tau_{zx}}{\partial z} - f_x + \rho\,b_x\right) dA \;= \\ &= -\int_A \left[-\frac{\partial}{\partial y}(y\,\tau_{yx}) - \frac{\partial}{\partial z}(y\,\tau_{zx}) + \tau_{yx} + y\,(-f_x + \rho\,b_x)\right] dA\,. \end{aligned} \tag{6.196}$$

Anwendung des Divergenztheorems auf die beiden ersten Terme im zweiten Ausdruck für $\partial M_y/\partial x$ bzw. $\partial M_z/\partial x$ gemäß (6.196) ergibt

$$\begin{aligned} \frac{\partial M_y}{\partial x} &= -\oint_C z(\tau_{yx}\,n_y + \tau_{zx}\,n_z)\,ds + \int_A \tau_{zx}\,dA + \int_A z\,(-f_x + \rho\,b_x)\,dA\,, \\ \frac{\partial M_z}{\partial x} &= \oint_C y(\tau_{yx}\,n_y + \tau_{zx}\,n_z)\,ds - \int_A \tau_{yx}\,dA - \int_A y\,(-f_x + \rho\,b_x)\,dA\,. \end{aligned} \tag{6.197}$$

Für den Klammerausdruck in den beiden Gleichungen (6.197) gilt laut der ersten der drei Beziehungen (6.181)

$$\tau_{yx}\,n_y + \tau_{zx}\,n_z = t_x^{(n)}\,. \tag{6.198}$$

Einsetzen von (6.198) in (6.197) und Berücksichtigung der Randbedingung $t_x^{(n)} = \bar{t}_x^{(n)}$, der Symmetrie des Spannungstensors sowie der zweiten und dritten der sechs Gleichungen (6.3) führt auf

$$\begin{aligned} \frac{\partial M_y}{\partial x} &= -\oint_C z\,\bar{t}_x^{(n)}\,ds + Q_z + \int_A z\,(-f_x + \rho\,b_x)\,dA\,, \\ \frac{\partial M_z}{\partial x} &= \oint_C y\,\bar{t}_x^{(n)}\,ds - Q_y - \int_A y\,(-f_x + \rho\,b_x)\,dA\,. \end{aligned} \tag{6.199}$$

Wenn die Oberflächenkräfte quer zur Stabachse wirken, ist $\bar{t}_x^{(n)} = 0$. Somit verschwindet das Kurvenintegral in den beiden Gleichungen (6.199). Das trifft auch dann zu, wenn die Wirkungslinie von q_x mit der Stabachse zusammenfällt.

Wenn die Stabachse normal zur Richtung der Fallbeschleunigung verläuft, ist $f_x = 0$. Folglich verschwindet der erste Term des Flächenintegrals in den beiden Gleichungen (6.199). Das trifft im Falle eines homogenen Querschnitts $x = konst.$ auch dann zu, wenn die Stabachse eine andere Richtung aufweist. Die Komponente f_x der Volumenkraft $\mathbf{f}$ ist in diesem Fall eine von null verschiedene Konstante. Da der Schnittpunkt der y- und der z-Achse mit dem Querschnittsschwerpunkt zusammenfällt, gilt dann für die erwähnten Terme

$$\int_A z\,f_x\,dA = f_x \int_A z\,dA = 0\,, \qquad \int_A y\,f_x\,dA = f_x \int_A y\,dA = 0\,. \tag{6.200}$$

Der zweite Term des Flächenintegrals in den beiden Gleichungen (6.199) betrifft den Einfluss der sogenannten Rotationsträgheit des Stabes. Er ist im Allgemeinen gering [Parkus (1966)]. Wenn dieser Einfluss vernachlässigt wird, die beiden Gleichungen (6.200) erfüllt sind und die Kurvenintegrale in den beiden Beziehungen (6.199) verschwinden, treten die Gleichungen

$$\frac{\partial M_y}{\partial x} = Q_z\,, \qquad \frac{\partial M_z}{\partial x} = -Q_y \tag{6.201}$$

an die Stelle von (6.199).

Durch Einsetzen der ersten der beiden Gleichungen (6.201) in die letzte der drei Beziehungen (6.194) und der zweiten dieser beiden Gleichungen in die vorletzte der erwähnten Beziehungen erhält man

$$\frac{\partial^2 M_y}{\partial x^2} = -q_z + \rho\,A\,\frac{\partial^2 w}{\partial t^2}\,, \qquad \frac{\partial^2 M_z}{\partial x^2} = q_y - \rho\,A\,\frac{\partial^2 v}{\partial t^2}\,. \tag{6.202}$$

Zur Veranschaulichung der für die Linienlasten sowie die Komponenten der Querkraft und des Biegemoments getroffenen Vorzeichenkonvention dient Abb. 6.29. Sie enthält ein Element der Stabachse der Länge dx sowie die als positive Größen eingetragenen Komponenten der Querkraft und des Biegemoments in den Schnittebenen $x = konst.$ und $x+dx = konst.$ infolge der als positive Größen dargestellten Linienlasten quer zur Stabachse. Es wird angenommen, dass diese Linienlasten längs der Stabachse angreifen. Sie sind positiv, wenn sie in Richtung der betreffenden Koordinatenachse wirken. Die Komponenten der Querkraft und des Biegemoments sind positiv, wenn sie in der Schnittebene $x + dx = konst.$ in Richtung der betreffenden Koordinatenachse und in der Schnittebene $x = konst.$ in entgegengesetzter Richtung wirken. Die Schnittebene, deren Normalenvektor $\mathbf{n}$ in dieselbe Richtung wie die Koordinatenachse x weist,

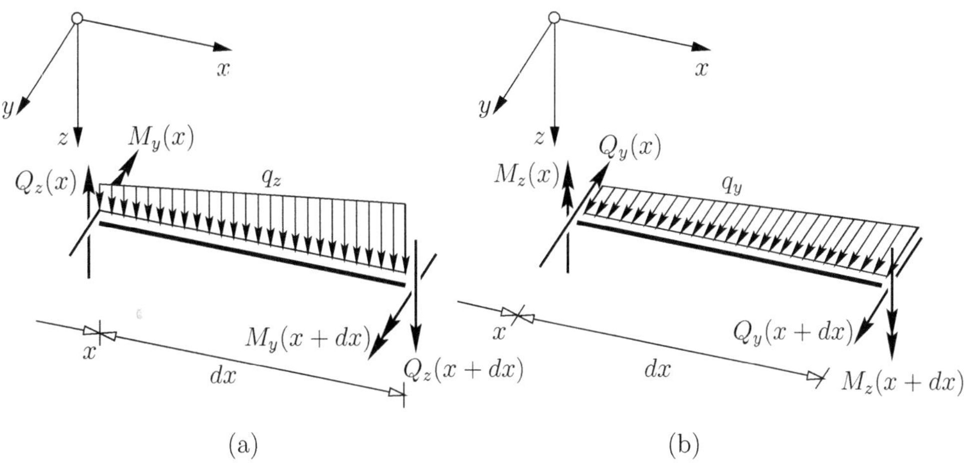

Abb. 6.29: Biegung mit Querkraft: Element der Stabachse der Länge dx und Schnittgrößen in den Schnittebenen $x = konst.$ und $x+dx = konst.$ infolge (a) q_z und (b) q_y

also die Schnittebene $x + dx = konst.$, wird als positive Schnittebene bezeichnet. Die Vorzeichenkonvention für die Komponenten der Querkraft und des Biegemoments entspricht der für die Spannungen getroffenen Vereinbarung (siehe Abschnitt 3.2.4).

Wenn die Oberflächenkräfte quer zur Stabachse wirken, ist, wie bereits erwähnt, $\bar{t}_x^{(n)} = 0$. Einsetzen des Ausdrucks (6.198) für $t_x^{(n)}$ in die Randbedingung $t_x^{(n)} = \bar{t}_x^{(n)} = 0$ ergibt dann

$$t_x^{(n)} = \tau_{yx}\, n_y + \tau_{zx}\, n_z = 0\,. \tag{6.203}$$

Aus (6.203) folgt aufgrund der Symmetrie des Spannungstensors

$$\tau_{xy}\, n_y + \tau_{xz}\, n_z = 0\,. \tag{6.204}$$

Gleichung (6.204) verdeutlicht, dass die Schubspannung in den Punkten der Randkurve der Querschnittsfläche tangential zu dieser Kurve verläuft.

Die Schubspannungskomponenten τ_{xy} und τ_{xz} bewirken entsprechende Gleitungen γ_{xy} und γ_{xz}. Der Zusammenhang zwischen diesen Spannungskomponenten und den zugehörigen Gleitungen ist laut (3.277) zu

$$\gamma_{xy} = \frac{\tau_{xy}}{G} \qquad \text{und} \qquad \gamma_{xz} = \frac{\tau_{xz}}{G} \tag{6.205}$$

gegeben. Abb. 6.30 bezieht sich auf die Gleitung γ_{xz} längs der durch $y = 0$ gekennzeichneten vertikalen Symmetrieachse des Querschnitts $x = konst.$ eines Kragträgers. Dabei handle es sich um einen Rechteckquerschnitt. An seinem freien Ende sei der Kragträger durch eine vertikale statische Einzellast P belastet (Abb. 6.30a). In Abb. 6.30b ist ein Teil des Schnittes $y = 0$ durch den unverformten Kragträger dargestellt. Er enthält die Gerade $x = konst.$, $y = 0$. Der entsprechende Teil des Schnittes $y = 0$ durch den verformten Kragträger ist in Abb. 6.30c dargestellt.

Spezialisierung der ersten der beiden Gleichungen (6.202) für die gegebene Belastung des Kragträgers führt auf

$$\frac{d^2 M_y}{dx^2} = 0\,, \tag{6.206}$$

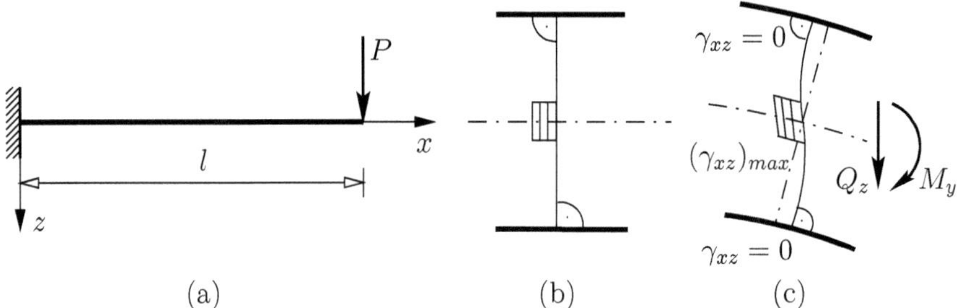

Abb. 6.30: Mit einer vertikalen statischen Einzellast am freien Ende belasteter Kragträger: (a) statisches System, (b) Teil des Schnittes $y = 0$ vor der Verformung und (c) nach der Verformung

wobei wegen der zeitlichen Unabhängigkeit der Belastung d^2/dx^2 an die Stelle von $\partial^2/\partial x^2$ tritt. Integration von (6.206) und Berücksichtigung der ersten der beiden Gleichungen (6.201) ergibt

$$\frac{dM_y}{dx} = Q_z = C_1 \,. \tag{6.207}$$

Integration von (6.207) liefert

$$M_y = C_1 x + C_2 \,. \tag{6.208}$$

Zur Ermittlung der Integrationskonstanten C_1 und C_2 dienen die Randbedingungen

$$Q_z(l) = P \qquad \text{und} \qquad M_y(l) = 0 \,. \tag{6.209}$$

Q_z ist die Resultierende von τ_{xz} und Q_y die von τ_{xy}. Da Q_y bei der gegebenen Belastung gleich null ist, muss die Verteilung von τ_{xy} über den Querschnitt der Bedingung

$$\int_A \tau_{xy} \, dA = 0 \tag{6.210}$$

genügen. Der zur Symmetrieachse $y = 0$ antimetrische Verlauf von τ_{xy} erfüllt diese Bedingung. Längs dieser Achse ist somit $\tau_{xy} = 0$ und folglich $\gamma_{xy} = 0$. Demnach ist die Schubdeformation des Querschnitts längs $y = 0$ durch die Gleitung γ_{xz} gekennzeichnet.

Am oberen und unteren Rand des Rechtecksquerschnitts ist $n_y = 0$ und $n_z = -1$ bzw. $+1$. Laut (6.204) ist dort somit $\tau_{xz} = 0$ und laut der zweiten der beiden Gleichungen (6.205) folglich $\gamma_{xz} = 0$. Somit bleiben die zwei in Abb. 6.30b eingetragenen rechten Winkel bei der Verformung erhalten. Aus Symmetriegründen ergibt sich der Größtwert von γ_{xz} für $z = 0$.

Die durch die Gleitungen γ_{xy} und γ_{xz} gekennzeichnete Querschnittsverwölbung steht im Widerspruch zur Hypothese vom Ebenbleiben der Querschnitte. Bei homogenen Stäben ist der Einfluss der Querschnittsverwölbung auf den Spannungs- und Verformungszustand bei Biegung mit Querkraft jedoch nur dann bedeutend, wenn diese Stäbe sehr gedrungen sind. Bei Verbundstäben mit schubweichen Füllschichten zwischen dehnsteifen Deckschichten kann er allerdings auch dann erheblich sein, wenn diese Stäbe relativ schlank sind. Wenn der erwähnte Einfluss unbedeutend ist, darf man näherungsweise von der Gültigkeit der Hypothese vom Ebenbleiben der Querschnitte ausgehen. Näherungsweise dürfen dann die für reine Biegung in den Abschnitten 6.4.3 und 6.4.4 hergeleiteten Beziehungen für die Normalspannung und die Durchbiegung der Stabachse verwendet werden.

6.5.3 Querkraftschubspannungen in dünnwandigen offenen Querschnitten

Die Querkraftschubspannungen werden der Einfachheit halber zunächst für Stäbe mit dünnwandigen offenen, über die Stablänge konstanten Querschnitten bestimmt. Die Dicke b eines solchen Querschnitts ist im Allgemeinen eine Funktion der Bogenlänge s der Mittellinie des Querschnitts. s wird im positiven Drehsinn um die x-Achse gemessen (Abb. 6.31). Begonnen wird somit an jenem Querschnittsende in einer positiven Schnittebene, von dem weg s im Gegenzeigersinn zunimmt. Im Falle des in Abb. 6.26c dargestellten Querschnitts handelt es sich dabei um das obere Querschnittsende. Die von einem Querschnittsende ausgehende Messung von s ist insoferne zweckmäßig, weil die Schubspannung an den Querschnittsenden aufgrund des Satzes von den zugeordneten Schubspannungen gleich null ist, wenn in den Längsrandebenen keine Oberflächenkräfte in Stablängsrichtung wirken.

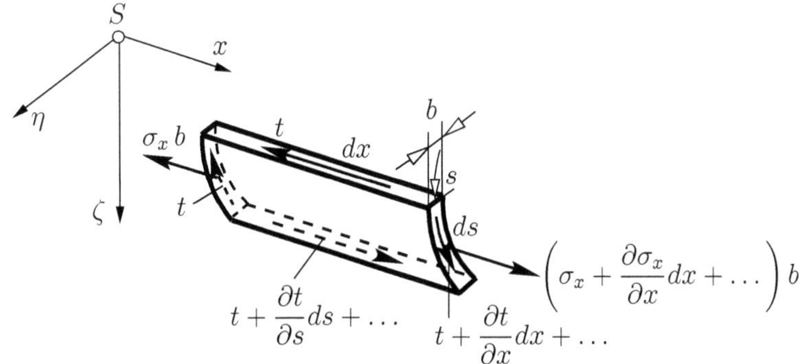

Abb. 6.31: Im Gleichgewicht befindliches infinitesimales Stabelement

Laut (6.204) verlaufen die Schubspannungen in den Punkten der Randkurve der Querschnittsfläche tangential zu dieser Kurve. Wegen der Dünnwandigkeit des Querschnitts können sich Betrag und Richtung der Schubspannungen über die Dicke nur geringfügig ändern. Folglich dürfen die Schubspannungen zum Schubfluss

$$t(s) = \tau(s)\, b(s) \tag{6.211}$$

zusammengefasst werden. Er stellt eine in der Querschnittsebene $x = konst.$ wirkende Schubkraft pro Längeneinheit dar. Der Schubfluss verläuft tangential zur Mittellinie des Querschnitts (Abb. 6.31). Unter der Annahme einer statischen Belastung, die Biegenormalspannungen σ_x und Querkraftschubspannungen τ hervorruft, ergibt sich die Gleichgewichtsbedingung für die an dem in Abb. 6.31 dargestellten infinitesimalen Stabelement in x-Richtung angreifenden Kräfte zu

$$\frac{\partial \sigma_x}{\partial x}\, b\, ds + \frac{\partial t}{\partial s}\, ds = 0\ . \tag{6.212}$$

Setzt man die für Querschnittshauptachsen geltende Gleichung (6.15) für σ_x mit $N = 0$ in (6.212) ein und berücksichtigt die aus (6.201) bei Bezug auf diese Achsen folgenden Relationen $dM_\eta/dx = Q_\zeta$ und $dM_\zeta/dx = -Q_\eta$ sowie die Unabhängigkeit von I_η und I_ζ von x, so erhält man

$$\frac{\partial t}{\partial s} ds = dt = -\left(\frac{Q_\eta}{I_\zeta}\,\eta + \frac{Q_\zeta}{I_\eta}\,\zeta\right) b\, ds\ . \tag{6.213}$$

Integration von (6.213) führt auf

$$t(s) = \int_0^s dt = -\frac{Q_\eta}{I_\zeta}\int_0^s \eta\, b\, ds - \frac{Q_\zeta}{I_\eta}\int_0^s \zeta\, b\, ds = -\frac{Q_\eta}{I_\zeta}S_\zeta(s) - \frac{Q_\zeta}{I_\eta}S_\eta(s) + t_0 \,. \quad (6.214)$$

In (6.214) bezeichnen

$$S_\zeta(s) = \int_0^s \eta(s)\, b(s)\, ds \quad \text{und} \quad S_\eta(s) = \int_0^s \zeta(s)\, b(s)\, ds \quad (6.215)$$

das statische Moment um die ζ- bzw. η-Achse jenes Querschnittsteils, der zwischen $s = 0$ und dem betrachteten Punkt mit der Koordinate s gelegen ist; t_0 ist eine Integrationskonstante. Da die angenommene Belastung keine Oberflächenkräfte in Stablängsrichtung enthält, gilt aufgrund des Satzes von den zugeordneten Schubspannungen $t(s = 0) = 0$. Wegen $S_\eta(s = 0) = 0$ und $S_\zeta(s = 0) = 0$ ist folglich $t_0 = 0$. Aus (6.211) und (6.214) erhält man die Querkraftschubspannung somit zu

$$\tau(s) = -\frac{Q_\eta}{I_\zeta}\frac{S_\zeta(s)}{b(s)} - \frac{Q_\zeta}{I_\eta}\frac{S_\eta(s)}{b(s)} \,. \quad (6.216)$$

Beispiel 6.12:

Für den in Abb. 6.32a dargestellten Querschnitt mit den Abmessungen a = 150 mm, h = 300 mm und b = 12 mm ist die Schubspannungsverteilung zufolge der Querkraft Q_ζ = 250 kN gesucht. Wegen der Symmetrieeigenschaften des Querschnitts sind die Koordinatenachsen Hauptachsen.

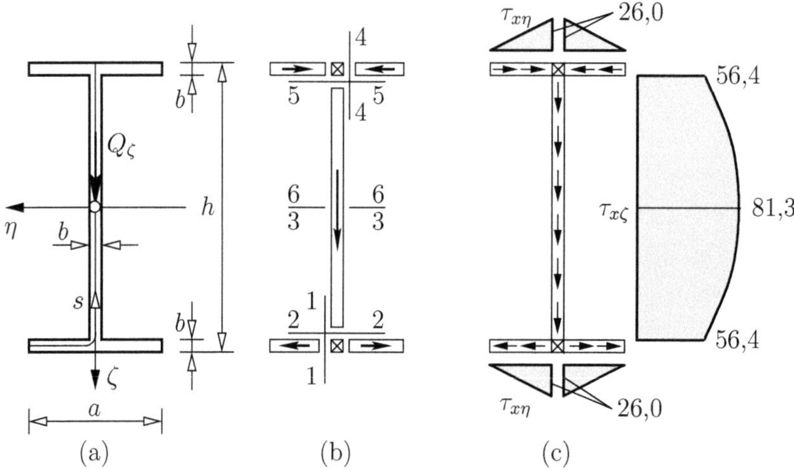

Abb. 6.32: Verteilung der Schubspannungen zufolge der Querkraft Q_ζ in einem I-Querschnitt: (a) Querschnittsabmessungen, Querkraft, (b) Schubkräfte, (c) Schubspannungen, Schubfluss

Das Flächenmoment 2. Ordnung um die η-Achse ergibt sich zu

$$I_\eta = \frac{150 \cdot 300^3}{12} - \frac{138 \cdot 276^3}{12} = 95{,}7 \cdot 10^6\, mm^4 \,. \quad (6.217)$$

Der Querschnitt wird in einzelne Teile zerlegt (Abb. 6.32b). Die Resultierenden der in diesen Querschnittsteilen wirkenden Schubflüsse stellen Schubkräfte dar. Diese sind in Abb. 6.32b eingetragen. Ausgenommen davon sind die beiden angekreuzten Querschnittsteile, in denen der Schubfluss eine Umlenkung erfährt. Deswegen lässt sich die Schubspannung dort mittels (6.216) nicht bestimmen. Die positive Richtung des Schubflusses entspricht dem positiven Zählsinn der Bogenlänge s (Abb. 6.31). Wenn sich für den Schubfluss ein negativer Wert ergibt, weist t in die Richtung abnehmender Werte von s.

Da S_η für flanschenbezogene Werte von s eine lineare und für stegbezogene Werte eine quadratische Funktion von s ist, ergeben sich laut (6.214) in den vier Flanschteilen lineare Verteilungen und im Steg eine parabolische Verteilung des Schubflusses t. Daraus folgen lineare Verteilungen der Schubspannungen $\tau = \tau_{x\eta}$ in den Flanschteilen und eine parabolische Verteilung der Schubspannungen $\tau = \tau_{x\zeta}$ im Steg (Abb. 6.32c). Die Berechnung der Schubspannungen in den drei Schnitten 1-1, 2-2 und 3-3 (Abb. 6.32b) reicht daher zur Bestimmung der Schubspannungsverteilung hin.

Tabelle 6.1 bezieht sich auf die Ermittlung von τ in diesen drei Schnitten. Für die Zählung von s wird der linke Endpunkt der Mittellinie des unteren Flansches als Ausgangspunkt gewählt (Abb. 6.32a). Die zweite Spalte dieser Tabelle enthält die Flächeninhalte A der durch die erwähnten Schnitte abgetrennten Querschnittsteile. In der dritten Spalte sind die zur Bestimmung von $S_\eta(s)$ erforderlichen Abstände ζ_S der Schwerpunkte der betreffenden Querschnittsteile von der η-Achse angeführt. Für t bzw. τ erhält man negative Werte. Schubfluss bzw. Schubspannungen wirken in den betrachteten Schnitten daher in der dem positiven Drehsinn entgegengesetzten Richtung. Analog verfährt man, wenn s vom rechten Endpunkt der Mittellinie des oberen Flansches gezählt wird. Für die Schnitte 4-4, 5-5 und 6-6 ergeben sich die für die Schnitte 1-1, 2-2 und 3-3 erhaltenen Werte mit umgekehrtem Vorzeichen. Abb. 6.32c zeigt die Schubspannungsverteilung und den Schubfluss. Im Steg erhält man je nach Wahl des Ausgangspunktes der Zählung von s positive oder negative Werte für t bzw. τ. Aus diesem Grund wurden die Vorzeichen der in die Abb. 6.32c eingetragenen Werte der Schubspannungen unterdrückt. Ungeachtet der Wahl des erwähnten Punktes ergibt sich selbstverständlich die richtige Richtung von t bzw. τ.

Wegen $Q_\eta = 0$ verschwindet das Integral der Schubspannungen $\tau_{x\eta}$ über die Querschnittsfläche (Abb. 6.32c). Das Integral der Schubspannungen $\tau_{x\zeta}$ über die Querschnittsfläche entspricht der gegebenen Querkraft Q_ζ. Integration der Schubspannun-

Tabelle 6.1: Ermittlung der Schubspannungen für ausgewählte Schnitte

SCHNITT	A [mm²]	ζ_S [mm]	S_η [mm³]	$t = -Q_\zeta\, S_\eta / I_\eta$ [N/mm]	b [mm]	$\tau = t/b$ [N/mm²]
1-1	$12 \cdot 69 =$ 828	144	119 232	−311	12	−26,0
2-2	$12 \cdot 150 = 1\,800$	144	259 200	−677	12	−56,4
3-3	$12 \cdot 150 = 1\,800$ $12 \cdot 138 = 1\,656$	144 69	373 464	−976	12	−81,3

gen $\tau_{x\zeta}$ über die Fläche des Steges ergibt

$$\int_{Steg} \tau_{x\zeta}\, dA = \left[56{,}4 + \frac{2}{3}(81{,}3 - 56{,}4)\right] \cdot 12 \cdot 276 = 242\ kN\,. \qquad (6.218)$$

Die durch Nichtberücksichtigung der schraffierten Querschnittsteile in Abb. 6.32b entstehende relative Abweichung des Integrationsergebnisses von der zu 250 kN gegebenen Querkraft Q_ζ beträgt rund 3,3 %.

Setzt man die für beliebige Achsen y und z eines rechtwinkeligen kartesischen Koordinatensystems mit dem Ursprung im Querschnittsschwerpunkt geltende Gleichung (6.12) für σ_x mit $N = 0$ in (6.212) ein, so erhält man mit Hilfe von (6.201)

$$\frac{\partial t}{\partial s}\, ds = dt = -\left(\frac{Q_y I_y - Q_z I_{yz}}{I_y I_z - I_{yz}^2}\, y + \frac{Q_z I_z - Q_y I_{yz}}{I_y I_z - I_{yz}^2}\, z\right) b\, ds\,. \qquad (6.219)$$

Analog zu (6.214) ergibt sich der Schubfluss zu

$$t(s) = -\frac{Q_y I_y - Q_z I_{yz}}{I_y I_z - I_{yz}^2}\, S_z(s) - \frac{Q_z I_z - Q_y I_{yz}}{I_y I_z - I_{yz}^2}\, S_y(s) + t_0\,. \qquad (6.220)$$

In (6.220) bezeichnen

$$S_z(s) = \int_0^s y(s)\, b(s)\, ds \qquad \text{und} \qquad S_y(s) = \int_0^s z(s)\, b(s)\, ds \qquad (6.221)$$

das statische Moment um die z- bzw. y-Achse jenes Querschnittsteils, der zwischen $s = 0$ und dem betrachteten Punkt mit der Koordinate s gelegen ist. Wegen $t(s = 0) = 0$, $S_y(s = 0) = 0$ und $S_z(s = 0) = 0$ ist bei offenen Querschnitten $t_0 = 0$. Aus (6.211) und (6.220) erhält man die Querkraftschubspannung somit zu

$$\tau(s) = -\frac{Q_y I_y - Q_z I_{yz}}{I_y I_z - I_{yz}^2}\, \frac{S_z(s)}{b(s)} - \frac{Q_z I_z - Q_y I_{yz}}{I_y I_z - I_{yz}^2}\, \frac{S_y(s)}{b(s)}\,. \qquad (6.222)$$

Für $I_{yz} = 0$ folgt aus (6.222) die für Querschnittshauptachsen gültige Beziehung (6.216).

Im Gegensatz zu offenen Querschnitten ist t_0 bei geschlossenen Querschnitten ungleich null. Zur Bestimmung von t_0 bedarf es der im Abschnitt 6.5.1 erwähnten Formänderungsbedingung. Weil diese Bedingung erst ab dem Abschnitt 6.5.8 bzw. 6.5.9 zur Verfügung steht, wird die Ermittlung der Querkraftschubspannungen in dünnwandigen geschlossenen Querschnitten auf den Abschnitt 6.5.10 verschoben.

6.5.4 Querkraftschubspannungen in Vollquerschnitten

Der in Abb. 6.33 dargestellte Querschnitt ist nicht dünnwandig. Daher verletzt er eine Grundvoraussetzung für die Herleitung von (6.216). Trotzdem verwendet man in der Ingenieurpraxis die sich aus (6.216) durch Spezialisierung für $Q_\eta = 0$ ergebende Formel

$$\tau(s) = -\frac{Q_\zeta}{I_\eta}\, \frac{S_\eta(s)}{b(s)} \qquad (6.223)$$

zur Berechnung von $\tau(s)$. In diesem Fall stellt $\tau(s)$ jedoch den Mittelwert $\tau_m(s)$ der Verteilung der vertikalen Schubspannungskomponente $\tau_{x\zeta}(s)$ über die Querschnittsbreite $b(s)$ dar (Abb. 6.33).

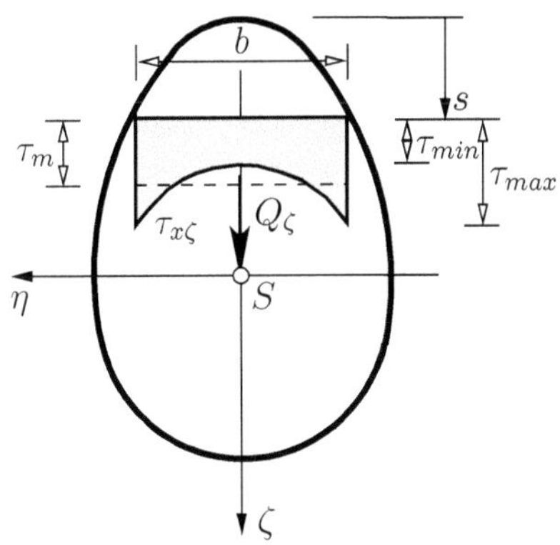

Abb. 6.33: Verteilung der Schubspannungskomponente $\tau_{x\zeta}(s)$ zufolge der Querkraft Q_ζ über die Breite $b(s)$ eines Vollquerschnitts

Wie bereits erwähnt, müssen die Schubspannungen in den Punkten der Randkurve des Querschnitts tangential zu dieser Kurve verlaufen. Daher treten bei dem in Abb. 6.33 dargestellten Querschnitt auch Schubspannungskomponenten $\tau_{x\eta}$ auf. Wegen $Q_\eta = 0$ müssen sie die folgende Bedingung erfüllen:

$$Q_\eta = \int_A \tau_{x\eta}\, dA = 0 \; . \tag{6.224}$$

Die in Abb. 6.33 angegebenen Extremwerte τ_{max} und τ_{min} lassen sich auf elastizitätstheoretischem Weg ermitteln. Tabelle 6.2 [Beer/Johnston (1992)] enthält Verhältnisse dieser Extremwerte zum entsprechenden Mittelwert τ_m für die horizontale Symmetrieebene von Rechteckquerschnitten mit verschiedenen Seitenverhältnissen b/h. Für einen solchen Querschnitt ergibt sich mit $I_\eta = bh^3/12$ und

$$S_\eta = b\int_0^s \zeta\, ds = b\int_{-\frac{h}{2}}^{\zeta} \zeta\, d\zeta = \frac{b}{8}(4\zeta^2 - h^2) \tag{6.225}$$

eine über die Querschnittshöhe parabolische Verteilung von τ_m:

$$\tau_m = \frac{3}{2}\frac{h^2 - 4\zeta^2}{bh^3} Q_\zeta \; . \tag{6.226}$$

Den Größtwert von τ_m erhält man für $\zeta = 0$ zu

$$\tau_m(\zeta = 0) = \frac{3}{2}\frac{Q_\zeta}{A} \; . \tag{6.227}$$

Der Tabelle ist beispielsweise zu entnehmen, dass der Größtwert der vertikalen Schubspannungskomponente bei einem Seitenverhältnis von $b/h \leq 0{,}5$ nur um 3,3 % größer als der Mittelwert ist. Bei großen Werten von b/h beträgt τ_{max} allerdings ein Vielfaches von τ_m. Es liegt dann jedoch kein Stab, sondern eine Platte vor.

Tabelle 6.2: Rechtecksquerschnitt: τ_{max}/τ_m und τ_{min}/τ_m für $\zeta = 0$

b/h	0,25	0,5	1	2	4	6	10	20	50
τ_{max}/τ_m	1,008	1,033	1,126	1,396	1,988	2,582	3,770	6,740	15,65
τ_{min}/τ_m	0,996	0,983	0,940	0,856	0,805	0,800	0,800	0,800	0,800

6.5.5 Schubspannungen zufolge reiner Torsion in Vollquerschnitten

Ein zylindrischer Stab der Länge l wird an seinen beiden Enden durch zeitlich konstante Torsionsmomente M_T beansprucht (Abb. 6.34). Reine Torsion liegt vor, wenn sich der Stab ungehindert verformen kann. Analog zur Situation bei reiner Biegung wird bei reiner Torsion in jedem Querschnitt nur ein Torsionsmoment übertragen. Den Ausdruck für diese Schnittgröße stellt die letzte der sechs Gleichungen (6.3) dar:

$$M_T = \int_A (-z' \, \tau_{xy} + y' \, \tau_{xz}) \, dA \, . \tag{6.228}$$

Die Koordinaten y' und z' in (6.228) beziehen sich auf den Schubmittelpunkt M des Querschnitts. Es erweist sich als zweckmäßig, die Definition dieses Punktes auf den Abschnitt 6.5.11 zu verschieben.

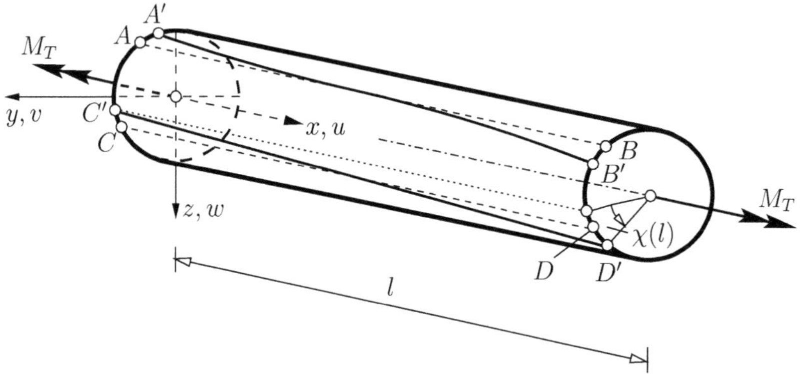

Abb. 6.34: Reine Torsion eines zylindrischen Stabes

Die Achse, um die sich der Stab verdreht, heißt Drillruheachse. Mit dem Übergang von der Drillruheachse zu einer zu ihr parallelen Achse ist im Rahmen der linearen Elastizitätstheorie, also bei kleinen Drehwinkeln, nur eine Starrkörperbewegung verbunden. Der Spannungszustand ändert sich somit nicht [Parkus (1966)].

Bei Bezug auf die Stabachse gilt die zu (6.228) analoge Beziehung

$$M_x = \int_A (-z \, \tau_{xy} + y \, \tau_{xz}) \, dA \, . \tag{6.229}$$

Um den Zusammenhang von M_x und M_T zu zeigen, bedient man sich der Beziehungen zwischen den Koordinaten y und y' bzw. z und z' (Abb. 6.35):

$$y' = y - y_M \, , \qquad z' = z - z_M \, . \tag{6.230}$$

Dabei bezeichnen y_M und z_M die Koordinaten des Schubmittelpunkts M. Einsetzen von (6.230) in (6.229) ergibt unter Berücksichtigung der zweiten und dritten der sechs Gleichungen (6.3) sowie von (6.228)

$$M_x = \int_A (-z' \, \tau_{xy} + y' \, \tau_{xz}) \, dA - z_M \, Q_y + y_M \, Q_z = M_T - z_M \, Q_y + y_M \, Q_z \, . \tag{6.231}$$

Da Q_y und Q_z bei reiner Torsion voraussetzungsgemäß gleich null sind, gilt $M_x = M_T$.

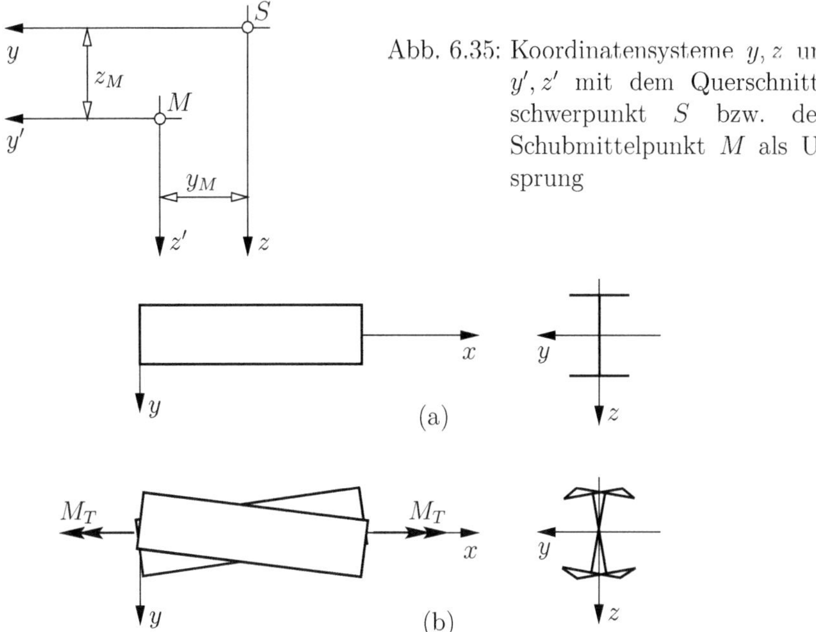

Abb. 6.35: Koordinatensysteme y, z und y', z' mit dem Querschnittsschwerpunkt S bzw. dem Schubmittelpunkt M als Ursprung

Abb. 6.36: Querschnittsverwölbung eines I-Querschnitts bei reiner Torsion

Zufolge der an den beiden Stabenden angreifenden Torsionsmomente wird der Stab verdrillt. Die Erzeugende $\overline{AB}$ des in Abb. 6.34 dargestellten Stabes wird dabei zur krummen Linie $\overline{A'B'}$ verformt. Die Torsionsbeanspruchung bewirkt in der Regel auch Verschiebungen u der Querschnittspunkte in Richtung der Stabachse. Dadurch wird ein ursprünglich ebener Querschnitt zu einer räumlich gekrümmten Fläche verformt. Man spricht von der Verwölbung des Querschnitts (Abb. 6.36).

Bei Behinderung der Verwölbung treten Normalspannungen σ_x auf. In diesem Fall spricht man von Zwängungsdrillung oder Wölbkrafttorsion. Werden die Verwölbungen hingegen nicht behindert, ist $\sigma_x = 0$. Das Verschwinden von σ_x ist eine der Voraussetzungen von reiner Torsion. Die Lösung des Problems der reinen Torsion für allgemeine Querschnitte geht auf SAINT-VENANT zurück. Deshalb bezeichnet man die reine Torsion auch als SAINT-VENANT'sche Torsion.

Die Lösung dieses Problems beruht auf der linearen Elastizitätstheorie. Sie ist deshalb auf kleine Verschiebungen beschränkt. Daher muss die gegenseitige Verdrehung der beiden Endquerschnitte des Stabes als klein vorausgesetzt werden. In diesem Fall kann die zuvor erwähnte krumme Linie näherungsweise durch eine Gerade ersetzt werden. Der bei der gegenseitigen Verdrehung der Querschnitte $x = konst.$ und $x + \Delta x = konst.$ entstehende Drehwinkel χ ergibt sich zu

$$\chi = \vartheta \, \Delta x \, . \tag{6.232}$$

Dabei bezeichnet ϑ den bei der gegenseitigen Verdrehung zweier Querschnitte mit dem Abstand $\Delta x = 1$ entstehenden Drehwinkel. Er wird Verwindung genannt. Abb. 6.34 illustriert diese Approximation für die zu $\overline{C'D'}$ verformte Erzeugende $\overline{CD}$.

Denkt man sich die Querschnittsfläche $x = 0$ gegen Verdrehen festgehalten, dann lässt sich die Relativverschiebung der zwei Punkte $P(0, y, z)$ und $Q(x, y, z)$ auf einer zur Stabachse parallelen Geraden wie folgt bestimmen: Die Lage der beiden Punkte vor der Verformung wird durch die Polarkoordinaten r und α beschrieben. Für beide Punkte gilt laut Abb. 6.37:

$$y = r\cos\alpha\;, \quad z = r\sin\alpha\;. \tag{6.233}$$

Zufolge der Torsionsbeanspruchung dreht sich der Stabquerschnitt $x = konst.$ gegenüber dem Stabquerschnitt $x = 0$ um den Winkel $\chi(x)$. Den Punkten P und Q entsprechen in der verdrillten Lage die Punkte $P = P'(0, r, \alpha)$ und $Q'(x, r, \alpha+\chi)$. Die Verschiebungskomponenten in der Querschnittsebene, v und w, erhält man folglich zu

$$v = r\cos(\alpha+\chi) - r\cos\alpha\,, \quad w = r\sin(\alpha+\chi) - r\sin\alpha\;. \tag{6.234}$$

Aufgrund der Voraussetzung eines hinreichend kleinen Drehwinkels χ dürfen diese beiden Ausdrücke für die Verschiebungskomponenten linearisiert werden. Linearisierung von

$$\begin{aligned} \sin(\alpha+\chi) &= \sin\alpha\,\cos\chi + \cos\alpha\,\sin\chi\;, \\ \cos(\alpha+\chi) &= \cos\alpha\,\cos\chi - \sin\alpha\,\sin\chi \end{aligned} \tag{6.235}$$

führt mit $\sin\chi \approx \chi$ und $\cos\chi \approx 1$ auf

$$\begin{aligned} \sin(\alpha+\chi) &\approx \sin\alpha + \chi\cos\alpha\;, \\ \cos(\alpha+\chi) &\approx \cos\alpha - \chi\sin\alpha\;. \end{aligned} \tag{6.236}$$

Einsetzen von (6.236) in (6.234) ergibt die Komponenten der Relativverschiebung der Punkte P und Q bei Berücksichtigung der zu (6.232) analogen Beziehung $\chi = \vartheta\,x$ und von (6.233) näherungsweise zu

$$v = -\vartheta\,x\,z\;, \quad w = \vartheta\,x\,y\;. \tag{6.237}$$

Setzt man (6.237) in die (3.34) entnommenen kinematischen Beziehungen

$$\varepsilon_y = \frac{\partial v}{\partial y}\,, \quad \varepsilon_z = \frac{\partial w}{\partial z}\,, \quad \gamma_{yz} = 2\varepsilon_{yz} = \frac{\partial v}{\partial z} + \frac{\partial w}{\partial y} \tag{6.238}$$

ein, so erhält man $\varepsilon_y = 0$, $\varepsilon_z = 0$, $\gamma_{yz} = 0$. Folglich entstehen bei reiner Torsion in den Stabquerschnitten keine Verzerrungen. Mit $\sigma_x = 0$, $\varepsilon_y = 0$, $\varepsilon_z = 0$ erhält man aus der ersten der sechs Gleichungen (3.278) $\varepsilon_x = \partial u/\partial x = 0$. Daraus folgt

$$u = u(y, z)\;. \tag{6.239}$$

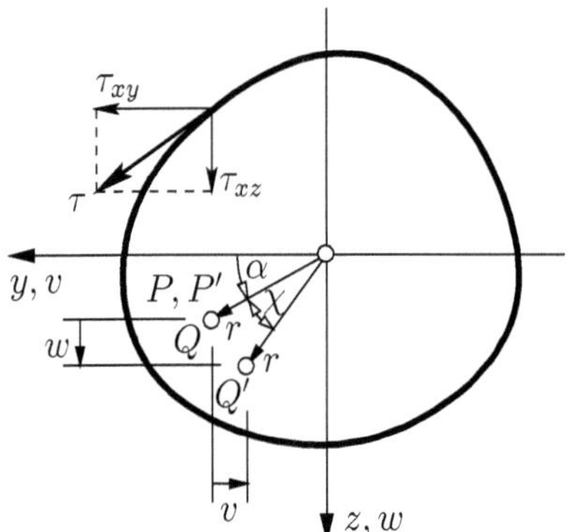

Abb. 6.37: Reine Torsion eines zylindrischen Stabes

Einsetzen von $\varepsilon_x = 0$, $\varepsilon_y = 0$, $\varepsilon_z = 0$, $\gamma_{yz} = 0$ in (3.278) ergibt

$$\sigma_x = \sigma_y = \sigma_z = \tau_{yz} = 0 \ . \tag{6.240}$$

Für u wird folgender Ansatz getroffen:

$$u(y,z) = \vartheta\, \varphi(y,z) \ . \tag{6.241}$$

Die Funktion φ bezeichnet man als Wölbfunktion. Durch Einsetzen von (6.237) und (6.241) in die Beziehungen für die beiden einzigen von null verschiedenen Verzerrungskomponenten $\gamma_{xy} = 2\varepsilon_{xy}$ und $\gamma_{xz} = 2\varepsilon_{xz}$ und Eintragen der Ergebnisse in die entsprechenden konstitutiven Beziehungen erhält man

$$\begin{aligned} \tau_{xy} &= G\,\gamma_{xy} = G\left(\frac{\partial u}{\partial y} + \frac{\partial v}{\partial x}\right) = G\,\vartheta\left(\frac{\partial \varphi}{\partial y} - z\right) , \\ \tau_{xz} &= G\,\gamma_{xz} = G\left(\frac{\partial u}{\partial z} + \frac{\partial w}{\partial x}\right) = G\,\vartheta\left(\frac{\partial \varphi}{\partial z} + y\right) . \end{aligned} \tag{6.242}$$

Einsetzen von $\sigma_x = 0$ zusammen mit (6.242) in die erste der drei Bewegungsgleichungen (3.118) ergibt unter Berücksichtigung der Symmetrie des Spannungstensors sowie von $f_x = 0$ und $b_x = 0$

$$\frac{\partial^2 \varphi}{\partial y^2} + \frac{\partial^2 \varphi}{\partial z^2} = \Delta\varphi = 0 \ . \tag{6.243}$$

Die Wölbfunktion erfüllt also die LAPLACE'sche Differentialgleichung.

Anstatt φ an die Randbedingungen anzupassen, erweist es sich als zweckmäßig, die entsprechende Anpassung bei der sogenannten PRANDTL'schen Torsionsfunktion $\psi(y,z)$ vorzunehmen. Mit Hilfe von ψ lassen sich die Schubspannungen τ_{xy} und τ_{xz} zu

$$\tau_{xy} = \frac{\partial \psi}{\partial z}, \quad \tau_{xz} = -\frac{\partial \psi}{\partial y} \tag{6.244}$$

ausdrücken. Die PRANDTL'sche Torsionsfunktion stellt demnach eine Spannungsfunktion dar. Durch Einsetzen der Ausdrücke (6.244) in die erste der drei Gleichungen (3.118) und Berücksichtigung von $\sigma_x = 0$, $f_x = 0$ und $b_x = 0$ überzeugt man sich davon, dass diese Ausdrücke für τ_{xy} und τ_{xz} die Gleichgewichtsbedingung für die in Stablängsrichtung angreifenden Kräfte erfüllen. Verknüpfung von (6.242) und (6.244) führt auf den Zusammenhang von ψ und φ:

$$\frac{\partial \psi}{\partial z} = G\,\vartheta\left(\frac{\partial \varphi}{\partial y} - z\right) , \quad \frac{\partial \psi}{\partial y} = -G\,\vartheta\left(\frac{\partial \varphi}{\partial z} + y\right) . \tag{6.245}$$

Partielle Differentiation der ersten der beiden Gleichungen (6.245) nach z und der zweiten dieser beiden Beziehungen nach y und anschließende Addition der erhaltenen Ausdrücke ergibt

$$\Delta\psi = -2\,G\,\vartheta \ . \tag{6.246}$$

Die PRANDTL'sche Torsionsfunktion genügt also der POISSON'schen Differentialgleichung.

Bei der Formulierung der Randbedingungen für ψ ist zu beachten, dass die Mantelfläche des Stabes bei reiner Torsion frei von Oberflächenkräften ist. Demnach lauten die Randbedingungen für diese Fläche: $t_i^{(n)} = \bar{t}_i^{(n)} = 0$, $i = 1,2,3$. Die erste dieser drei Randbedingungen entspricht somit der Gleichung (6.203):

$$t_x^{(n)} = \tau_{yx}\, n_y + \tau_{zx}\, n_z = 0 \; . \tag{6.247}$$

Die beiden weiteren Randbedingungen für die Mantelfläche sind identisch erfüllt, weil für diese Fläche neben $\sigma_x = \sigma_y = \sigma_z = \tau_{yz} = 0$ auch $n_x = 0$ gilt. Aus (6.247) erhält man die anhand von Abb. 6.37 verifizierbare Randbedingung

$$\frac{\tau_{xz}}{\tau_{xy}} = \frac{dz}{dy} \; . \tag{6.248}$$

(6.248) trägt der Tatsache Rechung, dass die resultierende Schubspannung in den Punkten der Randkurve der Querschnittsfläche tangential zu dieser Kurve verläuft.

Setzt man die Gleichungen (6.244) in die Randbedingung (6.248) ein, so erhält man

$$-\,\tau_{xz}\, dy + \tau_{xy}\, dz = \frac{\partial\psi}{\partial y} dy + \frac{\partial\psi}{\partial z} dz = d\psi = 0 \; . \tag{6.249}$$

Folglich ist ψ längs des Querschnittsrandes konstant. Da zur Bestimmung der Schubspannungen nur die Ableitungen von ψ von Bedeutung sind, darf ψ längs des Querschnittsrandes beispielsweise gleich null gesetzt werden.*

Einsetzen von (6.244) in (6.229) ergibt unter Berücksichtigung von (6.231) mit $Q_y = 0$ und $Q_z = 0$

$$M_T = -\int_A \left(y\frac{\partial\psi}{\partial y} + z\frac{\partial\psi}{\partial z} \right) dA = -\int_A \left[\frac{\partial}{\partial y}(y\psi) + \frac{\partial}{\partial z}(z\psi) \right] dA + 2\int_A \psi\, dA \; . \tag{6.250}$$

Anwendung des GAUSS'schen Integralsatzes auf das erste Integral im letzten Ausdruck für M_T führt auf

$$M_T = -\oint_C \psi\,(y\, n_y + z\, n_z)\, dC + 2\int_A \psi\, dA \; , \tag{6.251}$$

wobei das erste Integral ein Kurvenintegral über den Querschnittsrand C darstellt. Da ψ für Vollquerschnitte längs C gleich null gesetzt werden darf, gilt für solche Querschnitte

$$M_T = 2\int_A \psi\, dA \; . \tag{6.252}$$

Einsetzen von (6.242) in (6.229) ergibt mit $M_x = M_T$ infolge von $Q_y = Q_z = 0$ in (6.231)

$$M_T = \int_A (\tau_{xz}\, y - \tau_{xy}\, z)\, dA = G\vartheta \int_A \left(y^2 + z^2 + y\frac{\partial\varphi}{\partial z} - z\frac{\partial\varphi}{\partial y} \right) dA \; . \tag{6.253}$$

Das Integral

$$I_T = \int_A \left(y^2 + z^2 + y\frac{\partial\varphi}{\partial z} - z\frac{\partial\varphi}{\partial y} \right) dA \tag{6.254}$$

*Bei Querschnitten mit Hohlräumen darf der konstante Wert von ψ nur auf einem Rand frei gewählt, also z. B. gleich null gesetzt werden. Auf den anderen Rändern ergeben sich dann bestimmte konstante Werte von ψ.

wird Drillwiderstand genannt. I_T stellt eine Querschnittsgröße dar. Der Ausdruck GI_T wird als Drillsteifigkeit bezeichnet. Zwischen dem Torsionsmoment und der Verwindung besteht somit folgender Zusammenhang:

$$\vartheta = \frac{M_T}{GI_T} \ . \tag{6.255}$$

Beispiel 6.13:

Behandelt wird das Problem der reinen Torsion eines zylindrischen Stabes mit elliptischem Querschnitt. Obwohl Stäbe mit einem derartigen Querschnitt in der Ingenieurpraxis kaum verwendet werden, ist die Lösung des vorliegenden Problems von technischer Bedeutung. Als Sonderfälle enthält sie nämlich die Lösung für zylindrische Stäbe mit kreisförmigem Querschnitt sowie für prismatische Stäbe mit einem Querschnitt von der Form eines schmalen Rechtecks.

Die Randkurve C des elliptischen Querschnitts ist zu

$$\frac{y^2}{a^2} + \frac{z^2}{b^2} - 1 = 0 \tag{6.256}$$

gegeben, wobei a und b die Halbachsen der Ellipse bezeichnen. Die Spannungsfunktion

$$\psi = -\frac{a^2 b^2}{a^2 + b^2}\left(\frac{y^2}{a^2} + \frac{z^2}{b^2} - 1\right) G\,\vartheta \tag{6.257}$$

verschwindet wegen (6.256) längs C und erfüllt somit die Randbedingung (6.249). Darüber hinaus erfüllt sie die POISSON*'sche Differentialgleichung (6.246). Folglich stellt ψ die gesuchte Torsionsfunktion dar.*

Zur Ermittlung der Verwindung wird (6.257) in die Beziehung (6.252) eingesetzt. Das ergibt

$$\begin{aligned} M_T &= -2\int_A \frac{a^2 b^2}{a^2 + b^2}\left(\frac{y^2}{a^2} + \frac{z^2}{b^2} - 1\right) G\,\vartheta\, dA = \\ &= -4\int_{-a}^{+a}\left[\int_0^z \frac{a^2 b^2}{a^2 + b^2}\left(\frac{y^2}{a^2} + \frac{z^2}{b^2} - 1\right) G\,\vartheta\, dz\right] dy = \\ &= \frac{a^3 b^3 \pi}{a^2 + b^2}\, G\vartheta \ , \end{aligned} \tag{6.258}$$

wobei die obere Integrationsgrenze z des inneren Integrals aus (6.256) zu

$$z = \frac{b}{a}\sqrt{a^2 - y^2}$$

folgt. Aus (6.258) lässt sich ϑ berechnen. Elimination von $G\vartheta$ in (6.257) mittels (6.258) führt auf

$$\psi = -\frac{M_T}{a\,b\,\pi}\left(\frac{y^2}{a^2} + \frac{z^2}{b^2} - 1\right) \ . \tag{6.259}$$

Durch Einsetzen von (6.259) in die Beziehungen (6.244) erhält man

$$\tau_{xy} = -\frac{2\,M_T}{a\,b^3\,\pi}\, z \ , \quad \tau_{xz} = \frac{2\,M_T}{a^3\,b\,\pi}\, y \ . \tag{6.260}$$

Die resultierende Schubspannung τ *ergibt sich zu*

$$\tau = \sqrt{\tau_{xy}^2 + \tau_{xz}^2} = \frac{2\,M_T}{a\,b\,\pi}\sqrt{\frac{z^2}{b^4} + \frac{y^2}{a^4}}\,. \tag{6.261}$$

Eliminiert man z *in (6.261) mittels (6.256), so erhält man die Schubspannung am Querschnittsrand* C*:*

$$\tau_C = \frac{2\,M_T}{a\,b\,\pi}\sqrt{\frac{1}{b^2} - \frac{y^2}{a^2}\left(\frac{1}{b^2} - \frac{1}{a^2}\right)}\,. \tag{6.262}$$

Der Größtwert von τ_C *ergibt sich für* $y = 0$ *zu*

$$\tau_{max} = \tau_C(y = 0) = \frac{2\,M_T}{a\,b^2\,\pi}\,. \tag{6.263}$$

Die größte Schubspannung zufolge Torsion tritt also in den Endpunkten der kürzeren Achse der Ellipse auf.

Den Drillwiderstand erhält man durch Vergleich der Beziehungen (6.258) und (6.255) zu

$$I_T = \frac{a^3 b^3 \pi}{a^2 + b^2}\,. \tag{6.264}$$

Zur Ermittlung der Verwölbung der Stabquerschnitte benötigt man die Wölbfunktion. Durch Einsetzen von (6.257) in (6.245) erhält man

$$\begin{aligned}\frac{\partial\varphi}{\partial y} &= z + \frac{1}{G\,\vartheta}\frac{\partial\psi}{\partial z} = -\frac{a^2 - b^2}{a^2 + b^2}\,z\,,\\ \frac{\partial\varphi}{\partial z} &= -y - \frac{1}{G\,\vartheta}\frac{\partial\psi}{\partial y} = -\frac{a^2 - b^2}{a^2 + b^2}\,y\,.\end{aligned} \tag{6.265}$$

Integration führt auf die Wölbfunktion:

$$\varphi = -\frac{a^2 - b^2}{a^2 + b^2}\,y z\,. \tag{6.266}$$

Eintragen von (6.266) in (6.241) ergibt die Verwölbung des elliptischen Querschnitts. Sie hat die Form einer Sattelfläche. Abb. 6.38 enthält Linien konstanter Querschnittsverwölbung u*. Längs der beiden Symmetrieachsen verschwindet* u*.*

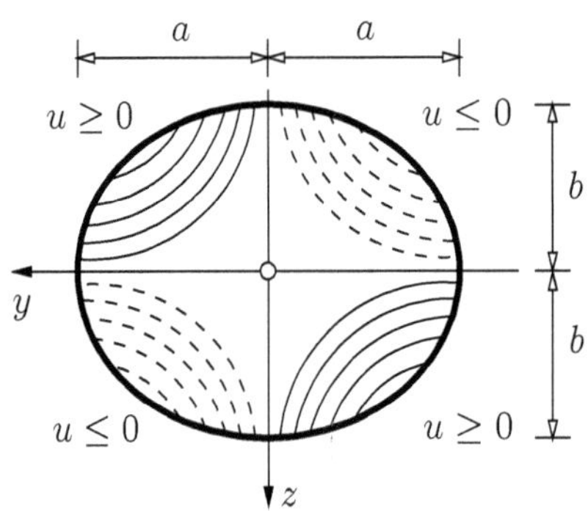

Abb. 6.38: Linien konstanter Verwölbung des elliptischen Querschnitts eines auf reine Torsion beanspruchten Stabes

Für den Sonderfall des Kreisquerschnitts erhält man mit $y = r\cos\alpha$, $z = r\sin\alpha$ und $a = b = R$ aus (6.261) und (6.262)

$$\tau = \frac{2M_T}{R^4\pi}\,r\ , \quad \tau_{max} = \frac{2M_T}{R^3\pi}\ . \tag{6.267}$$

Für diesen Sonderfall folgt aus (6.266) $\varphi = 0$. Der Kreisquerschnitt erfährt somit keine Verwölbung. Aus (6.264) erhält man den Drillwiderstand zu

$$I_T = \frac{R^4\pi}{2}\ . \tag{6.268}$$

Einsetzen von (6.268) in (6.267) ergibt

$$\tau = \frac{M_T}{I_T}\,r\ , \quad \tau_{max} = \frac{M_T}{I_T}\,R\ . \tag{6.269}$$

Die Schubspannung verläuft also linear über den Radius (siehe Abb. 6.39).

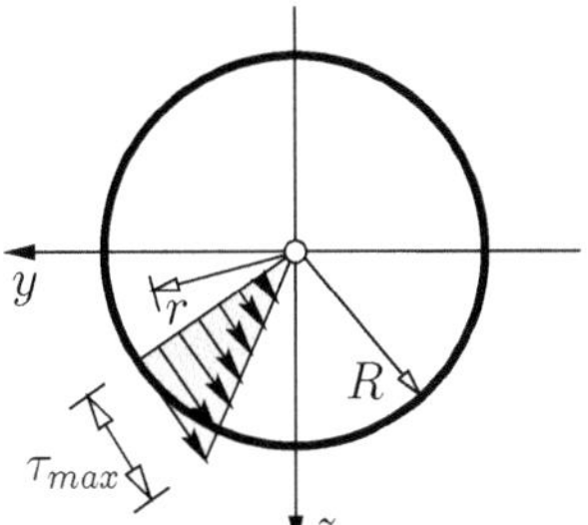

Abb. 6.39: Schubspannungen in einem Querschnitt eines auf reine Torsion beanspruchten kreiszylindrischen Stabes

Neben kreisförmigen Querschnitten bleiben auch kreisringförmige Querschnitte bei Torsion wölbfrei. Auch bei ihnen liegt eine über den Radius lineare Verteilung der Schubspannungen vor. Für einen kreisringförmigen Querschnitt mit dem Außenradius R_a und dem Innenradius R_i ergibt sich I_T aus (6.254) unter Berücksichtigung von $y^2 + z^2 = r^2$ und $\varphi = 0$ zu

$$I_T = \int_{R_i}^{R_a} r^2\, 2\pi r\, dr = \frac{(R_a^4 - R_i^4)\pi}{2}\ . \tag{6.270}$$

6.5.6 Schubspannungen zufolge reiner Torsion in schmalen Rechteckquerschnitten

Für den Sonderfall prismatischer Stäbe mit schmalen Rechteckquerschnitten (Abb. 6.40) kann das Torsionsproblem näherungsweise so gelöst werden, dass im Ausdruck für die Spannungsfunktion für den elliptischen Querschnitt (6.257) zunächst die Halbachse b durch die halbe Schmalseite des Rechteckquerschnitts, b^*, ersetzt wird. Das führt auf

$$\psi = -\frac{1}{1 + \dfrac{(b^*)^2}{a^2}}\left[y^2\frac{(b^*)^2}{a^2} + z^2 - (b^*)^2\right]G\vartheta\ . \tag{6.271}$$

Für den Grenzfall $b^*/a \to 0$ wird der Nenner des Terms vor der eckigen Klammer in (6.271) zu eins, weshalb man die Schubspannungen gemäß (6.244) zu

$$\tau_{xy} = -2G\vartheta\, z\ , \quad \tau_{xz} = 2G\vartheta\frac{(b^*)^2}{a^2}\,y \tag{6.272}$$

erhält. Die Größtwerte der Schubspannungen τ_{xz} sind wesentlich kleiner als jene von τ_{xy}. Somit kann τ_{xz} im Vergleich zu τ_{xy} vernachlässigt werden. Eintragen von (6.272) in die aus (6.255) folgende Beziehung für den Drillwiderstand ergibt unter Berücksichtigung von (6.253)

$$\begin{aligned} I_T &= \frac{M_T}{G\,\vartheta} = \frac{1}{G\,\vartheta}\int_A (\tau_{xz}\,y - \tau_{xy}\,z)\;dA = \\ &= 2\int_{-a}^{+a}\left\{\int_{-b^*}^{+b^*}\left[\frac{(b^*)^2}{a^2}y^2 + z^2\right]dz\right\}dy = \frac{16a(b^*)^3}{3} = \frac{Lb^3}{3}\ . \end{aligned} \tag{6.273}$$

In (6.273) wurde von $2a = L$ und $2b^* = b$ (siehe Abb. 6.40) Gebrauch gemacht, wobei L und b die Länge bzw. Breite des Rechteckquerschnitts bezeichnen. (Eine Verwechslung von b mit der kürzeren Halbachse des elliptischen Querschnitts erscheint ausgeschlossen.) Die gute Qualität der Näherung für I_T ist eine Folge des bei schmalen Rechtecken sehr kleinen Einflusses der Näherung für ψ auf das Integral in (6.273).

Der Größtwert der Schubspannung tritt am Querschnittsrand in der Mitte der längeren Rechteckseite auf. Er ergibt sich dadurch, dass man in der ersten der beiden Gleichungen (6.272) $z = b^* = b/2$ setzt und $G\,\vartheta$ in der erhaltenen Beziehung mit Hilfe von (6.255) mit I_T gemäß (6.273) durch M_T/I_T ersetzt:

$$\tau_{max} = \tau_C(y=0) = 2\,G\,\vartheta\,b^* = G\,\vartheta\,b = \frac{M_T}{I_T}b = \frac{3M_T}{L\,b^2}\ . \tag{6.274}$$

Für $b^*/a \to 0$ erhält man die Wölbfunktion aus Gleichung (6.266) zu

$$\varphi = -\frac{1-\dfrac{(b^*)^2}{a^2}}{1+\dfrac{(b^*)^2}{a^2}}\,yz \approx -yz\ . \tag{6.275}$$

Für beliebige Rechteckquerschnitte muss für die Spannungsfunktion eine geeignete Reihendarstellung gewählt werden. Die Lösung des Torsionsproblems ist somit nur in entwickelter Form möglich. Tabelle 6.3 enthält Faktoren κ_1 und κ_2 für verschiedene Seitenverhältnisse L/b von Rechteckquerschnitten zur Ermittlung des Drillwiderstandes und der maximalen Schubspannung infolge von reiner Torsion [Parkus (1966)]:

$$I_T = \kappa_1 L\,b^3\ , \quad \tau_{max} = \kappa_2\frac{M_T}{L\,b^2}\ . \tag{6.276}$$

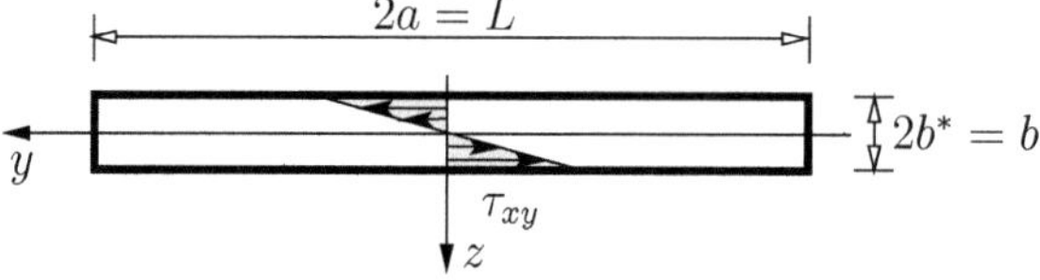

Abb. 6.40: Schubspannungen in einem auf reine Torsion beanspruchten Stab mit schmalem Rechteckquerschnitt

Tabelle 6.3: Reine Torsion prismatischer Stäbe mit Rechteckquerschnitt: Faktoren κ_1 und κ_2 zur Bestimmung von I_T und τ_{max}

L/b	1,0	1,25	1,5	2,0	2,5	3	4	5	10	∞
κ_1	0,140	0,172	0,196	0,229	0,249	0,263	0,281	0,291	0,312	0,333
κ_2	4,81	4,52	4,33	4,07	3,88	3,74	3,55	3,43	3,20	3,00

Das PRANDTL'sche Membrangleichnis

Bei komplizierten Querschnittsformen kann sich die Lösung des Torsionsproblems schwierig gestalten. Mit Hilfe moderner numerischer Verfahren wie der Methode der finiten Elemente oder der Randelementemethode ist man jedoch in der Lage, dieses Problem mit für technische Zwecke ausreichender Genauigkeit zu lösen.

Zur Erstellung eines geeigneten Rechenmodells ist es günstig, wenn man qualitative Aussagen über die Form der gesuchten Spannungsfunktion treffen kann. Das PRANDTL'sche Membrangleichnis* ermöglicht derartige Aussagen. Es beruht auf der mathematischen Identität des Torsionsproblems mit dem Problem der Ermittlung der Verformung einer durch einen Überdruck p belasteten idealen Membran (siehe Abb. 6.41a).

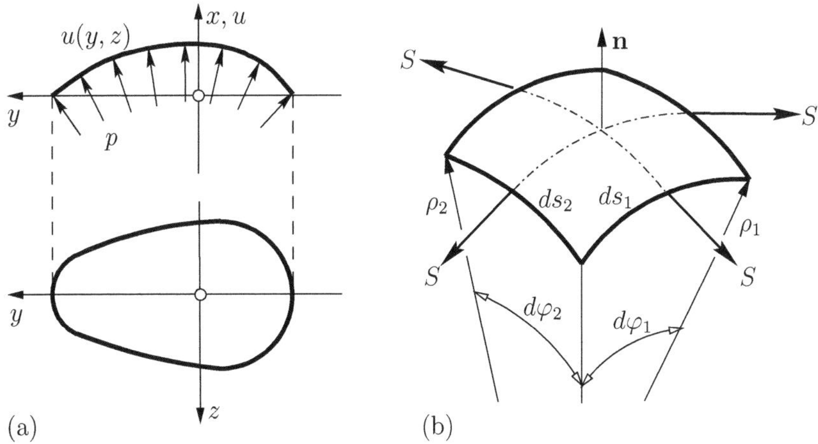

Abb. 6.41: Ideale Membran unter Überdruck: (a) Verformung, (b) infinitesimales Element

Eine ideale Membran überträgt nur tangentiale Zugkräfte. Im gegenständlichen Fall spannt sich die Membran über eine Blechöffnung von der Form des zu untersuchenden Querschnitts. Von einer Seite der Öffnung wird die Membran einem Überdruck ausgesetzt. Man kann sich die Membran als Seifenhaut vorstellen. Deshalb spricht man auch vom PRANDTL'schen Seifenhautgleichnis.

Abb. 6.41b zeigt ein infinitesimales Element einer solchen Membran mit den Membrankräften S. Letztere stellen Produkte aus der Normalspannung und der Membran-

*LUDWIG PRANDTL (1875–1953) veröffentlichte 1904 dieses Gleichnis.

dicke dar. Die Gleichgewichtsbedingung für die auf dieses Element in Richtung der Flächennormalen $\mathbf{n}$ wirkenden Kräfte lautet:

$$p\,ds_1\,ds_2 - S\,ds_2\,d\varphi_1 - S\,ds_1\,d\varphi_2 = 0\;. \qquad (6.277)$$

Einsetzen von $ds_1 = \rho_1\,d\varphi_1$ und $ds_2 = \rho_2\,d\varphi_2$ in (6.277) ergibt

$$\frac{1}{\rho_1} + \frac{1}{\rho_2} = \frac{p}{S}\;. \qquad (6.278)$$

Linearisierung der zu Gleichung (6.111) analogen Ausdrücke für die Krümmungen $1/\rho_1$ und $1/\rho_2$ führt auf

$$\frac{\partial^2 u}{\partial y^2} + \frac{\partial^2 u}{\partial z^2} = -\frac{p}{S}\;, \qquad (6.279)$$

wobei $u = u(y,z)$ die von p bewirkte Verschiebung eines Punktes der ursprünglich in der yz-Ebene gelegenen ebenen Membran normal zu dieser Ebene bezeichnet. Die Differentialgleichung (6.279) geht aus der Differentialgleichung (6.246) für reine Torsion hervor, wenn in dieser für die Torsionsfunktion

$$\psi = \left(\frac{2S}{p}G\,\vartheta\right)u \qquad (6.280)$$

gesetzt wird. Die Membran ist längs des Randes C festgehalten. Folglich verschwindet u längs C. Laut (6.280) gilt dort somit $\psi = 0$. Die beiden Randwertprobleme sind also in der Tat mathematisch identisch. Setzt man Gleichung (6.280) in (6.244) ein, so erkennt man, dass die Schubspannungen proportional zum Gefälle der verformten Membran in Richtung der z- bzw. der y-Achse sind. Eintragen von (6.280) in (6.252) und Einsetzen des erhaltenen Ergebnisses in die aus (6.255) folgende Gleichung $I_T = M_T/G\vartheta$ führt auf

$$I_T = \frac{4S}{p}\int_A u\,dA\;. \qquad (6.281)$$

Der Drillwiderstand ist daher proportional zum Volumen unter der verformten Membran.

6.5.7 Schubspannungen zufolge reiner Torsion in allgemeinen dünnwandigen offenen Querschnitten

Für die Bestimmung der Schubspannungen in dünnwandigen offenen Querschnitten von allgemeiner Form erweist sich das PRANDTL'sche Seifenhautgleichnis als hilfreich. Man stellt sich eine über eine Öffnung von der Form eines schmalen Rechtecks mit den Abmessungen L und b (Abb. 6.42a) gespannte, unter Überdruck stehende Seifenhaut vor. Denkt man sich nun diese Blechöffnung bei Beibehaltung ihrer Länge und Breite in ihrer Ebene verkrümmt (Abb. 6.42b), so ändert sich weder das Gefälle der Seifenhaut noch das Volumen unter ihr wesentlich.

Laut PRANDTL'schem Membrangleichnis unterscheidet sich somit das Torsionsverhalten der beiden Querschnitte kaum voneinander. Deshalb dürfen die Gleichungen (6.273) und (6.274) zur Bestimmung der Schubspannungen zufolge Torsion in dünnwandigen offenen Querschnitten von allgemeiner Form verwendet werden.

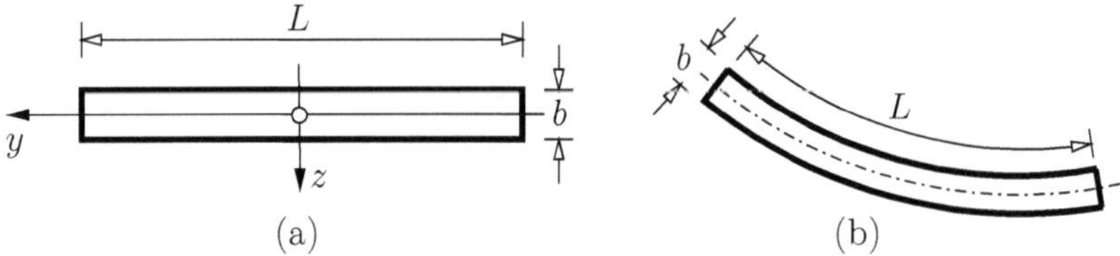

Abb. 6.42: Dünnwandige offene Querschnitte: (a) mit gerader Mittellinie, (b) mit gekrümmter Mittellinie

Für einen aus schmalen Rechtecken mit den Abmessungen L_i und b_i bestehenden offenen Querschnitt kann der Drillwiderstand im Sinne einer Erweiterung von Gleichung (6.273) mittels der Formel

$$I_T = \frac{1}{3} \sum_i L_i \, b_i^3 \tag{6.282}$$

berechnet werden. Die größte Schubspannung tritt am Rand des Rechtecks mit der größten Breite auf. Entsprechend (6.274) ergibt sie sich zu

$$\tau_{max} = G \, \vartheta \, b_{max} = \frac{M_T}{I_T} \, b_{max} \; . \tag{6.283}$$

Gemäß der ersten der beiden Gleichungen (6.272) verläuft τ linear über die Dicke b mit $\tau = 0$ auf der Mittellinie des Querschnitts. Der Schubfluss, der das Integral der Schubspannungen über die Wanddicke darstellt, ist deshalb bei reiner Torsion offener Querschnitte gleich null.

6.5.8 Schubspannungen zufolge reiner Torsion in dünnwandigen einzelligen Hohlquerschnitten

Ebenso wie die Querkraftschubspannungen in dünnwandigen Querschnitten ändern sich die Schubspannungen zufolge reiner Torsion in dünnwandigen Hohlquerschnitten nur wenig über die Wanddicke. Man kann sie daher zum resultierenden Schubfluss $t(s)$ in Richtung der Tangente an die Mittellinie des Querschnitts zusammenfassen (siehe Gleichung (6.211)). Zunächst wird gezeigt, dass in dünnwandigen einzelligen Hohlquerschnitten der Schubfluss zufolge reiner Torsion konstant ist. Zu diesem Zweck formuliert man die Gleichgewichtsbedingung für die Kräfte, die auf das in Abb. 6.43 dargestellte infinitesimale Element eines dünnwandigen einzelligen Hohlquerschnitts in x-Richtung wirken. Sie ergibt sich zu

$$\frac{dt}{ds} \, ds = dt = 0 \; , \tag{6.284}$$

woraus unter Berücksichtigung von (6.211)

$$t = \tau(s) \, b(s) = konst. \tag{6.285}$$

folgt. (6.285) besagt, dass der Schubfluss konstant ist. Die größte Torsionsschubspannung tritt demnach an der Stelle der kleinsten Wanddicke b auf. Zur Ermittlung des Schubflusses formuliert man anhand von Abb. 6.44 die Beziehung

$$M_T = \oint_C (t \, ds) \, p(s) \; , \tag{6.286}$$

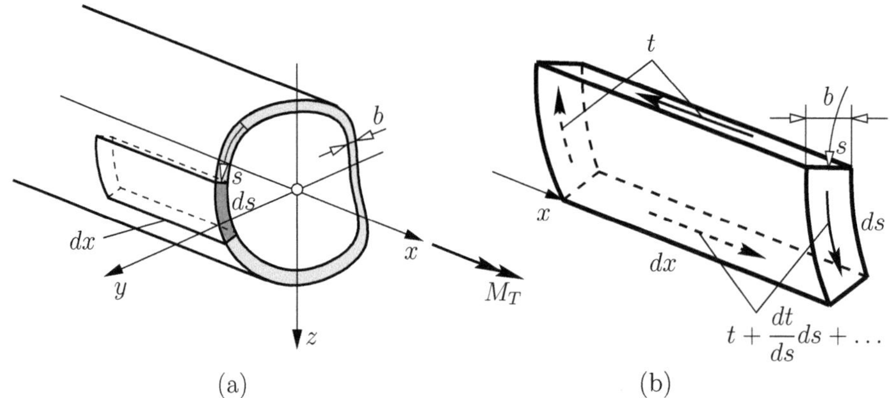

Abb. 6.43: Stab mit dünnwandigem einzelligem Hohlquerschnitt: (a) Querschnitt, (b) im Gleichgewicht befindliches infinitesimales Stabelement

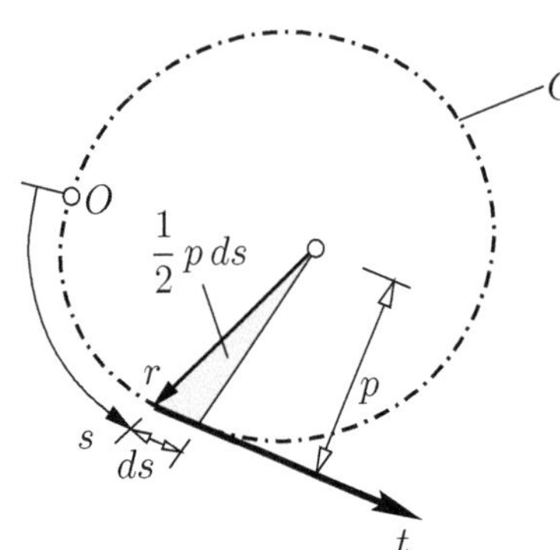

Abb. 6.44: Dünnwandiger einzelliger Hohlquerschnitt: Ermittlung des Schubflusses zufolge reiner Torsion

wobei C die Mittellinie des dünnwandigen Hohlquerschnitts bezeichnet. Aus (6.286) folgt unter Berücksichtigung von (6.285)

$$M_T = t \oint_C p(s)\, ds \tag{6.287}$$

mit $p(s)\, ds$ als dem doppelten Wert des Flächeninhalts des grau unterlegten Dreiecks in Abb. 6.44. Aus (6.287) erhält man somit

$$M_T = 2 A_u\, t \tag{6.288}$$

mit A_u als der von der Mittellinie des einzelligen Hohlquerschnitts umschlossenen Fläche. Einsetzen von (6.285) in (6.288) ergibt schließlich

$$\tau(s) = \frac{M_T}{2 A_u\, b(s)} \ . \tag{6.289}$$

Zur Ermittlung der Formänderungen werden zunächst die Schubspannungen an der Stelle s des Querschnitts $x = konst.$ bestimmt. Mit $p\,\chi = p\,\vartheta\,x$ als der Tangentialverschiebung dieses Querschnitts an der erwähnten Stelle erhält man unter Berücksichtigung von (6.241)

$$\tau \equiv \tau_{xs} = G\,\gamma_{xs} = G \left[\frac{\partial u}{\partial s} + \frac{\partial}{\partial x}(p\,\vartheta\,x) \right] = G\vartheta \left(\frac{d\varphi}{ds} + p \right) \ . \tag{6.290}$$

Integration von (6.290) ergibt die Wölbfunktion φ zu

$$\varphi(s) = \varphi_0 + \frac{1}{G\vartheta}\int_0^s \tau\, ds - 2\, a(s) \tag{6.291}$$

mit

$$a(s) = \frac{1}{2}\int_0^s p\, ds \tag{6.292}$$

als der vom Fahrstrahl r (siehe Abb. 6.44) überstrichenen Fläche und φ_0 als dem Wert der Wölbfunktion im beliebig gewählten Anfangspunkt O. Führt man in (6.291) die Integration über den gesamten Umfang L des Querschnitts durch, so erhält man mit $\varphi(L) = \varphi_0$ und $a(L) = A_u$

$$2\, G\, \vartheta\, A_u = \oint_C \tau\, ds \ . \tag{6.293}$$

Einsetzen von (6.289) in (6.293) liefert

$$2\, G\, \vartheta\, A_u = \oint_C \frac{M_T}{2 A_u\, b(s)}\, ds \ , \tag{6.294}$$

woraus sich die Verwindung zu

$$\vartheta = \frac{M_T}{4\, A_u^2\, G}\oint_C \frac{ds}{b(s)} \tag{6.295}$$

ergibt. Trägt man (6.295) in (6.255) ein, so erhält man den Drillwiderstand zu

$$I_T = \frac{M_T}{G\, \vartheta} = 4\, A_u^2 \frac{1}{\displaystyle\oint_C \frac{ds}{b(s)}} \ . \tag{6.296}$$

Die Gleichungen (6.288) und (6.295) werden BREDT'sche Formeln genannt.*

Beispiel 6.14:

Dieses Beispiel beinhaltet einen Vergleich des Tragverhaltens dreier torsionsbeanspruchter Stäbe, deren Querschnitte je einer der in Abb. 6.26 angeführten Kategorien von Stabquerschnitten angehören.

Für die drei in Abb. 6.45 dargestellten Querschnitte ist (a) das Verhältnis der aufnehmbaren Torsionsmomente bei gegebener zulässiger Torsionsschubspannung und (b) das Verhältnis der Verwindungen bei gegebenem Torsionsmoment und gegebenem Schubmodul gesucht.

Zunächst wird das Verhältnis der aufnehmbaren Torsionsmomente bei gegebener zulässiger Torsionsschubspannung τ_{zul} bestimmt. Für den Vollquerschnitt erhält man das aufnehmbare Torsionsmoment zu $(M_T)_a = (2a^3/4{,}07)\tau_{zul}$, wenn man in (6.276) $L = 2a$ und $b = a$ setzt, unter Zuhilfenahme von Tabelle 6.3 $\kappa_2(L/b = 2) = 4{,}07$ einträgt und τ_{max} durch τ_{zul} ersetzt. Für den dünnwandigen geschlossenen Querschnitt ergibt sich das aufnehmbare Torsionsmoment aus (6.289) mit $A_u = 2\, a^2$, $b = 0{,}1\, a$ und $\tau = \tau_{zul}$ zu $(M_T)_b = 0{,}4\, a^3\, \tau_{zul}$. Schließlich folgt das aufnehmbare Torsionsmoment für den dünnwandigen offenen Querschnitt aus (6.283) mit $I_T = 1/3 \sum_i L_i\, b_i^3 = 2\, a\, (0{,}1\, a)^3$ gemäß (6.282), $b_{max} = 0{,}1\, a$ und $\tau_{max} = \tau_{zul}$ zu $(M_T)_c = 0{,}02\, a^3\, \tau_{zul}$. Man erhält somit

$$(M_T)_a : (M_T)_b : (M_T)_c = 1 : 0{,}814 : 0{,}0407 \ . \tag{6.297}$$

*RUDOLPH BREDT (1842–1900) hat diese Gleichungen 1896 als Erster hergeleitet.

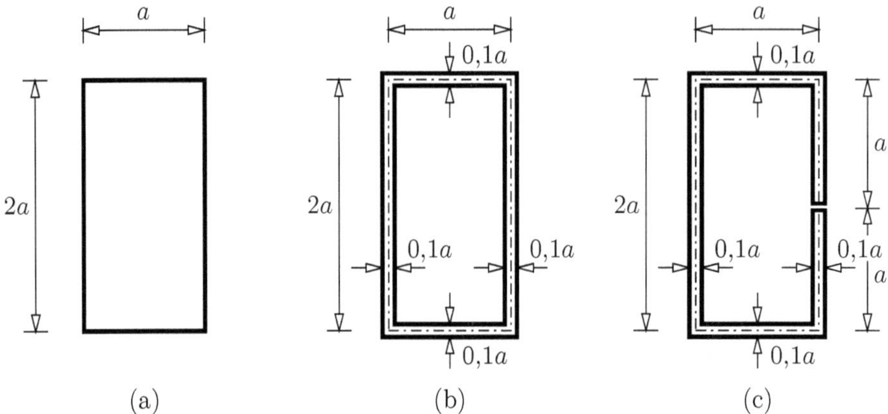

Abb. 6.45: Stäbe mit verschiedenen Querschnittsformen: (a) Vollquerschnitt, (b) dünnwandiger geschlossener Querschnitt, (c) dünnwandiger offener Querschnitt

Der Flächeninhalt des dünnwandigen geschlossenen Querschnittes beträgt nur 30 % des Flächeninhalts des Vollquerschnitts. Trotzdem nimmt der dünnwandige geschlossene Querschnitt rund 81 % des vom Vollquerschnitt aufnehmbaren Torsionsmoments auf. Der dünnwandige offene Querschnitt weist dieselbe Querschnittsfläche wie der dünnwandige geschlossene Querschnitt auf. Das von ihm aufnehmbare Torsionsmoment ist jedoch um eine Größenordnung kleiner als das vom dünnwandigen geschlossenen Querschnitt aufnehmbare Torsionsmoment.

Das Verhältnis der Verwindungen bei gegebenem Torsionsmoment und gegebenem Schubmodul entspricht laut (6.255) dem Verhältnis der reziproken Werte der Drillwiderstände. Für den Drillwiderstand des Vollquerschnitts erhält man aus (6.276) mit $L = 2a$, $b = a$ sowie mit $\kappa_1 = 0{,}229$ aus Tabelle 6.3 $(I_T)_a = 0{,}458\,a^4$. Der Drillwiderstand des dünnwandigen geschlossenen Querschnitts ergibt sich aus (6.296) mit $A_u = 2a^2$ und $\oint(ds/b) = (6a)/(0{,}1\,a) = 60$ zu $(I_T)_b = 16a^4/60$. Schließlich ergibt sich der Drillwiderstand des dünnwandigen offenen Querschnitts aus (6.282) zu $(I_T)_c = 2\cdot 0{,}1^3\,a^4$. Man erhält somit

$$(\vartheta)_a : (\vartheta)_b : (\vartheta)_c = 1 : 1{,}718 : 229\ . \tag{6.298}$$

Gleichung (6.298) verdeutlicht, dass die Verwindung des dünnwandigen geschlossenen Querschnitts einerseits dieselbe Größenordnung wie die Verwindung des Vollquerschnitts aufweist, andererseits jedoch um zwei Größenordnungen kleiner als die Verwindung des dünnwandigen offenen Querschnitts ist. Letzterer ist offensichtlich sehr torsionsweich.

6.5.9 Schubspannungen zufolge reiner Torsion in dünnwandigen mehrzelligen Hohlquerschnitten

Bei mehrzelligen Hohlquerschnitten (Abb. 6.46a) stellt die Ermittlung des Schubflusses ein statisch unbestimmtes Problem dar. Zusätzlich zur Beziehung zwischen den Schubflüssen in den einzelnen Zellen und dem Torsionsmoment wird zur Ermittlung des Schubflusses je eine Formänderungsbedingung pro Zelle benötigt.

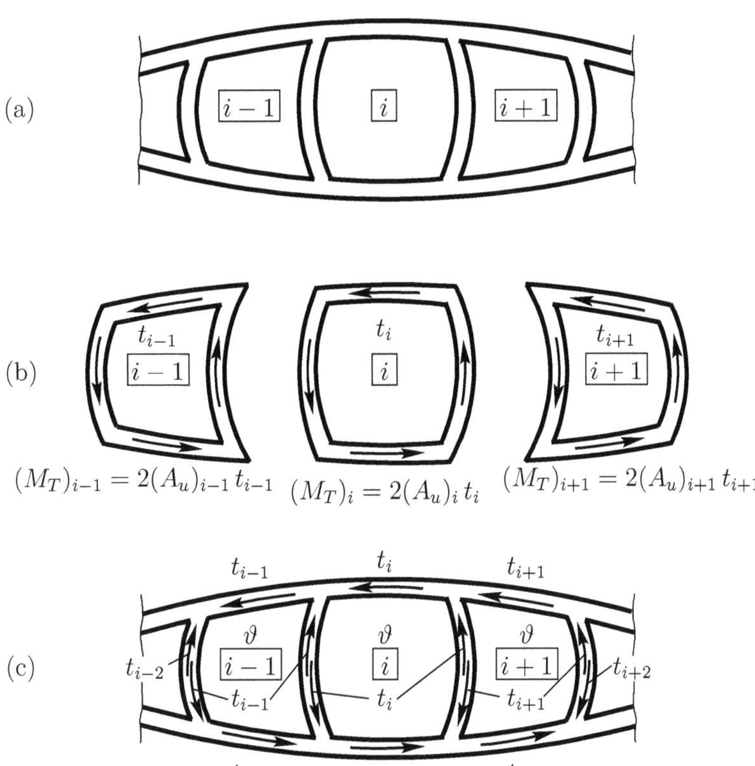

Abb. 6.46: Zur Ermittlung des Schubflusses infolge reiner Torsion für Stäbe mit mehrzelligen Hohlquerschnitten: (a) Teil eines mehrzelligen Hohlquerschnitts, (b) Schubflüsse in den einzelnen Zellen, (c) zu den Formänderungsbedingungen für die einzelnen Zellen

Die Zelle i des Querschnitts (Abb. 6.46b) überträgt entsprechend (6.288) das Torsionsmoment $(M_T)_i = 2(A_u)_i\, t_i$. Die Summe der von den insgesamt n Zellen übertragenen Torsionsmomente muss gleich M_T sein. Die der Gleichung (6.288) entsprechende Beziehung lautet somit:

$$M_T = \sum_{i=1}^{n} (M_T)_i = 2 \sum_{i=1}^{n} (A_u)_i\, t_i \ . \tag{6.299}$$

Zur Bestimmung der Zellenschubflüsse t_i, $i = 1, 2, \ldots, n$, und der Querschnittsverwindung ϑ benötigt man $n+1$ Gleichungen. Formuliert man unter Berücksichtigung von (6.285) für jede Zelle eine der Gleichung (6.293) entsprechende Formänderungsbedingung, so stehen zusammen mit (6.299) $n+1$ Gleichungen zur Lösung des Problems zur Verfügung. Die aus (6.293) folgende Formänderungsbedingung für die Zelle i lautet:

$$\begin{aligned} -t_{i-1} \int_{C_{i-1,i}} \frac{ds}{b(s)} + t_i \oint_{C_i} \frac{ds}{b(s)} - t_{i+1} \int_{C_{i,i+1}} \frac{ds}{b(s)} &= \\ = 2G\vartheta(A_u)_i \ , \quad i = 1, 2, \ldots, n \ . \end{aligned} \tag{6.300}$$

Das zweite Integral in (6.300) erstreckt sich über den Umfang der Zelle i. Das erste bzw. dritte Integral betrifft die Zwischenstege zwischen den Zellen $i-1$ und i bzw. i und $i+1$. Abb. 6.46c enthält unter anderem den in die Gleichung (6.300) eingehenden Schubfluss der Zelle i. Die Erfüllung der n Formänderungsbedingungen (6.300) gewährleistet die Gleichheit der Verwindung der einzelnen Zellen und damit die Aufrechterhaltung des geometrischen Zusammenhangs des mehrzelligen Querschnitts bei der Drehung der einzelnen Zellen als starre Querschnittsteile.

Gleichung (6.300) setzt voraus, dass eine Zelle höchstens zwei benachbarte Zellen hat. Für mehrzellige Hohlquerschnitte, bei denen einzelne Zellen mehr als zwei benachbarte Zellen aufweisen, sind die Formänderungsbedingungen (6.300) entsprechend zu erweitern.

Beispiel 6.15:

Für den in Abb. 6.47a dargestellten dreizelligen Hohlkasten, der durch ein Torsionsmoment $M_T = 50$ MNm beansprucht wird, sind der Verlauf der Schubspannungen und die Querschnittsverwindung gesucht. Die Werte der in der Abbildung aufscheinenden Größen a und b betragen 5,0 m bzw. 8 mm. Der Schubmodul ist zu $G = 81\,000$ N/mm^2 gegeben.

(6.299) führt auf

$$2\left(0{,}5\,a^2\,t_1 + a^2\,t_2 + a^2\,t_3\right) = M_T\,. \tag{6.301}$$

Die Formänderungsbedingungen (6.300) für die drei Zellen lauten:

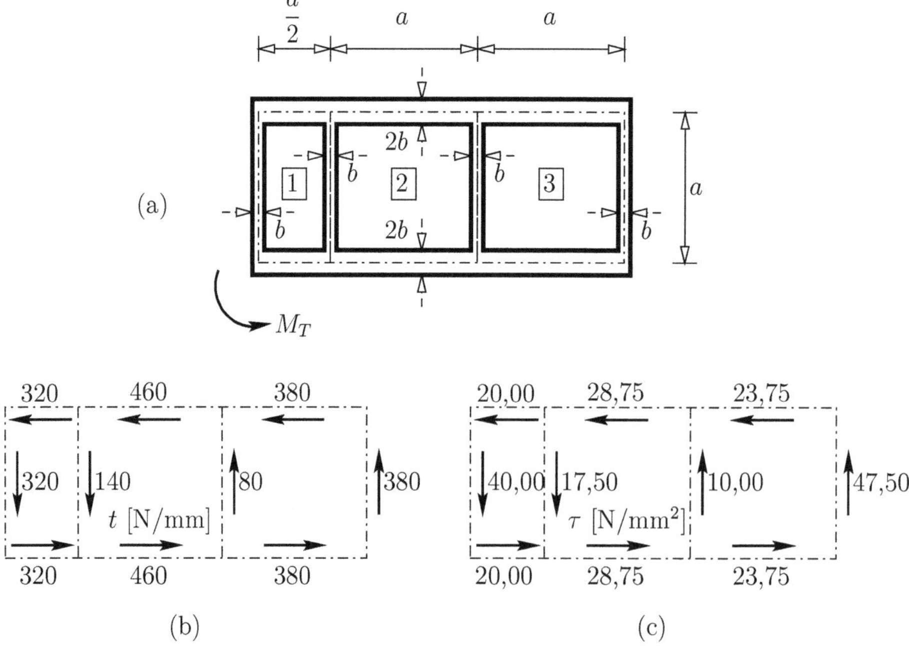

Abb. 6.47: Dreizelliger Hohlquerschnitt unter Torsionsbeanspruchung: (a) Querschnitt, (b) Verteilung des Schubflusses, (c) Verteilung der Schubspannungen

$$
\begin{aligned}
\left(2\frac{0{,}5a}{2b}+2\frac{a}{b}\right)t_1 \quad -\frac{a}{b}t_2 \qquad\qquad &= 2G\vartheta\,0{,}5\,a^2\,,\\
-\frac{a}{b}t_1 + \left(2\frac{a}{2b}+2\frac{a}{b}\right)t_2 \quad -\frac{a}{b}t_3 &= 2G\vartheta\,a^2\,,\\
-\frac{a}{b}t_2 + \left(2\frac{a}{2b}+2\frac{a}{b}\right)t_3 &= 2G\vartheta\,a^2\,.
\end{aligned}
\tag{6.302}
$$

Zusammenfassung der Gleichungen (6.301) und (6.302) ergibt

$$
\begin{bmatrix} 1 & 2 & 2 & 0 \\ 5 & -2 & 0 & -1 \\ -1 & 3 & -1 & -1 \\ 0 & -1 & 3 & -1 \end{bmatrix}
\begin{Bmatrix} t_1 \\ t_2 \\ t_3 \\ 2G\vartheta\,a\,b \end{Bmatrix}
=
\begin{Bmatrix} M_T/a^2 \\ 0 \\ 0 \\ 0 \end{Bmatrix} . \tag{6.303}
$$

Nach Einsetzen der Zahlenwerte für a, b, M_T und G und Lösung des Gleichungssystems erhält man $t_1 = 320$ N/mm, $t_2 = 460$ N/mm, $t_3 = 380$ N/mm und $2G\,\vartheta\,a\,b = 680$ N/mm. Für die Zwischenstege ergeben sich somit die Schubflüsse zu $t_{2,1} = t_2 - t_1 = 140$ N/mm und $t_{3,2} = t_3 - t_2 = -80$ N/mm. Aus dem Drehsinn des Torsionsmoments (Abb. 6.47a) folgt die Richtung des Schubflusses in den Randteilen des Querschnitts (Abb. 6.47b). Die Richtung des Schubflusses in den Zwischenstegen resultiert aus der Überlegung, dass die Zu- und Abflüsse an den Enden der Zwischenstege gleich groß sein müssen (Abb. 6.47b). Nach Division der Schubflüsse durch die betreffenden Wanddicken erhält man die Schubspannungen. Sie sind in Abb. 6.47c eingetragen. Aus dem Ergebnis für $2G\,\vartheta\,a\,b$ ergibt sich die Querschnittsverwindung zu $1{,}05 \cdot 10^{-7}$ rad/mm.

Zur Kontrolle der Richtigkeit der Ergebnisse können im Falle von reiner Torsion die Bedingungen $Q_y = \int_A \tau_{xy}\,dA = 0$ und $Q_z = \int_A \tau_{xz}\,dA = 0$ verwendet werden. Aus den Abbildungen 6.47b, c ist ersichtlich, dass diese Bedingungen erfüllt sind.

6.5.10 Querkraftschubspannungen in dünnwandigen geschlossenen Querschnitten

Für dünnwandige offene Querschnitte ergab sich die in der Gleichung für den Schubfluss zufolge Querkraft (siehe Gleichung (6.214)) auftretende Integrationskonstante t_0 aufgrund des Satzes von den zugeordneten Schubspannungen zu null. Dabei wurde die Bogenlänge s der Mittellinie des Querschnitts von einem Endpunkt des Querschnitts aus gemessen. Wegen $t_0 = 0$ reicht die Gleichgewichtsbedingung (6.212) zur Ermittlung des Schubflusses aus. Somit liegt bei dünnwandigen offenen Querschnitten ein statisch bestimmtes Problem vor. Bei dünnwandigen geschlossenen Querschnitten hat man es hingegen mit einem statisch unbestimmten Problem zu tun. Bei solchen Querschnitten ist die Wahl des Punktes, von dem aus die Bogenlänge der Mittellinie des Querschnitts gemessen wird, im Allgemeinen ohne Bedeutung. Zur Ermittlung der Integrationskonstante t_0 benötigt man eine Formänderungsbedingung. Verlangt wird, dass, wie bereits im Abschnitt 6.5.1 erwähnt, die Verformung des Stabes torsionsfrei erfolgt, dass also $\vartheta = 0$ ist. Das ist laut (6.293) dann der Fall, wenn die Schubspannungen bzw. der Schubfluss folgender Bedingung genügen:

$$
\oint_C \tau\,ds = \oint_C \frac{t(s)}{b(s)}\,ds = 0\,. \tag{6.304}
$$

Zur Ermittlung von t_0 aus (6.304) werden die beiden ersten Terme im Ausdruck für $t(s)$ bei Bezugnahme auf die Querschnittshauptachsen (siehe Gleichung (6.214)) zu

$$t^*(s) = -\frac{Q_\eta}{I_\zeta}\, S_\zeta(s) - \frac{Q_\zeta}{I_\eta}\, S_\eta(s) \tag{6.305}$$

zusammengefasst. Bei beliebigen Achsen y und z tritt (6.220) mit $t_0 = 0$ an die Stelle von (6.305). $t^*(s)$ stellt den Schubfluss in einem offenen Querschnitt dar, der sich durch gedankliches Durchtrennen des geschlossenen Querschnitts an einer beliebigen Stelle ergibt. Einsetzen von

$$t(s) = t^*(s) + t_0 \tag{6.306}$$

in (6.304) führt auf folgende Bedingung für die gesuchte Integrationskonstante t_0:

$$\oint_C \frac{t^*(s) + t_0}{b(s)}\, ds = 0\ . \tag{6.307}$$

Aus dieser Bedingung ergibt sich t_0 zu

$$t_0 = -\frac{\displaystyle\oint_C \frac{t^*(s)}{b(s)}\, ds}{\displaystyle\oint_C \frac{1}{b(s)}\, ds}\ . \tag{6.308}$$

Beispiel 6.16:

Für den in Abb. 6.48a dargestellten dünnwandigen geschlossenen Querschnitt mit der Abmessung $a = 120$ mm und den Wandstärken $b_1 = 3$ mm und $b_2 = 4$ mm ist die Verteilung der Schubspannungen zufolge einer im Schubmittelpunkt M angreifenden Querkraft $Q_\zeta = 15$ kN zu bestimmen. (Das Problem der Ermittlung der Lage des Schubmittelpunktes in einem Querschnitt wird im folgenden Abschnitt behandelt. Die Annahme des Zusammenfallens des Angriffspunktes von Q_ζ mit dem Schubmittelpunkt ist deshalb erforderlich, weil es in diesem Fall zu keiner Verdrehung des Querschnitts und damit laut (6.293) zu keinen Torsionsschubspannungen kommt.)

Zur Ermittlung des Schubflusses denkt man sich den Querschnitt im Punkt O durchtrennt (Abb. 6.48b). Für den so erhaltenen dünnwandigen offenen Querschnitt wird der Schubfluss $t^*(s)$ infolge von $Q_\zeta \neq 0$ und $Q_\eta = 0$ gemäß (6.305) ermittelt. Danach wird die Integrationskonstante t_0 mittels (6.308) berechnet. t_0 stellt den Schubfluss im Punkt O dar. Addition von t^* und t_0 ergibt laut (6.306) den Schubfluss $t(s)$. Nach Division durch die Querschnittsdicke erhält man die in Abb. 6.48c dargestellte Verteilung der Schubspannungen zufolge Q_ζ.

6.5.11 Schubmittelpunkt

Bei der Berechnung von Schubspannungen zufolge reiner Torsion wurde vorausgesetzt, dass keine Querkraft wirkt. Vom Zutreffen dieser Voraussetzung überzeugt man sich durch Integration der Torsionsschubspannungen über die Querschnittsfläche (siehe die zweite und dritte der sechs Gleichungen (6.3)). Bei reiner Torsion führen diese Quadraturen auf $Q_y = 0$ und $Q_z = 0$.

Führt man umgekehrt die Integration in der letzten der sechs Gleichungen (6.3) mit den Querkraftschubspannungen durch, so erhält man in der Regel $M_T \neq 0$. Zur

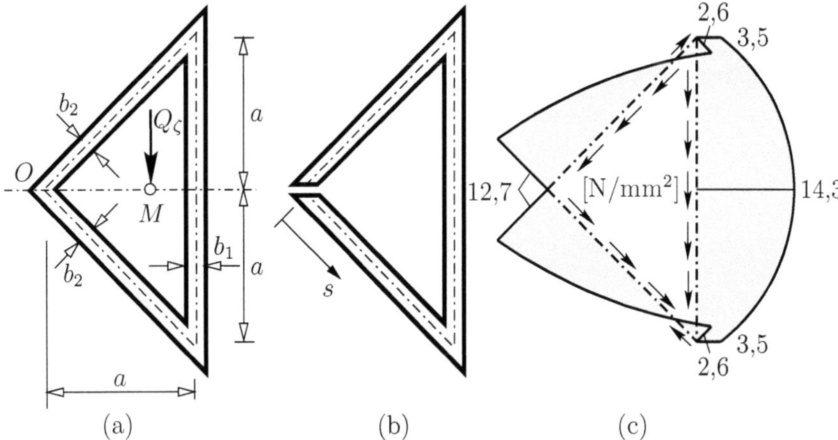

Abb. 6.48: Dünnwandiger geschlossener Querschnitt: (a) Querschnittsform, (b) durchtrennt gedachter Querschnitt, (c) Schubspannungsverteilung zufolge Q_ζ im geschlossenen Querschnitt

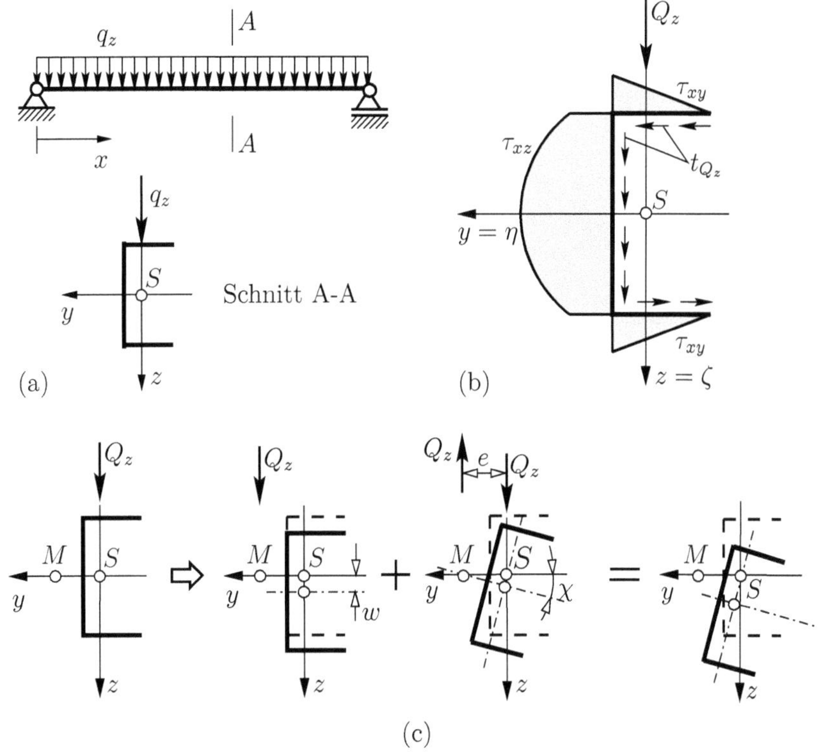

Abb. 6.49: Querkraftbiegung und Torsion eines Stabes mit C-förmigem Querschnitt zufolge einer konstanten Linienlast: (a) statisches System, (b) Verteilung der Schubspannungen bzw. Schubfluss zufolge Q_z, (c) Verschiebung des Stabquerschnitts

Veranschaulichung dieses Sachverhalts diene Abb. 6.49. Abb. 6.49a zeigt einen statisch bestimmt gelagerten Stab mit einem C-förmigen Querschnitt, der durch eine längs der Stabachse angreifende konstante vertikale Linienlast q_z beansprucht wird. Aufgrund der Symmetrieeigenschaft des Querschnitts sind die y- und die z-Achse Hauptachsen des Querschnitts. q_z hat Biegemomente $M_y(x)$ und Querkräfte $Q_z(x)$ zur Folge. Schubspannungen und Schubfluss zufolge Q_z sind in Abb. 6.49b dargestellt. Man erkennt, dass das Integral der Momente der infinitesimalen Schubkräfte $t_{Q_z}\,ds$ um die Stabachse nicht verschwindet. Die Schubspannungen zufolge Querkraft bewirken also ein Torsionsmoment um die Stabachse. Deshalb verursacht die Gleichlast q_z nicht nur eine Verschiebung des Stabquerschnittes in Richtung der z-Achse, sondern auch eine Verdrehung (Abb. 6.49c). Das Torsionsmoment, das diese Verdrehung verursacht, beträgt laut Abb. 6.49c $M_T = -Q_z\,e$.

Es erhebt sich jetzt die Frage nach der Lage des Kraftangriffspunktes der Komponenten Q_y und Q_z der Querkraft, bei der das Integral (6.228) verschwindet und folglich kein Torsionsmoment und somit keine Verdrehung des Stabes zufolge von Linienlasten q_y und q_z auftritt. Dieser Punkt wird als Schubmittelpunkt M bezeichnet.

Im Folgenden wird die Lage des Schubmittelpunktes für dünnwandige Querschnitte ermittelt, da ihre Kenntnis in erster Linie für solche Querschnitte von Bedeutung ist. Der Definition des Schubmittelpunkts gemäß ergeben sich seine Koordinaten y_M und z_M durch Nullsetzen von M_T in (6.231) unter Berücksichtigung von (6.229):

$$\int_A (-z\,\tau_{xy} + y\,\tau_{xz})\,dA = y_M\,Q_z - z_M\,Q_y\ . \tag{6.309}$$

Die linke Seite von (6.309) stellt das Integral der Momente der infinitesimalen Schubkräfte $\tau_{xy}\,dA$ und $\tau_{xz}\,dA$ und die rechte Seite das Moment der Komponenten Q_y und Q_z der Querkraft um die Stabachse dar. Die linke Seite von (6.309) kann für dünnwandige Querschnitte zu $\int_l t(s)\,p(s)\,ds$ geschrieben werden, wobei $t(s)$ den Schubfluss, $p(s)$ den Normalabstand der infinitesimalen Schubkraft $t(s)\,ds$ von der Stabachse und l die Länge der Mittellinie des Querschnitts bezeichnen. Bezüglich $p(s)$ sei auf Abb. 6.44 verwiesen. Somit ergibt sich die Beziehung zur Ermittlung der Koordinaten von M zu

$$\int_l t(s)\,p(s)\,ds = y_M\,Q_z - z_M\,Q_y\ . \tag{6.310}$$

Zur Berechnung von $t(s)$ verwendet man bei Bezugnahme auf Querschnittshauptachsen (6.214). In diesem Fall ergibt sich

$$\int_l t(s)\,p(s)\,ds = \eta_M\,Q_\zeta - \zeta_M\,Q_\eta\ . \tag{6.311}$$

Zur Bestimmung der Koordinate η_M des Schubmittelpunktes mit Hilfe von (6.311) setzt man in dieser Gleichung $Q_\eta = 0$ und trägt für $t(s)$ auf der linken Seite dieser Beziehung den mit Hilfe von (6.214) berechneten Schubfluss $t_{Q_\zeta}(s)$ zufolge von Q_ζ ein. Das führt auf

$$\eta_M = \frac{1}{Q_\zeta}\int_l t_{Q_\zeta}(s)\,p(s)\,ds\ . \tag{6.312}$$

Auf analoge Weise erhält man aus (6.311) die Koordinate ζ_M des Schubmittelpunkts:

$$\zeta_M = -\frac{1}{Q_\eta}\int_l t_{Q_\eta}(s)\,p(s)\,ds\ . \tag{6.313}$$

In den Ausdrücken für die Schubflüsse t_{Q_ζ} und t_{Q_η} scheint die Querkraftkomponente Q_ζ bzw. Q_η auf. Somit fällt die betreffende Querkraftkomponente in den Gleichungen (6.312) und (6.313) heraus. Daher hängt die Lage des Schubmittelpunktes nur von der Querschnittsform ab. Aus (6.312) und (6.313) folgt, dass der Schubmittelpunkt eines einfach symmetrischen Querschnitts auf der Symmetrieachse des Querschnitts liegt (Abb. 6.50). Somit fällt der Schubmittelpunkt eines doppelt symmetrischen Querschnitts mit dem Querschnittsschwerpunkt zusammen (Abb. 6.50). Bei Winkelprofilen, deren Querschnitte aus zwei schmalen Rechtecken bestehen, fällt der Schubmittelpunkt mit dem Schnittpunkt der Mittellinien der beiden Rechtecke zusammen (Abb. 6.50).

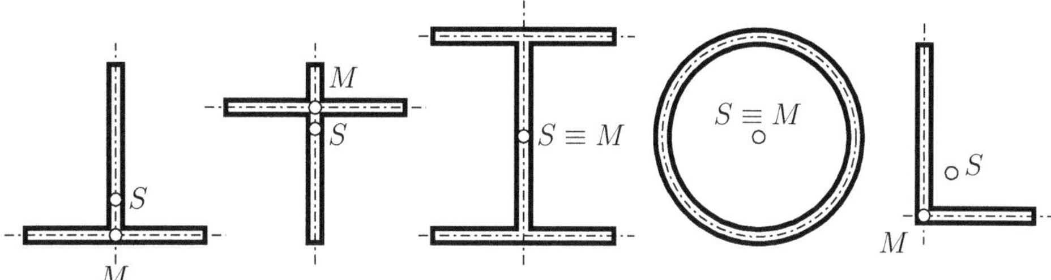

Abb. 6.50: Beispiele für Querschnitte mit von vornherein bekannter Lage des Schubmittelpunktes

Nochmals sei darauf hingewiesen, dass eine nicht im Schubmittelpunkt des Querschnitts angreifende Querkraft eine Verdrehung des Querschnitts bewirkt. Mit der entsprechenden Verwindung ϑ ist das Torsionsmoment M_T verknüpft. Es ergibt sich durch Reduktion der Querkraft in den Schubmittelpunkt. Die Schubspannungen zufolge dieses Torsionsmoments sind den Querkraftschubspannungen zu überlagern.

Beispiel 6.17:

Für den in Abb. 6.51 dargestellten Querschnitt von der Form eines dünnwandigen Kreisringsektors mit konstanter Wanddicke b, dem Radius der Mittellinie r und dem Öffnungswinkel $2\varphi_0$ ist die Lage des Schubmittelpunkts zu bestimmen.

Die Querschnittshauptachse η ist durch die Symmetrieachse des Querschnitts festgelegt. Der Schubmittelpunkt liegt auf dieser Achse. Folglich ist $\zeta_M = 0$. Es muss also nur die Koordinate η_M des Schubmittelpunktes berechnet werden. Die Lage des Querschnittsschwerpunkts S auf der η-Achse hängt vom Öffnungswinkel $2\varphi_0$ ab. Es ist jedoch nicht erforderlich, diesen Punkt – den Ursprung des Koordinatensystems mit den Achsen η und ζ – zu bestimmen. Wählt man anstatt dessen den Schwerpunkt O des entsprechenden Kreisringquerschnittes als Ursprung eines Koordinatensystems mit zu η und ζ parallelen Achsen η^* und ζ^*, dann erhält man folgenden Zusammenhang zwischen den Koordinaten der beiden Bezugssysteme (Abb. 6.51):

$$\eta = \eta_{SO} + \eta^* \ , \quad \zeta = \zeta^* \ . \tag{6.314}$$

Berücksichtigung von (6.314) in (6.312) führt auf

$$\eta_M^* = \frac{1}{Q_\zeta} \int_l t_{Q_\zeta}(s)\, p(s)\, ds - \eta_{SO} = \frac{1}{Q_\zeta} \int_l t_{Q_\zeta}(s)\, p^*\, ds \tag{6.315}$$

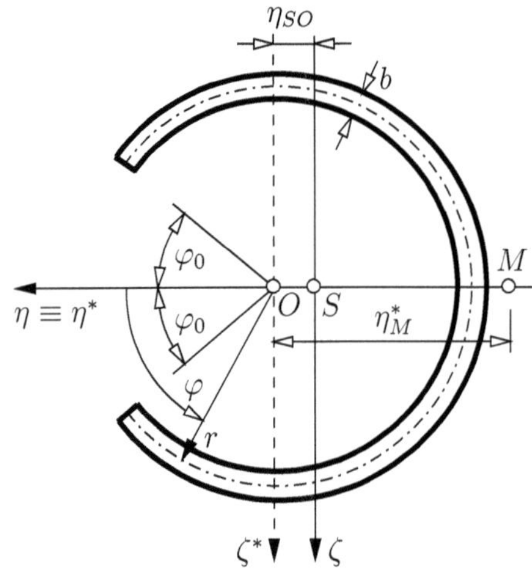

Abb. 6.51: Querschnitt von der Form eines dünnwandigen Kreisringsektors

mit

$$t_{Q_\zeta}(s) = -\frac{Q_\zeta}{I_\eta} S_\eta(s) \quad \text{und} \quad p^* = r \ . \tag{6.316}$$

Die Flächenmomente 1. und 2. Ordnung um die η-Achse ergeben sich zu

$$\begin{aligned} S_\eta(\varphi) &= \int \zeta \, dA = \int_{\varphi_0}^{\varphi} r \sin\varphi \, b \, r \, d\varphi = \\ &= -r^2 \, b \, \cos\varphi \Big|_{\varphi_0}^{\varphi} = -r^2 \, b \, (\cos\varphi - \cos\varphi_0) \ , \end{aligned} \tag{6.317}$$

$$\begin{aligned} I_\eta &= \int \zeta^2 \, dA = 2 \int_{\varphi_0}^{\pi} r^2 \sin^2\varphi \, b \, r \, d\varphi = 2 \, r^3 \, b \left(\frac{\varphi}{2} - \frac{1}{4} \sin 2\varphi \right) \Big|_{\varphi_0}^{\pi} = \\ &= r^3 \, b \, (\pi - \varphi_0 + \frac{1}{2} \sin 2\varphi_0) \ . \end{aligned} \tag{6.318}$$

Einsetzen von (6.317) und (6.318) in die erste der beiden Gleichungen (6.316) führt auf

$$t_{Q_\zeta}(\varphi) = Q_\zeta \, \frac{\cos\varphi - \cos\varphi_0}{r \, (\pi - \varphi_0 + \frac{1}{2} \sin 2\varphi_0)} \ . \tag{6.319}$$

Eintragen von (6.319) sowie der zweiten der beiden Gleichungen (6.316) in (6.315) ergibt

$$\eta_M^* = 2 \int_{\varphi_0}^{\pi} \frac{\cos\varphi - \cos\varphi_0}{r \, (\pi - \varphi_0 + \frac{1}{2} \sin 2\varphi_0)} \, r \, r \, d\varphi \ . \tag{6.320}$$

Aus (6.320) erhält man schließlich

$$\eta_M^* = 2 \, r \frac{-\pi \cos\varphi_0 - \sin\varphi_0 + \varphi_0 \cos\varphi_0}{\pi - \varphi_0 + \frac{1}{2} \sin 2\varphi_0} \ . \tag{6.321}$$

Für den Sonderfall eines Querschnitts von der Form eines Kreisrings mit einem infinitesimalen Spalt an der Stelle $\varphi = 0$ liefert (6.321) mit $\varphi_0 = 0$

$$\eta_M^* = -2 \, r \ . \tag{6.322}$$

6.5.12 Wölbkrafttorsion

Wenn ein Stabende eines durch ein Torsionsmoment beanspruchten Stabes eingespannt ist, oder wenn der Querschnitt oder das Torsionsmoment über die Stablänge stark veränderlich sind, wird die Querschnittsverwölbung behindert. Damit ist eine grundlegende Voraussetzung von reiner Torsion nicht mehr erfüllt. Trotzdem stellen die für reine Torsion von Vollquerschnitten und dünnwandigen Hohlquerschnitten hergeleiteten Beziehungen auch bei einer Behinderung der Querschnittsverwölbung eine gute Näherung für die auftretenden Schubspannungen dar, weil die Verwölbung solcher Querschnitte infolge deren großer Drillsteifigkeit klein ist.

Das gilt allerdings nicht für Stäbe mit dünnwandigen offenen Querschnitten, wie sie vor allem im Stahlbau verwendet werden (siehe Abb. 6.52).

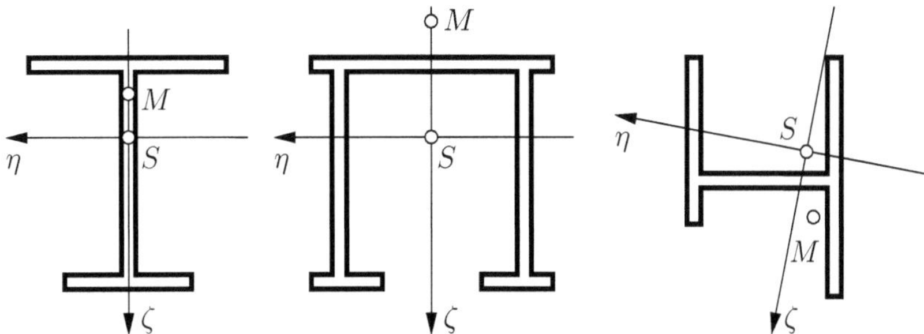

Abb. 6.52: Dünnwandige offene Querschnitte

Wegen der relativ großen Verwölbungen kann die Hypothese vom Ebenbleiben der Querschnitte nicht aufrechterhalten werden. Die infolge der Behinderung der Querschnittsverwölbung entstehenden Normalspannungen in Stablängsrichtung müssen berücksichtigt werden. Diese Normalspannungen werden auch als Wölbspannungen bezeichnet. Sie sind mit zusätzlichen Schubspannungen – den sogenannten sekundären Schubspannungen – verknüpft.

Ausführliche Darstellungen der Wölbkrafttorsion findet man in der Fachliteratur [Wlassow (1964), Roik *et al.* (1972), Murray (1984)].

6.6 Zusammengesetzte Beanspruchung

Beanspruchungen wie reine Biegung oder reine Torsion sind Sonderfälle allgemeiner Beanspruchungen von Stäben, die in der Ingenieurpraxis kaum auftreten. Bei Beschränkung auf kleine Verschiebungen sowie auf linear elastisches Werkstoffverhalten, also bei Verwendung der linearisierten kinematischen Beziehungen und des HOOKE'schen Gesetzes, gilt das Superpositionsprinzip (siehe Unterkapitel 3.4). Dementsprechend dürfen der Spannungs- und der Verformungszustand infolge einer zusammengesetzten Beanspruchung durch Überlagerung der Spannungs- und Verformungszustände infolge der einzelnen Grundbeanspruchungen ermittelt werden. In der Ingenieurpraxis stellen zusammengesetzte Beanspruchungen den Regelfall dar.

6.7 Biegelinie

6.7.1 Differentialgleichung der Biegelinie

Für einen Stab mit den Flächenhauptmomenten 2. Ordnung I_η und I_ζ ergeben sich die Beziehungen zwischen den Komponenten $M_\eta(x)$ und $M_\zeta(x)$ des Biegemoments und den von ihnen verursachten Krümmungen durch Ersetzen der gewöhnlichen Ableitungen in (6.114) und (6.124) durch die entsprechenden partiellen Ableitungen zu

$$EI_\eta \frac{\partial^2 w}{\partial x^2} = -M_\eta \,, \qquad EI_\zeta \frac{\partial^2 v}{\partial x^2} = M_\zeta \,. \tag{6.323}$$

Diese Substitutionen tragen dem Umstand Rechnung, dass die Biegelinie bei Querkraftbiegung im Gegensatz zu reiner Biegung auch von der Zeit abhängen kann. Bei $-\partial^2 w/\partial x^2$ und $\partial^2 v/\partial x^2$ handelt es sich um Linearisierungen der Ausdrücke für die Krümmungen κ_ζ und κ_η (siehe die Gleichungen (6.111) und (6.121)). Zweimalige partielle Ableitung der Gleichungen (6.323) nach x ergibt

$$\frac{\partial^2}{\partial x^2}\left(EI_\eta \frac{\partial^2 w}{\partial x^2}\right) = -\frac{\partial^2 M_\eta}{\partial x^2} \,, \qquad \frac{\partial^2}{\partial x^2}\left(EI_\zeta \frac{\partial^2 v}{\partial x^2}\right) = \frac{\partial^2 M_\zeta}{\partial x^2} \,. \tag{6.324}$$

Die Zusammenhänge zwischen den auf die Querschnittshauptachsen bezogenen Komponenten der Querkraft und des Biegemoments folgen aus der zweiten der beiden Gleichungen (6.201) durch Ersetzen von y durch η und z durch ζ zu

$$\frac{\partial M_\eta}{\partial x} = Q_\zeta \,, \qquad \frac{\partial M_\zeta}{\partial x} = -Q_\eta \,. \tag{6.325}$$

Die Zusammenhänge zwischen den auf die Querschnittshauptachsen bezogenen Komponenten der Linienlast, der Beschleunigung und des Biegemoments ergeben sich aus den Gleichungen (6.202) durch Ersetzen von y durch η und z durch ζ zu

$$\frac{\partial^2 M_\eta}{\partial x^2} = -q_\zeta + \rho A \frac{\partial^2 w}{\partial t^2} \,, \qquad \frac{\partial^2 M_\zeta}{\partial x^2} = q_\eta - \rho A \frac{\partial^2 v}{\partial t^2} \,. \tag{6.326}$$

Berücksichtigung von (6.326) in (6.324) ergibt

$$\frac{\partial^2}{\partial x^2}\left(EI_\eta \frac{\partial^2 w}{\partial x^2}\right) = q_\zeta - \rho A \frac{\partial^2 w}{\partial t^2} \,, \quad \frac{\partial^2}{\partial x^2}\left(EI_\zeta \frac{\partial^2 v}{\partial x^2}\right) = q_\eta - \rho A \frac{\partial^2 v}{\partial t^2} \,. \tag{6.327}$$

Bei den zwei Gleichungen (6.327) handelt es sich um die Differentialgleichungen der Biegelinie. Bei der Herleitung dieser Gleichungen wurde der Einfluss der Querkraft auf die Durchbiegung nicht berücksichtigt. Wie bereits erwähnt, ist dieser Einfluss bei schlanken Stäben vernachlässigbar klein.

Die nachstehend angeführten Beziehungen stellen eine Zusammenfassung der Differentialgleichungen (6.323) und (6.327) sowie von Differentialgleichungen dar, die sich durch Differentiation von (6.323) nach x unter Berücksichtigung von (6.325) ergeben:

$$\begin{aligned} &EI_\eta \frac{\partial^2 w}{\partial x^2} = -M_\eta \,, && EI_\zeta \frac{\partial^2 v}{\partial x^2} = M_\zeta \,, \\ &\frac{\partial}{\partial x}\left(EI_\eta \frac{\partial^2 w}{\partial x^2}\right) = -Q_\zeta \,, && \frac{\partial}{\partial x}\left(EI_\zeta \frac{\partial^2 v}{\partial x^2}\right) = -Q_\eta \,, \\ &\frac{\partial^2}{\partial x^2}\left(EI_\eta \frac{\partial^2 w}{\partial x^2}\right) = q_\zeta - \rho A \frac{\partial^2 w}{\partial t^2} \,, && \frac{\partial^2}{\partial x^2}\left(EI_\zeta \frac{\partial^2 v}{\partial x^2}\right) = q_\eta - \rho A \frac{\partial^2 v}{\partial t^2} \,. \end{aligned} \tag{6.328}$$

Bei Biegung um die η-Achse entspricht $\partial w/\partial x$ laut der ersten der beiden Gleichungen (6.108) bzw. laut Abb. 6.17a dem Tangens des Winkels φ_ζ, den die Tangente an die verformte Stabachse zum betrachteten Zeitpunkt mit der unverformten Stabachse einschließt. Die verformte Stabachse befindet sich in der $x\zeta$-Ebene. Wegen der Beschränkung auf kleine Durchbiegungen darf $\tan\varphi_\zeta \approx \varphi_\zeta$ gesetzt werden. Es darf also näherungsweise $\varphi_\zeta = \partial w/\partial x$ geschrieben werden. Eine analoge Situation ist für Biegung um die ζ-Achse gegeben.

Ist eine Temperaturänderung in Richtung der ζ- bzw. der η-Achse zu berücksichtigen, dann sind die Gleichungen (6.323) bzw. die beiden Gleichungen in der ersten Zeile von (6.328) durch die aus (6.157) und (6.158) folgenden Beziehungen

$$EI_\eta \frac{\partial^2 w}{\partial x^2} = -M_\eta - EI_\eta\, \alpha_T \frac{\Delta T_\zeta}{h_\zeta}\,, \quad EI_\zeta \frac{\partial^2 v}{\partial x^2} = M_\zeta - EI_\zeta\, \alpha_T \frac{\Delta T_\eta}{h_\eta} \tag{6.329}$$

zu ersetzen.

6.7.2 Lösung der Differentialgleichung der Biegelinie

Die beiden Differentialgleichungen (6.327) weisen den gleichen Aufbau auf. Deshalb genügt es, eine von ihnen zu betrachten. Dementsprechend sind die folgenden Ausführungen auf die erste dieser beiden Differentialgleichungen und somit auf die Ermittlung der Biegelinie zufolge einer Linienlast in der $x\zeta$-Ebene beschränkt.

Bei ruhender Belastung ist der Term $-\rho\, A\, \partial^2 w/\partial t^2$ in dieser Differentialgleichung zu streichen. Ihre allgemeine Lösung ergibt sich dann durch viermalige Integration. Folglich enthält sie vier Integrationskonstanten. Zu ihrer Bestimmung sind vier Randbedingungen erforderlich. Man unterscheidet zwischen kinematischen (geometrischen) und dynamischen (bzw. statischen) Randbedingungen. Erstere stellen Vorschriften für die Verschiebung w und den Neigungswinkel $\varphi_\zeta = dw/dx$, Letztere für die Querkraft Q_ζ und das Biegemoment M_η dar. Kann sich ein Stabende z. B. in ζ-Richtung nicht verschieben, ist es aber frei drehbar gelagert, so gelten an dieser Stelle die Randbedingungen $w = 0$ und $M_\eta = 0$. Über φ_ζ und Q_ζ können in diesem Fall keine Aussagen gemacht werden. Abb. 6.53 enthält eine Zusammenstellung der wichtigsten Situationen, die man bei praktischen Aufgaben an den Enden von Stäben bzw. Stababschnitten vorfindet. Die entsprechenden Rand- und Übergangsbedingungen sind in Tabelle 6.4 [Parkus (1966), Schlechte (1967)] zusammengefasst. Die Koordinate x wird in herkömmlicher Weise von links nach rechts laufend angenommen. Der Begriff *stetig* sagt aus, dass die betreffende Größe an der betrachteten Stelle denselben Wert annimmt, wenn man sich dieser Stelle von links oder rechts nähert.

Beispiel 6.18:

Gegeben ist der in Abb. 6.54a dargestellte Stab. Er ist am linken Ende eingespannt und am rechten Ende frei drehbar gelagert. Sowohl der Querschnitt als auch der Elastizitätsmodul werden als konstant über die Stablänge angenommen. Der Balken ist mit einer gleichförmig verteilten Linienlast q_ζ und mit einem am rechten Stabende angreifenden Biegemoment $M_\eta(l) = M_B = (q_\zeta\, l^2)/6$ belastet. Gesucht sind die Biegelinie $w(x)$ und die Momentenverteilung $M_\eta(x)$ sowie Ort und Größe des Maximalwertes der Durchbiegung, w_{max}, und des Biegemoments, M_{max}.

Tabelle 6.4: Rand- und Übergangsbedingungen für die in Abb. 6.53 zusammengestellten Situationen an den Enden von Stäben bzw. Stababschnitten

		geometrisch		statisch	
		w	φ_ζ	M_η	Q_ζ
(a)	Freies Stabende			0	0
(b)	Einzellast P am linken (rechten) freien Stabende			0	−P (P)
(c)	Frei drehbares, unverschiebliches Stabende	0		0	
(d)	Biegemoment $\bar{M}$ am linken (rechten) frei drehbaren, unverschieblichen Stabende	0		$-\bar{M}$ ($\bar{M}$)	
(e)	Verschiebung $\bar{w}$ des frei drehbaren Stabendes	$\bar{w}$		0	
(f)	Eingespanntes Stabende	0	0		
(g)	Verschiebung $\bar{w}$ des eingespannten Stabendes	$\bar{w}$	0		
(h)	Drehung $\bar{\varphi}$ des eingespannten Stabendes	0	$\bar{\varphi}$		
(i)	Linkes (rechtes) frei drehbares, elastisch gestütztes Stabende mit der Federkonstante c_w			0	$c_w\, w$ $(-c_w\, w)$
(j)	Linkes (rechtes) elastisch eingespanntes, unverschiebliches Stabende mit der Drehfederkonstante c_φ	0		$-c_\varphi\, \varphi_\zeta$ $(c_\varphi\, \varphi_\zeta)$	
(k)	Innenstütze	0	stetig		
(l)	Innengelenk mit Schubübertragung	stetig		0	
(m)	Innengelenk mit Momentenübertragung		stetig		0

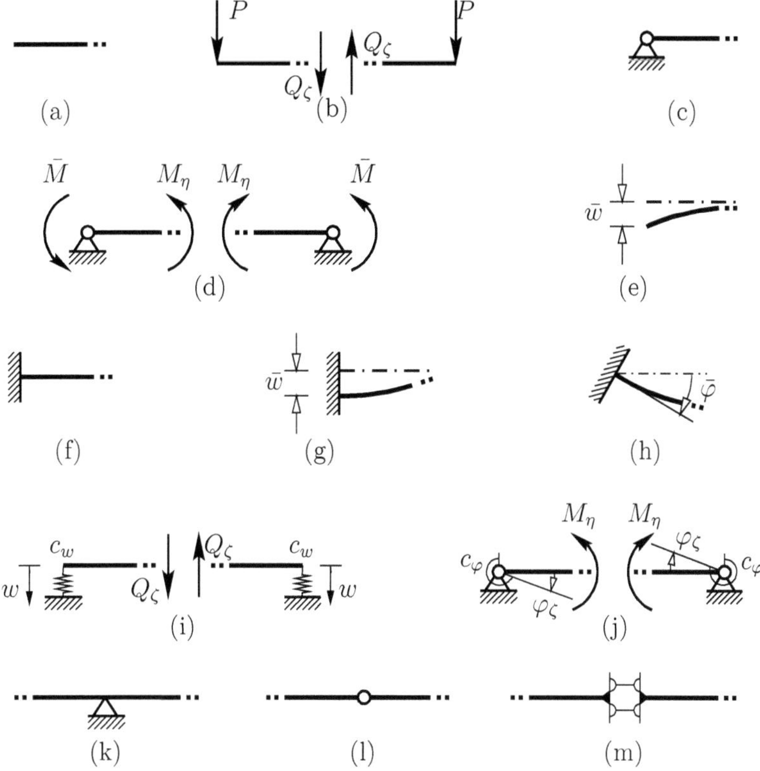

Abb. 6.53: Situationen an den Enden von Stäben bzw. Stababschnitten

Da die Biegesteifigkeit EI_η längs der Stabachse konstant ist, folgt aus der für statische Beanspruchung spezialisierten ersten der beiden Gleichungen (6.327)

$$EI_\eta \frac{d^4w}{dx^4} = q_\zeta \ . \tag{6.330}$$

Im Zuge von viermaliger Integration von Gleichung (6.330) erhält man unter Berücksichtigung von (6.328)

$$-Q_\zeta(x) = EI_\eta \frac{d^3w}{dx^3} = q_\zeta\, x + C_1 \ , \tag{6.331}$$

$$-M_\eta(x) = EI_\eta \frac{d^2w}{dx^2} = \frac{q_\zeta\, x^2}{2} + C_1\, x + C_2 \ , \tag{6.332}$$

$$EI_\eta\, \varphi(x) = EI_\eta \frac{dw}{dx} = \frac{q_\zeta\, x^3}{6} + \frac{C_1\, x^2}{2} + C_2\, x + C_3 \ , \tag{6.333}$$

$$EI_\eta\, w(x) = \frac{q_\zeta\, x^4}{24} + \frac{C_1\, x^3}{6} + \frac{C_2\, x^2}{2} + C_3\, x + C_4 \ . \tag{6.334}$$

Mit Hilfe der Randbedingungen

$$w(0) = 0 \ , \quad \varphi(0) = \frac{dw}{dx}(0) = 0 \ , \quad w(l) = 0 \ , \quad EI_\eta \frac{d^2w}{dx^2}(l) = -M_B$$

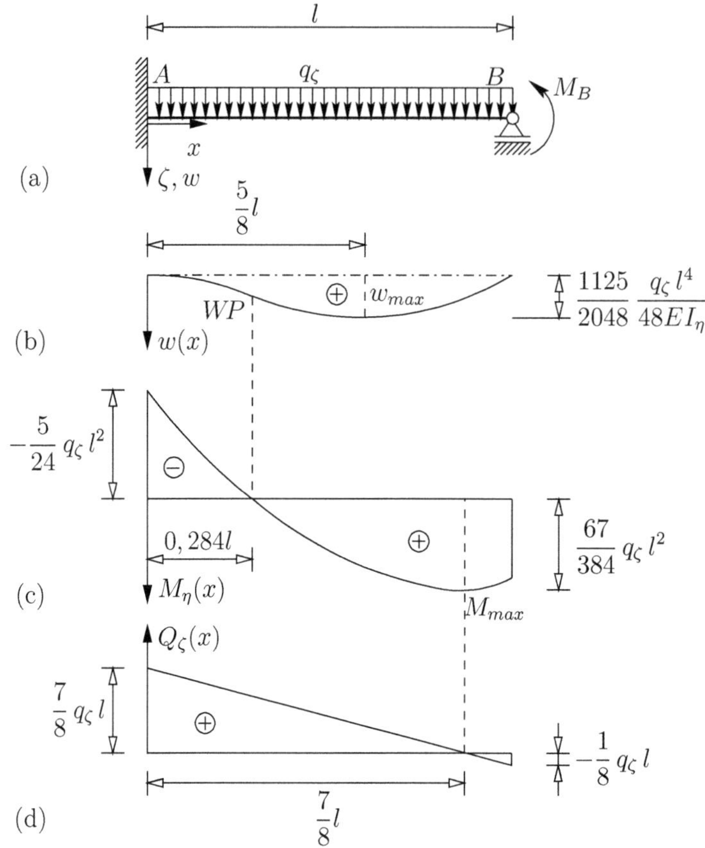

Abb. 6.54: Biegeträger: (a) statisches System, (b) Biegelinie, (c) Momentenverlauf, (d) Querkraftverlauf

werden die Integrationskonstanten C_1 bis C_4 bestimmt. Anpassung von (6.334) an die erste Randbedingung und von (6.333) an die zweite Randbedingung führt auf $C_4 = 0$ und $C_3 = 0$. Trägt man der dritten Randbedingung in (6.334) und der vierten in (6.332) Rechnung, so erhält man die Gleichungen

$$\frac{q_\zeta\, l^4}{24} + \frac{C_1\, l^3}{6} + \frac{C_2\, l^2}{2} = 0\,, \quad \frac{q_\zeta\, l^2}{2} + C_1\, l + C_2 = -M_B \tag{6.335}$$

zur Bestimmung der Konstanten C_1 und C_2. Diese ergeben sich zu

$$C_1 = -\frac{1}{l}\left(\frac{3M_B}{2} + \frac{5q_\zeta\, l^2}{8}\right), \quad C_2 = \frac{M_B}{2} + \frac{q_\zeta\, l^2}{8}\,. \tag{6.336}$$

Setzt man (6.336) in (6.334) ein, so erhält man

$$w(x) = \frac{1}{48EI_\eta}\left[2q_\zeta\, x^4 - \left(5q_\zeta + \frac{12M_B}{l^2}\right) l\, x^3 + 3\left(q_\zeta + \frac{4M_B}{l^2}\right) l^2\, x^2\right]\,. \tag{6.337}$$

Mit $M_B = (q_\zeta\, l^2)/6$ ergibt sich

$$w(x) = \frac{q_\zeta}{48EI_\eta}\left[2x^4 - 7lx^3 + 5l^2x^2\right]\,. \tag{6.338}$$

Zur Ermittlung des Größtwertes der Durchbiegung ist dw/dx gleich null zu setzen. Das führt auf

$$x(x-2l)(8x-5l)=0\ . \tag{6.339}$$

Die drei Lösungen dieser kubischen Gleichung sind $x=0$, $x=2l$ und $x=5l/8$. Die dritte Lösung liefert den gesuchten Maximalwert. Setzt man sie in Gleichung (6.338) ein, so erhält man

$$w_{max}=\frac{1125}{2048}\frac{q_\zeta\,l^4}{48EI_\eta}\ . \tag{6.340}$$

Abb. 6.54b enthält eine graphische Darstellung der Biegelinie.

Durch Einsetzen der Ausdrücke für C_1 und C_2 in (6.332) erhält man den Verlauf des Biegemoments M_η längs der Stabachse:

$$M_\eta(x)=-EI_\eta\frac{d^2w}{dx^2}=-\frac{q_\zeta}{24}\left(12x^2-21lx+5l^2\right)\ . \tag{6.341}$$

Der größte negative Wert des Biegemoments, M_{min}, tritt an der Einspannstelle auf. Er ist zu

$$M_{min}=-\frac{5q_\zeta\,l^2}{24} \tag{6.342}$$

gegeben. Aus (6.341) folgt, dass M_η und somit d^2w/dx^2 für $x=0{,}284\,l$ gleich null ist. Die Biegelinie weist daher an dieser Stelle einen Wendepunkt auf. Zur Ermittlung des größten Biegemoments, M_{max}, ist zunächst $dM_\eta/dx=Q_\zeta$ gleich null zu setzen. Die dazu benötigte Funktion $Q_\zeta(x)$ ergibt sich durch Einsetzen des Ausdrucks für C_1 in (6.331) zu

$$Q_\zeta(x)=q_\zeta\left(\frac{7}{8}l-x\right)\ . \tag{6.343}$$

Durch Nullsetzen des Klammerausdrucks in (6.343) erhält man $x=7l/8$ als Ort von M_{max}. Trägt man dieses Ergebnis in (6.341) ein, so ergibt sich

$$M_{max}=\frac{67q_\zeta\,l^2}{384} \tag{6.344}$$

als Wert des größten Biegemoments im Feld. Abb. 6.54c enthält eine graphische Darstellung des Momentenverlaufs und Abb. 6.54d eine des Querkraftverlaufs.

Das vorliegende Problem lässt sich alternativ mittels der ersten der beiden Gleichungen (6.323), also einer Differentialgleichung zweiter Ordnung, lösen. Trägt man die aus Abb. 6.54a folgende Gleichgewichtsbedingung

$$M_\eta(x)=-\frac{q_\zeta\,x^2}{2}+R_A\,x+M_A \tag{6.345}$$

in die erste der beiden Gleichungen (6.323) ein und integriert die auf diese Weise erhaltene Beziehung, so ergibt sich

$$EI_\eta\frac{dw}{dx}=\frac{q_\zeta\,x^3}{6}-R_A\frac{x^2}{2}-M_A\,x+C_3 \tag{6.346}$$

mit R_A und M_A als der Auflagerkraft bzw. dem Biegemoment am linken Stabende. Integration von (6.346) führt auf

$$EI_\eta\,w(x)=\frac{q_\zeta\,x^4}{24}-R_A\frac{x^3}{6}-M_A\frac{x^2}{2}+C_3\,x+C_4\ . \tag{6.347}$$

Die Randbedingung $w(0) = 0$ liefert $C_4 = 0$. Die Randbedingung $\varphi(0) = 0$ ergibt $C_3 = 0$. Bei Verwendung der erwähnten Differentialgleichung zweiter Ordnung dürfen nur geometrische Randbedingungen benützt werden, weil in diesem Fall das Biegemoment M_η das als bekannt vorausgesetzte Störglied der Differentialgleichung darstellt. Zu seiner Ermittlung werden die Größen R_A und M_A benötigt. Man kann diese beiden Größen etwa aus der für $x = l$ spezialisierten Gleichgewichtsbedingung (6.345),

$$\frac{q_\zeta\, l^2}{2} - R_A\, l - M_A + M_B = 0\,, \tag{6.348}$$

und der aus (6.347) für $x = l$ unter Berücksichtigung der geometrischen Randbedingung $w(l) = 0$ sowie von $C_3 = C_4 = 0$ erhaltenen Beziehung

$$q_\zeta\, l^2 - 4R_A\, l - 12M_A = 0 \tag{6.349}$$

bestimmen.

Der Integration der Differentialgleichungen zweiter Ordnung (6.323) wird dann der Vorzug gegenüber der Integration der Differentialgleichungen vierter Ordnung (6.327) gegeben, wenn die Ermittlung des Verlaufs der Biegemomente nicht aufwendig ist. Bei statisch bestimmten Systemen trifft das zumeist zu.

6.7.3 Lösung der Differentialgleichung der Biegelinie mittels singulärer Funktionen

Wenn die Durchbiegung eines Trägers und ihre ersten vier Ableitungen nach x im ganzen Trägerbereich differenzierbare Funktionen sind, lässt sich die Biegelinie durch eine einzige Funktion beschreiben. In der Regel trifft diese Voraussetzung jedoch nicht zu. Abb. 6.55 zeigt einen Biegeträger der Länge l mit konstanter Biegesteifigkeit EI_η. Seine Biegelinie ist durch Unstetigkeiten in w und $d^k w/dx^k$, $k = 1, \ldots, 4$, gekennzeichnet. An den Unstetigkeitsstellen sind die betreffenden Funktionen nicht differenzierbar.*

Der Träger weist sieben Abschnitte auf, innerhalb der w und $d^k w/dx^k$, $k = 1, \ldots 4$, differenzierbare Funktionen sind. Folglich müsste man sieben Differentialgleichungen formulieren und integrieren. Das ergäbe 28 Integrationskonstanten, zu deren Bestimmung eine entsprechende Anzahl von Rand- und Übergangsbedingungen zur Verfügung stünde. Offenkundig ist die beschriebene Vorgangsweise unzweckmäßig. Um das vorliegende Problem mit nur einer Differentialgleichung und folglich mit bloß vier Integrationskonstanten lösen zu können, definiert man die symbolische Funktion

$$\langle x - x_i \rangle^n = \begin{cases} 0 & \text{für} \quad 0 \le x \le x_i \\ (x - x_i)^n, \quad n = 0, 1, 2, \ldots, & \text{für} \quad x_i \le x \le l \end{cases} . \tag{6.350}$$

Für $n \ge 0$ ergibt sich das Integral dieser Funktion zu

$$\int_0^x \langle x - x_i \rangle^n dx = \frac{\langle x - x_i \rangle^{n+1}}{n+1} . \tag{6.351}$$

Abb. 6.56 illustriert den Integrationsprozess. Für $x_i = 0$ degeneriert Gleichung (6.351)

---

*Stetigkeit ist eine notwendige, aber nicht hinreichende Voraussetzung für Differenzierbarkeit. Würde man etwa in Abb. 6.55 q_0 durch eine stetige Funktion mit einem Knick ersetzen, dann wäre q_0 an der Knickstelle nicht differenzierbar. Laut (6.330) wäre dort folglich auch $d^4 w/dx^4$ nicht differenzierbar.

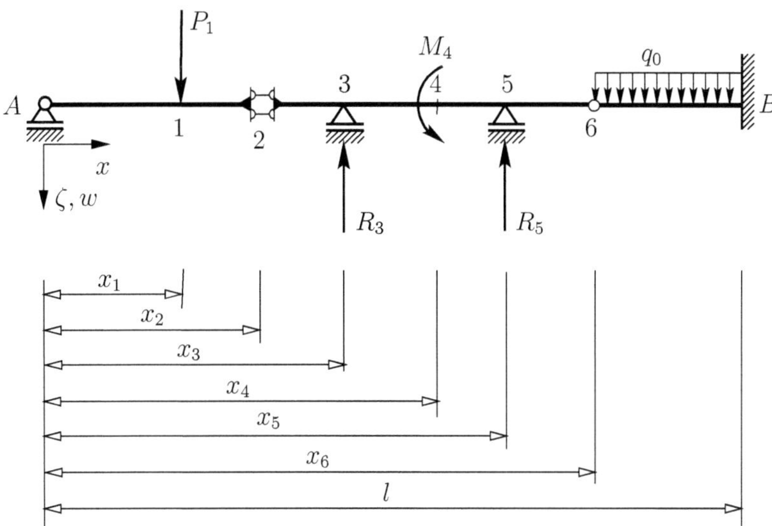

Abb. 6.55: Biegeträger mit Unstetigkeiten in w und $d^k w/dx^k$, $k = 1, \ldots, 4$

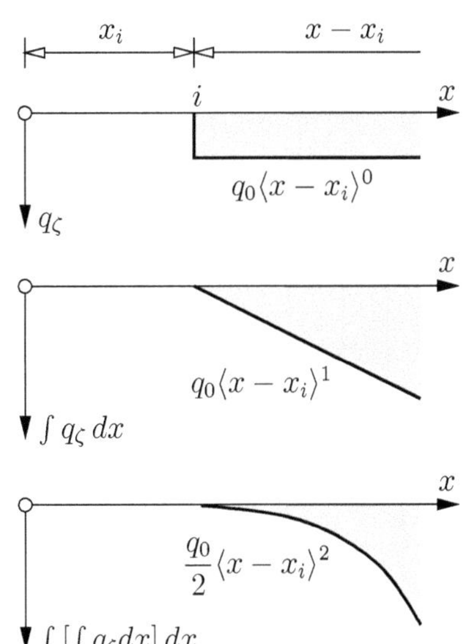

Abb. 6.56: Integration über eine Stelle mit einer Unstetigkeit in q_ζ

zur herkömmlichen Integrationsformel. Mit Hilfe von (6.350) kann eine ab der Stelle x_i wirkende Gleichlast $q_\zeta \equiv q_0$ (siehe Abb. 6.56), die eine Unstetigkeit von d^4w/dx^4 an der Stelle $x = x_i$ verursacht, folgendermaßen in der Differentialgleichung (6.330) berücksichtigt werden:

$$EI_\eta \frac{d^4 w}{dx^4} = \ldots + q_0 \langle x - x_i \rangle^0 + \ldots \tag{6.352}$$

Auf analoge Weise kann eine für $x \geq x_i$ vorliegende konstante Temperaturänderung ΔT_ζ in Richtung der ζ-Koordinate erfasst werden. Sie hat eine Unstetigkeit von d^2w/dx^2 an der Stelle $x = x_i$ zur Folge. Unter Berücksichtigung der ersten der beiden

Gleichungen (6.329) gilt somit

$$EI_\eta \frac{d^2w}{dx^2} = \ldots - EI_\eta \, \alpha_T \frac{\Delta T_\zeta}{h_\zeta} \langle x - x_i \rangle^0 + \ldots \tag{6.353}$$

Eine an der Stelle x_i in Richtung der ζ-Achse wirkende Einzellast P_i ruft dort eine Unstetigkeit von Q_ζ hervor. Sie kann durch

$$EI_\eta \frac{d^3w}{dx^3} = \ldots + P_i \langle x - x_i \rangle^0 + \ldots \tag{6.354}$$

beschrieben werden.

Fasst man P_i als Limes des Integrals einer über einen kleinen Bereich ε verteilten Kraft P_i/ε (Abb. 6.57a) auf, so gilt

$$\lim_{\varepsilon \to 0} \int_{x_i - \frac{\varepsilon}{2}}^{x_i + \frac{\varepsilon}{2}} \frac{P_i}{\varepsilon} \, dx = P_i \ . \tag{6.355}$$

P_i/ε entspricht der verteilten Last $q_\zeta(x)$. Durch Vollzug des Grenzüberganges $\varepsilon \to 0$

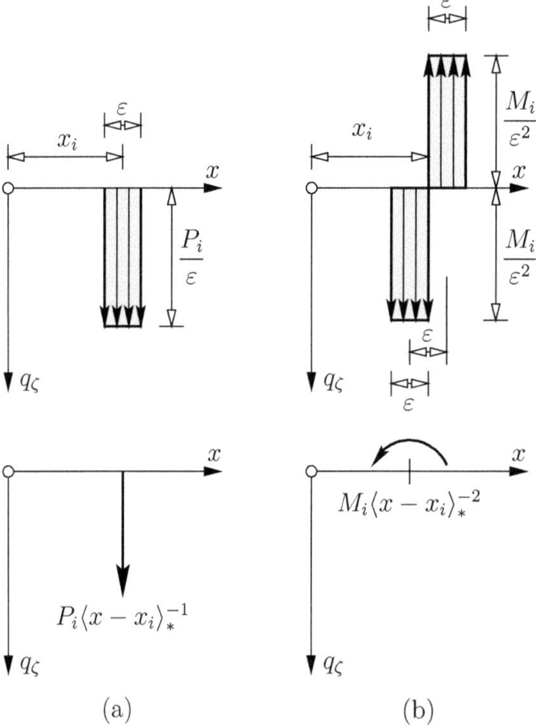

Abb. 6.57: (a) Auffassung von P_i als Limes des Integrals einer über einen kleinen Bereich ε verteilten Kraft P_i/ε und (b) von M_i als einem aus den Kräften $\pm M_i/\varepsilon^2$ bestehendem Kräftepaar

kann die Einzelkraft P_i im Punkt $x = x_i$ formal als verteilte Kraft dargestellt werden:

$$q_\zeta = P_i \langle x - x_i \rangle_*^{-1} \ . \tag{6.356}$$

Für $x = x_i$ wird $\langle x - x_i\rangle_*^{-1}$ unendlich. Für $x \neq x_i$ verschwindet $\langle x - x_i\rangle_*^{-1}$. Somit stellt dieser Ausdruck eine singuläre Funktion dar. Der Stern soll darauf hinweisen, dass das Integral dieses Ausdrucks über ε beschränkt bleibt. Das erfordert folgende symbolische Integrationsregel:

$$\int_0^x P_i\langle x - x_i\rangle_*^{-1}dx = P_i\langle x - x_i\rangle^0 \, . \tag{6.357}$$

Der Koeffizient P_i wird Intensität der Singularität genannt. Für $P_i = 1$ ergibt sich der Integrand in (6.357) zu $\langle x - x_i\rangle_*^{-1}$. Er wird als DIRAC'sche Deltafunktion oder Einheitsimpulsfunktion bezeichnet. Mit Hilfe von (6.356) lässt sich die in (6.354) aufscheinende Unstetigkeit im Verlauf der Querkraft längs der Stabachse formal wie folgt in der Differentialgleichung (6.330) berücksichtigen:

$$EI_\eta \frac{d^4w}{dx^4} = \ldots + P_i\langle x - x_i\rangle_*^{-1} + \ldots \tag{6.358}$$

Das an der Stelle x_i in Richtung der η-Achse wirkende Moment M_i wird als Kräftepaar aufgefasst, wobei die Wirkungslinien der beiden Kräfte um das Maß ε voneinander entfernt sind. Die beiden Kräfte werden als Grenzwerte der Integrale von jeweils über einen kleinen Bereich ε verteilten Kräften $+M_i/\varepsilon^2$ bzw. $-M_i/\varepsilon^2$ aufgefasst (Abb. 6.57b). Analog zu (6.356) kann das Moment M_i im Punkt $x = x_i$ formal als verteilte Kraft dargestellt werden:

$$q_\zeta = \ldots + M_i\langle x - x_i\rangle_*^{-2} + \ldots \tag{6.359}$$

Mit Hilfe von (6.359) lässt sich eine Unstetigkeit im Verlauf des Biegemoments längs der Stabachse an der Stelle $x = x_i$ formal wie folgt in der Differentialgleichung (6.330) berücksichtigen:

$$EI_\eta \frac{d^4w}{dx^4} = \ldots + M_i\langle x - x_i\rangle_*^{-2} + \ldots \tag{6.360}$$

Für diese Funktion sind folgende symbolische Integrationsregeln zu beachten:

$$\int_0^x M_i\langle x - x_i\rangle_*^{-2}dx = M_i\langle x - x_i\rangle_*^{-1} \, , \tag{6.361}$$

$$\int_0^x M_i\langle x - x_i\rangle_*^{-1}dx = M_i\langle x - x_i\rangle^0 \, . \tag{6.362}$$

In Analogie zu (6.356) und (6.359) lassen sich Unstetigkeiten $\Delta\varphi_i$ bzw. Δw_i, wie sie bei Innengelenken mit Schub- bzw. Momentenübertragung auftreten, formal als verteilte Kräfte darstellen:

$$q_\zeta = \ldots + \Delta\varphi_i \, EI_\eta\langle x - x_i\rangle_*^{-3} + \ldots \, , \tag{6.363}$$

bzw.

$$q_\zeta = \ldots + \Delta w_i \, EI_\eta\langle x - x_i\rangle_*^{-4} + \ldots \tag{6.364}$$

Für $\langle x - x_i\rangle_*^n$, $n < 0$, gelten in Analogie zu (6.361) bzw. (6.362) folgende symbolische Integrationsregeln:

$$\int_0^x \langle x - x_i\rangle_*^n dx = \begin{cases} \langle x - x_i\rangle_*^{n+1} & \text{für} \quad n < -1 \\ \langle x - x_i\rangle^0 & \text{für} \quad n = -1 \, . \end{cases} \tag{6.365}$$

Mit Hilfe der Beziehungen (6.356), (6.359), (6.363) und (6.364) ergibt sich die Differentialgleichung der Biegelinie des in Abb. 6.55 dargestellten Biegeträgers zu

$$\begin{aligned} EI_\eta \frac{d^4w}{dx^4} = q_\zeta &= P_1\langle x - x_1\rangle_*^{-1} + \Delta w_2\, EI_\eta \langle x - x_2\rangle_*^{-4} - R_3\langle x - x_3\rangle_*^{-1} + \\ &\quad + M_4\langle x - x_4\rangle_*^{-2} - R_5\langle x - x_5\rangle_*^{-1} + \Delta\varphi_6\, EI_\eta\langle x - x_6\rangle_*^{-3} + \\ &\quad + q_0\langle x - x_6\rangle^0 \,. \end{aligned} \tag{6.366}$$

Der Wert der mit dem Symbol $*$ versehenen Terme in (6.366) und in den folgenden Gleichungen ist gleich null. Im Zuge von viermaliger Integration von (6.366) erhält man

$$\begin{aligned} EI_\eta \frac{d^3w}{dx^3} = -Q_\zeta &= P_1\langle x - x_1\rangle^{0} + \Delta w_2\, EI_\eta \langle x - x_2\rangle_*^{-3} - R_3\langle x - x_3\rangle^{0} + \\ &\quad + M_4\langle x - x_4\rangle_*^{-1} - R_5\langle x - x_5\rangle^{0} + \Delta\varphi_6\, EI_\eta\langle x - x_6\rangle_*^{-2} + \\ &\quad + q_0\langle x - x_6\rangle^1 + C_1 \,, \end{aligned} \tag{6.367}$$

$$\begin{aligned} EI_\eta \frac{d^2w}{dx^2} = -M_\eta &= P_1\langle x - x_1\rangle^{1} + \Delta w_2\, EI_\eta \langle x - x_2\rangle_*^{-2} - R_3\langle x - x_3\rangle^{1} + \\ &\quad + M_4\langle x - x_4\rangle^{0} - R_5\langle x - x_5\rangle^{1} + \Delta\varphi_6\, EI_\eta\langle x - x_6\rangle_*^{-1} + \\ &\quad + q_0\frac{\langle x - x_6\rangle^2}{2} + C_1\, x + C_2 \,, \end{aligned} \tag{6.368}$$

$$\begin{aligned} EI_\eta \frac{dw}{dx} &= P_1\frac{\langle x - x_1\rangle^{2}}{2} + \Delta w_2\, EI_\eta \langle x - x_2\rangle_*^{-1} - R_3\frac{\langle x - x_3\rangle^{2}}{2} + \\ &\quad + M_4\langle x - x_4\rangle^{1} - R_5\frac{\langle x - x_5\rangle^{2}}{2} + \Delta\varphi_6\, EI_\eta\langle x - x_6\rangle^{0} + \\ &\quad + q_0\frac{\langle x - x_6\rangle^3}{6} + C_1\frac{x^2}{2} + C_2\, x + C_3 \,, \end{aligned} \tag{6.369}$$

$$\begin{aligned} EI_\eta\, w &= P_1\frac{\langle x - x_1\rangle^{3}}{6} + \Delta w_2\, EI_\eta \langle x - x_2\rangle^{0} - R_3\frac{\langle x - x_3\rangle^{3}}{6} + \\ &\quad + M_4\frac{\langle x - x_4\rangle^{2}}{2} - R_5\frac{\langle x - x_5\rangle^{3}}{6} + \Delta\varphi_6\, EI_\eta\langle x - x_6\rangle^{1} + \\ &\quad + q_0\frac{\langle x - x_6\rangle^4}{24} + C_1\frac{x^3}{6} + C_2\frac{x^2}{2} + C_3\, x + C_4 \,. \end{aligned} \tag{6.370}$$

Zur Bestimmung der acht Unbekannten C_1, C_2, C_3, C_4, Δw_2, $\Delta\varphi_6$, R_3 und R_5 stehen drei geometrische Randbedingungen und eine statische Randbedingung,

$$\begin{aligned} w(0) = w_A = 0\,, &\qquad M(0) = M_A = -EI_\eta\left(\frac{d^2w}{dx^2}\right)_A = 0\,, \\ w(l) = w_B = 0\,, &\qquad \frac{dw}{dx}(l) = \left(\frac{dw}{dx}\right)_B = 0\,, \end{aligned} \tag{6.371}$$

je eine statische Bedingung an den beiden Zwischengelenken,

$$Q_\zeta(x_2) = Q_2 = -EI_\eta\left(\frac{d^3w}{dx^3}\right)_2 = 0\,, \quad M_\eta(x_6) = M_6 = -EI_\eta\left(\frac{d^2w}{dx^2}\right)_6 = 0\,, \tag{6.372}$$

sowie je eine geometrische Bedingung an den beiden Zwischenstützen,

$$w(x_3) = w_3 = 0 \ , \quad w(x_5) = w_5 = 0 \ , \tag{6.373}$$

insgesamt also acht Randbedingungen, zur Verfügung.

6.7.4 Differentialgleichung der Biegelinie für elastisch gebettete Stäbe

In Abb. 6.58 ist ein unendlich langer, elastisch gebetteter Stab dargestellt, der mit einer Linienlast $q_\zeta(x)$ belastet ist.

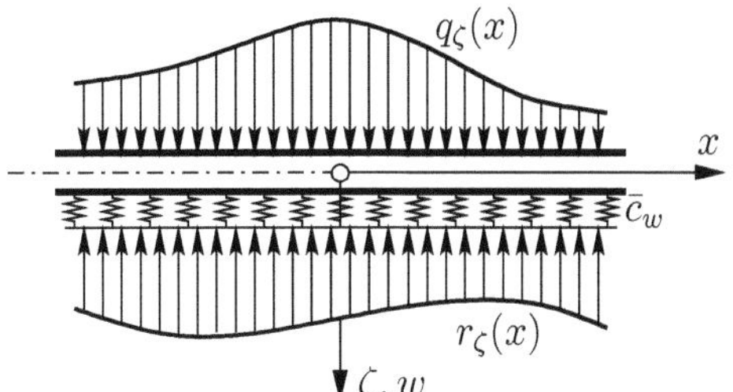

Abb. 6.58: Elastisch gebetteter Stab

Der Einfachheit halber sind die folgenden Ausführungen auf die sogenannte WINKLER'sche Bettung* beschränkt. Sie ist durch die Annahme der Proportionalität der Durchbiegung w in einem Punkt x zu der in diesem Punkt wirkenden Reaktionskraft r_ζ gekennzeichnet. Es gilt also

$$r_\zeta(x) = \bar{c}_w \, w(x) \ . \tag{6.374}$$

Das entspricht der Annahme unabhängiger elastischer Federn mit der Federsteifigkeit $\bar{c}_w$, wobei es sich bei $\bar{c}_w$ – anders als bei c_w in Tabelle 6.4 – um eine auf die Längeneinheit bezogene Federsteifigkeit handelt. $\bar{c}_w$ wird als Bettungsmodul bezeichnet. Bei flächenhaften Fundamenten ist $\bar{c}_w$ eine auf die Flächeneinheit bezogene Federsteifigkeit.

Das auf dieser Annahme beruhende Verfahren zur Berechnung von Setzungsmulden unter Fundamenten wird als Bettungsmodul- oder Bettungszifferverfahren bezeichnet. Der Ansatz (6.374) ist in mathematischer Hinsicht einfach. Er führt jedoch in vielen Fällen auf starke Abweichungen von der tatsächlich auftretenden Setzungsmulde. Diesem Ansatz entsprechend müsste z. B. unter einem gleichmäßig belasteten Fundament mit vernachlässigbarer Biegesteifigkeit eine Setzungsmulde mit konstanter Verschiebung w auftreten. Das ist jedoch nicht der Fall [Lang *et al.* (1996)]. Weiters lässt der Ansatz (6.374) außer Acht, dass vom Fundament zwar Druckkräfte, nicht aber Zugkräfte in den Boden übertragen werden können.

Unter der Voraussetzung von konstanter Biegesteifigkeit EI_η erhält man die Differentialgleichung der Biegelinie, indem man in (6.330) q_ζ durch $q_\zeta - r_\zeta$ mit r_ζ gemäß (6.374) ersetzt:

$$EI_\eta \, \frac{d^4 w}{dx^4} = q_\zeta - \bar{c}_w \, w \ . \tag{6.375}$$

---

*EMIL WINKLER (1835–1888) beschäftigte sich 1867 mit dieser nach ihm benannten Bettung.

Mit

$$\beta^4 = \frac{\bar{c}_w}{4EI_\eta} \qquad (6.376)$$

ergibt sich aus (6.375) folgende lineare inhomogene Differentialgleichung vierter Ordnung:

$$\frac{d^4w}{dx^4} + 4\beta^4\, w = \frac{q_\zeta}{EI_\eta}\ . \qquad (6.377)$$

Ihre Lösung lässt sich formal zu

$$w = w_h + w_p \qquad (6.378)$$

anschreiben, wobei w_h die allgemeine Lösung der entsprechenden homogenen Differentialgleichung ist und w_p für ein partikuläres Integral von (6.377) steht. w_h ist zu

$$w_h = e^{\beta x}(C_1 \cos\beta x + C_2 \sin\beta x) + e^{-\beta x}(C_3 \cos\beta x + C_4 \sin\beta x) \qquad (6.379)$$

gegeben. Die Integrationskonstanten $C_1, \ldots, C_4$ werden mit Hilfe der Randbedingungen bestimmt.

Beispiel 6.19:

Gesucht sind die Biegelinie und die Verteilung der Biegemomente und Querkräfte längs eines unendlich langen, elastisch gebetteten Stabes mit konstanter Biegesteifigkeit EI_η, der im Punkt $x = 0$ mit einer Einzellast P belastet ist (Abb. 6.59). Lange Streifenfundamente z. B. können näherungsweise als unendlich lange, elastisch gebettete Stäbe betrachtet werden.

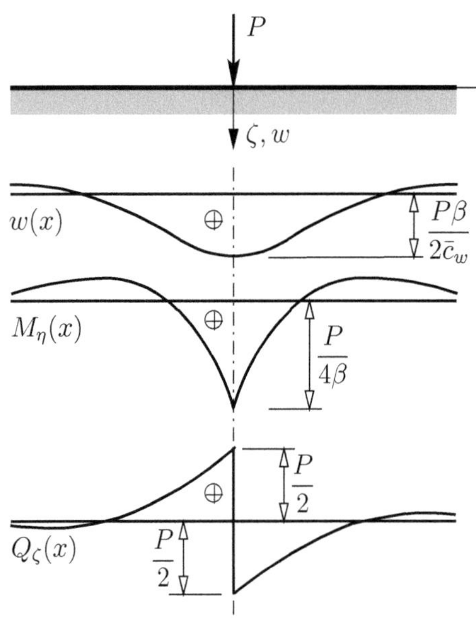

Abb. 6.59: Durch eine Einzellast beanspruchter, unendlich langer, elastisch gebetteter Stab

Setzt man in (6.377) $q_\zeta = 0$ ein, so erhält man die Differentialgleichung der Biegelinie des vorliegenden unendlich langen, elastisch gebetteten Stabes zu

$$\frac{d^4w}{dx^4} + 4\beta^4\, w = 0\ . \qquad (6.380)$$

Die Biegelinie und der Momentenverlauf sind in Bezug auf $x = 0$ symmetrisch. Der Querkraftverlauf ist in Bezug auf $x = 0$ antimetrisch. Die allgemeine Lösung von (6.380) für $x \geq 0$ ist gleich dem Ausdruck für w_h gemäß (6.379). Für $x \to \infty$ streben $w \to 0$ und $M_\eta \to 0$. Daraus folgt $C_1 = C_2 = 0$. Aus Symmetriegründen ist die Tangente an die Biegelinie im Punkt $x = 0$ horizontal. Aus

$$\frac{dw}{dx} = \beta e^{-\beta x}\left[-(C_3 + C_4)\sin\beta x - (C_3 - C_4)\cos\beta x\right] \tag{6.381}$$

folgt für $x = 0$ die Bedingung $C_3 = C_4 = C$ und weiters

$$w = Ce^{-\beta x}(\sin\beta x + \cos\beta x)\ . \tag{6.382}$$

Die Konstante C ergibt sich aus der aus Antimetriegründen folgenden Beziehung

$$\lim_{\varepsilon\to 0}\left[EI_\eta \left.\frac{d^3w(x)}{dx^3}\right|_{x=\varepsilon}\right] = -\lim_{\varepsilon\to 0}\left[Q_\varsigma(x)|_{x=\varepsilon}\right] = \frac{P}{2} \tag{6.383}$$

unter Berücksichtigung von

$$\frac{d^3w}{dx^3} = 4C\beta^3 e^{-\beta x}\cos\beta x \tag{6.384}$$

zu

$$C = \frac{P}{8\beta^3\, EI_\eta} = \frac{P\beta}{2\bar{c}_w}\ . \tag{6.385}$$

Somit ergeben sich die Biegelinie, der Verlauf der Biegemomente für $x \geq 0$ sowie der Verlauf der Querkräfte für $x > 0$ zu

$$w(x) = \frac{P\beta}{2\bar{c}_w}e^{-\beta x}(\sin\beta x + \cos\beta x)\ , \tag{6.386}$$

bzw.

$$M_\eta(x) = \frac{P}{4\beta}e^{-\beta x}(\cos\beta x - \sin\beta x) \tag{6.387}$$

und

$$Q_\varsigma(x) = -\frac{P}{2}e^{-\beta x}\cos\beta x\ . \tag{6.388}$$

Für $x = 0$ erhält man die Größtwerte von w und M_η zu

$$w_{max} = \frac{P\beta}{2\bar{c}_w}\ , \quad M_{max} = \frac{P}{4\beta}\ . \tag{6.389}$$

Setzt man die erste der beiden Gleichungen (6.389) in (6.374) ein, so erhält man

$$(r_\varsigma)_{max} = \frac{P\beta}{2}\ . \tag{6.390}$$

Die Biegelinie sowie der Momenten- und der Querkraftverlauf sind in Abb. 6.59 dargestellt.

6.7.5 Erregte ungedämpfte Schwingungen eines Biegestabes

Gegeben ist ein Biegestab mit konstanter Biegesteifigkeit EI_η und konstanter Masse $m = \rho A$ pro Längeneinheit. Aus der ersten der beiden Gleichungen (6.327) erhält man die inhomogene lineare partielle Differentialgleichung vierter Ordnung für die Biegelinie $w(x,t)$ zu

$$EI_\eta \frac{\partial^4 w(x,t)}{\partial x^4} + m\frac{\partial^2 w(x,t)}{\partial t^2} = q_\zeta(x,t) \ . \tag{6.391}$$

Die Lösung von (6.391) erfolgt in zwei Schritten. Im ersten Schritt wird die sich für $q_\zeta(x,t) = 0$ ergebende homogene Differentialgleichung

$$EI_\eta \frac{\partial^4 w(x,t)}{\partial x^4} + m\frac{\partial^2 w(x,t)}{\partial t^2} = 0 \tag{6.392}$$

betrachtet. Sie repräsentiert ein Eigenwertproblem. Bestandteile der Lösung dieses Problems sind die Eigenwerte und die zugehörigen Eigenfunktionen. Bei Kenntnis der Eigenwerte lassen sich die Eigenfrequenzen des Stabes ermitteln. Die Eigenfunktionen dienen der Beschreibung der freien – im Gegensatz zu von q_ζ erzwungenen – ungedämpften Biegeschwingungen des Stabes. Zur Ausbildung einer freien ungedämpften Schwingung bedarf es einer anfänglichen Störung des Stabes etwa in Form einer Durchbiegung zum Zeitpunkt $t = 0$. Zur Lösung der inhomogenen Differentialgleichung (6.391) wird im zweiten Schritt die gesuchte Funktion $w(x,t)$ nach Eigenfunktionen entwickelt. Diese Vorgangsweise führt auf ein System entkoppelter inhomogener linearer gewöhnlicher Differentialgleichungen zweiter Ordnung.

Beispiel 6.20:

Gegeben ist ein an beiden Enden frei drehbar gelagerter Stab mit der Länge l. EI_η und m werden als konstant über die Stablänge vorausgesetzt. Gesucht ist die Biegelinie als Funktion der Zeit, $w(x,t)$, zufolge (a) einer an der Stelle $x = l/2$ plötzlich aufgebrachten Einzellast und (b) einer harmonischen Belastung $q_\zeta(x,t) = \hat{q}_\zeta(x)\sin\Omega t$ mit Ω als Erregerkreisfrequenz, der die Erregerfrequenz $\Omega/(2\pi)$ entspricht.

1. Schritt: *Zur Lösung der homogenen Differentialgleichung (6.392) trifft man den Separationsansatz*

$$w(x,t) = W(x)\,F(t) \ . \tag{6.393}$$

Eintragen von (6.393) in (6.392) führt auf

$$\frac{EI_\eta}{m}\frac{\dfrac{d^4W(x)}{dx^4}}{W(x)} = -\frac{\dfrac{d^2F(t)}{dt^2}}{F(t)} \ . \tag{6.394}$$

Da der Ausdruck auf der linken Seite von (6.394) nicht von t und der auf der rechten Seite nicht von x abhängt, müssen die beiden Ausdrücke eine konstante Größe darstellen. Bezeichnet man diese Konstante mit ω^2, so lautet die aus (6.394) erhaltene homogene lineare gewöhnliche Differentialgleichung vierter bzw. zweiter Ordnung:

$$\frac{EI_\eta}{m}\frac{\dfrac{d^4W(x)}{dx^4}}{W(x)} = \omega^2 \ , \qquad \frac{\dfrac{d^2F(t)}{dt^2}}{F(t)} = -\omega^2 \ . \tag{6.395}$$

Mit der Abkürzung

$$\beta^4 = \omega^2 \frac{m}{EI_\eta} \tag{6.396}$$

lassen sich diese zwei Differentialgleichungen zu

$$\frac{d^4W(x)}{dx^4} - \beta^4\, W(x) = 0\ , \qquad \frac{d^2F(t)}{dt^2} + \omega^2\, F(t) = 0 \tag{6.397}$$

anschreiben. Die allgemeine Lösung der ersten dieser beiden Differentialgleichungen ist zu

$$W(x) = C_1\, \sin\beta x + C_2\, \cos\beta x + C_3\, \sinh\beta x + C_4\, \cosh\beta x \tag{6.398}$$

gegeben. Bei C_1, C_2, C_3, C_4 handelt es sich um Integrationskonstanten. Anpassung von $W(x)$ an die Randbedingungen für das Stabende $x = 0$,

$$\begin{aligned} w(x=0,t) = 0 \ &\rightarrow\ W(x=0) = 0\ , \\ M_\eta(x=0,t) = 0 \ &\rightarrow\ \frac{d^2W(x=0)}{dx^2} = 0\ , \end{aligned} \tag{6.399}$$

führt auf

$$C_2 + C_4 = 0\ , \quad -C_2 + C_4 = 0\ . \tag{6.400}$$

Daraus folgt $C_2 = C_4 = 0$. Aus (6.398) resultiert somit

$$W(x) = C_1\, \sin\beta x + C_3\, \sinh\beta x\ . \tag{6.401}$$

Anpassung von (6.401) an die Randbedingungen für das Stabende $x = l$,

$$w(x=l,t) = 0 \ \rightarrow\ W(x=l) = 0\ , \quad M_\eta(x=l,t) = 0 \ \rightarrow\ \frac{d^2W(x=l)}{dx^2} = 0\ , \tag{6.402}$$

ergibt

$$C_1\, \sin\beta l + C_3\, \sinh\beta l = 0\ , \quad -C_1\, \sin\beta l + C_3\, \sinh\beta l = 0\ . \tag{6.403}$$

Die nichttriviale Lösung dieser beiden Gleichungen ist durch $C_3 = 0$ und

$$\sin\beta l = 0 \tag{6.404}$$

gekennzeichnet. (6.404) wird als Frequenzgleichung bezeichnet. Ihre Lösung liefert die Eigenwerte

$$\beta_k\, l = k\,\pi\ , \quad k = 1, 2, \ldots, \infty\ , \tag{6.405}$$

bzw. die daraus mit Hilfe von (6.396) folgenden Eigenkreisfrequenzen

$$\omega_k = k^2\,\pi^2 \sqrt{\frac{EI_\eta}{m\, l^4}}\ , \quad k = 1, 2, \ldots, \infty\ . \tag{6.406}$$

Division von ω_k durch 2π ergibt die Eigenfrequenzen des Stabes bei Biegung um die η-Achse. Einsetzen von (6.405) und von $C_3 = 0$ in (6.401) ergibt die zugehörigen Eigenfunktionen

$$W_k(x) = (C_1)_k\, \sin\frac{k\pi x}{l}\ , \quad k = 1, 2, \ldots, \infty\ . \tag{6.407}$$

$W_k(x)$ beschreibt die Form der Biegelinie des ungedämpft mit der Eigenkreisfrequenz ω_k schwingenden Stabes. Abb. 6.60 enthält graphische Darstellungen der ersten drei Eigenschwingungen des an beiden Enden frei drehbar gelagerten Stabes. Die der ersten Eigenkreisfrequenz ω_1 zugeordnete Eigenfunktion nennt man Grundschwingung. Die ω_k, $k \geq 2$, zugeordneten Eigenfunktionen werden als Oberschwingungen bezeichnet. Aufgrund der Unbestimmtheit der Konstanten $(C_1)_k$ bleiben die Amplituden der Eigenfunktionen unbestimmt.

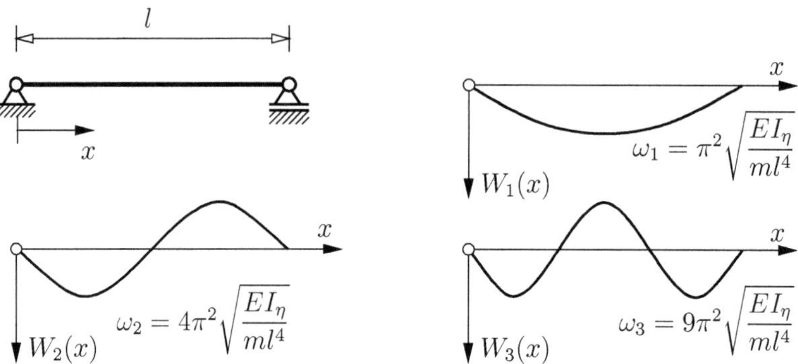

Abb. 6.60: An beiden Enden frei drehbar gelagerter Biegestab: Grundschwingung sowie erste und zweite Oberschwingung

Es ist zweckmäßig, die Eigenfunktionen so zu normieren, dass sie die Bedingung

$$\int_l m\,W_k^2(x)\,dx = 1 \tag{6.408}$$

erfüllen. Das ist für $(C_1)_k = \sqrt{2/ml}$ und somit für

$$W_k(x) = \sqrt{\frac{2}{ml}}\,\sin\frac{k\pi x}{l} \tag{6.409}$$

der Fall. Die Eigenfunktionen (6.409) genügen daher der Gleichung

$$\int_l m\,W_k(x)\,W_n(x)\,dx = \delta_{kn}\ . \tag{6.410}$$

Die in (6.410) zum Ausdruck kommende Orthogonalität der Eigenfunktionen erleichtert die Lösung der inhomogenen linearen partiellen Differentialgleichung (6.391) wesentlich.

Die allgemeine Lösung der zweiten der beiden Differentialgleichungen (6.397) lautet:

$$F(t) = A_1\cos\omega t + A_2\sin\omega t\ . \tag{6.411}$$

$F(t)$ beschreibt eine harmonische Bewegung mit der Kreisfrequenz ω. Bei A_1 und A_2 handelt es sich um Integrationskonstanten.

2. Schritt: *Zur Bestimmung der Biegelinie $w(x,t)$ infolge der Belastung $q_\zeta(x,t)$ trifft man den Reihenansatz*

$$w(x,t) = \sum_{k=1}^{\infty} W_k(x)\,f_k(t) \tag{6.412}$$

mit $W_k(x)$ als der k-ten Eigenfunktion gemäß (6.409) und $f_k(t)$ als einer Funktion, die im Folgenden ermittelt wird. (6.412) stellt die Entwicklung der Funktion $w(x,t)$ nach Eigenfunktionen dar. Einsetzen von (6.412) in (6.391) ergibt

$$EI_\eta \sum_{k=1}^{\infty} \frac{d^4 W_k(x)}{dx^4}\, f_k(t) + m \sum_{k=1}^{\infty} W_k(x)\, \frac{d^2 f_k(t)}{dt^2} = q_\varsigma(x,t)\ . \tag{6.413}$$

Eintragen der aus (6.409) folgenden Beziehung

$$\frac{d^4 W_k(x)}{dx^4} = \left(\frac{k\pi}{l}\right)^4 W_k(x) \tag{6.414}$$

in (6.413), Multiplikation der resultierenden Gleichung mit $W_n(x)$ und anschließende Integration über die Stablänge l führt auf

$$EI_\eta \sum_{k=1}^{\infty} \int_l \left(\frac{k\pi}{l}\right)^4 W_k(x)\, W_n(x)\, f_k(t)\, dx + \sum_{k=1}^{\infty} \int_l m\, W_k(x)\, W_n(x)\, \frac{d^2 f_k(t)}{dt^2}\, dx = \\ = \int_l q_\varsigma(x,t)\, W_n(x)\, dx\, . \tag{6.415}$$

Aufgrund der Orthogonalität der Eigenfunktionen (siehe Gleichung (6.410)) ist in jeder der beiden unendlichen Reihen in (6.415) nur das durch $k = n$ gekennzeichnete Reihenglied ungleich null. Unter Berücksichtigung von (6.406) und (6.410) erhält man somit folgendes System inhomogener linearer gewöhnlicher Differentialgleichungen zweiter Ordnung für die Funktionen $f_k(t)$:

$$\omega_k^2\, f_k(t) + \frac{d^2 f_k(t)}{dt^2} = \int_l q_\varsigma(x,t)\, W_k(x)\, dx\ , \quad k = 1, 2, \ldots, \infty\ . \tag{6.416}$$

ad (a): Im Falle einer an der Stelle $x = l/2$ plötzlich aufgebrachten Einzellast P ist das Integral in (6.416) durch den unter Berücksichtigung von (6.409) erhaltenen Ausdruck

$$P\, W_k\left(x = \frac{l}{2}\right) = P\sqrt{\frac{2}{ml}}\, \sin\frac{k\pi}{2} \tag{6.417}$$

zu ersetzen. Somit führt (6.416) auf

$$\omega_k^2\, f_k(t) + \frac{d^2 f_k(t)}{dt^2} = P\sqrt{\frac{2}{ml}}\, \sin\frac{k\pi}{2}\ , \quad k = 1, 3, \ldots, \infty\ . \tag{6.418}$$

Die Lösung von (6.418) lautet:

$$f_k(t) = P\sqrt{\frac{2}{ml}}\, \sin\frac{k\pi}{2}\, \frac{1-\cos\omega_k t}{\omega_k^2}\ , \quad k = 1, 3, \ldots, \infty\ . \tag{6.419}$$

Einsetzen von (6.409) und (6.419) in (6.412) führt auf

$$w(x,t) = \frac{2P}{ml} \sum_{k=1,3,\ldots}^{\infty} \sin\frac{k\pi}{2} \left[\sin\frac{k\pi x}{l}\, \frac{1-\cos\omega_k t}{\omega_k^2}\right]\ . \tag{6.420}$$

Da der im Nenner von (6.420) stehende Ausdruck für ω_k^2 laut (6.406) proportional zur vierten Potenz von k ist, braucht man bei der Ermittlung von $w(x,t)$ neben der

Grundschwingung in der Regel nur einige wenige Oberschwingungen zu berücksichtigen.

ad (b): *Für eine harmonische Linienlast mit der Erregerkreisfrequenz* Ω

$$q_\zeta(x,t) = \hat{q}_\zeta(x)\,\sin\Omega t \tag{6.421}$$

kann bei Vernachlässigung der freien Schwingungen, die infolge Dämpfung einige Zeit nach dem Aufbringen der Belastung abgeklungen sind, folgender Ansatz für die Biegelinie getroffen werden:

$$w(x,t) = \hat{w}(x)\,\sin\Omega t\ . \tag{6.422}$$

Einsetzen von (6.421) und (6.422) in (6.391) führt auf nachstehende inhomogene lineare gewöhnliche Differentialgleichung vierter Ordnung für $\hat{w}(x)$*:*

$$EI_\eta \frac{d^4\hat{w}(x)}{dx^4} - m\,\Omega^2\,\hat{w}(x) = \hat{q}_\zeta(x)\ . \tag{6.423}$$

Zur Lösung von (6.423) werden die Funktionen $\hat{w}(x)$ *und* $\hat{q}_\zeta(x)$ *nach Eigenfunktionen entwickelt:*

$$\hat{w}(x) = \sum_{k=1}^{\infty} \hat{w}_k\,W_k(x)\ , \quad \hat{q}_\zeta(x) = \sum_{k=1}^{\infty} m\,\hat{q}_{\zeta k}\,W_k(x)\ . \tag{6.424}$$

Die Koeffizienten $\hat{w}_k$ *und* $\hat{q}_{\zeta k}$ *erhält man nach Multiplikation der ersten der beiden Gleichungen (6.424) mit* $m\,W_n(x)$ *und der zweiten dieser beiden Beziehungen mit* $W_n(x)$ *sowie anschließender Integration über die Stablänge* l *unter Berücksichtigung von (6.410) zu*

$$\hat{w}_k = \int_l m\,\hat{w}(x)\,W_k(x)\,dx\ , \quad \hat{q}_{\zeta k} = \int_l \hat{q}_\zeta(x)\,W_k(x)\,dx\ . \tag{6.425}$$

Bringt man den zweiten Term in (6.423) auf die rechte Seite, so erhält man die erste der beiden folgenden Gleichungen. Die zweite ergibt sich dadurch, dass man in der ersten der beiden Gleichungen (6.395) $\omega = \omega_k$ *und* $W = W_k$ *setzt. Somit erhält man*

$$EI_\eta \frac{d^4\hat{w}(x)}{dx^4} = m\,\Omega^2\,\hat{w}(x) + \hat{q}_\zeta(x)\ , \quad EI_\eta \frac{d^4W_k(x)}{dx^4} = m\,\omega_k^2\,W_k(x)\ . \tag{6.426}$$

Der Vergleich von (6.426) mit (6.330) zeigt, dass die Ausdrücke rechts vom Gleichheitszeichen in (6.426) als ruhende Linienlasten interpretiert werden können. Gemäß dem Satz von BETTI *(4.130) leistet die „Linienlast“* $m\,\Omega^2\,\hat{w}(x) + \hat{q}_\zeta(x)$ *an der Verschiebung* $W_k(x)$ *dieselbe Arbeit wie die „Linienlast“* $m\,\omega_k^2\,W_k(x)$ *an der Verschiebung* $\hat{w}(x)$*. Folglich gilt*

$$\int_l \left[m\,\Omega^2\,\hat{w}(x) + \hat{q}_\zeta(x)\right] W_k(x)\,dx = \int_l m\,\omega_k^2\,W_k(x)\,\hat{w}(x)\,dx\ . \tag{6.427}$$

Mit Hilfe von (6.425) erhält man aus (6.427)

$$\Omega^2\,\hat{w}_k + \hat{q}_{\zeta k} = \omega_k^2\,\hat{w}_k \tag{6.428}$$

und weiters

$$\hat{w}_k = \frac{\hat{q}_{\zeta k}}{\omega_k^2}\,\frac{1}{1 - \left(\dfrac{\Omega}{\omega_k}\right)^2}\ . \tag{6.429}$$

Für die folgenden Überlegungen benötigt man die Koeffizienten $\hat{w}_k$ der Entwicklung von $\hat{w}(x)$ nach Eigenfunktionen gemäß der ersten der beiden Gleichungen (6.424) für den Sonderfall von statischer Belastung $\hat{q}_\zeta(x)$. Man erhält sie durch Spezialisierung von (6.429) für $\Omega = 0$ zu

$$\hat{w}_k^s = \frac{\hat{q}_{\zeta k}}{\omega_k^2} \, . \tag{6.430}$$

Einsetzen von (6.430) in (6.429) und Eintragen des resultierenden Ausdrucks für $\hat{w}_k$ in die erste der beiden Gleichungen (6.424) ergibt

$$\hat{w}(x) = \sum_{k=1}^{\infty} \frac{\hat{w}_k^s}{1 - \left(\dfrac{\Omega}{\omega_k}\right)^2} W_k(x) \, . \tag{6.431}$$

Wenn sich die Erregerkreisfrequenz Ω nur wenig von der Eigenkreisfrequenz ω_k des Stabes unterscheidet, überwiegt das k-te Reihenglied auf der rechten Seite von (6.431). Für $\Omega = \omega_k$ liegt Resonanz vor. Es gilt dann $w(x) \to \infty$. Dieses Ergebnis widerspricht der Voraussetzung kleiner Verschiebungen, unter der die Differentialgleichung (6.391) gilt. Diese Differentialgleichung war der Ausgangspunkt für die Ermittlung von (6.431). Davon abgesehen wurde die in realen Systemen stets vorhandene Dämpfung nicht berücksichtigt. Nichtsdestoweniger nimmt die Durchbiegung in solchen Systemen stark zu, wenn Ω in die Nähe von ω_k gelangt.

6.7.6 Einfluss der Querkraft auf die Durchbiegung

Bisher wurde der Einfluss der Querkraft auf die Durchbiegung von Stäben vernachlässigt. Für schlanke Stäbe ist diese Vereinfachung gerechtfertigt. Für gedrungene Stäbe trifft dies jedoch nicht zu. Bei solchen Stäben kann nämlich die Querkraft einen nennenswerten Beitrag zur Durchbiegung liefern. Die über den Querschnitt variable Gleitung $\gamma_{x\zeta}$ infolge von Q_ζ (siehe Abb. 6.30) wird im Sinne einer Mittelwertbildung näherungsweise in Form einer fiktiven, über den Querschnitt konstanten Winkeländerung – der mittleren Gleitung γ_m – berücksichtigt (Abb. 6.61a).

Diese wird aus einer fiktiven, über den Querschnitt konstanten Verteilung der Schubspannungen,

$$\tau_m = \frac{Q_\zeta}{A} \, , \tag{6.432}$$

zu

$$\gamma_m = \kappa \frac{\tau_m}{G} = \frac{\kappa Q_\zeta}{GA} \tag{6.433}$$

berechnet. Der zu ermittelnde Faktor κ wird als Schubbeiwert oder Schubkorrekturfaktor bezeichnet.* Die Größe GA/κ stellt die Schubsteifigkeit dar. Durch die vereinfachende Annahme einer über den Querschnitt konstanten Verteilung der Schubspannungen und entsprechender Schubverzerrungen τ_m/G entsteht ein Fehler in der von den tatsächlichen Schubspannungen $\tau_{x\zeta}$ an den tatsächlichen Gleitungen $\gamma_{x\zeta}$ im betrachteten Stabquerschnitt geleisteten Arbeit. Dieser Fehler wird durch den Schubbeiwert κ reduziert.

*Eine Verwechslung mit der Krümmung der verformten Stabachse, κ_ζ, scheint ausgeschlossen.

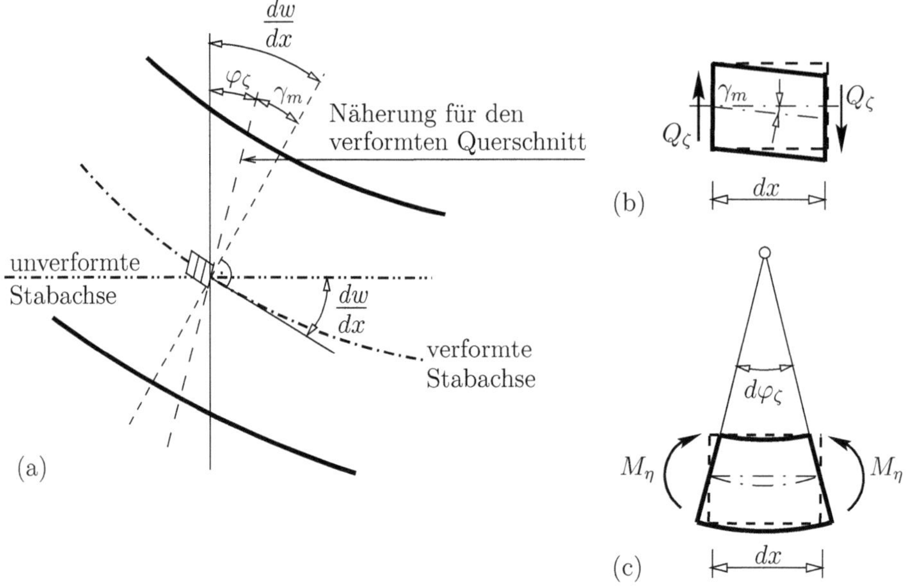

Abb. 6.61: Biegung bei Berücksichtigung der Schubverformung infolge der Querkraft: (a) Verdrehung des Querschnitts, (b) Verformung zufolge Q_ζ, (c) Verformung zufolge M_η

Der Abb. 6.61a entnimmt man den Zusammenhang zwischen der Neigung dw/dx der verformten Stabachse, dem Querschnittsdrehwinkel φ_ζ und der mittleren Gleitung γ_m zu

$$\frac{dw}{dx} = \varphi_\zeta + \gamma_m \,. \tag{6.434}$$

Ableitung von (6.434) nach x führt auf

$$\frac{d^2w}{dx^2} = \frac{d\varphi_\zeta}{dx} + \frac{d\gamma_m}{dx} \,. \tag{6.435}$$

Der linearisierte Ausdruck für die Krümmung der verformten Stabachse, $\kappa_\zeta = -d^2w/dx^2$, setzt sich also aus $-d\varphi_\zeta/dx$ und $-d\gamma_m/dx$ zusammen. Bei Vernachlässigung der Schubverformung infolge der Querkraft degeneriert (6.435) zu (6.112).

Die Querschnitte eines infinitesimalen Stabelements der Länge dx bleiben bei der Deformation infolge einer Querkraft Q_ζ parallel zu ihrer unverformten Lage. Die gegenseitige Verschiebung der beiden Endquerschnitte dieses Elements beträgt $\gamma_m\, dx$ (Abb. 6.61b). Die gegenseitige Verdrehung $d\varphi_\zeta$ dieser beiden Querschnitte wird durch das Biegemoment M_η (Abb. 6.61c) und eine allenfalls vorhandene Temperaturdifferenz ΔT_ζ bewirkt. Dementsprechend ist bei der Berücksichtigung des Einflusses der Querkraft auf die Durchbiegung d^2w/dx^2 in (6.158) durch $d\varphi_\zeta/dx$ zu ersetzen. $d\varphi_\zeta/dx$ ergibt sich somit zu

$$\frac{d\varphi_\zeta}{dx} = -\frac{M_\eta}{EI_\eta} - \alpha_T \frac{\Delta T_\zeta}{h_\zeta} \,. \tag{6.436}$$

Einsetzen von (6.436) und der aus (6.433) unter Berücksichtigung von $dQ_\zeta/dx = -q_\zeta$ (siehe die letzte der drei Gleichungen (6.194) mit $z = \zeta$ und $\partial^2 w/\partial t^2 = 0$) für

$\kappa/(GA) = konst.$ folgenden Beziehung

$$\frac{d\gamma_m}{dx} = \frac{\kappa}{GA}\frac{dQ_\zeta}{dx} = -\frac{\kappa}{GA}q_\zeta \tag{6.437}$$

in (6.435) führt auf die Differentialgleichung der Biegelinie bei Berücksichtigung des Einflusses der Querkraft auf die Durchbiegung:

$$\frac{d^2w}{dx^2} = -\frac{M_\eta}{EI_\eta} - \alpha_T\frac{\Delta T_\zeta}{h_\zeta} - \frac{\kappa}{GA}q_\zeta\ . \tag{6.438}$$

Die Beziehung zur Bestimmung von κ erhält man aus der Forderung, dass die fiktiven konstanten Schubspannungen τ_m an der fiktiven konstanten Gleitung γ_m eines Stabquerschnittes dieselbe Arbeit leisten wie die tatsächlichen Schubspannungen $\tau_{x\zeta}$ an den tatsächlichen Gleitungen $\gamma_{x\zeta}$:

$$\frac{1}{2}\gamma_m\,\tau_m\,A = \frac{1}{2}\int_A \gamma_{x\zeta}\,\tau_{x\zeta}\,dA\ . \tag{6.439}$$

Der Faktor 1/2 folgt aus der Linearität des Werkstoffgesetzes (siehe (3.274)). Durch Einsetzen von (6.433) sowie von $\gamma_{x\zeta} = \tau_{x\zeta}/G$ (siehe (3.277)) in (6.439) erhält man

$$\kappa\,\tau_m^2\,A = \int_A \tau_{x\zeta}^2\,dA\ . \tag{6.440}$$

Eintragen von (6.432) und von (6.216) mit $Q_\eta = 0$ in (6.440) ergibt

$$\frac{\kappa\,Q_\zeta^2}{A} = \int_A \frac{Q_\zeta^2\,S_\eta^2(s)}{I_\eta^2\,b^2(s)}\,dA\ . \tag{6.441}$$

Unter Berücksichtigung von $dA = b\,ds$ in (6.441) erhält man schließlich den Schubbeiwert κ zu

$$\kappa = \frac{A}{I_\eta^2}\int_A \left(\frac{S_\eta(s)}{b(s)}\right)^2 dA = \frac{A}{I_\eta^2}\int_s \frac{S_\eta^2(s)}{b(s)}\,ds\ . \tag{6.442}$$

Aus (6.442) ist ersichtlich, dass der Schubbeiwert nur von der Form des Querschnitts abhängt.

Beispiel 6.21:

Es ist der Schubbeiwert κ für einen Rechteckquerschnitt mit den Seitenabmessungen b und h in Richtung der η- bzw. ζ-Achse zu bestimmen. Mit $s = \zeta + h/2$ als der analog zur Situation in Abb. 6.33 von $\zeta = -h/2$ gemessenen Bogenlänge erhält man für das Flächenmoment 1. Ordnung um die η-Achse, $S_\eta(s)$, den Ausdruck (6.225). Eintragen der Querschnittsfläche $A = b\,h$, des Flächenmoments 2. Ordnung um die η-Achse, $I_\eta = b\,h^3/12$, und von (6.225) in (6.442) führt auf

$$\kappa = \frac{144\,b\,h}{b^2\,h^6}\int_{-h/2}^{h/2} \frac{1}{4}\left(\zeta^2 - \frac{h^2}{4}\right)^2 b\,d\zeta = \frac{6}{5}\ . \tag{6.443}$$

Ergänzend sei angemerkt, dass der Schubbeiwert für Kreisquerschnitte 1,185 beträgt. Er weicht also nur wenig vom Schubbeiwert für Rechteckquerschnitte ab.

Beispiel 6.22:

Gesucht ist die Biegelinie eines Kragträgers, an dessen freiem Ende eine Einzelkraft P wirkt (Abb. 6.30).

Setzt man

$$M_\eta = -P\,(l - x) \ , \tag{6.444}$$

$\Delta T_\zeta = 0$ und $q_\zeta = 0$ in (6.438) ein und integriert die erhaltene Differentialgleichung zweimal, so ergibt sich

$$w = \frac{Px^2}{6EI_\eta}(3l - x) + C_1\,x + C_2 \ . \tag{6.445}$$

Die Randbedingung $w(0) = 0$ führt auf $C_2 = 0$. Die Randbedingung $\varphi_\zeta(0) = 0$ hat laut (6.434)

$$\frac{dw}{dx}(x = 0) = \gamma_m(x = 0) \tag{6.446}$$

zur Folge. Das Verschwinden des Querschnittsdrehwinkels φ_ζ an der Einspannstelle bedeutet also nicht, dass dort die Neigung der Biegelinie gleich null ist. Für $x = 0$ erhält man aus (6.445) $dw/dx = C_1$ und aus (6.433) unter Berücksichtigung von $Q_\zeta = P = konst.$ $\gamma_m = \kappa P/GA$. Damit führt die Erfüllung der Randbedingung (6.446) auf

$$C_1 = \frac{\kappa P}{GA} \ . \tag{6.447}$$

Somit ergibt sich die Biegelinie zu

$$w = \frac{Px^2}{6EI_\eta}(3l - x) + \frac{\kappa P x}{GA} \ . \tag{6.448}$$

Setzt man in (6.448) $x = l$, so erhält man die Durchbiegung am freien Ende des Kragträgers zu

$$w = \frac{Pl^3}{3EI_\eta} + \frac{\kappa P l}{GA} \ . \tag{6.449}$$

Mit $w_M = (Pl^3)/(3EI_\eta)$ als vom Biegemoment und $w_Q = (\kappa Pl)/(GA)$ als von der Querkraft herrührendem Anteil von w ergibt sich bei Berücksichtigung von $I_\eta = i_\eta^2\,A$ und $E = 2(1 + \nu)G$

$$\frac{w_Q}{w_M} = 6(1 + \nu)\kappa \left(\frac{i_\eta}{l}\right)^2 \ . \tag{6.450}$$

Die Hauptradien des Querschnitts sind von der Größenordnung der Querschnittsabmessungen. Der Einfluss der Querkraft auf die Durchbiegung des Kragträgers ist folglich nur bei sehr gedrungenen Stäben von Bedeutung. Für $\nu = 0{,}3$ und $\kappa = 1{,}2$ erhält man $6(1 + \nu)\kappa \approx 10$. Das Verhältnis w_Q/w_M beträgt somit für $i_\eta/l = 0{,}2$ etwa 0,4 und für $i_\eta/l = 0{,}1$ nur mehr etwa $0,1$.

Literaturverzeichnis

[Beer/Johnston (1992)] F.P. Beer und E.R. Johnston, Jr., *Mechanics of Materials*, 2nd edition, McGraw-Hill, London, 1992.

[Lang *et al.* (1996)] H.J. Lang, J. Huder und P. Amann, *Bodenmechanik und Grundbau*, 6. Auflage, Springer-Verlag, Berlin, 1996.

[Murray (1984)] N.W. Murray, *Introduction to the Theory of Thin-Walled Structures*, Clarendon Press, Oxford, 1984.

[Parkus (1966)] H. Parkus, *Mechanik der festen Körper*, 2. Auflage, Springer-Verlag, Wien, 1966.

[Roik *et al.* (1972)] K. Roik, J. Carl und J. Lindner, *Biegetorsionsprobleme gerader dünnwandiger Stäbe*, Verlag Ernst & Sohn, Berlin, 1972.

[Schlechte (1967)] E. Schlechte, *Festigkeitslehre für Bauingenieure*, Werner Verlag, Düsseldorf, 1967.

[Wlassow (1964)] W.S. Wlassow, *Dünnwandige elastische Stäbe*, Band I und II, VEB Verlag für Bauwesen, Berlin, 1964.

[Ziegler (1998)] F. Ziegler, *Technische Mechanik der festen und flüssigen Körper*, 3. Auflage, Springer-Verlag, Wien, 1998.

Kapitel 7

Prinzipien der virtuellen Arbeiten in der linearen Stabtheorie

7.1 Prinzip der virtuellen Verschiebungen

7.1.1 Allgemeines

Die Komponenten σ_y, σ_z und $\tau_{yz} = \tau_{zy}$ des Spannungstensors dürfen in der Stabtheorie vernachlässigt werden (siehe Gleichung (6.1)). Dementsprechend folgt der Ausdruck für die virtuelle Arbeit der inneren Kräfte aus (4.10) zu

$$\delta A_{in} = -\int_V \sigma_{ij}\,\delta\varepsilon_{ij}\,dV = -\int_V \sigma_x\,\delta\varepsilon_x\,dV - \int_V \tau_{xy}\,\delta\gamma_{xy}\,dV - \int_V \tau_{xz}\,\delta\gamma_{xz}\,dV \;, \qquad (7.1)$$

wobei von $\delta\gamma_{xy} = 2\,\delta\varepsilon_{xy}$ und $\delta\gamma_{xz} = 2\,\delta\varepsilon_{xz}$ Gebrauch gemacht worden ist. In den folgenden Abschnitten dieses Unterkapitels wird das Prinzip der virtuellen Verschiebungen zunächst für axial beanspruchte Stäbe und Fachwerke sowie für auf Biegung beanspruchte Stäbe formuliert. Daran anschließend erfolgt die Formulierung dieses Prinzips für Stäbe mit kombinierter Beanspruchung.

7.1.2 Prinzip der virtuellen Verschiebungen für axiale Beanspruchung

Für einen axial beanspruchten Stab gilt zusätzlich zu (6.1) $\tau_{xy} = \tau_{yx} = 0$ und $\tau_{xz} = \tau_{zx} = 0$. Damit wird aus (7.1)

$$\delta A_{in} = -\int_V \sigma_x\,\delta\varepsilon_x\,dV = -\int_l \Big(\int_A \sigma_x\,dA\Big)\,\delta\varepsilon_x\,dx = -\int_l N\,\delta\varepsilon_x\,dx\;. \qquad (7.2)$$

In (7.2) wurde von der ersten der sechs Gleichungen (6.3) Gebrauch gemacht. Die virtuelle Verzerrung $\delta\varepsilon_x$ ist über den jeweiligen Querschnitt konstant.

Die äußeren Kräfte $\mathbf{f}$ und $\bar{\mathbf{t}}^{(n)}$ müssen parallel zur Stabachse gerichtet sein. Folglich sind f_y und f_z sowie $\bar{t}_y^{(n)}$ und $\bar{t}_z^{(n)}$ gleich null. Rechnet man f_x und $\bar{t}_x^{(n)}$ in eine in Richtung der x-Achse wirkende Linienlast q_x um (siehe die erste der drei Gleichungen (6.185)), dann wird aus dem in (4.11) angegebenen allgemeinen Ausdruck für die virtuelle Arbeit der äußeren Kräfte

$$\delta A_{ex} = \int_l q_x\,\delta u\,dx\;, \qquad (7.3)$$

H. A. Mang und G. Hofstetter, *Festigkeitslehre*,
https://doi.org/10.1007/978-3-662-57564-2_7

wobei δu die virtuelle Verschiebung der Stabachse in Stablängsrichtung bezeichnet. (Bei dynamischer Beanspruchung stellt die in eine Linienlast umgerechnete Trägheitskraft $-\rho\, b_x$ einen weiteren Bestandteil von q_x dar.) Obwohl sich das Integral in (7.3) nicht über die ganze Stablänge erstrecken muss, wird für den Integrationsbereich in Ausdrücken für δA_{ex} zur Vereinfachung der Schreibweise auch im Folgenden l geschrieben.

Aus der Bedingung, dass die Summe von δA_{in} und δA_{ex} verschwindet, folgt die mathematische Formulierung des Prinzips der virtuellen Verschiebungen für einen axial beanspruchten Stab bei Berücksichtigung von (7.2) und (7.3) zu

$$-\int_l N\,\delta\varepsilon_x\,dx + \int_l q_x\,\delta u\,dx = 0\,. \tag{7.4}$$

Aus (6.156) erhält man folgende Beziehung für N:

$$N = EA\left[\frac{du}{dx} - \alpha_T\left(T^{(S)} - T_0\right)\right]\,. \tag{7.5}$$

Bei Beachtung der Vertauschbarkeit der Reihenfolge von Variation und Differentiation ergibt sich $\delta\varepsilon_x$ aus (6.51) zu

$$\delta\varepsilon_x = \delta\left(\frac{du}{dx}\right) = \frac{d(\delta u)}{dx}\,. \tag{7.6}$$

Einsetzen von (7.5) und (7.6) in (7.4) führt auf die mathematische Formulierung des Prinzips der virtuellen Verschiebungen in Abhängigkeit von der Dehnung der Stabachse, $\varepsilon_x = du/dx$:

$$-\int_l EA\left[\frac{du}{dx} - \alpha_T\left(T^{(S)} - T_0\right)\right]\frac{d(\delta u)}{dx}\,dx + \int_l q_x\,\delta u\,dx = 0\,. \tag{7.7}$$

7.1.3 Prinzip der virtuellen Verschiebungen für ideale Fachwerke

Für den Stab eines idealen Fachwerks mit der Länge l und der Querschnittsfläche A folgt δA_{in} aus (7.2) unter Berücksichtigung der Konstanz der Normalkraft N und einer zu (6.52) analogen Beziehung für die virtuelle Stablängenänderung $\delta(\Delta l)$ zu

$$\delta A_{in} = -N\int_l \delta\varepsilon_x\,dx = -N\,\delta(\Delta l)\,. \tag{7.8}$$

Der Ausdruck für die virtuelle Arbeit der inneren Kräfte eines aus s Stäben bestehenden idealen Fachwerks lautet somit:

$$\delta A_{in} = -\sum_{e=1}^{s} N_e\,\delta(\Delta l_e)\,. \tag{7.9}$$

Den Ausdruck für die virtuelle Arbeit der äußeren Kräfte erhält man zu

$$\delta A_{ex} = \sum_{i=1}^{k} \mathbf{P}^{(i)}\cdot\delta\mathbf{u}^{(i)}\,. \tag{7.10}$$

In (7.10) bezeichnet $\mathbf{P}^{(i)}$ die im Knoten i angreifende vorgegebene Kraft und $\delta\mathbf{u}^{(i)}$ eine kinematisch zulässige virtuelle Verschiebung dieses Knotens; k steht für die Anzahl der Knotenpunkte. Für numerische Berechnungen werden die Vektoren $\mathbf{P}^{(i)}$ und $\delta\mathbf{u}^{(i)}$ in geeignete Komponenten zerlegt. Gleichung (7.10) trägt dem Umstand Rechnung, dass bei einem idealen Fachwerk äußere Kräfte nur in Knotenpunkten angreifen dürfen.

Aus der Bedingung, dass die Summe von δA_{in} und δA_{ex} verschwindet, folgt die mathematische Formulierung des Prinzips der virtuellen Verschiebungen für ideale Fachwerke bei Berücksichtigung von (7.9) und (7.10) zu

$$-\sum_{e=1}^{s} N_e\,\delta(\Delta l_e) + \sum_{i=1}^{k} \mathbf{P}^{(i)} \cdot \delta\mathbf{u}^{(i)} = 0 \;. \tag{7.11}$$

Die Dehnungen der Stäbe eines idealen Fachwerks sind konstant. Folglich darf im Ausdruck (7.5) für die in einem Stab wirkende Normalkraft $du/dx = \Delta l/l$ gesetzt werden. Man erhält deshalb

$$N = EA\left[\frac{du}{dx} - \alpha_T\left(T^{(S)} - T_0\right)\right] = EA\left[\frac{\Delta l}{l} - \alpha_T\left(T^{(S)} - T_0\right)\right] \;. \tag{7.12}$$

Mit Hilfe von (7.11) können der Verschiebungszustand und die Stabkräfte eines Fachwerks ermittelt werden. Dabei ist es unerheblich, ob das Fachwerk statisch bestimmt oder unbestimmt ist.

Beispiel 7.1:

Für das in Abb. 7.1a dargestellte Fachwerk sind die Knotenverschiebungen und die Stabkräfte zufolge der gegebenen Belastung zu bestimmen. Der Elastizitätsmodul und die Querschnittsfläche sind für alle Stäbe gleich groß.

Das Fachwerk ist statisch bestimmt gelagert, also äußerlich statisch bestimmt. Durch Einsetzen von $s = 6$, $r = 3$, $k = 4$ in die zweite der drei Beziehungen (6.4) erkennt man, dass das Fachwerk innerlich einfach statisch unbestimmt ist.

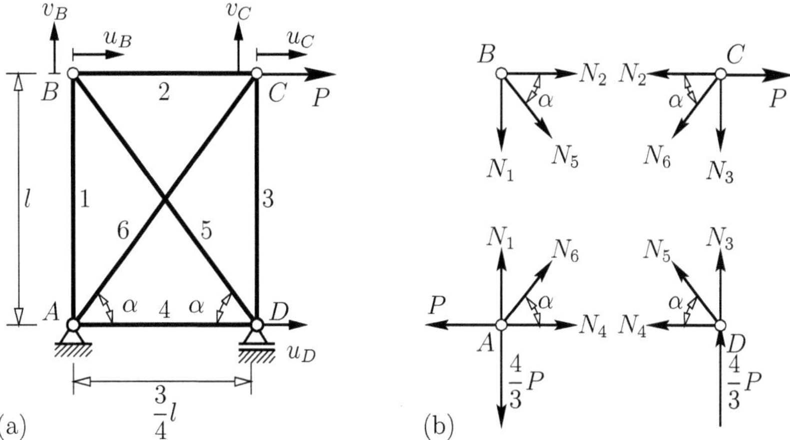

Abb. 7.1: Einfach innerlich statisch unbestimmtes Fachwerk: (a) statisches System und Belastung, (b) Knotengleichgewicht

Im ersten Schritt werden die Axialkräfte N_e mit Hilfe von (7.12) durch die Längenänderungen der betreffenden Stäbe, Δl_e, ausgedrückt:

$$\begin{aligned} N_1 &= \frac{EA}{l}\Delta l_1\,, \quad N_2 = \frac{4EA}{3l}\Delta l_2\,, \quad N_3 = \frac{EA}{l}\Delta l_3\,, \\ N_4 &= \frac{4EA}{3l}\Delta l_4\,, \quad N_5 = \frac{4EA}{5l}\Delta l_5\,, \quad N_6 = \frac{4EA}{5l}\Delta l_6\,. \end{aligned} \tag{7.13}$$

Der nächste Schritt besteht darin, die Längenänderungen der Stäbe durch Knotenverschiebungen bzw. deren Komponenten auszudrücken:

$$\begin{aligned} \Delta l_1 &= v_B\,, & \Delta l_3 &= v_C\,, & \Delta l_5 &= (u_D - u_B)\cos\alpha + v_B \sin\alpha\,, \\ \Delta l_2 &= u_C - u_B\,, & \Delta l_4 &= u_D\,, & \Delta l_6 &= u_C\cos\alpha + v_C\sin\alpha\,. \end{aligned} \tag{7.14}$$

Analog zu den in (7.14) aufscheinenden aktuellen Stablängenänderungen Δl_e, $e = 1,\ldots,6$, erhält man mittels der virtuellen Knotenverschiebungen bzw. -verschiebungskomponenten δu_B, δv_B, δu_C, δv_C und δu_D die virtuellen Stablängenänderungen $\delta(\Delta l_e)$ zu

$$\begin{aligned} \delta(\Delta l_1) &= \delta v_B\,, & \delta(\Delta l_3) &= \delta v_C\,, & \delta(\Delta l_5) &= (\delta u_D - \delta u_B)\cos\alpha + \delta v_B\sin\alpha\,, \\ \delta(\Delta l_2) &= \delta u_C - \delta u_B\,, & \delta(\Delta l_4) &= \delta u_D\,, & \delta(\Delta l_6) &= \delta u_C\cos\alpha + \delta v_C\sin\alpha\,. \end{aligned} \tag{7.15}$$

Die virtuelle Arbeit der äußeren Kraft P ergibt sich zu

$$\delta A_{ex} = P\,\delta u_C\ . \tag{7.16}$$

Setzt man die Gleichungen (7.14) in die Beziehungen (7.13) ein und trägt die so erhaltenen Ausdrücke für die Stabkräfte zusammen mit den Ausdrücken (7.15) für die virtuellen Längenänderungen und dem Ausdruck (7.16) für die virtuelle Arbeit der äußeren Kraft P in (7.11) ein, so erhält man

$$\begin{aligned} -\frac{EA}{l}\Big\{& v_B\,\delta v_B + \frac{4}{3}(u_C - u_B)(\delta u_C - \delta u_B) + v_C\,\delta v_C + \frac{4}{3}u_D\,\delta u_D + \\ &+ \frac{4}{5}\left[(u_D - u_B)\cos\alpha + v_B\sin\alpha\right]\left[(\delta u_D - \delta u_B)\cos\alpha + \delta v_B\sin\alpha\right] + \\ &+ \frac{4}{5}(u_C\cos\alpha + v_C\sin\alpha)(\delta u_C\cos\alpha + \delta v_C\sin\alpha)\Big\} + P\,\delta u_C = 0\ . \end{aligned} \tag{7.17}$$

Umordnung nach Koeffizienten von δu_B, δv_B, δu_C, δv_C und δu_D ergibt bei Berücksichtigung von $\sin\alpha = 4/5$ und $\cos\alpha = 3/5$

$$\begin{aligned} &[608\,u_B - 144\,v_B - 500\,u_C - 108\,u_D]\,\delta u_B + [-144\,u_B + 567\,v_B + 144\,u_D]\,\delta v_B + \\ &+ [-500\,u_B + 608\,u_C + 144\,v_C - 375\,(Pl)/(EA)]\,\delta u_C + [144\,u_C + 567\,v_C]\,\delta v_C + \\ &+ [-108\,u_B + 144\,v_B + 608\,u_D]\,\delta u_D = 0\ . \end{aligned} \tag{7.18}$$

Gleichung (7.18) muss für beliebige kinematisch zulässige virtuelle Verschiebungen erfüllt sein. Das ist dann und nur dann der Fall, wenn die Ausdrücke in den eckigen

Klammern in (7.18) verschwinden. Man erhält somit das folgende inhomogene lineare algebraische Gleichungssystem:

$$\begin{bmatrix} 608 & -144 & -500 & 0 & -108 \\ -144 & 567 & 0 & 0 & 144 \\ -500 & 0 & 608 & 144 & 0 \\ 0 & 0 & 144 & 567 & 0 \\ -108 & 144 & 0 & 0 & 608 \end{bmatrix} \begin{Bmatrix} u_B \\ v_B \\ u_C \\ v_C \\ u_D \end{Bmatrix} = \begin{Bmatrix} 0 \\ 0 \\ 375\dfrac{Pl}{EA} \\ 0 \\ 0 \end{Bmatrix} . \tag{7.19}$$

Die Lösung von (7.19) lautet:

$$u_B = \frac{21}{8}\frac{Pl}{EA}, \quad v_B = \frac{7}{12}\frac{Pl}{EA}, \quad u_C = \frac{189}{64}\frac{Pl}{EA}, \quad v_C = -\frac{3}{4}\frac{Pl}{EA}, \quad u_D = \frac{21}{64}\frac{Pl}{EA}. \tag{7.20}$$

Setzt man diese Ausdrücke in (7.14) ein und trägt die so erhaltenen Ergebnisse für die Stablängenänderungen in (7.13) ein, so erhält man

$$\begin{aligned} N_1 &= \frac{7}{12}P, \quad N_2 = \frac{7}{16}P, \quad N_3 = -\frac{3}{4}P, \\ N_4 &= \frac{7}{16}P, \quad N_5 = -\frac{35}{48}P, \quad N_6 = \frac{15}{16}P. \end{aligned} \tag{7.21}$$

Eine notwendige, aber nicht hinreichende Bedingung für die Richtigkeit der Ergebnisse für die Stabkräfte des statisch unbestimmten Fachwerks ist die Erfüllung der Gleichgewichtsbedingungen für die in horizontaler und vertikaler Richtung in jedem der vier Knotenpunkte wirkenden Kräfte (Abb. 7.1b).

7.1.4 Prinzip der virtuellen Verschiebungen für reine Biegung um eine Querschnittshauptachse

Wenn der Einfluss der Schubdeformationen $\gamma_{x\eta}$ und $\gamma_{x\zeta}$ auf die Stabdurchbiegung vernachlässigbar klein ist, dürfen die beiden letzten Terme in (7.1) vernachlässigt werden. δA_{in} ist dann zu

$$\delta A_{in} = -\int_V \sigma_x \, \delta\varepsilon_x \, dV \tag{7.22}$$

gegeben. Das entspricht der bei reiner Biegung gegebenen Situation. In diesem Sinn schließt der Begriff *reine Biegung* in der Überschrift des vorliegenden Abschnitts Biegung mit Querkraft bei Vernachlässigbarkeit des Einflusses der Schubdeformationen mit ein. Im Folgenden wird das Prinzip der virtuellen Verschiebungen für Stäbe formuliert, die von Volumenkräften f_ζ und Oberflächenkräften $\bar{t}_\zeta^{(n)}$ auf Biegung um die Querschnittshauptachse η beansprucht werden. Analog zu (6.106) erhält man die virtuelle Verzerrung in Stablängsrichtung zu

$$\delta\varepsilon_x = \delta\kappa_\zeta \, \zeta \, . \tag{7.23}$$

Eintragen von (6.90) sowie von (7.23) in (7.22) und Berücksichtigung von $\int_A \zeta^2 \, dA = I_\eta$ ergibt die virtuelle Arbeit der inneren Kräfte:

$$\delta A_{in} = -\int_l \left(\int_A \zeta^2 \, dA \right) \frac{M_\eta}{I_\eta} \, \delta\kappa_\zeta \, dx = -\int_l M_\eta \, \delta\kappa_\zeta \, dx \, . \tag{7.24}$$

Rechnet man f_ζ und $\bar{t}_\zeta^{(n)}$ in eine in Richtung der ζ-Achse wirkende Linienlast q_ζ um (siehe die letzte der drei Gleichungen (6.185) mit $z = \zeta$), dann wird aus dem in (4.11) angegebenen allgemeinen Ausdruck für die virtuelle Arbeit der äußeren Kräfte der zu (7.3) analoge Ausdruck

$$\delta A_{ex} = \int_l q_\zeta \, \delta w \, dx \tag{7.25}$$

mit δw als der virtuellen Verschiebung der Stabachse in Richtung der ζ-Achse.

Nullsetzen der Summe aus (7.24) und (7.25) ergibt die mathematische Formulierung des Prinzips der virtuellen Verschiebungen für auf Biegung um die Querschnittshauptachse η beanspruchte Stäbe bei Vernachlässigbarkeit der Schubverformungen zu

$$-\int_l M_\eta \, \delta\kappa_\zeta \, dx + \int_l q_\zeta \, \delta w \, dx = 0 \; . \tag{7.26}$$

Aus (6.158) erhält man folgende Beziehung für M_η:

$$M_\eta = -EI_\eta \left(\frac{d^2 w}{dx^2} + \alpha_T \, \frac{\Delta T_\zeta}{h_\zeta} \right) \; . \tag{7.27}$$

Bei Beachtung der Vertauschbarkeit der Reihenfolge von Variation und Differentiation ergibt sich die virtuelle Krümmung der Stabachse aus (6.112) zu

$$\delta\kappa_\zeta = -\delta \left(\frac{d^2 w}{dx^2} \right) = -\frac{d^2(\delta w)}{dx^2} \; . \tag{7.28}$$

Einsetzen von (7.27) und (7.28) in (7.26) führt auf die mathematische Formulierung des Prinzips der virtuellen Verschiebungen für auf Biegung um die Querschnittshauptachse η beanspruchte Stäbe in Abhängigkeit von der Krümmung der Stabachse, $\kappa_\zeta = -d^2 w / dx^2$:

$$-\int_l EI_\eta \left(\frac{d^2 w}{dx^2} + \alpha_T \frac{\Delta T_\zeta}{h_\zeta} \right) \frac{d^2(\delta w)}{dx^2} \, dx + \int_l q_\zeta \, \delta w \, dx = 0 \; . \tag{7.29}$$

Beispiel 7.2:

Für den in Abb. 7.2 dargestellten, mit einer sinusförmigen Linienlast

$$q_\zeta(x) = q_0 \sin \frac{\pi x}{l} \tag{7.30}$$

belasteten Stab ist die Biegelinie zu ermitteln. Die Biegesteifigkeit EI_η wird als konstant über die Stablänge angenommen.

Bei der gegebenen Belastung treten Biegemomente M_η und Querkräfte Q_ζ auf. Letztere bewirken Schubdeformationen. Bei hinreichend schlanken Stäben dürfen diese Schubverformungen bei der Ermittlung der Biegelinie jedoch vernachlässigt werden. Bei Verzicht auf die Berücksichtigung von Temperaturänderungen vereinfacht sich (7.29) zu

$$-\int_l EI_\eta \frac{d^2 w}{dx^2} \frac{d^2(\delta w)}{dx^2} \, dx + \int_l q_\zeta \, \delta w \, dx = 0 \; . \tag{7.31}$$

Für die Biegelinie bietet sich folgender Ansatz an:

$$w(x) = w_0 \sin \frac{\pi x}{l} \; . \tag{7.32}$$

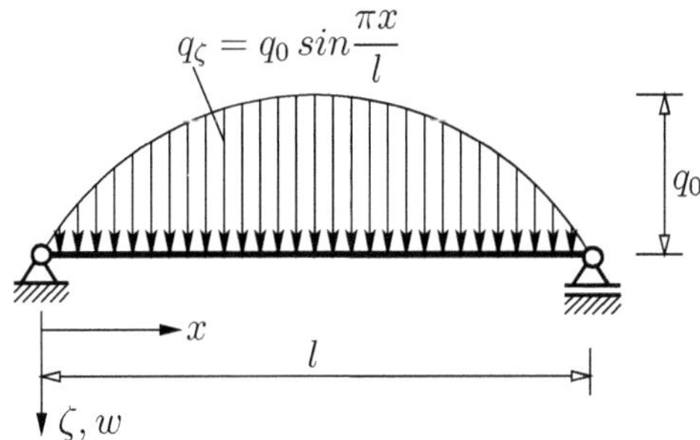

Abb. 7.2: Mit einer sinusförmigen Linienlast belasteter, an beiden Enden frei drehbar gelagerter Stab

Er erfüllt sowohl die geometrischen als auch die statischen Randbedingungen. Die Aufgabe besteht also darin, den Faktor $w_0 = w(x = l/2)$ in (7.32) zu bestimmen. Aus (7.32) folgt

$$\frac{d^2w}{dx^2} = -w_0\,\frac{\pi^2}{l^2}\sin\frac{\pi x}{l}\;. \tag{7.33}$$

Die virtuellen Verschiebungen werden analog zu (7.32) zu

$$\delta w(x) = \delta w_0\,\sin\frac{\pi x}{l} \tag{7.34}$$

gewählt. (7.34) verschwindet für $x = 0$ und $x = l$, also an den Stellen, an denen die Verschiebung w vorgegeben ist. Somit repräsentiert (7.34) einen Zustand zulässiger virtueller Verschiebungen. Aus (7.34) folgt

$$\frac{d^2(\delta w)}{dx^2} = -\delta w_0\,\frac{\pi^2}{l^2}\sin\frac{\pi x}{l}\;. \tag{7.35}$$

Setzt man (7.30), (7.33), (7.34) und (7.35) in (7.31) ein, so erhält man

$$-\int_l EI_\eta\frac{\pi^4}{l^4}\left(\sin\frac{\pi x}{l}\right)^2 w_0\,\delta w_0\,dx + \int_l q_0\left(\sin\frac{\pi x}{l}\right)^2\delta w_0\,dx = 0\;, \tag{7.36}$$

woraus nach Kürzung durch δw_0

$$w_0 = \frac{q_0}{EI_\eta}\,\frac{l^4}{\pi^4} \tag{7.37}$$

folgt. Biegelinie und Momentenverteilung ergeben sich somit zu

$$w(x) = \frac{q_0}{EI_\eta}\,\frac{l^4}{\pi^4}\,\sin\frac{\pi x}{l} \tag{7.38}$$

bzw.

$$M_\eta(x) = -EI_\eta\,\frac{d^2w}{dx^2} = q_0\,\frac{l^2}{\pi^2}\,\sin\frac{\pi x}{l}\;. \tag{7.39}$$

Zu diesem Ergebnis wäre man auch durch Anpassung der nach viermaliger Integration der Differentialgleichung der Biegelinie (6.330) erhaltenen Funktion für $w(x)$ an die Randbedingungen gelangt.

Im gegebenen Fall liefert das Prinzip der virtuellen Verschiebungen die exakte Lösung für die Biegelinie, weil der Ansatz (7.32) die Form der Biegelinie genau beschreibt. Wenn dies der gewählte Ansatz jedoch nicht tut, führt das Prinzip der virtuellen Verschiebungen auf eine Näherungslösung für die Biegelinie und im Weiteren für den Momentenverlauf.

7.1.5 Prinzip der virtuellen Verschiebungen für zusammengesetzte Beanspruchung

Bei statischer Beanspruchung eines Stabes durch Normalkraft und Biegemomente um beide Hauptachsen des Querschnitts sind (7.4) und (7.26) zu addieren und durch Terme zu ergänzen, welche die Biegung um die ζ-Achse betreffen. Man erhält dann

$$\begin{aligned} -\int_l N\,\delta\varepsilon_x\,dx - \int_l M_\eta\,\delta\kappa_\zeta\,dx - \int_l M_\zeta\,\delta\kappa_\eta\,dx + \\ + \int_l q_x\,\delta u\,dx + \int_l q_\eta\,\delta v\,dx + \int_l q_\zeta\,\delta w\,dx = 0\ . \end{aligned} \tag{7.40}$$

In den erwähnten Termen bezeichnen q_η und δv die gegebene Linienlast bzw. die virtuelle Verschiebung der Stabachse in Richtung der η-Achse und M_ζ und $\delta\kappa_\eta$ das Biegemoment um die ζ-Achse bzw. die virtuelle Krümmung der Stabachse in der $x\eta$-Ebene. Formuliert man das Prinzip der virtuellen Verschiebungen in Abhängigkeit von der Dehnung sowie den Krümmungen der Stabachse, so erhält man aus (7.40) unter Berücksichtigung von (7.7) und (7.29) sowie von (6.121) und (6.157)

$$\begin{aligned} &-\int_l EA\left[\frac{du}{dx} - \alpha_T\left(T^{(S)} - T_0\right)\right]\frac{d(\delta u)}{dx}\,dx - \\ &-\int_l EI_\eta\left[\frac{d^2w}{dx^2} + \alpha_T\frac{\Delta T_\zeta}{h_\zeta}\right]\frac{d^2(\delta w)}{dx^2}\,dx - \int_l EI_\zeta\left[\frac{d^2v}{dx^2} + \alpha_T\frac{\Delta T_\eta}{h_\eta}\right]\frac{d^2(\delta v)}{dx^2}\,dx + \\ &+\int_l q_x\,\delta u\,dx + \int_l q_\eta\,\delta v\,dx + \int_l q_\zeta\,\delta w\,dx = 0\ . \end{aligned} \tag{7.41}$$

Wenn in den Stabquerschnitten nur Normalkräfte und Biegemomente übertragen werden, treten keine Schubverformungen auf. Im Allgemeinen ist das jedoch nicht der Fall. So sind etwa bei über die Stablänge veränderlichen Biegemomenten die Querkräfte ungleich null. Dementsprechend kommt es zu Schubverformungen. Diese dürfen, wie bereits erwähnt, bei schlanken Stäben vernachlässigt werden. Folglich darf bei solchen Stäben der Beitrag der Querkräfte zur virtuellen Arbeit der inneren Kräfte vernachlässigt werden. Bei gedrungenen Stäben sind die Schubverformungen zufolge von Querkräften jedoch zu berücksichtigen. Schubdeformationen treten darüber hinaus auch bei Torsionsbeanspruchung auf.

Berücksichtigung der Schubverformungen

Für dünnwandige Querschnitte ergibt sich der Beitrag der Querkraftschubspannungen zur virtuellen Arbeit der inneren Kräfte zu

$$-\int_V \tau_{xs}\,\delta\gamma_{xs}\,dV\ . \tag{7.42}$$

Zur Ermittlung von $\tau_{xs} \equiv \tau(s)$ verwendet man bei offenen Querschnitten (6.216). Bei geschlossenen Querschnitten ist zu diesem Ausdruck für τ_{xs} der Term $t_0/b(s)$ mit t_0 laut (6.308) hinzuzufügen. Die Invarianz der Verzerrungsenergiedichte bei einer Drehung des Koordinatensystems (siehe Gleichung (5.41)) hat

$$-\,\tau_{xs}\,\delta\gamma_{xs} = -\left(\tau_{x\eta}\,\delta\gamma_{x\eta} + \tau_{x\zeta}\,\delta\gamma_{x\zeta}\right) \tag{7.43}$$

zur Folge, wobei $\tau_{x\eta}$ und $\tau_{x\zeta}$ die zu den Querschnittshauptachsen parallelen Schubspannungskomponenten und $\delta\gamma_{x\eta}$ und $\delta\gamma_{x\zeta}$ die entsprechenden virtuellen Gleitungen bezeichnen. Auf der linken Seite von (7.43) fehlt der Beitrag, den die normal zur Mittellinie des Querschnitts gerichtete Schubspannungskomponente τ_{xn} zur spezifischen virtuellen Arbeit der inneren Kräfte leistet. Bei dünnwandigen Querschnitten ist diese Vernachlässigung erlaubt. Der Ausdruck auf der rechten Seite von (7.43) ist gleich der Summe der Integranden der beiden letzten Integrale in (7.1), wenn man dort auf Querschnittshauptachsen übergeht. Integration dieses Ausdrucks über das Volumen des Stabes ergibt

$$-\int_V (\tau_{x\eta}\,\delta\gamma_{x\eta} + \tau_{x\zeta}\,\delta\gamma_{x\zeta})\,dV = -\int_l \left[\int_A (\tau_{x\eta}\,\delta\gamma_{x\eta} + \tau_{x\zeta}\,\delta\gamma_{x\zeta})\,dA\right] dx\;. \tag{7.44}$$

Die Forderung, dass fiktive, über den Stabquerschnitt $x = konst.$ gleichförmig verteilte Schubspannungskomponenten $\tau_{m\eta}$ und $\tau_{m\zeta}$ an entsprechenden gleichförmig verteilten Gleitungen $\delta\gamma_{m\eta}$ und $\delta\gamma_{m\zeta}$ dieselbe Arbeit wie die über den Querschnitt ungleichförmig verteilten Schubspannungskomponenten $\tau_{x\eta}$ und $\tau_{x\zeta}$ an entsprechenden ungleichförmig verteilten virtuellen Gleitungen $\delta\gamma_{x\eta}$ und $\delta\gamma_{x\zeta}$ leisten, führt in Analogie zu (6.439) auf

$$\tau_{m\eta}\,\delta\gamma_{m\eta}\,A = \int_A \tau_{x\eta}\,\delta\gamma_{x\eta}\,dA\;, \quad \tau_{m\zeta}\,\delta\gamma_{m\zeta}\,A = \int_A \tau_{x\zeta}\,\delta\gamma_{x\zeta}\,dA\;. \tag{7.45}$$

Setzt man (7.45) in (7.44) ein und berücksichtigt die zu (6.432) analogen Beziehungen

$$\tau_{m\eta}\,A = Q_\eta\;, \qquad \tau_{m\zeta}\,A = Q_\zeta\;, \tag{7.46}$$

so erhält man den Beitrag der Querkräfte zur virtuellen Arbeit der inneren Kräfte zu

$$-\int_l (Q_\eta\,\delta\gamma_{m\eta} + Q_\zeta\,\delta\gamma_{m\zeta})\,dx = -\int_l \left(\frac{GA}{\kappa_\eta}\gamma_{m\eta}\,\delta\gamma_{m\eta} + \frac{GA}{\kappa_\zeta}\gamma_{m\zeta}\,\delta\gamma_{m\zeta}\right) dx\;. \tag{7.47}$$

Die Gültigkeit dieses Ausdrucks ist nicht auf dünnwandige Querschnitte beschränkt. (7.47) ist zu (7.40) hinzuzufügen. Darüber hinaus sind in (7.40) die virtuellen Krümmungen der Stabachse, $\delta\kappa_\eta$ und $\delta\kappa_\zeta$, durch virtuelle Querschnittsdrehwinkeländerungen $\delta(d\varphi_\eta/dx)$ und $-\delta(d\varphi_\zeta/dx)$ zu ersetzen. Das ist deswegen erforderlich, weil bei Berücksichtigung der Schubdeformationen infolge von Querkräften die linearisierten Ausdrücke für die Krümmungen der Stabachse, d^2v/dx^2 und $-d^2w/dx^2$, nicht gleich den Querschnittsdrehwinkeländerungen sind:

$$\kappa_\eta = \frac{d^2v}{dx^2} = \frac{d\varphi_\eta}{dx} + \frac{d\gamma_{m\eta}}{dx}\,, \quad \kappa_\zeta = -\frac{d^2w}{dx^2} = -\frac{d\varphi_\zeta}{dx} - \frac{d\gamma_{m\zeta}}{dx}\;. \tag{7.48}$$

Die zweite der beiden Gleichungen (7.48) folgt aus (6.435). Die erste dieser zwei Beziehungen ist analog zur zweiten. Die Vorzeichen vor d^2v/dx^2 und d^2w/dx^2 in (7.48) gehen aus (6.112) bzw. (6.121) hervor. Wegen (7.48) ist $\delta\kappa_\eta \neq \delta(d\varphi_\eta/dx)$ und $\delta\kappa_\zeta \neq -\delta(d\varphi_\zeta/dx)$. Die virtuellen Krümmungen der Stabachse sind also nicht gleich den virtuellen Querschnittsdrehwinkeländerungen, an denen die entsprechenden aktuellen Biegemomente Arbeit leisten, wie dies der nachstehenden mathematischen Formulierung des Prinzips der virtuellen Verschiebungen für zusammengesetzte Beanspruchung von Stäben zu entnehmen ist:

$$
\begin{aligned}
&- \int_l N\, \delta\varepsilon_x\, dx - \\
&\quad - \int_l M_\eta\, \delta\left(-\frac{d\varphi_\zeta}{dx}\right) dx - \int_l M_\zeta\, \delta\left(\frac{d\varphi_\eta}{dx}\right) dx - \\
&\quad - \int_l Q_\eta\, \delta\gamma_{m\eta}\, dx - \int_l Q_\zeta\, \delta\gamma_{m\zeta}\, dx + \\
&\quad + \int_l q_x\, \delta u\, dx + \int_l q_\eta\, \delta v\, dx + \int_l q_\zeta\, \delta w\, dx = 0 \; . \qquad (7.49)
\end{aligned}
$$

Eine anwendungsgerechte Aufbereitung der Stabtheorie bei Berücksichtigung der Schubverformungen infolge von Querkräften ist z. B. in [Rubin/Vogel (1993)] enthalten.

Virtuelle Arbeit der inneren Kräfte bei reiner Torsion

Bei reiner Torsion sind $\tau_{xy} = \tau_{yx}$ und $\tau_{xz} = \tau_{zx}$ die einzigen von null verschiedenen Komponenten des Spannungstensors. Die virtuelle Arbeit der inneren Kräfte betrifft also nur die beiden letzten Terme auf der rechten Seite von (7.1):

$$
\delta A_{in} = - \int_V (\tau_{xy}\, \delta\gamma_{xy} + \tau_{xz}\, \delta\gamma_{xz})\, dV \; . \qquad (7.50)
$$

Die Schubspannungen werden mit Hilfe der Spannungsfunktion ψ gemäß (6.244) ausgedrückt. Die virtuellen Gleitungen erhält man mit Hilfe der konstitutiven Beziehung (3.277) zu

$$
\delta\gamma_{xy} = \frac{\delta\tau_{xy}}{G} = \frac{1}{G}\,\delta\left(\frac{\partial\psi}{\partial z}\right) , \quad \delta\gamma_{xz} = \frac{\delta\tau_{xz}}{G} = -\frac{1}{G}\,\delta\left(\frac{\partial\psi}{\partial y}\right) \; . \qquad (7.51)
$$

Einsetzen von (6.244) und (7.51) in (7.50) führt auf

$$
\begin{aligned}
&- \int_V (\tau_{xy}\, \delta\gamma_{xy} + \tau_{xz}\, \delta\gamma_{xz})\, dV = \\
&\quad = - \int_l \frac{1}{G} \left\{ \int_A \left[\frac{\partial\psi}{\partial z}\,\delta\left(\frac{\partial\psi}{\partial z}\right) + \frac{\partial\psi}{\partial y}\,\delta\left(\frac{\partial\psi}{\partial y}\right) \right] dA \right\} dx \; . \qquad (7.52)
\end{aligned}
$$

Mit Hilfe des GREEN'schen Integralsatzes [Wylie/Barrett (1982)] kann das Integral innerhalb der geschwungenen Klammern in (7.52) bei Beachtung der Vertauschbarkeit der Reihenfolge von Variation und Differentiation folgendermaßen umgeformt werden:

$$
\begin{aligned}
&\int_A \left[\frac{\partial\psi}{\partial z}\,\delta\left(\frac{\partial\psi}{\partial z}\right) + \frac{\partial\psi}{\partial y}\,\delta\left(\frac{\partial\psi}{\partial y}\right) \right] dA = \int_A \left[\frac{\partial\psi}{\partial z}\frac{\partial(\delta\psi)}{\partial z} + \frac{\partial\psi}{\partial y}\frac{\partial(\delta\psi)}{\partial y} \right] dA = \\
&\quad = \oint_C \psi \left[\frac{\partial(\delta\psi)}{\partial y} dz - \frac{\partial(\delta\psi)}{\partial z} dy \right] - \int_A \psi\, \Delta(\delta\psi)\, dA \; , \qquad (7.53)
\end{aligned}
$$

wobei

$$
\Delta = \frac{\partial^2}{\partial y^2} + \frac{\partial^2}{\partial z^2}
$$

den LAPLACE-Operator bezeichnet. Bei Vollquerschnitten darf ψ längs C gleich null gesetzt werden (siehe Kommentar nach (6.249)). Folglich darf in diesem Fall das Kurvenintegral in (7.53) gleich null gesetzt werden. Analog zu (6.246) gilt

$$\Delta(\delta\psi) = -2G\,\delta\vartheta\ . \tag{7.54}$$

Streicht man das Kurvenintegral in (7.53) und berücksichtigt (6.252) und (7.54), so erhält man

$$\int_A \left[\frac{\partial\psi}{\partial z}\,\delta\left(\frac{\partial\psi}{\partial z}\right) + \frac{\partial\psi}{\partial y}\,\delta\left(\frac{\partial\psi}{\partial y}\right)\right] dA = 2G\,\delta\vartheta \int_A \psi\,dA = GM_T\,\delta\vartheta\ . \tag{7.55}$$

Einsetzen von (7.55) in (7.52) führt auf nachstehenden Ausdruck für die virtuelle Arbeit der inneren Kräfte bei reiner Torsion:

$$\delta A_{in} = -\int_V (\tau_{xy}\,\delta\gamma_{xy} + \tau_{xz}\,\delta\gamma_{xz})\,dV = -\int_l M_T\,\delta\vartheta\,dx = -\int_l GI_T\,\vartheta\,\delta\vartheta\,dx\ , \tag{7.56}$$

wobei von (6.255) Gebrauch gemacht worden ist.

7.2 Prinzip der virtuellen Kräfte

7.2.1 Allgemeines

Die Komponenten σ_y, σ_z und $\tau_{yz} = \tau_{zy}$ des Spannungstensors dürfen in der Stabtheorie vernachlässigt werden (siehe Gleichung (6.1)). Diese Spannungskomponenten sind also zu null vorgegebene Größen. Die entsprechenden virtuellen Spannungskomponenten $\delta\sigma_y$, $\delta\sigma_z$ und $\delta\tau_{yz} = \delta\tau_{zy}$ sind demnach gleich null. Somit ergibt sich der Ausdruck für die Arbeit der virtuellen inneren Kräfte aus (4.108) zu

$$\delta B_{in} = -\int_V \delta\sigma_{ij}\,\varepsilon_{ij}\,dV = -\int_V \delta\sigma_x\,\varepsilon_x\,dV - \int_V \delta\tau_{xy}\,\gamma_{xy}\,dV - \int_V \delta\tau_{xz}\,\gamma_{xz}\,dV\ , \tag{7.57}$$

wobei von $\gamma_{xy} = 2\varepsilon_{xy}$ und $\gamma_{xz} = 2\varepsilon_{xz}$ Gebrauch gemacht worden ist. In den folgenden Abschnitten dieses Unterkapitels wird das Prinzip der virtuellen Kräfte zunächst für axial beanspruchte Stäbe und Fachwerke sowie für auf Biegung beanspruchte Stäbe formuliert. Daran anschließend erfolgt die Formulierung dieses Prinzips für Stäbe mit kombinierter Beanspruchung.

7.2.2 Prinzip der virtuellen Kräfte für axiale Beanspruchung

Für einen axial beanspruchten Stab gilt zusätzlich zu (6.1) $\tau_{xy} = \tau_{yx} = 0$ und $\tau_{xz} = \tau_{zx} = 0$. Die entsprechenden virtuellen Schubspannungen $\delta\tau_{xy} = \delta\tau_{yx}$ und $\delta\tau_{xz} = \delta\tau_{zx}$ sind demnach gleich null. Damit wird aus (7.57)

$$\delta B_{in} = -\int_V \delta\sigma_x\,\varepsilon_x\,dV = -\int_l \left(\int_A \delta\sigma_x\,dA\right)\varepsilon_x\,dx = -\int_l \delta N\,\varepsilon_x\,dx\ . \tag{7.58}$$

In (7.58) wurde von der zur ersten der sechs Gleichungen (6.3) analogen Beziehung

$$\delta N = \int_A \delta\sigma_x\,dA \tag{7.59}$$

Gebrauch gemacht. Dabei bezeichnet δN eine virtuelle Normalkraft.

Die virtuellen äußeren Kräfte $\delta\mathbf{f}$ und $\delta\mathbf{t}^{(n)}$ müssen parallel zur Stabachse gerichtet sein. Folglich sind δf_y und δf_z sowie $\delta t_y^{(n)}$ und $\delta t_z^{(n)}$ gleich null. Rechnet man δf_x und $\delta t_x^{(n)}$ analog zur ersten der drei Gleichungen (6.185) in eine in Richtung der x-Achse wirkende virtuelle Linienlast δq_x um, dann wird aus dem in (4.109) angegebenen allgemeinen Ausdruck für die Arbeit der virtuellen äußeren Kräfte

$$\delta B_{ex} = \int_l \delta q_x \, \bar{u} \, dx \; . \tag{7.60}$$

Obwohl sich das Integral in (7.60) in der Regel nicht über die ganze Stablänge erstreckt, wird für den Integrationsbereich in Ausdrücken für δB_{ex} zur Vereinfachung der Schreibweise auch im Folgenden l geschrieben.

Aus der Bedingung, dass die Summe von δB_{in} und δB_{ex} verschwindet, erhält man die mathematische Formulierung des Prinzips der virtuellen Kräfte für einen axial beanspruchten Stab bei Berücksichtigung von (7.58) und (7.60) zu

$$-\int_l \delta N \, \varepsilon_x \, dx + \int_l \delta q_x \, \bar{u} \, dx = 0 \; . \tag{7.61}$$

Drückt man $\varepsilon_x = du/dx$ in (7.61) mit Hilfe von (6.156) durch die Normalkraft N aus, so ergibt sich die mathematische Formulierung des Prinzips der virtuellen Kräfte für einen axial beanspruchten Stab in Abhängigkeit von der Normalkraft N zu

$$-\int_l \delta N \left[\frac{N}{EA} + \alpha_T \left(T^{(S)} - T_0 \right) \right] dx + \int_l \delta q_x \, \bar{u} \, dx = 0 \; . \tag{7.62}$$

7.2.3 Prinzip der virtuellen Kräfte für ideale Fachwerke

Die Schritte der von (7.61) ausgehenden Herleitung der mathematischen Formulierung des Prinzips der virtuellen Kräfte für ideale Fachwerke sind analog den Schritten der von (7.4) ausgehenden Herleitung der mathematischen Formulierung des Prinzips der virtuellen Verschiebungen für solche Strukturen. Dementsprechend erhält man die mathematische Formulierung des Prinzips der virtuellen Kräfte für ideale Fachwerke zu

$$-\sum_{e=1}^{s} \delta N_e \, \Delta l_e + \sum_{i=1}^{k} \delta\mathbf{P}^{(i)} \cdot \bar{\mathbf{u}}^{(i)} = 0 \; . \tag{7.63}$$

In (7.63) bezeichnet $\delta\mathbf{P}^{(i)}$ eine im Knoten i des Fachwerks angreifende virtuelle Kraft. Die virtuellen Knotenkräfte $\delta\mathbf{P}^{(i)}$, $i = 1, \ldots, k$, rufen virtuelle Stabkräfte δN_e, $e = 1, \ldots, s$, hervor. $\bar{\mathbf{u}}^{(i)}$ bezeichnet eine im Knoten i vorgegebene Verschiebung und Δl_e die Längenänderung des Stabes e. Für numerische Berechnungen werden die Vektoren $\delta\mathbf{P}^{(i)}$ und $\bar{\mathbf{u}}^{(i)}$ in geeignete Komponenten zerlegt.

Mit Hilfe von (7.12) kann man die Längenänderung Δl eines Stabes durch die Stabkraft ausdrücken:

$$\Delta l = \left[\frac{N}{EA} + \alpha_T \left(T^{(S)} - T_0 \right) \right] l \; . \tag{7.64}$$

Beispiel 7.3:

Für das in Abb. 7.1a dargestellte Fachwerk sind die Stabkräfte zufolge der gegebenen Belastung zu bestimmen.

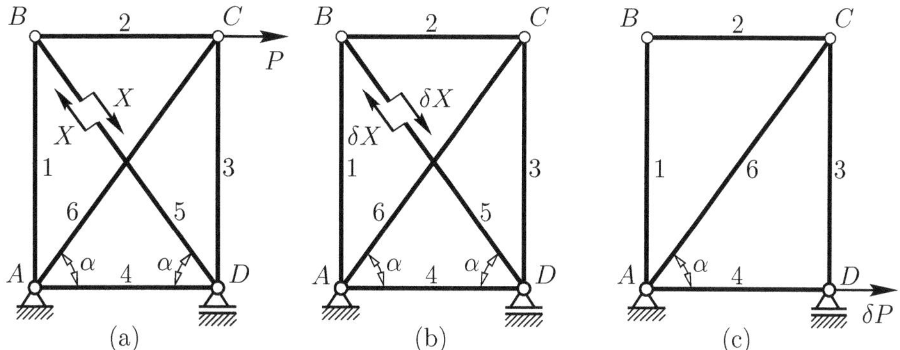

Abb. 7.3: Ergänzungen zu Abb. 7.1: (a) Wahl von N_5 als statisch unbestimmte Stabkraft X, (b) statisches System zur Bestimmung von virtuellen Stabkräften, (c) statisch bestimmtes Grundsystem zur Ermittlung der virtuellen Stabkräfte zufolge von δP

Im ersten Schritt werden die Längenänderungen der Stäbe mit Hilfe von (7.64) durch die Stabkräfte ausgedrückt:

$$\Delta l_1 = \frac{N_1\, l}{EA}\,, \quad \Delta l_2 = \frac{3N_2\, l}{4EA}\,, \quad \Delta l_3 = \frac{N_3\, l}{EA}\,,$$

$$\Delta l_4 = \frac{3N_4\, l}{4EA}\,, \quad \Delta l_5 = \frac{5N_5\, l}{4EA}\,, \quad \Delta l_6 = \frac{5N_6\, l}{4EA}\,. \tag{7.65}$$

Da das Fachwerk innerlich einfach statisch unbestimmt ist, reichen die Gleichgewichtsbedingungen zur Bestimmung der Stabkräfte nicht aus. Eine Stabkraft – z. B. N_5 – wird als statisch unbestimmte Größe gewählt und mit X bezeichnet (Abb. 7.3a).

Auf der Basis von Abb. 7.3a werden im nächsten Schritt die Stabkräfte mittels Gleichgewichtsbetrachtungen für die Knoten durch die statisch unbestimmte Stabkraft X und die Belastung P ausgedrückt:

$$N_1 = -X\sin\alpha\,, \quad N_2 = -X\cos\alpha\,, \quad N_3 = -P\tan\alpha - X\sin\alpha\,,$$

$$N_4 = -X\cos\alpha\,, \qquad N_5 = X\,, \qquad N_6 = \frac{P}{\cos\alpha} + X\,. \tag{7.66}$$

Weiters sind geeignete virtuelle Stabkräfte zu bestimmen. Auf der Grundlage von Abb. 7.3b erhält man diese Stabkräfte mittels Gleichgewichtsbetrachtungen für die Knoten zu

$$\delta N_1 = -\delta X\sin\alpha\,, \quad \delta N_2 = -\delta X\cos\alpha\,, \quad \delta N_3 = -\delta X\sin\alpha\,,$$

$$\delta N_4 = -\delta X\cos\alpha\,, \qquad \delta N_5 = \delta X\,, \qquad \delta N_6 = \delta X\,. \tag{7.67}$$

((7.67) lässt sich auch dadurch gewinnen, dass in (7.66) X durch δX ersetzt und $P = 0$ gesetzt wird.) Trägt man (7.66) in (7.65) ein und setzt die so erhaltenen Ausdrücke für die Stablängenänderungen zusammen mit den Ausdrücken (7.67) für die virtuellen

Stabkräfte in (7.63) ein, so erhält man bei Berücksichtigung des Umstands, dass alle vorgegebenen Verschiebungskomponenten gleich null sind und folglich

$$\sum_{i=1}^{k} \delta \mathbf{P}^{(i)} \cdot \bar{\mathbf{u}}^{(i)} = 0 \tag{7.68}$$

gilt, die nachstehende Gleichung zur Ermittlung der statisch unbestimmten Stabkraft $N_5 = X$:

$$\begin{aligned} -\frac{l}{EA} \Big[&(-\delta X \sin\alpha)(-X \sin\alpha) + (-\delta X \cos\alpha)\frac{3}{4}(-X\cos\alpha) + \\ &+ (-\delta X \sin\alpha)(-P\tan\alpha - X\sin\alpha) + (-\delta X\cos\alpha)\frac{3}{4}(-X\cos\alpha) + \\ &+ \delta X \frac{5}{4} X + \delta X \frac{5}{4}\left(\frac{P}{\cos\alpha} + X\right)\Big] = 0\,. \end{aligned} \tag{7.69}$$

Hebt man δX aus dem Ausdruck zwischen den eckigen Klammern in (7.69) heraus und fasst die Terme des verbleibenden Ausdrucks zusammen, so ergibt sich

$$\frac{\delta X\, l}{EA}\left[X\left(2\sin^2\alpha + \frac{3}{2}\cos^2\alpha + \frac{5}{2}\right) + P\left(\tan\alpha\,\sin\alpha + \frac{5}{4}\frac{1}{\cos\alpha}\right)\right] = 0\,. \tag{7.70}$$

(7.70) ist für eine beliebige virtuelle Kraft δX dann und nur dann erfüllt, wenn der innerhalb der eckigen Klammern stehende Ausdruck gleich null ist. Unter Berücksichtigung von $\sin\alpha = 4/5$ und $\cos\alpha = 3/5$ erhält man die statisch unbestimmte Stabkraft $N_5 = X$ zu

$$X = -\frac{35}{48}P\,. \tag{7.71}$$

Dieses Ergebnis ist gleich dem für N_5 bei Anwendung des Prinzips der virtuellen Verschiebungen erhaltenen Resultat (siehe Gleichung (7.21)). Einsetzen von (7.71) in (7.66) ergibt die Stabkräfte

$$\begin{aligned} N_1 &= \frac{7}{12}P\,, \quad N_2 = \frac{7}{16}P\,, \quad N_3 = -\frac{3}{4}P\,, \\ N_4 &= \frac{7}{16}P\,, \quad N_5 = -\frac{35}{48}P\,, \quad N_6 = \frac{15}{16}P\,. \end{aligned} \tag{7.72}$$

Sie sind mit den Stabkräften gemäß (7.21) identisch. Eintragen von (7.72) in (7.65) ergibt die Längenänderungen der Fachwerkstäbe.

Bei Kenntnis der Stabkräfte kann das Prinzip der virtuellen Kräfte zur Ermittlung einzelner Komponenten von Knotenverschiebungen verwendet werden. Zu diesem Zweck ist in dem betreffenden Knotenpunkt eine in Richtung der gesuchten Verschiebungskomponente wirkende äußere virtuelle Kraft anzusetzen. Dem Prinzip der virtuellen Kräfte entsprechend, müssen die virtuellen Stabkräfte mit der äußeren virtuellen Kraft im Gleichgewicht stehen. Für numerische Berechnungen ist es zweckmäßig, die virtuellen Stabkräfte für ein statisch bestimmtes Grundsystem zu bestimmen. Will man beim vorliegenden Beispiel etwa die Verschiebungskomponente u_D bestimmen, so kann man z. B. das durch Entfernen des Stabes 5 entstehende statisch bestimmte Grundsystem (Abb. 7.3c) zur Ermittlung virtueller Stabkräfte δN_e benützen, die mit *der virtuellen äußeren Kraft δP im Gleichgewicht stehen. Die Gleichgewichtsbedingungen für die einzelnen Knoten ergeben, dass die virtuellen Kräfte in den Stäben 1, 2, 3 und 6 zufolge δP gleich null sind. Die Formulierung des Prinzips der virtuellen Kräfte für Fachwerke (7.63) lautet somit:*

$$-\,\delta N_4\,\Delta l_4 + \delta P\,\bar{u}_D = 0\ . \tag{7.73}$$

Die virtuelle Stabkraft δN_4 folgt aus Abb. 7.3c zu

$$\delta N_4 = \delta P\ . \tag{7.74}$$

Setzt man die vierte der sechs Gleichungen (7.72) in die vierte der sechs Gleichungen (7.65) ein, so erhält man

$$\Delta l_4 = \frac{21}{64}\,\frac{P\,l}{EA}\ . \tag{7.75}$$

Trägt man (7.74) und (7.75) in (7.73) ein, so ergibt sich nach Kürzung durch δP

$$\bar{u}_D = \frac{21}{64}\,\frac{P\,l}{EA}\ . \tag{7.76}$$

Wenn man ausdrücken will, dass u_D nicht im Sinne von (7.73) eine gegebene, sondern die gesuchte Größe ist, lässt man den Querstrich über u_D in (7.76) weg. Das vorliegende Ergebnis für u_D entspricht dem mittels des Prinzips der virtuellen Verschiebungen erhaltenen Resultat (siehe den letzten der fünf Ausdrücke (7.20)).

7.2.4 Prinzip der virtuellen Kräfte für reine Biegung um eine Querschnittshauptachse

Die Spezialisierung der mathematischen Formulierung des Prinzips der virtuellen Kräfte für Stäbe, die auf Biegung um die Querschnittshauptachse η beansprucht werden, verläuft analog zur Spezialisierung der mathematischen Formulierung des Prinzips der virtuellen Verschiebungen für derart beanspruchte Stäbe (siehe die Gleichungen (7.22) bis (7.26)). Folglich erhält man die mathematische Formulierung des Prinzips der virtuellen Kräfte für einen um die η-Achse auf reine bzw. näherungsweise schubstarre Biegung beanspruchten Stab zu

$$-\int_l \delta M_\eta\,\kappa_\zeta\,dx + \int_l \delta q_\zeta\,\bar{w}\,dx = 0\ . \tag{7.77}$$

In (7.77) ist δM_η ein virtuelles Biegemoment um die η-Achse und κ_ζ die Krümmung der Stabachse des auf Biegung um diese Querschnittshauptachse beanspruchten Stabes. δq_ζ stellt eine in Richtung der ζ-Achse wirkende virtuelle Linienlast dar und $\bar{w}$ eine vorgegebene Verschiebung in Richtung dieser Achse. Drückt man in (7.77) κ_ζ mit Hilfe von (6.112) und (6.158) durch die Schnittgröße M_η aus, so erhält man die mathematische Formulierung des Prinzips der virtuellen Kräfte für einen auf reine Biegung um die Querschnittshauptachse η beanspruchten Stab in Abhängigkeit von M_η zu

$$-\int_l \delta M_\eta \left(\frac{M_\eta}{EI_\eta} + \alpha_T \frac{\Delta T_\zeta}{h_\zeta}\right) dx + \int_l \delta q_\zeta\,\bar{w}\,dx = 0\ . \tag{7.78}$$

(7.78) kann einerseits zur Bestimmung statisch unbestimmter Größen in statisch unbestimmt gelagerten Biegestäben eingesetzt werden. Bei Kenntnis der Schnittgrößen kann (7.78) andererseits zur Ermittlung von Durchbiegungen einzelner Punkte der Stabachse sowie von Neigungen der Tangente der Biegelinie in einzelnen Punkten der verformten Stabachse verwendet werden.

Im Folgenden wird die zweite Anwendungsmöglichkeit anhand eines Beispiels demonstriert. Die erste Anwendungsmöglichkeit wird nach der Formulierung des Prinzips der virtuellen Kräfte für kombinierte Beanspruchung anhand von zwei Beispielen gezeigt.

Beispiel 7.4:

Für den in Abb. 7.2 dargestellten Stab ist (a) die Durchbiegung in Stabmitte und (b) die Neigung der Tangente der Biegelinie am linken Auflager gesucht.

ad (a): *Zur Bestimmung der Durchbiegung w an einer beliebigen Stelle x infolge der sinusförmigen Belastung wird an der betreffenden Stelle eine virtuelle Einzelkraft δP in Richtung der gesuchten Verschiebungskomponente aufgebracht (Abb. 7.4b). Die virtuelle Arbeit zufolge δP erhält man durch Spezialisierung des zweiten Integrals in (7.78) für eine an der Stelle x in Richtung der ζ-Achse wirkende virtuelle Einzellast δP. Fasst man δP als Limes des Integrals einer über einen kleinen Bereich ε verteilten Linienlast $\delta q_\zeta = \delta P/\varepsilon$ auf, so erhält man unter Berücksichtigung von (6.355)*

$$\int_l \delta q_\zeta(x)\ \bar{w}(x)\ dx = \lim_{\varepsilon \to 0} \int_{x-\frac{\varepsilon}{2}}^{x+\frac{\varepsilon}{2}} \frac{\delta P}{\varepsilon}\ \bar{w}(x)\, dx = \delta P\ \bar{w}(x)\ . \tag{7.79}$$

Trägt man die für $x = l/2$ spezialisierte Gleichung (7.79) in (7.78) ein und setzt in der so erhaltenen Beziehung ΔT_ζ gleich null, so ergibt sich

$$-\int_l \delta M_\eta \frac{M_\eta}{EI_\eta}\, dx + \delta P\, \bar{w}(l/2) = 0\ . \tag{7.80}$$

Bei den virtuellen Momenten δM_η im ersten Term von (7.80) handelt es sich um virtuelle Schnittgrößen infolge von δP (Abb. 7.4b). Dieser Term entspricht der von δM_η an den betreffenden aktuellen Krümmungen $\kappa_\zeta = M_\eta/(EI_\eta)$ geleisteten inneren Arbeit. Der zweite Term in (7.80) stellt die von δP längs der aktuellen Verschiebung $\bar{w}(l/2)$ geleistete äußere Arbeit dar. Weglassen des Querstrichs über w in (7.80) führt auf

$$\delta P\, w(l/2) = \int_l \delta M_\eta \frac{M_\eta}{EI_\eta}\, dx\ , \tag{7.81}$$

wobei δM_η gemäß Abb. 7.4b zu

$$\delta M_\eta(x) = \frac{\delta P}{2}\, x - \delta P \left\langle x - \frac{l}{2} \right\rangle \tag{7.82}$$

gegeben ist. Durch das Weglassen dieses Querstrichs wird ausgedrückt, dass $w(l/2)$ nicht eine im Sinne von (7.78) gegebene, sondern die gesuchte Größe ist.

Setzt man (7.39) und (7.82) in (7.81) ein, kürzt durch δP und macht von den Symmetrieeigenschaften des vorliegenden Systems Gebrauch, so erhält man die gesuchte Verschiebungskomponente zu

$$w(l/2) = \frac{2}{EI_\eta} \int_0^{l/2} q_0 \frac{l^2}{\pi^2} \sin \frac{\pi x}{l} \frac{x}{2}\, dx = \frac{q_0}{EI_\eta} \frac{l^4}{\pi^4}\ . \tag{7.83}$$

$w(x = l/2)$ gemäß (7.83) ist mit w_0 laut (7.37) identisch.

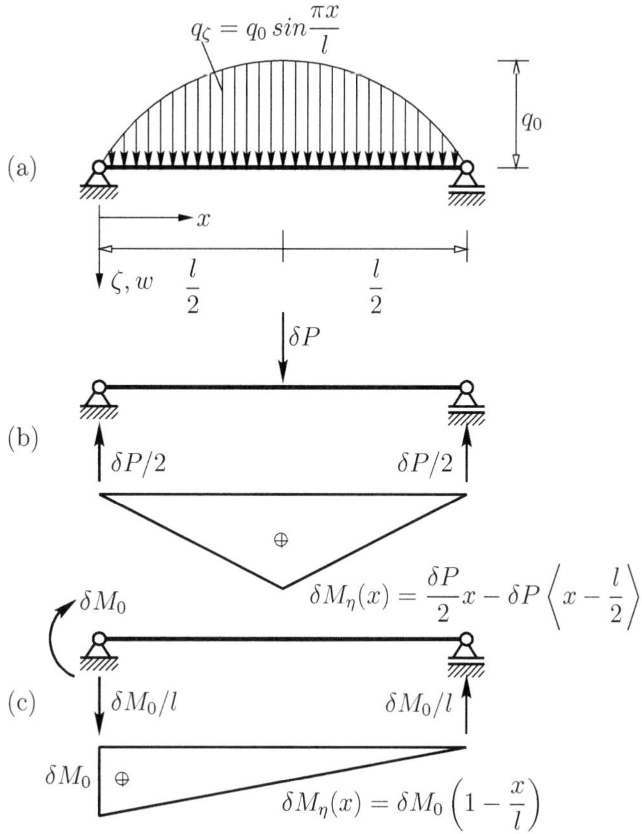

Abb. 7.4: Zur Ermittlung der Durchbiegung bzw. der Neigung der Tangente der Biegelinie in ausgewählten Punkten mit Hilfe des Prinzips der virtuellen Kräfte: (a) statisches System, (b) virtuelle Einzelkraft zur Ermittlung der Durchbiegung in Stabmitte, (c) virtuelles Biegemoment zur Ermittlung der Neigung der Tangente der Biegelinie am linken Auflager

ad (b): *Zur Ermittlung der Neigung der Tangente der Biegelinie an einer bestimmten Stelle x wird an der betreffenden Stelle ein virtuelles Biegemoment δM_0 aufgebracht (Abb. 7.4c). Fasst man δM_0 als Limes eines Kräftepaares auf, wobei die Wirkungslinien der beiden Kräfte $+\delta P = +\delta M_0/\varepsilon$ und $-\delta P = -\delta M_0/\varepsilon$ um das Maß ε voneinander entfernt sind, so erhält man unter Berücksichtigung von (7.79)*

$$
\begin{aligned}
\int_l \delta q_\zeta\, \bar{w}\, dx &= \lim_{\varepsilon\to 0}\left[\int_{x-\varepsilon}^{x}\left(\frac{-\delta P}{\varepsilon}\right)\bar{w}(x)\, dx + \int_x^{x+\varepsilon}\frac{\delta P}{\varepsilon}\bar{w}(x)\, dx\right] = \\
&= \lim_{\varepsilon\to 0}\left[-\delta P\, \bar{w}(x-\varepsilon/2) + \delta P\, \bar{w}(x+\varepsilon/2)\right] = \\
&= \lim_{\varepsilon\to 0}\left[\left(-\frac{\delta M_0}{\varepsilon}\right)\bar{w}(x-\varepsilon/2) + \left(\frac{\delta M_0}{\varepsilon}\right)\bar{w}(x+\varepsilon/2)\right] = \\
&= \delta M_0 \lim_{\varepsilon\to 0}\frac{\bar{w}(x+\varepsilon/2) - \bar{w}(x-\varepsilon/2)}{\varepsilon} = \delta M_0(x)\, \bar{\varphi}_\zeta(x)\ . \qquad (7.84)
\end{aligned}
$$

Ein an der Stelle x angreifendes virtuelles Biegemoment δM_0 leistet also an der aktuellen Drehung $\bar{\varphi}_\zeta$ der Stabachse an dieser Stelle Arbeit. $\bar{\varphi}_\zeta$ ist gleich der Neigung *der Tangente der Biegelinie. Im gegebenen Fall ist $\bar{\varphi}_\zeta$ an der Stelle $x = 0$ gesucht. Durch Einsetzen von (7.84) mit $x = 0$ in (7.78) und Streichen des von einer Temperaturdifferenz ΔT_ζ herrührenden Terms erhält man*

$$-\int_l \delta M_\eta \frac{M_\eta}{EI_\eta}\,dx + \delta M_0\,\bar{\varphi}_\zeta(0) = 0\ . \tag{7.85}$$

Weglassen des Querstrichs über φ_ζ in (7.85) führt auf

$$\delta M_0\ \varphi_\zeta(0) = \int_l \delta M_\eta \frac{M_\eta}{EI_\eta}\,dx\ . \tag{7.86}$$

Den Verlauf des virtuellen Moments $\delta M_\eta(x)$ infolge von δM_0 erhält man entsprechend Abb. 7.4c zu

$$\delta M_\eta(x) = \delta M_0\left(1 - \frac{x}{l}\right)\ . \tag{7.87}$$

Einsetzen von (7.39) und (7.87) in (7.86) und Kürzen durch δM_0 ergibt die Neigung φ_ζ der Tangente der Biegelinie am linken Auflager zu

$$\varphi_\zeta(0) = \int_0^l \frac{q_0}{EI_\eta}\frac{l^2}{\pi^2}\sin\frac{\pi x}{l}\left(1 - \frac{x}{l}\right)dx = \frac{q_0}{EI_\eta}\frac{l^3}{\pi^3}\ . \tag{7.88}$$

Das Ergebnis für $\varphi_\zeta(0)$ gemäß (7.88) stimmt mit dem für dw/dx an der Stelle $x = 0$ aus $w(x)$ gemäß (7.38) erhaltenen Resultat überein.

7.2.5 Prinzip der virtuellen Kräfte für zusammengesetzte Beanspruchung

Bei statischer Beanspruchung eines Stabes durch Normalkraft und Biegemomente um beide Hauptachsen des Querschnitts sind (7.61) und (7.77) zu addieren und durch Terme zu ergänzen, welche die Biegung um die ζ-Achse betreffen. Man erhält dann

$$\begin{aligned} -\int_l \delta N\,\varepsilon_x\,dx - \int_l \delta M_\eta\,\kappa_\zeta\,dx - \int_l \delta M_\zeta\,\kappa_\eta\,dx + \\ + \int_l \delta q_x\,\bar{u}\,dx + \int_l \delta q_\eta\,\bar{v}\,dx + \int_l \delta q_\zeta\,\bar{w}\,dx = 0\ . \end{aligned} \tag{7.89}$$

In den erwähnten Termen bezeichnen δq_η und $\bar{v}$ die virtuelle Linienlast bzw. die gegebene Verschiebung der Stabachse in Richtung der η-Achse und δM_ζ und κ_η das virtuelle Biegemoment um die ζ-Achse bzw. die aktuelle Krümmung der Stabachse in der $x\eta$-Ebene. Formuliert man das Prinzip der virtuellen Kräfte in Abhängigkeit von den Schnittgrößen N, M_η und M_ζ, so erhält man aus (7.89) unter Berücksichtigung von (7.62) und (7.78) sowie von (6.121) und (6.157)

$$\begin{aligned} &-\int_l \delta N\left[\frac{N}{EA} + \alpha_T(T^{(S)} - T_0)\right]dx - \\ &-\int_l \delta M_\eta\left(\frac{M_\eta}{EI_\eta} + \alpha_T\frac{\Delta T_\zeta}{h_\zeta}\right)dx - \int_l \delta M_\zeta\left(\frac{M_\zeta}{EI_\zeta} - \alpha_T\frac{\Delta T_\eta}{h_\eta}\right)dx + \\ &+\int_l \delta q_x\,\bar{u}\,dx + \int_l \delta q_\eta\,\bar{v}\,dx + \int_l \delta q_\zeta\,\bar{w}\,dx = 0\ . \end{aligned} \tag{7.90}$$

Wenn in den Stabquerschnitten nur Normalkräfte und Biegemomente übertragen werden, treten keine Schubverformungen auf. Im Allgemeinen ist das jedoch nicht der Fall. So sind etwa bei über die Stablänge veränderlichen Biegemomenten die Querkräfte ungleich null. Dementsprechend kommt es zu Schubverformungen. Diese dürfen, wie bereits erwähnt, bei schlanken Stäben vernachlässigt werden. Folglich darf bei solchen Stäben der Beitrag der virtuellen Querkräfte zur Arbeit der virtuellen inneren Kräfte vernachlässigt werden. Bei gedrungenen Stäben sind die Schubverformungen zufolge von Querkräften jedoch zu berücksichtigen. Schubdeformationen treten darüber hinaus auch bei Torsionsbeanspruchung auf. Im Folgenden werden Schubdeformationen im Rahmen des Prinzips der virtuellen Kräfte berücksichtigt.

Berücksichtigung der Schubverformungen

Für dünnwandige Querschnitte ergibt sich der Beitrag der virtuellen Querkraftschubspannungen zur Arbeit der virtuellen inneren Kräfte zu

$$-\int_V \delta\tau_{xs}\,\gamma_{xs}\,dV\,. \tag{7.91}$$

Auf analoge Weise wie beim Prinzip der virtuellen Verschiebungen (siehe die Gleichungen (7.42) bis (7.47)) erhält man

$$-\int_l (\delta Q_\eta\,\gamma_{m\eta} + \delta Q_\zeta\,\gamma_{m\zeta})\,dx = -\int_l \left(\delta Q_\eta \frac{\kappa_\eta Q_\eta}{GA} + \delta Q_\zeta \frac{\kappa_\zeta Q_\zeta}{GA}\right) dx\,. \tag{7.92}$$

(7.92) ist zu (7.89) hinzuzufügen. Darüber hinaus sind die Krümmungen der Stabachse, κ_η und κ_ζ, durch die Querschnittsdrehwinkeländerungen $d\varphi_\eta/dx$ und $-d\varphi_\zeta/dx$ zu ersetzen. Das ist deswegen erforderlich, weil bei Berücksichtigung der Schubdeformationen infolge von Querkräften die linearisierten Ausdrücke für die Krümmungen der Stabachse, d^2v/dx^2 und $-d^2w/dx^2$, nicht gleich den Querschnittsdrehwinkeländerungen sind (siehe (7.48)). Diese jedoch sind es, an denen entsprechende virtuelle Biegemomente Arbeit leisten. Das ist der nachstehenden mathematischen Formulierung des Prinzips der virtuellen Kräfte für zusammengesetzte Beanspruchung von Stäben zu entnehmen:

$$\begin{aligned} &-\int_l \delta N\,\varepsilon_x\,dx - \\ &-\int_l \delta M_\eta \left(-\frac{d\varphi_\zeta}{dx}\right) dx - \int_l \delta M_\zeta \left(\frac{d\varphi_\eta}{dx}\right) dx - \int_l \delta Q_\eta\,\gamma_{m\eta}\,dx - \int_l \delta Q_\zeta\,\gamma_{m\zeta}\,dx + \\ &+\int_l \delta q_x\,\bar{u}\,dx + \int_l \delta q_\eta\,\bar{v}\,dx + \int_l \delta q_\zeta\,\bar{w}\,dx = 0\,. \end{aligned} \tag{7.93}$$

Eine anwendungsgerechte Aufbereitung der Stabtheorie bei Berücksichtigung der Schubverformungen infolge von Querkräften ist z. B. in [Rubin/Vogel (1993)] enthalten.

Virtuelle Arbeit der inneren Kräfte bei reiner Torsion

Analog zur Vorgangsweise bei der Ermittlung des Ausdrucks für die entsprechende virtuelle Arbeit im Rahmen des Prinzips der virtuellen Verschiebungen (siehe die Gleichungen (7.50) bis (7.56)) erhält man den Ausdruck für die Arbeit der virtuellen inneren Kräfte bei reiner Torsion im Rahmen des Prinzips der virtuellen Kräfte. Er ergibt sich unter Berücksichtigung von (6.255) zu

$$\delta B_{in} = -\int_V (\delta\tau_{xy}\,\gamma_{xy} + \delta\tau_{xz}\,\gamma_{xz})\,dV = -\int_l \delta M_T\,\vartheta\,dx = -\int_l \delta M_T\,\frac{M_T}{GI_T}\,dx\ . \quad (7.94)$$

Beispiel 7.5:

Für den in Abb. 7.5a dargestellten ebenen Zweigelenkrahmen ist der Verlauf der Biegemomente und Normalkräfte mit Hilfe des Prinzips der virtuellen Kräfte zu bestimmen. Die Stäbe seien hinreichend schlank, sodass die Schubverformungen vernachlässigt werden dürfen. Die Querschnitte der drei Stäbe seien zur Zeichenebene symmetrisch. Folglich liegt Biegung um die normal zur Zeichenebene gelegene Hauptachse η der Stabquerschnitte vor. Da die Querkraft durch den in der Symmetrieebene gelegenen Schubmittelpunkt geht, ist $M_T = 0$.

Zur Berechnung der vier Auflagergrößen H_A, V_A, H_B, V_B stehen nur drei Gleichgewichtsbedingungen zur Verfügung. Das vorliegende System ist somit einfach statisch unbestimmt. Als statisch unbestimmte Größe wird die Auflagerkraft H_A gewählt. Sie wird mit X bezeichnet. Die Auflagerkräfte ergeben sich in Abhängigkeit von X und

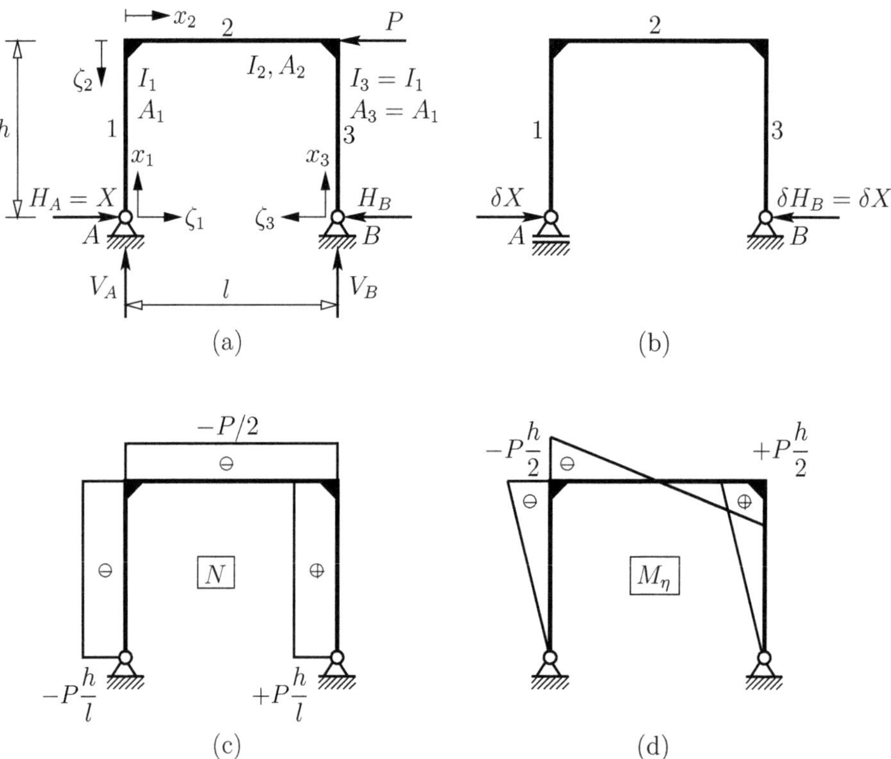

Abb. 7.5: Zweigelenkrahmen: (a) statisches System, (b) statisch bestimmtes Grundsystem, (c) Normalkräfte (bei Vernachlässigung des Einflusses der Dehnung der Stabachsen), (d) Biegemomente (bei Vernachlässigung des Einflusses der Dehnung der Stabachsen)

der äußeren Belastung P zu

$$H_A = X \ , \quad H_B = X - P \ , \quad V_A = \frac{P\,h}{l} \ , \quad V_B = -\frac{P\,h}{l} \ . \tag{7.95}$$

Die Biegemomente und Normalkräfte erhält man wie folgt:

$$\begin{aligned} &\text{Stab 1:} \quad M_\eta(x_1) = -Xx_1 \ , && N(x_1) = -\frac{Ph}{l} \ , \\ &\text{Stab 2:} \quad M_\eta(x_2) = -Xh + \frac{Ph}{l}x_2 \ , && N(x_2) = -X \ , \\ &\text{Stab 3:} \quad M_\eta(x_3) = -(X - P)x_3 \ , && N(x_3) = \frac{Ph}{l} \ . \end{aligned} \tag{7.96}$$

Bei Vernachlässigung der von virtuellen Querkräften δQ_ζ an entsprechenden aktuellen Schubverformungen geleisteten Arbeit darf (7.90) als Ausgangspunkt zur Bestimmung der statisch unbestimmten Auflagerkraft X verwendet werden. Zuerst wird diese Gleichung durch Ersetzen von l durch die Länge l_e des Stabes e und Voransetzung von $\sum_{e=1}^{3}$ zum Zeichen der Summation über die drei Stäbe des Zweigelenkrahmens modifiziert. Die erhaltene Beziehung wird dann für $T^{(S)} - T_0 = 0$, $\Delta T_\eta = 0$, $\Delta T_\zeta = 0$, $M_\zeta = 0$, $\bar{u} = u_A = u_B = 0$, $\bar{v} = 0$ und $\bar{w} = w_A = w_B = 0$ spezialisiert. Auf diese Weise ergibt sich

$$\sum_{e=1}^{3} \int_0^{l_e} \left(\delta N \frac{N}{EA} + \delta M_\eta \frac{M_\eta}{EI_\eta} \right) dx_e = 0 \ . \tag{7.97}$$

Das virtuelle Biegemoment δM_η und die virtuelle Normalkraft δN erhält man als Schnittgrößen infolge von δX im statisch bestimmten Grundsystem (Abb. 7.5b). Dieses ergibt sich durch Ersetzen des unverschieblichen Auflagers im Punkt A durch ein verschiebliches Auflager. Dementsprechend erhält man δM_η und δN wie folgt:

$$\begin{aligned} &\text{Stab 1:} \quad \delta M_\eta(x_1) = -\delta X\, x_1 \ , && \delta N(x_1) = 0 \ , \\ &\text{Stab 2:} \quad \delta M_\eta(x_2) = -\delta X\, h \ , && \delta N(x_2) = -\delta X \ , \\ &\text{Stab 3:} \quad \delta M_\eta(x_3) = -\delta X\, x_3 \ , && \delta N(x_3) = 0 \ . \end{aligned} \tag{7.98}$$

(δM_η und δN lassen sich auch durch Ersetzen von X durch δX und Nullsetzen von P in (7.96) bestimmen.) Gleichung (7.97) verdeutlicht, dass die virtuelle äußere Kraft δX keine Arbeit leistet. Der Grund dafür ist das Verschwinden der zugeordneten aktuellen Verschiebung $\bar{w}_A$ (Abb. 7.5a). Setzt man die Ausdrücke für $M_\eta \, , N \, , \delta M_\eta$, δN in (7.97) ein, so erhält man für stabweise konstante Querschnittsgrößen und einen für alle drei Stäbe gleichen Elastizitätsmodul

$$\begin{aligned} &\int_0^h \delta X \frac{X}{EI_1} x_1^2 \, dx_1 + \int_0^l \left[\delta X \frac{X}{EA_2} + \delta X\, h \frac{1}{EI_2} \left(Xh - \frac{Ph}{l} x_2 \right) \right] dx_2 + \\ &\quad + \int_0^h \delta X \, \frac{X - P}{EI_1} \, x_3^2 \, dx_3 = 0 \ . \end{aligned} \tag{7.99}$$

Kürzt man (7.99) durch δX und wertet die einzelnen Integrale aus, so erhält man

$$X = \frac{P}{2} \frac{1 + \dfrac{2h\, I_2}{3l\, I_1}}{1 + \dfrac{2h\, I_2}{3l\, I_1} + \dfrac{I_2}{h^2\, A_2}} \ . \tag{7.100}$$

Vernachlässigt man den Einfluss der Dehnung der Stabachsen auf die statisch unbestimmte Größe, indem man in (7.97) den ersten Term innerhalb der runden Klammern bzw. in (7.99) den ersten Term im Integranden des zweiten Integrals streicht, dann entfällt der letzte Term im Nenner von (7.100). Folglich ergibt sich X dann zu

$$X = \frac{P}{2} \,. \tag{7.101}$$

Einsetzen dieses Ausdrucks für X in (7.96) führt auf die in den Abb. 7.5c bzw. d dargestellten Verläufe der Biegemomente und Normalkräfte.

Die Lösung dieses Beispiels mittels des Prinzips der virtuellen Kräfte besteht also aus folgenden Schritten: Im ersten Schritt wird aus dem gegebenen statisch unbestimmten System (Abb. 7.5a) die statisch überzählige Bindung entfernt. Die dieser Bindung entsprechende Auflagerreaktion H_A wird als äußere Kraft angesetzt. H_A stellt die mit X bezeichnete statisch unbestimmte Größe dar. Für das auf diese Weise entstandene statisch bestimmte Grundsystem (Abb. 7.5b) ermittelt man im zweiten Schritt mit Hilfe der Gleichgewichtsbedingungen (siehe (7.96)) die Schnittgrößen. Im dritten Schritt wird die geometrische Bedingung $\bar{w}_A = 0$ mittels des Prinzips der virtuellen Kräfte erfüllt. Zu diesem Zweck wird im Auflagerpunkt A eine horizontale virtuelle äußere Kraft δX angesetzt (Abb. 7.5b). Da die entsprechende aktuelle Verschiebung verschwindet, ist die Arbeit dieser virtuellen äußeren Kraft gleich null (siehe (7.97)). Aus dieser Bedingung erhält man den gesuchten Ausdruck für X. Der letzte Schritt besteht im Einsetzen dieses Ausdrucks in (7.95) und (7.96). Er führt auf die Auflagerreaktionen und Schnittgrößen des statisch unbestimmten Systems.

Beispiel 7.6:

Für den in Abb. 7.6a dargestellten kreisförmigen Stab ist die Momentenverteilung gesucht. Der Querschnitt dieses Stabes sei zur Zeichenebene symmetrisch. Folglich liegt Biegung um die normal zur Zeichenebene gelegenen Hauptachsen η der Stabquerschnitte vor. Der kreisförmige Stab sei hinreichend schlank, sodass die Schubverformungen vernachlässigt werden dürfen.

Wenn der Krümmungsradius R der Stabachse eines Stabes groß im Vergleich zu den Querschnittsabmessungen ist, spricht man von einem schwach gekrümmten Stab. Da sich die Verteilung der Spannungen und Verzerrungen in einem solchen Stab nicht wesentlich von der in einem geraden Stab unterscheidet, dürfen die für die Bestimmung der Spannungen und Formänderungen gerader Stäbe hergeleiteten Beziehungen auch für schwach gekrümmte Stäbe verwendet werden. Bei gekrümmten Stäben wird die bei geraden Stäben für die Stabachse verwendete Koordinate x durch die längs der Stabachse gemessene Bogenlänge s ersetzt.

Der horizontale Symmetrieschnitt durch den kreisförmigen Stab (siehe Abb. 7.6b) lässt erkennen, dass für $\alpha = 0$ und $\alpha = \pi$ aus Symmetriegründen $N = P/2$ und $Q_\zeta = 0$ ist. Es sind somit keine Querkräfte erforderlich, um die untere und die obere Hälfte des verformten Bogens zusammenzuhalten. $Q_\zeta = 0$ folgt auch daraus, dass das Biegemoment M_η für $\alpha = 0$ und $\alpha = \pi$ aus Symmetriegründen einen Extremwert annehmen muss. Da N und Q_ζ für $\alpha = 0$ und $\alpha = \pi$ aus Symmetriegründen bekannt sind, ist das vorliegende System nur einfach statisch unbestimmt. Als statisch unbestimmte Größe wird $M_\eta(\alpha = 0) = M_\eta(\alpha = \pi)$ gewählt und mit X bezeichnet. Aus Symmetriegründen resultiert ferner, dass die Tangenten an die Achse des kreisförmigen Stabes in den Punkten $\alpha = 0$ und $\alpha = \pi$ bei der Verformung vertikal bleiben.

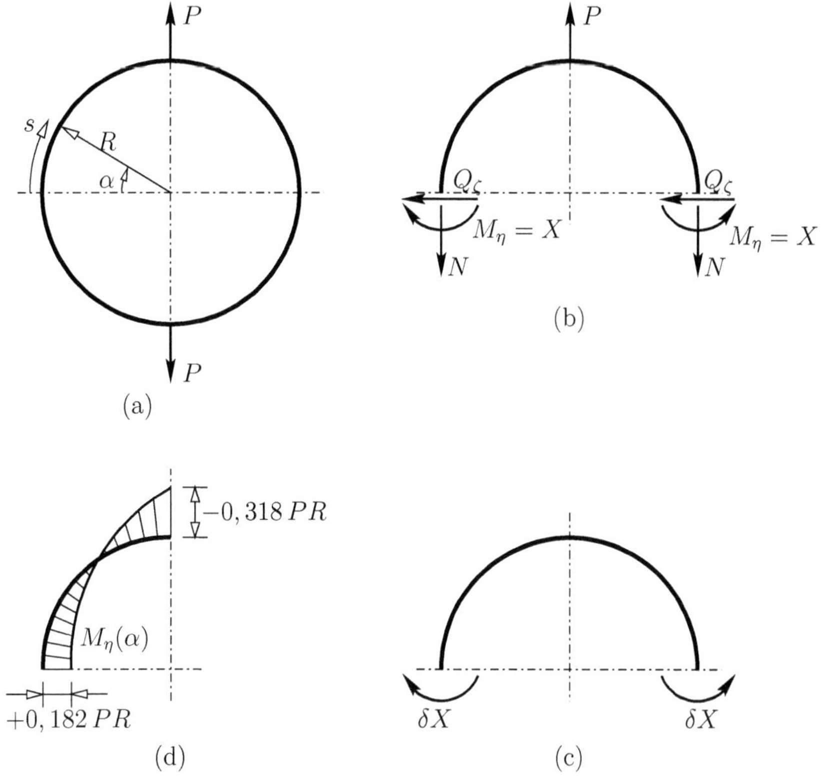

Abb. 7.6: Schlanker kreisförmiger Stab: (a) statisches System, (b) Schnittkräfte, (c) virtuelle Kräfte, (d) Verlauf des Biegemoments

Es ist also $\bar{\varphi}_\zeta(0) = \bar{\varphi}_\zeta(\pi) = 0$. Somit ist die gegenseitige Verdrehung dieser beiden Tangenten gleich null. Folglich leisten die beiden in Abb. 7.6c dargestellten virtuellen Biegemomente δX keine Arbeit. Auf dem Verschwinden der Arbeit dieser virtuellen Momente beruht die nachstehend formulierte Bedingung zur Bestimmung von X.

Ersetzt man in (7.90) dx durch $ds = R\,d\alpha$, spezialisiert die dadurch erhaltene Beziehung für $T - T_0 = 0$, $\Delta T_\eta = 0$, $\Delta T_\zeta = 0$, $M_\zeta = 0$, $\bar{u} = u(\alpha = 0) = u(\alpha = \pi) = 0$ und $\bar{v} = 0$, berücksichtigt in (7.90) ferner, dass w nirgendwo vorgegeben ist, und macht bei den Integrationen von Symmetrieeigenschaften Gebrauch, so erhält man

$$2\left[-\int_0^{\pi/2} \delta N \frac{N}{EA} R\,d\alpha - \int_0^{\pi/2} \delta M_\eta \frac{M_\eta}{EI_\eta} R\,d\alpha\right] = 0 \; . \tag{7.102}$$

δN stellt die virtuelle Axialkraft und δM das virtuelle Biegemoment an einer beliebigen Stelle α zufolge des virtuellen Biegemoments δX an der Stelle $\alpha = 0$ bzw. $\alpha = \pi$ dar. Wegen $\delta N = 0$ verschwindet der erste Term in (7.102). Aus Abb. 7.6b bzw. 7.6c ergibt sich

$$M_\eta(\alpha) = X - \frac{PR}{2}(1 - \cos\alpha) \; , \; 0 \le \alpha \le \frac{\pi}{2} \; , \qquad \delta M_\eta(\alpha) = \delta X \; . \tag{7.103}$$

Einsetzen von $\delta N = 0$ *und von (7.103) in (7.102) führt bei Berücksichtigung von* $EI_\eta = konst.$ *auf*

$$\int_0^{\pi/2} \delta X \left[X - \frac{PR}{2}(1 - \cos\alpha) \right] R \, d\alpha = 0 \; . \tag{7.104}$$

Da (7.104) für ein beliebiges δX *gilt, muss das Integral des innerhalb der eckigen Klammer stehenden Ausdrucks in dieser Gleichung verschwinden. Daraus folgt*

$$X = \left(\frac{1}{2} - \frac{1}{\pi} \right) PR = 0{,}182 \, PR \; . \tag{7.105}$$

Eintragen des Ausdrucks für X *in die erste der beiden Gleichungen (7.103) führt auf das Biegemoment. Abb. 7.6d zeigt den Momentenverlauf im Quadranten* $0 \leq \alpha \leq \pi/2$.

Literaturverzeichnis

[Rubin/Vogel (1993)] H. Rubin und U. Vogel, „Baustatik ebener Stabwerke“, *Stahlbau Handbuch*, Band 1, Teil A, 3. Auflage, Stahlbau-Verlags-GmbH, Köln, 1993, pp. 73–249.

[Wylie/Barrett (1982)] C.R. Wylie und L.C. Barrett, *Advanced Engineering Mathematics*, McGraw-Hill, New York, 1982.

Kapitel 8

Lineare Theorie ebener Flächentragwerke

8.1 Einleitung

Bei Flächentragwerken ist eine charakteristische Abmessung – die Dicke d – klein im Vergleich zu den beiden anderen Dimensionen. Man unterscheidet zwischen Scheiben, Platten und Schalen. Scheiben und Platten weisen in der unverformten Ausgangslage eine ebene Mittelfläche auf. Deshalb werden sie als ebene Flächentragwerke bezeichnet. Bei Scheiben (Abb. 8.1a) bleibt die Mittelebene bei der Verformung eben. Bei Platten (Abb. 8.1b) erfährt sie hingegen eine Verkrümmung. Die Art der Verformung der Mittelebene folgt aus der Belastung des betreffenden Flächentragwerks.

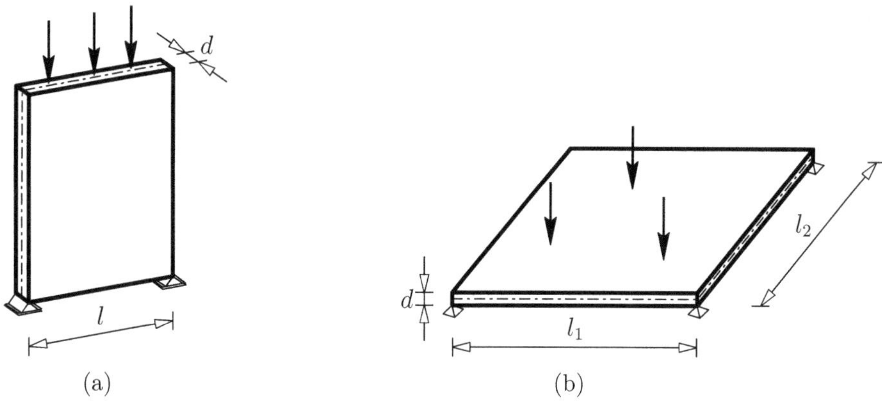

Abb. 8.1: Ebene Flächentragwerke: (a) Scheibe, (b) Platte

Schalen weisen bereits in der unverformten Ausgangslage eine gekrümmte Mittelfläche auf. Sie werden deshalb als räumliche Flächentragwerke bezeichnet. Die Mittelfläche kann einfach oder doppelt gekrümmt sein (Abb. 8.2a bzw. Abb. 8.2b). Zu den räumlichen Flächentragwerken zählen auch Faltwerke (Abb. 8.2c).

Das vorliegende Kapitel enthält eine Einführung in die lineare Theorie ebener Flächentragwerke. Demnach werden geometrische Linearität und die Gültigkeit des verallgemeinerten HOOKE'schen Gesetzes vorausgesetzt. Es werden ausschließlich homogene, isotrope Werkstoffe berücksichtigt.

H. A. Mang und G. Hofstetter, *Festigkeitslehre*,
https://doi.org/10.1007/978-3-662-57564-2_8

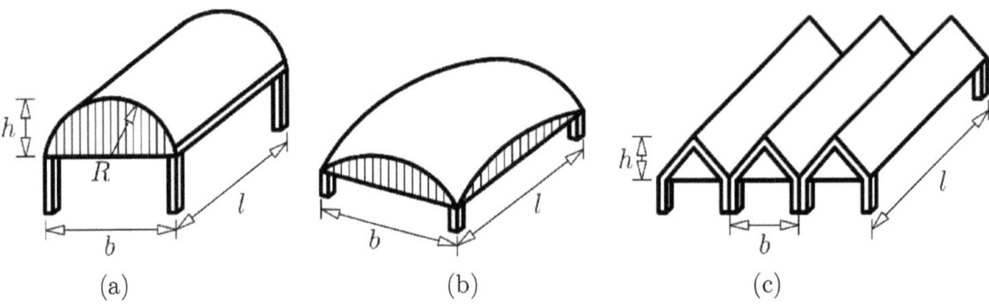

Abb. 8.2: Räumliche Flächentragwerke: (a) einfach gekrümmte Schale, (b) doppelt gekrümmte Schale, (c) Faltwerk

In der Scheibentheorie unterscheidet man zwischen der Spannungs- und der Verschiebungsformulierung. Bei der Spannungsformulierung sind die Spannungskomponenten die primären Unbekannten. Bei der Verschiebungsformulierung sind dies die Verschiebungskomponenten.

In der Plattentheorie unterscheidet man zwischen der Theorie schubstarrer und schubnachgiebiger Platten. Ähnlich wie bei schlanken Stäben, bei denen die Verformungen zufolge der Querkraftschubspannungen vernachlässigt werden dürfen, können bei dünnen Platten die Verformungen zufolge der normal zur Mittelebene gerichteten, also transversalen, Schubspannungen vernachlässigt werden. Deshalb spricht man auch von schubstarren Platten. Infolge der Vernachlässigung der transversalen Schubverformungen liegen Punkte, die sich in der unverformten Lage auf einer Normalen zur Mittelebene der Platte befinden, in der verformten Lage auf einer Geraden, die normal zur verformten Mittelebene gerichtet ist. Diese für dünne Platten sehr gut geeignete kinematische Hypothese wird als KIRCHHOFF'sche Normalenhypothese bezeichnet. Die auf ihr beruhende geometrisch und werkstofflich lineare Plattentheorie wird deshalb KIRCHHOFF'sche Plattentheorie genannt.

Ähnlich wie bei gedrungenen Stäben darf man bei dickeren Platten die Verformungen zufolge von transversalen Schubspannungen nicht vernachlässigen. Man spricht dann von schubnachgiebigen Platten. Wie bei gedrungenen Stäben wird bei mäßig dicken Platten vereinfachend Konstanz der transversalen Schubverzerrungen bzw. Gleitungen über die Dicke der Platte angenommen. Darauf beruht die kinematische Hypothese, derzufolge Punkte, die in der unverformten Lage auf einer Normalen zur Mittelebene der Platte liegen, in der verformten Lage auf einer Geraden gelegen sind. Diese Gerade verläuft jedoch nicht normal zur verformten Mittelebene.

Obwohl in den vergangenen Jahrzehnten computerorientierte numerische Verfahren, und hier insbesondere die Methode der finiten Elemente, große Bedeutung für die näherungsweise Ermittlung des Spannungs- und Verformungszustands von Flächentragwerken erlangt haben (siehe z. B. [Bathe (1996), Zienkiewicz/Taylor (2000)]), tragen analytische Lösungsverfahren nach wie vor wesentlich zum Verständnis der Beschaffenheit des Spannungs- und Verformungszustandes von Flächentragwerken bei.

8.2 Scheiben

Unter einer Scheibe versteht man ein ebenes Flächentragwerk, dessen Dicke d klein im Vergleich zu charakteristischen Abmessungen der Mittelebene ist. Diese bleibt bei der durch die Beanspruchung hervorgerufenen Formänderung eben (Abb. 8.3a).

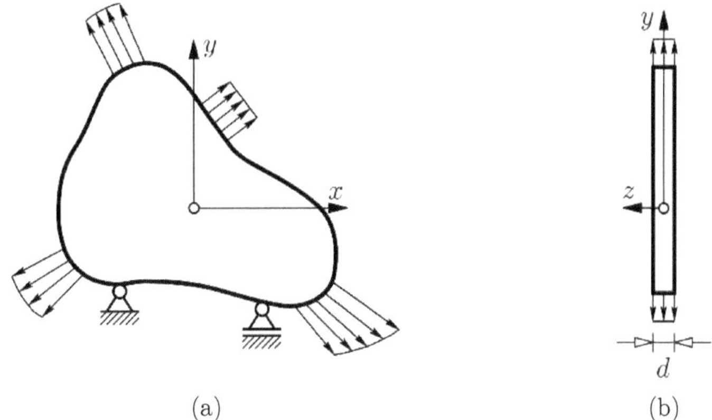

Abb. 8.3: Scheibe: (a) Mittelebene, (b) Querschnitt

Die Annahme des Ebenbleibens der Mittelfläche der Scheibe bedingt, dass die auf sie einwirkenden Kräfte über die Dicke gleichförmig verteilt sind (Abb. 8.3b). Die Spannungen und Verzerrungen sind dann über die Dicke konstant.

8.2.1 Grundlegende Gleichungen

In einer dünnen Scheibe liegt in guter Näherung ein ebener Spannungszustand vor. Sind die beiden Achsen $x_1 \equiv x$ und $x_2 \equiv y$ eines rechtwinkeligen kartesischen Koordinatensystems in der Scheibenmittelebene gelegen und verläuft folglich die Achse $x_3 \equiv z$ normal zu ihr, so gilt gemäß (3.160)

$$\sigma_{33} \equiv \sigma_z = 0 \ , \quad \sigma_{31} \equiv \tau_{zx} = 0 \ , \quad \sigma_{32} \equiv \tau_{zy} = 0 \ . \tag{8.1}$$

Der Spannungszustand ist also durch die drei von null verschiedenen Spannungskomponenten $\sigma_{11} \equiv \sigma_x$, $\sigma_{22} \equiv \sigma_y$ und $\sigma_{12} \equiv \tau_{xy}$ definiert. Da die Spannungen über die Scheibendicke als konstant vorausgesetzt werden, ergibt ihre Integration über die Dicke die auf die Längeneinheit bezogenen Schnittkräfte zu

$$n_x = \sigma_x \, d \ , \quad n_y = \sigma_y \, d \ , \quad n_{xy} = \tau_{xy} \, d \ . \tag{8.2}$$

Man bezeichnet sie auch als Membrankräfte. Ihre Dimension ist [Kraft/Länge].

Aus (3.118) folgen die beiden Bewegungsgleichungen unter Berücksichtigung von (8.1) zu

$$\frac{\partial \sigma_x}{\partial x} + \frac{\partial \tau_{yx}}{\partial y} + f_x = \rho \, b_x \ , \qquad \frac{\partial \tau_{xy}}{\partial x} + \frac{\partial \sigma_y}{\partial y} + f_y = \rho \, b_y \ , \tag{8.3}$$

während die dritte Bewegungsgleichung wegen (8.1), $f_z = 0$ und $b_z = 0$ identisch erfüllt ist.

Multiplikation von (8.3) mit d ergibt

$$\frac{\partial n_x}{\partial x} + \frac{\partial n_{yx}}{\partial y} + q_x = \rho d\, b_x \ , \qquad \frac{\partial n_{xy}}{\partial x} + \frac{\partial n_y}{\partial y} + q_y = \rho d\, b_y \ , \tag{8.4}$$

wobei $q_x = f_x\, d$ und $q_y = f_y\, d$ die mit der Scheibendicke multiplizierten Volumenkräfte bezeichnen.

Mit Hilfe des verallgemeinerten HOOKE'schen Gesetzes für einen ebenen Spannungszustand (3.304) und (3.305) lassen sich die Verzerrungen wie folgt durch die Spannungen und eine Temperaturänderung ausdrücken:

$$\begin{aligned}
\varepsilon_x &= \frac{1}{E}\,(\sigma_x - \nu\,\sigma_y) + \alpha_T(T - T_0) \ , \\
\varepsilon_y &= \frac{1}{E}\,(-\nu\,\sigma_x + \sigma_y) + \alpha_T(T - T_0) \ , \\
\gamma_{xy} &= \frac{2(1+\nu)}{E}\tau_{xy} \ , \\
\varepsilon_z &= -\frac{\nu}{E}(\sigma_x + \sigma_y) + \alpha_T\,(T - T_0) \ .
\end{aligned} \tag{8.5}$$

Mittels (3.306) lassen sich umgekehrt die Spannungen folgendermaßen durch die Verzerrungen und eine Temperaturänderung ausdrücken:

$$\begin{aligned}
\sigma_x &= \frac{E}{1-\nu^2}\,[\varepsilon_x + \nu\varepsilon_y - (1+\nu)\alpha_T(T - T_0)] \ , \\
\sigma_y &= \frac{E}{1-\nu^2}\,[\nu\varepsilon_x + \varepsilon_y - (1+\nu)\alpha_T(T - T_0)] \ , \\
\tau_{xy} &= \frac{E}{2(1+\nu)}\gamma_{xy} \ .
\end{aligned} \tag{8.6}$$

Multiplikation von (8.6) mit d ergibt

$$\begin{aligned}
n_x &= \frac{E\,d}{1-\nu^2}\,[\varepsilon_x + \nu\varepsilon_y - (1+\nu)\alpha_T(T - T_0)] \ , \\
n_y &= \frac{E\,d}{1-\nu^2}\,[\nu\varepsilon_x + \varepsilon_y - (1+\nu)\alpha_T(T - T_0)] \ , \\
n_{xy} &= \frac{E\,d}{2(1+\nu)}\gamma_{xy} \ .
\end{aligned} \tag{8.7}$$

Der Term vor der eckigen Klammer in (8.7_1) und (8.7_2) wird als Dehnsteifigkeit und der vor γ_{xy} in (8.7_3) als Schubsteifigkeit der Scheibe bezeichnet.

Die Verzerrungskomponenten erhält man mit $u_1 \equiv u$ und $u_2 \equiv v$ als den Verschiebungskomponenten gemäß (3.34) zu

$$\varepsilon_x = \frac{\partial u}{\partial x} \ , \quad \varepsilon_y = \frac{\partial v}{\partial y} \ , \quad \gamma_{xy} = 2\,\varepsilon_{xy} = \frac{\partial u}{\partial y} + \frac{\partial v}{\partial x} \ . \tag{8.8}$$

Die einzige bei einem ebenen Problem wesentliche Kompatibilitätsbedingung für die Komponenten des linearisierten Verzerrungstensors folgt aus (3.77) zu

$$\frac{\partial^2 \varepsilon_x}{\partial y^2} + \frac{\partial^2 \varepsilon_y}{\partial x^2} - \frac{\partial^2 \gamma_{xy}}{\partial x\, \partial y} = 0 \ . \tag{8.9}$$

Durch Einsetzen von (8.5) in (8.9) erhält man die in den Spannungen formulierte Kompatibilitätsbedingung für einen ebenen Spannungszustand zu

$$\frac{\partial^2\sigma_x}{\partial y^2}+\frac{\partial^2\sigma_y}{\partial x^2}-2\,\frac{\partial^2\tau_{xy}}{\partial x\,\partial y}=\nu\left(\frac{\partial^2\sigma_x}{\partial x^2}+\frac{\partial^2\sigma_y}{\partial y^2}+2\,\frac{\partial^2\tau_{xy}}{\partial x\,\partial y}\right)-E\alpha_T\left(\frac{\partial^2}{\partial x^2}+\frac{\partial^2}{\partial y^2}\right)(T-T_0)\,. \tag{8.10}$$

Durch Ersetzen des verallgemeinerten HOOKE'schen Gesetzes für einen ebenen Spannungszustand durch die entsprechenden Beziehungen für einen ebenen Verzerrungszustand können auch Probleme gelöst werden, denen ein solcher Zustand zugrunde liegt (siehe Abschnitt 3.1.8). Das ist deshalb möglich, weil die übrigen grundlegenden Gleichungen, nämlich die Bewegungsgleichungen (8.3) in den Richtungen der x- und der y-Achse, die kinematischen Beziehungen (8.8) für die in der xy-Ebene auftretenden Verzerrungskomponenten und die Kompatibilitätsbedingung (8.9), für beide Fälle gelten. Im Falle eines ebenen Verzerrungszustandes genügt es, der Berechnung einen beliebigen Querschnitt $x_3 = z = konst.$ zugrunde zu legen (siehe Abb. 3.7).

Mit Hilfe des verallgemeinerten HOOKE'schen Gesetzes für einen ebenen Verzerrungszustand (3.308) lassen sich die Verzerrungen wie folgt durch die Spannungen und eine Temperaturänderung ausdrücken:

$$\begin{aligned}
\varepsilon_x &= \frac{1-\nu^2}{E}\,\sigma_x-\frac{\nu(1+\nu)}{E}\,\sigma_y+(1+\nu)\alpha_T(T-T_0)\;,\\
\varepsilon_y &= -\frac{\nu(1+\nu)}{E}\,\sigma_x+\frac{1-\nu^2}{E}\,\sigma_y+(1+\nu)\alpha_T(T-T_0)\;,\\
\gamma_{xy} &= \frac{2(1+\nu)}{E}\tau_{xy}\;.
\end{aligned} \tag{8.11}$$

Mittels (3.309) und (3.310) lassen sich umgekehrt die Spannungen durch die Verzerrungen und eine Temperaturänderung ausdrücken:

$$\begin{aligned}
\sigma_x &= \frac{E(1-\nu)}{(1+\nu)(1-2\nu)}\,\varepsilon_x+\frac{E\,\nu}{(1+\nu)(1-2\nu)}\,\varepsilon_y-\frac{E}{(1-2\nu)}\alpha_T(T-T_0)\;,\\
\sigma_y &= \frac{E\,\nu}{(1+\nu)(1-2\nu)}\,\varepsilon_x+\frac{E\,(1-\nu)}{(1+\nu)(1-2\nu)}\,\varepsilon_y-\frac{E}{(1-2\nu)}\alpha_T(T-T_0)\;,\\
\tau_{xy} &= \frac{E}{2(1+\nu)}\gamma_{xy}\;,\\
\sigma_z &= \frac{E\,\nu}{(1+\nu)(1-2\nu)}\,(\varepsilon_x+\varepsilon_y)-\frac{E}{(1-2\nu)}\alpha_T(T-T_0)\;.
\end{aligned} \tag{8.12}$$

Einsetzen von (8.11) in (8.9) führt auf die in den Spannungen formulierte Verträglichkeitsbedingung für den ebenen Verzerrungszustand:

$$\frac{\partial^2\sigma_x}{\partial y^2}+\frac{\partial^2\sigma_y}{\partial x^2}-2\,\frac{\partial^2\tau_{xy}}{\partial x\,\partial y}=\nu\left(\frac{\partial^2}{\partial x^2}+\frac{\partial^2}{\partial y^2}\right)(\sigma_x+\sigma_y)-E\alpha_T\left(\frac{\partial^2}{\partial x^2}+\frac{\partial^2}{\partial y^2}\right)(T-T_0)\;. \tag{8.13}$$

Die Lösung der grundlegenden Gleichungen der linearen Elastizitätstheorie für Scheiben bzw. für Aufgaben, denen ein ebener Verzerrungszustand zugrunde liegt, erfolgt entweder im Rahmen einer Spannungs- oder einer Verschiebungsformulierung. Erstere enthält nach vorangegangener Elimination der Verzerrungen und Verschiebungen nur σ_x, σ_y und τ_{xy} als Unbekannte. Bei Letzterer verbleiben nach Elimination der Verzerrungen und Spannungen nur u und v als Unbekannte.

8.2.2 Spannungsformulierung in rechtwinkeligen kartesischen Koordinaten

Mit den beiden Bewegungsgleichungen (8.3) und der in den Spannungen formulierten Kompatibilitätsbedingung (8.10) stehen drei Gleichungen zur Bestimmung der Spannungskomponenten σ_x, σ_y und τ_{xy} in jedem Punkt der Scheibe zur Verfügung.

Ableitung der ersten der beiden Bewegungsgleichungen (8.3) nach x und der zweiten nach y und Addition der so erhaltenen Beziehungen ergibt

$$\frac{\partial^2 \sigma_x}{\partial x^2} + \frac{\partial^2 \sigma_y}{\partial y^2} + 2\frac{\partial^2 \tau_{xy}}{\partial x\,\partial y} = \frac{\partial}{\partial x}(-f_x + \rho\, b_x) + \frac{\partial}{\partial y}(-f_y + \rho\, b_y) \ . \tag{8.14}$$

Einsetzen von (8.14) in (8.10) führt auf

$$\begin{aligned} \frac{\partial^2 \sigma_x}{\partial y^2} + \frac{\partial^2 \sigma_y}{\partial x^2} - 2\frac{\partial^2 \tau_{xy}}{\partial x\,\partial y} &= \nu \left[\frac{\partial}{\partial x}(-f_x + \rho\, b_x) + \frac{\partial}{\partial y}(-f_y + \rho\, b_y)\right] \\ &\quad -E\alpha_T \left(\frac{\partial^2}{\partial x^2} + \frac{\partial^2}{\partial y^2}\right)(T - T_0) \ . \end{aligned} \tag{8.15}$$

Addition von (8.14) und (8.15) ergibt die für einen ebenen Spannungszustand, also für Scheiben, gültige Beziehung

$$\Delta(\sigma_x + \sigma_y) = (1+\nu)\left[\frac{\partial}{\partial x}(-f_x + \rho\, b_x) + \frac{\partial}{\partial y}(-f_y + \rho\, b_y)\right] - E\alpha_T\,\Delta(T - T_0) \tag{8.16}$$

mit

$$\Delta = \frac{\partial^2}{\partial x^2} + \frac{\partial^2}{\partial y^2} \tag{8.17}$$

als dem LAPLACE Operator in rechtwinkeligen kartesischen Koordinaten.

Durch Addition von (8.14) und (8.13) erhält man die für einen ebenen Verzerrungszustand geltende Beziehung

$$\Delta(\sigma_x + \sigma_y) = \frac{1}{(1-\nu)}\left[\frac{\partial}{\partial x}(-f_x + \rho\, b_x) + \frac{\partial}{\partial y}(-f_y + \rho\, b_y) - E\alpha_T\,\Delta(T - T_0)\right] \ . \tag{8.18}$$

Bei Beschränkung auf statische Beanspruchung und auf konstante Volumenkräfte und Temperaturänderungen vereinfachen sich sowohl die für Scheiben gültige Beziehung (8.16) als auch die für einen ebenen Verzerrungszustand geltende Beziehung (8.18) zu

$$\Delta(\sigma_x + \sigma_y) = 0 \ . \tag{8.19}$$

Die Summe der beiden Normalspannungen erfüllt somit die LAPLACE'sche Differentialgleichung. Sie stellt deshalb eine harmonische Funktion dar.

Zur Bestimmung der Spannungskomponenten σ_x, σ_y und τ_{xy} erweist es sich bei Beschränkung auf statische Beanspruchung und auf konstante Volumenkräfte f_x und f_y als vorteilhaft, die Spannungen durch die AIRY'sche Spannungsfunktion* $\Phi(x,y)$ auszudrücken:

$$\sigma_x = \frac{\partial^2\Phi}{\partial y^2}\,, \quad \sigma_y = \frac{\partial^2\Phi}{\partial x^2}\,, \quad \tau_{xy} = -\frac{\partial^2\Phi}{\partial x\,\partial y} - x\,f_y - y\,f_x\,. \tag{8.20}$$

Eintragen von (8.20) in (8.3) zeigt, dass die Gleichgewichtsbedingungen unter den erwähnten einschränkenden Annahmen erfüllt sind. Addition der beiden ersten der drei Gleichungen (8.20) ergibt

$$\sigma_x + \sigma_y = \Delta\Phi\,. \tag{8.21}$$

Einsetzen von (8.21) in (8.16) bzw. (8.18) ergibt bei Beschränkung auf statische Beanspruchung und konstante Volumenkräfte

$$\Delta\Delta\Phi = -E\alpha_T\,\Delta(T-T_0) \quad \text{bzw.} \quad \Delta\Delta\Phi = -\frac{E}{1-\nu}\alpha_T\,\Delta(T-T_0), \tag{8.22}$$

bzw. für $T - T_0 = 0$ in beiden Fällen

$$\Delta\Delta\Phi = 0\,. \tag{8.23}$$

Der Operator

$$\Delta\Delta = \left(\frac{\partial^2}{\partial x^2} + \frac{\partial^2}{\partial y^2}\right)\left(\frac{\partial^2}{\partial x^2} + \frac{\partial^2}{\partial y^2}\right) = \frac{\partial^4}{\partial x^4} + 2\frac{\partial^4}{\partial x^2\,\partial y^2} + \frac{\partial^4}{\partial y^4} \tag{8.24}$$

wird als Bipotentialoperator bezeichnet, die homogene, lineare, partielle Differentialgleichung 4. Ordnung (8.23) als homogene Bipotentialgleichung oder auch als Scheibengleichung.

Nach Lösung der Scheibengleichung unter Berücksichtigung der Randbedingungen ist der Spannungszustand bekannt. Es können dann die Verzerrungen aus den konstitutiven Beziehungen (8.5) bzw. (8.11) ermittelt werden. Die Verschiebungskomponenten u und v ergeben sich schließlich aus den beiden ersten kinematischen Beziehungen (8.8) zu

$$u = \int \varepsilon_x\,dx + u^*(y)\,, \quad v = \int \varepsilon_y\,dy + v^*(x)\,. \tag{8.25}$$

Die Funktionen $u^*(y)$ und $v^*(x)$ sind aus den Randbedingungen zu bestimmen. Da u und v auch die kinematische Beziehung (8.8_3) erfüllen müssen, sind diese Funktionen nicht voneinander unabhängig. Der Zusammenhang zwischen ihnen ergibt sich durch Einsetzen von (8.25) in (8.8_3) zu

$$\gamma_{xy} = \int \frac{\partial\varepsilon_x}{\partial y}dx + \int \frac{\partial\varepsilon_y}{\partial x}dy + \frac{du^*}{dy} + \frac{dv^*}{dx}\,. \tag{8.26}$$

*GEORGE BIDDELL AIRY (1801–1892) leistete bedeutende Beiträge zur Himmelsmechanik, Astrometrie und Optik.

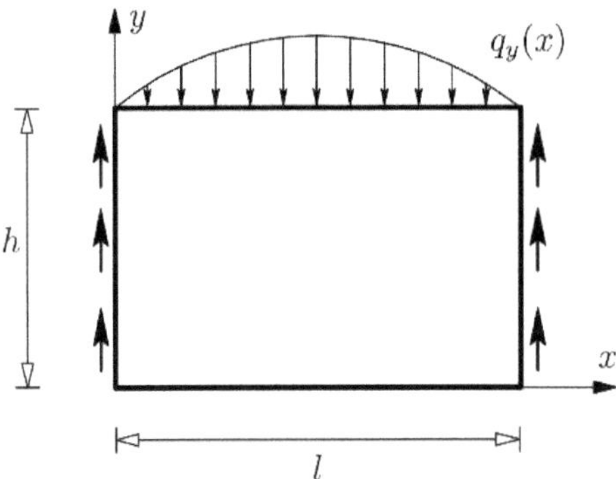

Abb. 8.4: Längs der Endquerschnitte gestützte Rechteckscheibe mit sinusförmiger Linienlast

Beispiel 8.1:

Für die in Abb. 8.4 dargestellte, längs der Endquerschnitte gestützte Rechteckscheibe mit der Länge l, der Höhe h und der Dicke d, die längs des oberen Randes durch eine sinusförmige statische Linienlast

$$q_y(x) = q_0 \sin \alpha x \quad \text{mit} \quad \alpha = \pi / l \tag{8.27}$$

beansprucht wird, sind die Spannungskomponenten σ_x, σ_y und τ_{xy} zu bestimmen. Eine analoge Aufgabe wurde für einen durch $l \gg h$ gekennzeichneten Stab mit sinusförmiger Linienlast im Abschnitt 7.1.4 gelöst (siehe Abb. 7.2 und die Gleichungen (7.30) bis (7.39)). Für Scheiben trifft $l \gg h$ jedoch nicht zu.

Es wird angenommen, dass in den Endquerschnitten nur Schubspannungen übertragen werden. Man spricht in diesem Fall von einer Schubkraftstützung. Unter dieser Annahme lauten die Randbedingungen:

$$\begin{aligned} x = 0 &: \quad \sigma_x = \bar{t}_x^{(x)} = 0 \ , \\ x = l &: \quad \sigma_x = \bar{t}_x^{(x)} = 0 \ , \\ y = 0 &: \quad \sigma_y = \bar{t}_y^{(y)} = 0 \quad \text{und} \quad \tau_{yx} = \bar{t}_x^{(y)} = 0 \ , \\ y = h &: \quad \sigma_y = \bar{t}_y^{(y)} = -q_y/d \quad \text{und} \quad \tau_{yx} = \bar{t}_x^{(y)} = 0 \ . \end{aligned} \tag{8.28}$$

Eine Möglichkeit zur Bestimmung der AIRY'schen Spannungsfunktion besteht darin, in der Bipotentialgleichung (8.23) $\Delta\Phi = \Phi^*$ zu setzen. Das führt auf die Potentialgleichung $\Delta\Phi^* = 0$ [Altenbach (1998)]. Eine Lösung dieser Gleichung ist auch eine Lösung der Bipotentialgleichung. Trägt man den Produktansatz $\Phi^*(x, y) = g(x) \cdot f(y)$ in die Potentialgleichung ein, so folgt

$$g_{,xx}\, f + g\, f_{,yy} = 0 \quad \text{bzw.} \quad -\frac{g_{,xx}}{g} = \frac{f_{,yy}}{f} = \bar{\alpha}^2 \ . \tag{8.29}$$

Da g und somit $g_{,xx}$ nur von x, und f und folglich $f_{,yy}$ nur von y abhängt, muss es sich bei den beiden Termen in der zweiten der beiden Gleichungen (8.29) um eine Konstante handeln. Bezeichnet man sie mit $\bar{\alpha}^2$, so erhält man aus (8.29) die beiden gewöhnlichen Differentialgleichungen

$$g_{,xx} + \bar{\alpha}^2\, g = 0 \quad \text{und} \quad f_{,yy} - \bar{\alpha}^2\, f = 0 \ . \tag{8.30}$$

Die Lösungen der ersten Differentialgleichung lauten:

$$\begin{aligned} \text{für } \bar{\alpha}^2 > 0 &: \quad g(x) = A \cos \alpha x + B \sin \alpha x \ , \\ \text{für } \bar{\alpha}^2 = 0 &: \quad g(x) = A + Bx \ , \\ \text{für } \bar{\alpha}^2 < 0 &: \quad g(x) = A \cosh \alpha x + B \sinh \alpha x \end{aligned} \tag{8.31}$$

mit $\alpha = \sqrt{|\bar{\alpha}^2|}$. Analoges gilt für die Lösungen der zweiten Differentialgleichung. Weitere Lösungen erhält man durch Lösung der inhomogenen Differentialgleichung $\Delta\Phi = \Phi^*$.

Durch geeignete Kombinationen der in (8.31) aufscheinenden Funktionen ergibt sich der Ansatz für die AIRY'sche Spannungsfunktion für das vorliegende Beispiel zu [Girkmann (1963)]

$$\Phi = \frac{1}{\alpha^2}(A \cosh \alpha y + \alpha y\, B \sinh \alpha y + C \sinh \alpha y + \alpha y\, D \cosh \alpha y) \sin \alpha x \;. \qquad (8.32)$$

Einsetzen von (8.32) in (8.20) ergibt für $f_x = 0$ und $f_y = 0$ die Spannungskomponenten

$$\begin{aligned}
\sigma_x &= [(A + 2B) \cosh \alpha y + \alpha y\, B \sinh \alpha y + (C + 2D) \sinh \alpha y + \alpha y\, D \cosh \alpha y] \sin \alpha x, \\
\sigma_y &= -(A \cosh \alpha y + \alpha y\, B \sinh \alpha y + C \sinh \alpha y + \alpha y\, D \cosh \alpha y) \sin \alpha x \;, \qquad (8.33) \\
\tau_{xy} &= -\,[(A + B) \sinh \alpha y + \alpha y\, B \cosh \alpha y + (C + D) \cosh \alpha y + \alpha y\, D \sinh \alpha y] \cos \alpha x \;.
\end{aligned}$$

Der Ausdruck für σ_x befriedigt bereits die beiden ersten Randbedingungen (8.28). Erfüllung der verbleibenden vier Randbedingungen (8.28) ergibt die Konstanten A, B, C und D. Die Randbedingung $\sigma_y = 0$ für $y = 0$ führt auf $A = 0$. Die Randbedingung $\tau_{xy} = 0$ für $y = 0$ liefert $C + D = 0$. Erfüllung der beiden Randbedingungen für $y = h$ ergibt

$$\begin{aligned}
\tau_{xy} = 0 : &\quad 0 = [B \sinh \alpha h + \alpha h\, B \cosh \alpha h - \alpha h\, C \sinh \alpha h] \cos \alpha x \;, \\
\sigma_y = -\frac{q_y}{d} : &\quad -\frac{q_0 \sin \alpha x}{d} = -\,(\alpha h\, B \sinh \alpha h + C \sinh \alpha h - \alpha h\, C \cosh \alpha h) \sin \alpha x \;.
\end{aligned} \qquad (8.34)$$

Aus (8.34) erhält man schließlich

$$B = \frac{q_0}{d} \frac{\alpha h \sinh \alpha h}{\sinh^2 \alpha h - (\alpha h)^2} \;, \quad C = -D = \frac{q_0}{d} \frac{\sinh \alpha h + \alpha h \cosh \alpha h}{\sinh^2 \alpha h - (\alpha h)^2} \;. \qquad (8.35)$$

Die Spannungen gemäß (8.33) mit den Konstanten laut (8.35) werden für zwei ausgewählte Seitenverhältnisse l/h ausgewertet, wobei $q_0/d = 1$ gesetzt wird. Für $l/h = 1$ ($\rightarrow$ aus $\alpha = \pi/l$ gemäß (8.27) folgt $\alpha h = \pi$) erhält man aus (8.35) $B = 0{,}2938$ und $C = -D = 0{,}3884$ und durch Einsetzen in (8.33) die in Abb. 8.5a dargestellten Verteilungen der Normalspannungen in der vertikalen Symmetrieebene $x = l/2$ und der Schubspannungen in den Endquerschnitten $x = 0$ und $x = l$. Für $l/h = 2$ ($\rightarrow$ $\alpha h = \pi/2$) erhält man aus (8.35) $B = 1{,}278$ und $C = -D = 2{,}207$ und durch Einsetzen in (8.33) die in Abb. 8.5b dargestellten Verteilungen der Normalspannungen in der vertikalen Symmetrieebene $x = l/2$ und der Schubspannungen in den Endquerschnitten $x = 0$ und $x = l$.

Laut Stabtheorie ergäbe sich für die durch $l/h = 1$ gekennzeichnete Rechteckscheibe das größte Biegemoment aus (7.39) zu $M(x = l/2) = (l^2/\pi^2)q_0 = (h^2/\pi^2)q_0$ und die größte Querkraft durch Ableitung von (7.39) zu $Q(x = 0) = (l/\pi)q_0 = (h/\pi)q_0$. Mit $S_{max} = -(dh^2)/8$ und $I = (dh^3)/12$ erhielte man die Größtwerte der Normal- und Schubspannungen für $q_0/d = 1$ zu

$$\sigma_x = \pm\frac{M}{I}\frac{h}{2} = \pm\frac{6}{\pi^2} = \pm 0{,}608 \;, \quad \tau = -\frac{Q\, S_{max}}{I\, d} = \frac{3}{2\pi} = 0{,}478 \;. \qquad (8.36)$$

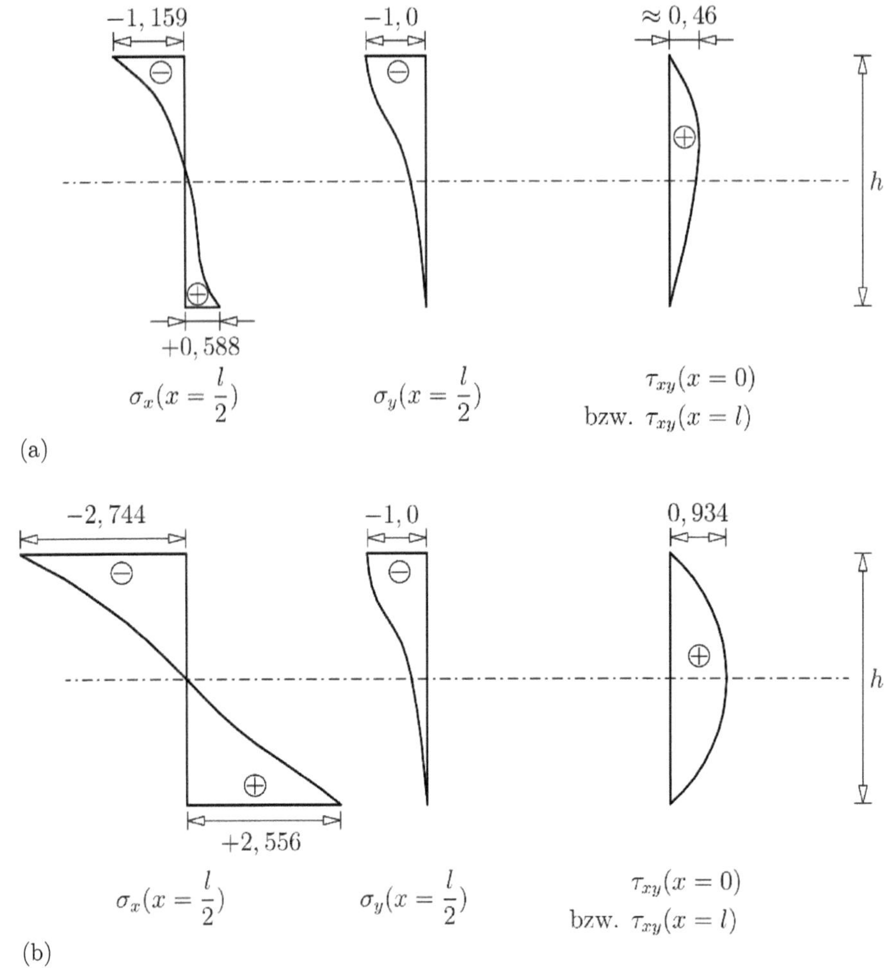

Abb. 8.5: Spannungsverteilungen für eine längs der Endquerschnitte gestützte Rechteckscheibe mit sinusförmiger Linienlast: (a) $l/h = 1$, (b) $l/h = 2$

Für $l/h = 2$ folgt das größte Biegemoment aus (7.39) zu $M(x = l/2) = (l^2/\pi^2)q_0 = (4h^2/\pi^2)q_0$ und die größte Querkraft durch Ableitung von (7.39) zu $Q(x = 0) = (l/\pi)q_0 = (2h/\pi)q_0$. Folglich ergeben sich die Größtwerte der Normal- und Schubspannungen für $q_0/d = 1$ zu $\sigma_x = \pm 2{,}432$ und $\tau = 0{,}956$.

Für das Seitenverhältnis $l/h = 1$ entnimmt man der Abb. 8.5a eine ausgeprägt nichtlineare Verteilung von σ_x über die Höhe der Scheibe. Die zu $\sigma_{x,min} = -1{,}159$ gegebene größte Druckspannung ist fast doppelt so groß wie der auf der Grundlage der Stabtheorie ermittelte Wert von $-0{,}608$. Die Normalspannungen σ_x und σ_y sind von derselben Größenordnung. Es wäre daher nicht gerechtfertigt, σ_y zu vernachlässigen. Der Größtwert der Schubspannungen tritt nicht wie laut Stabtheorie längs der horizontalen Symmetrieachse des Querschnitts auf, sondern in der oberen Scheibenhälfte. Erwartungsgemäß ist die Stabtheorie also nicht anwendbar.

Beim Seitenverhältnis $l/h = 2$ (Abb. 8.5b) liegt zwar noch immer ein deutlich erkennbarer nichtlinearer Verlauf von σ_x über die Höhe der Rechteckscheibe vor, die Extremwerte von σ_x laut Scheibentheorie unterscheiden sich jedoch von denjenigen laut Stabtheorie nur mehr um etwa 13 %. Der Größtwert von σ_x ist bereits fast dreimal so groß wie der von σ_y. Die nach der Scheibentheorie ermittelten Verteilungen der Schubspannungen über die Höhe und ihre Größtwerte unterscheiden sich nur wenig von entsprechenden Vergleichsgrößen nach der Stabtheorie. Bei einem Seitenverhältnis von $l/h = 4$ sind die Unterschiede zwischen den nach der Scheibentheorie und den mittels der Stabtheorie erhaltenen Spannungen bereits vernachlässigbar klein. Der Größtwert von σ_x ist bei diesem Seitenverhältnis bereits ungefähr 10 mal so groß wie jener von σ_y. Das lässt erkennen, dass für $l \gg h$ die Normalspannungen σ_y gegenüber σ_x vernachlässigt werden dürfen.

Bei praktischen Berechnungen ist zu überprüfen, ob die getroffene Annahme für die Stützung der Endquerschnitte tatsächlich zutrifft. Das ist nicht zuletzt deswegen wichtig, weil die Geschwindigkeit, mit der die Ergebnisse auf der Basis der Scheibentheorie mit wachsendem Seitenverhältnis l/h zu den Resultaten auf der Grundlage der Stabtheorie konvergieren, von den Randbedingungen beeinflusst wird. Sehr oft sind auch Öffnungen in Scheiben zu berücksichtigen bzw. geometrische Formen des Scheibenrandes, die von einem Rechteck stark abweichen. Für solche Aufgabenstellungen werden numerische Verfahren, wie z. B. die Methode der finiten Elemente, zur Gewinnung von Näherungslösungen verwendet.

Beispiel 8.2:

Abb. 8.6 zeigt den als Dreieck idealisierten Querschnitt einer Gewichtsstaumauer . Ihr Eigengewicht ist zu γ_B gegeben. Längs der vertikalen Berandung wird die Staumauer durch den Wasserdruck $p = \gamma_W x$ beansprucht, wobei γ_W das spezifische Gewicht von Wasser bezeichnet. Es sind die Verläufe der in der Querschnittsebene wirkenden Spannungskomponenten zu bestimmen.

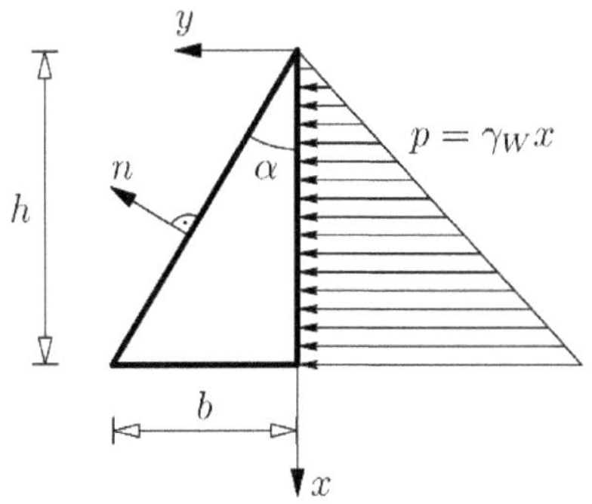

Abb. 8.6: Querschnitt einer durch Wasserdruck beanspruchten Gewichtsstaumauer

Analog zum Beispiel, auf das sich Abb. 3.7 bezieht, wird der Berechnung der Gewichtsstaumauer ein ebener Verzerrungszustand zugrunde gelegt. Die AIRY'sche Spannungsfunktion [Girkmann (1963)]

$$\Phi = \gamma_W \left[-\frac{x^3}{6} + \frac{1}{2} x y^2 \left(\frac{h^2}{b^2} - \frac{\gamma_B}{\gamma_W} \right) - \left(2\frac{h^2}{b^2} - \frac{\gamma_B}{\gamma_W} \right) \frac{h}{b} \frac{y^3}{6} \right] \tag{8.37}$$

erfüllt die Scheibengleichung. Einsetzen von (8.37) in (8.20) führt auf die in der Quer-

schnittsebene wirkenden Spannungskomponenten

$$\begin{aligned} \sigma_x &= \gamma_W \left[x \left(\frac{h^2}{b^2} - \frac{\gamma_B}{\gamma_W} \right) - y \left(2\frac{h^2}{b^2} - \frac{\gamma_B}{\gamma_W} \right) \frac{h}{b} \right] , \\ \sigma_y &= -\gamma_W x , \\ \tau_{xy} &= -\gamma_W y \frac{h^2}{b^2} . \end{aligned} \tag{8.38}$$

Längs der vertikalen Seitenwand gelten folgende Randbedingungen:

$$y = 0: \quad \sigma_y = \bar{t}_y^{(y)} = -\gamma_W x , \quad \tau_{yx} = \bar{t}_x^{(y)} = 0. \tag{8.39}$$

Die Randbedingungen längs der zur Vertikalen geneigten Seitenwand lauten unter Berücksichtigung von (3.129):

$$y = \frac{b}{h} x: \quad t_x^{(n)} = \sigma_x n_x + \tau_{yx} n_y = \bar{t}_x^{(n)} = 0 , \quad t_y^{(n)} = \tau_{xy} n_x + \sigma_y n_y = \bar{t}_y^{(n)} = 0 . \tag{8.40}$$

Die in (8.38) angegebenen Ausdrücke für die Spannungskomponenten σ_y und $\tau_{xy} = \tau_{yx}$ erfüllen die Randbedingungen (8.39). Eintragen der aus (8.38) folgenden, längs der geneigten Seitenwand wirkenden Spannungen

$$\sigma_x(y = bx/h) = -\gamma_W \frac{h^2}{b^2} x , \quad \sigma_y(y = bx/h) = -\gamma_W x , \quad \tau_{xy}(y = bx/h) = -\gamma_W \frac{h}{b} x \tag{8.41}$$

in (8.40) zeigt, dass auch die Randbedingungen für $t_x^{(n)}$ und $t_y^{(n)}$ erfüllt sind. Für die Aufstandsfläche $x = h$ erhält man aus (8.38) folgende Ausdrücke für die Spannungskomponenten:

$$\sigma_x(x = h) = \gamma_W \left[h \left(\frac{h^2}{b^2} - \frac{\gamma_B}{\gamma_W} \right) - y \left(2\frac{h^2}{b^2} - \frac{\gamma_B}{\gamma_W} \right) \frac{h}{b} \right] , \quad \tau_{xy}(x = h) = -\gamma_W y \frac{h^2}{b^2} . \tag{8.42}$$

In Abbildung 8.7 sind Spannungsverläufe in ausgewählten Schnitten für $h/b = 1{,}2$ und $\gamma_B/\gamma_W = 2$ dargestellt.

8.2.3 Spannungsformulierung in Polarkoordinaten

Gelegentlich ist es zweckmäßig, Polarkoordinaten zur Lösung von Scheibenproblemen heranzuziehen. Der Zusammenhang zwischen rechtwinkeligen kartesischen Koordinaten $x_1 \equiv x$ und $x_2 \equiv y$ und Polarkoordinaten r und ϑ folgt aus Abb. 3.22 zu

$$\begin{aligned} x &= r \cos\vartheta , \qquad & y &= r \sin\vartheta , \\ r &= \sqrt{x^2 + y^2} , \qquad & \vartheta &= \arctan\frac{y}{x} . \end{aligned} \tag{8.43}$$

Die kinematischen Beziehungen in Polarkoordinaten entsprechen den im Abschnitt 3.1.9 hergeleiteten kinematischen Beziehungen für $\varepsilon_{rr} \equiv \varepsilon_r$, $\varepsilon_{\vartheta\vartheta} \equiv \varepsilon_\vartheta$ und $\varepsilon_{r\vartheta}$ in Zylinderkoordinaten. Gemäß (3.97) sind sie zu

$$\varepsilon_r = \frac{\partial u}{\partial r} , \quad \varepsilon_\vartheta = \frac{1}{r}\left(u + \frac{\partial v}{\partial \vartheta} \right) , \quad \varepsilon_{r\vartheta} = \frac{1}{2}\left(\frac{1}{r}\frac{\partial u}{\partial \vartheta} + \frac{\partial v}{\partial r} - \frac{v}{r} \right) \tag{8.44}$$

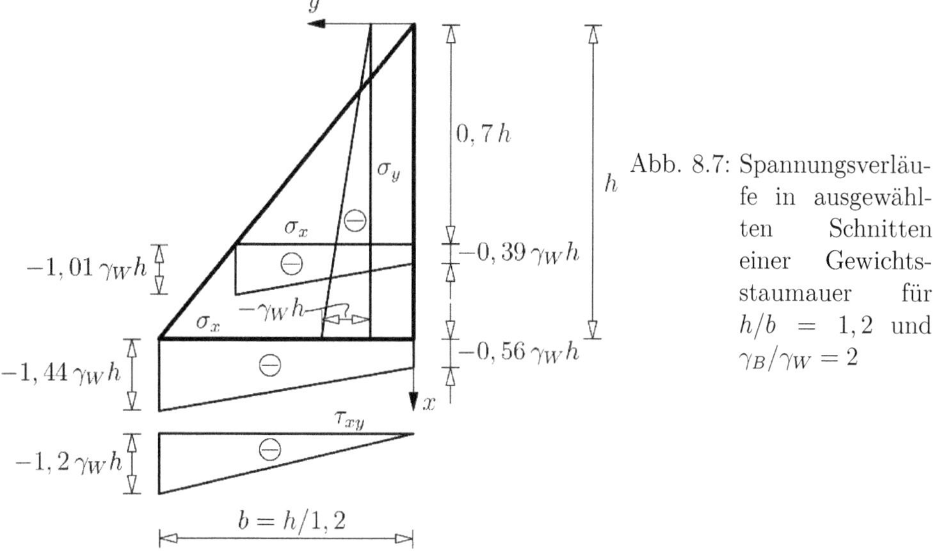

Abb. 8.7: Spannungsverläufe in ausgewählten Schnitten einer Gewichtsstaumauer für $h/b = 1,2$ und $\gamma_B/\gamma_W = 2$

gegeben, wobei u und v die Verschiebungskomponenten in Radial- bzw. Umfangsrichtung bezeichnen.

Die Bewegungsgleichungen in Zylinderkoordinaten wurden im Abschnitt 3.2.12 hergeleitet. Unter Berücksichtigung des bei Scheiben vorliegenden ebenen Spannungszustands (8.1) ist die Bewegungsgleichung in Richtung normal zur Scheibenmittelebene (3.192_3) identisch erfüllt. Die Bewegungsgleichungen in Radial- bzw. Umfangsrichtung folgen aus (3.192) zu

$$\begin{aligned}
&\frac{\partial\sigma_r}{\partial r} + \frac{1}{r}\frac{\partial\tau_{\vartheta r}}{\partial\vartheta} + \frac{1}{r}(\sigma_r - \sigma_\vartheta) + f_r = \rho\, b_r \ , \\
&\frac{\partial\tau_{r\vartheta}}{\partial r} + \frac{1}{r}\frac{\partial\sigma_\vartheta}{\partial\vartheta} + \frac{2}{r}\tau_{r\vartheta} + f_\vartheta = \rho\, b_\vartheta \ .
\end{aligned} \tag{8.45}$$

Die Transformation der auf das rechtwinkelige kartesische Koordinatensystem bezogenen Spannungskomponenten σ_x, σ_y und τ_{xy} auf Spannungskomponenten in Polarkoordinaten σ_r, σ_ϑ und $\tau_{r\vartheta}$ erfolgt mittels der Transformationsformeln für den ebenen Spannungszustand (3.162) zu

$$\begin{aligned}
\sigma_r &= \sigma_x \cos^2\vartheta + \sigma_y \sin^2\vartheta + 2\tau_{xy}\sin\vartheta\,\cos\vartheta \ , \\
\sigma_\vartheta &= \sigma_x \sin^2\vartheta + \sigma_y \cos^2\vartheta - 2\tau_{xy}\sin\vartheta\,\cos\vartheta \ , \\
\tau_{r\vartheta} &= (-\sigma_x + \sigma_y)\sin\vartheta\,\cos\vartheta + \tau_{xy}(\cos^2\vartheta - \sin^2\vartheta) \ .
\end{aligned} \tag{8.46}$$

Einsetzen von (8.20) in (8.46) führt bei Nichtberücksichtigung von Volumenkräften auf die Spannungskomponenten in Polarkoordinaten in Abhängigkeit von der AIRY'schen Spannungsfunktion:

$$\begin{aligned}
\sigma_r &= \Phi_{,yy}\cos^2\vartheta + \Phi_{,xx}\sin^2\vartheta - 2\Phi_{,xy}\sin\vartheta\,\cos\vartheta \ , \\
\sigma_\vartheta &= \Phi_{,yy}\sin^2\vartheta + \Phi_{,xx}\cos^2\vartheta + 2\Phi_{,xy}\sin\vartheta\,\cos\vartheta \ , \\
\tau_{r\vartheta} &= (-\Phi_{,yy} + \Phi_{,xx})\sin\vartheta\,\cos\vartheta - \Phi_{,xy}(\cos^2\vartheta - \sin^2\vartheta) \ .
\end{aligned} \tag{8.47}$$

Bei Verwendung von Polarkoordinaten ist die Spannungsfunktion eine Funktion von r und ϑ, d. h. $\Phi = \Phi(r,\vartheta)$. Da in (8.47) die zweiten partiellen Ableitungen von Φ nach

x und y sowie die gemischte zweite Ableitung von Φ aufscheinen, sind diese durch Ableitungen von Φ nach r und ϑ auszudrücken. Die ersten Ableitungen von $\Phi(r, \vartheta)$ nach x und y erhält man zu

$$\begin{aligned}\frac{\partial \Phi(r,\vartheta)}{\partial x} &= \frac{\partial \Phi}{\partial r}\frac{\partial r}{\partial x} + \frac{\partial \Phi}{\partial \vartheta}\frac{\partial \vartheta}{\partial x} = \Phi_{,r}\cos\vartheta - \Phi_{,\vartheta}\frac{\sin\vartheta}{r} \; , \\ \frac{\partial \Phi(r,\vartheta)}{\partial y} &= \frac{\partial \Phi}{\partial r}\frac{\partial r}{\partial y} + \frac{\partial \Phi}{\partial \vartheta}\frac{\partial \vartheta}{\partial y} = \Phi_{,r}\sin\vartheta + \Phi_{,\vartheta}\frac{\cos\vartheta}{r} \; ,\end{aligned} \tag{8.48}$$

mit $\partial r/\partial x$ bzw. $\partial r/\partial y$ aus (8.43_3) und $\partial\vartheta/\partial x$ bzw. $\partial\vartheta/\partial y$ aus (8.43_4). Die zweite partielle Ableitung $\Phi(r,\vartheta)_{,xx}$ ergibt sich unter Berücksichtigung von (8.48_1) zu

$$\begin{aligned}\frac{\partial^2 \Phi(r,\vartheta)}{\partial x^2} &= \frac{\partial}{\partial x}\left(\frac{\partial \Phi}{\partial x}\right) = \frac{\partial}{\partial x}\left(\frac{\partial \Phi}{\partial r}\cos\vartheta - \frac{\partial \Phi}{\partial \vartheta}\frac{\sin\vartheta}{r}\right) = \\ &= \frac{\partial}{\partial x}\left(\frac{\partial \Phi}{\partial r}\right)\cos\vartheta + \frac{\partial \Phi}{\partial r}\frac{\partial(\cos\vartheta)}{\partial x} - \frac{\partial}{\partial x}\left(\frac{\partial \Phi}{\partial \vartheta}\right)\frac{\sin\vartheta}{r} - \frac{\partial \Phi}{\partial \vartheta}\frac{\partial}{\partial x}\left(\frac{\sin\vartheta}{r}\right) \; .\end{aligned} \tag{8.49}$$

Die Ableitungen von $\Phi_{,r}$ und $\Phi_{,\vartheta}$ nach x in (8.49) erhält man dadurch, dass man in (8.48_1) Φ durch $\Phi_{,r}$ bzw. $\Phi_{,\vartheta}$ ersetzt:

$$\begin{aligned}\frac{\partial^2 \Phi(r,\vartheta)}{\partial x^2} &= \left(\frac{\partial^2 \Phi}{\partial r^2}\cos\vartheta - \frac{\partial^2 \Phi}{\partial r\,\partial\vartheta}\frac{\sin\vartheta}{r}\right)\cos\vartheta + \frac{\partial \Phi}{\partial r}\frac{\sin^2\vartheta}{r} - \\ &\quad - \left(\frac{\partial^2 \Phi}{\partial r\,\partial\vartheta}\cos\vartheta - \frac{\partial^2 \Phi}{\partial \vartheta^2}\frac{\sin\vartheta}{r}\right)\frac{\sin\vartheta}{r} + 2\frac{\partial \Phi}{\partial \vartheta}\frac{\sin\vartheta\,\cos\vartheta}{r^2} = \\ &= \Phi_{,rr}\cos^2\vartheta - 2\Phi_{,r\vartheta}\frac{\sin\vartheta\,\cos\vartheta}{r} + \Phi_{,r}\frac{\sin^2\vartheta}{r} \\ &\quad + \Phi_{,\vartheta\vartheta}\frac{\sin^2\vartheta}{r^2} + 2\Phi_{,\vartheta}\frac{\sin\vartheta\,\cos\vartheta}{r^2} \; .\end{aligned} \tag{8.50}$$

$\Phi_{,yy}$ und $\Phi_{,xy}$ in (8.47) werden auf analoge Weise ermittelt. Eintragen der zweiten partiellen Ableitungen von Φ in (8.47) führt bei Beschränkung auf statische Beanspruchung und Nichtberücksichtigung von Volumenkräften auf die Spannungskomponenten in Polarkoordinaten in Abhängigkeit von der AIRY'schen Spannungsfunktion $\Phi(r, \vartheta)$:

$$\begin{aligned}\sigma_r &= \frac{1}{r}\Phi_{,r} + \frac{1}{r^2}\Phi_{,\vartheta\vartheta} \; , \\ \sigma_\vartheta &= \Phi_{,rr} \\ \tau_{r\vartheta} &= \frac{1}{r^2}\Phi_{,\vartheta} - \frac{1}{r}\Phi_{,r\vartheta} \; .\end{aligned} \tag{8.51}$$

Durch Addition von $\Phi_{,xx}(r,\vartheta)$ und $\Phi_{,yy}(r,\vartheta)$ erhält man den LAPLACE Operator in Polarkoordinaten zu

$$\Delta = \frac{\partial^2}{\partial r^2} + \frac{1}{r}\frac{\partial}{\partial r} + \frac{1}{r^2}\frac{\partial^2}{\partial \vartheta^2} \; . \tag{8.52}$$

Folglich ergibt sich die Scheibengleichung in Polarkoordinaten zu

$$\left(\frac{\partial^2}{\partial r^2} + \frac{1}{r}\frac{\partial}{\partial r} + \frac{1}{r^2}\frac{\partial^2}{\partial \vartheta^2}\right)\left(\frac{\partial^2 \Phi}{\partial r^2} + \frac{1}{r}\frac{\partial \Phi}{\partial r} + \frac{1}{r^2}\frac{\partial^2 \Phi}{\partial \vartheta^2}\right) = 0 \; . \tag{8.53}$$

In der vorliegenden Form gilt sie für statische Beanspruchung bei Nichtberücksichtigung von Volumenkräften und Temperaturänderungen.

Beispiel 8.3:

Für die in Abb. 8.8a dargestellte Halbscheibe, die im Ursprung des Koordinatensystems durch eine über die Scheibendicke gleichmäßig verteilte, normal zum Rand wirkende Zugkraft P beansprucht wird, sind die Spannungen zu berechnen. Die Halbscheibe erstreckt sich für $y > 0$ bis ins Unendliche und wird in $y = \infty$ als gestützt betrachtet. Bei Krafteinleitungsproblemen ist eine derartige Idealisierung oftmals gerechtfertigt. Die zur Lösung dieser Aufgabe benötigte AIRY*'sche Spannungsfunktion*

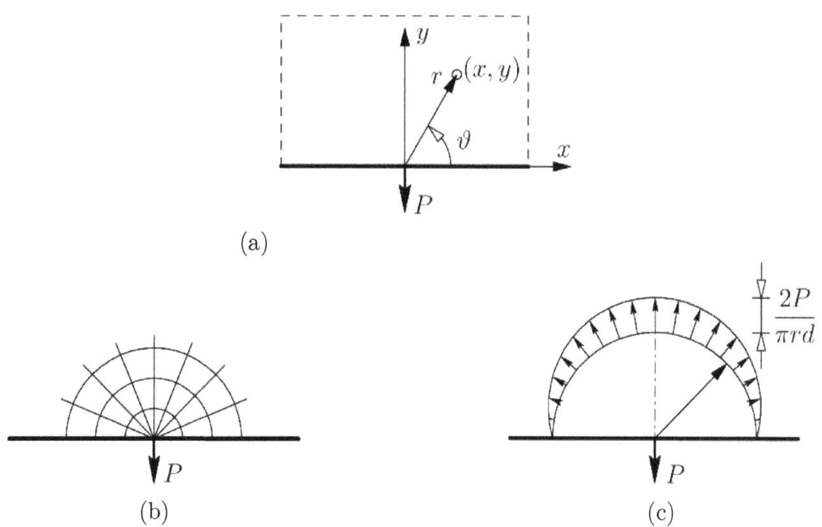

Abb. 8.8: Durch eine Randzugkraft belastete Halbscheibe: (a) Mittelebene, (b) Hauptnormalspannungsrichtungen, (c) Hauptnormalspannungen σ_r ($r = konst.$)

ist zu

$$\Phi(r, \vartheta) = -\frac{P}{\pi\, d}\, \vartheta\, r\, \cos\vartheta \tag{8.54}$$

gegeben [Gould (1994)]. $\Phi(r, \vartheta)$ erfüllt die Scheibengleichung (8.53). Einsetzen von (8.54) in (8.51) ergibt die Spannungskomponenten

$$\sigma_r = \frac{2\,P}{\pi\, d}\frac{\sin\vartheta}{r}\ , \quad \sigma_\vartheta = 0\ , \quad \tau_{r\vartheta} = 0\ . \tag{8.55}$$

Sie erfüllen die Randbedingungen am freien Rand $y = 0$. Für $x \neq 0, y = 0$ verschwinden alle Spannungskomponenten, während für $x = 0, y = 0$, also im Lastangriffspunkt, σ_r unendlich groß ist und somit eine Singularität vorliegt.

Wegen $\tau_{r\vartheta} = 0$ sind σ_r und σ_ϑ Hauptspannungen. Folglich sind die Radial- und die Umfangsrichtung Spannungshauptrichtungen (Abb. 8.8b). Längs eines Schnittes $r = konst.$ verlaufen die Radialspannungen laut (8.55_1) nach einer Sinusfunktion (Abb. 8.8c) mit $(2P)/(\pi\, r\, d)$ als dem Größtwert für $\vartheta = \pi/2$.

Der Bezug der Spannungskomponenten auf das rechtwinkelige kartesische Koordinatensystem ermöglicht eine besonders einfache Auswertung der Spannungen etwa längs eines horizontalen Schnittes $y = h$. Die entsprechenden Ausdrücke für die Spannungen ergeben sich durch Einsetzen von $\alpha = -\vartheta$ in die Transformationsbeziehungen (3.162) und Berücksichtigung von (8.43) zu

$$\begin{aligned}
\sigma_x &= \sigma_r \cos^2(-\vartheta) = \sigma_r \cos^2\vartheta = \frac{2\,P}{\pi\,d}\frac{x^2\,y}{(x^2+y^2)^2}\ ,\\
\sigma_y &= \sigma_r \sin^2(-\vartheta) = \sigma_r \sin^2\vartheta = \frac{2\,P}{\pi\,d}\frac{y^3}{(x^2+y^2)^2}\ ,\\
\tau_{xy} &= -\sigma_r \sin(-\vartheta)\cos(-\vartheta) = \sigma_r \sin\vartheta\cos\vartheta = \frac{2\,P}{\pi\,d}\frac{x\,y^2}{(x^2+y^2)^2}\ .
\end{aligned} \tag{8.56}$$

In Abb. 8.9 ist die Verteilung der Normalspannungen σ_y und der Schubspannungen τ_{xy} in den beiden Schnittebenen $y = h$ und $y = 2h$ einer Halbebene zufolge einer Randdruckkraft P dargestellt [Mang (1995)].

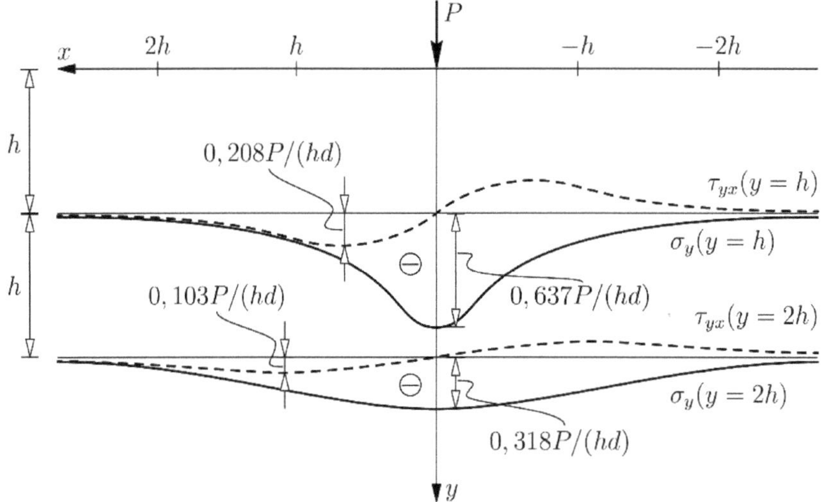

Abb. 8.9: Verteilung der Spannungskomponenten σ_y und τ_{xy} in den Schnittebenen $y = h$ und $y = 2h$ einer durch eine Randdruckkraft belasteten Halbscheibe

Beispiel 8.4:

Für die in Abb. 8.10a dargestellte, unendlich ausgedehnte Scheibe mit einem kreisförmigen Loch mit dem Radius a, die in $x = \pm\infty$ durch gleichmäßig verteilte Zugkräfte p pro Längeneinheit beansprucht wird, sind die Spannungen zu ermitteln. Hätte die Scheibe kein Loch, dann ergäbe sich zufolge der vorliegenden Beanspruchung der einaxiale Spannungszustand $\sigma_x = p/d$, $\sigma_y = 0$ und $\tau_{xy} = 0$. Durch das Loch wird dieser Spannungszustand gestört.

Auch hier ist die Verwendung von Polarkoordinaten vorteilhaft. Die AIRY'sche Spannungsfunktion lautet für dieses Beispiel [Girkmann (1963)]:

$$\Phi(r,\vartheta) = \frac{p}{4d}\left[r^2 - 2a^2\ln r - \frac{(r^2-a^2)^2}{r^2}\cos 2\vartheta\right]\ . \tag{8.57}$$

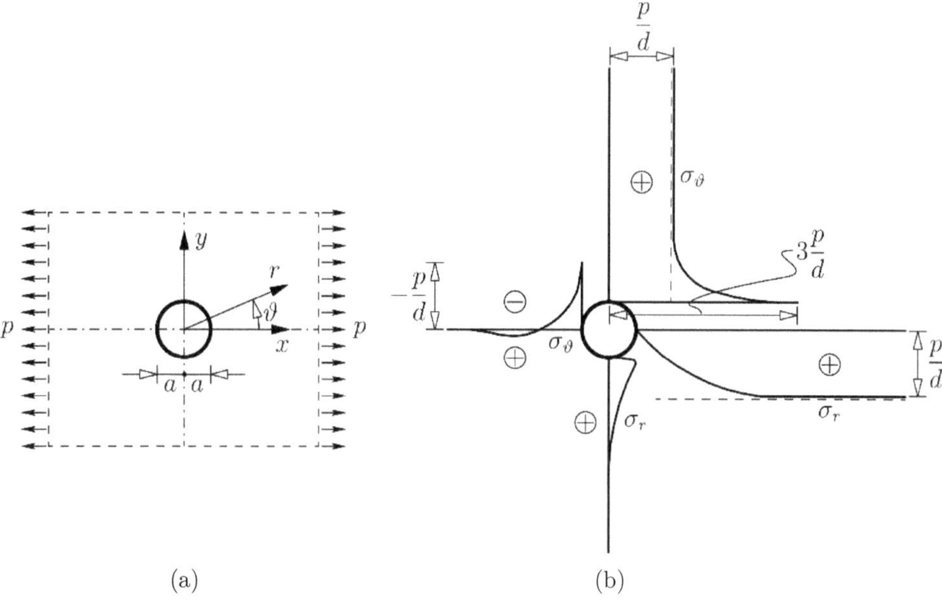

Abb. 8.10: Unendlich ausgedehnte Scheibe mit Loch unter einaxialer Zugbeanspruchung: (a) Mittelebene, (b) Spannungsverteilung in der Umgebung des Lochs

Sie erfüllt die Scheibengleichung (8.53). Einsetzen von (8.57) in (8.51) ergibt die Spannungskomponenten zu

$$\begin{aligned}
\sigma_r &= \frac{p}{2d}\left[1-\frac{a^2}{r^2}+\left(1-4\frac{a^2}{r^2}+3\frac{a^4}{r^4}\right)\cos 2\vartheta\right] \ , \\
\sigma_\vartheta &= \frac{p}{2d}\left[1+\frac{a^2}{r^2}-\left(1+3\frac{a^4}{r^4}\right)\cos 2\vartheta\right] \ , \\
\tau_{r\vartheta} &= \frac{p}{2d}\left(-1-2\frac{a^2}{r^2}+3\frac{a^4}{r^4}\right)\sin 2\vartheta \ .
\end{aligned} \tag{8.58}$$

Die Randbedingungen für den unbelasteten Lochrand $r = a$ lauten $\sigma_r = 0$ und $\tau_{r\vartheta} = 0$. Einsetzen von $r = a$ in (8.58) zeigt, dass diese Randbedingungen erfüllt sind. Die am Lochrand auftretende Normalspannung in Umfangsrichtung folgt aus (8.58) zu

$$\sigma_\vartheta(r=a) = \frac{p}{d}\left(1-2\cos 2\vartheta\right) \ . \tag{8.59}$$

Aus (8.59) folgen die Extremwerte von σ_ϑ am Lochrand zu

$$\begin{aligned}
\sigma_\vartheta(r=a,\vartheta=0) &= \sigma_\vartheta(r=a,\vartheta=\pi) = -\frac{p}{d} \ , \\
\sigma_\vartheta(r=a,\vartheta=\frac{\pi}{2}) &= \sigma_\vartheta(r=a,\vartheta=-\frac{\pi}{2}) = 3\frac{p}{d} \ .
\end{aligned} \tag{8.60}$$

Der Größtwert von σ_ϑ ist also dreimal so groß wie die Normalspannung σ_x in einer Scheibe ohne Loch. Die Spannungsverteilungen für die beiden Schnitte $x = 0$ und $y = 0$ sind in Abb. 8.10b dargestellt.

Für $r \to \infty$ gelten die Randbedingungen $\sigma_x = p/d$, $\sigma_y = 0$ und $\tau_{xy} = 0$. Für $r \to \infty$ folgt aus (8.58)

$$\sigma_r = \frac{p}{2d}(1 + \cos 2\vartheta) \ , \quad \sigma_\vartheta = \frac{p}{2d}(1 - \cos 2\vartheta) \ , \quad \tau_{r\vartheta} = -\frac{p}{2d}\sin 2\vartheta \ . \tag{8.61}$$

Unter Berücksichtigung der Identitäten (3.83) folgt aus (8.61) für $r \to \infty$

$$\sigma_r = \frac{p}{d}\cos^2\vartheta \ , \quad \sigma_\vartheta = \frac{p}{d}\sin^2\vartheta \ , \quad \tau_{r\vartheta} = -\frac{p}{d}\sin\vartheta\cos\vartheta \ . \tag{8.62}$$

Vergleicht man (8.62) mit den Transformationsbeziehungen für den ebenen Spannungszustand (3.162), so erkennt man, dass der in den Ausdrücken für alle drei Spannungskomponenten aufscheinende Faktor p/d die Normalspannung σ_x ist, während die Komponenten σ_y und τ_{xy} gleich null sind. Die Randbedingungen für $r \to \infty$ sind also erfüllt.

8.2.4 Verschiebungsformulierung

Ebenso wie die Spannungsformulierung kann auch die Verschiebungsformulierung in verschiedenen Koordinatensystemen erfolgen. Zur nachstehenden Bestimmung des Verschiebungs- und Spannungszustandes einer rotierenden Kreisringscheibe eignen sich Polarkoordinaten.

Beispiel 8.5:

Für die in Abb. 8.11 dargestellte Kreisringscheibe aus einem isotropen Werkstoff mit dem Außenradius r_a, dem Innenradius r_i und der Dicke d, die mit konstanter Winkelgeschwindigkeit ω um die durch den Mittelpunkt gehende, normal zur Scheibenmittelebene gerichtete Achse rotiert, sind der Verschiebungs- und der Spannungszustand gesucht. Damit die Annahme eines ebenen Spannungszustandes auch in der Umgebung des Lochrandes $r = r_i$ zutrifft, muss $d \ll r_i$ gelten.

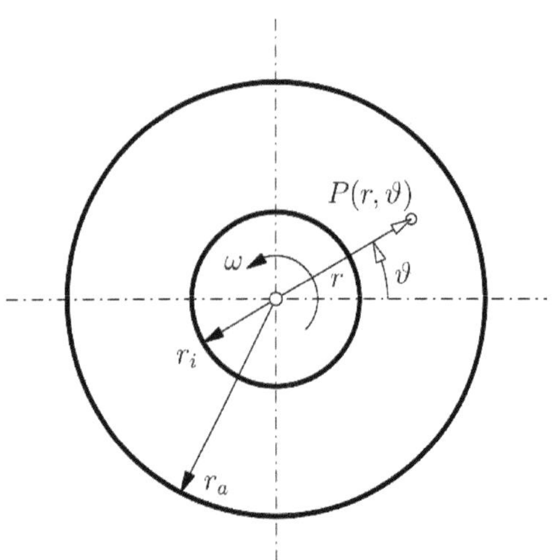

Abb. 8.11: Kreisringscheibe

Wie bei dem in Abschnitt 3.6 behandelten Beispiel eines dickwandigen Zylinders liegt ein rotationssymmetrischer Verschiebungs-, Verzerrungs- und Spannungszustand vor. Die einzige von null verschiedene Verschiebungskomponente in der Scheibenmittelebene ist die Radialverschiebung u. Die Richtungen r und ϑ sind die Hauptrichtungen des Verzerrungs- und des Spannungszustandes. Die beiden in der Scheibenebene gelegenen Hauptverzerrungen erhält man aus den zwei ersten der sechs linearen kinematischen Beziehungen (3.101) zu

$$\varepsilon_r = \frac{du}{dr}\,, \quad \varepsilon_\vartheta = \frac{u}{r}\,. \tag{8.63}$$

Die beiden Hauptnormalspannungen erhält man aus den ersten beiden der drei konstitutiven Beziehungen (8.6), wenn man x durch r und y durch ϑ ersetzt und von der Berücksichtigung von Temperaturänderungen absieht, zu

$$\sigma_r = \frac{E}{1-\nu^2}\left(\varepsilon_r + \nu\varepsilon_\vartheta\right)\,, \quad \sigma_\vartheta = \frac{E}{1-\nu^2}\left(\nu\varepsilon_r + \varepsilon_\vartheta\right)\,. \tag{8.64}$$

Aus der ersten der beiden Bewegungsgleichungen (3.196) ergibt sich unter Berücksichtigung eines ebenen Spannungszustandes ($\rightarrow \sigma_{zr} \equiv \tau_{zr} = 0$) sowie von $f_r = 0$

$$\frac{d\sigma_r}{dr} + \frac{\sigma_r - \sigma_\vartheta}{r} = \rho b_r\,, \tag{8.65}$$

wobei $b_r = -r\omega^2$ die Radialbeschleunigung ist [Ziegler (1998)].

Einsetzen von (8.63) in (8.64) und Eintragen des Ergebnisses in (8.65) führt auf die Differentialgleichung für u:

$$\frac{d^2u}{dr^2} + \frac{1}{r}\frac{du}{dr} - \frac{u}{r^2} = -\frac{\rho(1-\nu^2)}{E}\,r\omega^2\,. \tag{8.66}$$

Integration der zu

$$\frac{d}{dr}\left(\frac{du}{dr} + \frac{u}{r}\right) = -\frac{\rho(1-\nu^2)}{E}\,r\omega^2 \tag{8.67}$$

umgeschriebenen Differentialgleichung (8.66) ergibt

$$\frac{du}{dr} + \frac{u}{r} = -\frac{\rho(1-\nu^2)}{E}\frac{r^2}{2}\omega^2 + C_1\,. \tag{8.68}$$

Mithilfe der Substitution $u^* = u\,r$ lässt sich (8.68) zu

$$\frac{1}{r}\frac{du^*}{dr} = -\frac{\rho(1-\nu^2)}{E}\frac{r^2}{2}\omega^2 + C_1 \tag{8.69}$$

anschreiben. Multiplikation von (8.69) mit r und anschließende Integration ergibt

$$u^* = -\frac{\rho(1-\nu^2)}{E}\frac{r^4}{8}\omega^2 + C_1\frac{r^2}{2} + C_2\,. \tag{8.70}$$

Rücktransformation auf u führt auf

$$u = -\frac{\rho(1-\nu^2)}{E}\frac{r^3}{8}\omega^2 + C_1\frac{r}{2} + C_2\frac{1}{r}\,. \tag{8.71}$$

Die Integrationskonstanten C_1 und C_2 werden durch neue Konstanten A und B derart ersetzt, dass (8.71) zu

$$u = -\frac{\rho(1-\nu^2)}{8E}\,\omega^2\left(r^3 + A\,r + B\frac{1}{r}\right) \tag{8.72}$$

angeschrieben werden kann. Eintragen von (8.72) in die kinematischen Beziehungen (8.63) und Einsetzen des Ergebnisses in (8.64) führt auf die Spannungen

$$\sigma_r = -\frac{\rho\omega^2}{8}\left[(3+\nu)r^2 + A(1+\nu) - B(1-\nu)\frac{1}{r^2}\right] ,$$
$$\sigma_\vartheta = -\frac{\rho\omega^2}{8}\left[(1+3\nu)r^2 + A(1+\nu) + B(1-\nu)\frac{1}{r^2}\right] . \tag{8.73}$$

Erfüllung der sowohl für $r = r_i$ als auch für $r = r_a$ geltenden Randbedingung $\sigma_r = 0$ ergibt die Integrationskonstanten

$$A = -\frac{3+\nu}{1+\nu}\left(r_a^2 + r_i^2\right) , \quad B = -\frac{3+\nu}{1-\nu}r_a^2 r_i^2 . \tag{8.74}$$

Einsetzen von (8.74) in (8.73) liefert die Spannungen

$$\sigma_r = \frac{\rho\omega^2}{8}(3+\nu)\left(r_a^2 + r_i^2 - r^2 - \frac{r_a^2 r_i^2}{r^2}\right) ,$$
$$\sigma_\vartheta = \frac{\rho\omega^2}{8}\left[(3+\nu)\left(r_a^2 + r_i^2\right) - (1+3\nu)r^2 + (3+\nu)\frac{r_a^2 r_i^2}{r^2}\right] . \tag{8.75}$$

Für $r_i \to 0$ erhält man aus (8.75) die Spannungen in einer rotierenden Kreissscheibe zu

$$\sigma_r = \frac{\rho\omega^2}{8}(3+\nu)\left(r_a^2 - r^2\right) , \quad \sigma_\vartheta = \frac{\rho\omega^2}{8}\left[(3+\nu)r_a^2 - (1+3\nu)r^2\right] . \tag{8.76}$$

Aus (8.76) folgt für $r = 0$

$$\sigma_r(r=0) = \sigma_\vartheta(r=0) = \frac{\rho\omega^2}{8}(3+\nu)r_a^2 .$$

In Abb. 8.12 sind Spannungsverläufe in einer rotierenden Kreisringscheibe mit $r_i = 0{,}15\, r_a$ und $\nu = 0.2$ gemäß (8.75) Spannungsverläufen in einer rotierenden Kreisscheibe gemäß (8.76) gegenübergestellt. Man erkennt, dass der Größtwert der Umfangsspannung bei einer Kreisscheibe mit vergleichsweise kleiner kreisförmiger Bohrung etwa doppelt so groß wie der für eine Kreisscheibe ohne Bohrung ist.

Die Spannungen für den Sonderfall eines rotierenden dünnwandigen Ringes erhält man durch Einsetzen der mit (3.345) identischen Beziehungen

$$r_a = r_0 + \frac{t}{2}, \qquad r_i = r_0 - \frac{t}{2} , \tag{8.77}$$

mit r_0 als mittlerem Radius und t als Ringdicke, in (8.75) zu

$$\sigma_r = \frac{\rho\omega^2}{8}(3+\nu)r_0^2\left[\left(1+\frac{t}{2r_0}\right)^2 + \left(1-\frac{t}{2r_0}\right)^2 - \frac{r^2}{r_0^2} - \frac{r_0^2}{r^2}\left(1+\frac{t}{2r_0}\right)^2\left(1-\frac{t}{2r_0}\right)^2\right] ,$$
$$\sigma_\vartheta = \frac{\rho\omega^2}{8}r_0^2\left\{(3+\nu)\left[\left(1+\frac{t}{2r_0}\right)^2 + \left(1-\frac{t}{2r_0}\right)^2\right] - (1+3\nu)\frac{r^2}{r_0^2} + \right.$$
$$\left. +(3+\nu)\frac{r_0^2}{r^2}\left(1+\frac{t}{2r_0}\right)^2\left(1-\frac{t}{2r_0}\right)^2\right\} . \tag{8.78}$$

Berücksichtigung von $r/r_0 \approx 1$ und $t/(2r_0) \ll 1$ in (8.78) führt schließlich auf

$$\sigma_r \approx 0 , \qquad \sigma_\vartheta \approx \rho\omega^2 r_0^2 . \tag{8.79}$$

Für den dünnwandigen Ring liegt also näherungsweise ein einaxialer Spannungszustand vor.

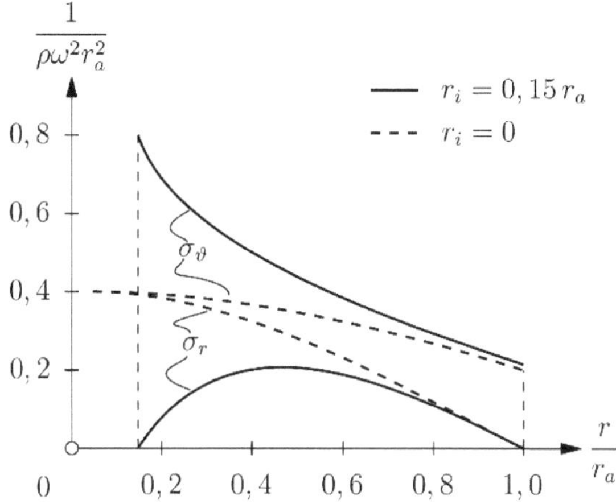

Abb. 8.12: Spannungsverläufe in einer rotierenden Kreisring- bzw. Kreisscheibe

8.3 KIRCHHOFF'sche Plattentheorie

8.3.1 Plattengleichung

Wie bei Scheiben befinden sich die x- und die y-Achse des rechtwinkeligen kartesischen Koordinatensystems in der Mittelebene der Platte. Folglich verläuft die z-Achse normal zur Plattenmittelebene. Laut KIRCHHOFF'scher Normalenhypothese liegen Punkte, die sich in der unverformten Lage auf einer Normalen zur Mittelebene der Platte befinden, in der verformten Lage auf einer Normalen zur verformten Mittelebene. Das entspricht der Vernachlässigung transversaler Schubverformungen. Es gilt also

$$\gamma_{xz} = 0 \ , \quad \gamma_{yz} = 0 \ . \tag{8.80}$$

Bei Beschränkung auf Belastungen normal zur Plattenmittelebene weisen in dieser Ebene gelegene Punkte $(x, y, 0)$ nur eine normal zu ihr gerichtete Verschiebungskomponente w auf (Abb. 8.13).

Die Durchbiegung w wird für alle auf einer Normalen zur Mittelebene gelegenen Punkte als gleich groß vorausgesetzt, die Platte wird also in Dickenrichtung als dehnstarr betrachtet. Deshalb gilt $w = w(x, y)$. Wegen der transversalen Schubstarrheit schließt die Normale zur verformten Mittelebene in einem Punkt $(x, y, 0)$ mit der z-Achse in der Ebene $y = konst.$ den Winkel $\partial w/\partial x$ und in der Ebene $x = konst.$ den Winkel $\partial w/\partial y$ ein. Somit erhält man die Verschiebungskomponenten u, v und w eines beliebigen Punktes einer schubstarren Platte zu

$$u(x,y,z) = -z\frac{\partial w(x,y)}{\partial x} \ , \quad v(x,y,z) = -z\frac{\partial w(x,y)}{\partial y} \ , \quad w(x,y,z) = w(x,y,0) \ . \tag{8.81}$$

Eintragen von (8.81) in die linearen kinematischen Beziehungen (3.34) führt auf die Verzerrungen

$$\varepsilon_x = \frac{\partial u}{\partial x} = -z\frac{\partial^2 w}{\partial x^2} = z\,\kappa_x \ , \quad \varepsilon_y = \frac{\partial v}{\partial y} = -z\frac{\partial^2 w}{\partial y^2} = z\,\kappa_y \ , \quad \varepsilon_z = \frac{\partial w}{\partial z} = 0 \ ,$$
$$\gamma_{xy} = 2\varepsilon_{xy} = \frac{\partial u}{\partial y} + \frac{\partial v}{\partial x} = -2z\frac{\partial^2 w}{\partial x\,\partial y} = 2z\,\kappa_{xy} \ . \tag{8.82}$$

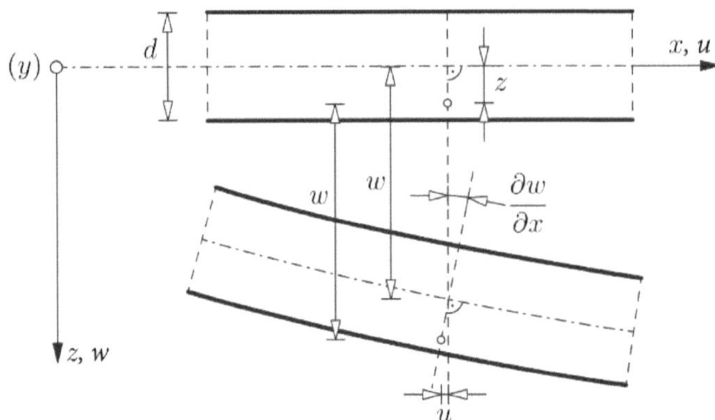

Abb. 8.13: Schnitt $y = konst.$ durch eine schubstarre Platte in der unverformten und der verformten Lage

$\kappa_x = -w_{,xx}$ und $\kappa_y = -w_{,yy}$ sind die linearisierten Ausdrücke für die Krümmungen der Biegefläche in einem Punkt mit den Koordinaten x, y und $z = 0$ in den Ebenen $y = konst.$ bzw. $x = konst.$, und $\kappa_{xy} = -w_{,xy}$ ist der linearisierte Ausdruck für die Verwindung oder Drillung der Biegefläche im betreffenden Punkt.

Zur Realisierung von $\varepsilon_z = 0$ gemäß (8.82_3) ist in der Regel eine Normalspannung σ_z erforderlich. Für eine normal zur Plattenmittelebene gerichtete, etwa auf der Leibungsfläche $z = -d/2$ angreifende Oberflächenkraft p gelten folgende Randbedingungen:

$$\begin{aligned} z = -d/2 : \quad & \tau_{zx} = \bar{t}_x^{(z)} = 0 \,, \quad \tau_{zy} = \bar{t}_y^{(z)} = 0 \,, \quad \sigma_z = \bar{t}_z^{(z)} = -p \,, \\ z = +d/2 : \quad & \tau_{zx} = \bar{t}_x^{(z)} = 0 \,, \quad \tau_{zy} = \bar{t}_y^{(z)} = 0 \,, \quad \sigma_z = \bar{t}_z^{(z)} = 0 \,. \end{aligned} \tag{8.83}$$

Da der Größtwert von σ_z im Allgemeinen klein gegenüber entsprechenden Werten von σ_x und σ_y ist, darf σ_z vernachlässigt werden.

Die transversalen Gleitungen werden zwar laut (8.80) vernachlässigt, die aus Gleichgewichtsgründen vorhandenen transversalen Schubspannungen τ_{xz} und τ_{yz} müssen aber berücksichtigt werden. Folglich nimmt der Schubmodul in den Beziehungen des verallgemeinerten HOOKE'schen Gesetzes (3.277) zwischen γ_{xz} und τ_{xz} bzw. γ_{yz} und τ_{yz} den physikalisch irrealen Wert unendlich an. Das erklärt den Begriff der schubstarren Platte. Da, wie bereits erwähnt, auch σ_z und ε_z vernachlässigt werden, reduziert sich das verallgemeinerte HOOKE'sche Gesetz für den dreidimensionalen Spannungszustand auf das verallgemeinerte HOOKE'sche Gesetz für den ebenen Spannungszustand gemäß (3.306):

$$\begin{aligned} \sigma_x &= \frac{E}{1-\nu^2}(\varepsilon_x + \nu\varepsilon_y) - \frac{E}{1-\nu}\alpha_T(T - T_0) \,, \\ \sigma_y &= \frac{E}{1-\nu^2}(\varepsilon_y + \nu\varepsilon_x) - \frac{E}{1-\nu}\alpha_T(T - T_0) \,, \\ \tau_{xy} &= \frac{E}{2(1+\nu)}\gamma_{xy} \,. \end{aligned} \tag{8.84}$$

Wie in der Stabtheorie wird ein linearer Verlauf der Temperaturänderungen über die

Plattendicke angenommen. Analog zu (6.149) ist dieser Verlauf zu

$$T(x,y,z) - T_0 = T(x,y,0) - T_0 + \frac{\Delta T(x,y)}{d} z = \frac{\Delta T}{d} z = \Theta\, z \tag{8.85}$$

gegeben, wobei $T(x,y,0)-T_0$ die Temperaturänderung in der Plattenmittelebene und $\Delta T(x,y)$ die Temperaturdifferenz zwischen der unteren und der oberen Leibungsebene der Platte darstellen. Für die auf die Plattendicke bezogene Temperaturdifferenz $\Theta = \Delta T/d$ hat sich die Bezeichnung „Temperaturmoment“ eingebürgert. Da Membranverzerrungen im Rahmen der KIRCHHOFF'schen Plattentheorie nicht berücksichtigt werden, wird der Term $T(x,y,0) - T_0$ in (8.85) gleich null gesetzt. Es wird also vorausgesetzt, dass die Plattenmittelebene keine Temperaturänderung erfährt.

Einsetzen der kinematischen Beziehungen (8.82) in (8.84) ergibt unter Berücksichtigung von (8.85)

$$\begin{aligned} \sigma_x &= -\frac{E\,z}{1-\nu^2}\left[w_{,xx} + \nu w_{,yy} + (1+\nu)\alpha_T\Theta\right] \ , \\ \sigma_y &= -\frac{E\,z}{1-\nu^2}\left[w_{,yy} + \nu w_{,xx} + (1+\nu)\alpha_T\Theta\right] \ , \\ \tau_{xy} &= -\frac{E\,z}{1+\nu} w_{,xy} \ . \end{aligned} \tag{8.86}$$

Die Spannungen werden durch Integration über die Plattendicke zu Schnittgrößen zusammengefasst, die auf die Längeneinheit bezogen sind (Abb. 8.14):

$$\begin{aligned} m_x &= \int_{-d/2}^{+d/2} \sigma_x\, z\, dz \ , \quad m_y = \int_{-d/2}^{+d/2} \sigma_y\, z\, dz \ , \quad m_{xy} = \int_{-d/2}^{+d/2} \tau_{xy}\, z\, dz \ , \\ q_x &= \int_{-d/2}^{+d/2} \tau_{xz}\, dz \ , \quad q_y = \int_{-d/2}^{+d/2} \tau_{yz}\, dz \ . \end{aligned} \tag{8.87}$$

Es sind m_x und m_y die Biegemomente, und es bezeichnet $m_{xy} = m_{yx}$ das Torsions- oder Drillmoment; q_x und q_y sind die Querkräfte. Die Momente haben die Dimension [Kraft · Länge/Länge], die Querkräfte die Dimension [Kraft/Länge].

Eintragen der Spannungen gemäß (8.86) in die Beziehungen für die Biegemomente und das Drillmoment (8.87) ergibt

$$\begin{aligned} m_x &= -K\left[w_{,xx} + \nu w_{,yy} + (1+\nu)\alpha_T\Theta\right] \ , \\ m_y &= -K\left[w_{,yy} + \nu w_{,xx} + (1+\nu)\alpha_T\Theta\right] \ , \\ m_{xy} &= -K\,(1-\nu) w_{,xy} \end{aligned} \tag{8.88}$$

mit

$$K = \frac{E\,d^3}{12(1-\nu^2)} \tag{8.89}$$

als der Biegesteifigkeit der Platte.

Im Folgenden werden der Schwerpunkt- und der Drallsatz auf das in Abb. 8.15 dargestellte infinitesimale Element der Plattenmittelebene angewendet. Der Schwerpunktsatz sagt aus, dass die Schwerpunktbeschleunigung proportional der Resultierenden der äußeren Kräfte ist [Parkus (1966)]. Das entspricht der Aussage des dynamischen Grundgesetzes (3.102). Für die Richtung normal zur Plattenmittelebene ergibt sich demnach die Beziehung

$$\left(q_x + \frac{\partial q_x}{\partial x} dx\right) dy - q_x\, dy + \left(q_y + \frac{\partial q_y}{\partial y} dy\right) dx - q_y\, dx + p\, dx\, dy = \frac{\partial^2 w}{\partial t^2} \rho\, d\, dx\, dy \ , \tag{8.90}$$

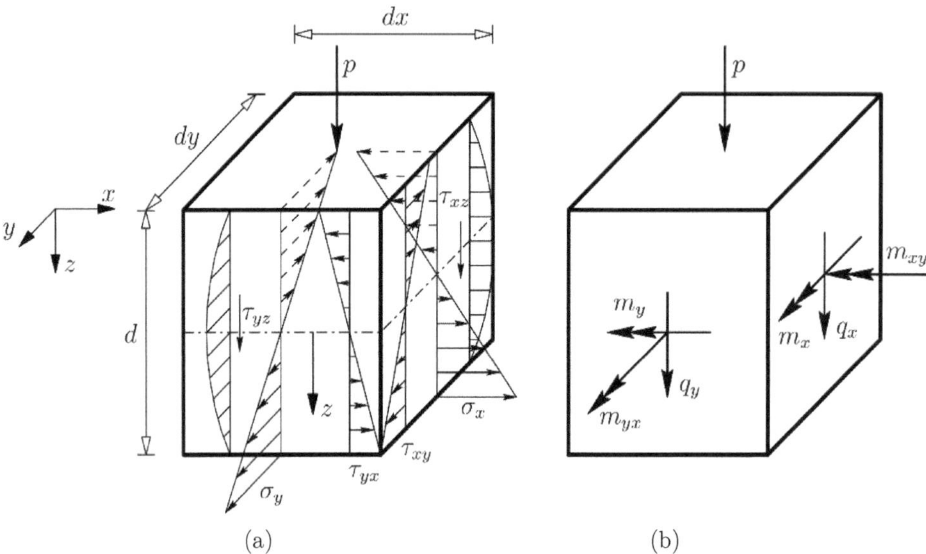

Abb. 8.14: Infinitesimales Plattenelement: (a) Spannungsverläufe, (b) Schnittgrößen

wobei $p(x, y)$ eine in Richtung der z-Achse wirkende Flächenlast bezeichnet. Nach Division durch $dx\,dy$ erhält man

$$\frac{\partial q_x}{\partial x} + \frac{\partial q_y}{\partial y} = -p + \frac{\partial^2 w}{\partial t^2} \rho\, d\ . \tag{8.91}$$

Der Drallsatz sagt aus, dass die zeitliche Änderung des Dralls eines Systems um einen Punkt, der im Raum fest ist oder mit dem Schwerpunkt zusammenfällt, gleich dem Moment der äußeren Kräfte um diesen Punkt ist [Parkus (1966)]. Im gegenständlichen Fall ist der Einfluss der Rotationsträgheit vernachlässigbar. Deshalb reduziert sich der Drallsatz auf die Gleichgewichtsbedingungen für die Momente um die y- und die x-Achse.

Diese Gleichgewichtsbedingungen folgen aus Abb. 8.15 zu

$$\begin{aligned}
&\left(m_x + \frac{\partial m_x}{\partial x} dx\right) dy - m_x\, dy + \left(m_{yx} + \frac{\partial m_{yx}}{\partial y} dy\right) dx - m_{yx}\, dx \\
&- \left(q_x + \frac{\partial q_x}{\partial x} dx\right) dy \frac{dx}{2} - q_x\, dy \frac{dx}{2} = 0\ , \\
&- \left(m_y + \frac{\partial m_y}{\partial y} dy\right) dx + m_y\, dx - \left(m_{xy} + \frac{\partial m_{xy}}{\partial x} dx\right) dy + m_{xy}\, dy \\
&+ \left(q_y + \frac{\partial q_y}{\partial y} dy\right) dx \frac{dy}{2} + q_y\, dx \frac{dy}{2} = 0\ .
\end{aligned} \tag{8.92}$$

Nach Division durch $dx\,dy$ und anschließendem Streichen der noch mit differentiellen Größen behafteten Terme erhält man

$$q_x = \frac{\partial m_x}{\partial x} + \frac{\partial m_{yx}}{\partial y}\ , \quad q_y = \frac{\partial m_y}{\partial y} + \frac{\partial m_{xy}}{\partial x}\ . \tag{8.93}$$

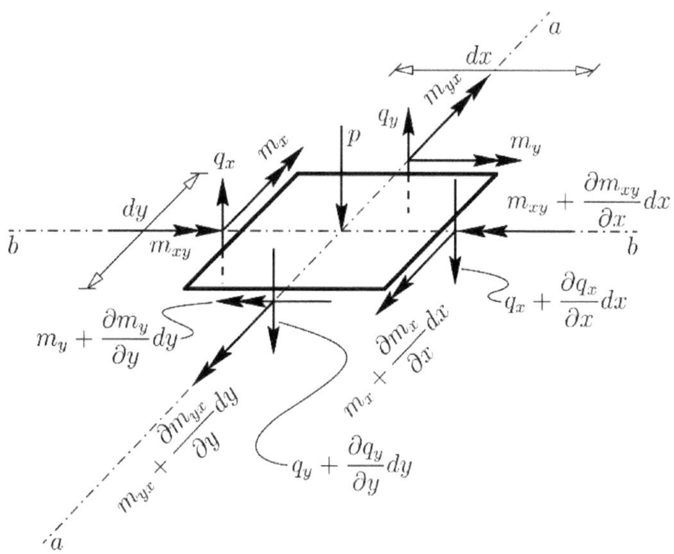

Abb. 8.15: Zur Formulierung des Schwerpunkt- und des Drallsatzes für ein infinitesimales Element der Plattenmittelebene

Einsetzen von (8.88) in (8.93) führt auf

$$q_x = -K \frac{\partial}{\partial x} \left[\Delta w + (1+\nu)\, \alpha_T \Theta\right] \;, \quad q_y = -K \frac{\partial}{\partial y} \left[\Delta w + (1+\nu)\, \alpha_T \Theta\right] \qquad (8.94)$$

mit Δ als dem LAPLACE Operator (8.17). Trägt man diese beiden Beziehungen in (8.91) ein, so erhält man unter der Voraussetzung von konstanter Plattensteifigkeit K die Plattengleichung

$$\Delta\Delta w = \frac{1}{K}\left(p - \rho\, d\, \frac{\partial^2 w}{\partial t^2}\right) - (1+\nu)\, \alpha_T\, \Delta\Theta \;. \qquad (8.95)$$

Es handelt sich dabei um eine inhomogene, lineare, partielle Differentialgleichung vierter Ordnung. Ihre Lösung unter Berücksichtigung der Anfangs- und Randbedingungen ergibt die Biegefläche $w(x, y, t)$.

Bei Beschränkung auf statische Beanspruchung und Vernachlässigung von Temperaturänderungen vereinfacht sich (8.95) zu

$$\Delta\Delta w = \frac{p}{K} \;. \qquad (8.96)$$

Lösung von (8.96) unter Berücksichtigung der Randbedingungen ergibt die Biegefläche $w(x, y)$.

Bei Kenntnis von w erhält man die Biegemomente und das Drillmoment aus (8.88) und die Querkräfte aus (8.94). Aus (8.86) ist ersichtlich, dass die Spannungen σ_x, σ_y und τ_{xy} lineare Funktionen von z sind (Abb. 8.14a). Deshalb sind die Beziehungen zur Berechnung dieser Spannungskomponenten aus den Schnittgrößen m_x, m_y und m_{xy} ähnlich der Beziehung für σ_x für einen Stab mit einem Rechteckquerschnitt der

Breite 1 zufolge eines gegebenen Biegemoments. Sie lauten demnach:

$$\sigma_x = \frac{12\,m_x}{d^3} z \;, \quad \sigma_y = \frac{12\,m_y}{d^3} z \;, \quad \tau_{xy} = \frac{12\,m_{xy}}{d^3} z \;. \tag{8.97}$$

Der Verlauf der transversalen Schubspannungen über die Plattendicke ist wie beim Stab mit einem Rechteckquerschnitt der einer quadratischen Parabel. Folglich ergeben sich die Beziehungen zur Berechnung von τ_{xz} und τ_{yz} analog zur entsprechenden Beziehung der Stabtheorie (6.223) für einen Stab mit einem Rechteckquerschnitt der Breite 1 zu

$$\tau_{xz} = -\frac{12\,q_x}{d^3} S(z) \;, \quad \tau_{yz} = -\frac{12\,q_y}{d^3} S(z) \tag{8.98}$$

mit dem Flächenmoment 1. Ordnung,

$$S(z) = -\frac{1}{2}\left(\frac{d^2}{4} - z^2\right) \;. \tag{8.99}$$

8.3.2 Transformation und Extremwerte der Schnittgrößen

Aus (8.87) folgt, dass m_x, m_y und m_{xy} bei einer Drehung des Koordinatensystems um die z-Achse wie σ_x, σ_y und τ_{xy} im Rahmen eines ebenen Spannungszustandes, also laut (3.162), transformiert werden. Deshalb erhält man die auf die Koordinatenachsen x' und y' bezogenen Momente zu

$$\begin{aligned} m_x' &= m_x \cos^2\alpha + m_y \sin^2\alpha + 2m_{xy} \sin\alpha \cos\alpha \;, \\ m_y' &= m_x \sin^2\alpha + m_y \cos^2\alpha - 2m_{xy} \sin\alpha \cos\alpha \;, \\ m_{xy}' &= m_{yx}' = (-m_x + m_y) \sin\alpha \cos\alpha + m_{xy} (\cos^2\alpha - \sin^2\alpha) \;, \end{aligned} \tag{8.100}$$

wobei α den Winkel bezeichnet, den die x'-Achse mit der x-Achse bzw. die y'-Achse mit der y-Achse einschließt. Aus (8.100) folgt

$$m_x' + m_y' = m_x + m_y \;, \quad m_x' m_y' - (m_{xy}')^2 = m_x m_y - m_{xy}^2 \;. \tag{8.101}$$

Aus der Gleichheit der Transformationsbeziehungen (3.162) und (8.100) resultiert, dass die Extremwerte der Biegemomente - also die Hauptbiegemomente m_1 und m_2 - sowie der Extremwert des Drillmoments, m_T, analog zu den Hauptnormalspannungen laut (3.167) bzw. zu den Hauptschubspannungen laut (3.172) berechnet werden:

$$\begin{aligned} m_{1(2)} &= \frac{m_x + m_y}{2} \pm \sqrt{\left(\frac{m_x - m_y}{2}\right)^2 + m_{xy}^2} \;, \\ m_T &= \pm\sqrt{\left(\frac{m_x - m_y}{2}\right)^2 + m_{xy}^2} = \pm\frac{m_1 - m_2}{2} \;; \end{aligned} \tag{8.102}$$

Der Winkel α_1, den die den Hauptbiegemomenten zugeordneten Koordinatenachsen mit der x-Achse bzw. der y-Achse einschließen, ergibt sich gemäß (3.166) zu

$$\tan 2\alpha_1 = \frac{2m_{xy}}{m_x - m_y} \;. \tag{8.103}$$

Die transversalen Schubspannungen τ_{xz} und τ_{yz} werden bei einer Drehung des Koordinatensystems um die z-Achse gemäß den Transformationsbeziehungen für Spannungskomponenten (3.133) transformiert. Da die Drehung in der xy-Ebene erfolgt, gilt für die Richtungskosinus $n_{xz} = 0$, $n_{yz} = 0$ und $n_{zz} = 1$ und in Analogie zu (3.81) $n_{xx} = \cos\alpha$, $n_{xy} = \sin\alpha$, $n_{yx} = -\sin\alpha$ und $n_{yy} = \cos\alpha$. Gemäß (8.87) werden die Querkräfte q_x und q_y wie die transversalen Schubspannungen τ_{xz} und τ_{yz} transformiert. Man erhält die Querkräfte im gedrehten Koordinatensystem also zu

$$q'_x = q_x \cos\alpha + q_y \sin\alpha \ , \quad q'_y = -q_x \sin\alpha + q_y \cos\alpha \ . \tag{8.104}$$

Der Winkel α_2, für den der Größtwert der Querkraft erhalten wird, folgt aus $dq'_x/d\alpha = 0$ zu $\tan\alpha_2 = q_y/q_x$. Mit Hilfe der Identitäten $\cos^2\alpha = 1/(1 + tan^2\alpha) = q_x^2/(q_x^2 + q_y^2)$ und $\sin^2\alpha = 1/(1 + \cot^2\alpha) = q_y^2/(q_x^2 + q_y^2)$ bestimmt man den Größtwert von q zu

$$q_{max} = \sqrt{q_x^2 + q_y^2} \ . \tag{8.105}$$

8.3.3 Randbedingungen

Als kinematische Randbedingungen können Durchbiegungen und Verdrehungen der Platte längs des Plattenrandes vorgegeben sein, als statische Randbedingungen Biegemomente, Drillmomente und Querkräfte längs des Randes. In Abb. 8.16a sind diese drei Schnittgrößen für einen durch die Normale **n** definierten Punkt des Plattenrandes dargestellt.

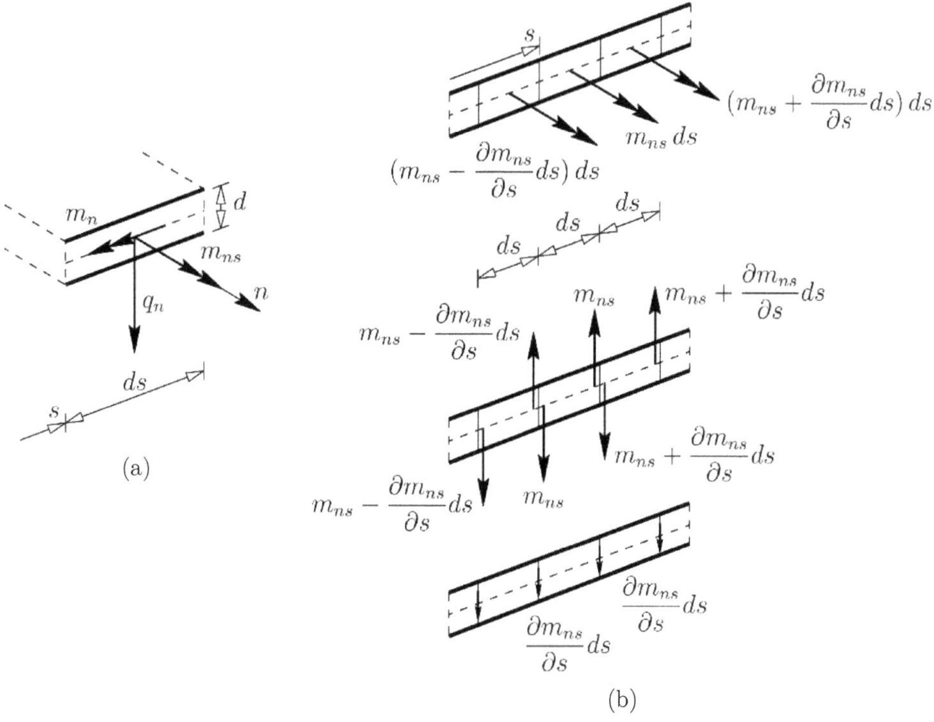

Abb. 8.16: Statische Randbedingungen: (a) Randschnittgrößen, (b) Drillmomente längs des Randes und statisch gleichwertige Querkräfte

In jedem Randpunkt können nur zwei Randbedingungen vorgeschrieben werden. Das ist eine Folge der KIRCHHOFF'schen Normalenhypothese, die eine Zwangsbedingung für den Verformungszustand darstellt. Um trotz dreier Schnittgrößen mit zwei statischen Randbedingungen das Auslangen zu finden, ersetzt man die Drillmomente längs des Plattenrandes durch statisch gleichwertige Querkräfte. Diese werden mit den längs des Plattenrandes wirkenden Querkräften q_n zu Ersatzquerkräften q_n^*, sogenannten KIRCHHOFF'schen Scherkräften, zusammengefasst. Somit wird aus je einer Randbedingung für das Drillmoment und die Querkraft eine Randbedingung für die KIRCHHOFF'sche Scherkraft.

Zur Umrechnung der längs eines Plattenrandes wirkenden Drillmomente in statisch gleichwertige Querkräfte führt man die von einem gewählten Ausgangspunkt gemessene Bogenlänge s längs des Plattenrandes ein und denkt sich den betrachteten Teil des Plattenrandes in infinitesimale Abschnitte ds unterteilt (Abb. 8.16b). Auf den durch s und $s + ds$ begrenzten Randabschnitt wirkt das Drillmoment $m_{ns}\, ds$, auf die beiden benachbarten Abschnitte die Drillmomente $(m_{ns} \pm (\partial m_{ns}/\partial s) ds)\, ds$. Diese drei Drillmomente werden durch die in Abb. 8.16b eingetragenen Kräftepaare

$$m_{ns} - \frac{\partial m_{ns}}{\partial s} ds \;, \quad m_{ns} \;, \quad m_{ns} + \frac{\partial m_{ns}}{\partial s} ds$$

ersetzt. An den Grenzen benachbarter Randabschnitte ds heben sich die Anteile m_{ns} dieser Kräfte auf. Folglich verbleiben nur die Kräfte $(\partial m_{ns}/\partial s)\, ds$. Auf die Längeneinheit des Randes bezogen, ergeben sie sich zu $\partial m_{ns}/\partial s$. Addition zur Randquerkraft q_n ergibt die KIRCHHOFF'sche Scherkraft q_n^* im betreffenden Randpunkt zu

$$q_n^* = q_n + \frac{\partial m_{ns}}{\partial s} \,. \tag{8.106}$$

Sie entspricht der Auflagerkraft in diesem Randpunkt. Wenn also am Rand ein Drillmoment auftritt und $\partial m_{ns}/\partial s \neq 0$ gilt, dann ist die Querkraft q_n *nicht* gleich der Auflagerkraft q_n^*.

Wenn das Drillmoment in einem Punkt des Plattenrandes unstetig ist, dann ergeben die KIRCHHOFF'schen Scherkräfte der beiden benachbarten infinitesimalen Randabschnitte ds eine normal zur Plattenmittelebene gerichtete Einzelkraft. Dazu kommt es auch in einer rechtwinkeligen Plattenecke (Abb. 8.17). Da in einer etwa durch die

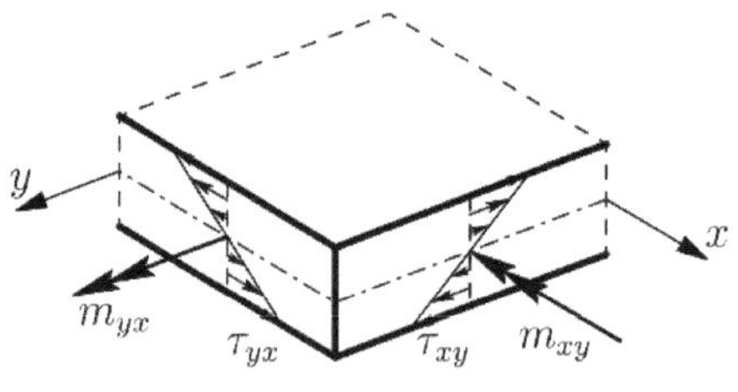

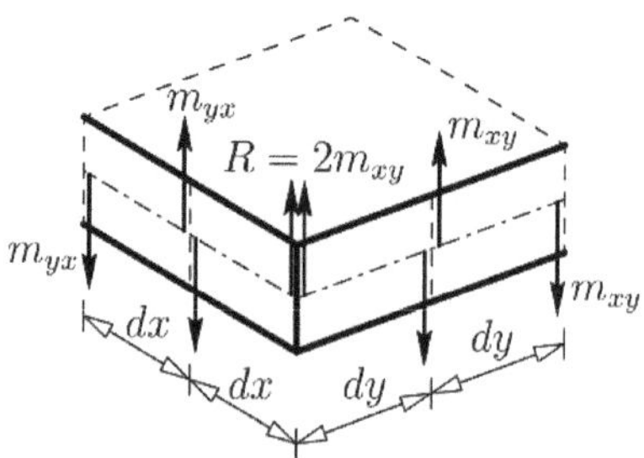

Abb. 8.17: Einzelkraft in einer rechtwinkeligen Plattenecke zufolge KIRCHHOFF'scher Scherkräfte

Plattenränder $x = konst.$ und $y = konst.$ gebildeten Plattenecke aufgrund des Satzes der zugeordneten Schubspannungen $\tau_{xy} = \tau_{yx}$ und folglich $m_{xy} = m_{yx}$ gilt, tritt in einer solchen Ecke eine Einzelkraft der Größe

$$R = 2\;|m_{xy}| \tag{8.107}$$

normal zur Plattenmittelebene auf.

Das Ersetzen der Drillmomente m_{ns} durch auf die Längeneinheit bezogene Kräfte $m_{ns,s}$ ist grundsätzlich inkorrekt. Infolge von statischer Gleichwertigkeit der Drillmomente und ihnen entsprechender Kräftepaare wirkt sich diese Vorgehensweise im Sinne des Prinzips von St. Venant (siehe Abschnitt 3.7) in der Regel nur auf eine schmale Randzone der Platte aus.

Für einen Plattenrand $x = konst.$ können beispielsweise folgende Fälle von Randbedingungen vorliegen:

Starre Einspannung längs des Randes $x = konst.$: Vorgegeben sind die beiden kinematischen Randbedingungen

$$w(x = konst., y) = 0 \ , \quad w_{,x}(x = konst., y) = 0 \, .$$

Aus der zweiten Randbedingung folgt für die Verwindung $w_{,xy}(x = konst., y) = 0$. Wegen (8.88$_3$) verschwinden folglich die Drillmomente längs des eingespannten Randes, und die KIRCHHOFF'schen Scherkräfte sind gleich den Querkräften.

Freier Rand $x = konst.$: Längs des freien Randes verschwinden die Schnittgrößen. Infolge des Ersetzens von m_{xy} und q_x durch q_x^* gemäß (8.106) mit $n \equiv x$ und $s \equiv y$ gelten die statischen Randbedingungen

$$m_x(x = konst., y) = 0 \ , \quad q_x^*(x = konst., y) = 0 \ .$$

Einsetzen von $q_x^* = 0$ in (8.106) führt auf $q_x = -\partial m_{xy}/\partial y$.

Starre, frei drehbare Lagerung längs $x = konst.$: Längs dieses Randes verschwinden die Durchbiegung w und das Biegemoment m_x. Die Randbedingungen lauten also:

$$w(x = konst., y) = 0 \ , \quad m_x(x = konst., y) = 0 \ .$$

Wegen $w_{,y}(x = konst., y) = 0$ ist auch $w_{,yy}(x = konst., y) = 0$. Einsetzen dieses Ergebnisses in (8.88$_1$) ergibt bei fehlender Temperaturänderung, also für $\Theta = 0$, $w_{,xx}(x = konst., y) = 0$. In diesem Fall kann man die Randbedingungen für eine starre, frei drehbare Lagerung längs des Randes $x = konst.$ folglich auch zu

$$w(x = konst., y) = 0 \ , \quad \Delta w(x = konst., y) = 0$$

anschreiben. Man bezeichnet diese Beziehungen als NAVIER'sche Randbedingungen.

Die für diese drei Lagerungsfälle angegebenen Randbedingungen lassen sich auf einen Plattenrand mit einer beliebigen Normalenrichtung n übertragen, wenn man in den Randbedingungen die Koordinate x durch die Normale n und die Koordinate y durch die Bogenlänge s ersetzt. Zur Formulierung von Randbedingungen für elastische Stützung und elastische Einspannung von Rändern sei auf [Altenbach (1998)] verwiesen.

Beispiel 8.6:

Für den in Abb. 8.18 dargestellten, längs der Ränder $x = 0$ und $x = a$ frei drehbar gelagerten und in $\pm y$-Richtung ins Unendliche reichenden Plattenstreifen, der durch eine statische Flächenlast $p(x)$ beansprucht wird, sind die Biegefläche und die Schnittgrößen zu bestimmen.

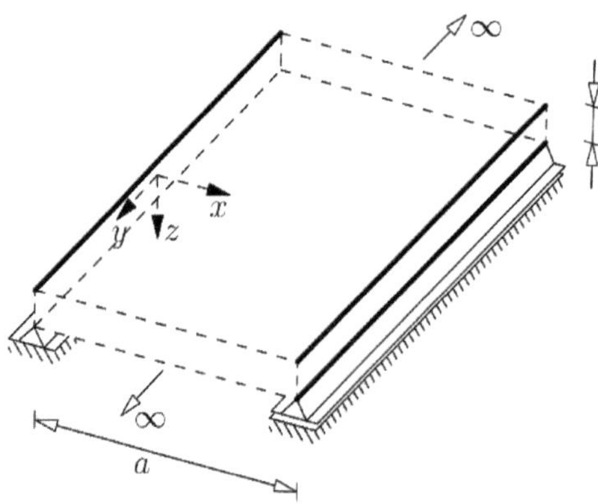

Abb. 8.18: Frei drehbar gelagerter Plattenstreifen

Der Plattenstreifen lässt sich rechnerisch relativ einfach behandeln, weil im Endlichen nur zwei Ränder vorhanden sind. Die Lösung für einen solchen Plattenstreifen stimmt mit der einer gleichartig belasteten und gelagerten schmalen Platte im mittleren Bereich sehr gut überein. Wenn die Belastung p eines unendlich langen Plattenstreifens nur eine Funktion von x ist, hängt auch die Biegefläche w nur von x ab. Es entfallen dann in der Plattengleichung (8.96) die Ableitungen nach y. Deshalb vereinfacht sich (8.96) für einen solchen Plattenstreifen zu

$$\frac{d^4 w^{(Pl)}}{dx^4} = \frac{p}{K} \quad \text{bzw.} \quad \frac{d^4 w^{(Pl)}}{dx^4} = \frac{12\,(1-\nu^2)\,p}{E\,d^3}\,, \tag{8.108}$$

wobei zur Unterscheidung der Durchbiegung der Platte von der eines Stabes der obere Index Pl verwendet wird. Da die Biegefläche nur von x abhängt, weist sie eine zylindrische Form auf. Vergleicht man (8.108) mit der Differentialgleichung der Biegelinie eines Balkens (6.330) mit einem Rechteckquerschnitt der Höhe d und der Breite 1 und dementsprechend mit $I_\eta = I_y = 1 \cdot d^3/12$ als Flächenmoment 2. Ordnung und mit $q_\zeta = q_z = p \cdot 1$ als Linienlast, also mit

$$\frac{d^4 w^{(St)}}{dx^4} = \frac{q_\zeta}{EI_\eta} \quad \text{bzw.} \quad \frac{d^4 w^{(St)}}{dx^4} = \frac{12\,p}{E\,d^3}\,, \tag{8.109}$$

so erkennt man, dass sich die beiden Differentialgleichungen nur durch den Faktor $1-\nu^2$ auf der rechten Seite unterscheiden. Folglich ist die Durchbiegung des Plattenstreifens, $w^{(Pl)}$, um den Faktor $1-\nu^2$ kleiner als die Durchbiegung $w^{(St)}$ des gleichartig belasteten und gelagerten Stabes der Breite 1.

Da Ableitungen nach y unter den genannten Voraussetzungen entfallen, folgen die Momente in der Platte aus (8.88) mit $\Theta = 0$ zu

$$m_x = -K\,w^{(Pl)}_{,xx}\,, \quad m_y = -\nu\,K\,w^{(Pl)}_{,xx}\,, \quad m_{xy} = 0 \tag{8.110}$$

und die Querkräfte aus (8.94) zu

$$q_x = -K\,\frac{d^3 w^{(Pl)}}{dx^3}\,, \quad q_y = 0\,. \tag{8.111}$$

Ein Vergleich von (8.110$_1$) mit der Beziehung für das Biegemoment M_y eines Stabes mit einem Rechteckquerschnitt gemäß (6.328$_1$), $M_y = -EI_y\,w^{(St)}_{,xx}$, zeigt, dass die

Biegemomente m_x und M_y für den Plattenstreifen und den Stab gleich groß sind, weil nämlich die Biegesteifigkeit des Plattenstreifens um den Faktor $1-\nu^2$ größer als die des Stabes ist, während die Durchbiegung des Plattenstreifens um eben diesen Faktor kleiner ist.

Laut (8.110$_2$) treten beim Plattenstreifen Biegemomente m_y und folglich Normalspannungen σ_y auf. Beim Stab ist das deswegen nicht der Fall, weil die von der Normalspannung σ_x hervorgerufene Querdehnung $\varepsilon_y = -(\nu/E)\sigma_x$ (Abb. 8.19a) nicht behindert wird. Beim Plattenstreifen jedoch verhindert die zylindrische Biegefläche die Entstehung von Querverformungen. Der damit verbundene Zwang des Verformungszustandes ist die Ursache der Biegemomente $m_y = \nu m_x$ bzw. der Normalspannungen σ_y (Abb. 8.19b).

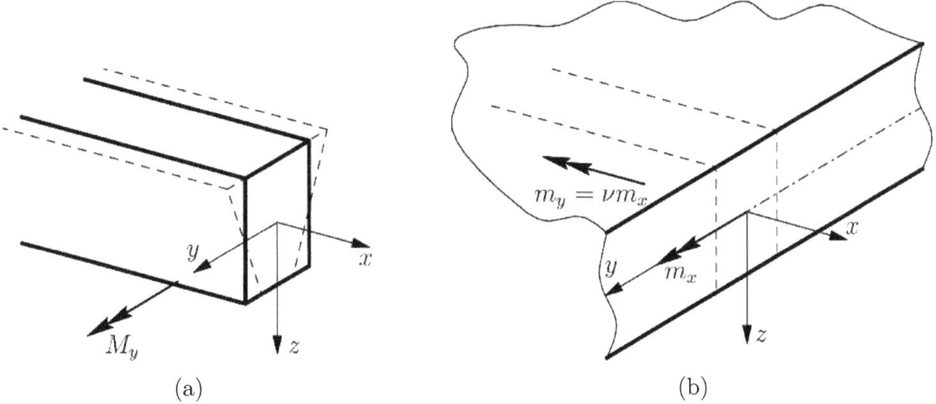

Abb. 8.19: Biegemomente zufolge einer Flächenlast in (a) einem Stab und (b) einem Plattenstreifen

Wegen der Unabhängigkeit aller Größen von y treten beim Plattenstreifen keine Drillmomente auf (siehe (8.88$_3$)). Ein Vergleich von (8.111$_1$) mit der Beziehung für die Querkraft Q_z eines Stabes mit einem Rechteckquerschnitt der Breite 1 gemäß (6.328$_3$), $Q_z = -EI_y\, w^{(St)}_{,xxx}$, zeigt, dass die Querkräfte q_x und Q_z gleich groß sind.

Beispiel 8.7:

Für die in Abb. 8.20 dargestellte, allseits frei drehbar gelagerte Rechteckplatte mit den Seitenlängen a und b sind die Biegefläche und die Schnittgrößen für folgende zwei Lastfälle zu bestimmen: (a) Belastung der gesamten Platte durch eine konstante Flächenlast p, (b) Belastung der Platte durch eine Einzellast P.

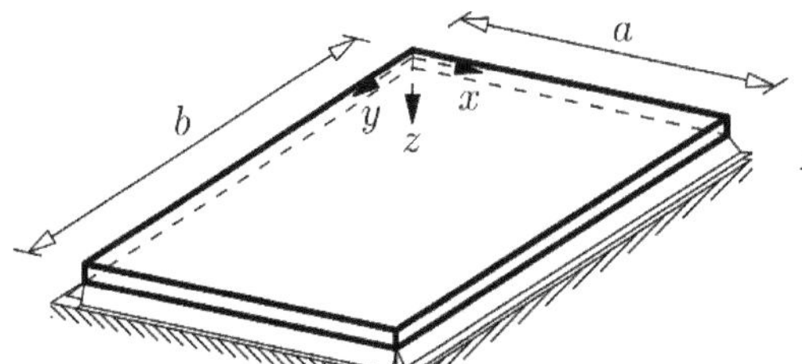

Abb. 8.20: Allseits frei drehbar gelagerte Rechteckplatte

Die analytische Berechnung von Rechteckplatten erfolgt mittels Entwicklung der Belastung $p(x,y)$ in Form einer FOURIER*'sche Doppelreihe als ungerade Funktion von x und y mit den Perioden $l_x = 2a$ und $l_y = 2b$ zu*

$$p(x,y) = \sum_{m=1}^{\infty}\sum_{n=1}^{\infty} p_{mn} \sin\frac{m\pi x}{a} \sin\frac{n\pi y}{b} \tag{8.112}$$

mit den Koeffizienten

$$p_{mn} = \frac{4}{ab}\int_0^a \int_0^b p(x,y) \sin\frac{m\pi x}{a} \sin\frac{n\pi y}{b}\, dx\, dy \tag{8.113}$$

und mit Hilfe eines entsprechenden Ansatzes für die Biegefläche,

$$w(x,y) = \sum_{m=1}^{\infty}\sum_{n=1}^{\infty} w_{mn} \sin\frac{m\pi x}{a} \sin\frac{n\pi y}{b}, \tag{8.114}$$

mit unbekannten Koeffizienten w_{mn}. Der Ansatz (8.114) erfüllt die Randbedingungen für allseits frei drehbar gelagerte Rechteckplatten, $w = 0$ und $m_x = 0$ für die Ränder $x = 0$ und $x = a$, und $w = 0$ und $m_y = 0$ für die Ränder $y = 0$ und $y = b$. Einsetzen von (8.114) und (8.112) in die Plattengleichung (8.96) ergibt

$$\sum_{m=1}^{\infty}\sum_{n=1}^{\infty} w_{mn} \left(\frac{m^2\pi^2}{a^2} + \frac{n^2\pi^2}{b^2}\right)^2 \sin\frac{m\pi x}{a} \sin\frac{n\pi y}{b} = \frac{1}{K}\sum_{m=1}^{\infty}\sum_{n=1}^{\infty} p_{mn} \sin\frac{m\pi x}{a} \sin\frac{n\pi y}{b}\,. \tag{8.115}$$

Aus (8.115) folgt durch Koeffizientenvergleich

$$w_{mn} = \frac{p_{mn}}{K\,\pi^4 \left(\dfrac{m^2}{a^2} + \dfrac{n^2}{b^2}\right)^2}\,. \tag{8.116}$$

Durch Eintragen von w_{mn} laut (8.116) in den Ansatz für die Biegefläche (8.114) erhält man diese zu

$$w(x,y) = \frac{1}{K\,\pi^4}\sum_{m=1}^{\infty}\sum_{n=1}^{\infty} \frac{p_{mn}}{\left(\dfrac{m^2}{a^2} + \dfrac{n^2}{b^2}\right)^2} \sin\frac{m\pi x}{a} \sin\frac{n\pi y}{b}\,. \tag{8.117}$$

Bei bekannter Biegefläche können die Schnittgrößen mit Hilfe der Gleichungen (8.88) und (8.94) bestimmt werden.

ad (a): *Im Falle einer über die gesamte Platte konstanten Flächenlast p erhält man die Koeffizienten der* FOURIER*'schen Doppelreihe aus (8.113) zu*

$$p_{mn} = \frac{4p}{ab}\int_0^a \int_0^b \sin\frac{m\pi x}{a} \sin\frac{n\pi y}{b}\, dx\, dy = \frac{16\,p}{\pi^2\, m\, n}\,, \quad m,n = 1,3,5,\ldots \tag{8.118}$$

und folglich die Biegefläche aus (8.117) zu

$$w(x,y) = \frac{16\,p}{K\,\pi^6}\sum_{m=1,3,\ldots}^{\infty}\ \sum_{n=1,3,\ldots}^{\infty} \frac{1}{m\,n\left(\dfrac{m^2}{a^2} + \dfrac{n^2}{b^2}\right)^2} \sin\frac{m\pi x}{a} \sin\frac{n\pi y}{b}\,. \tag{8.119}$$

Für den Sonderfall einer durch eine konstante Flächenlast p beanspruchten, allseits frei drehbar gelagerten quadratischen Platte mit der Seitenlänge a ergibt sich aus (8.119) mit $b = a$

$$w(x,y) = \frac{16\,p\,a^4}{K\,\pi^6} \sum_{m=1,3,\ldots}^{\infty} \sum_{n=1,3,\ldots}^{\infty} \frac{1}{m\,n\,(m^2+n^2)^2} \sin\frac{m\pi x}{a} \sin\frac{n\pi y}{a} \,. \qquad (8.120)$$

Daraus folgt für $x = y = a/2$ der Größtwert der Durchbiegung zu

$$w_{max} = 0{,}00406\,\frac{p\,a^4}{K} \,.$$

Dieser Wert ergibt sich nach Abbruch der unendlichen Doppelreihe bereits nach $m = n = 3$. Demgegenüber erhält man für einen frei drehbar gelagerten Plattenstreifen mit der Stützweite a den Größtwert der Durchbiegung durch Lösung von (8.108) zu $0{,}01302\,pa^4/K$. Durch die im Falle der allseits frei drehbar gelagerten Platte gegebene Lastabtragung in zwei zueinander normalen Richtungen sind die Durchbiegungen beträchtlich kleiner als bei dem durch Lastabtragung in nur einer Richtung gekennzeichneten Plattenstreifen derselben Dicke und Stützweite.

Eintragen von (8.119) in (8.88) führt auf die Biegemomente und das Drillmoment

$$m_x = \frac{16\,p}{\pi^4} \sum_{m=1,3,\ldots}^{\infty} \sum_{n=1,3,\ldots}^{\infty} \frac{1}{m\,n\left(\dfrac{m^2}{a^2}+\dfrac{n^2}{b^2}\right)^2} \left[\left(\frac{m}{a}\right)^2 + \nu\left(\frac{n}{b}\right)^2\right] \sin\frac{m\pi x}{a} \sin\frac{n\pi y}{b} \,,$$

$$m_y = \frac{16\,p}{\pi^4} \sum_{m=1,3,\ldots}^{\infty} \sum_{n=1,3,\ldots}^{\infty} \frac{1}{m\,n\left(\dfrac{m^2}{a^2}+\dfrac{n^2}{b^2}\right)^2} \left[\left(\frac{n}{b}\right)^2 + \nu\left(\frac{m}{a}\right)^2\right] \sin\frac{m\pi x}{a} \sin\frac{n\pi y}{b} \,,$$

$$m_{xy} = -\frac{16\,(1-\nu)\,p}{\pi^4} \sum_{m=1,3,\ldots}^{\infty} \sum_{n=1,3,\ldots}^{\infty} \frac{1}{a\,b\left(\dfrac{m^2}{a^2}+\dfrac{n^2}{b^2}\right)^2} \cos\frac{m\pi x}{a} \cos\frac{n\pi y}{b} \,. \qquad (8.121)$$

Für eine quadratische Platte erhält man aus (8.121) mit $b = a$

$$m_x = \frac{16\,p\,a^2}{\pi^4} \sum_{m=1,3,\ldots}^{\infty} \sum_{n=1,3,\ldots}^{\infty} \frac{m^2+\nu\,n^2}{m\,n\,(m^2+n^2)^2} \sin\frac{m\pi x}{a} \sin\frac{n\pi y}{a} \,,$$

$$m_y = \frac{16\,p\,a^2}{\pi^4} \sum_{m=1,3,\ldots}^{\infty} \sum_{n=1,3,\ldots}^{\infty} \frac{n^2+\nu\,m^2}{m\,n\,(m^2+n^2)^2} \sin\frac{m\pi x}{a} \sin\frac{n\pi y}{a} \,, \qquad (8.122)$$

$$m_{xy} = -\frac{16\,(1-\nu)\,p\,a^2}{\pi^4} \sum_{m=1,3,\ldots}^{\infty} \sum_{n=1,3,\ldots}^{\infty} \frac{1}{(m^2+n^2)^2} \cos\frac{m\pi x}{a} \cos\frac{n\pi y}{a} \,.$$

Zur Bestimmung der Momente sind partielle Ableitungen von w erforderlich. Die sich ergebenden unendlichen Doppelreihen für die Momente konvergieren deshalb langsamer als die unendliche Doppelreihe für die Durchbiegung. Auswertung von (8.122_1) bzw. (8.122_2) für $\nu = 0{,}3$ führt auf den im Mittelpunkt der Platte auftretenden Größtwert der Biegemomente zu $m_x = m_y = 0{,}0479\,p\,a^2$. In Abb. 8.21a sind die Verläufe der Biegemomente m_x und m_y einer allseits frei drehbar gelagerten quadratischen Platte unter konstanter Flächenlast längs $x = a/2$ bzw. $y = a/2$ dargestellt.

Abb. 8.21b zeigt die Verteilung der Auflagerkräfte der quadratischen Platte längs des Randes $y = a$. Sie entsprechen den KIRCHHOFF*'schen Scherkräften für diesen Rand und setzen sich aus den beiden Anteilen gemäß (8.106), nämlich der Querkraft q_y und der partiellen Ableitung des Drillmoments nach x, $\partial m_{yx}/\partial x$, zusammen. Die größte Auflagerkraft pro Längeneinheit, $q^*_{y,max} = 0{,}42\,p\,a$, tritt in Seitenmitte auf, während q^*_y in den Plattenecken verschwindet. Dort sind Einzelkräfte gemäß (8.107) zu berücksichtigen. Für die Plattenecke $x = 0$, $y = 0$ folgt für $\nu = 0{,}3$ aus (8.122$_3$) $m_{xy} = -0{,}0325\,p\,a^2$. Folglich erhält man für die Eckkraft $R = 0{,}065\,p\,a^2$. R ist eine auf das Auflager wirkende Zugkraft. Gleich große Zugkräfte erhält man für die drei übrigen Eckpunkte. Wegen der auf die Randlagerung in den Eckbereichen wirkenden Zugkräfte will die Platte dort von der Lagerung abheben. Damit die Randbedingung $w = 0$ längs des gesamten Randes tatsächlich erfüllt wird, ist die Platte in den Eckbereichen durch konstruktive Maßnahmen gegen Abheben zu sichern.*

Die Hauptbiegemomente m_1 und m_2 erhält man aus (8.102$_1$). Da die Biegemomente m_x und m_y längs der Plattenränder verschwinden, ergeben sich die Hauptbiegemomente in den Eckpunkten zu $m_{1(2)} = \pm m_{xy}$. Das in Abb. 8.21c längs der Diagonale dargestellte Hauptbiegemoment m_1 ist im Eckbereich negativ, es treten

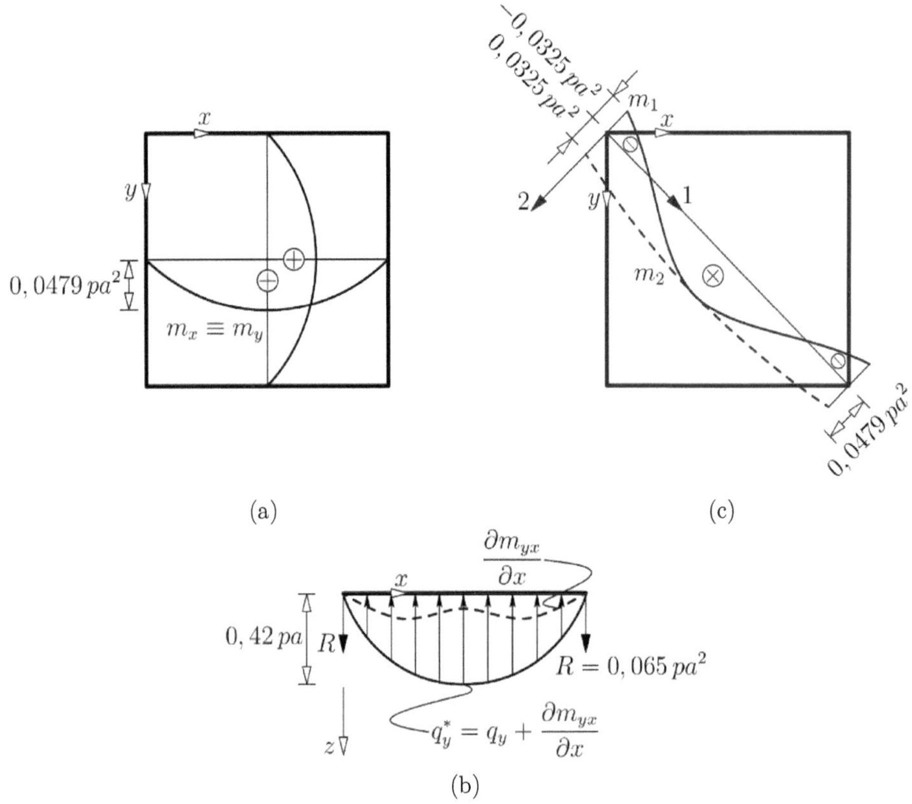

Abb. 8.21: Schnittgrößen für eine allseits frei drehbar gelagerte quadratische Platte mit konstanter Flächenlast ($\nu = 0{,}3$): (a) Biegemomente m_x und m_y, (b) KIRCHHOFF'sche Scherkraft q^*_y, (c) Hauptbiegemomente m_1 und m_2

dort also in Diagonalrichtung Hauptnormalspannungen σ_1 in Form von Zugspannungen auf der Plattenoberseite und Druckspannungen auf der Plattenunterseite auf. Da das Hauptbiegemoment m_2 längs der gesamten Diagonale positiv ist, sind die normal dazu auftretenden Hauptnormalspannungen σ_2 im Eckbereich an der Plattenoberseite Druckspannungen und an der Plattenunterseite Zugspannungen.

Die Querdehnungszahl hat einen relativ großen Einfluss auf den Größtwert der Biegemomente der quadratischen Platte. Für = 0 erhält man nämlich den im Vergleich zu 0,0479 $p\,a^2$ für $v = 0{,}3$ deutlich kleineren Größtwert von 0,0368 $p\,a^2$. Der Einfluss von ν nimmt jedoch bei Rechteckplatten mit wachsendem Seitenverhältnis b/a ab. Für den Grenzfall des im vorhergehenden Beispiel behandelten Plattenstreifens ($b \to \infty$) ergibt sich der von ν unabhängige Größtwert des Biegemoments zu $m_x = 0{,}125\,p\,a^2$; m_y erhält man für diesen Grenzfall zu $m_y = \nu\, m_x$. In Abb. 8.22 sind die Größtwerte der Biegemomente m_x und m_y für $\nu = 0{,}3$ für Rechteckplatten mit dem Seitenverhältnis b/a, die durch eine konstante Flächenlast beansprucht werden, dargestellt.
ad (b): *Für eine auf ein Teilrechteck einer allseits frei drehbar gelagerten Rechteck-*

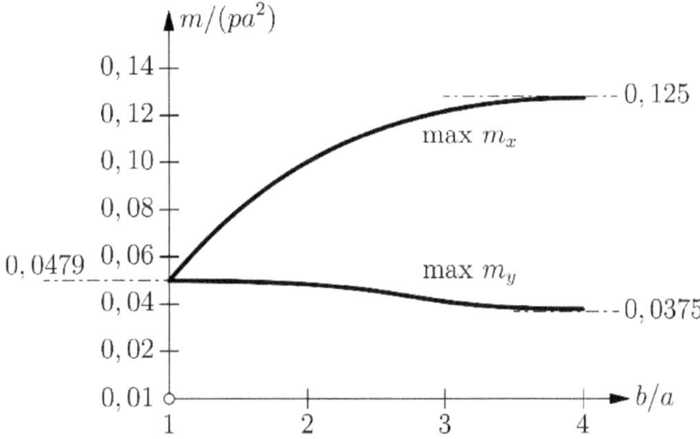

Abb. 8.22: Größtwerte von m_x und m_y für allseits frei drehbar gelagerte Rechteckplatten unter konstanter Flächenlast für $\nu = 0{,}3$ in Abhängigkeit vom Seitenverhältnis

platte beschränkte, konstante Belastung p erhält man aus (8.113) die Koeffizienten der FOURIER'schen Doppelreihe (8.112) für die Belastung zu [Girkmann (1963)]

$$\begin{aligned} p_{mn} &= \frac{4}{ab}\int_{\bar{x}-c}^{\bar{x}+c}\int_{\bar{y}-d}^{\bar{y}+d} p\,\sin\frac{m\pi x}{a}\,\sin\frac{n\pi y}{b}\,dx\,dy \\ &= \frac{16p}{\pi^2 mn}\sin\frac{m\pi\bar{x}}{a}\,\sin\frac{m\pi c}{a}\,\sin\frac{n\pi\bar{y}}{b}\,\sin\frac{n\pi d}{b}\,. \end{aligned} \tag{8.123}$$

In (8.123) bezeichnen $\bar{x}$ und $\bar{y}$ die Koordinaten des Mittelpunkts des Teilrechtecks, auf das die Belastung wirkt; $2c$ und $2d$ sind die Seitenlängen dieses Teilrechtecks (Abb. 8.23). Schreibt man p_{mn} gemäß (8.123) zu

$$p_{mn} = \frac{4P}{ab}\sin\frac{m\pi\bar{x}}{a}\,\sin\frac{n\pi\bar{y}}{b}\,\frac{\sin\frac{m\pi c}{a}}{\frac{m\pi c}{a}}\,\frac{\sin\frac{n\pi d}{b}}{\frac{n\pi d}{b}} \tag{8.124}$$

mit $P = 4\,cd\,p$ an und lässt c und d bei konstant gehaltenem P gegen null gehen, so

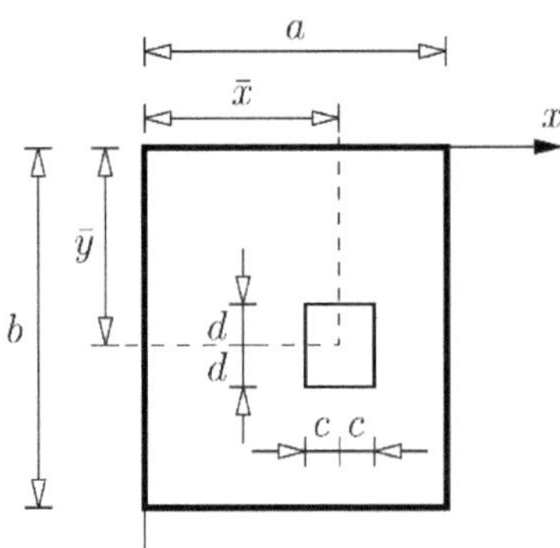

Abb. 8.23: Allseits frei drehbar gelagerte Rechteckplatte mit über einem Teilrechteck wirkender konstanter Flächenlast

ergeben sich die Koeffizienten p_{mn} unter Berücksichtigung von

$$\lim_{c\to 0} \frac{\sin\frac{m\pi c}{a}}{\frac{m\pi c}{a}} = 1\,, \quad \lim_{d\to 0} \frac{\sin\frac{n\pi d}{b}}{\frac{n\pi d}{b}} = 1$$

zu

$$p_{mn} = \frac{4P}{ab} \sin\frac{m\pi\bar{x}}{a} \sin\frac{n\pi\bar{y}}{b}\,. \tag{8.125}$$

Eintragen von (8.125) in (8.117) führt auf die Biegefläche

$$w(x,y) = \frac{4P}{K\,\pi^4\,ab} \sum_{m=1,3,\ldots}^{\infty} \sum_{n=1,3,\ldots}^{\infty} \frac{1}{\left(\frac{m^2}{a^2} + \frac{n^2}{b^2}\right)^2} \sin\frac{m\pi\bar{x}}{a} \sin\frac{n\pi\bar{y}}{b} \sin\frac{m\pi x}{a} \sin\frac{n\pi y}{b}\,. \tag{8.126}$$

Für den Sonderfall einer allseits frei drehbar gelagerten quadratischen Platte der Seitenlänge a, die im Mittelpunkt durch eine Einzellast P beansprucht wird, erhält man aus (8.126) mit $b = a$ und $\bar{x} = \bar{y} = a/2$ den im Mittelpunkt der Platte auftretenden Größtwert der Durchbiegung in guter Näherung nach Abbruch der unendlichen Doppelreihe bereits nach $m = n = 3$ zu

$$w_{max} = 0{,}0112\,\frac{P\,a^2}{K}\,.$$

Weitere Lösungen für Rechteckplatten findet man z. B. in [Girkmann (1963), Altenbach (1998)].

Beispiel 8.8:

Für eine längs des Randes frei drehbar gelagerte Kreisplatte mit dem Radius a, die durch eine konstante statische Flächenlast p beansprucht wird, sind die Biegefläche und die Schnittgrößen zu bestimmen.

Für Kreisplatten ist es vorteilhaft, die Plattengleichung (8.95) in Polarkoordinaten zu formulieren. Das ist in einfacher Weise durch Verwendung des in Polarkoordinaten gemäß (8.52) formulierten LAPLACE *Operators in (8.95) möglich:*

$$\begin{aligned}\left(\frac{\partial^2}{\partial r^2} + \frac{1}{r}\frac{\partial}{\partial r} + \frac{1}{r^2}\frac{\partial^2}{\partial\vartheta^2}\right)\left(\frac{\partial^2 w}{\partial r^2} + \frac{1}{r}\frac{\partial w}{\partial r} + \frac{1}{r^2}\frac{\partial^2 w}{\partial\vartheta^2}\right) &= \\ = \frac{1}{K}\left(p - \rho\,d\,\frac{\partial^2 w}{\partial t^2}\right) - (1+\nu)\,\alpha_T\left(\frac{\partial^2\Theta}{\partial r^2} + \frac{1}{r}\frac{\partial\Theta}{\partial r} + \frac{1}{r^2}\frac{\partial^2\Theta}{\partial\vartheta^2}\right)&\,. \end{aligned} \tag{8.127}$$

Bei diesem Beispiel liegt Rotationssymmetrie vor, es sind also alle Größen von ϑ unabhängig. Wenn darüber hinaus Temperaturänderungen nicht berücksichtigt werden, vereinfacht sich die in Polarkoordinaten formulierte Plattengleichung zu

$$\left(\frac{d^2}{dr^2}+\frac{1}{r}\frac{d}{dr}\right)\left(\frac{d^2w}{dr^2}+\frac{1}{r}\frac{dw}{dr}\right)=\frac{p}{K}\,. \tag{8.128}$$

Die Biegemomente ergeben sich dann zu [Altenbach (1998)]

$$m_r=-K\left(\frac{d^2w}{dr^2}+\frac{\nu}{r}\frac{dw}{dr}\right)\,,\quad m_\vartheta=-K\left(\nu\frac{d^2w}{dr^2}+\frac{1}{r}\frac{dw}{dr}\right)\,. \tag{8.129}$$

Die allgemeine Lösung von (8.128) besteht aus der allgemeinen Lösung der homogenen Differentialgleichung,

$$w_h(r)=A+B\,r^2+C\,\ln\frac{r}{a}+D\,r^2\,\ln\frac{r}{a}\,, \tag{8.130}$$

und einer Partikulärlösung der inhomogenen Differentialgleichung,

$$w_p(r)=\int\frac{dr}{r}\int r\,dr\int\frac{dr}{r}\int\frac{p}{K}\,r\,dr\,, \tag{8.131}$$

die durch Berücksichtigung der Beziehung

$$\frac{d^2}{dr^2}+\frac{1}{r}\frac{d}{dr}=\frac{1}{r}\frac{d}{dr}\left(r\frac{d}{dr}\right) \tag{8.132}$$

in (8.128) erhalten wird. Da die Durchbiegung und die Biegemomente für $r=0$ endlich bleiben, müssen die Integrationskonstanten C und D verschwinden. Für $p=konst.$ erhält man aus (8.131)

$$w_p(r)=\frac{p\,r^4}{64\,K}\,. \tag{8.133}$$

Somit folgt die Lösung aus (8.130) und (8.133) zu

$$w(r)=w_h(r)+w_p(r)=A+B\,r^2+\frac{p\,r^4}{64\,K}\,. \tag{8.134}$$

Die beiden Konstanten A und B werden aus den Randbedingungen $w(r=a)=0$ und $m_r(r=a)=0$ bestimmt. Die erste der beiden Randbedingungen ergibt

$$A+B\,a^2+\frac{p\,a^4}{64\,K}=0\,. \tag{8.135}$$

Aus der Randbedingung $m_r(r=a)=0$ folgt bei Berücksichtigung von (8.129_1):

$$\frac{d^2w}{dr^2}+\frac{\nu}{r}\frac{dw}{dr}=0\,. \tag{8.136}$$

Einsetzen von (8.134) in (8.136) und Eintragen des für B erhaltenen Ergebnisses in (8.135) führt auf

$$A=\frac{5+\nu}{1+\nu}\frac{pa^4}{64K}\,,\quad B=-\frac{3+\nu}{1+\nu}\frac{pa^2}{32K}\,. \tag{8.137}$$

Die größte Durchbiegung und die größten Biegemomente treten im Mittelpunkt der Kreisplatte auf. Man erhält sie zu

$$w(r=0) = A \ , \quad m_r(r=0) = m_\vartheta(r=0) = -2(1+\nu)\, B\, K \ . \tag{8.138}$$

Die Schnittgrößenverläufe sind in Abb. 8.24a dargestellt. Wegen der Unabhängigkeit der Schnittgrößen von ϑ sind die Querkraft q_ϑ und das Drillmoment $m_{r\vartheta}$ gleich null.

Ist die Kreisplatte längs ihres Randes eingespannt, dann folgen aus den Randbedingungen $w(r=a)=0$ und $w_{,r}(r=a)=0$ die Integrationskonstanten A und B zu $A=(pa^4)/(64K)$ und $B=-(pa^2)/(32K)$. Die entsprechenden Schnittgrößenverläufe sind in Abb. 8.24b dargestellt.

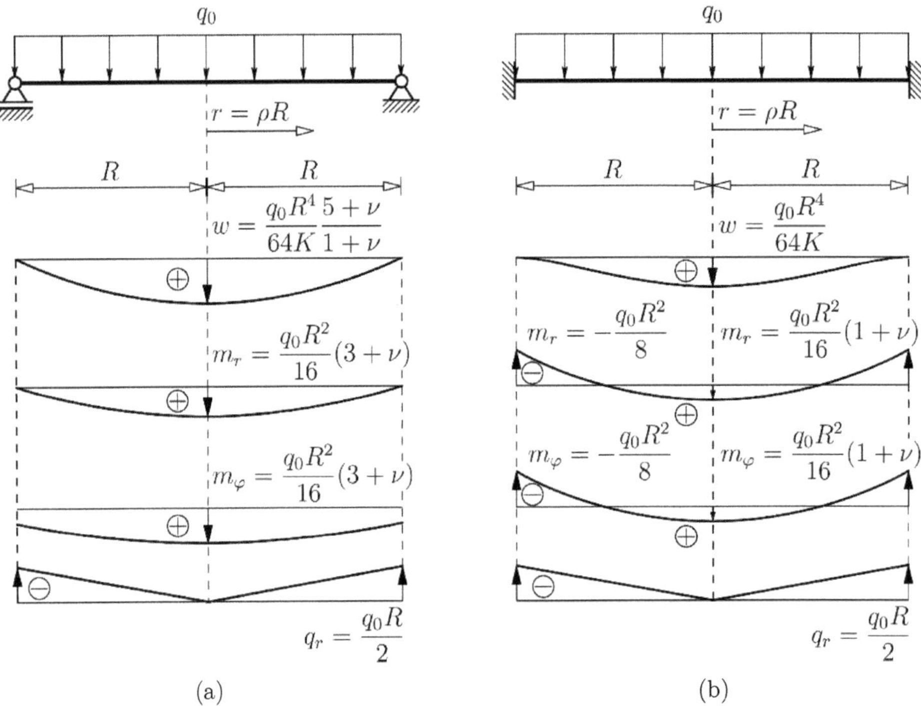

Abb. 8.24: Schnittgrößenverläufe für (a) eine frei drehbar gelagerte und (b) eine eingespannte Kreisplatte unter konstanter Flächenlast [Altenbach (1998)]

Literaturverzeichnis

[Altenbach (1998)] H. Altenbach, J. Altenbach und K. Naumenko, *Ebene Flächentragwerke*, Springer-Verlag, 1998.

[Bathe (1996)] K.-J. Bathe, *Finite Element Procedures*, Prentice-Hall, Englewood Cliffs, New Jersey, 1996.

[Girkmann (1963)] K. Girkmann, *Flächentragwerke*, 6. Auflage, Springer-Verlag, Wien, 1963.

[Gould (1994)] P.L. Gould, *Introduction to Linear Elasticity*, Springer-Verlag, New York, 1994.

[Mang (1995)] H.A. Mang, *Flächentragwerke*, Der Ingenieurbau (Editor G. Mehlhorn), Band 6 (Rechnerorientierte Baumechanik), pp. 1-139, Wilhelm Ernst & Sohn, Berlin, 1995.

[Parkus (1966)] H. Parkus, *Mechanik der festen Körper*, 2. Auflage, Springer-Verlag, Wien, 1966.

[Ziegler (1998)] F. Ziegler, *Technische Mechanik der festen und flüssigen Körper*, 3. Auflage, Springer-Verlag, Wien, 1998.

[Zienkiewicz/Taylor (2000)] O.C. Zienkiewicz und R.L. Taylor, *The Finite Element Method*, 5th edition, Volume 1: The Basis, Volume 2: Solid Mechanics, Volume 3: Fluid Dynamics, Arnold, London, 2000.

Kapitel 9

Stabilitätsprobleme

9.1 Stabilitätsgrenze

Bei den bisher behandelten statischen Problemen wurde stillschweigend vorausgesetzt, dass die untersuchte Gleichgewichtslage des betrachteten Körpers stabil ist. Das ist sie im Sinne von LJAPUNOV* dann und nur dann, wenn die durch eine hinreichend kleine Störung der Gleichgewichtslage verursachte Bewegung des Körpers für alle Zeiten in einer vorgegebenen Umgebung der Gleichgewichtslage bleibt [Troger/Steindl (1991)]. Einer Zahl $\varepsilon > 0$, die diese Umgebung kennzeichnet, ist folglich eine Zahl $\delta > 0$ zugeordnet, welche die Begrenzung des Gebietes hinreichend kleiner Störungen der Gleichgewichtslage charakterisiert (Abb. 9.1). Wenn die Störbewegung für $t \to \infty$ zurück zur ursprünglichen Gleichgewichtslage führt, wird diese Gleichgewichtslage als asymptotisch stabil bezeichnet.

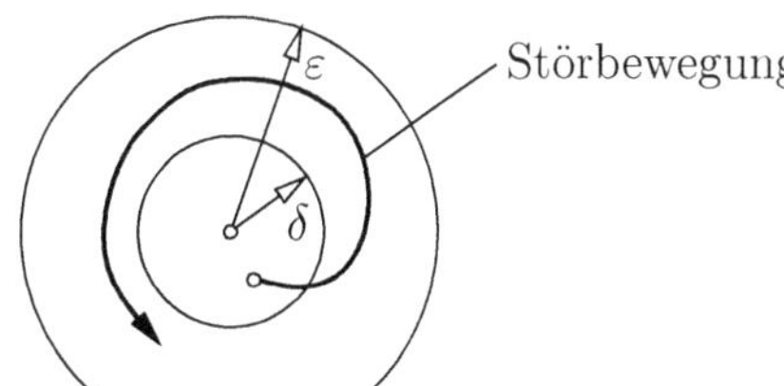

Abb. 9.1: Zur Definition der Stabilität einer Gleichgewichtslage im Sinne von LJAPUNOV

Abb. 9.2a zeigt die stabile und Abb. 9.2b die instabile Gleichgewichtslage eines an einem Ende freien und am anderen Ende drehbar gelagerten, nur durch sein Eigengewicht belasteten Stabes. Die Bewegung infolge einer kleinen Störung der stabilen Gleichgewichtslage bleibt auf die Umgebung dieser Gleichgewichtslage beschränkt. Bei der instabilen Gleichgewichtslage ist eine solche Beschränkung der Störbewegung jedoch selbst bei einer infinitesimalen Störung nicht gegeben. Infolge von Dämpfung klingt die Störbewegung ab. Der Stab gelangt schließlich in die stabile Gleichgewichtslage.

Wenn die Belastung ausschließlich aus konservativen Kräften besteht, lassen sich die Begriffe *stabile* und *instabile Gleichgewichtslage* etwa anhand entsprechender Gleichgewichtslagen einer Kugel unter der Wirkung ihres Eigengewichts erläutern.

*ALEKSANDR MIKHAILOVICH LJAPUNOV (1857–1918) veröffentlichte 1899 Untersuchungen zur Stabilität des Gleichgewichts mechanischer Systeme.

H. A. Mang und G. Hofstetter, *Festigkeitslehre*,
https://doi.org/10.1007/978-3-662-57564-2_9

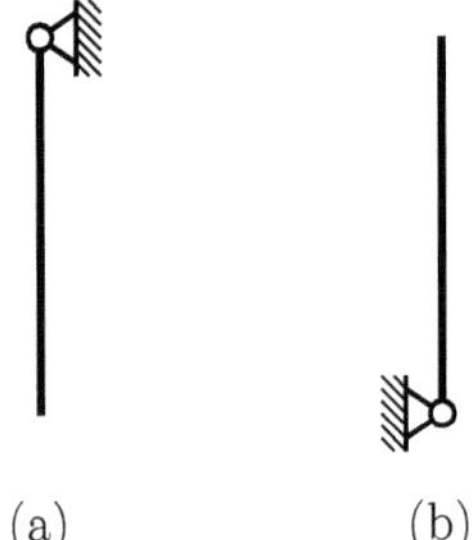

Abb. 9.2: (a) Stabile und (b) instabile Gleichgewichtslage eines an einem Ende freien und am anderen Ende drehbar gelagerten Stabes

Abb. 9.3a zeigt die als Fläche dargestellte potentielle Energie Π eines Systems mit zwei Freiheitsgraden für eine infinitesimale Umgebung einer stabilen Gleichgewichtslage. Diese Gleichgewichtslage ist durch ein lokales Minimum von Π gekennzeichnet (siehe Unterkapitel 9.2). Aus den Gleichungen (5.9) und (5.10) folgt, dass Π nur bis auf eine Konstante bestimmt ist. Eine Verschiebung der Potentialfläche längs der vertikalen Achse des Koordinatensystems hat daher auf den mechanischen Sachverhalt keinen Einfluss. Die Abbildungen 9.3b und 9.3c zeigen Potentialflächen für infinitesimale Umgebungen instabiler Gleichgewichtslagen. Die drei Gleichgewichtslagen sind durch einen stationären Wert von Π gekennzeichnet (siehe Unterkapitel 5.5). Bei den zwei instabilen Gleichgewichtslagen liegt jedoch kein lokales Minimum von Π vor.

Bei Systemen mit einer endlichen Zahl von Freiheitsgraden, die nur durch konservative Kräfte beansprucht sind, ist eine durch ein Minimum von Π als stabil ausgewiesene Gleichgewichtslage auch im Sinne von LJAPUNOV stabil. Bei Systemen mit unendlich vielen Freiheitsgraden ist das jedoch nicht notwendigerweise der Fall [Troger/Steindl (1991)].

Der Wechsel von einer instabilen zu einer stabilen Gleichgewichtslage kann, wie das Beispiel des in Abb. 9.2b dargestellten Stabes zeigt, mit unzulässig großen Verschiebungen verbunden sein. Ihnen entsprechen in der Regel unzulässig große Verformungen. Da kleine Störungen von Gleichgewichtslagen unvermeidbar sind, lässt sich

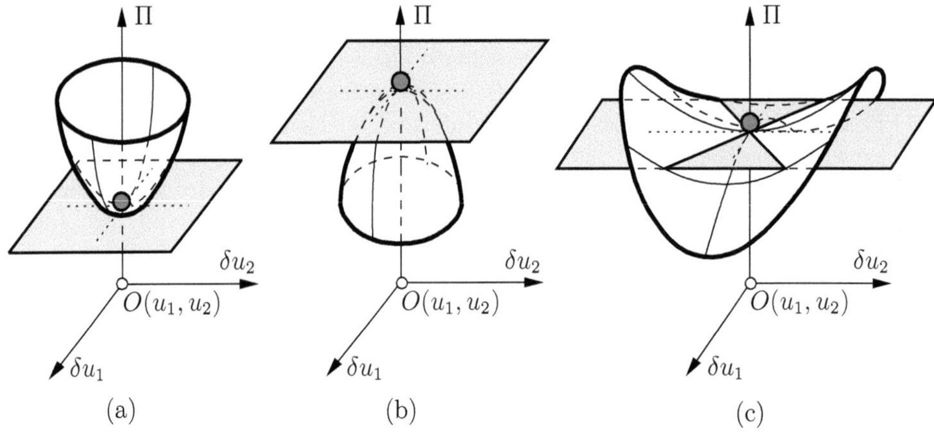

Abb. 9.3: Zur Definition der Stabilität bzw. Instabilität von Gleichgewichtslagen, wenn ausschließlich konservative Kräfte vorliegen: (a) stabile Gleichgewichtslage, (b) und (c) instabile Gleichgewichtslagen

ein solcher Wechsel nicht verhindern. Bei proportionaler Steigerung der Belastung einer Struktur kommt daher jenem Wert des sogenannten Lastparameters λ große Bedeutung zu, bei dem die zugehörige ursprüngliche Gleichgewichtslage entweder gerade noch oder gerade nicht mehr stabil ist. Bei diesem Parameter handelt es sich um einen dimensionslosen Proportionalitätsfaktor, mit dem eine vorgegebene Belastung multipliziert wird. Der erwähnte Grenzwert dieses Parameters, $\lambda = \lambda_k$, kennzeichnet also die Stabilitätsgrenze. Mit diesem Grenzwert verbindet man den Begriff *Stabilitätsverlust*.

Man unterscheidet zwischen drei verschiedenen Arten von Stabilitätsverlust:

(a) Verzweigung des Gleichgewichts,
(b) Durchschlagen,
(c) Erreichen der Traglast.

9.1.1 Verzweigungsprobleme

Ein typisches Beispiel für ein solches Problem ist ein an beiden Enden gelenkig gelagerter gerader Stab, der durch eine von null langsam gesteigerte zentrische Druckkraft P beansprucht wird (Abb. 9.4a). Bei Überschreitung von $P_k = \lambda_k \bar{P}$, wobei $\bar{P}$ eine Referenzlast bezeichnet, wird die gerade Gleichgewichtslage instabil. Bei der kleinsten Störung dieser Gleichgewichtslage weicht die Struktur in eine stabile ausgebogene Gleichgewichtslage aus. Diese ist durch Verschiebungen w quer zur Stabachse gekennzeichnet (Abb. 9.4b). Dieser Vorgang wird als Knicken bzw. Biegeknicken bezeichnet.

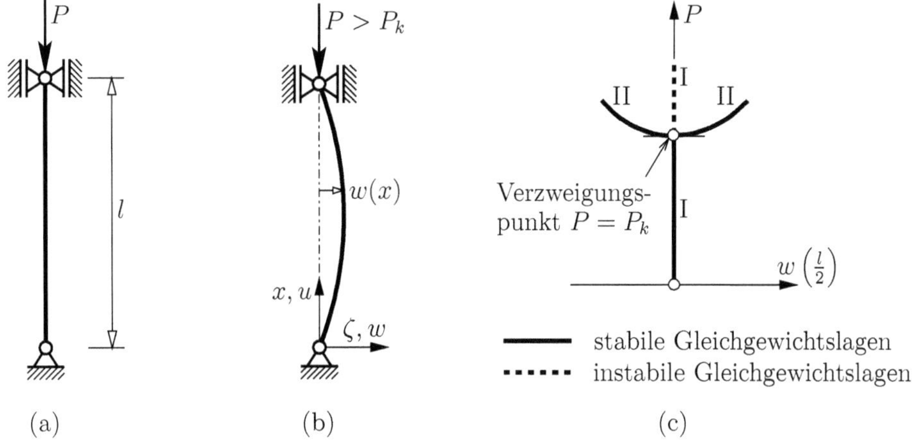

Abb. 9.4: An beiden Enden gelenkig gelagerter gerader Stab unter zentrischer Druckbeanspruchung: (a) statisches System, gerade Gleichgewichtslage, (b) stabile ausgebogene Gleichgewichtslage, (c) qualitatives Last-Verschiebungsdiagramm (I ... Primärpfad, II ... Sekundärpfad)

Bereits eine kleine Steigerung der Druckkraft P über P_k bewirkt eine relativ große Durchbiegung w (Abb. 9.4c). An der Stabilitätsgrenze $P = P_k$ tritt eine Verzweigung des Last-Verschiebungsdiagramms auf (Abb. 9.4c). Deshalb spricht man von einem Verzweigungsproblem. Im Sinne von EULER* ist bei einem solchen Problem die Stabi-

*LEONHARD EULER (1707–1783) hat das Problem der Stabknickung 1744 als Erster gelöst.

litätsgrenze dann erreicht, wenn erstmals bei ein und derselben Belastung neben der geraden ursprünglichen Gleichgewichtslage wenigstens eine infinitesimal benachbarte ausgebogene Gleichgewichtslage existiert. Der Stabilitätsgrenze entspricht also der Verzweigungspunkt des Last-Verschiebungsdiagramms. Der vom Punkt $w(l/2) = 0$, $P = 0$ ausgehende Zweig dieses Diagramms wird als Primärpfad (I) und der andere Zweig als Sekundärpfad (II) bezeichnet. Die Symmetrie des Sekundärpfades bezüglich der Ordinate des Last-Verschiebungsdiagramms (Abb. 9.4c) drückt aus, dass P nur vom Betrag von $w(l/2)$ abhängt, also nicht auch von der Richtung, in die das System ausweicht. In technischen Systemen sind Imperfektionen unvermeidbar. Sie treten etwa als kleine Krümmung der Stabachse oder kleine Exzentrität der Belastung auf. Die Form der Imperfektionen bestimmt die Richtung, in welche die Struktur ausweicht.

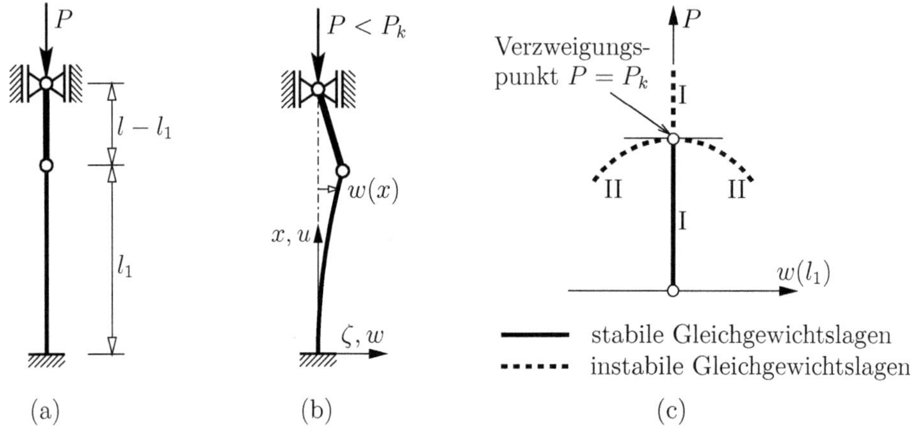

Abb. 9.5: Am unteren Ende eingespannter Stab mit einem starren Teil am oberen Ende unter zentrischer Druckbeanspruchung: (a) statisches System, gerade Gleichgewichtslage, (b) instabile ausgebogene Gleichgewichtslage, (c) qualitatives Last-Verschiebungsdiagramm (I ... Primärpfad, II ... Sekundärpfad)

Ein anderes typisches Beispiel für ein Verzweigungsproblem ist ein am unteren Ende eingespannter Druckstab mit einem starren Teil am oberen Ende (Abb. 9.5a) [Troger/Steindl (1991)]. Während die gerade ursprüngliche Gleichgewichtslage beim vorhergehenden Beispiel für $P > P_k$ instabil ist, ist sie beim vorliegenden Beispiel für $P \geq P_k$ instabil. Anders als beim vorhergehenden Beispiel existieren für $P > P_k$ neben der instabilen geraden Gleichgewichtslage keine benachbarten ausgebogenen Gleichgewichtslagen. Die für $P \leq P_k$ in der Nachbarschaft der geraden Gleichgewichtslage existierenden ausgebogenen Gleichgewichtslagen sind instabil. Abb. 9.5b zeigt eine solche Gleichgewichtslage. Die Symmetrie des Sekundärpfades bezüglich der Ordinate des Last-Verschiebungsdiagramms (Abb. 9.5c) drückt aus, dass P nur vom Betrag von $w(l_1)$ abhängt, also nicht auch von der Richtung, in die das System ausknickt. Die geometrische Form des Sekundärpfades in der Umgebung des Verzweigungspunktes ist ein Kennzeichen von Imperfektionssensitivität. Diese wirkt sich durch Stabilitätsverlust der imperfekten Struktur bei einem Wert $P = P_l$ der Belastung aus, der kleiner als P_k ist (Abb. 9.6c). Das imperfekte System kann also die für die perfekte Struktur geltende Last $P = P_k$ nicht aufnehmen. Das macht die Bezeichnung von P_k als kritische Last verständlich. Bei der Stabilitätsgrenze $P = P_l$ der imperfekten Struktur handelt es sich um ein lokales Maximum des betreffenden Last-Verschiebungsdiagramms (Abb. 9.6c). Ein solcher Extremwert kennzeichnet den Beginn des Durchschlagens dieser Struktur. Dabei handelt es sich um einen dynamischen Prozess, der infolge von Dämpfung abklingt. Der in der Legende von Abb. 9.6 aufscheinende Begriff *instabile Gleichgewichtslagen* trägt der dynamischen Natur dieses Prozesses nicht Rechnung. Durchschlagprobleme werden im Abschnitt 9.1.2 behandelt.

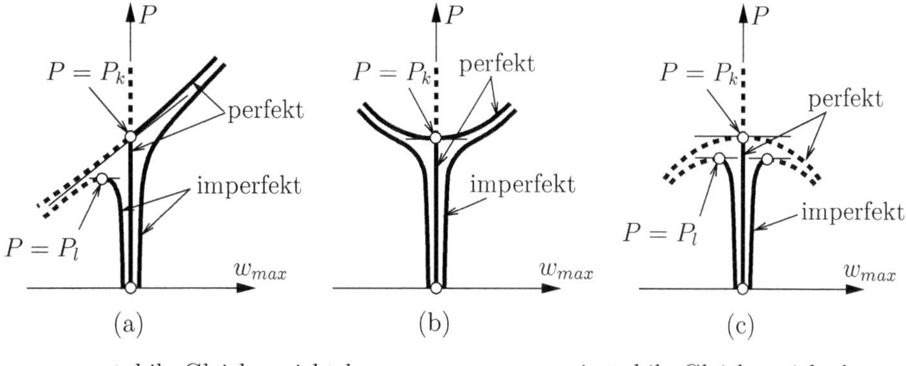

Abb. 9.6: Qualitative Last-Verschiebungsdiagramme von Druckstäben mit w_{max} als auf die Lage des unverformten perfekten Stabes bezogener größter Ausbiegung: (a) asymmetrische Verzweigung (imperfektionssensitiv), (b) stabile symmetrische Verzweigung (imperfektionsinsensitiv), (c) instabile symmetrische Verzweigung (imperfektionssensitiv)

Im Gegensatz zur Imperfektionssensitivität des am unteren Ende eingespannten Druckstabes mit einem starren Teil am oberen Ende äußert sich die Imperfektionsinsensitivität des an beiden Enden gelenkig gelagerten Druckstabes darin, dass das imperfekte System die für die perfekte Struktur geltende Last $P = P_k$ aufnehmen kann (Abb. 9.6b). Seine Tragfähigkeit ist jedenfalls auch bei Überschreitung von P_k nicht sofort erschöpft. Die Bezeichnung von P_k als kritische Last ist bei Imperfektionsinsensitivität jedoch insofern berechtigt, weil die Durchbiegungen bereits bei einer relativ kleinen Überschreitung der Stabilitätsgrenze relativ groß werden können.

Die beiden Beispiele betreffen symmetrische Verzweigung. Ihr Kennzeichen ist die Unabhängigkeit von P vom Vorzeichen von w_{max}, also von der Richtung, in die das System ausweicht. Mathematisch äußert sich diese Unabhängigkeit im Verschwinden des Koeffizienten a in der nachstehenden asymptotischen Entwicklung von P/P_k [Budiansky (1969)]:

$$\frac{P}{P_k} = 1 + a\,\xi + b\,\xi^2 + \dots\ , \tag{9.1}$$

wobei ξ den sogenannten Pfadparameter bezeichnet. Für $\xi \to 0$ gilt $P \to P_k$. Für hinreichend kleine Werte von ξ ist jeder Term in dieser Entwicklung sehr viel größer als die Summe der nachfolgenden Terme. Für den an beiden Enden gelenkig gelagerten Stab gilt $a = 0$ und $b > 0$. Für den am unteren Ende eingespannten Stab mit einem starren Teil am oberen Ende ist $a = 0$ und $b < 0$.

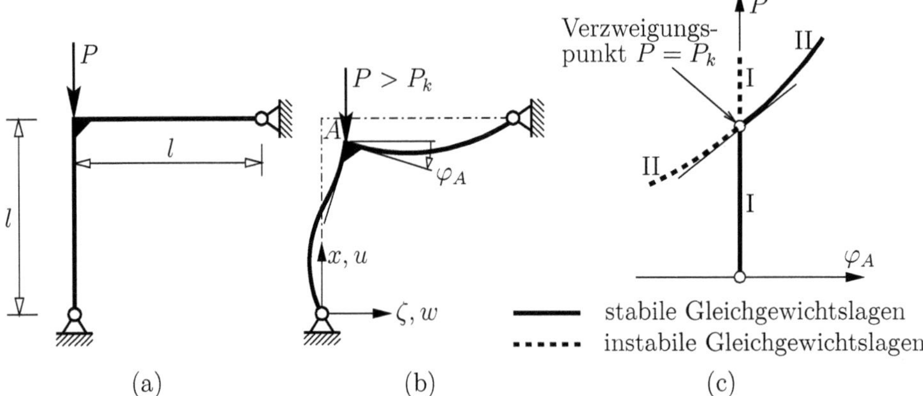

Abb. 9.7: Zweigelenkrahmen: (a) statisches System, (b) ausgebogene stabile Gleichgewichtslage, (c) qualitatives Last-Knotendrehwinkeldiagramm (I ... Primärpfad, II ... Sekundärpfad)

Abb. 9.6a betrifft asymmetrische Verzweigung. Sie ist durch $a \neq 0$ in (9.1) gekennzeichnet. Die Asymmetrie des Sekundärpfades bezüglich der Ordinate des Last-Verschiebungspfades drückt aus, dass P nicht nur vom Betrag von w_{max} abhängt, sondern auch von der Richtung, in die das System ausweicht. In einem Fall tritt Stabilitätsverlust der imperfekten Struktur bei einem Wert $P = P_l$ der Belastung ein, der kleiner als P_k ist. Der linke Kurvenast in Abb. 9.6a illustriert diese Situation. Bei der Stabilitätsgrenze $P = P_l$ der imperfekten Struktur handelt es sich um ein lokales Maximum des betreffenden Last-Verschiebungsdiagramms. Ein solcher Extremwert kennzeichnet den Beginn des Durchschlagens dieser Struktur. Im anderen Fall weist das Last-Verschiebungsdiagramm der imperfekten Struktur kein derartiges lokales Maximum auf. Darauf bezieht sich der rechte Kurvenast in Abb. 9.6a. Das tatsächliche Verhalten des Systems hängt von der Form der Imperfektionen ab. Es hat auf die Klassifikation der Struktur als imperfektionssensitiv insofern keinen Einfluss, weil die tatsächlichen Imperfektionen in der Regel unbekannt sind.

Ein Beispiel für asymmetrische Verzweigung stellt der in Abb. 9.7a dargestellte Zweigelenkrahmen dar [Brush/Almroth (1975)]. Die Richtung, in die dieses System ausweicht, hängt von der Form der Imperfektionen ab. Mit dieser Richtung ist ein bestimmter Drehsinn des Knotendrehwinkels φ_A (Abb. 9.7b) verbunden. Dem Drehsinn laut Abb. 9.7b entsprechen ausgebogene stabile und dem entgegengesetzten Drehsinn ausgebogene instabile Gleichgewichtslagen. Abb. 9.7c enthält ein qualitatives Last-Knotendrehwinkeldiagramm für den in der Realität nicht existierenden Grenzfall des perfekten Systems. Bei einer Imperfektion in Form einer durch $e_\eta = 0$, $e_\zeta > 0$ gekennzeichneten Exzentrizität des Angriffspunktes von P bezüglich der Achse des vertikalen Stabes besitzt das $P\varphi_A$-Diagramm kein lokales Maximum. Im Falle einer durch $e_\eta = 0$, $e_\zeta < 0$ gekennzeichneten Exzentrizität liegt hingegen ein solches Maximum vor. Dieser Sachverhalt entspricht den in Abb. 9.6a enthaltenen qualitativen Last-Verschiebungsdiagrammen für imperfekte Systeme.

Die bisher vorgestellten Verzweigungsprobleme sind durch lineare Primärpfade gekennzeichnet. Ein Beispiel für ein Verzweigungsproblem mit nichtlinearem Primärpfad ist ein an beiden Enden gelenkig gelagerter Stab von der Form eines flachen

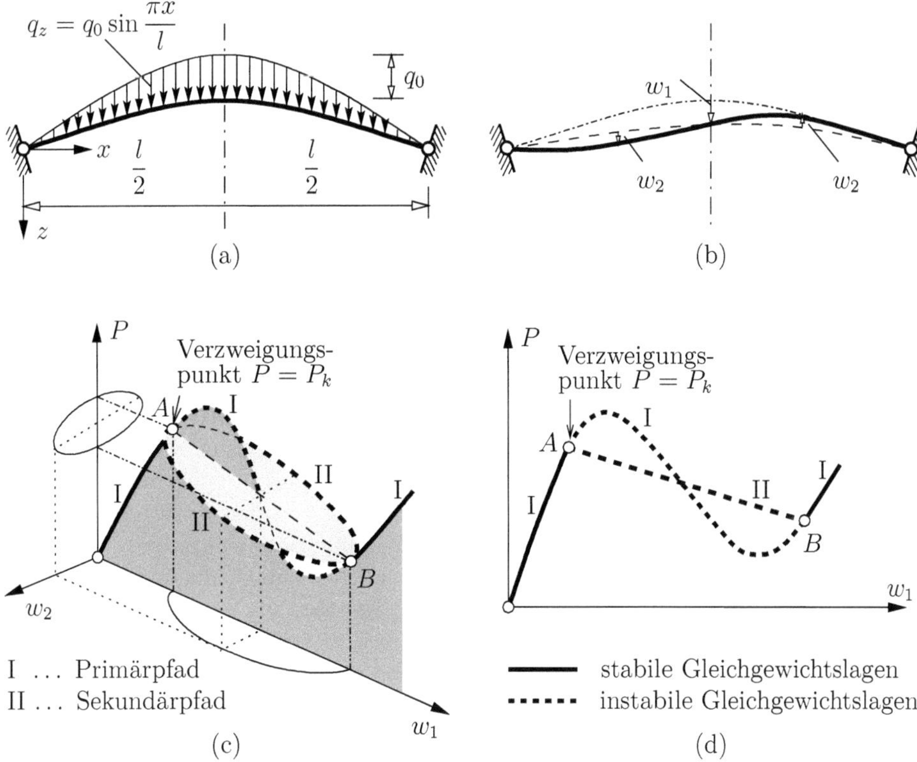

Abb. 9.8: An beiden Enden gelenkig gelagerter flacher sinusförmiger Bogen mit einer vertikalen sinusförmigen Linienlast: (a) statisches System, (b) Gleichgewichtslage des ausknickenden perfekten Bogens, (c) Gleichgewichtspfade, (d) Last-Verschiebungsdiagramm des Bogenscheitels

sinusförmigen Bogens (Abb. 9.8a) mit einer sinusförmigen Linienlast

$$q_z = q_0 \sin \frac{\pi x}{l} \, . \tag{9.2}$$

Die auf der linken Seite von (9.1) aufscheinende Größe P wird mit Hilfe von (9.2) zu

$$P = \int_0^l q_z \, dx = \frac{2 q_0 \, l}{\pi} \tag{9.3}$$

definiert. Ersetzt man in (9.3) q_0 durch den kritischen Wert q_{0_k}, so erhält man P_k. Es liegt symmetrische instabile Verzweigung vor. Somit gilt $a = 0$ und $b < 0$. Die folgenden Darlegungen beruhen auf der Annahme, dass sich die instabilen Gleichgewichtslagen des ausknickenden perfekten Bogens durch zwei harmonische Funktionen mit den Amplituden w_1 und w_2 beschreiben lassen [Thompson/Hunt (1973)] (Abb. 9.8b). Die erste dieser zwei Funktionen ist zur Achse $x = l/2$ symmetrisch. Die zweite ist zu dieser Achse antimetrisch.

Die beiden Kurven in Abb. 9.8c mit den Punkten A, B stellen Gleichgewichtspfade dar. Der vom Punkt $w_1 = 0$, $w_2 = 0$, $P = 0$ ausgehende Pfad in der Pw_1-Ebene ist der Primärpfad (I). Dabei handelt es sich um das Last-Verschiebungsdiagramm des Bogenscheitels. Es weist zwei Extremwerte auf. Sie befinden sich im strichlierten Teil des Diagramms, der durch instabile Gleichgewichtslagen gekennzeichnet ist. Dieser Teil hat keine physikalische Bedeutung. Vor dem Maximum befindet sich der Verzweigungspunkt A. Der Stabilitätsverlust für den in der Realität nicht existierenden Grenzfall des perfekten Systems ist daher durch Gleichgewichtsverzweigung gekennzeichnet.

Die Imperfektionssensitivität des Bogens führt zu Stabilitätsverlust in Form von Durchschlagen bei einem Wert der Belastung, der kleiner als P_k ist. Der damit verbundene dynamische Prozess weist asymmetrische Zustände auf, die durch $w_2 \neq 0$ gekennzeichnet sind. Infolge von Dämpfung klingt die Bewegung ab. Schließlich wird ein stabiler Gleichgewichtszustand erreicht.

Die zur Pw_1-Ebene symmetrische, im vorliegenden speziellen Fall ebene strichlierte Kurve stellt den Sekundärpfad (II) dar. Einem bestimmten Wertepaar w_1, w_2 entspricht ein bestimmter Wert von P. Die Symmetrie dieses Pfades drückt aus, dass P nur vom Betrag von w_2 abhängt, also nicht auch von der Richtung relativ zur strichlierten Kurve in Abb. 9.8b, in die der perfekte Bogen ausknickt. Die in der Pw_2-Ebene gelegene Kurve stellt eine Projektion des Sekundärpfades dar. Bei der in der $w_1 w_2$-Ebene gelegenen Kurve handelt es sich ebenfalls um eine Projektion des Sekundärpfades. Projiziert man ihn in die Pw_1-Ebene, so erhält man den Sekundärpfad des Scheitels der perfekten Struktur. Dieser Pfad ist durch die Verzweigungspunkte A und B begrenzt.

Die Neigung dieses Pfades lässt sich mit Hilfe des Pfadparameters ξ zu

$$\frac{dP}{dw_{1_{II}}}(P = P_k) = \frac{\frac{dP}{d\xi}}{\frac{dw_{1_{II}}}{d\xi}}(\xi = 0) \tag{9.4}$$

ausdrücken. Dabei ist

$$w_{1_{II}} = w_{1_I} + \Delta w_1 = w_{1_I} + p\,\xi + q\,\xi^2 + \ldots \tag{9.5}$$

eine zu (9.1) analoge asymptotische Entwicklung für $\Delta w_1 = w_{1_{II}} - w_{1_I}$. Die Indizes I und II betreffen den Primär- bzw. Sekundärpfad. Als Pfadparameter ξ bietet sich w_2 an. Unter Berücksichtigung von (9.1) und (9.5) erhält man aus (9.4)

$$\frac{dP}{dw_{1_{II}}}(P = P_k) = \frac{\frac{dP}{d\xi}}{\frac{dw_{1_I}}{dP}\frac{dP}{d\xi} + p}(\xi = 0) = \frac{aP_k}{\frac{dw_{1_I}}{dP}aP_k + p}\,. \tag{9.6}$$

Die Achse des perfekten Bogens beginnt antimetrisch zur Symmetrieachse $x = l/2$ von der ursprünglich symmetrischen Form der Bogenachse abzuweichen. Der Bogen fängt an auszuknicken. Für $\xi = 0$ gilt daher für den Sekundärpfad des Bogenscheitels $d(\Delta w_1)/d\xi = 0$, woraus $p = 0$ folgt. Die erwähnte Antimetrie steht also im Einklang mit symmetrischer Verzweigung. Für diese ist $a = 0$. Somit stellt der Quotient in (9.4) bzw. (9.6) einen unbestimmten Ausdruck dar, der laut Abb. 9.8d ungleich null ist. Die Unbestimmtheit dieses Ausdrucks weist den Verzweigungspunkt als singulären Punkt des Sekundärpfades des Bogenscheitels aus [Baule (1970)].

Neben dem Biegeknicken gibt es bei Stäben eine Reihe anderer Stabilitätsprobleme, deren Gemeinsamkeit in der Verzweigung des Gleichgewichts an der Stabilitätsgrenze der perfekten Struktur besteht. Von Drillknicken spricht man, wenn sich ein zentrisch auf Druck beanspruchter Stab bei Erreichen der Stabilitätsgrenze ausschließlich zu verdrillen beginnt. Das ist nur dann möglich, wenn der Querschnittsschwerpunkt mit dem Schubmittelpunkt zusammenfällt. Der durch Verbiegung und Verdrillung des Stabes gekennzeichnete allgemeine Fall wird als Biegedrillknicken bezeichnet. Für diese Stabilitätsprobleme, die vor allem bei dünnwandigen Stäben mit offenen Querschnitten von Bedeutung sind, muss die Verwölbung der Querschnitte berücksichtigt werden. Die Hypothese vom Ebenbleiben der Querschnitte muss also fallengelassen werden.

Anstatt von Knickung spricht man bei Flächentragwerken von Beulung. (Im Englischen wird zwischen diesen beiden Begriffen nicht unterschieden, es wird allgemein von *buckling* gesprochen.) Ein typisches Beispiel für stabile symmetrische Verzweigung bei einem Flächentragwerk ist eine in ihrer Mittelebene von Druckkräften p [N/m] parallel zur Längsrichtung beanspruchte Rechteckplatte (Abb. 9.9a). Wenn p den Wert $p_k = \lambda_k \, \bar{p}$ überschreitet, wobei $\bar{p}$ für eine Referenzdruckkraft steht, wird die ebene Gleichgewichtslage instabil. Bei der kleinsten Störung dieser Gleichgewichtslage weicht die Platte in eine stabile ausgebogene Gleichgewichtslage aus. Sie ist durch Verschiebungen w quer zur Mittelebene gekennzeichnet. Dieser Vorgang wird als Ausbeulen bezeichnet. Während eine solche Platte eine imperfektionsinsensitive Struktur ist, handelt es sich bei einer Zylinderschale unter axialer Druckbeanspruchung (Abb. 9.9b) um eine imperfektionssensitive Struktur. Laut Abb. 9.9b ist die Axialverschiebung $u(l)$ des oberen Schalenrandes eine negative Größe. Deshalb wird im Last-Verschiebungsdiagramm in Abb. 9.10 die $|u(l)|$-Achse als Abszissenachse verwendet. Wie diese Abbildung zeigt, tritt Stabilitätsverlust der imperfekten Zylinderschale bei einem Wert $p = p_l$ der Druckbeanspruchung ein, der beträchtlich kleiner als p_k ist. Experimente haben gezeigt, dass p_l kleiner als $0,2 \, p_k$ sein kann.

9.1.2 Durchschlagprobleme

Ein Durchschlagproblem liegt vor, wenn eine Struktur bei Erreichen der Stabilitätsgrenze $P = P_k$ schlagartig von der ursprünglichen in eine neue Gleichgewichtslage übergeht, die mit wesentlich größeren Durchbiegungen verbunden ist. Durchschlagprobleme sind, wie bereits erwähnt, durch ein lokales Maximum der Last-Verschiebungsdiagramme an der Stabilitätsgrenze gekennzeichnet.

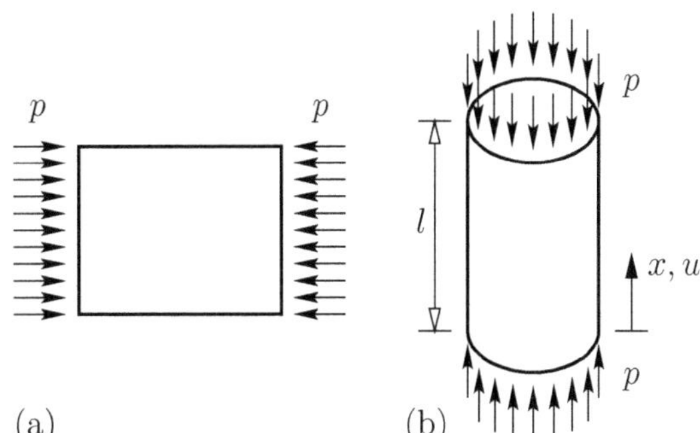

Abb. 9.9: Beispiele für beulgefährdete Flächentragwerke: (a) durch Druckkräfte parallel zur Längsseite beanspruchte Rechteckplatte, (b) Zylinderschale unter axialer Druckbeanspruchung

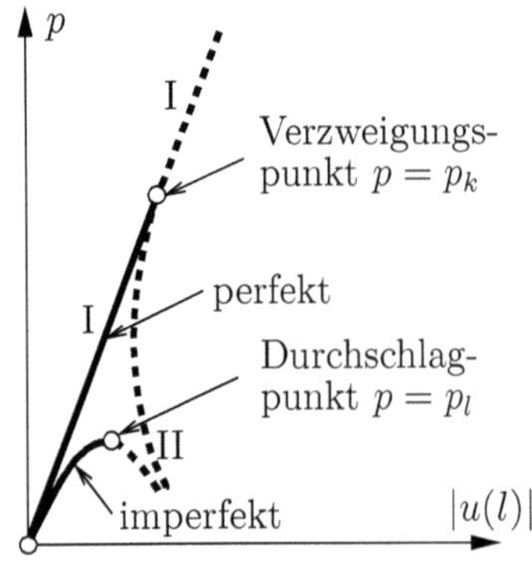

Abb. 9.10: Zylinderschale unter axialer Druckbeanspruchung: qualitatives Last-Verschiebungsdiagramm für den Betrag der Axialverschiebung $u(l)$ (I ... Primärpfad, II ... Sekundärpfad der perfekten Schale)

Als Beispiel für eine Struktur, bei der Stabilitätsverlust in Form von Durchschlagen möglich ist, dient ein Stabsystem, das aus zwei gegen die Horizontale geneigten Fachwerkstäben besteht (Abb. 9.11a). Im Englischen wird dieses Zweistabsystem als VON MISES *truss* bezeichnet. Die unverformten Stäbe weisen die Länge L auf und schließen mit der Horizontale den Winkel α_0 ein. Die Struktur wird durch eine vertikale Einzelkraft P im Knotenpunkt in der Symmetrieebene belastet. w bezeichnet die Verschiebung dieses Knotenpunktes in Richtung von P.

Abb. 9.11b zeigt die Gleichgewichtslage des Zweistabsystems zu Beginn und am Ende des dynamischen Durchschlagprozesses, der infolge von Dämpfung abklingt. α_k wird als kritischer Winkel bezeichnet. Ebenso wie beim Zweigelenkbogen (Abb. 9.8) kann dem Durchschlagpunkt ein Verzweigungspunkt vorangehen, der dann die Stabilitätsgrenze darstellt. In diesem Fall beginnen die beiden Stäbe auszuknicken (Abb. 9.11c). Bei der ausgebogenen Gleichgewichtslage in Abb. 9.11c handelt es sich um eine zur geraden Gleichgewichtslage an der Stabilitätsgrenze infinitesimal benachbarte Gleichgewichtslage.

Fasst man $\lambda = P/\bar{P}$ und w als Funktionen eines Parameters t auf, dann erkennt man, dass $\lambda(t)$ keine monotone Funktion ist, während $w(t)$ eine monoton wachsende Funktion darstellt. Dementsprechend kann man einen Versuch durchführen, in dem w derart langsam monoton gesteigert wird, dass keine nennenswerte Umwandlung von potentieller in kinetische Energie erfolgt. Man spricht von einem verschiebungsgesteuerten Versuch bzw. von Verschiebungskontrolle. Als Versuchsergebnis erhält man $P(w) = \lambda(w)\,\bar{P}$. Abb. 9.11d zeigt das Last-Verschiebungsdiagramm für das Zweistabsystem. Darin ist die Verschiebung w des Lastangriffspunkts auf L bezogen. Bei einem lastgesteuerten Versuch kommt dem an die Stabilitätsgrenze $P = P_k$ anschließenden strichlierten Abschnitt des Last-Verschiebungsdiagrammes keine physikalische Bedeutung zu.

Für das gegenständliche Beispiel lässt sich das Last-Verschiebungsdiagramm mit Hilfe von Beziehungen zwischen der Lage der unverformten und jener der entsprechenden verformten Stäbe bestimmen. Aufgrund der Symmetrieeigenschaften des Systems genügt es, einen der beiden Stäbe zu betrachten. Bezeichnet man die Länge des verformten Stabes mit l und den Winkel, den er mit der Horizontalen einschließt, mit α,

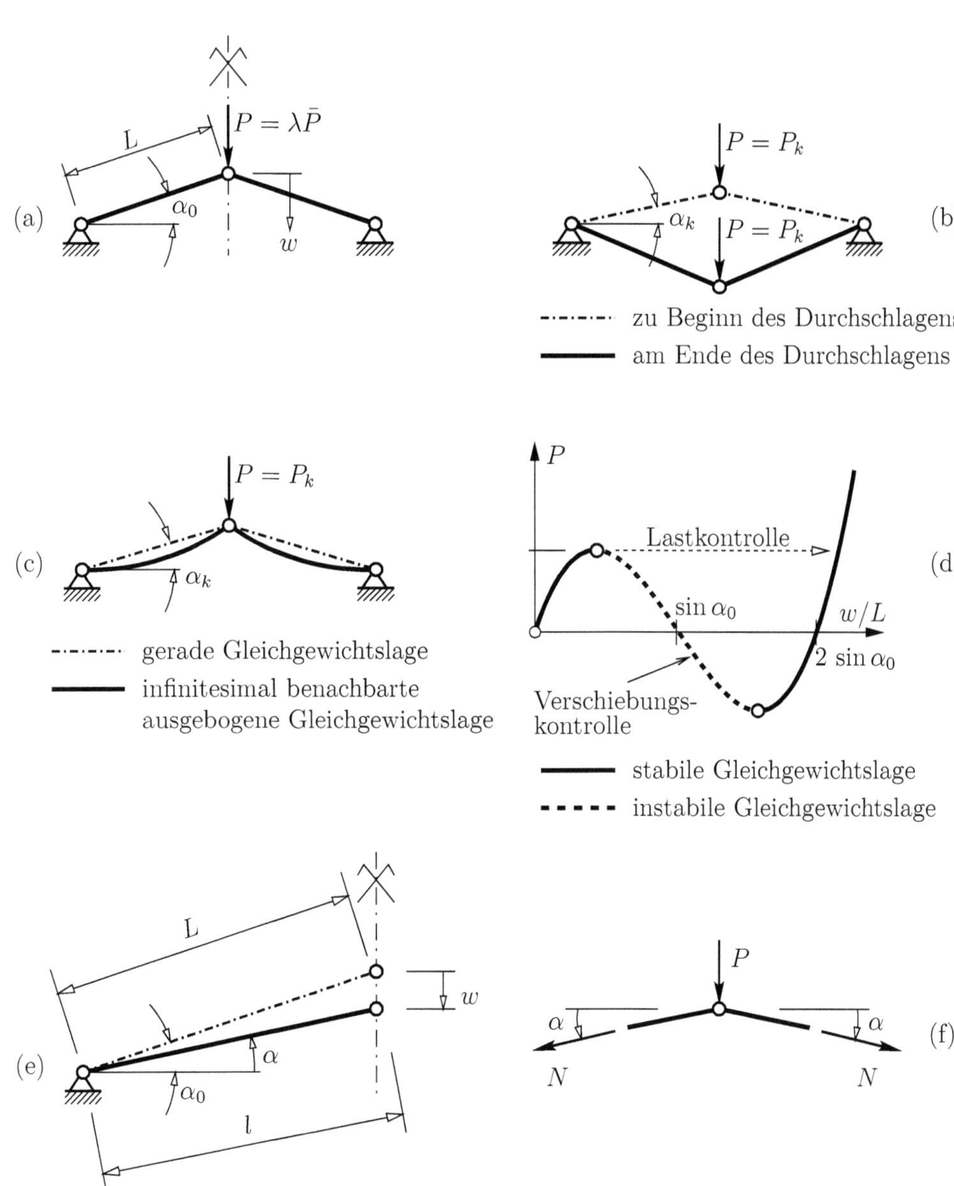

Abb. 9.11: Zweistabsystem: (a) statisches System, (b) Durchschlagen, (c) Gleichgewichtsverzweigung, (d) qualitatives Last-Verschiebungsdiagramm, (e) unverformter und verformter Stab, (f) Knotengleichgewicht

so gilt laut Abb. 9.11e

$$L\cos\alpha_0 = l\cos\alpha\ , \quad L\sin\alpha_0 = l\sin\alpha + w\ . \tag{9.7}$$

Addition der durch Quadrieren der beiden Gleichungen (9.7) erhaltenen Beziehungen führt auf

$$L^2 = (l\cos\alpha)^2 + (l\sin\alpha + w)^2 = l^2 + 2w\,l\sin\alpha + w^2\ . \tag{9.8}$$

Elimination von $l\sin\alpha$ in (9.8) mit Hilfe der zweiten der beiden Gleichungen (9.7) ergibt

$$L^2 = l^2 + 2w(L\sin\alpha_0 - w) + w^2\ . \tag{9.9}$$

Aus (9.9) erhält man den gesuchten Zusammenhang zwischen l und w zu

$$l = \sqrt{L^2 - 2wL\sin\alpha_0 + w^2}\ . \tag{9.10}$$

Die in den beiden Stäben wirkende Normalkraft folgt aus (6.52) bei Beschränkung auf kleine Dehnungen zu

$$N = EA\frac{\Delta l}{L} \quad \text{mit} \quad \Delta l = l - L\ . \tag{9.11}$$

Die beiden Stabkräfte N und die Last P müssen sich im Gleichgewicht befinden (Abb. 9.11f). Da die Verschiebung w im Vergleich zu den Querschnittsabmessungen nicht klein ist, müssen die Gleichgewichtsbedingungen für die verformte Struktur formuliert werden. Deshalb ist in Abb. 9.11f α und nicht α_0 eingetragen. Gleichgewicht der Vertikalkomponenten der Kräfte im Lastknoten verlangt $P = -2N\sin\alpha$. Daraus folgt unter Berücksichtigung der zweiten der beiden Gleichungen (9.7) sowie von (9.11)

$$P = 2EA\left(\frac{L}{l} - 1\right)\left(\sin\alpha_0 - \frac{w}{L}\right). \tag{9.12}$$

Division von (9.10) durch L führt auf das Verhältnis

$$\frac{L}{l} = \frac{1}{\sqrt{1 - 2(w/L)\sin\alpha_0 + (w/L)^2}}\ . \tag{9.13}$$

Setzt man (9.13) in (9.12) ein, so erhält man eine nichtlineare Beziehung zwischen P und w/L (Abb. 9.11d).

Aus (9.12) folgen die alternativen Bedingungen für Nullstellen von P:

$$\frac{L}{l} = 1\ , \quad \frac{w}{L} = \sin\alpha_0\ . \tag{9.14}$$

Laut (9.13) ist die erste der beiden Gleichungen (9.14) für

$$\frac{w}{L}\left(-2\sin\alpha_0 + \frac{w}{L}\right) = 0 \tag{9.15}$$

erfüllt. Nullstellen von P liegen somit für

$$\frac{w}{L} = 0\,, \qquad \frac{w}{L} = \sin\alpha_0\,, \qquad \frac{w}{L} = 2\sin\alpha_0 \tag{9.16}$$

vor.

Die Stellen der beiden Extremwerte von P im Last-Verschiebungsdiagramm (Abb. 9.11d) folgen aus der Bedingung

$$\frac{dP}{dw} = 0\,. \tag{9.17}$$

Ihr entspricht die Bedingung

$$\frac{dP}{d\alpha} = 0\,. \tag{9.18}$$

Mittels der beiden Gleichungen (9.7) erhält man $P(\alpha)$ aus (9.12) zu

$$P = 2EA\,(\cos\alpha - \cos\alpha_0)\,\tan\alpha\,. \tag{9.19}$$

Nullsetzen von $dP/d\alpha$ führt auf folgende Beziehung zur Ermittlung der Stellen der beiden Extremwerte von P:

$$\cos\alpha_{1(2)} = \sqrt[3]{\cos\alpha_0}\,. \tag{9.20}$$

Mit Hilfe von Potenzreihen für $\cos\alpha_{1(2)}$ und $\cos\alpha_0$ ergibt sich

$$1 - \frac{\alpha_{1(2)}^2}{2} + \cdots = \sqrt[3]{1 - \frac{\alpha_0^2}{2} + \ldots}\,. \tag{9.21}$$

Nach Ersetzen des Wurzelausdrucks in (9.21) durch eine Potenzreihe erhält man

$$\frac{\alpha_{1(2)}^2}{2} - \cdots = \frac{\alpha_0^2}{6} - \ldots \tag{9.22}$$

Wenn das Zweistabsystem nicht hinreichend flach ist, tritt Stabilitätsverlust in Form von Verzweigung des Gleichgewichts ein (Abb. 9.11c). Es liegt dann kein Durchschlagproblem vor. Der Grenzwert von α_0, bis zu dem Stabilitätsverlust in Form von Durchschlagen eintritt (Abb. 9.11b), ist so klein, dass die in (9.22) aufscheinenden Reihenglieder zur Berechnung von $\alpha_{1(2)}$ ausreichen [Parkus (1966)]. Man erhält somit

$$\alpha_{1(2)} = (\pm)\frac{\alpha_0}{\sqrt{3}}\,. \tag{9.23}$$

α_1 ist gleich dem kritischen Winkel α_k. Dieser entspricht der kritischen Last P_k. Spezialisierung der aus (9.7) resultierenden Beziehung

$$\frac{w}{L} = \sin\alpha_0 - \cos\alpha_0\,\tan\alpha \tag{9.24}$$

für flache Zweistabsysteme durch Ersetzen von $\sin\alpha_0$, $\cos\alpha_0$ und $\tan\alpha$ durch α_0 bzw. 1 und α ergibt

$$\frac{w}{L} = \alpha_0 - \alpha\,. \tag{9.25}$$

Durch Eintragen von (9.23) in (9.25) erhält man die Stellen der beiden Extremwerte von P im Last-Verschiebungsdiagramm zu

$$\frac{w_{1(2)}}{L} = \alpha_0\left(1\ (\mp)\frac{1}{\sqrt{3}}\right). \tag{9.26}$$

w_1 ist gleich der kritischen Verschiebung w_k. Diese entspricht der kritischen Last P_k.

Spezialisierung von (9.19) für flache Zweistabsysteme mit Hilfe von Potenzreihen für $\cos\alpha$, $\tan\alpha$ und $\cos\alpha_0$ ergibt

$$P = 2EA\left[\left(1-\frac{\alpha^2}{2}+\dots\right)-\left(1-\frac{\alpha_0^2}{2}+\dots\right)\right](\alpha+\dots) = EA\left(\alpha_0^2-\alpha^2\right)\alpha\,. \quad (9.27)$$

Durch Einsetzen von (9.23) in (9.27) erhält man die beiden Extremwerte von P zu

$$P_{1(2)} = \underset{(-)}{+}\frac{2\alpha_0^3}{3\sqrt{3}}EA\,. \quad (9.28)$$

P_1 ist gleich der kritischen Last P_k.

Der Abb. 9.11d ist zu entnehmen, dass $w(t)$ eine monotone Funktion ist. Im Gegensatz dazu kann $w(t)$ auch eine nichtmonotone Funktion sein. Ein Beispiel dafür ist die Verschiebung des Firstpunktes einer flachen Kugelkalottenschale, die durch eine gleichförmig verteilte vertikale Flächenlast $p = \lambda\bar{p}$ statisch beansprucht wird. Abb. 9.12a zeigt einen Axialschnitt durch die Schale. Der Kugelradius R und der Radius des Basiskreises, R_0, betragen 3130 mm bzw. 250 mm. Der Stich der Kugelkalotte, f, beträgt 10 mm. Die Schalendicke h ist 2 mm. Der Elastizitätsmodul E und die Querdehnungszahl ν sind zu 3102,75 kN/cm^2 bzw. 0,30 gegeben. Die Referenzlast $\bar{p}$ beträgt 0,010 N/mm^2. Der Firstpunkt wird mit A und der im Abstand $R_0/2$ von der Rotationsachse befindliche Punkt mit B bezeichnet. Die numerische Stabilitätsuntersuchung wurde mittels der Methode der finiten Elemente (siehe Unterkapitel 16.4) durchgeführt [Mang *et al.* (1999)].

Abb. 9.12b enthält λw_A-Diagramme und Abb. 9.12c λw_B-Diagramme. Bei w_A und w_B handelt es sich um die Verschiebung des Punktes A bzw. B normal zur Schalenmittelfläche. Die Diagramme für den in der Realität nicht existierenden Grenzfall der perfekten Struktur zeigen instabile symmetrische Gleichgewichtsverzweigung bei $\lambda = \lambda_k \approx 6{,}8$ an. Die Diagramme für ein imperfektes System lassen Stabilitätsverlust durch Durchschlagen bei $\lambda = \lambda_k \approx 5{,}2$ erkennen. Bei der Imperfektion handelt es sich um eine zu $(r-250)\,(r/15625)\cos 2\varphi$ angenommene vertikale Abweichung der Punkte der Schalenmittelfläche von den entsprechenden Punkten der perfekten Schale, wobei r und φ Polarkoordinaten in der Ebene des Basiskreises bezeichnen. Der Größtwert des Betrags dieser Abweichung ergibt sich zu 0,1 mm, d. h. zu 1 % von f bzw. 5 % von h.

Die λw_A-Diagramme weisen vor der Stabilitätsgrenze ein relatives Maximum der Verschiebung auf. $w_A(t)$ ist somit eine nichtmonotone Funktion. Von der entsprechenden Belastung bis zur Stabilitätsgrenze verschiebt sich der Firstpunkt entgegengesetzt zur Belastungrichtung. Die λw_B-Diagramme besitzen kein derartiges relatives Maximum. $w_B(t)$ ist somit eine monotone Funktion.

9.1.3 Traglastprobleme

Während Durchschlagpunkte lokale Maxima von Last-Verschiebungsdiagrammen darstellen, entsprechen der Traglast $P = P_k$ globale Maxima solcher Diagramme (Abb. 9.13). Die Belastung kann nicht weiter gesteigert werden. Bei Laststeuerung kommt dem strichlierten Abschnitt des Last-Verschiebungsdiagrammes keine physikalische Bedeutung zu.

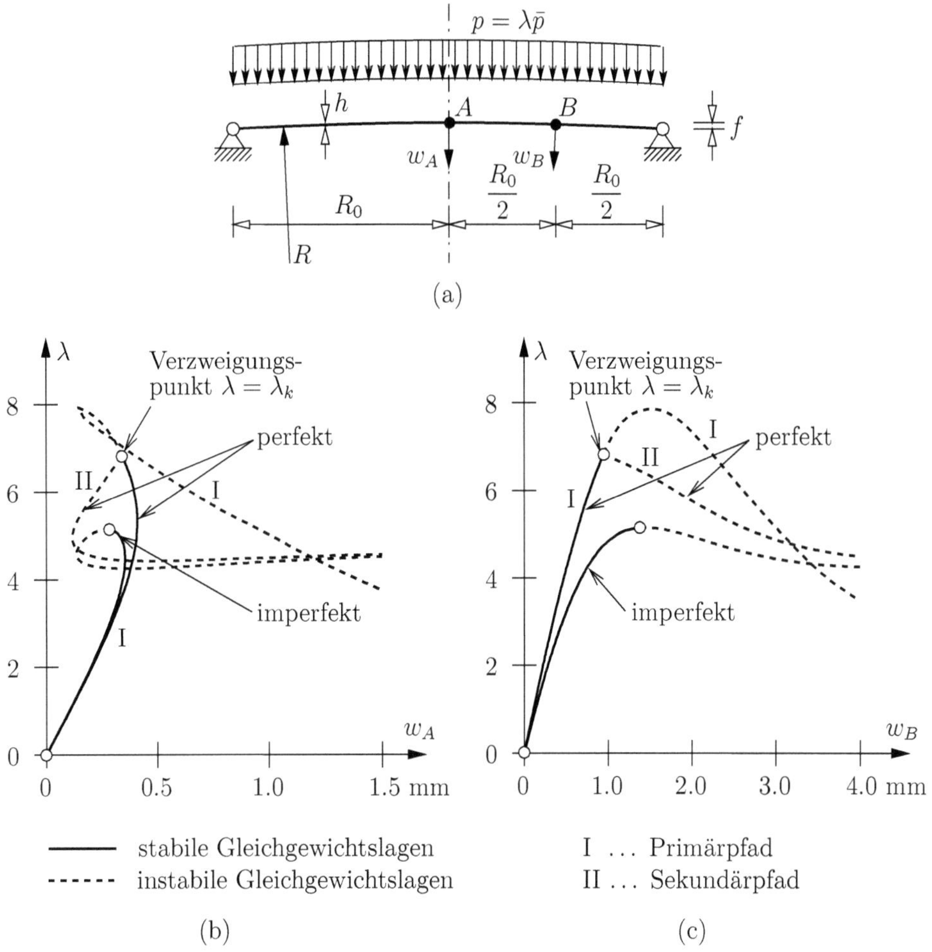

(a)

——— stabile Gleichgewichtslagen
- - - - - instabile Gleichgewichtslagen

I ... Primärpfad
II ... Sekundärpfad

(b) (c)

Abb. 9.12: Flache Kugelkalottenschale unter gleichförmig verteilter vertikaler Flächenlast: (a) Axialschnitt, (b) Last-Verschiebungsdiagramme für den Firstpunkt (Punkt A), (c) Last-Verschiebungsdiagramme für den Punkt B

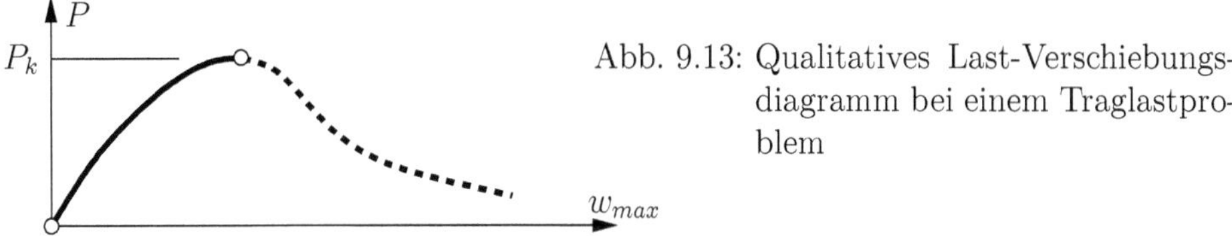

Abb. 9.13: Qualitatives Last-Verschiebungsdiagramm bei einem Traglastproblem

Bei Konstruktionen aus zähen Werkstoffen treten vor dem Erreichen der Traglast plastische Verformungen auf. Auch darin unterscheidet sich diese Art des Stabilitätsverlustes von Verzweigung des Gleichgewichts bzw. von Durchschlagen, die beide auch ohne vorangehende plastische Deformationen auftreten können.

Der Einfachheit halber wird hier angenommen, dass in dem am stärksten beanspruchten Stabquerschnitt ein Biegemoment als einzige Schnittgröße wirkt. In diesem Fall ist bei einem statisch bestimmten Stabtragwerk die Traglast dann erreicht, wenn dieses Biegemoment den Wert des Tragmoments annimmt. Unter dem Tragmoment versteht man das größte Biegemoment, das ein auf reine Biegung beanspruchter Querschnitt aufnehmen kann. Bei Erreichen des Tragmoments ist der Querschnitt vollständig plastiziert. An der entsprechenden Stelle entsteht ein Knick der Biegelinie. Man spricht deshalb von einem Fließgelenk. Die zugehörige Gleichgewichtslage ist instabil, weil das Fließgelenk aus dem ursprünglich statisch bestimmten System eine kinematische Kette macht. Die damit verbundene Bewegung bewirkt den Kollaps des Systems. Bei statisch unbestimmten Systemen sind zur Ausbildung einer kinematischen Kette in der Regel mehrere Fließgelenke erforderlich.

Abb. 9.14 zeigt kinematische Ketten, wie sie bei Erreichen der Traglast auftreten. In den am stärksten beanspruchten Querschnitten treten im Gegensatz zur zuvor getroffenen Annahme auch Querkräfte auf. Bezüglich Ermittlung des Tragmoments und Berücksichtigung von Schnittgrößenkombinationen, die zur vollständigen Plastizierung des betreffenden Querschnitts führen, sei auf Kapitel 12 verwiesen.

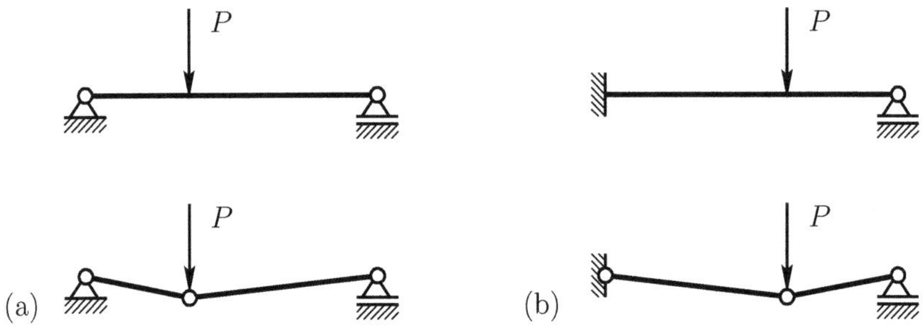

Abb. 9.14: Kinematische Kette entstanden aus (a) einem statisch bestimmten Stab und (b) einem einfach statisch unbestimmten Stab

9.2 Kriterium zur Bestimmung der Stabilitätsgrenze

Die allgemeinste Vorgangsweise zur Beurteilung der Stabilität einer Gleichgewichtslage besteht im Sinne von LJAPUNOV darin, einem im Gleichgewicht befindlichen Körper eine kleine Störung zu erteilen und die dadurch verursachte Bewegung zu untersuchen. Die Beurteilung der Stabilität einer Gleichgewichtslage ist in diesem Sinne also eine Aufgabe der Dynamik.

Für den Sonderfall von Systemen mit einer endlichen Anzahl von Freiheitsgraden, die nur durch konservative Kräfte beansprucht werden, kann das Prinzip von der Erhaltung der mechanischen Energie zur Untersuchung einer solchen Störbewegung verwendet werden. Ausgehend von (5.30) wird im Folgenden gezeigt, dass die hinreichende und notwendige Bedingung für ein Minimum der potentiellen Energie Π ein hinreichendes Kriterium für die Stabilität einer Gleichgewichtslage darstellt. Die entsprechenden Beziehungen sind zu

$$\delta\Pi = 0 \quad \text{und} \quad \delta^2\Pi > 0 \tag{9.29}$$

gegeben. Da Π nur bis auf eine Konstante bestimmt ist, kann für die Gleichgewichtslage $\Pi = 0$ gesetzt werden. Weil Π für die Gleichgewichtslage ein Minimum besitzt, gilt für alle Nachbarlagen $\Pi > 0$. Dem im Gleichgewicht befindlichen Körper wird nun eine kleine Störung erteilt. Ihr entspricht die potentielle Energie $\Pi^{(S)}$ und die kinetische Energie $K^{(S)}$. Gemäß (5.30) gilt für die anschließende Störbewegung

$$\Pi + K = \Pi^{(S)} + K^{(S)} \ . \tag{9.30}$$

Laut (5.25) kann K mit K_0 gemäß (5.19) nicht negativ werden. Folglich muss

$$\Pi = \Pi^{(S)} + K^{(S)} - K \leq \Pi^{(S)} + K^{(S)} \tag{9.31}$$

gelten. Man erhält somit

$$0 \leq \Pi \leq \Pi^{(S)} + K^{(S)} \ . \tag{9.32}$$

Π ist also beschränkt und kann beliebig klein gemacht werden, da $\Pi^{(S)} + K^{(S)}$ beliebig klein gemacht werden kann. Damit bleibt aufgrund von (9.30) auch K beliebig klein. Die Stabilität der Gleichgewichtslage ist somit nachgewiesen. Die Beziehungen (9.29) sind also ein hinreichendes Kriterium für die Stabilität einer Gleichgewichtslage. Dabei handelt es sich um das Kriterium von DIRICHLET*. Es lässt sich zeigen, dass dieses Kriterium auch eine notwendige Bedingung für die Stabilität einer Gleichgewichtslage ist. Das Kriterium von DIRICHLET ist ein statisches Kriterium. Folglich stellt der Nachweis der Stabilität einer Gleichgewichtslage mit Hilfe dieses Kriteriums eine statische Aufgabe dar.

Die Stabilitätsgrenze ist erreicht, wenn erstmals bei ein und derselben Belastung wenigstens ein dem Verschiebungszustand $\mathbf{u}$ benachbarter Verschiebungszustand $\mathbf{u} + \bar{\delta}\mathbf{u}$ existiert, sodass

$$\delta^2\Pi\left(\bar{\delta}\mathbf{u}\right) = \bar{\delta}^2\Pi = 0 \tag{9.33}$$

ist. Für alle infinitesimal benachbarten Verschiebungszustände, für die (9.33) nicht gilt, ist weiterhin

$$\delta^2\Pi > 0 \ . \tag{9.34}$$

Bei $\bar{\delta}\mathbf{u}$ handelt es sich im Gegensatz zu den allgemeinen Variationen $\delta\mathbf{u}$ um spezielle Variationen. Die Beziehungen (9.33) und (9.34) drücken aus, dass das Funktional $\delta^2\Pi$ an der Stabilitätsgrenze positiv semidefinit ist. Vorher ist $\delta^2\Pi$ laut der zweiten der beiden Beziehungen (9.29) des Kriteriums von DIRICHLET für die Stabilität einer Gleichgewichtslage positiv definit. Für die speziellen Variationen $\bar{\delta}\mathbf{u}$ an der Stabilitätsgrenze nimmt dieses Funktional mit dem Wert null ein Minimum an. Die zu (5.128) analoge Beziehung

$$\delta\left(\delta^2\Pi\right) = 0 \tag{9.35}$$

ist eine notwendige, aber nicht hinreichende Bedingung für ein Minimum von $\delta^2\Pi$ und folglich für die Stabilitätsgrenze. Diese Beziehung stellt das Kriterium von TREFFTZ dar.†

Abb. 9.15 enthält die Darstellung der potentiellen Energie eines Systems mit zwei Freiheitsgraden für eine infinitesimale Umgebung der Gleichgewichtslage an der Stabilitätsgrenze. Die erwähnten speziellen Variationen sind bei diesem Beispiel durch $\delta u_2 = 0$ gekennzeichnet.

---

*JOHANN PETER GUSTAV LEJEUNE DIRICHLET (1805–1859) veröffentlichte 1839 fundamentale Ergebnisse von Untersuchungen des Gleichgewichts mechanischer Systeme.

†ERICH TREFFTZ (1888–1937) veröffentlichte 1930 und 1933 grundlegende Beiträge zur Stabilitätstheorie bzw. Stabilitätsgrenze.

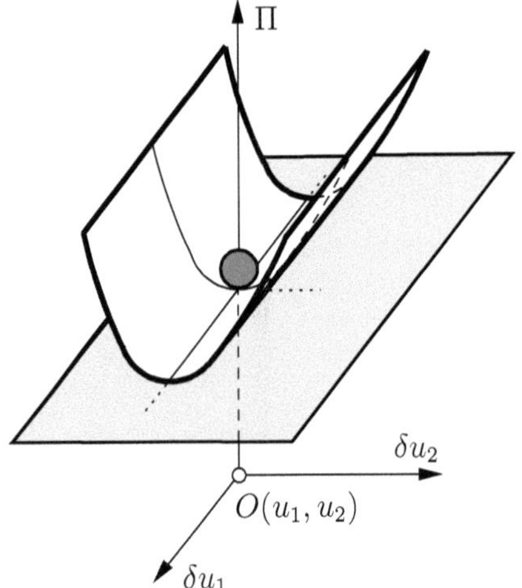

Abb. 9.15: Gleichgewichtslage an der Stabilitätsgrenze

9.3 Biegeknicken

9.3.1 Allgemeines

In diesem Unterkapitel werden ausschließlich Verzweigungsprobleme behandelt. Dabei wird nur auf das Biegeknicken von Stäben eingegangen. Diese Beschränkung erlaubt es, die Hypothese vom Ebenbleiben der Querschnitte aufrechtzuerhalten. Durch Beschränkung auf Stabilitätsprobleme mit linearen Primärpfaden werden Durchschlagpunkte als Stabilitätsgrenzen perfekter Strukturen ausgeschlossen.

In der Ingenieurpraxis ist man hauptsächlich an der Ermittlung der Stabilitätsgrenze der Stäbe interessiert. Von Bedeutung ist ferner die Kenntnis der Art der Verzweigung des Gleichgewichts an der Stabilitätsgrenze perfekter Strukturen. Diese Art charakterisiert das Tragverhalten entsprechender imperfekter Systeme. Zur Quantifizierung des Einflusses von Imperfektionen auf das Tragverhalten der Stäbe ist allerdings eine nichtlineare Theorie erforderlich.

9.3.2 Biegeknicken bei linear elastischem Materialverhalten

In diesem Abschnitt wird das Problem der Ermittlung der Stabilitätsgrenze zentrisch gedrückter gerader Stäbe behandelt. Dabei wird angenommen, dass ein solcher Stab aus einem Werkstoff besteht, der zumindest bis zur Stabilitätsgrenze dem HOOKE'schen Gesetz gehorcht. Perfekte Stäbe erfahren bis zur Stabilitätsgrenze nur eine axiale Stauchung. Die einer bestimmten Lastintensität entsprechende gerade Gleichgewichtslage wird als triviale Gleichgewichtslage bezeichnet. Bei Erreichen der Stabilitätsgrenze existieren neben der trivialen Gleichgewichtslage auch infinitesimal benachbarte ausgebogene Gleichgewichtslagen. Bei der kleinsten Störung der trivialen Gleichgewichtslage weicht der Stab in eine ausgebogene Gleichgewichtslage aus. Er knickt aus. Man spricht von EULER'scher Stabknickung.

Eine Voraussetzung für die Anwendung des Kriteriums von TREFFTZ (9.35) zur Bestimmung der Stabilitätsgrenze ist die Kenntnis von Π. Würde man der Ermittlung von Π die lineare Elastizitätstheorie zugrunde legen, so erhielte man wegen der Identität der Beziehungen (5.128) und (5.130) mit den Relationen (9.29) das Ergebnis, dass nur stabile triviale Gleichgewichtslagen möglich sind. Dieses Resultat widerspricht der Erfahrung. Zur Beseitigung dieses Widerspruchs muss man bei der Ermittlung von Π von der einschränkenden Annahme der Linearität der kinematischen Beziehungen abgehen. Bei der Ermittlung von Π muss man dann zwischen der Referenz- und der Momentankonfiguration unterscheiden.

Ermittlung der potentiellen Energie für einen zentrisch gedrückten Stab

An der Stabilitätsgrenze sind die Verzerrungen des Stabes klein. Sie darf daher unter der Voraussetzung kleiner Verzerrungen ermittelt werden.

Bei Bezugnahme auf die Referenzkonfiguration erhält man Π unter dieser Voraussetzung und der Gültigkeit des verallgemeinerten HOOKE'schen Gesetzes in Analogie zu (5.121) zu

$$\Pi = \frac{1}{2}\int_{V_0} C_{ijkl}\, E_{ij}\, E_{kl}\, dV_0 - \int_{V_0} f_{0_i}\, u_i\, dV_0 - \int_{S_0} t_{0_i}^{(n)}\, u_i\, dS_0 \;, \tag{9.36}$$

wobei V_0 und S_0 das Volumen bzw. die Oberfläche des Körpers in der Referenzkonfiguration darstellen, E_{ij} die Komponenten des GREEN'schen Verzerrungstensors (3.14) bezeichnet und f_{0_i} und $t_{0_i}^{(n)}$ die auf die Referenzkonfiguration bezogenen Komponenten der Volumen- bzw. Oberflächenkräfte sind. Entsprechend den Ausführungen in Abschnitt 3.3.1 ergeben sich die auf die Referenzkonfiguration bezogenen konstitutiven Gleichungen durch Ersetzen von ε_{kl} und σ_{ij} im verallgemeinerten HOOKE'schen Gesetz (3.253) durch E_{kl} und S_{ij}. Auf diese Weise erhält man

$$S_{ij} = C_{ijkl}\, E_{kl}\,. \tag{9.37}$$

Es liegt ein einaxialer Spannungszustand vor. Unter Berücksichtigung von (9.37) ergibt sich der Integrand im Ausdruck für die Verzerrungsenergie in (9.36) folglich zu

$$C_{ijkl}\, E_{ij}\, E_{kl} = S_{ij}\, E_{ij} = S_{11}\, E_{11} = E\, E_{11}^2\,. \tag{9.38}$$

In (9.38) wurde von

$$S_{11} = E\, E_{11} \tag{9.39}$$

Gebrauch gemacht. Dabei handelt es sich um das auf die Referenzkonfiguration bezogene HOOKE'sche Gesetz.

Mit $X_1 \equiv X$, $u_1 \equiv u$, $u_2 \equiv v$, $u_3 \equiv w$ ergibt sich $E_{11} \equiv E_X$ laut (3.16) zu

$$E_X = \frac{\partial u}{\partial X} + \frac{1}{2}\left[\left(\frac{\partial u}{\partial X}\right)^2 + \left(\frac{\partial v}{\partial X}\right)^2 + \left(\frac{\partial w}{\partial X}\right)^2\right]\,. \tag{9.40}$$

An der Stabilitätsgrenze ist $|\partial u/\partial X| \ll 1$. Daher darf $(1/2)(\partial u/\partial X)^2$ gegenüber $\partial u/\partial X$ vernachlässigt werden. Unter der Annahme, dass der Stab in Richtung der ζ-Achse ausknickt, ist $v \equiv 0$. Die Nichtlinearität von E_X ist folglich auf den Term $(1/2)(\partial w/\partial X)^2$ in (9.40) beschränkt. Er repräsentiert den Einfluss der Drehung der Tangente an die Stabachse auf E_X, der allerdings erst nach Erreichen der Stabilitätsgrenze zum Tragen kommt. Dieser Term ist von gleicher Größenordnung wie $\partial u/\partial X$. Im Folgenden wird die Koordinate in Stablängsrichtung, wie in der Ingenieurpraxis üblich, mit x anstatt mit X bezeichnet. Gemeint ist nach wie vor eine auf die Referenzkonfiguration bezogene Beschreibung der Verformung des Stabes. Somit erhält man

$$E_x = \frac{\partial u}{\partial x} + \frac{1}{2}\left(\frac{\partial w}{\partial x}\right)^2 . \tag{9.41}$$

Im Falle von Knickung normal zur η-Achse ergibt sich die Verschiebungskomponente u eines Stabpunktes bei Vernachlässigung des Einflusses der Schubdeformationen auf die Ausbiegung des Stabes zu

$$u(x,\zeta) = u^{(0)}(x) - \zeta\frac{dw(x)}{dx} , \tag{9.42}$$

wobei $u^{(0)}(x) = u(x,0) \equiv u(x)$ und $w(x)$ die Verschiebungskomponenten des Schwerpunkts der Querschnittsebene sind, in der sich der betrachtete Punkt befindet. Einsetzen von (9.42) in (9.41) führt auf

$$E_x = \frac{du}{dx} - \zeta\frac{d^2w}{dx^2} + \frac{1}{2}\left(\frac{dw}{dx}\right)^2 . \tag{9.43}$$

Unter Berücksichtigung von (9.43) erhält man für das erste Integral in (9.36)

$$\begin{aligned}
\frac{1}{2}\int_V E\,E_x^2\,dV &= \frac{1}{2}\int_V E\left[\frac{du}{dx} - \zeta\frac{d^2w}{dx^2} + \frac{1}{2}\left(\frac{dw}{dx}\right)^2\right]^2 dV = \\
&= \frac{1}{2}\int_l E\left\{\int_A\left(\left[\frac{du}{dx} + \frac{1}{2}\left(\frac{dw}{dx}\right)^2\right]^2 - \right.\right. \\
&\qquad \left.\left. -2\zeta\frac{d^2w}{dx^2}\left[\frac{du}{dx} + \frac{1}{2}\left(\frac{dw}{dx}\right)^2\right] + \zeta^2\left(\frac{d^2w}{dx^2}\right)^2\right) dA\right\} dx = \\
&= \frac{1}{2}\int_l\left\{EA\left[\frac{du}{dx} + \frac{1}{2}\left(\frac{dw}{dx}\right)^2\right]^2 + EI_\eta\left(\frac{d^2w}{dx^2}\right)^2\right\} dx ,
\end{aligned} \tag{9.44}$$

wobei von $\int_A \zeta\,dA = 0$ und $\int_A \zeta^2\,dA = I_\eta$ Gebrauch gemacht wurde. Anstatt L, A_0, V_0 wurden für die Referenzkonfiguration die in der Ingenieurpraxis üblichen Bezeichnungen l, A, V verwendet.

Definiert man die am oberen Stabende angreifende Druckkraft P (Abb. 9.4) als positive Größe, so erhält man für das Potential der Oberflächenkräfte folgenden Ausdruck:

$$P\,u(l) = P\int_l \frac{du}{dx}\,dx . \tag{9.45}$$

Er entspricht dem letzten Term in (9.36). In (9.45) bezeichnet $u(l)$ die Verschiebung des Kraftangriffspunktes in Richtung der x-Achse. Bei Vernachlässigung des Eigengewichts des Stabes und dementsprechender Streichung des zweiten Terms im Ausdruck für Π gemäß (9.36) erhält man die potentielle Energie als Summe der Ausdrücke (9.44) und (9.45) zu

$$\Pi = \int_l\left\{\frac{EA}{2}\left[\frac{du}{dx} + \frac{1}{2}\left(\frac{dw}{dx}\right)^2\right]^2 + \frac{EI_\eta}{2}\left(\frac{d^2w}{dx^2}\right)^2 + P\frac{du}{dx}\right\} dx . \tag{9.46}$$

Anwendung des Kriteriums von Trefftz

Die Anwendung dieses Kriteriums setzt die Kenntnis von $\delta^2\Pi$ voraus. Die Vorgangsweise zur Ermittlung von $\delta^2\Pi$ ist analog derjenigen, die im Unterkapitel 5.6 bei der Berechnung der potentiellen Energie für einen variierten Verschiebungszustand $\mathbf{u}+\delta\mathbf{u}$ eingeschlagen worden ist. Hier stellt $\mathbf{u}$ den Verschiebungszustand der geraden Gleichgewichtslage dar, deren Stabilität untersucht werden soll. Dieser Verschiebungszustand ist durch

$$\frac{du}{dx} = -\frac{P}{EA} \quad \text{und} \quad w \equiv 0 \tag{9.47}$$

gekennzeichnet. Ersetzt man in (9.46) u durch $u+\delta u$ und w durch $w+\delta w$, dann erhält man die potentielle Energie des Stabes für den variierten Verschiebungszustand unter Berücksichtigung von (9.47) zu

$$\begin{aligned} \Pi + \Delta\Pi \;=\; & \int_l \left\{ \frac{EA}{2}\left[-\frac{P}{EA} + \frac{d(\delta u)}{dx} + \frac{1}{2}\left(\frac{d(\delta w)}{dx}\right)^2 \right]^2 + \right. \\ & \left. + \frac{EI_\eta}{2}\left(\frac{d^2(\delta w)}{dx^2}\right)^2 - \frac{P^2}{EA} + P\,\frac{d(\delta u)}{dx} \right\} dx \;. \end{aligned} \tag{9.48}$$

$\Delta\Pi$ lässt sich formal wie folgt darstellen:

$$\Delta\Pi = \delta\Pi + \frac{1}{2!}\,\delta^2\Pi + \frac{1}{3!}\,\delta^3\Pi + \frac{1}{4!}\,\delta^4\Pi \;. \tag{9.49}$$

Die vier Glieder dieses Ausdrucks stehen für die in den Variationen linearen bzw. quadratischen, kubischen und quartischen Terme in (9.48). Man erhält sie zu

$$\delta\Pi = 0 \;, \tag{9.50}$$

$$\frac{1}{2!}\,\delta^2\Pi = \frac{1}{2}\int_l \left[EA\left(\frac{d(\delta u)}{dx}\right)^2 + EI_\eta\left(\frac{d^2(\delta w)}{dx^2}\right)^2 - P\left(\frac{d(\delta w)}{dx}\right)^2 \right] dx \;, \tag{9.51}$$

$$\frac{1}{3!}\,\delta^3\Pi = \frac{1}{2}\int_l EA\frac{d(\delta u)}{dx}\left(\frac{d(\delta w)}{dx}\right)^2 dx \tag{9.52}$$

und

$$\frac{1}{4!}\,\delta^4\Pi = \frac{1}{8}\int_l EA\left(\frac{d(\delta w)}{dx}\right)^4 dx \;. \tag{9.53}$$

Gleichung (9.50) drückt aus, dass die gerade Lage des Stabes eine Gleichgewichtslage ist. Die Variation des Ausdrucks für $(1/2!)\,\delta^2\Pi$, die für die Anwendung des Kriteriums von Trefftz benötigt wird, berechnet man ebenso wie ein Differential [Wylie/Barrett (1982)]:

$$\begin{aligned} \delta\left(\frac{1}{2!}\,\delta^2\Pi\right) \;=\; & \int_l \left[EA\,\frac{d(\delta u)}{dx}\,\delta\left(\frac{d(\delta u)}{dx}\right) + EI_\eta\,\frac{d^2(\delta w)}{dx^2}\,\delta\left(\frac{d^2(\delta w)}{dx^2}\right) - \right. \\ & \left. - P\,\frac{d(\delta w)}{dx}\,\delta\left(\frac{d(\delta w)}{dx}\right) \right] dx \;. \end{aligned} \tag{9.54}$$

Unter Berücksichtigung der Vertauschbarkeit der Reihenfolge von Variation und Differentiation [Wylie/Barrett (1982)] erhält man

$$\delta\left(\frac{1}{2!}\,\delta^2\Pi\right) = \int_l \left[EA\,\frac{d(\delta u)}{dx}\,\frac{d(\delta(\delta u))}{dx} + EI_\eta\,\frac{d^2(\delta w)}{dx^2}\,\frac{d^2(\delta(\delta w))}{dx^2} - P\,\frac{d(\delta w)}{dx}\,\frac{d(\delta(\delta w))}{dx}\right] dx\ . \tag{9.55}$$

Bei den Variationen $\delta(\delta u)$ und $\delta(\delta w)$ handelt es sich um Größen von zweiter Kleinheitsordnung. Einmalige partielle Integration des ersten und dritten Terms in (9.55) und zweimalige partielle Integration des zweiten Terms in dieser Beziehung ergibt

$$\begin{aligned}\delta\left(\frac{1}{2!}\,\delta^2\Pi\right) = {} & EA\,\frac{d(\delta u)}{dx}\,\delta(\delta u)\Big|_0^l - \left[EI_\eta\,\frac{d^3(\delta w)}{dx^3} + P\,\frac{d(\delta w)}{dx}\right]\delta(\delta w)\Big|_0^l + \\ & + EI_\eta\,\frac{d^2(\delta w)}{dx^2}\frac{d(\delta(\delta w))}{dx}\Big|_0^l - \\ & - \int_l \left\{EA\,\frac{d^2(\delta u)}{dx^2}\,\delta(\delta u) - \left[EI_\eta\,\frac{d^4(\delta w)}{dx^4} + P\,\frac{d^2(\delta w)}{dx^2}\right]\delta(\delta w)\right\} dx\ .\end{aligned} \tag{9.56}$$

Laut dem Kriterium von TREFFTZ (siehe Gleichung (9.35)) muss dieser Ausdruck an der Stabilitätsgrenze für beliebige zulässige Variationen $\delta(\delta u)$ und $\delta(\delta w)$ verschwinden. Das verlangt

$$\frac{d^2(\delta u)}{dx^2} = 0\ , \quad EI_\eta\,\frac{d^4(\delta w)}{dx^4} + P\,\frac{d^2(\delta w)}{dx^2} = 0 \tag{9.57}$$

und

$$\begin{aligned} & EA\,\frac{d(\delta u)}{dx}\,\delta(\delta u)\Big|_0^l = 0\ , \quad \left[EI_\eta\,\frac{d^3(\delta w)}{dx^3} + P\,\frac{d(\delta w)}{dx}\right]\delta(\delta w)\Big|_0^l = 0\ , \\ & EI_\eta\,\frac{d^2(\delta w)}{dx^2}\frac{d(\delta(\delta w))}{dx}\Big|_0^l = 0\ .\end{aligned} \tag{9.58}$$

Die Gleichungen (9.57) und (9.58) dienen zur Ermittlung spezieller Variationen $\bar{\delta} u$ und $\bar{\delta} w$, die der Bedingung (9.33) genügen. Aus der ersten der beiden Feldgleichungen (9.57) des vorliegenden Randwertproblems folgt

$$\bar{\delta} u = A_1\,x + A_2\ . \tag{9.59}$$

Zur Bestimmung des kritischen Wertes P_k der Druckkraft P steht die zweite der beiden Feldgleichungen (9.57) zur Verfügung. Dividiert man diese Beziehung durch EI_η und setzt zur Abkürzung

$$\alpha^2 = \frac{P}{EI_\eta}\ , \tag{9.60}$$

so erhält man

$$\frac{d^4(\delta w)}{dx^4} + \alpha^2\,\frac{d^2(\delta w)}{dx^2} = 0\ . \tag{9.61}$$

Unter der Voraussetzung von konstanter Biegesteifigkeit EI_η ergibt sich die allgemeine Lösung dieser linearen homogenen Differentialgleichung vierter Ordnung zu

$$\bar{\delta} w = C_1 \cos \alpha x + C_2 \sin \alpha x + C_3 x + C_4 \ . \tag{9.62}$$

Beispiel 9.1: An beiden Enden gelenkig gelagerter Stab

Bei unverschieblicher Lagerung des Stabes an der Stelle $x = 0$ (Abb. 9.4b) gilt $u(x = 0) = 0$. Dabei handelt es sich um eine vorgegebene Größe. Folglich muss $\delta u(x = 0)$ verschwinden. Daher muss auch die spezielle Variation $\bar{\delta} u$ an der Stelle $x = 0$ verschwinden. Daraus folgt $A_2 = 0$. Aus dem genannten Grund muss auch $\delta(\delta u)(x = 0)$ und folglich $\delta(\bar{\delta} u)(x = 0)$ verschwinden. Somit führt die erste der drei Gleichungen (9.58) unter Berücksichtigung von (9.59) auf

$$EA \frac{d(\delta u)}{dx} \delta(\delta u) \bigg|_0^l = EA\, A_1\, \delta(\bar{\delta} u) \Big|_l = 0 \ , \tag{9.63}$$

woraus $A_1 = 0$ und im Weiteren

$$\bar{\delta} u \equiv 0 \tag{9.64}$$

folgt. Zu Beginn des Ausknickens erfährt der Druckstab also nur eine infinitesimale Verschiebung $\bar{\delta} w$ quer zur ursprünglich geraden Stabachse.

Für einen an beiden Enden gelenkig gelagerten Stab gilt wegen $w(x = 0) = w(x = l) = 0$ auch $\delta w(x = 0) = \delta w(x = l) = 0$ und $\delta(\delta w)(x = 0) = \delta(\delta w)(x = l) = 0$. Folglich ist die zweite der drei Gleichungen (9.58) erfüllt. Da bei einem derartigen Stab die Biegemomente an den beiden Stabenden zu null vorgegebene Größen sind, gilt laut (6.114)

$$EI_\eta \frac{d^2(\delta w)}{dx^2} \bigg|_{x=0} = EI_\eta \frac{d^2(\delta w)}{dx^2} \bigg|_{x=l} = 0 \ . \tag{9.65}$$

Somit ist auch die letzte der drei Gleichungen (9.58) erfüllt.

Spezielle Variationen $\bar{\delta} w$ gemäß (9.62) befriedigen die beiden letzten der drei Gleichungen (9.58) folglich dann, wenn $\bar{\delta} w$ die für beide Stabenden geltenden Randbedingungen

$$\delta w = 0 \qquad \text{und} \qquad \frac{d^2(\delta w)}{dx^2} = 0 \tag{9.66}$$

erfüllt. Anpassung von $\bar{\delta} w$ an diese Randbedingungen führt auf folgendes System linearer, homogener, algebraischer Gleichungen:

$$\begin{bmatrix} 1 & 0 & 0 & 1 \\ 1 & 0 & 0 & 0 \\ \cos \alpha l & \sin \alpha l & l & 1 \\ \cos \alpha l & \sin \alpha l & 0 & 0 \end{bmatrix} \begin{Bmatrix} C_1 \\ C_2 \\ C_3 \\ C_4 \end{Bmatrix} = \begin{Bmatrix} 0 \\ 0 \\ 0 \\ 0 \end{Bmatrix} . \tag{9.67}$$

Ein solches Gleichungssystem hat dann und nur dann eine nichttriviale Lösung, wenn die Determinante der Koeffizientenmatrix verschwindet. Das ist für

$$\sin \alpha\, l = 0 \tag{9.68}$$

der Fall. Daraus folgen die Eigenwerte zu

$$\alpha\, l = \alpha_n l = n\pi \ , \quad n = 1, 2, 3, \ldots \tag{9.69}$$

Einsetzen von (9.69) in (9.60) ergibt

$$P = n^2 \frac{\pi^2 E I_\eta}{l^2} = n^2 P_k \,, \quad n = 1, 2, 3, \ldots, \tag{9.70}$$

mit

$$P_k = \frac{\pi^2 E I_\eta}{l^2} \,. \tag{9.71}$$

P_k entspricht dem kleinsten Eigenwert $\alpha\, l = \alpha_1\, l = \pi$ des vorliegenden Eigenwertproblems, kennzeichnet somit die Stabilitätsgrenze und stellt daher die kritische Last dar. Der Kleinstwert für P_k ergibt sich für den kleineren der beiden Extremwerte I_η, I_ζ der Flächenmomente 2. Ordnung des Querschnitts. (9.71) beruht daher auf der Annahme, dass I_η tatsächlich der kleinere dieser beiden Extremwerte ist. Dieser Beziehung liegt ferner die Annahme zugrunde, dass der Stab nicht durch technische Vorkehrungen daran gehindert wird, in der in Abb. 9.4b dargestellten Form auszuknicken. Wenn im Ausdruck für P_k im Folgenden I_{min} aufscheint, wird unterstellt, dass der Stab normal zur entsprechenden Hauptachse des Querschnitts ausknicken kann.

Trägt man die aus (9.67) resultierenden Beziehungen

$$C_1 = 0 \,, \quad C_3 = 0 \,, \quad C_4 = 0 \tag{9.72}$$

und den aus (9.69) für $n = 1$ zu $\alpha_1 = \pi/l$ folgenden Ausdruck für α in (9.62) ein, so erhält man die zugehörige Eigenfunktion zu

$$\bar{\delta} w = C_2 \sin \frac{\pi x}{l} \,. \tag{9.73}$$

Sie ist nur bis auf die Konstante C_2 bestimmt. Durch Einsetzen der aus (9.64) bzw. (9.73) resultierenden Beziehungen

$$\frac{d(\bar{\delta} u)}{dx} \equiv 0 \,, \quad \frac{d(\bar{\delta} w)}{dx} = C_2 \frac{\pi}{l} \cos \frac{\pi x}{l} \,, \quad \frac{d^2(\bar{\delta} w)}{dx^2} = -C_2 \frac{\pi^2}{l^2} \sin \frac{\pi x}{l} \tag{9.74}$$

sowie von $P = P_k$ in (9.51) überzeugt man sich, dass die mittels des Kriteriums von TREFFTZ *erhaltenen speziellen Variationen $\bar{\delta} u \equiv 0$ und $\bar{\delta} w = C_2 \sin(\pi x/l)$ auf*

$$\bar{\delta}^2 \Pi = 0 \tag{9.75}$$

führen. Gleichung (9.33) ist somit erfüllt.

Gleichung (9.71) sagt nichts darüber aus, ob die triviale Gleichgewichtslage an der Stabilitätsgrenze gerade noch oder gerade nicht mehr stabil ist, ob also stabile gerade Gleichgewichtslagen des betrachteten Stabes für $P \leq P_k$ oder nur für $P < P_k$ bestehen. Zur Klärung des Sachverhalts wird zuerst (9.52), also der Ausdruck für das dritte Glied in der Beziehung $\Delta\Pi$ (siehe Gleichung (9.49)), für die speziellen Variationen ausgewertet, die (9.75) zur Folge haben. Setzt man dementsprechend die aus (9.64) resultierende Beziehung $d(\bar{\delta} u)/dx \equiv 0$ in (9.52) ein, so erhält man

$$\bar{\delta}^3 \Pi = 0 \,. \tag{9.76}$$

Da der Integrand von (9.53) offenkundig nicht negativ sein kann, gilt ferner

$$\bar{\delta}^4 \Pi > 0 \,. \tag{9.77}$$

Mit $\bar{\delta}\Pi = 0$, $\bar{\delta}^2\Pi = 0$, $\bar{\delta}^3\Pi = 0$ *und* $\bar{\delta}^4\Pi > 0$ *ergibt sich*

$$\Delta\Pi(\bar{\delta}\mathbf{u}) > 0 \; . \tag{9.78}$$

Folglich gilt $\Delta\Pi > 0$ *auch für die speziellen Variationen* $\bar{\delta}\mathbf{u}$*, für die* $\delta^2\Pi = 0$ *ist. Die gerade Gleichgewichtslage ist somit an der Stabilitätsgrenze stabil. Entsprechend der Klassifikation verschiedener Arten von Gleichgewichtsverzweigung laut Abb. 9.6 liegt daher stabile symmetrische Verzweigung vor (Abb. 9.4c). Für die Koeffizienten* a *und* b *in (9.1) gilt demnach* $a = 0$ *und* $b > 0$*. Dem entspricht* $\bar{\delta}^3\Pi = 0$ *bzw.* $\bar{\delta}^4\Pi > 0$ *gemäß (9.76) und (9.77).*

Abschließend wird gezeigt, dass die zu den höheren Eigenwerten $\alpha\, l = \alpha_n l = n\pi$ *bzw. zu* $P = n^2\, P_k$, $n > 1$*, gehörenden geraden Gleichgewichtslagen instabil sind. Zu diesem Zweck wird (9.51) für diese Eigenwerte und die kinematisch zulässigen Variationen* $\bar{\delta}u \equiv 0$ *und* $\bar{\delta}w = C_2\, \sin(\pi x/l)$ *gemäß (9.64) bzw. (9.73) ausgewertet. Das führt auf*

$$\begin{aligned} \frac{1}{2!}\,\delta^2\Pi &= \frac{1}{2}\int_l \left[EI_\eta\, C_2^2\, \frac{\pi^4}{l^4}\left(\sin\frac{\pi x}{l}\right)^2 - n^2\,\frac{\pi^2\, EI_\eta}{l^2}\, C_2^2\,\frac{\pi^2}{l^2}\left(\cos\frac{\pi x}{l}\right)^2\right] dx = \\ &= \frac{1}{4} EI_\eta\, C_2^2\,\frac{\pi^4}{l^3}\left(1 - n^2\right) < 0 \quad \text{für} \;\; n = 2, 3, \ldots \end{aligned} \tag{9.79}$$

Die zweite der beiden Beziehungen (9.29) ist somit für die erwähnten Variationen nicht erfüllt. Folglich entsprechen den höheren Eigenwerten $\alpha\, l = \alpha_n l = n\pi$, $n > 1$*, instabile gerade Gleichgewichtslagen. Die Potentialflächen für infinitesimale Umgebungen dieser Gleichgewichtslagen sind prinzipiell von der Form der in Abb. 9.3c dargestellten Potentialfläche.*

Die Existenz der mit Hilfe des Kriteriums von TREFFTZ *ermittelten höheren Eigenwerte verdeutlicht, dass dieses Kriterium eine notwendige, aber nicht hinreichende Bedingung für die Stabilitätsgrenze darstellt.*

Alternative Vorgangsweise zur Lösung von Verzweigungsproblemen

Verzweigungspunkte sind dadurch gekennzeichnet, dass bei ein und derselben Belastung neben der ursprünglichen Gleichgewichtslage zumindest eine infinitesimal benachbarte Gleichgewichtslage existiert. Laut (5.99) ergibt sich die Stationäritätsbedingung für die ursprüngliche und eine infinitesimal benachbarte Gleichgewichtslage zu

$$\delta\Pi(\mathbf{u}) = 0 \qquad \text{und} \qquad \delta\Pi(\mathbf{u} + \delta\mathbf{u}) = 0 \; . \tag{9.80}$$

Den beiden Stationäritätsbedingungen entsprechen die für die ursprüngliche bzw. infinitesimal benachbarte Gleichgewichtslage formulierten Gleichgewichtsbedingungen.

Im Falle eines zentrisch gedrückten Stabes ist die ursprüngliche Gleichgewichtslage gerade. Für eine zur geraden Gleichgewichtslage infinitesimal benachbarte ausgebogene Gleichgewichtslage des an beiden Enden gelenkig gelagerten Stabes (Abb. 9.4b) ergibt sich das Biegemoment um die η-Achse des Stabquerschnitts an der Stelle x zu

$$M_\eta(x) = P\,\delta w(x) \; . \tag{9.81}$$

Verknüpfung der Beziehung

$$M_\eta(x) = -EI_\eta\,\frac{d^2(\delta w)}{dx^2} \; , \tag{9.82}$$

die der ersten der beiden Gleichungen (6.323) entspricht, mit (9.81) und Berücksichtigung von (9.60) führt auf

$$\frac{d^2(\delta w)}{dx^2} + \alpha^2\,\delta w = 0\ . \tag{9.83}$$

Da δw eine infinitesimale Größe darstellt, ist die Verwendung des linearisierten Ausdrucks für die Krümmung der Stabachse in (9.82) berechtigt. Unter der Voraussetzung von konstanter Biegesteifigkeit EI_η ergibt sich die allgemeine Lösung dieser linearen homogenen Differentialgleichung zweiter Ordnung zu

$$\bar{\delta w} = C_1\,\cos\alpha x + C_2\,\sin\alpha x\ . \tag{9.84}$$

Anpassung dieses Ausdrucks an die für beide Stabenden geltende kinematische Randbedingung

$$\bar{\delta w} = 0 \tag{9.85}$$

führt auf Gleichung (9.68). Bei Erfüllung dieser Randbedingung ist, wie man durch Einsetzen von (9.85) in (9.81) erkennt, die statische Randbedingung

$$M_\eta = 0 \tag{9.86}$$

an beiden Stabenden erfüllt.

Die Gleichgewichtsbedingung (9.81) bezieht sich auf die Lage des verformten Stabes zu Beginn des Biegeknickens. Man spricht in diesem Zusammenhang von Theorie II. Ordnung. Bei Bezug der Gleichgewichtsbedingungen auf die Lage des unverformten Stabes spricht man hingegen von Theorie I. Ordnung.

Beispiel 9.2: Am unteren Ende eingespannter, am oberen Ende gelenkig gelagerter Stab

Als zweites Beispiel wird ein am unteren Ende eingespannter und am oberen Ende gelenkig gelagerter gerader Stab mit konstanter Biegesteifigkeit unter zentrischer Druckbeanspruchung (Abb. 9.16a) auf Biegeknicken untersucht. Dabei wird angenommen, dass der Stab in Richtung der ζ-Achse ausknickt (Abb. 9.16b).

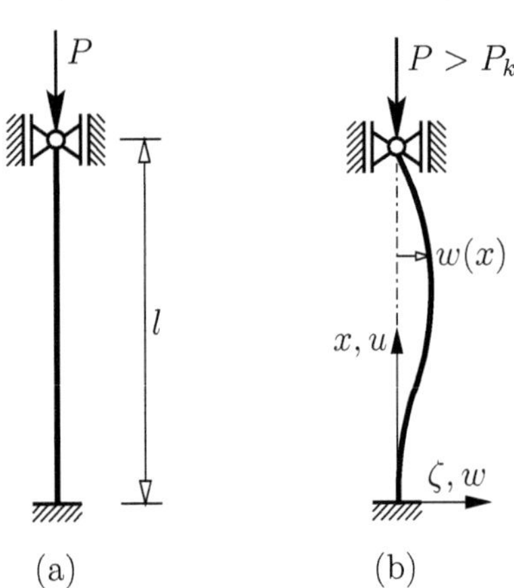

Abb. 9.16: Am unteren Ende eingespannter und am oberen Ende gelenkig gelagerter gerader Stab unter zentrischer Druckbeanspruchung: (a) statisches System, gerade Gleichgewichtslage, (b) stabile ausgebogene Gleichgewichtslage

Anpassung von (9.62) an die aus Abb. 9.16 ablesbaren Randbedingungen

$$\begin{aligned} &\bar{\delta w}(x=0) = 0\ , \qquad \frac{d(\bar{\delta w})}{dx}(x=0) = 0\ , \\ &\bar{\delta w}(x=l) = 0\ , \qquad M_\eta(x=l) = -EI_\eta\,\frac{d^2(\bar{\delta w})}{dx^2}(x=l) = 0 \end{aligned} \tag{9.87}$$

führt auf folgendes System linearer, homogener, algebraischer Gleichungen:

$$\begin{bmatrix} 1 & 0 & 0 & 1 \\ 0 & \alpha & 1 & 0 \\ \cos\alpha l & \sin\alpha l & l & 1 \\ \cos\alpha l & \sin\alpha l & 0 & 0 \end{bmatrix} \begin{Bmatrix} C_1 \\ C_2 \\ C_3 \\ C_4 \end{Bmatrix} = \begin{Bmatrix} 0 \\ 0 \\ 0 \\ 0 \end{Bmatrix} . \tag{9.88}$$

Ein solches Gleichungssystem hat dann und nur dann eine nichttriviale Lösung, wenn die Determinante der Koeffizientenmatrix verschwindet. Das ist für

$$\tan\alpha l - \alpha l = 0 \tag{9.89}$$

der Fall. P_k *entspricht dem kleinsten Eigenwert* $\alpha\, l = \alpha_1 l \approx 4{,}49$ *des vorliegenden Eigenwertproblems. Es ist dies der kleinste Lösungswert der transzendenten Gleichung (9.89). Setzt man dieses Ergebnis in (9.60) ein, so ergibt sich die kritische Last zu*

$$P_k = \alpha_1^2\, EI_\eta = \left(\frac{4{,}49}{l}\right)^2 EI_\eta = \left(\frac{4{,}49}{\pi}\right)^2 \frac{\pi^2\, EI_\eta}{l^2} = \frac{\pi^2\, EI_\eta}{(0{,}70\, l)^2} . \tag{9.90}$$

EULER'sche Knickfälle, EULER'sche Hyperbel

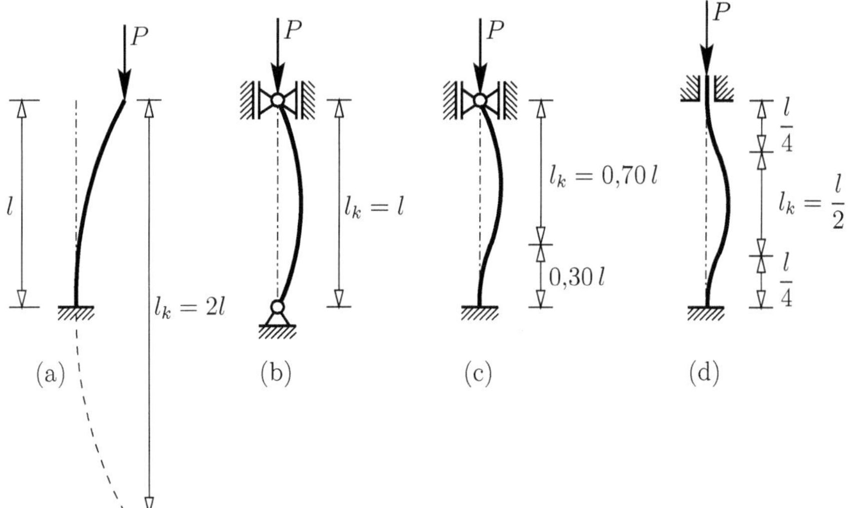

Abb. 9.17: EULER'sche Knickfälle: (a) unteres Stabende eingespannt, oberes Ende frei beweglich, (b) an beiden Enden gelenkig gelagert, (c) am unteren Ende eingespannt, am oberen Ende gelenkig gelagert, (d) an beiden Enden eingespannt

In Abb. 9.17 sind ausgebogene Gleichgewichtslagen der beiden behandelten sowie zweier weiterer Knickfälle dargestellt. Man bezeichnet diese vier Fälle als EULER'sche Knickfälle. Definiert man den Abstand zweier benachbarter Wendepunkte einer ausgebogenen Gleichgewichtslage als Knicklänge l_k, so kann man den Ausdruck für die kritische Last allgemein zu

$$P_k = \frac{\pi^2\, EI_{min}}{l_k^2} \tag{9.91}$$

anschreiben. Abb. 9.17 zeigt, dass ein am unteren Ende eingespannter und am oberen Ende frei beweglicher Stab (Abb. 9.17a) die größte Knicklänge und folglich die kleinste Knicklast aufweist. Umgekehrt besitzt ein an beiden Enden eingespannter Stab (Abb. 9.17d) die kleinste Knicklänge und somit die größte Knicklast.

Division von (9.91) durch die Querschnittsfläche A und Berücksichtigung von $I_{min} = A\, i_{min}^2$ mit i_{min} als dem kleineren der beiden Trägheitshauptradien des Querschnitts (siehe Gleichung (6.45)) ergibt die kritische Spannung σ_k zu

$$\sigma_k = \frac{P_k}{A} = \frac{\pi^2\, E I_{min}}{l_k^2\, A} = \frac{\pi^2\, E}{\lambda^2}\ . \tag{9.92}$$

Die dimensionslose Größe

$$\lambda = l_k / i_{min} \tag{9.93}$$

wird als Schlankheit des Stabes bezeichnet. Gleichung (9.92) stellt eine Hyperbel dar (Abb. 9.18a). Sie wird als EULER'sche Hyperbel bezeichnet. Ihr Gültigkeitsbereich erstreckt sich bis zur Proportionalitätsgrenze f_P des Werkstoffs.

9.3.3 Biegeknicken bei nichtlinearem Materialverhalten

Einem gemäß (9.92) berechneten Wert von σ_k, der größer als die Proportionalitätsgrenze f_P des Werkstoffs ist, kommt keine physikalische Bedeutung zu. Die einem solchen Wert laut Abb. 9.18b entsprechende Materialsteifigkeit $E_t = d\sigma/d\varepsilon$ ist nämlich kleiner als der Elastizitätsmodul E, wie ein Vergleich der Neigung der Tangente im Punkt A des $\sigma\varepsilon$-Diagramms (Abb. 9.18b) mit der entsprechenden Neigung im Ursprung O der Koordinatenachsen ε, σ zeigt. Das führt auf folgende Verallgemeinerung von (9.92):

$$\sigma_k = \frac{E_t(\sigma_k)\, \pi^2}{\lambda^2}\ . \tag{9.94}$$

Definitionsgemäß wird E_t als Tangentenmodul bezeichnet. Da E_t von der unbekannten Knickspannung σ_k abhängt, muss (9.94) in der Regel iterativ gelöst werden.

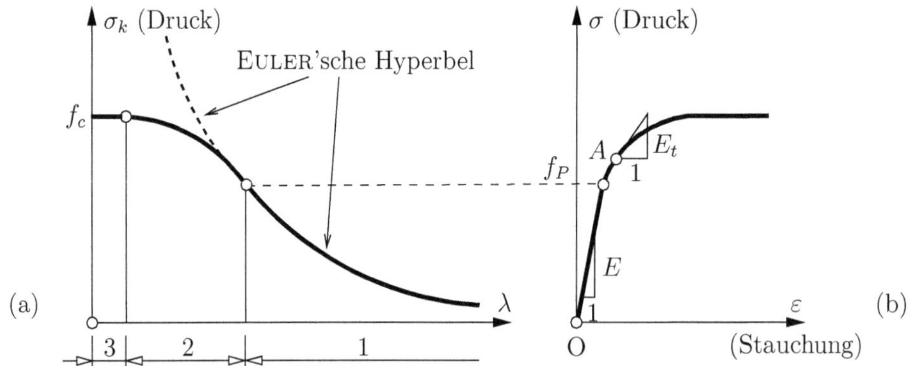

1 ... Knickung bei linearem Materialverhalten
2 ... Knickung bei nichtlinearem Materialverhalten
3 ... Zerstauchen

Abb. 9.18: Stabknickung: (a) $\sigma_k\lambda$-Diagramm, (b) $\sigma\varepsilon$-Diagramm (Druckversuch)

(9.94) beruht auf der sogenannten Tangentenmodultheorie bzw. ENGESSER-SHANLEY-Theorie der Knickung. Der Teil des σ_k λ-Diagramms in Abb. 9.18a, der durch (9.94) beschrieben wird, umfasst den Bereich mittlerer Schlankheiten, in dem sich das Material bereits vor dem Erreichen der Stabilitätsgrenze nichtlinear verhält. Für den Bereich kleiner Schlankheiten erfolgt Versagen unter einaxialer Druckbeanspruchung durch Zerstauchen bei Erreichen der einaxialen Druckfestigkeit f_c.

Beispiel 9.3:

Für den in Abb. 9.19a dargestellten Stab mit kreisförmigem Querschnitt mit einem Durchmesser von $d = 10$ cm ist die Knicklast bei Zugrundelegung des in Abb. 9.19b enthaltenen Spannungs-Dehnungsdiagramms zu bestimmen.

Mit der aus Abb. 9.17d folgenden Knicklänge

$$l_k = l/2 = 4/2 = 2{,}0 \ m \tag{9.95}$$

und dem Trägheitshauptradius

$$i_{min} = i = \sqrt{\frac{I}{A}} = \sqrt{\frac{\pi\, d^4/64}{\pi\, d^2/4}} = \frac{d}{4} = \frac{10}{4} = 2{,}5 \ cm \tag{9.96}$$

ergibt sich die Schlankheit laut (9.93) zu

$$\lambda = \frac{l_k}{i_{min}} = \frac{2{,}0}{2{,}5 \cdot 10^{-2}} = 80 \tag{9.97}$$

und die kritische Druckspannung zu

$$\sigma_k = \frac{\pi^2\, E_t}{\lambda^2} = 0{,}001542\ E_t \ . \tag{9.98}$$

σ_k wird durch Probieren bestimmt. Für den ersten Abschnitt des in Abb. 9.19b dargestellten Spannungs-Dehnungsdiagramms gilt

$$E_t = \frac{100}{0{,}001} = 10^5 \ MPa \ . \tag{9.99}$$

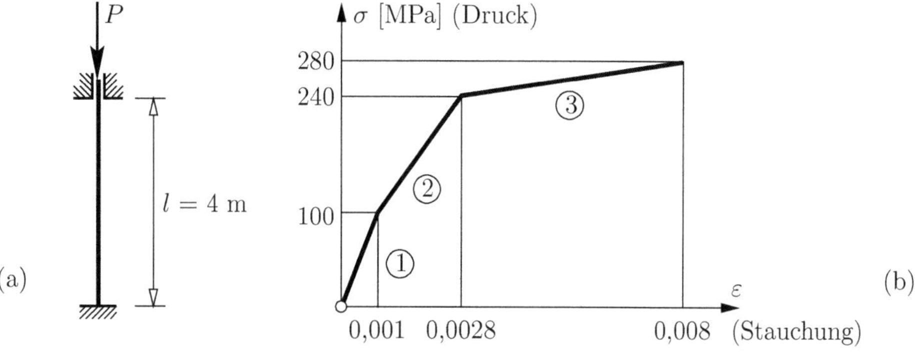

Abb. 9.19: Knicken eines beidseitig eingespannten Stabes bei nichtlinearem Materialverhalten: (a) statisches System, (b) trilineares $\sigma\varepsilon$-Diagramm

Setzt man diesen Wert in (9.98) ein, so erhält man

$$\sigma_k = 0{,}001542 \cdot 10^5 = 154{,}2 \; MPa > 100 \; MPa \; , \tag{9.100}$$

also einen Wert, der nicht in den ersten Abschnitt des $\sigma\varepsilon$-Diagramms fällt. Setzt man den Tangentenmodul

$$E_t = \frac{240 - 100}{0{,}0028 - 0{,}001} = 0{,}7778 \cdot 10^5 \; MPa \; , \tag{9.101}$$

der dem zweiten Abschnitt des $\sigma\varepsilon$-Diagramms entspricht, in (9.98) ein, so erhält man

$$\sigma_k = 0{,}001542 \cdot 0{,}7778 \cdot 10^5 = 119{,}9 \; MPa \; . \tag{9.102}$$

Dieser Wert ist größer als 100 MPa und kleiner als 240 MPa. Er liegt also im zweiten Abschnitt des $\sigma\varepsilon$-Diagramms. Somit handelt es sich bei σ_k um die kritische Druckspannung. Die zugehörige Knicklast beträgt

$$P_k = \sigma_k \, A = 119{,}9 \cdot 7{,}854 \cdot 10^{-3} = 0{,}942 \; MN \; . \tag{9.103}$$

Wenn ein Beispiel dieser Art keine Lösung hat, dann liegt das an der Idealisierung der Spannungs-Dehnungslinie als bi- bzw. trilineares Diagramm.

9.3.4 Große Ausbiegungen elastischer Stäbe beim Biegeknicken

Mittels Theorie II. Ordnung kann man zwar die Stabilitätsgrenzen von Druckstäben berechnen, nicht aber die beim Ausknicken solcher Stäbe auftretenden großen Ausbiegungen. Das entnimmt man Gleichung (9.82), deren Gültigkeitsbereich auf ausgebogene Gleichgewichtslagen in der infinitesimalen Nachbarschaft der geraden Gleichgewichtslage beschränkt ist. Demgemäß scheint in dieser Gleichung der linearisierte Ausdruck für die Krümmung der Stabachse auf.

Bei der Berechnung der erwähnten großen Ausbiegungen darf der Ausdruck für die Krümmung der Stabachse jedoch nicht linearisiert werden. Die Verwendung des exakten Ausdrucks (6.111) für diese Krümmung und der Bezug der Gleichgewichtsbedingungen auf die Lage des verformten Stabes sind Kennzeichen einer Vorgangsweise, die gelegentlich als Theorie III. Ordnung bezeichnet wird. Sie wird am Beispiel eines Kragträgers erläutert, der an seinem freien Ende durch eine richtungstreue Druckkraft P belastet ist (Abb. 9.20). Der Berechnung werden linear elastisches Werkstoffverhalten und konstante Biegesteifigkeit EI_η zugrunde gelegt.

An die Stelle der Gleichungen (9.81) und (9.82) treten die Beziehungen

$$M_\eta(s) = P \, w(s) \tag{9.104}$$

und

$$M_\eta(s) = -EI_\eta \, \frac{d\varphi_\zeta}{ds} \tag{9.105}$$

mit $-d\varphi_\zeta/ds$ laut (6.111) als Ausdruck für die Krümmung der Stabachse. Die Definition von $\varphi_\zeta \equiv \varphi$ entsprechend der ersten der beiden Gleichungen (6.108) ist durch Vernachlässigung der Dehnbarkeit der Stabachse gekennzeichnet. Der Gültigkeitsbereich der Gleichungen (9.104) und (9.105) ist offensichtlich nicht auf die infinitesimale

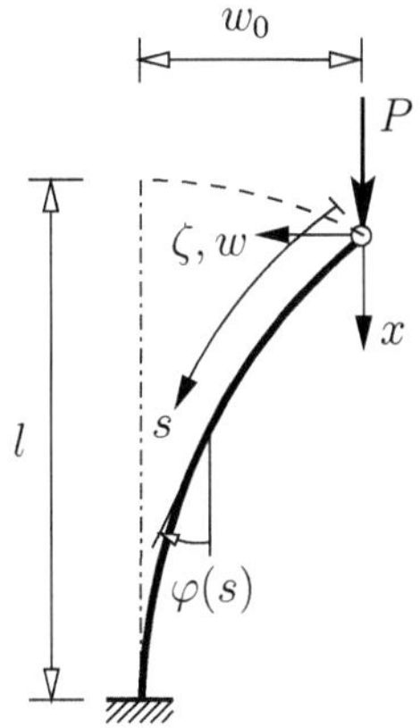

Abb. 9.20: Ausbiegung eines Kragträgers, der an seinem freien Ende durch eine richtungstreue Druckkraft belastet ist

Nachbarschaft der geraden Gleichgewichtslage beschränkt. Sie enthalten daher im Gegensatz zu (9.81) und (9.82) keine infinitesimalen Größen. Verknüpfung von (9.104) und (9.105) unter Berücksichtigung von (9.60) ergibt

$$\frac{d\varphi}{ds} + \alpha^2 w = 0 \; . \tag{9.106}$$

Diese Beziehung tritt an die Stelle von (9.83). Ableitung von (9.106) nach s führt unter Berücksichtigung von $dw = ds \sin\varphi$ auf

$$\frac{d^2\varphi}{ds^2} + \alpha^2 \sin\varphi = 0 \; . \tag{9.107}$$

Diese Differentialgleichung hat dieselbe Form wie die des physikalischen Pendels. Ihre Lösung lautet [Timoshenko/Gere (1961)]:

$$\alpha\, l = K(p) \; , \tag{9.108}$$

wobei $K(p)$ ein vollständiges elliptisches Integral erster Gattung mit dem Argument

$$p = \sin\left(\frac{\varphi_0}{2}\right) \; , \quad \varphi_0 = \varphi(s=0) \tag{9.109}$$

ist. Setzt man z. B. $\varphi_0 = \pi/3$, so erhält man mit $p = \sin(\pi/6) = 1/2$ den Wert $K(1/2) = 1{,}686$. Trägt man diesen Wert in (9.108) ein, so ergibt sich $l = 1{,}686\sqrt{EI_\eta/P}$ bzw. $P = 1{,}686^2\, EI_\eta/l^2$. Daraus folgt $P/P_k = 1{,}152$ mit $P_k = \pi^2 EI_\eta/4l^2$ laut (9.91) bzw. Abb. 9.17a. Somit bewirkt eine Steigerung der Belastung P um bloß 15,2 % über die kritische Last P_k eine Neigung der Tangente an die Stabachse am freien Ende des Stabes im Ausmaß von 60°. Der entsprechende Wert der Ausbiegung am freien Ende des Stabes beträgt $0{,}593\, l$ [Timoshenko/Gere (1961)] (Abb. 9.21). Eine im Vergleich zur Stablänge derart große Ausbiegung ist bei den meisten technischen Anwendungen unzulässig.

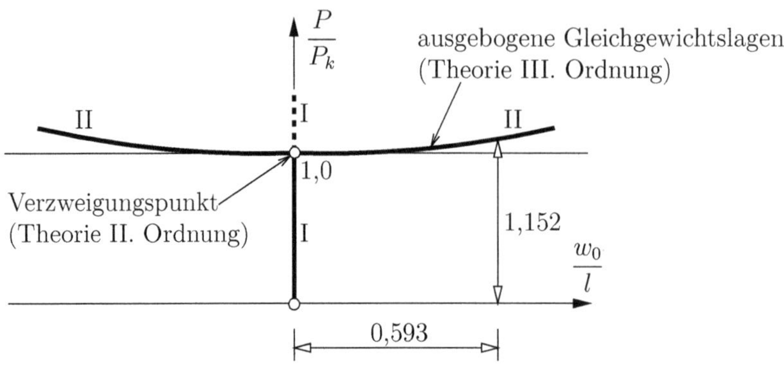

Abb. 9.21: Durch eine richtungstreue Druckkraft am freien Ende beanspruchter Kragträger: P/P_k als Funktion von w_0/l (I ... Primärpfad, II ... Sekundärpfad)

9.4 Exzentrisch gedrückter Stab

Wenn die Wirkungslinie der Druckkraft nicht exakt mit der Stabachse zusammenfällt (Abb. 9.22), erfährt der Stab von Belastungsbeginn an Ausbiegungen $w(x)$, welche die anfängliche Exzentrizität e der Druckkraft vergrößern. Infolge unvermeidbarer Imperfektionen ist selbst bei planmäßig zentrischem Druck stets eine Exzentrizität der Druckkraft vorhanden.

Da Ausbiegungen von Belastungsbeginn an vorhanden sind, unterscheidet sich das vorliegende Problem grundlegend vom Biegeknicken des entsprechenden zentrisch gedrückten Stabes. Die Vorgehensweise bei der Lösung dieses Problems ist aber der bei der Ermittlung der kritischen Last eines auf zentrischen Druck beanspruchten Stabes ähnlich. Diese Ähnlichkeit drückt sich in der Anwendung von Theorie II. Ordnung bei beiden Problemen aus. Der Einsatz dieser Theorie ist allerdings beim vorliegenden

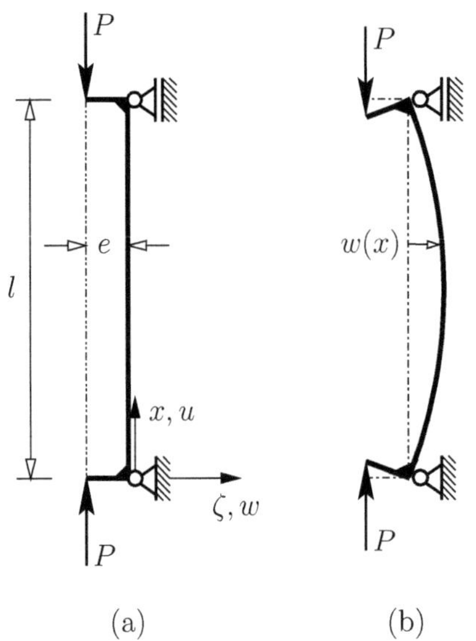

Abb. 9.22: An beiden Enden gelenkig gelagerter gerader Stab unter exzentrischer Druckbeanspruchung: (a) Lage des unverformten Stabes, (b) Lage des verformten Stabes

Problem nur unter Einschränkungen zulässig.

An die Stelle der Gleichungen (9.81) und (9.82) treten die Beziehungen

$$M_\eta(x) = P\,[e + w(x)] \tag{9.110}$$

und

$$M_\eta(x) = -EI_\eta\,\frac{d^2w}{dx^2}\ . \tag{9.111}$$

Gleichsetzen der Ausdrücke (9.110) und (9.111) für $M_\eta(x)$ führt unter Berücksichtigung von (9.60) auf

$$\frac{d^2w}{dx^2} + \alpha^2\,w = -\alpha^2\,e\ . \tag{9.112}$$

Die Inhomogenität dieser linearen Differentialgleichung zweiter Ordnung verdeutlicht, dass im Gegensatz zum Biegeknicken des entsprechenden zentrisch gedrückten Stabes kein Verzweigungsproblem vorliegt. Vielmehr stellt die Traglast die Stabilitätsgrenze dar. Da das HOOKE'sche Gesetz in der Regel bereits vor dem Erreichen der Traglast nicht mehr gilt, ist die auf diesem Gesetz beruhende Differentialgleichung (9.112) zur Bestimmung der Traglast jedoch ungeeignet. Geeignet ist sie hingegen zur Ermittlung der Biegelinie und des Verlaufs des Biegemoments für im Vergleich zur Traglast relativ kleine Druckkräfte P.

Unter der Voraussetzung von konstanter Biegesteifigkeit EI_η ergibt sich die allgemeine Lösung von (9.112) zu

$$w(x) = C_1\cos\alpha x + C_2\sin\alpha x - e\ . \tag{9.113}$$

Anpassung dieses Ausdrucks an die für beide Stabenden geltende kinematische Randbedingung $w = 0$ führt auf folgende Ausdrücke für die Integrationskonstanten C_1 und C_2:

$$C_1 = e\ , \quad C_2 = \frac{e\,(1-\cos\alpha l)}{\sin\alpha l}\ . \tag{9.114}$$

Die Biegelinie ergibt sich somit zu

$$w(x) = e\left[\frac{\sin\alpha(l-x) + \sin\alpha x}{\sin\alpha l} - 1\right]. \tag{9.115}$$

Die Durchbiegung ist zu e proportional. Zu P ist sie nicht proportional, weil der Parameter α von P abhängt. Spezialisierung von (9.115) für $x = l/2$ liefert

$$w\left(\frac{l}{2}\right) = e\left(2\,\frac{\sin\dfrac{\alpha l}{2}}{\sin\alpha l} - 1\right). \tag{9.116}$$

Für $\alpha l = 0$ ist der erste Term innerhalb der Klammern in (9.116) ein unbestimmter Ausdruck, für den man mittels der Regel von DE L'HÔPITAL

$$\lim_{\alpha l\to 0} 2\,\frac{\sin\dfrac{\alpha l}{2}}{\sin\alpha l} = \lim_{\alpha l\to 0} 2\,\frac{\dfrac{1}{2}\cos\dfrac{\alpha l}{2}}{\cos\alpha l} = 1 \tag{9.117}$$

erhält. Einsetzen von (9.117) in (9.116) ergibt

$$w\left(\frac{l}{2}\right)\bigg|_{\alpha l=0} = 0\,. \tag{9.118}$$

Für $\alpha l = 0$ gilt laut (9.60) $P = 0$. Für $\alpha l = \pi$ erhält man aus (9.116)

$$w\left(\frac{l}{2}\right)\bigg|_{\alpha l=\pi} = \infty\,. \tag{9.119}$$

Für $\alpha l = \pi$ ist laut (9.69) und (9.70) $P = P_k$. Somit weist das Last-Verschiebungsdiagramm (Abb. 9.23) für $P = P_k$ eine horizontale Asymptote auf. Diesem Ergebnis kommt aus zweierlei Gründen keine physikalische Bedeutung zu. Der erste betrifft die Verwendung des linearisierten Ausdrucks für die Krümmung der Stabachse in (9.111). Die Brauchbarkeit dieses Ausdrucks ist auf relativ kleine Ausbiegungen beschränkt. Der zweite Grund ist die in der Realität nicht zutreffende unbeschränkte Gültigkeit des HOOKE'schen Gesetzes.

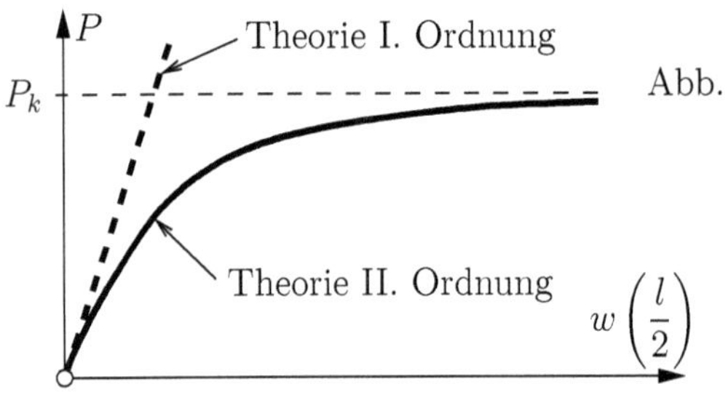

Abb. 9.23: An beiden Enden gelenkig gelagerter gerader Stab unter exzentrischer Druckbeanspruchung: Qualitatives Last-Verschiebungsdiagramm gemäß Theorie I. und II. Ordnung

Abb. 9.23 zeigt ferner das bei Zugrundelegung von Theorie I. Ordnung erhaltene Last-Verschiebungsdiagramm. Es ergibt sich durch Einsetzen von

$$M_\eta = P\,e = konst. \tag{9.120}$$

in (6.116) und anschließende Spezialisierung für $x = l/2$ zu

$$w\left(\frac{l}{2}\right) = \frac{P\,e\,l^2}{8\,EI_\eta}\,. \tag{9.121}$$

Bei (9.121) handelt es sich also um einen linearen Zusammenhang zwischen P und $w(l/2)$. Aus (9.116) folgt, dass der entsprechende Zusammenhang bei Theorie II. Ordnung nichtlinear ist.

Durch Einsetzen von (9.115) in (9.110) erhält man den Verlauf des Biegemoments zu

$$M_\eta(x) = P\,e\,\frac{\sin\alpha(l-x) + \sin\alpha x}{\sin\alpha l}\,. \tag{9.122}$$

Das Biegemoment ist zu e proportional. Zu P ist es nicht proportional, weil der Parameter α von P abhängt.

Die eingeschränkte Zulässigkeit der Anwendung von Theorie II. Ordnung wird aus Abb. 9.24 ersichtlich. Diese Abbildung bezieht sich einerseits auf das im Unterkapitel

9.3 behandelte Verzweigungsproblem des Biegeknickens eines an seinem freien Ende durch eine richtungstreue Druckkraft belasteten Kragträgers (Abb. 9.17a) und andererseits auf das Spannungsproblem, das bei einer Imperfektion eines solchen Trägers entsteht. Im gegenständlichen Fall handelt es sich dabei um eine kleine Neigung der Stabachse zur Vertikalen [Helnwein (1996)]. Vorausgesetzt wird die unbeschränkte Gültigkeit des HOOKE'schen Gesetzes.

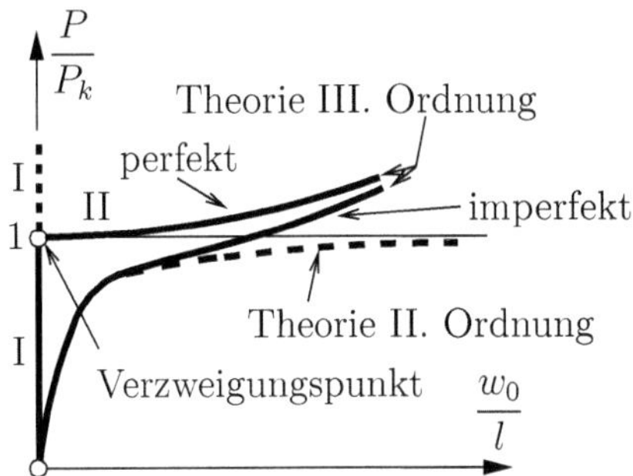

Abb. 9.24: Durch eine richtungstreue Druckkraft am freien Ende beanspruchter Kragträger: P/P_k als Funktion von w_0/l mit w_0 als Ausbiegung am freien Ende (perfekter Stab: Verzweigungsproblem, I ... Primärpfad, II ... Sekundärpfad; imperfekter Stab: Spannungsproblem)

Im Gegensatz zum Last-Verschiebungsdiagramm für den perfekten Stab weisen die Last-Verschiebungsdiagramme für den imperfekten Stab keinen Verzweigungspunkt auf. Mit wachsendem Verhältnis P/P_k nimmt die Abweichung des Last-Verschiebungsdiagramms nach Theorie II. Ordnung von dem nach Theorie III. Ordnung zu. Während Ersteres analog zum entsprechenden Diagramm in Abb. 9.23 eine horizontale Asymptote aufweist, rückt Letzteres mit wachsendem w_0/l näher an den Sekundärpfad des perfekten Stabes heran. Bei relativ kleinen Werten von P/P_k weichen die nach Theorie II. und Theorie III. Ordnung ermittelten Last-Verschiebungsdiagramme nur wenig voneinander ab. In diesem Fall wirkt sich die für Theorie II. Ordnung charakteristische Verwendung des linearisierten Ausdrucks für die Krümmung der Stabachse also kaum aus.

9.5 Beulen

Wie bei einem geometrisch perfekten, zentrisch gedrückten Stab tritt auch bei einer geometrisch perfekten, ausschließlich durch Membrandruckkräfte beanspruchten Platte Stabilitätsverlust durch Verzweigung des Gleichgewichts ein. Bei Erreichen einer bestimmten Größe der Membrandruckkräfte existieren neben der trivialen, durch eine ebene Mittelfläche gekennzeichneten Gleichgewichtslage infinitesimal benachbarte, durch gekrümmte Mittelflächen charakterisierte Gleichgewichtslagen. Die Platte beult aus.

Zur Ermittlung der Stabilitätsgrenze einer durch Membrandruckkräfte beanspruchten dünnen Platte sind in Analogie zur Bestimmung der Stabilitätsgrenze eines Stabes geometrisch nichtlineare Terme in den kinematischen Beziehungen zu berücksichtigen. Das kann beispielsweise im Rahmen der VON KÁRMÁN'schen Plattentheorie erfolgen. Sie beruht auf der einschränkenden Annahme von zwar im Vergleich zur Plattendicke nicht kleinen, verglichen mit einer charakteristischen Längenabmessung jedoch sehr wohl kleinen Durchbiegungen. Im Folgenden werden zunächst die grundlegenden Gleichungen der VON KÁRMÁN'schen Plattentheorie für statische Beanspruchung bei Vernachlässigung von Volumenkräften und Temperaturänderungen hergeleitet. Anschließend wird diese Plattentheorie zur Bestimmung der Stabilitätsgrenze einer von Membrandruckkräften beanspruchten Platte verwendet.

9.5.1 VON KÁRMÁN'sche Plattentheorie

Bei der VON KÁRMÁNschen Plattentheorie werden im Gegensatz zur KIRCHHOFF'schen Plattentheorie neben Belastungen normal zur Plattenmittelebene auch solche parallel zu dieser Ebene berücksichtigt. Deshalb ergeben sich die Verschiebungskomponenten u, v und w eines beliebigen Punktes der Platte bei Berücksichtigung der KIRCHHOFF'schen Normalenhypothese und Vernachlässigung der Dehnung in Dickenrichtung (Abb. 9.25) zu

$$\begin{aligned} u(x,y,z) &= u^{(0)}(x,y) - z\frac{\partial w(x,y)}{\partial x} \ , \\ v(x,y,z) &= v^{(0)}(x,y) - z\frac{\partial w(x,y)}{\partial y} \ , \\ w(x,y,z) &= w(x,y,0) \ , \end{aligned} \tag{9.123}$$

wobei $u^{(0)}(x,y) = u(x,y,0)$ und $v^{(0)}(x,y) = v(x,y,0)$ die Verschiebungskomponenten eines Punktes in der Plattenmittelebene mit den Koordinaten $(x,y,0)$ bezeichnen.

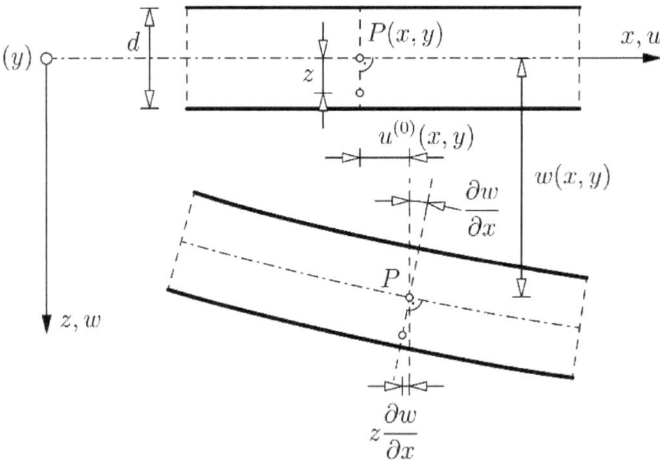

Abb. 9.25: Schnitt $y = konst.$ durch eine schubstarre Platte in der unverformten und der verformten Lage

Bei Berücksichtigung der erwähnten Zwangsbedingungen für den Verformungszustand verbleiben

$$\begin{aligned} E_{11} \equiv E_x &= \frac{\partial u}{\partial x} + \frac{1}{2}\left[\left(\frac{\partial u}{\partial x}\right)^2 + \left(\frac{\partial v}{\partial x}\right)^2 + \left(\frac{\partial w}{\partial x}\right)^2\right] \ , \\ E_{22} \equiv E_y &= \frac{\partial v}{\partial y} + \frac{1}{2}\left[\left(\frac{\partial u}{\partial y}\right)^2 + \left(\frac{\partial v}{\partial y}\right)^2 + \left(\frac{\partial w}{\partial y}\right)^2\right] \ , \\ E_{12} \equiv E_{xy} &= \frac{1}{2}\left[\frac{\partial u}{\partial y} + \frac{\partial v}{\partial x} + \frac{\partial u}{\partial x}\frac{\partial u}{\partial y} + \frac{\partial v}{\partial x}\frac{\partial v}{\partial y} + \frac{\partial w}{\partial x}\frac{\partial w}{\partial y}\right] \ , \end{aligned} \tag{9.124}$$

als von null verschiedene Komponenten des GREEN'schen Verzerrungstensors (3.14). Wie in der Ingenieurpraxis üblich, sind mit x, y, z die Koordinaten in der Referenzkonfiguration gemeint. Wegen der im Vergleich zu charakteristischen Abmessungen der Plattenmittelebene kleinen Verschiebungen kommt der Unterscheidung zwischen den Koordinaten zur Beschreibung der Referenz- und der Momentankonfiguration der Platte hier keine Bedeutung zu. Die zuvor erwähnte einschränkende Annahme über die Größe der Durchbiegungen hat beispielsweise zur Folge, dass in (9.124_1) $\partial u/\partial x$ und $(\partial w/\partial x)^2$ beide klein gegen eins und von gleicher Größenordnung sind. Folglich dürfen die in u und analog dazu die in v nichtlinearen Terme in (9.124) vernachlässigt werden. Ersetzt man E_x, E_y und E_{xy} durch die in der Ingenieurpraxis üblichen Bezeichnungen ε_x, ε_y und ε_{xy}, so erhält man nach Streichen der erwähnten Terme in (9.124) die kinematischen Beziehungen zu

$$
\begin{aligned}
\varepsilon_x &= \frac{\partial u}{\partial x} + \frac{1}{2}\left(\frac{\partial w}{\partial x}\right)^2 , \\
\varepsilon_y &= \frac{\partial v}{\partial y} + \frac{1}{2}\left(\frac{\partial w}{\partial y}\right)^2 , \\
\gamma_{xy} &= 2\varepsilon_{xy} = \frac{\partial u}{\partial y} + \frac{\partial v}{\partial x} + \frac{\partial w}{\partial x}\frac{\partial w}{\partial y} .
\end{aligned}
\tag{9.125}
$$

Eintragen der Verschiebungen (9.123) in (9.125) führt auf die Verzerrungen

$$
\varepsilon_x = \varepsilon_x^{(0)} + z\,\kappa_x , \quad \varepsilon_y = \varepsilon_y^{(0)} + z\,\kappa_y , \quad \gamma_{xy} = \gamma_{xy}^{(0)} + 2z\,\kappa_{xy} \tag{9.126}
$$

mit $\kappa_x = -w_{,xx}$ und $\kappa_y = -w_{,yy}$ als den Krümmungen, $\kappa_{xy} = -w_{,xy}$ als der Verwindung oder Drillung und

$$
\varepsilon_x^{(0)} = \frac{\partial u^{(0)}}{\partial x} + \frac{1}{2}\left(\frac{\partial w}{\partial x}\right)^2 , \quad \varepsilon_y^{(0)} = \frac{\partial v^{(0)}}{\partial y} + \frac{1}{2}\left(\frac{\partial w}{\partial y}\right)^2 , \quad \gamma_{xy}^{(0)} = \frac{\partial u^{(0)}}{\partial y} + \frac{\partial v^{(0)}}{\partial x} + \frac{\partial w}{\partial x}\frac{\partial w}{\partial y} \tag{9.127}
$$

als den Verzerrungen der Plattenmittelebene. Eintragen von (9.125) in den Ausdruck auf der linken Seite der Kompatibilitätsbedingung (8.9) ergibt

$$
\frac{\partial^2 \varepsilon_x}{\partial y^2} + \frac{\partial^2 \varepsilon_y}{\partial x^2} - \frac{\partial^2 \gamma_{xy}}{\partial x\,\partial y} = \left(\frac{\partial^2 w}{\partial x\,\partial y}\right)^2 - \frac{\partial^2 w}{\partial x^2}\frac{\partial^2 w}{\partial y^2} . \tag{9.128}
$$

Drückt man die in der Mittelebene der Platte auftretenden Spannungskomponenten $\sigma_x^{(0)}$, $\sigma_y^{(0)}$ und $\tau_{xy}^{(0)}$ gemäß (8.20) durch die AIRY'sche Spannungsfunktion Φ bei Vernachlässigung von Volumenkräften aus und trägt das Ergebnis in das verallgemeinerte HOOKE'sche Gesetz (8.5) bei Vernachlässigung von Temperaturänderungen ein, so erhält man die in der Plattenmittelebene auftretenden Verzerrungen – die sogenannten Membranverzerrungen – zu

$$
\begin{aligned}
\varepsilon_x^{(0)} &= \frac{1}{E}\left(\frac{\partial^2 \Phi}{\partial y^2} - \nu\frac{\partial^2 \Phi}{\partial x^2}\right) , \\
\varepsilon_y^{(0)} &= \frac{1}{E}\left(-\nu\frac{\partial^2 \Phi}{\partial y^2} + \frac{\partial^2 \Phi}{\partial x^2}\right) , \\
\gamma_{xy}^{(0)} &= -\frac{2(1+\nu)}{E}\frac{\partial^2 \Phi}{\partial x\,\partial y} .
\end{aligned}
\tag{9.129}
$$

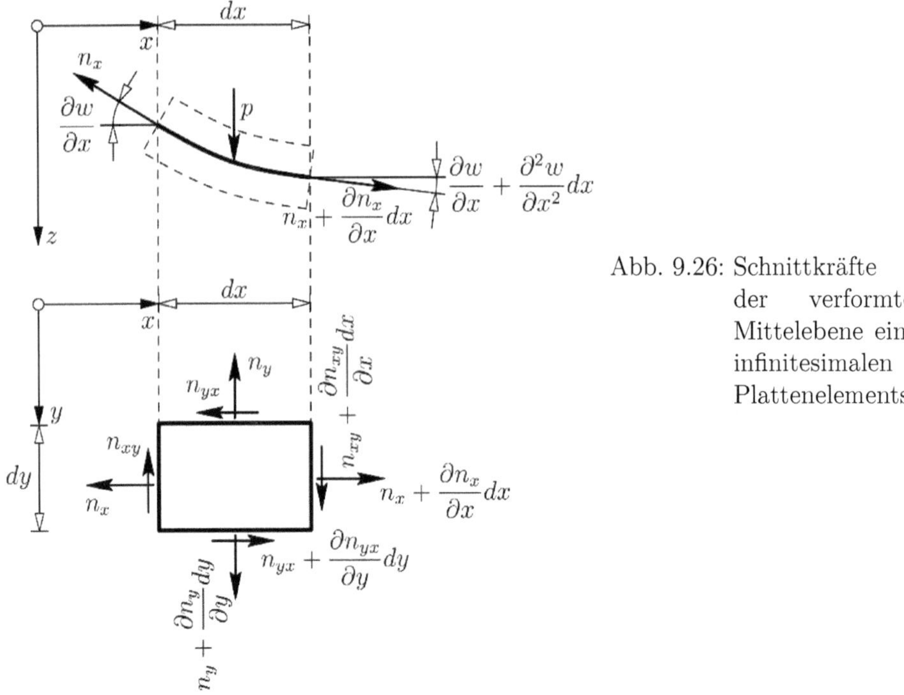

Abb. 9.26: Schnittkräfte in der verformten Mittelebene eines infinitesimalen Plattenelements

Setzt man die Membranverzerrungen in (9.128) ein, so erhält man die partielle Differentialgleichung

$$\Delta\Delta\Phi = E\left[\left(\frac{\partial^2 w}{\partial x\,\partial y}\right)^2 - \frac{\partial^2 w}{\partial x^2}\frac{\partial^2 w}{\partial y^2}\right] \,. \tag{9.130}$$

Im Rahmen der VON KÁRMÁN'schen Plattentheorie sind die Gleichgewichtsbedingungen für ein infinitesimales Plattenelement in der *verformten* Lage zu formulieren (Abb. 9.26). Unter der Voraussetzung, dass die Neigungswinkel zwischen der Normalen zur verformten und der zur unverformten Mittelebene, also der z-Achse, klein gegenüber eins sind, dürfen die Kosinus dieser Winkel näherungsweise gleich eins und die Sinus näherungsweise gleich den Bögen der Neigungswinkel gesetzt werden. Deshalb führen die Gleichgewichtsbedingungen für die Kräfte in Richtung der x- bzw. der y-Achse auf die Gleichungen (8.4). Sie entsprechen somit den Gleichgewichtsbedingungen der linearen Scheibentheorie.

Im Folgenden wird die Gleichgewichtsbedingung für die an einem infinitesimalen Plattenelement in Richtung der z-Achse angreifenden Kräfte mit Hilfe von Abb. 9.26 formuliert. Die Schnittkräfte n_x und $n_x + (\partial n_x/\partial x)dx$ schließen mit der unverformten Mittelebene die Neigungswinkel $\partial w/\partial x$ und $\partial w/\partial x + (\partial^2 w/\partial x^2)dx$ ein. Letzterer wurde durch Abbruch einer Taylorreihenentwicklung von $\partial w/\partial x$ an der Stelle x nach dem zweiten Term erhalten. Die Schnittkräfte n_x und $n_x + (\partial n_x/\partial x)dx$ weisen somit folgende Anteile in Richtung der z-Achse auf:

$$-\,n_x\,dy\frac{\partial w}{\partial x} + \left(n_x + \frac{\partial n_x}{\partial x}dx\right)dy\left(\frac{\partial w}{\partial x} + \frac{\partial^2 w}{\partial x^2}dx\right) \approx n_x\frac{\partial^2 w}{\partial x^2}dx\,dy + \frac{\partial n_x}{\partial x}\frac{\partial w}{\partial x}dx\,dy \,. \tag{9.131}$$

Analog dazu ergeben sich die Anteile der Schnittkräfte n_y und $n_y + (\partial n_y/\partial y)dy$ in Richtung der z-Achse näherungsweise zu

$$n_y \frac{\partial^2 w}{\partial y^2} dx\, dy + \frac{\partial n_y}{\partial y}\frac{\partial w}{\partial y} dx\, dy \; . \tag{9.132}$$

Die Schnittkräfte n_{yx} und $n_{yx} + (\partial n_{yx}/\partial y)dy$ schließen mit der x-Achse die Neigungswinkel

$$\frac{\partial w}{\partial x} \quad \text{bzw.} \quad \frac{\partial w}{\partial x} + \frac{\partial^2 w}{\partial x\, \partial y} dy$$

ein. Somit ergeben sich ihre Anteile in Richtung der z-Achse zu

$$-n_{yx}\, dx \frac{\partial w}{\partial x} + \left(n_{yx} + \frac{\partial n_{yx}}{\partial y} dy\right) dx \left(\frac{\partial w}{\partial x} + \frac{\partial^2 w}{\partial x\, \partial y} dy\right) \approx n_{yx} \frac{\partial^2 w}{\partial x\, \partial y} dx\, dy + \frac{\partial n_{yx}}{\partial y}\frac{\partial w}{\partial x} dx\, dy \; . \tag{9.133}$$

Analog dazu erhält man die Anteile der Schnittkräfte n_{xy} und $n_{xy} + (\partial n_{xy}/\partial x)dx$ in Richtung der z-Achse näherungsweise zu

$$n_{xy} \frac{\partial^2 w}{\partial x\, \partial y} dx\, dy + \frac{\partial n_{xy}}{\partial x}\frac{\partial w}{\partial y} dx\, dy \; . \tag{9.134}$$

Addition der Anteile (9.131), (9.132), (9.133) und (9.134) der Schnittkräfte in Richtung der z-Achse ergibt bei Beachtung von $n_{yx} = n_{xy}$

$$\begin{aligned}\Bigg(n_x \frac{\partial^2 w}{\partial x^2} + \frac{\partial n_x}{\partial x}\frac{\partial w}{\partial x} + n_y \frac{\partial^2 w}{\partial y^2} + \frac{\partial n_y}{\partial y}\frac{\partial w}{\partial y} + 2n_{xy} \frac{\partial^2 w}{\partial x\, \partial y} + \frac{\partial n_{xy}}{\partial x}\frac{\partial w}{\partial y} +\\ + \frac{\partial n_{xy}}{\partial y}\frac{\partial w}{\partial x}\Bigg) dx\, dy = \left(n_x \frac{\partial^2 w}{\partial x^2} + n_y \frac{\partial^2 w}{\partial y^2} + 2n_{xy}\frac{\partial^2 w}{\partial x\, \partial y}\right) dx\, dy \; .\end{aligned} \tag{9.135}$$

Die Beiträge (9.135) zu den Kräften in Richtung der z-Achse resultieren aus der Formulierung der entsprechenden Gleichgewichtsbedingung für ein *verformtes* infinitesimales Plattenelement. Sie sind deshalb zur Gleichgewichtsbedingung (8.90) für die Kräfte in Richtung der z-Achse im Rahmen der KIRCHHOFF'schen Plattentheorie hinzuzufügen. Addiert man sie zum Belastungsterm $p\, dx\, dy$, so erhält man anstelle von $p\, dx\, dy$ in (8.90)

$$\left(p + n_x \frac{\partial^2 w}{\partial x^2} + n_y \frac{\partial^2 w}{\partial y^2} + 2n_{xy}\frac{\partial^2 w}{\partial x\, \partial y}\right) dx\, dy \; . \tag{9.136}$$

Folglich ist in der auf der KIRCHHOFF'schen Plattentheorie beruhenden Differentialgleichung (8.95) die Belastung p durch den Term innerhalb der Klammern in (9.136) zu ersetzen. Bei Beschränkung auf statische Beanspruchung und Vernachlässigung von Temperaturänderungen erhält man somit

$$\Delta\Delta w = \frac{1}{K}\left(p + n_x \frac{\partial^2 w}{\partial x^2} + n_y \frac{\partial^2 w}{\partial y^2} + 2n_{xy}\frac{\partial^2 w}{\partial x\, \partial y}\right) \; . \tag{9.137}$$

Drückt man in (9.137) die Schnittkräfte mit Hilfe der Beziehungen (8.2) durch die Spannungen und diese dann durch die AIRY'sche Spannungsfunktion bei Vernachlässigung von Volumenkräften aus, so ergibt sich mittels (8.20)

$$\Delta\Delta w = \frac{d}{K}\left(\frac{p}{d} + \frac{\partial^2 \Phi}{\partial y^2}\frac{\partial^2 w}{\partial x^2} + \frac{\partial^2 \Phi}{\partial x^2}\frac{\partial^2 w}{\partial y^2} - 2\frac{\partial^2 \Phi}{\partial x\, \partial y}\frac{\partial^2 w}{\partial x\, \partial y}\right) \; . \tag{9.138}$$

Die beiden partiellen Differentialgleichungen (9.130) und (9.138) werden als VON KÁRMÁN'sche Differentialgleichungen bezeichnet. Während im Rahmen der linearen Scheiben- bzw. Plattentheorie die Scheibengleichung (8.23) nur die AIRY'sche Spannungsfunktion Φ als Unbekannte enthält und die KIRCHHOFF'sche Plattengleichung (8.96) nur die Durchbiegung w, treten bei der VON KÁRMÁN'schen Plattentheorie die Funktionen Φ und w in beiden Differentialgleichungen auf. Es liegen also zwei gekoppelte Differentialgleichungen vor. Die Funktionen Φ und w müssen beide Differentialgleichungen unter Berücksichtigung der Randbedingungen erfüllen.

Wenn die Durchbiegungen w klein gegenüber der Plattendicke sind, dürfen die kinematischen Beziehungen linearisiert werden, wodurch in (9.125) bzw. (9.127) die Terme mit w entfallen und in weiterer Folge auch die Terme auf der rechten Seite von (9.130). Somit degeneriert (9.130) zur Scheibengleichung (8.23). In diesem Fall kann im ersten Schritt der Membranspannungszustand aus der Scheibengleichung (8.23) ermittelt werden. Im zweiten Schritt kann dann mit bekannten Werten von n_x, n_y und n_{xy} die Durchbiegung w mit Hilfe von (9.137) bestimmt werden. Wenn keine Membrankräfte vorhanden sind, bzw. wenn der Beitrag der Membrankräfte bei der Formulierung der Gleichgewichtsbedingung für die an einem infinitesimalen Plattenelement in Richtung der z-Achse angreifenden Kräfte vernachlässigbar ist, erhält man als Sonderfall von (9.138) die KIRCHHOFF'sche Plattengleichung (8.96).

9.5.2 Anwendung der VON KÁRMÁN'schen Plattentheorie

Das in diesem Abschnitt behandelte Beispiel ist das zweidimensionale Analogon zum Biegeknicken des an beiden Enden gelenkig gelagerten Stabes (Beispiel 9.1). Dementsprechend liegt ein Verzweigungsproblem vor.

Beispiel 9.4:

Für die in Abb. 9.27 dargestellte, allseits frei drehbar gelagerte Rechteckplatte mit den Seitenlängen a und b und mit normal zu den beiden Querrändern $x = 0$ und $x = a$ wirkenden Membrankräften $\bar{n}_x$ ist die Stabilitätsgrenze für den Fall konstanter Membrandruckkräfte $\bar{n}_x = -\bar{n}_x^D$ zu ermitteln.

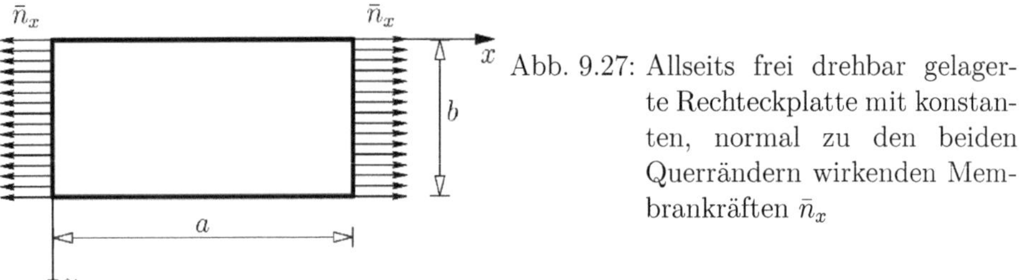

Abb. 9.27: Allseits frei drehbar gelagerte Rechteckplatte mit konstanten, normal zu den beiden Querrändern wirkenden Membrankräften $\bar{n}_x$

Zur Bestimmung der Stabilitätsgrenze der Platte wird die Querbelastung p in (9.137) gleich null gesetzt. Werden die Membrandruckkräfte langsam von null gesteigert, so treten bis zur Stabilitätsgrenze nur Membranverzerrungen auf. Die Plattenmittelfläche bleibt also eben. An der Stabilitätsgrenze existieren ausgebogene Gleichgewichtslagen in infinitesimaler Nachbarschaft zur ebenen Gleichgewichtslage. Zur Untersuchung dieser Nachbarlagen wird das Symbol w für endliche ausgebogene

Gleichgewichtslagen durch das Symbol δw für infinitesimal benachbarte Gleichgewichtslagen ersetzt.

Die Membranschnittkräfte ergeben sich für dieses Beispiel offensichtlich zu

$$n_x = -\bar{n}_x^D \ , \quad n_y = 0 \ , \quad n_{xy} = n_{yx} = 0 \ . \tag{9.139}$$

Sie erfüllen die für $w = 0$ spezialisierte VON KÁRMÁN'sche Differentialgleichung (9.130), die in diesem Fall mit der Scheibengleichung (8.23) identisch ist. Einsetzen von (9.139) in (9.137) und Ersetzen von w durch δw in dieser Beziehung ergibt

$$\Delta\Delta(\delta w) + \frac{\bar{n}_x^D}{K}\frac{\partial^2(\delta w)}{\partial x^2} = 0 \ . \tag{9.140}$$

Die Ansätze

$$\delta w(x,y) = C\,\sin\frac{m\pi x}{a}\,\sin\frac{n\pi y}{b} \ , \qquad m,n = 1,2,\ldots,\infty, \tag{9.141}$$

erfüllen die NAVIER'schen Randbedingungen längs der gesamten Berandung. Eintragen von (9.141) in (9.140) führt auf

$$\bar{n}_x^D = \frac{K\,\pi^2\,a^2}{m^2}\left(\frac{m^2}{a^2} + \frac{n^2}{b^2}\right)^2 \ , \qquad m,n = 1,2,\ldots,\infty \ . \tag{9.142}$$

Bei (9.140) handelt es sich um die mathematische Formulierung eines Eigenwertproblems. Die Werte für $\bar{n}_x^D$ gemäß (9.142) sind die Eigenwerte, und die nur bis auf die infinitesimale Konstante C bestimmbaren Funktionen δw gemäß (9.141) stellen die Eigenfunktionen dar (vgl. mit den Beziehungen (9.70) und (9.73) für einen an beiden Enden gelenkig gelagerten Stab). Für bestimmte Werte von m und n erhält man aus (9.142) jenen Wert von $\bar{n}_x^D$, bei dem neben der ebenen Gleichgewichtslage auch infinitesimal benachbarte ausgebogene Gleichgewichtslagen existieren.

Für gegebene Seitenlängen a und b von besonderer Bedeutung ist der kleinste Eigenwert, also der kleinste Wert von $\bar{n}_x^D$. Er stellt die Stabilitätsgrenze dar. Man erhält diesen Wert aus (9.142) für $n = 1$ zu

$$\bar{n}_{x,k}^D = \frac{K\,\pi^2}{b^2}\left(m\frac{b}{a} + \frac{1}{m}\frac{a}{b}\right)^2 \ . \tag{9.143}$$

In Abhängigkeit vom Seitenverhältnis $\gamma = a/b$ folgt aus (9.143)

$$\bar{n}_{x,k}^D = \frac{K\,\pi^2}{b^2}\left(\frac{m}{\gamma} + \frac{\gamma}{m}\right)^2 = \frac{K\,\pi^2}{b^2}\,k \ , \tag{9.144}$$

wobei k den sogenannten Beulwert bezeichnet. Im Falle von $n = 1$ entnimmt man dem Ansatz für δw (9.141), dass die Platte quer zur Richtung der Membrandruckkraft nach *einer* Halbwelle ausbeult.

Bei Erreichen von $\bar{n}_{x,k}^D$ beginnt die Platte in eine ausgebogene Gleichgewichtslage auszuweichen. Deshalb wird $\bar{n}_{x,k}^D$ auch als kritische Last bezeichnet, worauf der mit dem Beulwert nicht zu verwechselnde Index k hinweist. In Abb. 9.28 ist der Beulwert einer durch Membrandruckkräfte $\bar{n}_x^D$ beanspruchten Rechteckplatte für bestimmte Werte von m in Abhängigkeit vom Seitenverhältnis γ dargestellt. Für jeden Wert von

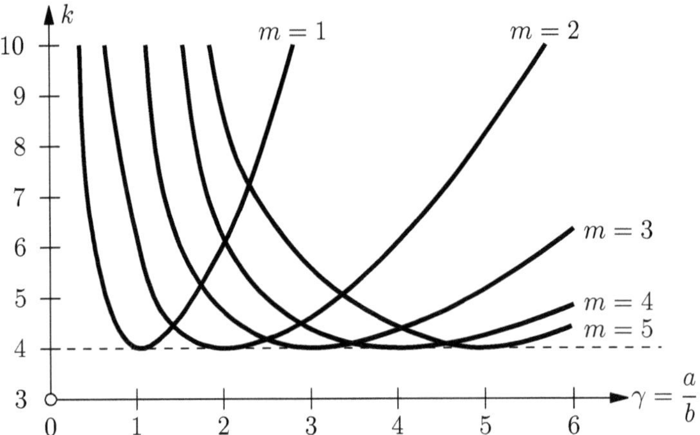

Abb. 9.28: Beulwerte für allseits frei drehbar gelagerte Rechteckplatten mit konstanten, normal zu den beiden Querrändern wirkenden Membrandruckkräften $\bar{n}_x^D$ in Abhängigkeit vom Seitenverhältnis γ

m erhält man eine Kurve, die den Beulwert in Abhängigkeit von γ angibt. Jede dieser Kurven ist in jenem Bereich von γ maßgebend, in dem der Beulwert k kleiner als der für jeden anderen Wert von m für k erhaltene Wert ist.

Für ein gegebenes Verhältnis γ der Seitenlängen einer Rechteckplatte lässt sich der kleinste Wert von $\bar{n}_{x,k}^D$ durch Lösung einer Extremwertaufgabe bestimmen. Ableitung von $\bar{n}_{x,k}^D$ gemäß (9.144) nach m ergibt

$$\frac{\partial \bar{n}_{x,k}^D}{\partial m} = \frac{2K\pi^2}{b^2}\left(\frac{m}{\gamma} + \frac{\gamma}{m}\right)\left(\frac{1}{\gamma} - \frac{\gamma}{m^2}\right) . \tag{9.145}$$

Da in (9.145) nur der zweite Klammerausdruck null werden kann, stellt $m = \gamma$ die Bedingung für einen Extremwert von $\bar{n}_{x,k}^D$ dar. Weil m gemäß (9.141) eine positive ganze Zahl ist, treten die kleinsten Beullasten für ganzzahlige Seitenverhältnisse γ auf. Eine durch ein solches Seitenverhältnis gekennzeichnete Rechteckplatte beult demnach in Richtung der wirkenden Membrandruckkraft nach $\gamma = m$ Halbwellen aus. Trägt man $m = \gamma$ in (9.144) ein, so erhält man die kleinste Beullast zu

$$min\, \bar{n}_{x,k}^D = 4\frac{K\pi^2}{b^2} \tag{9.146}$$

und damit den Beulwert zu $k = 4$. Während k für $\gamma > 1$ laut Abb. 9.28 nur wenig größer als der Kleinstwert von k ist, steigt k für $\gamma < 1$ mit abnehmenden Werten von γ stark an. Den Schnittpunkt der Kurven für $m = 1$ und $m = 2$ erhält man durch Einsetzen von $m = 1$ bzw. $m = 2$ in (9.144) und Gleichsetzen der erhaltenen Ausdrücke zu $\gamma = \sqrt{2}$. Für $\gamma < \sqrt{2}$ gilt somit neben $n = 1$ auch $m = 1$. Demnach beult eine durch das Seitenverhältnis $\gamma < \sqrt{2}$ gekennzeichnete Rechteckplatte sowohl in Richtung von $\bar{n}_x^D$ als auch quer dazu nach einer Halbwelle aus. Der Schnittpunkt der beiden Kurven für $m = 2$ und $m = 3$ wird zu $\gamma = \sqrt{6}$ erhalten. Für Seitenverhältnisse $\sqrt{2} < \gamma < \sqrt{6}$ beult eine Rechteckplatte folglich in Richtung der wirkenden Druckkraft $\bar{n}_x^D$ nach zwei Halbwellen aus.

9.6 Durch Membrankräfte und Querbelastung beanspruchte Platte

Dieses Problem weist Ähnlichkeiten mit dem im Unterkapitel 9.4 vorgestellten Problem eines exzentrisch gedrückten Stabes auf. Dementsprechend liegt kein Verzweigungsproblem vor. Im folgenden Beispiel wird zwischen Membranzugkräften und -druckkräften unterschieden.

Beispiel 9.5:

Für die in Abb. 9.27 dargestellte, allseits frei drehbar gelagerte Rechteckplatte mit den Seitenlängen a und b und mit normal zu den beiden Querrändern $x = 0$ und $x = a$ gerichteten, konstanten Membrankräften $\bar{n}_x$ sowie einer normal zur Mittelebene wirkenden, konstanten Flächenlast p sind die Durchbiegungen w zu ermitteln.

Wenn eine Platte nicht nur durch Membrankräfte, sondern auch durch eine quer zur Mittelebene wirkende Belastung beansprucht wird, erfährt sie von Belastungsbeginn an Durchbiegungen $w(x, y)$. Die Membranschnittkräfte erhält man für dieses Beispiel bei Beschränkung auf kleine Durchbiegungen analog zu (9.139) zu $n_x = \bar{n}_x$, $n_y = 0$ und $n_{xy} = n_{yx} = 0$. Eintragen der Koeffizienten p_{mn} für eine konstante Flächenlast p gemäß (8.118) in die Entwicklung der Belastung in Form einer Fourier'schen Doppelreihe (8.112) ergibt

$$p(x,y) = \frac{16\,p}{\pi^2} \sum_{m=1,3,\dots}^{\infty} \sum_{n=1,3,\dots}^{\infty} \frac{1}{m\,n} \sin\frac{m\pi x}{a} \sin\frac{n\pi y}{b} \,. \qquad (9.147)$$

Einsetzen von $n_x = \bar{n}_x$ und (9.147) in die VON KÁRMÁN*'sche Differentialgleichung (9.137) führt auf*

$$\Delta\Delta w - \frac{\bar{n}_x}{K}\frac{\partial^2 w}{\partial x^2} = \frac{16\,p}{K\,\pi^2} \sum_{m=1,3,\dots}^{\infty} \sum_{n=1,3,\dots}^{\infty} \frac{1}{m\,n} \sin\frac{m\pi x}{a} \sin\frac{n\pi y}{b} \,. \qquad (9.148)$$

Trägt man den Ansatz für die Biegefläche (8.114) in (9.148) ein, so erhält man die Ansatzkoeffizienten w_{mn} zu

$$w_{mn} = \frac{16\,p}{K\,\pi^6\,m\,n\left[\left(\frac{m^2}{a^2}+\frac{n^2}{b^2}\right)^2 + \frac{\bar{n}_x}{K\,\pi^2}\frac{m^2}{a^2}\right]} \,. \qquad (9.149)$$

Schließlich ergibt sich die Biegefläche der Platte durch Einsetzen von (9.149) in (8.114) zu

$$w(x,y) = \frac{16\,p}{K\,\pi^6} \sum_{m=1,3,\dots}^{\infty} \sum_{n=1,3,\dots}^{\infty} \frac{1}{m\,n\left[\left(\frac{m^2}{a^2}+\frac{n^2}{b^2}\right)^2 + \frac{\bar{n}_x}{K\,\pi^2}\frac{m^2}{a^2}\right]} \sin\frac{m\pi x}{a} \sin\frac{n\pi y}{b} \,. \qquad (9.150)$$

Der Vergleich von (9.150) mit dem in (8.119) angegebenen Ausdruck für die Biegefläche einer querbelasteten Platte mit $\bar{n}_x = 0$ zeigt, dass eine längs der Querränder angreifende Linienlast in Form einer Zugkraft pro Längeneinheit ($\bar{n}_x > 0$) im Vergleich zu einer identischen Platte mit derselben Querbelastung jedoch ohne eine solche Membranzugkraft eine Verringerung der Durchbiegung bewirkt. Eine längs der Querränder *angreifende Linienlast in Form einer Druckkraft pro Längeneinheit ($\bar{n}_x < 0$) verursacht hingegen eine Vergrößerung der Durchbiegung. Für eine Membrandruckkraft $\bar{n}_x^D$ ist in (9.150) $\bar{n}_x = -\bar{n}_x^D$ zu setzen. Der Nenner von (9.150) wird für*

$$\bar{n}_x^D = \frac{K\,\pi^2\,a^2}{m^2}\left(\frac{m^2}{a^2}+\frac{n^2}{b^2}\right)^2 , \quad m,n = 1,3,5,\ldots \tag{9.151}$$

zu null. Folglich wird die Durchbiegung unendlich groß. Die zuvor getroffene Beschränkung auf kleine Verschiebungen wird somit verletzt. Die Werte von $\bar{n}_x^D$ entsprechen den Eigenwerten gemäß (9.142).

In Abb. 9.29 ist ein Schnitt durch die Biegefläche einer Rechteckplatte mit dem Seitenverhältnis $\gamma = a/b = 3$ dargestellt. Die Platte wird durch eine Flächenlast p normal zu ihrer Mittelebene und durch eine in dieser Ebene normal zu den beiden Querrändern wirkende Linienlast $\bar{n}_x^D$ beansprucht [Girkmann (1963)]. Aus der Abbildung wird ersichtlich, dass die Form der Biegefläche wesentlich von der Größe von $\bar{n}_x^D$ abhängt. Während für kleine Werte von $\bar{n}_x^D$ das erste Reihenglied ($m = 1$, $n = 1$) in (9.150) überwiegt, nähert sich die Form der Biegefläche mit zunehmenden Werten von $\bar{n}_x^D$ der Beulform der Platte an. Die dem kleinsten Beulwert entsprechende Beullast ist für dieses Beispiel laut [Girkmann (1963)] zu $\bar{n}_x^D = 14,8\,d\ kN/cm$ gegeben.

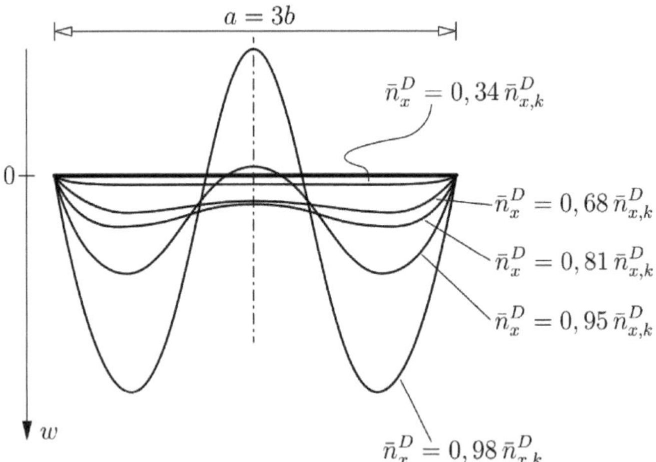

Abb. 9.29: Schnitt durch die Biegefläche einer allseits frei drehbar gelagerten Rechteckplatte mit dem Seitenverhältnis $\gamma = 3$

Literaturverzeichnis

[Baule (1970)] B. Baule, *Die Mathematik des Naturforschers und Ingenieurs*, Hirzel-Verlag, Leipzig, 1970.

[Brush/Almroth (1975)] D.O. Brush und B.O. Almroth, *Buckling of Bars, Plates and Shells*, McGraw-Hill, New York, 1975.

[Budiansky (1969)] B. Budiansky, "Post-Buckling Behavior of Cylinders in Torsion", in F.I. Niordson (ed.), *Theory of Thin Shells – Second Symposium*, Springer-Verlag, Berlin, 1969, pp. 212–233.

[Girkmann (1963)] K. Girkmann, *Flächentragwerke*, 6. Auflage, Springer-Verlag, Wien, 1963.

[Helnwein (1996)] P. Helnwein, *Zur initialen Abschätzbarkeit von Stabilitätsgrenzen auf nichtlinearen Last-Verschiebungspfaden elastischer Strukturen mittels der Methode der finiten Elemente*, Dissertation, Technische Universität Wien, 1996.

[Mang *et al.* (1999)] H.A. Mang, Ch. Hellmich, R. Lackner und B. Pichler, "Computational Structural Mechanics", CD-ROM Proceedings of the European Conference on Computational Mechanics 1999 (ECCM '99), Editor W. Wunderlich, Munich, Germany, (1999).

[Parkus (1966)] H. Parkus, *Mechanik der festen Körper*, 2. Auflage, Springer-Verlag, Wien, 1966.

[Thompson/Hunt (1973)] J.M.T. Thompson und G.W. Hunt, *A General Theory of Elastic Stability*, John Wiley & Sons, London, 1973.

[Timoshenko/Gere (1961)] S.P. Timoshenko und J.M. Gere, *Theory of Elastic Stability*, 2nd edition, McGraw-Hill, New York, 1961.

[Troger/Steindl (1991)] H. Troger und A. Steindl, *Nonlinear Stability and Bifurcation Theory – An Introduction for Engineers and Applied Scientists*, Springer-Verlag, Wien, 1991.

[Wylie/Barrett (1982)] C.R. Wylie und L.C. Barrett, *Advanced Engineering Mathematics*, McGraw-Hill, New York, 1982.

Kapitel 10

Anstrengungshypothesen

10.1 Allgemeines

Im Abschnitt 3.3.2 wurde das Verhalten von Werkstoffen bei einaxialer Zug- bzw. Druckbeanspruchung beschrieben. Dabei wurden unter anderem die Begriffe *Fließgrenze* und *Bruchfestigkeit* erläutert. Der Fließgrenze kommt bei zähen Materialien große Bedeutung zu. Die Bruchfestigkeit spielt sowohl bei spröden als auch bei zähen Werkstoffen dann eine entscheidende Rolle, wenn die Tragfähigkeit einer Konstruktion zu beurteilen ist. Bei der Klassifikation eines Materials als zäh oder spröd sind auch der Temperaturzustand und die Art der Belastung zu berücksichtigen. Einerseits können sich Materialien, die üblicherweise als zäh eingestuft werden, unter bestimmten Beanspruchungen spröd verhalten. Andererseits können Werkstoffe, die normalerweise als spröd klassifiziert werden, bei bestimmten Beanspruchungen ein hohes Maß an Zähigkeit aufweisen.

Im Gegensatz etwa zur einaxialen Beanspruchung im Messbereich von Probestäben treten in vielen Tragkonstruktionen des Bauwesens und Maschinenbaus zumindest in einzelnen Bereichen zwei- bzw. dreiaxiale Spannungszustände auf. Gegebenenfalls ist somit zu prüfen, ob ein solcher Spannungszustand in einem bestimmten Punkt einer Tragkonstruktion Fließen bzw. Bruch des Materials bewirkt. Dabei ist zu beachten, dass oftmals nur Werkstoffkennwerte aus einaxialen Versuchen zur Verfügung stehen. Deshalb muss man sich mit sogenannten Anstrengungshypothesen behelfen. Gemeinsames Merkmal dieser Hypothesen ist der Vergleich des mechanischen Zustands im betreffenden Körperpunkt mit dem mechanischen Zustand bei Fließ- bzw. Brucheintritt in einem Probestab, der durch einaxialen Zug oder Druck beansprucht ist. Zur Durchführung dieses Vergleichs benötigt man eine geeignete mechanische Kenngröße. Sie stellt das Kennzeichen der betreffenden Anstrengungshypothese dar. Ein solcher Vergleich lässt sich auf den Vergleich einer Spannung σ_V mit der Fließgrenze f_y oder der Bruchfestigkeit f_t bzw. f_c bei einaxialer Zug- bzw. Druckbeanspruchung zurückführen. Dementsprechend wird σ_V als Vergleichsspannung bezeichnet. Je nachdem, ob σ_V mit f_y oder f_t bzw. f_c verglichen wird, spricht man von einer Fließ- oder einer Bruchhypothese.

Als Unterscheidungsmerkmal zwischen verschiedenen Kategorien solcher Hypothesen kann auch die Anzahl der zur Formulierung der Hypothesen benötigten Werkstoffkennwerte dienen. Für isotrope Materialien, die sich bei Zugbeanspruchung bis zur Fließgrenze gleich wie bei Druckbeanspruchung verhalten, genügt zur Formulierung

H. A. Mang und G. Hofstetter, *Festigkeitslehre*,
https://doi.org/10.1007/978-3-662-57564-2_10

einer Fließhypothese ein Werkstoffparameter, nämlich f_y. Für Werkstoffe, die sich bei Druckbeanspruchung anders als bei Zugbeanspruchung verhalten, benötigt man zur Formulierung einer Anstrengungshypothese mindestens zwei Werkstoffparameter. Das können z. B. f_t und f_c sein.

Anstrengungshypothesen für isotrope Werkstoffe lassen sich in einem von den Koordinatenachsen $\sigma_1, \sigma_2, \sigma_3$ aufgespannten Raum, dem sogenannten Hauptspannungsraum, anschaulich geometrisch interpretieren. Bei dreidimensionalen Spannungszuständen stellen die mathematischen Formulierungen dieser Hypothesen konvexe Flächen im Hauptspannungsraum dar. Im Falle einer Fließhypothese wird die betreffende Fläche als Fließfläche bezeichnet. Innerhalb der Fließfläche gelegene Spannungspunkte $(\sigma_1, \sigma_2, \sigma_3)$ kennzeichnen elastisches Materialverhalten. Im Falle einer Bruchhypothese wird die betreffende Fläche als Bruchfläche bezeichnet. Innerhalb der Bruchfläche gelegene Spannungspunkte $(\sigma_1, \sigma_2, \sigma_3)$ beziehen sich auf den ungebrochenen Werkstoff. Bei ebenen Spannungszuständen hat man es anstelle von Fließ- bzw. Bruchflächen mit Fließ- und Bruchkurven zu tun. Die Grundlagen für diese geometrischen Interpretationen werden im folgenden Unterkapitel erläutert.

10.2 Geometrische Interpretation von Spannungszuständen

Die Aufteilung des Spannungstensors in einen hydrostatischen und einen deviatorischen Anteil (siehe Abschnitt 3.2.10) lässt sich im Hauptspannungsraum anschaulich graphisch darstellen. Dem Spannungstensor $\boldsymbol{\sigma}$ in einem bestimmten Punkt eines Körpers entspricht in diesem Raum ein Spannungspunkt P mit den Koordinaten $(\sigma_1,\ \sigma_2,\ \sigma_3)$ (Abb. 10.1a). Diese Koordinaten stellen die Komponenten des Vektors $\overrightarrow{OP}$ dar. In dieser Darstellung werden die Richtungen der Hauptnormalspannungen nicht berücksichtigt. Zwei Spannungszustände, die zwar dieselben Werte, aber verschiedene Richtungen der Hauptnormalspannungen aufweisen, sind folglich durch ein und denselben Spannungspunkt gekennzeichnet. Deshalb ist die vorliegende Interpretation nur für isotrope Materialien von Bedeutung. Wegen der Richtungsunabhängigkeit der Werkstoffeigenschaften haben die Richtungen der Hauptnormalspannungen isotroper Werkstoffe keinen Einfluss auf das Werkstoffverhalten. Hydrostatische Spannungszustände sind durch gleich große Hauptnormalspannungen, also durch $\sigma_1 = \sigma_2 = \sigma_3$, gekennzeichnet. Die auf der Raumdiagonale des Hauptspannungsraums gelegenen Spannungspunkte $(\sigma_1,\ \sigma_2 = \sigma_1,\ \sigma_3 = \sigma_1)$ repräsentieren folglich hydrostatische Spannungszustände. Deshalb wird diese Raumdiagonale als hydrostatische Achse bezeichnet.

Normal zur hydrostatischen Achse gelegene Ebenen werden deviatorische Ebenen genannt. Die deviatorische Ebene, die den Ursprung O enthält, wird als π-Ebene bezeichnet. Wegen $\sigma_1 + \sigma_2 + \sigma_3 = 0$ gilt für diese Ebene $I_1^\sigma = 0$. Somit ist laut (3.156) $\sigma^m = 0$ und laut (3.155) $\sigma_{ij} = s_{ij}$. Folglich repräsentieren die in der π-Ebene gelegenen Spannungspunkte $(\sigma_1,\ \sigma_2,\ \sigma_3 = -\sigma_1 - \sigma_2)$ deviatorische Spannungszustände.

Die Länge der Komponente des in Abb. 10.1a dargestellten Vektors $\boldsymbol{\sigma} = \lfloor \sigma_1\ \sigma_2\ \sigma_3 \rfloor^T$ in Richtung der hydrostatischen Achse ergibt sich mit Hilfe des Einheitsvektors $\mathbf{e} = 1/\sqrt{3}\lfloor 1\ 1\ 1 \rfloor^T$ zu

$$\boldsymbol{\sigma} \cdot \mathbf{e} = \frac{1}{\sqrt{3}} I_1^\sigma \ . \tag{10.1}$$

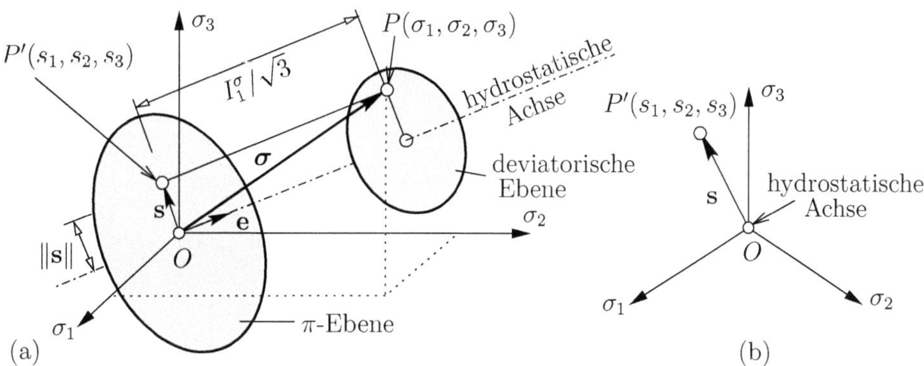

Abb. 10.1: Graphische Darstellung des Spannungszustandes in einem Punkt P eines Körpers im Hauptspannungsraum: (a) Zerlegung von $\boldsymbol{\sigma} = \lfloor\, \sigma_1\ \sigma_2\ \sigma_3 \,\rfloor^T$, (b) Projektion von $\boldsymbol{\sigma}$ in die π-Ebene

Unter Berücksichtigung von (3.156) erhält man den Vektor des hydrostatischen Anteils von $\boldsymbol{\sigma}$ somit zu

$$\frac{1}{\sqrt{3}} I_1^\sigma \mathbf{e} = \frac{1}{3} I_1^\sigma \begin{Bmatrix} 1 \\ 1 \\ 1 \end{Bmatrix} = \sigma^m \begin{Bmatrix} 1 \\ 1 \\ 1 \end{Bmatrix} . \tag{10.2}$$

Die erste Invariante des Spannungstensors, I_1^σ, legt also die deviatorische Ebene fest, in der sich der Spannungspunkt befindet.

Zur Bestimmung der Länge der Komponente von $\boldsymbol{\sigma}$ in der π-Ebene benötigt man den deviatorischen Spannungstensor $\mathbf{s}$ (siehe Abschnitt 3.2.10). Ihm entspricht der in der π-Ebene gelegene Punkt P' mit den Koordinaten $(s_1,\ s_2,\ s_3)$ (Abb. 10.1). Sie stellen die Komponenten des Vektors $\overrightarrow{OP'}$ dar. Dieser Vektor wird aus der für Hauptnormalspannungen formulierten Gleichung (3.155) zu

$$\mathbf{s} = \begin{Bmatrix} s_1 \\ s_2 \\ s_3 \end{Bmatrix} = \begin{Bmatrix} \sigma_1 \\ \sigma_2 \\ \sigma_3 \end{Bmatrix} - \sigma^m \begin{Bmatrix} 1 \\ 1 \\ 1 \end{Bmatrix} \tag{10.3}$$

erhalten. Geometrisch ergibt sich der Vektor $\mathbf{s}$ durch Projektion des Vektors $\boldsymbol{\sigma}$ in die π-Ebene (Abb. 10.1a). Dabei ist P' die Projektion des Spannungspunktes P in diese Ebene. Die Länge von $\mathbf{s}$ erhält man zu

$$\|\mathbf{s}\| = \sqrt{s_1^2 + s_2^2 + s_3^2} \,. \tag{10.4}$$

$\|\mathbf{s}\|$ bezeichnet die Norm von $\mathbf{s}$. Die Norm eines Tensors ist eine invariante Größe. Für ein beliebiges Koordinatensystem ist $\|\mathbf{s}\|$ zu

$$\|\mathbf{s}\| = \sqrt{s_{ij}\, s_{ij}} \tag{10.5}$$

gegeben. $\|\mathbf{s}\|$ ist gleich dem Abstand des Spannungspunktes P von der hydrostatischen Achse (Abb. 10.1b).

10.3 Fließhypothesen mit einem Werkstoffkennwert

10.3.1 Fließhypothese nach TRESCA

Experimente haben gezeigt, dass bei metallischen Werkstoffen der Fließeintritt nahezu unabhängig vom hydrostatischen Anteil der Spannungen ist. Fließen wird durch das Gleiten der Metallkristalle längs bestimmter Ebenen hervorgerufen. Das legt die Annahme nahe, dass für den Fließeintritt in einem Körperpunkt die größte Schubspannung in diesem Punkt maßgebend ist. Diese Annahme bildet die Grundlage der Fließhypothese nach TRESCA*. Sie wird deshalb auch als Hypothese der maximalen Schubspannung bezeichnet.

Bestimmt man für einen durch den Spannungstensor $\boldsymbol{\sigma}$ festgelegten Spannungszustand die Hauptnormalspannungen und ordnet die größte, die mittlere und die kleinste Hauptnormalspannung den Hauptnormalspannungsachsen $1, 2, 3$ so zu, dass

$$\sigma_1 \geq \sigma_2 \geq \sigma_3 \tag{10.6}$$

ist, dann erhält man die größte Schubspannung in diesem Punkt gemäß der zweiten der drei Gleichungen (3.152) zu

$$\tau_{max} = \frac{1}{2}(\sigma_1 - \sigma_3) \ . \tag{10.7}$$

(10.7) folgt auch aus Abb. 3.17, die sich auf die MOHR'schen Spannungskreise für einen räumlichen Spannungszustand bezieht.

Kennzeichnend für die Fließhypothese nach TRESCA ist der Vergleich dieses Ausdrucks mit dem Ausdruck für τ_{max} bei einaxialem Zug bzw. Druck bei Eintritt des Fließens. Die dabei auftretende größte Schubspannung erhält man aus (10.7) für $\sigma_1 = f_y$ und $\sigma_3 = 0$ zu

$$\tau_{max} = \frac{1}{2} f_y \ . \tag{10.8}$$

Unter der Voraussetzung, dass der Betrag der Fließgrenze für einaxiale Zugbeanspruchung gleich dem Betrag der Fließgrenze für einaxiale Druckbeanspruchung ist, ergibt sich eine mit (10.8) identische Beziehung für einaxiale Druckbeanspruchung, wenn man in (10.7) $\sigma_1 = 0$ und $\sigma_3 = -f_y$ setzt.

Gleichsetzen der Ausdrücke (10.7) und (10.8) im Sinne des erwähnten Vergleichs führt auf die Fließbedingung nach TRESCA:

$$\sigma_1 - \sigma_3 = f_y \ . \tag{10.9}$$

Mit $\sigma_1 = \sigma_{max}$ und $\sigma_3 = \sigma_{min}$, wobei σ_{max} die größte und σ_{min} die kleinste Hauptnormalspannung bezeichnet, lässt sich (10.9) zu

$$\sigma_{max} - \sigma_{min} = f_y \tag{10.10}$$

anschreiben. Gleichung (10.10) repräsentiert einen mechanischen Sachverhalt. Als solcher wird er durch die Zuordnung von σ_{max} bzw. σ_{min} zu einer bestimmten Hauptnormalspannungsachse offensichtlich nicht beeinflusst. Entsprechend der Fließbedingung

*HENRI EDOUARD TRESCA (1814–1885) veröffentlichte ab 1864, motiviert durch seine Versuchsergebnisse, die Grundlagen für eine Plastizitätstheorie metallischer Werkstoffe.

nach TRESCA tritt Fließen also dann ein, wenn die Differenz zwischen größter und kleinster Hauptnormalspannung den Wert der Fließgrenze bei einaxialer Zugbeanspruchung erreicht. Aus (10.10) folgt die Definition der Vergleichsspannung σ_V für die Fließhypothese nach TRESCA zu

$$\sigma_V = \sigma_{max} - \sigma_{min} \, . \tag{10.11}$$

Mit

$$f(\boldsymbol{\sigma}) = \sigma_V - f_y \tag{10.12}$$

als der Fließfunktion ist elastisches Materialverhalten durch $f(\boldsymbol{\sigma}) < 0$ und Fließen des Materials durch $f(\boldsymbol{\sigma}) = 0$ gekennzeichnet. Spannungen, die auf $f(\boldsymbol{\sigma}) > 0$ führen, können vom betreffenden Werkstoff nicht aufgenommen werden. Einsetzen von (10.11) in (10.12) ergibt

$$f(\boldsymbol{\sigma}) = \sigma_{max} - \sigma_{min} - f_y \, . \tag{10.13}$$

(10.13) enthält keine Information über die Verfestigung des Werkstoffs. Deshalb lässt sich mit der Fließhypothese nach TRESCA in der vorliegenden Form Materialverfestigung nicht berücksichtigen.

Addition eines hydrostatischen Spannungszustandes zu dem durch $\sigma_1, \sigma_2, \sigma_3$ gekennzeichneten Spannungszustand ergibt keine Änderung der Hauptschubspannungen. Das folgt etwa aus den Gleichungen (3.152). Entsprechend der Fließhypothese nach TRESCA hängt demnach der Fließeintritt nicht vom hydrostatischen Anteil des Spannungstensors ab.

Gleichung (10.9) beschreibt eine Ebene im Hauptspannungsraum. Da diese Beziehung nicht vom hydrostatischen Anteil des Spannungstensors abhängt, ist diese Ebene zur hydrostatischen Achse parallel. Formuliert man die Fließbedingung nach TRESCA gemäß (10.10) für die fünf verbleibenden Möglichkeiten der Zuordnung von σ_{max} und σ_{min} zu den Hauptnormalspannungsachsen $1, 2, 3$, dann erhält man fünf weitere zur hydrostatischen Achse parallele Ebenen. Ihre Schnittlinien sind die Kanten eines regelmäßigen sechsseitigen Prismas. Diese konvexe Fläche stellt die Fließfläche dar (Abb. 10.2a). Innerhalb der Fließfläche gelegene Spannungspunkte (σ_1, σ_2, σ_3) kennzeichnen elastisches Materialverhalten. Auf dieser Fläche gelegene Spannungspunkte repräsentieren Spannungszustände, bei denen der Werkstoff fließt. Außerhalb der Fließfläche gelegenen Spannungspunkten entsprechen Spannungszustände, die der Werkstoff nicht ertragen kann. Der Schnitt der Fließfläche mit einer beliebigen deviatorischen Ebene ergibt ein regelmäßiges Sechseck (Abb. 10.2b).

Für den Sonderfall eines durch $\sigma_3 = 0$ gekennzeichneten ebenen Spannungszustandes erhält man die betreffende Fließkurve als Schnittkurve der Fließfläche mit der $\sigma_1\sigma_2$-Ebene (Abb. 10.2c). Für $\sigma_1 \geq \sigma_2 \geq \sigma_3 = 0$ gilt (10.9). Somit ist $\sigma_1 = f_y$. Das ist die Gleichung einer zur σ_2-Achse parallelen Geraden. Formuliert man die Fließbedingung nach TRESCA gemäß (10.10) für die verbleibenden fünf Möglichkeiten der Zuordnung von σ_{max} und σ_{min} zu den Hauptnormalspannungsachsen $1, 2, 3$, dann erhält man nach Spezialisierung für $\sigma_3 = 0$ fünf weitere Geraden in der $\sigma_1\sigma_2$-Ebene. Ihre Schnittpunkte sind die Eckpunkte der Fließkurve. Sie weist die Form eines unregelmäßigen Sechsecks auf (Abb. 10.2c).

Spezialisierung von (3.143) für Stäbe führt mit $\sigma_{11} \equiv \sigma_x$, $\sigma_{22} \equiv \sigma_y = 0$, $\sigma_{33} \equiv \sigma_z = 0$, $\sigma_{12} \equiv \tau_{xy} = \tau_{yx} \equiv \sigma_{21}$, $\sigma_{13} \equiv \tau_{xz} = \tau_{zx} \equiv \sigma_{31}$ und $\sigma_{23} \equiv \tau_{yz} = \tau_{zy} \equiv \sigma_{32} = 0$ auf

$$I_1^\sigma = \sigma_x \; , \quad I_2^\sigma = -(\tau_{xy}^2 + \tau_{xz}^2) \; , \quad I_3^\sigma = 0 \; . \tag{10.14}$$

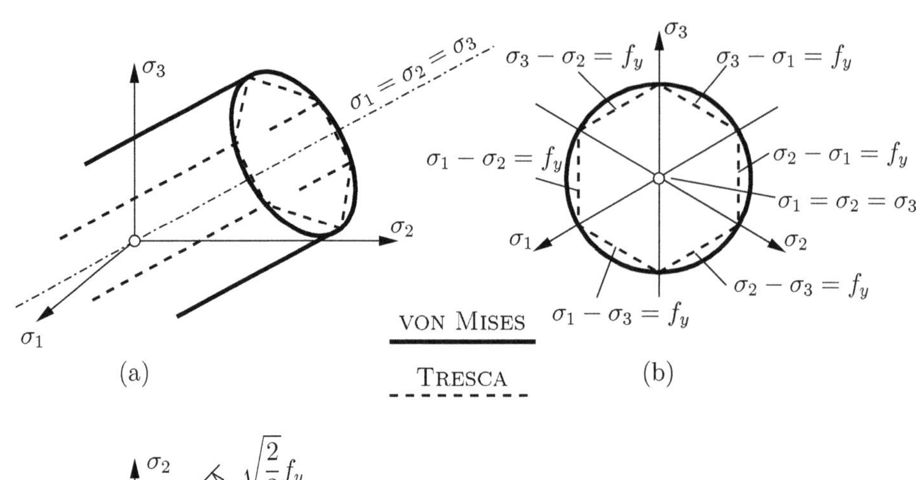

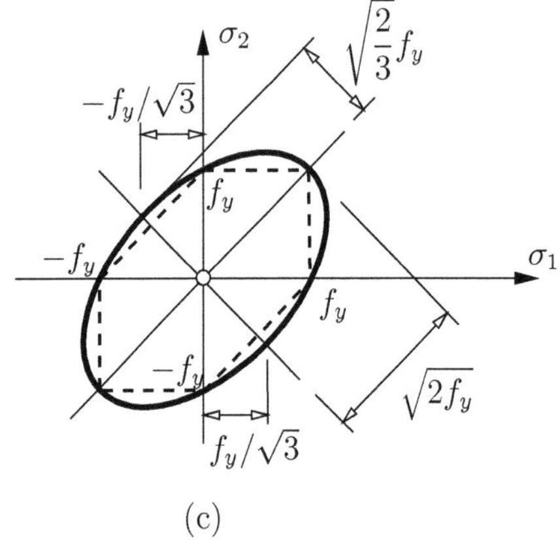

Abb. 10.2: Fließhypothesen nach TRESCA und nach VON MISES: (a) Fließflächen im Hauptspannungsraum, (b) Fließkurven in einer beliebigen deviatorischen Ebene, (c) Fließkurven für ebene Spannungszustände

Einsetzen von (10.14) in (3.142) ergibt

$$-\sigma^3 + \sigma_x \sigma^2 + (\tau_{xy}^2 + \tau_{xz}^2)\,\sigma = -\sigma\left[\sigma^2 - \sigma_x\,\sigma - (\tau_{xy}^2 + \tau_{xz}^2)\right] = 0\,. \tag{10.15}$$

Die drei Lösungen von (10.15) folgen zu

$$\sigma_{1(2)} = \frac{\sigma_x}{2} \overset{(-)}{+} \sqrt{\frac{\sigma_x^2}{4} + \left(\tau_{xy}^2 + \tau_{xz}^2\right)}\,, \quad \sigma_3 = 0\,. \tag{10.16}$$

Mit $\sigma_x = \sigma$ und $\sqrt{\tau_{xy}^2 + \tau_{xz}^2} = \tau$, wobei τ die resultierende Schubspannung in der Querschnittsebene bezeichnet, erhält man die Hauptnormalspannungen σ_1 und σ_2 zu

$$\sigma_{1(2)} = \frac{\sigma}{2} \overset{(-)}{+} \sqrt{\frac{\sigma^2}{4} + \tau^2}\,. \tag{10.17}$$

Aus (10.17) und $\sigma_3 = 0$ folgt $\sigma_1 = \sigma_{max}$ und $\sigma_2 = \sigma_{min}$. Dementsprechend führt (10.11) auf nachstehenden Ausdruck für die Vergleichsspannung nach TRESCA:

$$\sigma_V = \sqrt{\sigma^2 + 4\,\tau^2}\,. \tag{10.18}$$

10.3.2 Fließhypothese nach von Mises

Diese Fließhypothese beruht auf der Annahme, dass bei metallischen Werkstoffen der gestaltändernde Anteil der spezifischen Verzerrungsenergie U_0 für den Fließeintritt in einem Punkt des Körpers maßgebend ist. In Abschnitt 3.1.6 wurde gezeigt, dass der Verzerrungstensor in einen volumen- und einen gestaltändernden Anteil zerlegt werden kann. Analog dazu wurde in Abschnitt 3.2.10 dargelegt, dass der Spannungstensor in einen hydrostatischen und deviatorischen Anteil zerlegt werden kann. Einsetzen des aus (3.72) folgenden Ausdrucks für $\boldsymbol{\varepsilon}$ sowie von (3.155) in den für $T = T_0$ spezialisierten Ausdruck für die spezifische Verzerrungsenergie (5.8) führt unter Berücksichtigung von $\delta_{ij}\,\delta_{ij} = 3$, $\delta_{ij}\,s_{ij} = 0$, $\delta_{ij}\,e_{ij} = 0$ auf

$$U_0 = \frac{3}{2}\,\sigma^m\,\varepsilon^m + \frac{1}{2}\,s_{ij}\,e_{ij}\ . \tag{10.19}$$

Eintragen von (3.291) in (10.19) ergibt mit $\varepsilon^{vol} = 3\,\varepsilon^m$

$$U_0 = \frac{1}{2K}(\sigma^m)^2 + \frac{1}{4G}\,s_{ij}\,s_{ij}\ . \tag{10.20}$$

Der erste der beiden Terme auf der rechten Seite von (10.20) entspricht dem volumenändernden und der zweite dem gestaltändernden Anteil von U_0. Die beiden Anteile werden deshalb als spezifische Volumenänderungsenergie U_0^V bzw. spezifische Gestaltänderungsenergie U_0^G bezeichnet. Entsprechend der Hypothese nach von Mises* ist für den Fließeintritt die spezifische Gestaltänderungsenergie

$$U_0^G = \frac{1}{4G}\,s_{ij}\,s_{ij} \tag{10.21}$$

maßgebend.

Die bei einaxialem Zug bei Eintritt des Fließens vorhandene spezifische Gestaltänderungsenergie U_0^G ergibt sich durch Spezialisierung von (10.21) für $\sigma_1 = f_y$ und $\sigma_2 = \sigma_3 = 0$. Für diesen Spannungszustand folgen die deviatorischen Hauptnormalspannungen zu $s_1 = \sigma_1 - \sigma^m = f_y - (1/3)\,f_y = 2/3\,f_y$, $s_2 = \sigma_2 - \sigma^m = -1/3\,f_y = s_3$. Unter Berücksichtigung von (10.4) und (10.5) erhält man somit $s_{ij}\,s_{ij} = s_i\,s_i = (2/3)f_y^2$. Aus (10.21) folgt demnach die bei einaxialem Zug bei Eintritt des Fließens vorhandene spezifische Gestaltänderungsenergie zu

$$U_0^G = \frac{1}{6G}\,f_y^2\ . \tag{10.22}$$

Gleichsetzen der Ausdrücke (10.21) und (10.22) für U_0^G ergibt die Fließbedingung nach von Mises:

$$\sqrt{\frac{3}{2}\,s_{ij}\,s_{ij}} = f_y\ . \tag{10.23}$$

Aus (10.23) folgt die Definition der Vergleichsspannung σ_V bei der Fließhypothese nach von Mises zu

$$\sigma_V = \sqrt{\frac{3}{2}\,s_{ij}\,s_{ij}}\,. \tag{10.24}$$

---

*Diese Hypothese wird auch Hypothese nach Huber, von Mises und Hencky genannt. Maksymilian Tytus Huber (1872–1950) formulierte 1904 erstmals eine Versagenshypothese auf der Basis der Gestaltsänderungsenergiedichte. Unabhängig davon stellten Richard von Mises (1883–1953) 1913 und Heinrich Hencky (1885–1951) 1923 gleichlautende Hypothesen vor.

Einsetzen des aus (3.155) resultierenden Ausdrucks für s_{ij} in (10.24) ergibt

$$\sigma_V = \frac{1}{\sqrt{2}}\sqrt{(\sigma_{11}-\sigma_{22})^2+(\sigma_{22}-\sigma_{33})^2+(\sigma_{33}-\sigma_{11})^2+6(\sigma_{12}^2+\sigma_{23}^2+\sigma_{31}^2)}\ . \quad (10.25)$$

Für den durch $\sigma_{33} = \sigma_{31} = \sigma_{32} = 0$ gekennzeichneten Sonderfall eines ebenen Spannungszustandes erhält man die Vergleichsspannung aus (10.25) zu

$$\sigma_V = \sqrt{\sigma_{11}^2 - \sigma_{11}\sigma_{22} + \sigma_{22}^2 + 3\sigma_{12}^2}\ . \quad (10.26)$$

Spezialisierung von (10.25) für Stäbe führt mit $\sigma_{11} \equiv \sigma_x \equiv \sigma$, $\sigma_{22} \equiv \sigma_y = 0$, $\sigma_{33} \equiv \sigma_z = 0$, $\sigma_{12} \equiv \tau_{xy}$, $\sigma_{13} \equiv \tau_{xz}$, $\sqrt{\tau_{xy}^2 + \tau_{xz}^2} = \tau$ und $\sigma_{23} \equiv \tau_{yz} = 0$ auf

$$\sigma_V = \sqrt{\sigma^2 + 3\tau^2}\ . \quad (10.27)$$

Bei reinem Schub in der $\sigma_1\sigma_2$-Ebene sind die Schubspannungen $\sigma_{12} = \sigma_{21}$ die einzigen von null verschiedenen Spannungskomponenten. Durch Einsetzen von $s_{12} = \sigma_{12} = \tau_y$ und $s_{21} = \sigma_{21} = \tau_y$ in (10.23) erhält man die Beziehung zwischen der Fließgrenze f_y bei einaxialer Zugbeanspruchung und der Schubspannung τ_y bei Fließeintritt im Falle reinen Schubes zu

$$\tau_y = \frac{f_y}{\sqrt{3}}\ . \quad (10.28)$$

Eintragen von (10.28) in (10.23) führt auf

$$\sqrt{\frac{1}{2}\, s_{ij}\, s_{ij}} = \tau_y\ . \quad (10.29)$$

Diese Beziehung stellt eine zu (10.23) alternative Form der Fließbedingung nach VON MISES dar. Diese Fließbedingung kann auch mit Hilfe der sogenannten Oktaederspannungen formuliert werden. Die Oktaedernormalspannung σ_{okt} und die Oktaederschubspannung τ_{okt} wirken in den acht Ebenen eines oktaederförmigen Elements, den sogenannten Oktaederebenen (Abb. 10.3).

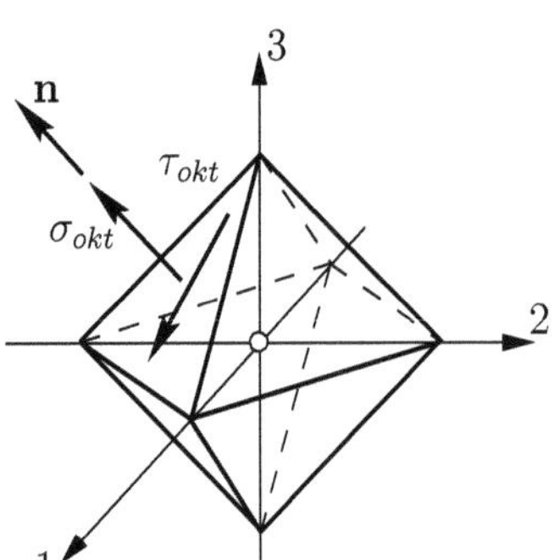

Abb. 10.3: Oktaederebenen und Oktaederspannungen

Die Flächennormalen $\mathbf{n} = \lfloor n_1\ n_2\ n_3 \rfloor^T$ der Oktaederebenen schließen mit den Hauptnormalspannungsachsen Winkel ein, deren Richtungskosinus den Beziehungen

$$n_1^2 = n_2^2 = n_3^2 = \frac{1}{3} \quad (10.30)$$

entsprechen. Einsetzen von (10.30) in (3.148) ergibt

$$\tau_{okt} = \frac{1}{3}\sqrt{(\sigma_1 - \sigma_2)^2 + (\sigma_2 - \sigma_3)^2 + (\sigma_3 - \sigma_1)^2} \ . \tag{10.31}$$

Verknüpfung der für Hauptnormalspannungen spezialisierten Gleichung (10.25) mit (10.31) führt auf $\tau_{okt} = (\sqrt{2}/3)\sigma_V$. Drückt man σ_V in dieser Beziehung mit Hilfe von (10.24) durch s_{ij} aus, so erhält man

$$\tau_{okt} = \frac{1}{\sqrt{3}}\sqrt{s_{ij}\, s_{ij}} \ . \tag{10.32}$$

Eliminiert man den Wurzelausdruck in (10.32) mittels (10.29), so ergibt sich

$$\tau_{okt} = \sqrt{\frac{2}{3}}\,\tau_y \ . \tag{10.33}$$

Diese Beziehung stellt eine weitere zu (10.23) alternative Form der Fließbedingung nach von Mises dar.

Im Folgenden werden zwei der zahlreichen Möglichkeiten der Formulierung von Fließfunktionen $f(\boldsymbol{\sigma})$ im Rahmen der Fließhypothese nach von Mises zusammengefasst. Da es bei der Verwendung dieser Hypothese nur auf die Feststellung ankommt, ob $f(\boldsymbol{\sigma}) < 0$ ist oder ob $f(\boldsymbol{\sigma}) = 0$ gilt, ist ein positiver Faktor im Ausdruck für $f(\boldsymbol{\sigma})$ belanglos. So folgt aus (10.23) etwa

$$f(\boldsymbol{\sigma}) = \sqrt{s_{ij}\, s_{ij}} - \sqrt{\frac{2}{3}} f_y \ , \tag{10.34}$$

während aus (10.33)

$$f(\boldsymbol{\sigma}) = \tau_{okt} - \sqrt{\frac{2}{3}}\tau_y \tag{10.35}$$

resultiert.

Beim Fließkriterium nach von Mises hängt $f(\boldsymbol{\sigma})$ nur von den deviatorischen Spannungen s_{ij} ab. Der hydrostatische Anteil des Spannungstensors hat also wie beim Kriterium nach Tresca auf den Fließeintritt keinen Einfluss.

Geometrisch lässt sich die Fließbedingung nach von Mises als Kreiszylinder im Hauptspannungsraum interpretieren. Die Erzeugenden dieser Fließfläche verlaufen parallel zur hydrostatischen Achse (Abb. 10.2a). Der Zylinder ist dem sechskantigen Prisma im Hauptspannungsraum, das der Fließbedingung von Tresca entspricht, umschrieben. Die geometrische Interpretation der Fließbedingung nach von Mises folgt aus (10.23). Diese Beziehung kann unter Berücksichtigung von (10.5) zu

$$\|\mathbf{s}\| = \sqrt{\frac{2}{3}}\, f_y \tag{10.36}$$

angeschrieben werden. (10.36) besagt, dass alle auf der Fließfläche gelegenen Spannungspunkte denselben Abstand von der hydrostatischen Achse, nämlich $\sqrt{2/3}f_y$, aufweisen. Der Schnitt der Fließfläche mit einer beliebigen deviatorischen Ebene ergibt somit einen Kreis (Abb. 10.2b). Er ist dem regelmäßigen Sechseck umschrieben, das man bei der Fließhypothese nach Tresca als entsprechende Schnittkurve erhält.

Für den Sonderfall eines durch $\sigma_3 = 0$ gekennzeichneten ebenen Spannungszustandes erhält man eine Fließkurve von der Form einer Ellipse (Abb. 10.2c). Sie ergibt sich durch Spezialisierung von (10.26) für Hauptnormalspannungen unter Berücksichtigung von $\sigma_V = f_y$ zu

$$\sigma_1^2 - \sigma_1\,\sigma_2 + \sigma_2^2 = f_y^2 \ . \tag{10.37}$$

Die Fließhypothese nach VON MISES setzt ebenso wie die nach TRESCA Isotropie des Werkstoffs bei Eintritt des Fließens sowie gleiche Beträge der Fließgrenze für einaxialen Zug bzw. Druck voraus.

10.4 Bruchhypothese mit einem Werkstoffkennwert

10.4.1 Bruchhypothese nach RANKINE

Die Bruchhypothese nach RANKINE* beruht auf der Annahme, dass für den Eintritt des Bruches spröder Werkstoffe die größte Normalspannung maßgebend ist. Deshalb wird sie auch als Hypothese der maximalen Normalspannung bezeichnet.

Die maximale Normalspannung ist gleich der größten der drei Hauptnormalspannungen. Bei Zuordnung der Hauptnormalspannungen zu den Hauptnormalspannungsachsen $1, 2, 3$ gemäß (10.6) ist σ_1 die größte Hauptnormalspannung. Folglich ist σ_1 die Vergleichsspannung. Somit ergibt sich die Bruchbedingung nach RANKINE im Falle von Zugversagen zu

$$\sigma_V = \sigma_1 = f_t \ , \quad \sigma_1 > 0 \ , \tag{10.38}$$

mit f_t als der einaxialen Zugfestigkeit des Werkstoffs. Für Druckversagen erhält man

$$\sigma_V = |\sigma_3| = f_c \ , \quad \sigma_3 < 0 \ , \tag{10.39}$$

mit f_c als der einaxialen Druckfestigkeit des Werkstoffs. Analog zu den Fließfunktionen (10.13) bzw. (10.34) erhält man die Bruchfunktion $f(\boldsymbol{\sigma})$ zu

$$f(\boldsymbol{\sigma}) = \sigma_1 - f_t \tag{10.40}$$

bzw.

$$f(\boldsymbol{\sigma}) = |\sigma_3| - f_c \ . \tag{10.41}$$

Die Bruchhypothese von RANKINE ist zur Feststellung des Zugversagens spröder Werkstoffe, wie z. B. des Reißens von Beton, gut geeignet. Für den Bruch von Beton bei mehraxialem Druck liefert diese Hypothese hingegen nur eine sehr grobe Abschätzung. Für das Versagen des Werkstoffs ist in diesem Fall nämlich nicht nur die betragsmäßig größte Hauptdruckspannung σ_3 maßgebend. Das Versagen des Materials wird vielmehr auch von den beiden anderen Hauptnormalspannungen σ_1 und σ_2 beeinflusst. So ist z. B. bei einem ebenen Spannungszustand die Druckfestigkeit von Beton in einer Hauptnormalspannungsrichtung größer als die einaxiale Druckfestigkeit, wenn die zweite von null verschiedene Hauptnormalspannung ebenfalls eine Druckspannung ist. Andererseits kann bei einem ebenen Spannungszustand die Druckfestigkeit von Beton in einer Hauptnormalspannungsrichtung erheblich kleiner

*WILLIAM JOHN MACQUORN RANKINE (1820–1872) veröffentlichte 1857 diese Bruchhypothese.

als die einaxiale Druckfestigkeit sein, wenn die zweite von null verschiedene Hauptnormalspannung eine Zugspannung ist.

Das Bruchkriterium nach RANKINE kann als Fläche im Hauptspannungsraum dargestellt werden. Analog zur Fließfläche bezeichnet man diese Fläche als Bruchfläche. Auf dieser Fläche gelegene Spannungspunkte repräsentieren Spannungszustände, bei denen das Material zu Bruch geht. (10.38) definiert eine zur $\sigma_2\sigma_3$-Ebene im Hauptspannungsraum parallele Ebene. Mit $\sigma_1 = \sigma_{max}$ lässt sich (10.38) zu $\sigma_V = \sigma_{max} = f_t$ anschreiben. Gemäß der Bruchhypothese nach RANKINE tritt Bruch also dann ein, wenn die größte Hauptnormalspannung den Wert der Zugfestigkeit bei einaxialer Beanspruchung erreicht. Ordnet man σ_{max} der Hauptnormalspannungsachse 2 bzw. 3 zu, dann erhält man mit $\sigma_2 = f_t$ und $\sigma_3 = f_t$ eine zur $\sigma_1\sigma_3$- bzw. $\sigma_1\sigma_2$-Ebene parallele Ebene. Die drei erwähnten Ebenen stellen die Zugversagensfläche dar (Abb. 10.4a). Ihr Schnitt mit einer deviatorischen Ebene ergibt eine dreieckförmige Bruchkurve (Abb. 10.4b).

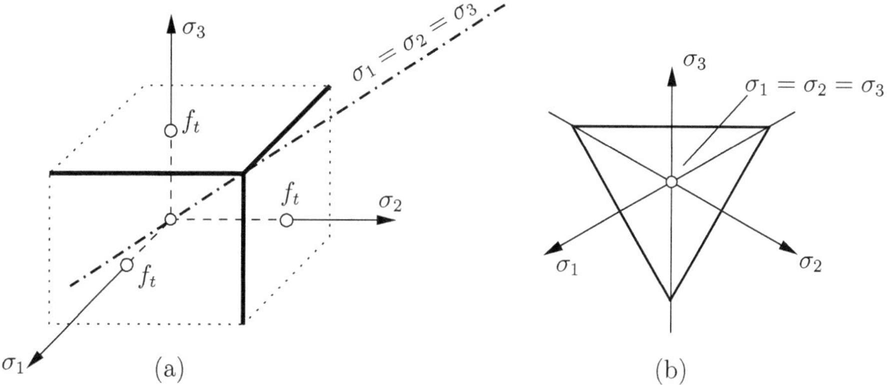

Abb. 10.4: Bruchhypothese nach RANKINE: (a) Bruchfläche im Hauptspannungsraum, (b) Bruchkurve in einer deviatorischen Ebene

10.5 Versagenshypothesen mit zwei Werkstoffkennwerten

Das für Zugversagen geeignete RANKINE'sche Kriterium (10.38) enthält ebenso wie das für Druckversagen weniger gut geeignete entsprechende Kriterium (10.39) jeweils nur einen Werkstoffkennwert. Dementsprechend ist die Klassifizierung des Bruchkriteriums nach RANKINE als Bruchkriterium mit einem Werkstoffkennwert berechtigt. Nichtsdestoweniger verdeutlichen diese beiden Gleichungen, dass zur Formulierung von Anstrengungshypothesen für Werkstoffe mit verschiedenartigem Verhalten bei Zug- und Druckbeanspruchung mindestens zwei Werkstoffkennwerte erforderlich sind. Wie bereits erwähnt, kann sich ein und derselbe Werkstoff je nach Art der Beanspruchung spröd oder zäh verhalten. Anstrengungshypothesen, die diesem unterschiedlichen Werkstoffverhalten Rechnung tragen, kann man folglich nicht als Fließhypothesen oder Bruchhypothesen bezeichnen. Man fasst sie unter dem Begriff Versagenshypothesen zusammen. Im Folgenden werden zwei Versagenshypothesen vorgestellt, die zur Beurteilung kritischer Spannungszustände in Böden, Fels und Beton verwendet werden.

10.5.1 Versagenshypothese nach MOHR-COULOMB

Dieser Hypothese gemäß ist für Werkstoffversagen im betrachteten Punkt des Körpers die Schubspannung in einem bestimmten infinitesimalen Flächenelement durch diesen Punkt maßgebend. Laut dem COULOMB'schen Reibungsgesetz* hängt der Betrag der größten aufnehmbaren Schubspannung σ_{nt} von der auf dieses Flächenelement wirkenden Normalspannung σ_{nn} ab. Es gilt demnach

$$|\sigma_{nt}| = f(\sigma_{nn}) \ . \tag{10.42}$$

Je größer die auf das Flächenelement wirkende Druckspannung ist, umso größer ist die größte aufnehmbare Schubspannung. (10.42) definiert die Umhüllende von MOHR'schen Spannungskreisen für kritische Spannungszustände. Die einfachste Form einer solchen Umhüllenden sind zwei Geraden (Abb. 10.5).

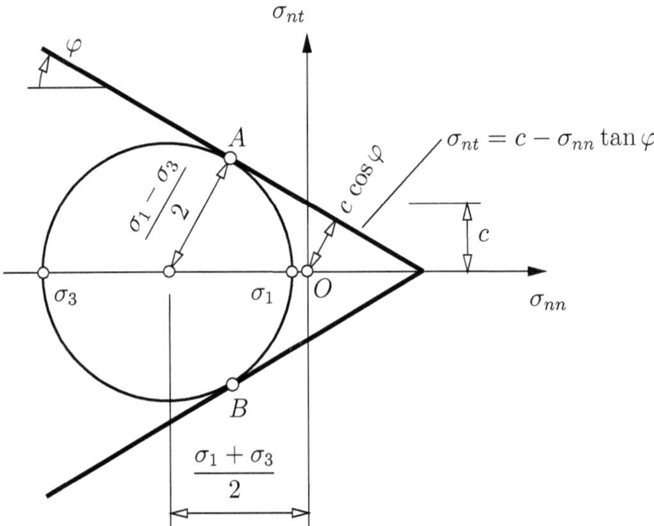

Abb. 10.5: Zwei Geraden als Umhüllende MOHR'scher Spannungskreise für kritische Spannungszustände

Der MOHR-COULOMB'schen Hypothese** gemäß tritt Werkstoffversagen dann ein, wenn der größte der drei MOHR'schen Spannungskreise für den betreffenden räumlichen Spannungszustand die Umhüllende berührt. Bei Kenntnis der Lage der Berührpunkte A, B (Abb. 10.5) ist die Orientierung des zuvor erwähnten infinitesimalen Flächenelements durch den betrachteten Punkt des Körpers bekannt. Ferner sind die

*CHARLES AUGUSTIN DE COULOMB (1736–1806) stellte 1779 Ergebnisse richtungsweisender Studien über reibungsbehaftetes Gleiten vor.

**CHARLES AUGUSTIN DE COULOMB veröffentlichte 1773 Arbeiten über das Versagen von Böden unter Schub- und Normalspannungen. OTTO MOHR (1835–1918) verwendete 1900 seine graphische Darstellung des Spannungszustandes zur Formulierung eines Versagenskriteriums.

Normalspannung σ_{nn} und die Schubspannung σ_{nt}, durch die dieses Flächenelement beansprucht wird, bekannt. Laut Abb. 10.5 hat die mittlere Hauptnormalspannung σ_2 auf das Werkstoffversagen keinen Einfluss. Die Umhüllende gemäß Abb. 10.5 wird durch die Gleichung

$$|\sigma_{nt}| = c - \sigma_{nn} \tan\varphi \qquad (10.43)$$

beschrieben. Die beiden Werkstoffkennwerte c und φ stellen die Kohäsion bzw. den Winkel der inneren Reibung des Materials dar. $\tan\varphi = \mu$ wird als COULOMB'scher Reibungskoeffizient bezeichnet. Aus Abb. 10.5 folgt der Zusammenhang zwischen σ_1 und σ_3 zu

$$\frac{\sigma_1 - \sigma_3}{2} + \frac{\sigma_1 + \sigma_3}{2} \sin\varphi = c \cos\varphi\,, \qquad \sigma_1 \geq \sigma_2 \geq \sigma_3\,. \qquad (10.44)$$

Im gegenständlichen Fall ist der Wert von $(\sigma_1 + \sigma_3)/2$ wegen $\sigma_3 < \sigma_1 < 0$ negativ. Mit $\sigma_1 = \sigma_{max}$ und $\sigma_3 = \sigma_{min}$ lässt sich (10.44) zu

$$\sigma_{max} \frac{1 + \sin\varphi}{2c \cos\varphi} - \sigma_{min} \frac{1 - \sin\varphi}{2c \cos\varphi} = 1 \qquad (10.45)$$

anschreiben. Setzt man in (10.45) $\varphi = 0$ und $c = f_y/2$, so erhält man als Sonderfall der MOHR-COULOMB'schen Versagensbedingung (10.45) die TRESCA'sche Fließbedingung (10.10).

Anstatt mit c und φ kann die MOHR-COULOMB'sche Versagensbedingung mit der einaxialen Zugfestigkeit und der einaxialen Druckfestigkeit des Materials als den beiden Werkstoffkennwerten formuliert werden. Setzt man die für den einaxialen Zugversuch gültigen Werte $\sigma_{max} = f_t$ und $\sigma_{min} = 0$ in (10.45) ein, so erhält man

$$f_t = \frac{2c \cos\varphi}{1 + \sin\varphi}\,. \qquad (10.46)$$

Trägt man die für den einaxialen Druckversuch gültigen Werte $\sigma_{max} = 0$ und $\sigma_{min} = -f_c$ in (10.45) ein, so folgt

$$f_c = \frac{2c \cos\varphi}{1 - \sin\varphi}\,. \qquad (10.47)$$

Für den physikalisch sinnvollen Wertebereich von $c \geq 0$ und $0° \leq \varphi < 90°$ ergibt sich somit $f_c \geq f_t$. Mit Hilfe von (10.46) und (10.47) lässt sich (10.45) zu

$$\frac{\sigma_{max}}{f_t} - \frac{\sigma_{min}}{f_c} = 1 \qquad (10.48)$$

anschreiben.

Formuliert man die MOHR-COULOMB'sche Versagensbedingung für die sechs Möglichkeiten der Bezeichnung von σ_{max} und σ_{min} mit σ_1, σ_2 oder σ_3, dann erhält man sechs Ebenen im Hauptspannungsraum. Ihre Schnittlinien sind die Kanten einer unregelmäßigen sechsseitigen Pyramide. Sie stellt die Versagensfläche dar (Abb. 10.6). Die Spitze der Pyramide liegt auf der hydrostatischen Achse im Bereich von hydrostatischem Zug. Diese Form der Versagensfläche folgt daraus, dass der Eintritt von Werkstoffversagen im Falle von $\varphi > 0$ vom hydrostatischen Anteil des Spannungstensors abhängt. Während der Schnitt der TRESCA'schen Fließfläche mit einer deviatorischen Ebene ein regelmäßiges Sechseck ist (Abb. 10.2b und Abb. 10.7a), handelt

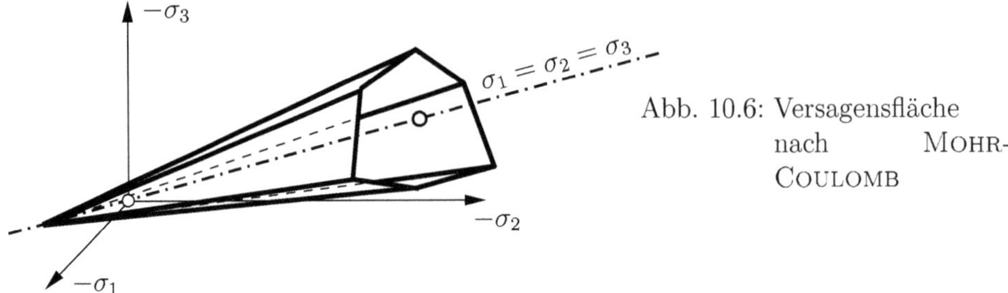

Abb. 10.6: Versagensfläche nach MOHR-COULOMB

es sich beim entsprechenden Schnitt der MOHR-COULOMB'schen Versagensfläche um ein unregelmäßiges Sechseck (Abb. 10.7a).

Für den Sonderfall eines durch $\sigma_3 = 0$ gekennzeichneten ebenen Spannungszustandes erhält man die betreffende Versagenskurve als Schnittkurve der Versagensfläche mit der $\sigma_1\sigma_2$-Ebene. Dabei handelt es sich um ein unregelmäßiges Sechseck (Abb. 10.7b). Für $\sigma_1 \geq \sigma_2 \geq \sigma_3 = 0$ führt (10.48) auf $\sigma_1 = f_t$. Das ist die Gleichung einer zur σ_2-Achse parallelen Geraden. Formuliert man die Versagensbedingung nach MOHR-COULOMB für die verbleibenden fünf Möglichkeiten der Bezeichnung von σ_{max} und σ_{min} mit σ_1, σ_2 oder σ_3, dann erhält man für $\sigma_3 = 0$ fünf weitere Geraden in der $\sigma_1\sigma_2$-Ebene. Ihre Schnittpunkte sind die Eckpunkte der MOHR-COULOMB'schen Versagenskurve.

Das MOHR-COULOMB'sche Versagenskriterium erlaubt eine grobe Approximation von experimentell ermittelten Versagensflächen für Beton. Abb. 10.8a zeigt eine solche Versagensfläche [Scavuzzo *et al.* (1983)]. Man kann sie in grober Näherung durch die MOHR-COULOMB'sche Versagensfläche (Abb. 10.6) ersetzen. Abb. 10.8b zeigt einen Schnitt der experimentell ermittelten Versagensfläche mit einer deviatorischen Ebene. Abb. 10.8c enthält eine Gegenüberstellung der experimentell erhaltenen Versagenskurve für ebene Spannungszustände [Kupfer (1973)] mit der entsprechenden MOHR-COULOMB'schen Versagenskurve.

In der Bodenmechanik wird das MOHR-COULOMB'sche Kriterium zur näherungs-

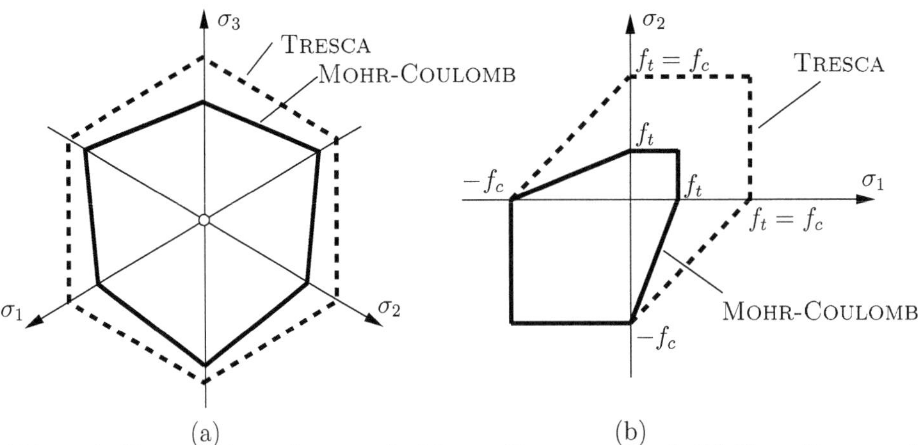

Abb. 10.7: Versagenshypothese nach MOHR-COULOMB und Fließhypothese nach TRESCA: (a) Schnitt der Versagens- bzw. Fließfläche mit einer deviatorischen Ebene, (b) Versagens- bzw. Fließkurve für ebene Spannungszustände

weisen Bestimmung der Scherfestigkeit von Böden verwendet.

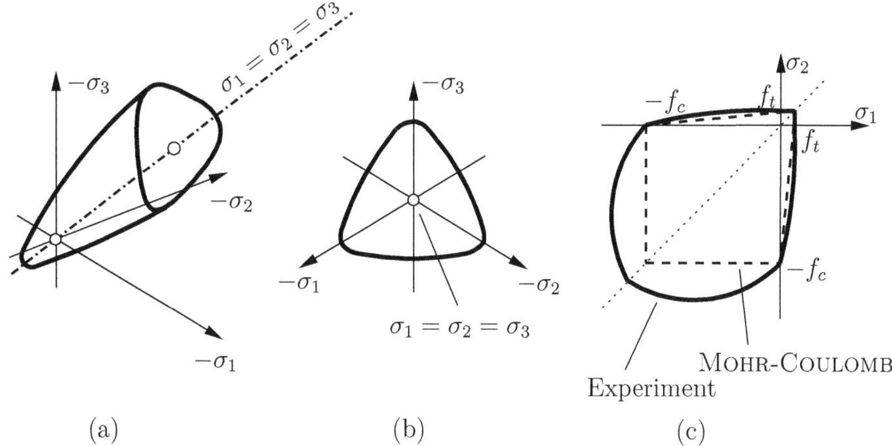

Abb. 10.8: Versagensumhüllende für Beton: (a) für räumliche Spannungszustände, (b) Schnitt der Versagensfläche mit einer deviatorischen Ebene, (c) für ebene Spannungszustände

10.5.2 Versagenshypothese nach DRUCKER-PRAGER

Die Versagenshypothese nach DRUCKER-PRAGER* stellt eine Erweiterung der Fließhypothese nach VON MISES dar. Ihr Ausgangspunkt ist die Formulierung der Fließbedingung nach VON MISES mit Hilfe der Oktaederschubspannung τ_{okt} gemäß (10.33). Laut dieser Beziehung hängt der Fließeintritt nicht von der Oktaedernormalspannung σ_{okt} ab. Die erwähnte Erweiterung ist durch die Berücksichtigung von COULOMB'scher Reibung durch Hinzufügung des Terms $\mu\,\sigma_{okt}$ zu τ_{okt} in (10.33) gekennzeichnet:

$$\tau_{okt} + \mu\,\sigma_{okt} = \sqrt{\frac{2}{3}}\,\tau_y \ . \tag{10.49}$$

Gemäß (10.49) nimmt die größte aufnehmbare Oktaederschubspannung mit zunehmender Oktaederzugspannung ab, während sie mit zunehmender Oktaederdruckspannung zunimmt.

Einsetzen von (10.30) in (3.146) ergibt

$$\sigma_{okt} = \frac{1}{3}(\sigma_1 + \sigma_2 + \sigma_3) = \sigma^m = \frac{1}{3} I_1^\sigma \ . \tag{10.50}$$

Eintragen von (10.50) und (10.32) in (10.49) führt auf die Versagensfunktion $f(\boldsymbol{\sigma})$ auf der Basis der Versagenshypothese nach DRUCKER-PRAGER:

$$f(\boldsymbol{\sigma}) = \sqrt{s_{ij}\,s_{ij}} + \frac{\mu}{\sqrt{3}}\,I_1^\sigma - \sqrt{2}\,\tau_y \ . \tag{10.51}$$

Setzt man in (10.51) $\mu = 0$, so erhält man als Sonderfall dieser Versagensfunktion die Fließfunktion auf der Grundlage der Fließhypothese nach VON MISES.

*DANIEL CHARLES DRUCKER (1918–2001) und WILLIAM PRAGER (1903–1980) formulierten um 1950 eine mathematische Plastizitätstheorie.

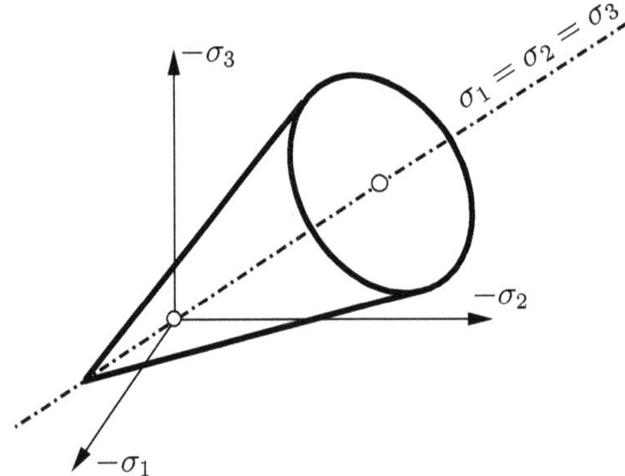

Abb. 10.9: Versagensfläche nach DRUCKER-PRAGER

Geometrisch lässt sich das Versagenskriterium nach DRUCKER-PRAGER als gerader Kreiskegel interpretieren, dessen Achse mit der hydrostatischen Achse im Hauptspannungsraum zusammenfällt (Abb. 10.9). Der Spitze des Kegels entspricht hydrostatischer Zug. Durch einen Schnitt der zu $f(\boldsymbol{\sigma}) = 0$ definierten Versagensfläche mit einer durch $I_1^\sigma = konst.$ gekennzeichneten deviatorischen Ebene erhält man einen Kreis. Mit Hilfe von (10.5) folgt sein Radius aus (10.51) zu

$$\|\mathbf{s}\| = \sqrt{2}\,\tau_y - \frac{\mu}{\sqrt{3}}\,I_1^\sigma\,. \tag{10.52}$$

Der Radius dieses Kreises hängt somit von I_1^σ und folglich vom hydrostatischen Anteil des Spannungstensors ab.

Literaturverzeichnis

[Kupfer (1973)] H. Kupfer, „Das Verhalten des Betons unter mehrachsiger Kurzzeitbelastung unter besonderer Berücksichtigung der zweiachsigen Beanspruchung“, *Deutscher Ausschuß für Stahlbeton*, Heft 229, Verlag Ernst & Sohn, Berlin, 1973.

[Scavuzzo *et al.* (1983)] R. Scavuzzo, T. Stankowski, K.H. Gerstle und H.-Y. Ko, “Stress-Strain Curves for Concrete under Multiaxial Load Histories”, Report, Department of Civil, Environmental and Architectural Engineering, University of Colorado, Boulder, 1983.

Kapitel 11

Nichtlinear elastisches und anelastisches Materialverhalten

11.1 Allgemeines

Verlässliche Prognosen des mechanischen Verhaltens von Strukturen auf der Grundlage der linearen Elastizitätstheorie setzen unter anderem die Gültigkeit des verallgemeinerten HOOKE'schen Gesetzes (3.254) voraus. Dieses Gesetz ist durch einen linearen Zusammenhang zwischen den Spannungen sowie einer gegebenenfalls vorhandenen Temperaturänderung und den Verzerrungen gekennzeichnet. Das Spannungs-Dehnungsdiagramm für einen auf einaxialen Zug beanspruchten zähen Werkstoff (Abb. 3.26) bzw. auf einaxialen Druck beanspruchten spröden Werkstoff (Abb. 3.27) lässt allerdings erkennen, dass die Annahme eines linearen Zusammenhangs zwischen σ und ε nur für einen begrenzten Abschnitt am Beginn des jeweiligen $\sigma\varepsilon$-Diagramms zulässig ist. Für mehraxiale Spannungszustände liegt eine analoge Situation vor.

Wenn die mit Hilfe der linearen Elastizitätstheorie erhaltenen Spannungen und Verzerrungen in einer Struktur außerhalb des Gültigkeitsbereichs des verallgemeinerten HOOKE'schen Gesetzes liegen, ist eine Neuberechnung unter Zugrundelegung eines geeigneten nichtlinearen Werkstoffgesetzes vorzunehmen. Bei ihrer Durchführung ist zu beachten, dass das Superpositionsgesetz (siehe Unterkapitel 3.4) wegen der Nichtlinearität des Materialgesetzes nicht gilt. Die Überlagerung der für verschiedene Lastfälle erhaltenen Lösungen ist somit nicht zulässig.

Die in diesem Kapitel erfolgende Auseinandersetzung mit nichtlinear elastischem und anelastischem Materialverhalten ist auf einaxiale Spannungszustände beschränkt. Anelastisches Werkstoffverhalten bei mehraxialen Spannungszuständen wird in Kapitel 13 behandelt.

11.2 Nichtlinear elastisches Materialverhalten

Elastisches Materialverhalten ist dadurch gekennzeichnet, dass die Verzerrungen $\boldsymbol{\varepsilon}$ nur von den aktuellen Spannungen $\boldsymbol{\sigma}$ und der aktuellen Temperaturdifferenz $T - T_0$ abhängen (siehe Abschnitt 3.3.1). Der Verzerrungszustand ist also keine Funktion der Beanspruchungsgeschichte. Wird die auf einen elastischen Körper wirkende Belastung entfernt, dann kehrt er in die als spannungsfrei vorausgesetzte Ausgangslage zurück. Bei nichtlinear elastischem Materialverhalten ist $\boldsymbol{\varepsilon} = \boldsymbol{\varepsilon}(\boldsymbol{\sigma}, T - T_0)$ eine nichtlineare

H. A. Mang und G. Hofstetter, *Festigkeitslehre*,
https://doi.org/10.1007/978-3-662-57564-2_11

Funktion. Im Folgenden wird angenommen, dass sich die im spannungsfreien Referenzzustand gleichförmig verteilte Temperatur T_0 im Zuge von Be- und Entlastung nicht ändert. In diesem Fall ist $T - T_0 = 0$. Als typisches Beispiel für ein nichtlinear elastisches Material sei Gummi angeführt. Ein Probekörper aus Gummi kann auf ein Mehrfaches seiner ursprünglichen Länge gedehnt werden. Nach Entfernung der Belastung nimmt er in guter Näherung seine ursprüngliche Länge ein.

Die in diesem Unterkapitel vorgestellten Werkstoffgesetze für Beton und Stahl tragen dem an sich anelastischen Materialverhalten dieser beiden Werkstoffe nicht Rechnung. Solange keine Entlastung erfolgt, also bei Erstbelastung, ist das jedoch belanglos. Bei Beschränkung auf Erstbelastung dürfen deshalb Beton und Stahl als Beispiele für Werkstoffe mit nichtlinear elastischem Materialverhalten angeführt werden.

Als erstes Beispiel für die mathematische Beschreibung nichtlinear elastischen Materialverhaltens dient das im EUROCODE 2 [Eurocode 2] enthaltene Werkstoffgesetz für Beton unter einaxialer Druckbeanspruchung (Abb. 3.27):

$$\sigma_c = f_c \frac{1,1\, E_{c,m} \dfrac{\varepsilon_c}{f_c} - \left(\dfrac{\varepsilon_c}{\varepsilon_{c1}}\right)^2}{1 + \left(1,1\, E_{c,m} \dfrac{\varepsilon_{c1}}{f_c} - 2\right) \dfrac{\varepsilon_c}{\varepsilon_{c1}}} \quad \text{für} \quad 0 \leq \varepsilon_c \leq \varepsilon_{cu} \; . \tag{11.1}$$

Der Index c bezieht sich auf den Beton (*concrete*). Druckspannung σ_c und Stauchung ε_c sind in (11.1) als positive Größen definiert. f_c bezeichnet die einaxiale Druckfestigkeit, ε_{c1} die entsprechende Stauchung und $E_{c,m}$ einen durch Mittelung erhaltenen Wert des Elastizitätsmoduls. Dieser ist gemäß Abb. 3.27a als Sehnenmodul definiert, wobei die Sehne durch die Punkte $\sigma_c = 0$ und $\sigma_c = 0,4\, f_c$ festgelegt ist.

Das zweite Beispiel zur mathematischen Beschreibung nichtlinear elastischen Werkstoffverhaltens ist das im erwähnten EUROCODE enthaltene Werkstoffgesetz für Bewehrungsstahl (Abb. 11.1):

$$\begin{aligned} \sigma_s &= E_s \varepsilon_s \quad \text{für} \quad \varepsilon_s \leq \varepsilon_y \; , \\ \sigma_s &= \frac{f_y \varepsilon_u - f_t \varepsilon_y}{\varepsilon_u - \varepsilon_y} + \frac{f_t - f_y}{\varepsilon_u - \varepsilon_y} \varepsilon_s \quad \text{für} \quad \varepsilon_y \leq \varepsilon_s \leq \varepsilon_u \; . \end{aligned} \tag{11.2}$$

Der Index s in (11.2) bezieht sich auf den Bewehrungsstahl (*steel*). Die Dehnungen ε_y und ε_u sind der Fließgrenze f_y bzw. der Zugfestigkeit f_t zugeordnet.

Beim Werkstoffgesetz (11.1) wird die Tatsache außer Acht gelassen, dass die Stauchung von Beton infolge einer relativ nahe bei $-f_c$ gelegenen Druckspannung nach vollständiger Entlastung nur teilweise zurückgeht (Abb. 11.2a). Analog dazu bleibt beim konstitutiven Gesetz (11.2) unberücksichtigt, dass die Dehnung von Stahl infolge einer über der Fließgrenze f_y gelegenen Zugspannung nach vollständiger Entlastung nur teilweise zurückgeht (Abb. 11.2b). Beide Materialgesetze tragen also, wie bereits erwähnt, dem anelastischen Werkstoffverhalten nicht Rechnung.

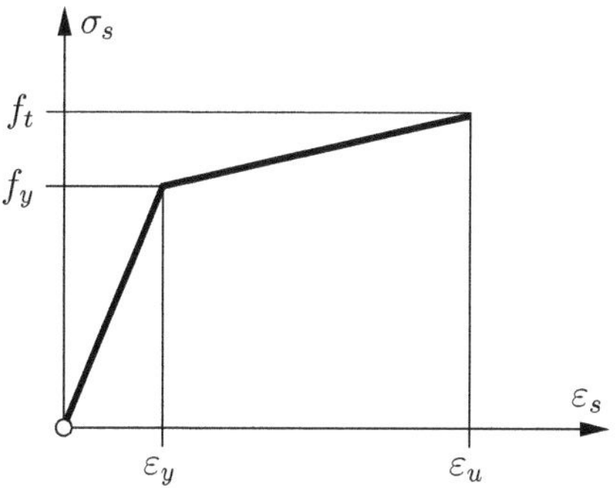

Abb. 11.1: Bilineares $\sigma\varepsilon$-Diagramm für Bewehrungsstahl

11.3 Anelastisches Materialverhalten

11.3.1 Allgemeines

Laut Abb. 11.2 entsprechen einem bestimmten Wert der Spannung im Allgemeinen mehrere Werte der zugehörigen Dehnung. Die Beziehungen zwischen Spannungen und Verzerrungen sind somit nicht eindeutig. Das ist ein Merkmal anelastischen* Materialverhaltens. Nach vollständiger Entlastung von einer Spannung, bei der sich der Werkstoff anelastisch verhält, bleiben Verzerrungen zurück. Man bezeichnet sie deshalb als bleibende Verzerrungen. Ein anelastischer Körper ist somit dadurch gekennzeichnet, dass er bei vollständiger Entlastung im Anschluss an Erstbelastung nicht in die unverformte Ausgangskonfiguration zurückkehrt. Die aktuellen Verzerrungen hängen also nicht nur von den aktuellen Spannungen ab, sondern auch von zusätzlichen Einflüssen, wie z. B. von der Belastungsgeschichte.

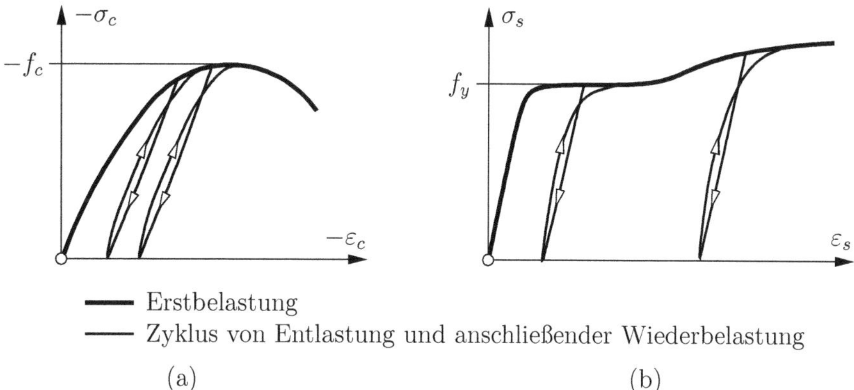

Abb. 11.2: $\sigma\varepsilon$-Diagramme für Erstbelastung bzw. für Belastung einschließlich Zyklen von vollständiger Entlastung und anschließender Wiederbelastung von (a) Beton, (b) Stahl

Konstitutive Gesetze für anelastische Werkstoffe lassen sich in zeitunabhängige und zeitabhängige Gesetze unterteilen. Wenn es nicht auf die zeitliche Entwicklung der

*Die griechische Vorsilbe "an" und die lateinische Vorsilbe "in" haben dieselbe Bedeutung wie die deutsche Vorsilbe "un".

anelastischen Verzerrungen ankommt, sondern nur auf deren Gesamtausmaß, genügt ein Werkstoffgesetz zur Beschreibung plastischen Materialverhaltens. Ein derartiges konstitutives Gesetz ist ein wesentliches Element der Plastizitätstheorie. Andernfalls ist ein Werkstoffgesetz zur Beschreibung viskosen Materialverhaltens erforderlich. Ein solches Materialgesetz stellt ein wesentliches Element der Viskoelastizitätstheorie bzw. der Viskoplastizitätstheorie dar. Bei der Viskoelastizitätstheorie handelt es sich um eine Erweiterung der Elastizitätstheorie zur Beschreibung zeitabhängigen elastischen Materialverhaltens. Von großer Bedeutung ist dabei der Sonderfall der linearen Viskoelastizitätstheorie. Sie ist durch die Annahme eines linearen Zusammenhangs zwischen den Spannungen und den zeitabhängigen Verzerrungen gekennzeichnet. Deshalb ist bei linear viskoelastischem Materialverhalten das Superpositionsgesetz gültig. Unter der einschränkenden Voraussetzung von Druckspannungen, die dem Betrag nach nicht größer als etwa 30 bis 40 % der Druckfestigkeit sind, darf Beton näherungsweise als linear viskoelastisches Material angesehen werden. Die Viskoplastizitätstheorie beinhaltet die mathematische Beschreibung der zeitabhängigen Entwicklung plastischer Verzerrungen.

Die Auswahl einer geeigneten Theorie zur Berücksichtigung anelastischen Materialverhaltens hängt davon ab, welche Phänomene des Werkstoffverhaltens bei einer Festigkeitsberechnung von vorrangiger Bedeutung sind. Dabei muss überlegt werden, ob der experimentelle Aufwand zur mathematischen Beschreibung weniger bedeutungsvoller Phänomene gerechtfertigt ist. Konstitutive Modelle, welche die Beschreibung vieler Phänomene des Materialverhaltens erlauben, benötigen relativ viele Werkstoffkennwerte. Wenn der experimentelle Aufwand zu ihrer Bestimmung im Vergleich zur aktuellen Bedeutung dieser Parameter sehr groß ist, sollten solche konstitutive Modelle nicht verwendet werden.

In den folgenden Abschnitten dieses Kapitels werden grundlegende Merkmale der angesprochenen Theorien anhand von Werkstoffmodellen für einaxiale Spannungszustände erläutert.

11.3.2 Plastisches Materialverhalten bei einaxialem Spannungszustand

Die Zyklen von vollständiger Entlastung und anschließender Wiederbelastung in Abb. 11.2 lassen sich in guter Näherung durch parallele Geraden zu den Tangenten an die $\sigma\varepsilon$-Diagramme im Ursprung ersetzen (Abb. 11.3). Diese Geraden werden als Entlastungsgeraden bezeichnet. Ihre Neigung entspricht folglich näherungsweise dem Tangentenmodul E_t gemäß (3.245) im Ursprung dieser Diagramme. Der Schnittpunkt der Entlastungsgeraden mit der Abszisse definiert die mit ε^p bezeichnete bleibende oder plastische Verzerrung nach vollständiger Entlastung (Abb. 11.3). Bleibende Verzerrungen nach vollständiger Entlastung sind ein wesentliches Merkmal plastischen Materialverhaltens.

Die Differenz zwischen der Verzerrung ε infolge einer bestimmten Spannung und der bleibenden Verzerrung ε^p ist die elastische Verzerrung ε^e. Bei vollständiger Entlastung geht sie auf null zurück. Demnach gilt

$$\varepsilon = \varepsilon^e + \varepsilon^p \tag{11.3}$$

mit

$$\varepsilon^e = \frac{\sigma}{E} \tag{11.4}$$

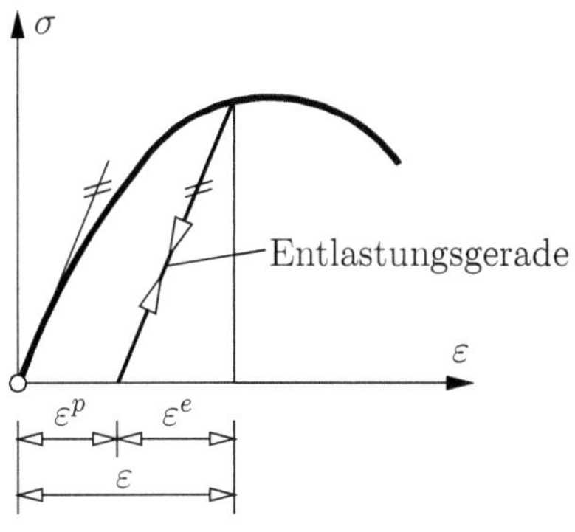

Abb. 11.3: Additive Zerlegung der Verzerrung

als dem HOOKE'schen Gesetz für einen einaxialen Spannungszustand (3.244).

Nach einem Zyklus von vollständiger Entlastung und anschließender Wiederbelastung geht das $\sigma\varepsilon$-Diagramm wieder in das für erstmalige Belastung über. Die Differenz zwischen der Bruchverzerrung und der Verzerrung zu Beginn der Wiederbelastung ist kleiner als die entsprechende Differenz am Anfang der Erstbelastung. Die Zähigkeit des Materials hat somit abgenommen. Der Werkstoff ist durch die Vorbelastung spröder geworden. Das ist eine Folge von tiefgreifenden Änderungen im Materialgefüge bei der Plastizierung.

Noch gravierender sind solche Änderungen, wenn das Material nach einer in den Verfestigungsbereich hineinreichenden Zugbeanspruchung zunächst völlig entlastet und anschließend einer in den plastischen Werkstoffbereich hineinreichenden Druckbeanspruchung ausgesetzt wird (Abb. 11.4). Dabei zeigt sich, dass die Differenz der Werte von σ_s in den beiden Endpunkten der Entlastungsgeraden ungefähr $2f_y$ beträgt. Folglich ist der Betrag der Fließgrenze im Druckbereich kleiner als $|f_y|$. Dieser Effekt wird nach seinem Entdecker BAUSCHINGER-Effekt genannt.*

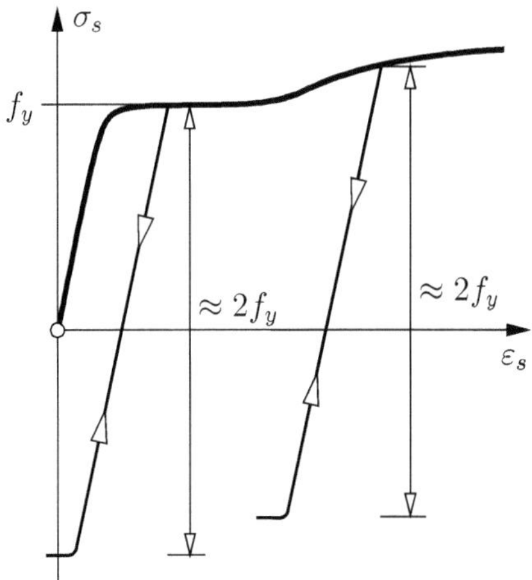

Abb. 11.4: BAUSCHINGER-Effekt

Zufällig kann das $\sigma\varepsilon$-Diagramm nach einer bis in den plastischen Werkstoffbereich hineinreichenden Zugbeanspruchung, völliger Entlastung, darauf folgender Druckbe-

*JOHANN BAUSCHINGER (1834–1893) veröffentlichte 1886 Ergebnisse von zyklischen einaxialen Versuchen, bei deren Durchführung er diesen Effekt entdeckte.

anspruchung bis in den plastischen Materialbereich und anschließender vollständiger Entlastung im Ursprung des Koordinatensystems enden (Abb. 11.5). Es gilt dann also $\sigma = 0$ und $\varepsilon = 0$. Aus (11.4) folgt $\varepsilon^e = 0$ und weiters aus (11.3) $\varepsilon^p = 0$. Dieses Ergebnis trägt den tiefgreifenden Änderungen nicht Rechnung, die ein solcher Belastungszyklus im Materialgefüge bewirkt. Einige derartige Belastungszyklen können unvermittelt zum Bruch führen. Um diese irreversiblen Änderungen im Materialgefüge im Rahmen der Plastizitätstheorie berücksichtigen zu können, sind zusätzlich zu den plastischen Verzerrungen weitere Variablen erforderlich. Man bezeichnet sie als innere Variablen. Im Gegensatz zu äußeren Variablen sind sie einer direkten Beobachtung nicht zugängig. Im einfachsten Fall verwendet man eine einzige innere Variable. Dabei handelt es sich um die mit κ bezeichnete effektive plastische Verzerrung. Sie ist zu

$$d\kappa = |d\varepsilon^p| \quad \rightarrow \quad \kappa = \int |d\varepsilon^p| \tag{11.5}$$

definiert. Während ε^p am Ende des zuvor beschriebenen Belastungszyklus den Ausgangswert null annimmt, ist der Wert von κ am Ende dieses Zyklus größer als null. Der Integrand in der zweiten der beiden Gleichungen (11.5) ist als Betrag nämlich auch dann positiv, wenn eine plastische Stauchung vorliegt (Abb. 11.5). κ dient also der Speicherung der Verzerrungsgeschichte, die das Material im plastischen Werkstoffbereich erlebt hat.

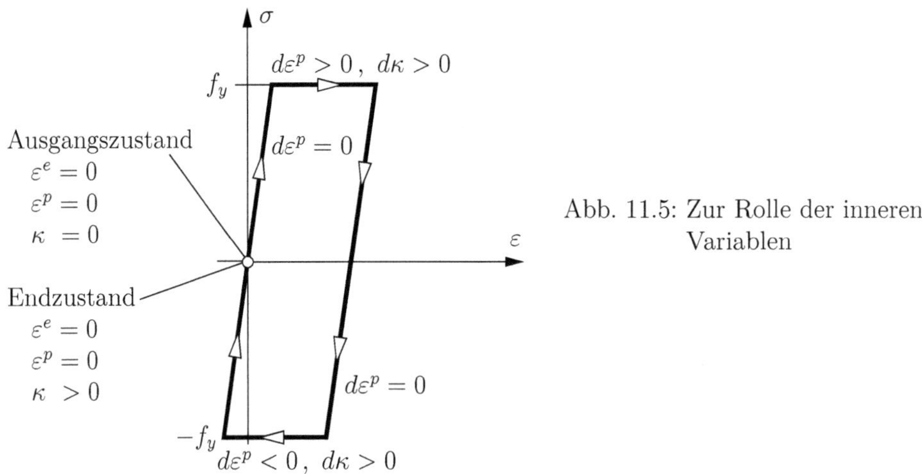

Abb. 11.5: Zur Rolle der inneren Variablen

Die konstitutiven Gleichungen (11.1) und (11.2) zur Beschreibung nichtlinear elastischen Materialverhaltens können zu Materialgesetzen zur Beschreibung elastoplastischen Werkstoffverhaltens erweitert werden. Das Kennzeichen dieser Erweiterung ist die Berücksichtigung von Entlastung und Wiederbelastung.

Je nach Verwendungszweck der auf einaxialen Versuchen basierenden Spannungs-Dehnungsdiagramme bieten sich verschiedene Idealisierungen dieser Diagramme an. In vielen Fällen darf die Proportionalitätsgrenze gleich der Fließgrenze gesetzt werden. Es darf also bis zum Erreichen der Fließgrenze linear elastisches Materialverhalten angenommen werden. Von idealer Plastizität spricht man, wenn Werkstoffverfestigung (siehe Abb. 3.26) nicht berücksichtigt wird. Bei Vorliegen eines einaxialen Spannungszustandes stellt dann f_y den Größtwert der Spannung dar. Die Kombination von

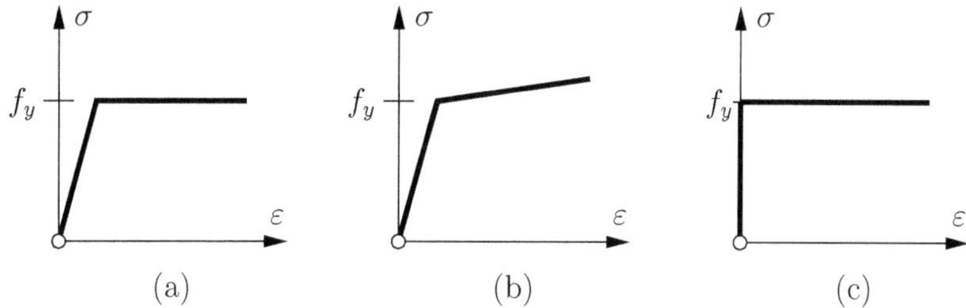

Abb. 11.6: Idealisierte $\sigma\varepsilon$-Diagramme: (a) linear elastisch – ideal plastisch, (b) linear elastisch – linear verfestigend, (c) starr – ideal plastisch

linearer Elastizität und idealer Plastizität führt auf eine Idealisierung des Werkstoffverhaltens, die als linear elastisch – ideal plastisch bezeichnet wird (Abb. 11.6a).

Wenn Werkstoffverfestigung näherungsweise durch eine Gerade berücksichtigt wird, spricht man von linearer Verfestigung (Abb. 11.6b). Alternativ kann zur Beschreibung des Werkstoffverhaltens nach dem Erreichen der Fließgrenze eine nichtlineare Beziehung zwischen σ und ε verwendet werden. Bei manchen Anwendungen dürfen die elastischen Verzerrungen vernachlässigt werden. Wenn darüber hinaus Werkstoffverfestigung nicht berücksichtigt wird, bezeichnet man die entsprechende Idealisierung des Werkstoffverhaltens als starr – ideal plastisch (Abb. 11.6c).

11.3.3 Zeitabhängiges Materialverhalten bei einaxialem Spannungszustand

Hält man beispielsweise die Druckspannung bei einem auf einaxialen Druck beanspruchten Probekörper aus Beton konstant, so nimmt die Stauchung mit der Zeit zu. Die zeitabhängige Zunahme der Verzerrung bei konstanter Spannung wird als Kriechen bezeichnet. Hält man andererseits z. B. die Dehnung bei einem auf Zug beanspruchten Vorspanndraht konstant, so nimmt die Zugspannung mit der Zeit ab. Die zeitabhängige Abnahme der Spannung bei konstanter Verzerrung wird Relaxation genannt.

Kriechen und Relaxation sind Phänomene zeitabhängigen Werkstoffverhaltens. Sie können zum Versagen einer Struktur lange nach deren Fertigstellung führen. Wenn mit einem deutlichen Einfluss dieser Phänomene auf das langzeitliche Tragverhalten eines Bauwerks zu rechnen ist, muss dieser Einfluss auf die Tragfähigkeit der Struktur für die gesamte vorgesehene Verwendungsdauer nachgewiesen werden.

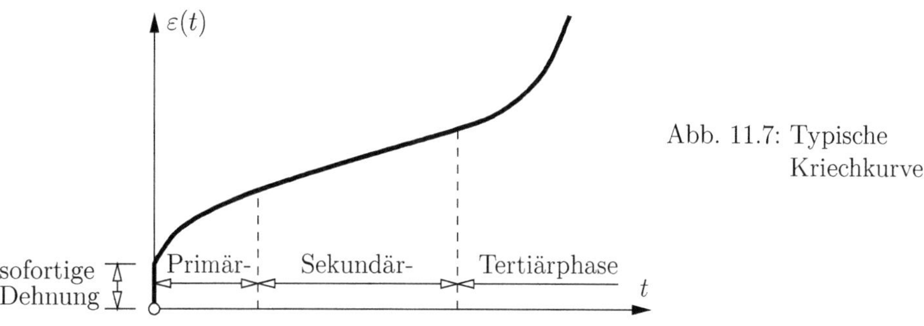

Abb. 11.7: Typische Kriechkurve

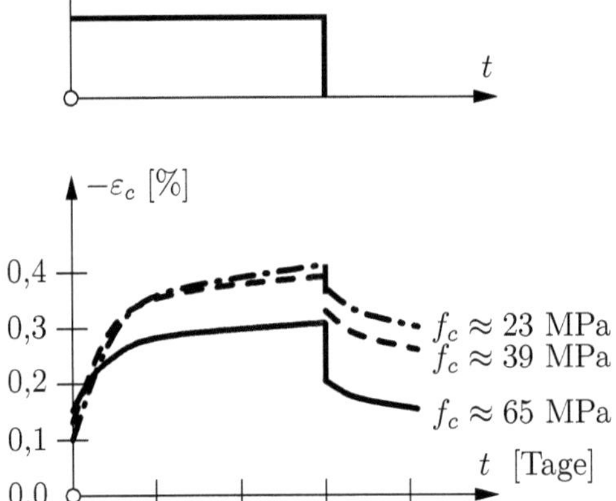

Abb. 11.8: Typische Kriechkurven für Beton für $\sigma_c/f_c = 0{,}70$

Abb. 11.7 zeigt eine typische Kriechkurve. Die Dehnung zum Zeitpunkt $t = 0$, zu dem die Belastung aufgebracht wird, bezeichnet man als sofortige Dehnung. In Abhängigkeit von der Kriechgeschwindigkeit $d\varepsilon/dt$ unterscheidet man zwischen der Primär-, der Sekundär- und der Tertiärphase der Kriechkurve. Die Primärphase ist durch eine Abnahme der Kriechgeschwindigkeit gekennzeichnet. In der Sekundärphase bleibt die Kriechgeschwindigkeit konstant. In der Tertiärphase, die sich bis zum Bruch erstreckt, nimmt die Kriechgeschwindigkeit zu. Eine Kriechkurve kann aber auch nur aus der Primärphase bestehen. In diesem Fall nimmt die Kriechgeschwindigkeit im Laufe der Zeit ab.

Wird die Belastung zu einem bestimmten Zeitpunkt entfernt, so nimmt die Dehnung sofort ab. An diese sprunghafte Abnahme schließt sich eine mit fortschreitender Zeit stetige Abnahme der Dehnung an. Dieser Sachverhalt ist in Abb. 11.8 anhand typischer Kriechkurven für Beton dargestellt [Smadi *et al.* (1985)]. Bei den zugrunde liegenden Versuchen wurde die Druckspannung 60 Tage nach ihrer Aufbringung wieder entfernt.

Abb. 11.9 zeigt typische Relaxationskurven für Spannstahl [Leonhardt (1980)]. Die Abnahme der Zugspannung mit der Zeit ist umso größer, je größer die Zugspannung zu Belastungsbeginn ist. Für $\sigma_s^{(0)} = \sigma_s\,(t = 0) < 0{,}5 f_t$ dürfen Spannungsverluste von

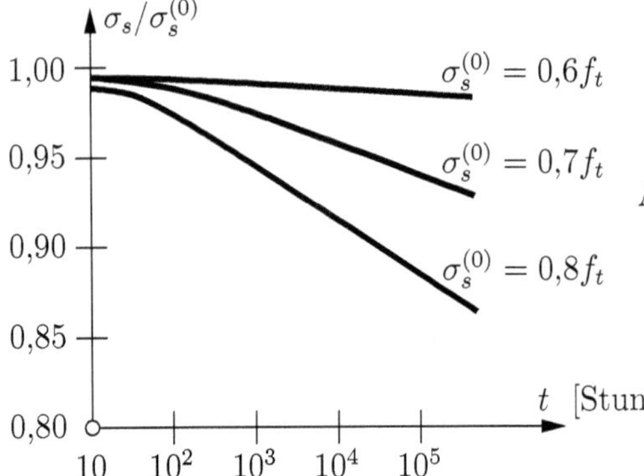

Abb. 11.9: Typische Relaxationskurven für Spannstahl

Spannstählen zufolge Relaxation im Allgemeinen vernachlässigt werden.

Im Folgenden werden linear viskoelastische Werkstoffmodelle für einaxiale Spannungszustände vorgestellt. Ihr gemeinsames Merkmal ist der lineare Zusammenhang zwischen der Spannung und der zeitabhängigen Verzerrung. Die beiden einfachsten Werkstoffmodelle zur Beschreibung linear viskoelastischen Materialverhaltens sind das MAXWELL'sche Modell und das KELVIN-VOIGT'sche Modell.

MAXWELL'sches Modell

Dem MAXWELL'schen Werkstoffmodell* liegt die Vorstellung zugrunde, dass die Verzerrung ε zu einem bestimmten Zeitpunkt t die Summe eines elastischen Anteils ε^e und eines viskosen Anteils ε^v darstellt:

$$\varepsilon = \varepsilon^e + \varepsilon^v \; . \tag{11.6}$$

Dieser Vorstellung trägt ein Gedankenmodell Rechnung, dessen Grundelemente eine elastische Feder und ein viskoser Dämpfer sind, wobei Feder und Dämpfer in Serie angeordnet sind (Abb. 11.10a). Einer solchen Anordnung entspricht im Werkstoffmo-

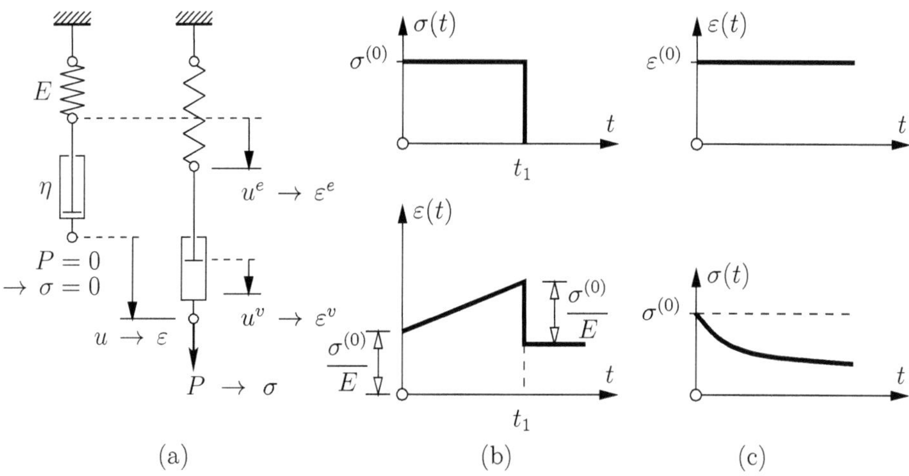

Abb. 11.10: MAXWELL'sches Modell: (a) Feder-Dämpfer-Gedankenmodell, (b) Kriechkurve, (c) Relaxationskurve

dell $\sigma^e = \sigma^v = \sigma$. Der Voraussetzung eines linearen Zusammenhangs zwischen σ und ε^e entspricht im Gedankenmodell die Linearität des Zusammenhangs zwischen der Federkraft P und dem Federweg u^e. Sie ist dann gegeben, wenn die Federsteifigkeit weder von P noch von u^e abhängt. Einer solchen Unabhängigkeit der Federsteifigkeit entspricht im Werkstoffmodell die Unabhängigkeit des Elastizitätsmoduls von σ und ε^e. Folglich ist

$$\varepsilon^e = \frac{\sigma}{E} \tag{11.7}$$

die konstitutive Gleichung zur Ermittlung des elastischen Anteils von ε. Dabei handelt es sich um das HOOKE'sche Gesetz. Das konstitutive Gesetz zur Ermittlung des

*JAMES CLERK MAXWELL (1831–1879)

viskosen Anteils von ε lautet:

$$\dot{\varepsilon}^v = \frac{\sigma}{\eta} \,. \tag{11.8}$$

Der Werkstoffparameter η in (11.8) wird als Zähigkeit bezeichnet. Die Einheit von η ist $[Pa \cdot s]$. Dem linearen Zusammenhang zwischen σ und $\dot{\varepsilon}^v = d\varepsilon^v/dt$ entspricht im Gedankenmodell die Linearität des Zusammenhangs zwischen der Federkraft P und der Dämpfergeschwindigkeit $\dot{u}^v$. Da in (11.8) eine Dehnungsgeschwindigkeit aufscheint, muss (11.6) zur Berechnung von ε nach der Zeit abgeleitet werden:

$$\dot{\varepsilon} = \dot{\varepsilon}^e + \dot{\varepsilon}^v \,. \tag{11.9}$$

Bei der laut (11.9) erforderlichen Ableitung von (11.7) nach der Zeit wird die für Werkstoffalterung charakteristische Zunahme des Elastizitätsmoduls mit der Zeit nicht berücksichtigt. Dementsprechend wird auch η als Konstante angesehen. Einsetzen der unter der Voraussetzung von $E = konst.$ nach der Zeit abgeleiteten Beziehung (11.7) sowie von (11.8) in (11.9) führt auf

$$\dot{\varepsilon} = \frac{\dot{\sigma}}{E} + \frac{\sigma}{\eta} \,. \tag{11.10}$$

(11.10) ist die Differentialgleichung zur mathematischen Beschreibung zeitabhängigen Materialverhaltens auf der Grundlage des MAXWELL'schen Modells.

Im Folgenden wird die Kriechkurve für eine im Zeitintervall $0 \le t < t_1$ wirkende konstante Spannung $\sigma^{(0)}$ ermittelt. Wegen $\sigma = \sigma^{(0)} = konst.$ ist $\dot{\sigma} = 0$. Aus (11.10) folgt somit $\dot{\varepsilon} = \sigma^{(0)}/\eta$. Unter der Voraussetzung von $\eta = konst.$ ergibt die Integration dieses Ausdrucks

$$\varepsilon(t) = \frac{\sigma^{(0)}}{\eta} t + c \,. \tag{11.11}$$

Für das Zeitintervall $0 \le t < t_1$ wird die Integrationskonstante c aus der Anfangsbedingung ermittelt. Diese lautet:

$$\varepsilon(t = 0) = \frac{\sigma^{(0)}}{E} = \varepsilon^e \,. \tag{11.12}$$

(11.12) drückt aus, dass die sofortige Dehnung $\varepsilon(t = 0)$ gleich der elastischen Dehnung ε^e ist. Somit ergibt sich die Integrationskonstante zu $c = \sigma^{(0)}/E$. Folglich gilt für $0 \le t < t_1$

$$\varepsilon(t) = \frac{\sigma^{(0)}}{E} + \frac{\sigma^{(0)}}{\eta} t \,. \tag{11.13}$$

Demnach ist $(\sigma^{(0)}/\eta)\, t$ der viskose Anteil von ε. (11.13) kann auch in der Form

$$\varepsilon(t) = J(t)\, \sigma^{(0)} \tag{11.14}$$

mit

$$J(t) = \frac{1}{E} + \frac{1}{\eta} t \tag{11.15}$$

angeschrieben werden. $J(t)$ wird als Nachgiebigkeitsfunktion bezeichnet. Sie besteht aus zwei Anteilen, der zeitunabhängigen elastischen Nachgiebigkeit $1/E$ und der zeitabhängigen Nachgiebigkeit $C(t) = (1/\eta)\, t$. $C(t)$ wird als Kriechfunktion bezeichnet.

Für das Zeitintervall $t_1 < t \leq \infty$ gilt $\sigma = 0$ und $\dot{\sigma} = 0$. Somit führt (11.10) auf $\varepsilon(t) = c$. Da die elastische Dehnung $\sigma^{(0)}/E$ bei der Entlastung zum Zeitpunkt $t = t_1$ sofort auf null zurückgeht, muss die Dehnung nach diesem Zeitpunkt laut (11.13) gleich der viskosen Dehnung $(\sigma^{(0)}/\eta)\, t_1$ sein. Somit ergibt sich die Integrationskonstante c zu $c = (\sigma^{(0)}/\eta)\, t_1$. Folglich gilt für $t_1 < t \leq \infty$

$$\varepsilon(t) = \frac{\sigma^{(0)}}{\eta}\, t_1 \; . \tag{11.16}$$

Die durch die Gleichungen (11.13) und (11.16) beschriebene Kriechkurve ist in Abb. 11.10b dargestellt. Die Abbildung verdeutlicht zwei grundlegende Schwächen der auf der Basis des MAXWELL'schen Modells erhaltenen Kriechkurve. Es sind dies die konstante Kriechgeschwindigkeit im Zeitintervall $0 \leq t < t_1$ und die konstante Verzerrung im Zeitintervall $t_1 < t \leq \infty$.

Zur Bestimmung der Relaxationskurve auf der Grundlage des MAXWELL'schen Modells geht man von einer konstanten Dehnung $\varepsilon(t) = \varepsilon^{(0)}$ aus. Folglich ist $\dot{\varepsilon} = 0$. Damit erhält man aus (11.10)

$$\dot{\sigma} + \frac{E}{\eta}\, \sigma = 0 \; . \tag{11.17}$$

Unter der Voraussetzung von $E = konst.$ und $\eta = konst.$ ergibt sich die Lösung dieser Differentialgleichung zu

$$\sigma(t) = c \, \exp\left(-\frac{E}{\eta}\, t\right) \; . \tag{11.18}$$

Die Integrationskonstante c bestimmt man aus der Anfangsbedingung $\sigma(t = 0) = \sigma^{(0)} = E\, \varepsilon^{(0)}$ zu $c = E\, \varepsilon^{(0)}$. Somit erhält man aus (11.18)

$$\sigma(t) = E\, \varepsilon^{(0)} \, \exp\left(-\frac{E}{\eta}\, t\right) \; . \tag{11.19}$$

Die durch (11.19) beschriebene Relaxationskurve ist in Abb. 11.10c dargestellt. Die Spannung strebt also mit zunehmender Zeit asymptotisch gegen null. Das ist eine Schwäche des Modells. Bei der Relaxation von Spannstählen strebt nämlich die Spannung mit wachsender Zeit asymptotisch gegen einen von null verschiedenen Wert.

(11.19) kann auch in der Form

$$\sigma(t) = R(t)\, \varepsilon^{(0)} \tag{11.20}$$

mit

$$R(t) = E \, \exp\left(-\frac{E}{\eta}\, t\right) \tag{11.21}$$

angeschrieben werden. $R(t)$ wird als Relaxationsfunktion bezeichnet.

KELVIN-VOIGT'sches Modell

Diesem Werkstoffmodell entspricht ein Gedankenmodell, dessen Grundelemente wie beim MAXWELL'schen Modell eine elastische Feder und ein viskoser Dämpfer sind. Im Gegensatz zum MAXWELL'schen Modell sind beim KELVIN-VOIGT'schen Modell[*,**]

---

*LORD KELVIN (1824–1907) veröffentlichte 1865 Ergebnisse von Untersuchungen über die Elastizität und Viskosität von Metallen.

**WOLDEMAR VOIGT (1850–1919) publizierte im Jahre 1900 Erkenntnisse über die Elastizität von Kristallen.

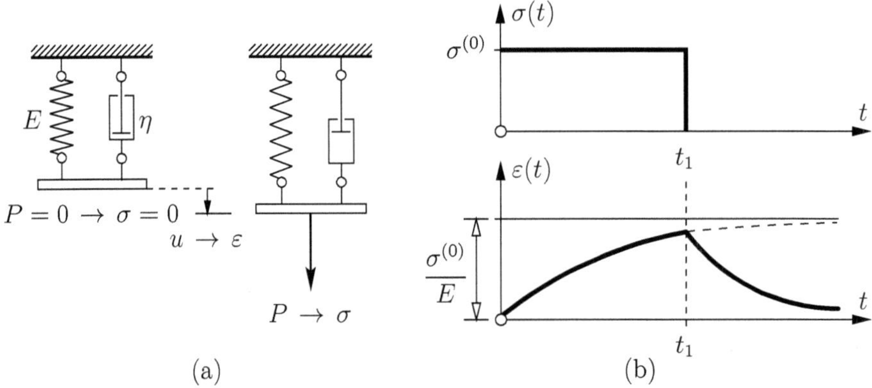

Abb. 11.11: KELVIN-VOIGT'sches Modell: (a) Feder-Dämpfer-Gedankenmodell, (b) Kriechkurve

jedoch Feder und Dämpfer parallel angeordnet (Abb. 11.11a). Dieser Anordnung im Gedankenmodell entspricht im Werkstoffmodell die Beziehung

$$\sigma = \sigma^e + \sigma^v \,. \tag{11.22}$$

Ferner entspricht ihr im Werkstoffmodell $\varepsilon^e = \varepsilon^v = \varepsilon$. Analog zu den Beziehungen (11.7) und (11.8) gilt

$$\sigma^e = E\,\varepsilon \tag{11.23}$$

und

$$\sigma^v = \eta\,\dot{\varepsilon} \,. \tag{11.24}$$

Einsetzen von (11.23) und (11.24) in (11.22) führt auf

$$\dot{\varepsilon} + \frac{E}{\eta}\,\varepsilon = \frac{\sigma}{\eta} \,. \tag{11.25}$$

(11.25) ist die Differentialgleichung zur mathematischen Beschreibung zeitabhängigen Materialverhaltens auf der Grundlage des KELVIN-VOIGT'schen Modells.

Im Folgenden wird die Kriechkurve für eine im Zeitintervall $0 \leq t < t_1$ wirkende konstante Spannung $\sigma^{(0)}$ ermittelt. Für $\sigma^{(0)} = konst.$ erhält man die allgemeine Lösung der inhomogenen Differentialgleichung (11.25) unter der Voraussetzung von $E = konst.$ und $\eta = konst.$ zu

$$\varepsilon(t) = \hat{c}\;\exp\left(-\frac{E}{\eta}\,t\right) + \frac{\sigma^{(0)}}{E} \,. \tag{11.26}$$

Die Integrationskonstante $\hat{c}$ wird aus der Anfangsbedingung $\varepsilon(t=0) = 0$ bestimmt. Diese Bedingung folgt aus der parallelen Anordnung von Feder und Dämpfer. Setzt man in (11.26) $t = 0$ und $\varepsilon = 0$, so erhält man die Integrationskonstante zu $\hat{c} = -\sigma^{(0)}/E$. Somit gilt für $0 \leq t \leq t_1$

$$\varepsilon(t) = \frac{\sigma^{(0)}}{E}\left[1 - \exp\left(-\frac{E}{\eta}\,t\right)\right] . \tag{11.27}$$

Folglich strebt die Dehnung mit wachsender Zeit asymptotisch gegen die elastische Dehnung $\varepsilon^e = \sigma^{(0)}/E$ (Abb. 11.11b). Mit Hilfe der Nachgiebigkeitsfunktion

$$J(t) = \frac{1}{E}\left[1 - \exp\left(-\frac{E}{\eta}\,t\right)\right] \tag{11.28}$$

kann (11.27) in Form von (11.14) angeschrieben werden.

Für das Zeitintervall $t_1 < t \leq \infty$ gilt $\sigma = 0$. Aus (11.25) folgt deshalb

$$\varepsilon(t) = \hat{c}\,\exp\left(-\frac{E}{\eta}\,t\right) . \tag{11.29}$$

Aufgrund der parallelen Anordnung von Feder und Dämpfer bewirkt die vollständige Entlastung zum Zeitpunkt $t = t_1$ keine sofortige Abnahme der Dehnung. Demnach muss für $t = t_1$ die Dehnung gemäß (11.27) gleich der Dehnung laut (11.29) sein. Aus dieser Bedingung folgt die Integrationskonstante $\hat{c}$ zu

$$\hat{c} = \varepsilon(t_1)\,\exp\left(\frac{E}{\eta}\,t_1\right) \tag{11.30}$$

mit

$$\varepsilon(t_1) = \frac{\sigma^{(0)}}{E}\left[1 - \exp\left(-\frac{E}{\eta}\,t_1\right)\right] . \tag{11.31}$$

Setzt man (11.30) in (11.29) ein, so erhält man für $t_1 \leq t \leq \infty$

$$\varepsilon(t) = \varepsilon(t_1)\,\exp\left[-\frac{E}{\eta}\,(t - t_1)\right] . \tag{11.32}$$

Die Dehnung strebt also mit zunehmender Zeit asymptotisch gegen null (Abb. 11.11b). Die Abbildung verdeutlicht drei grundlegende Schwächen der auf der Basis des KELVIN-VOIGT'schen Modells erhaltenen Kriechkurve. Es sind dies das Fehlen einer sofortigen Dehnung zum Zeitpunkt des Aufbringens der Belastung sowie einer sofortigen Abnahme der Dehnung zum Zeitpunkt der Entfernung der Belastung und das asymptotische, also extrem verzögerte Streben der Dehnung gegen die elastische Dehnung.

Zur Bestimmung der Relaxationskurve auf der Grundlage des KELVIN-VOIGT'schen Modells geht man von $\varepsilon(t) = \varepsilon^{(0)} = konst.$ aus, woraus $\dot{\varepsilon} = 0$ folgt. Somit liefert die Differentialgleichung (11.25) die Beziehung $\sigma(t) = E\,\varepsilon^{(0)} = konst.$ Durch Vergleich dieser Beziehung mit (11.20) ergibt sich die Relaxationsfunktion zu $R(t) = E = konst.$ Das KELVIN-VOIGT'sche Modell ist also zur mathematischen Beschreibung von Relaxation ungeeignet.

Wirklichkeitsnähere viskoelastische Feder-Dämpfer-Modelle

Die aufgezeigten Schwächen der beiden vorgestellten Modelle zur Erfassung zeitabhängigen Materialverhaltens lassen eine brauchbare Approximation etwa der in Abb. 11.8 dargestellten, experimentell ermittelten Kriechkurven für Beton nicht zu. Dazu bedarf es wirklichkeitsnäherer Materialmodelle. Ihnen entsprechen Gedankenmodelle, die aus mehreren Federn und Dämpfern bestehen. Als Beispiel sei ein Vierparametermodell angeführt, das sich als Kombination des MAXWELL'schen und

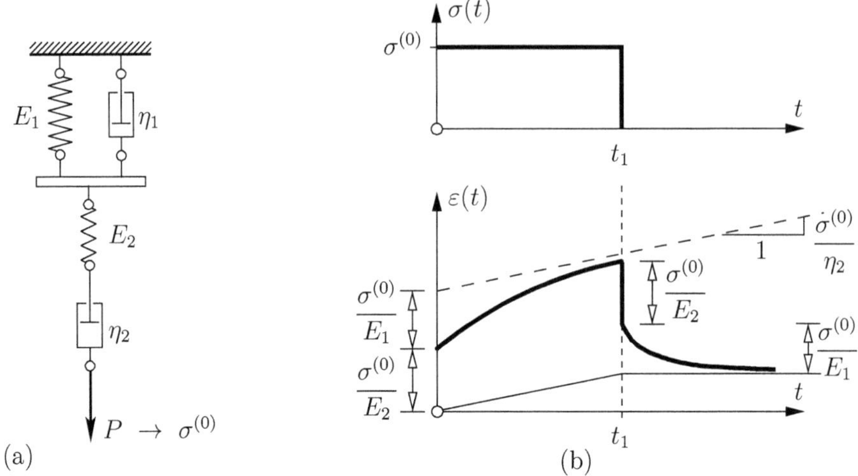

Abb. 11.12: Vierparametermodell als Kombination des MAXWELL'schen und des KELVIN-VOIGT'schen Modells: (a) Feder-Dämpfer-Gedankenmodell, (b) Kriechkurve

des KELVIN-VOIGT'schen Modells ergibt (Abb. 11.12a). Dieses Werkstoffmodell enthält vier Materialparameter: E_1, E_2, η_1, η_2. Wie ein Vergleich von Abb. 11.12b und Abb. 11.8 zeigt, lassen sich die experimentell ermittelten Kriechkurven für Beton gemäß Abb. 11.8 mit diesem Materialmodell gut approximieren.

BOLTZMANN'sches Superpositionsprinzip

In der linearen Viskoelastizitätstheorie kommt dem BOLTZMANN'schen Superpositionsprinzip* große Bedeutung zu. Diesem Prinzip gemäß ergibt sich die Verzerrung zu einem bestimmten Zeitpunkt t als Summe der Verzerrungen infolge von Spannungen, die zu verschiedenen Zeitpunkten aufgebracht wurden und über verschieden lange Zeitabschnitte wirken. Für eine zum Zeitpunkt $t = 0$ aufgebrachte Spannung $\sigma^{(0)}$ ergibt sich die Verzerrung zu einem beliebigen Zeitpunkt $t \geq 0$ zu $\varepsilon(t) = J(t)\,\sigma^{(0)}$ (Abb. 11.13). Einer Änderung $\Delta\sigma^{(1)}$ der Spannung $\sigma^{(0)}$ zum Zeitpunkt $t = t_1$ entspricht für $t > t_1$ die Verzerrungsänderung $\Delta\varepsilon(t) = J(t - t_1)\,\Delta\sigma^{(1)}$. Bei Spannungsänderungen $\Delta\sigma^{(1)}$, $\Delta\sigma^{(2)}$, ..., $\Delta\sigma^{(i)}$ zu den Zeitpunkten $t = t_1$ bzw. $t = t_2$, ..., $t = t_i$ ergibt sich die Verzerrung zum Zeitpunkt $t > t_i$ laut BOLTZMANN'schem Superpositionsprinzip folglich zu

$$\varepsilon(t) = J(t)\,\sigma^{(0)} + J(t - t_1)\,\Delta\sigma^{(1)} + J(t - t_2)\,\Delta\sigma^{(2)} + \ldots + J(t - t_i)\,\Delta\sigma^{(i)} \,. \quad (11.33)$$

Die Verzerrung ist also von der Belastungsgeschichte abhängig. Die Kriechkurve gemäß (11.33) ist in Abb. 11.13 für den Bereich $0 \leq t < t_2$ dargestellt. Auf analoge Weise erhält man die von der Verformungsgeschichte abhängige Spannung zum Zeitpunkt $t > t_i$ zu

$$\sigma(t) = R(t)\,\varepsilon^{(0)} + R(t - t_1)\,\Delta\varepsilon^{(1)} + R(t - t_2)\,\Delta\varepsilon^{(2)} + \ldots + R(t - t_i)\,\Delta\varepsilon^{(i)} \,. \quad (11.34)$$

*LUDWIG BOLTZMANN (1844–1906) veröffentlichte 1874 eine Arbeit zur Theorie der elastischen Nachwirkung.

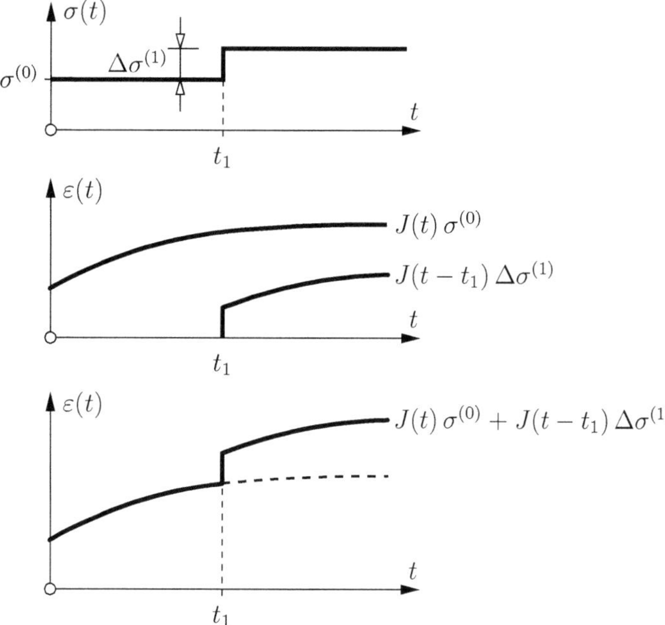

Abb. 11.13: Zum BOLTZMANN'schen Superpositionsprinzip der linearen Viskoelastizitätstheorie

In (11.34) bezeichnen $\Delta\varepsilon^{(1)}$, $\Delta\varepsilon^{(2)}$, ..., $\Delta\varepsilon^{(i)}$ die Verzerrungsänderungen zu den Zeitpunkten $t = t_1$ bzw. $t = t_2$, ..., $t = t_i$.

Mit Hilfe der aus (11.14) folgenden Beziehung für die Nachgiebigkeitsfunktion,

$$J(t) = \frac{\varepsilon(t)}{\sigma^{(0)}} , \tag{11.35}$$

und der aus (11.20) resultierenden Beziehung für die Relaxationsfunktion,

$$R(t) = \frac{\sigma(t)}{\varepsilon^{(0)}} , \tag{11.36}$$

kann überprüft werden, ob die Annahme linear viskoelastischen Materialverhaltens gerechtfertigt ist. Da bei einem solchen Materialverhalten ein linearer Zusammenhang zwischen den Spannungen und den Verzerrungen besteht, müssen Kriechversuche bei verschiedenen Werten für $\sigma^{(0)}$ dieselbe Nachgiebigkeitsfunktion ergeben. Analog dazu müssen Relaxationsversuche bei verschiedenen Werten für $\varepsilon^{(0)}$ auf dieselbe Relaxationsfunktion führen. Trifft das für einen bestimmten Wertebereich von $\sigma^{(0)}$ bzw. $\varepsilon^{(0)}$ zu, dann ist die Annahme linear viskoelastischen Materialverhaltens für diesen Wertebereich der Spannung bzw. Verzerrung gerechtfertigt.

Berücksichtigung zeitabhängigen Materialverhaltens für Beton

Alternativ zur Entwicklung von linear viskoelastischen Materialmodellen anhand von Gedankenmodellen mit Feder- und Dämpferelementen kann man die Nachgiebigkeitsfunktion $J(t)$ direkt aus Kriechversuchen mit Hilfe eines geeigneten Funktionsansatzes approximieren. Die Verzerrung infolge einer konstanten Spannung $\sigma^{(0)}$ wird dann bei bekanntem $J(t)$ aus (11.14) als Funktion der Zeit ermittelt. Diese Vorgangsweise ist im Betonbau üblich. Dabei wird nicht nur die Abhängigkeit der Nachgiebigkeitsfunktion für Beton von der Einwirkungsdauer der Belastung sondern auch vom Alter t_0 des Betons zum Zeitpunkt der Lastaufbringung berücksichtigt. Die Nachgiebigkeitsfunktion J hängt also sowohl vom aktuellen Betonalter t als auch von t_0 ab. Es gilt demnach $J = J(t, t_0)$. Je älter der Beton zum Zeitpunkt der Lastaufbringung ist, desto geringer sind die Kriechverformungen. Auf analoge Weise kann die Relaxationsfunktion $R(t)$ für Spannstahl direkt aus Relaxationsversuchen mit Hilfe eines geeigneten Funktionsansatzes approximiert werden.

Der Ansatz für die Nachgiebigkeitsfunktion von Beton hat die zu (11.15) analoge Form

$$J(t, t_0) = \frac{1}{E_C(t_0)} + C(t, t_0) \ . \tag{11.37}$$

Für die Kriechfunktion wird der Ansatz

$$C(t, t_0) = \frac{\phi(t, t_0)}{E_C(t_0)} \tag{11.38}$$

getroffen, wobei $\phi(t, t_0)$ die Kriechzahl und $E_C(t_0)$ den Elastizitätsmodul des Betons zum Zeitpunkt der Lastaufbringung bezeichnen. Ebenso wie die Druckfestigkeit ist der Elastizitätsmodul vom Alter des Betons abhängig. Beide Größen nehmen über den Zeitpunkt ihrer Messung im Alter von 28 Tagen hinaus weiter zu. Die Druckfestigkeit zum Zeitpunkt $t \gg 28$ Tage kann um 10–50 % größer als die im Alter von 28 Tagen vorliegende Druckfestigkeit sein. Der Elastizitätsmodul kann zu einem solchen Zeitpunkt um bis zu 15 % größer als der im Alter von 28 Tagen vorhandene Elastizitätsmodul sein.

Für die Kriechzahl $\phi(t, t_0)$ kann beispielsweise ein Ansatz getroffen werden, der die sogenannte Endkriechzahl $\phi(t \to \infty, t_0)$ enthält. Letztere ist der für $t \to \infty$ auftretende Größtwert der Kriechzahl. Er würde erreicht werden, wenn eine im Alter t_0 des Betons aufgebrachte Spannung nie entfernt würde. Funktionsansätze für die Verläufe der zeitabhängigen Größen findet man in den einschlägigen Normen (siehe z. B. [Eurocode 2]). Die Endkriechzahl hängt vor allem von der Zusammensetzung des Betons, der relativen Feuchte der Umgebung, den Abmessungen des betreffenden Bauteils und vom Alter des Betons bei der Lastaufbringung ab. Typische Werte für die Endkriechzahlen von Normalbeton unter üblichen Bedingungen in gemäßigten Klimazonen betragen zwischen 1,0 und 6,0. Sie dürfen nur verwendet werden, wenn die Druckspannung im Beton den Wert von etwa 40 % der einaxialen Druckfestigkeit nicht überschreitet. Damit wird sichergestellt, dass sich das Material zumindest näherungsweise linear viskoelastisch verhält.

Bei Zugrundelegung des BOLTZMANN'schen Superpositionsprinzips erhält man die gesamte zeitabhängige Verzerrung analog zu (11.33) zu

$$\varepsilon_{tot}(t, t_0) = \varepsilon_n(t) + J(t, t_0)\, \sigma^{(0)} + J(t, t_1)\, \Delta\sigma^{(1)} + J(t, t_2)\, \Delta\sigma^{(2)} + \cdots + J(t, t_i)\, \Delta\sigma^{(i)} \ . \tag{11.39}$$

In (11.39) bezeichnet ε_n den spannungsunabhängigen Anteil der Verzerrungen. Dabei handelt es sich um Verzerrungen, die durch Schwinden des Betons und durch Temperaturänderungen hervorgerufen werden. Unter Schwinden versteht man die zeitabhängige Volumenabnahme von Beton bei konstanter relativer Umgebungsfeuchte und konstanter Temperatur der Umgebung ohne Einwirkung von äußeren Kräften. Der zweite Term auf der rechten Seite bezieht sich auf die Kriechverformungen infolge einer zum Zeitpunkt t_0 aufgebrachten Last. Diese bewirkt eine Spannung $\sigma(t_0) = \sigma^{(0)}$, die sich mit fortschreitender Zeit nicht ändert. Die folgenden Terme auf der rechten Seite betreffen die Kriechverformungen infolge von Spannungsänderungen $\Delta\sigma(t_1) = \Delta\sigma^{(1)}$, $\Delta\sigma(t_2) = \Delta\sigma^{(2)}$, ..., $\Delta\sigma(t_i) = \Delta\sigma^{(i)}$.

Wenn derartige Spannungsänderungen vernachlässigbar klein sind, dann dürfen die zeitabhängigen Verzerrungen mit Hilfe des sogenannten effektiven Elastizitätsmoduls $E_{C,eff}$ berechnet werden. Setzt man (11.38) in (11.37) ein und trägt die so erhaltene Beziehung in (11.14) ein, dann ergibt sich

$$\varepsilon(t, t_0) = \frac{\sigma^{(0)}}{E_{C,eff}} \tag{11.40}$$

mit

$$E_{C,eff}(t) = \frac{E_C(t_0)}{1 + \phi(t, t_0)} \; . \tag{11.41}$$

(11.40) entspricht dem HOOKE'schen Gesetz. Zur Bestimmung einer Näherungslösung für die Verzerrung zu einem bestimmten Zeitpunkt t infolge einer zum Zeitpunkt t_0 aufgebrachten und im Weiteren konstant gehaltenen Spannung $\sigma^{(0)}$ reicht es also hin, den Elastizitätsmodul des Betons durch den effektiven Elastizitätsmodul zu ersetzen.

Verglichen mit den Differentialgleichungen zur Beschreibung des zeitabhängigen Verhaltens von Werkstoffen, denen aus Federn und Dämpfern bestehende Gedankenmodelle zugrunde liegen, ermöglichen die in den einschlägigen Normen angegebenen Kriechfunktionen eine einfachere Abschätzung des zeitabhängigen Materialverhaltens. Diese Kriechfunktionen wurden hauptsächlich für Stabtragwerke unter den in gemäßigten Klimazonen üblichen Umweltbedingungen entwickelt. Einen ausführlicheren Überblick über verschiedene Kriechgesetze findet man z. B. in [Hofstetter/Mang (1995)].

Literaturverzeichnis

[Eurocode 2] (ÖNORM ENV 1992), Eurocode 2: Planung von Stahlbeton- und Spannbetontragwerken, Teil 1-1: Grundlagen und Anwendungsregeln für den Hochbau, Österreichisches Normungsinstitut, Wien, 1992.

[Hofstetter/Mang (1995)] G. Hofstetter und H.A. Mang, *Computational Mechanics of Reinforced Concrete Structures*, Verlag Vieweg & Sohn, Braunschweig, 1995.

[Leonhardt (1980)] F. Leonhardt, *Vorlesungen über Massivbau*, Teil 1–6, Springer-Verlag, Berlin, 1980.

[Smadi *et al.* (1985)] M.M. Smadi, F.O. Slate und A.H. Nilson, "High-, Medium-, and Low-Strength Concretes Subject to Sustained Overloads – Strains, Strengths, and Failure Mechanisms", *ACI Journal*, **82** (1985), pp. 657–664.

Kapitel 12

Fließgelenktheorie I. Ordnung für Stäbe

12.1 Allgemeines

Mit der idealisierenden Annahme linear elastischen – ideal plastischen Werkstoffverhaltens wird eine der Voraussetzungen der linearen Stabtheorie – lineare Elastizität – fallen gelassen. Der einschränkende Zusatz „I. Ordnung" im Titel dieses Kapitels drückt die Aufrechterhaltung der Voraussetzung von geometrischer Linearität in der vorliegenden Fließgelenktheorie aus. Bei linear elastischem – ideal plastischem Werkstoffverhalten ist die Fließgrenze die größte vom Werkstoff aufnehmbare Spannung (Abb. 12.1). Bei Erreichen der Fließgrenze nimmt die Dehnung bei gleich bleibender Spannung weiter zu. Entsprechende Werkstoffgesetze werden vor allem für metallische Werkstoffe mit ausgeprägter Fließgrenze f_y, wie beispielsweise naturharte Baustähle, verwendet.

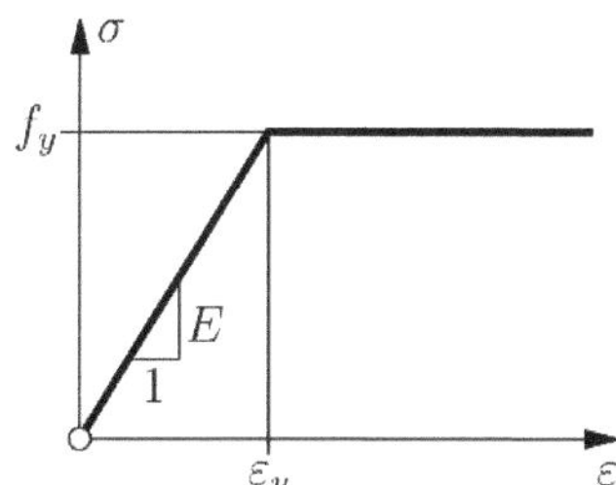

Abb. 12.1: Linear elastisches – ideal plastisches Werkstoffverhalten

Die Berücksichtigung elasto-plastischen Werkstoffverhaltens ermöglicht eine wirtschaftlichere Bemessung von Tragwerken, wenn plastische Verformungen beschränkt zugelassen sind. Zur rechnerischen Abschätzung der Traglast ist die Berücksichtigung plastischer Deformationen unerlässlich. Als Traglast bzw. im Falle linear elastischen – ideal plastischen Materialverhaltens auch als plastische Kollapslast bezeichnet man die größte von einem Tragwerk aufnehmbare Belastung. Die Zunahme der plastischen Verzerrungen ohne weitere Steigerung der Belastung signalisiert bei dieser Idealisierung des Werkstoffverhaltens das Versagen des Tragwerks.

Die Feststellung, ob an einer bestimmten Stelle eines Stabes elastisches oder plastisches Materialverhalten vorliegt, ist einfach, wenn nur die Normalspannung σ_x von null verschieden ist, wie dies bei Axialbeanspruchung und/oder reiner Biegung der Fall

H. A. Mang und G. Hofstetter, *Festigkeitslehre*,
https://doi.org/10.1007/978-3-662-57564-2_12

ist. Elastisches Materialverhalten gilt dann für $|\sigma_x| < f_y$ und plastisches Werkstoffverhalten für $|\sigma_x| = f_y$, wobei f_y die Fließgrenze unter einaxialer Zugbeanspruchung bezeichnet.

Im Allgemeinen sind aber bei Stäben zusätzlich zu Normalspannungen auch Schubspannungen zufolge von Querkräften und/oder Torsionsmomenten vorhanden. Zur Feststellung, ob elastisches oder plastisches Materialverhalten vorliegt, benötigt man dann eine Fließhypothese. Sie dient dazu, um bei einem mehraxialen Spannungszustand eine Vergleichsspannung σ_V zu ermitteln, die beispielsweise der aus einem einaxialen Zugversuch erhaltenen Fließgrenze f_y gegenübergestellt wird. Für $\sigma_V < f_y$ ist das Werkstoffverhalten elastisch, für $\sigma_V = f_y$ ist es plastisch.

In der Stabtheorie werden die in einem Querschnitt wirkenden Spannungen zu Schnittgrößen zusammengefasst (siehe Unterkapitel 6.2). Liegt an jeder Stelle eines durch ein Biegemoment beanspruchten Querschnitts plastisches Materialverhalten vor, so ist der Querschnitt zur Gänze plastiziert. Bei ideal plastischem Materialverhalten ist die Tragfähigkeit dieses Querschnitts erschöpft, und es bildet sich ein sogenanntes Fließgelenk aus. Wenn in einem Querschnitt mehrere Schnittgrößen wirken, dann können verschiedene Kombinationen dieser Schnittgrößen die vollständige Plastizierung des Querschnitts bewirken. Solche Kombinationen beschreibt man mit Hilfe sogenannter Schnittgrößen-Interaktionsbeziehungen.

12.2 Axiale Beanspruchung und reine Biegung

12.2.1 Axiale Beanspruchung

Tritt in einem Querschnitt mit der Fläche A eine Normalkraft N als einzige Schnittgröße auf, dann ist dieser Querschnitt zur Gänze plastiziert, wenn die Normalspannung $\sigma_x = konst.$ die Fließgrenze f_y erreicht. Die größte aufnehmbare Normalkraft, die sogenannte plastische Normalkraft, beträgt somit

$$N^{(p)} = f_y \, A \; . \tag{12.1}$$

Beispiel 12.1: Verbundstab

Für den in Abb. 12.2a dargestellten Verbundstab aus zwei verschiedenen Werkstoffen mit linear elastischem – ideal plastischem Materialverhalten (E_S = 200 000 N/mm^2, $(f_y)_S = 200$ N/mm^2, $A_S = 45$ mm^2, $E_R = 100\,000$ N/mm^2, $(f_y)_R$ = 250 N/mm^2, $A_R = 60$ mm^2) sind (a) das Last-Verschiebungsdiagramm und (b) die verbleibende Längenänderung sowie die Restspannungen nach vollständiger Entlastung von der Belastung $P = 19\,500$ N zu ermitteln.

ad (a): *Die Dehnungen der beiden aus verschiedenen Werkstoffen bestehenden Stabteile sind gleich groß. Bei Erreichen der jeweiligen Fließgrenze betragen sie $(\varepsilon_y)_S = 200/200000 = 0,001$ und $(\varepsilon_y)_R = 250/100000 = 0,0025$. Somit wird zuerst die Fließgrenze $(f_y)_S$ erreicht. Die betreffende Last P ist die elastische Grenzlast. Man erhält sie zu $P = 200\cdot 45 + (200/200\,000)\cdot 100\,000\cdot 60 = 15\,000$ N. Die Verschiebung des freien Stabendes ergibt sich zu $u = 200/200\,000 \cdot 800 = 0,8$ mm. Die Traglast erhält man zu $P = 200 \cdot 45 + 250 \cdot 60 = 24\,000$ N. Die Verschiebung des freien Stabendes bei Erreichen der Traglast ergibt sich zu $u = 250/100\,000 \cdot 800 = 2,0$ mm. Ausgehend*

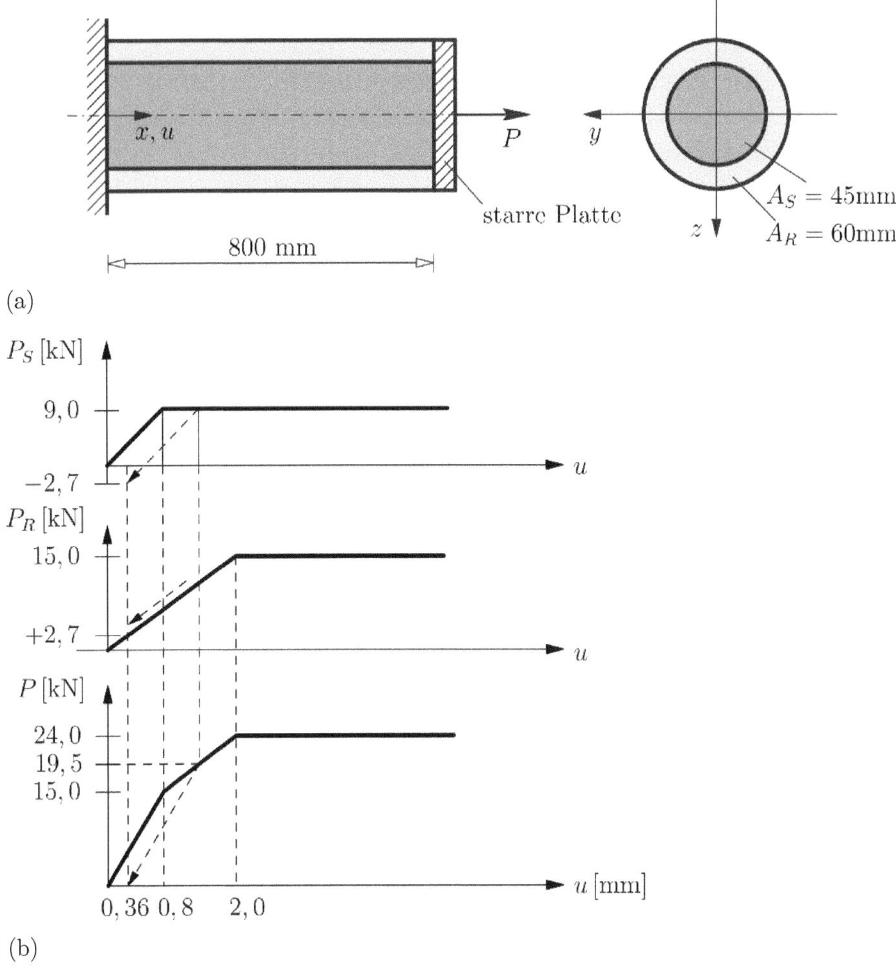

Abb. 12.2: Verbundstab unter axialer Beanspruchung: (a) statisches System, (b) Last-Verschiebungsdiagramm

von diesem Wert, nimmt sie bei konstanter Last bis zum Versagen des Verbundstabes zu.

ad (b): *$P = 19\,500$ N ist größer als die elastische Grenzlast. Deshalb gilt $P_S = 200 \cdot 45 = 9\,000$ N und folglich $P_R = 19\,500 - 9\,000 = 10\,500$ N bzw. $\sigma_R = 10\,500/60 = 175$ N/mm^2 $< (f_y)_R$ und $\varepsilon_R = 175/100\,000 = 0,00175$, woraus die Verschiebung des freien Stabendes zu $u = 0,00175 \cdot 800 = 1,4$ mm resultiert. Für Entlastung gilt linear elastisches Materialverhalten. Aus der Bedingung für vollständige Entlastung, $P = P_S + P_R = 0$, folgt $(9\,000 - 200\,000 \cdot 45 \cdot \Delta\varepsilon_S) + (10\,500 - 100\,000 \cdot 60 \cdot \Delta\varepsilon_R) = 0$. Bei Berücksichtigung der Gleichheit der Abnahme der Dehnungen zufolge Entlastung $\Delta\varepsilon_S = \Delta\varepsilon_R = \Delta\varepsilon$ ergibt sich $\Delta\varepsilon = 0,0013$ und folglich die Abnahme der Verschiebung des freien Stabendes zu $\Delta u = 0,0013 \cdot 800 = 1,04$ mm. Die bleibende Verschiebung des freien Stabendes erhält man somit zu $u = 1,40 - 1,04 = 0,36$ mm. Linear elastisches Werkstoffverhalten bei Entlastung führt auf die nach vollständiger*

Entlastung verbleibenden Restspannungen $\sigma_S = 200 - 200\,000 \cdot 0,0013 = -60$ *N/mm*^{2} *und* $\sigma_R = 175 - 100\,000 \cdot 0,0013 = 45$ *N/mm*^{2}*. Die dann verbleibenden Stabkräfte betragen somit* $P_S = -60,0 \cdot 45 = -2\,700$ *N und* $P_R = 45 \cdot 60 = 2\,700$ *N. Die entsprechenden Last-Verschiebungsdiagramme sind in Abb. 12.2b dargestellt.*

Die nach vollständiger Entlastung eines Tragwerks verbleibenden Verformungen und Spannungen sind wesentliche Merkmale der Beanspruchung bei elastoplastischem Werkstoffverhalten.

12.2.2 Reine Biegung

Der Einfachheit halber wird reine Biegung um die Trägheitshauptachse η eines aus einem linear elastischen – ideal plastischen Werkstoff bestehenden Stabes mit einfach symmetrischem Querschnitt vorausgesetzt (Abb. 12.3a). In Abb. 12.3b ist der Verlauf der Normalspannung σ_x längs der ζ-Achse bei Erreichen der Fließgrenze f_y in der untersten Randfaser des Querschnitts dargestellt. Das zugehörige Biegemoment – das sogenannte elastische Grenz- oder Fließmoment – wird mit $M_\eta^{(y)}$ bezeichnet. Bei weiterer Steigerung des Biegemoments setzt sich die Plastizierung ins Querschnittsinnere fort. Die Spannung in der untersten Randfaser kann bei Zugrundelegung von linear elastischem – ideal plastischem Materialverhalten nicht weiter zunehmen, und die Fließgrenze wird in einem immer größer werdenden Bereich des Querschnitts erreicht. Innerhalb dieses Bereichs gilt somit $\sigma_x = f_y =$ konst. Bei fortgesetzter Steigerung des Biegemoments wird schließlich in der obersten Randfaser des Querschnitts die Fließgrenze im Druckbereich erreicht, es ist also $\sigma_x = -f_y$. Im gesamten Zugbereich ist dann die Normalspannung gleich f_y und im ganzen Druckbereich gleich $-f_y$. Der Querschnitt ist somit vollständig plastiziert (Abb. 12.3d). Seine Tragfähigkeit ist damit erschöpft. Das Biegemoment $M_\eta^{(p)}$, das der erwähnten Spannungsverteilung entspricht, wird plastisches Moment oder Tragmoment genannt. Es ist das größte Biegemoment, das der betreffende Querschnitt bei reiner Biegung um die η-Achse aufnehmen kann. Ein Biegemoment $M^{(ep)}$, das größer als $M^{(y)}$ aber kleiner als $M^{(p)}$ ist, wird als elasto-plastisches Moment bezeichnet. Es ist durch teilweise Plastizierung

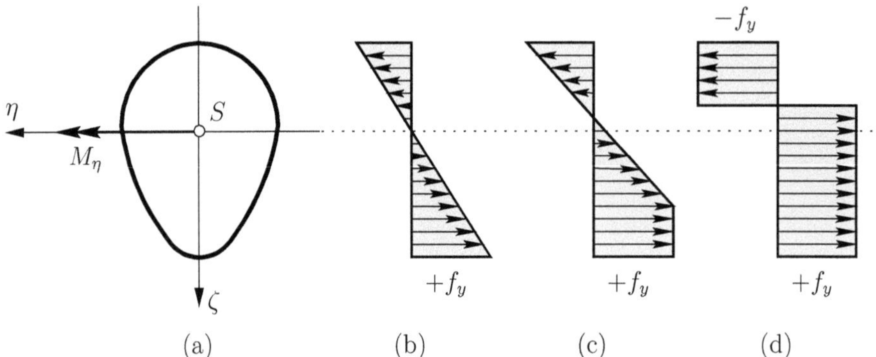

Abb. 12.3: Reine Biegung um die η-Achse: (a) Querschnitt; Verlauf der Normalspannung σ_x über die Höhe infolge (b) des Fließmoments $M_\eta^{(y)}$, (c) des elastoplastischen Moments $M_\eta^{(ep)}$ und (d) des Tragmoments $M_\eta^{(p)}$

des Querschnitts gekennzeichnet (Abb. 12.3c).

Der Quotient von Trag- und Fließmoment,

$$\alpha = M^{(p)}/M^{(y)}, \tag{12.2}$$

heißt Formbeiwert. Er ist ein Maß für die Tragreserve, über die ein Querschnitt bei reiner, einachsiger Biegung nach Erreichen des Fließmoments verfügt. Diese Reserve wird als Querschnittsreserve bezeichnet. So gilt etwa, wie zu zeigen sein wird, für Rechteckquerschnitte $\alpha = 1,5$, während man für Kreisquerschnitte $\alpha = 1,7$ erhält. Für I-Querschnitte ist der Formbeiwert wesentlich kleiner. Er liegt dort in der Regel zwischen 1,12 und 1,18.

Da der betreffende Querschnitt bei Erreichen des Tragmoments keine Biegesteifigkeit mehr aufweist, kann er als Biegemomentengelenk mit eingeprägtem Tragmomentenpaar idealisiert werden. Ein solches Gelenk wird als plastisches Gelenk bzw. Fließgelenk bezeichnet.

Die Tragfähigkeit eines statisch bestimmt gelagerten Trägers ist erschöpft, wenn an einer Stelle ein Fließgelenk auftritt, weil der Stab dadurch zu einer kinematischen Kette wird (Abb. 9.14a). Im Gegensatz dazu müssen sich bei statisch unbestimmten Stabtragwerken im Allgemeinen mehrere Fließgelenke ausbilden bis eine kinematische Kette entsteht. Die damit verbundene Tragreserve statisch unbestimmter Stabtragwerke wird als Systemreserve bezeichnet. In Abb. 9.14b ist eine solche kinematische Kette für einen einfach statisch unbestimmt gelagerten Balken dargestellt.

Zur Ermittlung des Verlaufs von σ_x über den Querschnitt stehen die Bedingungen (siehe Unterkapitel 6.3)

$$N = \int_A \sigma_x \, dA \quad , \qquad M_\eta = \int_A \zeta \sigma_x \, dA \tag{12.3}$$

zur Verfügung. Für $N = 0$ und $M_\eta \neq 0$ folgt aus (12.3_1), dass sich die Nulllinie im Falle des in Abb. 12.3 dargestellten Querschnitts mit fortschreitender Plastizierung des Querschnitts parallel zur y-Achse verschiebt und bei Erreichen des Tragmoments die Querschnittsfläche halbiert. Wenn die y-Achse eine Symmetrieachse des Querschnitts ist und somit dessen Fläche von vornherein halbiert, verschiebt sich die mit ihr zusammenfallende Nulllinie offensichtlich nicht.

Wenn das Biegemoment M_η größer als das Fließmoment $M_\eta^{(y)}$ ist, trifft eine der Voraussetzungen der linearen Stabtheorie – das HOOKE'sche Gesetz – in den plastizierten Teilbereichen des Querschnitts nicht mehr zu. Folglich gilt auch der lineare Zusammenhang zwischen dem Biegemoment und der Verkrümmung der Stabachse laut (6.107),

$$\kappa_\zeta = \frac{M_\eta}{EI_\eta}, \tag{12.4}$$

nicht mehr. Trotzdem wird diese auf der linearen Stabtheorie beruhende Beziehung bis zum Erreichen des Tragmoments $M_\eta^{(p)}$ näherungsweise weiter verwendet. Für Biegung um die Trägheitshauptachse η des Querschnitts wird also auch bei elasto-plastischem Materialverhalten die (12.4) entsprechende Beziehung

$$\kappa_\zeta^{(ep)} = \frac{M_\eta^{(ep)}}{EI_\eta} \tag{12.5}$$

verwendet. Weiterhin benützt werden darf bei elasto-plastischem Materialverhalten in der Regel auch die Hypothese vom Ebenbleiben der Querschnitte. Ihr zufolge ist der Verlauf der Dehnungen über den Querschnitt linear. Bei bekannten Dehnungen erhält man κ_ζ mit Hilfe von (6.106) zu $\kappa_\zeta = \varepsilon_x(\zeta)/\zeta$. Bei Erreichen des Fließmoments gilt laut Abb. 12.3b für die am stärksten beanspruchte, durch $\zeta = \zeta_u$ gekennzeichnete Stabfaser

$$\varepsilon_x(\zeta_u) = \varepsilon_y = \frac{f_y}{E} \quad \text{bzw.} \quad \kappa_\zeta^{(y)} = \frac{\varepsilon_y}{\zeta_u} = \frac{f_y}{E\zeta_u}\ . \tag{12.6}$$

Bei weiterer Steigerung des Biegemoments erhält man an der Grenze des plastizierten

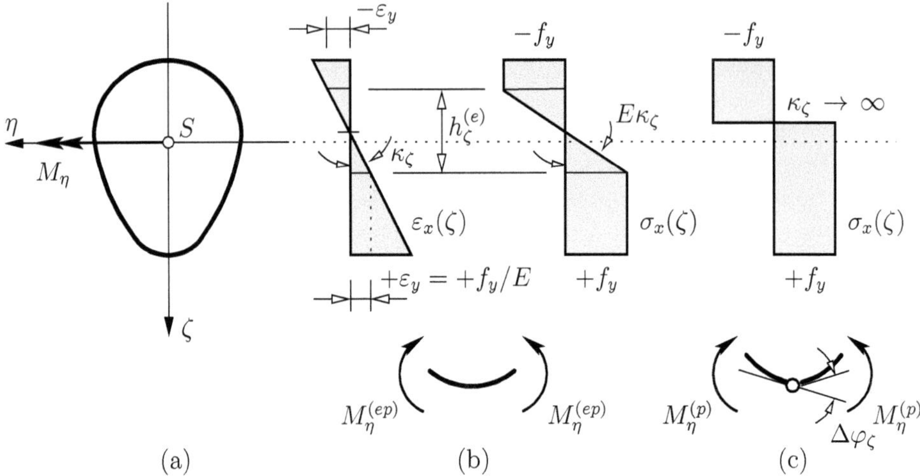

Abb. 12.4: Zur Ableitung der Momenten-Krümmungsbeziehung bei Berücksichtigung elasto-plastischen Materialverhaltens: (a) Querschnitt, (b) elasto-plastisches Biegemoment $M_\eta^{(ep)}$, (c) Tragmoment $M_\eta^{(p)}$

und des elastisch gebliebenen Querschnittsteils $\varepsilon_x = \varepsilon_y = f_y/E$ und folglich bei Vorliegen einer plastischen Zone sowohl im Zug- als auch im Druckbereich (siehe Abb. 12.4b)

$$\kappa_\zeta^{(ep)} = \frac{\varepsilon_y - (-\varepsilon_y)}{h_\zeta^{(e)}} = \frac{2f_y}{Eh_\zeta^{(e)}} \tag{12.7}$$

mit $h_\zeta^{(e)}$ als der Höhe des elastisch gebliebenen Querschnittsteils. Hat das Biegemoment das Tragmoment erreicht, so gilt $h_\zeta^{(e)} = 0$. Dem aus (12.7) folgenden Grenzwert $\kappa_\zeta^{(ep)} \to \infty$ entspricht ein Fließgelenk mit dem Knickwinkel $\Delta\varphi_\zeta$ und dem bekannten Momentenpaar $M_\eta^{(p)}$ (Abb. 12.4c). Die gegenseitige Verdrehung der Querschnitte im Fließgelenk wird auch als plastische Rotation bezeichnet.

Abb. 12.5 erlaubt einen Vergleich der exakten, nach Erreichen des Fließmoments $M_\eta^{(y)}$ nichtlinearen Momenten-Krümmungsbeziehung mit der beschriebenen bilinearen Näherung, der ein linearer Zusammenhang zwischen Moment und Verkrümmung bis zum Erreichen des Tragmoments $M_\eta^{(p)}$ zugrunde liegt. Die Verkrümmung bei Erreichen des Tragmoments folgt bei dieser Näherung aus (12.2) zu

$$\kappa^{(p)} = \alpha\, \kappa^{(y)}\ . \tag{12.8}$$

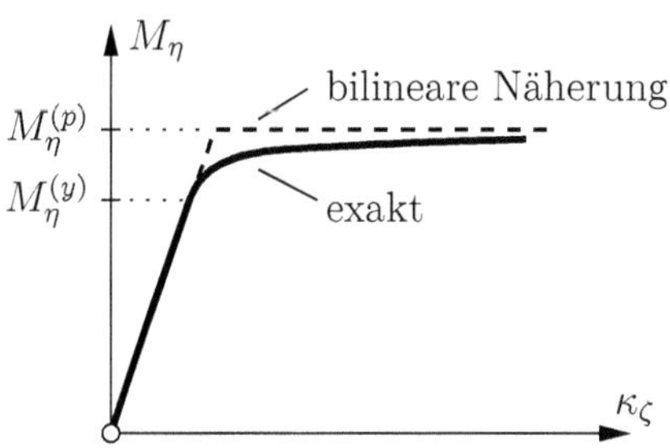

Abb. 12.5: Vergleich der exakten nichtlinearen Momenten-Krümmungsbeziehung bei Berücksichtigung elasto-plastischen Materialverhaltens mit der beschriebenen bilinearen Näherung

Beispiel 12.2: Statisch bestimmter Stab mit Rechteckquerschnitt

Für den in Abb. 12.6a dargestellten, statisch bestimmten Stab mit einem Rechteckquerschnitt der Breite b und der Höhe h, der durch eine in Stabmitte angreifende Einzellast P beansprucht wird, sind folgende Größen gesucht: (a) der Wert von P bei Erreichen des Fließ- und des Tragmoments, (b) der elastisch gebliebene Teilbereich des Querschnitts infolge eines elasto-plastischen Moments $M_\eta^{(ep)} = 1,25\, M_\eta^{(y)}$, (c) die Längserstreckung des elasto-plastischen Bereichs bei Erreichen des Tragmoments, (d) das Last-Verschiebungsdiagramm bis zur Traglast und (e) der Verlauf der Restspannungen bei vollständiger Entlastung von $M_\eta^{(p)}$ vor Versagenseintritt.

Da bei diesem Beispiel sowohl Biegemomente als auch Querkräfte als Schnittgrößen auftreten, liegt keine reine Biegung vor. In erster Näherung darf jedoch der Einfluss der Querkraft auf die Plastizierung und in weiterer Folge auf die Traglast vernachlässigt werden, sodass man wie bei reiner Biegung vorgehen kann. Der Einfluss der mit dem Biegemoment gleichzeitig auftretenden Querkraft wird in den folgenden Abschnitten erläutert.

ad (a): *Für die rechte Trägerhälfte ergibt sich das Biegemoment M_η zu*

$$M(x) = \frac{Pl}{4}\left(1 - \frac{2x}{l}\right) , \tag{12.9}$$

wobei der Ursprung des Koordinatensystems in Trägermitte angenommen wird.

Aus Abb. 12.6c folgt der Verlauf der Normalspannungen über den Querschnitt bei Erreichen des Fließmoments, beim vorliegenden doppeltsymmetrischen Querschnitt also bei Erreichen der Fließgrenze in den obersten und untersten Stabfasern, zu

$$\sigma_x(\zeta) = \frac{f_y}{h/2}\,\zeta \; . \tag{12.10}$$

Einsetzen von (12.10) in (12.3_2) ergibt das Fließmoment

$$M_\eta^{(y)} = \int\limits_{-h/2}^{h/2} \zeta \left(\frac{2f_y}{h}\zeta\right) b\, d\zeta = 2\int\limits_{0}^{h/2} \frac{2f_y}{h}\zeta^2 b\, d\zeta = \frac{bh^2}{6} f_y \; . \tag{12.11}$$

Das Tragmoment erhält man bei Zugrundelegung der Spannungsverteilung laut Abb. 12.6e mit Hilfe der Gleichgewichtsbedingung (12.3_2) zu

$$M_\eta^{(p)} = 2\int_0^{h/2} \zeta f_y\, b\, d\zeta = \frac{bh^2}{4} f_y \; . \tag{12.12}$$

Einsetzen von (12.11) und (12.12) in (12.2) ergibt den Formbeiwert für den Rechteckquerschnitt zu $\alpha = 1,5$.

Gleichsetzen des aus (12.9) zu $Pl/4$ *folgenden Größtwerts des Biegemoments mit* $M_\eta^{(y)}$ *bzw.* $M_\eta^{(p)}$ *ergibt* P *bei Erreichen des Fließ- und des Tragmoments zu*

$$P^{(y)} = \frac{2}{3} f_y \frac{bh^2}{l} \quad \text{bzw.} \quad P^{(p)} = f_y \frac{bh^2}{l} \,. \tag{12.13}$$

Für $P > P^{(y)}$ *bzw. für* $\lambda > 2/3$*, wobei*

$$\lambda = P/P^{(p)} \tag{12.14}$$

den sogenannten Lastfaktor bezeichnet, sind Teilbereiche des Trägers plastiziert. Bei Erreichen von $P^{(p)}$ *entsteht an der Stelle* $x = 0$ *ein Fließgelenk. Der statisch bestimmte Träger wird dadurch zu einer kinematischen Kette. Das führt zum Versagen des Trägers.*

ad (b): *Infolge der Symmetrieeigenschaften des Querschnitts ist im gegenständlichen Fall die Lage der Nulllinie von vornherein bekannt. Mit Hilfe der Gleichgewichtsbedingung (12.3₂) erhält man bei Berücksichtigung der Spannungsverteilung*

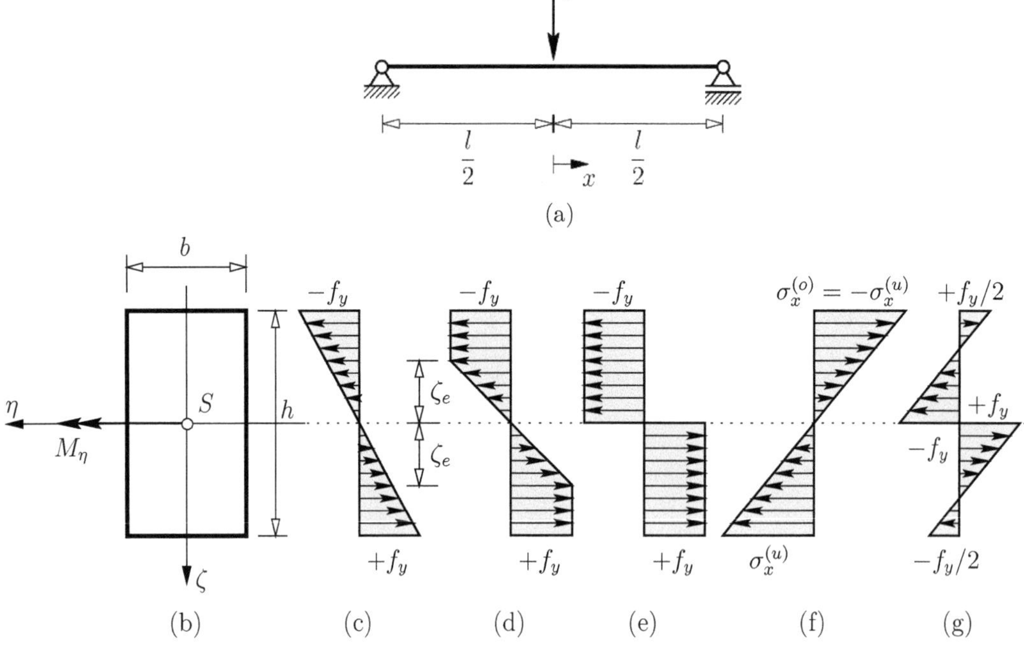

Abb. 12.6: Plastische Biegung für einen Stab mit Rechteckquerschnitt: (a) statisches System und (b) Querschnitt; Verlauf der Normalspannungen σ_x über die Höhe h des Querschnitts infolge (c) des Fließmoments $M_\eta^{(y)}$, (d) des elastoplastischen Moments $M_\eta^{(ep)}$, (e) des Tragmoments $M_\eta^{(p)}$, (f) des Rückstellmoments $M_\eta^{(e)}$ und (g) der Restspannungen nach Entlastung

laut Abb. 12.6d

$$M_\eta^{(ep)} = 2\int_0^{\zeta_e} \zeta\left(\frac{\zeta}{\zeta_e} f_y\right) b\,d\zeta + 2\int_{\zeta_e}^{h/2} \zeta f_y\, b\,d\zeta = \frac{1}{4} f_y b h^2 \left[1 - \frac{1}{3}\left(\frac{2\zeta_e}{h}\right)^2\right] . \quad (12.15)$$

Mittels (12.12) und $h_\zeta^{(e)} = 2\zeta_e$ folgt aus (12.15)

$$M_\eta^{(ep)} = M_\eta^{(p)} \left[1 - \frac{1}{3}\left(\frac{h_\zeta^{(e)}}{h}\right)^2\right] \quad (12.16)$$

und aus (12.16)

$$\frac{h_\zeta^{(e)}}{h} = \sqrt{3\left(1 - \frac{M_\eta^{(ep)}}{M_\eta^{(p)}}\right)} . \quad (12.17)$$

Für ein elasto-plastisches Moment $M_\eta^{(ep)} = 1,25 M_\eta^{(y)}$ erhält man bei Berücksichtigung des Formbeiwerts von $\alpha = 1,5$ für Rechteckquerschnitte aus (12.17)

$$\frac{h_\zeta^{(e)}}{h} = \sqrt{3\left(1 - \frac{1,25 M_\eta^{(y)}}{1,5 M_\eta^{(y)}}\right)} . \quad (12.18)$$

Daraus folgt für den elastischen Querschnittsbereich $h_\zeta^{(e)} = 0,707\,h$. Somit treten an der Stelle des Angriffspunktes von P, ausgehend von der Ober- bzw. Unterkante des Querschnitts, plastische Zonen im Ausmaß von jeweils $0,146\,h$ auf.

Die zufolge $M_\eta^{(ep)}$ auftretende Verkrümmung der Stabachse erhält man aus (12.7) unter Berücksichtigung von (12.6_2) zu

$$\kappa_\zeta^{(ep)} = \frac{2\varepsilon_y}{h}\frac{h}{h_\zeta^{(e)}} = \kappa_\zeta^{(y)}\frac{h}{h_\zeta^{(e)}} , \quad (12.19)$$

wobei von der für Rechteckquerschnitte gültigen Beziehung $\zeta_u = h/2$ in (12.6_2) Gebrauch gemacht wurde. Aus (12.19) folgt demnach

$$\frac{h_\zeta^{(e)}}{h} = \frac{\kappa_\zeta^{(y)}}{\kappa_\zeta^{(ep)}} . \quad (12.20)$$

Eintragen von (12.20) in (12.16) ergibt

$$\frac{M_\eta^{(ep)}}{M_\eta^{(p)}} = 1 - \frac{1}{3}\left(\frac{\kappa_\zeta^{(y)}}{\kappa_\zeta^{(ep)}}\right)^2 . \quad (12.21)$$

(12.21) ist die für $\kappa^{(ep)} \geq \kappa^{(y)}$ geltende, normierte $M\kappa$-Beziehung (siehe Abb. 12.7b).

ad (c): Das in (12.17) aufscheinende Verhältnis von $M_\eta^{(ep)}$ und $M_\eta^{(p)}$ ergibt sich mit dem aus der Belastung $P = P^{(ep)}$ des Trägers resultierenden Biegemoment $M_\eta^{(ep)}$ gemäß (12.9) und dem an der Stelle $x = 0$ auftretenden Tragmoment $M_\eta^{(p)}$ für $P = P^{(p)}$ bei Berücksichtigung von (12.14) zu

$$\frac{M_\eta^{(ep)}}{M_\eta^{(p)}} = \frac{(P^{(ep)}l/4)[1 - 2(x/l)]}{(P^{(p)}l/4)} = \lambda\left(1 - \frac{2x}{l}\right) . \quad (12.22)$$

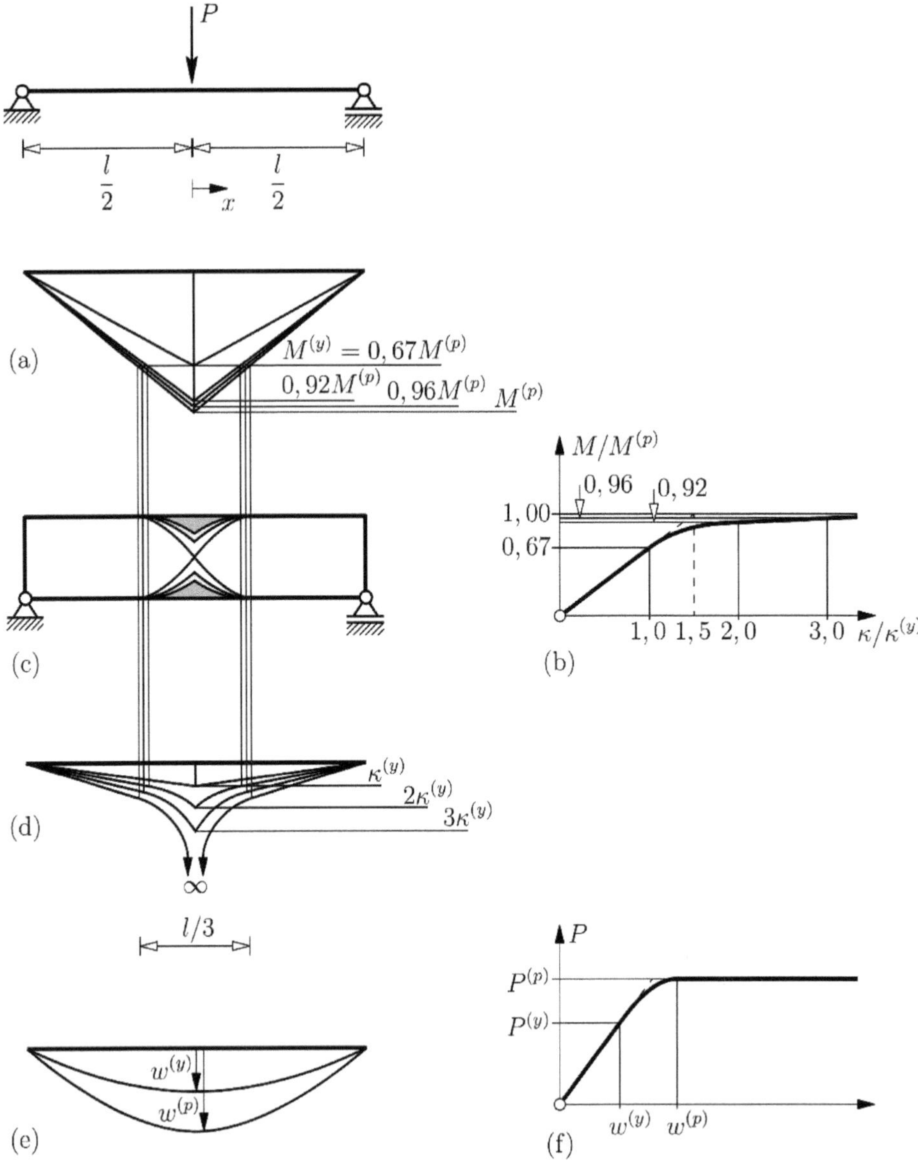

Abb. 12.7: Ergänzungen zu Abb. 12.6: (a) Momentenverläufe, (b) normierte Mκ-Beziehung, (c) plastische Bereiche, (d) Verkrümmungsverläufe, (e) Biegelinien, (f) Last-Verschiebungsdiagramm

Eintragen von (12.22) in (12.17) führt auf

$$\frac{h_\zeta^{(e)}}{h} = \sqrt{3\left[1 - \lambda\left(1 - \frac{2x}{l}\right)\right]} \,. \tag{12.23}$$

In den äußersten Stabfasern tritt Fließen ein, wenn $h_\zeta^{(e)} = h$ *gilt. Für die rechte Hälfte dieses Trägers folgt diese Stelle aus (12.23) zu*

$$x^{(y)} = \frac{(3\lambda - 2)l}{6\lambda} \ . \tag{12.24}$$

Bei Erreichen der Traglast, gekennzeichnet durch $\lambda = 1$, ergibt sich aus (12.24) $x^{(y)} = l/6$. Wegen der Symmetrieeigenschaften erstreckt sich der entsprechende elasto-plastische Bereich, also der Abschnitt mit teilweiser Plastizierung der Querschnitte, von $x = -l/6$ bis $x = +l/6$. Aus (12.23) folgt für $\lambda = 1$ der Verlauf der Grenze zwischen dem elasto-plastischen und dem elastischen Teilgebiet des Trägers zu

$$\frac{h_\zeta^{(e)}}{h} = \sqrt{6x/l} \ .$$

Dieser Grenzverlauf ist in Abb. 12.7c dargestellt. An der Stelle $x = 0$ erhält man für $\lambda = 1$ $h_\zeta^{(e)} = 0$. Der Querschnitt ist an dieser Stelle also zur Gänze plastiziert.

Die Verkrümmung der Stabachse im elasto-plastischen Bereich erhält man durch Einsetzen von (12.23) in (12.19) unter Berücksichtigung der aus (12.6_2) mit $\zeta_u = h/2$ folgenden Beziehung $\kappa_\zeta^{(y)} = 2f_y/(Eh)$ zu

$$\kappa_\zeta^{(ep)} = \kappa_\zeta^{(y)} \frac{h}{h_\zeta^{(e)}} = \frac{2f_y}{Eh} \frac{1}{\sqrt{3\left[1 - \lambda(1 - 2x/l)\right]}} \tag{12.25}$$

und im elastischen Bereich durch Eintragen von (12.9) in (12.4) unter Berücksichtigung von $I = bh^3/12$ und $P = \lambda P^{(p)}$ mit der laut (12.13_2) zu $P^{(p)} = f_y bh^2/l$ gegebenen Traglast zu

$$\kappa_\zeta^{(el)} = \frac{1}{EI_\eta} \frac{Pl}{4} \left(1 - \frac{2x}{l}\right) = \frac{3\lambda f_y}{Eh} \left(1 - \frac{2x}{l}\right) \ . \tag{12.26}$$

Folglich gilt für die zweite Ableitung der Durchbiegung $w(x)$ nach x

$$\begin{aligned} w_{,xx}^{(ep)} &= -\kappa_\zeta^{(ep)} = -\frac{2f_y}{Eh} \frac{1}{\sqrt{3\left[1 - \lambda(1 - 2x/l)\right]}} && \text{für} \quad 0 \le x \le x^{(y)} \ , \\ w_{,xx}^{(el)} &= -\kappa_\zeta^{(el)} = -\frac{3\lambda f_y}{Eh} \left(1 - \frac{2x}{l}\right) && \text{für} \quad x^{(y)} \le x \le l/2 \ . \end{aligned} \tag{12.27}$$

In Abb. 12.7d ist der Verlauf der Verkrümmung der Stabachse gemäß (12.27) dargestellt. Man erkennt, dass trotz des relativ großen Bereichs elasto-plastischen Materialverhaltens die Verkrümmung nur in einem vergleichsweise kleinen Bereich stark zunimmt. Deshalb stellt die Idealisierung der plastischen Verformungen als Fließgelenk eine brauchbare Näherung dar. Dabei wird die räumliche Ausdehnung der Fließzonen längs des Stabes vernachlässigt. Das plastische Verhalten wirkt sich also nur auf das Fließgelenk aus. Für die Bereiche mit teilweiser Querschnittsplastizierung wird näherungsweise linear elastisches Werkstoffverhalten angenommen. Diese Idealisierung ist für Momentenverläufe mit ausgeprägten Extremwerten gut geeignet. Wenn hingegen ausgedehnte Fließzonen auftreten, wie z. B. bei größeren Bereichen konstanter Maxima des Biegemoments, ist diese Idealisierung ungeeignet.

ad (d): *Zweimalige Integration der Gleichungen (12.27) führt auf [Ramm (1996)]*

$$w^{(ep)}(x) = -\frac{2f_y l^2}{27Eh\lambda^2} \sqrt{27\left[1 - \lambda(1 - 2x/l)\right]^3} + c_1 x + c_2 \quad \text{für} \quad 0 \le x \le x^{(y)} \tag{12.28}$$

und

$$w^{(el)}(x) = -\frac{3\lambda f_y l^2}{Eh}\left[\frac{1}{2}\left(\frac{x}{l}\right)^2 - \frac{1}{3}\left(\frac{x}{l}\right)^3\right] + c_3\, x + c_4 \quad \text{für} \quad x^{(y)} \leq x \leq l/2 \; . \tag{12.29}$$

Die Integrationskonstanten erhält man durch Erfüllung der Randbedingungen

$$w,_x^{(ep)}(x=0) = 0 \; , \quad w^{(el)}(x = l/2) = 0$$

und der Übergangsbedingungen

$$w,_x^{(ep)}(x = x^{(y)}) = w,_x^{(el)}(x = x^{(y)}) \; , \quad w^{(ep)}(x = x^{(y)}) = w^{(el)}(x = x^{(y)})$$

zu

$$\begin{aligned}
c_1 &= \frac{2}{3}\frac{f_y l}{Eh\lambda}\sqrt{3(1-\lambda)} \; , \\
c_3 &= \frac{f_y l}{Eh}\left[3\lambda\frac{x^{(y)}}{l}\left(1 - \frac{x^{(y)}}{l}\right) - \frac{2}{3\lambda}\left(1 - \sqrt{3(1-\lambda)}\right)\right] \; , \\
c_2 &= \frac{f_y l^2}{Eh}\left\{\frac{2}{27\lambda^2} - 3\lambda\left[\frac{1}{2}\left(\frac{x^{(y)}}{l}\right)^2 - \frac{1}{3}\left(\frac{x^{(y)}}{l}\right)^3\right] + \frac{\lambda}{4}\right\} - c_1\, x^{(y)} - c_3\left(\frac{l}{2} - x^{(y)}\right) \; , \\
c_4 &= \frac{f_y l^2 \lambda}{4Eh} - c_3\frac{l}{2} \; .
\end{aligned} \tag{12.30}$$

In Abb. 12.7e ist der aus (12.28), (12.29) und (12.30) ermittelte Verlauf der Biegelinie dargestellt. Für $P = P^{(y)}$ $(\rightarrow \lambda = 2/3, \; x^{(y)} = 0)$ *erhält man den Größtwert von* w *aus (12.28) zu*

$$w^{(y)}(x=0) = \frac{f_y l^2}{6Eh} = 0,167\frac{f_y l^2}{Eh} \; .$$

Der bei Erreichen von $P = P^{(p)}$ $(\rightarrow \lambda = 1, \; x^{(y)} = l/6)$ *aus (12.28) erhaltene Größtwert von* w *beträgt*

$$w^{(p)}(x=0) = 0,370\,\frac{f_y l^2}{Eh} = 2,22\, w^{(y)}(x=0) \; .$$

Ausgehend von diesem Wert, nimmt die Durchbiegung infolge Ausbildung einer kinematischen Kette bei gleich bleibender Belastung bis zum Versagen des Biegestabes zu. Das entsprechende Last-Verschiebungsdiagramm ist in Abb. 12.7f dargestellt.

ad (e): *Die Entlastung von einem elasto-plastischen Zustand erfolgt in guter Näherung linear elastisch. Die mathematische Bedingung für elastische Entlastung von* $M_\eta^{(p)}$ *auf null lautet*

$$M_\eta^{(p)} + M_\eta^{(e)} = 0 \; , \tag{12.31}$$

wobei das Rückstellmoment

$$M_\eta^{(e)} = \frac{bh^2}{6}\sigma_x^{(u)} \tag{12.32}$$

das aus linear elastischer Entlastung resultierende Moment zufolge einer über die Querschnittshöhe linearen Spannungsverteilung mit $\sigma_x^{(u)}$ *als der Normalspannung am unteren Querschnittsrand darstellt (Abb. 12.6f). Man erhält deshalb* $M_\eta^{(e)}$ *durch Ersetzen von* f_y *in (12.11) durch* $\sigma_x^{(u)}$*. Trägt man die Gleichungen (12.12) und (12.32) in (12.31) ein, so ergibt sich* $\sigma_x^{(u)}$ *zu*

$$\sigma_x^{(u)} = -\frac{3}{2}f_y \; . \tag{12.33}$$

Dass der Betrag von $\sigma_x^{(u)}$ größer als f_y ist, stellt keinen Widerspruch dar, weil das Rückstellmoment nicht für sich allein, sondern in Verbindung mit einem Biegemoment infolge einer vorangegangenen Belastung auftritt. Addition der Normalspannungen zufolge von $M_\eta^{(p)}$ und $M_\eta^{(e)}$ ergibt den in Abb. 12.6g dargestellten Verlauf der Restspannungen nach Entlastung. Diese sind an keiner Stelle größer als die Fließgrenze. Die Restspannungen müssen überdies die Bedingungen $N = 0$ und $M_\eta = 0$, die der vollständigen Entlastung Rechnung tragen, erfüllen. Nach vollständiger Entlastung eines bis in den plastischen Bereich belasteten Querschnitts bleiben also Restspannungen zurück. Auch die Verkrümmung der Stabachse eines bis in den plastischen Bereich beanspruchten, ursprünglich geraden Stabes geht nach vollständiger Entlastung nicht auf null zurück. Die verbleibenden Verformungen sowie die Restspannungen sind wesentliche Kennzeichen der Plastizierung des Biegestabes.

12.3 Schnittgrößen-Interaktionsbeziehungen

12.3.1 Schnittgrößen-Interaktionsbeziehungen für Biegemoment und Normalkraft

Vielfach ist zwar das im betrachteten Querschnitt wirkende Biegemoment für die Plastizierung des Querschnitts maßgebend, es kann aber auch die Normalkraft einen wesentlichen Einfluss auf die Querschnittsplastizierung ausüben, wie das etwa bei Rahmenstielen oder Bögen der Fall ist.

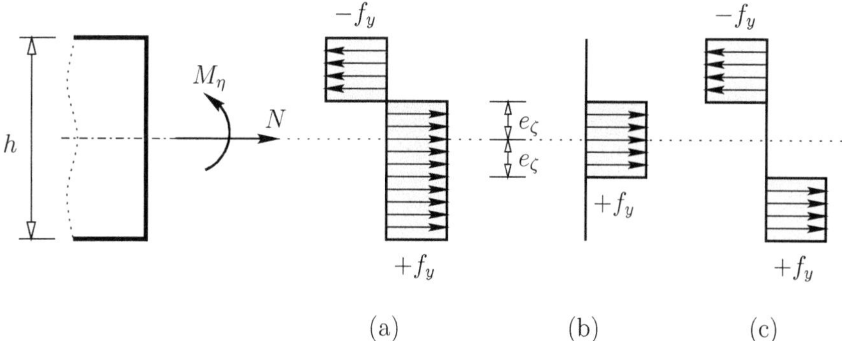

Abb. 12.8: Normalkraft- und Biegemomentenbeanspruchung eines Rechteckquerschnitts: (a) Verteilung der Normalspannungen σ_x bei vollständiger Plastizierung; Anteil der Spannungsverteilung, deren Resultante (b) die Normalkraft und (c) das Biegemoment ist

Betrachtet man die Spannungsverteilung in einem Rechteckquerschnitt zufolge N und M_η bei vollständiger Plastizierung (Abb. 12.8), so folgt aus (12.3)

$$N = 2e_\zeta b f_y \ , \quad M_\eta = 2f_y b\left[\left(\frac{h}{2} - e_\zeta\right)\frac{1}{2}\left(\frac{h}{2} + e_\zeta\right)\right] = f_y b\left(\frac{h^2}{4} - e_\zeta^2\right) \ , \qquad (12.34)$$

mit e_ζ als dem Abstand der Nulllinie von der Stabachse. Die in Abb. 12.8a dargestellte Spannungsverteilung kann in einen Anteil, dessen Resultante eine Normalkraft ist

(Abb. 12.8b), und einen, der auf ein Biegemoment als Resultante führt (Abb. 12.8c), aufgespaltet werden.

Eliminiert man e_ζ in (12.34), so erhält man

$$M_\eta = \frac{1}{4} f_y b h^2 \left(1 - \frac{N^2}{f_y^2 b^2 h^2} \right) . \tag{12.35}$$

Würde der Rechteckquerschnitt nur durch eine Normalkraft beansprucht, dann ergäbe sich die größte aufnehmbare Normalkraft gemäß (12.1) zu

$$N^{(p)} = f_y b h . \tag{12.36}$$

Würde der Rechteckquerschnitt hingegen nur durch ein Biegemoment M_η beansprucht, dann erhielte man das größte aufnehmbare Biegemoment entsprechend (12.12). Macht man in (12.35) von (12.36) und (12.12) Gebrauch, so ergibt sich bei vollständiger Plastizierung des Rechteckquerschnitts folgende Beziehung zwischen N und M_η:

$$\frac{M_\eta}{M_\eta^{(p)}} + \left(\frac{N}{N^{(p)}} \right)^2 = 1 . \tag{12.37}$$

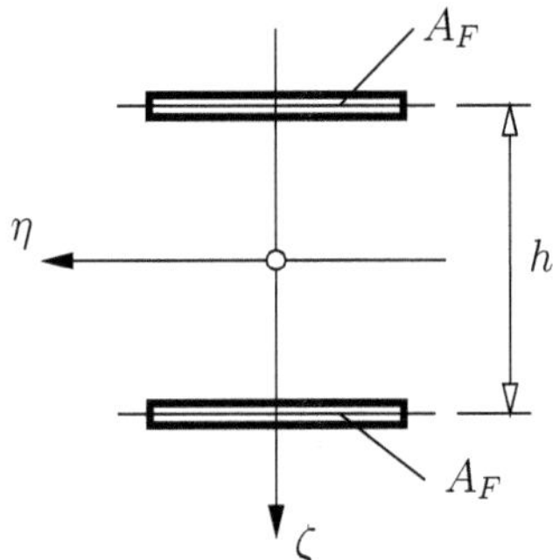

Abb. 12.9: Grenzfall eines I-Querschnitts mit vernachlässigbarer Stegfläche

Im Folgenden wird der Grenzfall eines I-Querschnitts mit im Vergleich zur Querschnittsfläche der Flansche vernachlässigbarer Stegfläche (Abb. 12.9) untersucht. Dieser Querschnitt wird ebenfalls durch eine Normalkraft und ein Biegemoment beansprucht. Die beiden Flansche mit dem Abstand h weisen jeweils die Fläche A_F auf. Bei reiner Axialbeanspruchung des Querschnitts beträgt die größte aufnehmbare Normalkraft

$$N^{(p)} = 2 A_F f_y , \tag{12.38}$$

und bei reiner Biegung um die η-Achse ist das Tragmoment zu

$$M_\eta^{(p)} = A_F h f_y \tag{12.39}$$

gegeben. Die Normalspannung zufolge von Biegung um die η-Achse und Normalkraft ergibt sich für diesen Querschnitt mit der Fläche $A = 2A_F$ und dem Flächenmoment 2. Ordnung $I_\eta \approx 2A_F(h/2)^2 = A_F h^2/2$ zu

$$\sigma_x = \frac{N}{2A_F} + \frac{M_\eta}{A_F h} . \tag{12.40}$$

Für $\sigma_x = f_y$ folgt aus (12.40) unter Berücksichtigung von (12.38) und (12.39)

$$\frac{M_\eta}{M_\eta^{(p)}} + \frac{N}{N^{(p)}} = 1 \; . \tag{12.41}$$

(12.41) betrifft Kombinationen von M_η und N, bei denen vollständige Plastizierung eines I-Querschnitts mit vernachlässigbarer Stegfläche auftritt.

Die von den Gleichungen (12.37) und (12.41) beschriebenen M-N Interaktionsbeziehungen sind in Abb. 12.10 graphisch dargestellt. Das Gleichheitszeichen in (12.37)

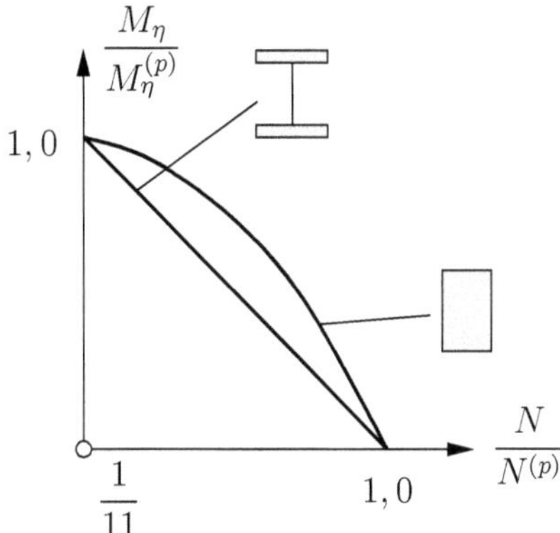

Abb. 12.10: M-N-Interaktionsdiagramme für Rechteckquerschnitte und I-Profile

bzw. (12.41) gilt für vollständige Querschnittsplastizierung. Die betreffenden M-N Kombinationen entsprechen Punkten auf den in Abb. 12.10 dargestellten Interaktionskurven. Wird das Gleichheitszeichen durch das $\leq$ Zeichen ersetzt, so erhält man Interaktionsbeziehungen, die von allen vom betreffenden Querschnitt aufnehmbaren Kombinationen von N und M_η erfüllt werden. Diese M-N Kombinationen ergeben Punkte innerhalb der bzw. auf den M-N-Interaktionskurven. M-N Kombinationen, für die das Gleichheitszeichen in (12.37) und (12.41) durch das $>$ Zeichen zu ersetzen wäre, können vom betreffenden Querschnitt nicht aufgenommen werden. Die solchen Kombinationen entsprechenden Punkte liegen außerhalb der M-N Interaktionskurven.

12.3.2 Schnittgrößen-Interaktionsbeziehungen für Biegemoment und Querkraft

Die Plastizierung eines Querschnitts wird auch von der Querkraft beeinflusst. Bei I-Querschnitten sowie Hohlkastenquerschnitten darf näherungsweise angenommen werden, dass die Querkraft nur vom Steg bzw. den Stegen aufgenommen wird und dass die Querkraftschubspannungen in den Stegen bei vollständiger Plastizierung konstant sind. Für den in Abb. 12.11 dargestellten I-Querschnitt erhält man die Schubspannung folglich zu

$$\tau = \frac{Q_\zeta}{A_S} \; , \tag{12.42}$$

wobei A_S die Querschnittsfläche des Stegs bzw. der Stege bezeichnet. Zur Berücksichtigung der bei Walzprofilen vorhandenen Ausrundungen zwischen dem Steg und den Flanschen kann zumeist näherungsweise mit einer bis zur Mittellinie der Flansche

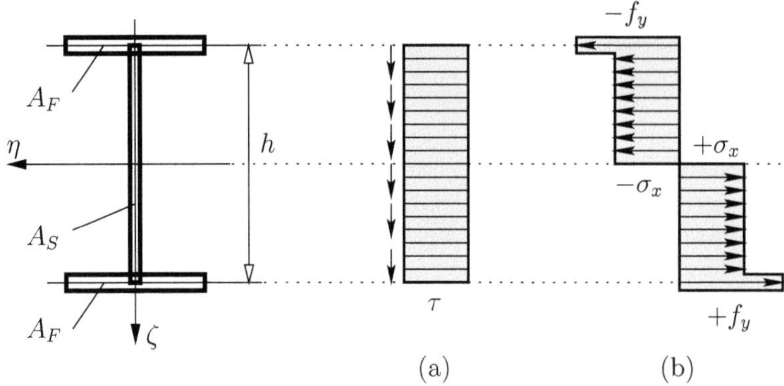

Abb. 12.11: Statisch zulässige Spannungsverteilungen in einem I-Querschnitt bei Biege- und Querkraftbeanspruchung: (a) Schubspannungs- und (b) Normalspannungsverteilung bei vollständiger Querschnittsplastizierung

verlängerten Steghöhe gerechnet werden. Die bei Vorhandensein von τ im Steg dort gleichzeitig aufnehmbare Normalspannung wird mittels der für Stäbe spezialisierten Fließbedingung nach VON MISES (10.27),

$$f_y = \sqrt{\sigma_x^2 + 3\tau^2} \; , \tag{12.43}$$

zu

$$\sigma_x = \sqrt{f_y^2 - 3\tau^2} = f_y \sqrt{1 - \left(\frac{\sqrt{3}Q_\zeta}{A_S f_y}\right)^2} \tag{12.44}$$

erhalten. Der Zusammenhang zwischen der Fließspannung f_y bei einaxialer Zugbeanspruchung und der Fließspannung τ_y bei reiner Schubbeanspruchung folgt aus (12.43) mit $\sigma_x = 0$ zu $\tau_y = f_y/\sqrt{3}$. Somit erhält man die größte aufnehmbare Querkraft des Querschnitts, die sogenannte plastische Querkraft, zu

$$Q_\zeta^{(p)} = \tau_y A_S = \frac{f_y}{\sqrt{3}} A_S \; . \tag{12.45}$$

Berücksichtigung von (12.45) in (12.44) führt auf

$$\sigma_x = f_y \sqrt{1 - \left(\frac{Q_\zeta}{Q_\zeta^{(p)}}\right)^2} \; . \tag{12.46}$$

Bei der Bestimmung des vom Querschnitt aufnehmbaren Biegemoments bei gleichzeitig wirkender Querkraft darf also die Normalspannung im Steg bei Einhaltung der Fließbedingung (12.43) nicht größer als der aus (12.46) folgende Wert sein. Spannungsverteilungen, die die Gleichgewichtsbedingungen erfüllen und die Fließbedingung nicht verletzen, werden als statisch zulässige Spannungsverteilungen bezeichnet. Das größte vom Querschnitt aufnehmbare Biegemoment M_η ergibt sich laut Abb. 12.11b zu

$$M_\eta = \frac{1}{4}\sigma_x A_S h + f_y A_F h \; , \tag{12.47}$$

wobei A_F die Querschnittsfläche eines Flansches und h der Abstand der Mittellinien der beiden Flansche ist. Das plastische Moment bei reiner Biegung folgt aus (12.47) mit $\sigma_x = f_y$ zu

$$M_\eta^{(p)} = \frac{1}{4} f_y A_S h + f_y A_F h \ . \tag{12.48}$$

Mit Hilfe von (12.48) kann (12.47) auch zu

$$M_\eta = M_\eta^{(p)} - \frac{1}{4}(f_y - \sigma_x) A_S h \tag{12.49}$$

angeschrieben werden. Einsetzen von (12.46) in (12.49) ergibt

$$\frac{M_\eta}{M_\eta^{(p)}} = 1 - \frac{f_y A_S h}{4 M_\eta^{(p)}} \left[1 - \sqrt{1 - \left(\frac{Q_\zeta}{Q_\zeta^{(p)}} \right)^2} \right] \ . \tag{12.50}$$

Unter Berücksichtigung von (12.48) kann man den Term vor der eckigen Klammer folgendermaßen vereinfachen:

$$\frac{f_y A_S h}{4 M_\eta^{(p)}} = \frac{A_S}{A_S + 4 A_F} = \frac{A_S}{2A - A_S} \ , \tag{12.51}$$

wobei $A = A_S + 2A_F$ die gesamte Querschnittsfläche bezeichnet. Somit lässt sich die M-Q Interaktionsbeziehung für I-Querschnitte zu

$$\frac{M_\eta}{M_\eta^{(p)}} = 1 - \frac{A_S}{2A - A_S} \left[1 - \sqrt{1 - \left(\frac{Q_\zeta}{Q_\zeta^{(p)}} \right)^2} \right] \tag{12.52}$$

anschreiben. Für den Sonderfall eines Rechteckquerschnitts erhält man aus (12.52) mit $A = A_S$

$$\frac{M_\eta}{M_\eta^{(p)}} = \sqrt{1 - \left(\frac{Q_\zeta}{Q_\zeta^{(p)}} \right)^2} \ . \tag{12.53}$$

Diese M-Q Interaktionsbeziehung ist in Abb. 12.12 dargestellt. Im Vergleich zu Rechteckquerschnitten ist der Einfluss der Querkraft auf die M-Q Interaktionsbeziehung bei I-Querschnitten geringer. Das rührt daher, dass der Term vor der eckigen Klammer in (12.52) bei Rechteckquerschnitten gleich eins ist, während er für I-Querschnitte kleiner als eins ist.

12.3.3 Schnittgrößen-Interaktionsbeziehungen für Normal- und Querkraft

Die auf die beiden Schnittgrößen N und Q beschränkte Interaktionsbeziehung ist zwar praktisch insofern nicht von Bedeutung, weil, von Nullstellen der Momentenverteilung abgesehen, eine Querkraft stets zusammen mit einem Biegemoment auftritt. Als Vorstufe für die im folgenden Abschnitt behandelte Interaktion der drei Schnittgrößen N, M und Q ist die N-Q Interaktion jedoch nützlich.

Für den in Abb. 12.13 dargestellten I-Querschnitt erhält man mittels der im vorangegangenen Abschnitt getroffenen Annahmen für den Schubspannungsverlauf zufolge

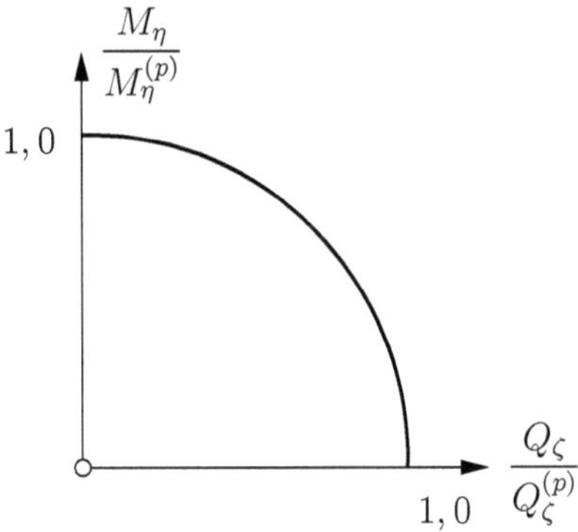

Abb. 12.12: M-Q-Interaktionsdiagramm für Rechteckquerschnitte

von Querkraft die vom Steg bei gleichzeitig wirkender Querkraft aufnehmbare Normalspannung laut (12.46). Die bei gleichzeitig auftretender Querkraft aufnehmbare Normalkraft des I-Querschnitts ist zu

$$N = \sigma_x A_S + f_y(2A_F) \tag{12.54}$$

gegeben. Die größte aufnehmbare Normalkraft bei reiner Axialbeanspruchung erhält man mit $\sigma_x = f_y$ zu

$$N^{(p)} = f_y A_S + f_y(2A_F) \ . \tag{12.55}$$

Mit Hilfe von (12.55) kann (12.54) auch zu

$$N = N^{(p)} - (f_y - \sigma_x)A_S \tag{12.56}$$

angeschrieben werden. Einsetzen von (12.46) in (12.56) ergibt

$$\frac{N}{N^{(p)}} = 1 - \frac{f_y A_S}{N^{(p)}} \left[1 - \sqrt{1 - \left(\frac{Q_\zeta}{Q_\zeta^{(p)}} \right)^2} \right] \ . \tag{12.57}$$

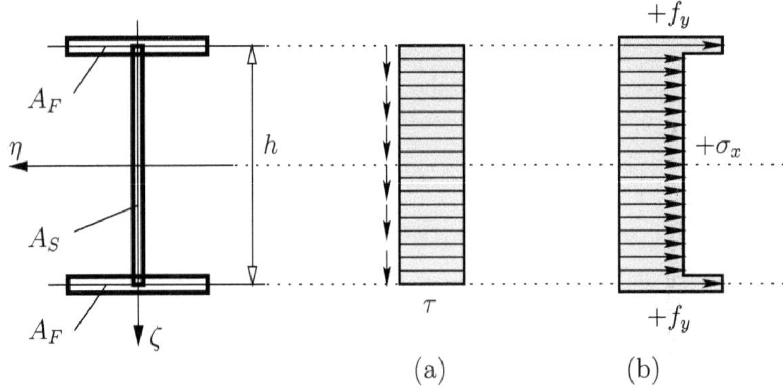

Abb. 12.13: Statisch zulässige Spannungsverteilungen in einem I-Querschnitt bei Normalkraft- und Querkraftbeanspruchung: (a) Schubspannungsverteilung, (b) Normalspannungsverteilung bei vollständiger Querschnittsplastizierung

Bei Berücksichtigung von (12.55) kann man den Term vor der eckigen Klammer folgendermaßen vereinfachen:

$$\frac{f_y A_S}{N^{(p)}} = \frac{A_S}{A_S + 2A_F} = \frac{A_S}{A} \,. \tag{12.58}$$

Somit lässt sich die N-Q Interaktionsbeziehung für I-Querschnitte zu

$$\frac{N}{N^{(p)}} = 1 - \frac{A_S}{A}\left[1 - \sqrt{1 - \left(\frac{Q_\zeta}{Q_\zeta^{(p)}}\right)^2}\,\right] \tag{12.59}$$

anschreiben. Für den Sonderfall eines Rechteckquerschnitts erhält man aus (12.59) mit $A = A_S$

$$\frac{N}{N^{(p)}} = \sqrt{1 - \left(\frac{Q_\zeta}{Q_\zeta^{(p)}}\right)^2} \,. \tag{12.60}$$

Die N-Q Interaktionsbeziehung für Rechteckquerschnitte (12.60) ist in Abb. 12.14 dargestellt. Im Vergleich zu solchen Querschnitten ist der Einfluss der Querkraft auf die N-Q Interaktionsbeziehung für I-Querschnitte geringer. Das folgt daraus, dass der Term vor der eckigen Klammer in (12.59) für Rechteckquerschnitte gleich eins ist, während er für I-Querschnitte kleiner als eins ist.

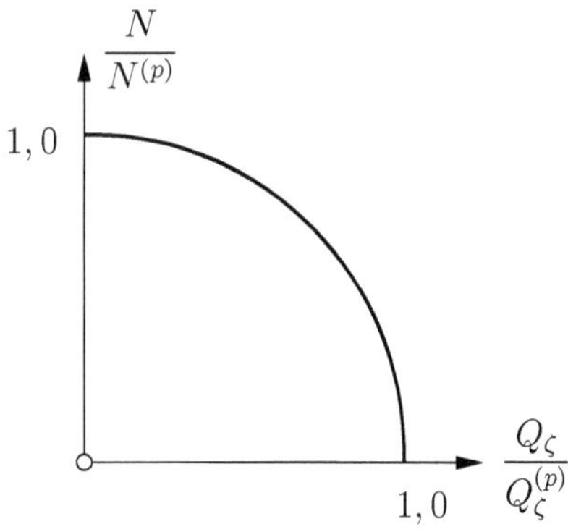

Abb. 12.14: N-Q Interaktionsdiagramm für Rechteckquerschnitte

12.3.4 Schnittgrößen-Interaktionsbeziehungen für Biegemoment, Normalkraft und Querkraft

Treten in einem Querschnitt ein Biegemoment, eine Normalkraft und eine Querkraft auf, dann können die M-N-Q-Interaktionsbeziehungen in einem dreidimensionalen Koordinatensystem als Fläche dargestellt werden.

Alternativ kann man den Einfluss der Querkraft auf die Interaktionsbeziehungen mittels einer fiktiven, reduzierten Stegbreite s_{red} des Querschnitts berücksichtigen. Die Abminderung der Stegbreite s anstatt der Reduktion der Fließspannung gemäß

(12.46) entspricht wegen $\sigma_x \cdot (s \cdot h) = f_y \cdot (s_{red} \cdot h)$ dem aus dieser Gleichung folgenden Verhältnis σ_x / f_y. Die reduzierte Stegbreite ergibt sich somit zu

$$s_{red} = s \sqrt{1 - \left(\frac{Q_\zeta}{Q_\zeta^{(p)}} \right)^2} \ . \tag{12.61}$$

Bei Verwendung von s_{red} anstatt von s kann mit der vollen Fließspannung f_y im Steg gerechnet werden. Es dürfen dann die M-N Interaktionsbeziehungen auch bei vorhandener Querkraft verwendet werden.

12.4 Ermittlung der Traglast

Zur Ermittlung der Traglast von Stabtragwerken bei Zugrundelegung linear elastischen – ideal plastischen Materialverhaltens stehen im Rahmen der Fließgelenktheorie I. Ordnung zwei grundsätzlich verschiedene Verfahren zur Verfügung:

(a) schrittweise Steigerung der Belastung, Anwendung der linearen Stabtheorie zur Bestimmung der Schnittgrößen und Berücksichtigung der Änderung des statischen Systems bei Ausbildung eines Fließgelenks und

(b) direkte Bestimmung von unteren und oberen Schranken der Traglast mit Hilfe der Traglastsätze der Plastizitätstheorie.

Diese Traglastsätze werden im Kapitel 14 behandelt. Im vorliegenen Kapitel wird ausschließlich auf das erstgenannte Verfahren eingegangen. Anschließend an die Ermittlung der Schnittgrößen für die gewählte Referenzbelastung mit Hilfe der linearen Stabtheorie wird jener Lastfaktor λ_1 ermittelt, mit dem diese Belastung zu multiplizieren ist, damit vollständige Plastizierung in dem am stärksten beanspruchten Querschnitt des Tragwerks eintritt. Bis zu dieser Belastung verhält sich die Struktur linear elastisch. An der Stelle des vollständig plastizierten Querschnitts wird ein Fließgelenk mit dem eingeprägten Schnittgrößenzustand zufolge von voller Querschnittsplastizierung eingeführt. Damit sind die Schnittgrößenverläufe bei Ausbildung des ersten Fließgelenks bekannt. Auf das durch Einführung des Fließgelenks modifizierte statische System wird nun die Referenzbelastung aufgebracht. Im Weiteren werden die Schnittgrößen des modifizierten Systems ermittelt, und es wird der Lastfaktor $\Delta\lambda_2$ bestimmt, für den an einer zweiten Stelle ein Fließgelenk entsteht. Die gesamte dazu erforderliche Belastung ergibt sich durch Multiplikation der Referenzbelastung mit dem Lastfaktor $\lambda_2 = \lambda_1 + \Delta\lambda_2$. Die entsprechenden Schnittgrößen erhält man durch Überlagerung des Schnittgrößenverlaufs des Systems vor der Ausbildung des ersten Fließgelenks und des Verlaufs der zusätzlichen Schnittgrößen nach Ausbildung dieses Fließgelenks. Für $\lambda_1 < \lambda < \lambda_2$ verhält sich das Stabtragwerk wieder linear, es hat sich allerdings durch die eingetretene Änderung des statischen Systems auch dessen Tragverhalten geändert. Die beschriebene Vorgehensweise der schrittweisen Laststeigerung wird solange fortgesetzt, bis die Traglast erreicht ist, bis also das gesamte System oder Teilbereiche desselben zu einer kinematischen Kette geworden sind.

Zur Abschätzung der Traglast braucht man bei vorwiegend biegebeanspruchten Stabtragwerken in vielen Fällen die Schnittgrößeninteraktion zunächst nicht zu berücksichtigen. Es genügt, das Tragmoment im betreffenden Fließgelenk anzusetzen.

Beispiel 12.3: Einfach statisch unbestimmter Träger

Für den in Abb. 12.15a dargestellten, einfach statisch unbestimmt gelagerten Träger mit linear elastischem – ideal plastischem Materialverhalten, der durch eine Gleichlast beansprucht wird, ist die Traglast ohne Berücksichtigung der M-Q Interaktion zu bestimmen.

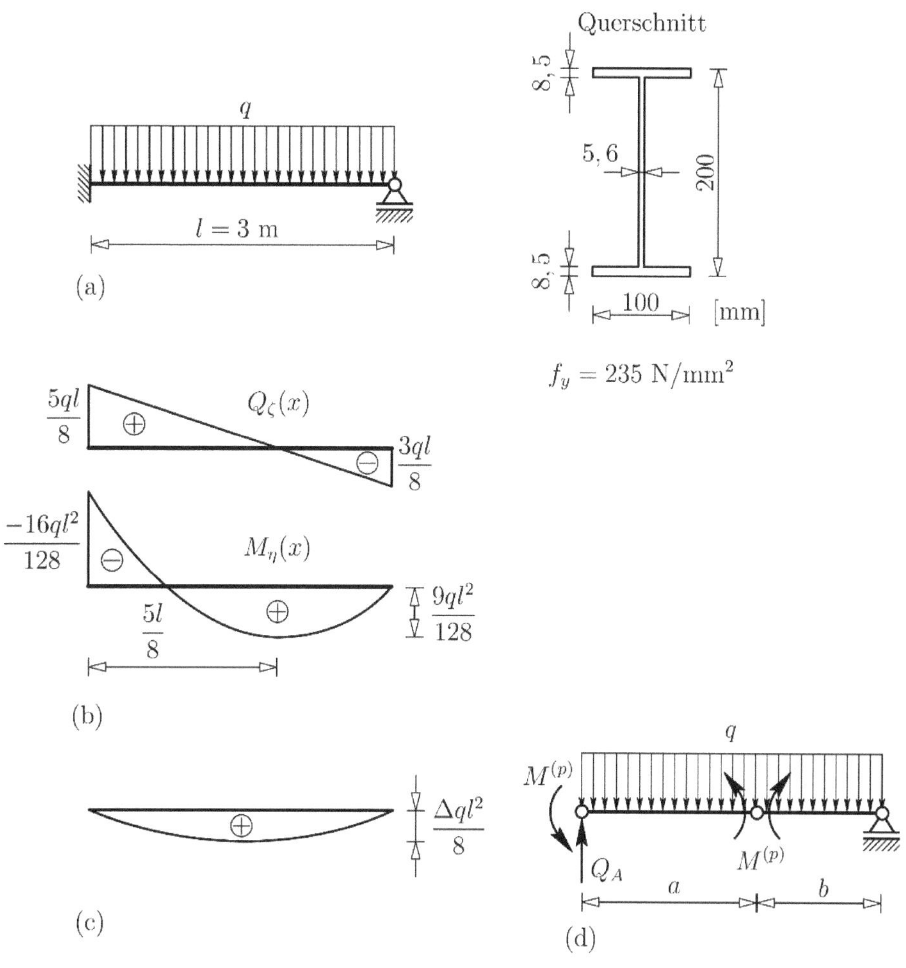

Abb. 12.15: Einfach statisch unbestimmt gelagerter Träger: (a) statisches System und Querschnitt, (b) Querkraft- und Biegemomentenverlauf vor Ausbildung des ersten Fließgelenks, (c) zusätzliche Biegemomente bei Belastungssteigerung nach Ausbildung des ersten Fließgelenks, (d) Gleichgewichtsbetrachtung zur Bestimmung der Lage des zweiten Fließgelenks (ohne M-Q Interaktion)

Die Querschnittskennwerte erhält man zu $A = 2\,725$ mm^2 und $I_\eta = 18,46 \cdot 10^6$ mm^4, das Fließ- und das Tragmoment sowie die plastische Querkraft zu $M_\eta^{(y)} = 43,4$ kNm , $M_\eta^{(p)} = 49,3$ kNm bzw. $Q_\zeta^{(p)} = 139$ kN. Der Biegemomenten- und der

Querkraftverlauf ergeben sich laut linearer Stabtheorie zu

$$M_\eta(x) = q_\varsigma\left(-\frac{1}{8}l^2 + \frac{5}{8}lx - \frac{x^2}{2}\right) , \quad Q_\varsigma(x) = q_\varsigma\left(\frac{5}{8}l - x\right) .$$

Bei Erreichen der elastischen Grenzlast von $q_\varsigma = (8M_\eta^{(y)})/l^2 = 38,6$ *kN/m wird an der Einspannstelle am oberen und unteren Querschnittsrand die Fließgrenze erreicht; das erste Fließgelenk tritt an der Einspannstelle bei einer Belastung von* $q_\varsigma = (8M_\eta^{(p)})/l^2 = 43,8$ *kN/m auf. Die durch weitere Steigerung der Belastung um* Δq_ς *nach Ausbildung des ersten Fließgelenks zusätzlich auftretenden Biegemomente sind in Abb. 12.15c dargestellt. Den aktuellen Biegemomentenverlauf erhält man durch Überlagerung der in den Abb. 12.15b und 12.15c dargestellten Momentenverläufe.*

Bei Vernachlässigung der M-Q Interaktion im ersten Fließgelenk erhält man die Traglast mittels der Momentenbedingung für den linken bzw. rechten Trägerteil in Abb. 12.15d, also von

$$2M_\eta^{(p)} - q_\varsigma\frac{a^2}{2} = 0 , \quad M_\eta^{(p)} - q_\varsigma\frac{b^2}{2} = 0 ,$$

und Beachtung von $a + b = l$ *zu* $q_\varsigma = 63,8$ *kN/m. Die Lage des zweiten Fließgelenks ergibt sich dann zu* $a = 1,758$ *m.*

12.5 Beschränkungen bei der Ausnützung elastoplastischen Materialverhaltens

Wenn plastische Verformungen bei der Bemessung von Tragwerken zugelassen werden, ist unter anderem darauf zu achten, dass

- das für den betreffenden Querschnitt unter Zugrundelegung seiner Formtreue berechnete Tragmoment bzw. die berechnete Schnittgrößenkombination bei voller Querschnittsplastizierung auch tatsächlich erreicht werden kann,
- das Tragwerk nicht bereits unter einer im Vergleich zur plastischen Kollapslast kleineren Last durch lokales oder globales Stabilitätsversagen unbrauchbar wird und
- der Werkstoff im Bereich der Fließgelenke nicht infolge der dort auftretenden Verformungen versagt.

Bei dünnwandigen Querschnitten kann es sein, dass die Annahme von Formtreue des Querschnitts nicht zutrifft. Das hat zur Folge, dass der Querschnitt bereits bei einer geringeren als der dem Tragmoment entsprechenden Beanspruchung versagt. Das ist beispielsweise bei dünnwandigen kreisrunden Rohrquerschnitten der Fall, die bei Momentenbeanspruchung eine ovale Form annehmen, also nicht formtreu bleiben. Verglichen mit einem formtreuen Rohrquerschnitt nimmt der Hebelsarm der inneren Kräfte infolge Ovalisierung des Querschnitts ab. Das bedingt eine Abnahme der Tragfähigkeit.

Unter globalem Stabilitätsversagen von Stäben versteht man die verschiedenen Formen des Knickens, während mit lokalem Stabilitätsversagen das Beulen einzelner Querschnittsteile, wie etwa von Stegen oder Flanschen, unter Druck- und/oder

Schubbeanspruchung gemeint ist. Lokales Stabilitätsversagen kann bei dünnwandigen Querschnitten bereits bei elastischem Materialverhalten eintreten. Durch in Stahlbaunormen vorgeschriebene Mindestdicken von Querschnitten bei Berücksichtigung elasto-plastischen Materialverhaltens wird lokalem Stabilitätsversagen begegnet.

Bei der Ausnützung der Systemreserve statisch unbestimmter Tragwerke ist zusätzlich nachzuweisen, dass die in den Fließgelenken auftretenden Rotationen vom betreffenden Werkstoff aufgenommen werden können. In statisch unbestimmten Tragwerken können die Schnittgrößen bei Fortsetzung der Belastungssteigerung nach Ausbildung des ersten Fließgelenks nicht mehr proportional zunehmen, da das Biegemoment bzw. die Schnittgrößenkombination im Fließgelenk bereits den größtmöglichen Wert erreicht hat. Strenggenommen geht die Proportionalität von Belastung und Schnittgrößen bereits bei der Ausbildung plastischer Zonen verloren. Bei weiterer Steigerung der Belastung werden bisher geringer beanspruchte Tragwerksteile stärker zur Lastabtragung herangezogen. Dadurch tritt im Fließgelenk eine gegenseitige Verdrehung der Querschnitte auf. Wenn die damit verbundenen Verformungen vom Werkstoff nicht aufgenommen werden können, versagt das System bereits nach Ausbildung des ersten Fließgelenks. Damit das System nicht schon vor der Ausbildung einer kinematischen Kette versagt, müssen die Fließgelenke über ausreichende Rotationskapazität verfügen. Im Stahlbau ist beispielsweise darauf zu achten, dass die Rotationsfähigkeit von Knotenverbindungen hinreichend groß ist. Im Betonbau ist eine ausreichende Rotationsfähigkeit z.B. durch entsprechende Bewehrung zu gewährleisten.

Die in einem Fließgelenk auftretende Rotation kann mittels des Prinzips der virtuellen Kräfte berechnet werden. Im Abschnitt 7.2.4 wurde gezeigt, wie man mit Hilfe dieses Prinzips die Neigung der Biegelinie durch Ansetzen eines virtuellen Biegemomentes δM_η an der betreffenden Stelle des Stabes ermittelt. Die Rotation, also die gegenseitige Verdrehung $\Delta\varphi_\zeta$ der benachbarten Querschnitte eines Fließgelenks, erhält man durch Ansetzen eines virtuellen Momentenpaars δM_η im betreffenden Fließgelenk. Die virtuellen Schnittgrößen in dieser Gleichung zufolge des virtuellen Momentenpaars $\delta M_\eta = 1$ sind in einem geeigneten statisch bestimmten Grundsystem zu ermitteln. Die so erhaltene Gleichung ist schließlich auszuwerten. Dabei ist für die Schnittgrößen infolge der Beanspruchung des Tragwerks nur die Differenz zwischen dem betrachteten und dem sich unmittelbar nach Ausbildung des betreffenden Fließgelenks ergebenden Zustand maßgebend, weil die vor Ausbildung dieses Fließgelenks übertragenen Schnittgrößen keine Rotation an der betreffenden Stelle hervorgerufen haben.

Literaturverzeichnis

[Ramm (1996)] E. Ramm, T. J. Hofmann, „Stabtragwerke“, *Der Ingenieurbau: Baustatik/Baudynamik*, Verlag Ernst & Sohn, Berlin, 1996, pp. 1-349.

Kapitel 13

Grundlagen der Plastizitätstheorie

13.1 Einleitung

Analog zum Begriff *Elastizitätstheorie* verbindet man mit dem Begriff *Plastizitätstheorie* eine für mehraxiale Spannungszustände konzipierte Theorie. Wenn im Folgenden trotz der Vielfalt solcher Theorien von *der* Plastizitätstheorie gesprochen wird, geschieht das vor dem Hintergrund bedeutender Gemeinsamkeiten dieser Theorien. Zur Formulierung der Plastizitätstheorie sind weitreichendere Grundlagen als zur Berücksichtigung elasto-plastischen Materialverhaltens bei Stäben erforderlich. Für ein auf dieser Theorie beruhendes Werkstoffgesetz benötigt man

- eine Fließfunktion,
- eine Fließregel und
- ein Verfestigungsgesetz.

Analog zu (11.3) gilt

$$\varepsilon_{ij} = \varepsilon_{ij}^e + \varepsilon_{ij}^p \; . \tag{13.1}$$

Dabei handelt es sich um die additive Zerlegung des Verzerrungstensors $\boldsymbol{\varepsilon}$ in einen elastischen Anteil $\boldsymbol{\varepsilon}^e$ und einen plastischen Anteil $\boldsymbol{\varepsilon}^p$. Sie ist bei kleinen Verzerrungen zulässig. Wie in Kapitel 11 wird die Abhängigkeit der Verzerrungen von der Temperatur nicht berücksichtigt. Ersetzt man im verallgemeinerten HOOKE'schen Gesetz (3.254) ε_{kl} durch ε_{kl}^e und macht von (13.1) Gebrauch, so erhält man

$$\sigma_{ij} = C_{ijkl}\, \varepsilon_{kl}^e = C_{ijkl}\, (\varepsilon_{kl} - \varepsilon_{kl}^p) \; . \tag{13.2}$$

Abb. 11.3 erlaubt die Interpretation der für einaxiale Spannungszustände spezialisierten Beziehungen (13.1) und (13.2).

Die Rate der Verzerrungen und der Spannungen, $\dot{\varepsilon}_{ij}$ bzw. $\dot{\sigma}_{ij}$, erhält man durch Ableitung von (13.1) und (13.2) nach der Zeit zu

$$\dot{\varepsilon}_{ij} = \dot{\varepsilon}_{ij}^e + \dot{\varepsilon}_{ij}^p \; , \tag{13.3}$$

$$\dot{\sigma}_{ij} = C_{ijkl}\, \dot{\varepsilon}_{kl}^e = C_{ijkl}\, (\dot{\varepsilon}_{kl} - \dot{\varepsilon}_{kl}^p) \; . \tag{13.4}$$

Durch Multiplikation von (13.3) und (13.4) mit dem infinitesimalen Zeitschritt dt erhält man die infinitesimal inkrementellen Beziehungen

$$d\varepsilon_{ij} = d\varepsilon_{ij}^e + d\varepsilon_{ij}^p \; , \tag{13.5}$$

$$d\sigma_{ij} = C_{ijkl}\, d\varepsilon_{kl}^e = C_{ijkl}\, (d\varepsilon_{kl} - d\varepsilon_{kl}^p) \; . \tag{13.6}$$

H. A. Mang und G. Hofstetter, *Festigkeitslehre*,
https://doi.org/10.1007/978-3-662-57564-2_13

Die auf (13.5) und (13.6) beruhende Form der Plastizitätstheorie bezeichnet man als ratenunabhängige Plastizitätstheorie. Sie erlaubt die Ermittlung der plastischen Verzerrungen, nicht aber die Untersuchung der zeitlichen Entwicklung dieser Verzerrungen. Zur Quantifizierung der Evolution der plastischen Verzerrungen steht die Viskoplastizitätstheorie zur Verfügung.

Ratengleichungen bzw. infinitesimal inkrementelle Beziehungen sind deshalb erforderlich, weil bei Vorhandensein bleibender Verformungen kein eindeutiger Zusammenhang zwischen den Spannungen und den Verzerrungen besteht. Der Verzerrungszustand hängt nämlich auch von der Spannungsgeschichte ab.

13.2 Elasto-plastische Werkstoffgesetze

13.2.1 Fließfunktion

Die Fließfunktion ermöglicht die Feststellung, ob der betreffende Werkstoff bei einem bestimmten mehraxialen Spannungszustand nur elastische oder auch plastische Verzerrungen erfährt. Bei idealer Plastizität (siehe Abb. 11.6a für den Sonderfall eines einaxialen Spannungszustandes) hängt die Fließfunktion nur von den Spannungen ab. Sie stellt somit eine Fläche im Hauptspannungsraum dar, die weder ihre Größe noch ihre Lage ändert. Die Werte der Fließfunktion f haben folgende mechanische Bedeutung:

$$\begin{aligned} f(\boldsymbol{\sigma}) < 0 \quad &\rightarrow \quad \text{linear elastisches Materialverhalten,} \\ f(\boldsymbol{\sigma}) = 0 \quad &\rightarrow \quad \text{plastisches Materialverhalten.} \end{aligned} \tag{13.7}$$

Funktionswerte $f(\boldsymbol{\sigma}) > 0$ sind bei Beschränkung auf ratenunabhängige Plastizität unmöglich. Im Rahmen der Viskoplastizitätstheorie können solche Funktionswerte jedoch auftreten.

In Kapitel 10 wurden mehrere Fließ- und Versagenshypothesen vorgestellt und die auf ihnen beruhenden Fließ- bzw. Versagensfunktionen abgeleitet.

13.2.2 Fließregel

Die Fließregel dient der Beschreibung der Evolution der plastischen Verzerrungen. Sie stellt einen mathematischen Ausdruck für die Rate $\dot{\boldsymbol{\varepsilon}}^p$ bzw. das infinitesimale Inkrement $d\boldsymbol{\varepsilon}^p$ der plastischen Verzerrungen dar.

Bei der Formulierung der Fließregel erweist sich eine auf DRUCKER zurückgehende Definition von Werkstoffverfestigung als nützlich [Lubliner (1990)]. Bei einem einaxialen Spannungszustand liegt ihr zufolge Werkstoffverfestigung dann vor, wenn

$$d\sigma \, d\varepsilon^p > 0 \tag{13.8}$$

ist. Bis auf Terme von höherer als zweiter Kleinheitsordnung stellt $d\sigma \, d\varepsilon^p$ den doppelten Wert der spezifischen inneren Arbeit dar, die bei einer langsamen Zunahme der Spannung von σ auf $\sigma + d\sigma$ und einer darauf folgenden langsamen Abnahme von $\sigma + d\sigma$ auf σ geleistet wird. Bei Werkstoffverfestigung ist diese Arbeit also positiv

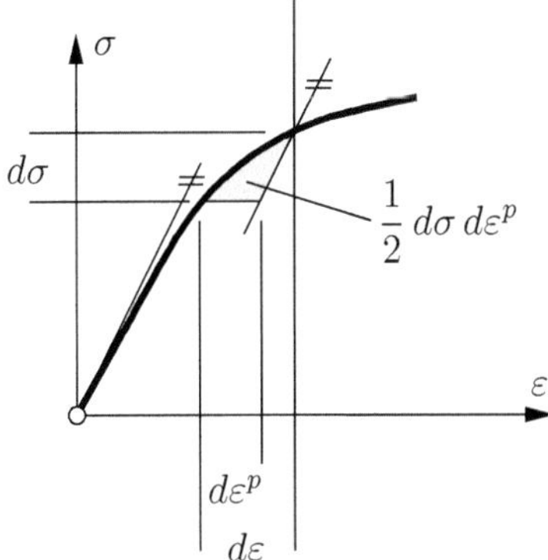

Abb. 13.1: Zum Postulat von DRUCKER

(Abb. 13.1). Bei elastischem Materialverhalten ($\rightarrow d\varepsilon^p = 0$) oder bei idealer Plastizität ($\rightarrow d\sigma = 0$) ist sie gleich null. Bei Einschluss der beiden zuletzt genannten Arten des Materialverhaltens ist (13.8) durch folgende Definition zu ersetzen:

$$d\sigma\, d\varepsilon^p \geq 0\ . \tag{13.9}$$

Als Verallgemeinerung von (13.8) für mehraxiale Spannungszustände erhält man

$$d\sigma_{ij}\, d\varepsilon^p_{ij} \geq 0\ . \tag{13.10}$$

Diese Beziehung wird als Stabilitätspostulat von DRUCKER bezeichnet. Bei stabilem Materialverhalten ist diese Forderung erfüllt. Stabiles Werkstoffverhalten ist dadurch gekennzeichnet, dass gebundene Zustände von Teilchen des Materials nicht in Teile zerfallen.

Schreibt man die Tensoren $d\boldsymbol{\sigma}$ und $d\boldsymbol{\varepsilon}^p$ als Vektoren

$$\begin{aligned} d\boldsymbol{\sigma} &= \lfloor\, d\sigma_{11}\ d\sigma_{22}\ d\sigma_{33}\ d\sigma_{12}\ d\sigma_{23}\ d\sigma_{31}\,\rfloor^T\ , \\ d\boldsymbol{\varepsilon}^p &= \lfloor\, d\varepsilon^p_{11}\ d\varepsilon^p_{22}\ d\varepsilon^p_{33}\ 2d\varepsilon^p_{12}\ 2d\varepsilon^p_{23}\ 2d\varepsilon^p_{31}\,\rfloor^T \end{aligned} \tag{13.11}$$

an, dann kann (13.10) in Form von

$$d\boldsymbol{\sigma} \cdot d\boldsymbol{\varepsilon}^p \geq 0 \tag{13.12}$$

dargestellt werden. Aus (13.12) folgt, dass von null verschiedene Vektoren $d\boldsymbol{\sigma}$ und $d\boldsymbol{\varepsilon}^p$ bei stabilem Materialverhalten einen spitzen Winkel einschließen.

Eine notwendige, aber nicht hinreichende Bedingung für stabiles Materialverhalten erhält man durch Ersetzen des infinitesimalen Spannungsinkrements $d\boldsymbol{\sigma}$ in (13.12) durch ein Spannungsinkrement von endlicher Größe, $(\boldsymbol{\sigma} - \boldsymbol{\sigma}^*)$. Dadurch ergibt sich [Lubliner (1990)]

$$(\boldsymbol{\sigma} - \boldsymbol{\sigma}^*) \cdot d\boldsymbol{\varepsilon}^p \geq 0\ . \tag{13.13}$$

Der durch $\boldsymbol{\sigma}$ festgelegte Punkt befinde sich auf der Fließfläche. Der durch $\boldsymbol{\sigma}^*$ gekennzeichnete Punkt liege entweder innerhalb oder auf der Fließfläche. Bei einer infinitesimalen Steigerung der Belastung nach dem Erreichen von $\boldsymbol{\sigma}$ mögen in jedem Fall entsprechende plastische Verzerrungen $d\boldsymbol{\varepsilon}^p$ auftreten.

Die Beziehung (13.13) ist dann für alle möglichen $\boldsymbol{\sigma}^*$ erfüllt, wenn der Vektor $d\boldsymbol{\varepsilon}^p$ normal zur Fließfläche gerichtet und diese Fläche konvex ist. Eine Fließregel mit einem derart gerichteten Vektor $d\boldsymbol{\varepsilon}^p$ wird als Normalenregel oder assoziierte Fließregel bezeichnet. Die erste Bezeichnung drückt aus, dass $d\boldsymbol{\varepsilon}^p$ dieselbe Richtung wie der Gradientenvektor in dem durch $\boldsymbol{\sigma}$ gekennzeichneten Punkt der Fließfläche aufweist. Die zweite drückt aus, dass die Fließregel mit der Fließbedingung insofern assoziiert ist, weil in beiden die Fließfunktion $f(\boldsymbol{\sigma})$ aufscheint. Die assoziierte Fließregel lautet:

$$d\varepsilon_{ij}^p = d\lambda \frac{\partial f}{\partial \sigma_{ij}} \, . \tag{13.14}$$

In Vektorschreibweise ergibt sich dementsprechend

$$d\boldsymbol{\varepsilon}^p = d\lambda \frac{\partial f}{\partial \boldsymbol{\sigma}} \, . \tag{13.15}$$

Gemäß (13.15) bestimmt der Spannungsgradient der Fließfläche, $\partial f / \partial \boldsymbol{\sigma}$, die Richtung des Vektors $d\boldsymbol{\varepsilon}^p$, während der skalare Faktor $d\lambda$ den Betrag dieses Vektors festlegt. Dieser Faktor wird als Konsistenzparameter bezeichnet. Er muss der Bedingung

$$d\lambda \geq 0 \tag{13.16}$$

genügen. Für $d\boldsymbol{\varepsilon}^p \neq \mathbf{0}$ gilt $d\lambda > 0$. Für $d\boldsymbol{\varepsilon}^p = \mathbf{0}$ ist $d\lambda = 0$.

Abb. 13.2a betrifft die geometrische Interpretation eines Sachverhalts, der durch Erfüllung von (13.13) gekennzeichnet ist. Abb. 13.2b und Abb. 13.2c beziehen sich auf die geometrische Interpretation von Situationen, die durch Verletzung von (13.13) charakterisiert sind.

Bei Verwendung der assoziierten Fließregel und einer konvexen Fließfläche sind allerdings nur notwendige Bedingungen für stabiles Materialverhalten erfüllt. Diese Bedingungen enthalten nämlich keine Aussage über die Verfestigung oder Entfestigung des Werkstoffs.

Die aus (13.13) nach Division von $d\boldsymbol{\varepsilon}^p$ durch dt erhaltene Beziehung kann man in der Form

$$\sigma_{ij} \, \dot{\varepsilon}_{ij}^p \geq \sigma_{ij}^* \, \dot{\varepsilon}_{ij}^p \tag{13.17}$$

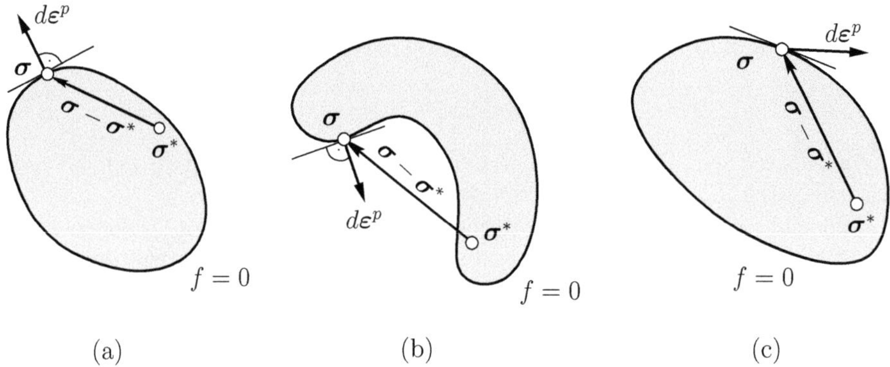

Abb. 13.2: Geometrische Interpretation der Erfüllung bzw. Verletzung von (13.13): (a) Erfüllung von (13.13) bei Verwendung einer konvexen Fließfläche und der assoziierten Fließregel, (b) Verletzung von (13.13) bei Verwendung einer nichtkonvexen Fließfläche und der assoziierten Fließregel, (c) Verletzung von (13.13) bei Verwendung einer konvexen Fließfläche und einer nichtassoziierten Fließregel

anschreiben. Sie lässt sich folgendermaßen interpretieren: die Spannungen σ_{ij}, die gegebenen plastischen Verzerrungsraten $\dot{\varepsilon}_{ij}^p$ zugeordnet sind, zeichnen sich gegenüber allen Spannungen σ_{ij}^*, welche die Fließbedingung nicht verletzen, dadurch aus, dass die für ideale Plastizität zu

$$D^p = \sigma_{ij}^* \, \dot{\varepsilon}_{ij}^p \tag{13.18}$$

definierte plastische Dissipation D^p einen Maximalwert annimmt. Diese Aussage wird als Postulat vom Maximum der plastischen Dissipation bezeichnet [Lubliner (1990), Simo/Hughes (1998)].

Um bessere Übereinstimmung mit Versuchsergebnissen zu erzielen, wird $\partial f/\partial\sigma_{ij}$ in (13.14) nicht selten durch den Spannungsgradienten einer anderen Funktion ersetzt. Diese Funktion wird plastisches Potential genannt, für das $g(\boldsymbol{\sigma})$ geschrieben wird. In der dann zu

$$d\varepsilon_{ij}^p = d\lambda \, \frac{\partial g}{\partial \sigma_{ij}} \tag{13.19}$$

gegebenen Fließregel scheint die Fließfunktion $f(\boldsymbol{\sigma})$ nicht auf. Deshalb wird (13.19) als nichtassoziierte Fließregel bezeichnet.

Ersetzt man in (13.14) $f(\boldsymbol{\sigma})$ durch $f(I_1^\sigma, \mathbf{s})$ und macht auf diese Weise von der Aufteilung des Spannungstensors in einen hydrostatischen und einen deviatorischen Anteil Gebrauch (siehe Abschnitt 3.2.10), so erhält man die assoziierte Fließregel zu

$$d\varepsilon_{ij}^p = d\lambda \, \frac{\partial f(I_1^\sigma, \mathbf{s})}{\partial \sigma_{ij}} = d\lambda \left(\frac{\partial f}{\partial I_1^\sigma} \frac{\partial I_1^\sigma}{\partial \sigma_{ij}} + \frac{\partial f}{\partial s_{kl}} \frac{\partial s_{kl}}{\partial \sigma_{ij}} \right) . \tag{13.20}$$

Die Definitionsgleichung für die 1. Invariante des Spannungstensors, I_1^σ, ist die erste der drei Beziehungen (3.143). Der Ausdruck für die Komponenten des deviatorischen Spannungstensors, s_{kl}, folgt aus (3.155) und (3.156). Die Ausdrücke für I_1^σ und s_{kl} lauten somit:

$$I_1^\sigma = \sigma_{ij} \, \delta_{ij} \; , \quad s_{kl} = \sigma_{kl} - \frac{1}{3} I_1^\sigma \, \delta_{kl} \; . \tag{13.21}$$

Aus (13.21) folgen die Ableitungen $\partial I_1^\sigma/\partial\sigma_{ij}$ und $\partial s_{kl}/\partial\sigma_{ij}$ zu

$$\frac{\partial I_1^\sigma}{\partial \sigma_{ij}} = \delta_{ij} \; , \qquad \frac{\partial s_{kl}}{\partial \sigma_{ij}} = \delta_{ik} \, \delta_{jl} - \frac{1}{3} \, \delta_{ij} \, \delta_{kl} = I_{ijkl}^{dev} \; . \tag{13.22}$$

I_{ijkl}^{dev} bezeichnet den sogenannten deviatorischen Operator. Wendet man I_{ijkl}^{dev} auf einen Tensor 2. Stufe an, so erhält man als Ergebnis den deviatorischen Anteil dieses Tensors. Folglich ergibt sich

$$s_{ij} = I_{ijkl}^{dev} \, \sigma_{kl} \; , \qquad e_{ij} = I_{ijkl}^{dev} \, \varepsilon_{kl} \; . \tag{13.23}$$

Einsetzen von (13.22) in (13.20) führt auf die infinitesimalen Inkremente der plastischen Verzerrungen

$$d\varepsilon_{ij}^p = d\varepsilon^{m,p} \, \delta_{ij} + de_{ij}^p \tag{13.24}$$

mit

$$d\varepsilon^{m,p} = d\lambda \frac{\partial f}{\partial I_1^\sigma} \; , \qquad de_{ij}^p = d\lambda \frac{\partial f}{\partial s_{kl}} I_{ijkl}^{dev} \; . \tag{13.25}$$

In (13.24) wurde von der Aufteilung von $d\varepsilon_{ij}^p$ in einen volumetrischen und einen deviatorischen Anteil Gebrauch gemacht (siehe Abschnitt 3.1.6 über die entsprechende

Aufteilung von elastischen Verzerrungen). Der erste Term auf der rechten Seite von (13.24) entspricht dem volumetrischen Anteil von $d\varepsilon_{ij}^p$, also jenem Anteil, der eine plastische Volumenänderung bewirkt. Der zweite Term entspricht dem deviatorischen Anteil von $d\varepsilon_{ij}^p$, also jenem Anteil, der eine plastische Gestaltänderung verursacht.

Im Falle der Verwendung einer nichtassoziierten Fließregel ist in (13.20) und (13.25) die Fließfunktion f durch das plastische Potential g zu ersetzen.

13.2.3 Verfestigungsgesetz

Bisher wurde angenommen, dass die Fließfunktion f nur von den Spannungen abhängt. Dieser Annahme entspricht die Beschränkung auf ideale Plastizität. Im Folgenden wird die Rolle von Werkstoffverfestigung im Rahmen elasto-plastischen Materialverhaltens untersucht. Dabei geht es um den Einfluss von Verfestigungsgesetzen auf die Fließfunktion. Es wird gezeigt, wie mittels solcher Gesetze sowohl Änderungen der Größe des von der Fließfläche eingeschlossenen Bereichs als auch der Lage der Fließfläche im Hauptspannungsraum beschrieben werden können. Die Berücksichtigung solcher Änderungen der Fließfläche mit fortschreitender Plastizierung ermöglicht in vielen Fällen eine im Vergleich zu idealer Plastizität wirklichkeitsnähere Erfassung des Materialverhaltens.

Man unterscheidet zwischen isotroper, kinematischer und gemischter Verfestigung. Entsprechende Verfestigungsgesetze werden im Folgenden kurz vorgestellt.

Isotrope Verfestigung

Diese Art der Verfestigung ist durch eine im Hauptspannungsraum gleichförmig expandierende Fließfläche gekennzeichnet. Die Lage ihrer Achse bleibt dabei unverändert. Für den Sonderfall biaxialer Spannungszustände zeigt Abb. 13.3a die Expansion der anfänglichen Fließkurve. Diese Expansion ist dadurch gekennzeichnet, dass eine isotrope Fließfunktion auch nach Eintritt plastischer Verformungen isotrop bleibt. Eine Änderung der Bezeichnung der Hauptspannungsachsen ist somit belanglos.

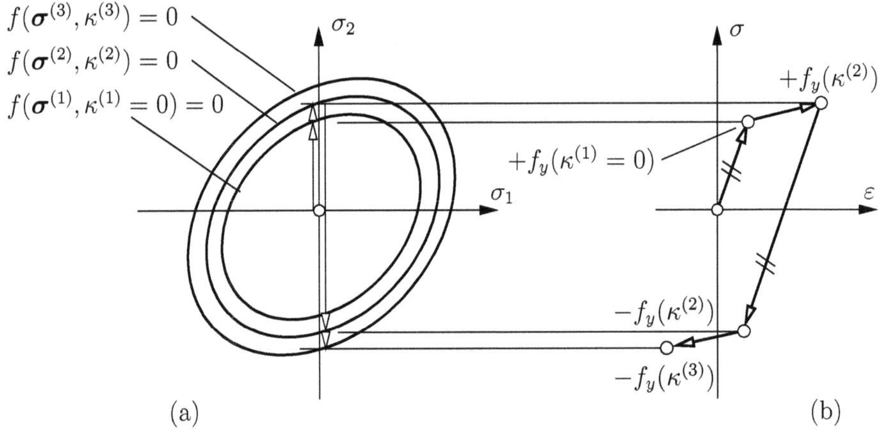

Abb. 13.3: Isotrope Verfestigung: (a) Expansion der anfänglichen Fließkurve für biaxiale Spannungszustände, (b) $\sigma\varepsilon$-Diagramm für einen einaxialen Spannungszustand

Mathematisch wird die Expansion der Fließfläche durch die von einer inneren Variablen κ abhängige Fließspannung f_y beschrieben:

$$f_y = f_y(\kappa) \; . \tag{13.26}$$

κ wird allgemein als Verfestigungsparameter bezeichnet. Bei Berücksichtigung von Werkstoffverfestigung ist die Fließspannung also kein konstanter Materialkennwert. Als Verfestigungsparameter kann z. B. die effektive plastische Verzerrung dienen. Sie ist zu

$$\kappa = \int \sqrt{\frac{2}{3}\, d\varepsilon^p_{kl}\, d\varepsilon^p_{kl}} \tag{13.27}$$

definiert. (13.27) stellt eine Verallgemeinerung von (11.5) für mehraxiale Verzerrungszustände dar. Der Faktor 2/3 in (13.27) rührt daher, dass κ für den Sonderfall eines durch eine axiale Zugspannung σ_{11} beanspruchten metallischen Stabes gleich ε^p_{11} sein soll. Das Fließen eines solchen Stabes ist durch plastische Inkompressibilität gekennzeichnet. Die plastische Volumendilatation $\varepsilon^{vol,p}$ muss also verschwinden. Somit ist

$$d\varepsilon^{vol,p} = d\varepsilon^p_{11} + d\varepsilon^p_{22} + d\varepsilon^p_{33} = 0 \, , \tag{13.28}$$

woraus unter Berücksichtigung von $d\varepsilon^p_{22} = d\varepsilon^p_{33}$ die Beziehungen $d\varepsilon^p_{22} = d\varepsilon^p_{33} = -(1/2)\, d\varepsilon^p_{11}$ folgen. Durch Eintragen dieser Beziehungen sowie von $d\varepsilon^p_{12} = d\varepsilon^p_{23} = d\varepsilon^p_{31} = 0$ in (13.27) erhält man das gewünschte Ergebnis für κ.

Die Abhängigkeit der Fließgrenze f_y von κ wird durch die infinitesimal inkrementelle Beziehung

$$df_y(\kappa) = H_i(\kappa)\, d\kappa \tag{13.29}$$

mit der aus (13.27) folgenden infinitesimal inkrementellen Relation

$$d\kappa = \sqrt{\frac{2}{3}\, d\varepsilon^p_{kl}\, d\varepsilon^p_{kl}} \tag{13.30}$$

festgelegt. H_i wird als isotroper Verfestigungsmodul bezeichnet. Er kann wie in (13.29) von κ abhängen. Er kann aber auch konstant sein.

Die Berücksichtigung von isotroper Verfestigung ist zwar relativ einfach, erlaubt aber etwa bei einer Aufeinanderfolge von Zug- und Druckbeanspruchung im plastischen Werkstoffbereich keine wirklichkeitsnahe Beschreibung des mechanischen Verhaltens metallischer Werkstoffe. Das lässt sich anhand des Sonderfalles eines einaxialen Spannungszustands (Abb. 13.3b) leicht zeigen. Wird bei einaxialer Zugbeanspruchung bei Annahme von isotroper Verfestigung eine Fließspannung $f_y(\kappa^{(2)}) > f_y(\kappa^{(1)} = 0)$ erreicht, wobei $f_y(\kappa^{(1)} = 0)$ die Fließspannung bei anfänglichem Fließen bezeichnet, so wird bei anschließender völliger Entlastung und darauf folgender einaxialer Belastung im Druckbereich die Fließgrenze erst dann erreicht, wenn der Betrag der Spannung gleich $f_y(\kappa^{(2)})$ ist. Verfestigung im Zugbereich hat also auch Verfestigung im Druckbereich zur Folge und umgekehrt. Das steht im Widerspruch zum BAUSCHINGER-Effekt (siehe Abb. 11.4).

Kinematische Verfestigung

Kinematische Verfestigung ist durch eine reine Translation der Fließfläche im Spannungsraum gekennzeichnet. Dadurch wird eine ursprünglich isotrope Fließfunktion anisotrop. Diese Eigenschaft wird als induzierte Anisotropie bezeichnet. Sie hat zur Folge, dass die Bezeichnung der Hauptspannungsachsen nicht vertauscht werden darf. Darin unterscheidet sich unter anderem kinematische von isotroper Verfestigung.

Die Translation der Fließfläche wird durch die Verschiebung des anfänglich mit dem Ursprung des Hauptspannungsraumes ($\sigma_1 = \sigma_2 = \sigma_3 = 0$) zusammenfallenden Referenzpunktes der Fließfläche beschrieben. Die aktuelle Lage dieses Punktes wird durch den sogenannten kinematischen Verfestigungstensor $\boldsymbol{\rho}$ festgelegt. Dabei handelt es sich um einen Tensor im Spannungsraum. Das infinitesimal inkrementelle Gesetz

$$d\rho_{ij} = H_k(\kappa)\, d\varepsilon_{ij}^p \tag{13.31}$$

stellt den Zusammenhang zwischen $d\boldsymbol{\rho}$ und $d\boldsymbol{\varepsilon}^p$ dar. Darin bezeichnet H_k den kinematischen Verfestigungsmodul. Er kann von κ abhängen oder aber konstant sein.

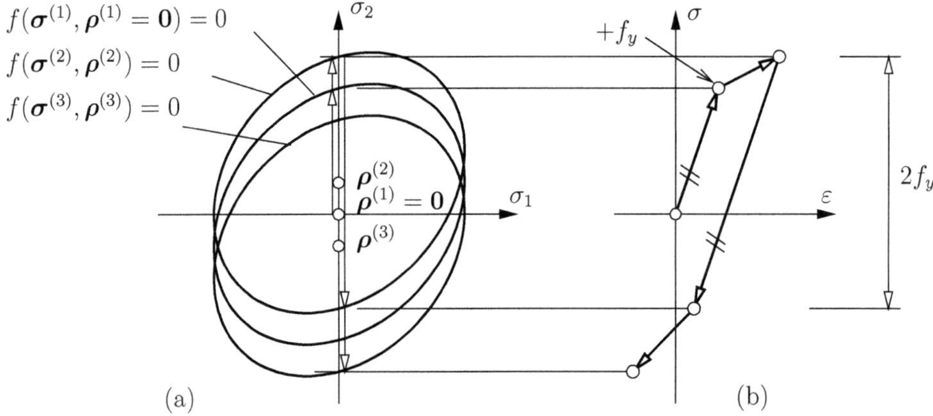

Abb. 13.4: Kinematische Verfestigung: (a) Translation der anfänglichen Fließkurve für biaxiale Spannungszustände in Richtung der σ_2-Achse, (b) $\sigma\varepsilon$-Diagramm für einen einaxialen Spannungszustand

Bei Berücksichtigung von kinematischer Verfestigung ist in einer ursprünglich isotropen Fließfunktion $\boldsymbol{\sigma}$ durch $\boldsymbol{\sigma} - \boldsymbol{\rho}$ zu ersetzen. Für den Sonderfall biaxialer Spannungszustände zeigt Abb. 13.4a die Translation der anfänglichen Fließkurve in Richtung der σ_2-Achse. Eine derartige Translation impliziert eine nichtassoziierte Fließregel. Abb. 13.4b betrifft das $\sigma\varepsilon$-Diagramm für den Sonderfall eines einaxialen Spannungszustandes. Für diesen bedeutet kinematische Verfestigung, dass die Differenz zwischen der Spannung zu Beginn von elastischer Entlastung und der Spannung am Anfang von darauf folgender plastischer Wiederbelastung mit umgekehrtem Vorzeichen konstant ist und ungefähr $2f_y$ beträgt. Folglich erlaubt kinematische Verfestigung die Berücksichtigung des BAUSCHINGER-Effekts (Abb. 11.4).

Kombination von isotroper und kinematischer Verfestigung

Eine solche Kombination ist durch die simultane Expansion und Translation der Fließfläche im Spannungsraum gekennzeichnet. Definiert man einen Verfestigungsmodul $H(\kappa)$ für eine Kombination von isotroper und kinematischer Verfestigung und einen Parameter β, $0 \leq \beta \leq 1$, der den Anteil der isotropen Verfestigung an der gesamten Verfestigung angibt, so lässt sich das Gesetz für isotrope Verfestigung (13.29) und das für kinematische Verfestigung (13.31) wie folgt modifizieren:

$$df_y(\kappa) = \beta\, H(\kappa)\, d\kappa \;, \quad d\rho_{ij} = (1-\beta)\, H(\kappa)\, d\varepsilon^p_{ij} \;. \tag{13.32}$$

13.2.4 Belastungs- und Entlastungsbedingungen

Aus den Beschränkungen (13.7) für die Werte der Fließfunktion f und den Restriktionen (13.16) für den Konsistenzparameter $d\lambda$ folgen die Bedingungen für elastische Belastung bzw. Entlastung, plastische Belastung und neutrale Belastung zu

$$\begin{aligned} f < 0\;, \quad d\lambda = 0 \;&\Rightarrow\; \text{elastische Belastung bzw. Entlastung,}\\ f = 0\;, \quad d\lambda > 0 \;&\Rightarrow\; \text{plastische Belastung,}\\ f = 0\;, \quad d\lambda = 0 \;&\Rightarrow\; \text{neutrale Belastung.} \end{aligned} \tag{13.33}$$

Aus (13.33) folgt $d\lambda\, f = 0$. Zusammen mit den Beziehungen (13.7) und (13.16) ergibt diese Gleichung die sogenannten KUHN-TUCKER-Bedingungen [Simo/Hughes (1998)]:

$$f \leq 0\;, \quad d\lambda \geq 0\;, \quad d\lambda\, f = 0\;. \tag{13.34}$$

Darüber hinaus erfüllen $d\lambda$ und df die sogenannte Konsistenzbedingung:

$$d\lambda\, df = 0\;. \tag{13.35}$$

Wenn sowohl $f = 0$ als auch $df = 0$ ist, bleibt ein auf der Fließfläche gelegener Spannungspunkt auf dieser Fläche. Es liegt dann plastische Belastung vor. Somit gilt $d\lambda > 0$. Ist zwar $f = 0$, aber $df < 0$, dann gelangt ein auf der Fließfläche befindlicher Spannungspunkt in das Innere dieser Fläche und somit in den elastischen Bereich. Es liegt also elastische Entlastung vor. Dementsprechend müssen die infinitesimalen Inkremente der plastischen Verzerrungen verschwinden. Aus (13.15) bzw. (13.19) folgt somit $d\lambda = 0$. In beiden Fällen ist (13.35) erfüllt.

13.2.5 Ermittlung des Konsistenzparameters und des elasto-plastischen Materialtensors

Der Konsistenzparameter $d\lambda$ wird mit Hilfe der Konsistenzbedingung (13.35) ermittelt. Für $d\lambda > 0$ gilt $df = 0$. Bei Beschränkung auf ideale Plastizität führt die Bedingung $df = 0$ auf

$$df(\boldsymbol{\sigma}) = \frac{\partial f}{\partial \sigma_{ij}}\, d\sigma_{ij} = 0\;. \tag{13.36}$$

Einsetzen von (13.6) für $d\sigma_{ij}$ in (13.36) ergibt

$$\frac{\partial f}{\partial \sigma_{ij}}\, C_{ijkl}\, (d\varepsilon_{kl} - d\varepsilon^p_{kl}) = 0\;. \tag{13.37}$$

Eintragen von (13.19) für $d\varepsilon_{kl}^p$ in (13.37) führt auf

$$\frac{\partial f}{\partial \sigma_{ij}} C_{ijkl} \, d\varepsilon_{kl} - \frac{\partial f}{\partial \sigma_{ij}} C_{ijkl} \, d\lambda \, \frac{\partial g}{\partial \sigma_{kl}} = 0 \; . \tag{13.38}$$

Nach Ersetzen der stummen Indizes i, j, k, l im zweiten Term von (13.38) durch r, s, t, u erhält man den Konsistenzparameter zu*

$$d\lambda = \frac{\dfrac{\partial f}{\partial \sigma_{ij}} C_{ijkl} \, d\varepsilon_{kl}}{\dfrac{\partial f}{\partial \sigma_{rs}} C_{rstu} \, \dfrac{\partial g}{\partial \sigma_{tu}}} \; . \tag{13.39}$$

Bei Verwendung der assoziierten Fließregel ist in (13.39) $g = f$ zu setzen. Bei Berücksichtigung von Werkstoffverfestigung ist bei der Herleitung des Konsistenzparameters anstatt von (13.36) von

$$df(\boldsymbol{\sigma}, \boldsymbol{\rho}, \kappa) = \frac{\partial f}{\partial \sigma_{ij}} \, d\sigma_{ij} + \frac{\partial f}{\partial \rho_{ij}} \, d\rho_{ij} + \frac{\partial f}{\partial \kappa} \, d\kappa = 0 \tag{13.40}$$

auszugehen. Für $d\sigma_{ij}$ ist wieder (13.6) einzusetzen. Für $d\rho_{ij}$ ist (13.31) und für $d\kappa$ (13.30) in (13.40) einzutragen.

Bei plastischem Materialverhalten ändert sich auch die Steifigkeit des Werkstoffs. Deshalb muss die für linear elastisches Werkstoffverhalten aus dem verallgemeinerten HOOKE'schen Gesetz (3.254) folgende infinitesimal inkrementelle Beziehung

$$d\sigma_{ij} = C_{ijkl} \, d\varepsilon_{kl} \tag{13.41}$$

durch eine entsprechende konstitutive Gleichung für elasto-plastisches Materialverhalten ersetzt werden. Formal lässt sich diese Beziehung zu

$$d\sigma_{ij} = C_{ijkl}^{ep} \, d\varepsilon_{kl} \tag{13.42}$$

anschreiben. In (13.42) bezeichnet $\mathbf{C}^{ep}$ den elasto-plastischen Materialtensor. Trägt man zu dessen Bestimmung (13.19) in (13.6) ein, so erhält man

$$d\sigma_{ij} = C_{ijkl} \, d\varepsilon_{kl} - C_{ijkl} \, \frac{\partial g}{\partial \sigma_{kl}} \, d\lambda \; . \tag{13.43}$$

Ersetzen der stummen Indizes i, j, k, l in (13.39) durch a, b, c, d und Eintragen des Ausdrucks für $d\lambda$ in (13.43) führt auf

$$d\sigma_{ij} = C_{ijkl} \, d\varepsilon_{kl} - C_{ijkl} \, \frac{\partial g}{\partial \sigma_{kl}} \, \frac{\dfrac{\partial f}{\partial \sigma_{ab}} C_{abcd} \, d\varepsilon_{cd}}{\dfrac{\partial f}{\partial \sigma_{rs}} C_{rstu} \, \dfrac{\partial g}{\partial \sigma_{tu}}} \; . \tag{13.44}$$

Durch Vertauschen der stummen Indizes c und d im zweiten Term auf der rechten Seite von (13.44) mit k und l kann Gleichung (13.44) in Form von (13.42) mit dem elasto-plastischen Materialtensor

$$C_{ijkl}^{ep} = C_{ijkl} - \frac{C_{ijcd} \, \dfrac{\partial g}{\partial \sigma_{cd}} \, \dfrac{\partial f}{\partial \sigma_{ab}} \, C_{abkl}}{\dfrac{\partial f}{\partial \sigma_{rs}} C_{rstu} \, \dfrac{\partial g}{\partial \sigma_{tu}}} \tag{13.45}$$

*Die Einführung eines zweiten Satzes stummer Indizes dient der Klarstellung, dass der Ausdruck für $d\lambda$ ein Quotient zweier Summen ist.

angeschrieben werden. Bei Verwendung der assoziierten Fließregel ist in (13.45) $g = f$ zu setzen. Der elasto-plastische Materialtensor ist dann symmetrisch.

Die in diesem Abschnitt angegebenen konstitutiven Gleichungen zur Beschreibung elasto-plastischen Materialverhaltens stellen Beziehungen zwischen infinitesimalen Größen dar. Sie sind auf Kontinuumsebene gültig. Damit ist die Ebene der Kontinuumsmechanik deformierbarer fester Körper gemeint. Letztere weisen unendlich viele Freiheitsgrade auf. Diesem Sachverhalt entsprechen analytische Lösungen einschlägiger Randwertprobleme bzw. kombinierter Anfangs- und Randwertaufgaben. Bei der Lösung von Aufgaben der Plastizitätstheorie muss man bei mehraxialen Spannungszuständen jedoch oftmals auf numerische Verfahren wie die Methode der finiten Elemente zurückgreifen. Der Begriff *finit* umfasst dabei nicht nur die Zerlegung des betrachteten Körpers in Elemente mit endlichen Abmessungen (siehe Unterkapitel 16.4), sondern auch die Unterteilung der Beanspruchungsgeschichte in finite Inkremente im Gegensatz zu infinitesimalen Schritten (siehe Abschnitt 16.4.5). Beim Einsatz dieser Methode muss man daher die infinitesimal inkrementellen Werkstoffgleichungen zur Beschreibung elasto-plastischen Materialverhaltens für jedes dieser Inkremente numerisch integrieren [Zienkiewicz/Taylor (2000), Simo/Hughes (1998)].

13.2.6 Elasto-plastisches Werkstoffgesetz auf der Grundlage der Versagenshypothese nach Drucker-Prager

Auf der Basis dieser Hypothese werden im Folgenden die assoziierte Fließregel und der elasto-plastische Materialtensor ermittelt. Der Einfachheit halber wird nur ideale Plastizität berücksichtigt.

Für diesen Sonderfall stellt (10.51) die Fließfunktion dar. Einsetzen von (10.51) in (13.25) ergibt mit

$$\frac{\partial f}{\partial I_1^\sigma} = \frac{\mu}{\sqrt{3}}\,, \qquad \frac{\partial f}{\partial s_{kl}} = \frac{s_{kl}}{\sqrt{s_{ij}\,s_{ij}}} = \frac{s_{kl}}{\|\mathbf{s}\|} \tag{13.46}$$

die infinitesimalen Inkremente $d\varepsilon^{m,p}$ und de^p_{ij} der volumetrischen bzw. deviatorischen plastischen Verzerrungen zu

$$d\varepsilon^{m,p} = d\lambda\,\frac{\mu}{\sqrt{3}}\,, \qquad de^p_{ij} = d\lambda\,\frac{s_{ij}}{\|\mathbf{s}\|}\,, \tag{13.47}$$

wobei von $I^{dev}_{ijkl}\,s_{kl} = s_{ij}$ Gebrauch gemacht worden ist. Eintragen von (13.47) in (13.24) ergibt die infinitesimalen Inkremente der plastischen Verzerrungen zu

$$d\varepsilon^p_{ij} = d\lambda\left(\frac{\mu}{\sqrt{3}}\,\delta_{ij} + \frac{s_{ij}}{\|\mathbf{s}\|}\right)\,. \tag{13.48}$$

Da der Reibungskoeffizient μ nicht negativ sein kann, gilt für dieses Werkstoffgesetz im Falle plastischen Materialverhaltens stets $d\varepsilon^{m,p} \geq 0$. Plastisches Materialverhalten ist also mit Ausnahme des Grenzfalles $\mu = 0$ mit einer plastischen Volumenzunahme verbunden. Man bezeichnet sie als Dilatanz. Diesem Phänomen wird auch bei Verwendung der Versagensfunktion Rechnung getragen, der die Mohr-Coulomb'sche Versagenshypothese zugrunde liegt. Dilatantes Materialverhalten ist bei manchen Böden wie z. B. bei dicht gelagerten Sanden gegeben. Mit der assoziierten Fließregel wird das Ausmaß dieser Dilatanz allerdings zumeist überschätzt. Das äußert sich in unrealistischen Rechenergebnissen für die Verformungen solcher Böden. Bei Behinderung der Dilatanz kommt es zu einer Erhöhung der mittleren Druckspannung im Boden. Wurde die Dilatanz überschätzt, dann führen die Versagenskriterien nach DRUCKER-PRAGER und MOHR-COULOMB auf eine Überschätzung der Scherfestigkeit.

Als einfache Maßnahme gegen die Überschätzung der Dilatanz wird oftmals eine nichtassoziierte Fließregel verwendet. Sie beruht auf folgendem plastischem Potential:

$$g(\boldsymbol{\sigma}) = \sqrt{s_{ij}\, s_{ij}} + \frac{\widetilde{\mu}}{\sqrt{3}} I_1^\sigma \,. \tag{13.49}$$

g weist zwar dieselbe Form wie die beiden ersten Terme auf der rechten Seite des Ausdrucks für f gemäß (10.51) auf, der für $\widetilde{\mu}$ gewählte Wert ist jedoch kleiner als der Wert von μ. Der in (10.51) aufscheinende Materialparameter τ_y ist in diesem Zusammenhang nicht von Bedeutung, weil die Ableitung dieser Konstante bei der Ermittlung von $d\varepsilon_{ij}^p$ gemäß (13.19) verschwindet. Die auf der Grundlage von (13.49) bestimmte nichtassoziierte Fließregel ergibt sich analog zu (13.48) zu

$$d\varepsilon_{ij}^p = d\lambda \left(\frac{\widetilde{\mu}}{\sqrt{3}}\, \delta_{ij} + \frac{s_{ij}}{\|\mathbf{s}\|} \right) . \tag{13.50}$$

Für $\widetilde{\mu} < \mu$ nehmen die volumetrischen plastischen Verzerrungen weniger stark zu als ohne Abminderung von μ.

Durch Spezialisierung von (13.47) bzw. (13.48) für $\mu = 0$ erhält man die mit der Fließbedingung nach VON MISES assoziierte Fließregel:

$$d\varepsilon_{ij}^p = de_{ij}^p = d\lambda \frac{s_{ij}}{\|\mathbf{s}\|} \,. \tag{13.51}$$

Laut (13.51) sind die infinitesimalen Inkremente der plastischen Verzerrungen gleich den infinitesimalen Inkrementen der deviatorischen plastischen Verzerrungen. Die infinitesimalen Inkremente der volumetrischen plastischen Verzerrungen sind also gleich null. Das folgt aus der Unabhängigkeit der Fließfunktion nach VON MISES (siehe Gleichung (10.34) bzw. (10.35)) vom hydrostatischen Anteil des Spannungstensors.

13.3 Beispiel zur Anwendung der Plastizitätstheorie

Als Beispiel für die Anwendung der ratenunabhängigen Plastizitätstheorie dient ein unendlich langer dickwandiger Zylinder mit dem Außenradius r_a und dem Innenradius r_i. Er wird durch gleichförmigen Innendruck p beansprucht. Abb. 13.5 enthält einen Querschnitt des aus einem isotropen Werkstoff bestehenden Zylinders. Es wird linear elastisches – ideal plastisches Materialverhalten angenommen. Zu ermitteln sind die Verschiebungen, Verzerrungen und Spannungen.

Wie bei dem im Unterkapitel 3.6 behandelten linear elastischen, dickwandigen Zylinder erweisen sich zur Lösung der gegenständlichen Aufgabe Zylinderkoordinaten als vorteilhaft.

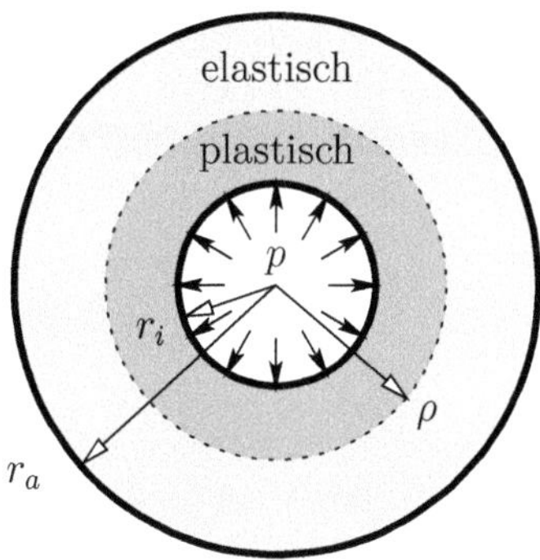

Abb. 13.5: Dickwandiger Zylinder unter Innendruck: elastischer und plastischer Bereich

13.3.1 Ermittlung der Hauptnormalspannungen σ_r und σ_ϑ

Bei hinreichend kleinem Innendruck verhält sich der Zylinder elastisch. In diesem Fall erhält man die Spannungen σ_r und σ_ϑ durch Spezialisierung von (3.343) für $p_a = 0$ und $p_i \equiv p$ zu

$$\sigma_r = -p\,\frac{r_i^2}{r_a^2 - r_i^2}\left[\left(\frac{r_a}{r}\right)^2 - 1\right] , \quad \sigma_\vartheta = p\,\frac{r_i^2}{r_a^2 - r_i^2}\left[\left(\frac{r_a}{r}\right)^2 + 1\right] . \tag{13.52}$$

Beim vorliegenden Beispiel treffen die Voraussetzungen für einen ebenen Verzerrungszustand (siehe Abschnitt 3.1.8) zu. Spezialisiert man dementsprechend die letzte der drei Gleichungen (3.341) für $\varepsilon_z = 0$, so erhält man mit $p_a = 0$, $p_i \equiv p$, $\sigma_0 \equiv \sigma_z$

$$\sigma_z = p\,\frac{2\nu\, r_i^2}{r_a^2 - r_i^2} . \tag{13.53}$$

Wenn der Innendruck einen bestimmten Wert $p^{(e)}$ überschreitet, treten plastische Verformungen auf. $p^{(e)}$ kann z. B. mit Hilfe der Fließfunktion nach TRESCA (10.10) ermittelt werden. Ordnung der Hauptnormalspannungen $\sigma_r, \sigma_\vartheta$, σ_z der Größe nach ergibt $\sigma_{max} = \sigma_\vartheta$ und $\sigma_{min} = \sigma_r$. Somit lautet die Fließbedingung nach TRESCA im gegenständlichen Fall:

$$f(\boldsymbol{\sigma}) = \sigma_\vartheta - \sigma_r - f_y = 0 . \tag{13.54}$$

Die Differenz

$$\sigma_\vartheta - \sigma_r = p\,\frac{2r_i^2}{r_a^2 - r_i^2}\left(\frac{r_a}{r}\right)^2 \tag{13.55}$$

nimmt am Innenrand $r = r_i$ des Zylinders den größten Wert an. Deshalb wird bei von null ausgehender Steigerung des Innendrucks die Fließgrenze f_y zuerst am Innenrand des Zylinders erreicht. Den Innendruck $p^{(e)}$ bei Fließeintritt erhält man durch Einsetzen von (13.55) mit $r = r_i$ in (13.54) zu

$$p^{(e)} = \frac{r_a^2 - r_i^2}{2r_a^2} f_y . \tag{13.56}$$

Bei Steigerung von p über $p^{(e)}$ hinaus bildet sich ein vom Innenrand ausgehender, im Querschnitt kreisförmiger Bereich mit plastischen Verformungen aus (Abb. 13.5). Er wird als plastischer Bereich bezeichnet. Der äußere Bereich ist demnach der elastische Bereich. Mit wachsendem Innendruck strebt die im Querschnitt durch einen Kreis mit dem Radius ρ gekennzeichnete Grenze der beiden Bereiche zum Außenradius r_a.

Zur Bestimmung der Spannungen in dem durch $r \geq \rho$ gekennzeichneten elastischen Bereich geht man von der allgemeinen Lösung (3.340) der Differentialgleichung (3.339) für die einzige von null verschiedene Verschiebungskomponente, u, aus. Für die Ermittlung der Konstanten A und B stehen die Randbedingungen

$$\begin{aligned} \sigma_r = 0 \qquad & \text{für} \quad r = r_a \\ (\sigma_\vartheta - \sigma_r) - f_y = 0 \qquad & \text{für} \quad r = \rho \end{aligned} \tag{13.57}$$

zur Verfügung. Bei der Randbedingung für $r = \rho$ handelt es sich um die Fließbedingung. Einsetzen der kinematischen Beziehungen (3.333) unter Berücksichtigung von $\varepsilon_z = 0$ in (3.335) ergibt

$$\begin{aligned} \sigma_r &= \frac{E(1-\nu)}{(1+\nu)(1-2\nu)}\left[\frac{du}{dr} + \frac{\nu}{1-\nu}\frac{u}{r}\right] , \\ \sigma_\vartheta &= \frac{E(1-\nu)}{(1+\nu)(1-2\nu)}\left[\frac{u}{r} + \frac{\nu}{1-\nu}\frac{du}{dr}\right] . \end{aligned} \tag{13.58}$$

Einsetzen von (3.340) in (13.58) und Erfüllung der Randbedingungen (13.57) führt auf

$$\sigma_r = \frac{f_y}{2}\left(\frac{\rho}{r_a}\right)^2\left[1 - \left(\frac{r_a}{r}\right)^2\right] , \quad \sigma_\vartheta = \frac{f_y}{2}\left(\frac{\rho}{r_a}\right)^2\left[1 + \left(\frac{r_a}{r}\right)^2\right] , \quad \rho \leq r \leq r_a . \tag{13.59}$$

Für den plastischen Bereich erhält man nach Einsetzen der Fließbedingung (13.54) in die erste der beiden Gleichgewichtsbedingungen (3.334)

$$\frac{d\sigma_r}{dr} = \frac{f_y}{r} \tag{13.60}$$

und nach anschließender Integration

$$\sigma_r = f_y \ln r + c_1 . \tag{13.61}$$

Zur Bestimmung der Integrationskonstante c_1 steht die Bedingung zur Verfügung, dass an der Grenze zwischen dem elastischen und dem plastischen Bereich, also für $r = \rho$, σ_r gemäß (13.59) gleich σ_r laut (13.61) sein muss. Daraus folgt

$$c_1 = \frac{f_y}{2}\left[\left(\frac{\rho}{r_a}\right)^2 - 1\right] - f_y \ln \rho . \tag{13.62}$$

Einsetzen von (13.62) in (13.61) ergibt σ_r für $r_i \leq r \leq \rho$. Eintragen von σ_r in den Ausdruck für $f(\boldsymbol{\sigma})$ gemäß (13.54) und Nullsetzen des Ergebnisses führt auf σ_ϑ für $r_i \leq r \leq \rho$. Für den plastischen Bereich ergeben sich die beiden Hauptnormalspannungen somit zu

$$\begin{aligned} \sigma_r &= \frac{f_y}{2}\left[2\ln\frac{r}{\rho} + \left(\frac{\rho}{r_a}\right)^2 - 1\right] , \\ \sigma_\vartheta &= \frac{f_y}{2}\left[2\ln\frac{r}{\rho} + \left(\frac{\rho}{r_a}\right)^2 + 1\right] , \quad r_i \leq r \leq \rho . \end{aligned} \tag{13.63}$$

Zur Ermittlung der Größe des plastischen Bereichs für einen gegebenen Wert des Innendrucks p wird entsprechend der Randbedingung für σ_r am Innenrand die erste der beiden Gleichungen (13.63) für $\sigma_r = -p$ und $r = r_i$ spezialisiert. Mit den Abkürzungen $\eta = \rho/r_i$ und $\eta^* = r_a/r_i$ erhält man auf diese Weise

$$\frac{2p}{f_y} = 2\ln\eta - \left(\frac{\eta}{\eta^*}\right)^2 + 1\,. \tag{13.64}$$

Aus (13.64) kann η numerisch bestimmt werden. Für $\rho = r_i$ gilt $\eta = 1$. Folglich ist $\ln\eta = 0$. In diesem Grenzfall gilt weiters $p = p^{(e)}$. (13.64) führt somit auf

$$\frac{2p^{(e)}}{f_y} = -\left(\frac{1}{\eta^*}\right)^2 + 1\,. \tag{13.65}$$

Diese Beziehung entspricht (13.56). Für $\rho = r_a$ gilt $\eta = r_a/r_i = \eta^*$. Mit $p = p^{(p)}$ als dem Innendruck, bei dem der Zylinder zur Gänze plastiziert ist, und $\eta = \eta^*$ folgt aus (13.64)

$$\frac{2p^{(p)}}{f_y} = 2\ln\eta^*\,, \tag{13.66}$$

woraus $p^{(p)}$ bestimmt werden kann. Trägt man (13.65) und (13.66) in die für den plastischen Bereich geltende Beziehung

$$\frac{2p^{(e)}}{f_y} \le \frac{2p}{f_y} \le \frac{2p^{(p)}}{f_y} \tag{13.67}$$

ein, so erhält man

$$1 - \left(\frac{1}{\eta^*}\right)^2 \le \frac{2p}{f_y} \le 2\ln\eta^*\,. \tag{13.68}$$

Die sich auf den Fließbeginn am Innenrand des Zylinders beziehende untere Schranke von $2p/f_y$ und die der vollständigen Plastizierung des Zylinders entsprechende obere Schranke dieser dimensionslosen Größe hängen also nur vom Verhältnis r_a/r_i ab.

13.3.2 Ermittlung der Verschiebung

Aus (3.308) erhält man für $1 \equiv r$, $2 \equiv \vartheta$, $3 \equiv z$ und $T = T_0$ die konstitutiven Beziehungen zu

$$\varepsilon_r = \frac{1-\nu^2}{E}\left(\sigma_r - \frac{\nu}{1-\nu}\sigma_\vartheta\right)\,, \quad \varepsilon_\vartheta = \frac{1-\nu^2}{E}\left(-\frac{\nu}{1-\nu}\sigma_r + \sigma_\vartheta\right)\,. \tag{13.69}$$

Dabei wurde berücksichtigt, dass die durch Zylinderkoordinaten in jedem Punkt festgelegten Basisvektoren orthogonal sind und dass ihre Richtungen mit den Hauptrichtungen des Spannungs- und Verzerrungszustandes übereinstimmen. Zur Ermittlung von u im elastischen Werkstoffbereich setzt man die Spannungen gemäß (13.59) in die zweite der beiden Gleichungen (13.69) ein und trägt das Ergebnis in die zweite der drei Gleichungen (3.333) ein. Das führt auf

$$\begin{aligned} u &= r\,\varepsilon_\vartheta = \\ &= \frac{1-\nu^2}{E}\frac{f_y}{2}\left(\frac{\rho}{r_a}\right)^2 r\left\{1 + \left(\frac{r_a}{r}\right)^2 - \frac{\nu}{1-\nu}\left[1 - \left(\frac{r_a}{r}\right)^2\right]\right\}\,,\ \rho \le r \le r_a\,. \end{aligned} \tag{13.70}$$

Zur Ermittlung von u im plastischen Bereich benötigt man die konstitutiven Beziehungen der Plastizitätstheorie (13.42) mit dem elasto-plastischen Materialtensor für ideale Plastizität gemäß (13.45). Wegen des Bezugs auf Hauptachsen folgt der Elastizitätstensor aus (3.309) unter Berücksichtigung von $T = T_0$ zu

$$\mathbf{C} = \frac{E(1-\nu)}{(1+\nu)(1-2\nu)} \begin{bmatrix} 1 & \dfrac{\nu}{1-\nu} \\ \dfrac{\nu}{1-\nu} & 1 \end{bmatrix} . \tag{13.71}$$

Die Ableitungen der Fließfunktion nach den Spannungen können als Vektor mit einer Komponente in Richtung der r-Koordinate und einer in Richtung der ϑ-Koordinate angeschrieben werden. Bei Verwendung der assoziierten Fließregel (13.14) ist in (13.45) $g = f$ zu setzen. Der Gradient der Fließfunktion (13.54) wird somit zu

$$\frac{\partial f}{\partial \boldsymbol{\sigma}} = \begin{Bmatrix} \dfrac{\partial f}{\partial \sigma_r} \\ \dfrac{\partial f}{\partial \sigma_\vartheta} \end{Bmatrix} = \begin{Bmatrix} -1 \\ 1 \end{Bmatrix} \tag{13.72}$$

erhalten. Einsetzen von (13.71) und (13.72) in den für $g = f$ spezialisierten und nachstehend in Matrizenschreibweise angegebenen Ausdruck (13.45) für den elasto-plastischen Materialtensor $\mathbf{C}^{ep}$ führt auf

$$\mathbf{C}^{ep} = \mathbf{C} - \frac{\mathbf{C}\,\dfrac{\partial f}{\partial \boldsymbol{\sigma}} \left(\dfrac{\partial f}{\partial \boldsymbol{\sigma}}\right)^T \mathbf{C}}{\left(\dfrac{\partial f}{\partial \boldsymbol{\sigma}}\right)^T \mathbf{C}\,\dfrac{\partial f}{\partial \boldsymbol{\sigma}}} = \frac{E}{2(1+\nu)(1-2\nu)} \begin{bmatrix} 1 & 1 \\ 1 & 1 \end{bmatrix} . \tag{13.73}$$

Eintragen von (13.73) in (13.42) ergibt

$$\begin{Bmatrix} d\sigma_r \\ d\sigma_\vartheta \end{Bmatrix} = \frac{E}{2(1+\nu)(1-2\nu)} \begin{bmatrix} 1 & 1 \\ 1 & 1 \end{bmatrix} \begin{Bmatrix} d\varepsilon_r \\ d\varepsilon_\vartheta \end{Bmatrix} . \tag{13.74}$$

Nach Addition der Ausdrücke für $d\sigma_r$ und $d\sigma_\vartheta$ und Berücksichtigung von $d\sigma_r + d\sigma_\vartheta = d(\sigma_r + \sigma_\vartheta)$ und $d\varepsilon_r + d\varepsilon_\vartheta = d(\varepsilon_r + \varepsilon_\vartheta)$ erhält man

$$d(\sigma_r + \sigma_\vartheta) = \frac{E}{(1+\nu)(1-2\nu)} d(\varepsilon_r + \varepsilon_\vartheta) . \tag{13.75}$$

Integration von (13.75) ergibt

$$\varepsilon_r + \varepsilon_\vartheta = \frac{(1+\nu)(1-2\nu)}{E}(\sigma_r + \sigma_\vartheta) + c_2 , \quad r_i \le r \le \rho . \tag{13.76}$$

Zur Bestimmung der Integrationskonstante c_2 steht die Bedingung zur Verfügung, dass $\varepsilon_r + \varepsilon_\vartheta$ an der Grenze des elastischen und des plastischen Bereichs, also für $r = \rho$, stetig sein muss. Daraus resultiert eine Übergangsbedingung für $\varepsilon_r + \varepsilon_\vartheta$. Addition der beiden Gleichungen (13.69) ergibt

$$\varepsilon_r + \varepsilon_\vartheta = \frac{(1+\nu)(1-2\nu)}{E}(\sigma_r + \sigma_\vartheta) , \quad \rho \le r \le r_a . \tag{13.77}$$

Erfüllung der erwähnten Übergangsbedingung führt auf $c_2 = 0$.

Die kinematischen Beziehungen für ε_r und ε_ϑ gemäß (3.333) erfüllen die Bedingung

$$\frac{d\varepsilon_\vartheta}{dr} + \frac{\varepsilon_\vartheta - \varepsilon_r}{r} = 0 \; . \tag{13.78}$$

Gleichung (13.78) stellt eine Kompatibilitätsbedingung für den Verzerrungszustand dar. Eliminiert man in (13.78) ε_r mit Hilfe von (13.76) unter Berücksichtigung von (13.63) und von $c_2 = 0$, so erhält man folgende Differentialgleichung für ε_ϑ:

$$\frac{d\varepsilon_\vartheta}{dr} + \frac{2\varepsilon_\vartheta}{r} = \frac{(1+\nu)(1-2\nu)}{E} f_y \frac{1}{r} \left[2 \ln \frac{r}{\rho} + \left(\frac{\rho}{r_a} \right)^2 \right] \; . \tag{13.79}$$

Aus (13.79) folgt mit $\varepsilon_\vartheta = u/r$ entsprechend der zweiten der drei kinematischen Beziehungen (3.333) die Differentialgleichung für u:

$$\frac{du}{dr} + \frac{u}{r} = \frac{(1+\nu)(1-2\nu)}{E} f_y \left[2 \ln \frac{r}{\rho} + \left(\frac{\rho}{r_a} \right)^2 \right] \; . \tag{13.80}$$

Mit Hilfe von $u^* = u\,r$ bzw. der daraus resultierenden Beziehung

$$\frac{1}{r}\frac{du^*}{dr} = \frac{du}{dr} + \frac{u}{r} \tag{13.81}$$

lässt sich (13.80) zu

$$\frac{du^*}{dr} = \frac{(1+\nu)(1-2\nu)}{E} f_y\, r \left[2 \ln \frac{r}{\rho} + \left(\frac{\rho}{r_a} \right)^2 \right] \tag{13.82}$$

anschreiben. Integration von (13.82) führt für $r_i \leq r \leq \rho$ auf

$$u^* = \frac{(1+\nu)(1-2\nu)}{E} f_y\, r^2 \left[\frac{1}{2}(2 \ln r - 1) - \ln \rho + \frac{1}{2} \left(\frac{\rho}{r_a} \right)^2 \right] + c_3 \; . \tag{13.83}$$

Zur Bestimmung von c_3 steht die Bedingung zur Verfügung, dass u an der Grenze des elastischen und des plastischen Bereichs, also für $r = \rho$, stetig sein muss. Daraus folgt eine Übergangsbedingung für u. Erfüllung dieser Bedingung durch Gleichsetzen von $u = u^*/r$ mit u^* gemäß (13.83) und $r = \rho$ mit der für $r = \rho$ spezialisierten Beziehung (13.70) ergibt

$$c_3 = \frac{(1-\nu)(1+\nu)}{E} f_y\, \rho^2 \, . \tag{13.84}$$

Im Weiteren folgt für $r_i \leq r \leq \rho$:

$$u = \frac{(1+\nu)(1-2\nu)}{E} f_y\, r \left\{ \frac{1-\nu}{1-2\nu} \left(\frac{\rho}{r} \right)^2 + \ln \frac{r}{\rho} - \frac{1}{2} \left[1 - \left(\frac{\rho}{r_a} \right)^2 \right] \right\} \; . \tag{13.85}$$

13.3.3 Ermittlung der Hauptnormalspannung σ_z

Der Ausgangspunkt zur Bestimmung von σ_z ist die 1. Invariante des Verzerrungszustandes, I_1^ε. Mit $1 \equiv r$, $2 \equiv \vartheta$, $3 \equiv z$ erhält man aus der ersten der drei Gleichungen (3.54)

$$I_1^\varepsilon = \varepsilon_r + \varepsilon_\vartheta + \varepsilon_z \; . \tag{13.86}$$

Auf analoge Weise erhält man aus der ersten der drei Gleichungen (3.143) die 1. Invariante des Spannungszustandes zu

$$I_1^\sigma = \sigma_r + \sigma_\vartheta + \sigma_z \ . \tag{13.87}$$

Einsetzen von (13.86) und (13.87) in (3.285) ergibt unter Berücksichtigung von $\varepsilon_z = 0$

$$\sigma_r + \sigma_\vartheta + \sigma_z = \frac{E}{1-2\nu}\left(\varepsilon_r + \varepsilon_\vartheta\right) \ . \tag{13.88}$$

Eintragen von (13.76) unter Berücksichtigung von $c_2 = 0$ und von (13.63) in (13.88) ergibt den für den plastischen Bereich geltenden Ausdruck für σ_z zu

$$\sigma_z = \nu f_y \left[2\ln\frac{r}{\rho} + \left(\frac{\rho}{r_a}\right)^2\right] \ , \quad r_i \le r \le \rho \ . \tag{13.89}$$

Für den elastischen Bereich folgt aus (3.307) mit $1 \equiv r$, $2 \equiv \vartheta$, $3 \equiv z$ und $T = T_0$

$$\sigma_z = \nu\left(\sigma_r + \sigma_\vartheta\right) \ . \tag{13.90}$$

Einsetzen von (13.59) in (13.90) ergibt den für den elastischen Bereich geltenden Ausdruck für σ_z zu

$$\sigma_z = \nu f_y \left(\frac{\rho}{r_a}\right)^2 \ , \quad \rho \le r \le r_a \ . \tag{13.91}$$

Zu prüfen bleibt, ob die der Fließbedingung nach TRESCA gemäß (13.54) zugrunde liegende Ordnung der Hauptnormalspannungen, $\sigma_\vartheta \ge \sigma_z \ge \sigma_r$, die auf der Basis linear elastischen Materialverhaltens vorgenommen wurde, für gegebene Werte von p, r_a, r_i und ν auch im Falle elasto-plastischen Materialverhaltens zutrifft. Nur dann ist die angegebene Lösung des vorliegenden Problems physikalisch sinnvoll.

In der Abb. 3.33a ist die Verteilung der Spannungen σ_r und σ_ϑ für einen durch Innendruck beanspruchten dickwandigen Zylinder mit dem Verhältnis $r_a/r_i = 2$ bei Beschränkung auf linear elastisches Materialverhalten dargestellt. Was das gegenständliche Beispiel betrifft, gilt diese Abbildung für Innendrücke $p \le p^{(e)}$. Aus (13.65) folgt der Innendruck $p^{(e)}$ bei Erreichen der Fließgrenze am Innenrand des Zylinders zu $p^{(e)} = 0{,}375\, f_y$.

Abb. 13.6 zeigt die Verteilung der Spannungen σ_r und σ_ϑ für denselben Zylinder bei Berücksichtigung elasto-plastischen Materialverhaltens für zwei verschiedene Werte des Innendrucks p, gekennzeichnet durch $p > p^{(e)}$. Diesen liegen die Werte $\rho = (r_i + r_a)/2 = 1{,}5\, r_i$ bzw. $\rho = 2\, r_i = r_a$ zugrunde. Im ersten Fall (Abb. 13.6a) erhält man den Innendruck aus (13.64) zu $p = 0{,}624\, f_y$. Im zweiten Fall folgt der Innendruck aus (13.66) zu $p^{(p)} = 0{,}693\, f_y$. Mit Hilfe von $p^{(e)} = 0{,}375 f_y$ erhält man im ersten Fall $p = 1{,}664\, p^{(e)}$ und im zweiten Fall $p^{(p)} = 1{,}848\, p^{(e)}$. Bei idealer Plastizität ist $p^{(p)}$ der Größtwert des Innendrucks. Bei Erreichen von $p = p^{(p)}$ bzw. von $\rho = r_a$ nehmen bei idealer Plastizität die plastischen Verformungen unbeschränkt zu.

13.4 Elasto-viskoplastische Werkstoffgesetze

Im Gegensatz zur ratenunabhängigen Plastizitätstheorie wird im Rahmen der Viskoplastizitätstheorie die zeitliche Entwicklung der plastischen Verzerrungen berücksichtigt. Die Erweiterung eines elasto-plastischen Materialgesetzes auf ein elastoviskoplastisches Werkstoffgesetz lässt sich anhand der entsprechenden Erweiterung

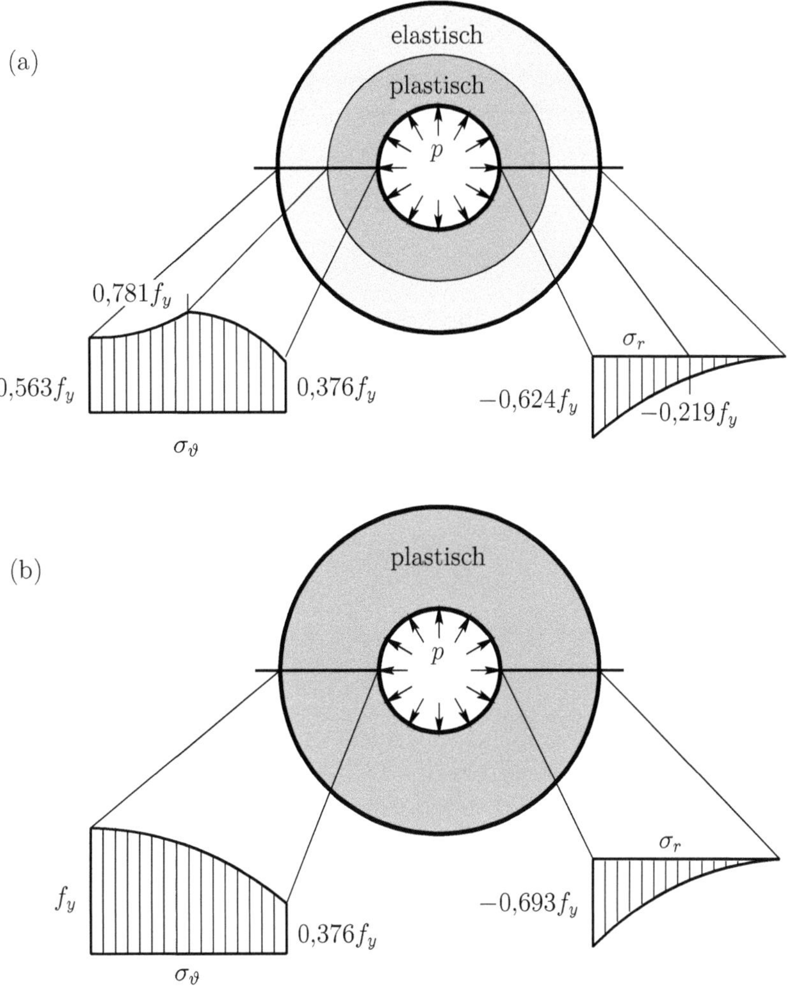

Abb. 13.6: Spannungsverteilungen in einem dickwandigen Zylinder ($r_a/r_i = 2$) unter Innendruck bei linear elastischem – ideal plastischem Materialverhalten: (a) $\rho = (r_i + r_a)/2$, $p = 0{,}624\,f_y = 1{,}664\,p^{(e)}$; (b) $\rho = r_a$, $p = p^{(p)} = 0{,}693\,f_y = 1{,}848\,p^{(e)}$

eines Gedankenmodells zur Beschreibung einaxialen elasto-plastischen Werkstoffverhaltens erläutern [Simo/Hughes (1998)]. Das Modell besteht aus einer elastischen Feder und einem Reibungselement. Die beiden Elemente sind in Serie angeordnet (Abb. 13.7a). Die Erweiterung besteht in der Hinzufügung eines viskosen Dämpfers (Abb. 13.7b). Das Verhalten des Dämpfers wird durch die Zähigkeit η beschrieben. η wurde im Abschnitt 11.3.3 als Werkstoffkennwert zur Charakterisierung viskoelastischen Materialverhaltens verwendet. Wenn die Spannung σ die Fließgrenze f_y erreicht und folglich das Reibungselement aktiviert wird, ergibt sich laut Abb. 13.7a sofort die gesamte plastische Verformung. Hingegen sind laut Abb. 13.7b sofortige plastische Verformungen bei Erreichen der Fließgrenze aufgrund des parallel angeordneten Dämpfers nicht möglich. In Abhängigkeit von η entwickeln sich die plastischen Ver-

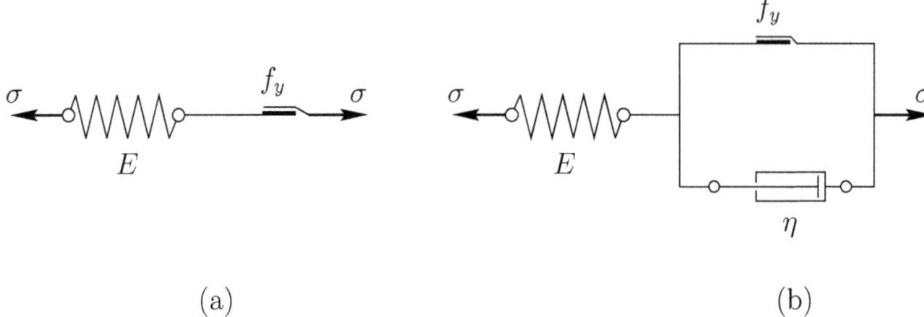

Abb. 13.7: Gedankenmodell zur Beschreibung (a) einaxialen elasto-plastischen und (b) einaxialen elasto-viskoplastischen Materialverhaltens

formungen im Laufe der Zeit.

Analog zur ratenunabhängigen Plastizitätstheorie bei Beschränkung auf kleine Verzerrungen wird die Verzerrung in einen elastischen und einen viskoplastischen Anteil zerlegt:

$$\varepsilon = \varepsilon^e + \varepsilon^{vp} \,. \tag{13.92}$$

Mittels des HOOKE'schen Gesetzes (11.4) erhält man die Spannung aus der elastischen Verzerrung zu

$$\sigma = E\,\varepsilon^e = E(\varepsilon - \varepsilon^{vp})\,. \tag{13.93}$$

Die Fließfunktion entspricht dem in Abb.13.7b illustrierten Gedankenmodell zur Beschreibung einaxialen elasto-viskoplastischen Materialverhaltens:

$$f(\sigma) = |\sigma| - f_y\,. \tag{13.94}$$

Die Spannung im Dämpfer, σ_D, ist infolge der parallelen Anordnung des Reibungselements und des Dämpfers zu

$$\sigma_D = \begin{cases} \sigma + f_y\,, & \sigma < -f_y\,, \\ 0\,, & -f_y \leq \sigma \leq f_y\,, \\ \sigma - f_y\,, & \sigma > f_y\,, \end{cases} \tag{13.95}$$

gegeben. Mit Hilfe der Fließfunktion (13.94) und mit $\mathrm{sign}(\sigma) = \sigma/|\sigma|$ kann (13.95) zu

$$\sigma_D = \begin{cases} f(\sigma)\,\mathrm{sign}(\sigma)\,, & f(\sigma) > 0\,, \\ 0\,, & f(\sigma) \leq 0\,, \end{cases} \tag{13.96}$$

angeschrieben werden. Der Dämpfer ist also nur im Fall von $f(\sigma) > 0$ aktiv.
Die konstitutive Gleichung für den Dämpfer lautet analog zu (11.8)

$$\sigma_D = \eta\,\dot{\varepsilon}^{vp}. \tag{13.97}$$

Aus (13.94) bis (13.97) folgt die Beziehung für die Rate der viskoplastischen Verzerrung ε^{vp} zu

$$\dot{\varepsilon}^{vp} = \begin{cases} \dfrac{1}{\eta}\,f(\sigma)\,\mathrm{sign}(\sigma)\,, & f(\sigma) > 0\,, \\ 0\,, & f(\sigma) \leq 0\,. \end{cases} \tag{13.98}$$

Alternativ kann (13.98) zu

$$\dot{\varepsilon}^{vp} = \frac{\langle f(\sigma)\rangle}{\eta}\frac{df(\sigma)}{d\sigma} \tag{13.99}$$

angeschrieben werden, wobei

$$\langle f(\sigma)\rangle = \begin{cases} f(\sigma)\,, & f(\sigma) > 0\,, \\ 0\,, & f(\sigma) \leq 0\,, \end{cases} \tag{13.100}$$

und $df/d\sigma = \mathrm{sign}(\sigma)$ gilt. (13.99) wird als Fließregel von Perzyna bezeichnet [Simo/Hughes (1998)]. Die Erweiterung von (13.99) für mehraxiale Spannungszustände ergibt

$$\dot{\boldsymbol{\varepsilon}}^{vp} = \frac{\langle f(\boldsymbol{\sigma})\rangle}{\eta}\frac{\partial f(\boldsymbol{\sigma})}{\partial \boldsymbol{\sigma}}\,. \tag{13.101}$$

Ersetzt man den Index p in (13.14) durch die Indizes vp und dividiert den Ausdruck für $d\varepsilon_{ij}^{vp}$ durch dt, so erhält man

$$\dot{\varepsilon}_{ij}^{vp} = \dot{\lambda}\frac{\partial f}{\partial \sigma_{ij}}\,. \tag{13.102}$$

Durch Vergleich von (13.102) und (13.101) ergibt sich

$$\dot{\lambda} = \frac{\langle f(\boldsymbol{\sigma})\rangle}{\eta}\,. \tag{13.103}$$

Im Rahmen der Viskoplastizitätstheorie wird der Konsistenzparameter $\dot{\lambda}$ also nicht mit Hilfe der Konsistenzbedingung (13.35) ermittelt. Er ist vielmehr durch den Wert der Fließfunktion und die Zähigkeit des Werkstoffs bestimmt.

Multiplikation von (13.94) mit $\mathrm{sign}(\sigma)$ und Eintragung des Ergebnisses in (13.98) führt auf

$$\dot{\varepsilon}^{vp} = \frac{1}{\eta}[\sigma - f_y\,\mathrm{sign}(\sigma)] = \frac{1}{\eta}(\sigma - \sigma_\infty)\,, \quad f(\sigma) > 0\,, \tag{13.104}$$

wobei $\sigma_\infty = f_y\,\mathrm{sign}(\sigma)$ jene Spannung ist, welche die Fließbedingung (13.94) erfüllt. Der Index ∞ weist darauf hin, dass die Fließbedingung bei viskoplastischem Werkstoffverhalten erst für $t \to \infty$ erfüllt wird. Die mit Hilfe der Viskoplastizitätstheorie für $t \to \infty$ erhaltene Lösung entspricht somit der Lösung auf der Basis der ratenunabhängigen Plastizitätstheorie. Eliminiert man η in (13.104) mittels der sogenannten Relaxationszeit

$$\tau = \frac{\eta}{E}\,, \tag{13.105}$$

so ergibt sich folgende Form der viskoplastischen Fließregel:

$$\dot{\varepsilon}^{vp} = \frac{E^{-1}}{\tau}(\sigma - \sigma_\infty)\,. \tag{13.106}$$

Diese Gleichung wird DUVAUT und LIONS zugeschrieben [Simo/Hughes (1998)]. Einsetzen von (13.106) in die aus (13.93) durch Ableitung nach der Zeit erhaltene Beziehung führt auf die Differentialgleichung

$$\dot{\sigma} + \frac{\sigma}{\tau} = E\dot{\varepsilon} + \frac{\sigma_\infty}{\tau} \ . \tag{13.107}$$

Für den Sonderfall eines Relaxationsversuchs erhält man die Lösung von (13.107) unter Berücksichtigung von $\sigma(t=0) = \sigma^{(0)}$ und $\dot{\varepsilon}(t) = 0$ zu

$$\sigma(t) = \sigma_\infty + (\sigma^{(0)} - \sigma_\infty)e^{-t/\tau} \ . \tag{13.108}$$

Der zeitliche Verlauf der Spannung entsprechend (13.108) ist in Abb. 13.8 dargestellt. Man erkennt, dass die Spannung $\sigma(t)$ mit wachsender Zeit asymptotisch zur Lösung auf der Grundlage der ratenunabhängigen Plastizitätstheorie, $\sigma_\infty = f_y$, strebt. Demgegenüber strebt die in Abb. 11.10c dargestellte Relaxationskurve auf der Basis linear viskoelastischen Materialverhaltens mit zunehmender Zeit asymptotisch gegen null.

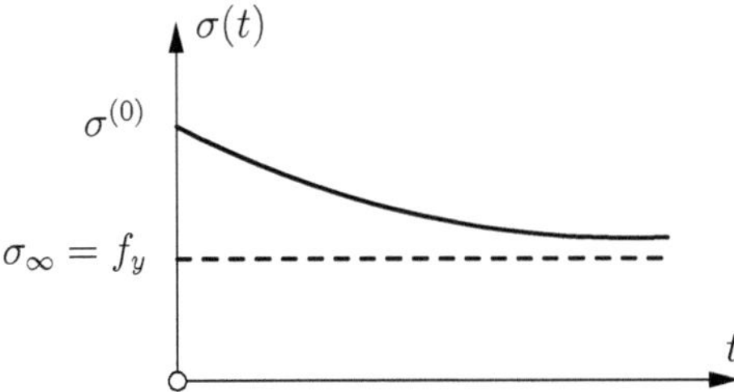

Abb. 13.8: σt-Diagramm für einen Relaxationsversuch an einem Werkstoff mit elastoviskoplastischem Materialverhalten

Erweiterung der nach t abgeleiteten Gleichung (13.93) sowie von (13.106) für mehraxiale Spannungszustände führt auf

$$\dot{\boldsymbol{\sigma}} = \mathbf{C} : (\dot{\boldsymbol{\varepsilon}} - \dot{\boldsymbol{\varepsilon}}^{vp}) \ , \tag{13.109}$$

$$\dot{\boldsymbol{\varepsilon}}^{vp} = \frac{1}{\tau}\mathbf{C}^{-1} : (\boldsymbol{\sigma} - \boldsymbol{\sigma}_\infty) \ . \tag{13.110}$$

Mittels der Viskoplastizitätstheorie erhält man einen Spannungs- und Verzerrungszustand sofort nach dem Aufbringen der Belastung, der den Ergebnissen auf der Basis der Elastizitätstheorie entspricht. Für $t \to \infty$ streben der Spannungs- und Verzerrungszustand asymptotisch zur Lösung auf der Grundlage der ratenunabhängigen Plastizitätstheorie.

Literaturverzeichnis

[Lubliner (1990)] J. Lubliner, *Plasticity Theory*, Macmillan Publishing Company, New York, 1990.

[Simo/Hughes (1998)] J.C. Simo und T.J.R. Hughes, *Computational Inelasticity*, Springer-Verlag, New York, 1998.

[Zienkiewicz/Taylor (2000)] O.C. Zienkiewicz und R.L. Taylor, *The Finite Element Method*, 5th edition, Volume 1: The Basis, Volume 2: Solid Mechanics, Volume 3: Fluid Dynamics, Arnold, London, 2000.

Kapitel 14

Traglastsätze der Plastizitätstheorie

14.1 Allgemeines

Mittels der Traglastsätze der Plastizitätstheorie lassen sich untere und obere Schranken für die plastische Kollapslast eines Körpers bei linear elastischem – ideal plastischem Materialverhalten angeben. Wenn diese Last erreicht ist, nehmen die plastischen Verzerrungen ohne weitere Laststeigerung zu. Da der Werkstoff diese Verzerrungen nur in begrenztem Maße aufnehmen kann, kommt es bei der betreffenden Belastung zum Kollaps des Körpers.

Im Folgenden wird nur der Beginn des plastischen Kollapses betrachtet. Gezeigt wird, dass die Rate der elastischen Verzerrungen zu diesem Zeitpunkt gleich null ist, dass also die Zunahme der Verzerrungen zur Gänze aus der Zunahme der plastischen Verzerrungen besteht.

Zu einem beliebigen Zeitpunkt t vor Beginn des plastischen Kollapses gilt laut (4.7) bei Vernachlässigung des Einflusses der Trägheitskräfte

$$-\int_V \sigma_{ij}\,\delta\varepsilon_{ij}\,dV + \int_V f_i\,\delta u_i\,dV + \int_S t_i^{(n)}\,\delta u_i\,dS = 0\,. \tag{14.1}$$

Ersetzt man in (14.1) $\sigma_{ij} = \sigma_{ij}(t)$ durch $\sigma_{ij}(t + dt) = \sigma_{ij} + d\sigma_{ij}$, $f_i = f_i(t)$ durch $f_i(t + dt) = f_i + df_i$ und $t_i^{(n)} = t_i^{(n)}(t)$ durch $t_i^{(n)}(t + dt) = t_i^{(n)} + dt_i^{(n)}$, so erhält man die zu (14.1) analoge Beziehung für den Zeitpunkt $t + dt$ zu

$$-\int_V (\sigma_{ij} + d\sigma_{ij})\,\delta\varepsilon_{ij}\,dV + \int_V (f_i + df_i)\,\delta u_i\,dV + \int_S (t_i^{(n)} + dt_i^{(n)})\,\delta u_i\,dS = 0\,. \tag{14.2}$$

Subtraktion von (14.1) von (14.2) führt auf

$$-\int_V d\sigma_{ij}\,\delta\varepsilon_{ij}\,dV + \int_V df_i\,\delta u_i\,dV + \int_S dt_i^{(n)}\,\delta u_i\,dV = 0\,. \tag{14.3}$$

Bei idealer Plastizität kann die Belastung ab Beginn des plastischen Kollapses nicht weiter gesteigert werden. Ab diesem Zeitpunkt gilt somit $df_i = 0$ und $dt_i^{(n)} = 0$. An die Stelle von (14.3) tritt dann

$$\int_V d\sigma_{ij}\,\delta\varepsilon_{ij}\,dV = 0\,. \tag{14.4}$$

H. A. Mang und G. Hofstetter, *Festigkeitslehre*,
https://doi.org/10.1007/978-3-662-57564-2_14

Wählt man die virtuellen Verschiebungen zu $du_i = \dot{u}_i\,dt$, dann erhält man die entsprechenden virtuellen Verzerrungen zu $d\varepsilon_{ij} = \dot{\varepsilon}_{ij}\,dt$. Trägt man diesen Ausdruck für die virtuellen Verzerrungen zusammen mit $d\sigma_{ij} = \dot{\sigma}_{ij}\,dt$ in (14.4) ein, so ergibt sich nach Division durch $(dt)^2$

$$\int_V \dot{\sigma}_{ij}\,\dot{\varepsilon}_{ij}\,dV = 0\,. \tag{14.5}$$

Zu Beginn des plastischen Kollapses sind die Verschiebungen in vielen Fällen so klein, dass der Verzerrungszustand mittels des linearisierten Verzerrungstensors ε_{ij} beschrieben werden darf. Unter Berücksichtigung von $\mathbf{C} = \mathbf{D}^{-1}$ (siehe Gleichung (3.253)) ergibt sich die Rate von ε_{ij} aus (13.5) und (13.6) zu

$$\dot{\varepsilon}_{ij} = D_{ijkl}\,\dot{\sigma}_{kl} + \dot{\varepsilon}^p_{ij}\,. \tag{14.6}$$

Trägt man (14.6) in (14.5) ein, so erhält man

$$\int_V \left(D_{ijkl}\,\dot{\sigma}_{ij}\,\dot{\sigma}_{kl} + \dot{\sigma}_{ij}\,\dot{\varepsilon}^p_{ij}\right) dV = 0\,. \tag{14.7}$$

Da $\mathbf{D}$ positiv definit ist, gilt

$$D_{ijkl}\,\dot{\sigma}_{ij}\,\dot{\sigma}_{kl} \geq 0\,, \tag{14.8}$$

wobei sich das Gleichheitszeichen auf den Sonderfall von $\dot{\boldsymbol{\sigma}} = \mathbf{0}$ bezieht. Weil stabiles Materialverhalten vorliegt, ist das DRUCKER'sche Stabilitätspostulat erfüllt. Folglich gilt (13.10). Division von $d\sigma_{ij}$ und $d\varepsilon^p_{ij}$ in (13.10) durch dt ergibt die Beziehung

$$\dot{\sigma}_{ij}\,\dot{\varepsilon}^p_{ij} \geq 0\,, \tag{14.9}$$

wobei das Gleichheitszeichen den Sonderfall von idealer Plastizität betrifft. Da weder der Ausdruck in (14.8) noch der in (14.9) negative Werte annehmen kann, ist (14.7) nur für $\dot{\sigma}_{ij} = 0$ erfüllt. Aus (14.6) folgt somit

$$\dot{\varepsilon}_{ij} = \dot{\varepsilon}^p_{ij} \tag{14.10}$$

und weiters

$$\dot{\varepsilon}^e_{ij} = 0\,. \tag{14.11}$$

Zu Beginn des plastischen Kollapses nehmen also die elastischen Verzerrungen nicht weiter zu.

Als Beispiel für die Situation bei beginnendem plastischen Kollaps sei der in Unterkapitel 13.3 behandelte Zylinder angeführt. Das Materialverhalten wurde als linear elastisch – ideal plastisch angenommen. Die Beanspruchung besteht aus gleichförmigem Innendruck. Solange der plastische von einem elastischen Bereich umgeben ist (Abb. 13.6a), nehmen die plastischen Verzerrungen nur bei einer Steigerung der Belastung zu. Bei vollständiger Plastizierung des Zylinders (Abb. 13.6b) nehmen sie hingegen ohne weitere Laststeigerung zu. Der vollständigen Plastizierung entspricht im Falle von idealer Plastizität die Traglast, über die hinaus die Belastung nicht gesteigert werden kann.

14.2 Statischer Traglastsatz

Der statische Traglastsatz der Plastizitätstheorie besagt, dass die gegebene Belastung eines Körpers höchstens gleich groß wie die Traglast ist, wenn ein mit dieser Belastung im Gleichgewicht stehender Spannungszustand angegeben werden kann, der die Fließbedingung an keiner Stelle verletzt. Ein solcher Spannungszustand wird als statisch zulässiger Spannungszustand bezeichnet. Er muss nicht mit dem tatsächlichen Spannungszustand übereinstimmen. Mit Hilfe des statischen Traglastsatzes der Plastizitätstheorie können also untere Schranken für die Traglast ermittelt werden.

Zum Beweis des statischen Traglastsatzes geht man von Volumenkräften f_i^* und Oberflächenkräften $t_i^{(n)*}$ aus, die zu den Volumenkräften f_i und den Oberflächenkräften $t_i^{(n)}$, welche die Traglast repräsentieren, proportional sind [Lubliner (1990)]:

$$f_i^* = \frac{f_i}{s}, \qquad t_i^{(n)*} = \frac{t_i^{(n)}}{s}, \tag{14.12}$$

wobei s den Proportionalitätsfaktor bezeichnet. Die Größen $\varepsilon\,\sigma_{ij}^*$, $\varepsilon\,f_i^*$ und $\varepsilon\,t_i^{(n)*}$ mit ε als konstantem Parameter von infinitesimaler Größe erfüllen die Kriterien für statisch zulässige virtuelle Kräfte (siehe Unterkapitel 4.3). Folglich darf in (4.105)

$$\delta\sigma_{ij} = \varepsilon\,\sigma_{ij}^* \quad \delta f_i = \varepsilon\,f_i^* = \varepsilon\,\frac{f_i}{s}, \quad \delta t_i^{(n)} = \varepsilon\,t_i^{(n)*} = \varepsilon\,\frac{t_i^{(n)}}{s} \tag{14.13}$$

gesetzt werden, wobei von (14.12) Gebrauch gemacht worden ist. Eintragen von (14.13) in (4.105) und anschließende Division durch ε führt auf die zum Zeitpunkt t geltende Beziehung

$$-\int_V \sigma_{ij}^*\,\varepsilon_{ij}\,dV + \frac{1}{s}\left[\int_V f_i\,u_i\,dV + \int_S t_i^{(n)}\,u_i\,dS\right] = 0\,. \tag{14.14}$$

Ersetzt man in (14.14) $u_i = u_i\,(t)$ durch $u_i\,(t + dt) = u_i + du_i = u_i + \dot{u}_i\,dt$ und $\varepsilon_{ij} = \varepsilon_{ij}\,(t)$ durch $\varepsilon_{ij}\,(t + dt) = \varepsilon_{ij} + d\varepsilon_{ij} = \varepsilon_{ij} + \dot{\varepsilon}_{ij}\,dt$, so erhält man die zu (14.14) analoge Beziehung für den Zeitpunkt $t + dt$ zu

$$\begin{aligned} &-\int_V \sigma_{ij}^*\,(\varepsilon_{ij} + \dot{\varepsilon}_{ij}\,dt)\,dV + \\ &\qquad + \frac{1}{s}\left[\int_V f_i\,(u_i + \dot{u}_i\,dt)\,dV + \int_S t_i^{(n)}\,(u_i + \dot{u}_i\,dt)\,dS\right] = 0\,. \end{aligned} \tag{14.15}$$

Subtraktion von (14.14) von (14.15) und anschließende Division durch dt ergibt

$$-\int_V \sigma_{ij}^*\,\dot{\varepsilon}_{ij}\,dV + \frac{1}{s}\left[\int_V f_i\,\dot{u}_i\,dV + \int_S t_i^{(n)}\,\dot{u}_i\,dS\right] = 0\,. \tag{14.16}$$

Wählt man die virtuellen Verschiebungen δu_i wie im Unterkapitel 14.1 zu $du_i = \dot{u}_i\,dt$, dann erhält man die entsprechenden virtuellen Verzerrungen $\delta\varepsilon_{ij}$ zu $d\varepsilon_{ij} = \dot{\varepsilon}_{ij}\,dt$. Trägt man diese Ausdrücke in (14.1) ein und dividiert anschließend durch dt, so ergibt sich

$$-\int_V \sigma_{ij}\,\dot{\varepsilon}_{ij}\,dV + \int_V f_i\,\dot{u}_i\,dV + \int_S t_i^{(n)}\,\dot{u}_i\,dS = 0\,. \tag{14.17}$$

Der Vergleich von (14.17) mit (14.16) führt auf

$$\int_V \sigma_{ij}\,\dot{\varepsilon}_{ij}\,dV = s\int_V \sigma_{ij}^*\,\dot{\varepsilon}_{ij}\,dV\,. \tag{14.18}$$

Zum Zeitpunkt des Beginns von plastischem Kollaps gilt laut (14.10) $\dot{\varepsilon}_{ij} = \dot{\varepsilon}^p_{ij}$. Macht man davon in (14.18) Gebrauch, so erhält man folgende Beziehung für den Proportionalitätsfaktor s:

$$s = \frac{\int_V \sigma_{ij}\, \dot{\varepsilon}^p_{ij}\, dV}{\int_V \sigma^*_{ij}\, \dot{\varepsilon}^p_{ij}\, dV}\,. \tag{14.19}$$

Mit Hilfe der aus (13.13) nach Division von $d\boldsymbol{\varepsilon}^p$ durch dt folgenden Beziehung

$$\sigma_{ij}\, \dot{\varepsilon}^p_{ij} \geq \sigma^*_{ij}\, \dot{\varepsilon}^p_{ij} \tag{14.20}$$

erhält man aus (14.19)

$$s \geq 1\,. \tag{14.21}$$

Folglich ist eine zur Traglast proportionale Belastung f^*_i, $t^{(n)*}_i$ entsprechend (14.12), für die ein statisch zulässiger Spannungszustand σ^*_{ij} angegeben werden kann, höchstens gleich groß wie die Traglast.

14.3 Kinematischer Traglastsatz

Der kinematische Traglastsatz der Plastizitätstheorie besagt, dass die gegebene Belastung eines Körpers mindestens gleich groß wie die Traglast ist, wenn ein dieser Belastung entsprechender Kollapsmechanismus angegeben werden kann, der den Randbedingungen für die Verschiebungsraten genügt. Ein solcher Mechanismus wird als kinematisch zulässiger Kollapsmechanismus bezeichnet. Er muss nicht mit dem tatsächlichen Kollapsmechanismus übereinstimmen. Mit Hilfe des kinematischen Traglastsatzes der Plastizitätstheorie können also obere Schranken für die Traglast ermittelt werden.

Zum Beweis des kinematischen Traglastsatzes geht man von Volumenkräften f^*_i und Oberflächenkräften $t^{(n)*}_i$ aus, die zu den Volumenkräften f_i und den Oberflächenkräften $t^{(n)}_i$, welche die Traglast repräsentieren, proportional sind [Lubliner (1990)]:

$$f^*_i = c\, f_i \qquad t^{(n)*}_i = c\, t^{(n)}_i\,, \tag{14.22}$$

wobei c den Proportionalitätsfaktor bezeichnet. Die Kräfte f^*_i und $t^{(n)*}_i$ verursachen die Spannungen σ^*_{ij}. Wenn $\dot{u}^*_i$ und $\dot{\varepsilon}^*_{ij}$ einem kinematisch zulässigen Kollapsmechanismus entsprechen, dann sind $\varepsilon\, \dot{u}^*_i$ und $\varepsilon\, \dot{\varepsilon}^*_{ij}$ kinematisch zulässige virtuelle Verschiebungen bzw. Verzerrungen, vorausgesetzt man fasst den konstanten Parameter ε (siehe Unterkapitel 4.2) als infinitesimale Größe mit der Dimension einer Zeit auf. Folglich darf in (14.1)

$$\delta u_i = \varepsilon\, \dot{u}^*_i\,, \qquad \delta\varepsilon_{ij} = \varepsilon\, \dot{\varepsilon}^*_{ij} \tag{14.23}$$

gesetzt werden. Eintragen von σ^*_{ij}, (14.22) und (14.23) in die sich aus (14.1) bei Vernachlässigung des Einflusses der Trägheitskräfte ergebende Gleichung und anschließende Division durch ε führt auf

$$-\int_V \sigma^*_{ij}\, \dot{\varepsilon}^*_{ij}\, dV + c\left[\int_V f_i\, \dot{u}^*_i\, dV + \int_S t^{(n)}_i\, \dot{u}^*_i\, dS\right] = 0\,. \tag{14.24}$$

Setzt man (14.23) in (14.1) ein, so erhält man nach Division durch ε

$$-\int_V \sigma_{ij}\, \dot{\varepsilon}^*_{ij}\, dV + \int_V f_i\, \dot{u}^*_i\, dV + \int_S t^{(n)}_i\, \dot{u}^*_i\, dS = 0\,. \tag{14.25}$$

Der Vergleich von (14.25) mit (14.24) ergibt

$$\int_V \sigma^*_{ij}\,\dot{\varepsilon}^*_{ij}\,dV = c\int_V \sigma_{ij}\,\dot{\varepsilon}^*_{ij}\,dV\,. \tag{14.26}$$

Da $\dot{\varepsilon}^*_{ij}$ einem Kollapsmechanismus entspricht, gilt laut (14.10) $\dot{\varepsilon}^*_{ij} = \dot{\varepsilon}^{*p}_{ij}$. Macht man davon in (14.26) Gebrauch, so erhält man folgende Beziehung für den Proportionalitätsfaktor c:

$$c = \frac{\int_V \sigma^*_{ij}\,\dot{\varepsilon}^{*p}_{ij}\,dV}{\int_V \sigma_{ij}\,\dot{\varepsilon}^{*p}_{ij}\,dV}\,. \tag{14.27}$$

Aus der zu (13.12) analogen Beziehung $d\boldsymbol{\sigma}^* \cdot d\boldsymbol{\varepsilon}^{*p} \geq 0$ für $d\boldsymbol{\sigma}^*$ folgt die zu (13.13) analoge Relation $(\boldsymbol{\sigma}^* - \boldsymbol{\sigma}) \cdot d\boldsymbol{\varepsilon}^{*p} \geq 0$ für $\boldsymbol{\sigma}^* - \boldsymbol{\sigma}$. Mit Hilfe der daraus nach Division von $d\boldsymbol{\varepsilon}^{*p}$ durch dt resultierenden Beziehung

$$\sigma^*_{ij}\,\dot{\varepsilon}^{*p}_{ij} \geq \sigma_{ij}\,\dot{\varepsilon}^{*p}_{ij} \tag{14.28}$$

erhält man aus (14.27)

$$c \geq 1\,. \tag{14.29}$$

Folglich ist eine zur Traglast proportionale Belastung f^*_i, $t^{(n)*}_i$ entsprechend (14.22), für die ein kinematisch zulässiger Kollapsmechanismus angegeben werden kann, mindestens gleich groß wie die Traglast.

14.4 Beispiele zu den Traglastsätzen

14.4.1 Beispiele aus der Stabtheorie

Einfach statisch unbestimmt gelagerter Balken

Für den in Abb. 14.1a dargestellten, statisch unbestimmt gelagerten Balken mit linear elastischem – ideal plastischem Werkstoffverhalten ist die Größe der beiden Einzellasten P bei Erreichen der Traglast mit Hilfe der Traglastsätze der Plastizitätstheorie abzuschätzen.

Mittels des statischen Traglastsatzes werden im Folgenden untere Schranken für die Traglast angegeben. Abb. 14.1b und Abb. 14.1e zeigen zwei verschiedene Gleichgewichtssysteme. Abb. 14.1c und Abb. 14.1f enthalten die Verläufe der betreffenden statisch zulässigen Biegemomente. Diese entsprechen statisch zulässigen Spannungszuständen. Die Schubspannungen zufolge der Querkräfte werden bei der Ermittlung des größten von einem Stabquerschnitt aufnehmbaren Biegemoments nicht berücksichtigt. Auf die Berücksichtigung der M-Q-Interaktion wird demnach bei der Ermittlung der statisch zulässigen Spannungszustände verzichtet. Aus Abb. 14.1b und Abb. 14.1c erhält man mittels der für das linke bzw. rechte Stabdrittel formulierten Gleichgewichtsbedingung für die Momente die Größe von P bei Erreichen des Tragmoments $M^{(p)}$ zu

$$M^{(p)} = Pa \quad \Rightarrow \quad P = \frac{M^{(p)}}{a}\,. \tag{14.30}$$

Aus Abb. 14.1e und Abb. 14.1f ergibt sich mit Hilfe der für die Kräfte in vertikaler Richtung formulierten Gleichgewichtsbedingung und der für das rechte Stabdrittel

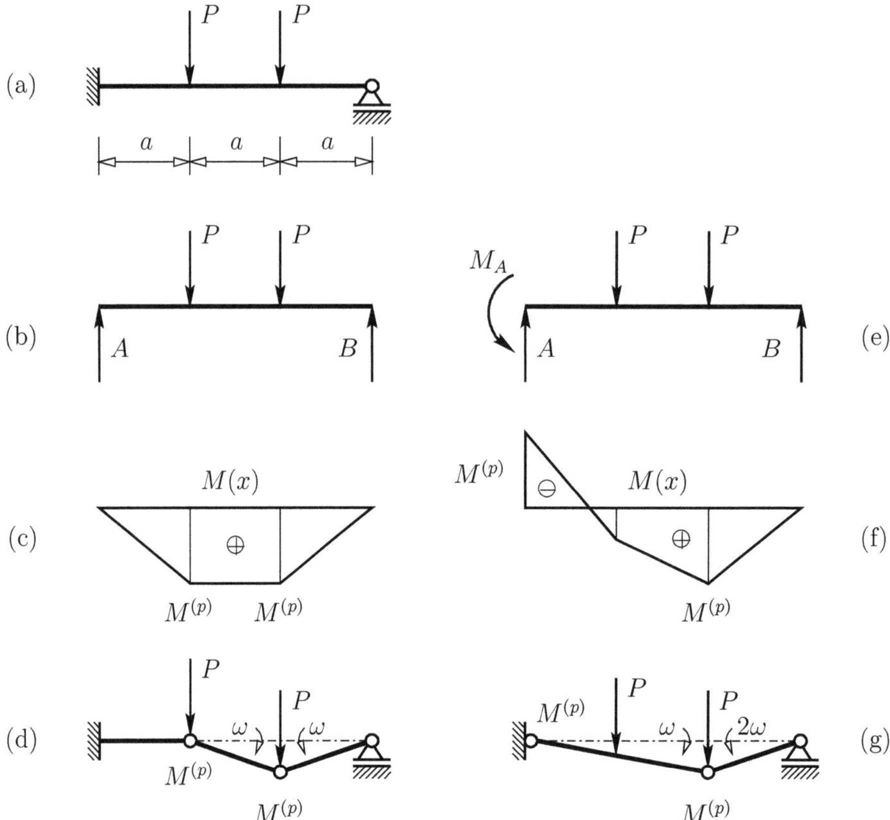

Abb. 14.1: Einfach statisch unbestimmt gelagerter Balken: (a) statisches System, (b) und (e) Gleichgewichtssysteme, (c) und (f) entsprechende statisch zulässige Momentenverläufe, (d) und (g) kinematisch zulässige Kollapsmechanismen

bzw. für den restlichen Stabteil formulierten Gleichgewichtsbedingungen für die Momente

$$A + B = 2P \ , \quad M^{(p)} = Ba \ , \quad 2M^{(p)} + Pa = 2aA \ , \tag{14.31}$$

die Größe von P bei Erreichen des Tragmoments $M^{(p)}$ zu

$$P = \frac{4}{3}\frac{M^{(p)}}{a} \ . \tag{14.32}$$

(14.32) liefert einen größeren Wert für P als (14.30). Folglich ergibt (14.32) eine im Vergleich zu (14.30) bessere untere Schranke für die Traglast.

Mittels des kinematischen Traglastsatzes werden im Weiteren obere Schranken für die Traglast angegeben. In Abb. 14.1d und Abb. 14.1g sind kinematisch zulässige Kollapsmechanismen dargestellt. Im gegenständlichen Fall entsteht ein Kollapsmechanismus dann, wenn das Tragmoment $M^{(p)}$ an zwei Stellen des Balkens erreicht wird.

Für den in Abb. 14.1d eingetragenen Kollapsmechanismus mit der Winkelgeschwindigkeit ω erhält man durch Gleichsetzen der Raten der von den inneren und äußeren Kräften geleisteten Arbeit

$$M^{(p)}\,\omega + 2M^{(p)}\,\omega = Pa\,\omega\ . \tag{14.33}$$

Daraus folgt die Größe von P bei Ausbildung des in Abb. 14.1d angenommenen Kollapsmechanismus zu

$$P = \frac{3M^{(p)}}{a}\ . \tag{14.34}$$

Für den in Abb. 14.1g eingetragenen Kollapsmechanismus mit der Winkelgeschwindigkeit ω erhält man durch Gleichsetzen der Raten der von den inneren und äußeren Kräften geleisteten Arbeit

$$M^{(p)}\,\omega + 3M^{(p)}\,\omega = Pa\,\omega + P\,2a\,\omega\ . \tag{14.35}$$

Daraus ergibt sich die Größe von P bei Ausbildung des in Abb. 14.1g angenommenen Kollapsmechanismus zu

$$P = \frac{4}{3}\frac{M^{(p)}}{a}\ . \tag{14.36}$$

(14.36) liefert einen kleineren Wert für P als (14.34). Folglich ergibt (14.36) eine bessere obere Schranke für die Traglast als (14.34).

Da (14.32) und (14.36) den gleichen Wert für P liefern, handelt es sich bei diesem Wert um die bei Vernachlässigung des Einflusses der M-Q-Interaktion erhaltene Traglast.

Zweifach statisch unbestimmt gelagerter Rahmen

Für den in Abb. 14.2a dargestellten, zweifach statisch unbestimmt gelagerten Rahmen ist die Größe der beiden Einzellasten P und H bei Erreichen der Traglast mit Hilfe der Traglastsätze der Plastizitätstheorie abzuschätzen. Das Tragmoment der Stiele sei $M^{(p)}$ und das des Riegels $3M^{(p)}$. Die Biegesteifigkeit des Riegels sei dementsprechend größer als die der Stiele.

Mit Hilfe des statischen Traglastsatzes wird zunächst eine untere Schranke für die Traglast ermittelt. Dem in Abb. 14.2b dargestellten Gleichgewichtssystem entspricht die in Abb. 14.2c eingetragene statisch zulässige Verteilung des Biegemoments. Daraus ergeben sich bei Erreichen des Tragmoments im linken Stiel und im Riegel näherungsweise, d. h. ohne Berücksichtigung des Einflusses der M-N-Q-Interaktion, folgende untere Schranken für P und H:

$$3M^{(p)} = \frac{Pl}{4} \quad\Rightarrow\quad P = \frac{12M^{(p)}}{l}\ , \tag{14.37}$$

$$M^{(p)} = Hh \quad\Rightarrow\quad H = \frac{M^{(p)}}{h}\ . \tag{14.38}$$

Für den in Abb. 14.2d eingetragenen Kollapsmechanismus mit der Winkelgeschwindigkeit ω erhält man durch Gleichsetzen der Raten der von den äußeren und inneren Kräften geleisteten Arbeit

$$Hh\,\omega = 3M^{(p)}\,\omega \quad\Rightarrow\quad H = \frac{3M^{(p)}}{h} \tag{14.39}$$

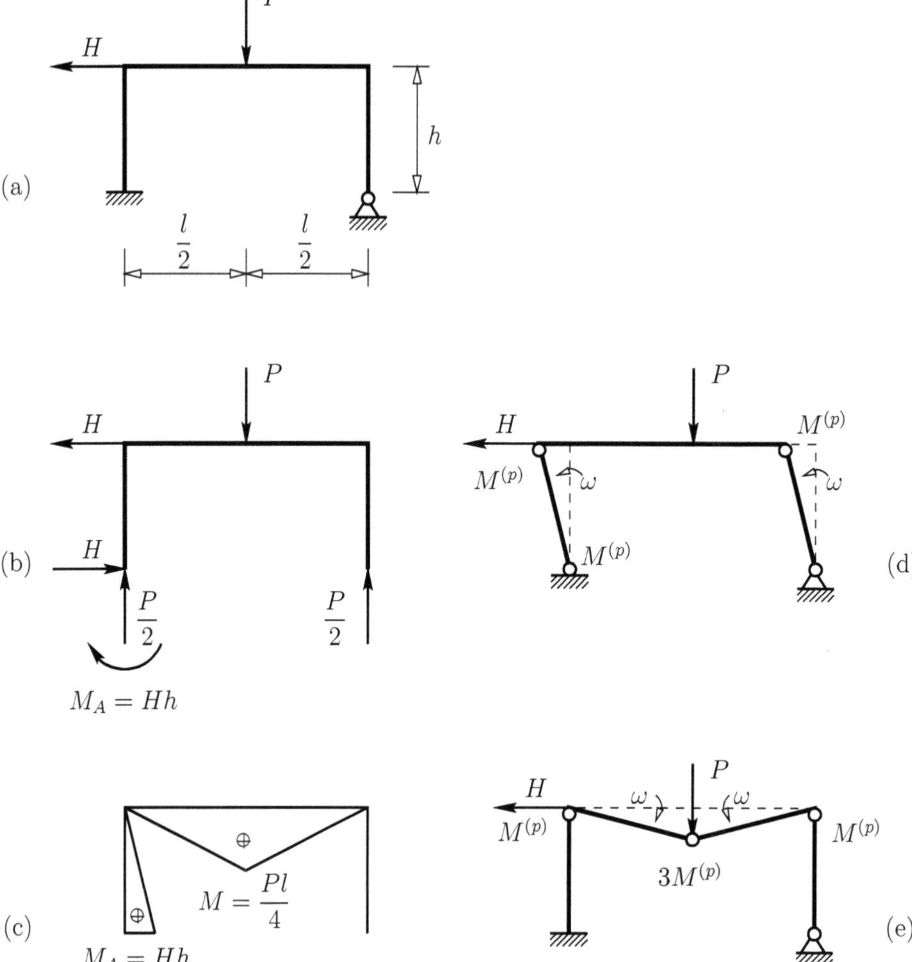

Abb. 14.2: Zweifach statisch unbestimmt gelagerter Rahmen: (a) statisches System, (b) Gleichgewichtssystem, (c) entsprechender statisch zulässiger Biegemomentenverlauf, (d) und (e) kinematisch zulässige Kollapsmechanismen

und für den in Abb. 14.2e eingetragenen Kollapsmechanismus mit der Winkelgeschwindigkeit ω

$$P\frac{l}{2}\omega = 2M^{(p)}\,\omega + 3M^{(p)}\,2\omega \quad \Rightarrow \quad P = \frac{16M^{(p)}}{l}\,. \tag{14.40}$$

Aus (14.37) bis (14.40) folgen somit grobe Abschätzungen der beiden Einzellasten P und H bei Erreichen der Traglast:

$$\frac{12M^{(p)}}{l} \leq P \leq \frac{16M^{(p)}}{l}\,, \qquad \frac{M^{(p)}}{h} \leq H \leq \frac{3M^{(p)}}{h}\,. \tag{14.41}$$

Mit besseren statisch zulässigen Spannungsverteilungen und kinematisch zulässigen Kollapsmechanismen lassen sich mittels der beiden Traglastsätze der Plastizitätstheorie bessere Schranken der Traglast bestimmen [Chen/Han (1988)].

14.4.2 Beispiel für einen ebenen Spannungszustand

Scheibe mit Loch

Die in Abb. 14.3a dargestellte Scheibe mit der Länge l, der Breite b und der Dicke t mit einer zentrischen kreisförmigen Bohrung mit dem Durchmesser d wird in der oberen und der unteren Seitenfläche durch eine Zugkraft P beansprucht, die längs der vertikalen Symmetrieachse wirkt. Die Scheibe besteht aus einem metallischen Werkstoff mit der Fließgrenze f_y bei einaxialer Zugbeanspruchung. Unter Zugrundelegung der Fließbedingung nach TRESCA wird im Folgenden die Kollapslast ermittelt.

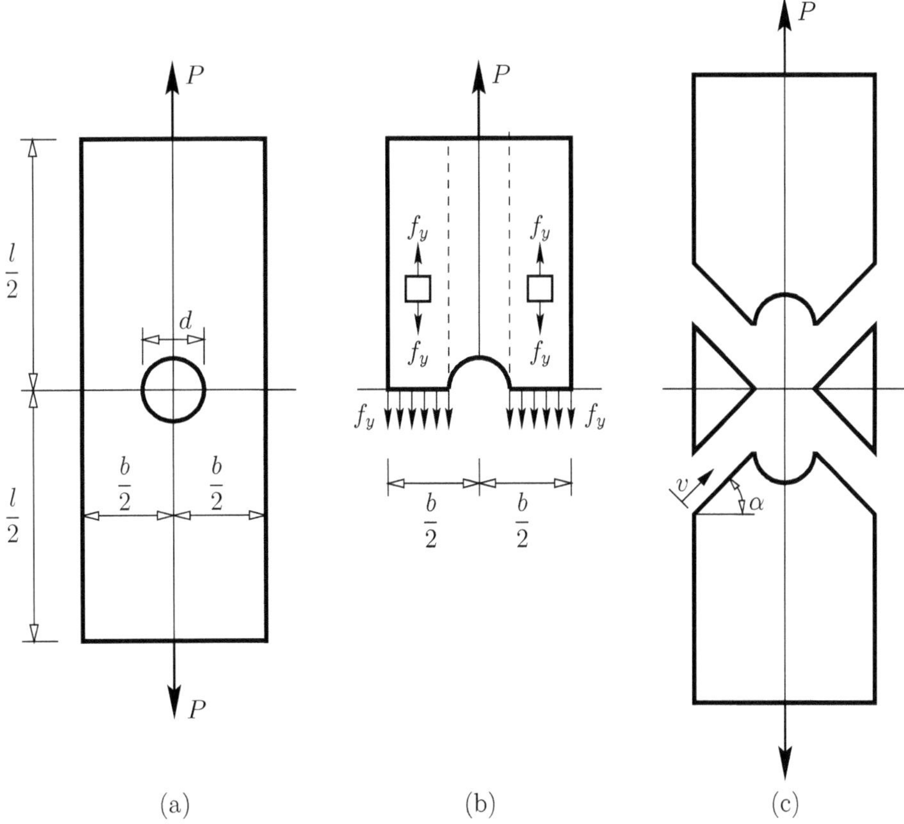

Abb. 14.3: Scheibe mit Loch: (a) statisches System, (b) Gleichgewichtssystem bzw. statisch zulässiger Spannungszustand, (c) kinematisch zulässiger Kollapsmechanismus

Unter der Voraussetzung von $l \gg b$ ist der in Abb. 14.3b dargestellte einaxiale Spannungszustand mit Ausnahme der Lasteinleitungsbereiche statisch zulässig. In den beiden vertikalen Randstreifen, die das Loch nicht enthalten, wird die parallel zur Richtung der Last P wirkende Normalspannung zu f_y angenommen. Der das Loch enthaltende Mittelstreifen wird als spannungsfrei angesehen. Die statische Zulässigkeit dieses Spannungszustandes folgt daraus, dass die Gleichgewichtsbedingungen erfüllt sind und die Fließbedingung nach TRESCA (10.9),

$$f = (\sigma_1 - \sigma_3) - f_y = 0 \ , \tag{14.42}$$

nicht verletzt ist. Eine untere Schranke für die Traglast erhält man gemäß dem statischen Traglastsatz somit zu

$$P = (b - d)\, t\, f_y \ . \tag{14.43}$$

Zur Bestimmung einer oberen Schranke wird der in Abb. 14.3c dargestellte Kollapsmechanismus angenommen. Er ist dadurch gekennzeichnet, dass sich die vier Teile der Scheibe, die der Annahme zufolge beim Kollaps entstehen, als starre Körper längs ihrer gemeinsamen Ränder gegeneinander verschieben. Dabei entsteht im Bereich der Bohrung eine Einschnürung der Scheibe in horizontaler Richtung. Die Relativgeschwindigkeit, mit der sich diese Teile parallel zu ihren gemeinsamen Rändern gegeneinander verschieben, wird mit v bezeichnet. Diese Ränder schließen mit der Horizontalen den Winkel α ein.

Gleichsetzen der Rate der von den inneren und äußeren Kräften geleisteten Arbeit ergibt

$$4\,\frac{b-d}{2\cos\alpha}\, t\, v\, \tau_y = 2P\, v \sin\alpha \tag{14.44}$$

mit τ_y als der Schubspannung bei Fließeintritt. Dem Kriterium von TRESCA gemäß ist $\tau_y = f_y/2$. Somit erhält man

$$P = \frac{(b-d)\, t\, f_y}{2\sin\alpha\, \cos\alpha} = \frac{(b-d)\, t\, f_y}{\sin 2\alpha} \ . \tag{14.45}$$

Für $\alpha = \pi/4$ wird die obere Schranke für P mit $P = (b-d)\, t\, f_y$ zu einem Minimum. Da dieser Wert mit der unteren Schranke für P gemäß (14.43) übereinstimmt, stellt er die Traglast dar.

14.4.3 Beispiele aus der Geotechnik

Streifenfundament

Für ein unendlich langes Streifenfundament in einem Boden mit dem spezifischen Gewicht γ und der Kohäsion c ist die Traglast mit Hilfe der Traglastsätze der Plastizitätstheorie einzuschränken. Der Winkel der inneren Reibung des Bodens, φ, wird zu null angenommen. Als Fließbedingung bietet sich deshalb das Kriterium von TRESCA an. Mit diesem Fließkriterium lässt sich das mechanische Verhalten wassergesättigter Böden näherungsweise beschreiben.

Zur Anwendung des statischen Traglastsatzes wird der Boden in drei Zonen unterteilt (Abb. 14.4a). Die mittlere Zone befindet sich unter dem Fundament. Die vertikale Belastung p des Fundaments pro Flächeneinheit wird zu $p = 4c$ angenommen. Für jede der drei Zonen ist ein statisch zulässiger Spannungszustand anzugeben. Dieser muss die aus (3.320) unter Berücksichtigung von $f_x = 0$ und $f_y = \gamma$ folgenden Gleichgewichtsbedingungen

$$\frac{\partial \sigma_x}{\partial x} + \frac{\partial \tau_{yx}}{\partial y} = 0 \tag{14.46}$$

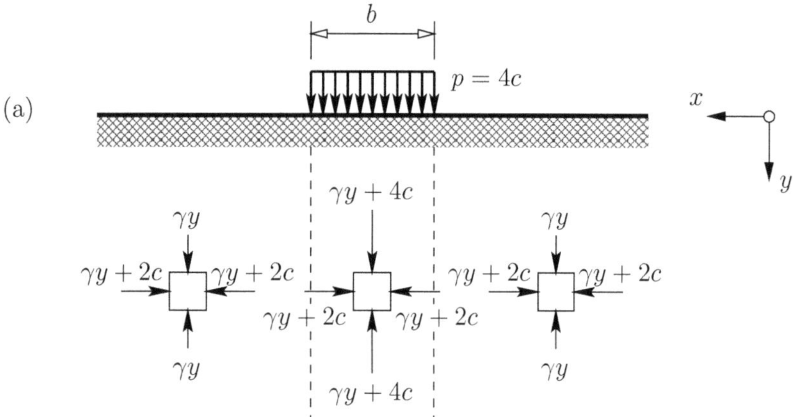

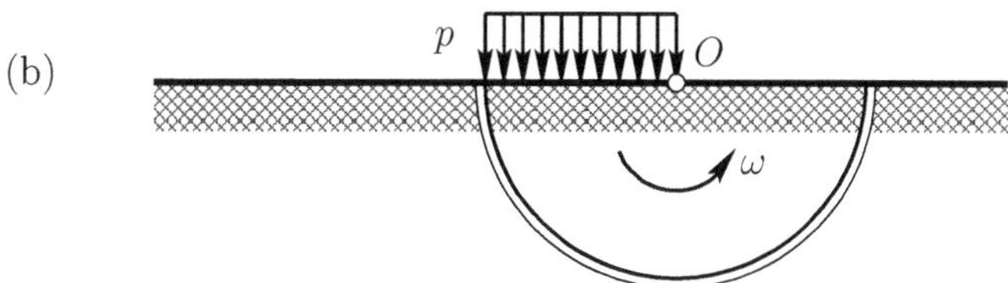

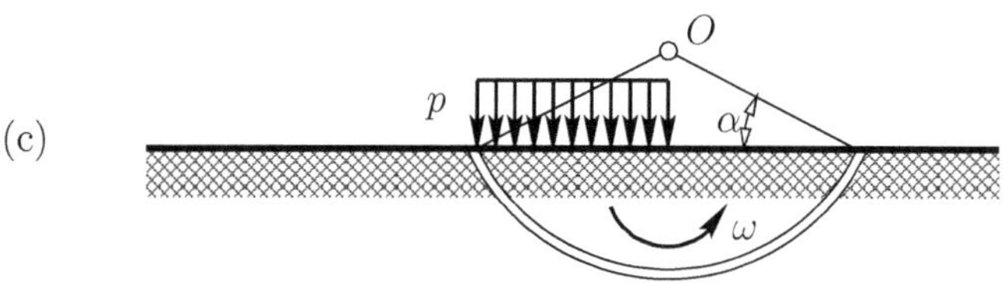

Abb. 14.4: Streifenfundament: (a) statisch zulässiger Spannungszustand, (b) und (c) kinematisch zulässige Kollapsmechanismen

$$\frac{\partial \tau_{xy}}{\partial x} + \frac{\partial \sigma_y}{\partial y} = -\gamma \tag{14.47}$$

erfüllen. Ferner muss er die durch Einsetzen von $\sigma_{max} = \sigma_1$, $\sigma_3 = \sigma_{min}$ und $\varphi = 0$ in (10.45) erhaltene Fließbedingung nach TRESCA

$$f = (\sigma_1 - \sigma_3) - 2c = 0 \tag{14.48}$$

befriedigen. Da die Schubspannungen $\tau_{xy} = \tau_{yx}$ in jeder der drei Zonen gleich null sind, handelt es sich bei den Normalspannungen σ_x und σ_y um Hauptnormalspannungen. Durch Einsetzen der in die Abb. 14.4a für die Zone unter der Last eingetragenen Spannungen $\sigma_x = \sigma_{max} = \sigma_1 < 0$ und $\sigma_y = \sigma_{min} = \sigma_3 < 0$ und der für die beiden Randzonen eingetragenen Spannungen $\sigma_y = \sigma_{max} = \sigma_1 < 0$ und $\sigma_x = \sigma_{min} = \sigma_3 < 0$ in die Gleichungen (14.46) und (14.47) lässt sich zeigen, dass diese Spannungen einen statisch zulässigen Spannungszustand repräsentieren. Somit stellt $p = 4c$ eine untere

Schranke der Traglast pro Flächeneinheit des Streifenfundaments dar. Dieser Wert hängt weder vom Eigengewicht des Bodens noch von der Breite des Streifenfundaments ab.

Die parallel zu den Zonengrenzen wirkenden Normalspannungen σ_y weisen an diesen Grenzen einen von y unabhängigen Sprung auf. Diese Unstetigkeit hat auf die gemäß (14.47) geforderte Differenzierbarkeit von σ_y nach y keinen Einfluss.

Zur Bestimmung einer oberen Schranke für die Traglast wird der in der Abb. 14.4b eingetragene Kollapsmechanismus angenommen. Der halbzylindrische Bodenkörper dreht sich als starrer Körper mit der Winkelgeschwindigkeit ω um den Punkt O. Der Radius dieses Bodenkörpers entspricht der Breite b des Streifenfundaments. Gleichsetzen der Rate der von den inneren und äußeren Kräften geleisteten Arbeit ergibt unter Berücksichtigung der aus (10.9) und (14.48) folgenden Beziehung $\tau_y = f_y/2 = c$

$$c\,b\,\pi\,b\,\omega = p\,b\,\frac{b}{2}\,\omega\;. \tag{14.49}$$

Daraus folgt $p = 2\pi c$ als obere Schranke für die Traglast.
Somit ergibt sich für die Traglast p des Streifenfundaments folgende Abschätzung:

$$4\,c \leq p \leq 2\pi\,c\;. \tag{14.50}$$

Mit besseren statisch zulässigen Spannungsverteilungen und kinematisch zulässigen Kollapsmechanismen (siehe z. B. Abb. 14.4c) kann man mittels der beiden Traglastsätze der Plastizitätstheorie bessere Schranken für die Traglast ermitteln [Chen/Han (1988)].

Vertikale Böschung

Mittels der Traglastsätze der Plastizitätstheorie ist der Größtwert der Höhe einer vertikalen Böschung in einem Boden mit dem spezifischen Gewicht γ und der Kohäsion c abzuschätzen, bei dem die Böschung standsicher ist. Der Winkel der inneren Reibung des Bodens wird zu null angenommen. Als Fließbedingung bietet sich deshalb das Kriterium von TRESCA an.

Zur Anwendung des statischen Traglastsatzes wird der Boden in drei Zonen unterteilt (Abb. 14.5a). Die in die Abb. 14.5a eingetragenen Spannungen erfüllen die beiden Gleichgewichtsbedingungen (14.46) und (14.47) in jedem Punkt. Da die Schubspannungen τ_{xy} im gesamten Bereich gleich null sind, handelt es sich bei den Normalspannungen σ_x und σ_y um Hauptnormalspannungen. Setzt man den zu $\gamma\,h$ erhaltenen Größtwert der Differenz der Hauptnormalspannungen in die Fließbedingung nach TRESCA (14.48) ein, so erhält man eine untere Schranke für die größtmögliche Höhe h der vertikalen Böschung zu

$$h = \frac{2c}{\gamma}\;. \tag{14.51}$$

Der kinematische Traglastsatz wird auf den in Abb. 14.5b eingetragenen Kollapsmechanismus angewendet. Dieser ist dadurch gekennzeichnet, dass sich ein dreieckförmiger Keil A-B-C der Böschung parallel zu seiner geneigten Rückwand A-B mit der

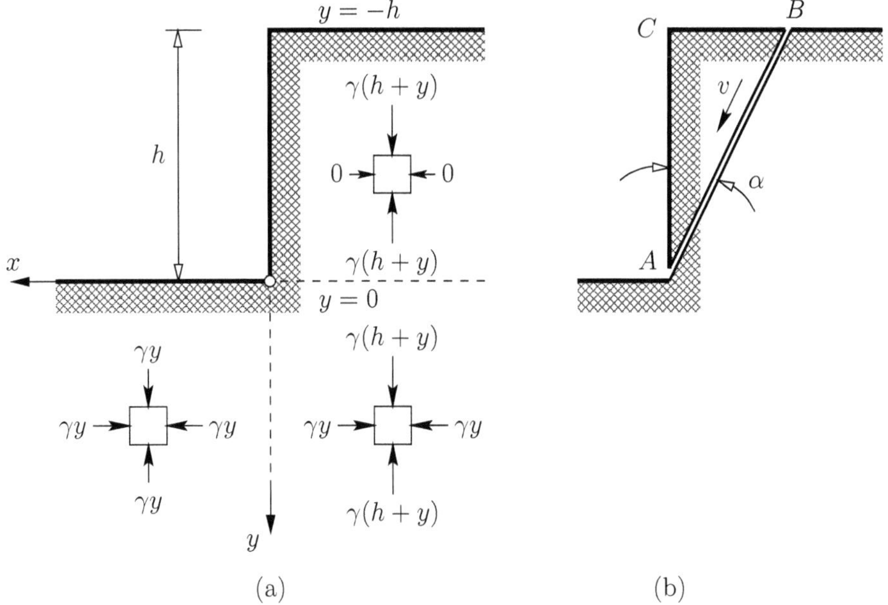

Abb. 14.5: Vertikale Böschung: (a) statisch zulässiger Spannungszustand, (b) kinematisch zulässiger Kollapsmechanismus

Geschwindigkeit v bewegt. Gleichsetzen der Rate der von den inneren und äußeren Kräften geleisteten Arbeit ergibt unter Berücksichtigung von $\tau_y = f_y/2 = c$

$$c \frac{h}{\cos\alpha} v = \frac{1}{2}\gamma\, h\, (h \tan\alpha)\, (v \cos\alpha) \;, \tag{14.52}$$

woraus

$$h = \frac{4c}{\gamma \sin 2\alpha} \tag{14.53}$$

folgt. Für $\alpha = \pi/4$ wird die obere Schranke für die größtmögliche Höhe der vertikalen Böschung mit $h = (4c)/\gamma$ zu einem Minimum.

Somit ergibt sich für den Größtwert der Höhe h, bei dem die vertikale Böschung standsicher ist, folgende Abschätzung:

$$\frac{2c}{\gamma} \le h \le \frac{4c}{\gamma} \;. \tag{14.54}$$

Literaturverzeichnis

[Chen/Han (1988)] W.F. Chen und D.J. Han, *Plasticity for Structural Engineers*, Springer-Verlag, New York, 1988.

[Lubliner (1990)] J. Lubliner, *Plasticity Theory*, Macmillan Publishing Company, New York, 1990.

Kapitel 15

Grundlagen der Bruchmechanik

15.1 Allgemeines

Das Material eines Körpers weist in der Regel Risse von unterschiedlicher Größenordnung auf. Ihr mechanisches Verhalten ist Gegenstand der Bruchmechanik. Dabei geht es vorrangig um die Frage, ob sich ein bestehender Riss bei einer bestimmten Belastung ausbreitet und dadurch gegebenenfalls den Bruch des Körpers durch vollständige oder teilweise Trennung bewirkt.

Risse in einem Bauteil können etwa in Form von Fehlstellen in einem Werkstoff auftreten. Sie können aber auch durch statische oder dynamische Beanspruchung hervorgerufen werden. Werden Risse im Wege von zerstörungsfreier Prüfung festgestellt, ist nachzuweisen, dass die Tragsicherheit des betreffenden Bauteils gewährleistet ist.

Da Spannungen und Verzerrungen an der Rissspitze unabhängig von der Größe der Belastung über alle Grenzen anwachsen können, eignen sie sich nicht zur Beantwortung der aufgeworfenen Frage auf Basis herkömmlicher Tragsicherheitsnachweise. Dazu benötigt man andere mechanische Größen. Ihre Ermittlung wird in diesem Kapitel beschrieben. Der Beschreibung liegt eine makroskopische Betrachtungsweise auf Basis der Kontinuumsmechanik zugrunde. Eine Auseinandersetzung mit mikroskopischen Mechanismen als Grundlage für ein tieferes naturwissenschaftliches Verständnis von Bruchvorgängen würde den Rahmen des Buches sprengen.

Das erste der drei folgenden Unterkapitel betrifft den mechanischen Ausgangspunkt des vorliegenden Kapitels. Das zweite und dritte ist den Grundlagen der linearen bzw. nichtlinearen Bruchmechanik gewidmet. Die lineare Bruchmechanik basiert auf der linearen Elastizitätstheorie. (Darauf bezieht sich die englische Bezeichnung Linear Elastic Fracture Mechanics.) Mit ihrer Hilfe lassen sich vor allem Sprödbrüche erfassen. Die nichtlineare Bruchmechanik eignet sich hingegen zur Beschreibung von Bruchvorgängen bei inelastischem Materialverhalten.

Die moderne Geschichte der Bruchmechanik beginnt mit dem 1920 von GRIFFITH* eingeführten Risskonzept auf Basis der für Rissfortschritt erforderlichen Energie. Ein entscheidender Entwicklungsschritt war die 1951 durch IRWIN† erfolgte Einführung von Spannungsintensitätsfaktoren zur Beschreibung des mechanischen Zustands an

*ALAN ARNOLD GRIFFITH (1893–1963) ist der Begründer der Bruchmechanik.

†GEORGE RANKINE IRWIN (1907–1998) hat die Bruchmechanik entscheidend weiterentwickelt. Er vergleicht den Wert des Spannungsintensitätsfaktors mit einem als Bruchzähigkeit bezeichneten Materialkennwert.

H. A. Mang und G. Hofstetter, *Festigkeitslehre*,
https://doi.org/10.1007/978-3-662-57564-2_15

der Rissspitze. Die Entwicklung der nichtlinearen Bruchmechanik setzte in den Sechzigerjahren des vergangenen Jahrhunderts ein. Sie erfolgte parallel zur Entwicklung der elektronischen Datenverarbeitung. Die rasch zunehmende Leistungsfähigkeit von Computern begünstigte den Ausbau der nichtlinearen numerischen Mechanik, die ihrerseits die Entwicklung der nichtlinearen Bruchmechanik beförderte. Sie ist im Laufe der Zeit zu einem gleichermaßen forschungsaktiven und anwendungsbezogenen Teilgebiet der Mechanik geworden.

Hauptzweck von Anwendungen der Bruchmechanik ist die Vermeidung von Schadensfällen mit schwerwiegenden Konsequenzen, wie sie infolge von Brüchen in Konstruktionen des Bauwesens und Maschinenbaus, der Reaktortechnik und der Luft- und Raumfahrt auftreten können.

15.2 Mechanischer Ausgangspunkt

Der mechanische Ausgangspunkt ist eine in Abb. 15.1 dargestellte, unendlich ausgedehnte Scheibe mit einem elliptischen Loch mit den Halbachsen a und b. Sie wird in $y = \pm\infty$ durch gleichmäßig verteilte Zugkräfte p pro Längeneinheit beansprucht.

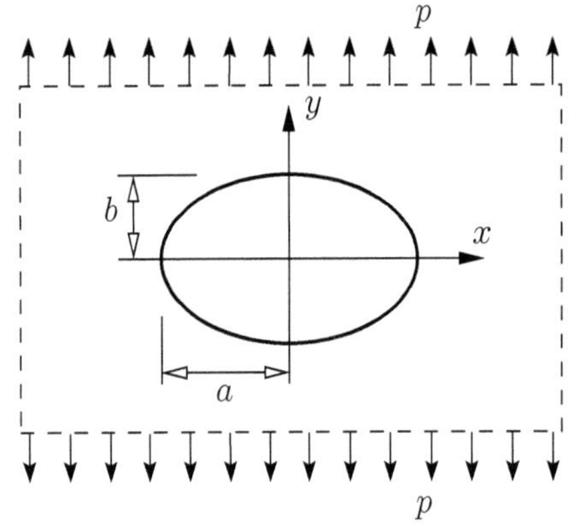

Abb. 15.1: Unendlich ausgedehnte Scheibe mit einem elliptischen Loch unter einaxialer Zugbeanspruchung

Der Sonderfall eines kreisförmigen Lochs, also von $b = a$, wurde im Beispiel 8.4 behandelt. Im Gegensatz zum vorliegenden Beispiel war die Belastungsrichtung dort aber die x-Richtung.

Zur Ermittlung des Spannungszustands beim vorliegenden Beispiel sind elliptische Koordinaten vorteilhaft. Die Parameterlinien $\alpha = konst.$ stellen konfokale Ellipsen und die Parameterlinien $\beta = konst.$ konfokale Hyperbeln dar (Abb. 15.2). Die Gleichung einer Ellipse $\alpha = konst.$ lautet:

$$\frac{x^2}{\cosh^2\alpha} + \frac{y^2}{\sinh^2\alpha} = c^2 \ . \tag{15.1}$$

Für die Ellipse mit den Halbachsen a und b gilt

$$a = c\cosh\alpha_0, \qquad b = c\sinh\alpha_0 \ . \tag{15.2}$$

Für den Grenzfall $\alpha_0 \to 0$ degeneriert das elliptische Loch zu einem scharfen Riss der Länge $2a$. Deshalb wird die Lösung für die Spannungen in einer Scheibe mit elliptischem Loch als Ausgangspunkt für das Studium des Spannungszustands in einer

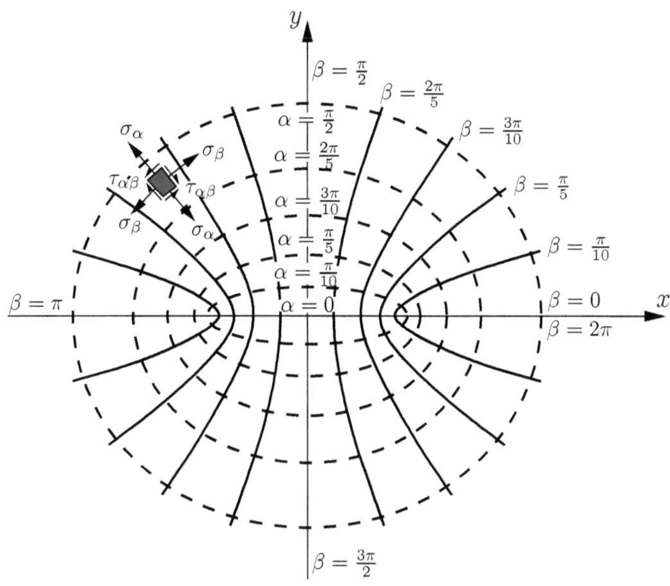

Abb. 15.2: Elliptische Koordinaten [Boresi *et al.* (1978)]

Scheibe mit einem derartigen Riss verwendet. Nach [Inglis (1913)] ergibt sich die Summe der Normalspannungen, $\sigma_\alpha + \sigma_\beta$, in einem Punkt der Scheibe mit den Koordinaten α, β zu

$$\sigma_\alpha + \sigma_\beta = \frac{p}{d}\, e^{2\alpha_0} \left[\frac{(1 + e^{-2\alpha_0}) \sinh 2\alpha}{\cosh 2\alpha - \cos 2\beta} - 1 \right] , \tag{15.3}$$

wobei p/d die Nennspannung mit p als Linienlast (siehe Abb. 15.1) und d als Dicke der Scheibe bezeichnet. Am Lochrand $\alpha = \alpha_0$ gilt $\sigma_\alpha = 0$. Spezialisierung von (15.3) für den Lochrand führt demnach auf

$$\sigma_\beta\, (\alpha = \alpha_0) = \frac{p}{d}\, e^{2\alpha_0} \left[\frac{(1 + e^{-2\alpha_0}) \sinh 2\alpha_0}{\cosh 2\alpha_0 - \cos 2\beta} - 1 \right] . \tag{15.4}$$

Der Größtwert von σ_β ergibt sich für die beiden auf der größeren Halbachse der Ellipse gelegenen Punkte des Lochrands, also für $\beta = 0$ und $\beta = \pi$. Unter Berücksichtigung von

$$e^{\alpha_0} = \cosh \alpha_0 + \sinh \alpha_0, \quad \cosh^2 \alpha_0 - \sinh^2 \alpha_0 = 1 \tag{15.5}$$

sowie von (15.2) erhält man

$$e^{2\alpha_0} = (\cosh \alpha_0 + \sinh \alpha_0)^2 = \frac{(a+b)^2}{c^2} = \frac{(a+b)^2}{a^2 - b^2} = \frac{a+b}{a-b} . \tag{15.6}$$

Aus (15.6) folgt

$$e^{-2\alpha_0} = \frac{1}{e^{2\alpha_0}} = \frac{a-b}{a+b} . \tag{15.7}$$

Ferner gilt

$$\sinh 2\alpha_0 = 2\sinh\alpha_0\cosh\alpha_0 = 2\frac{ab}{c^2} = 2\frac{ab}{a^2-b^2} \tag{15.8}$$

und

$$\cosh 2\alpha_0 = \cosh^2\alpha_0 + \sinh^2\alpha_0 = \frac{a^2}{c^2} + \frac{b^2}{c^2} = \frac{a^2+b^2}{a^2-b^2}\,, \tag{15.9}$$

wobei von (15.2) Gebrauch gemacht wurde. Trägt man $\cos 2\beta = 1$ zusammen mit (15.5) und (15.7)-(15.9) in (15.4) ein, so erhält man

$$\begin{aligned}
(\sigma_\beta)_{MAX} &= \sigma_\beta(\alpha=\alpha_0,\ \beta=0) = \sigma_\beta(\alpha=\alpha_0,\ \beta=\pi) = \\
&= \frac{p}{d}\frac{a+b}{a-b}\left[\frac{\left(1+\frac{a-b}{a+b}\right)2\frac{ab}{a^2-b^2}}{\frac{a^2+b^2}{a^2-b^2}-1} - 1\right] = \\
&= \frac{p}{d}\frac{a+b}{a-b}\left[\frac{4a^2b}{(a+b)\,2b^2} - 1\right] = \frac{p}{d}\frac{1}{b\,(a-b)}\left[2a^2-(a+b)\,b\right] = \\
&= \frac{p}{d}\frac{1}{b\,(a-b)}\left[(a-b)\,a + a^2 - b^2\right] = \frac{p}{d}\left(1+\frac{2a}{b}\right)\,.
\end{aligned} \tag{15.10}$$

Setzt man die aus (15.2) folgende Beziehung

$$\frac{a}{b} = \coth\alpha_0 \tag{15.11}$$

in (15.10) ein, so bekommt man

$$(\sigma_\beta)_{MAX} = \frac{p}{d}(1+2\coth\alpha_0)\,. \tag{15.12}$$

Mit $\rho = b^2/a$ als dem Krümmungsradius in den beiden Endpunkten der größeren Halbachse der Ellipse ergibt sich $(\sigma_\beta)_{MAX}$ zu

$$(\sigma_\beta)_{MAX} = \frac{p}{d}(1+2\sqrt{\frac{a}{\rho}})\,. \tag{15.13}$$

Für den Sonderfall eines kreisförmigen Loches erhält man mit $b = a$ bzw. $\coth\alpha_0 = a/b = 1$ und $\rho = a$

$$(\sigma_\beta)_{MAX} = \sigma_\beta(\alpha=\alpha_0,\ \beta=0) = \sigma_\beta(\alpha=\alpha_0,\ \beta=\pi) = 3\frac{p}{d}\,. \tag{15.14}$$

Dieser Wert entspricht dem Wert von $\sigma_\vartheta(r=a,\ \vartheta=\pi/2) = \sigma_\vartheta(r=a,\ \vartheta=-\pi/2)$ in (8.60). Für den Grenzfall eines scharfen Risses der Länge $2a$, also für $b/a = \tanh\alpha_0 = \rho/b \to 0$ strebt $(\sigma_\beta)_{MAX}$ unabhängig von der Größe von p/d über alle Grenzen.

Der Kleinstwert von σ_β ergibt sich für $\beta = \pm\,\pi/2$, also für die beiden auf der kleineren Hauptachse der Ellipse gelegenen Punkte des Lochrandes, durch Eintragen von $\cos 2\beta = 0$ in (15.4) zu

$$(\sigma_\beta)_{MIN} = \sigma_\beta(\alpha=\alpha_0,\ \beta=\pm\pi/2) = -\frac{p}{d}\,. \tag{15.15}$$

Im Gegensatz zu $(\sigma_\beta)_{MAX}$ hängt $(\sigma_\beta)_{MIN}$ nur von der Belastung ab.

15.3 Lineare Bruchmechanik

15.3.1 Der stationäre Riss

Als stationären Riss bezeichnet man einen Riss, der seine Größe nicht ändert. Dem singulären Spannungszustand an der Spitze eines scharfen Risses entspricht ein singulärer Verzerrungszustand. Ein solcher widerspricht aber der Voraussetzung kleiner Verzerrungen im Rahmen der linearen Elastizitätstheorie. Abgesehen davon treten selbst bei den meisten spröden Werkstoffen in einem kleinen Bereich um die Rissspitze inelastische Verzerrungen auf. Unter der Voraussetzung von hinreichender Kleinheit dieses Bereiches darf jedoch die lineare Bruchmechanik angewendet werden.

Aus der Lösung für die unendlich ausgedehnte Scheibe mit einem elliptischen Loch unter einaxialer Zugbeanspruchung in $y = \pm\infty$ lassen sich Spannungsverteilungen in der Umgebung von Rissen bestimmen. Zu diesem Zweck empfiehlt es sich, die Normalspannungen σ_α und σ_β in die Richtungen der orthogonalen kartesischen Koordinaten x, y (siehe Abb. 15.2) zu transformieren. Für $x > a$, $y = 0$ ergeben sich σ_x und σ_y zu [Boresi *et al.* (1978)]

$$\sigma_x = f_1(s) - f_2(s), \qquad \sigma_y = f_1(s) + f_2(s) \tag{15.16}$$

mit

$$f_1(s) = \frac{p}{2d}\left[1 + \frac{2\,(1+m)}{s^2-m}\right], f_2(s) = \frac{p}{2d}\left\{1 + \frac{m^2-1}{s^2-m}\left[1 + \left(\frac{m-1}{s^2-m}\right)\left(\frac{3s^2-m}{s^2-m}\right)\right]\right\}. \tag{15.17}$$

Dabei bezeichnet

$$s = \frac{x}{a+b} + \sqrt{\left(\frac{x}{a+b}\right)^2 - m} \tag{15.18}$$

einen dimensionslosen Distanzparameter mit

$$m = \frac{a-b}{a+b} = \frac{1-\sqrt{\dfrac{\rho}{a}}}{1+\sqrt{\dfrac{\rho}{a}}}\,. \tag{15.19}$$

In der Bruchmechanik unterscheidet man zwischen einem stumpfen Riss und seinem bereits erwähnten Grenzfall, dem scharfen Riss. Zunächst wird der stumpfe Riss betrachtet. Dabei wird angenommen, dass $\rho \ll a$ ist. Mit Hilfe von (15.19) und von $r = x - a$ (Abb. 15.3) lässt sich s laut (15.18) wie folgt durch r und ρ ausdrücken:

$$s = 1 - \sqrt{\frac{\rho}{a}} + \sqrt{\frac{2r+\rho}{a}}\,. \tag{15.20}$$

Einsetzen von (15.19) und (15.20) in die Beziehungen (15.17) führt für $x > a$, $y = 0$ unter der Voraussetzung von $r/a \ll 1$, also in der Nähe der rechten Risswurzel, auf

$$f_1(s) = f_1(r) \approx \frac{p}{d}\frac{1}{\sqrt{\dfrac{2r+\rho}{a}}}, \qquad f_2(s) = f_2(r) \approx \frac{p}{d}\frac{\dfrac{\rho}{a}}{\left(\dfrac{2r+\rho}{a}\right)^{\frac{3}{2}}}\,. \tag{15.21}$$

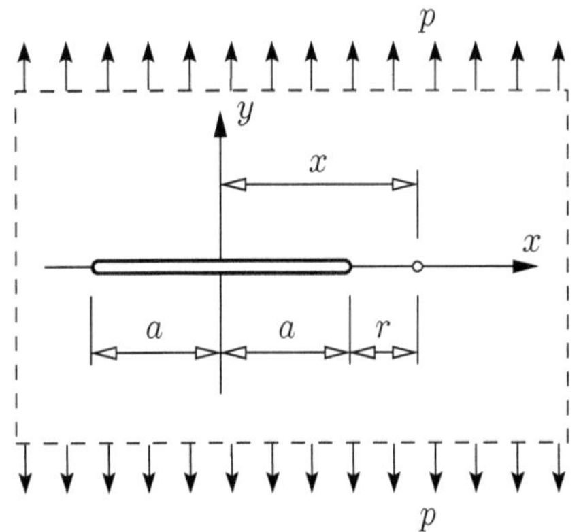

Abb. 15.3: Unendlich ausgedehnte Scheibe mit stumpfem Riss mit $\rho \ll a$ unter einaxialer Zugbeanspruchung

Trägt man die Beziehungen (15.21) in die zweite der beiden Gleichungen (15.16) ein, so erhält man folgende für $r/a \ll 1$, $y = 0$ geltende Beziehung für σ_y:

$$\sigma_y = \frac{p}{d}\sqrt{\frac{a}{2r}}\frac{1+\frac{\rho}{r}}{\left(1+\frac{\rho}{2r}\right)^{\frac{3}{2}}} \,. \tag{15.22}$$

Multiplikation von Zähler und Nenner im obigen Ausdruck für σ_y mit r und Spezialisierung des Ergebnisses für $r = 0$ ergibt

$$\sigma_y = 2\frac{p}{d}\sqrt{\frac{a}{\rho}} \,. \tag{15.23}$$

Für den Grenzfall des scharfen Risses erhält man die Spannungsverteilung durch Spezialisierung der Ausdrücke für die Spannungskomponenten für die unendlich ausgedehnte Scheibe mit einem elliptischen Loch für $b \to 0$ bzw. $\rho \to 0$. Aus (15.19) folgt dann

$$m = 1 \tag{15.24}$$

und aus (15.18) unter Berücksichtigung von (15.24)

$$s = \frac{x}{a} + \sqrt{\left(\frac{x}{a}\right)^2 - 1} \,. \tag{15.25}$$

Einsetzen von (15.24) und (15.25) in die Beziehungen (15.21) führt auf

$$f_1(s) = f_1(r) \approx \frac{p}{d}\frac{1}{\sqrt{\frac{2r}{a}}}, \qquad f_2(s) = f_2(r) \approx 0 \,. \tag{15.26}$$

Durch Eintragen von (15.26) in die zweite der beiden Gleichungen (15.16) erhält man schließlich

$$\sigma_y = \frac{p}{d}\sqrt{\frac{a}{2r}} \,. \tag{15.27}$$

Für $r \to 0$ gilt $\sigma_y \to \infty$. An der Rissspitze liegt also eine Singularität von Typ $r^{-\frac{1}{2}}$ vor. Mit x als Variable folgt σ_y für $(x-a)/a \ll 1$, $y=0$ aus (15.27) zu

$$\sigma_y = \frac{p}{d}\sqrt{\frac{a}{2(x-a)}} = \frac{p}{d}\sqrt{\frac{a(x+a)}{2(x^2-a^2)}} \approx \frac{p}{d}\frac{x}{\sqrt{x^2-a^2}}\,, \tag{15.28}$$

wobei von

$$a(x+a) \approx 2x^2 \tag{15.29}$$

Gebrauch gemacht wurde. Mit Hilfe von (15.16), (15.17) und (15.24) erhält man

$$\sigma_y - \sigma_x = 2f_2(s) = \frac{p}{d}\,. \tag{15.30}$$

Trägt man (15.28) in (15.30) ein, so ergibt sich

$$\sigma_x = \frac{p}{d}\Big(\frac{x}{\sqrt{x^2-a^2}} - 1\Big)\,. \tag{15.31}$$

Demnach gilt für $x \to a$ sowohl $\sigma_x \to \infty$ als auch $\sigma_y \to \infty$.

Der Spannungszustand an der Rissspitze erlaubt somit keine Aussage darüber, ob sich der Riss bei einer bestimmten Intensität der Belastung auszubreiten beginnt.

15.3.2 Bruchkriterium auf Basis von Spannungsintensitätsfaktoren

Im Gegensatz zum Spannungszustand an der Rissspitze gestatten sogenannte Spannungsintensitätsfaktoren – kurz K-Faktoren genannt – sehr wohl eine Aussage über eine mögliche Rissausbreitung. Für den vorliegenden Riss ist der K-Faktor zu

$$K_I = \lim_{r\to 0}\sqrt{2\pi r}\,\sigma_y(y=0) \tag{15.32}$$

definiert [Gross/Seelig (2011)]. Der Index "I" weist dabei auf die Art der Rissöffnung hin. Sie erfolgt hier normal zur Rissoberfläche (Abb. 15.4a). Die Dimension des K-Faktors ist zu $[N\,mm^{-\frac{3}{2}}]$ bzw. $[MPa\,mm^{\frac{1}{2}}]$ gegeben.

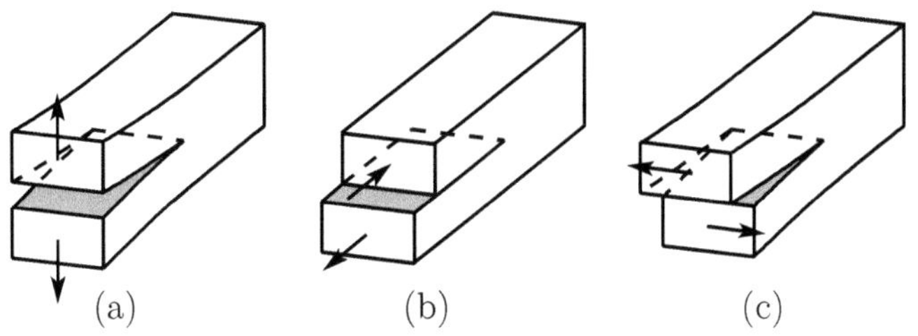

Abb. 15.4: Grundformen der Rissöffnung: (a) Öffnung normal zur Rissoberfläche (Mode I), (b) Gleitung in der Scheibenebene (Mode II), (c) Gleitung normal zur Scheibenebene (Mode III)

Setzt man (15.27) in (15.32) ein, so erhält man

$$K_I = \frac{p}{d}\sqrt{\pi a}\,. \tag{15.33}$$

Im Gegensatz zur Singularität von σ_y an der Rissspitze ist der Wert von K_I endlich. Er eignet sich somit zur Formulierung eines Bruchkriteriums. Bruch im Sinne von Rissausbreitung setzt dann ein, wenn K_I eine materialabhängige kritische Größe, K_{Ic}, erreicht, wenn also

$$K_I = K_{Ic} \tag{15.34}$$

wird. Einsetzen von (15.33) in (15.34) verdeutlicht, dass die Nennspannung p/d, bei der sich der Riss auszubreiten beginnt, mit wachsender Risslänge abnimmt.

K_{Ic} wird als Bruchzähigkeit bezeichnet. Sie ist ein Materialkennwert, der in der Regel in genormten Versuchen bestimmt wird. Abb. 15.5 zeigt zwei verschiedene Probekörper zur experimentellen Ermittlung von K_{Ic}. Um die Voraussetzungen der linea-

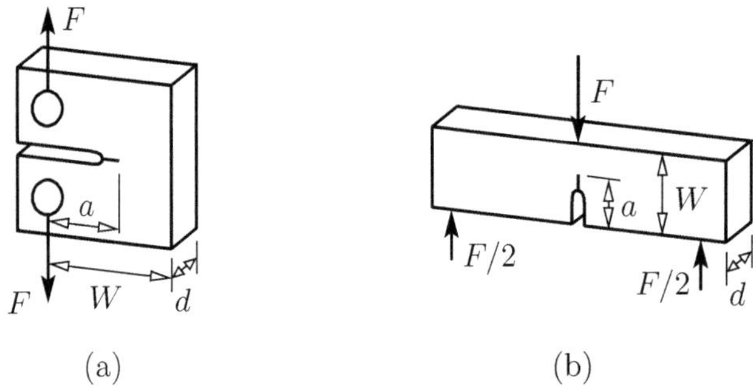

Abb. 15.5: Probekörper zur Bestimmung von K_{Ic}: (a) Kompaktzugprobe, (b) Drei-Punkt-Biegeprobe [Gross/Seelig (2011)]

ren Bruchmechanik zu erfüllen, sollen die Abmessungen der Probekörper wesentlich größer als die Risslänge und die plastische Zone an der Rissspitze sein. Deshalb wird für die beiden Probekörper

$$\left.\begin{matrix} a \\ W-a \\ d \end{matrix}\right\} \geq 2.5 \left(\frac{K_{Ic}}{f_y}\right)^2 \tag{15.35}$$

empfohlen. Bei der Durchführung des Versuchs wird in einem ersten Schritt ein Anriss an der Kerbspitze des Probekörpers durch eine schwingende Beanspruchung erzeugt. Danach wird die auf den Probekörper wirkende Kraft F so lange gesteigert, bis Rissausbreitung eintritt. Der Riss wird demnach instationär. Mit Hilfe von (15.33) lässt sich dann K_{Ic} bestimmen.

Wie (15.35) entnommen werden kann, muss auch die Dicke d der Probekörper ausreichend groß sein. Mit zunehmender Dicke nimmt nämlich der experimentell bestimmte Wert der Bruchzähigkeit ab und strebt zu einem konstanten Wert. Dieser wird als Werkstoffkennwert betrachtet. Der Grund für die Abhängigkeit des aus dem Versuch herrührenden Werts von K_{Ic} von der Dicke liegt darin, dass der bei dünnen Probekörpern näherungsweise ebene Spannungszustand mit wachsender Dicke in einen räumlichen Spannungszustand im Inneren der Probekörper übergeht. Die Normalspannung σ_y in Richtung normal zum Riss nimmt zur Rissspitze hin stark zu, weshalb vor der Rissspitze grundsätzlich eine größere Querstauchung zu erwarten wäre. Dazu kommt es aber nicht, weil in dem durch den Riss entlasteten Bereich keine

Querstauchung auftritt. Dadurch wird die Querstauchung vor der Rissspitze behindert (Abb. 15.6). Deshalb tritt im Inneren des Probekörpers eine Zugspannung in Dickenrichtung auf, während an der Oberfläche der den Randbedingungen entsprechende ebene Spannungszustand erhalten bleibt.

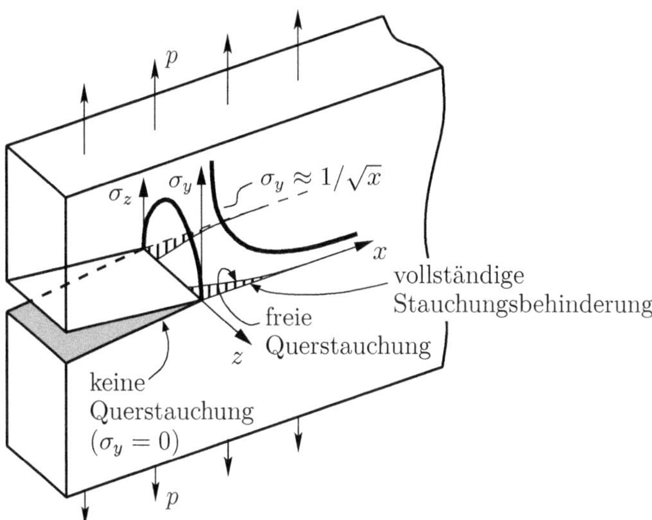

Abb. 15.6: Spannungs- und Verformungszustand in der Umgebung der Rissspitze für Bruchmode I [Bürgel (2005)]

Wegen des mehraxialen Zugspannungszustands im Inneren des Probekörpers sind die Schubspannungen in der Umgebung der Rissspitze dort kleiner. Das hat eine kleinere plastische Zone in diesem Bereich zur Folge. Da an der Oberfläche eines Probekörpers stets ein ebener Spannungszustand vorliegt, nimmt die Größe der plastischen Zone in der Umgebung der Rissspitze vom Inneren des Probekörpers gegen die Oberfläche hin zu. Folglich kommt es dort zu einer größeren Dissipation der Verzerrungsenergie als in den oberflächennahen Teilbereichen. Es entsteht ein plastischer Bereich, dessen Form derjenigen eines Knochens ähnelt (Abb. 15.7).

Die Bruchzähigkeit hängt von mehreren Faktoren ab. Es sind dies unter anderem die Eigenschaften der Mikrostruktur, die Belastungsgeschichte und die Temperatur. So nimmt K_{Ic} beispielsweise mit steigender Temperatur zu. Tabelle 15.1 enthält Werte bzw. Wertebereiche für die Bruchzähigkeit und die Ersatzfließgrenze $f_{0,2}$ einiger Werkstoffe. Die Verwendung von K-Faktoren in einem Bruchkriterium geht auf IRWIN zurück [Irwin (1957)]. Analog zur Definition von K_I laut (15.32) sind die Spannungsintensitätsfaktoren für Mode II und Mode III der Grundformen der Rissöffnung (Abb. 15.4b bzw. 15.4c) wie folgt definiert:

$$K_{II} = \lim_{r \to 0} \sqrt{2\pi r}\, \tau_{xy}(y=0), \qquad K_{III} = \lim_{r \to 0} \sqrt{2\pi r}\, \tau_{yz}(y=0)\ . \tag{15.36}$$

In Analogie zum Bruchkriterium für Mode I gemäß (15.34) gilt für Mode II bzw. Mode III

$$K_{II} = K_{IIc}, \qquad K_{III} = K_{IIIc}\ . \tag{15.37}$$

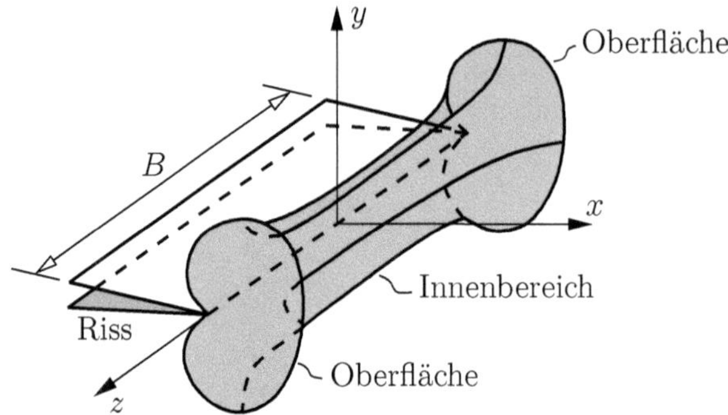

Abb. 15.7: Plastischer Bereich in der Umgebung der Rissspitze für Bruchmode I [Bürgel (2005)]

Tabelle 15.1: Bruchzähigkeit und Ersatzfließgrenze $f_{0,2}$ einiger Werkstoffe [Gross/Seelig (2011)]

Material	$K_{Ic}\,[MPa\sqrt{mm}]$	$f_{0,2}[MPa]$
hochfeste Stähle	800 ... 3000	1600 ... 2000
Baustähle	1000 ... 4000	<500
Al-Legierungen	600 ... 2000	200 ... 600
Marmor	40 ... 70	
Glas	20 ... 40	
Beton	5 ... 30	

Wenn die Rissfront gekrümmt ist, wie etwa bei einem pfennigförmigen Innenriss oder einem halbelliptischen Oberflächenriss (Abb. 15.8a), muss der dreidimensionale Charakter des Rissproblems berücksichtigt werden. Für das durch $r \to 0$ gekennzeichnete Rissspitzenfeld – das sogenannte Nahfeld – gilt für die Spannungen in einem isotropen Material [Bažant/Cedolin (2010)]

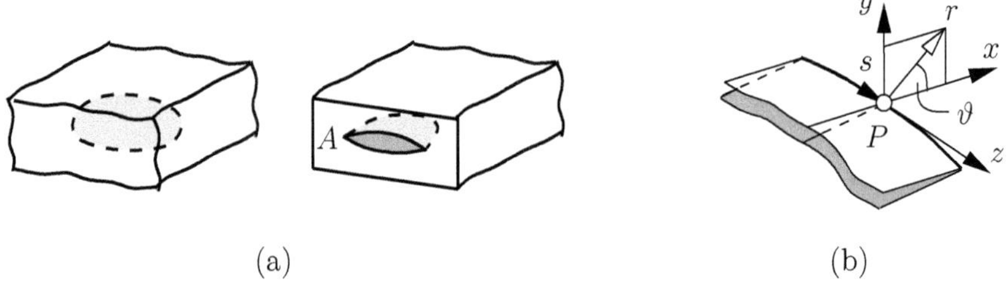

Abb. 15.8: Dreidimensionales Rissspitzenfeld: (a) Risse mit gekrümmter Rissfront, (b) lokales Koordinatensystem [Gross/Seelig (2011)]

$$\sigma_{ij} = \frac{1}{\sqrt{2\pi r}}[K_I\, f_{ij}(\vartheta) + K_{II}\, g_{ij}(\vartheta) + K_{III}\, h_{ij}(\vartheta)] \tag{15.38}$$

mit

$$\left.\begin{array}{l} f_{11}(\vartheta) \\ f_{22}(\vartheta) \end{array}\right\} = \cos\frac{\vartheta}{2}\left(1 \mp \sin\frac{\vartheta}{2}\sin\frac{3\vartheta}{2}\right)$$

$$f_{12}(\vartheta) = \cos\frac{\vartheta}{2}\sin\frac{\vartheta}{2}\cos\frac{3\vartheta}{2}\ . \tag{15.39}$$

Dabei bezeichnet ϑ den Polarwinkel (Abb. 15.8b). Ähnliche Ausdrücke erhält man für die mit K_{II} und K_{III} verknüpften Funktionen $g_{ij}(\vartheta)$ bzw. $h_{ij}(\vartheta)$.

In bestimmten Punkten – sogenannten singulären Punkten – gelten (15.38) und (15.39) nicht. Ein solcher Punkt ist beispielsweise der Punkt A beim halbelliptischen Oberflächenriss (Abb. 15.8a), bei dem die Rissfront auf die Oberfläche trifft.

Das Rissspitzenfeld ist jener Bereich in der Umgebung der Rissspitze, in dem der Term mit $r^{-\frac{1}{2}}$ in den allgemeinen Ausdrücken für die Komponenten des Spannungstensors dominiert. Diese Ausdrücke enthalten unendlich viele Terme. Sie hängen mit den Eigenfunktionen eines Eigenwertproblems mit unendlich vielen Eigenwerten zusammen. Jeder Term besteht aus einem Produkt zweier Faktoren. Einer hängt nur von r und der andere nur von ϑ ab. Der erste Term wird durch (15.38) beschrieben. Er stellt das asymptotische Spannungsfeld dar. Der von r abhängige Faktor ist zu $r^{-\frac{1}{2}}$ gegeben. Beim zweiten Term ergibt sich dieser Faktor zu r^0, beim dritten zu $r^{\frac{1}{2}}$ usw. [Gross/Seelig (2011)]. Aufgrund der Dominanz des ersten Terms für $r \to 0$ kann der Spannungszustand im Rissspitzenfeld ausschließlich durch (15.38) beschrieben werden. Außerhalb des Rissspitzenfeldes dürfen die höheren Terme jedoch nicht vernachlässigt werden. Nach innen ist dieses Nahfeld von einer plastischen Zone in der Umgebung der Rissspitze begrenzt. Darauf wurde bereits bei der Beschreibung von Bruchmode I hingewiesen (siehe Abb. 15.7). An den Riss schließt sich die sogenannte Prozesszone an. Diese Bezeichnung weist auf den bei Rissfortschritt im mikroskopischen Bereich ablaufenden Prozess der Lösung von Bindungen entlang der Korngrenzen von polykristallinem Material hin. Er lässt sich mit der klassischen Kontinuumsmechanik in der Regel nicht beschreiben. Unter der Voraussetzung, dass die Ausdehnung der Prozesszone im Vergleich zu den charakteristischen makroskopischen Abmessungen des Körpers vernachlässigbar klein ist, darf jedoch die Kontinuumsmechanik auf den gesamten rissbehafteten Körper angewendet werden. Dem liegt die Annahme zugrunde, dass sich das mechanische Geschehen in der Prozesszone näherungsweise durch das mechanische Verhalten der Rissspitze beschreiben lässt. Mit anderen Worten: die Prozesszone wird näherungsweise als Punkt betrachtet.

Dem Rissspitzenfeld σ_{ij} laut (15.38) entspricht das Verschiebungsfeld u_i. Für u_i gilt [Bažant/Cedolin (2010)]

$$u_i = \sqrt{\frac{2r}{\pi}}[K_I\varphi_i(\vartheta) + K_{II}\psi_i(\vartheta) + K_{III}\chi_i(\vartheta)] \tag{15.40}$$

mit

$$\varphi_1(\vartheta) = \frac{1+\nu}{E}\cos\frac{\vartheta}{2}\left(1 - 2\bar{\nu} + \sin^2\frac{\vartheta}{2}\right)$$

$$\varphi_2(\vartheta) = \frac{1+\nu}{E}\sin\frac{\vartheta}{2}\left(2 - 2\bar{\nu} - \cos^2\frac{\vartheta}{2}\right)\ . \tag{15.41}$$

Dabei bezeichnet E den Elastizitätsmodul und ν die Querdehnungszahl. Für einen ebenen Spannungszustand ist $\bar{\nu} = \nu$, während für einen ebenen Verzerrungszustand $\bar{\nu} = \nu/(1+\nu)$ gilt. Ähnliche Ausdrücke erhält man für die mit K_{II} und K_{III} verknüpften Funktionen $\psi_i(\vartheta)$ und $\chi_i(\vartheta)$.

Im Gegensatz zu (15.34) und (15.37) muss bei gemischter Beanspruchung von einem allgemeinen Bruchkriterium

$$f(K_I,\, K_{II},\, K_{III}) = 0 \tag{15.42}$$

ausgegangen werden. Exemplarisch wird im Abschnitt 15.3.6 ein auf K_I und K_{II} beschränktes Kriterium für gemischte Beanspruchung vorgestellt.

K-Faktoren lassen sich in einfachen Fällen mittels analytischer Methoden bestimmen. Um einen solchen Fall handelt es sich bei der in Abb. 15.9 dargestellten Scheibe. Im Gegensatz zur unendlich ausgedehnten Scheibe mit einem scharfen Rissspitzenbereich der Länge $2a$ unter einaxialer Zugbeanspruchung in $y = \pm\infty$ hängt der Spannungsintensitätsfaktor bei dieser Scheibe auch von ihrer geometrischen Konfiguration ab. Zu deren Berücksichtigung wird der Ausdruck für K_I in (15.33) durch Multiplikation mit einem Beiwert β zu

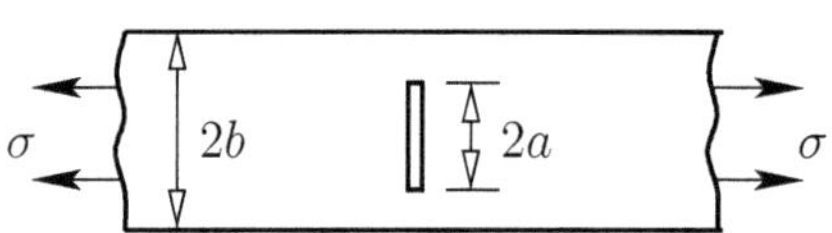

Abb. 15.9: In Längsrichtung durch die Nennspannung σ auf Zug beanspruchte Scheibe der Breite $2b$ mit einem Riss der Länge $2a$ in Querrichtung [Gross/Seelig (2011)]

$$K_I = \beta\,\frac{p}{d}\sqrt{\pi a} \tag{15.43}$$

erweitert. Mit Hilfe einer für $a \ll b$ geltenden Näherung für einen [Gross/Seelig (2011)] entnommenen Ausdruck ergibt sich β für den vorliegenden Fall zu

$$\beta = \frac{1}{\sqrt{\cos\dfrac{\pi a}{2b}}}\,. \tag{15.44}$$

Aus (15.43) erhält man dann für gegebene Werte von a sowie der Bruchzähigkeit K_{Ic} die Restfestigkeit σ_c der rissebehafteten Scheibe zu

$$\sigma_c = \frac{p_c}{d} = \frac{K_{Ic}\sqrt{\cos\dfrac{\pi a}{2b}}}{\sqrt{\pi a}}\,. \tag{15.45}$$

Die theoretisch größtmögliche Restfestigkeit der Scheibe – ihre sogenannte Grenztragfähigkeit – erhält man unter der Annahme, dass der Bruch erst dann eintritt, wenn die Spannung im schwächsten Querschnitt an jeder Stelle die Zugfestigkeit f_t erreicht hat. Sie ergibt sich im vorliegenden Fall zu

$$\sigma_{c,max} = f_t\left(1 - \frac{a}{b}\right)\,. \tag{15.46}$$

σ_c und $\sigma_{c,max}$ sind in Abb. 15.10 in Abhängigkeit von der Risslänge $2a$ für einen festen Wert von b dargestellt. Man erkennt, dass die Restfestigkeit die Grenztragfähigkeit

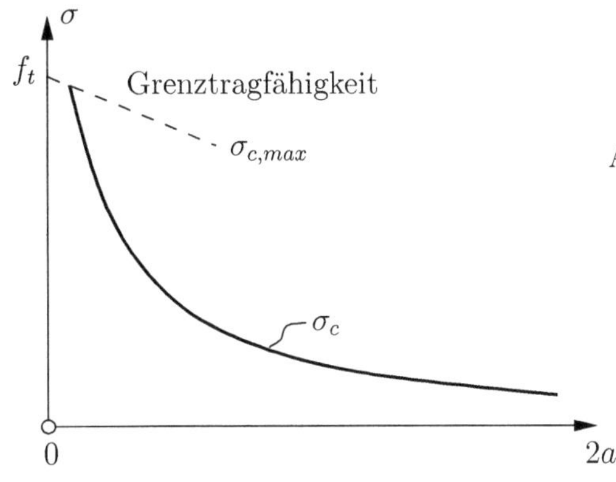

Abb. 15.10: Restfestigkeit und Grenztragfähigkeit in Abhängigkeit von der Risslänge $2a$ für einen festen Wert von $b > a$

nur bei kleinen Risslängen erreicht. Eine Überschreitung der Grenztragfähigkeit, also $\sigma_c > \sigma_{c,max}$, ist physikalisch unmöglich.

In der linearen Bruchmechanik gilt das Superpositionsprinzip. Durch Überlagerung von Ergebnissen für einfachere Fälle auf Basis des in Fachbüchern tabellierten Beiwerts β lassen sich Resultate für kompliziertere Fälle gewinnen. Wenn dies nicht mehr möglich ist, muss man auf numerische oder experimentelle Methoden zurückgreifen. Häufig verwendete Verfahren sind die Methode der finiten Elemente (siehe Unterkapitel 16.4) und die Randelementemethode (siehe Unterkapitel 16.5). Beliebte experimentelle Methoden sind Dehnungsmessungen (siehe Unterkapitel 17.2) im Rissspitzenbereich und die Spannungsoptik (siehe Abschnitt 17.3.1).

Beispielhaft für die Ermittlung von K-Faktoren mit Hilfe der Methode der finiten Elemente sei die Bestimmung von K_I durch Extrapolation von Werten der Funktion

$$\sqrt{2\pi r}\sigma_y \tag{15.47}$$

in ausgewählten Punkten der Rissausbreitungslinie $y = 0$ angeführt. Bei diesen Punkten handelt es sich um Knotenpunkte eines aus finiten Elementen bestehenden Netzes (Abb. 15.11). (Der Begriff "*Knotenpunkt*" im Kontext mit der Methode der finiten Elemente wird im Unterkapitel 16.4 erläutert.) Die Punkte sollen relativ nahe zur Rissspitze gelegen sein, nicht aber so nahe, dass die mittels der Methode der finiten Elemente als Produkte eines gegen 0 und eines gegen ∞ strebenden Faktors berechneten Funktionswerte (15.47) zu ungenau werden. Das ist bei dem der Rissspitze nächst gelegenem Punkt in Abb. 15.11 der Fall. Deshalb wird der entsprechende Funktionswert bei der laut (15.32) auf K_I führenden Extrapolation nicht berücksichtigt.

15.3.3 Bruchkriterium auf Basis der Energiefreisetzungsrate

Ausgangspunkt dieses auf Griffith zurückgehenden Bruchkriteriums [Griffith (1921)] ist die Energiebilanz für den betrachteten Bauteil während der Rissausbreitung. Zu diesem Zweck wird (5.29) wie folgt erweitert:

$$d\Pi + dK + d\Gamma = 0 \ . \tag{15.48}$$

In (15.48) ist $d\Pi$ ein Differential der potentiellen Energie

$$\Pi = U + W \tag{15.49}$$

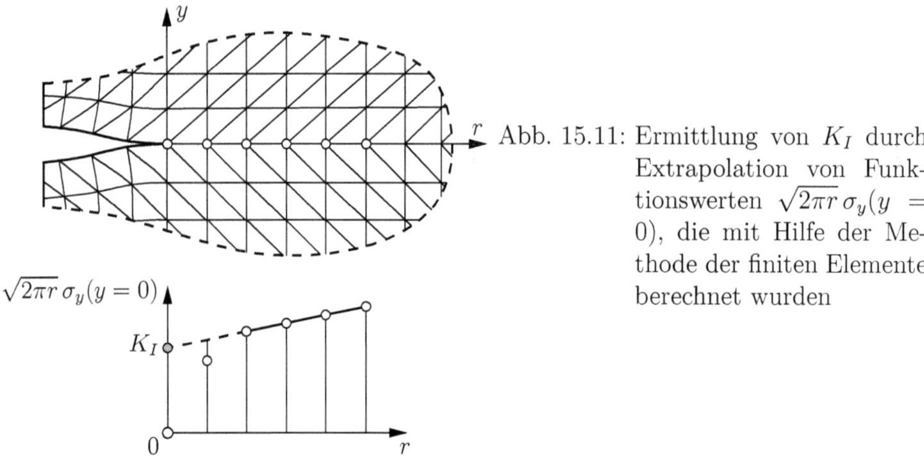

Abb. 15.11: Ermittlung von K_I durch Extrapolation von Funktionswerten $\sqrt{2\pi r}\,\sigma_y(y = 0)$, die mit Hilfe der Methode der finiten Elemente berechnet wurden

mit U als der Verzerrungsenergie und W als dem Potential der äußeren Kräfte (siehe (5.28)), während dK ein Differential der kinetischen Energie bezeichnet; $d\Gamma$ ist die für infinitesimalen Rissfortschritt dA, d.h. für eine infinitesimale Zunahme der Rissfläche A, benötigte Energie. Bei Beschränkung auf langsames (quasistatisches) Risswachstum darf die kinetische Energie vernachlässigt werden. Aus (15.48) folgt dann

$$d\Gamma = -d\Pi = -\frac{\partial \Pi}{\partial A} dA \; . \tag{15.50}$$

Infinitesimalem Risswachstum $dA > 0$ entspricht $d\Gamma > 0$ und folglich $d\Pi < 0$, also eine Abnahme der potentiellen Energie. Die Größe

$$\mathcal{G} = -\frac{\partial \Pi}{\partial A} \tag{15.51}$$

in (15.50) wird als Energiefreisetzungsrate bezeichnet. Ihre Dimension ist $[Nm/m^2] = [N/m]$.

Exemplarisch wird im Folgenden der Zusammenhang zwischen $\mathcal{G}$ und K_I für den Fall eines ebenen Spannungszustands erläutert. Das geschieht anhand eines scharfen Risses der Länge $2a$ längs der x-Achse (Abb. 15.12) in einer unendlich ausgedehnten Scheibe der Dicke d, die durch in $y = \pm\,\infty$ gleichmäßig verteilte Zugkräfte pro Längeneinheit beansprucht wird. Es ist dies der Grenzfall des im Unterkapitel 15.2 behandelten Problems einer unendlich ausgedehnten Scheibe mit einem elliptischen Loch unter der beschriebenen Form der Beanspruchung.

Die Aufgabe, die bei Rissfortschritt in einer Risshälfte von a bis $a + \Delta a$ freigesetzte Verzerrungsenergie zu bestimmen, entspricht der Aufgabe, die bei Schließen einer Risshälfte von $a + \Delta a$ bis a von den Oberflächenkräften längs Δa an den entsprechenden Verschiebungen geleistete Arbeit zu ermitteln. Es gilt also

$$\mathcal{G}\, d\, \Delta a = \int_a^{a+\Delta a} \sigma_y\, v\, d\, dx \; , \tag{15.52}$$

wobei v die halbe Rissöffnung an der Stelle $a + r$ bezeichnet. Für $r = x - a$, $r/a \ll 1$, ergibt sich im Einklang mit (15.32)

$$\sigma_y = \frac{K_I}{\sqrt{2\pi r}} \; . \tag{15.53}$$

Zur Ermittlung von v an der Stelle $a+r$ ist in der für einen ebenen Spannungszustand geltenden Beziehung [Boresi *et al.* (1978)]

$$v = 2\frac{p}{d}\frac{1}{E}\sqrt{a^2 - x^2}, \quad x \leq a , \tag{15.54}$$

a durch $a + \Delta a$ zu ersetzen. Dabei wird von

$$(a+\Delta a)^2 - x^2 = [(a+\Delta a)+x][(a+\Delta a)-x] = [(a+\Delta a)+x](\Delta a - r) \approx 2a(\Delta a - r) \tag{15.55}$$

Gebrauch gemacht. Auf diese Weise ergibt sich v zu

$$v = 2\frac{p}{d}\frac{1}{E}\sqrt{2a}\sqrt{\Delta a - r} . \tag{15.56}$$

Trägt man (15.53) und (15.56) in (15.52) ein, so erhält man

$$\mathcal{G}\Delta a = 2\frac{K_I^2}{E}\frac{1}{\pi}\int_0^{\Delta a}\sqrt{\frac{\Delta a - r}{r}}dr . \tag{15.57}$$

Mit Hilfe der Substitution $r = \Delta a \sin^2 \omega$ im Integranden des Integrals in (15.57) ergibt sich für einen ebenen Spannungszustand somit folgender Zusammenhang zwischen $\mathcal{G}$ und K_I:

$$\mathcal{G} = \frac{K_I^2}{E} . \tag{15.58}$$

Analog erhält man für einen ebenen Verzerrungszustand

$$\mathcal{G} = (1-\nu^2)\frac{K_I^2}{E} . \tag{15.59}$$

Für Mode II bzw. Mode III lautet der Zusammenhang zwischen $\mathcal{G}$ und K_{II} bzw. K_{III} wie folgt:

$$\mathcal{G} = \frac{\kappa+1}{8G}K_{II}^2, \quad \mathcal{G} = \frac{1}{2G}K_{III}^2 . \tag{15.60}$$

Dabei bezeichnet G den Schubmodul; für den ebenen Spannungszustand gilt $\kappa = (3-\nu)/(1+\nu)$ und für den ebenen Verzerrungszustand $\kappa = 3 - 4\nu$. Wenn die drei Moden gemeinsam auftreten, ergibt sich $\mathcal{G}$ zu

$$\mathcal{G} = \frac{1}{E'}(K_I^2 + K_{II}^2) + \frac{1}{2G}K_{III}^2 \tag{15.61}$$

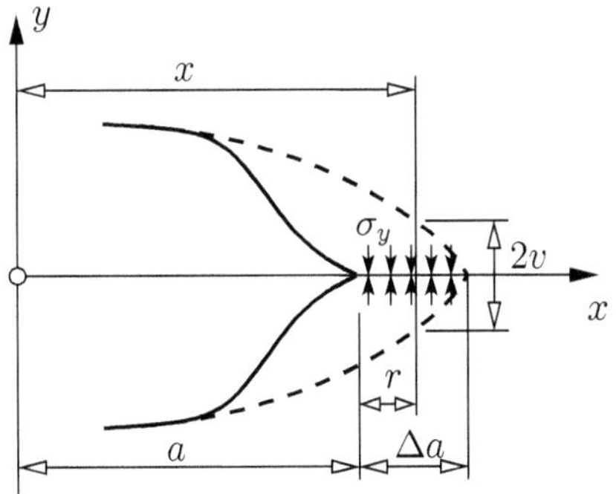

Abb. 15.12: Mode I: Inkrementelle Rissausbreitung [Boresi *et al.* (1978)]

mit $E' = E$ für den ebenen Spannungszustand und $E' = E/(1-\nu^2)$ für den ebenen Verzerrungszustand bzw. im dreidimensionalen Fall [Gross/Seelig (2011)].

Analog zum Bruchkriterium auf Basis des Spannungsintensitätsfaktors K_I ergibt sich für das Bruchkriterium auf Basis der Energiefreisetzungsrate

$$\mathcal{G} = \mathcal{G}_c \; , \tag{15.62}$$

wobei $\mathcal{G}_c$ ein mit spezifischer Bruchenergie bezeichneter Materialkennwert ist. Die englische Bezeichnung von $\mathcal{G}_c$ lautet: fracture energy. Den Zusammenhang zwischen $\mathcal{G}_c$ und K_{Ic} erhält man, indem man in (15.58) bzw. (15.59) $K_I = K_{Ic}$ und $\mathcal{G} = \mathcal{G}_c$ setzt. Wenn die unter der Annahme von Rissfortschritt freigesetzte Energie der dafür benötigten Energie entspricht, tritt Rissfortschritt ein. Analoges gilt für Mode II und Mode III. In der linearen Bruchmechanik ist daher das Bruchkriterium auf Basis der Energiefreisetzungsrate für reine, d. h. nicht gemischte Moden dem Bruchkriterium auf Basis des jeweiligen Spannungsintensitätsfaktors äquivalent.

Bei linear elastischem Materialverhalten kann $\mathcal{G}_c$ durch experimentelle Ermittlung der Nachgiebigkeit $C = u_F/F$ eines Probekörpers mit konstanter Dicke d bestimmt werden (Abb. 15.13a). Dabei bezeichnet F die normal zu einem Riss der Länge a wirkende Kraft und u_F die von F am Kraftangriffspunkt hervorgerufene Verschiebung in Richtung der Kraft. Die Verzerrungsenergie ist somit zu $U = (1/2)Fu_F$ und das Potential der äußeren Kräfte zu $W = -Fu_F$ gegeben. Die potentielle Energie beträgt daher

$$\Pi = U + W = -\frac{1}{2}Fu_F = -\frac{1}{2}CF^2 \; . \tag{15.63}$$

Laut Abb. 15.13b ist $-\Pi$ der Flächeninhalt eines rechtwinkeligen Dreiecks mit der von a abhängigen Länge u_F der horizontalen Kathete. Folglich gilt $C = C(a)$. Bei einem infinitesimalen Rissfortschritt da nimmt Π um

$$d\Pi = -\frac{1}{2}F^2 dC \tag{15.64}$$

ab. Laut Abb. 15.13b bezeichnet $-d\Pi$ den Flächeninhalt eines Dreiecks mit der infinitesimalen Seitenlänge $du_F(a)$.

Setzt man (15.64) und $dA = d\,da$ in (15.50) ein, so erhält man

$$\frac{1}{2}F^2 dC = -\frac{\partial \Pi}{\partial A}\, d\, da \; . \tag{15.65}$$

Unter Berücksichtigung von (15.51) ergibt sich weiters

$$\mathcal{G} = \frac{1}{2d}F^2\frac{dC}{da} \; . \tag{15.66}$$

$\mathcal{G}_c$ erhält man dann für einen Wert der Kraft F, bei dem bei einem Riss der Länge $a = a_c$ instabile Rissausbreitung einsetzt. Es gilt dann

$$\mathcal{G}_c = \frac{1}{2d}F_c^2\frac{dC}{da}\bigg|_{a=a_c} \; . \tag{15.67}$$

Unter instabiler Rissausbreitung versteht man eine bei gleichbleibender Belastung erfolgende Vergrößerung des Risses. Ein Unterscheidungsmerkmal zwischen verschiedenen Formen einer solchen Rissausbreitung ist ihre Geschwindigkeit. Erfolgt die Rissausbreitung sehr langsam, so spricht man von subkritischer Rissausbreitung. Sie ist

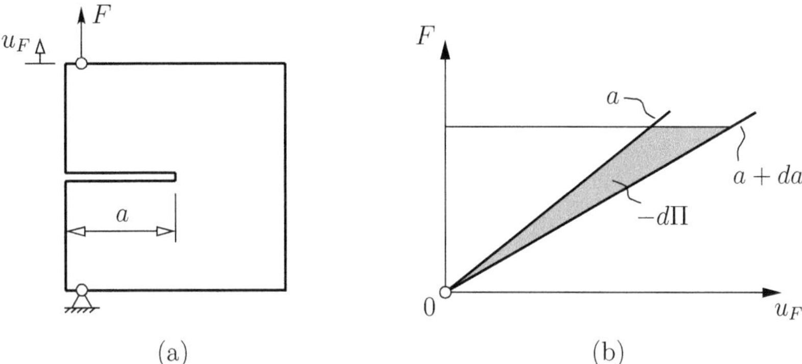

Abb. 15.13: Zur experimentellen Bestimmung der spezifischen Bruchenergie $\mathcal{G}_c$: (a) Probekörper, (b) Abnahme von Π infolge infinitesimaler Zunahme von a [Gross/Seelig (2011)]

ein Charakteristikum der Kriechbruchmechanik, bei der die Viskosität des Werkstoffs eine entscheidende Rolle spielt. Die Kriechbruchmechanik ist Teil der nichtlinearen Bruchmechanik. Bei zyklischer Belastung kann ein Riss schrittweise wachsen. Ein charakteristisches Maß für die Rissausbreitung ist dabei der Rissfortschritt pro Lastzyklus. Bei der entsprechenden Vergrößerung des Risses handelt es sich um sogenanntes Ermüdungsrisswachstum. Bei Rissgeschwindigkeiten im Bereich der Ausbreitungsgeschwindigkeit von Schallwellen im Material liegt schnelle Rissausbreitung vor. Hört die Rissausbreitung wieder auf, so spricht man von Rissarrest. Wenn die Trägheitskräfte bei der Rissausbreitung keine Rolle spielen, liegt quasistatischer Rissfortschritt vor. Andernfalls handelt es sich um dynamische Rissausbreitung [Gross/Seelig (2011)].

15.3.4 Bruchkriterium auf Basis des J-Integrals

Die große Bedeutung dieses 1968 von RICE* in die Bruchmechanik eingeführten Parameters besteht darin, dass er im Gegensatz zu K und $\mathcal{G}$ auch bei inelastischem Werkstoffverhalten verwendet werden kann. In der linearen Bruchmechanik ist das J-Integral zu K und $\mathcal{G}$ äquivalent [Gross/Seelig (2011)]. Deshalb wird das auf diesem Parameter beruhende Bruchkriterium hier, d.h. anschließend an das auf $\mathcal{G}$ basierende Bruchkriterium, vorgestellt.

Als Beispiel zur Ermittlung des J-Integrals dient das ebene Problem eines Risses bei Mode I-Rissausbreitung. Ausgangspunkt ist dabei eine Kurve C, die an einem der beiden Rissufer beginnt, die Rissspitze umläuft, am anderen Rissufer endet, sonst aber beliebig ist (Abb. 15.14a). Zur Bestimmung von J denkt man sich C um den Rissfortschritt Δa in Richtung von x parallel verschoben. In Abb. 15.14a ist die auf diese Weise erhaltene Kurve durch Strichlierung gekennzeichnet.

Bei elastischem Werkstoffverhalten gilt für Entlastung dasselbe Werkstoffgesetz wie für Belastung. Abb. 15.14b verdeutlicht das anhand eines einaxialen Spannungs-

*JAMES ROBERT RICE (1940) veröffentlichte 1967 das Konzept der Wegunabhängigkeit des J-Integrals in der Bruchmechanik. Er hat wesentliche Beiträge zur Plastizität und zum Bruch von Werkstoffen geleistet.

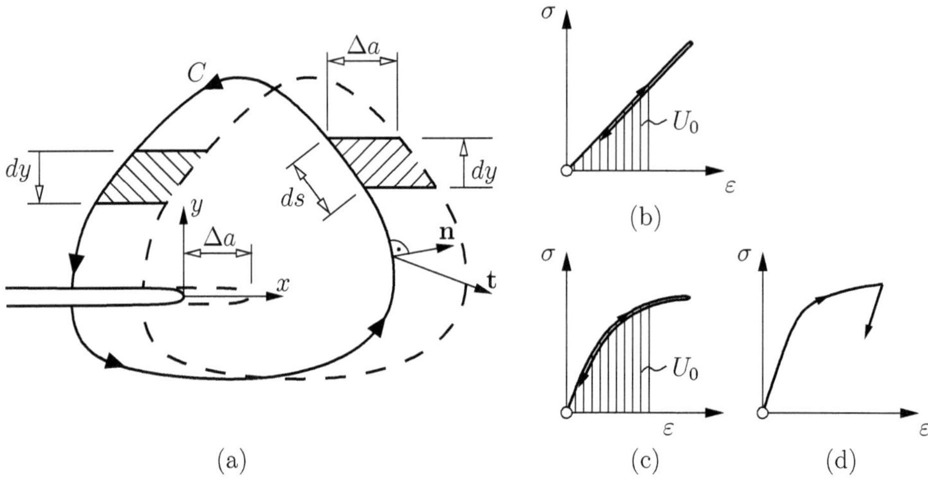

Abb. 15.14: Zum J-Integral bei einem Riss mit Mode I-Rissausbreitung: (a) Parallelverschiebung der Kurve C bei fortschreitender Rissspitze; σ-ε Diagramm für einen (b) linear elastischen, (c) nichtlinear elastischen und (d) elastoplastischen Werkstoff [Bažant/Cedolin (2010)]

zustands für lineares und Abb. 15.14c für nichtlineares Werkstoffverhalten. Der Flächeninhalt der schraffierten Fläche stellt darin die Verzerrungsenergiedichte U_0 dar. Bei der erwähnten Parallelverschiebung dissipiert somit keine Energie im Werkstoff. Die in die Rissspitze einfließende Energie ist folglich gleich der Energie, die in das von C umschlossene Gebiet einfließt. Der Anteil, der dabei auf ein infinitesimales Element $\Delta a\, dy$ entfällt, beträgt $U_0 \Delta a\, dy$ abzüglich der von den Oberflächenkräften $t_i = \sigma_{ji} n_j$, $i, j = 1, 2$, an den Verschiebungen $\Delta u_i = (\partial u_i / \partial x) \Delta a$ geleisteten Arbeit. Abb. 15.14a zeigt, dass das Vorzeichen von dy davon abhängt, ob das schraffierte Gebiet inner- oder außerhalb der um Δa parallel verschobenen Kontur C zu liegen kommt. Die Energie, die dabei in das von C umschlossene Gebiet einfließt, ergibt sich somit zu

$$\int_C (U_0 \Delta a\, dy - t_i \Delta u_i\, ds) \ . \tag{15.68}$$

Bei linear elastischem Werkstoffverhalten – einer Voraussetzung der linearen Bruchmechanik – ist die Verzerrungsenergiedichte zu

$$U_0 = \frac{1}{2} \sigma_{ij} \varepsilon_{ij} \tag{15.69}$$

gegeben. (15.69) folgt aus (5.8) unter Berücksichtigung von (5.11). Division von (15.68) durch Δa führt auf

$$J = \int_C (U_0\, dy - t_i \frac{\partial u_i}{\partial x} ds) \ . \tag{15.70}$$

Dieser als J-Integral bezeichnete Parameter [Rice (1967)] stellt die Rate des Energieflusses in das von der Kontur C umschlossene Gebiet dar. Da im vorliegenden

Fall Energie nur an der Rissspitze dissipiert, ist J vom Integrationspfad, also von der Form von C, unabhängig. Das gilt auch für nichtlinear elastisches Werkstoffverhalten. An die Stelle von (15.69) tritt dann die aus (5.41) für die Verzerrungsenergiedichte folgende Beziehung

$$U_0 = \int \sigma_{ij} d\varepsilon_{ij} \ . \tag{15.71}$$

Sie gilt übrigens auch für inelastisches Materialverhalten, sofern dabei keine Entlastungen des Materials auftreten. Bei stationären Rissen in zähen Materialien trifft das in guter Näherung zu. Hingegen hängt J bei inelastischem Werkstoffverhalten mit lokalen Entlastungen, wie sie bei Rissfortschritt entstehen, vom Integrationspfad ab, falls dieser durch plastiziertes Gebiet des Körpers verläuft [Bažant/Cedolin (2010)]. Infolge verschiedener Werkstoffgesetze für Be- und Entlastung, wie dies Abb. 15.14d anhand eines einaxialen Spannungszustands verdeutlicht, dissipiert Energie in diesem Gebiet. Wenn sich also ein Teil dieses Gebiets außerhalb der Kontur C befindet, dann hängt die Energie, die bei der Parallelverschiebung Δa der Kontur C in das von ihr umschlossene Gebiet einfließt, von C ab. (Nichtlinear elastisches Werkstoffverhalten fällt ebenso wie inelastisches Materialverhalten in die Kategorie der nichtlinearen Bruchmechanik (siehe Unterkapitel 15.4)).

Bei numerischen Berechnungen von J mittels der Methode der finiten Elemente macht man sich die eingeschränkt geltende Wegunabhängigkeit von C durch Wahl eines Integrationsweges in hinreichend großer Entfernung von der Rissspitze zunutze. Auf diese Weise vermeidet man die gegebenenfalls aufwändige Berechnung von Feldgrößen in der Umgebung der Rissspitze. Abb. 15.15 zeigt einen unter diesem Gesichtspunkt gewählten Integrationsweg.

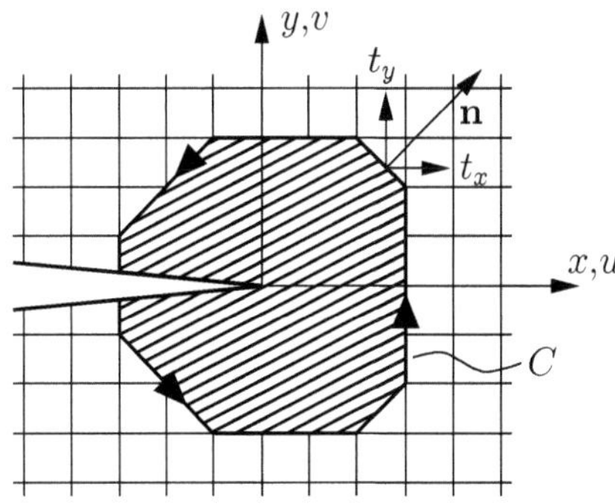

Abb. 15.15: Integrationsweg bei der Berechnung des J-Integrals mittels der Methode der finiten Elemente

In einem elastischen Körper entspricht das J-Integral der Energiefreisetzungsrate bei Rissfortschritt. Es gilt also

$$J = \mathcal{G} \ . \tag{15.72}$$

Demgemäß ergibt sich das Bruchkriterium auf Basis des J-Integrals zu

$$J = J_c \ , \tag{15.73}$$

wobei J_c einen Materialkennwert bezeichnet. Dieses Bruchkriterium ist dem energetischen Bruchkriterium (15.62) gleichwertig [Gross/Seelig (2011)].

15.3.5 Kriterium für stabile Rissausbreitung

Die folgenden Überlegungen beziehen sich auf einen geraden Riss in einer ebenen Struktur der Dicke d. Die gewählte Belastung bewirkt eine Mode I-Rissausbreitung (Abb. 15.16a).

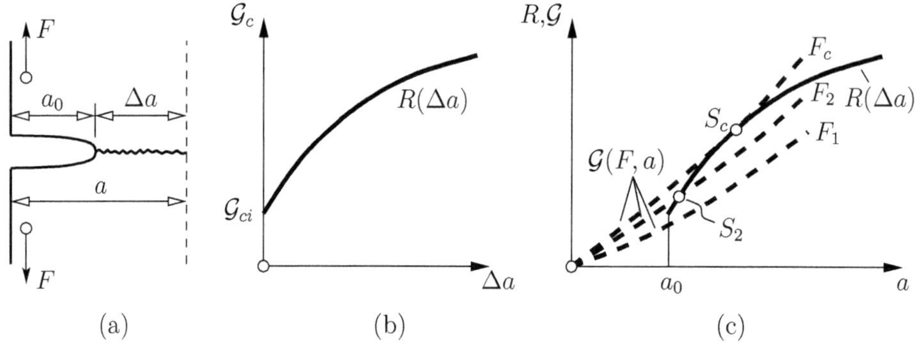

Abb. 15.16: Stabile Rissausbreitung und ihre kritische Grenze: (a) Rissausbreitung nach Mode I, (b) R-Kurve, (c) $R(\Delta a)$, $\mathcal{G}(F,a)$

Rissfortschritt ist in der Regel mit einem Anwachsen der Prozesszone an der Rissspitze verbunden. Wenn die Prozesszone dabei nicht so klein bleibt, dass sich das mechanische Geschehen darin näherungsweise durch das mechanische Verhalten der Rissspitze beschreiben lässt, ist eine Grundvoraussetzung der linearen Bruchmechanik nicht mehr gegeben. Dass die folgende Auseinandersetzung mit stabiler Rissausbreitung trotzdem im Rahmen des vorliegenden Unterkapitels über lineare Bruchmechanik geschieht, ist der "äquivalent elastischen Vorgehensweise" [Bažant/Cedolin (2010)] bei der Herleitung des Kriteriums für diese Form der Rissausbreitung geschuldet. Die spezifische Bruchenergie $\mathcal{G}_c$ ist jedenfalls kein konstanter Materialkennwert mehr, sondern eine vom Rissfortschritt $\Delta a = a - a_0$ abhängige, monoton wachsende Funktion $R\,(\Delta a)$. Es gilt also

$$\mathcal{G}_c = R\,(\Delta a)\ . \tag{15.74}$$

Die von $R(\Delta a)$ beschriebene Kurve (Abb. 15.16b) wird als Risswiderstandskurve – abgekürzt R-Kurve – bezeichnet. Mit Einschränkungen betreffend die Form des zu ihrer experimentellen Ermittlung verwendeten Probekörpers und der untersuchten Struktur stellt $R(\Delta a)$ einen Materialkennwert dar. Für die nachfolgende Herleitung der mathematischen Bedingung für stabile Rissausbreitung bzw. ihrer kritischen Grenze beim Übergang zu instabiler Rissausbreitung wird die Kenntnis der R-Kurve vorausgesetzt.

Ausgangspunkt ist die Energie, die einer elastischen Struktur bei konstanter Temperatur zugeführt werden muss, um einen Riss der Länge $a = a_0 + \Delta a$ zu erzeugen. Sie ist zu

$$\mathcal{F} = \Pi(a) + \Gamma(a) \tag{15.75}$$

gegeben. Darin bezeichnet $\Pi(a)$ die potentielle Energie der Struktur infolge der Rissausbreitung Δa. $\Gamma(a)$ ist zu

$$\Gamma(a) = \int_0^{\Delta a} R(\Delta a')d\, d(\Delta a') \tag{15.76}$$

definiert [Bažant/Cedolin (2010)]. Bei einer infinitesimalen Änderung der Risslänge von a zu $a + \delta a$ ändert sich $\mathcal{F}$. Formal lässt sich diese Änderung zu

$$\Delta\mathcal{F} = \delta\mathcal{F} + \frac{1}{2!}\delta^2\mathcal{F} + \frac{1}{3!}\delta^3\mathcal{F} + \ldots \tag{15.77}$$

darstellen. Ein im Gleichgewicht befindlicher Risszustand ist dadurch gekennzeichnet, dass bei einer Änderung der Risslänge um δa weder Energie zugeführt noch freigesetzt wird, dass also $\mathcal{F}$ stationär bleibt. Analog zu (5.128) lautet die Stationäritätsbedingung

$$\delta\mathcal{F} = \frac{\partial\mathcal{F}}{\partial a}\delta a = 0, \tag{15.78}$$

woraus

$$\frac{\partial\mathcal{F}}{\partial a} = \frac{\partial\Pi}{\partial a} + \frac{\partial\Gamma}{\partial a} = \frac{\partial\Pi}{\partial a} + R(\Delta a)d = 0 \tag{15.79}$$

folgt. Unter Berücksichtigung von (15.51) und von $dA = d\, da$ führt (15.79) auf

$$\mathcal{G}(F, a) = R(\Delta a)\ . \tag{15.80}$$

Das Argument F von $\mathcal{G}$ drückt die Abhängigkeit der Energiefreisetzungsrate von der Belastung aus.

Für $0 < \mathcal{G} < R(\Delta a)$ kann der Riss weder wachsen noch kürzer werden. Als stationärer Riss befindet er sich im Gleichgewicht. Das trifft für die Energiefreisetzungsrate $\mathcal{G}(F_1, a)$ in Abb. 15.16c zu.

Analog zu (9.29) liegt stabile Rissausbreitung dann vor, wenn

$$\delta\mathcal{F} = 0 \quad \text{und} \quad \delta^2\mathcal{F} > 0 \tag{15.81}$$

ist. Aus

$$\delta^2\mathcal{F} = \frac{\partial^2\mathcal{F}}{\partial a^2}(\delta a)^2 > 0 \tag{15.82}$$

folgt

$$\frac{\partial^2\mathcal{F}}{\partial a^2} = \frac{\partial^2\Pi(a)}{\partial a^2} + \frac{dR(\Delta a)}{da} > 0 \tag{15.83}$$

und unter Berücksichtigung von (15.51)weiters

$$\frac{dR(\Delta a)}{da} > \left.\frac{\partial\mathcal{G}(a)}{\partial a}\right|_{F=konst.}. \tag{15.84}$$

Im Schnittpunkt S_2 der Kurven $\mathcal{G}(F_2, a)$ und $R(\Delta a)$ in Abb. 15.16c sind die für stabile Rissausbreitung geltenden Beziehungen (15.80) und (15.84) erfüllt. Die kritische Grenze stabilen Risswachstums ist erreicht, wenn zusätzlich zu (15.80)

$$\frac{dR(\Delta a)}{da} = \left.\frac{\partial\mathcal{G}(a)}{\partial a}\right|_{F=konst.} \tag{15.85}$$

gilt. Das ist im Berührpunkt S_c der Kurven $\mathcal{G}(F_c, a)$ und $R(\Delta a)$ in Abb. 15.16c der Fall. Bei weiterer Laststeigerung ist die Gleichgewichtsbedingung (15.80) nicht mehr erfüllt. Es setzt dann instabile Rissausbreitung ein.

Im Falle der linearen Bruchmechanik ist $R(\Delta a) = \mathcal{G}_c = const.$ Laut (15.84) ist dann stabile Rissausbreitung für $\partial\mathcal{G}(a)/\partial a > 0$ unmöglich.

15.3.6 Bruchkriterium bei gemischter Beanspruchung

Bei Beschränkung auf Mode I und Mode II erhält man das zum allgemeinen Bruchkriterium (15.42) formal analoge Bruchkriterium

$$f(K_I, K_{II}) = 0 \ . \tag{15.86}$$

Die Situation an der Rissspitze wird also von beiden Moden beeinflusst. Der Riss pflanzt sich dabei in einer Richtung fort, die von derjenigen der Tangente an der Rissspitze abweicht. Bei einer im Uhrzeigersinn erfolgenden Abweichung ist der Ablenkungswinkel zu $-\vartheta_0$ gegeben. Bei spröden Werkstoffen weist der Ablenkungswinkel auf eine Richtung hin, bei der sich die neu entstandenen Rissflächen wie bei Mode I öffnen. Ähnlich wie bei den in Kapitel 10 vorgestellten Anstrengungshypothesen gibt es für bestimmte Materialklassen zumeist mehrere auf Versuchsergebnissen beruhende Bruchkriterien.

Das im Folgenden beispielhaft vorgestellte Kriterium von der maximalen Umfangsspannung geht auf [Erdogan/Sih (1963)] zurück. Es beruht auf der Annahme, dass sich der Riss in radialer Richtung ϑ_0 normal zur maximalen Umfangsspannung $(\sigma_\vartheta)_{max}$ ausbreitet und dass Rissfortschritt dann eintritt, wenn die Spannung $(\sigma_\vartheta)_{max} = \sigma_\vartheta(\vartheta_0)$ im Rissspitzenfeld im Abstand r_0 von der Rissspitze denselben kritischen Wert wie im Mode I annimmt. Es gelten somit die Bedingungen

$$\frac{\partial\sigma_\vartheta}{\partial\vartheta}(\vartheta_0) = 0, \quad \sigma_\vartheta(\vartheta_0) = \frac{K_{Ic}}{\sqrt{2\pi r_0}} \tag{15.87}$$

mit

$$\sigma_\vartheta = \frac{1}{4\sqrt{2\pi r_c}}\left[K_I\left(3\cos\frac{\vartheta}{2} + \cos\frac{3\vartheta}{2}\right) - K_{II}\left(3\sin\frac{\vartheta}{2} + 3\sin\frac{3\vartheta}{2}\right)\right] \ . \tag{15.88}$$

Daraus resultieren die Beziehungen [Gross/Seelig (2011)]

$$K_I\sin\vartheta_0 + K_{II}(3\cos\vartheta_0 - 1) = 0 \tag{15.89}$$

und

$$K_I\left(3\cos\frac{\vartheta}{2} + \cos\frac{3\vartheta}{2}\right) - K_{II}\left(3\sin\frac{\vartheta_0}{2} + 3\sin\frac{3\vartheta_0}{2}\right) = 4K_{Ic} \ . \tag{15.90}$$

Aus (15.89) folgt ϑ_0. Damit lässt sich aus (15.90) der Eintritt von instabiler Rissausbreitung ermitteln. Abb. 15.17a bezieht sich auf den Zusammenhang zwischen dem Ablenkungswinkel $-\vartheta_0$ und dem Anteil von K_{II} an $K_I + K_{II}$. Abb. 15.17b betrifft den Zusammenhang der Verhältnisse K_I/K_{Ic} und K_{II}/K_{Ic}.

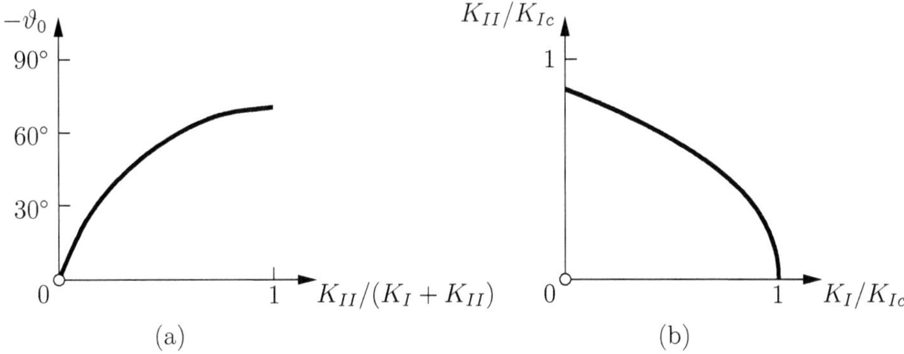

Abb. 15.17: Bruchkriterium von ERDOGAN und SIH für gemischte Beanspruchung: (a) $-\vartheta_0$ als Funktion von $K_{II}/(K_I + K_{II})$, (b) K_{II}/K_{Ic} als Funktion von K_I/K_{Ic} [Gross/Seelig (2011)]

15.4 Nichtlineare Bruchmechanik

Nichtlineare Bruchmechanik wird hier als Sammelbegriff für Formen der Bruchmechanik verstanden, die nicht auf der linearen Elastizitätstheorie beruhen. Dazu zählen unter anderem die elasto-plastische Bruchmechanik, die Kriechbruchmechanik sowie dynamische Probleme der Bruchmechanik. Das vorliegende Unterkapitel beschränkt sich auf die elasto-plastische Bruchmechanik.

15.4.1 Konzepte der elasto-plastischen Bruchmechanik

In Bauteilen aus zähen Werkstoffen mit einem Riss kommt es bei monoton wachsender Belastung zur Plastizierung in einem wachsenden Bereich in der Umgebung der Rissspitze. Bei einer bestimmten kritischen Belastung beginnt dann die Rissausbreitung. Das Bruchverhalten eines zähen Materials ist günstiger als das eines spröden Materials, weil der Widerstand des Materials gegen die Ausbreitung des Risses größer als bei einem spröden Material ist.

Im Gegensatz zur elastischen Bruchmechanik bleibt die Prozesszone bei der elasto-plastischen Bruchmechanik nicht auf einen kleinen Bereich um die Rissspitze beschränkt. Man darf sie deshalb nicht mehr näherungsweise als Punkt betrachten. An die Stelle der auf die lineare Bruchmechanik beschränkten Bruchkriterien auf Basis des Parameters K bzw. $\mathcal{G}$ treten in der elasto-plastischen Bruchmechanik Bruchkriterien auf der Grundlage der Rissspitzenöffnung δ_t [Wells (1961)] und des J-Integrals [Rice (1967)].

15.4.2 Bruchkriterien im Rahmen des DUGDALE Modells

Der plastische Bereich in der Umgebung der Spitze eines Risses in einer dünnen Scheibe aus zähem Material weist häufig die Form einer schmalen Zunge auf (Abb. 15.18a). Ihre Breite darf im Rahmen des gegenständlichen Modells vernachlässigt werden. Sie wird dadurch zu einem in Rissrichtung verlaufenden Streifen (Abb. 15.18b), dessen

Länge gleich der Längserstreckung der plastischen Zone und dessen Breite gleich der Scheibendicke ist.

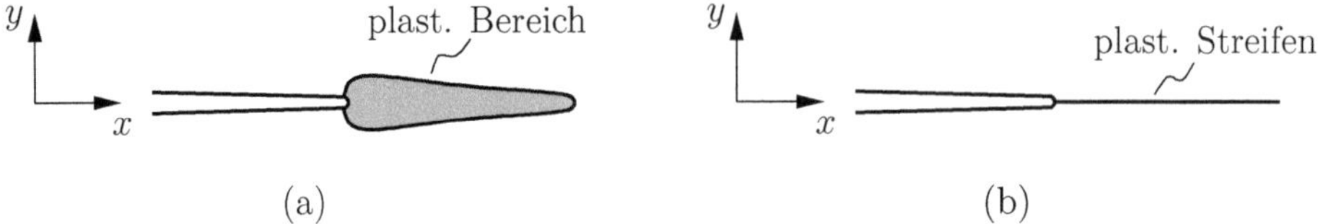

Abb. 15.18: (a) Plastischer Bereich in der Umgebung einer Rissspitze in einer dünnen Scheibe, (b) Modellierung dieses Bereichs als Streifen

Das auf DUGDALE zurückgehende Modell [Dugdale (1960)] beruht auf der Reduktion des vorliegenden elasto-plastischen Problems auf ein Problem der linearen Bruchmechanik. Das Dugdale Modell gilt für Mode I-Rissausbreitung. Vorausgesetzt wird elastisch – ideal plastisches Materialverhalten. Gemäß der Fließhypothese von TRESCA (siehe Abschnitt 10.3.1) wird der plastische Streifen von normal zu ihm wirkenden Spannungen f_y belastet, wobei f_y die Fließgrenze bezeichnet. Die erwähnte Rückführung des gegenständlichen Problems geht von der gedanklichen Verlängerung eines Risses der Länge $2a$ um die Länge $2a_p$ der beiden plastischen Zonen aus (Abb. 15.19). Die längs a_p gleichförmig verteilten Spannungen f_y verursachen die wechselseitige Beanspruchung der beiden Rissflanken.

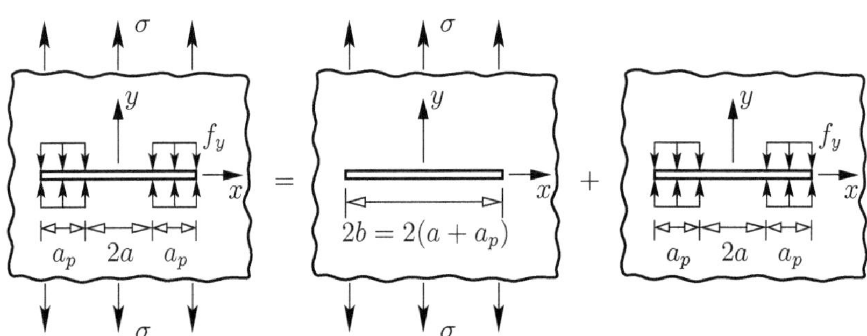

Abb. 15.19: DUGDALE Modell für Mode I-Rissausbreitung [Gross/Seelig (2011)]

a_p folgt aus der Bedingung, dass die Spannungen aufgrund der Voraussetzung von idealer Plastizität die Fließgrenze f_y nirgendwo überschreiten können. Folglich können an den mit den Enden der plastischen Zonen zusammenfallenden Spitzen des gedanklich verlängerten Risses keine Spannungssingularitäten auftreten. Der entsprechende K-Faktor muss also verschwinden. Er ergibt sich durch Superposition des K-Faktors für Lastfall (1) (einaxialer Zug) und Lastfall (2) (Rissflankenbelastung) (Abb. 15.19). Die beiden K-Faktoren sind zu

$$K_I^{(1)} = \sigma\sqrt{\pi\, b} \tag{15.91}$$

und

$$K_I^{(2)} = -\frac{2}{\pi} f_y \sqrt{\pi\, b}\, \arccos \frac{a}{b} \tag{15.92}$$

gegeben. (15.91) erhält man dadurch, dass in (15.33) $p/d = \sigma$ gesetzt und a durch $b = a + a_p$ ersetzt wird. (15.92) entnimmt man etwa [Gross/Seelig (2011)]. Die verschiedenen Vorzeichen von $K_I^{(1)}$ und $K_I^{(2)}$ resultieren aus entgegengesetzten Wirkungsrichtungen von σ und f_y jeweils für $y \geq 0$ bzw. $y \leq 0$. Aus der Bedingung

$$K_I^{(1)} + K_I^{(2)} = 0 \tag{15.93}$$

ergibt sich die Länge der plastischen Zone zu

$$a_p = b - a = a \left[\left(\cos \frac{\pi \sigma}{2 f_y} \right)^{-1} - 1 \right] . \tag{15.94}$$

Die Relativverschiebung der beiden Rissufer des gedanklich verlängerten Risses ergibt sich formal zu

$$\delta = v^+ - v^- = 2 v^+ , \tag{15.95}$$

wobei v^+ und $v^- = -v^+$ die Verschiebungen gegenüberliegender Punkte am positiven bzw. negativen Rissufer bezeichnen. In (15.95) wurde von Symmetrie bezüglich der x-Achse (Abb. 15.20) Gebrauch gemacht. Durch Superposition der Verschiebungen

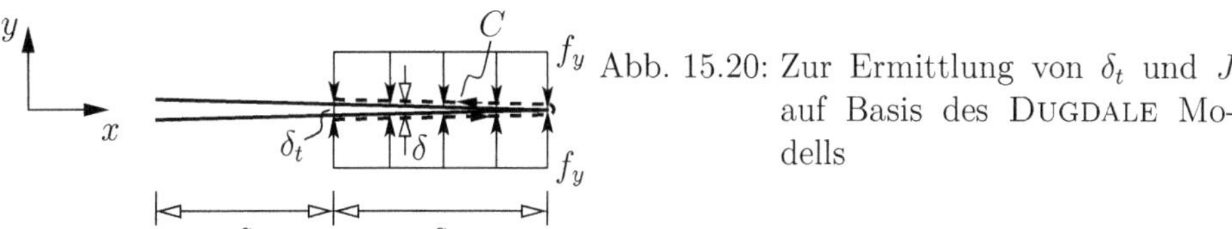

Abb. 15.20: Zur Ermittlung von δ_t und J auf Basis des DUGDALE Modells

$v^{(1)}$ und $v^{(2)}$ am positiven Rissufer infolge von Lastfall (1) bzw. Lastfall (2) erhält man

$$v^+ = v^{(1)} + v^{(2)} . \tag{15.96}$$

Einsetzen von (15.96) in (15.95) und Spezialisierung des Ergebnisses für $x = a$ führt unter Zuhilfenahme bekannter Ausdrücke für $v^{(1)}$ und $v^{(2)}$ [Gross/Seelig (2011)] auf den gesuchten Ausdruck für die Rissspitzenöffnung:

$$\delta_t = 2 \left(v^{(1)}(a) + v^{(2)}(a) \right) = \frac{8 f_y}{\pi E}\, a\, \ln \left(\cos \frac{\pi \sigma}{2 f_y} \right)^{-1} . \tag{15.97}$$

Im Falle eines ebenen Verzerrungszustands ist E durch $E/(1-\nu^2)$ zu ersetzen.

δ_t kann als Maß für den Verformungszustand an der ursprünglichen Rissspitze interpretiert werden. Dieser ist dadurch gekennzeichnet, dass der anfänglich scharfe Riss infolge Plastizierung des Materials zunehmend stumpf wird. Ein elasto-plastisches Bruchkriterium auf Basis von δ_t lässt sich zu

$$\delta_t = \delta_{tc} \tag{15.98}$$

mit der kritischen Rissspitzenöffnung δ_{tc} als Werkstoffkennwert formulieren.

Der Nachweis des Zusammenhangs der Rissspitzenöffnung δ_t mit dem J-Integral erfordert die Kenntnis von J. Zur Ermittlung von J wird der in Abb. 15.20 strichliert eingetragene Integrationsweg C längs der Flanken des Rissstreifens gewählt. Setzt man dementsprechend $dy = 0$ und

$$-\,t_i \frac{\partial u_i}{\partial x} ds = f_y \frac{\partial v^+}{\partial x} dx \quad \text{bzw.} \quad f_y \frac{\partial v^-}{\partial x} dx \tag{15.99}$$

in (15.70) ein, so erhält man unter Berücksichtigung von (15.99)

$$\begin{aligned} J &= \int_a^{a+a_p} f_y \frac{\partial v^-}{\partial x} dx + \int_{a+a_p}^{a} f_y \frac{\partial v^+}{\partial x} dx = -f_y \int_a^{a+a_p} \left(\frac{\partial v^+}{\partial x} - \frac{\partial v^-}{\partial x} \right) dx \\ &= -f_y \int_a^{a+a_p} \frac{\partial}{\partial x} \left(v^+ - v^- \right) dx = -f_y \int_a^{a+a_p} \frac{\partial \delta}{\partial x} dx = -f_y \, \delta \,\Big|_a^{a+a_p} = \\ &= -f_y \left(\delta\left(a + a_p\right) - \delta\left(a\right) \right) . \end{aligned} \tag{15.100}$$

Mit $\delta(a) = \delta_t$ und $\delta(a + a_p) = 0$ ergibt sich der gesuchte Zusammenhang von δ_t mit dem J-Integral zu

$$J = f_y \, \delta_t \; . \tag{15.101}$$

Beim Dugdale Modell ist folglich das auf dem J-Integral basierende Bruchkriterium

$$J = J_c \tag{15.102}$$

dem auf der Rissspitzenöffnung δ_t beruhenden Bruchkriterium (15.98) äquivalent. Indem man in (15.101) δ_t gleich dem Materialkennwert δ_{tc} setzt, erhält man den Materialkennwert J_c zu

$$J_c = f_y \, \delta_{tc} \; . \tag{15.103}$$

(15.101) verdeutlicht, dass die physikalische Bedeutung des J-Integrals als Energiefreisetzungsrate bei inelastischem Materialverhalten nicht mehr zutrifft.

Während die Größe der plastischen Zone beim DUGDALE Modell keinen Einschränkungen unterliegt, bleibt sie für $\sigma \ll f_y$ auf einen kleinen Bereich um die Rissspitze beschränkt. Man spricht deshalb in diesem Fall von Kleinbereichsfließen. Dabei handelt es sich um ein Charakteristikum der linearen Bruchmechanik. Das beim DUGDALE Modell erhaltene Ergebnis für das J-Integral muss sich für $\sigma \ll f_y$ auf das entsprechende Resultat im Rahmen der linearen Bruchmechanik zurückführen lassen. Zu diesem Zweck bricht man die Potenzreihe für $(\cos(\pi\sigma/2f_y))^{-1}$ nach dem zweiten Term ab. Auf diese Weise erhält man

$$\left(\cos \frac{\pi\sigma}{2f_y} \right)^{-1} \approx 1 + \frac{1}{2} \left(\frac{\pi\sigma}{2f_y} \right)^2 . \tag{15.104}$$

Abbruch der Reihe für den *Logarithmus naturalis* des Ausdrucks auf der rechten Seite von (15.104) führt auf

$$\ln \left(\cos \frac{\pi\sigma}{2f_y} \right)^{-1} \approx \ln \left(1 + \frac{1}{2} \left(\frac{\pi\sigma}{2f_y} \right)^2 \right) \approx \frac{\pi^2}{8} \left(\frac{\sigma}{f_y} \right)^2 . \tag{15.105}$$

Einsetzen von (15.105) in (15.97) und Eintragen des Ergebnisses in (15.101) ergibt

$$J = \frac{8f_y^2}{\pi E}\, a \ln\left(\cos\frac{\pi\sigma}{2f_y}\right)^{-1} = \frac{\pi}{E}\, a\sigma^2 \, . \tag{15.106}$$

Mit Hilfe von (15.33) erhält man bei Berücksichtigung von $p/d = \sigma$ und von (15.58)

$$J = \frac{K_I^2}{E} = \mathcal{G} \, , \tag{15.107}$$

also das für einen ebenen Spannungszustand geltende Ergebnis für J auf Basis der linearen Bruchmeckanik. Im Falle eines ebenen Verzerrungszustands ist E durch $E/(1-\nu^2)$ zu ersetzen.

15.4.3 Bruchkriterien im Rahmen von Kohäsivzonenmodellen

Ebenso wie das DUGDALE Modell beruhen Kohäsivzonenmodelle auf der Annahme, dass der Bruchprozess auf eine schmale Zone vor der Rissspitze beschränkt bleibt. Diese Zone wird bei solchen Modellen als Kohäsivzone bezeichnet. Sie enthält Brücken zwischen den Rissflanken, über die Kohäsivkräfte übertragen werden. Bei Beton etwa ist es der Zuschlagstoff, dem diese Brückenfunktion zukommt. Abb. 15.21a zeigt exemplarisch die bei diesem Baumaterial durch Zuschlagstoff verstärkte Kohäsivzone der Länge a_d. Sie enthält Mikrorisse, deren Zusammenwachsen beim Bruchprozess den Fortschritt des Makrorisses auslöst.

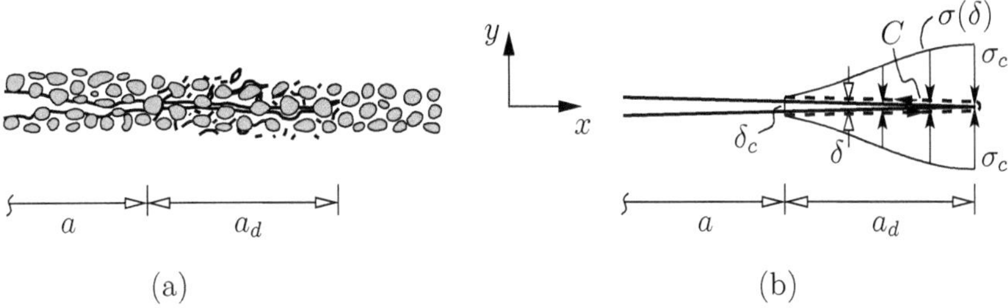

Abb. 15.21: Kohäsivzonenmodell für Beton: (a) Kohäsivzone, (b) Kohäsionsspannungen

Kohäsivzonenmodelle unterscheiden sich vom DUGDALE Modell dadurch, dass an die Stelle der längs des Rissstreifens gleichförmig verteilten Spannungen f_y in Abb. 15.20 ungleichförmig verteilte Spannungen σ in Abhängigkeit von der Relativverschiebung δ der beiden gedanklich verlängerten Rissflanken treten. Sie werden als Kohäsionsspannungen bezeichnet. Abb. 15.21b zeigt einen den Randbedingungen der Kohäsivzone in Abb. 15.21a genügenden Verlauf dieser Spannungen. Er ist durch

$$\delta(a + a_d) = 0 \, , \qquad \sigma(a + a_d) = \sigma_c = f_t \, , \tag{15.108}$$

und

$$\delta(a) = \delta_c \,, \qquad \sigma(a) = 0 \tag{15.109}$$

gekennzeichnet, wobei σ_c die für Rissfortschritt verantwortliche maximale Spannung hier gleich der Zugfestigkeit f_t des Betons gesetzt wird. δ_c bezeichnet die kritische Rissöffnung, bis zu der das Kohäsionsspannungsgesetz $\sigma(\delta)$ gilt.

Erstmals wurde ein Kohäsivzonenmodell von BARENBLATT vorgeschlagen [Barenblatt (1959)]. Es betrifft den Sprödbruch eines aus linear elastischem Material bestehenden Körpers. Dabei handelt es sich allerdings um ein Problem der linearen Bruchmechanik. Dementsprechend wurde $a_d \ll a$ vorausgesetzt. Gemäß (15.72) muss bei diesem Problem daher das J-Integral im Rahmen des Kohäsivzonenmodells gleich der Energiefreisetzungsrate $\mathcal{G}$ sein. Zur Ermittlung von J werden f_y und a_p im Ausdruck für J beim DUGDALE Modell (siehe (15.100) durch $\sigma(x)$ bzw. a_d ersetzt. Das führt auf

$$J = -\int_a^{a+a_d} \sigma(x) \frac{\partial}{\partial x}(\nu^+ - \nu^-)dx = -\int_a^{a+a_d} \sigma(x) \frac{\partial \delta}{\partial x} dx = \int_0^{\delta_c} \sigma(\delta) d\delta \,. \tag{15.110}$$

Die Energiefreisetzungsrate ist folglich gleich der Fläche unter der von $\sigma(\delta)$ beschriebenen Kurve.

Im Gegensatz zum BARENBLATT Modell für Sprödbruch ist die Länge der Kohäsivzone bei vielen Bruchprozessen nicht klein gegenüber der Länge des Risses. Darüber hinaus können inelastische Verformungen auch außerhalb der Kohäsivzone auftreten. Mit Hilfe eines materialabhängigen Kohäsivgesetzes $\sigma(\delta)$ wird dann die mit wachsender Separation δ der beiden gedanklich verlängerten Rissflanken zunehmende Entfestigung des Materials in Form der Abnahme der Spannung σ beschrieben. Man spricht deshalb von $\sigma(\delta)$ in diesem Zusammenhang auch von einem Spannungs-Separationsgesetz [Gross/Seelig (2011)]. Abb. 15.22 zeigt ein solches Stoffgesetz für Beton.

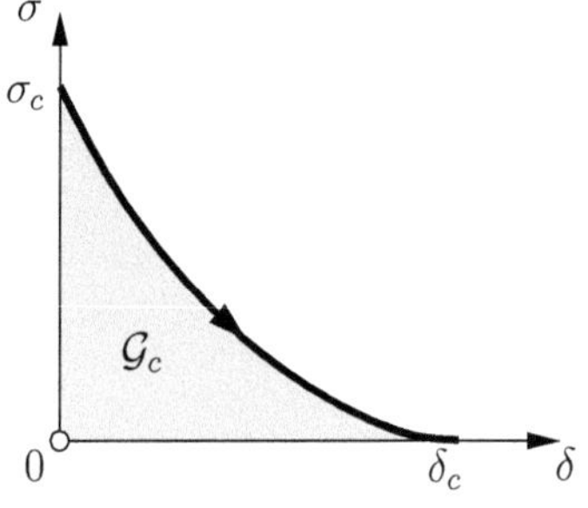

Abb. 15.22: Spannungs-Separationsgesetz für Beton

Die mit $\mathcal{G}_c$ bezeichnete Fläche unter der von $\sigma(\delta)$ beschriebenen Kurve stellt die beim Bruchprozess geleistete spezifische Arbeit dar. An die Stelle von J in (15.110) tritt also $\mathcal{G}_c$. Der Index c weist auf die kritischen Größen σ_c und δ_c im Spannungs-Separationsgesetz hin. (Die englische Bezeichnung von $\mathcal{G}_c$ lautet: fracture energy. Sie unterscheidet sich somit nicht von der für $\mathcal{G}_c$ im Rahmen der linearen Bruchmechanik geltenden englischen Bezeichnung (siehe (15.62)).

15.4.4 Beispiel zur Anwendung der nichtlinearen Bruchmechanik

Ein wichtiger Bestandteil der Planung von Baukonstruktionen sind Prognosen ihrer Tragsicherheit unter der Annahme bestimmter Belastungsszenarien. Im Falle von Bauwerken aus Stahlbeton muss dabei das Werkstoffverhalten von Beton und Stahlbewehrung sowie die mechanische Interaktion der Bewehrungsstäbe mit dem umgebenden Beton zwischen benachbarten Rissen berücksichtigt werden. Die Art des Versagens des Betons hängt von seiner Beanspruchung ab. Für einaxiale Beanspruchung wurde darauf im Abschnitt 3.3.2 und für ebene sowie räumliche Spannungszustände im Abschnitt 10.5.1 eingegangen. Da die einaxiale Zugfestigkeit des Betons, f_t, um eine Größenordnung kleiner als seine einaxiale Druckfestigkeit f_c ist, stellt Reißen des Betons die bei Stahlbetonkonstruktionen vorherrschende Art von Werkstoffversagen dar. Gemäß der Bruchhypothese nach RANKINE (siehe Abschnitt 10.4.1) kommt es zur Bildung eines Makrorisses im Beton, wenn die größte positive Hauptnormalspannung, σ_1, gleich f_t wird. Die Rissrichtung ist normal zur Richtung von σ_1. Rissbildung ist bei Bauwerken aus Stahlbeton zwar die Regel, bedeutet aber nicht das Ende ihrer Tragfähigkeit, wenn auch durch die Risse die Gebrauchstauglichkeit solcher Baukonstruktionen stark beeinträchtigt werden kann.

Das gegenständliche Beispiel betrifft die Ermittlung der Traglast einer windbeanspruchten hyperbolischen Kühlturmschale aus Stahlbeton in Port Gibson, Miss., USA (Abb. 15.23a). Ihre Belastung setzt sich aus Eigengewicht und der als quasistatisch angenommenen Windlast $p = \lambda\bar{p}$ mit $\bar{p}$ als Referenzbelastung und λ als Proportionalitätsfaktor zusammen. Details von $\bar{p}(\alpha, z)$ sind [Mang *et al.* (1983)] zu entnehmen. Abb. 15.23a zeigt den Verlauf des Winddrucks längs $\alpha = 0$ und den des Sogs längs $\alpha = \pi$. Abb. 15.23b betrifft ein Segment der Kühlturmschale. Es enthält je ein orthogonales Netz von Bewehrungsstäben nahe der äußeren und der inneren Laibung der Schale. In der zitierten Veröffentlichung sind ferner die für die Berechnung mittels der Methode der finiten Elemente benötigten Werkstoffgesetze für Beton und Stahl angeführt. Die Versagensumhüllende für Beton ähnelt der in Abb. 10.8c dargestellten Versagensumhüllenden für biaxial beanspruchten Beton. Für den einaxial beanspruchten Bewehrungsstahl wurde ein für Zug und Druck gleichartiges bilineares $\sigma\varepsilon$-Diagramm angenommen. Ziel der Veröffentlichung war der Nachweis, dass windbeanspruchte hyperbolische Kühlturmschalen entgegen der damals herrschenden Meinung ihre Tragfähigkeit infolge Fließens der Bewehrung nach vorangegangenem Reißen des Betons in größeren Teilen solcher Strukturen einbüßen. Beulen in Form von Gleichgewichtsverzweigung oder Durchschlagen bei ungerissenem Beton findet also nicht statt.

In der Berechnung der vorliegenden Kühlturmschale mit Hilfe der Methode der finiten Elemente wurde die durch Verbundgleiten gekennzeichnete Interaktion von Bewehrung und rissebehaftetem umgebenden Beton berücksichtigt. Nicht berücksichtigt wurde hingegen der Bruchprozess von Beton auf Basis von Kohäsivzonenmodellen (siehe Abschnitt 15.4.3). In weiterer Konsequenz wurde auch der sogenannte size effect [Bažant (1976)] nicht berücksichtigt. Er hat zur Folge, dass bei geometrisch ähnlichen Strukturen die als nominelle Festigkeit bezeichnete Spannung bei Erreichen der Traglast mit wachsender Größe der Struktur abnimmt (siehe Abschnitt 15.4.5). Von großer Bedeutung ist dieser Effekt bei unbewehrten Strukturen, die entweder bereits bei Rissinitiierung versagen oder aber große Risse aufweisen. Beides trifft bei

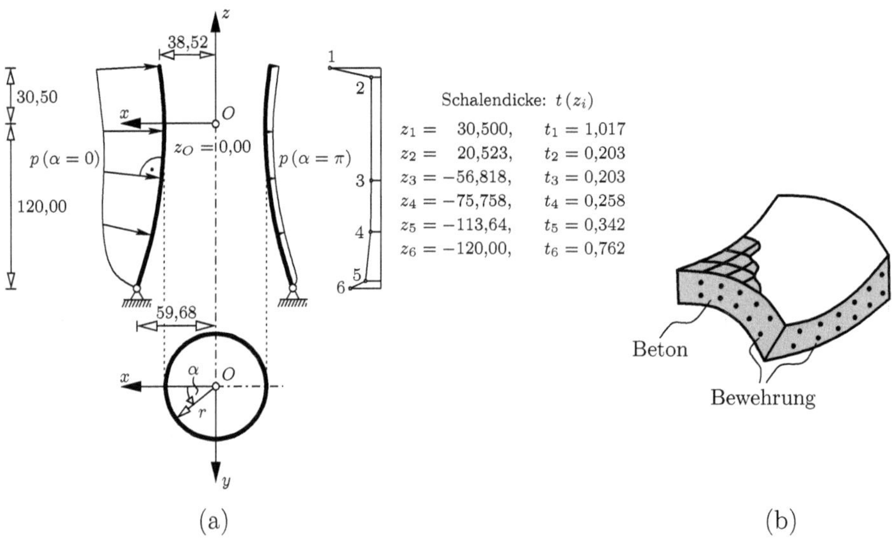

Abb. 15.23: Hyperbolische Kühlturmschale aus Stahlbeton: (a) charakteristische Abmessungen in [m], Winddruck längs $\alpha = 0$ und Sog längs $\alpha = \pi$, (b) Schalensegment

der Traglastermittlung einer sachgerecht bewehrten Kühlturmschale jedoch nicht zu.

30 Jahre nach der Traglastermittlung der erwähnten Kühlturmschale wurde die Traglast dieser Schale nachgerechnet [Jia (2013)]. Dabei wurde zwar das Reißen des Betons auf Basis eines Kohäsivzonenmodells berücksichtigt, Verbundgleiten der Bewehrung im rissebehafteten umgebenden Beton aber vernachlässigt. Begründet wurde das mit dem anhand numerischer Ergebnisse in [Mang *et al.* (1983)] nachgewiesenem geringen Einfluss dieses Effekts auf die Steifigkeit der rissebehafteten Kühlturmschale. Die Nachrechnung erfolgte mit einem anderen finiten Element als die ursprüngliche Rechnung. Durch ein feines, gleichförmiges Netz aus finiten Elementen wurde aber sichergestellt, dass der sogenannte Diskretisierungsfehler (siehe Abschnitt 16.4.6) vernachlässigbar klein bleibt. Bezüglich Details der Berechnung sei auf die beiden zitierten Veröffentlichungen verwiesen. In [Mang *et al.* (1983)] wurde unter anderem ausführlich auf die gewählte Form der Berücksichtigung des Bruchs von Beton, des Fließens der Bewehrung und von Verbundgleiten der Bewehrung im gerissenen Beton eingegangen. In [Jia (2013)] wurde das Kohäsivzonenmodell zur Berücksichtigung des Reißens von Beton beschrieben. Zur Quantifizierung dieses Bruchprozesses ist die Kenntnis der dabei geleisteten spezifischen Arbeit $\mathcal{G}_c$ erforderlich. Zu ihrer Ermittlung benötigt man grundsätzlich ein Spannungs-Separationsgesetz (siehe Abschnitt 15.4.3). Anstatt dessen wurde in [Jia (2013)] von einem linear abnehmenden Zweig des $\sigma\varepsilon$-Diagramms mit einem Entfestigungsmodul E_{Cs} ausgegangen. Sein Wert hängt von der Feinheit des gleichförmigen Netzes von finiten Elementen und vom Elementstyp ab. Bei einem geeigneten Netz ist die Wahl eines konstanten Entfestigungsmoduls E_{Cs} wegen des Zusammenhangs mit $\mathcal{G}_c$ der Vorgabe von $\mathcal{G}_c$ äquivalent [Jia (2013)]. (Abnehmende Zweige von $\sigma\varepsilon$-Diagrammen sind ein Bestandteil sogenannter Riss-

bandmodelle im Rahmen von Traglastermittlungen mit Hilfe der Methode der finiten Elemente (siehe Abschnitt 15.4.5).)

Abb. 15.24a zeigt das [Jia (2013)] entnommene Last-Verschiebungsdiagramm des Punktes ($\alpha = 0,\ z = -52,28m$) der Kühlturmschale. Dabei bezeichnet λ den erwähnten Proportionalitätsfaktor, mit dem die Referenzwindlast $\bar{p}$ multipliziert wird, während u für den Absolutbetrag des Verschiebungsvektors steht. Punkt C betrifft den Beginn der Rissbildung im Beton im betrachteten Punkt. Mit zunehmender Rissbildung wächst die Inanspruchnahme der Tragkapazität der Stahlbewehrung. Punkt Y des Last-Verschiebungsdiagramms signalisiert den Fließbeginn der Bewehrung im betrachteten Punkt der Schale. Punkt U bezieht sich auf die Traglast der Schale. Punkt E kennzeichnet den Abbruch der Rechnung durch das Computerprogramm. Auslösendes Moment dabei ist der Bruch der Stahlbewehrung und der damit verbundene Verlust an Tragfähigkeit der Struktur.

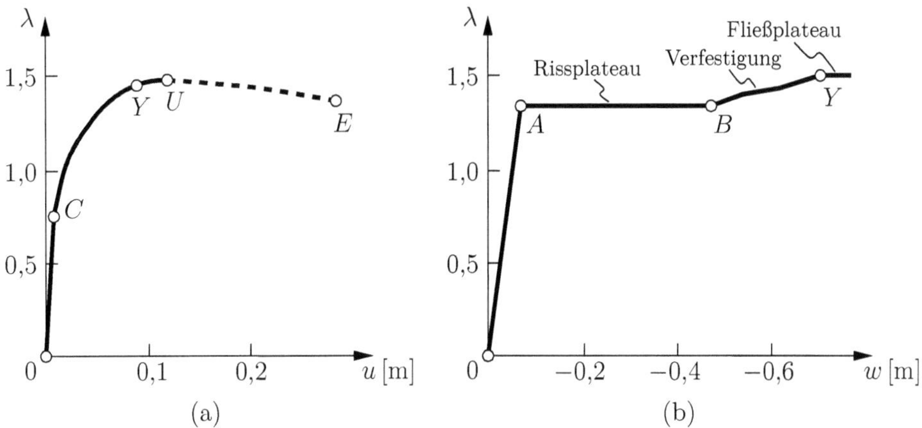

Abb. 15.24: Hyperbolische Kühlturmschale aus Stahlbeton: Last-Verschiebungsdiagramm des Punktes (a) ($\alpha = 0,\ z = -52{,}28\,\mathrm{m}$) [Jia (2013)] und (b) ($\alpha = 0,\ z = -37{,}9\,\mathrm{m}$) [Mang *et al.* (1983)]

Abb. 15.24b zeigt das [Mang *et al.* (1983)] entnommene Last-Verschiebungsdiagramm des Punktes ($\alpha = 0,\ z = -37,9m$). Darin steht w für die Verschiebung normal zur Schalenmittelfläche. (Ein positiver Wert von w bedeutet eine ins Äußere der unverformten Schale gerichtete Verschiebung.) Die beiden in den zitierten Veröffentlichungen verfügbaren Last-Verschiebungsdiagramme beziehen sich auf verschiedene Höhenlagen des betrachteten Punkts am Luvmeridian. Sie sind also nicht miteinander vergleichbar, ganz abgesehen davon, dass in einem Fall u und im anderen w aufgetragen wurde. Vergleichbar sind jedoch die für die Traglast erhaltenen Werte. Es ist dies der für λ im Punkt U in Abb. 15.24a bzw. im Endpunkt des Diagramms in Abb. 15.24b erhaltene Wert. Die beiden Werte unterscheiden sich um $2,1\%$. Die Sensitivität der rechnerischen Traglast der Kühlturmschale hinsichtlich der Modellierung von gerissenem Beton ist deswegen gering, weil das Versagen der Struktur letztendlich durch das Fließen der Bewehrung ausgelöst wird.

15.4.5 Size effect

Bruchmechanische Strukturanalysen unterscheiden sich von Traglastermittlungen auf Basis der Plastizitätstheorie (siehe Kapitel 14) bzw. von elastizitätstheoretischen Berechnungen mit spannungsabhängigen Versagenskriterien (siehe Unterkapitel 10.4 und 10.5) durch die Abhängigkeit der nominellen Festigkeit σ_N von einer charakteristischen Abmessung D der betreffenden Struktur [Bažant/Cedolin (2010)]. Bei der nominellen Festigkeit handelt es sich um die Nennspannung bei Erreichen der Traglast. Für geometrisch ähnliche Strukturen mit geometrisch ähnlichen initialen Rissen ergibt sich σ_N im Falle von zweidimensionaler Ähnlichkeit zu

$$\sigma_N = \frac{c_n P_u}{dD} \,, \tag{15.111}$$

wobei P_u die Traglast, d die Dicke der Struktur und c_n einen für geometrisch ähnliche Strukturen konstanten Koeffizienten bezeichnet. Für dreidimensionale Ähnlichkeit gilt

$$\sigma_N = \frac{c_n P_u}{D^2} \,. \tag{15.112}$$

(15.111) und (15.112) vermitteln einen qualitativen Eindruck vom Wesen des size effect. Für σ_N hat Bazant* 1984 folgenden sowohl für zwei- als auch für dreidimensionale Ähnlichkeit näherungsweise gültigen Ausdruck angegeben:

$$\sigma_N = \frac{B f_t}{\sqrt{1 + \frac{D}{D_0}}} \,. \tag{15.113}$$

Darin bezeichnet f_t die Zugfestigkeit des Materials bei einaxialer Beanspruchung. Die Bedeutung von D_0 geht aus Abb. 15.25 [Bažant/Cedolin (2010)] hervor. Der Wert der Abszisse des Schnittpunkts der horizontalen Festigkeitsasymptote $\sigma_N = Bf_t$ mit der auf der linearen Bruchmechanik beruhenden, geneigten Asymptote $\sigma_N = c_n[\mathcal{G}_c E'/g(\alpha_0)D]^{\frac{1}{2}}$, wobei $g(\alpha_0)$ eine von der Form der Struktur und vom Anfangswert α_0 der bezogenen Risslänge $\alpha = a/D$ abhängige Funktion bezeichnet, ist gleich $\log D_0$. Im Falle eines ebenen Spannungszustands ist $E' = E$ und in dem eines ebenen Verzerrungszustands $E' = E/(1-\nu^2)$. Ferner gilt $B = [E'\mathcal{G}_c/g'(\alpha_0)c_f]^{\frac{1}{2}} c_n f_t$ mit $g' = dg/d\alpha$ und c_f als der Länge der Prozesszone. Die Ausdrücke für σ_N und B wurden [Bažant/Cedolin (2010)] entnommen. Die Herleitung von (15.113) beruht auf einer Dimensionsanalyse und auf Ähnlichkeitsargumenten. Ausgangspunkt der Herleitung war die Hypothese, dass die bei der Rissbildung freigesetzte Verzerrungsenergie ΔU sowohl von der Risslänge a als auch von der Länge c_f der Prozesszone abhängt.

Laut (15.113) nimmt die nominelle Festigkeit σ_N mit zunehmender charakteristischer Abmessung D ab. Für große Werte von D/D_0, womit $D/D_0 > 10$ gemeint ist, führt (15.113) auf die mit einem Fehler für σ_N von unter 5% behaftete Näherung $\sigma_N \sim D^{-\frac{1}{2}}$. Dabei handelt es sich um den size effect der linear elastischen Bruchmechanik, die folglich für diesen Wertebereich verwendet werden kann. Für kleine Werte von D/D_0, womit $D/D_0 < 0{,}1$ gemeint ist, liefert (15.113) das ebenfalls mit einem Fehler von unter 5% behaftete Ergebnis für σ_N zu $\sigma_N = Bf_t = const.$ In

*Zdeněk Pavel Bažant (1937) veröffentlichte 1984 ein Gesetz zur Berücksichtigung des size effect auf die Tragfähigkeit von Strukturen. Er hat wesentliche Beiträge zur Stabilität von Strukturen geleistet.

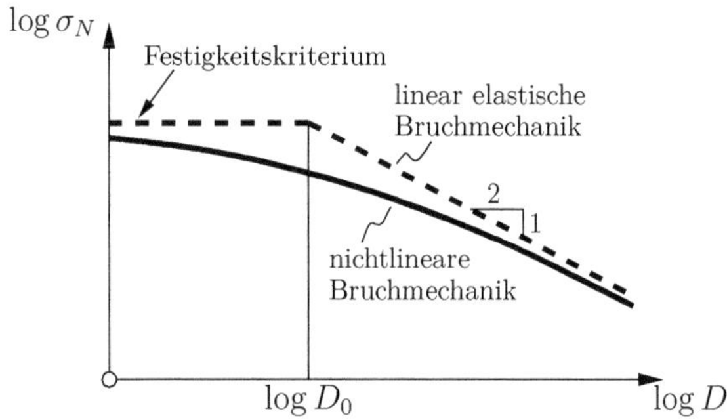

Abb. 15.25: Size-effect Gesetz nach Bažant [Bažant/Cedolin (2010)]

diesem Fall gibt es keinen size effect. Die Traglast kann dann als plastische Kollapslast etwa auf Basis der sogenannten Deformationstheorie der Plastizität ermittelt werden. Plastisches Materialverhalten wird bei dieser Theorie auf gleiche Weise wie nichtlinear elastisches Werkstoffverhalten berücksichtigt. Dabei wird vorausgesetzt, dass keine Entlastungen des Materials auftreten [Gross/Seelig (2011)]. Das Intervall $0,1 < D/D_0 < 10$ kennzeichnet ein Übergangsgebiet zwischen der Anwendbarkeit der linear elastischen Bruchmechanik und der Plastizitätstheorie zur Traglastermittlung. In diesem Bereich von D/D_0 muss die nichtlineare Bruchmechanik verwendet werden [Bažant/Cedolin (2010)].

In numerischen Traglastermittlungen mit Hilfe der Methode der finiten Elemente erfordert die Berücksichtigung des size effect im Rahmen von Kohäsivzonenmodellen grundsätzlich die Einführung einer charakteristischen Länge in das Werkstoffgesetz. Eine bei solchen Traglastanalysen weit verbreitete Alternative ist das sogenannte Rissbandmodell, bei dem die kohäsive Zone vor dem Riss durch eine Aneinanderreihung von finiten Elementen der Breite h_c – das Rissband – ersetzt wird. Dabei ist h_c ungefähr gleich der Breite der kohäsiven Entfestigungszone. Das Werkstoffgesetz für die Spannung σ_y normal zum Rissband ergibt sich zu $\sigma_y = f(\bar{\varepsilon}_y)$, wobei $\bar{\varepsilon}_y$ die über h_c gemittelte Verzerrung bezeichnet. Die Rissbandbreite h_c ist dabei als Werkstoffeigenschaft zu betrachten. $\mathcal{G}_c$ erhält man dann zu [Bažant/Cedolin (2010)]

$$\mathcal{G}_c = h_c \int_0^{\bar{\varepsilon}_y^*} \sigma_y(\bar{\varepsilon}_y) d\bar{\varepsilon}_y, \quad \bar{\varepsilon}_y^* = \bar{\varepsilon}_y(\sigma_y = 0) \; . \tag{15.114}$$

Bei diesem Modell muss die Richtung des Rissfortschritts bekannt sein.

Literaturverzeichnis

[Barenblatt (1959)] G.I. Barenblatt, "The Formation of Equilibrium Cracks During Brittle Fracture: General Ideas and Hypotheses, Axially Symmetric Cracks", Appl. Math. Mech., **23** (1959), pp. 623–636.

[Bažant (1976)] Z.P. Bažant, "Instability, Ductility, and Size Effect in Strainsoftening Concrete", Journal of Engineering Mechanics (ASCE), **102** (1976), pp. 331-344.

[Bažant (1984)] Z.P. Bažant, "Size Effect in Blunt Fracture: Concrete, Rock, Metal", Journal of Engineering Mechanics (ASCE), **110** (1984), pp. 518-535.

[Bažant/Cedolin (2010)] Z.P. Bažant und L. Cedolin, *Stability of Structures : Elastic, Inelastic, Fracture and Damage Theories* , World Scientific, Singapore, Hackensack, N.J., 2010.

[Boresi *et al.* (1978)] A.P. Boresi, R.J. Schmidt und O.M. Sidebottom, *Advanced Mechanics of Materials*, John Wiley & Sons, New York, NY, 1978.

[Bürgel (2005)] R. Bürgel, *Festigkeitslehre und Werkstoffmechanik*, Vieweg+Teubner Verlag, 2005.

[Dugdale (1960)] D.S. Dugdale, "Yielding of Steel Sheets Containing Slits", *Journal of the Mechanics and Physics of Solids*, **8** (1960), pp. 100–104.

[Erdogan/Sih (1963)] F. Erdogan und G.C. Sih, "On the Crack Extension in Plates Under Plane Loading and Transverse Shear", Journal of Basic Engineering, **85** (1963), pp. 519-525.

[Griffith (1921)] A.A. Griffith, "The Phenomenon of Rupture and Flow in Solids", Philosophical Transactions of the Royal Society A: Mathematical, Physical and Engineering Sciences, **221** (1921), pp. 582-593.

[Gross/Seelig (2011)] D. Gross und Th. Seelig, *Bruchmechanik*, 5. Auflage, Springer-Verlag, Berlin/Heidelberg, 2011.

[Inglis (1913)] C.E. Inglis, "Stresses in the Plate Due to the Presence of Cracks and Sharp Corners", Transactions of the Institute of Naval Architects, **60** (1913), pp. 219-241.

[Irwin (1957)] G.R. Irwin, "Analysis of Stresses and Strains Near the End of a Crack Traversing a Plate", Journal of Applied Mechanics (ASME), **24** (1957), pp. 361-364.

[Jia (2013)] X. Jia, "Revisiting the Failure Mode of a RC Hyperbolic Cooling Tower, Considering Changes of Material and Geometric Properties." , *Engineering Structures*, **47** (2013), pp. 148-154.

[Mang *et al.* (1983)] H.A. Mang, H. Floegl, F. Trappel und H. Walter, "Wind-loaded Reinforced-concrete Cooling Towers: Buckling or Ultimate Load?" , *Engineering Structures*, **5** (2013), pp. 563-580.

[Rice (1967)] J.R. Rice, "A Path Independent Integral and the Approximate Analysis of Strain Concentration by Notches and Cracks", Department of Defense Advanced Research Projects Agency. Contract SD-86, Material Research Program, May 1967.

[Wells (1961)] A.A. Wells, "Brittle Fracture Strength of Welded and Notched Three Inch Thick Steel Plates", *Brit. Weld. J*, **8** (1961).

Kapitel 16

Näherungslösungen

16.1 Allgemeines

Strenge Lösungen für den Verschiebungs- und den Spannungszustand deformierbarer fester Körper sind nur in relativ einfachen Fällen möglich. Mit modernen numerischen Verfahren – vor allem mittels der Methode der finiten Elemente, vielfach aber auch mit Hilfe der Randelementemethode – lassen sich jedoch Festigkeits- bzw. Stabilitätsprobleme, die in früheren Zeiten unlösbar waren, näherungsweise lösen. Die Anwendung dieser beiden numerischen Methoden erfordert den Einsatz der elektronischen Datenverarbeitung. Mit diesen Verfahren können Näherungslösungen für den Verschiebungs- und den Spannungszustand von Tragkonstruktionen von komplizierter geometrischer Form und mit komplizierter Lagerung und Beanspruchung bei komplizierten Werkstoffeigenschaften und großen Verschiebungen bzw. Verformungen gewonnen werden. Als Vorläufer der Methode der finiten Elemente kann man das Verfahren von RITZ* bzw. das Verfahren von GALERKIN** ansehen. Diese beiden Verfahren werden deshalb vor der Methode der finiten Elemente vorgestellt.

Das Verfahren von RITZ und das von GALERKIN sowie die Methode der finiten Elemente sind mathematische Methoden zur numerischen Lösung kombinierter Rand- und Anfangswertprobleme bzw. von Randwertproblemen. Ihr Anwendungsbereich ist daher nicht auf die Technische Mechanik deformierbarer fester Körper beschränkt. Das gilt auch für die Randelementemethode, die anschließend an die Methode der finiten Elemente vorgestellt wird. Welcher der beiden Methoden jeweils der Vorzug zu geben ist, hängt von der zu lösenden Aufgabe ab.

16.2 Verfahren von RITZ

Die Grundlage dieses Verfahrens sind Stationäritätsprinzipien. Ein solches Prinzip ist das vom stationären Wert der potentiellen Energie. Das Verfahren von RITZ wird am Beispiel dieses Stationäritätsprinzips erläutert. Gleichung (5.99) stellt die mathematische Formulierung des erwähnten Prinzips dar. Zur näherungsweisen Bestimmung

*Das nach WALTER RITZ (1878–1909) benannte, von ihm stark ausgebaute Verfahren wurde schon vor ihm von LORD RAYLEIGH (1842–1919) zur näherungsweisen Lösung von Eigenwertproblemen angewendet.

**BORIS GRIGORIEVICH GALERKIN (1871–1945) veröffentlichte dieses Verfahren 1915 als Methode zur näherungsweisen Lösung von Differentialgleichungen.

H. A. Mang und G. Hofstetter, *Festigkeitslehre*,
https://doi.org/10.1007/978-3-662-57564-2_16

der potentiellen Energie Π eines elastischen Körpers trifft man Ansätze für die Verschiebungskomponenten:

$$u_i = \varphi_{i0} + c_{ik}\,\varphi_k\,, \quad i = 1,2,3, \quad k = 1,2,\ldots,r\,, \tag{16.1}$$

mit φ_{i0}, $i = 1,2,3$, und φ_k, $k = 1,2,\ldots,r$, als bekannten Ansatzfunktionen der Ortskoordinaten x_j, $j = 1,2,3$, und c_{ik}, $i = 1,2,3$, $k = 1,2,\ldots,r$, als unbekannten Freiwerten.

Die Funktionen φ_{i0} müssen die geometrischen Randbedingungen erfüllen. Die linear unabhängigen Funktionen φ_k müssen die homogenen geometrischen Randbedingungen befriedigen. Letztere entstehen durch Nullsetzen der von null verschiedenen Randwerte. Wenn keine inhomogenen geometrischen Randbedingungen vorliegen, ist $\varphi_{i0} = 0$. Statische Randbedingungen dürfen bei der Wahl der Ansatzfunktionen unberücksichtigt bleiben. Zur Untermauerung dieser Behauptung wird die Variation des letzten Terms im Ausdruck für Π gemäß (5.121) gebildet. Bei diesem Term handelt es sich um das Potential verschiebungsunabhängiger Oberflächenkräfte $t_i^{(n)}$. Seine Variation ergibt somit

$$-\int_S t_i^{(n)}\,\delta u_i\,dS\,. \tag{16.2}$$

Unter Berücksichtigung von $\delta u_i = 0$ auf S^u und $t_i = \bar{t}_i^{(n)}$ auf S^t führt (16.2) auf

$$-\int_{S^t} \bar{t}_i^{(n)}\,\delta u_i\,dS\,. \tag{16.3}$$

Somit scheint $\bar{u}_i$ im Ausdruck für die Variation von Π, auf den es beim Prinzip vom stationären Wert der potentiellen Energie ankommt, nicht auf. Folglich müssen die geometrischen Randbedingungen durch geeignete Wahl der Verschiebungsansätze erfüllt werden. $\bar{t}_i^{(n)}$ ist hingegen im Ausdruck für $\delta\Pi$ enthalten. Daher dürfen statische Randbedingungen bei der Wahl der Verschiebungsansätze unberücksichtigt bleiben. In diesen Ansätzen nicht berücksichtigte statische Randbedingungen werden von den entsprechenden Näherungslösungen allerdings nur näherungsweise erfüllt. Die Qualität dieser Näherungen hängt vom gewählten Ansatz ab.

Deformierbare feste Körper sind Systeme mit unendlich vielen Freiheitsgraden. Mit der Wahl von Verschiebungsansätzen erfolgt der Übergang auf Systeme mit einer endlichen Anzahl von Freiheitsgraden. Ein solcher Übergang wird Diskretisierung genannt. Ihr zufolge erhält man mit Verschiebungsansätzen in der Regel nur Näherungslösungen. Strenge Lösungen in Ausnahmefällen setzen die Kenntnis der Form dieser Lösungen voraus. Bei idealen Fachwerken (siehe Unterkapitel 6.2 bzw. die Abschnitte 7.1.3 und 7.2.3) trifft diese Voraussetzung bespielsweise zu.

Eintragen der Ansätze (16.1) für die Verschiebungskomponenten in (3.32) ergibt Ausdrücke für die Komponenten ε_{ij} des linearisierten Verzerrungstensors in Abhängigkeit von den unbekannten Freiwerten. Einsetzen dieser Ausdrücke sowie der Ansätze (16.1) in (5.121) führt auf eine von den Freiwerten abhängige Näherung für die potentielle Energie Π eines aus linear elastischem Material bestehenden Körpers bei kleinen Verschiebungen und Verschiebungsableitungen:

$$\Pi \approx \Pi(c_{ik})\,. \tag{16.4}$$

Der Ausdruck für $\Pi(c_{ik})$ besteht aus einer quadratischen Form in den unbekannten Freiwerten c_{ik} sowie aus linearen Termen in c_{ik}. Erstere betrifft die Verzerrungsenergie.

Letztere beziehen sich auf das Potential der äußeren Kräfte. Analog zu (5.99) nimmt $\Pi(c_{ik})$ einen stationären Wert an, wenn

$$\delta(\Pi(c_{ik})) = \frac{\partial \Pi}{\partial c_{ik}}\,\delta c_{ik} = 0 \tag{16.5}$$

ist. Die Summation in (16.5) über i erstreckt sich über die Anzahl der Koordinatenachsen und die über k über die Anzahl der Ansatzglieder. (16.5) muss für beliebige Variationen δc_{ik} erfüllt sein. Folglich muss

$$\frac{\partial \Pi}{\partial c_{ik}} = 0\,, \quad i = 1,2,3, \quad k = 1,2,\ldots,r, \tag{16.6}$$

gelten. $\Pi(c_{ik})$ ist also nach jedem Freiwert abzuleiten. Jede solche partielle Ableitung ist laut (16.6) gleich null zu setzen. Aufgrund der Form des Ausdrucks für $\Pi(c_{ik})$ liefert (16.6) ein System linearer inhomogener algebraischer Gleichungen zur Bestimmung dieser Freiwerte.

Bei dynamischer Beanspruchung tritt das HAMILTON'sche Prinzip (siehe Unterkapitel 5.5) als Grundlage des Verfahrens von RITZ an die Stelle des Prinzips vom Minimum der potentiellen Energie. Darauf wird bei der Vorstellung der Methode der finiten Elemente (siehe Unterkapitel 16.4) eingegangen.

Beispiel 16.1:

Für einen beidseitig gelenkig gelagerten, mit einer sinusförmigen Linienlast $q_\zeta(x)$ gemäß (7.30) belasteten Stab mit über die Länge l konstanter Biegesteifigkeit EI_η (Abb. 7.2) ist mit Hilfe des Verfahrens von RITZ eine Näherungslösung für die Biegelinie zu ermitteln.

Die potentielle Energie dieses Systems erhält man durch Spezialisierung von (5.121) für Stäbe, die durch eine Linienlast in Richtung der ζ-Achse beansprucht werden. Zu diesem Zweck setzt man zunächst (3.254) in (5.121) ein. Das ergibt

$$\Pi = \frac{1}{2}\int_V \sigma_{ij}\,\varepsilon_{ij}\,dV - \int_V f_i\,u_i\,dV - \int_S t_i^{(n)}\,u_i\,dS\,. \tag{16.7}$$

Dann spezialisiert man das erste Integral in (16.7) für $\sigma_{22} \equiv \sigma_\eta = 0$, $\sigma_{33} \equiv \sigma_\zeta = 0$ und $\sigma_{23} \equiv \tau_{\eta\zeta} = \tau_{\zeta\eta} \equiv \sigma_{32} = 0$ gemäß (6.1), $2\varepsilon_{12} \equiv \gamma_{x\eta} = \gamma_{\eta x} \equiv 2\varepsilon_{21} = 0$ und $2\varepsilon_{13} \equiv \gamma_{x\zeta} = \gamma_{\zeta x} \equiv 2\varepsilon_{31} = 0$ gemäß den Ausführungen zu Beginn von Abschnitt 7.1.4 und $\sigma_x = E\,\varepsilon_x$ gemäß der ersten der sechs Gleichungen (3.277) mit $\varepsilon_{11} \equiv \varepsilon_x$, $\sigma_{11} \equiv \sigma_x$, $\sigma_{22} = 0$ und $\sigma_{33} = 0$. Da Volumenkräfte nicht berücksichtigt werden, wird das zweite Integral in (16.7) weggelassen. Hierauf wird das dritte Integral in diesem Ausdruck für $t_1^{(n)} \equiv \bar{t}_x^{(n)} = 0$, $t_2^{(n)} \equiv \bar{t}_\eta^{(n)} = 0$, $t_3^{(n)} \equiv \bar{t}_\zeta^{(n)}$ und $u_3 \equiv w$ spezialisiert. Schließlich wird $\bar{t}_\zeta^{(n)}$ in eine in Richtung der ζ-Achse wirkende Linienlast q_ζ umgerechnet. Auf diese Weise erhält man

$$\Pi = \frac{1}{2}\int_l \left(\int_A E\,\varepsilon_x^2\,dA\right)dx - \int_l q_\zeta\,w\,dx\,. \tag{16.8}$$

Trägt man die durch Einsetzen von (6.112) in (6.106) gewonnene Beziehung

$$\varepsilon_x = -\frac{d^2w}{dx^2}\,\zeta \tag{16.9}$$

in (16.8) ein, so erhält man unter Berücksichtigung von $\int_A \zeta^2\, dA = I_\eta$

$$\Pi = \frac{1}{2}\int_l EI_\eta \left(\frac{d^2w}{dx^2}\right)^2 dx - \int_l q_\zeta\, w\, dx\,. \tag{16.10}$$

Als Ansatz für die Biegelinie des Stabes wählt man beispielsweise

$$w(x) = c_{31}\,\varphi_1 = c\,x(l-x) \tag{16.11}$$

mit dem unbekannten Freiwert $c_{31} \equiv c$ *und der bekannten Ansatzfunktion* $\varphi_1 \equiv \varphi = x(l-x)$. *Die quadratische Funktion* φ_1 *erfüllt die geometrischen Randbedingungen* $w(x=0) = 0$ *und* $w(x=l) = 0$. *Da es sich dabei um homogene Randbedingungen handelt, ist* $\varphi_{30} \equiv \varphi_0 = 0$. *Trägt man (7.30) und (16.11) in (16.10) ein, so erhält man die potentielle Energie des Systems unter Berücksichtigung von* $EI_\eta = konst.$ *zu*

$$\Pi = 2EI_\eta\, c^2\, l - q_0\, c\,\frac{4l^3}{\pi^3}\,. \tag{16.12}$$

Leitet man Π *nach* c *ab und setzt entsprechend (16.6) den erhaltenen Ausdruck gleich null, dann ergibt sich*

$$c = \frac{q_0}{EI_\eta}\frac{l^2}{\pi^3}\,. \tag{16.13}$$

Eintragen von (16.13) in (16.11) führt auf folgende Näherungslösung für die Biegelinie:

$$w(x) = \frac{q_0\, l^2}{EI_\eta\, \pi^3}\, x\,(l-x)\,. \tag{16.14}$$

Den Größtwert der Durchbiegung erhält man durch Auswertung von (16.14) für $x = l/2$ *zu* $w_0 = q_0\, l^4/(EI_\eta\, 4\pi^3)$. *Die strenge Lösung für* w_0 *ist laut (7.37) zu* $w_0 = q_0\, l^4/(EI_\eta\, \pi^4)$ *gegeben. Der Größtwert der Näherungslösung beträgt somit rund 78,5 % des Größtwertes der strengen Lösung. Die Qualität dieser „Näherungslösung“ ist deswegen schlecht, weil sich* d^2w/dx^2 *infolge des quadratischen Ansatzes (16.11) als Konstante ergibt. Die wahre Form dieser Funktion ist jedoch die einer Sinushalbwelle (siehe Gleichung (7.33)).*

Läge etwa anstatt der homogenen geometrischen Randbedingung $w(x=l) = 0$ *die inhomogene geometrische Randbedingung* $w(x=l) = w_l$ *vor, dann müsste in (16.11) eine Funktion* φ_0 *berücksichtigt werden, welche die geometrischen Randbedingungen erfüllt. Das trifft für* $\varphi_0 = (x/l)\, w_l$ *zu. Diese Funktion beschreibt eine Starrkörperdrehung des Stabes um das linke Stabende. Sie äußert sich in einem von* c *unabhängigen Term im Ausdruck für* Π. *Da die Ableitung dieses Terms nach* c *verschwindet, hat er auf das Ergebnis für* c *keinen Einfluss.*

Der zu (16.11) alternative Ansatz

$$w(x) = c\,x\left(l^3 - 2x^2\, l + x^3\right) \tag{16.15}$$

erfüllt nicht nur die geometrischen, sondern auch die statischen Randbedingungen. Letztere sind zu $M_\eta(x=0) = 0$ *und* $M_\eta(x=l) = 0$ *gegeben, woraus unter Berücksichtigung von (6.114)* $d^2w/dx^2 = 0$ *für* $x = 0$ *und* $x = l$ *folgt. Analog zur Ermittlung* des Freiwertes c im Ansatz (16.11) bestimmt man den entsprechenden Freiwert im Ansatz (16.15). Er ergibt sich zu

$$c = \frac{10\, q_0}{EI_\eta\, \pi^5}\,. \tag{16.16}$$

Durch Eintragen von (16.16) in (16.15) erhält man folgende Näherungslösung für die Biegelinie:

$$w(x) = \frac{10\, q_0}{EI_\eta\, \pi^5}\, x\left(l^3 - 2x^2\, l + x^3\right)\,. \tag{16.17}$$

Der Größtwert der Durchbiegung ergibt sich durch Auswertung von (16.17) für $x = l/2$ zu $w_0 = 25\, q_0\, l^4/(EI_\eta\, 8\pi^5)$. Er beträgt 99,5 % des Größtwertes der strengen Lösung für w_0. Die Qualität der Näherungslösung (16.17) für die Biegelinie ist nicht zuletzt deshalb bedeutend besser als die von (16.14), weil (16.17) im Gegensatz zu (16.14) sowohl die geometrischen als auch die statischen Randbedingungen erfüllt. Das Verfahren von RITZ verlangt allerdings, wie bereits erwähnt, nur die Befriedigung der geometrischen Randbedingungen.

Die strenge Lösung für die Biegelinie hat die Form einer Sinushalbwelle (siehe Gleichung (7.38)). Folglich führt das Verfahren von RITZ bei Verwendung der Ansatzfunktion (7.32) auf den wahren Wert von w_0.

Beispiel 16.2:

Für einen am unteren Ende eingespannten und am oberen Ende gelenkig gelagerten geraden Stab mit über die Länge l konstanter Biegesteifigkeit (Abb. 9.16a) ist mit Hilfe des Verfahrens von RITZ eine Näherungslösung für die kritische Last bei axialer Druckbeanspruchung zu ermitteln. Dabei wird angenommen, dass der Stab in Richtung der ζ-Achse ausknickt (Abb. 9.16b).

Dem Kriterium von TREFFTZ zufolge (siehe Gleichung (9.35)) muss $\delta^2\Pi$ an der Stabilitätsgrenze einen stationären Wert annehmen. Somit eignet sich das Verfahren von RITZ zur Ermittlung einer Näherungslösung für die kritische Last P_k. Aus (9.51) folgt $\delta^2\Pi$ zu

$$\delta^2\Pi = \int_l \left[EA\left(\frac{d(\delta u)}{dx}\right)^2 + EI_\eta\left(\frac{d^2(\delta w)}{dx^2}\right)^2 - P\left(\frac{d(\delta w)}{dx}\right)^2\right] dx\,. \tag{16.18}$$

Die spezielle Variation $\bar{\delta}u$, für die $\delta^2\Pi$ an der Stabilitätsgrenze einen stationären Wert annimmt, ist laut (9.59) zu

$$\bar{\delta}u = A_1 x + A_2 \tag{16.19}$$

gegeben. Wie bei Beispiel 8.1 ist auch bei vorliegendem Beispiel $A_1 = 0$ und $A_2 = 0$. Folglich gilt

$$\bar{\delta}u \equiv 0\,. \tag{16.20}$$

Für die spezielle Variation $\bar{\delta}w$, für die $\delta^2\Pi$ an der Stabilitätsgrenze einen stationären Wert annimmt, trifft man allgemein den zu (16.1) analogen Ansatz

$$\bar{\delta}w = c_k\, \varphi_k\,, \quad k = 1, 2, \ldots, r\,. \tag{16.21}$$

Die linear unabhängigen Funktionen φ_k müssen die homogenen geometrischen Randbedingungen erfüllen. Mit Hilfe von (16.20) und (16.21) erhält man eine von den unbekannten Freiwerten c_k abhängige Näherung für $\delta^2\Pi$:

$$\delta^2\Pi \approx \delta^2\Pi(c_k)\,. \tag{16.22}$$

Der Ausdruck für $\delta^2\Pi(c_k)$ stellt eine in diesen Freiwerten quadratische Form dar. Analog zu (9.35) nimmt $\delta^2\Pi(c_k)$ einen stationären Wert an, wenn

$$\delta\left(\delta^2\Pi(c_k)\right) = \frac{\partial(\delta^2\Pi)}{\partial c_k}\,\delta c_k = 0 \tag{16.23}$$

ist. Folglich muss

$$\frac{\partial(\delta^2\Pi)}{\partial c_k} = 0\,, \quad k = 1, 2, \ldots, r\,, \tag{16.24}$$

gelten. Aufgrund der Form des Ausdrucks für $\delta^2\Pi(c_k)$ liefert (16.24) ein System linearer homogener algebraischer Gleichungen. Ein solches Gleichungssystem hat dann und nur dann eine nichttriviale Lösung, wenn die Determinante der Koeffizientenmatrix verschwindet.

Der Ansatz

$$\bar{\delta}w = c\,x^2(3l^2 - 5l\,x + 2x^2) \tag{16.25}$$

erfüllt die geometrischen Randbedingungen sowie die statische Randbedingung. Dabei handelt es sich um $\bar{\delta}w = 0$ und $d(\bar{\delta}w)/dx = 0$ an der Stelle $x = 0$ sowie um $\bar{\delta}w = 0$ und $M_\eta = 0$ an der Stelle $x = l$. Aus der statischen Randbedingung folgt unter Berücksichtigung von (6.114) $d^2(\bar{\delta}w)/dx^2 = 0$ an der Stelle $x = l$. Mit (16.20) und (16.25) erhält man $\delta^2\Pi$ aus (16.18) bei Beachtung von $EI_\eta = konst.$ zu

$$\delta^2\Pi = \frac{12c^2\,l^5}{35}\,(21EI_\eta - Pl^2)\,. \tag{16.26}$$

Leitet man $\delta^2\Pi$ nach c ab und setzt entsprechend (16.24) den erhaltenen Ausdruck gleich null, dann ergibt sich die kritische Last $P = P_k$ zu

$$P_k = \frac{21EI_\eta}{l^2}\,. \tag{16.27}$$

Der strenge Wert von P_k ist laut (9.90) ungefähr gleich $(4{,}49)^2\,EI_\eta/l^2$. Der Näherungswert beträgt somit rund 104,2 % des strengen Wertes.

Der Näherungswert ist also größer als der strenge Wert. Das ist eine Konsequenz der mit der Wahl des Ansatzes für $\bar{\delta}w$ verbundenen Reduktion der Anzahl der Freiheitsgrade des Systems. Sie bewirkt eine Versteifung des Systems, mit der eine Erhöhung des Wertes der kritischen Last verbunden ist. Durch Erhöhung der Anzahl der Glieder des Ansatzes für $\bar{\delta}w$ wird die Anzahl der Freiheitsgrade des Systems vergrößert. Dadurch lässt sich die Qualität der Näherungslösung verbessern.

Setzt man (16.27) in (16.26) ein, so erhält man

$$\delta^2\Pi = 0\,. \tag{16.28}$$

Die Näherungslösung erfüllt also dieselbe Bedingung, der die strenge Lösung genügen muss (siehe Gleichung (9.33)).

Umgekehrt kann diese Bedingung zur Ermittlung eines Näherungswertes $P = P_k^{(R)}$ für die kritische Last verwendet werden. Setzt man dementsprechend den Ausdruck auf der rechten Seite von (16.18) gleich null, so erhält man mit $\bar{\delta}u \equiv 0$ (siehe Gleichung

(16.20)) und der Näherung $\bar{\delta}w = c\,\varphi$ folgenden Ausdruck für $P_k^{(R)}$:

$$P_k^{(R)} = \frac{\displaystyle\int_l EI_\eta \left(\frac{d^2\varphi}{dx^2}\right)^2 dx}{\displaystyle\int_l \left(\frac{d\varphi}{dx}\right)^2 dx}\,. \tag{16.29}$$

Dieser Ausdruck wird RAYLEIGH'scher Quotient genannt.* Mit P_k wird im Weiteren ausschließlich der strenge Wert der kritischen Last bezeichnet.

Mit $\bar{\delta}u \equiv 0$ und $P = P_k$ als Bestandteilen der strengen Lösung und $\bar{\delta}w = c\,\varphi$ als Näherung ist (16.28) offensichtlich nicht erfüllt:

$$\delta^2\Pi = c^2 \int_l \left[EI_\eta \left(\frac{d^2\varphi}{dx^2}\right)^2 - P_k \left(\frac{d\varphi}{dx}\right)^2\right] dx \neq 0\,. \tag{16.30}$$

Division von (16.30) durch

$$c^2 \int_l \left(\frac{d\varphi}{dx}\right)^2 dx \tag{16.31}$$

führt auf

$$\frac{\delta^2\Pi}{c^2 \displaystyle\int_l \left(\frac{d\varphi}{dx}\right)^2 dx} = \frac{\displaystyle\int_l EI_\eta \left(\frac{d^2\varphi}{dx^2}\right)^2 dx}{\displaystyle\int_l \left(\frac{d\varphi}{dx}\right)^2 dx} - P_k\,. \tag{16.32}$$

Laut (16.29) ist der erste Term auf der rechten Seite von (16.32) der RAYLEIGH'sche Quotient. Mit

$$\delta^2\Pi = c^2\,\hat{\Pi}\,, \tag{16.33}$$

wobei $\hat{\Pi}$ im Gegensatz zu $\delta^2\Pi$ eine finite Größe darstellt, erhält man somit

$$P_k^{(R)} - P_k = \frac{\hat{\Pi}}{\displaystyle\int_l \left(\frac{d\varphi}{dx}\right)^2 dx}\,. \tag{16.34}$$

Wenn die Abweichung der Näherungslösung φ von der wahren Eigenform infinitesimal von erster Ordnung ist, muss die Abweichung von $\hat{\Pi}$ vom stationären Wert an der Stabilitätsgrenze, also von null, infinitesimal von zweiter Ordnung sein. Laut (16.34) ist dann $P_k^{(R)} - P_k$ infinitesimal von zweiter Ordnung. Somit ist der RAYLEIGH'sche Quotient bei einer Variation der wahren Eigenform stationär. Infolge dieser Eigenschaft ist die Qualität von Näherungswerten der kritischen Last erstaunlich hoch, wenn die für die Eigenform getroffene Näherung global gesehen der wahren Eigenform entspricht [Crandall (1956)].

*LORD RAYLEIGH (1842–1919) bewies 1873 die Stationärität eines für schwingende Systeme erhaltenen analogen Quotienten bei Variationen von Eigenformen.

16.3 Verfahren von GALERKIN

Die Grundlage dieses Verfahrens sind die Feldgleichungen zur Lösung kombinierter Rand- und Anfangswertprobleme bzw. von Randwertproblemen. Ein Beispiel sind die LAMÉ-NAVIER'schen Bewegungsgleichungen (siehe Gleichung (3.324)) zur Lösung kombinierter Rand- und Anfangswertaufgaben der linearen Elastizitätstheorie. Das Verfahren von GALERKIN wird anhand dieser partiellen Differentialgleichungen erläutert. Die strenge Lösung für die Verschiebungskomponenten u_i erfüllt die erwähnten Differentialgleichungen. Näherungslösungen verletzen sie jedoch in der Regel.

Wenn in (3.324) $T - T_0 = 0$ und $b_i = \ddot{u}_i$ gesetzt und $\ddot{u}_i$ auf die linke Seite gebracht wird, entsteht dort der Ausdruck

$$G\, u_{i,jj} + (\lambda + G) u_{j,ij} + f_i - \rho \ddot{u}_i \,. \tag{16.35}$$

Für die strenge Lösung verschwindet dieser Ausdruck. Für eine auf den Ansätzen (16.1) für die Verschiebungskomponenten beruhende Näherungslösung ist das jedoch nicht der Fall. Es ergibt sich dann

$$G\,(\varphi_{i0,jj} + c_{ik}\,\varphi_{k,jj}) + (\lambda + G)\,(\varphi_{j0,ij} + c_{jk}\,\varphi_{k,ij}) + f_i - \rho\,(\ddot{\varphi}_{i0} + \ddot{c}_{ik}\,\varphi_k) = r_i^V\,,$$
$$i,j = 1,2,3\,, \quad k = 1,2,\ldots,r\,, \tag{16.36}$$

mit r_i^V, $i = 1,2,3$, als ansatzbedingten Residuen. Die strenge Lösung ist somit durch $r_i^V = 0$ gekennzeichnet. Bei c_{mk}, $m = 1,2,3$, $k = 1,2,\ldots,r$, handelt es sich im Gegensatz zu statischen Problemen um zeitabhängige Funktionen. Wenn keine inhomogenen Randbedingungen vorliegen, ist $\varphi_{m0} = 0$.

Zur Ermittlung der Verteilung von r_i^V, also der Fehlerverteilung, ist laut (16.36) die Kenntnis der Funktionen $c_{mk}(t)$ erforderlich. Ziel des Verfahrens von GALERKIN ist es, diese Funktionen zu bestimmen. Multipliziert man zu diesem Zweck die Residuen r_i^V mit den Variationen

$$\delta u_i = \varphi_l\,\delta c_{il}\,, \quad i = 1,2,3\,, \quad l = 1,2,\ldots,r\,, \tag{16.37}$$

der Ansätze (16.1) für die Verschiebungskomponenten und integriert anschließend über das Volumen des betrachteten Körpers, so erhält man

$$\int_V r_i^V\,\delta u_i\,dV = \left(\int_V r_i^V(c_{mk},\,\ddot{c}_{ik})\,\varphi_l\,dV\right)\delta c_{il}\,. \tag{16.38}$$

Die zur Ermittlung der unbekannten Funktionen $c_{mk}(t)$ benötigten Beziehungen resultieren aus folgender Forderung:

$$\int_V r_i^V\,\delta u_i\,dV = 0\,. \tag{16.39}$$

Verlangt wird somit das Verschwinden des Integrals über eine gewichtete Fehlerverteilung, wobei die Variationen der Verschiebungsansätze als Gewichtsfunktionen fungieren. Diese Forderung ist schwächer als die nach $r_i^V = 0$. Man bezeichnet (16.39) deshalb auch als schwache Form der LAMÉ-NAVIER'schen Bewegungsgleichungen. (16.39) muss für beliebige Variationen δc_{il} erfüllt sein. Folglich muss

$$\int_V r_i^V(c_{mk},\,\ddot{c}_{ik})\,\varphi_l\,dV = 0\,, \quad i,m = 1,2,3\,, \quad k,l = 1,2,\ldots,r\,, \tag{16.40}$$

gelten. (16.40) führt auf ein System linearer inhomogener gewöhnlicher Differentialgleichungen zweiter Ordnung zur Bestimmung von $c_{mk}(t)$. Für den Sonderfall von statischer Beanspruchung ergibt sich ein System linearer inhomogener algebraischer Gleichungen zur Ermittlung von c_{mk}.

Im Gegensatz zum Verfahren von RITZ müssen die Funktionen φ_{m0} beim Verfahren von GALERKIN sowohl die kinematischen (geometrischen) als auch die dynamischen (bzw. statischen) Randbedingungen erfüllen. Die linear unabhängigen Funktionen φ_k müssen alle homogenen Randbedingungen befriedigen. Die Erfüllung aller Randbedingungen ist deshalb erforderlich, weil die Vorschrift (16.39) zur Ermittlung der Funktionen $c_{mk}(t)$ nur die Feldgleichungen betrifft.

Beispiel 16.3:

Für einen an beiden Enden frei drehbar gelagerten Stab mit über die Stablänge l konstanter Biegesteifigkeit EI_η und konstanter auf die Längeneinheit bezogener Masse $m = \rho A$ ist mit Hilfe des Verfahrens von GALERKIN eine Näherungslösung für die 1. Eigenkreisfrequenz zu ermitteln.

An die Stelle der LAMÉ-NAVIER'schen Bewegungsgleichungen tritt die Differentialgleichung für freie ungedämpfte Schwingungen eines Biegestabes (siehe Gleichung (6.392)). Infolge der Beschränkung auf die Grundschwingung genügt der eingliedrige Ansatz (16.15) für $w(x,t)$, in dem c jetzt allerdings zeitabhängig ist. Dieser Ansatz erfüllt, wie bereits erwähnt, sowohl die kinematischen als auch die dynamischen Randbedingungen. Eintragen von (16.15) in den auf der linken Seite von (6.392) stehenden Ausdruck ergibt das Residuum r^V:

$$r^V = 24EI_\eta\, c + m\,\ddot{c}\,x\,(l^3 - 2x^2\,l + x^3)\,. \tag{16.41}$$

Das Produkt $r^V\varphi$ mit dem aus (16.15) zu

$$\varphi = x\,(l^3 - 2x^2\,l + x^3) \tag{16.42}$$

erhaltenen Ausdruck für φ muss der Vorschrift

$$\int_l r^V \varphi\, dx = 0 \tag{16.43}$$

entsprechen. Diese Vorschrift genügt zur Lösung der Aufgabe, weil mit $c(t)$ nur eine einzige unbekannte Funktion vorliegt. Setzt man (16.41) und (16.42) in die zu (16.40) analoge Gleichung (16.43) ein, so erhält man nach Integration über die Stablänge folgende lineare homogene gewöhnliche Differentialgleichung zweiter Ordnung:

$$\ddot{c} + \frac{3024}{31}\,\frac{EI}{m\,l^4}\,c = 0\,. \tag{16.44}$$

Sie entspricht der zweiten der beiden Differentialgleichungen (6.397). Folglich stellt der Koeffizient

$$\sqrt{\frac{3024}{31}}\sqrt{\frac{EI}{m\,l^4}} \tag{16.45}$$

eine Näherung der 1. Eigenkreisfrequenz ω_1 dar. Die strenge Lösung für ω_1 folgt aus (6.406) für $k = 1$ zu

$$\omega_1 = \pi^2\sqrt{\frac{EI}{m\,l^4}}\,. \tag{16.46}$$

Der Näherungswert beträgt somit 100,07 % des strengen Wertes. Er ist deswegen größer als der strenge Wert, weil mit der Wahl des Ansatzes für $w(x,t)$ eine Reduktion der Freiheitsgrade des Systems verbunden ist. Es liegt also dieselbe Situation wie bei der Näherungslösung für die kritische Last eines Druckstabes vor (siehe Beispiel 14.2).

Beispiel 16.4:

Für einen beidseitig gelenkig gelagerten, mit einer sinusförmigen Linienlast $q_\zeta(x)$ gemäß (7.30) belasteten Stab mit über die Länge l konstanter Biegesteifigkeit EI_η (Abb. 7.2) ist mit Hilfe des Verfahrens von GALERKIN *eine Näherungslösung für die Biegelinie zu ermitteln.*

Zu diesem Zweck wird zuerst die Differentialgleichung für die Biegelinie für die gegebene Belastung spezialisiert. Das geschieht durch Einsetzen von (7.30) in (6.330):

$$EI_\eta \frac{d^4 w}{dx^4} - q_0 \sin\frac{\pi x}{l} = 0\,. \tag{16.47}$$

Als Ansatz für $w(x)$ wird wieder (16.15) verwendet. Da es sich um ein statisches Problem handelt, hängt der Freiwert c in (16.15) nicht von der Zeit ab. Eintragen von (16.15) in den auf der linken Seite von (16.47) stehenden Ausdruck ergibt das Residuum r^V:

$$r^V = 24 EI_\eta\, c - q_0 \sin\frac{\pi x}{l}\,. \tag{16.48}$$

Das Produkt $r^V\varphi$ mit φ gemäß (16.42) muss der Vorschrift (16.43) entsprechen. Erfüllung dieser Vorschrift führt auf

$$c = \frac{10\, q_0}{EI_\eta\, \pi^5}\,. \tag{16.49}$$

Dieses Ergebnis ist gleich dem Resultat, das mittels des Verfahrens von RITZ erhalten wurde (siehe Gleichung (16.16)). Das muss deswegen so sein, weil beim Verfahren von GALERKIN spezielle Gewichtsfunktionen, und zwar die Variationen der Verschiebungsansätze, verwendet werden. Von der Richtigkeit dieser Behauptung überzeugt man sich durch Einsetzen von (4.4) in (4.2), wodurch

$$\int_V \sigma_{ji,j}\, \delta u_i\, dV = -\int_V \sigma_{ij}\, \delta\varepsilon_{ij}\, dV + \int_S t_i^{(n)}\, \delta u_i\, dS \tag{16.50}$$

entsteht. Bei Vorhandensein von Potentialen $U_0(\varepsilon_{ij})$ und $W_0^S(u_i)$ folgt aus (5.5), (5.7), (5.22) und (5.24)

$$\begin{aligned} -\int_V \sigma_{ij}\, \delta\varepsilon_{ij}\, dV + \int_S t_i^{(n)}\, \delta u_i\, dS &= -\int_V \delta U_0\, dV - \int_S \delta W_0^S\, dS = \\ &= -\delta\left(\int_V U_0\, dV + \int_S W_0^S\, dS\right) = -\delta(U + W^S)\,. \end{aligned} \tag{16.51}$$

Setzt man (16.51) in (16.50) ein, so erhält man

$$\int_V \sigma_{ji,j}\, \delta u_i\, dV = -\delta(U + W^S)\,. \tag{16.52}$$

Die von den Verschiebungsansätzen (16.1) abhängige Näherungslösung für $\sigma_{ji,j}$ ist gleich der Summe der beiden ersten Terme in (16.36). Bei Nichtberücksichtigung von

Volumen- und Trägheitskräften, auf die es bei den gegenständlichen Überlegungen nicht ankommt, gilt laut (16.36) somit

$$\sigma_{ji,j}(c_{mk}) = r_i^V \,. \tag{16.53}$$

Weiters ist in diesem Fall laut (5.27) und (5.28)

$$U + W^S = \Pi \,. \tag{16.54}$$

Einsetzen von (16.53) und (16.54) in (16.52) ergibt

$$\int_V r_i^V \,\delta u_i \, dV = -\delta\left(\Pi(c_{mk})\right). \tag{16.55}$$

Beim Verfahren von GALERKIN ist laut Vorschrift (16.39) der Term links vom Gleichheitszeichen in (16.55) gleich null zu setzen. Laut (16.55) wird damit automatisch auch der Vorschrift (16.5) entsprochen, auf der das Verfahren von RITZ beruht. Folglich müssen die beiden Verfahren gleiche Ergebnisse für die Freiwerte c_{mk} liefern.

Das trifft jedoch nicht zu, wenn Gewichtsfunktionen

$$\psi_l \,\delta c_{il} \,, \quad i = 1,2,3 \,, \quad l = 1,2,\ldots,r \tag{16.56}$$

verwendet werden, die nicht wie (16.37) die Variationen der Verschiebungsansätze sind. An die Stelle von (16.40) tritt dann

$$\int_V r_i^V(c_{mk},\, \ddot{c}_{ik})\,\psi_l \, dV = 0 \,, \quad i,m = 1,2,3 \,, \quad k,l = 1,2,\ldots,r \,. \tag{16.57}$$

Dabei handelt es sich ebenso wie beim Verfahren von GALERKIN um eine von mehreren Varianten der Methode der gewichteten Residuen [Crandall (1956)].

Wenn die auf den Ansätzen (16.1) für die Verschiebungskomponenten beruhende Näherungslösung nicht nur die LAMÉ-NAVIER'schen Bewegungsgleichungen, sondern auch die dynamischen Randbedingungen (siehe Gleichung (3.325)) verletzt, ist (16.57) durch

$$\begin{gathered}\textstyle\int_V r_i^V(c_{mk},\, \ddot{c}_{ik})\,\psi_l \, dV + \int_{S^t} r_i^S(c_{mk})\,\psi_l \, dS = 0 \,,\\ i,m = 1,2,3 \,, \quad k,l = 1,2,\ldots,r \,,\end{gathered} \tag{16.58}$$

zu ersetzen. Dabei steht r_i^S für ansatzbedingte Residuen. Sie ergeben sich durch Eintragen von (16.1) in den aus (3.325) für $T - T_0 = 0$ erhaltenen Ausdruck

$$\left[G\,(u_{i,j} + u_{j,i}) + \lambda\, u_{p,p}\,\delta_{ij}\right] n_j - \bar{t}_i^{(n)} \tag{16.59}$$

zu

$$r_i^{(S)} = \left[G\,(\varphi_{i0,j} + \varphi_{j0,i} + c_{ik}\,\varphi_{k,j} + c_{jk}\,\varphi_{k,i}) + \lambda\,(\varphi_{p0,p} + c_{pk}\,\varphi_{k,p})\,\delta_{ij}\right] n_j - \bar{t}_i^{(n)} \,. \tag{16.60}$$

16.4 Methode der finiten Elemente

16.4.1 Motivation

Ein wesentlicher Nachteil des Verfahrens von RITZ und des von GALERKIN besteht darin, dass die Ansätze für die Verschiebungskomponenten für den gesamten Körper gelten müssen. Bei komplizierteren Situationen, wie sie im Unterkapitel 16.1 angeführt wurden, lassen sich solche globale Ansätze jedoch zumeist nicht angeben. Dadurch ist der Anwendungsbereich dieser beiden Verfahren stark eingeschränkt. Mit der Methode der finiten Elemente wird dieser Nachteil durch gedankliche Zerlegung des betrachteten Körpers in hinreichend viele endliche Teile von einfacher geometrischer Form, sogenannte finite Elemente, beseitigt. Für die einzelnen finiten Elemente werden in der ursprünglichen Form dieser Methode Verschiebungsansätze gewählt. Solche lokale Ansatzfunktionen lassen sich im Gegensatz zu globalen Ansatzfunktionen unschwer angeben. Unter diesem Blickwinkel kann man die Methode der finiten Elemente als Erweiterung des Verfahrens von RITZ bzw. des von GALERKIN ansehen.

16.4.2 Finites Element zur Diskretisierung ebener konservativer linearer Systeme

Im Folgenden wird die auf dem Verfahren von RITZ aufbauende Vorgangsweise bei der klassischen Verschiebungsformulierung der Methode der finiten Elemente anhand eines ebenen Problems (Abb. 16.1) erläutert. Diese Erläuterung ist auf konservative lineare Systeme beschränkt. Die erste dieser beiden Beschränkungen wird im Abschnitt 16.4.4 und die zweite im Abschnitt 16.4.5 aufgehoben.

Die gedankliche Zerlegung des betrachteten Gebiets (Abb. 16.1a) in eine hinreichend große Anzahl finiter Elemente (Abb. 16.1b) stellt den Ausgangspunkt für den Übergang vom ursprünglichen System mit unendlich vielen Freiheitsgraden zu einem System mit einer endlichen Anzahl von Freiheitsgraden dar. Bei diesen handelt es sich um die Komponenten der unbekannten Knotenpunktverschiebungen der finiten Elemente. Laut Abb. 16.1c sind die Knotenpunkte beim vorliegenden Elementstyp mit den Eckpunkten des Elements identisch. Bei vielen Elementstypen gibt es zusätzlich zu den Eckpunkten weitere Knotenpunkte. Die Freiheitsgrade haben im Gegensatz zu den Freiwerten c_{ik} in den Verschiebungsansätzen (16.1) eine physikalische Bedeutung. Obwohl das für die Methode der finiten Elemente unerheblich ist, stellt es einen Beweggrund für den Wechsel zu einer methodenspezifischen Schreibweise dar.

Die Knotenpunkte werden aus Gründen der Identifizierbarkeit nummeriert. Die Nummerierung beeinflusst die Rechenzeit. Um sie möglichst klein zu halten, werden bei marktgängiger Software programmintern Umnummerierungen der Knotenpunkte vorgenommen.

Im Falle des betrachteten ebenen Problems besteht der Vektor der Verschiebung des Knotenpunkts m aus den beiden Komponenten $q_1^{(m)}$, $q_2^{(m)}$ in Richtung der x_1- bzw. x_2-Achse des entsprechenden ebenen Koordinatensystems:

$$\mathbf{q}^{(m)} = \left\{ \begin{array}{c} q_1^{(m)} \\ q_2^{(m)} \end{array} \right\} . \tag{16.61}$$

Der Verschiebungszustand des finiten Elements e wird durch Interpolation zwischen den Knotenpunktverschiebungen dieses Elements approximiert. Beim vorliegenden

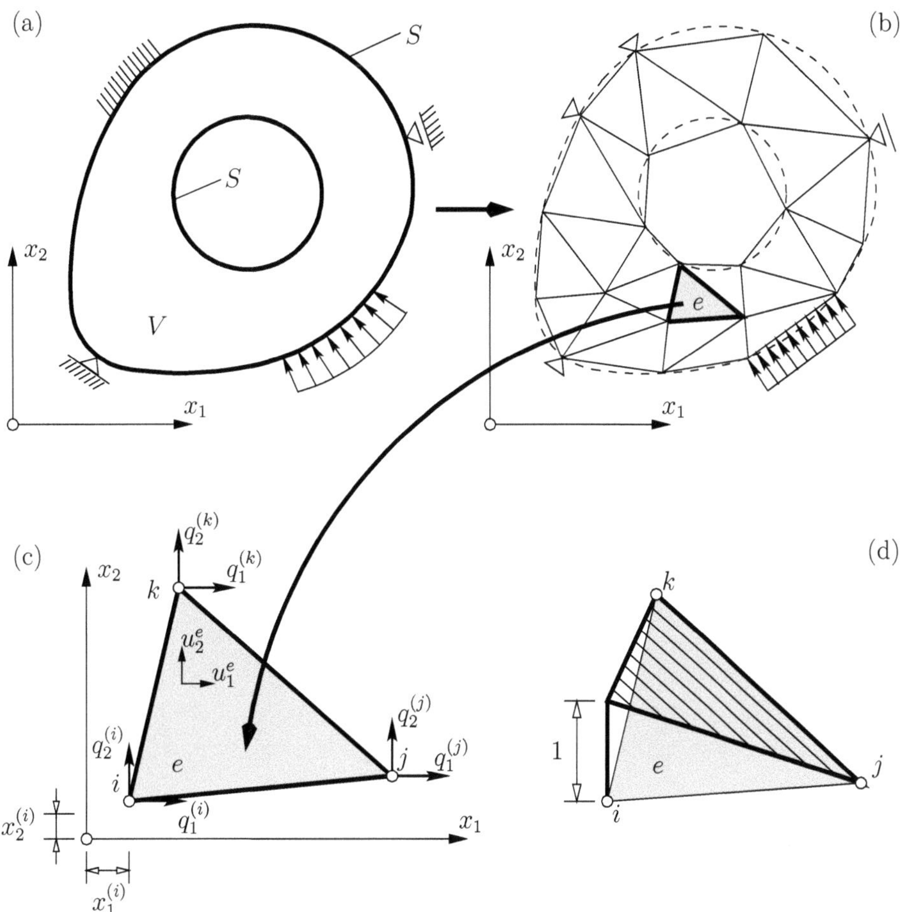

Abb. 16.1: Zur Anwendung der Methode der finiten Elemente auf ein ebenes Problem: (a) ebenes Gebiet, (b) Diskretisierung mit finiten Elementen, (c) finites Element e (CST-Element), (d) Verlaufsfunktion für den Knoten i des Elements e

Beispiel lässt sich mit den Verschiebungen der drei Knotenpunkte des Elements e, $\mathbf{q}^{(i)}$, $\mathbf{q}^{(j)}$, $\mathbf{q}^{(k)}$, ein bilinearer Verlauf der beiden Verschiebungskomponenten u_1, u_2 im Bereich dieses Elements beschreiben:*

$$\mathbf{u}^e = \left\{ \begin{array}{c} u_1^e \\ u_2^e \end{array} \right\} = \mathbf{N}^e \, \mathbf{q}^e \, . \tag{16.62}$$

In (16.62) bezeichnet

$$\mathbf{q}^e = \lfloor \; q_1^{(i)} \;\; q_2^{(i)} \;\; q_1^{(j)} \;\; q_2^{(j)} \;\; q_1^{(k)} \;\; q_2^{(k)} \; \rfloor^T \tag{16.63}$$

den Vektor der Knotenpunktverschiebungen des Elements e (Abb. 16.1c). Er besteht aus den Komponenten der Verschiebungen der Knotenpunkte i, j, k und weist somit

*Hier und im Folgenden wird bei der Multiplikation einer Matrix mit einem Vektor oder einer Matrix sowie bei der Bildung des Skalarprodukts zweier Vektoren der Multiplikationspunkt weggelassen.

insgesamt sechs Komponenten auf. Die Reihenfolge der drei Knotenpunkte ist entgegengesetzt dem Uhrzeigersinn. Die Wahl eines von ihnen als ersten Knotenpunkt ist beliebig. Die Matrix

$$\mathbf{N}^e = \begin{bmatrix} N^{(i)} & 0 & N^{(j)} & 0 & N^{(k)} & 0 \\ 0 & N^{(i)} & 0 & N^{(j)} & 0 & N^{(k)} \end{bmatrix} \tag{16.64}$$

enthält die Verlaufsfunktionen $N^{(i)}$, $N^{(j)}$, $N^{(k)}$. Im Knotenpunkt i nimmt die Verlaufsfunktion $N^{(i)}$ den Wert 1 und in den Knotenpunkten j und k den Wert 0 an (Abb. 16.1d). Folglich stellt $N^{(i)}$ eine bilineare Interpolationsfunktion dar. Sie ergibt sich zu [Zienkiewicz/Taylor (2000)]

$$N^{(i)} = \frac{1}{2\Delta}\left(a^{(i)} + b^{(i)}\,x_1 + c^{(i)}\,x_2\right), \tag{16.65}$$

mit

$$a^{(i)} = x_1^{(j)}\,x_2^{(k)} - x_1^{(k)}\,x_2^{(j)}\,, \quad b^{(i)} = x_2^{(j)} - x_2^{(k)}\,, \quad c^{(i)} = x_1^{(k)} - x_1^{(j)} \tag{16.66}$$

sowie mit

$$\Delta = \frac{1}{2}\begin{vmatrix} 1 & x_1^{(i)} & x_2^{(i)} \\ 1 & x_1^{(j)} & x_2^{(j)} \\ 1 & x_1^{(k)} & x_2^{(k)} \end{vmatrix} \tag{16.67}$$

als der Fläche des Dreiecks ijk. Bei $x_1^{(j)}$, $x_2^{(j)}$ und $x_1^{(k)}$, $x_2^{(k)}$ handelt es sich um die Koordinaten der Knotenpunkte j und k. Die Verlaufsfunktionen $N^{(j)}$ und $N^{(k)}$ folgen aus (16.65) und (16.66) durch zyklische Permutation der oberen Indizes in der Reihenfolge i, j, k. Die vorliegenden Verschiebungsansätze genügen den kinematischen (geometrischen) Übergangsbedingungen. Bei diesen Bedingungen handelt es sich um die Forderung nach Stetigkeit der Verschiebungen an den Elementsgrenzen im Gebietsinneren. Darüber hinaus müssen die Verschiebungsansätze die kinematischen (geometrischen) Randbedingungen erfüllen. Diese Forderung betrifft jedoch nur Verschiebungsansätze für finite Elemente, für die solche Randbedingungen vorliegen. Analog zur Situation beim Verfahren von RITZ dürfen dynamische (bzw. statische) Rand- und Übergangsbedingungen bei der Wahl der Verschiebungsansätze unberücksichtigt bleiben. Bei derartigen Übergangsbedingungen handelt es sich um die Forderung nach Stetigkeit der Spannungen an den Elementsgrenzen.

Durch Eintragen der Verschiebungsansätze (16.62) in die Ausdrücke für ε_{11}, ε_{22} und ε_{12} in (3.34) erhält man Beziehungen für diese Komponenten des linearisierten Verzerrungstensors in Abhängigkeit von den Knotenpunktverschiebungen des finiten Elements e:

$$\boldsymbol{\varepsilon}^e = \begin{Bmatrix} \varepsilon_{11}^e \\ \varepsilon_{22}^e \\ 2\varepsilon_{12}^e \end{Bmatrix} = \begin{Bmatrix} \dfrac{\partial u_1^e}{\partial x_1} \\ \dfrac{\partial u_2^e}{\partial x_2} \\ \dfrac{\partial u_1^e}{\partial x_2} + \dfrac{\partial u_2^e}{\partial x_1} \end{Bmatrix} = \mathbf{B}^e\,\mathbf{q}^e\,. \tag{16.68}$$

Die Matrix $\mathbf{B}^e$ ergibt sich zu

$$\mathbf{B}^e = \begin{bmatrix} \frac{\partial N^{(i)}}{\partial x_1} & 0 & \frac{\partial N^{(j)}}{\partial x_1} & 0 & \frac{\partial N^{(k)}}{\partial x_1} & 0 \\ 0 & \frac{\partial N^{(i)}}{\partial x_2} & 0 & \frac{\partial N^{(j)}}{\partial x_2} & 0 & \frac{\partial N^{(k)}}{\partial x_2} \\ \frac{\partial N^{(i)}}{\partial x_2} & \frac{\partial N^{(i)}}{\partial x_1} & \frac{\partial N^{(j)}}{\partial x_2} & \frac{\partial N^{(j)}}{\partial x_1} & \frac{\partial N^{(k)}}{\partial x_2} & \frac{\partial N^{(k)}}{\partial x_1} \end{bmatrix} = $$

$$= \frac{1}{2\Delta} \begin{bmatrix} b^{(i)} & 0 & b^{(j)} & 0 & b^{(k)} & 0 \\ 0 & c^{(i)} & 0 & c^{(j)} & 0 & c^{(k)} \\ c^{(i)} & b^{(i)} & c^{(j)} & b^{(j)} & c^{(k)} & b^{(k)} \end{bmatrix} . \tag{16.69}$$

Bei den von null verschiedenen Koeffizienten der Matrix $\mathbf{B}^e$ handelt es sich um Konstante. Folglich sind die Verzerrungen im betreffenden finiten Element konstant. Deshalb bezeichnet man ein solches Element als CST-Element (*constant strain triangle*). An den Elementsgrenzen sind die Verzerrungen unstetig.

Bei Vernachlässigung von Wärmedehnungen lautet das verallgemeinerte HOOKE'sche Gesetz für das finite Element e analog zu (3.254) formal:

$$\boldsymbol{\sigma}^e = \mathbf{C}^e \boldsymbol{\varepsilon}^e , \tag{16.70}$$

wobei $\mathbf{C}^e$ die elementsbezogene, also lokale, Elastizitätsmatrix bezeichnet. Für den Fall eines ebenen Spannungszustandes folgt $\mathbf{C}^e$ aus (3.306) zu

$$\mathbf{C}^e = \frac{E^e}{1-(\nu^e)^2} \begin{bmatrix} 1 & \nu^e & 0 \\ & 1 & 0 \\ \mathit{symm.} & & \frac{1-\nu^e}{2} \end{bmatrix} . \tag{16.71}$$

Für den Fall eines ebenen Verzerrungszustandes ergibt sich $\mathbf{C}^e$ aus (3.309) zu

$$\mathbf{C}^e = \frac{E^e(1-\nu^e)}{(1+\nu^e)(1-2\nu^e)} \begin{bmatrix} 1 & \frac{\nu^e}{1-\nu^e} & 0 \\ & 1 & 0 \\ \mathit{symm.} & & \frac{1-2\nu^e}{2(1-\nu^e)} \end{bmatrix} . \tag{16.72}$$

Die Elementsbezogenheit der Elastizitätsmatrix erleichtert die Berücksichtigung ebener Systeme, die aus verschiedenen Materialien bestehen.

Der Ausdruck für die potentielle Energie des finiten Elements e lautet analog zu (5.121):

$$\Pi^e = \frac{1}{2} \int_{V^e} \boldsymbol{\varepsilon}^{e^T} \mathbf{C}^e \boldsymbol{\varepsilon}^e \, dV^e - \int_{V^e} \mathbf{u}^{e^T} \mathbf{f}^e \, dV^e - \int_{S^e} \mathbf{u}^{e^T} \mathbf{t}^{(n)e} \, dS^e \tag{16.73}$$

mit $\mathbf{f}^e$ und $\mathbf{t}^{(n)e}$ als lokalen Vektoren verschiebungsunabhängiger Volumen- und Oberflächenkräfte sowie mit $dV^e = h^e \, dA^e$ und $dS^e = h^e \, ds^e$. Dabei bezeichnen h^e die Dicke des finiten Elements e und dA^e und ds^e den Flächeninhalt der Mittelebene eines infinitesimalen Volumenelements dV^e bzw. die Länge der Mittellinie eines infinitesimalen

Oberflächenelements dS^e. Einsetzen von (16.62), (16.68) und (16.71) bzw. (16.72) in (16.73) ergibt

$$\Pi^e = \frac{1}{2}\mathbf{q}^{e^T}\left(\int_{V^e}\mathbf{B}^T\,\mathbf{C}\,\mathbf{B}\,dV\right)\mathbf{q}^e - \mathbf{q}^{e^T}\int_{V^e}\mathbf{N}^T\,\mathbf{f}\,dV - \mathbf{q}^{e^T}\int_{S^e}\mathbf{N}^T\,\mathbf{t}^{(n)}\,dS\,, \tag{16.74}$$

wobei der Index e in den Integranden der drei Integrale unterdrückt wurde. Mit den Abkürzungen

$$\mathbf{K}^e = \int_{V^e}\mathbf{B}^T\,\mathbf{C}\,\mathbf{B}\,dV \tag{16.75}$$

und

$$\mathbf{P}^e = \int_{V^e}\mathbf{N}^T\,\mathbf{f}\,dV + \int_{S^e}\mathbf{N}^T\,\mathbf{t}^{(n)}\,dS \tag{16.76}$$

erhält man Π^e zu

$$\Pi^e = \frac{1}{2}\mathbf{q}^{e^T}\,\mathbf{K}^e\,\mathbf{q}^e - \mathbf{q}^{e^T}\,\mathbf{P}^e\,. \tag{16.77}$$

$\mathbf{K}^e$ steht für die als Elementssteifigkeitsmatrix bezeichnete lokale Steifigkeitsmatrix und $\mathbf{P}^e$ für den als Elementsknotenkraftvektor bezeichneten lokalen Knotenkraftvektor. Da der Vektor $\mathbf{q}^e$ laut (16.63) 3×2, also sechs, Komponenten hat, müssen entsprechend (16.77) die symmetrische Matrix $\mathbf{K}^e$ sechs Zeilen und Spalten und der Vektor $\mathbf{P}^e$ sechs Zeilen aufweisen. Die Symmetrie von $\mathbf{K}^e$ ist eine Folge der Existenz der Energiedichtefunktion $U_0(\varepsilon_{ij})$ gemäß (5.8).

Analog zum Ausdruck für die kinetische Energie K eines Körpers, der sich durch Einsetzen von (5.19) in (5.25) ergibt, lautet der Ausdruck für die kinetische Energie des finiten Elements e:

$$K^e = \frac{1}{2}\int_{V^e}\rho^e\,\mathbf{v}^{e^T}\,\mathbf{v}^e\,dV\,, \tag{16.78}$$

wobei ρ^e die lokale Massendichte und $\mathbf{v}^e$ den lokalen Geschwindigkeitsvektor bezeichnen. ρ^e ist im Allgemeinen orts- und zeitabhängig. $\mathbf{v}^e$ folgt aus (16.62) zu

$$\mathbf{v}^e = \dot{\mathbf{u}}^e = \mathbf{N}^e\,\dot{\mathbf{q}}^e \tag{16.79}$$

mit $\dot{\mathbf{q}}^e$ als Vektor der Knotenpunktgeschwindigkeiten des Elements e. Eintragen von (16.79) in (16.78) ergibt

$$K^e = \frac{1}{2}\dot{\mathbf{q}}^{e^T}\left(\int_{V^e}\rho\,\mathbf{N}^T\,\mathbf{N}\,dV\right)\dot{\mathbf{q}}^e\,, \tag{16.80}$$

wobei der Index e im Integranden des Integrals unterdrückt wurde. Mit der Abkürzung

$$\mathbf{M}^e = \int_{V^e}\rho\,\mathbf{N}^T\,\mathbf{N}\,dV \tag{16.81}$$

erhält man K^e zu

$$K^e = \frac{1}{2}\dot{\mathbf{q}}^{e^T}\,\mathbf{M}^e\,\dot{\mathbf{q}}^e\,. \tag{16.82}$$

$\mathbf{M}^e$ steht für die als Elementsmassenmatrix bezeichnete lokale Massenmatrix. Da der Vektor $\dot{\mathbf{q}}^e$ sechs Komponenten hat, muss entsprechend (16.82) die symmetrische Matrix $\mathbf{M}^e$ sechs Zeilen und Spalten aufweisen. Die Symmetrie von $\mathbf{M}^e$ ist eine Folge der Existenz der Energiedichtefunktion $K_0(v_i)$ gemäß (5.19).

Analog zu (5.95) ergibt sich die lokale LAGRANGE'sche Funktion zu

$$L^e = \Pi^e - K^e\,. \tag{16.83}$$

Eintragen von (16.77) und (16.82) in (16.83) führt auf

$$L^e = \frac{1}{2}\mathbf{q}^{e^T}\,\mathbf{K}^e\,\mathbf{q}^e - \mathbf{q}^{e^T}\,\mathbf{P}^e - \frac{1}{2}\dot{\mathbf{q}}^{e^T}\,\mathbf{M}^e\,\dot{\mathbf{q}}^e\,. \tag{16.84}$$

16.4.3 Diskretisierte ebene konservative lineare Systeme

Durch Summation über alle s finiten Elemente erhält man eine Näherung für die systembezogene, also globale, LAGRANGE'sche Funktion L für ein aus linear elastischem Material bestehendes ebenes konservatives System bei kleinen Verschiebungen und Verschiebungsableitungen:

$$L \approx \sum_{e=1}^{s} L^e\left(\mathbf{q}^e, \dot{\mathbf{q}}^e\right). \tag{16.85}$$

Um bei dieser Summation entsprechende lokale Matrizen und Vektoren addieren zu können, muss man L^e formal als Funktion der globalen Vektoren $\mathbf{q}$ und $\dot{\mathbf{q}}$ darstellen. Im Falle von n Knotenpunkten bestehen diese Vektoren aus $2n$ Komponenten. Sie weisen daher $2n$ Zeilen auf. An die Stelle von (16.84) tritt dann

$$L^e = \frac{1}{2}\,\mathbf{q}^T\,\widetilde{\mathbf{K}}^e\,\mathbf{q} - \mathbf{q}^T\,\widetilde{\mathbf{P}}^e - \frac{1}{2}\,\dot{\mathbf{q}}^T\,\widetilde{\mathbf{M}}^e\,\dot{\mathbf{q}}\,. \tag{16.86}$$

Laut (16.86) müssen die symmetrischen Matrizen $\widetilde{\mathbf{K}}^e$ und $\widetilde{\mathbf{M}}^e$ $2n$ Zeilen und Spalten und der Vektor $\widetilde{\mathbf{P}}^e$ $2n$ Zeilen aufweisen. $\widetilde{\mathbf{K}}^e$, $\widetilde{\mathbf{M}}^e$ und $\widetilde{\mathbf{P}}^e$ ergeben sich durch Platzierung der Koeffizienten von $\mathbf{K}^e$, $\mathbf{M}^e$ und $\mathbf{P}^e$ in passende Zeilen und Spalten von $\widetilde{\mathbf{K}}^e$ und $\widetilde{\mathbf{M}}^e$ bzw. passende Zeilen von $\widetilde{\mathbf{P}}^e$ und Nullsetzen aller übrigen Koeffizienten von $\widetilde{\mathbf{K}}^e$, $\widetilde{\mathbf{M}}^e$ und $\widetilde{\mathbf{P}}^e$. So entsprechen etwa dem Koeffizient in der zweiten Zeile und fünften Spalte von $\mathbf{K}^e$ bzw. $\mathbf{M}^e$ der Koeffizient in Zeile $2i$ und Spalte $2k-1$ von $\widetilde{\mathbf{K}}^e$ bzw. $\widetilde{\mathbf{M}}^e$ (Tabelle 16.1, Abb. 16.2a). Analog dazu entspricht dem Koeffizient in der zweiten Zeile von $\mathbf{P}^e$ der Koeffizient in Zeile $2i$ von $\widetilde{\mathbf{P}}^e$ (Tabelle 16.1, Abb. 16.2b).

Die Positionen der von null verschiedenen Koeffizienten von $\widetilde{\mathbf{K}}^e$, $\widetilde{\mathbf{M}}^e$ und $\widetilde{\mathbf{P}}^e$ hängen von der Nummerierung der Knotenpunkte ab. Um die Rechenzeit möglichst klein zu halten, ist eine Nummerierung erforderlich, bei der sich diese Positionen innerhalb eines möglichst schmalen, zur Hauptdiagonale symmetrischen Bandes befinden. Dieser Forderung wird, wie bereits erwähnt, durch programminterne Umnummerierungen Rechnung getragen. Mit Hilfe von (16.86) ergibt sich die Summe in (16.85) zu

$$\sum_{e=1}^{s} L^e\left(\mathbf{q}^e, \dot{\mathbf{q}}^e\right) = \sum_{e=1}^{s} L^e\left(\mathbf{q}, \dot{\mathbf{q}}\right) = \sum_{e=1}^{s}\left(\frac{1}{2}\,\mathbf{q}^T\,\widetilde{\mathbf{K}}^e\,\mathbf{q} - \mathbf{q}^T\,\widetilde{\mathbf{P}}^e - \frac{1}{2}\,\dot{\mathbf{q}}^T\,\widetilde{\mathbf{M}}^e\,\dot{\mathbf{q}}\right) =$$

$$= \frac{1}{2}\,\mathbf{q}^T\left(\sum_{e=1}^{s}\widetilde{\mathbf{K}}^e\right)\mathbf{q} - \mathbf{q}^T\sum_{e=1}^{s}\widetilde{\mathbf{P}}^e - \frac{1}{2}\,\dot{\mathbf{q}}^T\left(\sum_{e=1}^{s}\widetilde{\mathbf{M}}^e\right)\dot{\mathbf{q}}\,. \tag{16.87}$$

Tabelle 16.1: Zusammenhang zwischen lokaler und globaler Nummerierung der Knotenpunkte und Freiheitsgrade des finiten Elements e

lokale Nummerierung		globale Nummerierung	
Knotenpunkt	Freiheitsgrade	Knotenpunkt	Freiheitsgrade
1	1, 2	i	$2i-1,\ 2i$
2	3, 4	j	$2j-1,\ 2j$
3	5, 6	k	$2k-1,\ 2k$

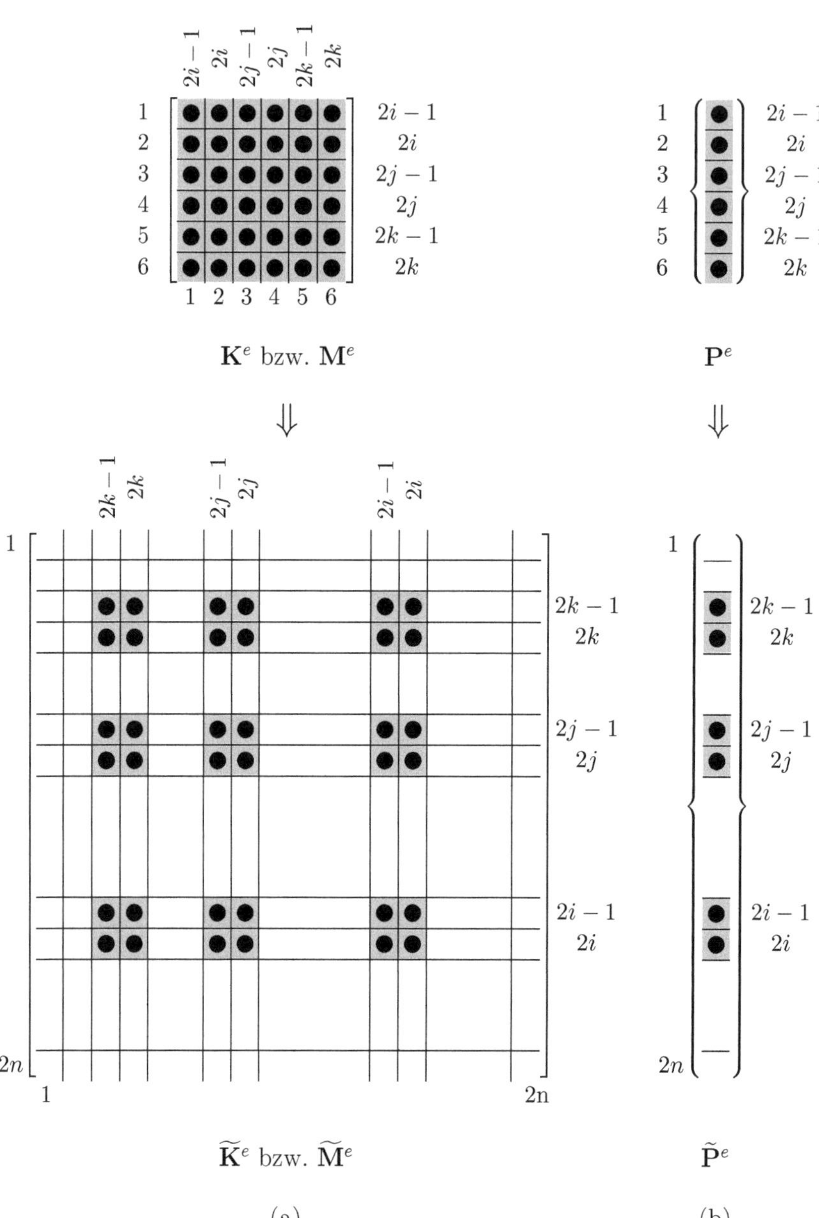

(a) (b)

Abb. 16.2: Platzierung der Koeffizienten (a) von $\mathbf{K}^e$ und $\mathbf{M}^e$ in passende Zeilen und Spalten von $\widetilde{\mathbf{K}}^e$ bzw. $\widetilde{\mathbf{M}}^e$ und (b) von $\mathbf{P}^e$ in passende Zeilen von $\widetilde{\mathbf{P}}^e$; Nullsetzen aller übrigen Koeffizienten von $\widetilde{\mathbf{K}}^e$, $\widetilde{\mathbf{M}}^e$ und $\widetilde{\mathbf{P}}^e$

Im Folgenden wird die zweite der drei Summen im letzten Ausdruck in (16.87) untersucht. Mit Hilfe von (16.76), (16.84), (16.86) und (16.87) ergibt sie sich zu

$$\mathbf{q}^T \sum_{e=1}^{s} \widetilde{\mathbf{P}}^e = \sum_{e=1}^{s} \mathbf{q}^{e^T} \mathbf{P}^e = \sum_{e=1}^{s} \mathbf{q}^{e^T} \left(\int_{V^e} \mathbf{N}^{e^T} \mathbf{f}^e \, dV + \int_{S^e} \mathbf{N}^{e^T} \mathbf{t}^{(n)e} \, dS \right) . \qquad (16.88)$$

Die zweite Summe im letzten Ausdruck in (16.88) erstreckt sich über Integrale über die Berandungen der einzelnen finiten Elemente. Im Gebietsinneren gelegene Elementseiten gehören jeweils zwei Elementen an (Abb. 16.3). Daher treten in der erwähnten Summe in (16.88) jeweils zwei Integrale auf, die sich auf eine bestimmte Elementseite

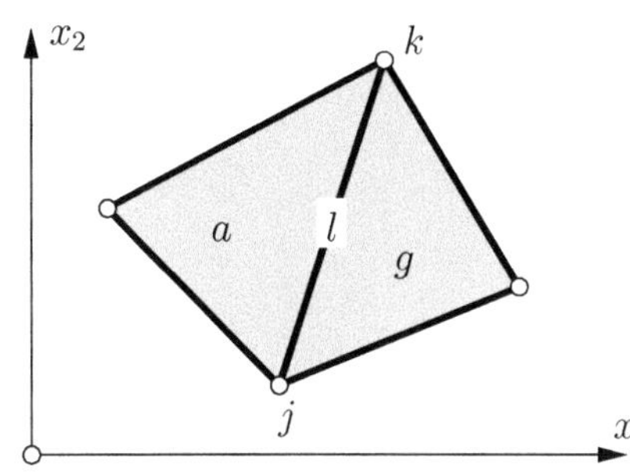

Abb. 16.3: Elementseite l mit den Knotenpunkten j und k als gemeinsame Grenze der Elemente a und g

im Gebietsinneren beziehen. Der Beitrag etwa der Elementseite l zu dieser Summe lautet:

$$\lfloor \mathbf{q}^{(j)^T}, \mathbf{q}^{(k)^T} \rfloor \int_{s^{j,k}} \mathbf{N}^a|_l^T \, \mathbf{t}^{(n)a} \, ds + \lfloor \mathbf{q}^{(k)^T}, \mathbf{q}^{(j)^T} \rfloor \int_{s^{k,j}} \mathbf{N}^g|_l^T \, \mathbf{t}^{(n)g} \, ds \, , \qquad (16.89)$$

wobei $\mathbf{q}^{(j)}$ und $\mathbf{q}^{(k)}$ die Verschiebungsvektoren der Knotenpunkte j und k bezeichnen. Entsprechend der Vereinbarung über die lokale Reihenfolge der Knotenpunkte im Gegenzeigersinn folgt im Element a der Knotenpunkt k auf den Knotenpunkt j, während im Element g die umgekehrte Reihenfolge vorliegt. In (16.89) äußert sich das auch in der Bezeichnung der betreffenden Integrationsbereiche: $s^{j,k}$ bei Element a und $s^{k,j}$ bei Element g. Die gewählten linearen Verschiebungsansätze gewährleisten die geforderte Stetigkeit der Verschiebungen an den Elementsgrenzen im Gebietsinneren. Berücksichtigung dieses Sachverhalts durch Modifikation des zweiten Terms in (16.89) einschließlich Vertauschung der ursprünglichen Reihenfolge der Knotenpunkte k, j ergibt

$$\mathbf{q}_l^T \int_{s_l} \mathbf{N}_l^T \, \mathbf{t}^{(n)a} \, ds + \mathbf{q}_l^T \int_{s_l} \mathbf{N}_l^T \, \mathbf{t}^{(n)g} \, ds \qquad (16.90)$$

mit $\mathbf{q}_l^T = \lfloor \mathbf{q}^{(j)^T}, \mathbf{q}^{(k)^T} \rfloor$, $\mathbf{N}_l = \mathbf{N}^a|_l$ und $s_l = s^{j,k}$. Da die Verzerrungen in den einzelnen finiten Elementen konstant sind, müssen dort unter der Voraussetzung konstanter lokaler Elastizitätsmatrizen auch die Spannungen konstant sein, woraus die Konstanz von $\mathbf{t}^{(n)a}$ und $\mathbf{t}^{(n)g}$ folgt. Aus (16.90) ergibt sich dann

$$\mathbf{q}_l^T \left(\int_{s_l} \mathbf{N}_l^T \, ds \right) \left(\mathbf{t}^{(n)a} + \mathbf{t}^{(n)g} \right) \Big|_l \, . \qquad (16.91)$$

Dieser Term sowie analoge Terme für die restlichen Elementseiten im Gebietsinneren werden bei der Bildung der Summe in (16.88) nicht berücksichtigt. Dadurch entsteht ein Fehler, weil dynamische (bzw. statische) Übergangsbedingungen in Form von

$$\left(\mathbf{t}^{(n)a} + \mathbf{t}^{(n)g} \right) \Big|_l = \mathbf{0} \qquad (16.92)$$

bei der vorgenommenen Wahl der Verschiebungsansätze verletzt werden und (16.91) sowie die dazu analogen Terme daher ungleich null sind. Dieser Fehler ist eine Konsequenz der methodenspezifischen Diskretisierung. Es handelt sich dabei also um einen Diskretisierungsfehler. Erinnert sei jedoch daran, dass bei der vorliegenden Formulierung der Methode der finiten Elemente Stetigkeit der Spannungen an den Elementsgrenzen nicht gefordert wird. Aufgrund der beschriebenen Vorgangsweise reduziert sich die zweite Summe im letzten Ausdruck in (16.88) auf die Elementseiten am Gebietsrand. Betroffen sind überdies nur jene Randseiten, für die inhomogene dynamische (bzw. statische) Randbedingungen vorliegen.

Mit den Abkürzungen

$$\mathbf{K} = \sum_{e=1}^{s} \widetilde{\mathbf{K}}^e\,, \quad \mathbf{M} = \sum_{e=1}^{s} \widetilde{\mathbf{M}}^e\,, \quad \mathbf{P} = \sum_{e=1}^{s} \widetilde{\mathbf{P}}^e \tag{16.93}$$

erhält man die erwähnte Näherung der LAGRANGE'schen Funktion L zu

$$L(\mathbf{q}, \dot{\mathbf{q}}) = \sum_{e=1}^{s} L^e(\mathbf{q}^e, \dot{\mathbf{q}}^e) = \frac{1}{2}\mathbf{q}^T \mathbf{K}\,\mathbf{q} - \mathbf{q}^T \mathbf{P} - \frac{1}{2}\dot{\mathbf{q}}^T \mathbf{M}\,\dot{\mathbf{q}}\,. \tag{16.94}$$

$\mathbf{K}$ steht für die als Systemsteifigkeitsmatrix bezeichnete globale Steifigkeitsmatrix, $\mathbf{M}$ für die als Systemmassenmatrix bezeichnete globale Massenmatrix und $\mathbf{P}$ für den als Systemknotenkraftvektor bezeichneten globalen Knotenkraftvektor. Da die Vektoren $\mathbf{q}$ und $\dot{\mathbf{q}}$ $2n$ Komponenten haben, müssen entsprechend (16.94) die symmetrischen Matrizen $\mathbf{K}$ und $\mathbf{M}$ $2n$ Zeilen und Spalten und der Vektor $\mathbf{P}$ $2n$ Zeilen aufweisen.

Das HAMILTON'sche Prinzip führt laut (5.96) auf

$$\delta \int_{t_0}^{t_1} L(\mathbf{q}, \dot{\mathbf{q}})\, dt = \int_{t_0}^{t_1} \delta(L(\mathbf{q}, \dot{\mathbf{q}}))\, dt = \int_{t_0}^{t_1} \left(\delta\mathbf{q}^T \frac{\partial L}{\partial \mathbf{q}} + \delta\dot{\mathbf{q}}^T \frac{\partial L}{\partial \dot{\mathbf{q}}} \right) dt = 0\,. \tag{16.95}$$

Um die Variation des Vektors der Knotenpunktgeschwindigkeiten, $\delta\dot{\mathbf{q}}$, im Ausdruck für $\delta(L(\mathbf{q}, \dot{\mathbf{q}}))$ zu eliminieren, wird der zweite Term des letzten Integrals in (16.95) mittels partieller Integration umgeformt:

$$\int_{t_0}^{t_1} \delta\dot{\mathbf{q}}^T \frac{\partial L}{\partial \dot{\mathbf{q}}}\, dt = \delta\mathbf{q}^T \frac{\partial L}{\partial \dot{\mathbf{q}}}\bigg|_{t_0}^{t_1} - \int_{t_0}^{t_1} \delta\mathbf{q}^T \frac{d}{dt}\left(\frac{\partial L}{\partial \dot{\mathbf{q}}}\right) dt\,. \tag{16.96}$$

Aus (5.89) und (16.62) resultieren nachstehende einschränkende Bedingungen für die Variation des Vektors der globalen Knotenpunktverschiebungen, $\delta\mathbf{q}$:

$$\delta\mathbf{q}(t_0) = \delta\mathbf{q}(t_1) = \mathbf{0}\,. \tag{16.97}$$

Unter Berücksichtigung von (16.96) und (16.97) erhält man aus (16.95)

$$\delta \int_{t_0}^{t_1} L(\mathbf{q}, \dot{\mathbf{q}})\, dt = \int_{t_0}^{t_1} \delta\mathbf{q}^T \left[\frac{\partial L}{\partial \mathbf{q}} - \frac{d}{dt}\left(\frac{\partial L}{\partial \dot{\mathbf{q}}}\right) \right] dt = 0\,. \tag{16.98}$$

Damit die Variation des HAMILTON'schen Wirkungsintegrals für eine beliebige Variation $\delta\mathbf{q}$ verschwindet, muss der Integrand des Ausdrucks für die Variation dieses Integrals in (16.98) zu jedem Zeitpunkt im betrachteten Zeitintervall verschwinden. Es muss somit

$$\delta\mathbf{q}^T \left[\frac{\partial L}{\partial \mathbf{q}} - \frac{d}{dt}\left(\frac{\partial L}{\partial \dot{\mathbf{q}}}\right) \right] = 0 \tag{16.99}$$

gelten. (16.99) muss für eine beliebige Variation $\delta\mathbf{q}$ erfüllt sein. Daraus resultiert

$$\frac{\partial L}{\partial \mathbf{q}} - \frac{d}{dt}\left(\frac{\partial L}{\partial \dot{\mathbf{q}}}\right) = \mathbf{0}\,. \tag{16.100}$$

Man bezeichnet (16.100) allgemein als LAGRANGE'sche Bewegungsgleichungen für ein konservatives Kraftfeld. Setzt man (16.94) in (16.100) ein, so erhält man

$$\mathbf{M}\,\ddot{\mathbf{q}} + \mathbf{K}\,\mathbf{q} = \mathbf{P}\,. \tag{16.101}$$

Dabei handelt es sich um ein System linearer inhomogener gewöhnlicher Differentialgleichungen zweiter Ordnung zur Bestimmung von $\mathbf{q}(t)$. Für den Sonderfall von statischer Beanspruchung ergibt sich mit

$$\mathbf{K}\,\mathbf{q} = \mathbf{P} \tag{16.102}$$

ein System linearer inhomogener algebraischer Gleichungen zur Ermittlung von $\mathbf{q}$.

Wenn für q_r als Beispiel für eine bestimmte Komponente einer bestimmten Knotenpunktverschiebung die kinematische (geometrische) Randbedingung

$$q_r = \bar{q}_r \tag{16.103}$$

vorliegt, ist

$$\delta q_r = 0\,. \tag{16.104}$$

An die Stelle von

$$\frac{\partial L}{\partial q_r} - \frac{d}{dt}\left(\frac{\partial L}{\partial q_r}\right) = 0 \tag{16.105}$$

in (16.100) bzw. an die Stelle der betreffenden Beziehung in (16.101) oder (16.102) tritt dann (16.103).

Die Form von (16.101) bzw. (16.102) ändert sich nicht, wenn zur Diskretisierung des in Abb. 16.1a dargestellten ebenen Gebiets anstatt des vorgestellten Elementstyps ein anderer verwendet wird bzw. zwei oder mehrere verschiedene Elementstypen benützt werden. Das können etwa Dreieck- und Viereckelemente sein. Sie bleibt auch erhalten, wenn anstatt eines ebenen Problems ein räumliches Problem behandelt oder ein Stabtragwerk untersucht wird. Im Zusammenhang mit Stabtragwerken sei auf Beispiel 7.1 verwiesen. Dieses Beispiel mag unpassend erscheinen, weil Fachwerkstäbe Strukturelemente sind, während die in Abb. 16.1b dargestellten finiten Elemente den gedanklichen Prozess der Diskretisierung des in Abb. 16.1a illustrierten Systems symbolisieren. Als atypisch mag das Beispiel deswegen angesehen werden, weil die Kenntnis der Form der strengen Lösung, deren Merkmal die Konstanz der Stabverzerrungen ist, die Ermittlung eben dieser Lösung ermöglicht. Jedenfalls stellt Gleichung (7.19) die problemspezifische spezielle Form von (16.102) dar. Die folgenden Darlegungen sind ausdrücklich nicht auf eine bestimmte Dimension der Systeme beschränkt.

16.4.4 Diskretisierte nichtkonservative lineare Systeme

Wenn nicht alle Kräfte konservativ sind, bietet sich die mathematische Formulierung des Prinzips der virtuellen Verschiebungen (siehe Gleichung (4.13)) als Ausgangspunkt zur Herleitung der Bewegungsgleichungen für Systeme an, deren Diskretisierung mittels der Methode der finiten Elemente erfolgt. Ein Beispiel für nichtkonservative Volumenkräfte sind Dämpfungskräfte. Dämpfung bewirkt, dass ein schwingendes System nach einiger Zeit zur Ruhe kommt.

Bei kleinen Geschwindigkeiten darf man die Dämpfungskräfte näherungsweise proportional der Geschwindigkeit und zu ihr entgegengesetzt gerichtet ansetzen. Man spricht in diesem Zusammenhang von linearer Geschwindigkeitsdämpfung. In diesem Fall ist (16.101) durch

$$\mathbf{M}\,\ddot{\mathbf{q}} + \mathbf{C}\,\dot{\mathbf{q}} + \mathbf{K}\,\mathbf{q} = \mathbf{P} \tag{16.106}$$

zu ersetzen, wobei $\mathbf{C}$ für die als Systemdämpfungsmatrix bezeichnete globale Dämpfungsmatrix steht. Analog zu $\mathbf{K}$ und $\mathbf{M}$ (siehe die beiden ersten der drei Gleichungen (16.93)) ergibt sich $\mathbf{C}$ zu

$$\mathbf{C} = \sum_{e=1}^{s} \widetilde{\mathbf{C}}^e \,. \tag{16.107}$$

Auf dieselbe Weise, auf die $\widetilde{\mathbf{K}}^e$ aus $\mathbf{K}^e$ bzw. $\widetilde{\mathbf{M}}^e$ aus $\mathbf{M}^e$ erhalten wurde, ergibt sich $\widetilde{\mathbf{C}}^e$ aus der als Elementsdämpfungsmatrix bezeichneten lokalen Dämpfungsmatrix $\mathbf{C}^e$. Zur Ermittlung von $\mathbf{C}^e$ benötigt man die Dämpfungskräfte. Mit Hilfe eines geeigneten Verschiebungsansatzes analog zu (16.62) approximiert man die elementsspezifischen geschwindigkeitsproportionalen Dämpfungskräfte zu

$$-\,\boldsymbol{\mu}^e\,\mathbf{v}^e = -\boldsymbol{\mu}^e\,\mathbf{N}^e\,\dot{\mathbf{q}}^e \,, \tag{16.108}$$

wobei $\boldsymbol{\mu}^e$ die lokale Viskositätsmatrix bezeichnet. Der Beitrag der lokalen Dämpfungskräfte zur virtuellen Arbeit der Volumenkräfte, d. h. zum zweiten Integral in (4.13), ergibt sich zu

$$\int_{V^e} \delta\mathbf{u}^T\,(-\boldsymbol{\mu}\,\mathbf{v})\,dV = -\delta\,\mathbf{q}^{e^T}\left(\int_{V^e} \mathbf{N}^T\,\boldsymbol{\mu}\,\mathbf{N}\,dV\right)\dot{\mathbf{q}}^e \,, \tag{16.109}$$

wobei der Index e in den Integranden der beiden Integrale unterdrückt wurde. Das zweite Integral in (16.109) stellt die lokale Dämpfungsmatrix dar:

$$\mathbf{C}^e = \int_{V^e} \mathbf{N}^T\,\boldsymbol{\mu}\,\mathbf{N}\,dV \,. \tag{16.110}$$

Die Ermittlung der Matrix $\boldsymbol{\mu}^e$, deren Koeffizienten im Allgemeinen orts- und zeitabhängig sind, ist sehr schwierig. Deshalb wird (16.107) oftmals durch eine Linearkombination von $\mathbf{M}$ und $\mathbf{K}$ ersetzt [Zienkiewicz/Taylor (2000)]:

$$\mathbf{C} = \alpha\,\mathbf{M} + \beta\,\mathbf{K} \,. \tag{16.111}$$

Die Koeffizienten α und β werden experimentell bestimmt.

Ein Beispiel für Oberflächenkräfte, die bei gewissen kinematischen (geometrischen) Randbedingungen nichtkonservativ sind, stellt der Flüssigkeitsdruck dar [Cohen (1966)]. Er wirkt normal auf die Oberfläche der verformten Struktur. Bei dünnwandigen Strukturen muss die Verschiebungsabhängigkeit des Flüssigkeitsdrucks gegebenenfalls berücksichtigt werden.

Bei kleinen Verschiebungen und Verschiebungsableitungen sind die verschiebungsabhängigen Teile des mathematischen Ausdrucks für solche Oberflächenkräfte näherungsweise lineare Funktionen der Verschiebungen und Verschiebungsableitungen.

Mittels eines geeigneten Verschiebungsansatzes analog zu (16.62) approximiert man den elementsspezifischen Beitrag zum verschiebungsabhängigen Teil dieses Ausdrucks zu

$$\hat{\mathbf{t}}^{(n)e}\left(\mathbf{u}^e, \mathbf{u}^e_{,i}\right) = \mathbf{L}^e\,\mathbf{q}^e\,, \tag{16.112}$$

wobei $\mathbf{L}^e$ eine von $\mathbf{q}^e$ unabhängige Matrix bezeichnet. Der Beitrag von $\hat{\mathbf{t}}^{(n)e}$ zur virtuellen Arbeit der Oberflächenkräfte, d. h. zum dritten Integral in (4.13), ergibt sich zu

$$\int_{S^e} \delta\mathbf{u}^T\,\hat{\mathbf{t}}^{(n)}\left(\mathbf{u}^e, \mathbf{u}^e_{,i}\right) dS = \delta\mathbf{q}^{e^T}\left(\int_{S^e} \mathbf{N}^T\,\mathbf{L}\,dS\right)\mathbf{q}^e\,, \tag{16.113}$$

wobei der Index e in den Integranden der beiden Integrale unterdrückt wurde. Für das zweite Integral in (16.113) schreibt man zur Abkürzung

$$\mathbf{K}^e_p = \int_{S^e} \mathbf{N}^T\,\mathbf{L}\,dS\,. \tag{16.114}$$

$\mathbf{K}^e_p$ steht für die als Elementslaststeifigkeitsmatrix bezeichnete lokale Laststeifigkeitsmatrix. Wenn der Flüssigkeitsdruck aufgrund bestimmter Randbedingungen des Systems kein Potential hat, ist diese Matrix unsymmetrisch.

Wenn Oberflächenkräfte der beschriebenen Art vorliegen, tritt

$$\mathbf{M}\,\ddot{\mathbf{q}} + \mathbf{C}\,\dot{\mathbf{q}} + (\mathbf{K} - \mathbf{K}_p)\,\mathbf{q} = \mathbf{P} \tag{16.115}$$

an die Stelle von (16.106). $\mathbf{K}_p$ steht für die als Systemlaststeifigkeitsmatrix bezeichnete globale Laststeifigkeitsmatrix. Für den Sonderfall von statischer Beanspruchung ergibt sich

$$(\mathbf{K} - \mathbf{K}_p)\,\mathbf{q} = \mathbf{P}\,. \tag{16.116}$$

16.4.5 Diskretisierte nichtlineare Systeme

Die bisherigen Ausführungen zur Methode der finiten Elemente waren ebenso wie die Darlegungen über das Verfahren von Ritz und das von Galerkin durch Beschränkung auf die lineare Elastizitätstheorie gekennzeichnet. Bei Vorliegen von geometrischer und/oder materieller Nichtlinearität muss diese Beschränkung aufgehoben werden. Die außerordentlich große Leistungsfähigkeit der Methode der finiten Elemente tritt dann besonders klar zutage. Ein Charakteristikum der numerischen Lösung nichtlinearer Probleme aus dem Bereich der Festigkeitslehre mittels dieser Methode ist die Unterteilung der Belastungsgeschichte in hinreichend kleine Abschnitte (Abb. 4.4). Diese Unterteilung ist die Grundlage der in Abschnitt 4.2.4 beschriebenen Lösung einschlägiger nichtlinearer Probleme mittels der inkrementellen Form des Prinzips der virtuellen Verschiebungen in der Lagrange'schen Fassung. Bei Beschränkung auf statische Beanspruchung ist (4.82) mit $\mathbf{f}^*_{0_{n+1}} = \mathbf{f}_{0_{n+1}}/\rho_0$ (siehe Gleichung (3.217) mit $b_{0_i} = 0$) ein geeigneter Ausgangspunkt zur Herleitung einer inkrementellen Form der Gleichgewichtsbedingungen für Systeme, deren Diskretisierung mittels der Methode der finiten Elemente erfolgt. Formal lässt sich das Ergebnis dieser Herleitung wie folgt anschreiben:

$$\mathbf{K}_T\left(\mathbf{q}^{(m)}_{n+1}\right)\Delta\mathbf{q}^{(m+1)}_{n+1} = \mathbf{R}\left(\mathbf{P}_{n+1},\,\mathbf{q}^{(m)}_{n+1}\right)\,. \tag{16.117}$$

Dabei ist $\mathbf{K}_T$ die von den Knotenpunktverschiebungen $\mathbf{q}^{(m)}_{n+1}$ nach dem Iterationsschritt m im Lastinkrement $n+1$ abhängige globale Tangentensteifigkeitsmatrix,

$\Delta\mathbf{q}_{n+1}^{(m+1)}$ der im Iterationsschritt $m+1$ dieses Inkrements zu berechnende Vektor inkrementeller Knotenpunktverschiebungen und $\mathbf{R}$ ein von der schrittweise gesteigerten Belastung $\mathbf{P}_{n+1}$ und von $\mathbf{q}_{n+1}^{(m)}$ abhängiges Residuum von Knotenkräften. $\mathbf{R}$ kennzeichnet das Ungleichgewicht der äußeren und inneren Kräfte des diskretisierten Systems nach m Iterationsschritten im Inkrement $n+1$ im Rahmen des NEWTON'schen Verfahrens. Wenn im Iterationsschritt $m+1 = s_{n+1}$ im Inkrement $n+1$ erstmals eine geeignete Norm des Residuums $\mathbf{R}$ eine gewählte Toleranzschwelle nicht überschreitet, wird die Iteration in diesem Inkrement beendet (siehe Abschnitt 4.2.4). Einzelheiten der inkrementellen Lösung nichtlinearer Probleme auf dem Gebiet der Festigkeitslehre werden etwa in [Bathe (1996), Hofstetter/Mang (1995), Zienkiewicz/Taylor (2000)] beschrieben.

16.4.6 Wesentliche Gesichtspunkte bei praktischen Berechnungen

Wesentliche Aspekte bei praktischen Berechnungen mittels der Methode der finiten Elemente sind

- die Wahl geeigneter Elementstypen,
- die Integrationen bei der Ermittlung lokaler Matrizen und Vektoren, die vom Programm in der Regel numerisch durchgeführt werden,
- die Berücksichtigung der Randbedingungen, die programmintern im Allgemeinen bereits bei der Ermittlung der lokalen Matrizen und Vektoren erfolgt,
- die Lösung des bei linearen statischen Problemen entstehenden Systems linearer inhomogener algebraischer Gleichungen unter Berücksichtigung einer gebänderten, in der Regel symmetrischen Koeffizientenmatrix; mit dieser Lösung unmittelbar zusammenhängend, die Bestimmung des Verschiebungszustandes,
- die Ermittlung des Verzerrungs- und des Spannungszustandes auf der Basis des Verschiebungszustandes und
- die Verbesserung der Ergebnisse auf der Grundlage einer Schätzung des Diskretisierungsfehlers. Da die strenge Lösung des Problems unbekannt ist, kann man diesen Fehler nur schätzen. Wenn der Schätzwert eine vorgegebene Fehlerschranke übersteigt, wird das Finite-Elemente-Netz vom Programm für eine neue Berechnung adaptiert. Bis zur Unterschreitung der Fehlerschranke können mehrere Neuvernetzungen und -berechnungen erforderlich sein. Man spricht in diesem Zusammenhang von einer adaptiven Analyse. Die Möglichkeit zur Durchführung einer solchen Berechnung ist bei der überwiegenden Mehrzahl der marktgängigen Software derzeit noch nicht gegeben.

Bei linearen dynamischen Berechnungen mittels der Methode der finiten Elemente ist anstatt eines Systems linearer inhomogener algebraischer Gleichungen ein System linearer inhomogener gewöhnlicher Differentialgleichungen zweiter Ordnung zu lösen. Dabei ist

- der Selektion eines geeigneten numerischen Verfahrens zur Lösung dieser Differentialgleichungen und
- der Wahl passender Zeitschritte unter Berücksichtigung von numerischer Stabilität, Genauigkeit der Ergebnisse und Rechenökonomie

besonderes Augenmerk zu schenken. Unter numerischer Stabilität versteht man in diesem Zusammenhang die Verringerung einer zum Zeitpunkt $t = t_n$ erfolgten Störung der Lösung durch den Algorithmus zur Berechnung der Lösung zum Zeitpunkt $t = t_{n+1}$.

Bei nichtlinearen Analysen mit Hilfe der Methode der finiten Elemente kommt der Art der Ermittlung der Tangentensteifigkeitsmatrix eine entscheidende Rolle zu. Wesentlich ist dabei die Konsistenz des Linearisierungsprozesses (siehe Abschnitt 4.2.4), auf dem diese Matrix beruht. Sie ist die Voraussetzung für die Erhaltung der guten Konvergenzeigenschaften des NEWTON'schen Verfahrens in einer hinreichend kleinen Umgebung der Lösung.

Die Auseinandersetzung mit der angedeuteten Vielfalt von Detailproblemen bei Berechnungen mittels der Methode der finiten Elemente ist Gegenstand der umfangreichen Fachliteratur [Bathe (1996), Zienkiewicz/Taylor (2000)].

16.4.7 Beispiel zur Anwendung der Methode der finiten Elemente

Als Beispiel für die Anwendung dieser Methode dient die von HUEMER vorgenommene Simulation eines Zugversuches an einer Aluminiumscheibe mit einer kreisrunden Öffnung [Huemer (1998)]. Dieser Zugversuch ist eines von mehreren derartigen Experimenten, die von THEOCARIS und MARKETOS durchgeführt und mit Hilfe der Spannungsoptik untersucht wurden [Theocaris/Marketos (1964)]. Diese experimentelle Methode wird in Abschnitt 17.3.1 vorgestellt.

Abb. 16.4 zeigt ein Viertel der untersuchten Aluminiumscheibe. Aufgrund der Symmetrie der Struktur und ihrer Belastung genügt es, ein Viertel der Scheibe zu diskretisieren. Die Abbildung enthält die Abmessungen, Teile einer fiktiven Lagerung zum Zweck der Simulation der Symmetriebedingungen, und die Belastung am Ende der Belastungsgeschichte.

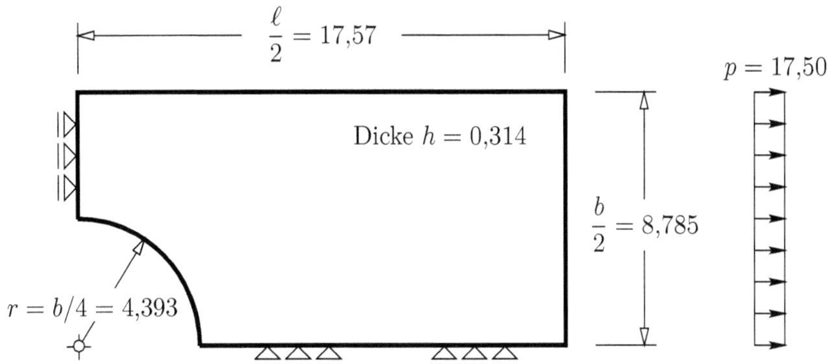

Abb. 16.4: Aluminiumscheibe mit einer kreisrunden Öffnung: Abmessungen [cm], Lagerung, Belastung [kN/cm^2]

Im Vergleich zu den übrigen Abmessungen ist die Dicke der Scheibe gering. Es liegt daher in guter Näherung ein ebener Spannungszustand vor.

Im Experiment wurde die Belastung inkrementell aufgebracht. Im ersten Lastinkrement wurde sie bis zum Fließeintritt gesteigert. Danach wurde sie schrittweise weiter erhöht. In der Rechnung wurde das erste Inkrement zu $p = 5{,}0$ kN/cm^2 gewählt. Bei diesem Wert treten nur elastische Verzerrungen auf. Danach folgen 50 Inkremente zu je $\Delta p = 0{,}25$ kN/cm^2. Am Ende der Belastungsgeschichte beträgt p somit 17,50 kN/cm^2.

Bei dem Material handelt es sich um die Aluminiumlegierung 57S. Abb. 16.5 zeigt das in einem einaxialen Zugversuch an einer entsprechenden Materialprobe erhaltene $\sigma\varepsilon$-Diagramm. Für die numerische Simulation wurde es näherungsweise durch eine bilineare Arbeitslinie ersetzt. Diese ist durch folgende Werte für den Elastizitätsmodul E, die Fließspannung f_y und den Tangentenmodul E_t (siehe Abschnitt 9.3.3) gekennzeichnet: $E = 7000$ kN/cm^2, $f_y = 24{,}3$ kN/cm^2, $E_t = 220$ kN/cm^2.

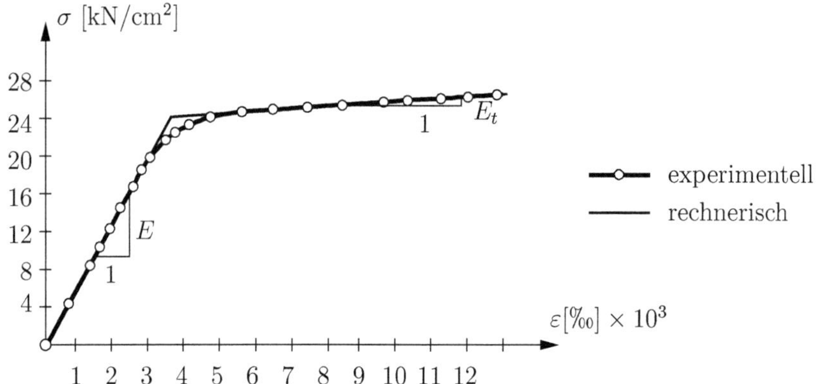

Abb. 16.5: Aluminiumlegierung 57S: $\sigma\varepsilon$-Diagramm für einaxialen Zug [Theocaris/Marketos (1964)]

Für die Querdehnungszahl ν wurde in [Theocaris/Marketos (1964)] kein Wert angegeben. Gemäß [Malvern (1969)] wurde ν zu 0,330 angenommen.

Der Berechnung wurde die Fließhypothese nach VON MISES (siehe Abschnitt 10.3.2) zugrunde gelegt. Es wurde isotrope Werkstoffverfestigung (siehe Abschnitt 13.2.3) mit einem konstanten isotropen Verfestigungsmodul H_i angenommen. Aus dem Evolutionsgesetz für die Fließspannung (siehe Gleichung (13.29)) folgt somit

$$f_y(\kappa) = f_{y0} + H_i\,\kappa \tag{16.118}$$

mit $f_{y0} = f_y(\kappa = 0)$ als anfänglicher Fließgrenze und κ als Verfestigungsparameter. Als dieser Parameter wird die effektive plastische Verzerrung (siehe Gleichung (13.27)) gewählt. Einsetzen von (13.27) in (16.118) ergibt

$$f_y = f_{y0} + H_i \int \sqrt{\frac{2}{3}\, d\varepsilon^p_{kl}\, d\varepsilon^p_{kl}}\,. \tag{16.119}$$

Zur Ermittlung von H_i benützt man die bei einem einaxialen Zugversuch im Verfestigungsbereich gültigen Zusammenhänge

$$d\sigma = E_t\, d\varepsilon = E\, d\varepsilon^e = H_i\, d\varepsilon^p \tag{16.120}$$

und

$$d\varepsilon = d\varepsilon^e + d\varepsilon^p\,. \tag{16.121}$$

Trägt man (16.121) in den ersten der drei Ausdrücke für $d\sigma$ in (16.120) ein, so erhält man unter Berücksichtigung der beiden anderen Ausdrücke

$$d\sigma = E_t\,(d\varepsilon^e + d\varepsilon^p) = E_t\,d\varepsilon^p\left(\frac{d\varepsilon^e}{d\varepsilon^p} + 1\right) = E_t\,d\varepsilon^p\left(\frac{H_i}{E} + 1\right) . \qquad (16.122)$$

Gleichsetzen des letzten Ausdrucks in (16.120) und (16.122) führt auf

$$H_i = \frac{E\,E_t}{E + E_t} . \qquad (16.123)$$

Mit den angegebenen Zahlenwerten für E und E_t ergibt sich $H_i = 227{,}14$ kN/cm^2.

Für die adaptive inkrementelle Analyse benötigt man eine obere und eine untere Fehlerschranke. Die beiden Fehlerschranken werden mit η_{max} und η_{min} bezeichnet. η_{max} entspricht der gewünschten Genauigkeit der Rechnung. Wenn der vom Programm berechnete Schätzwert η des Diskretisierungsfehlers die Fehlerschranke η_{max} überschreitet, wird automatisch ein neues Finite-Elemente-Netz erstellt. Dazu bedarf es einer sogenannten Netzdichtefunktion [Huemer (1998)]. Zur Ermittlung der neuen Netzdichtefunktion ist η_{min} erforderlich. Je kleiner das Intervall $[\eta_{min}, \eta_{max}]$ ist, desto mehr Netzadaptierungen braucht man, um die gewünschte Genauigkeit zu erzielen. Für das vorliegende Beispiel wurden die Fehlerschranken η_{max} und η_{min} zu 2 % bzw. 1,6 % gewählt. Damit wird der Bedingung

$$\frac{\eta_{max} - \eta_{min}}{\eta_{min}} \geq 0{,}10 \qquad (16.124)$$

entsprochen, die sich bei praktischen Anwendungen als brauchbar erwiesen hat.

Der Schätzwert des Diskretisierungsfehlers ergibt sich als Summe der Beiträge der einzelnen finiten Elemente:

$$\eta = \left(\sum_{\tau=1}^{s} \eta_\tau^2\right)^{\frac{1}{2}} . \qquad (16.125)$$

Im Gegensatz zu einer nichtadaptiven inkrementellen Berechnung ist die Anzahl s der finiten Elemente bei einer adaptiven inkrementellen Analyse infolge der Neuvernetzungen eine variable Größe. Das Quadrat des lokalen Widerparts η_τ der globalen Größe η ist zu

$$\eta_\tau^2 = \frac{\Delta e_\tau^2}{\sum_{\tau=1}^{s} \Delta u_\tau^2} \qquad (16.126)$$

definiert. Dabei handelt es sich um eine relative Größe. Die entsprechende absolute Größe Δe_τ^2 und der Summand Δu_τ^2 der Bezugsgröße sind zu

$$\Delta e_\tau^2 = \int_{t_n}^{t_{n+1}} (\dot{e_\tau^2})dt \quad \text{bzw.} \quad \Delta u_\tau^2 = \int_{t_n}^{t_{n+1}} (\dot{u_\tau^2})dt \qquad (16.127)$$

gegeben. η spiegelt somit die Genauigkeit der inkrementellen Berechnung im Inkrement $n+1$ wider.

Die Raten in den Integranden der beiden Integrale werden in einen elastischen und einen plastischen Anteil aufgespaltet [Lackner (1999)]:

$$(\dot{e_\tau^2}) = (\dot{e_\tau^2})^e + (\dot{e_\tau^2})^p \qquad (16.128)$$

mit

$$(\dot{e_\tau^2})^e = \int_{V^\tau} \left|\sigma_{ij}^* - \sigma_{ij}^h\right| \left|\left(\dot{\varepsilon}_{ij}^e\right)^* - \left(\dot{\varepsilon}_{ij}^e\right)^h\right| dV \tag{16.129}$$

als elastischem und

$$(\dot{e_\tau^2})^p = \int_{V^\tau} \left|\sigma_{ij}^* - \sigma_{ij}^h\right| \left|\left(\dot{\varepsilon}_{ij}^p\right)^* - \left(\dot{\varepsilon}_{ij}^p\right)^h\right| dV \tag{16.130}$$

als plastischem Anteil bzw.

$$(\dot{u_\tau^2}) = (\dot{u_\tau^2})^e + (\dot{u_\tau^2})^p \tag{16.131}$$

mit

$$(\dot{u_\tau^2})^e = \int_{V^\tau} \left|\sigma_{ij}^h\right| \left|\left(\dot{\varepsilon}_{ij}^e\right)^h\right| dV \tag{16.132}$$

als elastischem und

$$(\dot{u_\tau^2})^p = \int_{V^\tau} \left|\sigma_{ij}^h\right| \left|\left(\dot{\varepsilon}_{ij}^p\right)^h\right| dV \tag{16.133}$$

als plastischem Anteil. In den Integranden der Integrale in (16.129), (16.130), (16.132) und (16.133) wurde der Index τ unterdrückt. Die Fehlerschätzung manifestiert sich in den Differenzen

$$\sigma_{ij}^* - \sigma_{ij}^h \quad \text{und} \quad \left(\dot{\varepsilon}_{ij}^e\right)^* - \left(\dot{\varepsilon}_{ij}^e\right)^h \tag{16.134}$$

in (16.129) und

$$\sigma_{ij}^* - \sigma_{ij}^h \quad \text{und} \quad \left(\dot{\varepsilon}_{ij}^p\right)^* - \left(\dot{\varepsilon}_{ij}^p\right)^h \tag{16.135}$$

in (16.130). Der obere Index h in den Gleichungen (16.129), (16.130), (16.132) und (16.133) bezieht sich auf Ergebnisse, die mittels der Methode der finiten Elemente erhalten wurden. Zur Vereinfachung der Schreibweise wurde dieser Index bei den Größen $\dot{u}_\tau$ und Δu_τ weggelassen. Der obere Index $*$ in den Gleichungen (16.129) und (16.130) bezieht sich auf Größen, die auf einer Glättung der an den Elementsgrenzen unstetigen Spannungen beruhen. Bezüglich dieser Glättung sei auf [Zienkiewicz/Zhu (1987)] verwiesen. In diesem Zusammenhang sei daran erinnert, dass die dynamischen (bzw. statischen) Übergangsbedingungen verletzt werden. Der Grund für die Aufspaltung von $(\dot{e_\tau^2})$ und $(\dot{u_\tau^2})$ in einen elastischen und einen plastischen Anteil sind unterschiedliche Vorgangsweisen bei der Ermittlung des elastischen und des plastischen Anteils des Schätzwertes η des Diskretisierungsfehlers [Lackner (1999)].

Ersetzt man die Raten in (16.128) und (16.131) durch entsprechende Inkremente, so erhält man

$$\Delta e_\tau^2 = \left(\Delta e_\tau^2\right)^e + \left(\Delta e_\tau^2\right)^p \tag{16.136}$$

bzw.

$$\Delta u_\tau^2 = \left(\Delta u_\tau^2\right)^e + \left(\Delta u_\tau^2\right)^p . \tag{16.137}$$

Die Inkremente auf der rechten Seite von (16.136) ergeben sich durch Ersetzen der Raten auf der rechten Seite von (16.129) und (16.130) durch entsprechende Inkremente. Analog ergeben sich die Inkremente auf der rechten Seite von (16.137) durch Ersetzen der Raten auf der rechten Seite von (16.132) und (16.133) durch entsprechende Inkremente. Trägt man (16.136) in (16.126) ein, so erhält man

$$\eta_\tau^2 = \left(\eta_\tau^2\right)^e + \left(\eta_\tau^2\right)^p \tag{16.138}$$

mit

$$\left(\eta_\tau^2\right)^e = \frac{(\Delta e_\tau^2)^e}{\sum_{\tau=1}^{s} \Delta u_\tau^2} \tag{16.139}$$

als elastischem Anteil und

$$\left(\eta_\tau^2\right)^p = \frac{(\Delta e_\tau^2)^p}{\sum_{\tau=1}^{s} \Delta u_\tau^2} \tag{16.140}$$

als plastischem Anteil von η_τ^2. Einsetzen von (16.138) in (16.125) führt auf

$$\eta^2 = \left(\eta^2\right)^e + \left(\eta^2\right)^p \tag{16.141}$$

mit

$$\left(\eta^2\right)^e = \sum_{\tau=1}^{s} \left(\eta_\tau^2\right)^e \tag{16.142}$$

als elastischem Anteil von η^2 und

$$\left(\eta^2\right)^p = \sum_{\tau=1}^{s} \left(\eta_\tau^2\right)^p \tag{16.143}$$

als plastischem Anteil von η^2. Bezüglich weiterer Einzelheiten im Zusammenhang mit der Berechnung des Schätzwertes η des Diskretisierungsfehlers sowie Details der Neuvernetzung wird auf [Huemer (1998)] und [Lackner (1999)] verwiesen.

Abb. 16.6 enthält Darstellungen ausgewählter Ergebnisse einer adaptiven inkrementellen Analyse der Scheibe mittels der Methode der finiten Elemente. Diese Resultate beziehen sich auf die gesamte Belastungsgeschichte.

Die verschiedenen Grauschattierungen in Abb. 16.6a und Abb. 16.6b kennzeichnen Teile der Belastungsgeschichte, an deren Beginn vom Programm im Zuge der adaptiven inkrementellen Analyse jeweils ein Finite-Elemente-Netz generiert wurde. Tabelle 16.2 enthält Kennzahlen dieser Netze (Netze A-H) sowie des Initialnetzes (Netz 0).

Netz A (siehe Abb. 16.7) entstand durch Adaptierung des Initialnetzes 0 (siehe Abb. 16.7) nach dem ersten Lastinkrement, also bei $p = 5{,}0$ kN/cm^2. Netz A weist 1802 finite Elemente, 1894 Knotenpunkte und 3725 Freiheitsgrade auf. Die zuletzt genannte Zahl ist deswegen geringer als die doppelte Anzahl der Knotenpunkte, weil für die auf den beiden Symmetrieachsen gelegenen Knotenpunkte geometrische Randbedingungen gegeben und daher die entsprechenden Komponenten der Knotenpunktverschiebungen bekannt sind. Mit zunehmender Ausdehnung der plastischen Zone(n) nimmt die Anzahl der Elemente der vom Programm generierten neuen Finite-Elemente-Netze zu. Die größte Anzahl von Elementen, und zwar 3118, weist das bei der Last $p = 12{,}25$ kN/cm^2 erzeugte Netz D (siehe Abb. 16.7) auf. Die folgenden vier Netze, E, F, G, H, sind durch eine kontinuierliche Abnahme der Anzahl der Elemente gekennzeichnet. Der Grund dafür ist die nach durchgehender Plastizierung vom Loch- zum Außenrand (siehe Netz E in Abb. 16.7) einsetzende Abnahme der großen Spannungsgradienten im Grenzgebiet zwischen dem elastischen und dem plastischen Bereich.

Abb. 16.6a zeigt die Verschiebung u_1 des Punktes P_1 als Funktion von p. Zunächst ist der Zusammenhang zwischen u_1 und p nahezu linear. Etwa ab $p = 12{,}25$ kN/cm^2 kommt es infolge zunehmender Ausdehnung der plastischen Zonen (siehe Netz D in Abb. 16.7) zu einer beträchtlich stärkeren als der anfänglichen Zunahme von u_1.

Abb. 16.6b zeigt den Schätzwert η des Diskretisierungsfehlers sowie dessen elastischen und plastischen Anteil, η^e bzw. η^p, als Funktionen von p. Diese Anteile sind zu

$$\eta^e = \sqrt{(\eta^2)^e} \quad \text{und} \quad \eta^p = \sqrt{(\eta^2)^p} \tag{16.144}$$

definiert, wobei $(\eta^2)^e$ und $(\eta^2)^p$ laut (16.141) die Anteile von η^2 sind. Bis zu $p = 5{,}50$ kN/cm^2 treten keine plastischen Verzerrungen auf. η^p ist somit gleich null. Daher ist $\eta = \eta^e$. Solange die Verformung rein elastisch ist, bleibt η bei ungeändertem Netz konstant. Bei $p = 5{,}75$ kN/cm^2 werden erstmals plastische Verzerrungen festgestellt. Bei weiterer Steigerung von p nimmt η zu. Die aus (16.141) und (16.144) folgende Beziehung

$$\frac{\eta^e}{\eta} = \frac{1}{\sqrt{1 + \left(\dfrac{\eta^p}{\eta^e}\right)^2}} \tag{16.145}$$

macht verständlich, warum das Verhältnis η^e/η nur unwesentlich kleiner als eins ist (siehe Abb. 16.6b). Bei $p = 7{,}00$ kN/cm^2 ist erstmals $\eta > \eta_{max} = 2$ %. Deshalb wird Netz A durch ein neues Netz – Netz B – ersetzt. Die Wiederholung der Berechnung für das aktuelle Lastinkrement auf der Basis von Netz B bewirkt eine Reduktion von η auf 1,62 %. Dieser Wert ist nur geringfügig größer als $\eta_{min} = 1{,}60$, d. h. als der Wert, der

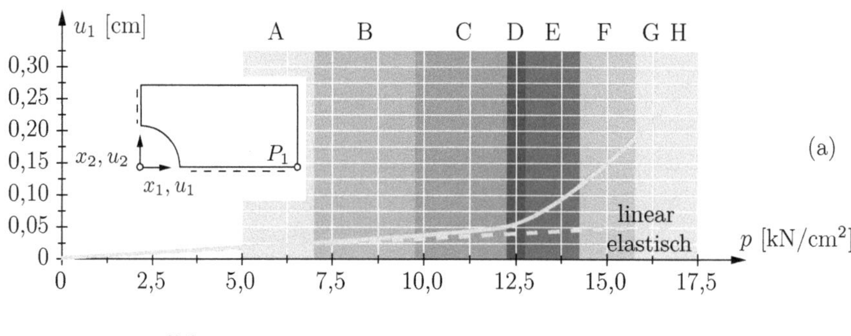

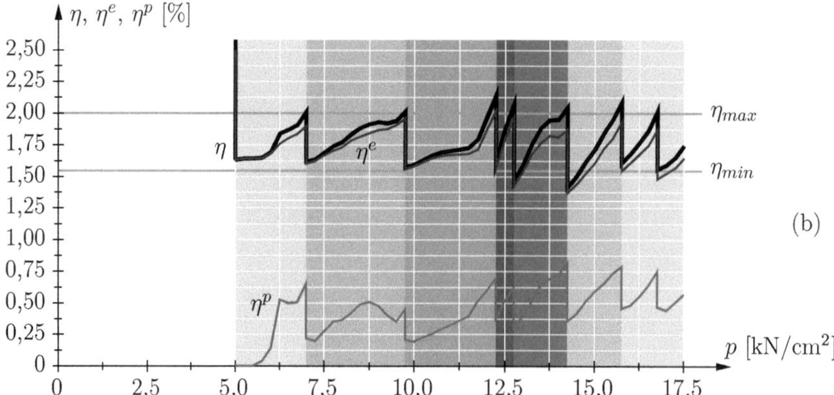

Abb. 16.6: Aluminiumscheibe mit einer kreisrunden Öffnung:
(a) Verschiebung u_1 des Punktes P_1 als Funktion von p,
(b) Schätzwert η des Diskretisierungsfehlers sowie dessen elastischer und plastischer Anteil, η^e bzw. η^p, als Funktionen von p

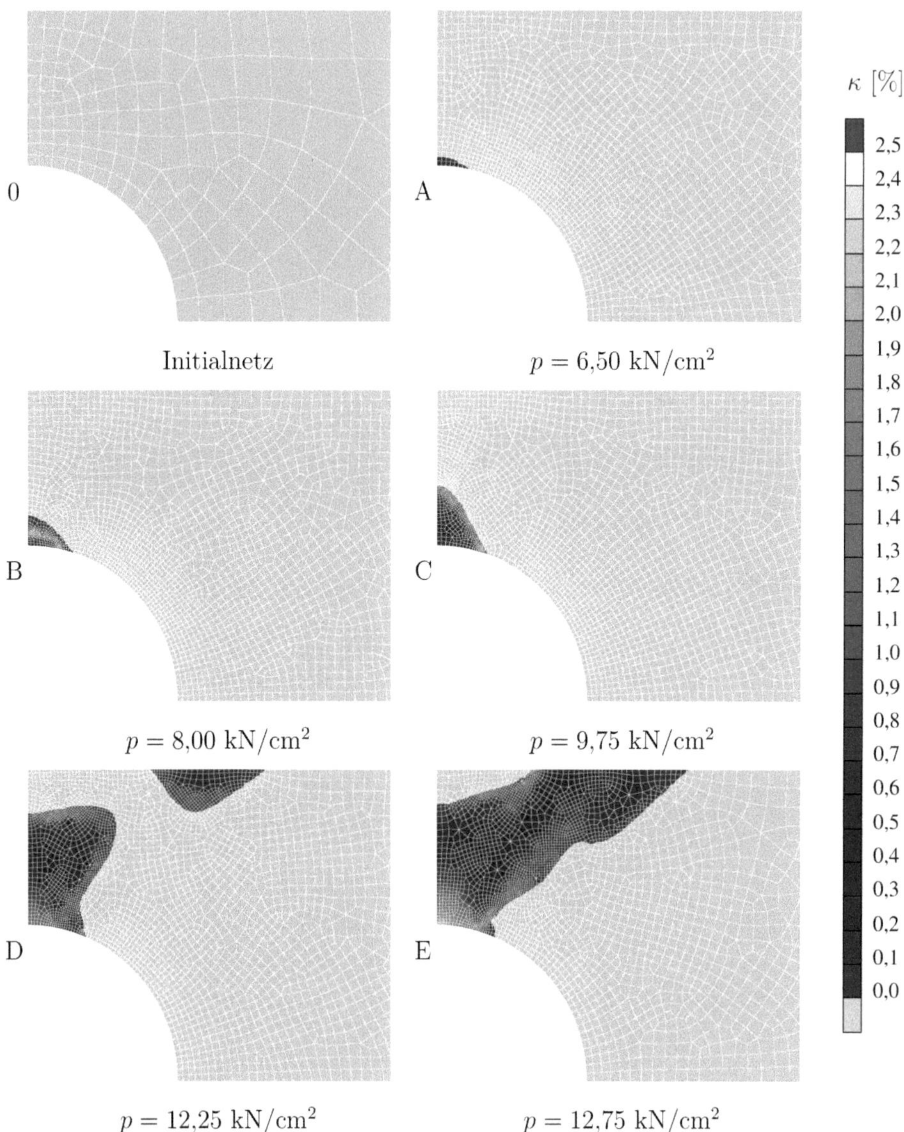

Abb. 16.7: Plastizierung einer Aluminiumscheibe mit kreisrunder Öffnung bei wachsender Belastung p, illustriert anhand der Verteilung des Verfestigungsparameters κ bei fünf verschiedenen Lastgrößen über fünf verschiedene automatisch erzeugte Finite-Elemente-Netze (die Darstellungen sind auf den maßgebenden linken Teil des betrachteten Viertels der Scheibe beschränkt)

eine der Grundlagen für die Neuvernetzung war. Die Belastungsgeschichte ist durch sechs weitere Netzadaptierungen gekennzeichnet (Abb. 16.6b). Bis $p = 12{,}25$ kN/cm^2 sind die Intervalle zwischen aufeinander folgenden Netzadaptierungen ungefähr gleich groß. Das bei $p = 12{,}25$ kN/cm^2 beginnende Intervall ist im Vergleich zu den vorhergehenden Intervallen klein. Das ist eine Folge der starken Zunahme von η nach der Vereinigung zweier plastischer Zonen (siehe Netz D in Abb. 16.6b) zu einem vom Loch- zum Außenrand reichenden einzigen plastischen Bereich (siehe Netz E in Abb. 16.6b). Danach nimmt die Größe des Intervalls zwischen aufeinander folgenden Netzadaptierungen wegen der bereits erwähnten Abnahme großer Spannungsgradienten wieder zu.

Abb. 16.7 vermittelt einen Eindruck von der Plastizierung der Scheibe. Die Abbildung enthält das Initialnetz (Netz 0) und die im Zuge der adaptiven inkrementellen Berechnung vom Programm automatisch erstellten Netze A–E. Die Darstellungen sind auf den maßgebenden linken Teil des betrachteten Viertels der Scheibe beschränkt. Das Ausmaß der Plastizierung wird mittels des Verfestigungsparameters κ (siehe Gleichung (13.27)) sichtbar gemacht. Im elastischen Bereich ist $\kappa = 0$. Dieser Bereich ist in Abb. 16.7 hellgrau unterlegt. Das Ausmaß der Materialverfestigung bei $p = 6{,}50$ kN/cm^2 (Netz A), $p = 8{,}00$ kN/cm^2 (Netz B), $p = 9{,}75$ kN/cm^2 (Netz C), $p = 12{,}25$ kN/cm^2 (Netz D) und $p = 12{,}75$ kN/cm^2 (Netz E) ist aus der Farbintensität ersichtlich. Im Gegensatz zu den Netzen A und B entspricht die Belastung bei den Netzen C, D und E Lastgrößen, bei denen eine Neuvernetzung vorgenommen wurde (siehe Abb. 16.6).

Die Netze C, D und E in Abb. 16.7 sind dadurch gekennzeichnet, dass primär im Grenzgebiet zwischen dem elastischen und dem plastischen Bereich Zonen mit sehr feiner Vernetzung entstehen. Die Ursache für die bei einem bestimmten Netz mit steigender Belastung erfolgende Zunahme des Schätzwertes η des Diskretisierungsfehlers ist die Veränderung der Lage dieses Grenzgebietes bei der Ausbreitung der plastischen

Tabelle 16.2: Aluminiumscheibe mit einer kreisrunden Öffnung: Kennzahlen des Initialnetzes (Netz 0) sowie der im Zuge einer adaptiven inkrementellen Finite-Elemente-Analyse automatisch erzeugten Netze (Netze A–H)

Netz	Anzahl der		
	Elemente	Knoten	Freiheitsgrade
0	153	182	340
A	1802	1894	3725
B	2251	2364	4650
C	2570	2688	5288
D	3118	3242	6403
E	2929	3035	6004
F	2107	2198	4343
G	1737	1825	3605
H	1734	1817	3586

Zone(n) im Gefolge der Laststeigerung.

Der Vergleich der berechneten Kontur der plastischen Zone(n) mit der von THEOCARIS und MARKETOS experimentell ermittelten Kontur [Theocaris/Marketos (1964)] zeigt gute Übereinstimmung [Huemer (1998)].

16.5 Randelementemethode

16.5.1 Motivation

Im Gegensatz zur Methode der finiten Elemente, bei der das betrachtete Gebiet gedanklich in endliche Elemente zerlegt wird, muss bei der Randelementemethode bei Beschränkung auf Aufgaben der linearen Elastizitätstheorie nur die Berandung des Gebiets in endliche Elemente – sogenannte Randelemente – unterteilt werden. Das ist insbesondere bei körperhaften Gebieten vorteilhaft, weil man nur deren Oberfläche diskretisieren muss. Ein weiterer Vorteil der Randelementemethode ist die im Vergleich zur Methode der finiten Elemente größere Genauigkeit der berechneten Spannungen im Inneren des betrachteten Körpers, da der Diskretisierungsfehler bei der Randelementemethode nur auf der Oberfläche des Körpers erzeugt wird. Ein Nachteil der Randelementemethode ist ihre im Vergleich zur Methode der finiten Elemente größere mathematische Komplexität. Bei nichtlinearen Problemen erfordert übrigens auch die Randelementemethode im Allgemeinen eine Gebietsdiskretisierung.

16.5.2 Grundlegende Gleichungen

Den Ausgangspunkt für die Randelementemethode zur numerischen Lösung von Aufgaben der linearen Elastizitätstheorie bildet der Satz von BETTI. Für zwei verschiedene Gleichgewichtszustände eines Körpers mit den Verschiebungskomponenten u_i bzw. u_i^* und den Komponenten der Oberflächen- und der Volumenkräfte, $t_i^{(n)}$ und f_i, bzw. $t_i^{(n)*}$ und f_i^*, lautet er gemäß (4.127) wie folgt:

$$\begin{aligned}\int_V f_i(\mathbf{z})\,u_i^*(\mathbf{z})\,dV(\mathbf{z}) + \int_S t_i^{(n)}(\mathbf{y})\,u_i^*(\mathbf{y})\,dS(\mathbf{y}) = \\ = \int_V f_i^*(\mathbf{z})\,u_i(\mathbf{z})\,dV(\mathbf{z}) + \int_S t_i^{(n)*}(\mathbf{y})\,u_i(\mathbf{y})\,dS(\mathbf{y})\,. \qquad (16.146)\end{aligned}$$

In (16.146) bezeichnet $\mathbf{y}$ den Ortsvektor eines Punktes auf der Oberfläche S des Körpers mit dem Volumen V und $\mathbf{z}$ den Ortsvektor eines Punktes im Körperinneren. Die Größen u_i sind die zufolge gegebener Oberflächen- und Volumenkräfte mit den Komponenten $t_i^{(n)}$ bzw. f_i zu bestimmenden Verschiebungskomponenten.

Der durch Größen mit einem $*$ gekennzeichnete Gleichgewichtszustand mit den Verschiebungskomponenten u_i^* und den Oberflächen- und Volumenkräften $t_i^{(n)*}$ bzw. f_i^* kann grundsätzlich beliebig gewählt werden. Besteht er aus einer Einzelkraft in einem unendlich ausgedehnten Körper und dem von ihr erzeugten Spannungszustand, dann ist f_i^* zu

$$f_i^*(\mathbf{z}) = e_i^*(\mathbf{z}) \qquad (16.147)$$

gegeben. Dabei stellt $e_i^*(\mathbf{z})$ die in dem durch den Ortsvektor $\mathbf{z}$ definierten Punkt in Richtung der x_i-Achse wirkende Einzelkraft dar. Für einen unendlich ausgedehnten, homogenen, isotropen Körper aus linear elastischem Material hat KELVIN die

Verschiebungen in einem beliebigen Punkt $\mathbf{y}$ und die dort auf ein Flächenelement mit dem Normalenvektor $\mathbf{n}$ wirkenden Oberflächenkräfte zufolge einer im Punkt $\mathbf{x}$ angreifenden Einzelkraft ermittelt. Die Lösung dieser Aufgabe wird deshalb als Fundamentallösung von KELVIN bezeichnet. Sie kann für den betrachteten Körper mit dem Volumen V und der Oberfläche S derart verwendet werden, dass man diesen Körper mit Hilfe des Schnittprinzips der Mechanik gedanklich aus dem unendlich ausgedehnten Raum herauslöst.

Laut KELVIN'scher Fundamentallösung ist die Komponente $u_i^*(\mathbf{y})$ des Verschiebungsvektors in dem durch $\mathbf{y}$ festgelegten Punkt zufolge einer Einzelkraft $e_j^*(\mathbf{x})$, die in dem durch $\mathbf{x}$ festgelegten Punkt angreift und in Richtung der x_j–Achse wirkt, zu

$$u_i^*(\mathbf{y}) = G_{ij}(\mathbf{y},\mathbf{x})\, e_j^*(\mathbf{x}) \tag{16.148}$$

mit

$$G_{ij}(\mathbf{y},\mathbf{x}) = \frac{1}{16\pi(1-\nu)G}\frac{1}{r}\left[(3-4\nu)\delta_{ij} + \frac{\partial r}{\partial y_i}\frac{\partial r}{\partial y_j}\right] \tag{16.149}$$

gegeben; die Komponente $t_i^{(n)*}(\mathbf{y})$ des Spannungsvektors zufolge $e_j^*(\mathbf{x})$, die auf ein durch den Ortsvektor $\mathbf{y}$ und den Normalenvektor $\mathbf{n}$ definiertes Flächenelement wirkt, erhält man zu

$$t_i^{(n)*}(\mathbf{y}) = F_{ij}(\mathbf{y},\mathbf{x})\, e_j^*(\mathbf{x}) \tag{16.150}$$

mit

$$\begin{aligned} F_{ij}(\mathbf{y},\mathbf{x}) \;&=\; \frac{-1}{8\pi(1-\nu)}\frac{1}{r^2}\left\{\left[(1-2\nu)\delta_{ij} + 3\frac{\partial r}{\partial y_i}\frac{\partial r}{\partial y_j}\right]\frac{\partial r}{\partial n}\right. \\ &\left. -(1-2\nu)\left(\frac{\partial r}{\partial y_i}n_j - \frac{\partial r}{\partial y_j}n_i\right)\right\}. \end{aligned} \tag{16.151}$$

In (16.149) und (16.151) bezeichnet $r = r(\mathbf{y},\mathbf{x})$ den Abstand zwischen den Punkten $\mathbf{y}$ und $\mathbf{x}$. Es gilt deshalb

$$r_i = y_i - x_i\ , \tag{16.152}$$

$$r = \sqrt{r_i r_i}\ , \tag{16.153}$$

$$\frac{\partial r}{\partial y_i} = \frac{r_i}{r}\ , \tag{16.154}$$

$$\frac{\partial r}{\partial n} = \frac{\partial r}{\partial y_i}\frac{\partial y_i}{\partial n} = \frac{\partial r}{\partial y_i}n_i = \frac{r_i n_i}{r}\ . \tag{16.155}$$

Da die Komponenten des Spannungsvektors, $t_i^{(n)*}$, gemäß den CAUCHY'schen Formeln (3.129) auf ein durch den Normalenvektor $\mathbf{n}$ definiertes Flächenelement bezogen sind, hängt laut (16.150) auch F_{ij} von $\mathbf{n}$ ab, wie aus (16.151) ersichtlich ist.

Einsetzen von (16.147), (16.148) und (16.150) in (16.146) führt auf

$$\begin{aligned} &\int_V f_i(\mathbf{z})\, G_{ij}(\mathbf{z},\mathbf{x})\, e_j^*(\mathbf{x})\, dV(\mathbf{z}) + \int_S t_i^{(n)}(\mathbf{y})\, G_{ij}(\mathbf{y},\mathbf{x})\, e_j^*(\mathbf{x})\, dS(\mathbf{y}) = \\ &= \int_V e_i^*(\mathbf{z})\, u_i(\mathbf{z})\, dV(\mathbf{z}) + \int_S F_{ij}(\mathbf{y},\mathbf{x})\, e_j^*(\mathbf{x})\, u_i(\mathbf{y})\, dS(\mathbf{y})\ . \end{aligned} \tag{16.156}$$

Zur Umformung des ersten Terms auf der rechten Seite von (16.156) macht man von folgenden Eigenschaften der DIRAC'schen Deltafunktion Gebrauch:

$$\delta(\mathbf{z},\mathbf{x}) = 0 \quad \text{für} \quad \mathbf{z} \neq \mathbf{x},$$
$$\int_V p(\mathbf{z})\,\delta(\mathbf{z},\mathbf{x})\,dV(\mathbf{z}) = \beta\,p(\mathbf{x}) \quad \text{für} \quad \mathbf{x} \in V\,, \tag{16.157}$$

wobei $p(\mathbf{z})$ eine beliebige Funktion ist; für innerhalb von V durch den Orstvektor $\mathbf{x}$ festgelegte Punkte gilt $\beta = 1$. Der erwähnte Term in (16.156) lässt sich dann folgendermaßen umformen:

$$\begin{aligned}\int_V e_i^*(\mathbf{z})\,u_i(\mathbf{z})\,dV(\mathbf{z}) &= \int_V \delta(\mathbf{z},\mathbf{x})\,e_i^*(\mathbf{x})\,u_i(\mathbf{z})\,dV(\mathbf{z}) = \\ &= \int_V \delta(\mathbf{z},\mathbf{x})\,e_j^*(\mathbf{x})\,u_j(\mathbf{z})\,dV(\mathbf{z})\,.\end{aligned} \tag{16.158}$$

Einsetzen von (16.158) in (16.156), Herausheben von $e_j^*(\mathbf{x})$ vor die Integrale und anschließende Kürzung durch $e_j^*(\mathbf{x})$ ergibt

$$\begin{aligned}&\int_V f_i(\mathbf{z})\,G_{ij}(\mathbf{z},\mathbf{x})\,dV(\mathbf{z}) + \int_S t_i^{(n)}(\mathbf{y})\,G_{ij}(\mathbf{y},\mathbf{x})\,dS(\mathbf{y}) = \\ &\int_V \delta(\mathbf{z},\mathbf{x})\,u_j(\mathbf{z})\,dV(\mathbf{z}) + \int_S F_{ij}(\mathbf{y},\mathbf{x})\,u_i(\mathbf{y})\,dS(\mathbf{y})\,.\end{aligned} \tag{16.159}$$

Mit Hilfe von (16.157_2) und mit $\beta = 1$ erhält man für den ersten Term auf der rechten Seite von (16.159)

$$\int_V \delta(\mathbf{z},\mathbf{x})\,u_j(\mathbf{z})\,dV(\mathbf{z}) = u_j(\mathbf{x})\,. \tag{16.160}$$

Einsetzen von (16.160) in (16.159) ergibt schließlich

$$u_j(\mathbf{x}) = \int_S t_i^{(n)}(\mathbf{y})\,G_{ij}(\mathbf{y},\mathbf{x})\,dS(\mathbf{y}) - \int_S F_{ij}(\mathbf{y},\mathbf{x})\,u_i(\mathbf{y})\,dS(\mathbf{y}) + \int_V f_i(\mathbf{z})\,G_{ij}(\mathbf{z},\mathbf{x})\,dV(\mathbf{z})\,. \tag{16.161}$$

(16.161) wird als Identität von SOMIGLIANA* bezeichnet. Mittels (16.161) können die Komponenten des Verschiebungsvektors in jedem Punkt $\mathbf{x}$ innerhalb von V ausschließlich durch Integrationen über die Oberfläche S des betrachteten Körpers berechnet werden, wenn die Komponenten der Oberflächenkräfte $t_i^{(n)}$ und die Verschiebungskomponenten u_i auf der Oberfläche bekannt sind und Volumenkräfte nicht berücksichtigt werden. Das Integral über die Volumenkräfte kann manchmal, wie beispielsweise im Falle konstanter Volumenkräfte infolge von Schwerkraft, mit Hilfe des Divergenztheorems (2.68) in ein Oberflächenintegral umgewandelt werden. Da dann nur noch Oberflächenintegrale auftreten, beschränkt sich die Diskretisierung auf die Oberfläche des Körpers, also auf seinen Rand, worauf die Bezeichnung Randelementemethode zurückzuführen ist.

Jeder Punkt der Oberfläche eines Körpers weist je drei Komponenten des Verschiebungsvektors und des Vektors der Oberflächenkräfte auf. In (16.161) wurde noch nicht zwischen bekannten und unbekannten Komponenten dieser Vektoren unterschieden. Randwertaufgaben der Elastizitätstheorie (siehe Unterkapitel 3.4) sind jedoch zumeist dadurch gekennzeichnet, dass in jedem Punkt der Berandung des Körpers von jedem der drei Wertepaare (u_i, $t_i^{(n)}$) jeweils eine Größe als Randbedingung vorgegeben ist

*CARLO SOMIGLIANA (1860–1955) leistete bedeutende Beiträge zur Elastizitätstheorie. Die nach ihm benannte Integralgleichung ist das elastizitätstheoretische Pendant zur GREEN'schen Formel in der Potentialtheorie.

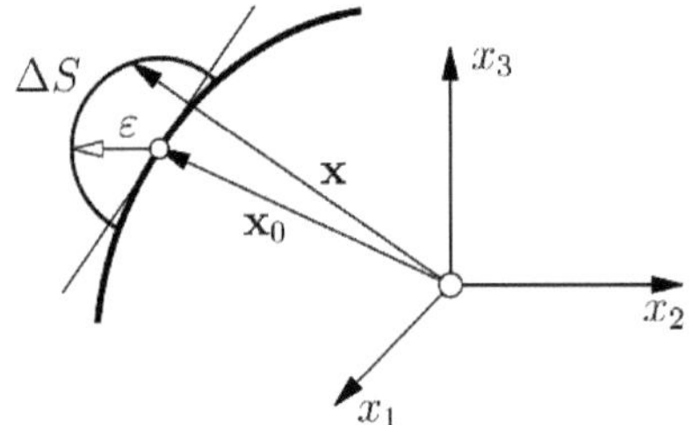

Abb. 16.8: Berücksichtigung des singulären Punktes für stark singuläre Integrale

oder aber ein Zusammenhang zwischen u_i und $t_i^{(n)}$ besteht. Zur Ermittlung der unbekannten Größen in einem auf der Oberfläche gelegenen Punkt $\mathbf{x}_0$ wird der Punkt $\mathbf{x} \in V$ in (16.161) mit dem Punkt $\mathbf{x}_0 \in S$ zur Deckung gebracht.

Bei der Integration über die Oberfläche kommt es dazu, dass die beiden Punkte $\mathbf{x}_0$ und $\mathbf{y}$ zusammenfallen. Die Integrale in (16.161) weisen dann Singularitäten auf, weil für $\mathbf{x}_0 = \mathbf{y}$ aus (16.152) und (16.153) $r = 0$ folgt und deshalb der Nenner der Funktionen $G_{ij}(\mathbf{y}, \mathbf{x})$ und $F_{ij}(\mathbf{y}, \mathbf{x})$ der Fundamentallösung (16.149) bzw. (16.151) jeweils zu null wird. Die Singularität der Funktion $G_{ij}(\mathbf{y}, \mathbf{x})$ ist von der Ordnung $1/r$ und die der Funktion $F_{ij}(\mathbf{y}, \mathbf{x})$ von der Ordnung $1/r^2$. Erstere wird als schwache Singularität bezeichnet. Sie kann durch eine geeignete Koordinatentransformation beseitigt werden. Letztere stellt eine sogenannte starke Singularität dar, die bei der Integration gesondert zu berücksichtigen ist. Zur Bestimmung des stark singulären Integrals wird der singuläre Punkt $\mathbf{x}_0 = \mathbf{y}$ durch Erweiterung der Oberfläche S um den Punkt $\mathbf{x}_0$ durch eine Halbkugel vom Radius ϵ ausgespart (Abb. 16.8).

Nach dem Grenzübergang $\epsilon \to 0$ ergibt sich jedoch wieder die tatsächliche Form der Oberfläche. Die Oberfläche der Halbkugel wird mit ΔS bezeichnet. Aufspaltung des stark singulären Integrals in (16.161) in die Integrationsbereiche $S - \Delta S$ und ΔS ergibt

$$\begin{aligned} &\int_S F_{ij}(\mathbf{y}, \mathbf{x}_0)\, u_i(\mathbf{y})\, dS(\mathbf{y}) = \\ &= \int_{S-\Delta S} F_{ij}(\mathbf{y}, \mathbf{x}_0)\, u_i(\mathbf{y})\, dS(\mathbf{y}) + \int_{\Delta S} F_{ij}(\mathbf{y}, \mathbf{x}_0)\, u_i(\mathbf{y})\, dS(\mathbf{y}) \; . \end{aligned} \tag{16.162}$$

Das zweite Integral auf der rechten Seite von (16.162) führt beim Grenzübergang $\epsilon \to 0$ auf [Banerjee (1981)]

$$\lim_{\epsilon \to 0} \int_{\Delta S} F_{ij}(\mathbf{y}, \mathbf{x}_0)\, u_i(\mathbf{y})\, dS(\mathbf{y}) = \alpha_{ij}\, u_i(\mathbf{x}_0) \; . \tag{16.163}$$

Einsetzen von (16.163) in (16.162) und Eintragen der erhaltenen Beziehung in die für einen auf der Oberfläche S gelegenen Punkt $\mathbf{x}_0$ spezialisierte Gleichung (16.161) führt auf

$$\begin{aligned} c_{ij}(\mathbf{x}_0)\, u_i(\mathbf{x}_0) \;\; &= \;\; \int_S \left[t_i^{(n)}(\mathbf{y})\, G_{ij}(\mathbf{y}, \mathbf{x}_0) - F_{ij}(\mathbf{y}, \mathbf{x}_0)\, u_i(\mathbf{y}) \right] dS(\mathbf{y}) + \\ &\quad + \int_V f_i(\mathbf{z})\, G_{ij}(\mathbf{z}, \mathbf{x})\, dV(\mathbf{z}) \end{aligned} \tag{16.164}$$

mit

$$c_{ij}(\mathbf{x}_0) = \delta_{ij} + \alpha_{ij}(\mathbf{x}_0) \; . \tag{16.165}$$

Für einen Punkt auf der Oberfläche mit einer eindeutigen Tangentialebene erhält man $\alpha_{ij} = -(1/2)\delta_{ij}$. Damit folgt aus (16.165) $c_{ij}(\mathbf{x}_0) = \delta_{ij} - (1/2)\delta_{ij} = (1/2)\delta_{ij}$.

Somit ergibt sich die linke Seite von (16.164) zu $c_{ij}(\mathbf{x}_0)\, u_i(\mathbf{x}_0) = (1/2)u_j(\mathbf{x}_0)$. Liegt $\mathbf{x}_0$ jedoch auf einer Kante oder in einer Ecke der Oberfläche, dann erhält man für α_{ij} ein anderes Ergebnis. Da im folgenden Abschnitt gezeigt wird, dass sich die Integration zur Berechnung der Koeffizienten $\alpha_{ij}\,(\mathbf{x}_0)$ vermeiden lässt, wird auf eine Beschreibung dieser Integration verzichtet.

16.5.3 Diskretisierung

Der Einfachheit halber werden Volumenkräfte nicht berücksichtigt. Lässt man dementsprechend das Volumenintegral in (16.164) weg, so erhält man

$$c_{ij}(\mathbf{x}_0)\, u_i(\mathbf{x}_0) = \int_S \left[t_i^{(n)}(\mathbf{y})\, G_{ij}(\mathbf{y},\mathbf{x}_0) - F_{ij}(\mathbf{y},\mathbf{x}_0)\, u_i(\mathbf{y}) \right] dS(\mathbf{y}) \,. \tag{16.166}$$

Dieses Integral ist numerisch zu lösen. Zu diesem Zweck wird die Oberfläche S des betrachteten Körpers gedanklich in hinreichend viele Elemente – die erwähnten Randelemente – unterteilt.

Im Gegensatz zur beschriebenen Variante der Methode der finiten Elemente werden bei der Randelementemethode nicht nur die elementsbezogenen Verschiebungen, sondern auch die betreffenden Oberflächenkräfte zwischen den Knotenwerten des betrachteten Elements interpoliert. Die entsprechenden Ansätze lauten:

$$\mathbf{u}^e = \mathbf{N}^e\, \mathbf{q}_u^e \,, \tag{16.167}$$

$$\mathbf{t}^e = \mathbf{N}^e\, \mathbf{q}_t^e \,. \tag{16.168}$$

In (16.167) bezeichnet $\mathbf{u}^e$ den Verschiebungsvektor in einem beliebigen Punkt des Randelementes e, und in (16.168) steht $\mathbf{t}^e$ für den Vektor der Oberflächenkräfte in diesem Punkt. Bei

$$\mathbf{N}^e = \left[\mathbf{I}\, N^{(1)} \;\vdots\; \mathbf{I}\, N^{(2)} \;\vdots\; \ldots \;\vdots\; \mathbf{I}\, N^{(k)} \right] \tag{16.169}$$

handelt es sich um die Matrix der Verlaufsfunktionen, wobei $\mathbf{I}$ eine aus drei Zeilen und Spalten bestehende Einheitsmatrix bezeichnet. $\mathbf{q}_u^e$ und $\mathbf{q}_t^e$ sind die zu Vektoren zusammengefassten Knotenwerte der Verschiebungskomponenten und der Komponenten der Oberflächenkräfte.

In Matrizenschreibweise lautet (16.166):

$$\mathbf{c}(\mathbf{x}_0)\, \mathbf{u}(\mathbf{x}_0) = \int_S \left[\mathbf{G}(\mathbf{y},\mathbf{x}_0)\, \mathbf{t}(\mathbf{y}) - \mathbf{F}(\mathbf{y},\mathbf{x}_0)\, \mathbf{u}(\mathbf{y}) \right] dS(\mathbf{y}) \,. \tag{16.170}$$

Unterteilung der Oberfläche S in m Elemente und Berücksichtigung von (16.167) und (16.168) ergibt

$$\mathbf{c}(\mathbf{x}_0)\, \mathbf{u}(\mathbf{x}_0) = \sum_{e=1}^{m} \left[\int_{S^e} \mathbf{G}(\mathbf{y},\mathbf{x}_0)\, \mathbf{N}^e\, dS^e\, \mathbf{q}_t^e - \int_{S^e} \mathbf{F}(\mathbf{y},\mathbf{x}_0)\, \mathbf{N}^e\, dS^e\, \mathbf{q}_u^e \right] \,, \tag{16.171}$$

wobei S^e die Fläche des Randelementes e bezeichnet. Platziert man nun den Punkt $\mathbf{x}_0$ nacheinander in die Knotenpunkte der diskretisierten Oberfläche, so erhält man ein lineares Gleichungssystem zur Bestimmung der unbekannten Knotenwerte der Verschiebungskomponenten und der Komponenten der Oberflächenkräfte. Die Bezeichnung des vorliegenden numerischen Verfahrens als Kollokationsmethode trägt der

Vorgehensweise zur Erzeugung des erwähnten Gleichungssystems Rechnung. Anstatt (16.171) wie bei dieser Methode nur in den einzelnen Knotenpunkten zu befriedigen, kann man diese Beziehung alternativ mit Hilfe des GALERKIN'schen Verfahrens im gewogenen Integralmittel erfüllen. Das erfordert jedoch eine weitere Integration über die Oberfläche des Körpers.

Pro Knotenpunkt mit einer eindeutigen Tangentialebene gibt es drei Wertepaare $(u_i,\ t_i^{(n)})$. Pro Wertepaar sei ein Wert als Randbedingung vorgegeben. Zur Ermittlung der verbleibenden drei unbekannten Größen pro Knotenpunkt stehen mit (16.171) drei Gleichungen zur Verfügung. Die drei aus (16.171) für den Knoten i folgenden Gleichungen lauten unter Berücksichtigung von $\mathbf{u}(\mathbf{x}_0) = \mathbf{q}_u^{(i)}$:

$$\begin{aligned}\mathbf{c}^{(i)}\,\mathbf{q}_u^{(i)} &= \lfloor \mathbf{g}^{(i,1)} \vdots \ldots \vdots\, \mathbf{g}^{(i,i)} \vdots \ldots \vdots\, \mathbf{g}^{(i,n)} \rfloor \left\{ \mathbf{q}_t^{(1)} \vdots \ldots \vdots\, \mathbf{q}_t^{(i)} \vdots \ldots \vdots\, \mathbf{q}_t^{(n)} \right\}^T - \\ &- \lfloor \mathbf{f}^{(i,1)} \vdots \ldots \vdots\, \mathbf{f}^{(i,i)} \vdots \ldots \vdots\, \mathbf{f}^{(i,n)} \rfloor \left\{ \mathbf{q}_u^{(1)} \vdots \ldots \vdots\, \mathbf{q}_u^{(i)} \vdots \ldots \vdots\, \mathbf{q}_u^{(n)} \right\}^T .\end{aligned} \tag{16.172}$$

In (16.172) bezeichnet n die Anzahl der Knotenpunkte. Die Koeffizienten der aus drei Zeilen und Spalten bestehenden Matrizen $\mathbf{g}^{(i,j)}$ und $\mathbf{f}^{(i,j)}$ werden durch Auswertung der elementsbezogenen Integrale in der Summe über die einzelnen Randelemente in (16.171) erhalten. Die Integranden dieser Integrale enthalten die Funktionen G_{ij} und F_{ij} der Fundamentallösung. Schreibt man (16.172) für alle n Knotenpunkte an und fasst die sich auf die Knotenpunktverschiebungen beziehenden Terme auf der linken Seite zusammen, so erhält man

$$\begin{bmatrix} \mathbf{h}^{(1,1)} & \ldots & \mathbf{h}^{(1,i)} & \ldots & \mathbf{h}^{(1,n)} \\ \vdots & & \vdots & & \vdots \\ \mathbf{h}^{(i,1)} & \ldots & \mathbf{h}^{(i,i)} & \ldots & \mathbf{h}^{(i,n)} \\ \vdots & & \vdots & & \vdots \\ \mathbf{h}^{(n,1)} & \ldots & \mathbf{h}^{(n,i)} & \ldots & \mathbf{h}^{(n,n)} \end{bmatrix} \begin{Bmatrix} \mathbf{q}_u^{(1)} \\ \vdots \\ \mathbf{q}_u^{(i)} \\ \vdots \\ \mathbf{q}_u^{(n)} \end{Bmatrix} = \begin{bmatrix} \mathbf{g}^{(1,1)} & \ldots & \mathbf{g}^{(1,i)} & \ldots & \mathbf{g}^{(1,n)} \\ \vdots & & \vdots & & \vdots \\ \mathbf{g}^{(i,1)} & \ldots & \mathbf{g}^{(i,i)} & \ldots & \mathbf{g}^{(i,n)} \\ \vdots & & \vdots & & \vdots \\ \mathbf{g}^{(n,1)} & \ldots & \mathbf{g}^{(n,i)} & \ldots & \mathbf{g}^{(n,n)} \end{bmatrix} \begin{Bmatrix} \mathbf{q}_t^{(1)} \\ \vdots \\ \mathbf{q}_t^{(i)} \\ \vdots \\ \mathbf{q}_t^{(n)} \end{Bmatrix} \tag{16.173}$$

mit

$$\mathbf{h}^{(i,j)} = \mathbf{f}^{(i,j)} + \delta_{ij}\,\mathbf{c}^{(i)} . \tag{16.174}$$

Das Gleichungssystem (16.173) kann symbolisch zu

$$\mathbf{H}\,\mathbf{q}_u = \mathbf{G}\,\mathbf{q}_t \tag{16.175}$$

angeschrieben werden, wobei $\mathbf{H}$ und $\mathbf{G}$ vollbesetzte Matrizen mit je $3n$ Zeilen und Spalten sind. Es gilt nun, in (16.173) bzw. (16.175) die Randbedingungen

$$u_i = \bar{u}_i \text{ auf } S^u \quad \text{und} \quad t_i^{(n)} = \bar{t}_i^{(n)} \text{ auf } S^t\ , \quad S\hat{u} \cup S^t = S\ , \tag{16.176}$$

für Verschiebungskomponenten und Komponenten der Oberflächenkräfte zu erfüllen. Danach sind die unbekannten Knotengrößen auf der linken und die bekannten auf der rechten Seite des Gleichungssystems zu platzieren. Auf diese Weise erhält man

$$\left[\mathbf{G}^{(S^u)} \vdots\, \mathbf{H}^{(S^t)} \right] \begin{Bmatrix} \mathbf{q}_t^{(S^u)} \\ \cdots \\ \mathbf{q}_u^{(S^t)} \end{Bmatrix} = \bar{\mathbf{f}}\ , \tag{16.177}$$

wobei die Vektoren der unbekannten Knotenwerte der Oberflächenkräfte und der Verschiebungen, $\mathbf{q}_t^{(S^u)}$ und $\mathbf{q}_u^{(S^t)}$, zusammen den Vektor der unbekannten Knotenwerte auf S^u und S^t bilden, während der Vektor $\bar{\mathbf{f}}$ die aus den Randbedingungen berechneten und somit bekannten Größen enthält. Die Matrix auf der linken Seite von (16.177) besteht aus den zu den unbekannten Knotenwerten gehörenden Submatrizen $\mathbf{h}^{(i,j)}$ bzw. $\mathbf{g}^{(i,j)}$. Die rechte Seite enthält die Summe der mit den bekannten Knotenwerten $\mathbf{q}_t^{(S^t)} = \bar{\mathbf{t}}^{(n)}$ und $\mathbf{q}_u^{(S^u)} = \bar{\mathbf{u}}$ multiplizierten Submatrizen $\mathbf{g}^{(i,j)}$ und $\mathbf{h}^{(i,j)}$.

Die in (16.173) auftretenden Diagonalsubmatrizen $\mathbf{h}^{(i,i)}$, die gemäß (16.174) die Matrizen $\mathbf{c}^{(i)}$ enthalten, kann man anstatt durch Integration gemäß (16.163) und (16.165) einfacher durch Untersuchung einer Starrkörperbewegung des betrachteten Körpers ermitteln. Erteilt man dem Körper in jeder Koordinatenrichtung eine Starrkörperverschiebung der Größe 1, so erhält man wegen $\mathbf{q}_t = \mathbf{0}$ aus (16.175)

$$\mathbf{H}\hat{\mathbf{q}}_u = \mathbf{0} \, , \tag{16.178}$$

wobei der Vektor $\hat{\mathbf{q}}_u$ diese Starrkörperverschiebung beschreibt. Deshalb sind seine Komponenten alle gleich eins. Da $\mathbf{H}$ der Matrix auf der linken Seite von (16.173) entspricht, folgt aus (16.178)

$$\mathbf{h}^{(i,i)} = -\sum_{j=1}^{n} \mathbf{h}^{(i,j)} \, , \; j \neq i \, . \tag{16.179}$$

Zu beachten ist, dass das Gleichungssystem (16.177) zur Ermittlung der unbekannten Knotenwerte nicht symmetrisch und überdies voll besetzt ist.

16.5.4 Spannungsberechnung

Anschließend an die Lösung des Gleichungssystems (16.177) werden die Spannungen ermittelt. Dabei ist zwischen den Spannungen in den Knotenpunkten der Randelemente und in Punkten im Gebietsinneren zu unterscheiden. Letztere lassen sich nur durch Integrationen über die gesamte Oberfläche des Körpers bestimmen.

Zur Ermittlung der Spannungen in einzelnen Punkten im Körperinneren sind zunächst die Verzerrungskomponenten (3.34) zu bestimmen. Die dafür benötigten partiellen Ableitungen der Verschiebungskomponenten erhält man bei Nichtberücksichtigung von Volumenkräften aus (16.161) zu

$$\frac{\partial u_j(\mathbf{x})}{\partial x_k} = \int_S t_i^{(n)}(\mathbf{y}) \, \frac{\partial G_{ij}(\mathbf{y},\mathbf{x})}{\partial x_k} \, dS(\mathbf{y}) - \int_S \frac{\partial F_{ij}(\mathbf{y},\mathbf{x})}{\partial x_k} \, u_i(\mathbf{y}) \, dS(\mathbf{y}) \, . \tag{16.180}$$

Wegen der Integration über die gesamte Oberfläche des Körpers ist die Spannungsberechnung aufwändig. Die numerischen Ergebnisse für die Spannungen im Körperinneren sind jedoch im Allgemeinen, wie bereits begründet, genauer als die mit Hilfe der Methode der finiten Elemente erhaltenen Resultate.

Literaturverzeichnis

[Banerjee (1981)] P.K. Banerjee und R. Butterfield, *Boundary Element Methods in Engineering Science*, McGraw Hill, New York, 1981.

[Bathe (1996)] K.-J. Bathe, *Finite Element Procedures*, Prentice-Hall, Englewood Cliffs, New Jersey, 1996.

[Cohen (1966)] G.A. Cohen, "Conservativeness of a Normal Pressure Field Acting on a Shell", AIAA Journal (American Institute of Aeronautics and Astronautics), **4** (1966), p. 1886.

[Crandall (1956)] S.H. Crandall, *Engineering Analysis – A Survey of Numerical Procedures*, McGraw-Hill, New York, 1956.

[Hofstetter/Mang (1995)] G. Hofstetter und H.A. Mang, *Computational Mechanics of Reinforced Concrete Structures*, Verlag Vieweg & Sohn, Braunschweig, 1995.

[Huemer (1998)] Th. Huemer, *Automatische Vernetzung und adaptive nichtlineare statische Berechnung von Flächentragwerken mittels vierknotiger finiter Elemente*, Dissertation, Technische Universität Wien, 1998.

[Lackner (1999)] R. Lackner, *Adaptive Finite Element Analysis of Reinforced Concrete Plates and Shells*, Dissertation, Technische Universität Wien, 1999.

[Malvern (1969)] L.E. Malvern, *Introduction to the Mechanics of a Continuous Medium*, Prentice-Hall, Englewood Cliffs, New Jersey, 1969.

[Theocaris/Marketos (1964)] P.S. Theocaris und E. Marketos, "Elastic-plastic analysis of perforated thin strips of a strain-hardening material", *Journal of the Mechanics and Physics of Solids*, **12** (1964), pp. 377–390.

[Zienkiewicz/Taylor (2000)] O.C. Zienkiewicz und R.L. Taylor, *The Finite Element Method*, 5th edition, Volume 1: The Basis, Volume 2: Solid Mechanics, Volume 3: Fluid Dynamics, Arnold, London, 2000.

[Zienkiewicz/Zhu (1987)] O.C. Zienkiewicz und J.Z. Zhu, "A simple error estimator and adaptive procedure for practical engineering analysis", *International Journal for Numerical Methods in Engineering*, **24** (1987), pp. 337–357.

Kapitel 17

Experimentelle Methoden

J. Eberhardsteiner
Institut für Mechanik der Werkstoffe und Strukturen der Technischen Universität Wien

17.1 Allgemeines

Ein Hauptanwendungsgebiet experimenteller Methoden in der Mechanik deformierbarer fester Körper sind Werkstoffversuche. Das wesentliche Kennzeichen derartiger Versuche ist die messtechnische Bestimmung mechanischer Eigenschaften von Materialien. Die dabei gewonnenen Messdaten bilden die Grundlage für die Entwicklung von Materialmodellen für realitätsnahe Festigkeitsanalysen technischer Konstruktionen mittels numerischer Verfahren wie der Methode der finiten Elemente. Ein weiteres wichtiges Anwendungsgebiet experimenteller Messmethoden sind Versuche an Strukturen. Dabei werden Messungen an Bauteilen und Baukonstruktionen von komplizierter Form und Beanspruchung im Labor bzw. vor Ort durchgeführt. Ziele von Strukturversuchen sind: experimentelle Beanspruchungs- und Deformationsanalysen, Verifizierung analytischer und numerischer Rechenmodelle, Erschließung von Tragreserven von Bauteilen sowie Konstruktionsoptimierung und messtechnische Bestimmung realer Belastungssituationen und geometrischer Randbedingungen.

Bei fast allen in der experimentellen Mechanik deformierbarer fester Körper eingesetzten Messverfahren sind geometrische mechanische Größen das primäre Messergebnis. Dabei handelt es sich um Verschiebungen und Verzerrungen. Die messtechnische Bestimmung von Kräften und Spannungen hingegen ist in Abhängigkeit vom Messverfahren nur bei Kenntnis der Materialeigenschaften des Messobjekts bzw. des Messwertaufnehmers im Wege einer Deformationsmessung möglich.

Die rasche Weiterentwicklung auf dem Gebiet der EDV sowie der Lasertechnik begünstigte durch Digitalisierung analoger Messsignale bzw. durch moderne Bildverarbeitungsstrategien eine markante Weiterentwicklung der Messgeräte und eine bedeutende Erhöhung von Qualität und Geschwindigkeit der Messdatenverarbeitung, Versuchsauswertung und Versuchssteuerung. Die physikalischen Grundlagen der Messverfahren blieben in vielen Fällen unverändert.

Dem physikalischen Messprinzip entsprechend unterscheidet man bei den einschlägigen Messmethoden zwischen elektrischen und optischen Messverfahren. Elektrische

H. A. Mang und G. Hofstetter, *Festigkeitslehre*,
https://doi.org/10.1007/978-3-662-57564-2_17

Messmethoden sind sogenannte Punktmessverfahren. Bei optischen Methoden handelt es sich in der Regel um Feldmessverfahren. Letztere liefern flächenhafte Messinformationen. Darüber hinaus stehen verschiedene Sonderverfahren zur Verfügung.

In diesem Kapitel werden ausgewählte Methoden zur experimentellen Deformationsanalyse behandelt. Sie sollen einen Einblick in die Methodik des Messens mechanischer Größen geben und Verständnis für Messverfahren wecken, die auf den erwähnten Methoden aufbauen. Bezüglich weiterreichender und umfassenderer Darstellungen von Messverfahren, die in der experimentellen Mechanik deformierbarer fester Körper eingesetzt werden, sei auf die einschlägige Fachliteratur, z. B. [Kobayashi (1993), Rohrbach (1989)], verwiesen.

17.2 Elektrisches Messen mechanischer Größen

Eine elektrische Einrichtung zur Messung mechanischer Größen besteht im Allgemeinen aus einem Messwertaufnehmer, einem Messwertverstärker und einer Messdatenverarbeitungseinheit (Abb. 17.1). Die Aufgabe des Messwertaufnehmers ist die Umwandlung einer mechanischen Messgröße – zumeist einer Relativverschiebung – in ein elektrisches Signal. Das analoge Messsignal wird mit Hilfe des Messwertverstärkers unter anderem gefiltert, verstärkt und in digitale Messinformation umgewandelt. Daran anschließend erfolgt die rechnergestützte Speicherung und Auswertung der Messdaten.

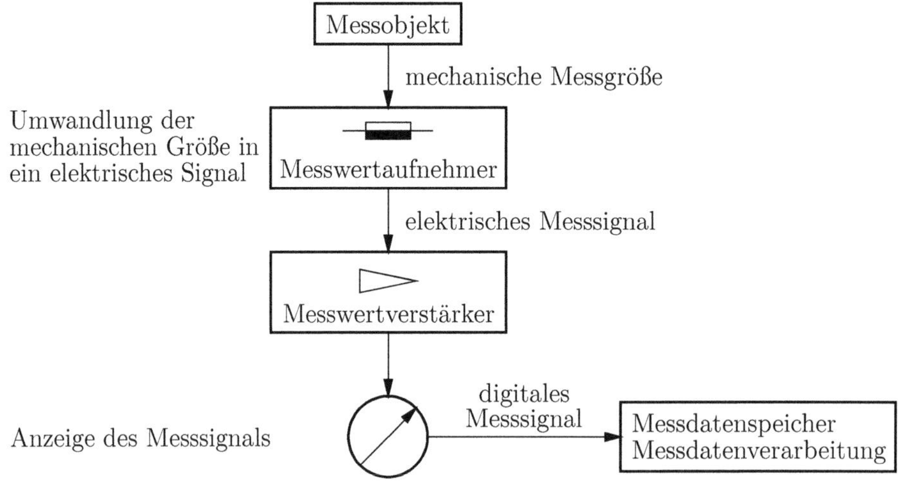

Abb. 17.1: Schematischer Aufbau einer Messeinrichtung

Die Funktionsweise elektrischer Messverfahren besteht in der Messung der Änderung einer elektrischen Größe – z. B. des OHM'schen Widerstands, der Induktivität, der Kapazität, – infolge Einwirkung einer mechanischen Größe. Der Vorteil elektrischer Messverfahren liegt darin, dass elektrische Signale bei relativ geringem Aufwand mit großer Genauigkeit gemessen, leicht verstärkt und ohne nennenswerte Signalverfälschung über große Entfernungen übertragen werden können. Das führte zur Entwicklung verschiedener elektrischer Messwertaufnehmer zur quantitativen Erfassung mechanischer Größen.

17.2.1 Dehnungsmessstreifen

Die Dehnungsmessstreifentechnik zählt wegen ihrer Vielseitigkeit zu den weitest verbreiteten Punktmessverfahren der experimentellen Verzerrungsanalyse. Aufgrund der erreichbaren großen Messgenauigkeit werden Dehnungsmessstreifen (DMS) nicht nur zur Messung von Verzerrungen selbst verwendet, sondern auch bei der Herstellung von Messwertaufnehmern zur Bestimmung physikalischer Größen wie Kräfte, Momente und Drücke eingesetzt. Letztere können bei Vorliegen linear elastischen Materialverhaltens der Messelemente aus Verzerrungsmessungen ermittelt werden.

Die Wirkungsweise eines DMS beruht darauf, dass sich der OHM'sche Widerstand* eines elektrischen Leiters ändert, wenn sich dessen Länge ändert. Allgemein gilt für den elektrischen Widerstand R eines mechanisch unbeanspruchten elektrischen Leiters mit kreisförmiger Querschnittsfläche A

$$R = \frac{\rho\, l}{A} = \frac{4\,\rho\, l}{\pi\, a^2} \tag{17.1}$$

mit ρ als dem spezifischen Widerstand, l als der Länge und a als dem Durchmesser des Leiters. Mechanische Beanspruchung in Längsrichtung entsprechend Abb. 17.2 führt zu einer Längenänderung Δl sowie zu einer Durchmesseränderung Δa des elektrischen Leiters.

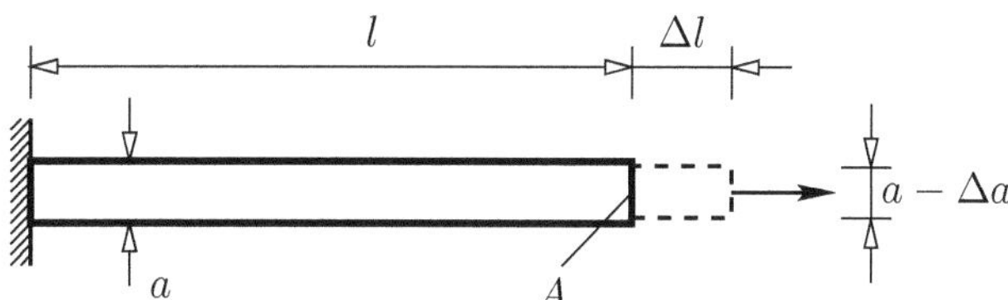

Abb. 17.2: Elektrischer Leiter unter Längsbeanspruchung

Das totale Differential von R entsprechend (17.1) ergibt sich zu

$$dR = \frac{\partial R}{\partial \rho}\, d\rho + \frac{\partial R}{\partial l}\, dl + \frac{\partial R}{\partial a}\, da = \frac{R}{\rho}\, d\rho + \frac{R}{l}\, dl - \frac{2R}{a}\, da\ . \tag{17.2}$$

Nach Division von (17.2) durch R erhält man die relative Widerstandsänderung dR/R zu

$$\frac{dR}{R} = \frac{d\rho}{\rho} + \frac{dl}{l} - 2\frac{da}{a}\ . \tag{17.3}$$

Geht man vom infinitesimalen Inkrement dR auf das finite Inkrement ΔR über und vernachlässigt in der TAYLOR'schen Reihe für ΔR Terme von höherer als erster Ordnung in den finiten Inkrementen $\Delta\rho$, Δl, Δa, so ergibt sich

$$\frac{\Delta R}{R} = \frac{\Delta\rho}{\rho} + \frac{\Delta l}{l} - 2\frac{\Delta a}{a}\ . \tag{17.4}$$

Diese Beziehung entspricht der Linearisierung des wahren Ausdrucks für $\Delta R/R$. Unter Berücksichtigung von $\Delta l/l = \varepsilon$ und $\Delta a/a = -\nu\,\varepsilon$ sowie von $\Delta\rho/\rho = \beta_\rho\,\varepsilon$ mit β_ρ als

*GEORG SIMON OHM (1789–1854) entdeckte 1826 das nach ihm benannte Gesetz der Stromleitung. Der elektrische Widerstand wird nach diesem Gesetz bestimmt.

Werkstoffkonstante für Leitermaterialien, die bei DMS verwendet werden, erhält man

$$\frac{\Delta R}{R} = (1 + 2\nu + \beta_\rho)\,\varepsilon = k\,\varepsilon\ . \tag{17.5}$$

Die relative Widerstandsänderung $\Delta R/R$ ist also zur aufgebrachten Verzerrung ε proportional. Der Ausdruck $1+2\nu+\beta_\rho$ wird zum sogenannten k-Faktor zusammengefasst. Dabei handelt es sich um eine für den betreffenden DMS charakteristische Konstante.

Ausführungsarten von Dehnungsmessstreifen

Die heute fast ausschließlich verwendeten Folien-DMS bestehen aus einer Kunststoffträgerschicht und einer etwa 5 μm dicken, elektrisch leitenden Metallfolie aus dem Werkstoff Konstantan (Cu-Ni-Legierung). Aus dieser Metallfolie wird das Messgitter im Foto-Ätzverfahren hergestellt. Die in der Regel 30–50 μm breiten, mäanderförmig angeordneten Leiterbahnen geben die Messrichtung eines DMS an. Zur Verminderung von Widerstandsänderungen infolge von Querdehnungen sind DMS im Bereich der Umkehrbögen verstärkt (Abb. 17.3).

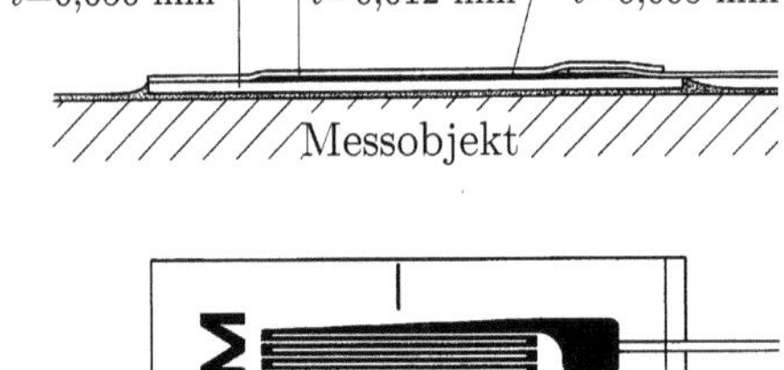

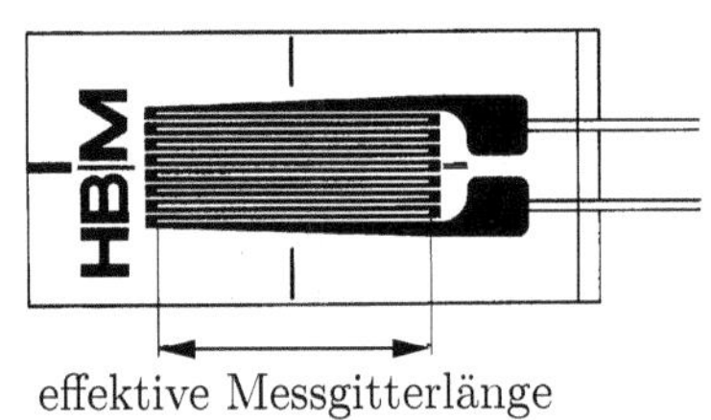

Abb. 17.3: Schema eines Folien-DMS [Keil (1995)]

Im einschlägigen Fachhandel sind verschiedene Ausführungsarten von DMS bzw. DMS-Rosetten (Abb. 17.4) zur Lösung von Messaufgaben erhältlich. Diese Ausführungsarten werden im Weiteren beschrieben. Zumeist werden DMS mit einem Nennwiderstand von 120 und 350 Ohm und Messgitterlängen von 0,5 bis 200 mm angeboten. Der k-Faktor liegt in der Regel bei 2,0$\pm$0,1. Er wird vom Hersteller angegeben. Der sogenannte Linearitätsfehler derartiger DMS liegt für Verzerrungen bis etwa 1500 μm/m (1,5·10^{-3}) im Allgemeinen unter 0,1 % des Messwertes.

Wheatstone'sche Brückenschaltung

Die untere Grenze des Messbereichs eines DMS befindet sich etwa bei einer Verzerrung von 1 μm/m (1·10^{-6}). Zur Messung der dabei entstehenden sehr kleinen Widerstandsänderungen wird in der Regel eine auf der Wheatstone'schen Brückenschaltung beruhende Schaltung verwendet.

Die Wheatstone'sche Brückenschaltung* besteht aus vier Widerständen (Abb. 17.5). Legt man an die beiden Punkte C und D der Messbrücke eine konstante

*Charles Wheatstone (1802–1875) erkannte 1843 die Bedeutung der nach ihm benannten Brückenschaltung zur Messung elektrischer Widerstände.

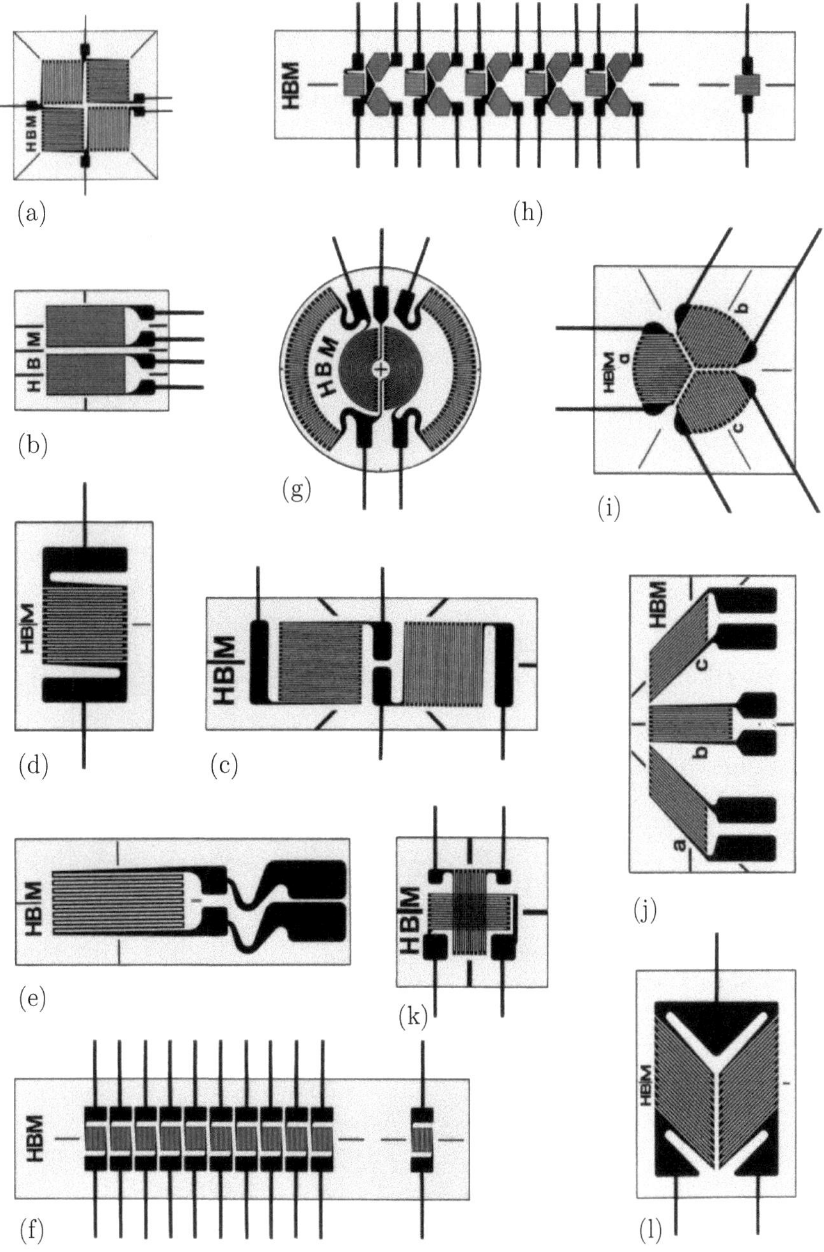

Abb. 17.4: Ausführungsarten von Folien-Dehnungsmessstreifen [Keil (1995)]: (a), (b), (c) Messstreifen mit mehreren Messgittern, (d), (e) Messstreifen mit großen Anschlussflächen, (f) Messstreifenkette, (g) Messstreifen zur Druckmessung, (k) Messstreifen mit übereinander liegenden Messgittern, (l) Messstreifen zur Messung von Schubverzerrungen, (h), (i), (j) dreiachsige Rosetten

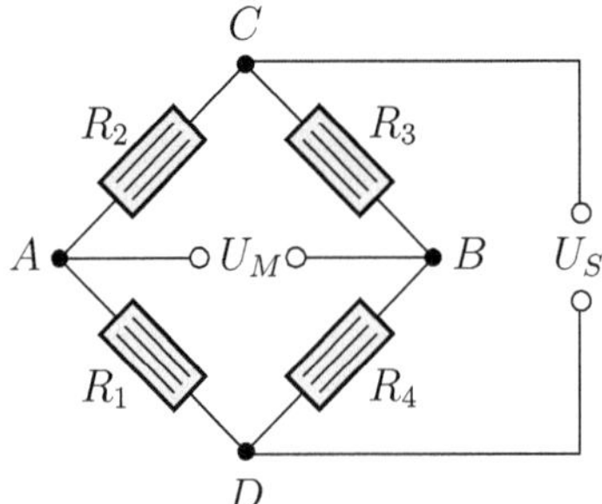

Abb. 17.5: WHEATSTONE'sche Brückenschaltung

Speisespannung U_S (U_S = 1-10 V) an, so erhält man in der Messdiagonale A–B die Messspannung U_M. Mit Hilfe des OHM'schen Gesetzes und der KIRCHHOFF'schen Gesetze* erhält man

$$\frac{U_M}{U_S} = \frac{R_1}{R_1 + R_2} - \frac{R_4}{R_3 + R_4} \ . \tag{17.6}$$

Für die beiden Sonderfälle $R_1 = R_2 = R_3 = R_4$ und $R_1/R_2 = R_4/R_3$ ergibt sich eine abgeglichene Brückenschaltung. Sie ist durch $U_M = 0$ gekennzeichnet.

Eine Änderung der Brückenwiderstände R_i um ΔR_i, i=1,2,3,4, – etwa im Zuge einer Verzerrungsmessung – führt gemäß (17.6) zu einer relativen Messspannung

$$\frac{U_M}{U_S} = \frac{R_1 + \Delta R_1}{R_1 + \Delta R_1 + R_2 + \Delta R_2} - \frac{R_4 + \Delta R_4}{R_3 + \Delta R_3 + R_4 + \Delta R_4} \neq 0 \tag{17.7}$$

zwischen den Punkten A und B der Messbrücke. Unter der in der Regel zutreffenden Voraussetzung gleich großer Nennwiderstände $R_i = R$ und sehr kleiner Widerstandsänderungen $\Delta R_i \ll R_i$ wird im Allgemeinen anstatt (17.7) die Näherung

$$\frac{U_M}{U_S} \approx \frac{1}{4}\left(\frac{\Delta R_1}{R} - \frac{\Delta R_2}{R} + \frac{\Delta R_3}{R} - \frac{\Delta R_4}{R}\right) \tag{17.8}$$

bzw. unter Berücksichtigung von (17.5) folgender Ausdruck für die relative Messspannung verwendet:

$$\frac{U_M}{U_S} \approx \frac{k}{4}\left(\varepsilon_1 - \varepsilon_2 + \varepsilon_3 - \varepsilon_4\right) \ . \tag{17.9}$$

(17.8) zeigt, dass die relative Messspannung der Summe der vorzeichenbehafteten relativen Widerstandsänderungen proportional ist.

Je nach Anwendungsfall bilden 1, 2 oder 4 DMS und eine entsprechende Anzahl von ergänzenden Festwiderständen ($R = konst.$) die insgesamt vier Widerstände einer Brückenschaltung. Abhängig von der Zahl der aktiven Widerstände (DMS) werden derartige Messanordnungen als Viertel-, Halb- oder Vollbrücken bezeichnet.

Einfache Applikationen von Dehnungsmessstreifen

Die von den einzelnen DMS einer Brückenschaltung gemessenen Verzerrungen gehen mit unterschiedlichen Vorzeichen in (17.9) ein. Dadurch wird es möglich, unerwünschte Messeffekte wie etwa thermische Effekte durch geeignete Verschaltung der

*GUSTAV ROBERT KIRCHHOFF (1824–1887) fand 1845/46 die Gesetze der Stromverzweigung.

DMS auszuschalten. Darüber hinaus lassen sich in ausgewählten Fällen nur jene Verzerrungskomponenten erfassen, die mit bestimmten Beanspruchungsarten verbunden sind. Das wird im Folgenden beispielhaft anhand von DMS-Applikationen an prismatischen Stäben mit gleichzeitiger Beanspruchung durch Normalkraft N, Biegemoment M_y, Torsionsmoment M_T und Temperaturänderung $\Delta T = T - T_0$ veranschaulicht [Keil (1995)].

Temperaturkompensation: Der Zweck einer temperaturkompensierten Brückenschaltung besteht darin, unerwünschte Einflüsse aus Temperaturänderungen auf das Messergebnis auszuschalten. In Abb. 17.6 ist eine in der Praxis bewährte Halbbrückenschaltung dargestellt. Sie besteht aus einem aktiven DMS in Stablängsrichtung und einem sogenannten Kompensations-DMS (DMS 2) auf einer gleichartigen, aber unbelasteten Oberfläche in unmittelbarer Nähe der Messstelle. Bei einer Temperaturänderung ΔT erfasst DMS 1 die Verzerrung $\varepsilon_1 = \varepsilon_N + \varepsilon_{M_y} + \varepsilon_{\Delta T}$ und DMS 2 die Verzerrung $\varepsilon_2 = \varepsilon_{\Delta T}$. Bei ε_N, ε_{M_y} und $\varepsilon_{\Delta T}$ handelt es sich um die Verzerrung zufolge der Normalkraft N bzw. des Biegemomentes M_y und der Temperaturänderung ΔT. Setzt man ε_1, ε_2 und $\varepsilon_3 = \varepsilon_4 = 0$ ($R_3 = R_4 = konst.$, $\Delta R_3 = \Delta R_4 = 0$) in (17.9) ein, so erhält man für die relative Messspannung

$$\frac{U_M}{U_S} = \frac{k}{4}\left(\varepsilon_N + \varepsilon_{M_y}\right) . \tag{17.10}$$

Das Messsignal dieser Halbbrücke ist also nur den Verzerrungen infolge der Beanspruchung durch N und M_y proportional. Torsionsbeanspruchung und Temperaturänderungen beeinflussen die Messspannung dagegen nicht. DMS-Vollbrücken sind entsprechend (17.9) immer temperaturkompensiert.

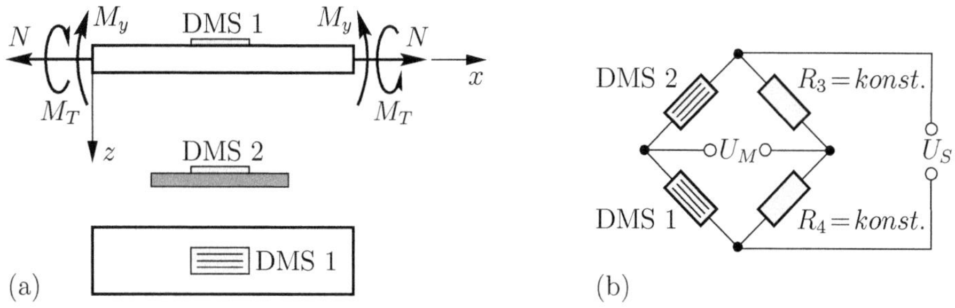

Abb. 17.6: Halbbrückenschaltung zur Temperaturkompensation: (a) DMS-Applikationsschema, (b) Schaltbild

Verzerrungsmessung nur zufolge Biegebeanspruchung: Die in Abb. 17.7 dargestellte Halbbrückenschaltung dient der ausschließlichen Messung von Verzerrungen infolge eines Biegemomentes M_y. Bei dieser DMS-Applikation misst DMS 1 die Verzerrung $\varepsilon_1 = \varepsilon_N + \varepsilon_{M_y} + \varepsilon_{\Delta T}$ und DMS 2 die Verzerrung $\varepsilon_2 = \varepsilon_N - \varepsilon_{M_y} + \varepsilon_{\Delta T}$. Mit $\varepsilon_3 = \varepsilon_4 = 0$ erhält man aus (17.9) die relative Messspannung zu

$$\frac{U_M}{U_S} = \frac{k}{2}\left|\varepsilon_{M_y}\right| . \tag{17.11}$$

Beanspruchungsarten wie Normalkraft, Torsionsmoment oder Temperaturänderungen haben bei dieser Messanordnung also keinen Einfluss auf das Messsignal.

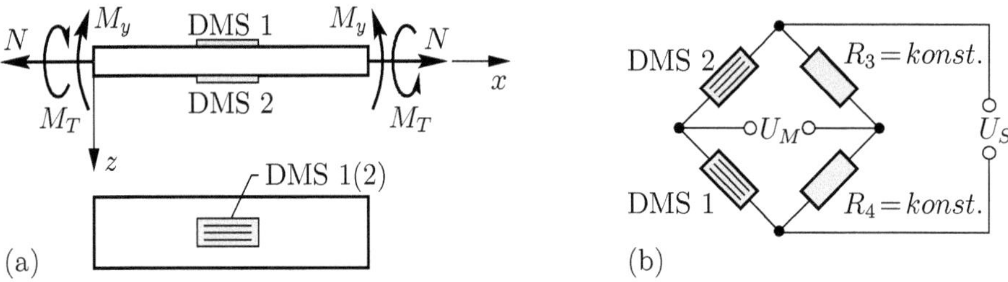

Abb. 17.7: Halbbrückenschaltung zur ausschließlichen Messung von Verzerrungen aus Biegebeanspruchung: (a) DMS-Applikationsschema, (b) Schaltbild

Verzerrungsmessung nur zufolge Normalkraftbeanspruchung: Zur Ausschaltung von Einflüssen aus Biege- und Torsionsbeanspruchung sowie aus Temperaturänderungen eignet sich die in Abb. 17.8 dargestellte Vollbrückenschaltung. Sie registriert die ausschließlich von den Verzerrungen aus der Normalkraft abhängige relative Messspannung zu

$$\frac{U_M}{U_S} = \frac{k}{2}(1+\nu)\,\varepsilon_N\ . \tag{17.12}$$

Diese Messanordnung ist insbesondere bei Werkstoffversuchen vorteilhaft. So können z. B. bei der Bestimmung des Elastizitätsmoduls aus einem einaxialen Zugversuch die Auswirkungen der Biegebeanspruchung infolge imperfekter Lasteinleitung auf das Messergebnis ausgeschaltet werden.

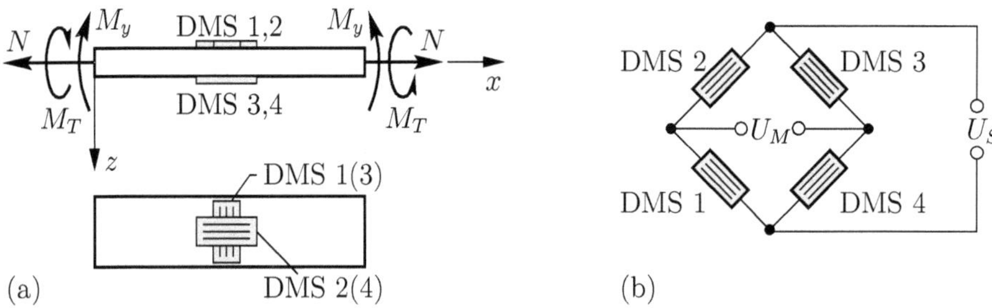

Abb. 17.8: Vollbrückenschaltung zur ausschließlichen Messung von Verzerrungen aus Normalkraftbeanspruchung: (a) DMS-Applikationsschema, (b) Schaltbild

Verzerrungsmessung nur zufolge Torsionsbeanspruchung: Bei Applikation von vier DMS entsprechend Abb. 17.9 erhält man als Messsignal der Vollbrückenschaltung

$$\frac{U_M}{U_S} = k\,\varepsilon_{M_T}\ . \tag{17.13}$$

Diese Schaltung registriert lediglich die Verzerrungen aus der Torsionsbeanspruchung. Sie ist unempfindlich gegenüber Biege- und Normalkraftbeanspruchung sowie Temperaturänderungen.

Die drei zuletzt angeführten Beispiele eignen sich aufgrund der Erfassung einzelner Anteile der Verzerrungen besonders zur Bestimmung von Materialkennwerten.

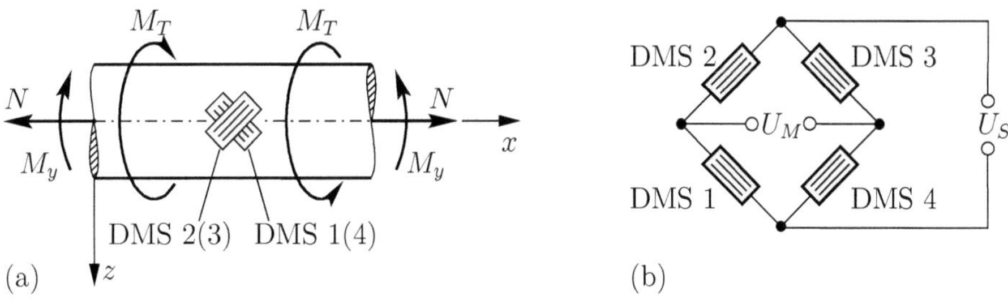

Abb. 17.9: Vollbrückenschaltung zur ausschließlichen Messung von Verzerrungen aus Torsionsbeanspruchung: (a) DMS-Applikationsschema, (b) Schaltbild

Ermittlung von Verzerrungskomponenten bei einem ebenen Spannungszustand

DMS-Messungen erfolgen stets im belastungsfreien Teil der Oberfläche von Messobjekten. Diese Bereiche der Oberfläche sind durch ebene Spannungszustände und eine zu ihr normale Hauptnormalspannungs- bzw. Hauptnormalverzerrungsrichtung gekennzeichnet. Mit Hilfe von DMS können jedoch nur die Verzerrungskomponenten in der Tangentialebene des betrachteten Punktes der Oberfläche gemessen werden.

In einem solchen Punkt will man die drei Verzerrungskomponenten ε_{11}, ε_{22}, ε_{12} bzw. die beiden Hauptnormalverzerrungen ε_1, ε_2 und den Winkel α ermitteln, den die Richtung einer bestimmten Hauptnormalverzerrung mit der Achse x_1 eines Koordinatensystems mit beliebiger Lage in dieser Ebene einschließt. Dazu muss man die Verzerrung in drei Richtungen messen (Abb. 17.4h-j).

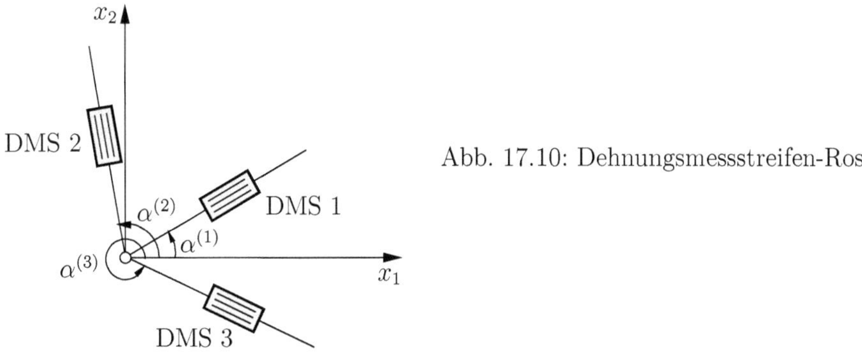

Abb. 17.10: Dehnungsmessstreifen-Rosette

Setzt man die mittels der drei DMS gemessenen Verzerrungen $\varepsilon^{(i)}$, $i = 1, 2, 3$, samt den zugehörigen Winkeln $\alpha^{(i)}$, $i = 1, 2, 3$, die aus der Anordnung der DMS bekannt sind (Abb. 17.10), in die erste der drei Gleichungen (3.82) ein, so erhält man folgendes algebraisches Gleichungssystem:

$$
\begin{aligned}
\varepsilon^{(1)} &= \varepsilon_{11}\cos^2\alpha^{(1)} + \varepsilon_{22}\sin^2\alpha^{(1)} + 2\varepsilon_{12}\sin\alpha^{(1)}\cos\alpha^{(1)} \ , \\
\varepsilon^{(2)} &= \varepsilon_{11}\cos^2\alpha^{(2)} + \varepsilon_{22}\sin^2\alpha^{(2)} + 2\varepsilon_{12}\sin\alpha^{(2)}\cos\alpha^{(2)} \ , \\
\varepsilon^{(3)} &= \varepsilon_{11}\cos^2\alpha^{(3)} + \varepsilon_{22}\sin^2\alpha^{(3)} + 2\varepsilon_{12}\sin\alpha^{(3)}\cos\alpha^{(3)} \ .
\end{aligned}
\tag{17.14}
$$

(17.14) erlaubt die Berechnung der gesuchten Verzerrungskomponenten ε_{11}, ε_{22}, ε_{12} in der Tangentialebene. Wählt man die Winkel einer DMS-Rosette zu $\alpha^{(1)} = 0°$,

$\alpha^{(2)} = 45°$, $\alpha^{(3)} = 90°$, so erhält man aus (17.14)

$$\begin{aligned} \varepsilon_{11} &= \varepsilon^{(1)} , \\ \varepsilon_{22} &= \varepsilon^{(3)} , \\ \varepsilon_{12} &= \varepsilon^{(2)} - \frac{1}{2}\left(\varepsilon^{(1)} + \varepsilon^{(3)}\right) . \end{aligned} \tag{17.15}$$

Wählt man die Winkel einer DMS-Rosette zu $\alpha^{(1)} = 0°$, $\alpha^{(2)} = 60°$, $\alpha^{(3)} = 120°$, so ergeben sich die gesuchten Verzerrungskomponenten aus (17.14) zu

$$\begin{aligned} \varepsilon_{11} &= \varepsilon^{(1)} , \\ \varepsilon_{22} &= \frac{1}{3}\left(2\varepsilon^{(2)} + 2\varepsilon^{(3)} - \varepsilon^{(1)}\right) , \\ \varepsilon_{12} &= \frac{1}{\sqrt{3}}\left(\varepsilon^{(2)} - \varepsilon^{(3)}\right) . \end{aligned} \tag{17.16}$$

Bei bekannten Werten ε_{11}, ε_{22}, ε_{12} können die Hauptnormalverzerrungen ε_1, ε_2 gemäß (3.90) und der Winkel α, den eine bestimmte Hauptnormalverzerrungsrichtung mit der x_1-Achse einschließt, mittels (3.87) bestimmt werden.

Kriterien zur Auswahl von Dehnungsmessstreifen

Die Auswahl des für eine gegebene Messaufgabe günstigsten DMS-Typs hängt vom Messziel, den Messbedingungen und den Genauigkeitsanforderungen ab. Darüber hinaus muss bei der Auswahl der DMS und der Messstellen der zu analysierende Verzerrungszustand qualitativ bekannt sein. Im Einzelnen sind folgende Aspekte zu beachten:

- *Verzerrungsverlauf:* Als Messwert eines DMS erhält man stets den Mittelwert der Verzerrung über die Messgitterlänge. Im Bereich großer Verzerrungsgradienten, wie etwa bei Kerben oder abrupten Querschnittsänderungen, ist daher zur Bestimmung des Verzerrungsmaximums bzw. des Verzerrungsverlaufes der Einsatz von DMS mit sehr kurzen Messgitterlängen (0,5–1,0 mm) erforderlich. Ist der Ort der maximalen Verzerrung nicht genau bekannt, empfiehlt sich die Verwendung sogenannter DMS-Ketten (Abb. 17.4f,h).

  Bei Vorliegen eines gleichförmigen Verzerrungszustandes werden an die Messgitterlänge keine besonderen Anforderungen gestellt. In solchen Fällen sind aus verarbeitungstechnischen Gründen Messgitterlängen von 5–10 mm vorteilhaft.

- *Verzerrungszustand:* Die Bestimmung der Verzerrungskomponenten in der Tangentialebene eines Messpunktes erfordert bei bekannten Hauptnormalverzerrungsrichtungen die Messung der Verzerrung in zwei Richtungen. Bei unbekannten Hauptrichtungen muss die Verzerrung zumindest in drei Richtungen gemessen werden. Zur Vermeidung von Winkelfehlern bei der Applikation einzelner DMS ist der Einsatz von DMS-Rosetten empfehlenswert. Im Falle großer Verzerrungsgradienten sind Rosetten mit übereinander liegenden Messgittern zu verwenden (Abb. 17.4i).

- *Werkstoff:* Bei inhomogenen Werkstoffen wie Beton, Verbundwerkstoffen oder Holz nimmt man zumeist gedanklich eine Homogenisierung der Werkstoffeigenschaften vor. Man benötigt dann mitunter sehr große Messgitterlängen. Diese sollten mindestens das 5- bis 10fache der Größe der Werkstoffinhomogenität, wie etwa des mittleren Korndurchmessers der Zuschlagstoffe bei Beton oder des mittleren Jahrringabstandes bzw. eines Astdurchmessers bei Holz, aufweisen.

Bei schlecht wärmeleitenden Materialien wie z. B. Holz sind zur Minimierung thermischer Effekte DMS mit hohem Nennwiderstand vorteilhaft. Ebenfalls von Vorteil ist es, wenn die Speisespannung nur ausschließlich während einer Messung an die Brückenschaltung angelegt wird.

Neben den bisher beschriebenen DMS-Formen wurden für spezielle Messaufgaben unter anderem folgende DMS-Sondertypen entwickelt:

- *Risslängenmessstreifen:* Man unterscheidet zwischen Risslängenmessstreifen, die den Rissfortschritt kontinuierlich anzeigen, und Streifen, die das stufenweise tun (Abb. 17.11). Während sich im ersten Fall der elektrische Widerstand einer Folie bei Rissfortschritt kontinuierlich ändert, kommt es im zweiten Fall nur dann zu einer Änderung des Widerstands des Messstreifens, wenn der fortschreitende Riss eine Querbrücke durchtrennt.

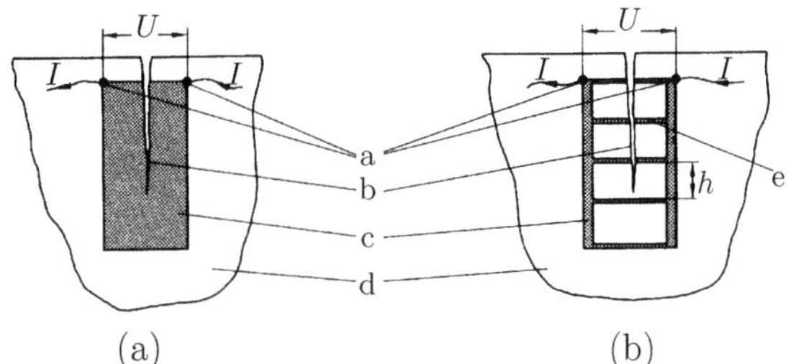

a ... Stromzuführung
b ... fortschreitender Riss
c ... Messfolie
d ... Bauteil
e ... Querbrücken
h ... Abstand
U ... Messspannung

Abb. 17.11: Risslängenmessstreifen: (a) mit kontinuierlicher Anzeige, (b) mit diskontinuierlicher Anzeige

- *DMS zur Ermittlung von Eigenspannungen:* Zur Ermittlung von Eigenspannungen werden in der Regel zwei Verfahren angewendet. Es sind dies das Bohrlochverfahren und das Ringkernverfahren [Rohrbach (1989)]. Bei beiden Verfahren wird eine geeignete DMS-Rosette auf die interessierende Stelle des Bauteils geklebt. Im Fall des Bohrlochverfahrens wird der elastische Anteil der an der betreffenden Stelle vorhandenen Eigenspannungen durch Anbohren freigesetzt. Beim Ringkernverfahren geschieht das durch Fräsen einer kreisförmigen Nut. Die damit verbundene Änderung des Verzerrungszustandes wird gemessen. Bei Kenntnis der Materialeigenschaften gibt sie Aufschluss über den zuvor wirkenden Eigenspannungszustand.

- *DMS-Sonderanfertigungen:* Für große Verzerrungen ($0{,}01 \leq |\varepsilon| \leq 0{,}20$) sowie für Messungen bei hohen Temperaturen (T bis etwa 900 °C) werden im Fachhandel Spezial-DMS angeboten.

17.2.2 Messwertaufnehmer auf DMS-Basis

Messwertaufnehmer auf DMS-Basis werden in erster Linie zur messtechnischen Bestimmung von Kräften eingesetzt. Je nach Beanspruchungsart und -größe werden konstruktiv verschieden gestaltete elastische Messkörper verwendet. Das Messprinzip besteht darin, dass ein nicht unmittelbar im Krafteinleitungsbereich befindlicher Federkörper (Zug- oder Druckstab, Biegebalken, Ringelement, ...) durch Krafteinwirkung elastisch verformt wird (Abb. 17.12). Durch Messung der damit verbundenen Verzerrungen mittels DMS, die am Federelement appliziert sind, kann nach Eichung des Messwertaufnehmers auf die einwirkende Kraft geschlossen werden. Aufgrund der sehr hohen Empfindlichkeit von DMS können damit sowohl statisch als auch dynamisch wirkende Kräfte nahezu weglos gemessen werden.

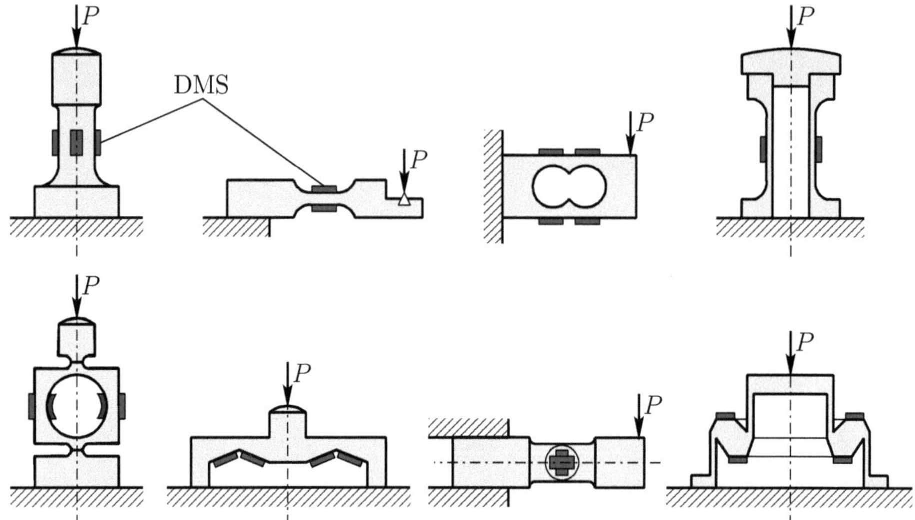

Abb. 17.12: Federkörper von Kraftaufnehmern auf DMS-Basis

Ein auf dem gleichen Messprinzip beruhender, einfacher und vielseitig einsetzbarer Messwertaufnehmer ist eine eingespannte Blattfeder (Abb. 17.13). Dieses leicht herstellbare Messelement ermöglicht in Abhängigkeit von seinen Abmessungen sowohl die Messung sehr kleiner Kräfte als auch die messtechnische Bestimmung von Verschiebungen. Im einfachsten Fall kann die in der Messbrücke induzierte Messspannung mit einem Schreiber ausgegeben werden.

Mit $h, w \ll a$ (siehe Abb. 17.13) und b als der Breite der Blattfeder erhält man mit Hilfe der linearen Stabtheorie

$$w(x = l) = \frac{Pl^3}{3EI_y} = \frac{4l^3}{bh^3E}\,P \ , \tag{17.17}$$

$$\varepsilon_x(x = l - a) = \frac{\sigma_x(x = l - a)}{E} = \frac{6Pa}{bh^2E} = \frac{3ah}{2l^3}\,w(x = l) \ . \tag{17.18}$$

Durch Umformung von (17.18) folgen die linearen Zusammenhänge zwischen $\varepsilon_{\mathrm{DMS}} = |\varepsilon_x(x = l - a)|$ und w bzw. P zu

$$w(x = l) = \frac{2l^3}{3ah}\,\varepsilon_{\mathrm{DMS}}\,, \tag{17.19}$$

$$P = \frac{bh^2E}{6a}\,\varepsilon_{\mathrm{DMS}}\,. \tag{17.20}$$

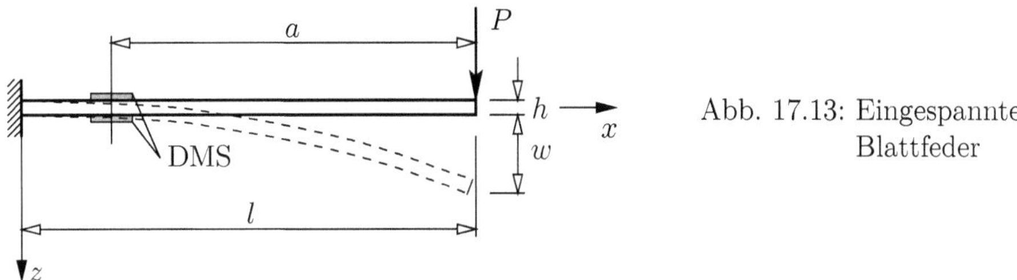

Abb. 17.13: Eingespannte Blattfeder

17.2.3 Potentiometeraufnehmer

Potentiometeraufnehmer werden zur Messung großer Längenänderungen – bis zu 1 Meter – sowie großer Winkeländerungen verwendet. Sie verfügen über eine hohe Messauflösung.

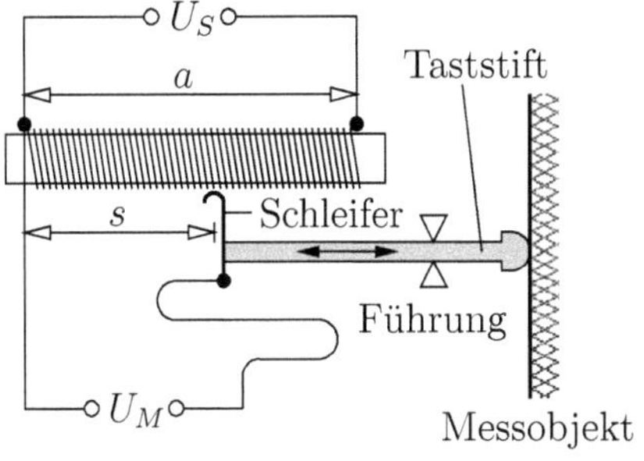

Abb. 17.14: Prinzip eines Potentiometeraufnehmers

Abb. 17.14 zeigt das Schaltschema eines Potentiometeraufnehmers in Form eines Spannungsteilers. Der zu messende Weg s führt zu einer Verschiebung der Schleiferstellung längs eines elektrischen Leiters (Drahtwicklung, Kohleschicht, Leitplastik, ...) und damit zu einer elektrischen Widerstandsänderung. Mit dem Schleifkontakt wird eine Teilspannung U_M abgegriffen, deren Größe dem abgegriffenen Bruchteil der Speisespannung U_S proportional ist:

$$\frac{U_M}{U_S} \cong \frac{s}{a}\,. \tag{17.21}$$

17.2.4 Induktive Aufnehmer

Induktive Messwertaufnehmer eignen sich besonders für die punktweise Bestimmung einzelner Verschiebungskomponenten. Sie verfügen über eine hohe Messgenauigkeit und einen Messbereich bis etwa 200 mm. Induktive Messwertaufnehmer zeichnen sich durch äußerst leichte Handhabung aus.

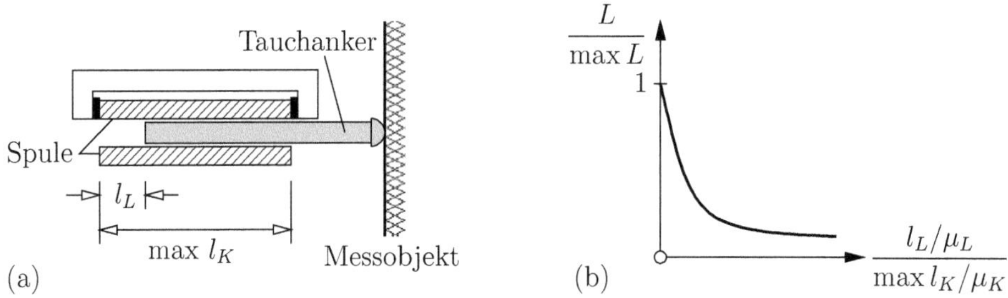

Abb. 17.15: Induktiver Tauchankeraufnehmer: (a) Prinzip der Wirkungsweise, (b) idealisierte Kennlinie

Das physikalische Messprinzip solcher Messwertaufnehmer beruht auf der Messung der Änderung der Induktivität einer Spule bei Änderung der Eintauchtiefe eines Tauchankers (Eisenkerns) infolge einer Verschiebung. Die Induktivität L hängt von den Abmessungen der Spule, ihrer Windungszahl und der Permeabilität μ_K des Eisenkerns ab. Für einen induktiven Tauchankeraufnehmer (Abb. 17.15a) gilt näherungsweise [Rohrbach (1989)]

$$\frac{L}{\max L} = \frac{1}{1 + \dfrac{l_L/\mu_L}{\max l_K/\mu_K}} \tag{17.22}$$

mit $\max L$ als der maximalen Induktivität, die sich bei verschwindender Länge des Luftspalts l_L im Inneren der Spule ergibt, l_K als der Eintauchtiefe des Eisenkerns in die Spule und $\mu_L \ll \mu_K$ als der Permeabilität der Luft bzw. des Eisenkerns.

Zwischen der Änderung der Induktivität und der Eintauchtiefe des Eisenkerns, welche die zu messende Verschiebung darstellt, besteht ein nichtlinearer Zusammenhang (siehe Gleichung (17.22) bzw. Abb. 17.15b). Wegen deutlich unterschiedlicher Empfindlichkeiten im Messbereich und der damit verbundenen ungünstigen Handhabung ist ein solcher Zusammenhang nachteilig. Zur Vermeidung dieses Nachteils

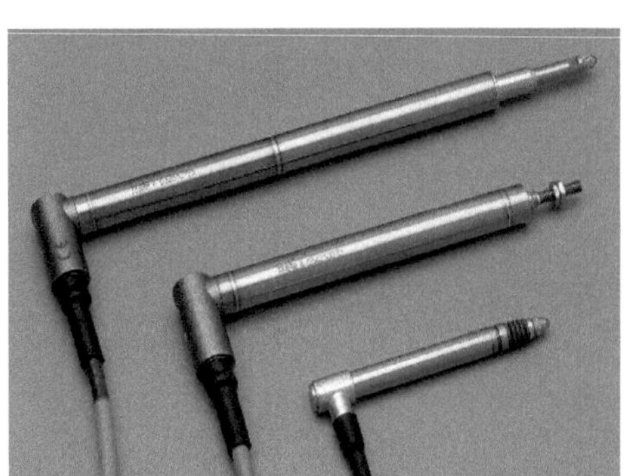

Abb. 17.16: Induktive Wegaufnehmer

werden zwei Messspulen derart in Reihe geschaltet, dass der Tauchanker die beiden Spulen in entgegengesetztem Sinn beeinflusst. Dadurch wird eine Temperaturkompensation und bei geeigneter geometrischer Spulendimensionierung ein nahezu lineares Ausgangssignal erreicht. Abb. 17.16 zeigt handelsübliche Ausführungen induktiver Wegaufnehmer.

17.2.5 Kapazitive Aufnehmer

Kapazitive Aufnehmer weisen einen sehr einfachen Aufbau auf, ermöglichen eine berührungslose Abstandsmessung im Bereich von 0,1 bis 10 mm und sind auch bei sehr hohen Temperaturen ($T \leq 600$ °C) einsetzbar. Mit kapazitiven Messwertaufnehmern lassen sich Längen- oder Neigungsänderungen in Kapazitätsänderungen umwandeln. Die Kapazität

$$C = \frac{\epsilon A}{d} \tag{17.23}$$

ist eine Funktion der Fläche A der Kondensatorplatten, der Dielektrizitätskonstanten ϵ und des Abstands der Kondensatorplatten d (Abb. 17.17). Wird A, ϵ oder d von einer mechanischen Größe beeinflusst, so kann diese Größe durch Messung der durch sie bewirkten Kapazitätsänderung bestimmt werden. Bei einer Änderung des Abstands d der Kondensatorplatten um Δd ergibt sich die Kapazitätsänderung ΔC zu

$$\Delta C = \left(\frac{\Delta d}{d + \Delta d} - 1 \right) C \ . \tag{17.24}$$

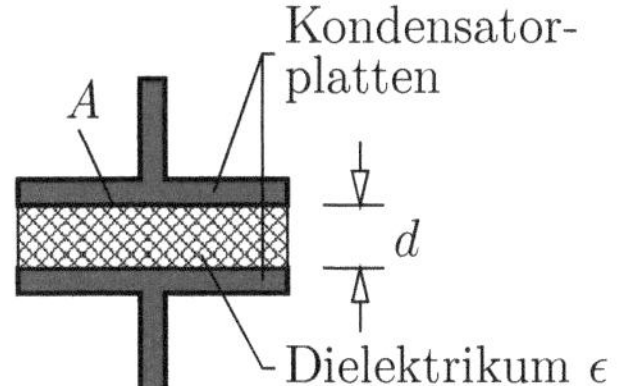

Abb. 17.17: Prinzip eines kapazitiven Aufnehmers

Der in Abb. 17.18 dargestellte Dehnungsaufnehmer eignet sich insbesondere für den Einsatz bei hohen Umgebungstemperaturen ($T \leq 600$ °C). Bei diesem kapazitiven Aufnehmer führen Beanspruchungen des Messobjekts aufgrund der unterschiedlichen Krümmungen der Blechkalotten zu messbaren Änderungen des Elektrodenabstands d.

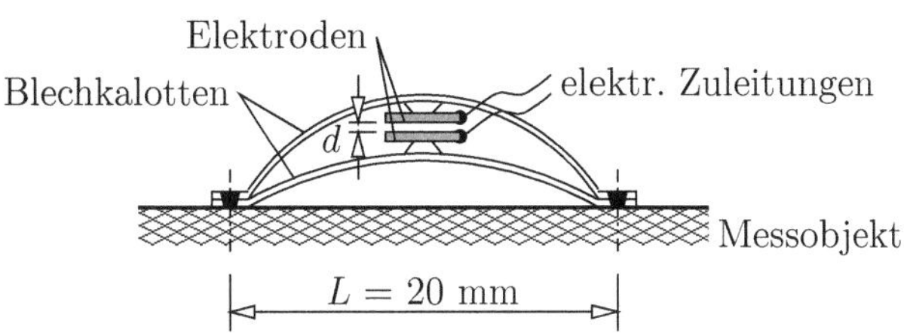

Abb. 17.18: Kapazitiver Dehnungsaufnehmer für hohe Temperaturen

17.2.6 Schwingsaitenaufnehmer

Der Vorteil von Schwingsaitenaufnehmern liegt in der nahezu fehlerfreien Übertragung von Messsignalen auch über lange Distanzen sowie in der Möglichkeit, zuverlässige Messungen über sehr lange Zeit (z. B. über mehrere Jahre) durchführen zu können. Der Messbereich umfasst Verzerrungen zwischen 1 und 2000 μm/m. Schwingsaitenaufnehmer eignen sich zur Verzerrungs-, Weg-, Kraft-, aber auch zur Temperaturmessung. Sie werden vor allem im Betonbau und im Grundbau eingesetzt.

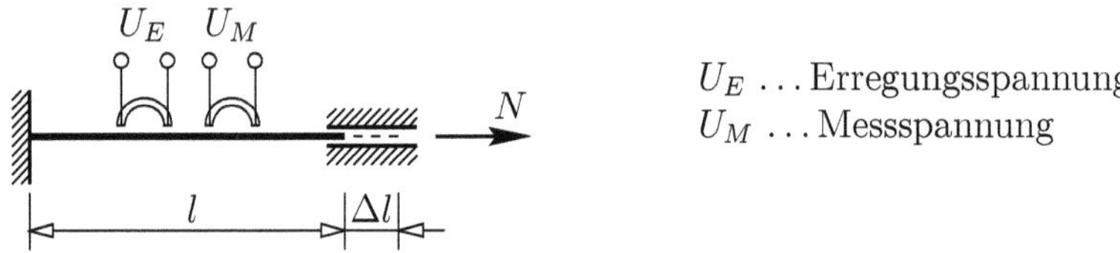

Abb. 17.19: Prinzip eines Schwingsaitenaufnehmers

Das Messprinzip von Schwingsaitenaufnehmern beruht auf der Änderung der ersten Eigenfrequenz bei Änderung des Spannungszustandes einer transversal schwingenden Saite. Bei Vernachlässigung der Biegesteifigkeit der Saite ergibt sich diese Eigenfrequenz zu

$$f_E = \frac{1}{2l}\sqrt{\frac{E}{\rho}\frac{\Delta l}{l}} = k\sqrt{\varepsilon}\ , \tag{17.25}$$

wobei ε die durch die Vorspannung aufgebrachte Verzerrung bezeichnet. In (17.25) ist l die Länge der Saite im ungespannten Zustand (Abb. 17.19). E ist der Elastizitätsmodul und ρ die Dichte des Saitenwerkstoffs. k bezeichnet eine Messkonstante.

Bei einer Messung wird die gespannte Saite durch eine impulsförmige Spannung U_E zu transversalen Schwingungen angeregt. Diese induzieren in einer Magnetspule eine Wechselspannung U_M, deren Frequenz mit der Eigenfrequenz der Saite übereinstimmt. Daraus kann mit Hilfe von (17.25) die Änderung der Verzerrung ε bestimmt werden.

Abb. 17.20 zeigt einen hydraulischen Spannungsaufnehmer mit einem integrierten Schwingsaitenaufnehmer. Ein Druckkissen, das aus zwei dünnen Stahlblechen zusammengeschweißt ist, schließt eine Quecksilberschicht ein. Wird das Druckkissen – z. B. im Inneren einer Talsperre – einer Spannung σ ausgesetzt, so entsteht in der Quecksilberschicht ein etwa gleich großer Druck, der über ein quecksilbergefülltes Rohr bis

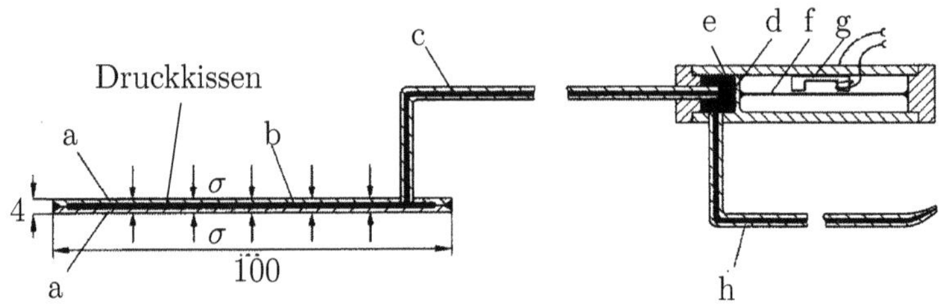

a ... Stahlblech b ... Quecksilberschicht c ... Rohr d ... Biegeplatte e ... Druckraum f ... Stahlsaite g ... Elektromagnet h ... Nachspannrohr

Abb. 17.20: Druckmessung mittels Schwingsaitenaufnehmer [Rohrbach (1989)]

in den Druckraum eines Druckvibrationsaufnehmers übertragen wird. Letzterer befindet sich in einer Messstation. Durch diesen Druck wird eine Biegeplatte ausgelenkt. Dadurch ändert sich die Spannung einer Stahlsaite, die mit der Biegeplatte verbunden ist. Die mittels eines Elektromagnets gemessene Eigenfrequenz der Stahlsaite ist damit ein Maß für die Spannung σ.

17.2.7 Piezoelektrische Aufnehmer

Die piezoelektrische Messtechnik beruht darauf, dass bei bestimmten Kristallen, wie z. B. Quarz oder Turmalin, bei einer mechanischen Beanspruchung in Form einer Deformation oder einer Kraft elektrische Ladungen Q an den Kristalloberflächen entstehen (Abb. 17.21). Allgemein gilt der Zusammenhang

$$Q = \delta\,\sigma\,A \tag{17.26}$$

mit δ als dem sogenannten Piezomodul und σ als der auf die Fläche A einwirkenden mechanischen Spannung.

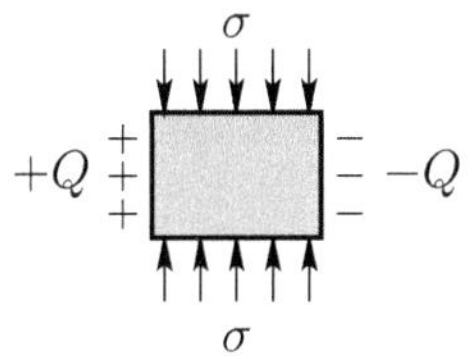

Abb. 17.21: Piezoelektrischer Effekt bei Kristallen

Zur Messung der elektrischen Ladung werden auf den Piezokristall Elektroden aufgedampft. Diese bilden mit dem Piezokristall als Dielektrikum einen Kondensator, auf dem sich die Ladungen sammeln. Die elektrische Spannung zwischen den Elektroden ist zur Kapazität des Kondensators und damit zum Elektrodenabstand proportional.

Der piezoelektrische Effekt lässt sich auch in umgekehrter Weise einsetzen. Durch Anlegen einer elektrischen Spannung an die Elektroden eines Piezokristalls verformt sich der Kristall. Diese Eigenschaft lässt sich zur Erzeugung von Verschiebungen im Nanometerbereich, also von sehr kleinen Verschiebungen, ausnutzen.

17.3 Optische Messverfahren

Im Gegensatz zu den bisher behandelten Punktmessmethoden stellen optische Messmethoden in der Regel Feldmessverfahren dar. Zur Gewinnung eines Einblicks in die Messmethodik bei optischen Verfahren wird in diesem Unterkapitel auf drei ausgewählte Messmethoden näher eingegangen. Zuerst wird die Spannungsoptik behandelt. Sie stellt ein klassisches polarisationsoptisches Verfahren dar, bei dem Kunststoffmodelle verwendet werden. Die Spannungsoptik ist insbesondere für qualitative Untersuchungen gut geeignet. Anschließend wird die Moirémethode beschrieben. Sie beruht auf geometrischen Effekten. Das Moiréverfahren lässt sich auf Originalbauteile anwenden. Den Abschluss bildet eine Darstellung der Grundlagen der Speckle-Interferometrie [Gingerl (1998)]. Dabei handelt es sich um ein berührungslos arbeitendes Feldmessverfahren. Es eignet sich sehr gut zur Quantifizierung räumlicher Verformungszustände.

17.3.1 Spannungsoptik

Bestimmte transparente isotrope Kunststoffe, wie z. B. das Epoxidharz Araldit B™, werden bei mechanischer Beanspruchung doppelbrechend und damit optisch anisotrop. Diese kristalloptische Eigenschaft bildet die physikalische Grundlage der Spannungsoptik. Sie hat zur Folge, dass eine linear polarisierte Lichtwelle an der Oberfläche eines belasteten Modells in zwei Teilwellen gleicher Intensität aufgespaltet wird. Diese Teilwellen schwingen in zueinander orthogonalen Ebenen und weisen unterschiedliche Fortpflanzungsgeschwindigkeiten auf. Auf diese Weise entsteht beim Durchlaufen eines ebenen transparenten Modells eine Phasendifferenz zwischen den beiden Teilwellen. Sie hängt von der Beanspruchung des Modells ab. Diese ortsabhängige Phasendifferenz lässt sich in Form von Interferenzstreifen visualisieren. Dadurch wird eine Beanspruchungsanalyse belasteter ebener Modelle möglich.

Erläuterung des spannungsoptischen Effekts

Der eingangs beschriebene Sachverhalt lässt sich anhand des in Abb. 17.22 illustrierten spannungsoptischen Versuchsaufbaus erläutern [Heymann/Lingener (1986)]. Sendet man monochromatisches Licht mit der Lichtwellenlänge $\lambda = konst.$ durch einen Polarisator mit z. B. in y-Richtung orientierter Polarisationsrichtung (Abb. 17.22), so erhält man eine in der yz-Ebene schwingende, linear polarisierte Lichtwelle

$$y = a\,\cos\omega t \tag{17.27}$$

mit a als Amplitude und $\omega = c\,k$ als Kreisfrequenz. c bezeichnet die Lichtgeschwindigkeit und $k = 2\pi/\lambda$ die Kreiswellenzahl. Beim Auftreffen auf das belastete ebene Modell mit der konstanten Dicke d wird die Lichtwelle aufgrund des Doppelbrechungseffektes in zwei linear polarisierte Teilwellen

$$\begin{aligned} x' &= a_2\,\cos\omega t = a\,\sin\varphi\,\cos\omega t \\ y' &= a_1\,\cos\omega t = a\,\cos\varphi\,\cos\omega t \end{aligned} \tag{17.28}$$

zerlegt. Ihre Schwingungsebenen sind zueinander orthogonal und fallen mit den Richtungen der Hauptachsen des ebenen Spannungszustandes im betrachteten Punkt P zusammen. Die unterschiedlichen Ausbreitungsgeschwindigkeiten der beiden Teilwellen führen beim Durchlaufen des Modells zu einer Phasendifferenz δ. Nach der Durchstrahlung des Modells bleibt diese Phasendifferenz konstant. Berücksichtigung von δ beispielsweise in der ersten der beiden Gleichungen (17.28) führt auf

$$\begin{aligned} x' &= a\,\sin\varphi\,\cos(\omega t + \delta) \\ y' &= a\,\cos\varphi\,\cos\omega t\;. \end{aligned} \tag{17.29}$$

Die beiden Teilwellen werden am Analysator zur Interferenz gebracht. Der Analysator ist ein Polarisationsfilter, dessen Polarisationsrichtung zu der des Polarisators um 90° verdreht ist. Der aus Polarisator und Analysator bestehende Teil einer spannungsoptischen Messeinrichtung wird als Polarisationskreuz bezeichnet.

Als resultierende Lichtwelle nach dem Analysator erhält man die Summe der x-Komponenten der beiden Teilwellen zu

$$x = x'\,\cos\varphi - y'\,\sin\varphi\;. \tag{17.30}$$

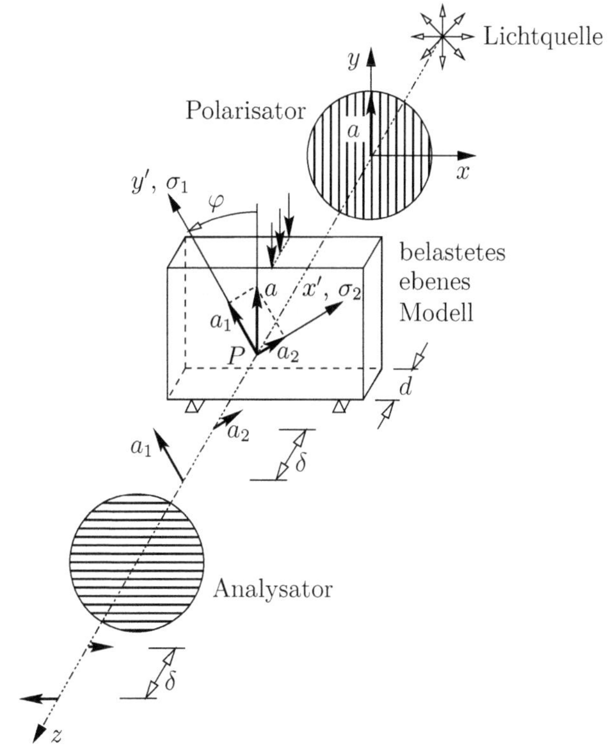

Abb. 17.22: Belastetes Modell im linear polarisierten Licht

Einsetzen von (17.29) in (17.30) führt nach trigonometrischer Umformung auf

$$x = -a \sin 2\varphi \sin \frac{\delta}{2} \sin \left(\omega t + \frac{\delta}{2}\right) = -a_0 \sin \left(\omega t + \frac{\delta}{2}\right) \tag{17.31}$$

mit

$$a_0 = a \sin 2\varphi \sin \frac{\delta}{2} \tag{17.32}$$

als Amplitude der in der xz-Ebene schwingenden Lichtwelle. Die vom Auge wahrnehmbare Lichtintensität am Analysator ergibt sich zu

$$I_A = |a_0|^2 \; . \tag{17.33}$$

Durch Einsetzen von (17.32) in (17.33) und Berücksichtigung der relativen Phasendifferenz

$$n = \frac{\delta}{2\,\pi} \tag{17.34}$$

erhält man I_A zu

$$I_A = C\, a^2 \sin^2 2\varphi \sin^2 n\pi \; . \tag{17.35}$$

Mit der Konstanten C wird Lichtverlusten zufolge Absorption und Reflexion Rechnung getragen.

Für die Fortpflanzung der beiden Teilwellen x' und y' (siehe Gleichung (17.29)) im Modell gelten verschiedene Brechungsindizes n_1 und n_2. Diese stehen entsprechend dem Gesetz von MAXWELL* in folgendem Zusammenhang zum Brechungsindex n_0 des unbelasteten Modells [Rohrbach (1989)]:

$$n_1 = n_0 + c_1\,\sigma_1 + c_2\,\sigma_2\;, \quad n_2 = n_0 + c_2\,\sigma_1 + c_1\,\sigma_2 \tag{17.36}$$

mit c_1 und c_2 als Werkstoffkennwerten. Die Brechungshauptachsen sind zueinander orthogonal. Sie fallen mit den Verzerrungshauptachsen zusammen. Bei isotropen Werkstoffen liegt Koinzidenz von Spannungs- und Verzerrungshauptachsen vor. Daraus lässt sich folgender Zusammenhang zwischen der beobachteten Interferenzerscheinung am Analysator und den Hauptnormalspannungen im Modell herleiten [Heymann/Lingener (1986)]:

$$\sigma_2 - \sigma_1 = n\,\frac{f_\sigma}{d}\;. \tag{17.37}$$

In (17.37) bedeutet d die Modelldicke und f_σ die sogenannte spannungsoptische Konstante. Sie ist zu

$$f_\sigma = \frac{\lambda}{c_2 - c_1} \tag{17.38}$$

definiert und wird in geeigneten Eichversuchen bestimmt. Bei der diametral gedrückten Kreisscheibe (Abb. 17.23) handelt es sich um einen solchen Versuch.

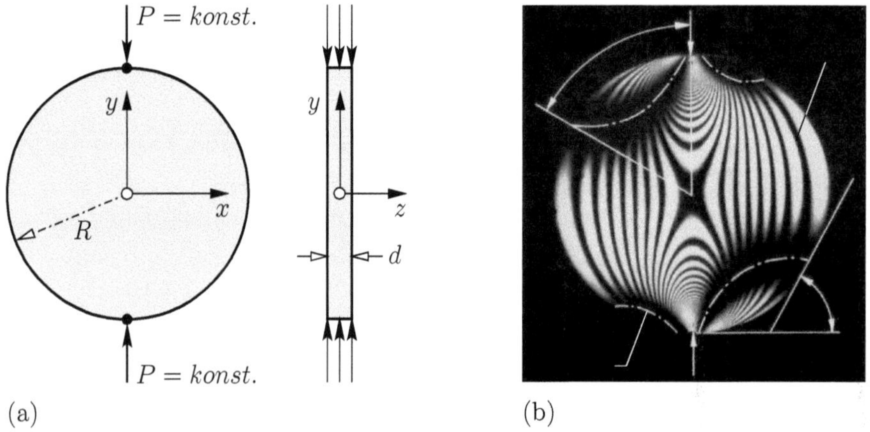

Abb. 17.23: Diametral gedrückte Kreisscheibe: (a) Belastungsschema, (b) Isochromatenverteilung [Heymann/Lingener (1986)]

Abb. 17.23b zeigt für diesen Versuch beispielhaft die streifenförmige Intensitätsverteilung I_A für eine um 60° gegenüber der y-Achse verdrehte Stellung des Polarisationskreuzes. Es sind zwei Arten dunkler Streifen mit unterschiedlichem Kontrast erkennbar. Sie werden als Isochromaten und Isoklinen bezeichnet. Dunkle Streifen am Analysator, also Intensität $I_A = 0$, sind entsprechend (17.35) in folgenden zwei Fällen möglich:

(a) $\sin^2 n\pi = 0$ mit $n = 0, 1, 2, \ldots$,
d. h. die Phasendifferenz zwischen den beiden Teilwellen beträgt ein ganzzahliges Vielfaches von λ. Linien mit gleicher relativer Phasendifferenz n (siehe

*JAMES CLERK MAXWELL (1831–1879)

Gleichung (17.34)) werden als Isochromaten der Ordnung n bezeichnet. Aus Gleichung (17.37) folgt, dass Isochromaten Linien gleicher Hauptnormalspannungsdifferenz darstellen. Laut (3.152) handelt es sich dabei um Linien gleicher Hauptschubspannung.
Bei Verwendung von weißem anstelle von monochromatischem Licht erhält man färbige Isochromaten. In diesem Fall wird am Analysator aus dem gesamten Spektrum des weißen Lichts nur jene Wellenlänge ausgeblendet, für welche die Phasendifferenz gerade ganzzahlig ist. Der Beobachter sieht dann die Komplementärfarbe, die der ausgeblendeten Farbe entspricht.

(b) $\sin^2 2\varphi = 0$ mit $\varphi = 0°$ bzw. $\varphi = 90°$,
d. h. die Schwingungsrichtung der vom Polarisator kommenden Lichtwelle fällt mit einer Hauptspannungsrichtung zusammen. In diesem Fall findet keine Doppelbrechung statt. Linien gleicher Hauptspannungsrichtung werden als Isoklinen bezeichnet. Isoklinen sind meist durch geringeren Kontrast gekennzeichnet (Abb. 17.23b).

Auswertung spannungsoptischer Analysen

Eine vollständige quantitative Auswertung spannungsoptischer Analysen ist mit sehr großem Aufwand verbunden. Aus praktischen Gründen bleibt daher die Spannungsoptik in der Regel auf qualitative bzw. ausgewählte quantitative Beanspruchungsanalysen beschränkt.

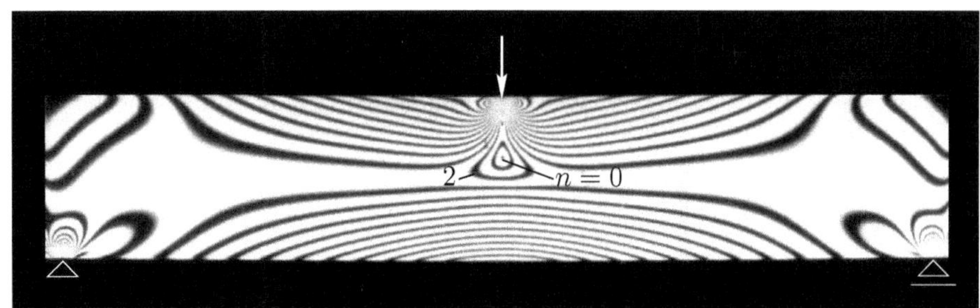

Abb. 17.24: Isochromatenverteilung eines an beiden Enden frei drehbar gelagerten Biegestabes mit einer Einzellast in Stabmitte [Rohrbach (1989)]

Bei der Spannungsoptik erhält man als Messgröße Intensitätsverteilungen in Streifenform wie sie etwa in Abb. 17.23b für eine diametral gedrückte Kreisscheibe oder in Abb. 17.24 für einen Biegestab mit einer Einzellast in Stabmitte dargestellt sind. Die Auswertung derartiger Isochromatendarstellungen umfasst folgende Punkte:

- Festlegung der Isochromatenordnung $n = 0$: Bei Verwendung monochromatischen Lichts sind alle Isochromaten dunkel. Entsprechend (17.37) ist $n = 0$, wenn $\sigma_1 = \sigma_2 = 0$ oder $\sigma_1 = \sigma_2 \neq 0$ ist. Der erste Fall liegt z. B. in unbelasteten Ecken einer Struktur vor (siehe Abb. 17.24). Bei Verwendung weißen Lichts erscheint lediglich die Isochromate der Ordnung $n = 0$ dunkel. Alle anderen Isochromaten sind hingegen färbig.

- Bestimmung der Randspannungen: Abgesehen von Kontaktproblemen treten Extremwerte einzelner Spannungskomponenten häufig an unbelasteten Rändern auf (siehe z. B. Abb. 17.24). An diesen Stellen ist die tangential zum Rand gerichtete Normalspannung σ_t gleich der Hauptspannung σ_1 und die Hauptspannung σ_2 gleich null. Mit $\sigma_1 \equiv \sigma_t$ und $\sigma_2 = 0$ erhält man aus (17.37) die Tangentialspannung σ_t zu
$$\sigma_t = n_R \frac{f_\sigma}{d} , \tag{17.39}$$
wobei n_R eine Isochromatenordnung am Rand bezeichnet.
- Konstruktion der Hauptspannungstrajektorien: Die Hauptspannungstrajektorien lassen sich relativ einfach aus Isoklinenverteilungen konstruieren, die für verschiedene Winkelstellungen des Polarisationskreuzes erhalten wurden [Heymann/Lingener (1986), Rohrbach (1989)].
- Flächenhafte Auswertung ebener Spannungsfelder: Die mittels der Spannungsoptik in Form von Isochromaten und Isoklinen gewonnene Messinformation reicht nicht zur flächenhaften Quantifizierung allgemeiner ebener Spannungszustände (σ_x, σ_y, τ_{xy}) aus. Zur Gewinnung einer zusätzlichen Messinformation werden verschiedene Verfahren eingesetzt. Darunter befinden sich
  - das Schubspannungsdifferenzenverfahren, das auf einer stückweise linearisierten Integration der Gleichgewichtsbedingungen (3.320) längs gerader Schnitte durch das Modell beruht,
  - und die Bestimmung von Isopachen – Linien gleicher Hauptspannungssumme $\sigma_1 + \sigma_2$ – durch Anwendung anderer optischer Messverfahren oder Messung der Dickenänderung (siehe Gleichung (3.305)).

  Diese Verfahren sind im Allgemeinen durch einen unverhältnismäßig großen Aufwand gekennzeichnet. Die Wahrscheinlichkeit größerer Messfehler ist hoch. Deshalb wird in der Praxis zumeist auf eine vollständige flächenhafte Auswertung von Spannungsfeldern verzichtet.

17.3.2 Moiréverfahren

Eine weitere optische Feldmessmethode ist das Moiréverfahren. Beim Moiréeffekt handelt es sich um Interferenzstreifen, die durch Überlagerung zweier regelmäßiger geometrischer Strukturen entstehen. Letztere werden in der Regel aus geraden, parallelen und äquidistanten Linien gebildet, wobei die Rasterteilung üblicherweise zwischen 10 und 1000 Linien/mm beträgt. Die beiden Rasterstrukturen werden mit Objekt- und Referenzraster bezeichnet.

Moiréstreifen erhält man sowohl bei Überlagerung zueinander verdrehter Linienraster mit gleicher Rasterteilung (Abb. 17.25a) als auch bei Überlagerung zweier paralleler Linienraster mit unterschiedlicher Teilung (Abb. 17.25b). Die Moiréstreifen stellen die primäre Messinformation dar. Sie bilden die Grundlage zur Bestimmung von Verschiebungs- und Verzerrungsfeldern ebener oder gekrümmter Oberflächen.

Geometrische Grundlagen zum Moiréeffekt

In Abb. 17.26 ist die Überlagerung zweier um den Winkel α zueinander verdrehter Linienraster mit geringfügig verschiedenen Gitterkonstanten g und g' schematisch dargestellt. Die Linien des Referenzrasters werden mit m und die des Objektrasters mit n

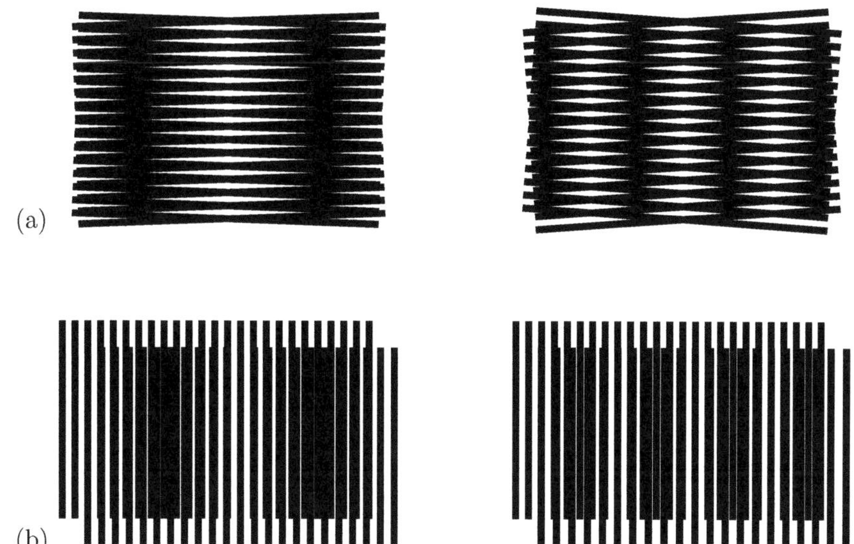

Abb. 17.25: Charakteristische Moiréstreifen: (a) verschiedene Rasterorientierungen ($\pm 2°$ und $\pm 4°$), (b) verschiedene Rasterteilungen (1:1,1 und 1:1,2)

bezeichnet. Für $\alpha < 90°$ erhält man die Ordnung der zu beobachtenden Moiréstreifen zu

$$N = m - n \ . \tag{17.40}$$

Die Ordnung $N = 0$ wird durch die Schnittpunkte der Rasterlinien $m = n = 0, 1, 2, \ldots$ festgelegt.

Bei Wahl eines Koordinatensystems entsprechend Abb. 17.26 mit zu den Referenzlinien paralleler x-Achse kann die Linienschar des Referenzrasters durch

$$y = mg \ , \quad m = 0, 1, 2, \ldots \ , \tag{17.41}$$

und jene des Objektrasters durch

$$y = \frac{ng'}{\cos\alpha} + x \tan\alpha \ , \quad n = 0, 1, 2, \ldots \ , \tag{17.42}$$

beschrieben werden. Auflösung von (17.41) bzw. (17.42) nach m bzw. n und Einsetzen der so erhaltenen Ausdrücke in (17.40) führt auf folgende Gleichung für die Moiréstreifen:

$$N = \frac{y}{g} - \frac{y - x\tan\alpha}{g'} \cos\alpha \ . \tag{17.43}$$

Stellt man (17.43) in der Form

$$ax + by + c = 0 \text{ bzw.} \quad xg\sin\alpha + y(g' - g\cos\alpha) - Ngg' = 0 \tag{17.44}$$

dar, so erhält man den Normalabstand d der Moiréstreifen unter Zuhilfenahme von Beziehungen der analytischen Geometrie zu

$$d = \frac{|c|}{\sqrt{a^2 + b^2}} = \frac{gg'}{\sqrt{g^2 \sin^2\alpha + (g' - g\cos\alpha)^2}} \ . \tag{17.45}$$

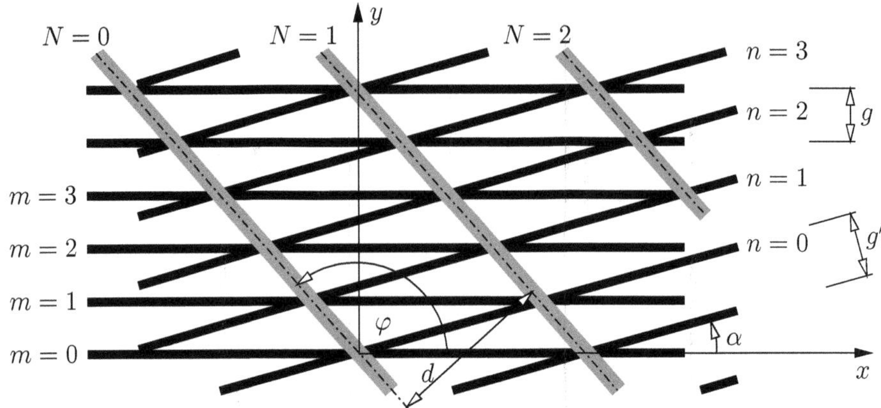

Abb. 17.26: Geometrische Grundlagen für Moiréstreifen

Der Winkel φ zwischen den Moiréstreifen und den Referenzlinien ergibt sich zu

$$\tan\varphi = -\frac{a}{b} = -\frac{g\sin\alpha}{g' - g\cos\alpha} \,. \tag{17.46}$$

Bei der Lösung praktischer Aufgaben ist häufig aus einem gegebenen Verlauf von Moiréstreifen und bekanntem Referenzraster auf die geometrische Form des Objektrasters zu schließen. Die dafür benötigten Beziehungen erhält man durch Umformung von (17.45) und (17.46) zu

$$g' = \frac{d}{\sqrt{1 + \left(\frac{d}{g}\right)^2 + 2\left(\frac{d}{g}\right)\cos\varphi}} \tag{17.47}$$

und

$$\alpha = \arctan\frac{\sin\varphi}{\frac{d}{g} + \cos\varphi} \,. \tag{17.48}$$

Oberflächenmoiréverfahren

Bei diesem Verfahren ist der Objektraster mit dem Messobjekt fest verbunden. Er wird infolge der Beanspruchung des Messobjekts mit diesem verformt. Die Rasterteilung des unverformten Referenzrasters dient als Bezugsgröße. Mit Hilfe der durch Überlagerung der beiden Raster zu beobachtenden Moirélinien können Verschiebungen und Verzerrungen an der Oberfläche eines Messobjekts bestimmt werden.

Verschiebungsmessung: Die Moiréstreifen stellen Linien gleicher Verschiebung in einer zum Referenzraster orthogonalen Richtung dar. Sie werden als Isotheten bezeichnet. Aus der Ordnungszahl N der in einem Messpunkt bestimmten Moirélinie und der Gitterkonstanten g des Referenzrasters folgt die Größe der Verschiebungskomponente u an dieser Stelle zu

$$u = Ng \,. \tag{17.49}$$

Dabei handelt es sich um eine relative Verschiebung, die sich auf eine beliebige Wahl der Ordnung $N = 0$ bezieht.

Zur Bestimmung zweidimensionaler Verschiebungsfelder an der Oberfläche von Messobjekten sind also zwei Referenzraster erforderlich. Dabei ist die Wahl von Rasterlinien vorteilhaft, die zur x_1- und x_2-Achse eines rechtwinkeligen kartesischen Koordinatensystems parallel sind. Durch Überlagerung des verformten Objektrasters mit den normal auf die x_1- bzw. x_2-Achse stehenden Referenzrastern erhält man die Moiréstreifen N_1 bzw. N_2. Daraus lassen sich entsprechend (17.49) die beiden Verschiebungskomponenten in der Tangentialebene

$$u_i = N_i \, g \;, \quad i = 1, 2 \;, \tag{17.50}$$

ermitteln.

Verzerrungsmessung: Die zur Bestimmung der Verzerrungskomponenten ε_{11}, ε_{22}, ε_{12} in der Tangentialebene gemäß (3.34) benötigten Verschiebungsableitungen erhält man durch partielle Ableitung der in (17.50) angegebenen Beziehungen zu

$$\frac{\partial u_1}{\partial x_i} = \frac{\partial N_1}{\partial x_i} g \;, \quad i = 1, 2 \;, \tag{17.51}$$

$$\frac{\partial u_2}{\partial x_i} = \frac{\partial N_2}{\partial x_i} g \;, \quad i = 1, 2 \;. \tag{17.52}$$

Die Kenntnis der absoluten Moiréstreifenordnung N ist dabei also nicht erforderlich. Die Ermittlung der Ableitungen $\partial N_i / \partial x_j$ in (17.51) erfolgt in einfachen Fällen durch punktweise Bestimmung des Anstiegs von Tangenten an die Moirélinien oder aber mit Hilfe besonderer optischer oder rechnergestützter Auswerteverfahren [Rohrbach (1989)].

Schattenmoiréverfahren

Beim Schattenmoiréverfahren werden ein transparenter Referenzraster und dessen Schattenbild auf der Oberfläche eines Messobjektes überlagert. Dieses Moiréverfahren ermöglicht einerseits die Bestimmung der Kontur gekrümmter Oberflächen und andererseits die Ermittlung von Verschiebungskomponenten normal zur Oberfläche. Derartige Verschiebungskomponenten werden z. B. durch die Querdehnung bei Scheiben hervorgerufen. In diesem Fall sind die Moirélinien geometrische Orte gleicher Hauptspannungssumme (siehe Gleichung (3.305)). Bei der Biegung oder beim Ausbeulen von Platten stellen die beobachteten Moirélinien Linien gleicher Durchbiegung dar.

17.3.3 Speckle-Interferometrie

Bei der Speckle-Interferometrie handelt es sich um ein optisches Messverfahren, das zur berührungslosen flächenhaften Verschiebungsmessung geeignet ist. Es handelt sich dabei um eine Deformationsmessmethode, bei der eine sehr hohe Messgenauigkeit – bis zu etwa 10 nm – erzielt wird. Durch die Verfügbarkeit entsprechender EDV-Ressourcen hat diese Methode einen großen Aufschwung erfahren [Gingerl (1998)].

Das grundsätzliche Messprinzip aller interferometrischer Verfahren lässt sich anhand des MICHELSON-Interferometers* (Abb. 17.27) erläutern. Als Lichtquelle dient

---

*ALBERT ABRAHAM MICHELSON (1852–1931) erhielt 1907 für sein Präzisionsinterferometer und die damit durchgeführten Untersuchungen den Nobelpreis für Physik.

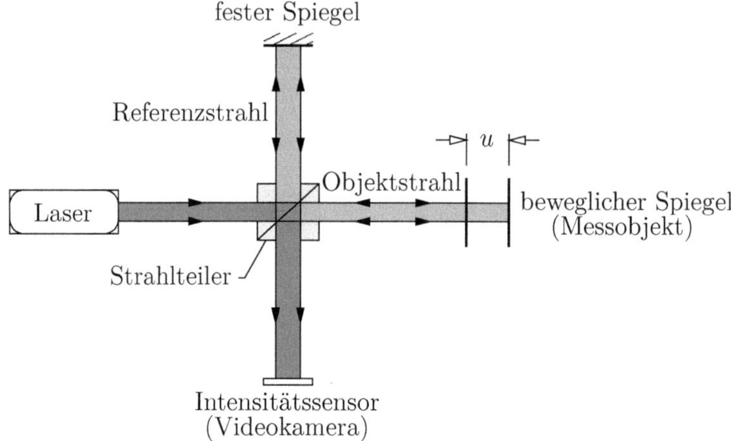

Abb. 17.27: Schematischer Aufbau eines MICHELSON-Interferometers

ein Laser, der kohärentes monochromatisches Licht erzeugt. Der linear polarisierte Laserstrahl wird mit einem Strahlteiler in zwei Lichtstrahlen annähernd gleicher Intensität aufgeteilt. Nach der Reflexion des Objektstrahls an einem beweglichen Spiegel (Messobjekt) sowie des vom Messobjekt unbeeinflussten Referenzstrahls an einem festen Spiegel kommen beide Teilstrahlen am Ort eines Intensitätssensors zur Interferenz. Eine kontinuierliche Verschiebung des beweglichen Spiegels in Richtung des Objektstrahls führt zu einer Verlängerung bzw. Verkürzung des Lichtweges und damit zu einer Änderung der Phasenbeziehung der beiden Teilstrahlen. Daraus folgt eine laufende Änderung des Interferenzzustandes. Sie äußert sich im Auftreten abwechselnder Intensitätsmaxima und -minima am Intensitätssensor. Der Wechsel von einem zum nächsten gleichartigen Interferenzzustand entspricht einer Verschiebung u des Spiegels um eine halbe Lichtwellenlänge λ:

$$u = \frac{\lambda}{2} \,. \tag{17.53}$$

Dieser einfache optische Messaufbau lässt zwei grundlegende Eigenschaften interferometrischer Messverfahren erkennen. Es sind dies die große Messempfindlichkeit und die Moduliertheit der Messinformation. Letztere bedeutet im Fall des MICHELSON-Interferometers, dass Verschiebungen nur bis auf ganzzahlige Vielfache der halben Wellenlänge bestimmt werden können.

Speckle-Effekt

Der Speckle-Effekt entsteht bei Beleuchtung einer optisch rauen Oberfläche mit Laserlicht (Abb. 17.29a) [Jones/Wykes (1989)]. Das kohärente monochromatische Wellenfeld wird diffus reflektiert. Durch Überlagerung der einzelnen Lichtwellen entsteht eine komplizierte räumliche Verteilung von Interferenzmaxima und -minima. Bildet man eine beliebige Ebene dieses räumlichen Interferenzfeldes durch direkte Belichtung einer Fotoplatte ab, so erhält man ein sogenanntes objektives Speckle-Muster (Abb. 17.28). Jedes derartige Speckle-Interferogramm kennzeichnet die mikroskopische Struktur der streuenden Oberfläche.

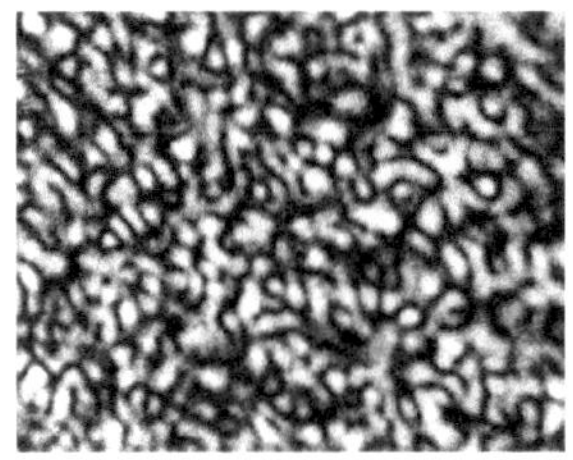

Abb. 17.28: Speckle-Muster (Bildausschnitt ca. $90 \times 70\ \mu$m)

Der subjektive Speckle-Effekt, wie er in messtechnischen Verfahren ausgenutzt wird, entsteht bei der fokussierten optischen Abbildung einer kohärent beleuchteten, optisch rauen Oberfläche. Im Gegensatz zum objektiven Speckle-Muster, bei dem die Streuzentren des gesamten Messbereichs zur Interferenz in jedem einzelnen Bildpunkt beitragen (Abb. 17.29a), liefern beim subjektiven Speckle-Effekt nur in unmittelbarer Nähe eines Objektpunktes liegende Streuzentren einen Beitrag zur Interferenz im zugeordneten Bildpunkt (Abb. 17.29b). Diese Streuzentren sind eine Folge von Beugungserscheinungen am optischen Abbildungssystem. Die damit mögliche ortsabhängige Abbildung von Speckle-Interferogrammen ist eine grundlegende Voraussetzung für die Anwendung der Speckle-Interferometrie als Feldmessverfahren.

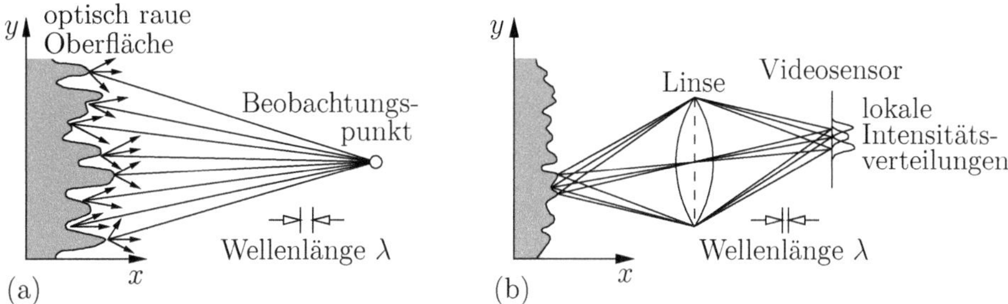

Abb. 17.29: Entstehungsprinzip des Speckle-Effekts: (a) objektiver Speckle-Effekt, (b) subjektiver Speckle-Effekt

Verschiebungsmessung mittels Speckle-Interferometrie

Anhand des MICHELSON-Interferometers wurde gezeigt, dass zur Verschiebungsmessung zwei monochromatische linear polarisierte Lichtwellen zur Interferenz gebracht werden müssen. Beim sogenannten *out-of-plane*-Verfahren interferiert wie beim MICHELSON-Interferometer eine Objektwelle mit einer Referenzwelle. Beim sogenannten *in-plane*-Verfahren interferieren zwei Objektwellen (Abb. 17.30). Es sind dies vom Messobjekt diffus reflektierte Lichtwellen.

Man betrachtet zwei interferierende Lichtwellen. Ihre Ausbreitungsrichtungen werden durch die beiden Einheitsvektoren $\mathbf{p}_i$, $i = 1, 2$, dargestellt. Laut Abb. 17.31 erhält man für die Phasenänderung einer einzelnen Lichtwelle

$$\delta_i = \phi_i' - \phi_i = (s_i' - s_i)\, k \ , \qquad i = 1, 2 \ . \tag{17.54}$$

Verursacht wird diese Phasenänderung durch eine Verschiebung $\mathbf{u}$ des Messpunktes P nach P'. In (17.54) bedeuten ϕ_i' bzw. ϕ_i die Phase der i-ten Welle im Beobachtungspunkt Q und s_i' bzw. s_i den zurückgelegten Lichtweg nach bzw. vor der Verschiebung.

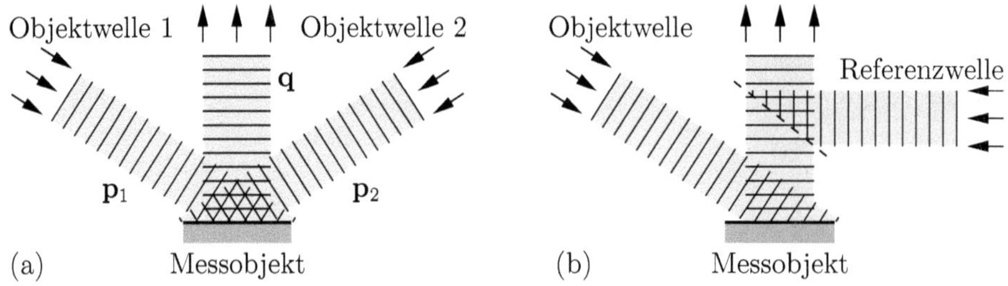

Abb. 17.30: Beleuchtungssituation beim Speckle-Verfahren: (a) *in-plane*-Verfahren, (b) *out-of-plane*-Verfahren

$k = 2\pi/\lambda$ bezeichnet die Kreiswellenzahl. Die Verschiebung **u** ruft folgende Änderung des Lichtweges einer einzelnen Lichtwelle i hervor (Abb. 17.31):

$$s_i' - s_i = (\mathbf{p}_i - \mathbf{q})\cdot\mathbf{u}\ . \tag{17.55}$$

In (17.55) ist **q** der Einheitsvektor, der die Beobachtungsrichtung kennzeichnet. Am Beobachtungspunkt Q stellt man die Änderung der Interferenzphase $\Delta\delta = \delta_1 - \delta_2$ fest. Man erhält sie durch Einsetzen von (17.55) in (17.54) zu

$$\Delta\delta = k\,(\mathbf{p}_1 - \mathbf{p}_2)\cdot\mathbf{u}\ . \tag{17.56}$$

Mit der im Allgemeinen nicht ganzzahligen Interferenz- bzw. Streifenordnung $N = \Delta\delta/2\pi$ sowie dem Sensitivitätsvektor

$$\mathbf{s} = \mathbf{p}_1 - \mathbf{p}_2 \tag{17.57}$$

ergibt sich die Grundgleichung der Speckle-Interferometrie unter Berücksichtigung von $2\pi/k = \lambda$ zu

$$N\,\lambda = \mathbf{s}\cdot\mathbf{u}\ . \tag{17.58}$$

Gleichung (17.58) beschreibt die Komponente des Verschiebungsvektors **u** in Richtung des Sensitivitätsvektors **s** als Vielfaches der Lichtwellenlänge λ. Obwohl (17.58) für

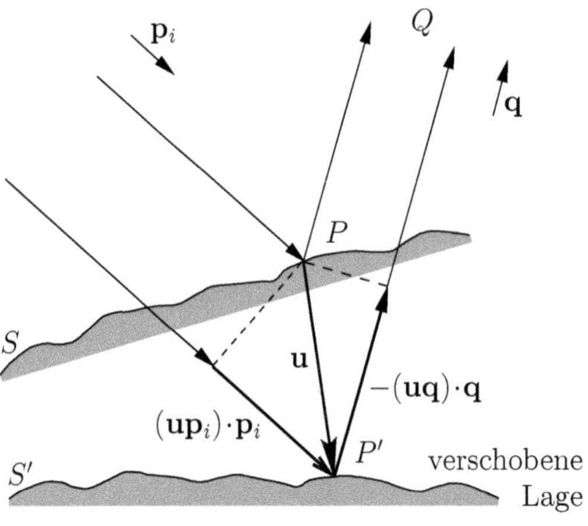

Abb. 17.31: Lichtwegänderung infolge einer Verschiebung **u**

das *in-plane*-Verfahren hergeleitet wurde, gilt diese Gleichung auch für das *out-of-plane*-Verfahren, wenn $\mathbf{p}_1 = \mathbf{q}$ gesetzt wird.

Gleichung (17.57) ist zu entnehmen, dass der Sensitivitätsvektor $\mathbf{s}$, also die Messrichtung eines optischen Aufbaus, durch die Wahl der Beleuchtungs- und Beobachtungsrichtungen, $\mathbf{p}_i$, festgelegt wird. Dieser Sachverhalt wird in Abb. 17.32 veranschaulicht.

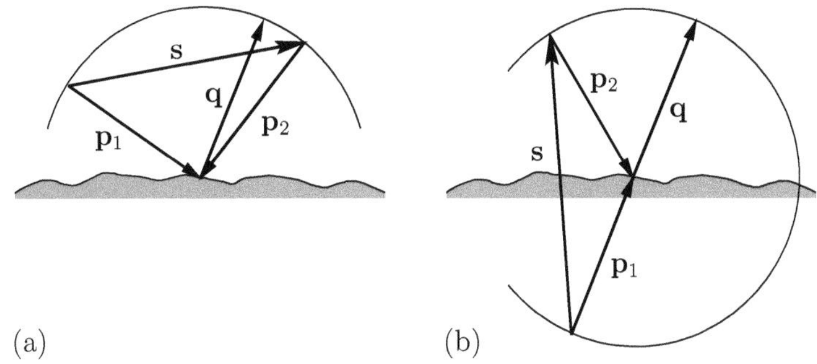

Abb. 17.32: Definition des Sensitivitätsvektors: (a) *in-plane*-Verfahren, (b) *out-of-plane*-Verfahren

Die berührungslose Bestimmung des räumlichen Verschiebungszustandes an der Oberfläche eines Messobjekts erfordert zumindest drei Messungen mit linear unabhängigen Sensitivitätsvektoren $\mathbf{s}_j$, $j = 1, 2, 3$. Berücksichtigt man darüber hinaus, dass unter realen Messbedingungen das Messobjekt mit einem aufgeweiteten Lichtstrahl divergent beleuchtet wird, sodass $\mathbf{s}_j$ vom Messpunkt $P(\mathbf{r})$ abhängig ist, so tritt bei dreidimensionalen Verschiebungsmessungen

$$N_j\,\lambda = \mathbf{s}_j(\mathbf{r})\cdot\mathbf{u} \tag{17.59}$$

an die Stelle von (17.58).

Elektronische Speckle-Interferometrie (ESPI)

Die primäre Messaufgabe besteht in der punktweisen Bestimmung der Änderung der Interferenzphase $\Delta\delta$ bzw. der Streifenordnung N_j. Bei der elektronischen Speckle-Interferometrie liefert eine Videokamera digital aufgelöste Intensitätsverteilungen. Aus diesen Speckle-Interferogrammen lassen sich dann die gesuchten Verteilungen der Interferenzphase bestimmen. Aufbauend auf allgemeinen physikalischen Zusammenhängen zwischen Amplitude, Phase und Intensität einer Welle werden im Folgenden die Grundzüge des sogenannten Phasenschiebeverfahrens zur rechnergestützten quantitativen Bestimmung der Interferenzphase aus Intensitätsmessungen erläutert.

Zwei linear polarisierte elektromagnetische Wellen mit den Amplitudenfunktionen

$$a_j(\mathbf{r},t) = a_j^{(0)}(\mathbf{r})\,\sin\left[\omega t + \phi_j(\mathbf{r})\right]\ , \qquad j = 1, 2\ , \tag{17.60}$$

und der Kreisfrequenz ω interferieren am Ort $\mathbf{r}$. Die Amplitudenfunktion der Interferenzwelle erhält man durch Addition zu

$$a(\mathbf{r},t) = a_1(\mathbf{r},t) + a_2(\mathbf{r},t)\ . \tag{17.61}$$

Durch Einsetzen von (17.61) in die Definitionsgleichung für die Intensität

$$I(\mathbf{r}) = |a(\mathbf{r},t)|^2 \tag{17.62}$$

ergibt sich nach Einführung der sogenannten Interferenzphase

$$\Delta\phi(\mathbf{r}) = \phi_2(\mathbf{r}) - \phi_1(\mathbf{r}) \tag{17.63}$$

die grundlegende Beziehung zwischen der Intensität I und der zu bestimmenden Interferenzphase $\Delta\phi$ am Ort $\mathbf{r}$ zu

$$I(\mathbf{r}) = H(\mathbf{r})\ [1 + V(\mathbf{r}) \cos \Delta\phi(\mathbf{r})]\ . \tag{17.64}$$

In (17.64) bezeichnen $H(\mathbf{r})$ und $V(\mathbf{r})$ die sogenannte Hintergrundausleuchtung und die Kontrastvariation am Ort $\mathbf{r}$ einer Intensitätsverteilung. Die Definitionen dieser unbekannten Größen lauten:

$$H(\mathbf{r}) = \left[a_1^{(0)}(\mathbf{r})\right]^2 + \left[a_2^{(0)}(\mathbf{r})\right]^2\ , \tag{17.65}$$

$$V(\mathbf{r}) = \frac{2\, a_1^{(0)}(\mathbf{r})\, a_2^{(0)}(\mathbf{r})}{\left[a_1^{(0)}(\mathbf{r})\right]^2 + \left[a_2^{(0)}(\mathbf{r})\right]^2}\ . \tag{17.66}$$

Intensitätsmessungen weisen im Allgemeinen einen durch elektronische Einflüsse hervorgerufen Rauschanteil $R_E(\mathbf{r})$ oder einen durch den Speckle-Effekt selbst verursachten Rauschanteil $R_S(\mathbf{r})$ auf. Diese Störungen lassen sich bei Verwendung von

$$I'(\mathbf{r}) = R_E(\mathbf{r}) + R_S(\mathbf{r})\, I(\mathbf{r}) \tag{17.67}$$

als Definition für die an einem Intensitätssensor gemessene Intensitätsverteilung berücksichtigen. Einsetzen des in (17.64) angegebenen Ausdrucks für die von der Interferenzerscheinung herrührende Intensitätsverteilung in (17.67) führt dann auf

$$I'(\mathbf{r}) = R_E(\mathbf{r}) + R_S(\mathbf{r})\, H(\mathbf{r})\ [1 + V(\mathbf{r}) \cos \Delta\phi(\mathbf{r})]\ . \tag{17.68}$$

Fasst man in (17.68) die additiven Terme zu

$$a(\mathbf{r}) = R_E(\mathbf{r}) + R_S(\mathbf{r})\, H(\mathbf{r}) \tag{17.69}$$

und die multiplikativen Terme zu

$$b(\mathbf{r}) = R_S(\mathbf{r})\, H(\mathbf{r})\, V(\mathbf{r}) \tag{17.70}$$

zusammen, dann kann die gemessene Intensität in Abhängigkeit von den unbekannten Größen $a(\mathbf{r})$ und $b(\mathbf{r})$ und der gesuchten Interferenzphase $\Delta\phi(\mathbf{r})$ zu

$$I'(\mathbf{r}) = a(\mathbf{r}) + b(\mathbf{r})\ \cos \Delta\phi(\mathbf{r}) \tag{17.71}$$

dargestellt werden. Abb. 17.33a zeigt eine derartige Intensitätsverteilung $I'(\mathbf{r})$ in digitalisierter Form. Dabei handelt es sich um ein Speckle-Interferogramm, das mit einer Videokamera aufgenommen wurde. Das im *in-plane*-Verfahren fokussiert abgebildete Messobjekt ist eine optisch raue und somit diffus reflektierende Oberfläche des Messbereichs eines biaxialen Holzprobekörpers (siehe Abschnitt 17.3.4).

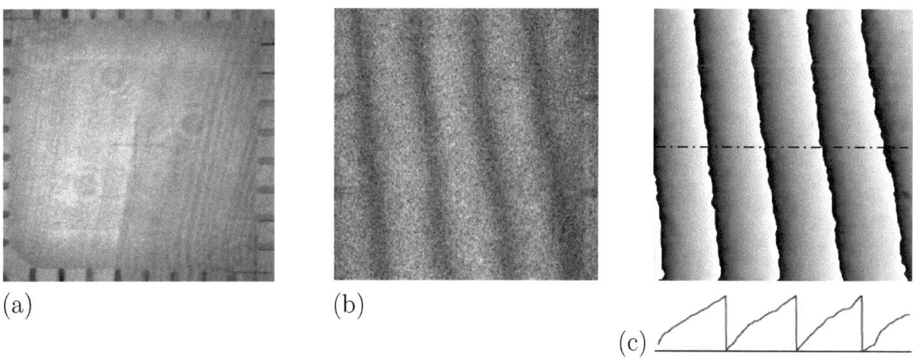

Abb. 17.33: Messfeld (140 × 140 mm) eines Holzprobekörpers: (a) Speckle-Interferogramm, (b) Interferenzstreifen, (c) moduliertes Phasenbild

Die Interferenzphase $\Delta\phi(\mathbf{r})$ ist aus (17.71) aufgrund der Mehrdeutigkeit der Kosinusfunktion

$$\cos \Delta\phi = \cos\left[\pm\Delta\phi + 2\pi m\right] \ , \qquad m = 0, \pm 1, \pm 2, \ldots \ , \tag{17.72}$$

nur bis auf ein additives ganzzahliges Vielfaches von 2π und bis auf das Vorzeichen bestimmbar (Abb. 17.33b).

Eine geeignete Vorgangsweise zur Beseitigung der Mehrdeutigkeit bei der Bestimmung der Interferenzphase sowie zur Verminderung des Einflusses von Störungen während der Messung ist wiederholtes Messen mit gezielt geänderten Parametern. Beim sogenannten Phasenschiebeverfahren wird das durch beliebige, aber bekannte zusätzliche Änderungen α_ℓ der Interferenzphase $\Delta\phi(\mathbf{r})$ vor den einzelnen Intensitätsmessungen $\ell = 1, 2, \ldots, L$ erreicht. Die Phasenänderungen α_ℓ werden mittels piezoelektrischer Aufnehmer bewerkstelligt.

Für jeden Verschiebungszustand misst man L Intensitätsverteilungen. Sie sind entsprechend (17.71) zu

$$I'_\ell(\mathbf{r}) = a(\mathbf{r}) + b(\mathbf{r}) \cos\left[\Delta\phi(\mathbf{r}) + \alpha_\ell\right] \ , \qquad \ell = 1, 2, \ldots, L \ , \tag{17.73}$$

gekennzeichnet. Auf diese Weise erhält man für jeden Messpunkt $P(\mathbf{r})$ ein aus L algebraischen Gleichungen bestehendes nichtlineares Gleichungssystem. Mit den Substitutionen

$$u(\mathbf{r}) = b(\mathbf{r}) \cos \Delta\phi(\mathbf{r}) \quad \text{und} \quad v(\mathbf{r}) = -b(\mathbf{r}) \sin \Delta\phi(\mathbf{r}) \tag{17.74}$$

lässt sich das in (17.73) angegebene Gleichungssystem auch zu

$$I'_\ell(\mathbf{r}) = a(\mathbf{r}) + u(\mathbf{r}) \cos \alpha_\ell + v(\mathbf{r}) \sin \alpha_\ell \tag{17.75}$$

anschreiben. Die Interferenzphase $\Delta\phi(\mathbf{r})$ erhält man aus (17.74) zu

$$\tan \Delta\phi(\mathbf{r}) = \frac{\sin \Delta\phi(\mathbf{r})}{\cos \Delta\phi(\mathbf{r})} = -\frac{v(\mathbf{r})}{u(\mathbf{r})} \ . \tag{17.76}$$

Zur Bestimmung der gesuchten Größen $u(\mathbf{r})$, $v(\mathbf{r})$ und damit der Interferenzphase $\Delta\phi(\mathbf{r})$ sind zumindest drei Messungen mit bekannten zusätzlichen Phasenverschiebungen α_ℓ erforderlich. Somit ist $L \geq 3$.

Zur Erhöhung der Auswertegenauigkeit bei nicht idealen Messbedingungen ist die Wahl von $L = 4$ oder $L = 5$ vorteilhaft. Die Lösung des nichtlinearen Gleichungssystems (17.75) erfolgt dann mittels der Methode der kleinsten Fehlerquadrate durch Bestimmung des Minimums der Funktion

$$q[a(\mathbf{r}), u(\mathbf{r}), v(\mathbf{r})] = \sum_{\ell=1}^{L} [a(\mathbf{r}) + u(\mathbf{r}) \cos\alpha_\ell + v(\mathbf{r}) \sin\alpha_\ell - I'_\ell(\mathbf{r})]^2 \ , \quad L \geq 3 \ . \tag{17.77}$$

Dementsprechend werden die partiellen Ableitungen nach $a(\mathbf{r})$, $u(\mathbf{r})$, $v(\mathbf{r})$ gleich null gesetzt:

$$\frac{\partial q(a,u,v)}{\partial a} = 0 \ , \quad \frac{\partial q(a,u,v)}{\partial u} = 0 \ , \quad \frac{\partial q(a,u,v)}{\partial v} = 0 \ . \tag{17.78}$$

Die Interferenzphase

$$\Delta\phi(\mathbf{r}) = -\arctan\frac{v(\mathbf{r})}{u(\mathbf{r})} \tag{17.79}$$

kann damit bis auf ganzzahlige Vielfache von 2π bestimmt werden. Man spricht daher in diesem Zusammenhang von modulierter Messinformation.

$\Delta\phi(\mathbf{r})$ erhält man z. B. für $L = 3$ ($\ell = 1, 2, 3$) und Wahl von $\alpha_\ell = (\ell - 1)\pi/2$ zu

$$\Delta\phi(\mathbf{r}) = \arctan[I_1(\mathbf{r}) - I_3(\mathbf{r}) \, , \, I_1(\mathbf{r}) - 2I_2(\mathbf{r}) + I_3(\mathbf{r})] \tag{17.80}$$

bzw. für $L = 5$ ($\ell = 1, 2, \ldots, 5$) und Wahl von $\alpha_\ell = (2\ell - 1)\pi/4$ zu

$$\Delta\phi(\mathbf{r}) = \arctan[4I_1(\mathbf{r}) - I_2(\mathbf{r}) - 6I_3(\mathbf{r}) - I_4(\mathbf{r}) + 4I_5(\mathbf{r}) \, , \, 7I_4(\mathbf{r}) - 7I_2(\mathbf{r})] \ . \tag{17.81}$$

Abb. 17.33c zeigt ein charakteristisches Ergebnis einer ESPI-Messung nach dem Phasenschiebeverfahren ($L = 5$). Das dargestellte Phasenbild entsteht durch punktweise Anwendung von (17.79). Dieses qualitativ sehr gute Auswerteergebnis zeichnet sich durch eine deutlich erkennbare Sägezahnstruktur der Intensitätsverteilung in Schnitten etwa normal zu den Streifen und durch Streifen mit kontinuierlichem Grauverlauf aus.

17.3.4 Beispiel zur Anwendung der Speckle-Interferometrie

Als Beispiel für die Anwendung der elektronischen Speckle-Interferometrie dienen biaxiale Werkstoffversuche zur Bestimmung der mechanischen Eigenschaften von Fichtenholz, das schräg zur Faserrichtung beansprucht wird. Die entsprechende experimentelle Untersuchung wurde am Institut für Festigkeitslehre der Technischen Universität Wien durchgeführt [Eberhardsteiner (2002)]. Die dabei gewonnenen Versuchsergebnisse bilden die Grundlage für die Entwicklung leistungsfähiger Werkstoffgesetze für biaxiale Spannungszustände. Solche konstitutiven Gesetze werden etwa für die Berechnung von Flächentragwerken aus Holz mittels der Methode der finiten Elemente benötigt.

Biaxiale Werkstoffversuche sind im Allgemeinen dadurch gekennzeichnet, dass der in einem betrachteten Punkt einer technischen Konstruktion vorliegende ebene Spannungszustand und der zugehörige räumliche Verzerrungszustand in einem geeigneten Probekörper realisiert werden. Bei der Durchführung entsprechender Experimente ist insbesondere sicherzustellen, dass die Maximalbeanspruchung im Messbereich des Probekörpers auftritt und dass dort eine homogene Verteilung der Spannungs- und

Verzerrungskomponenten vorliegt. Die Überprüfung dieser Forderungen ist für Werkstoffversuche unerlässlich. Zum Zweck einer solchen Überprüfung sowie zur Quantifizierung des Verzerrungszustandes wurde die elektronische Speckle-Interferometrie zur berührungslosen, flächenhaften Deformationsanalyse eingesetzt.

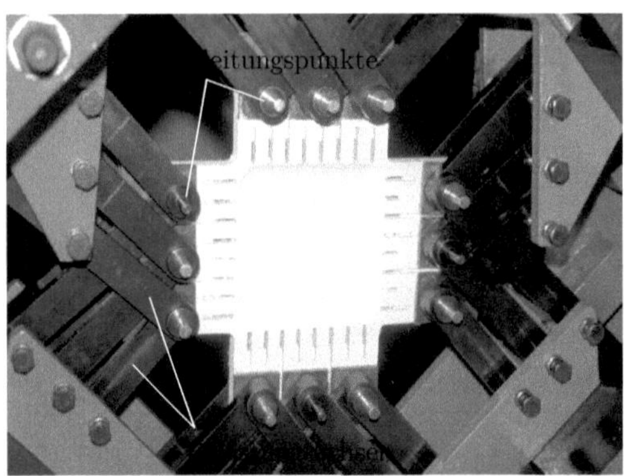

Abb. 17.34: Holzprobekörper in der biaxialen Belastungseinrichtung

Abb. 17.34 zeigt einen kreuzförmigen Probekörper aus fehlerfreiem, technologisch homogenem Fichtenholz. Er ist in einer für diese Untersuchungen entwickelten servohydraulischen Prüfmaschine eingespannt. Mit Hilfe je zweier an einem Lasteinleitungspunkt angreifender und etwa unter 45° gegenüber dem Probekörperrand geneigter Belastungsachsen wird der Holzprobekörper durch Aufbringen vorgegebener Verschiebungsinkremente in zwölf Lasteinleitungspunkten beansprucht. Die Lastaufbringung erfolgt schrittweise bis zum Bruch des Probekörpers. Wie aus Abb. 17.35 hervorgeht, wurden die Lasteinleitungsbereiche der Holzproben zur schädigungsfreien Aufnahme der dort wirkenden konzentrierten Kräfte mit einer gegenüber dem Messbereich erhöhten Probendicke von 20 mm ausgeführt. Darüber hinaus wurden diese Bereiche durch aufgeklebte Stahlplättchen verstärkt.

Der 140×140 mm große Messbereich eines Probekörpers weist je nach Beanspruchungsart unterschiedliche Dicken t auf. Im Falle von biaxialer Zugbeanspruchung und ausgewählten Kombinationen von Zug- und Druckbeanspruchung wurde $t = 4{,}5$ mm gewählt. Bei überwiegender Druckbeanspruchung wurde zur Vermeidung des Ausbeulens $t = 7{,}5$ mm genommen. Die an den Rändern des quadratischen Messbereichs angeordneten Schlitze verhindern unerwünschte Kraftübertragungen von den Lasteinleitungsbereichen einer Beanspruchungsrichtung zu jenen der anderen Beanspruchungsrichtung. Infolge dieser Schlitze ist die wirksame Probenbreite auf maximal 140 mm begrenzt.

Insgesamt wurden 439 biaxiale Bruchversuche an klimatisierten Holzproben durchgeführt. Die experimentellen Parameter waren einerseits der Winkel φ, den die Materialhauptachse L (Faserlängsrichtung) mit der Spannungshauptachse σ_1 einschließt, und andererseits das Verhältnis $\kappa = u_5 : v_2$ (siehe Abb. 17.35). Dieses Verhältnis charakterisiert die auf den Probekörper aufgebrachte biaxiale Zug-/Zug- bzw. Druck-/Druckbeanspruchung oder Kombination aus Zug- und Druckbeanspruchung.

In den Lasteinleitungspunkten wurden Verschiebungskomponenten sowohl normal als auch parallel zum Rand eines Probekörpers aufgebracht (Abb. 17.35). Diese Art der Beanspruchung ist eine Folge der näherungsweise orthotropen mechanischen Eigenschaften von Holz (siehe Gleichung (3.292)). Bei Beanspruchung schräg zu den